POCKET SPECS FOR INJECTION MOLDING

7th Edition

A PUBLICATION FROM IDES, INC.
209 Grand Ave.
Laramie, WY 82070
(800) 788-4668
(307) 745-9339 (fax)
Website: www.ides.com
E-mail: sales@ides.com
7th edition. ©2006 by IDES, Inc.

All rights reserved. No part of this book may be reproduced or stored in any form without written permission from the publisher.

ISBN 0-9748538-3-6

The Plastics Web™

The Plastics Web™ from IDES is a website dedicated to the plastics industry. It features a vertical search engine that only includes search results from plastics related websites. The site also includes technical articles on plastics processing, extensive resin information, and resin manufacturer and distributor contact information: **www.ides.com**

Prospector

Prospector is a database with more than 63,000 plastic material data sheets from more than 500 global resin manufacturers. We update the data in Prospector every two weeks, and most data sheets feature extensive processing information. To register for free access, visit: **www.ides.com/psim**

Processor Portal

Times are tough, competition is fierce - particularly for Plastics Processors like you! That's why IDES now provides a low-cost, high-value year-round marketing package specifically created for companies that process plastics. To learn more, visit: **www.ides.com/pp**

PREFACE

IDES has made every effort possible to provide accurate and consistent information in this book. All data have been compiled from plastic material suppliers or their contractors. Therefore, the publisher does not make any representations or warranties of any kind as to the accuracy of the information. IDES shall not be held responsible for any inaccuracies in *Pocket Specs for Injection Molding* that may lead to damages of any kind.

We would welcome any comments regarding the content or layouts of this publication. Future editions of *Pocket Specs for Injection Molding* will undoubtedly incorporate additional information that our readers suggest.

Data in this book is also available on-line in Prospector. To sign up for free access, please visit: **www.ides.com/psim**.

ISBN 0-9748538-3-6

TABLE OF CONTENTS

Preface **3**

Table of Contents **4**

Introduction **6**

Property Descriptions **7**

Generic Material Names **12**

Fillers and Additives **20**

Melt Flow Conditions **23**

Property Tables* **28**

Supplier Directory **860**

Tradename Directory **884**

Troubleshooting Guide **925**

Unit Conversion Table **937**

Index to Materials **940**

Technical Articles **948**

Ordering Information **960**

*Keys to the thumb tabs are found on the facing page, where the alphabetic range of materials is shown for each thumb tab

ABS *to* ABS+PBT

ABS +PC *to* ASA

ASA+ABS *to* Nylon 12

Nylon 12 Elast *to* Nylon 6 +ABS

Nylon 66 *to* Nylon 66 Alloy

Nylon 66/6 *to* PBT Alloy

PBT+ASA *to* PC Alloy

PC + Acrylic *to* PEEK

PEI *to* Phenolic

PI,TP *to* PP Homopoly

PP Impact Copoly *to* PP Unspecified

PP+EPDM *to* Proprietary

PS (GPPS) *to* SAS

SB *to* VLDPE

FREE DATA SHEETS: WWW.IDES.COM/PSIM

INTRODUCTION

Pocket Specs for Injection Molding's purpose is to provide you with a compact guide for the injection molding of thermoplastic and thermoset materials. Data are provided for thousands of individual grades of molding materials from 260 manufacturers. The data provided in the tables are intended to give you the basic information for determining regrind levels, material drying temperatures and times, and initial machine settings for injection pressure, barrel heats, and mold temperature. Additional physical property data include specific gravity, shrink data, melt flow, and processing temperature ranges. Following the property listings are other listings:
• A supplier directory for all resins in the tables (p. 860);
• A directory cross referencing tradenames, resin names, and suppliers (p. 884);
• A troubleshooting guide with definitions and a chart of recommended actions (p.925);
• A table showing how to convert property information from English to metric and vice versa (p.937);
• An index to all resin family listings (p. 940).

In addition, a number of keys are provided to help you with the abbreviations found in the tables:

PROPERTY DESCRIPTIONS

The following properties comprise the data for over 18,000 grades of injection molding resins covered in this book. Here's what each property represents. *Note: Barrel temperatures are recommended machine settings.*

GENERIC NAME
Indicates the family that a material belongs to. Every material in the database will have one generic name.

TRADENAME
Often called commercial name, this is the name given to a material by a manufacturer.

MANUFACTURER/SUPPLIER
Indicates the organization that manufactures or supplies the material.

GRADE
Uniquely identifies a material and is associated with a particular tradename.

FILLER
The type of substance added to a plastic material; often used to make a resin less costly. Fillers are used to enhance materials strength, stiffness, or other characteristics. Numbers following the abbreviation in the tables represent the percent of reinforcement or filler.
Examples: aluminum, calcium carbonate, carbon fiber,

cellulose, glass fiber. A list of filler abbreviations used in the tables follows on p. 20.

SPECIFIC GRAVITY

The ratio of the density of the material to the density of water where density is defined as the mass divided by the volume of the material at standard temperature and pressure. A specific gravity value of 1 is equal to 0.9975 g/cm^3.

SHRINK

The ratio of the difference between the molded plastic part dimension and the mold dimension. Shrink is tested by obtaining a measurement of the length of the cavity of a standard bar mold, or the diameter of the cavity of a standard disk mold, or the length or width of a standard plaque mold, to the nearest 0.001 inch. Measurements of the molded test specimens are then taken and the shrink value is the difference between the two.

For injection molding materials the test specimens consist of three types:
- Bars, 1/2 by 1/8 by 5 inches gated at the end to provide flow throughout the entire length. These are usually used to determine shrinkage in the direction of flow.
- Disks, 1/8 inch thick and 4 inches in diameter gated radially at a single point in the edge. These are usually used for measurements of shrinkage of diameters parallel and perpendicular to the flow.
- Plaques, 2.36 by 0.79 by 2.36 inches gated along the

length of one edge. These are usually used for measurements of shrinkage parallel and perpendicular to the flow.

Mold shrink can vary due to wall thickness, flow direction, and molding conditions. Generally rigid amorphous and thermoset materials have lower mold shrink than semi-crystalline thermoplastics. Reinforced or filled materials tend to have lower shrink than unfilled materials.

MELT FLOW

Rate of extrusion of molten resin through a die of a specified length and diameter under prescribed conditions of temperature and pressure.

An extrusion plastometer is used for this test. The test material is placed in the cylinder and the piston is loaded as prescribed by the test conditions. The extrudate issuing from the orifice is cut off flush and discarded at 5 minutes and again 1 minute later. Cuts for the test are taken at 1, 2, 3, or 6 minutes, depending on the material or its flow rate. The results are strongly dependent on temperature. Therefore, values of melt flow are reported at prescribed test conditions. Keys to melt flow conditions used in the data follows on p. 23.

Any material form that can be introduced into the cylinder bore may be used. For example, powder, granules, strips of film, or molded slugs are common material forms. Reported values of melt flow help distinguish between the flow characteristics of different grades of material. Generally, high molecular weight materials are more resistant to flow than low molecular weight materials. In addition, melt flow results are useful to the manufacturer as a method of controlling material uniformity.

DRYING TEMPERATURE
The recommended temperature for drying the material before molding.

DRYING TIME
The recommended time for drying the material before molding.

MAXIMUM MOISTURE
The recommended level of dryness to avoid material degradation during processing. It is expressed as a percentage of the total weight.

MAXIMUM REGRIND
The recommended maximum percentage regrind that can be used without a significant drop in properties.

INJECTION PRESSURE
The recommended pressure range to achieve proper mold filling without degrading the material. The value may be expressed as either hydraulic (gauge) pressure or actual pressure on the material, which is roughly a factor of 10 greater than hydraulic pressure. A typical range would fall within 500 to 2000 psi hydraulic pres-

sure (.5 to 2.0 ksi), which corresponds to 5000 to 20,000 psi actual pressure (5.0 to 20.0 ksi).

REAR BARREL TEMPERATURE
The recommended temperature setting for the rear portion of the barrel of the injection molding machine.

MIDDLE BARREL TEMPERATURE
The recommended temperature setting for the middle portion of the barrel of the injection molding machine.

FRONT BARREL TEMPERATURE
The recommended temperature setting for the front portion of the barrel of the injection molding machine.

NOZZLE TEMPERATURE
The recommended temperature setting for the nozzle of the injection molding machine.

PROCESSING TEMPERATURE
The recommended overall processing temperature for a material, usually expressed as a range.

MOLD TEMPERATURE
The recommended temperature of the mold during molding.

FREE DATA SHEETS: WWW.IDES.COM/PSIM

GENERIC MATERIALS

Symbol	Long Name
ABS	Acrylonitrile Butadiene Styrene
ABS+Acrylic	Acrylonitrile Butadiene Styrene + Acrylic (PMMA)
ABS+Nylon	Acrylonitrile Butadiene Styrene + Nylon
ABS+PBT	Acrylonitrile Butadiene Styrene + PBT
ABS+PC	Acrylonitrile Butadiene Styrene + PC
ABS+PET	Acrylonitrile Butadiene Styrene + PET
ABS+PVC	Acrylonitrile Butadiene Styrene + PVC
ABS+TPU	Acrylonitrile Butadiene Styrene + TPU
Acetal Co Alloy	Acetal (POM) Copolymer Alloy
Acetal Copoly	Acetal (POM) Copolymer
Acetal Homopoly	Acetal (POM) Homopolymer
Acrylic (PMMA)	Polymethyl Methacrylate
Acrylic (SMMA)	Styrene Methyl Methacrylate Copolymer
Acrylic, Unspecified	Acrylic, Unspecified
Acrylic+PVC	Acrylic (PMMA) + Polyvinyl Chloride
AEM+TPC-ET	Ethylene Acrylate Monomer + TPC-ET
AES	Acrylonitrile Ethylene Styrene
AES+PC	Acrylonitrile Ethylene Styrene + PC
Alkyd	Alkyd
AS	Acrylonitrile Styrene Copolymer
ASA	Acrylonitrile Styrene Acrylate
ASA+ABS	Acrylonitrile Styrene Acrylate + ABS
ASA+AES	Acrylonitrile Styrene Acrylate + AES

Symbol	Long Name
ASA+AMSAN	Acrylonitrile Styrene Acrylate + AMSAN
ASA+PC	Acrylonitrile Styrene Acrylate + PC
ASA+PET	Acrylonitrile Styrene Acrylate + PET
ASA+PUR	Acrylonitrile Styrene Acrylate + PUR
ASA+PVC	Acrylonitrile Styrene Acrylate + PVC
Biodeg Syn Poly	Biodegradable Synthetic Polymers
CA	Cellulose Acetate
CAB	Cellulose Acetate Butyrate
CAP	Cellulose Acetate Propionate
DAP	Diallyl Phthalate
EAA	Ethylene Acrylic Acid
EBA	Ethylene Butyl Acrylate Copolymer
ECTFE	Polyethylene, Chlorotrifluoroethylene
EMA	Ethylene Methyl Acrylate Copolymer
EP	Ethylene Propylene Branched Polymer
EPE	Polyethylene, Enhanced
Epoxy	Epoxy; Epoxide
ETFE	Ethylene Tetrafluoroethylene Copolymer
ETPU	Engineering Thermoplastic Polyurethane
EVA	Ethylene Vinyl Acetate
FEP	Perfluoroethylene Propylene Copolymer
Fluorelastomer	Fluoroelastomer
Fluoropolymer	Fluoropolymer
HDPE	Polyethylene, High Density

SYMBOL	LONG NAME
HDPE Copolymer	Polyethylene, High Density Copolymer
HDPE, HMW	Polyethylene, High Density (HMW)
HMWPE	Polyethylene, High Molecular Weight
HPPA	Polyamide, High Performance
Ionomer	Ionomer
LCP	Liquid Crystal Polymer
LDPE	Polyethylene, Low Density
LLDPE	Polyethylene, Linear Low Density
LMDPE	Polyethylene, Linear Medium Density
MABS	Methyl Methacrylate / ABS
MDPE	Polyethylene, Medium Density
Mel Formald	Melamine Formaldehyde
Mel Phenolic	Melamine Phenolic
MMBS	Methyl Methacrylate Butadiene Styrene
MMS	Methyl Methacrylate Styrene
Nylon 11	Polyamide 11
Nylon 12	Polyamide 12
Nylon 12 Elast	Polyamide 12 Elastomer
Nylon 46	Polyamide 46
Nylon 6	Polyamide 6
Nylon 6 Alloy	Polyamide 6 Alloy
Nylon 6 Elast	Polyamide 6 Elastomer
Nylon 6/10	Polyamide 6/10 Copolymer
Nylon 6/12	Polyamide 6/12 Copolymer
Nylon 6/69	Polyamide 6/69 Copolymer
Nylon 6+ABS	Polyamide 6 + ABS
Nylon 66	Polyamide 66
Nylon 66 Alloy	Polyamide 66 Alloy

Symbol	Long Name
Nylon 66/6	Polyamide 66/6 Copolymer
Nylon 66+ABS	Polyamide 66 + ABS
Nylon Copolymer	Polyamide Copolymer
Nylon, Unspecified	Polyamide, Unspecified
Nylon+PP	Polyamide + PP
Nylon+PPE	Polyamide + PPE
Nylon+SAN	Polyamide + SAN
PAI	Polyamide-imide
PAMXD6	Polyarylamide
PAO	Polyalphaolefin
PBT	Polybutylene Terephthalate
PBT Alloy	Polybutylene Terephthalate Alloy
PBT+ASA	Polybutylene Terephthalate + ASA
PBT+PET	Polybutylene Terephthalate + PET
PBT+PS	Polybutylene Terephthalate + PS
PC	Polycarbonate
PC Alloy	Polycarbonate Alloy
PC+Acrylic	Polycarbonate + Acrylic (PMMA)
PC+PBT	Polycarbonate + PBT
PC+PET	Polycarbonate + PET
PC+Polyester	Polycarbonate + Polyester
PC+PPC	Polycarbonate + PPC
PC+PSU	Polycarbonate + PSU
PC+SAN	Polycarbonate + SAN
PC+Styrenic	Polycarbonate + Styrenic
PC+TPU	Polycarbonate + TPU
PCL	Polycaprolactone
PCT	Polycyclohexylenedimethylene Terephthalate

FREE DATA SHEETS: WWW.IDES.COM/PSIM

Symbol	Long Name
PE Alloy	Polyethylene Alloy
PE Copolymer	Polyethylene Copolymer
PE, Unspecified	Polyethylene, Unspecified
PEBA	Polyether Block Amide
PEEK	Polyetheretherketone
PEI	Polyether Imide
PEI+PCE	Polyether Imide + PCE
PEK	Polyether Ketone
PEKK	Polyetherketoneketone
PES	Polyether Sulfone
PET	Polyethylene Terephthalate
PETG	Polyethylene Terephthalate Glycol Comonomer
PF	Phenol Formaldehyde Resin
PFA	Perfluoroalkoxy
Phenolic	Phenolic
PI, TP	Polyimide, Thermoplastic
PLA	Polylactic Acid
PMP	Polymethylpentene
PMP Copolymer	Polymethylpentene Copolymer
Polyarylate	Polyarylate
Polyester Alloy	Polyester Alloy
Polyester, TP	Polyester, Thermoplastic
Polyester, TS	Polyester, Thermoset
Polyolefin, Unspecified	Polyolefin, Unspecified
PP Copoly	Polypropylene Copolymer
PP Homopoly	Polypropylene Homopolymer
PP Impact Copoly	Polypropylene Impact Copolymer
PP Random Copoly	Polypropylene Random Copolymer

SYMBOL	**LONG NAME**
PP, High Crystal	Polypropylene, High Crystallinity
PP, HMS	Polypropylene, High Melt Stregth
PP, Unspecified	Polypropylene, Unspecified
PP+EPDM	Polypropylene + EPDM Rubber
PP+Styrenic	Polypropylene + Styrenic
PPA	Polyphthalamide
PPC	Polyphthalate Carbonate
PPE	Polyphenylene Ether
PPE+Polyolefin	Polyphenylene Ether + Polyolefin
PPE+PS	Polyphenylene Ether + PS
PPE+PS+Nylon	Polyphenylene Ether + PS + Nylon
PPE+PS+PP	Polyphenylene Ether + PS + PP
PPS	Polyphenylene Sulfide
PPS+Nylon	Polyphenylene Sulfide + Nylon
PPS+PPE	Polyphenylene Sulfide + PPE
PPSU	Polyphenylsulfone
Proprietary	Proprietary
PS (GPPS)	Polystyrene, General Purpose
PS (HIPS)	Polystyrene, High Impact
PS (IRPS)	Polystyrene, Ignition Resistant
PS (MIPS)	Polystyrene, Medium Impact
PS (Specialty)	Polystyrene, Specialty
PS Alloy	Polystyrene Alloy
PSU	Polysulfone
PSU Alloy	Polysulfone Alloy
PSU+ABS	Polysulfone + ABS
PSU+PC	Polysulfone + PC
PTT	Polytrimethylene Terephthalate
PUR, Unspecified	Polyurethane, Unspecified

SYMBOL	LONG NAME
PUR-Ester	Polyurethane (Polyester based)
PUR-Ester/TDI	Polyurethane (Polyester, TDI)
PUR-Ether	Polyurethane (Polyether based)
PUR-Ether/TDI	Polyurethane (Polyether, TDI)
PUR-MDI	Polyurethane (MDI)
PVC Elastomer	Polyvinyl Chloride Elastomer
PVC, Flexible	Polyvinyl Chloride, Flexible
PVC, Rigid	Polyvinyl Chloride, Rigid
PVC, Semi-Rigid	Polyvinyl Chloride, Semi-Rigid
PVC, Unspecified	Polyvinyl Chloride, Unspecified
PVC+NBR	Polyvinyl Chloride + NBR
PVC+PUR	Polyvinyl Chloride + PUR
PVDF	Polyvinylidene Fluoride
SAN	Styrene Acrylonitrile
SAS	Styrene Acrylonitrile Silicone Copolymer
SB	Styrene Butadiene Block Copolymer
SBS	Styrene Butadiene Styrene Block Copolymer
SEBS	Styrene Ethylene Butylene Styrene Block Copolymer
SEP	Styrene Ethylene Propylene Block Copolymer
SI	Styrene Isoprene Branched Copolymer
Siloxane, UHMW	Siloxane Polymer (UHMW)
SIS	Styrene Isoprene Styrene Block Copolymer
SMA	Styrene Maleic Anhydride

Symbol	Long Name
SPS	Syndiotactic Polystyrene
SVA	Styrenic + Vinyl + Acrylonitrile
TEEE	Thermoplastic Elastomer, Ether-Ester
TES	Styrenic Thermoplastic Elastomer
TP, Unspecified	Thermoplastic, Unspecified
TPC-ET	Thermoplastic Copolyester Elastomer
TPE	Thermoplastic Elastomer
TPEE	Thermoplastic Polyester Elastomer
TPO (POE)	Thermoplastic Polyolefin Elastomer
TPU, Unspecified	Thermoplastic Polyurethane Elastomer, Unspecified
TPU-Capro	Thermoplastic Polyurethane Elastomer (Polycaprolactone)
TPU-Ester/Ether	Thermoplastic Polyurethane Elastomer (Ester/Ether)
TPU-Polyester	Thermoplastic Polyurethane Elastomer (Polyester)
TPU-Polyether	Thermoplastic Polyurethane Elastomer (Polyether)
TPV	Thermoplastic Vulcanizate
TS, Unspecified	Thermoset, Unspecified
TSU	Polyurethane Thermoset Elastomer
UHMWPE	Polyethylene, Ultra High Molecular Weight
Urea Compound	Urea Compound
Urea Formald	Urea Formaldehyde
Vinyl Ester	Vinyl Ester
VLDPE	Polyethylene, Very Low Density

FILLERS AND ADDITIVES

Symbol	Long Name
AC	Alpha cellulose filler
AP	Aramid powder
AR	Aramid fiber
BAS	Barium sulfate
BRS	Brass fiber
CAC	Calcium carbonate filler
CB	Ceramic bead filler
CEL	Cellulose filler
CF	Carbon fiber reinforcement
CFL	Carbon fiber, long
CFM	Carbon fiber, milled
CFN	Carbon fiber, nickel-coated
CGM	Carbon\Glass\Mineral
CH	Chalk Filler
CL	Clay filler
CN	Carbon nanotube
CO	Copper filler
CP	Carbon powder
CSO	Wollastonite (CaSiO3)
CTE	Carbon\PTFE
CTN	Cotton filler
DAC	Dacron
FLK	Flock
GB	Glass bead

Symbol	Long Name
GBF	Glass bead\Glass fiber
GBM	Glass bead\Mineral
GCC	Glass\Calcium carbonate
GCF	Glass\Carbon fiber reinforcement
GCP	Glass\Carbon powder
GCR	Glass\Ceramic
GFI	Glass fiber reinforcement
GFM	Glass fiber, milled
GGF	Glass fiber\Glass flake
GLL	Glass fiber, long
GLM	Glass fabric reinforcement
GLT	Glass\Talc
GMF	Glass milled\Glass fiber
GMI	Glass\Mica
GMN	Glass\Mineral
GRF	Graphite fiber reinforcement
GRP	Graphite powder
GTE	Glass\PTFE
IR	Iron
ME	Metal
MF	Metallic flake
MI	Mica filler
MN	Mineral filler
NAT	Natural fiber reinforcement
NYL	Nylon fiber
ORG	Organic filler
ORL	Orlon

Symbol	Long Name
PRO	Proprietary filler
PTF	PTFE Fiber
SIF	Silica filler
ST	Steel filler
STP	Stainless steel powder filler
STS	Stainless steel fiber
TAL	Talc filler
TEF	Teflon® PTFE
TMN	Talc\Mineral
TUN	Tungsten filler
UNS	Unspecified filler\reinfor.
WDF	Wood flour
WH	Whisker

Melt Flow Conditions

Condition	°C	Load, kg
A	125	0.325
D	190	0.325
E	190	2.16
F	190	21.6
G	200	5.0
I	230	3.8
K	275	0.325
L	230	2.16
M	190	1.05
N	190	10.0
O	300	1.2
P	190	5.0
Q	235	1.0
S	235	5.0
T	250	2.16
V	210	2.16
W	285	2.16
X	315	5.0
AA	265	5.0
AC	320	1.2
AD	240	5.0
AE	265	3.4
AF	250	5.0
AG	220	2.16
AH	230	21.6
AI	240	2.16
AJ	260	2.16

FREE DATA SHEETS: WWW.IDES.COM/PSIM

Condition	°C	Load, kg
AK	260	3.8
AN	220	10.0
AO	230	10.0
AP	337	6.6
AQ	295	6.6
AR	367	6.6
AS	280	2.16
AT	250	3.8
AU	343	2.06
AV	190	8.7
AW	224	1.2
AX	224	2.16
AY	224	5.0
AZ	260	5.0
BA	200	3.8
BD	280	5.0
BE	300	5.0
BF	230	5.0
BL	240	10.0
BM	275	2.16
BO	275	5.0
BP	265	2.16
BQ	280	1.2
BR	280	3.8
BT	300	21.6
BY	220	5.0
BZ	250	1.2
CB	265	10.0
CF	330	2.16
CG	200	10.0

CONDITION	°C	LOAD, KG
CH	343	2.16
CI	380	2.16
CJ	215	10.1
CK	266	1.2
CL	372	5.0
CN	266	5.0
CT	200	21.6
CU	250	10.0
CV	400	2.16
CW	230	2.8
CX	385	2.16
CY	210	5.0
CZ	250	1.0
DA	280	1.0
DB	230	12.5
DC	300	2.16
DD	200	2.16
DE	250	11.6
DF	260	1.0
DG	260	10.0
DI	365	5.0
DJ	377	6.6
DK	400	1.05
DL	420	10.0
DM	420	2.18
DO	260	2.2
DR	400	5.0
DS	240	21.6 6

FREE DATA SHEETS: WWW.IDES.COM/PSIM

PROPERTY TABLES

The organization of materials in the tables that follow is in this sequence:
- Materials are arranged alphabetically by generic name.
- Within generic name, they are alphabetical by tradename.
- Within tradename, they are sorted numerically first, then alphabetically.
- When known, the number following the filler type is the percent of loading.
- The letters beside the melt flow numbers refer to the conditions given on pp. 23-25.

While every effort has been made to gather data from all material suppliers, data on some materials has not been made available to us.

Please, let us hear from you how we can improve this publication.

PROPERTY TABLES

Grade	Filler	Sp Grav	Shrink mils/in	Melt flow g/10 min	Drying temp, °F	Drying time, hr	Max. % moisture
ABS	**Abifor**				**DTR**		
6080 V0		1.183	5.0	30.00	176	2.0-3.0	
7145 V0-UV		1.223	5.0	30.00	176	2.0-3.0	
AR		1.053	5.0	6.00	176	2.0-3.0	
GF20V0	GFI 20				176	2.0-3.0	
MR		1.053	5.0	20.00	176	2.0-3.0	
MR GF17	GFI 17	1.183	3.0	10.00	176	2.0-3.0	
UG		1.053	5.0	30.00	176	2.0-3.0	
UG GB20	GB 20	1.193	4.0	20.00	176	2.0-3.0	
ABS	**Abstron**				**Bhansali Eng Poly**		
AP-78 EP		1.045	4.0	15.00 AN	185-194	3.0-3.5	0.15
HCR-15 M		1.045	4.0	30.00 AN	185-194	3.0-3.5	0.15
HI-34		1.045	4.0	20.00 AN	185-194	3.0-3.5	0.15
HI-40		1.045	4.0	18.00 AN	185-194	3.0-3.5	0.15
HI-40 B		1.045	> 4.0	18.00 AN	185-194	3.0-3.5	0.15
HR-105		1.045	3.0	6.00 AN	203-212	3.0-3.5	0.15
HR-59		1.045	4.0	22.00 AN	185-194	3.0-3.5	0.15
HR-59(M)		1.045	4.0	24.00 AN	185-194	3.0-3.5	0.15
HR-60		1.045	4.0	15.00 AN	185-194	3.0-3.5	0.15
IM-11		1.045	4.0	20.00 AN	185-194	3.0-3.5	0.15
IM-11 BM		1.045	4.0	42.00 AN	185-194	3.0-3.5	0.15
IM-11 GM		1.045	4.0	20.00 AN	185-194	3.0-3.5	0.15
IM-11B		1.045	4.0	32.00 AN	185-194	3.0-3.5	0.15
IM-11G		1.045	4.0	14.00 AN	185-194	3.0-3.5	0.15
IM-14 G		1.045	4.0	20.00 AN	185-194	3.0-3.5	0.15
IM-14 S		1.045	4.0	15.00 AN	185-194	3.0-3.5	0.15
IM-16 M		1.045	4.0	8.00 AN	185-194	3.0-3.5	0.15
IM-17 A EP		1.045	5.0	45.00 AN	185-194	3.0-3.5	0.15
IM-17A		1.045	4.0	45.00 AN	185-194	3.0-3.5	0.15
IM-17A(DLW)		1.045	4.0	33.00 AN	185-194	3.0-3.5	0.15
IM-17A(HF)		1.045	4.0	62.00 AN	185-194	3.0-3.5	0.15
IM-18		1.045	4.0	10.00 AN	185-194	3.0-3.5	0.15
IM-21		1.045	4.0	30.00 AN	185-194	3.0-3.5	0.15
IM-29		1.045	4.0	21.00 AN	185-194	3.0-3.5	0.15
IMG-1115	GFI 15	1.220	2.0	15.00 AN	185-194	3.0-3.5	0.15
IMG-1120	GFI 20	1.220	2.0	12.00 AN	185-194	3.0-3.5	0.15
IMG-1130	GFI 30	1.250	2.0	10.00 AN	185-194	3.0-3.5	0.15
IMG-S20	GFI 20	1.240	2.0	16.00 AN	185-194	3.0-3.5	0.15
KU-600		1.045	3.0	9.00 AN	203-212	3.0-3.5	0.15
KU-650		1.045	3.0	5.00 AN	203-212	3.0-3.5	0.15
KU-650M		1.045	3.0	5.50 AN	203-212	3.0-3.5	0.15
MIF-35		1.045	4.0	38.00 AN	185-194	3.0-3.5	0.15
MIF-45		1.045	4.0	43.00 AN	185-194	3.0-3.5	0.15
SHF-50+		1.045	4.0	55.00 AN	185-194	3.0-3.5	0.15
SHF-50+M		1.045	4.0	48.00 AN	185-194	3.0-3.5	0.15
TG-3(M)		1.045	5.0	42.00 AN	185-194	3.0-3.5	0.15
ABS	**Albis ABS**				**Albis**		
01A FR 05		1.210		4.50 G			
01A FR01		1.200		5.70 G			
01A GF10	GFI 10	1.093		1.40 G			
01A GF10 JC	GFI 10	1.090		6.00 G			
01A GF20	GFI 20	1.223		0.80 G			
01A GF20 JC	GFI 20	1.140		3.20 G			

Max. % regrind	Inj. pres., ksi	Rear temp, °F	Mid temp, °F	Front temp, °F	Nozzle temp, °F	Proc temp, °F	Mold temp, °F
						356-410	122-158
						356-410	122-158
						374-446	122-140
						410-482	122-176
						374-446	122-140
						410-482	122-176
						374-446	122-140
						410-482	122-176
						410-482	140-176
						428-500	149-185
						410-464	140-176
						410-464	140-176
						410-464	140-176
						446-536	158-194
						428-500	149-185
						428-500	149-185
						428-500	149-185
						410-464	140-176
						410-464	140-176
						410-464	140-176
						410-464	140-176
						410-464	140-176
						410-482	140-176
						410-482	140-176
						410-482	140-176
						410-482	140-176
						410-482	140-176
						410-482	140-176
						410-482	140-176
						428-500	149-185
						410-482	140-176
						410-464	140-176
						446-500	167-203
						446-500	167-203
						446-500	167-203
						446-500	167-203
						446-536	158-194
						446-536	158-194
						446-536	158-194
						410-464	140-176
						410-464	140-176
						410-482	140-176
						410-482	140-176
						410-464	140-176
						320-425	100-140
						320-425	100-140
						430-500	150-190
						430-500	150-190
						320-520	140-195
						390-520	140-195

FREE DATA SHEETS: WWW.IDES.COM/PSIM

Grade	Filler	Sp Grav	Shrink, mils/in	Melt flow, g/10 min	Drying temp, °F	Drying time, hr	Max. % moisture
01A GF20 UV	GFI 20	1.200		0.80 G			
01A GF30	GFI 30	1.260		2.10 G			
01A GP01		1.040		20.00 AN			
01A GP01							
GRAY 8GY1313		1.050		8.10 AN			
01A GP02		1.040		35.00 AN			
01A GP03				4.00 AN			
01A HH01 FR							
03 - All Colors		1.190					
01A HI01		1.030		12.00 AN			
530 01A 266		1.090		1.10 G			
GP51 Black		1.050		5.00 I			
GP51 Natural		1.050		5.00 I			
Prime Virgin Material		1.040		20.00 AN			

ABS — Alcom — Albis

Grade	Filler	Sp Grav	Shrink, mils/in	Melt flow, g/10 min	Drying temp, °F	Drying time, hr	Max. % moisture
ABS 01A GP01							
Gray 8GY1329-FF		1.100		11.00 AN			
ABS 530 AS		1.090		0.40 AN			
ABS 530 PAS02 05 FC		1.030					
ABS 530 PAS02 10 FC		1.020					
ABS 530 PAS02 15		1.070		14.20 AN			
ABS 530/1							
8GY1305-FF		1.100		11.00 AN			
ABS 530/1 Metallic							
Gray 8GY1317-FF		1.100		11.00 AN			
ABS 530/1							
SM-8GY1328-FF		1.090		16.30 AN			
ABS 530/12		1.080		12.00 AN			
SM 31-749-FF							
ABS 530/12							
SM 31-753-FF SM		1.080		12.00 AN			
ABS 530/22							
SM 31-749-FF		1.080		15.00 AN			
ABS 530/3							
SM 31-753-FF		1.100		11.00 AN			
MABS							
530 TR PAS03 05		1.070					
MABS							
530 TR PAS03 10		1.030					

ABS — Anjalin — J&A Plastics

Grade	Filler	Sp Grav	Shrink, mils/in	Melt flow, g/10 min	Drying temp, °F	Drying time, hr	Max. % moisture
500-FR		1.183			158-194	2.0-3.0	0.20
500G		1.043			158-194	2.0-3.0	0.20
500GSH		1.053			158-194	2.0-3.0	0.20
550-GF10	GFI 10	1.123			158-194	2.0-3.0	0.20
550-M40	MN 40	1.554			158-194	2.0-3.0	0.20
R500		1.083			158-194		

ABS — Astalac — Marplex

Grade	Filler	Sp Grav	Shrink, mils/in	Melt flow, g/10 min	Drying temp, °F	Drying time, hr	Max. % moisture
508		1.050	4.0-8.0	15.00 AN	194-203	3.0-6.0	
AMG		1.050	4.0-8.0	4.00 I	185-194	3.0-6.0	
ARF		1.050	4.0-8.0	15.00 AN	194-203	3.0-6.0	
DM		1.050	4.0-8.0	7.50 I	185-194	3.0-6.0	
DM 23928		1.050	4.0-8.0	3.50 I	185-194	3.0-6.0	
DMF		1.050	4.0-8.0	7.50 I	185-194	3.0-6.0	

Max. % regrind	Inj. pres., ksi	Rear temp, °F	Mid temp, °F	Front temp, °F	Nozzle temp, °F	Proc temp, °F	Mold temp, °F
						390-520	140-195
						450-550	150-200
						430-500	85-140
						430-500	85-140
						430-500	85-140
						430-500	85-140
						320-425	100-140
						430-500	85-140
						430-500	85-140
						430-500	85-140
						430-500	85-140
						430-500	85-140
						430-500	85-140
						430-500	85-140
						430-500	85-140
						430-500	85-140
						430-500	85-140
						430-500	85-140
						430-500	85-140
						430-500	85-140
						430-500	85-140
						430-500	85-140
						430-500	85-140
						430-500	85-140
						428-500	122-194
						428-500	122-194
						428-500	122-194
						428-536	122-194
						428-536	122-194
						428-500	122-194
	8.7-20.3	401-437	419-455	437-473		428-482	104-176
	8.7-20.3	401-437	419-455	437-473		428-482	104-158
	8.7-20.3	401-437	419-455	437-473		428-482	104-176
	8.7-20.3	383-419	401-437	419-455		410-464	104-158
	8.7-20.3	383-419	401-437	419-455		410-464	104-158
	8.7-20.3	383-419	401-437	419-455		410-464	104-158

FREE DATA SHEETS: WWW.IDES.COM/PSIM

Grade	Filler	Sp Grav	Shrink, mils/in	Melt flow, g/10 min	Drying temp, °F	Drying time, hr	Max. % moisture
DMT		1.040	4.0-8.0	5.00 I	185-194	3.0-6.0	
EPC		1.050	4.0-8.0	27.00 AN	185-194	3.0-6.0	
EPF		1.050	4.0-8.0	19.00 AN	185-194	3.0-6.0	
FBK-M		0.935	4.0-8.0		185-194		
GF10	GFI 10	1.100	2.0-4.0	3.00 I	185-194	3.0-6.0	
GF15	GFI 15	1.120	2.0-4.0	3.00 I	185-194	3.0-6.0	
GF20	GFI 20	1.190	2.0-4.0	3.00 I	185-194	3.0-6.0	
GF30	GFI 30	1.250	2.0-4.0	4.00 AN	185-194	3.0-6.0	
GMT		1.040	4.0-8.0	27.00 AN	185-194	3.0-6.0	
GSM		1.040	4.0-8.0	14.00 AN	185-194	3.0-6.0	
GSM-H		1.040	4.0-8.0	9.00 AN	185-194	3.0-6.0	
GSM-S		1.040	4.0-8.0	4.00 I	185-194	3.0-6.0	
HM		1.040	4.0-8.0	2.50 AN	185-194	3.0-6.0	
HR140/SAN		1.040	4.0-8.0	14.00 AN	185-194	3.0-6.0	
HST		1.040	4.0-8.0	27.00 AN	185-194	3.0-6.0	
JP		0.755	4.0-8.0		185-194		
KGF	GFI 10	1.170	1.0-5.0	11.00 AN	185-194	3.0-6.0	
KJB		1.220	4.0-8.0	5.00 I	185-194	3.0-5.0	
KJC		1.180	4.0-8.0	6.00 I	185-194	3.0-5.0	
KJE		1.170	4.0-8.0	2.00 I	185-194	3.0-5.0	
KJM		1.200	4.0-8.0	6.00 I	185-194	3.0-5.0	
KJN		1.220	4.0-8.0	2.00 I	194-203	3.0-6.0	
KJU		1.220	4.0-8.0	6.00 I	185-194	3.0-5.0	
KJW		1.220	4.0-8.0	7.50 I	185-194	3.0-5.0	
KJW-E		1.220	4.0-8.0	4.00 I	185-194	3.0-5.0	
KMD		1.170	4.0-8.0	4.00 I	185-194	3.0-5.0	
KMD-I		1.170	4.0-8.0	9.00 AN	185-194	3.0-5.0	
KMF		1.150	4.0-8.0	5.00 I	185-194	3.0-5.0	
KMG		1.160	4.0-8.0	3.00 I	185-194	3.0-5.0	
KMP		1.170	4.0-8.0	1.50 I	194-203	3.0-5.0	
KMQ		1.160	4.0-8.0	2.00 I	194-203	3.0-5.0	
KMU		1.190	4.0-8.0	5.00 I	185-194	3.0-5.0	
KMY		1.160	4.0-8.0	16.00 I	185-194	3.0-5.0	
KMZ		1.160	4.0-8.0	5.00 I	185-194	3.0-5.0	
LG100		1.040	4.0-8.0	6.00 AN	185-194	3.0-5.0	
LG150		1.050	4.0-8.0	8.00 AN	194-203	3.0-6.0	
LG200		1.050	4.0-8.0	5.00 AN	194-203	3.0-6.0	
LG300		1.050	4.0-8.0	4.00 AN	194-203	3.0-6.0	
LM		1.040	4.0-8.0	6.50 AN	185-194	3.0-6.0	
LXB		1.040	4.0-8.0	15.00 AN	185-194	3.0-6.0	
M121		1.040	4.0-8.0	5.00 AN	185-194	3.0-6.0	
M127		1.050	4.0-8.0	7.50 I	185-194	3.0-6.0	
M136		1.050	4.0-8.0	8.50 I	185-194	3.0-6.0	
M141		1.050	4.0-8.0	14.00 I	185-194	3.0-6.0	
M142		1.050	4.0-8.0	10.00 I	185-194	3.0-6.0	
M144		1.040	4.0-8.0	35.00 AN	185-194	3.0-6.0	
M151		1.040	4.0-8.0	14.00 AN	185-194	3.0-6.0	
M160		1.050	4.0-8.0	20.00 AN	185-194	3.0-6.0	
M161		1.050	4.0-8.0	40.00 AN	185-194	3.0-6.0	
M163		1.050	4.0-8.0	16.00 AN	185-194	3.0-6.0	
M175		1.040	4.0-8.0	14.00 AN	185-194	3.0-6.0	
M180		1.040	4.0-8.0	5.00 AN	185-194	3.0-6.0	
M182		1.050	4.0-8.0	4.00 AN	185-194	3.0-6.0	
M187		1.050	4.0-8.0	15.00 I	185-194	3.0-6.0	
M190		1.050	4.0-8.0	19.00 AN	185-194	3.0-6.0	
M20		1.050	4.0-8.0	15.00 AN	185-194	3.0-6.0	

Max. % regrind	Inj. pres., ksi	Rear temp, °F	Mid temp, °F	Front temp, °F	Nozzle temp, °F	Proc temp, °F	Mold temp, °F
	8.7-20.3	392-428	410-446	428-464		419-473	104-158
	8.7-20.3	401-437	419-455	437-473		428-482	104-158
	8.7-20.3	401-437	419-455	437-473		428-482	104-158
		383-419	401-437	419-455		410-464	86-122
	8.7-20.3	392-428	410-446	428-464		428-464	104-158
	8.7-20.3	401-437	419-455	437-473		428-482	104-158
	8.7-20.3	401-437	419-455	437-473		428-482	104-158
	8.7-20.3	401-437	419-455	437-473		428-482	104-158
	8.7-20.3	401-437	419-455	437-473		428-482	104-158
	8.7-20.3	401-437	419-455	437-473		428-482	104-158
	8.7-20.3	401-437	419-455	437-473		428-482	104-158
	8.7-20.3	401-437	419-455	437-473		428-482	104-158
	8.7-20.3	401-437	419-455	437-473		428-482	104-158
	8.7-20.3	401-437	419-455	437-473		428-482	104-158
		383-419	401-437	419-455		410-464	86-122
	8.7-20.3	383-419	401-437	419-455		410-464	104-158
	8.7-20.3	383-419	401-437	419-455		410-464	104-158
	8.7-20.3	383-419	401-437	419-455		410-464	104-158
	8.7-20.3	401-437	419-455	437-473		428-482	104-158
	8.7-20.3	383-419	401-437	419-455		410-464	104-158
	8.7-20.3	401-437	419-455	437-473		428-482	104-158
	8.7-20.3	383-419	401-437	419-455		410-464	104-158
	8.7-20.3	383-419	401-437	419-455		410-464	104-158
	8.7-20.3	383-419	401-437	419-455		410-464	104-158
	8.7-20.3	356-392	374-410	392-428		392-437	104-158
	8.7-20.3	383-419	401-437	419-455		410-464	104-158
	8.7-20.3	401-437	419-455	437-473		428-482	104-158
	8.7-20.3	401-437	419-455	437-473		428-482	104-158
	8.7-20.3	401-437	419-455	437-473		428-482	104-158
	8.7-20.3	383-419	401-437	419-455		410-464	104-158
	8.7-20.3	374-410	392-428	410-446		401-455	104-158
	8.7-20.3	383-419	401-437	419-455		410-464	104-158
	8.7-20.3	401-437	419-455	437-473		428-482	86-158
	8.7-20.3	401-437	419-455	437-473		428-482	86-176
	8.7-20.3	419-455	437-473	455-491		446-500	86-176
	8.7-20.3	419-455	437-473	455-491		446-500	86-176
	8.7-20.3	401-437	419-455	437-473		428-482	104-158
	8.7-20.3	401-437	419-455	437-473		428-482	104-158
	8.7-20.3	401-437	419-455	437-473		428-482	86-158
	8.7-20.3	383-419	401-437	419-455		410-464	104-158
	8.7-20.3	401-437	419-455	437-473		428-482	104-158
	8.7-20.3	401-437	419-455	437-473		428-482	104-158
	8.7-20.3	401-437	419-455	437-473		428-482	104-158
	8.7-20.3	401-437	419-455	437-473		428-482	104-158
	8.7-20.3	401-437	419-455	437-473		428-482	104-158
	8.7-20.3	401-437	419-455	437-473		428-482	104-158
	8.7-20.3	401-437	419-455	437-473		428-482	104-158
	8.7-20.3	401-437	419-455	437-473		428-482	86-158
	8.7-20.3	401-437	419-455	437-473		428-482	86-158
	8.7-20.3	401-437	419-455	437-473		428-482	104-158
	8.7-20.3	401-437	419-455	437-473		428-482	104-158
	8.7-20.3	401-437	419-455	437-473		428-482	104-176

FREE DATA SHEETS: WWW.IDES.COM/PSIM

Grade	Filler	Sp Grav	Shrink, mils/in	Melt flow, g/10 min	Drying temp, °F	Drying time, hr	Max. % moisture
M200		1.050	4.0-8.0	19.00 AN	185-194	3.0-6.0	
M22		1.040	4.0-8.0	18.00 AN	185-194	3.0-6.0	
M241		1.050	4.0-8.0	19.00 AN	185-194	3.0-6.0	
M25		1.050	4.0-8.0	9.00 AN	194-203	3.0-6.0	
M28		1.050	4.0-8.0	9.00 I	185-194	3.0-6.0	
M35		1.050	4.0-8.0	30.00 AN	185-194	3.0-6.0	
M40		1.040	4.0-8.0	2.50 AN	185-194	3.0-6.0	
M42		1.030	4.0-8.0	5.00 AN	185-194	3.0-6.0	
M45		1.050	4.0-8.0	19.00 AN	185-194	3.0-6.0	
M46		1.050	4.0-8.0	10.00 I	185-194	3.0-6.0	
M48		1.050	4.0-8.0	27.00 AN	185-194	3.0-6.0	
M49		1.050	4.0-8.0	14.00 I	185-194	3.0-6.0	
M76		1.040	4.0-8.0	5.00 AN	185-194	3.0-6.0	
M78		1.040	4.0-8.0	8.00 AN	185-194	3.0-6.0	
M95		1.050	4.0-8.0	8.00 AN	194-203	3.0-6.0	
MDA191		1.050	4.0-8.0	6.00 AN	194-203	3.0-6.0	
MDA207		1.040	4.0-8.0	7.00 I	185-194	3.0-6.0	
MDA213		1.040	4.0-8.0	27.00 AN	185-194	3.0-6.0	
MDA36		1.050	4.0-8.0	5.50 I	185-194	3.0-6.0	
MDA49		1.180	4.0-8.0	7.00 I	185-194	3.0-5.0	
MDA96		1.050	4.0-8.0	4.00 I	185-194	3.0-6.0	
MDS		1.040	4.0-8.0	22.00 AN	185-194	3.0-6.0	
MR80	GFI 20	1.180	2.0-4.0	3.00 I	194-203	3.0-6.0	
MSP		1.050	4.0-8.0	22.00 AN	185-194	3.0-6.0	
RM150		1.050	4.0-8.0	18.00 I	185-194	3.0-6.0	
RM150FR		1.170	4.0-8.0	2.00 I	185-194	3.0-6.0	
T		1.050	4.0-8.0	19.00 AN	185-194	3.0-6.0	
T-AS		1.050	4.0-8.0	19.00 AN	185-194	3.0-6.0	
TF		1.050	4.0-8.0	25.00 AN	185-194	3.0-6.0	
TGF20	GFI 20	1.210	2.0-4.0	6.00 AN	194-203	3.0-6.0	
X15		1.050	4.0-8.0	9.00 AN	194-203	3.0-6.0	
X17		1.050	4.0-8.0	9.00 AN	194-203	3.0-6.0	
X7		1.050	4.0-8.0	10.00 AN	194-203	3.0-6.0	
Z48		1.050	4.0-8.0	6.00 AN	194-203	3.0-6.0	
Z48GF20	GFI 20	1.220	2.0-4.0	3.00 AN	185-194	3.0-6.0	

ABS   Atrate   Nippon A&L

Grade	Filler	Sp Grav	Shrink, mils/in	Melt flow, g/10 min	Drying temp, °F	Drying time, hr	Max. % moisture
MM-60		1.133	2.0-6.0	9.00 AN	176		

ABS   AVP   GE Polymerland

Grade	Filler	Sp Grav	Shrink, mils/in	Melt flow, g/10 min	Drying temp, °F	Drying time, hr	Max. % moisture
FCCHG		1.100	5.0-9.0	4.00 I	190	4.0	
FCCS0		1.100	5.0-9.0	4.00 I	190	4.0	
FCCS0CU		1.220	5.0-9.0	4.00 I	190	4.0	
GCC15		1.050	5.0-9.0	2.00 I	190	3.0	
GCC20		1.050	5.0-9.0	3.00 I	190	3.0	
GCC2L		1.050	5.0-9.0	7.00 I	180	2.0	
GCC30		1.050	5.0-9.0	3.00 I	190	2.0	
GCC50		1.050	5.0-9.0	3.00 I	190	2.0	
GCCHF		1.050	5.0-7.0	5.00 I	190	2.0	
GCCHG		1.050	5.0-9.0	4.00 I	190	2.0	
GCCHU		1.050	5.0-7.0	4.00 I	190	2.0	
GCCMB		1.050	5.0-9.0	7.00 I	190	2.0	
GCCMF		1.050	5.0-9.0	4.00 I	190	2.0	
GCCMG		1.050	5.0-8.0	12.50 I	190	2.0	
GCCTL		1.050	5.0-9.0	6.00 I	180	4.0	
HCC19		1.060	5.0-9.0	3.00 I	200	0.0	

Max. % regrind	Inj. pres., ksi	Rear temp, °F	Mid temp, °F	Front temp, °F	Nozzle temp, °F	Proc temp, °F	Mold temp, °F
	8.7-20.3	401-437	419-455	437-473		428-482	104-158
	8.7-20.3	401-437	419-455	437-473		428-482	104-158
	8.7-20.3	401-437	419-455	437-473		428-482	104-158
	8.7-20.3	419-455	437-473	455-491		446-500	104-176
	8.7-20.3	383-419	401-437	419-455		410-464	104-158
	8.7-20.3	401-437	419-455	437-473		428-482	104-158
	8.7-20.3	401-437	419-455	437-473		428-482	104-158
	8.7-20.3	401-437	419-455	437-473		428-482	104-158
	8.7-20.3	401-437	419-455	437-473		428-482	104-158
	8.7-20.3	401-437	419-455	437-473		428-482	104-158
	8.7-20.3	401-437	419-455	437-473		428-482	104-158
	8.7-20.3	401-437	419-455	437-473		428-482	104-158
	8.7-20.3	401-437	419-455	437-473		428-482	104-158
	8.7-20.3	419-455	437-473	455-491		446-500	104-176
	8.7-20.3	419-455	437-473	469-491		446-500	104-176
	8.7-20.3	392-428	410-446	428-464		419-473	104-158
	8.7-20.3	401-437	419-455	437-473		428-482	104-158
	8.7-20.3	401-437	419-455	437-473		428-482	104-158
	8.7-20.3	383-419	401-437	419-455		410-464	104-158
	8.7-20.3	401-437	419-455	437-473		428-482	104-158
	8.7-20.3	401-437	419-455	437-473		428-482	104-158
	8.7-20.3	401-437	419-455	437-473		428-482	104-158
	8.7-20.3	401-437	419-455	437-473		428-482	104-158
	8.7-20.3	401-437	419-455	437-473		428-482	104-158
	8.7-20.3	401-437	419-455	437-473		428-482	104-158
	8.7-20.3	401-437	419-455	437-473		428-482	104-158
	8.7-20.3	401-437	419-455	437-473		428-482	104-158
	8.7-20.3	401-437	419-455	437-473		428-482	104-158
	8.7-20.3	401-437	419-455	437-473		428-482	104-176
	8.7-20.3	419-455	437-473	455-491		446-500	104-176
	8.7-20.3	419-455	437-473	455-491		446-500	104-176
	8.7-20.3	419-455	437-473	455-491		446-500	104-176
	8.7-20.3	419-455	437-473	455-491		446-500	104-158
		428-500	428-500	428-500			104-158
						380-450	130-160
						380-450	130-160
						380-450	130-160
						425-500	120-150
						425-500	120-150
						425-500	120-150
						425-500	120-150
						425-500	120-150
						425-500	125-150
						425-500	120-150
						425-500	120-150
						425-500	120-150
		370-410	400-440	420-460	425-500	425-500	120-160
						425-500	120-150
		370-390	390-410	400-440	400-475	400-475	120-160
						425-500	120-150
						460-535	120-150

FREE DATA SHEETS: WWW.IDES.COM/PSIM

Grade	Filler	Sp Grav	Shrink, mils/in	Melt flow, g/10 min	Drying temp, °F	Drying time, hr	Max. % moisture
RCC10	GFI 10	1.100	2.0-3.0	2.50 I	190	2.0	
RCC11	GFI 11	1.100	2.0-3.0		190	4.0	
RCC15	GFI 15	1.150	2.0-3.0		190	2.0	
RCC20	GFI 20	1.190	1.0-2.0	2.00 I	190	2.0	
RCC30	GFI 30	1.290	1.0-2.0	1.00 I	190	2.0	
RCC3B	GFI 30	1.050	1.0-2.0		190	4.0	

ABS — B&M ABS — B&M Plastics

Grade	Filler	Sp Grav	Shrink, mils/in	Melt flow, g/10 min	Drying temp, °F	Drying time, hr	Max. % moisture
ABS		1.040		8.00	175-185	2.0	
ABS30		1.050	5.0	3.00 I	175-185	2.0	
ABS30S		1.060		4.00 I	175-185	2.0	
FRABS		1.190		6.00 I	185	3.0	0.02

ABS — Bulksam — UMG ABS

Grade	Filler	Sp Grav	Shrink, mils/in	Melt flow, g/10 min	Drying temp, °F	Drying time, hr	Max. % moisture
MG-2510A	GFI	1.153	2.0-4.0		212	3.0-4.0	
MG-2520A	GFI	1.223	1.0-3.0		212	3.0-4.0	
MG-2530A	GFI	1.313	0.5-3.0		212	3.0-4.0	
TM-15		1.053	4.0-6.0		212	3.0-4.0	
TM-15M		1.053	4.0-6.0		212	3.0-4.0	
TM-20		1.063	4.0-6.0		212	3.0-4.0	
TM-25		1.063	5.0-7.0		212	3.0-4.0	
TM-25M		1.063	4.0-6.0		212	3.0-4.0	
TM-30		1.073	5.0-7.0		230	3.0-4.0	
TM-30G6		1.053	6.0-8.0		230	3.0-4.0	
UT20B		1.063	6.0-8.0		221	3.0-4.0	
UT30B		1.063	6.0-8.0		230	3.0-4.0	

ABS — Cevian — Daicel Polymer

Grade	Filler	Sp Grav	Shrink, mils/in	Melt flow, g/10 min	Drying temp, °F	Drying time, hr	Max. % moisture
AF100		1.073	4.0-6.0	9.00 G	158	3.0-4.0	
AF700		1.073	4.0-6.0	8.00 G	176	3.0-4.0	
SER20		1.183	4.0-6.0	40.00 AN	158-176	3.0-4.0	
SER22		1.203	4.0-6.0	55.00 AN	158-176	3.0-4.0	
SER80		1.173	4.0-6.0	25.00 AN	158-176	3.0-4.0	
SER91		1.193	4.0-6.0	20.00 AN	158-176	3.0-4.0	
SER91X		1.233	4.0-6.0	22.00 AN	158-176	3.0-4.0	
SERG1	GFI 10	1.303	2.0-5.0		176-185	3.0-5.0	
SERG2	GFI 20	1.363	2.0-5.0		176-185	3.0-5.0	
SERG3	GFI 30	1.414	1.0-4.0		176-185	3.0-5.0	
VF191		1.113	4.0-6.0	19.00 AN	158-176	3.0-4.0	
VF512		1.103	4.0-6.0	33.00 AN	158-176	3.0-4.0	

ABS — Cevian — PlastxWorld

Grade	Filler	Sp Grav	Shrink, mils/in	Melt flow, g/10 min	Drying temp, °F	Drying time, hr	Max. % moisture
SER20NF		1.183	4.0-6.0	80.00 AN	175-185	2.0-4.0	
SER240		1.200		5.50 L	170-185	2.0-4.0	
SER241		1.180		5.50 L	170-185	2.0-4.0	
SER242		1.160		4.50 L	170-185	2.0-4.0	
SER80		1.170	4.0-6.0	15.00 BF	175-185	2.0-4.0	
SER90		1.190		3.20 I	175-185	2.0-4.0	
SFG10	GFI 10	1.270	3.0-6.0		175-185	2.0-4.0	
SFG20	GFI 20	1.330	2.0-5.0		175-185	2.0-4.0	
SFG30	GFI 30	1.400	1.0-4.0		175-185	2.0-4.0	

ABS — Cevian-V — Daicel Polymer

Grade	Filler	Sp Grav	Shrink, mils/in	Melt flow, g/10 min	Drying temp, °F	Drying time, hr	Max. % moisture
300SF		1.033	4.0-6.0	12.00 AN	176-185	3.0-5.0	
320SF		1.053	4.0-6.0	17.00 AN	176-185	3.0-5.0	
400N		1.053	4.0-7.0	2.00 AN	176-185	3.0-5.0	

Max. % regrind	Inj. pres., ksi	Rear temp, °F	Mid temp, °F	Front temp, °F	Nozzle temp, °F	Proc temp, °F	Mold temp, °F
						475-500	150-200
						475-500	150-200
						475-500	150-200
						475-500	150-200
						475-500	150-200
						475-500	150-200
		400-475	350-400	380-400	400-430		120-140
		350-380	350-400	380-400	400-430		120-140
		350-380	350-400	380-400	400-430		120-140
		380-400	400-430	420-450	410-440	420-460	120-140
	10.2-20.3	410-446	446-4262	464-500	446-482	464-536	140-176
	10.2-20.3	410-446	446-4262	464-500	446-482	464-536	140-176
	10.2-20.3	410-446	446-4262	464-500	446-482	464-536	140-176
	10.2-20.3	374-410	410-446	428-482	392-446	428-500	122-176
	10.2-20.3	410-464	446-482	464-518	446-482	464-536	122-176
	10.2-20.3	374-410	410-446	428-482	392-446	428-500	122-176
	10.2-20.3	374-410	410-446	428-482	392-446	428-500	122-176
	10.2-20.3	410-464	446-482	464-518	446-482	464-536	122-176
	10.2-20.3	410-464	446-482	464-500	446-482	464-518	122-176
	10.2-20.3	410-464	446-482	464-500	446-482	464-518	122-176
	10.2-20.3	410-464	446-482	464-500	446-482	464-518	122-176
	10.2-20.3	410-464	446-482	464-500	446-482	464-518	122-176
		320-338	356-374	392-410	374-410		104-122
		356-392	392-428	428-464	428-464		104-122
		320-338	338-356	374-392	374-392		104-140
		320-338	338-356	374-392	374-392		104-140
		338-356	374-392	410-428	410-428		104-140
		356-374	392-410	428-446	428-446		104-140
		356-374	392-410	428-446	428-446		104-140
		320-356	356-392	392-428	392-428		140-176
		320-356	356-392	392-428	392-428		140-176
		320-356	356-392	392-428	392-428		140-176
		356-374	392-410	428-446	428-446		104-140
		320-338	338-356	365-383	365-383		104-140
	7.0-14.0	320-356	356-392	374-410		356-446	104-140
	7.0-14.0	320-356	356-392	374-410		356-446	104-140
	7.0-14.0	320-356	356-392	374-410		356-446	104-140
	7.0-14.0	320-356	356-392	374-410		356-446	104-140
	7.0-14.0	356-374	392-410	428-446		428-482	104-140
	7.0-14.0	356-374	392-410	428-446		428-482	104-140
	7.0-17.0	356-410	392-446	428-482		464-500	140-176
	7.0-17.0	356-410	392-446	428-482		464-500	140-176
	7.0-14.0	356-410	392-446	428-482		464-500	140-176
		338-374	374-410	410-446	410-446		104-140
		338-374	374-410	410-446	410-446		104-140
		410-428	428-446	464-482	428-446		104-140

FREE DATA SHEETS: WWW.IDES.COM/PSIM

Grade	Filler	Sp Grav	Shrink, mils/in	Melt flow, g/10 min	Drying temp, °F	Drying time, hr	Max. % moisture
400T		1.053	4.0-6.0	3.50 AN	176-185	3.0-5.0	
410		1.053	4.0-6.0	6.00 AN	176-185	3.0-5.0	
420		1.053	4.0-6.0	2.00 AN	176-185	3.0-5.0	
500SF		1.053	4.0-6.0	19.00 AN	176-185	3.0-5.0	
510SF		1.063	4.0-6.0	21.00 AN	176-185	3.0-5.0	
660SF		1.053	4.0-6.0	45.00 AN	176-185	3.0-5.0	
680SF		1.053	4.0-6.0	55.00 AN	176-185	3.0-5.0	
MX3		1.043	4.0-6.0	14.00 AN	176-185	3.0-5.0	
T150		1.073	4.0-6.0	29.00 AN	176-185	3.0-5.0	
T180		1.093	4.0-6.0	26.00 AN	176-185	3.0-5.0	
VGR10	GFI 10	1.113	2.0-5.0		176-185	3.0-5.0	
VGR20	GFI 20	1.193	1.0-4.0		176-185	3.0-5.0	

ABS — Cevian-V — PlastxWorld

Grade	Filler	Sp Grav	Shrink, mils/in	Melt flow, g/10 min	Drying temp, °F	Drying time, hr	Max. % moisture
110		1.050	4.0-6.0	6.00 I	175-185	2.0-4.0	
400N		1.050	5.0-8.0	0.60 I	175-185	2.0-4.0	
420R		1.053	4.0-6.0	7.00 AN	175-185	2.0-4.0	
470R		1.063	4.0-6.0	6.00 AN	175-185	2.0-4.0	
660SF		1.050	5.0-7.0	16.00 I	175-185	2.0-4.0	
680		1.043	5.0-7.0	50.00 AN	175-185	2.0-4.0	
720		1.053	4.0-6.0	3.50 AN	175-185	2.0-4.0	
770		1.043	5.0-7.0	7.50 AN	175-185	2.0-4.0	
T140		1.070	4.0-6.0	15.00 BF	175-185	2.0-4.0	
UG10	GFI 10	1.110	2.0-5.0		175-185	2.0-4.0	
VGH10	GFI 10	1.110	2.0-5.0		175-185	2.0-4.0	

ABS — Clariant ABS — Clariant Perf

Grade	Filler	Sp Grav	Shrink, mils/in	Melt flow, g/10 min	Drying temp, °F	Drying time, hr	Max. % moisture
ABS3400		1.050	4.0		180	2.0-4.0	
ABS3410		1.050	4.0		180	2.0-4.0	
ABS3460		1.050	5.0		185	2.0-4.0	
ABS4500		1.040	6.0		185	2.0-4.0	
ABS4500G10	GFI 10	1.120	3.0		185	2.0-4.0	
ABS4590		1.050	6.0		185	2.0-4.0	
ABS5400		1.050	6.0		180	2.0-4.0	
ABS5475		1.050	6.0		180	2.0-4.0	
ABS5475 LG		1.050	6.0		180	2.0-4.0	
ABS6200		1.030	7.0		180	2.0-4.0	
ABS6476		1.040	7.0		180	2.0-4.0	

ABS — Colorcomp — LNP

Grade	Filler	Sp Grav	Shrink, mils/in	Melt flow, g/10 min	Drying temp, °F	Drying time, hr	Max. % moisture
PDX-A-03654		1.160	5.0-7.0		160-180	4.0	0.08

ABS — Comshield — A. Schulman

Grade	Filler	Sp Grav	Shrink, mils/in	Melt flow, g/10 min	Drying temp, °F	Drying time, hr	Max. % moisture
220		1.130	3.0		175	2.0	0.10
229	STS	1.160	5.0		175	2.0	0.10

ABS — Cycolac — GE Adv Materials

Grade	Filler	Sp Grav	Shrink, mils/in	Melt flow, g/10 min	Drying temp, °F	Drying time, hr	Max. % moisture
BDT5510 Resin		1.050	5.0-8.0	6.00 I	190-200	2.0-4.0	0.01
BDT6500 Resin		1.050	5.0-8.0	3.30 I	190-200	2.0-4.0	0.01
CGF20 Resin	GFI 20	1.260	2.0-4.0	8.10 I	180-200	2.0-4.0	0.01
CTR52 Resin		1.090	5.0-8.0	10.00 I	160-170	2.0-4.0	0.01
CTR52F Resin		1.090	5.0-8.0	10.00 I	160-170	2.0-4.0	0.01
FR15 Resin		1.200	5.0-7.0	4.00 I	180-190	2.0-4.0	0.01
FR15U Resin		1.190	5.0-7.0	3.30 I	180-190	2.0-4.0	0.01
FR30U Resin		1.170	5.0-8.0	5.30 I	180	2.0-4.0	0.01
FXS680GL Resin		1.090	5.0-8.0	10.00 I	160-170	2.0-4.0	0.01

Max. % regrind	Inj. pres., ksi	Rear temp, °F	Mid temp, °F	Front temp, °F	Nozzle temp, °F	Proc temp, °F	Mold temp, °F
		410-428	428-446	464-482	464-482		104-140
		392-410	410-428	446-482	446-464		104-140
		392-410	410-428	446-464	446-464		104-140
		338-374	374-410	410-446	410-446		104-140
		338-374	374-410	410-446	410-446		104-140
		338-374	374-410	410-446	410-446		104-140
		338-374	374-410	410-446	410-446		104-140
		338-374	374-410	410-446	410-446		104-140
		338-374	374-410	410-446	410-446		104-140
		338-374	374-410	410-446	410-446		104-140
		374-410	410-446	446-482	446-482		140-176
		374-410	410-446	446-482	446-482		140-176
	5.0-15.0	370-390	410-430	430-450		450-470	120-140
	5.0-15.0	392-428	419-455	446-482		464-500	120-140
	5.0-15.0	392-428	419-455	446-482		464-500	120-140
	5.0-15.0	392-428	419-455	446-482		464-500	120-140
	5.0-15.0	356-392	392-428	428-464		446-482	120-140
	5.0-15.0	356-392	392-428	428-464		446-482	120-140
	5.0-15.0	356-392	392-428	428-464		446-482	120-140
	5.0-15.0	356-392	392-428	428-464		446-482	120-140
	5.0-15.0	356-392	392-428	428-464		446-482	120-140
	7.0-17.0	374-410	410-446	446-482		464-500	140-176
	7.0-17.0	374-410	410-446	446-482		464-500	140-176
		400-480	400-480	400-480		400-475	75-175
		400-480	400-480	400-480		400-475	75-175
		400-480	400-480	400-480		400-475	75-175
		400-480	400-480	400-480		400-475	75-175
		400-480	400-480	400-480		400-475	75-175
		400-480	400-480	400-480		400-475	75-175
		400-480	400-480	400-480		400-475	75-175
		400-480	400-480	400-480		400-475	75-175
		400-480	400-480	400-480		400-475	75-175
		400-480	400-480	400-480		400-475	75-175
		400-480	400-480	400-480		400-475	75-175
		400-480	400-480	400-480		400-475	75-175
						390-410	50-120
20		465-490	455-510	475-510	475-520	520	105-160
20		465-490	455-510	475-510	475-520	520	105-160
		380-460	410-480	430-490	450-525	450-525	120-180
		380-460	410-480	430-490	450-525	450-525	120-180
		370-400	410-440	440-470	450-500	450-500	120-160
		380-420	400-440	420-460	400-475	400-475	120-160
		380-420	400-440	420-460	400-475	400-475	120-160
		340-360	380-400	390-420	390-430	390-430	120-160
		340-360	390-410	400-430	400-450	400-450	120-160
		340-360	390-420	400-440	400-475	400-475	120-140
		380-420	400-440	400-440	400-475	400-475	120-160

FREE DATA SHEETS: WWW.IDES.COM/PSIM   39

Grade	Filler	Sp Grav	Shrink, mils/in	Melt flow, g/10 min	Drying temp, °F	Drying time, hr	Max. % moisture
FXS680SK Resin		1.100	5.0-8.0	1.50 BA	160-170	2.0-4.0	0.01
G360 Resin		1.040	5.0-8.0	11.50 AN	190-200	2.0-4.0	0.01
GDM3500 Resin		1.050	4.0-6.0		180-190	2.0-4.0	0.01
GDT2510 Resin		1.050	5.0-8.0	6.00 AN	200-210	2.0-4.0	0.01
GDT6400 Resin		1.050	5.0-8.0	16.00 AN	180-190	2.0-4.0	0.01
GHT3510 Resin		1.050	5.0-8.0	4.50 AN	200-210	2.0-4.0	0.01
GHT4320 Resin		1.050	5.0-8.0	8.00 AN	200-210	2.0-4.0	0.01
GHT4400 Resin		1.040	5.0-8.0	11.50 AN	190-200	2.0-4.0	0.01
KJB Resin		1.210	5.0-8.0	7.50 I	180-190	2.0-4.0	0.01
MG29 Resin		1.040	5.0-8.0	1.20 I	190-200	2.0-4.0	0.01
MG34LG Resin		1.040	5.0-8.0	6.00 BA	180-190	2.0-4.0	0.01
MG37CR Resin		1.050	5.0-8.0	4.40 I	180-200	2.0-4.0	0.01
MG37EP Resin		1.050	4.0-6.0	4.40 I	180-200	2.0-4.0	0.01
MG37EPN Resin		1.050	4.0-6.0	4.40 I	180-200	2.0-4.0	0.01
MG38 Resin		1.050	5.0-8.0	3.70 I	180-200	2.0-4.0	0.01
MG38F Resin		1.050	5.0-8.0	3.70 I	180-200	2.0-4.0	0.01
MG38N Resin		1.050	5.0-8.0	3.70 I	180-200	2.0-4.0	0.01
MG47 Resin		1.040	5.0-8.0	5.60 I	180-200	2.0-4.0	0.01
MG47F Resin		1.040	5.0-8.0	5.60 I	180-200	2.0-4.0	0.01
MG47MD Resin		1.040	5.0-8.0	5.60 I	180-200	2.0-4.0	0.01
MG47N Resin		1.040	5.0-8.0	5.60 I	180-200	2.0-4.0	0.01
MG94 Resin		1.040	5.0-8.0	11.70 I	180-190	2.0-4.0	0.01
MG94MD Resin		1.040	5.0-8.0	11.70 I	180-190	2.0-4.0	0.01
MG94U Resin		1.040	5.0-8.0	11.70 I	180-190	2.0-4.0	0.01
MGABS01 Resin		1.050	5.0-8.0	3.70 I	180-200	2.0-4.0	0.01
MGABS02 Resin		1.040	5.0-8.0	5.60 I	180-200	2.0-4.0	0.01
MGX45FR Resin		1.150	5.0-8.0	5.00 I	180	2.0-4.0	0.01
MGX53GP Resin		1.050	5.0-7.0	7.00 I	180-200	2.0-4.0	0.01
REC550 Resin		1.050	5.0-8.0	7.50 I	180-200	2.0-4.0	0.01
VW300 Resin		1.200	5.0-7.0	5.50 I	180-190	2.0-4.0	0.01
X11 Resin		1.040	5.0-8.0	1.50 I	190-200	2.0-4.0	0.01
X15 Resin		1.050	5.0-8.0	1.00 I	200-210	2.0-4.0	0.01
X17 Resin		1.050	5.0-8.0	1.50 I	200-210	2.0-4.0	0.01
X37 Resin		1.050	5.0-8.0	1.00 I	200-210	2.0-4.0	0.01
Z48 Resin		1.050	5.0-8.0	1.00 I	200-210	2.0-4.0	0.01

ABS Cycolac GE Adv Matl AP

Grade	Filler	Sp Grav	Shrink, mils/in	Melt flow, g/10 min	Drying temp, °F	Drying time, hr	Max. % moisture
AES145 Resin		1.040	5.0-7.0	7.00 BF	176-194	2.0-4.0	
AES145UV Resin		1.040	5.0-7.0	7.00 BF	176-194	2.0-4.0	
AP95 Resin		1.040	5.0-7.0	23.00 BF	176-185	2.0-4.0	
AS200GF Resin	GFI 20	1.200	2.0-5.0	2.50 BF	176-194	2.0-4.0	
AS35 Resin		1.040	5.0-7.0	18.00 BF	176-185	2.0-4.0	
AS35UV Resin		1.040	5.0-7.0	16.00 BF	176-185	2.0-4.0	
BDT5510 Resin		1.050	5.0-8.0	6.00 I	190-200	2.0-4.0	0.01
BDT6500 Resin		1.050	5.0-8.0	3.30 I	190-200	2.0-4.0	0.01
CTR52 Resin		1.090	5.0-8.0	10.00 I	160-170	2.0-4.0	0.01
CTR52F Resin		1.090	5.0-8.0	10.00 I	160-170	2.0-4.0	0.01
FR15 Resin		1.200	5.0-7.0	4.00 I	180-190	2.0-4.0	0.01
FR15U Resin		1.190	5.0-7.0	3.30 I	180-190	2.0-4.0	0.01
FR30U Resin		1.170	5.0-8.0	5.30 I	180	2.0-4.0	0.01
FXS680GL Resin		1.090	5.0-8.0	10.00 I	160-170	2.0-4.0	0.01
FXS680SK Resin		1.100	5.0-8.0	1.50 BA	160-170	2.0-4.0	0.01
GDT2510 Resin		1.050	5.0-8.0	6.00 AN	200-210	2.0-4.0	0.01
GDT5500L Resin		1.050	5.0-8.0	5.00 BF	176-194	2.0-4.0	
GDT6400 Resin		1.050	5.0-8.0	16.00 AN	180-190	2.0-4.0	0.01
GDT6832L Resin		1.050	5.0-8.0	6.00 AN	176-194	2.0-4.0	

Max. % regrind	Inj. pres., ksi	Rear temp, °F	Mid temp, °F	Front temp, °F	Nozzle temp, °F	Proc temp, °F	Mold temp, °F
		380-420	400-440	420-460	400-475	400-475	120-160
		380-410	410-440	450-490	450-525	450-525	120-180
		390-410	420-440	450-470	450-525	450-525	80-140
		390-410	440-460	470-490	475-525	475-525	120-160
		390-410	420-440	450-470	450-525	450-525	80-140
		390-410	440-460	470-490	475-525	475-525	120-180
		390-410	440-460	470-490	475-525	475-525	120-160
		380-410	410-440	450-490	450-525	450-525	120-180
		340-360	390-410	410-430	380-450	380-450	120-160
		370-390	410-430	440-470	450-525	450-525	120-150
		390-410	420-440	450-470	450-525	450-525	80-140
		420-445	450-470	480-515	490-535	490-535	100-180
		420-445	450-470	480-515	490-535	490-535	100-180
		420-445	450-470	480-515	490-535	490-535	100-180
		370-410	400-440	420-460	425-500	425-500	120-160
		370-410	400-440	420-460	425-500	425-500	120-160
		370-410	400-440	420-460	425-500	425-500	120-160
		370-410	400-440	420-460	425-500	425-500	120-160
		370-410	400-440	420-460	425-500	425-500	120-160
		370-410	400-440	420-460	425-500	425-500	120-160
		370-410	400-440	420-460	425-500	425-500	120-160
		370-390	390-410	400-440	400-475	400-475	120-160
		370-390	390-410	400-440	400-475	400-475	120-160
		370-390	390-410	400-440	400-475	400-475	120-160
		370-390	400-440	420-460	425-500	425-500	120-160
		370-410	400-440	420-460	425-500	425-500	120-160
		370-390	410-430	425-450	425-485	425-485	130-150
		370-410	400-440	420-460	425-500	425-500	120-160
		370-410	400-440	420-460	425-500	425-500	120-160
		340-360	390-410	400-430	400-450	400-450	120-160
		380-410	410-440	450-490	450-525	450-525	120-180
		380-410	440-460	470-490	475-525	475-525	120-180
		390-410	440-460	470-490	475-525	475-525	120-180
		390-410	440-460	470-490	475-525	475-525	120-180
		390-410	440-460	470-490	475-525	475-525	120-180
					428-464	428-464	122-158
					428-464	428-464	122-158
					428-464	428-464	122-158
					473-509	473-509	140-176
					428-464	428-464	122-158
					428-464	428-464	122-158
		380-460	410-480	430-490	450-525	450-525	120-180
		380-460	410-480	430-490	450-525	450-525	120-180
		380-420	400-440	420-460	400-475	400-475	120-160
		380-420	400-440	420-460	400-475	400-475	120-160
		340-360	380-400	390-420	390-430	390-430	120-160
		340-360	390-410	400-430	400-450	400-450	120-160
		340-360	390-420	400-440	400-475	400-475	120-140
		380-420	400-440	420-460	400-475	400-475	120-160
		380-420	400-440	420-460	400-475	400-475	120-160
		390-410	440-460	470-490	475-525	475-525	120-180
						482-536	104-140
		390-410	420-440	450-470	450-525	450-525	80-140
						464-518	122-158

FREE DATA SHEETS: WWW.IDES.COM/PSIM

Grade	Filler	Sp Grav	Shrink, mils/in	Melt flow, g/10 min	Drying temp, °F	Drying time, hr	Max. % moisture
GHT3330 Resin		1.080	5.0-8.0	2.00 BF	194-212	2.0-4.0	
GHT3510 Resin		1.050	5.0-8.0	4.50 AN	200-210	2.0-4.0	0.01
GHT3511 Resin		1.050	5.0-8.0	3.30 BF	194-212	2.0-4.0	
GHT3512 Resin		1.060	5.0-8.0	2.00 BF	194-212	2.0-4.0	
GHT4320 Resin		1.050	5.0-8.0	8.00 AN	200-210	2.0-4.0	0.01
GHT4400 Resin		1.040	5.0-8.0	11.50 AN	190-200	2.0-4.0	0.01
GPX3800 Resin		1.030	5.0-8.0	3.00 BF	176-194	2.0-4.0	
GPX3800UV Resin		1.030	5.0-8.0	3.00 BF	176-194	2.0-4.0	
KJB Resin		1.210	5.0-8.0	7.50 I	180-190	2.0-4.0	0.01
KJW Resin		1.190	5.0-8.0	4.00 I	180-190	2.0-4.0	0.01
MG29 Resin		1.040	5.0-8.0	1.20 I	190-200	2.0-4.0	0.01
MG37CR Resin		1.050	4.0-6.0	4.40 I	180-200	2.0-4.0	0.01
MG37EP Resin		1.050	4.0-6.0	4.40 I	180-200	2.0-4.0	0.01
MG37EPN Resin		1.050	4.0-6.0	4.40 I	180-200	2.0-4.0	0.01
MG38 Resin		1.050	5.0-8.0	3.70 I	180-200	2.0-4.0	0.01
MG38F Resin		1.050	5.0-8.0	3.70 I	180-200	2.0-4.0	0.01
MG38N Resin		1.050	5.0-8.0	3.70 I	180-200	2.0-4.0	0.01
MG47 Resin		1.040	5.0-8.0	5.60 I	180-200	2.0-4.0	0.01
MG47F Resin		1.040	5.0-8.0	5.60 I	180-200	2.0-4.0	0.01
MG47MD Resin		1.040	5.0-8.0	5.60 I	180-200	2.0-4.0	0.01
MG47N Resin		1.040	5.0-8.0	5.60 I	180-200	2.0-4.0	0.01
MG94 Resin		1.040	5.0-8.0	11.70 I	180-190	2.0-4.0	0.01
MG94MD Resin		1.040	5.0-8.0	11.70 I	180-190	2.0-4.0	0.01
MGABS01 Resin		1.050	5.0-8.0	3.70 I	180-200	2.0-4.0	0.01
MGABS02 Resin		1.040	5.0-8.0	5.60 I	180-200	2.0-4.0	0.01
MGX45FR Resin		1.150	5.0-8.0	5.00 I	180		0.01
MGX53GP Resin		1.050	5.0-7.0	7.00 I	180-200	2.0-4.0	0.01
VW300 Resin		1.200	5.0-7.0	5.50 I	180-190	2.0-4.0	0.01
VW55 Resin		1.150	5.0-7.0	5.40 BF	176-185	2.0-4.0	

ABS   Cycolac   GE Adv Matl Euro

Grade	Filler	Sp Grav	Shrink, mils/in	Melt flow, g/10 min	Drying temp, °F	Drying time, hr	Max. % moisture
BDT5510 Resin		1.053		13.00 AN	185-203	2.0-4.0	0.10
BDT6500 Resin		1.053		12.00 AN	185-203	2.0-4.0	0.10
CRT3370 Resin	GFI 17	1.173	3.0-6.0	14.00 AN	185-203	2.0-4.0	0.10
CTR52 Resin		1.093	5.0-7.0	27.00 AN	158-176	2.0-4.0	0.10
CTR52F Resin		1.093	5.0-7.0	27.00 AN	158-176	2.0-4.0	0.10
DL100 Resin		1.083	5.0-7.0		194-212	2.0-4.0	0.10
FXS600AR Resin		1.083			185-203	2.0-4.0	0.10
FXS600SK Resin		1.083			185-203	2.0-4.0	0.10
FXS610AR Resin		1.063	5.0-7.0	25.00 AN	185-203	2.0-4.0	0.10
FXS610EN Resin		1.053	5.0-7.0	24.00 AN	185-203	2.0-4.0	0.10
FXS610FE Resin		1.063	5.0-7.0	25.00 AN	185-203	2.0-4.0	0.10
FXS610MA Resin		1.063	5.0-7.0	25.00 AN	185-203	2.0-4.0	0.10
FXS610ME Resin		1.063	5.0-7.0	25.00 AN	185-203	2.0-4.0	0.10
FXS610SK Resin		1.063	5.0-7.0	25.00 AN	185-203	2.0-4.0	0.10
FXS610SP Resin		1.063	5.0-7.0	25.00 AN	185-203	2.0-4.0	0.10
FXS620SK Resin		1.063	4.0-7.0	8.00 AN	194-212	2.0-4.0	0.10
FXS630SK Resin		1.153	4.0-7.0	8.00 BY	176-185	2.0-4.0	0.10
FXS680SK Resin		1.100	5.0-8.0	1.50 BA	160-170	2.0-4.0	0.01
G121 Resin		1.053	5.0-7.0	10.00 AN	185-203	2.0-4.0	0.10
G122 Resin		1.053	5.0-7.0	15.00 AN	185-203	2.0-4.0	0.10
G320 Resin		1.053	5.0-7.0	7.00 AN	185-203	2.0-4.0	0.10
G360 Resin		1.063	5.0-7.0	8.00 AN	194-212	2.0-4.0	0.10
G361 Resin		1.053	5.0-7.0	5.00 AN	194-212	2.0-4.0	0.10
G362 Resin		1.053	5.0-7.0	5.00 AN	194-212	2.0-4.0	0.10
G363 Resin		1.053	5.0-7.0	12.00 AN	194-212	2.0-4.0	0.10

Max. % regrind	Inj. pres., ksi	Rear temp, °F	Mid temp, °F	Front temp, °F	Nozzle temp, °F	Proc temp, °F	Mold temp, °F
						464-500	140-176
		390-410	440-460	470-490	475-525	475-525	120-180
						464-500	140-176
						464-500	140-176
		390-410	440-460	470-490	475-525	475-525	120-180
		380-410	410-440	450-490	450-525	450-525	120-180
						401-428	
						401-428	
		340-360	390-410	410-430	380-450	380-450	120-160
		340-360	390-410	410-430	380-450	380-450	120-160
		370-390	410-430	440-460	450-525	450-525	120-150
		420-445	450-470	480-515	490-535	490-535	100-180
		420-445	450-470	480-515	490-535	490-535	100-180
		420-445	450-470	480-515	490-535	490-535	100-180
		370-410	400-440	420-460	425-500	425-500	120-160
		370-410	400-440	420-460	425-500	425-500	120-160
		370-410	400-440	420-460	425-500	425-500	120-160
		370-410	400-440	420-460	425-500	425-500	120-160
		370-410	400-440	420-460	425-500	425-500	120-160
		370-410	400-440	420-460	425-500	425-500	120-160
		370-410	400-440	420-460	425-500	425-500	120-160
		370-390	390-410	400-440	400-475	400-475	120-160
		370-390	390-410	400-440	400-475	400-475	120-160
		370-410	400-440	420-460	425-500	425-500	120-160
		370-410	400-440	420-460	425-500	425-500	120-160
		370-390	410-430	425-450	425-485	425-485	130-150
		370-410	400-440	420-460	425-500	425-500	120-160
		340-360	390-410	400-430	400-450	400-450	120-160
						392-428	122-140
		374-464	410-482	428-491	446-527	446-527	122-176
		374-464	410-482	428-491	446-527	446-527	122-176
		428-482	446-500	446-500	428-482	464-500	104-176
		383-419	401-437	419-455	401-473	401-473	122-158
		383-419	401-437	419-455	401-473	401-473	122-158
		446-500	482-536	482-536	473-527	482-536	104-176
		392-464	428-500	428-500	410-482	428-500	104-176
		392-464	428-500	428-500	410-482	428-500	104-176
		392-464	428-500	428-500	410-482	428-500	104-176
		392-464	428-500	428-500	410-482	428-500	104-176
		392-464	428-500	428-500	410-482	428-500	104-176
		392-464	428-500	428-500	410-482	428-500	104-176
		392-464	428-500	428-500	410-482	428-500	104-176
		446-500	482-536	482-536	473-527	482-536	104-176
		356-410	383-437	383-437	374-428	392-446	104-176
		380-420	400-440	420-460	400-475	400-475	120-160
		392-464	428-500	428-500	410-482	428-500	104-176
		392-464	428-500	428-500	410-482	428-500	104-176
		410-482	410-482	446-518	428-500	464-518	104-176
		446-500	482-536	482-536	473-527	482-536	104-176
		446-500	482-536	482-536	473-527	482-536	104-176
		446-500	482-536	482-536	473-527	482-536	104-176
		446-500	482-536	482-536	473-527	482-536	104-176

FREE DATA SHEETS: WWW.IDES.COM/PSIM

Grade	Filler	Sp Grav	Shrink, mils/in	Melt flow, g/10 min	Drying temp, °F	Drying time, hr	Max. % moisture
G365 Resin		1.053	5.0-7.0	6.00 AN	194-212	2.0-4.0	0.10
G366 Resin		1.053	5.0-7.0	8.00 AN	194-212	2.0-4.0	0.10
G366M Resin		1.063	4.0-7.0	8.00 AN	194-212	2.0-4.0	0.10
G368 Resin		1.053	4.0-7.0	17.00 AN	185-203	2.0-4.0	0.10
GPM5500 Resin		1.053	5.0-7.0	24.00 AN	185-203	2.0-4.0	0.10
GPM5500M Resin		1.063	5.0-7.0	25.00 AN	185-203	2.0-4.0	0.10
GPM5500S Resin		1.053	5.0-7.0	24.00 AN	185-203	2.0-4.0	0.10
GPM5500T Resin		1.053	5.0-7.0	25.00 AN	185-203	2.0-4.0	0.10
MGX610EN Resin		1.063	5.0-7.0	24.00 AN	185-203	2.0-4.0	0.10
MGX610MA Resin		1.063	5.0-7.0	25.00 AN	185-203	2.0-4.0	0.10
MGX610ME Resin		1.063	5.0-7.0	25.00 AN	185-203	2.0-4.0	0.10
MGX610SK Resin		1.063	5.0-7.0	25.00 AN	185-203	2.0-4.0	0.10
MGX610SP Resin		1.063	5.0-7.0	25.00 AN	185-203	2.0-4.0	0.10
MGX620ST Resin		1.063	4.0-7.0	8.00 AN	194-212	2.0-4.0	0.10
S157 Resin		1.183	4.0-7.0	78.00 AN	176-185	2.0-4.0	0.10
S570 Resin		1.053	5.0-7.0	13.00 AN	185-203	2.0-4.0	0.10
S700 Resin		1.053	5.0-7.0	30.00 AN	185-203	2.0-4.0	0.10
S700S Resin		1.053	5.0-7.0	33.00 AN	185-203	2.0-4.0	0.10
S700T Resin		1.053	5.0-7.0	34.00 AN	185-203	2.0-4.0	0.10
S701 Resin		1.053	5.0-7.0	52.00 AN	185-203	2.0-4.0	0.10
S701S Resin		1.053	5.0-7.0	48.00 AN	185-203	2.0-4.0	0.10
S702 Resin		1.053	5.0-7.0	15.00 AN	185-203	2.0-4.0	0.10
S702S Resin		1.053	5.0-7.0	16.00 AN	185-203	2.0-4.0	0.10
S703 Resin		1.053	5.0-7.0	80.00 AN	185-203	2.0-4.0	0.05
S703S Resin		1.053	5.0-7.0	80.00 AN	185-203	2.0-4.0	0.05
S703T Resin		1.053	5.0-7.0	80.00 AN	185-203	2.0-4.0	0.05
S704 Resin		1.053	5.0-7.0	24.00 AN	185-203	2.0-4.0	0.10
S704S Resin		1.053	5.0-7.0	24.00 AN	185-203	2.0-4.0	0.10
S705 Resin		1.053	5.0-7.0	31.00 AN	185-203	2.0-4.0	0.05
S706S Resin		1.053	5.0-7.0	13.00 AN	185-203	2.0-4.0	0.10
VW300 Resin		1.203	4.0-7.0	30.00 AN	176-185	2.0-4.0	0.10
X11G Resin		1.053	5.0-7.0	14.00 AN	194-212	2.0-4.0	0.10
X15G Resin		1.053	5.0-7.0	5.00 AN	194-212	2.0-4.0	0.10
X37 Resin		1.053	5.0-7.0	3.00 AN	194-212	2.0-4.0	0.10

ABS — Cycolac / LNP

Grade	Filler	Sp Grav	Shrink, mils/in	Melt flow, g/10 min	Drying temp, °F	Drying time, hr	Max. % moisture
29438A				13.00 I	160-170	2.0-4.0	0.02
29438B				14.00 I	160-170	2.0-4.0	0.02
EXCP0057		1.090		10.10 I	160-170	2.0-8.0	0.01
EXCP0153		1.050	4.5-6.5	18.50 I	190-200	2.0-4.0	0.05
SLA5850				8.20 G	180-200	2.0-4.0	0.01
SLA5853		1.050			180-200	2.0-4.0	0.10
SLA5891		1.090	4.5-6.5	13.00 I	160-170	2.0-8.0	0.01

ABS — Denisab / Vamp Tech

Grade	Filler	Sp Grav	Shrink, mils/in	Melt flow, g/10 min	Drying temp, °F	Drying time, hr	Max. % moisture
0558		1.053	4.0-6.0	1.50	158-176	2.0	
1015	GB 10	1.108	4.0-6.0		158	3.0	
1710	GFI 17	1.183	2.0-4.0		158	3.0	

ABS — Dialac / UMG ABS

Grade	Filler	Sp Grav	Shrink, mils/in	Melt flow, g/10 min	Drying temp, °F	Drying time, hr	Max. % moisture
U400		1.143	4.0-6.0		185-194	3.0-4.0	
U407		1.143	4.0-6.0		185-194	3.0-4.0	

ABS — Diamond ABS / Diamond

Grade	Filler	Sp Grav	Shrink, mils/in	Melt flow, g/10 min	Drying temp, °F	Drying time, hr	Max. % moisture
1000		1.060	4.0-6.0	3.50 G	176-185	2.0-4.0	0.10
1100		1.060	4.0-6.0	3.50 G	176-185	2.0-4.0	0.10

Max. % regrind	Inj. pres., ksi	Rear temp, °F	Mid temp, °F	Front temp, °F	Nozzle temp, °F	Proc temp, °F	Mold temp, °F
		446-500	482-536	482-536	473-527	482-536	104-176
		446-500	482-536	482-536	473-527	482-536	104-176
		446-500	482-536	482-536	473-527	482-536	104-176
		410-482	410-482	446-518	428-500	464-518	104-176
		392-464	428-500	428-500	410-482	428-500	104-176
		392-464	428-500	428-500	410-482	428-500	104-176
		392-464	428-500	428-500	410-482	428-500	104-176
		392-464	428-500	428-500	410-482	428-500	104-176
		392-464	428-500	428-500	410-482	428-500	104-176
		392-464	428-500	428-500	410-482	428-500	104-176
		392-464	428-500	428-500	410-482	428-500	104-176
		392-464	428-500	428-500	410-482	428-500	104-176
		446-500	482-536	482-536	473-527	482-536	104-176
		356-410	383-437	383-437	374-428	392-446	104-176
		392-464	428-500	428-500	410-482	428-500	104-176
		392-464	428-500	428-500	410-482	428-500	104-176
		392-464	428-500	428-500	410-482	428-500	104-176
		392-464	428-500	428-500	410-482	428-500	104-176
		392-464	428-500	428-500	410-482	428-500	104-176
		392-464	428-500	428-500	410-482	428-500	104-176
		392-464	428-500	428-500	410-482	428-500	104-176
		446-482	464-500	473-509	464-500	482-518	149-176
		446-482	464-500	473-509	464-500	482-518	149-176
		446-482	464-500	473-509	464-500	482-518	149-176
		392-464	428-500	428-500	410-482	428-500	104-176
		392-464	428-500	428-500	410-482	428-500	104-176
		446-482	464-500	473-509	464-500	482-518	149-176
		392-464	428-500	428-500	410-482	428-500	104-176
		338-374	365-401	365-401	356-392	356-410	104-176
		446-500	482-536	482-536	473-527	482-536	104-176
		446-500	482-536	482-536	473-527	482-536	104-176
		446-500	482-536	482-536	473-527	482-536	104-176
		420-440	430-450	440-460	430-460	440-480	100-150
		420-440	430-450	440-460	430-460	440-480	100-150
		370-410	400-425	420-440	425-460	425-460	120-160
		340-360	390-410	410-430	380-450	380-450	120-160
		350-390	380-420	400-440	405-480	405-480	120-150
		370-410	400-440	420-460	425-500	425-500	120-160
		370-410	400-425	420-440	425-460	425-460	120-160
		392-446					122-158
		410-482					122-176
		410-482					122-176
	10.2-20.3	392-446	446-482	446-518	428-482	446-518	122-140
	10.2-20.3	374-410	410-446	428-482	392-446	428-500	122-140
	7.0-11.0	374-482	374-482	374-482			104-176
	7.0-11.0	374-482	374-482	374-482			104-176

FREE DATA SHEETS: WWW.IDES.COM/PSIM

Grade	Filler	Sp Grav	Shrink, mils/in	Melt flow, g/10 min	Drying temp, °F	Drying time, hr	Max. % moisture
1501		1.060		2.50 G	176-185	2.0-4.0	0.10
1501HF		1.060		4.00 G	176-185	2.0-4.0	0.10
1510		1.060		6.00 G	176-185	2.0-4.0	0.10
2510		1.060	4.0-6.0	3.50 G	176-185	2.0-4.0	0.10
3001MC		1.050	4.0-6.0	2.00 G	176-185	2.0-4.0	0.10
3300		1.050	4.0-6.0	2.00 G	176-185	2.0-4.0	0.10
3500		1.060	4.0-6.0	2.20 G	176-185	2.0-4.0	0.10
3500 Natural 1050		1.060	4.0-6.0	2.20 G	176-185	2.0-4.0	0.10
3500Blk LG1200		1.050	5.0	1.50 G	176-185	2.0-4.0	0.10
3500ELG		1.060	4.0-6.0	2.30 G	176-185	2.0-4.0	0.10
3501		1.050	4.0-6.0	2.00 G	176-185	2.0-4.0	0.10
3501 GF-10	GFI 10	1.110	2.0-4.0	1.10 G	176-185	2.0-4.0	0.10
3501 Natural 1050		1.050		2.00 G	176-185	2.0-4.0	0.10
3510HF		1.050		3.20 G	176-185	2.0-4.0	0.10
4000HH		1.070	4.0-6.0	1.30 G	176-194	2.0-4.0	0.10
4001HH		1.070	4.0-6.0	1.00 G	176-194	2.0-4.0	0.10
4003HH		1.070	4.0-6.0	0.80 G	176-194	2.0-4.0	0.10
4500R		1.050	5.0	2.00 G	176-185	2.0-4.0	0.10
747D		1.050	5.0	2.00 I	176-185	2.0-4.0	0.10
7501		1.040	4.0-6.0	1.70 G	176-185	2.0-4.0	0.10
9501		1.040	4.0-6.0	1.20 G	176-185	2.0-4.0	0.10
TM-25		1.060	4.0-6.0	0.50 G	176-194	2.0-4.0	0.10
TM-35		1.070	4.0-6.0	0.70 G	176-194	2.0-4.0	0.10
TM-40		1.070	4.0-6.0	0.40 G	176-194	2.0-4.0	0.10
VP-11		1.210	4.0-6.0	2.50 G	176-185	2.0-4.0	0.10

ABS — Ecomass / Technical Polymers

Grade	Filler	Sp Grav	Shrink, mils/in	Melt flow, g/10 min	Drying temp, °F	Drying time, hr	Max. % moisture
720ZC85	STP	4.010	2.0		160-180	2.0-4.0	
720ZD88	TUN	6.015	2.0		160-180	2.0-4.0	

ABS — Edgetek / PolyOne

Grade	Filler	Sp Grav	Shrink, mils/in	Melt flow, g/10 min	Drying temp, °F	Drying time, hr	Max. % moisture
AS-10GF/000	GFI	1.110	3.0-4.0		160-180	2.0	
AS-10GF/000 FR	GCF	1.286	4.0-5.0		150	2.0	
AS-15GF/000	GFI	1.140	2.0		180	2.0	
AS-20GF/000	GFI	1.180	1.0-2.0		150-180	2.0	
AS-30GF/000	GFI	1.274	2.0-2.5		150	2.0	

ABS — Electrafil / Techmer Lehvoss

Grade	Filler	Sp Grav	Shrink, mils/in	Melt flow, g/10 min	Drying temp, °F	Drying time, hr	Max. % moisture
ABS-1200/SD		1.080	6.0		150-170	4.0-16.0	0.10
J-1200/CF/10	CF 10	1.100	1.0		170-190	2.0-16.0	
J-1200/CF/20	CF 20	1.140	0.5		170-190	2.0-16.0	
J-1200/CF/40	CF 40	1.240	0.5		170-190	2.0-16.0	

ABS — Emerge / Dow

Grade	Filler	Sp Grav	Shrink, mils/in	Melt flow, g/10 min	Drying temp, °F	Drying time, hr	Max. % moisture
ABS 5100		1.080	4.0-7.0	8.50 AN	160-195	3.0-4.0	
ABS 5302	GFI 20	1.190	1.5-2.5	5.00 AN	180	3.0-4.0	
ABS 5710		1.180	4.0	11.00 I	175	3.0-4.0	

ABS — EnCom / EnCom

Grade	Filler	Sp Grav	Shrink, mils/in	Melt flow, g/10 min	Drying temp, °F	Drying time, hr	Max. % moisture
ABS 3077		1.050	4.0-8.0	3.00 I	180-200	2.0-4.0	0.15
ABS 3535		1.050	4.0-8.0	3.50 I	180-200	2.0-4.0	0.15
ABS 4050		1.050	4.0-8.0	3.50 I	180-200	2.0-4.0	0.15
ABS 5025		1.050	4.0-8.0	5.00 I	180-200	2.0-4.0	0.15
ABS 5035		1.050	4.0-8.0	5.00 I	180-200	2.0-4.0	0.15

Max. % regrind	Inj. pres., ksi	Rear temp, °F	Mid temp, °F	Front temp, °F	Nozzle temp, °F	Proc temp, °F	Mold temp, °F
	7.0-11.0	374-482	374-482	374-482			104-176
	7.0-11.0	374-482	374-482	374-482			104-176
	7.0-11.0	374-482	374-482	374-482			104-176
	6.0-11.0	356-482	356-482	356-482			104-176
	7.0-11.0	428-482	428-482	428-482			104-176
	7.0-11.0	374-482	374-482	374-482			104-176
	7.0-11.0	374-482	374-482	374-482			104-176
	7.0-11.0	374-482	374-482	374-482			104-176
	10.0-15.6	374-482	374-482	374-482			104-176
	7.0-11.0	374-482	374-482	374-482			104-176
	7.0-11.0	374-482	374-482	374-482			104-176
	10.0-15.6	374-482	374-482	374-482			104-176
	7.0-11.0	374-482	374-482	374-482			104-176
	8.5-15.6	356-482	356-482	356-482			104-176
	7.0-11.0	392-482	392-482	392-482			104-176
	7.0-11.0	392-482	392-482	392-482			104-176
	7.0-11.0	392-482	392-482	392-482			104-176
	10.0-15.6	374-482	374-482	374-482			104-176
	7.0-11.0	374-482	374-482	374-482			104-176
	7.0-11.0	374-482	374-482	374-482			104-176
	7.0-11.0	374-482	374-482	374-482			104-176
	7.0-11.0	392-482	392-482	392-482			104-176
	7.0-11.0	392-482	392-482	392-482			104-176
	7.0-11.0	392-482	392-482	392-482			104-176
	7.0-11.0	374-482	374-482	374-482			104-176
						400-480	80-120
						400-480	80-120
						430-460	80-130
						410-460	130-150
						430-470	100-180
						430-480	130-150
						430-470	150
		380	400	390	390	385	90
		420-450	430-460	410-430	390-430	450-500	160-190
		420-450	430-460	410-430	390-430	450-500	160-190
		420-450	430-460	410-430	390-430	450-500	160-190
						445-500	75-160
						430-500	70-140
							105-140
		370-450	400-475	425-500	425-525	425-525	120-170
		370-450	400-475	425-500	425-525	425-525	120-170
		370-450	400-475	425-500	425-525	425-525	120-170
		370-450	400-475	425-500	425-525	425-525	120-170
		370-425	400-450	425-475	425-525	425-525	120-170

FREE DATA SHEETS: WWW.IDES.COM/PSIM

Grade	Filler	Sp Grav	Shrink, mils/in	Melt flow, g/10 min	Drying temp, °F	Drying time, hr	Max. % moisture
ABS 5060		1.040	4.0-8.0	5.00 I	180-200	2.0-4.0	0.15
ABS 6020		1.050	4.0-8.0	6.00 I	180-200	2.0-4.0	0.15
ABS 6040		1.050	4.0-8.0	6.00 I	180-200	2.0-4.0	0.15
ABS LG2-35		1.050	4.0-8.0		180-200	2.0-4.0	0.15
F0 ABS 6030		1.220	4.0-8.0	6.00 I	170-190	2.0-4.0	0.15
F0 ABS 6040		1.150	4.0-8.0	6.00 I	180-200	2.0-4.0	0.15
F2 ABS 6030		1.220	4.0-8.0	6.00 I	170-190	2.0-4.0	0.15
GF10 ABS 1001	GFI 10	1.100	2.0-3.0	5.00 I	180-200	2.0-4.0	0.15
HF ABS 7530		1.050	4.0-8.0	9.50 I	180-200	2.0-4.0	0.15
HH ABS 290		1.140	4.0-8.0	4.50 I	180-200	2.0-4.0	0.15
LG ABS 40		1.050	4.0-8.0		180-200	2.0-4.0	0.15
T ABS 6050		1.050	4.0-8.0	6.00 I	180-200	2.0-4.0	0.15

ABS   Espree   GE Polymerland

Grade	Filler	Sp Grav	Shrink, mils/in	Melt flow, g/10 min	Drying temp, °F	Drying time, hr	Max. % moisture
ABS10GF	GFI 10	1.100	2.0-3.0		190	2.0	
ABS15GF	GFI 15	1.150	5.0-8.0		190	2.0	
ABS20GF	GFI 20	1.200	1.0-2.0		190	2.0	
ABS30GF	GFI 30	1.250	1.0-2.0		190	2.0	
ABS3GF	GFI 3	1.050	4.0-9.0		190	2.0	
ABS4FR		1.220	6.0-8.0	3.50 I	190	2.0	
ABS5GF	GFI 5	1.070	4.0-9.0		190	2.0	
ABS5GP		1.050	5.0-7.0	5.00 I	190	2.0	
ABS5UV		1.050	5.0-8.0	5.50 I	190	2.0	
ABS7017		1.050	5.0-8.0	5.00 I	190	2.0	
CLR3		1.100	4.0-6.0	5.00 I	158	2.0	

ABS   Estadiene   Cossa Polimeri

Grade	Filler	Sp Grav	Shrink, mils/in	Melt flow, g/10 min	Drying temp, °F	Drying time, hr	Max. % moisture
0615 HHT		1.063	4.0-7.0	4.00 AN	212	2.0	
0815 HHT		1.063	4.0-7.0	5.00 AN	212	2.0	
1030 HT V0		1.203	3.0-6.0	4.00 AN	176	2.0	
1218 HT V0		1.203	3.0-6.0	5.00 AN	176	2.0	
3015 MT		1.053	4.0-7.0	17.00 AN	176	2.0	
ABS 1016 HT V0		1.203	3.0-6.0	4.00 AN	176	2.0	
ABS 1218 V0		1.223	3.0-6.0	28.00 AN	176	2.0	

ABS   Excelloy   Techno Polymer

Grade	Filler	Sp Grav	Shrink, mils/in	Melt flow, g/10 min	Drying temp, °F	Drying time, hr	Max. % moisture
DX220		1.070	4.0-6.0	30.00 AN	176-194	2.0-5.0	
EK10		1.070	4.0-6.0	29.00 AN	176-194	3.0-6.0	
EK13C8	CF 8	1.100	2.0-4.0	13.00 AN	176-194	3.0-6.0	
EK50		1.070	4.0-6.0	15.00 AN	176-194	3.0-6.0	
EK81 D5		1.090	4.0-6.0	42.00 AN	176-194	3.0-6.0	
EKF50		1.220	4.0-6.0	4.00 G	176-194	3.0-6.0	
LCB50		1.050	4.0-6.0	21.00 AN	176-194	2.0-5.0	
LCW40		1.090	4.0-6.0	25.00 AN	176-194	2.0-5.0	
MX851		1.080	4.0-6.0	37.00 AN	176-194	2.0-5.0	
SX220		1.050	5.0-7.0	11.00 AN	185-203	2.0-5.0	
SX240		1.050	5.0-7.0	4.00 AN	185-203	2.0-5.0	
SX620		1.060	5.0-7.0	10.00 AN	185-203	2.0-5.0	
SX640		1.060	5.0-8.0	4.00 AN	185-203	2.0-5.0	
SXF320		1.100	4.0-6.0	53.00 AN	167-185	2.0-5.0	
SXJ220		1.080	5.0-7.0	21.00 AN	176-194	2.0-5.0	
WX152	WDF	1.120		16.00 AN	176-194	2.0-5.0	

ABS   Faradex   LNP

Grade	Filler	Sp Grav	Shrink, mils/in	Melt flow, g/10 min	Drying temp, °F	Drying time, hr	Max. % moisture
AS-1002	STS	1.113			180	4.0	0.08
AS-1003	STS	1.153			180	4.0	0.08

POCKET SPECS FOR INJECTION MOLDING

Max. % regrind	Inj. pres., ksi	Rear temp, °F	Mid temp, °F	Front temp, °F	Nozzle temp, °F	Proc temp, °F	Mold temp, °F
		370-450	400-475	425-500	425-525	425-525	120-170
		370-450	400-475	425-500	425-525	425-525	120-170
		370-450	400-475	425-500	425-525	425-525	120-170
		370-450	400-475	425-500	425-525	425-525	120-170
		300-360	350-400	375-450	375-450	375-450	120-170
		370-450	400-475	425-500	425-525	425-525	120-170
		300-360	350-400	375-450	375-450	375-450	120-170
		370-450	400-475	425-500	425-525	425-525	120-170
		370-450	400-475	425-500	425-525	425-525	120-170
		370-450	400-475	425-500	425-525	425-525	120-170
		370-450	400-475	425-500	425-525	425-525	120-170
		370-425	400-450	425-475	425-525	425-525	120-170
						450-500	120-150
						450-500	120-150
						450-500	120-150
						450-500	120-150
						450-500	120-150
						380-450	130-160
						450-500	120-150
						425-500	120-150
						425-500	120-150
						425-500	120-150
						420	120-150
						428-482	122-158
						428-482	122-158
						410-464	122-158
						410-482	122-158
						410-482	104-140
						410-482	122-158
						428-464	122-176
		374-500	374-500	374-500			104-176
		374-500	374-500	374-500			104-176
		374-500	374-500	374-500			104-176
		374-500	374-500	374-500			104-176
		374-500	374-500	374-500			104-176
		356-410	356-410	356-410			104-176
		374-500	374-500	374-500			104-176
		374-500	374-500	374-500			104-176
		428-518	428-518	428-518			104-176
		374-500	374-500	374-500			104-176
		374-500	374-500	374-500			104-176
		374-500	374-500	374-500			104-176
		374-500	374-500	374-500			104-176
		356-446	356-446	356-446			104-176
		374-500	374-500	374-500			104-176
		392	392	392			
						460-490	160-200
						460-490	160-200

FREE DATA SHEETS: WWW.IDES.COM/PSIM

Grade	Filler	Sp Grav	Shrink, mils/in	Melt flow, g/10 min	Drying temp, °F	Drying time, hr	Max. % moisture
ABS	**Formpoly**				**Formulated Poly**		
ABSGF15	GFI 15	1.160	3.0-5.0		140-176	2.0-4.0	
ABSGF15WRM	GFI 15				140-176	2.0-4.0	
ABSGF30	GFI 30	1.300	2.0-3.0		140-176	2.0-4.0	
ABSHR90		1.060	4.0-7.0		140-176	2.0-4.0	
ABS	**Hiloy**				**A. Schulman**		
221	GFI 10	1.100	2.0		175	2.0	0.10
222	GFI 20	1.160	2.0		175	2.0	0.10
223	GFI 30	1.260	2.0		175	2.0	0.10
ABS	**Hylac**				**Entec**		
FR103		1.190	3.0-7.0	3.20 G			0.10
FR104		1.160	3.0-7.0	4.30 G			0.10
FR134		1.200	3.0-7.0	5.20 G			0.10
FR134G10	GFI 10	1.370	3.0-4.0	5.00 I			0.10
FR74		1.170	3.0-7.0	3.00 G			0.10
GP10G	GFI 10	1.100	1.0-4.0	2.50 I			0.01
GP20G	GFI 20	1.180	1.0-4.0	2.00 I			0.10
GP28		1.030	3.0-7.0	0.90 G			0.10
GP30G	GFI 20	1.270	1.0-4.0	1.50 I			0.01
GP48		1.030	3.0-7.0	1.30 G			0.10
GP55		1.040	3.0-7.0	1.50 G			0.10
GP74		1.030	3.0-7.0	2.40 G			0.10
GP74G20	GFI 20	1.180	1.0-4.0	2.00 I			0.10
GP74G30	GFI 30	1.270	1.0-4.0	1.50 I			0.10
HF143		1.050	3.0-7.0	4.50 G			0.10
HF224		1.050	3.0-7.0	7.00 G			0.10
HF96		1.030	3.0-7.0	3.00 G			0.10
PL75		1.040	3.0-7.0	1.70 G			0.02
ABS	**Isolac**				**GE Pland Euro**		
P1			5.0-7.0		185-203	2.0-4.0	
P400			5.0-7.0		185-203	2.0-4.0	
ABS	**Jamplast**				**Jamplast**		
JPHGABS		1.040	4.0-7.0		180-190	2.0-4.0	0.10
JPLGABS		1.040	4.0-7.0	3.90 I	180-190	2.0-4.0	0.10
JPLGABSE		1.040	4.0-7.0	3.90 I	180-190	2.0-4.0	0.10
JPLGABSI		1.040	4.0-7.0	6.00 I	180-185	2.0-4.0	0.10
ABS	**Kaneka MUH**				**Kaneka**		
E1500		1.050	5.0-8.0		221	3.0	
E7301		1.070	5.0-8.0		212	3.0	
L9401		1.050	5.0-8.0		187	3.0	
M3100		1.050	5.0-8.0		201	3.0	
M3202		1.050	5.0-8.0		194	3.0	
W2015		1.050	5.0-8.0		212	3.0	
W7401		1.050			212	3.0	
ABS	**Kingfa**				**Kingfa**		
FRABS-518		1.173	4.0-7.0	28.00 AN	158-176	2.0-4.0	
FRABS-V0		1.173	4.0-6.0	15.00 AN	158-176	2.0-4.0	
FW-620		1.183	4.0-6.0	40.00 AN	158-176	2.0-4.0	
FW-650		1.103	4.0-6.0	25.00 AN	158-176	2.0-4.0	

Max. % regrind	Inj. pres., ksi	Rear temp, °F	Mid temp, °F	Front temp, °F	Nozzle temp, °F	Proc temp, °F	Mold temp, °F
	17.1	392	428	446	428	410	176
	18.5	410	446	464	446	428	176
	14.2	356	401	428	428	392	140
20		465-490	455-510	475-510	475-520	520	105-160
20		465-490	455-510	475-510	475-520	520	105-160
20		465-490	455-510	475-510	475-520	520	105-160
	0.7-0.9	330-350	335-365	355-375	345-365		105-160
	0.7-0.9	350-365	335-385	375-390	365-385		105-160
	0.7-0.9	330-350	335-365	355-375	345-365		105-160
	1.1-1.3	335-355	340-375	360-380	350-370		120-160
	0.7-1.0	320-355	340-390	365-400	350-380		105-160
		375-390	400-430	410-435	410-445		120-140
		375-390	400-430	410-435	410-445		120-140
	0.9-1.0	355-390	390-430	420-455	410-445		120-140
		375-390	400-430	410-435	410-445		120-140
	0.9-1.0	355-390	390-430	420-455	410-445		120-140
	0.9-1.0	355-390	390-430	420-455	410-445		120-140
	0.9-1.0	355-390	390-430	420-455	410-445		120-140
	1.1-1.2	375-390	400-430	410-435	410-445	465	120-140
	1.1-1.2	375-390	400-430	410-435	410-445	465	120-140
	0.9-1.0	355-390	390-430	420-455	410-445	465	120-140
	0.9-1.0	355-390	390-430	420-455	410-445	465	120-140
	0.9-1.0	355-390	390-430	420-455	410-445	465	120-140
	0.7-1.0	375-410	410-445	430-480	430-470	495	140-175
		392-500	428-500	428-500	432-500	428-500	104-176
		392-500	428-500	428-500	432-500	428-500	104-176
						425-525	80-140
						425-525	80-140
						425-525	80-140
						450-475	80-120
		464-500	464-500	464-500		536	122
		464-500	464-500	464-500		536	122
		446-482	446-482	446-482		500	122
		446-482	446-482	446-482		536	122
		446-482	446-482	446-482		518	122
		464-500	464-500	464-500		536	122
		464-500	464-500	464-500		536	122
		320-356	338-374	356-410		338-410	86-140
		356-410	374-428	392-446		392-446	86-140
		356-410	374-428	392-446		392-446	86-140
		356-410	374-428	392-446		392-446	86-140

FREE DATA SHEETS: WWW.IDES.COM/PSIM

Grade	Filler	Sp Grav	Shrink, mils/in	Melt flow, g/10 min	Drying temp, °F	Drying time, hr	Max. % moisture
+-12		1.043	4.0-7.0	25.00 AN	176-194	2.0-4.0	
HC-110		1.043	4.0-7.0	20.00 AN	176-194	2.0-4.0	
HF-606		1.183	4.0-6.0	65.00 AN	158-176	2.0-4.0	
HF-618		1.183	4.0-6.0	40.00 AN	158-176	2.0-4.0	
HF-626		1.173	4.0-6.0	50.00 AN	158-176	2.0-4.0	
HP-126		1.043	4.0-7.0	40.00 AN	176-194	2.0-4.0	
HR-527		1.043	4.0-7.0	20.00 AN	176-194	2.0-4.0	
HR-527A		1.053	4.0-6.0	12.00 AN	176-194	2.0-4.0	
HR-527B		1.063	3.0-6.0	6.50 AN	194-212	2.0-4.0	
HR-528		1.083	4.0-6.0	3.50 AN	194-212	2.0-4.0	
NH-627		1.063	4.0-7.0	55.00 AN	158	2.0	

ABS — Kralastic — Nippon A&L

Grade	Filler	Sp Grav	Shrink, mils/in	Melt flow, g/10 min	Drying temp, °F	Drying time, hr
AN-435		1.063	4.0-6.0	10.00 G	167-185	> 2.0
AN-450		1.183	4.0-6.0	5.50 G	167-185	> 2.0
AN-466		1.103	4.0-6.0	6.50 G	167-185	> 2.0
AN-490		1.193	4.0-6.0	2.50 G	176-194	> 2.0
AN-491		1.193	4.0-6.0	3.00 G	176-194	> 2.0
AN-492		1.193	4.0-6.0	5.00 G	167-185	> 2.0
AN-495		1.103	4.0-6.0	3.50 G	176-194	> 2.0
ANG-20	GFI 20	1.323	2.0-3.0	41,00 AN	170-194	> 2.0
AP-8A		1.043	4.0-6.0	30.00 AN	176-194	> 2.0
BM 102		1.053		2.00 AN	176-194	> 2.0
GA-101		1.053	4.0-6.0	26.00 AN	176-194	> 2.0
GA-110G-10	GFI 10	1.113	2.0-3.0	15.00 AN	176-194	> 2.0
GA-110G-20	GFI 20	1.183	2.0-3.0	10.00 AN	176-194	> 2.0
GA-110G-30	GFI 30	1.253	2.0-3.0	8.00 AN	176-194	> 2.0
GA-501		1.043	4.0-6.0	32.00 AN	176-194	> 2.0
GA-704		1.043	4.0-6.0	52.00 AN	176-194	> 2.0
GX-180		1.053	4.0-6.0	36.00 AN	176-194	> 2.0
GX-381		1.073	4.0-6.0	20.00 AN	176-194	> 2.0
K-2938A		1.053	4.0-6.0	2.00 AN	194-212	> 2.0
K-2938FS		1.053	4.0-6.0	6.00 AN	194-212	> 2.0
KU-600 R-1		1.063	4.0-6.0	6.00 AN	194-212	> 2.0
KU-621		1.053	4.0-6.0	3.00 AN	194-212	> 2.0
KU-630 R-3		1.063	4.0-6.0	8.00 AN	212-230	> 2.0
KU-650 R1		1.063	4.0-6.0	4.00 AN	212-230	> 2.0
KU-670 R-2		1.063	4.0-6.0	2.50 AN	212-230	> 2.0
MG		1.043	4.0-6.0	8.00 AN	176-194	> 2.0
MM		1.073	4.0-6.0	5.00 AN	176-194	> 2.0
MTH-2		1.043	4.0-6.0	12.00 AN	194-212	> 2.0
MVF-1K		1.043	4.0-6.0	17.00 AN	176-194	> 2.0
PA-790		1.043	4.0-6.0	20.00 AN	176-194	> 2.0
ST-100		1.103	4.0-6.0	20.00 AN	176-194	> 2.0
ST-120		1.103	4.0-6.0	25.00 AN	176-194	> 2.0
ST-200		1.103	4.0-6.0	15.00 AN	176-194	> 2.0
ST-400		1.123	4.0-6.0	5.00 AN	167-176	> 2.0
SXD-220		1.043	4.0-6.0	110.00 AN	176-194	> 2.0
SXI-2006		1.063	4.0-6.0	1.00 AN	212-230	> 2.0
TE-1200		1.063	5.0-7.0	38.00 AN	176-194	> 2.0
XB		1.043		2.00 AN	176-194	> 2.0

ABS — Lastilac — Lati

Grade	Filler	Sp Grav	Shrink, mils/in	Drying temp, °F	Drying time, hr
AR G/17-V0	GFI 17	1.263	2.5	158-176	3.0
ARUV-V0		1.193	5.0	158-176	3.0
AR-V0		1.193	5.0	158-176	3.0

Max. % regrind	Inj. pres., ksi	Rear temp, °F	Mid temp, °F	Front temp, °F	Nozzle temp, °F	Proc temp, °F	Mold temp, °F
		356-401	401-446	419-464		428-473	86-140
		360-401	401-446	419-464		428-473	86-140
		320-356	338-374	356-410		338-410	86-140
		320-356	338-374	356-410		338-410	86-140
		320-356	338-374	356-410		338-410	86-140
		360-401	401-446	419-464		428-473	86-140
		356-401	401-446	419-464		428-473	86-140
		356-401	401-446	419-464		428-473	86-140
		374-428	410-464	428-473		428-482	86-176
		374-428	410-464	428-473		428-482	86-176
		356-392	374-410	383-428		392-446	86-140
		392-446	392-446	392-446			104-140
		356-410	356-410	356-410			104-140
		356-410	356-410	356-410			104-140
		392-446	392-446	392-446			104-140
		392-446	392-446	392-446			104-140
		356-410	356-410	356-410			104-140
		392-446	392-446	392-446			104-140
		356-410	356-410	356-410			104-140
		392-500	392-500	392-500			104-176
		392-500	392-500	392-500			104-176
		428-500	428-500	428-500			104-176
		428-500	428-500	428-500			104-176
		428-500	428-500	428-500			104-176
		392-500	392-500	392-500			104-176
		392-500	392-500	392-500			104-176
		392-500	392-500	392-500			104-176
		392-500	392-500	392-500			104-176
		428-518	428-518	428-518			104-176
		428-518	428-518	428-518			104-176
		446-518	446-518	446-518			104-176
		446-518	446-518	446-518			104-176
		446-518	446-518	446-518			104-176
		446-518	446-518	446-518			104-176
		446-518	446-518	446-518			104-176
		392-500	392-500	392-500			104-176
		392-500	392-500	392-500			104-176
		428-518	428-518	428-518			104-176
		392-500	392-500	392-500			104-176
		392-500	392-500	392-500			104-176
		392-464	392-464	392-464			104-158
		392-464	392-464	392-464			104-158
		410-482	410-482	410-482			104-158
		356-428	356-428	356-428			104-140
		392-500	392-500	392-500			104-176
		464-536	464-536	464-536			104-176
		392-500	392-500	392-500			104-176
15						392-428	140-176
15						374-410	122-158
15						374-410	122-158

FREE DATA SHEETS: WWW.IDES.COM/PSIM

Grade	Filler	Sp Grav	Shrink, mils/in	Melt flow, g/10 min	Drying temp, °F	Drying time, hr	Max. % moisture
MR K/15	CF 15	1.113	0.8		158-176	3.0	
RT		1.053	6.0		158-176	3.0	
RT G/13	GFI 13	1.143	2.5		158-176	3.0	
RT GS/20	GBF 20	1.193	3.5		158-176	3.0	
RT S/20	GB 20	1.193	3.5		158-176	3.0	
SP G/17	GFI 17	1.183	2.0		158-176	3.0	

ABS   Latishield   Lati

36/AR-05A-V0		1.253	5.5		158-176	3.0	
36/RT-05A		1.103	5.5		158-176	3.0	

ABS   Latistat   Lati

36/MR-04		1.113	5.0		158-176	3.0	

ABS   LG ABS   LG Chem

Grade	Filler	Sp Grav	Shrink, mils/in	Melt flow, g/10 min	Drying temp, °F	Drying time, hr	Max. % moisture
AF-302		1.210	3.0-6.0	55.00 AN	175-195	2.0-3.0	
AF-303		1.190	4.0-7.0	50.00 AN	175-195	2.0-3.0	
AF-303S		1.190	4.0-7.0	50.00 AN	175-195	2.0-3.0	
AF-305		1.200	4.0-7.0	50.00 AN	175-195	2.0-3.0	
AF-306		1.180	3.0-6.0	71.00 AN	175-195	2.0-3.0	
AF-315		1.210	3.0-6.0	35.00 AN	175-195	2.0-3.0	
AF-335		1.220	3.0-6.0	55.00 AN	175-195	2.0-3.0	
ER-452		1.050	4.0-7.0	10.00 AN	175-195	2.0-3.0	
ER-461		1.050	4.0-7.0	13.00 AN	175-195	2.0-3.0	
HF-350		1.050	4.0-7.0	35.00 AN	175-195	2.0-3.0	
HF-380		1.050	4.0-7.0	35.00 AN	175-195	2.0-3.0	
HG-173		1.050	4.0-7.0	22.00 AN	175-195	2.0-3.0	
HG-174		1.050	4.0-7.0	60.00 AN	175-195	2.0-3.0	
HI-100		1.050	4.0-7.0	10.00 AN	175-195	2.0-3.0	
HI-100A		1.050	3.0-5.0	9.00 AN	175-195	2.0-3.0	
HI-121		1.050	4.0-7.0	15.00 AN	175-195	2.0-3.0	
HI-121A		1.050	3.0-5.0	14.00 AN	175-195	2.0-3.0	
HI-151		1.050	4.0-7.0	20.00 AN	175-195	2.0-3.0	
HI-151A		1.050	3.0-5.0	18.00 AN	175-195	2.0-3.0	
HI-153		1.050	4.0-7.0	35.00 AN	175-195	2.0-3.0	
HI-154		1.050	3.0-5.0	20.00 AN	175-195	2.0-3.0	
HI-157		1.050	3.0-5.0	15.00 AN	175-195	2.0-3.0	
HT-700		1.050	4.0-7.0	20.00 AN	175-195	2.0-3.0	
MP-211		1.050	4.0-7.0	19.00 AN	175-195	2.0-3.0	
MP-220		1.050	4.0-7.0	21.00 AN	175-195	2.0-3.0	
NS-161		1.050	4.0-7.0	35.00 AN	175-195	2.0-3.0	
NT-520		1.050	4.0-7.0	35.00 AN	175-195	2.0-3.0	
PT-270		1.050	4.0-7.0	20.00 AN	175-195	2.0-3.0	
RF-120		1.170	3.0-6.0	35.00 AN	175-195	2.0-3.0	
RF-125		1.180	3.0-6.0	35.00 AN	175-195	2.0-3.0	
SG-175		1.050	4.0-7.0	30.00 AN	175-195	2.0-3.0	
XR-401		1.050	4.0-7.0	10.00 AN	175-195	2.0-3.0	
XR-404		1.050	4.0-7.0	6.00 AN	175-195	2.0-3.0	
XR-409		1.040	3.0-5.0	4.00 AN	175-195	2.0-3.0	
XR-409H		1.050	4.0-7.0	2.50 AN	175-195	2.0-3.0	

ABS   Lubricomp   LNP

AL-4010 HP GN4-678		1.090	7.0		180	4.0	0.08
AL-4020		1.100	5.0-7.0		180	4.0	0.05
AL-4030 BK8-115		1.130	6.0-8.0		180	4.0	0.08

Max. % regrind	Inj. pres., ksi	Rear temp, °F	Mid temp, °F	Front temp, °F	Nozzle temp, °F	Proc temp, °F	Mold temp, °F
15						410-482	122-176
15						374-464	122-158
15						410-482	122-176
15						410-482	122-176
15						428-482	122-176
15						428-482	122-176
						392-428	122-158
						446-482	122-158
						392-446	104-140
	10.0-14.2	375-410	390-430	410-445	410-445	430-465	140-195
	10.0-14.2	375-410	390-430	410-445	410-445	430-465	140-195
	10.0-14.2	375-410	390-430	410-445	410-445	430-465	140-195
	10.0-14.2	375-410	390-430	410-445	410-445	430-465	140-195
	10.0-14.2	375-410	390-430	410-445	410-445	430-465	140-195
	10.0-14.2	375-410	390-430	410-445	410-445	430-465	140-195
	10.0-14.2	375-410	390-430	410-445	410-445	430-465	140-195
	10.0-14.2	410-445	430-465	445-480	445-480	465-500	140-195
	10.0-14.2	410-445	430-465	445-480	445-480	465-500	140-195
	10.0-14.2	375-410	390-430	410-445	410-445	430-465	140-195
	10.0-14.2	375-410	390-430	410-445	410-445	430-465	140-195
	10.0-14.2	375-410	390-430	410-445	410-445	430-465	140-195
	10.0-14.2	375-410	390-430	410-445	410-445	430-465	140-195
	10.0-14.2	375-410	390-430	410-445	410-445	430-465	140-195
	10.0-14.2	375-410	390-430	410-445	410-445	430-465	140-195
	10.0-14.2	375-410	390-430	410-445	410-445	430-465	140-195
	10.0-14.2	375-410	390-430	410-445	410-445	430-465	140-195
	10.0-14.2	375-410	390-430	410-445	410-445	430-465	140-195
	10.0-14.2	375-410	390-430	410-445	410-445	430-465	140-195
	10.0-14.2	375-410	390-430	410-445	410-445	430-465	140-195
	10.0-14.2	375-410	390-430	410-445	410-445	430-465	140-195
	10.0-14.2	375-410	390-430	410-445	410-445	430-465	140-195
	10.0-14.2	375-410	390-430	410-445	410-445	430-465	140-195
	10.0-14.2	375-410	390-430	410-445	410-445	430-465	140-195
	10.0-14.2	375-410	390-430	410-445	410-445	430-465	140-195
	10.0-14.2	375-410	390-430	410-445	410-445	430-465	140-195
	10.0-14.2	375-410	390-430	410-445	410-445	430-465	140-195
	10.0-14.2	410-445	430-465	445-480	445-480	465-500	140-195
	10.0-14.2	410-445	430-465	445-480	445-480	465-500	140-195
	10.0-14.2	410-445	430-465	445-480	445-480	465-500	140-195
	10.0-14.2	410-445	430-465	445-480	445-480	465-500	140-195
						500	160-180
						500	160-180
						500	160-180

FREE DATA SHEETS: WWW.IDES.COM/PSIM

Grade	Filler	Sp Grav	Shrink, mils/in	Melt flow, g/10 min	Drying temp, °F	Drying time, hr	Max. % moisture
ABS		**Lucon**			**LG Chem**		
PS-4200	CF	1.140	2.0-3.0	30.00 AN	176	4.0	0.10
ABS		**Lupos**			**LG Chem**		
GP-2100	GFI 10	1.100	2.0-4.0		175-195	2.0-3.0	
GP-2101F	GFI 10	1.240	1.0-3.0		175-195	2.0-3.0	
GP-2106F	GFI	1.250	1.0-3.0		158-194	2.0-3.0	0.10
GP-2200	GFI 20	1.210	1.0-3.0		175-195	2.0-3.0	
GP-2200H	GFI	1.210	1.0-3.0		194	3.0-4.0	
GP-2201F	GFI 20	1.350	1.0-3.0		175-195	2.0-3.0	
GP-2206F	GFI 20	1.350	1.0-3.0		175-195	2.0-3.0	
GP-2300	GFI 30	1.280	1.0-3.0		175-195	2.0-3.0	
GP-2301F	GFI 30	1.420	1.0-2.0		175-195	2.0-3.0	
HR-2207	GFI 20	1.210	1.0-3.0		175-195	2.0-3.0	
ABS		**Lustran ABS**			**Lanxess**		
1146		1.030	6.0-8.0	1.00 I	170-190	2.0-4.0	0.20
1152		1.030		7.30 AO	170-190	2.0-4.0	0.20
248		1.060	4.0-6.0	5.00 I	170-190	2.0-4.0	0.20
284		1.050					
308		1.050	4.0-7.0	21.00 AO	180-190	2.0	
348		1.060	4.0-6.0	5.00 I	180-190	2.0	0.10
446		1.050	4.0-6.0	4.00 I	170-190	2.0-4.0	0.20
448		1.050	4.0-6.0	4.50 I	170-190	2.0-4.0	0.20
488		1.050	4.0-6.0	6.00 L	160-190	2.0-4.0	
648		1.040	4.0-6.0	8.00 I	170-190	2.0-4.0	0.20
720					180-200	2.0	
LGA		1.050	4.0-7.0	7.00 I	160-190	1.9-2.8	
LGM		1.050		7.00 I	180-190	2.0	
ABS		**Lustran ABS**			**Lanxess Euro**		
E112LG		1.043	5.0-8.0				
E211 LNS013		1.053	5.0-8.0				
H604		1.043	5.0-7.0				
H605		1.053	4.0-6.0				
H606LS		1.043	4.0-7.0				
H607AS		1.043	4.0-7.0				
H701		1.043	5.0-8.0				
H702		1.043	4.0-7.0				
H801		1.073	5.0-7.0				
H802		1.053	4.0-7.0				
H950		1.053	5.0-7.0				
M201AS		1.053	4.0-7.0				
M202AS		1.053	4.0-7.0				
M203FC		1.053	4.0-7.0				
M301AS		1.043	5.0-8.0				
M301FC		1.043	5.0-8.0				
M305		1.053	5.0-8.0				
M406		1.023	6.0-9.0				
ABS		**Lustran Elite**			**Lanxess**		
HH 1827		1.050	4.0-7.0	13.00 AN	180-190		
HH 1891		1.050	4.0-7.0	7.00 AN	180-190	2.0	
ABS		**Lustran Ultra**			**Lanxess Euro**		
4000 PG		1.053	5.0-8.0				

Max. % regrind	Inj. pres., ksi	Rear temp, °F	Mid temp, °F	Front temp, °F	Nozzle temp, °F	Proc temp, °F	Mold temp, °F
	8.7-14.5	392-410	410-428	428-446	428-446	428-446	122-176
	10.0-14.2	375-410	390-430	410-445	410-445	430-465	140-195
	10.0-14.2	375-410	390-430	410-445	410-445	430-465	140-195
	10.2-14.5	374-410	392-428	410-446	410-446	428-464	140-194
	10.0-14.2	375-410	390-430	410-445	410-445	430-465	140-195
	10.0-14.2	374-410	392-428	410-446	410-446		140-194
	10.0-14.2	375-410	390-430	410-445	410-445	430-465	140-195
	10.0-14.2	375-410	390-430	410-445	410-445	430-465	140-195
	10.0-14.2	375-410	390-430	410-445	410-445	430-465	140-195
	10.0-14.2	375-410	390-430	410-445	410-445	430-465	140-195
	10.0-14.2	410-445	430-465	445-480	445-480	465-500	140-195
5		400-475	400-475	400-475	425-500	425-500	120-150
5		400-475	400-475	400-475	425-500	425-500	120-150
5		400-475	400-475	400-475	425-500	425-500	120-150
						450-470	110-150
	10.0-16.0	455-480	465-490	475-500	475-500	475-510	110-150
	16.0-17.0	455-480	465-490	475-500	475-500	475-510	110-150
5		400-475	400-475	400-475	425-500	425-500	120-150
5		400-475	400-475	400-475	425-500	425-500	120-150
		455-480	465-490	475-500	475-500	475-500	110-150
5		400-475	400-475	400-475	425-500	425-500	120-150
						450-475	110-150
						475-525	90-120
						475-550	90-120
					464		158
					464		158
					464		158
					464		158
					464		158
					464		158
					464		158
					464		158
					464		158
					464		158
					464		158
					464		158
					464		158
					464		158
					464		158
					464		158
					464		158
	13.0-20.0	460-490	470-500	480-510	480-510	480-520	120-160
	13.0-20.0	460-490	470-500	480-510	480-510	480-520	120-160
					464		158

FREE DATA SHEETS: WWW.IDES.COM/PSIM

Grade	Filler	Sp Grav	Shrink, mils/in	Melt flow, g/10 min	Drying temp, °F	Drying time, hr	Max. % moisture
ABS		**Magnum**			**Dow**		
1040		1.040	4.0-7.0	2.20 I	180-190	2.0-4.0	
1150 EM		1.030	6.0-7.0	0.90 I	180	2.0-4.0	0.10
2620		1.040	5.0-7.0	5.00 I	180-190	2.0-4.0	0.10
2630		1.040		3.20 I	176-194	2.0-4.0	0.10
2642		1.040	4.0-7.0	6.00 I	180-190	2.0-4.0	0.10
275		1.040	4.0-7.0	2.60 I	180-190	2.0-4.0	0.10
3325 MT		1.040	4.0-7.0	2.50 I	180-190	2.0-4.0	0.10
342 EZ		1.040	4.0-7.0	6.00 I	180-185	2.0-4.0	0.10
347 EZ		1.040	4.0-7.0	12.00 I	180-185	2.0-4.0	0.10
348		1.040	4.0-7.0	6.00 I	180-190	2.0-4.0	0.10
3490		1.040	4.0-7.0	2.50 I	180-190	2.0-4.0	0.10
3495		1.040	4.0-7.0	11.00 I	180-190	2.0-4.0	0.10
357 HP		1.060	4.0-7.0	2.00 I	180-185	2.0-4.0	0.10
3895		1.040	4.0-7.0	6.50 I	180-190	2.0-4.0	0.10
555		1.040	4.0-7.0	2.40 I	180-190	2.0-4.0	0.10
9010		1.040	4.0-7.0	7.00 I	180-190	2.0-4.0	0.10
9020		1.040	4.0-7.0	5.00 I	180-190	2.0-4.0	0.10
9030		1.040	4.0-7.0	2.50 I	180-190	2.0-4.0	0.10
9035		1.040	4.0-7.0	6.50 I	180-190	2.0-4.0	0.10
941		1.040	4.0-7.0	2.20 I	180-190	2.0-4.0	0.10
9555		1.040	4.0-7.0	5.00 I	180-190	2.0-4.0	0.10
9650		1.040	4.0-7.0	4.00 I	180-190	2.0-4.0	0.10
AG 700		1.040	4.0-7.0	3.90 I	180-190	2.0-4.0	0.10
FG 960		1.040	4.0-7.0	2.60 I	180-190	2.0-4.0	0.10
PG 914		1.040	4.0-7.0	2.60 I	180-190	2.0-4.0	0.10
ABS		**Malecca**			**Denka**		
K-095		1.050	4.0-6.0	10.00 AN	176-194	3.0-4.0	
K-200		1.060	5.0-7.0	6.00 AN	194-212	3.0-4.0	
K-300		1.060	5.0-8.0	2.40 AN	194-212	3.0-4.0	
K-400		1.080	5.0-8.0	3.00 AN	194-212	3.0-4.0	
K-510		1.080	6.0-9.0	17.00 CB	212-230	3.0-4.0	
ABS		**MDE Compounds**			**Michael Day**		
ABS 400		1.040	6.0-8.0		200-210	2.0-4.0	0.01
ABS200G10LU.BK	GFI 10	1.200	2.0-4.0		180	2.0	0.10
ABS200G20LU.BK	GFI 20	1.200	2.0-3.0		180	2.0	0.10
ABS200G230LU.BK	GFI 30	1.290	1.0-3.0		180	2.0	0.10
ABS200G30LU.BK	GFI 30	1.290	1.0-3.0		180	2.0	0.10
ABS400G10	GFI 10		3.0				
ABS400G15L	GFI 15	1.160	2.0-3.0		180		
ABS400G20	GFI 20	1.210	2.0				
ABS400G20L	GFI 20	1.210	2.0-3.0		180	2.0	0.10
ABSG20	GFI 20	1.210	2.0		180	2.0-4.0	0.10
ABS		**Novalloy-E**			**Daicel Polymer**		
E10 (Type V)		1.063	4.0-7.0	39.00 AN	176-194	4.0-5.0	
E50		1.243	4.0-7.0	10.00 AN	176-194	4.0-5.0	
EG506	GFI	1.474	1.0-3.0		176-194	4.0-5.0	
ABS		**Novodur**			**Lanxess Euro**		
P2M-V		1.043	4.0-7.0				

POCKET SPECS FOR INJECTION MOLDING

Max. % regrind	Inj. pres., ksi	Rear temp, °F	Mid temp, °F	Front temp, °F	Nozzle temp, °F	Proc temp, °F	Mold temp, °F
						425-525	80-140
						425-525	80-140
						425-525	80-140
		380-390	410	430	450	425-525	80-160
						425-525	80-140
						425-525	80-140
						450-475	80-120
						420-450	80-120
						425-525	80-140
						425-525	80-140
						425-525	80-140
						500-540	100-180
						400-525	80-140
						425-525	80-140
						425-525	80-140
						425-525	80-140
						425-525	80-140
						400-525	80-140
						425-525	80-140
						425-525	80-140
						425-525	80-140
						425-525	80-140
						425-525	80-140
						425-525	80-140
					410-455		122-176
					428-473		122-176
					446-491		122-176
					446-491		122-176
					482-509		122-176
		450	465	475		470-480	100-120
		470	480	490		480-510	120-160
		470	480	490		480-510	120-160
		470	480	490		480-510	120-160
		470	480	490		480-510	120-160
						480-510	120-160
		470	480	490		480-510	120-160
						500-520	120-160
		470	480	490		480-510	120-160
		480	480	490		480-510	120-160
		356-392	410-428	428-446	410-428		104-158
		356-392	410-428	428-446	410-428		104-158
		356-392	410-428	428-446	410-428		122-176
						464	158

FREE DATA SHEETS: WWW.IDES.COM/PSIM

Grade	Filler	Sp Grav	Shrink, mils/in	Melt flow, g/10 min	Drying temp, °F	Drying time, hr	Max. % moisture
ABS	**Performafil**				**Techmer Lehvoss**		
J-1200/10/FD	GFI 10	1.100			160	1.0	
J-1200/10/VO	GFI 10	1.300	2.0		160	1.0	
J-1200/20	GFI 20	1.230	3.0		160	1.0	
J-1200/20/VO	GFI 20	1.370	0.8		160	1.0	
J-1200/20/VO/Natl	GFI 20	1.370	0.8-1.8		160-180	2.0-16.0	
J-1200/30	GFI 30	1.290	2.0		160	1.0	
J-1200/30/VO	GFI 30	1.410	0.6		160	1.0	
J-1200/30/VO/Natl	GFI 30	1.410	0.6-1.3		160-180	2.0-16.0	
J-1200/40	GFI 40	1.380			160	1.0	
ABS	**PermaStat**				**RTP**		
600		1.063	6.0-8.0		180	2.0	
600 Nat/Clear		1.103	5.0-7.0		180	2.0	
600 UV		1.063	5.0-7.0		180	2.0	
601 FR	GFI 10	1.343	2.0-4.0		180	2.0	
603	GFI 20	1.203	2.0-4.0		180	2.0	
ABS	**P-Flex**				**Putsch Kunststoffe**		
010		1.063	7.5-8.5	20.00 AN	176	2.0	
020		1.053	7.0-9.0	10.00 AN	176	2.0	
H 200		1.043	6.0-9.0	8.00 AN	176	3.0	
R 2620	GFI	1.203	2.5-3.5	5.00 AN	176	2.0	
ABS	**Pier One ABS**				**Pier One Polymers**		
L3-BK09		1.050		3.00 I			0.08
L62-BK10		1.040		1.50 I			0.08
MH3-BK09		1.050		2.80 I			0.08
SFG10-BK10		1.100		2.00 I			0.08
ABS	**Polidux**				**Repsol YPF**		
A—045		1.058	4.0-6.0	8.00 AN	185	2.0	
A—083		1.058	4.0-6.0	26.00 AN	176-194	2.0	
A—164		1.058	4.0-6.0	8.00 AN	176-194	2.0	
A—244		1.058	4.0-6.0	14.00 AN	185	2.0	
A—300		1.058	4.0-6.0	18.00 AN	176-194	2.0	
A—311	GFI 17	1.203	1.0-4.0	3.00 AN	176-194	2.0	
A—342		1.058	4.0-6.0	35.00 AN	176-194	2.0	
A—366		1.058	4.0-6.0	14.00 AN	185	2.0	
A—537		1.058	4.0-6.0	6.00 AN	185	2.0	
A—544		1.058	4.0-6.0	3.50 AN	185	2.0	
A—560		1.058	4.0-6.0	3.00 AN	185	2.0	
A—830		1.153	4.0-6.0	14.00 AN	176-194	2.0	
ABS	**Polifil**				**TPG**		
GFABS-10	GFI 10	1.100	3.0		180-190	2.0	
GFABS-20	GFI 20	1.220	2.0		180-190	2.0	
GFABS-30	GFI 30	1.280	2.0		180-190	2.0	
ABS	**Polyfabs**				**A. Schulman**		
ABS 651		1.040	4.0-7.0	0.80	180-190	2.0	0.10
ABS 700		1.040			180-190	2.0	0.10
ABS 700-31		1.040	4.0-7.0		180-190	2.0	0.10
ABS 702		1.050	4.0-6.0		180-190	2.0	0.10
ABS 703 HG		1.040	4.0-7.0	4.00 I	180-190	2.0	0.10

POCKET SPECS FOR INJECTION MOLDING

Max. % regrind	Inj. pres., ksi	Rear temp, °F	Mid temp, °F	Front temp, °F	Nozzle temp, °F	Proc temp, °F	Mold temp, °F
		420-450	430-460	410-430	390-430	450-500	160-190
		420-450	430-460	410-430	390-430	450-500	160-190
		420-450	430-460	410-430	390-430	450-500	160-190
		420-450	430-460	410-430	390-430	450-500	160-190
		410-440	420-450	400-420	380-420	440-490	150-180
		420-450	430-460	410-430	390-430	450-500	160-190
		420-450	430-460	410-430	390-430	450-500	160-190
		410-440	420-450	400-420	380-420	440-490	150-180
		420-450	430-460	410-430	390-430	450-500	160-190
	10.0-15.0					390-460	120-200
	10.0-15.0					390-460	120-200
	10.0-15.0					390-460	120-200
	10.0-15.0					390-460	120-200
	10.0-15.0					390-460	120-200
						464-500	86-104
						464-500	86-104
						482	113-149
						464-518	140-176
						430-500	100-170
						430-500	100-170
						430-500	100-170
						430-500	100-170
						392-482	113-158
						392-482	113-131
						392-482	113-158
						392-482	113-158
						392-482	113-158
						428-518	122-176
						392-482	113-158
						392-482	113-158
						392-482	122-176
						392-482	113-158
						392-482	113-176
						374-482	113-158
						380-450	110-150
						380-450	110-150
						380-450	110-150
	1.2	450	475	475	475	425-525	80-140
	1.2	450	475	475	475	425-525	80-140
	1.2	450	475	475	475	425-525	80-140
	1.2	450	475	475	475	425-525	80-140
	1.2	450	475	475	475	425-525	80-140

FREE DATA SHEETS: WWW.IDES.COM/PSIM

Grade	Filler	Sp Grav	Shrink, mils/in	Melt flow, g/10 min	Drying temp, °F	Drying time, hr	Max. % moisture
ABS 730		1.040			180-190	2.0	0.10
ABS 734		1.040			180-190	2.0	0.10
ABS 768-31	GFI 20	1.190			180-190	2.0	0.10
ABS 778-31	GFI 13	1.130			180-190	2.0	0.10
ABS 863		1.040			180-190	2.0	0.10
ABS 870		1.040			180-190	2.0	0.10
ABS 872		1.040	4.0-7.0	1.20 G	180-190	2.0	0.10
ABS 873		1.040	4.0-7.0	3.00 G	180-190	2.0	0.10
ABS 874		1.040	4.0-7.0	0.80 G	180-190	2.0	0.10
ABS 875		1.050	4.0-7.0	6.00	180-190	2.0	0.10
NITRIFLEX ABS-15		1.050	4.0-6.0	1.20 G	180-190	2.0	0.10
NITRIFLEX ABS-21		1.040	4.0-7.0	0.90 G	180-190	2.0	0.10
NITRIFLEX ABS-35		1.040	4.0-6.0	4.50 G	180-190	2.0	0.10
NITRIFLEX ABS-45		1.040	4.0-7.0	3.30 G	180-190	2.0	0.10

ABS — Polyflam — A. Schulman

Grade	Filler	Sp Grav	Shrink, mils/in	Melt flow, g/10 min	Drying temp, °F	Drying time, hr	Max. % moisture
RABS 90000		1.183			176	3.0-4.0	
RABS 90000 UV2		1.203			176	3.0-4.0	
RABS 90000 UV6		1.203			176	3.0-4.0	
RABS 90150	GB 15	1.303			176	3.0-4.0	
RABS 90850 GF	GFI 20	1.263			176	3.0-4.0	
RABS 90950 GF	GFI 20	1.383			176	3.0-4.0	

ABS — Polylac — Chi Mei

Grade	Filler	Sp Grav	Shrink, mils/in	Melt flow, g/10 min	Drying temp, °F	Drying time, hr	Max. % moisture
PA-707		1.060	3.0-7.0	1.90 G	185	3.0	0.02
PA-709		1.030	3.0-7.0	0.50 G	175-185	3.0	0.10
PA-716		1.040	3.0-5.0	3.50 G	175-185	3.0	0.10
PA-717C		1.040	3.0-7.0	1.40 G	175-185	3.0	0.10
PA-727		1.040	3.0-7.0	1.80 G	175-185	3.0	0.02
PA-737		1.040	3.0-7.0	3.00 G	185	3.0	0.02
PA-746		1.030	3.0-7.0	3.00 G	175-185	3.0	0.10
PA-746H		1.030	3.0-7.0	3.00 G	175-185	3.0	0.10
PA-747		1.030	3.0-7.0	1.20 G	175-185	3.0	0.10
PA-756		1.050	3.0-7.0	4.40 G	175-185	3.0	0.10
PA-756H		1.050	3.0-7.0	8.50 G	175-185	3.0	0.10
PA-756S		1.050	3.0-7.0	4.40 G	175-185	3.0	0.10
PA-757		1.050	3.0-7.0	1.80 G	175-185	3.0	0.10
PA-764		1.190	3.0-7.0	3.30 G	175-185	3.0	0.10
PA-764B		1.160	3.0-7.0	2.80 G	175-185	3.0	0.10
PA-765		1.190	3.0-7.0	5.20 G	175-185	3.0	0.10
PA-765A		1.170	3.0-7.0	4.80 G	175-185	3.0	0.10
PA-765B		1.160	3.0-7.0	4.20 G	175-185	3.0	0.10
PA-766		1.200	3.0-7.0	2.30 G	185	3.0	0.02
PA-777B		1.030	3.0-7.0	2.50 I	175-185	3.0	0.10
PA-777D		1.060	3.0-7.0	2.40 I	175-185	3.0	0.10
PA-777E		1.070	3.0-7.0	5.00 G	175-185	3.0	0.10

ABS — Polyman — A. Schulman

Grade	Filler	Sp Grav	Shrink, mils/in	Melt flow, g/10 min	Drying temp, °F	Drying time, hr	Max. % moisture
(ABS) E/HI		1.033			176	3.0-4.0	
(ABS) HH		1.053			176	2.0-4.0	
(ABS) HH 2		1.053			176	2.0-4.0	
(ABS) HH 3		1.053			176	3.0-4.0	
(ABS) M/AQ		1.043			176	3.0-4.0	
(ABS) M/HI-W		1.053			176	3.0-4.0	
(ABS) M/MI-A		1.053			176	3.0-4.0	
(ABS) M/SHI		1.053			176	3.0-4.0	

Max. % regrind	Inj. pres., ksi	Rear temp, °F	Mid temp, °F	Front temp, °F	Nozzle temp, °F	Proc temp, °F	Mold temp, °F
	1.2	450	475	475	475	425-525	80-140
	1.2	450	475	475	475	425-525	80-140
	1.2	450	475	475	475	425-525	80-140
	1.2	450	475	475	475	425-525	80-140
	1.2	450	475	475	475	425-525	80-140
	1.2	450	475	475	475	425-525	80-140
	1.2	450	475	475	475	425-525	80-140
	1.2	450	475	475	475	425-525	80-140
	1.2	450	475	475	475	425-525	80-140
	1.2	450	475	475	475	425-525	80-140
	1.2	450	475	475	475	425-525	80-140
	1.2	450	475	475	475	425-525	80-140
	1.2	450	475	475	475	425-525	80-140
	1.2	450	475	475	475	425-525	80-140
						428-464	104-140
						428-464	104-140
						428-464	104-140
						428-464	104-140
						428-464	104-140
						428-464	104-140
20	0.9-1.0	355-390	390-430	420-455	410-445	465	120-140
20	0.9-1.0	355-390	390-430	420-455	410-445	465	120-140
20	0.9-1.0	355-390	390-430	420-455	410-445	465	120-140
20	0.9-1.0	355-390	390-430	420-455	410-445	465	120-140
15	0.7-1.0	375-410	410-430	430-480	430-470	495	140-175
20	0.9-1.0	355-390	390-430	420-455	410-445	465	120-140
20	0.9-1.0	355-390	390-430	420-455	410-445	465	120-140
20	0.9-1.0	355-390	390-430	420-455	410-445	465	120-140
20	0.9-1.0	355-390	390-430	420-455	410-445	465	120-140
20	0.9-1.0	355-390	390-430	420-455	410-445	465	120-140
20	0.9-1.0	355-390	390-430	420-455	410-445	465	120-140
20	0.9-1.0	355-390	390-430	420-455	410-445	465	120-140
20	0.7-0.9	330-350	345-365	355-375	345-365	430	105-160
20	0.7-1.0	320-355	355-390	365-400	350-380	445	105-160
20	0.7-0.9	330-350	345-365	355-375	345-365	395	105-160
20	0.7-0.9	330-350	345-365	355-375	345-365	395	105-160
20	0.7-0.9	350-365	365-385	375-390	365-385	430	105-160
20	0.7-0.9	365-380	380-400	400-420	390-410	445	105-160
20	0.8-1.0	380-420	420-455	445-480	425-470	490	120-140
20	0.8-1.0	380-420	420-455	445-480	425-470	490	120-140
20	0.8-1.0	380-420	420-455	445-480	425-470	490	120-140
						410-500	86-176
						410-500	104-158
						410-500	104-158
						428-500	104-176
						428-500	104-176
						428-500	104-176
						428-500	104-176
						428-500	104-176

FREE DATA SHEETS: WWW.IDES.COM/PSIM

Grade	Filler	Sp Grav	Shrink, mils/in	Melt flow, g/10 min	Drying temp, °F	Drying time, hr	Max. % moisture
FABS 20 GF	GFI 20	1.203			176	3.0-4.0	

ABS — Porene ABS — Thai Petrochem

Grade	Filler	Sp Grav	Shrink, mils/in	Melt flow, g/10 min	Drying temp, °F	Drying time, hr	Max. % moisture
AN 450			4.0-6.0	6.50 G	194-212	2.0-3.0	
AN400A			4.0-6.0	12.00	194-212	2.0-3.0	
GA 300			4.0-6.0	30.00 AN	176-185	2.0-3.0	
GA201			4.0-6.0	37.00	176-185	2.0-3.0	
GA400			4.0-6.0	45.00	176-185	2.0-3.0	
GA703			4.0-6.0	50.00	176-185	2.0-3.0	
GA800			4.0-6.0	20.00	176-185	2.0-3.0	
IH			4.0-6.0	12.00	194-212	2.0-3.0	
IM-11			4.0-6.0	15.00	194-212	2.0-3.0	
KU 650			4.0-6.0	1.80 AN	194-212	2.0-3.0	
KU600			4.0-6.0	2.80	194-212	2.0-3.0	
MH			4.0-6.0	25.00	194-212	2.0-3.0	
MH-1			4.0-6.0	18.00	176-185	2.0-3.0	
MHB			4.0-6.0	14.00	176-185	2.0-3.0	
MHR			4.0-6.0	10.00	194-212	2.0-3.0	
MM-1			4.0-6.0	5.00	176-185	2.0-3.0	
MSK			4.0-6.0	14.00	194-212	2.0-3.0	
MTH			4.0-6.0	4.00	194-212	2.0-3.0	
MVF			4.0-6.0	18.00	176-185	2.0-3.0	
SHF			4.0-6.0	37.00	176-185	2.0-3.0	
SP 100			4.0-6.0	18.00 AN	176-185	2.0-3.0	

ABS — Pre-elec — Premix Thermoplast

Grade	Filler	Sp Grav	Shrink, mils/in	Melt flow, g/10 min	Drying temp, °F	Drying time, hr	Max. % moisture
ABS 1410		1.103	5.0-8.0	15.00 AN	176-212	4.0	
ESD 7100		1.082	5.0-7.0	20.00 CT	158-176	3.0-4.0	
ESD 7110		1.193	5.0-7.0	10.00 G	158-176	3.0-4.0	
ESD 7120		1.082	5.0-7.0	7.00 G	158-176	3.0-4.0	

ABS — PRL — Polymer Res

Grade	Filler	Sp Grav	Shrink, mils/in	Melt flow, g/10 min	Drying temp, °F	Drying time, hr	Max. % moisture
ABS-FR1		1.220	5.0-7.0	8.00 I	180-200	2.0-4.0	
ABS-G10	GFI 10	1.100	1.0-4.0	2.55 I	175-185	3.0-4.0	
ABS-G5	GFI 5	1.080	3.0-5.0	2.75 I	175-185	3.0-4.0	
ABS-GP1		1.050	5.0-7.0	8.50 I	180-200	3.0-4.0	
ABS-GP-HH		1.050	5.0-7.0	3.00 I	180-200	2.0-5.0	

ABS — PSG ABS — Plastic Sel Grp

Grade	Filler	Sp Grav	Shrink, mils/in	Melt flow, g/10 min	Drying temp, °F	Drying time, hr	Max. % moisture
3030		1.050	4.0-8.0	3.00 I	180-200	2.0-4.0	0.15
3545		1.050	4.0-8.0	3.50 I	180-200	2.0-4.0	0.15
5035		1.050	5.0-8.0	5.00 I	180-200	2.0-4.0	0.15
FR1		1.220	5.0-8.0	6.00 I	170-190	2.0-4.0	0.15
FR1UV		1.220	5.0-8.0	6.00 I	170-190	2.0-4.0	0.15
FR2		1.210	5.0-8.0	6.00 I	170-190	2.0-4.0	0.15

ABS — QR Resin — QTR

Grade	Filler	Sp Grav	Shrink, mils/in	Melt flow, g/10 min	Drying temp, °F	Drying time, hr	Max. % moisture
QR-2005		1.040	6.0	5.00 I	200	2.0-4.0	
QR-2005IM		1.040	6.0	5.00 I	200	2.0-4.0	
QR-2008-FR		1.210	6.0	8.00 I	180	3.0-6.0	
QR-2010		1.050	6.0	10.00 I	200	2.0-4.0	

ABS — RTP Compounds — RTP

Grade	Filler	Sp Grav	Shrink, mils/in	Melt flow, g/10 min	Drying temp, °F	Drying time, hr	Max. % moisture
600		1.063	5.0-7.0		180	2.0	
600 FR		1.263	4.0-6.0		180	2.0	
600 FR AB		1.223	6.0-8.0		180	2.0	

Max. % regrind	Inj. pres., ksi	Rear temp, °F	Mid temp, °F	Front temp, °F	Nozzle temp, °F	Proc temp, °F	Mold temp, °F
						428-500	86-176
						320-356	104-176
						320-356	104-176
						356-482	104-140
						356-482	104-140
						356-482	104-140
						356-482	104-140
						356-482	104-140
						428-500	104-176
						428-500	104-176
						428-500	104-176
						428-500	104-176
						428-500	104-176
						356-482	104-140
						356-482	104-140
						428-500	104-176
						356-482	104-140
						428-500	104-176
						428-500	104-176
						356-482	104-140
						356-482	104-140
						356-482	104-140
	10.9-17.4					428-500	140-194
	10.9-17.4					374-410	86-158
	10.9-17.4					374-410	86-158
	10.9-17.4					356-410	86-158
		340-360	390-410	410-430		400-450	120-160
		375-390	410-430	410-440		440-460	120-140
		375-390	410-430	410-440		440-460	120-140
		370-410	400-440	420-460		450-500	120-160
		380-410	420-460	440-490		450-525	120-180
		370-425	400-450	425-475	425-525	425-525	100-120
		370-425	400-450	425-475	425-525	425-525	100-120
		370-425	400-450	425-475	425-525	425-525	120-170
		300-360	350-400	375-450	375-450	375-450	120-170
		300-360	350-400	375-450	375-450	375-450	120-170
		300-360	350-400	375-450	375-450	375-450	120-170
		370-410	400-410	420-460	> 420	420-500	120-160
		370-410	400-440	420-460	420-500	420-500	120-160
		330-360	380-400	400-420	380-440	380-450	120-160
		380-450	410-480	430-480	450-520	450-520	120-180
	10.0-15.0					400-460	145-185
	10.0-15.0					400-460	145-185
	10.0-15.0					400-460	145-185

FREE DATA SHEETS: WWW.IDES.COM/PSIM

Grade	Filler	Sp Grav	Shrink, mils/in	Melt flow, g/10 min	Drying temp, °F	Drying time, hr	Max. % moisture
600 FR AU		1.223	6.0-8.0		180	2.0	
600 FR AW		1.233	5.0-7.0		180	2.0	
600 FR UV		1.263	4.0-6.0		180	2.0	
600 GB 10	GB 10	1.113	5.0-9.0		180	2.0	
600 GB 20	GB 20	1.173	4.0-8.0		180	2.0	
600 GB 30	GB 30	1.273	3.0-6.0		180	2.0	
600 HB		1.063	4.0-6.0		180	2.0	
600 SI 2 HB		1.053	6.0-8.0		180	2.0	
600 SI2		1.053	6.0		180	2.0	
600 TFE 10		1.103	5.0		180	2.0	
600 TFE 10 FR		1.323	4.0-7.0		180	2.0	
600 TFE 10 HB		1.103	5.0-7.0		180	2.0	
600 TFE 15		1.133	6.0		180	2.0	
600 TFE 5		1.083	5.0		180	2.0	
600 UV		1.063	4.0-6.0		180	2.0	
601	GFI 10	1.113	2.0-5.0		180	2.0	
601 FR	GFI 10	1.323	2.5-3.5		180	2.0	
601 TFE 10	GFI 10	1.173	3.0		180	2.0	
602	GFI 15	1.153	2.0-3.0		180	2.0	
602 FR	GFI 15	1.343	2.0-3.0		180	2.0	
603	GFI 20	1.193	1.0-2.0		180	2.0	
603 FR	GFI 20	1.363	1.0-3.0		180	2.0	
605	GFI 30	1.273	1.0-2.0		180	2.0	
605 SI 2	GFI 30	1.273	1.0		180	2.0	
605 TFE 15	GFI 30	1.404	1.0		180	2.0	
607	GFI 40	1.363	0.5-2.0		180	2.0	
661	STS 10	1.133	5.0-8.0		180	2.0	
681	CF 10	1.083	1.0-3.0		180	2.0	
681 FR	CF 10	1.243	1.0-2.0		180	2.0	
681 HB	CF 10	1.083	1.0-2.0		180	2.0	
681 HEC	CFN 10	1.123	1.5-2.5		180	2.0	
681 HEC FR	CFN 10	1.323	1.5-2.5		180	2.0	
682	CF 15	1.103	0.5-2.0		180	2.0	
682 HEC FR	CFN 15	1.363	0.5-1.5		180	2.0	
683	CF 20	1.133	0.5-2.0		180	2.0	
683 FR	CF 20	1.303	1.0-2.0		180	2.0	
683 HB	CF 20	1.133	0.5-1.5		180	2.0	
685	CF 30	1.183	0.5-2.0		180	2.0	
685 FR	CF 30	1.383	0.5-1.5		180	2.0	
685 HB	CF 30	1.193	0.5-1.5		180	2.0	
687	CF 40	1.213	0.5-2.0		180	2.0	
687 HB	CF 40	1.243	0.1-0.5		180	2.0	
699 X 85828	GFI 15	1.173	2.0-3.0		180	2.0	
699 X 85843	GFI 20	1.203	2.0-3.0		180	2.0	
EMI 660.5	STS 5	1.093	5.0-7.0		180	2.0	
EMI 660.5 FR	STS 5	1.323	5.0-7.0		180	2.0	
EMI 660.6	STS 6	1.103	4.0-6.0		180	2.0	
EMI 660.75	STS 8	1.123	4.0-6.0		180	2.0	
EMI 661	STS 10	1.133	4.0-6.0		180	2.0	
EMI 661 FR	STS 10	1.404	4.0-6.0		180	2.0	
EMI 662	STS 15	1.173	4.0-6.0		180	2.0	
EMI 662 FR	STS 15	1.514	4.0-6.0		180	2.0	
ESD A 600		1.123	4.0-6.0		180	2.0	
ESD A 680	CF	1.083	1.0-2.0		180	2.0	
ESD C 600		1.143	5.0-7.0		180	2.0	
ESD C 680	CF	1.083	1.0-2.0		180	2.0	

Max. % regrind	Inj. pres., ksi	Rear temp, °F	Mid temp, °F	Front temp, °F	Nozzle temp, °F	Proc temp, °F	Mold temp, °F
	10.0-15.0					400-460	145-185
	10.0-15.0					400-460	145-185
	10.0-15.0					400-460	145-185
	10.0-15.0					400-460	145-185
	10.0-15.0					400-460	145-185
	10.0-15.0					400-460	145-185
	10.0-15.0					400-460	145-185
	10.0-15.0					400-460	145-185
	10.0-15.0					400-460	145-185
	10.0-15.0					400-460	145-185
	10.0-15.0					400-460	145-185
	10.0-15.0					400-460	145-185
	10.0-15.0					400-460	145-185
	10.0-15.0					400-460	145-185
	10.0-15.0					400-460	145-185
	10.0-15.0					400-460	145-185
	10.0-15.0					400-460	145-185
	10.0-15.0					400-460	145-185
	10.0-15.0					400-460	145-185
	10.0-15.0					400-460	145-185
	10.0-15.0					400-460	145-185
	10.0-15.0					400-460	145-185
	10.0-15.0					400-460	145-185
	10.0-15.0					400-460	145-185
	10.0-15.0					400-460	145-185
	10.0-15.0					400-460	145-185
	10.0-15.0					400-460	145-185
	10.0-15.0					400-460	145-185
	10.0-15.0					400-460	145-185
	10.0-15.0					400-460	145-185
	10.0-15.0					400-460	145-185
	10.0-15.0					400-460	145-185
	10.0-15.0					400-460	145-185
	10.0-15.0					400-460	145-185
	10.0-15.0					400-460	145-185
	10.0-15.0					400-460	145-185
	10.0-15.0					400-460	145-185
	10.0-15.0					400-460	145-185
	10.0-15.0					400-460	145-185
	10.0-15.0					400-475	150-180
	10.0-15.0					400-475	150-180
	10.0-15.0					400-475	150-180
	10.0-15.0					400-475	150-180
	10.0-15.0					400-475	150-180
	10.0-15.0					400-475	150-180
	10.0-15.0					400-475	150-180
	10.0-15.0					400-460	145-185
	10.0-15.0					400-460	145-185
	10.0-15.0					400-460	145-185
	10.0-15.0					400-460	145-185

FREE DATA SHEETS: WWW.IDES.COM/PSIM

Grade	Filler	Sp Grav	Shrink, mils/in	Melt flow, g/10 min	Drying temp, °F	Drying time, hr	Max. % moisture
ABS		**Santac**			**Nippon A&L**		
AT-05		1.053	4.0-8.0	54.00 AN	176-194	> 2.0	
AT-08		1.053	4.0-8.0	44.00 AN	176-194	> 2.0	
GT-10		1.053	4.0-8.0	19.00 AN	176-194	> 2.0	
MT-81		1.053	4.0-8.0	22.00 AN	176-194	> 2.0	
ST-30		1.053	4.0-8.0	12.00 AN	176-194	> 2.0	
ST-55		1.053	4.0-8.0	14.00 AN	176-194	> 2.0	
UT-61		1.053	4.0-8.0	33.00 AN	176-194	> 2.0	
ABS		**Satran ABS**			**MRC Polymers**		
800 R		1.050	6.0	5.00 I	170	2.0-4.0	0.20
ABS		**Sattler**			**Sattler Plastics**		
BHANSALI ABSTRON HI-34		1.045		18.00 AN	185-194	2.0-3.0	
BHANSALI ABSTRON HI-40B		1.045		20.00 AN	185-194	2.0-3.0	
BHANSALI ABSTRON IM-11B		1.045		36.00 AN	185-194	2.0-3.0	
BHANSALI ABSTRON IM-11BM		1.045		32.00 AN	185-194	2.0-3.0	
BHANSALI ABSTRON IM-17A		1.045		45.00 AN	185-194	2.0-3.0	
BHANSALI ABSTRON SE-32		1.045		7.00 AN	185-194	2.0-3.0	
BHANSALI ABSTRON TG-3M		1.045		42.00 AN	185-194	2.0-3.0	
ABS		**Saxalac**			**Sax Polymers**		
106 GF30	GFI 30	1.313	3.0-6.0		176	2.0-4.0	
108 GF17	GFI 17	1.173	3.0-6.0		176	2.0-4.0	
108 GF20	GFI 20	1.183	3.0-6.0		176	2.0-4.0	
110 GF10	GFI 20	1.103	3.0-6.0		176	2.0-4.0	
120HG		1.033	4.0-7.0		176	2.0-4.0	
120T		1.043	4.0-7.0		176	2.0-4.0	
120T E09		1.043	4.0-7.0		176	2.0-4.0	
120U		1.043	4.0-7.0		176	2.0-4.0	
160		1.053	4.0-7.0		176	2.0-4.0	
207		1.023	4.0-7.0		176	2.0-4.0	
310A		1.023	4.0-7.0		176	2.0-4.0	
310T		1.023	4.0-7.0		176	2.0-4.0	
310U		1.023	4.0-7.0		176	2.0-4.0	
320		1.013	4.0-7.0		176	2.0-4.0	
320A		1.013	4.0-7.0		176	2.0-4.0	
320U		1.013	4.0-7.0		176	2.0-4.0	
340Q		1.013	3.0-7.0		176	2.0-4.0	
470		1.163	4.0-7.0		176	2.0-4.0	
516		1.053			176-194	2.0-4.0	
803HC		1.043	4.0-7.0		176	2.0-4.0	
811B		1.043	4.0-7.0		176	2.0-4.0	
835T		1.043	4.0-7.0		176	2.0-4.0	
835U		1.043	4.0-7.0		176	2.0-4.0	
ABS		**Shinko-Lac ABS**			**Mitsubishi Ray**		
1001		1.050	5.0	2.20 G	176-185	2.0-4.0	0.10

Max. % regrind	Inj. pres., ksi	Rear temp, °F	Mid temp, °F	Front temp, °F	Nozzle temp, °F	Proc temp, °F	Mold temp, °F
		392-500	392-500	392-500			104-176
		392-500	392-500	392-500			104-176
		392-500	392-500	392-500			104-176
		392-500	392-500	392-500			104-176
		392-500	392-500	392-500			104-176
	0.5-8.0	440-510	440-510	450-510	460-510	440-530	100-170
						374-446	
						374-446	
						374-446	
						374-446	
						374-446	
						374-446	
						374-446	
						428-500	140-194
						428-500	140-194
						428-500	140-194
						428-500	140-194
						428-500	140-194
						428-500	140-194
						428-500	140-194
						428-500	140-194
						428-500	140-194
						428-500	140-194
						428-500	140-194
						428-500	140-194
						428-500	140-194
						428-500	140-194
						428-500	140-194
						428-500	140-194
						428-500	140-194
						464-518	140-194
						428-500	140-194
						428-500	140-194
						428-500	140-194
						428-500	140-194
	10.0-15.6	374-482	374-482	374-482			104-176

FREE DATA SHEETS: WWW.IDES.COM/PSIM

Grade	Filler	Sp Grav	Shrink, mils/in	Melt flow, g/10 min	Drying temp, °F	Drying time, hr	Max. % moisture
1002		1.060	5.0	2.60 G	176-185	2.0-4.0	0.10
3001		1.050	5.0	1.80 G	176-185	2.0-4.0	0.10
3001M		1.050	5.0	1.80 G	176-185	2.0-4.0	0.10
3001MF		1.050	5.0	3.20 G	176-185	2.0-4.0	0.10
3001MH		1.050	5.0	1.70 G	176-185	2.0-4.0	0.10
3302		1.050	5.5	0.35 G	185-194	2.0-4.0	0.10
7001		1.040	5.0	1.20 G	176-185	2.0-4.0	0.10
GH-8		1.040	5.0	1.20 G	176-185	2.0-4.0	0.10
GL-4		1.060	5.0	2.90 G	176-185	2.0-4.0	0.10
HF-1		1.050	5.0	5.00 G	176-185	2.0-4.0	0.10
HF-3		1.050	5.0	4.00 G	176-185	2.0-4.0	0.10
HF-5		1.050	5.0	7.00 G	176-185	2.0-4.0	0.10
TR-2		1.050	5.0	1.40 G	185-194	2.0-4.0	0.10
TR-5		1.060	5.5	0.15 G	185-194	2.0-4.0	0.10
TR-7		1.060	5.5	0.30 G	185-194	2.0-4.0	0.10
VL-1		1.170	5.0	10.00 G	176-194	2.0-4.0	0.10
VL-2		1.170	5.0	11.00 G	176-194	2.0-4.0	0.10
VM-1		1.170	5.0	10.00 G	176-194	2.0-4.0	0.10
VP-1		1.230	5.0	12.00 G	176-194	2.0-4.0	0.10
VP-2		1.210	5.0	8.00 G	176-194	2.0-4.0	0.10
VP-3		1.190	5.0	5.00 G	176-194	2.0-4.0	0.10

ABS — Shuman ABS — Shuman

Grade	Filler	Sp Grav	Shrink, mils/in	Melt flow, g/10 min	Drying temp, °F	Drying time, hr	Max. % moisture
710		1.040		4.00	190-200	2.0-24.0	
720		1.040		4.00	190-200	2.0-24.0	
730		1.040		4.00	190-200	2.0-24.0	
780		1.040		4.00	190-200	2.0-24.0	
SP790		1.200		1.20	190-200	2.0-24.0	
SP791		1.200		1.20	190-200	2.0-24.0	

ABS — Sinkral — Polimeri Europa

Grade	Filler	Sp Grav	Shrink, mils/in	Melt flow, g/10 min	Drying temp, °F	Drying time, hr	Max. % moisture
B23		1.060	4.0-6.0	4.00	194	2.0-4.0	0.20
C 442		1.043		6.00 AN	176	2.0-4.0	
C333/M2		1.053		5.00 AN	176	2.0-4.0	
M22 M		1.050	4.0-6.0	8.00 I	175	3.0-4.0	
M323 LG3		1.060	4.0-6.0		175	3.0-4.0	

ABS — SLCC — GE Polymerland

Grade	Filler	Sp Grav	Shrink, mils/in	Melt flow, g/10 min	Drying temp, °F	Drying time, hr	Max. % moisture
DFARP		1.040	6.0-8.0	7.00 I	190	2.0	
GDT6400P		1.050	6.0-8.0	4.50 I	190	2.0	
GPM5500P		1.050	5.0-9.0	7.00 I	190	2.0	
GPM5600P		1.050	5.0-9.0	7.50 I	190	2.0	
GPM6300P		1.050	5.0-9.0	13.00 I	190	2.0	
GSMP		1.040	5.0-7.0	2.00 I	190	2.0	
KJBP		1.220	6.0-8.0	5.50 I	190	2.0	
KJUP		1.220	5.0-8.0	5.00 I	190	2.0	
KJWP		1.230	5.0-8.0	3.50 I	190	2.0	
LP		1.020	5.0-8.0	0.50 G	190	2.0	
PLN6000P		1.050	5.0-7.0	7.50 I	190	2.0	
TP		1.040	6.0-8.0	6.00 I	190	2.0	
X11P		1.040	6.0-8.0	2.50 I	190	4.0	
X15P		1.050	6.0-8.0	4.00 I	190	4.0	
X17P		1.060	6.0-8.0	4.00 I	200	4.0	
X37P		1.060	4.0-6.0	4.00 I	200	4.0	
Z48P		1.060	5.0-8.0	4.00 I	200	4.0	

Max. % regrind	Inj. pres., ksi	Rear temp, °F	Mid temp, °F	Front temp, °F	Nozzle temp, °F	Proc temp, °F	Mold temp, °F
	10.0-15.6	374-482	374-482	374-482			104-176
	10.0-15.6	374-482	374-482	374-482			104-176
	10.0-15.6	392-482	392-482	392-482			104-176
	10.0-15.6	392-482	392-482	392-482			104-176
	10.0-15.6	392-482	392-482	392-482			104-176
	10.0-15.6	392-482	392-482	392-482			104-176
	10.0-15.6	374-482	374-482	374-482			104-176
	10.0-15.6	374-482	374-482	374-482			104-176
	10.0-15.6	374-482	374-482	374-482			104-176
	8.5-15.6	356-482	356-482	356-482			104-176
	8.5-15.6	356-482	356-482	356-482			104-176
	8.5-15.6	356-482	356-482	356-482			104-176
	10.0-15.6	392-482	392-482	392-482			104-176
	10.0-15.6	392-482	392-482	392-482			104-176
	10.0-15.6	392-482	392-482	392-482			104-176
	10.0-15.6	392-482	392-482	392-482			104-176
	10.0-15.6	392-482	392-482	392-482			104-176
	10.0-15.6	392-482	392-482	392-482			104-176
	10.0-15.6	392-482	392-482	392-482			104-176
	10.0-15.6	392-482	392-482	392-482			104-176
						400-440	
						400-440	
						400-440	
						400-440	
						400-440	
						400-440	
						446-518	104-158
						446-518	104-158
						446-518	122-176
	7.1-23.0					370-430	
	9.0-25.0					400-460	
						425-500	120-150
						475-525	80-140
						450-500	120-160
						450-500	120-160
						450-500	120-160
						450-500	120-160
						380-450	130-160
						380-450	130-160
						380-450	130-160
		370-440	410-440	440-470	450-500		120-160
						425-500	120-160
						450-500	120-150
						450-500	140-180
						475-525	140-180
						475-500	140-200
						475-500	140-200
							140-200

FREE DATA SHEETS: WWW.IDES.COM/PSIM

Grade	Filler	Sp Grav	Shrink, mils/in	Melt flow, g/10 min	Drying temp, °F	Drying time, hr	Max. % moisture
ABS		**Spartech Polycom**			**SpartechPolycom**		
SC1-1210	GFI 10				190	2.0-4.0	
SC1-1220	GFI 20	1.190		3.00	190	2.0-4.0	
SC1-1230	GFI 30	1.210		2.50	190	2.0-4.0	
SC1-3059		1.040	5.0-8.0		190-200	2.0-4.0	
SC1-3090		1.060	5.0-8.0		190-200	2.0-4.0	
SC1-4000		1.040	7.0	7.00	190	2.0-4.0	
SC1-4090		1.040			190	2.0-4.0	
SC1-4099		1.040	5.0-8.0		190-200	2.0-4.0	
SC1-5000		1.050		8.00	190	2.0-4.0	
SC1-5005		1.040		9.50	190	2.0-4.0	
SC1-5005F		1.040		9.50	190	2.0-4.0	
SC1-5006		1.040		4.00	190	2.0-4.0	
SC1-5007		1.050		13.00	190	2.0-4.0	
SC1-5009		1.050		14.00	190	2.0-4.0	
SC1-5010		1.050		9.00	190	2.0-4.0	
SC1-5015		1.040		5.00	190	2.0-4.0	
SC1-5020		1.040		1.20	190	2.0-4.0	
SC1-5090		1.040		5.00	190	2.0-4.0	
SC1-6009		1.050	5.0-8.0		190-200	2.0-4.0	
SC1-6010		1.040			190	2.0-4.0	
SC1-6011		1.040	5.0-8.0		190-200	2.0-4.0	
SC1-6012		1.050	4.0-6.0		190-200	2.0-4.0	
SC1-7010		1.030			190	2.0-4.0	
SC1F-4009		1.220	6.0	10.00	190	2.0-4.0	
SC1F-4009U		1.220	5.0	8.00	190	2.0-4.0	
SC1F-4080		1.180			190	2.0-4.0	
SC1F-4090		1.230	5.0-8.0		190-200	2.0-4.0	
SC1F-4091		1.230		4.50	190	2.0-4.0	
SC1F-4095		1.230	5.0	4.00	190	2.0-4.0	
SC1F-4095U		1.230	5.0	4.00	190	2.0-4.0	
SC1H-4090		1.040	5.0-8.0		190-200	2.0-4.0	
SCR1-4000		1.040	7.0	7.00	190	2.0-4.0	
SCR1-5005		1.040		9.50	190	2.0-4.0	
SCR1-5005F		1.040		9.50	190	2.0-4.0	
SCR1-5006		1.040		4.00	190	2.0-4.0	
SCR1-5009		1.050		14.00	190	2.0-4.0	
SCR1-5010		1.050		9.00	190	2.0-4.0	
SCR1-5015		1.040		5.00	190	2.0-4.0	
SCR1-5020		1.040		1.20	190	2.0-4.0	
SCR1F-4009		1.220	6.0	10.00	190	2.0-4.0	
SCR1F-4009U		1.220	5.0	8.00	190	2.0-4.0	
SCR1F-4080		1.180			190	2.0-4.0	
SCR1F-4091		1.230	6.0	4.50	190	2.0-4.0	
ABS		**Stat-Kon**			**LNP**		
AC-1002	CF	1.100			180	4.0	0.08
AC-1003 FR-1 BK8-115	CF	1.250	3.0		180	4.0	0.08
AC-1004	CF	1.140			180	4.0	0.08
AS- FR GY0-121-1	STS	1.290			180	4.0	0.02
PDX-A-00756 BK8-115	STS	1.160	7.0		180	4.0	0.05
ABS		**Stat-Loy**			**LNP**		
A-		1.060	4.0		160-180	4.0	0.08
A- FR BK8-240		1.200			160-180	4.0	0.08

POCKET SPECS FOR INJECTION MOLDING

Max. % regrind	Inj. pres., ksi	Rear temp, °F	Mid temp, °F	Front temp, °F	Nozzle temp, °F	Proc temp, °F	Mold temp, °F
		410-464	419-473	428-482	425-500	425-500	110-150
		410-465	420-475	430-480	425-500	425-500	110-150
		410-464	419-473	428-482	425-500	425-500	110-150
		370-390	410-430	430-450	450-500	450-500	120-160
		370-390	410-430	430-450	450-500	450-500	120-160
		410-464	419-473	428-482	425-500	425-500	110-150
		410-464	419-473	428-482	425-500	425-500	110-150
		380-420	400-450	420-480	425-500	425-500	130-160
		410-464	419-473	428-482	425-500	425-500	110-150
		410-464	419-473	428-482	425-500	425-500	110-150
		410-464	419-473	428-482	425-500	425-500	110-150
		410-464	419-473	428-482	425-500	425-500	110-150
		410-464	419-473	428-482	425-500	425-500	110-150
		410-464	419-473	428-482	425-500	425-500	110-150
		410-464	419-473	428-482	425-500	425-500	110-150
		410-464	419-473	428-482	425-500	425-500	110-150
		410-464	419-473	428-482	425-500	425-500	110-150
		410-464	419-473	428-482	425-500	425-500	110-150
		370-390	410-430	430-450	450-500	450-500	120-160
		410-464	419-473	428-482	425-500	425-500	110-150
		370-390	410-430	430-450	450-500	450-500	120-160
		370-390	410-430	430-450	450-500	450-500	120-160
		410-464	419-473	428-482	425-500	425-500	110-150
		355-400	380-410	400-430	380-450	380-450	110-150
		355-400	380-410	400-430	380-450	380-450	110-150
		340-360	390-410	410-430	380-450	380-450	110-150
		340-360	390-410	410-430	380-450	380-450	130-160
		340-360	390-410	410-430	380-450	380-450	110-150
		355-400	380-410	400-430	380-450	380-450	110-150
		355-400	380-410	400-430	380-450	380-450	110-150
		380-400	410-430	450-470	450-500	450-500	140-180
		410-464	419-473	428-482	425-500	425-500	110-150
		410-464	419-473	428-482	425-500	425-500	110-150
		410-464	419-473	428-482	425-500	425-500	110-150
		410-464	419-473	428-482	425-500	425-500	110-150
		410-464	419-473	428-482	425-500	425-500	110-150
		410-464	419-473	428-482	425-500	425-500	110-150
		410-464	419-473	428-482	425-500	425-500	110-150
		410-464	419-473	428-482	425-500	425-500	110-150
		355-400	380-410	400-430	380-450	380-450	110-150
		355-400	380-410	400-430	380-450	380-450	110-150
		340-360	390-410	410-430	380-450	380-450	110-150
		340-360	390-410	410-430	380-450	380-450	110-150
						500	160-180
						500	160-180
						500	160-180
						460-490	160-200
						500	160-180
						390-410	50-120
						390-410	50-120

FREE DATA SHEETS: WWW.IDES.COM/PSIM

Grade	Filler	Sp Grav	Shrink, mils/in	Melt flow, g/10 min	Drying temp, °F	Drying time, hr	Max. % moisture
PDX-A-04450		1.229	4.0-6.0		160-180	4.0	0.08

ABS — Stat-Tech — PolyOne

Grade	Filler	Sp Grav	Shrink, mils/in
AS-08CF/000	CF 8	1.070	3.0-5.0
AS-1000 AS		1.100	4.0-6.0
AS-10NCF/000	CFN 10	1.120	2.0-3.0
AS-10SS/000	STS 10	1.150	4.0-6.0
AS-15CF/000	CF 15	1.120	1.0-2.0
AS-15NCF/000	CFN 15	1.140	1.0-2.0

ABS — Tarodur — Taro Plast

Grade	Filler	Sp Grav	Shrink, mils/in	Melt flow, g/10 min	Drying temp, °F	Drying time, hr
100		1.043	6.0-7.0	20.00 AN	158-176	1.0
100 G2	GFI 13	1.143	1.5-3.5	10.00 AN	158-176	1.0
100 G3	GFI 17	1.173	1.0-3.0	8.00 AN	158-176	1.0
100 MTR		1.053	5.0-7.0	10.00 AN	158-176	1.0
100 MTR G3	GFI 17	1.163	1.0-3.0	8.00 AN	158-176	1.0
100 X0		1.183	5.0-7.0		158-176	1.0
130		1.043	6.0-7.0	15.00 AN	158-176	1.0
150		1.043	6.0-7.0	10.00 AN	158-176	1.0
70		1.043	6.0-7.0	35.00 AN	158-176	1.0

ABS — Techno ABS — Techno Polymer

Grade	Filler	Sp Grav	Shrink, mils/in	Melt flow, g/10 min	Drying temp, °F	Drying time, hr
110		1.050	4.0-6.0	23.00 AN	176-194	2.0-5.0
130		1.050	4.0-6.0	18.00 AN	176-194	2.0-5.0
130C		1.050	3.0-6.0	18.00 AN	176-194	2.0-5.0
130G10	GFI 10	1.100	2.0-4.0	18.00 AN	176-194	2.0-5.0
130G20	GFI 20	1.170	1.5-3.5	11.00 AN	176-194	2.0-5.0
130G30	GFI 30	1.250	1.0-3.0	10.00 AN	176-194	2.0-5.0
150		1.040	4.0-6.0	16.00 AN	176-194	2.0-5.0
150C		1.040	3.0-6.0	18.00 AN	176-194	2.0-5.0
150L		1.040	4.0-6.0	12.00 AN	176-194	2.0-5.0
170		1.030	4.0-6.0	9.00 AN	176-194	2.0-5.0
300		1.050	4.0-6.0	30.00 AN	176-194	2.0-5.0
330		1.050	4.0-6.0	42.00 AN	176-194	2.0-5.0
330C		1.050	3.0-6.0	56.00 AN	176-194	2.0-5.0
330L		1.050	4.0-6.0	50.00 AN	176-194	2.0-5.0
350		1.040	4.0-6.0	55.00 AN	176-194	2.0-5.0
400		1.050	4.0-6.0	23.00 AN	176-194	2.0-5.0
410		1.060	4.0-6.0	14.00 AN	176-194	2.0-5.0
420		1.040	4.0-6.0	15.00 AN	176-194	2.0-5.0
430		1.040	4.0-6.0	24.00 AN	176-194	2.0-5.0
440		1.040	4.0-6.0	36.00 AN	176-194	2.0-5.0
500		1.050	4.0-7.0	9.00 AN	176-194	2.0-5.0
520		1.050	4.0-7.0	9.00 AN	176-194	2.0-5.0
540		1.050	4.0-7.0	5.50 AN	185-203	2.0-5.0
542		1.050	4.0-7.0	1.60 AN	185-203	2.0-5.0
545		1.050	4.0-7.0	5.80 AN	185-203	2.0-5.0
545L		1.050	4.0-6.0	2.80 AN	185-203	2.0-5.0
560		1.050	4.0-7.0	4.00 AN	194-212	2.0-5.0
565		1.050	4.0-7.0	2.00 AN	212-230	2.0-5.0
565L		1.050	4.0-6.0	2.90 AN	212-230	2.0-5.0
600		1.050		11.00 AN	176-194	2.0-5.0
606		1.050		5.00 AN	176-194	2.0-5.0
610L		1.050		3.50 AN	176-194	2.0-5.0
620		1.050		5.50 AN	176-194	2.0-5.0
720		1.050		3.50 AN	176-194	2.0-5.0

Max. % regrind	Inj. pres., ksi	Rear temp, °F	Mid temp, °F	Front temp, °F	Nozzle temp, °F	Proc temp, °F	Mold temp, °F
						390-410	50-120
						430-450	
						430-450	
						400-450	
						400-450	
						430-480	
						400-450	
						410-464	122-176
						428-482	122-176
						428-482	122-176
						410-464	122-176
						428-500	140-194
						410-464	122-176
						410-464	122-176
						410-464	122-176
						410-464	122-176
		374-500	374-500	374-500			104-176
		374-500	374-500	374-500			104-176
		374-500	374-500	374-500			68-176
		374-500	374-500	374-500			104-176
		374-500	374-500	374-500			104-176
		374-500	374-500	374-500			104-176
		374-500	374-500	374-500			104-176
		374-500	374-500	374-500			68-176
		374-500	374-500	374-500			104-176
		374-500	374-500	374-500			104-176
		374-500	374-500	374-500			104-176
		374-500	374-500	374-500			68-176
		374-500	374-500	374-500			104-176
		374-500	374-500	374-500			104-176
		374-500	374-500	374-500			104-176
		374-500	374-500	374-500			104-176
		374-500	374-500	374-500			104-176
		374-500	374-500	374-500			104-176
		374-500	374-500	374-500			104-176
		374-500	374-500	374-500			104-176
		374-500	374-500	374-500			104-176
		428-518	428-518	428-518			104-176
		428-518	428-518	428-518			104-176
		428-518	428-518	428-518			104-176
		428-518	428-518	428-518			104-176
		428-518	428-518	428-518			104-176
		428-518	428-518	428-518			104-176
		428-518	428-518	428-518			104-176
		338-464	338-464	338-464			
		338-464	338-464	338-464			
		338-464	338-464	338-464			
		356-446	356-446	356-446			

FREE DATA SHEETS: WWW.IDES.COM/PSIM

Grade	Filler	Sp Grav	Shrink, mils/in	Melt flow, g/10 min	Drying temp, °F	Drying time, hr	Max. % moisture
725		1.050		4.00 AN	176-194	2.0-5.0	
810		1.070	4.0-6.0	26.00 AN	176-194	2.0-5.0	
830		1.090	4.0-6.0	30.00 AN	176-194	2.0-5.0	
840		1.090	4.0-6.0	39.00 AN	176-194	2.0-5.0	
F1150		1.110	3.0-6.0	52.00 AN	167-185	2.0-5.0	
F1330		1.130	4.0-6.0	8.00 G	167-185	2.0-5.0	
F1350		1.090	4.0-6.0	35.00 AN	167-185	2.0-5.0	
F1384		1.060	4.0-6.0	42.00 AN	167-185	2.0-5.0	
F1390		1.060	4.0-6.0	47.10 AN	167-185	2.0-5.0	
F5270		1.220	3.0-6.0	41.00 AN	167-185	2.0-5.0	
F5330		1.210	4.0-6.0	9.00 G	167-185	2.0-5.0	
F5350		1.210	4.0-6.0	14.00 AN	167-185	2.0-5.0	
F5370		1.190	3.0-6.0	38.00 AN	167-185	2.0-5.0	
F5430		1.190	4.0-6.0	8.00 G	167-185	2.0-5.0	
F5450 W		1.190	4.0-6.0	69.00 AN	167-185	2.0-5.0	
F5451		1.190	4.0-6.0	23.00 AN	167-185	2.0-5.0	
F5451G10	GFI 10	1.250	3.0-6.0	24.00 AN	176-194	2.0-5.0	
F5451G20	GFI 20	1.330	2.0-4.0	18.00 AN	176-194	2.0-5.0	
F5451G30	GFI 30	1.420	1.0-3.0	9.00 AN	176-194	2.0-5.0	
F5452 D1		1.210	4.0-6.0	37.00 AN	167-185	2.0-5.0	
F5455		1.180	3.0-6.0	19.00 AN	167-185	2.0-5.0	
F5470		1.170	3.0-5.0	30.00 AN	167-185	2.0-5.0	
H530L		1.050	4.0-6.0	18.00 AN	176-194	3.0-6.0	
H570		1.080	4.0-7.0	7.10 BL	212-230	2.0-5.0	
H590		1.090	4.0-7.0	6.50 BL	212-230	2.0-5.0	
H595		1.090	4.0-7.0	5.00 BL	212-230	2.0-5.0	
H630		1.050		5.00 BL	185-203	2.0-5.0	
H814		1.090	4.0-6.0	14.00 BL	185-203	2.0-5.0	
R790		1.060	4.0-6.0	16.00 AN	176-194	2.0-5.0	
W270				17.00 AN	176-194	2.0-5.0	

ABS Techno AES Techno Polymer

Grade	Filler	Sp Grav	Shrink, mils/in	Melt flow, g/10 min	Drying temp, °F	Drying time, hr	Max. % moisture
W200		1.050		47.00 AN	176-194	2.0-5.0	
W210		1.040	4.0-6.0	19.00 AN	176-194	2.0-5.0	
W220		1.040	4.0-6.0	21.00 AN	176-194	2.0-5.0	
W240		1.040	4.0-6.0	17.50 AN	176-194	2.0-5.0	
W245		1.050	4.0-6.0	6.30 AN	185-203	2.0-5.0	
W250		1.060	4.0-7.0	26.00 BL	194-212	2.0-5.0	

ABS Techno MUH Techno Polymer

Grade	Filler	Sp Grav	Shrink, mils/in	Melt flow, g/10 min	Drying temp, °F	Drying time, hr	Max. % moisture
BM5602		1.053	5.0-8.0	1.00 AN			
C7103		1.073	5.0-8.0	6.00 AN			
E1500		1.053	5.0-8.0	2.00 AN			
E7301		1.073	5.0-8.0	3.50 AN			
F3100		1.053	5.0-8.0	1.00 AN			
LG5012		1.053	5.0-8.0	11.00 AN			
LG5033		1.053	5.0-8.0	4.50 AN			
LG5053		1.053	5.0-8.0	1.50 AN			
LG5534		1.053	5.0-8.0	4.50 AN			
M3100		1.053	5.0-8.0	3.00 AN			
M7205		1.063	5.0-8.0	3.80 AN			
S2020		1.053	3.0-5.0	4.50 AN			
W2015		1.053	5.0-8.0	1.20 AN			

ABS Terez ABS Ter Hell Plast

Grade	Filler	Sp Grav	Shrink, mils/in	Melt flow, g/10 min	Drying temp, °F	Drying time, hr	Max. % moisture
1010 TR		1.113		20.00 AN	176	1.0-2.0	0.10

POCKET SPECS FOR INJECTION MOLDING

Max. % regrind	Inj. pres., ksi	Rear temp, °F	Mid temp, °F	Front temp, °F	Nozzle temp, °F	Proc temp, °F	Mold temp, °F
		356-446	356-446	356-446			
		374-500	374-500	374-500			104-176
		374-500	374-500	374-500			104-176
		374-500	374-500	374-500			104-176
		356-446	356-446	356-446			104-176
		356-410	356-410	356-410			104-176
		356-446	356-446	356-446			104-176
		356-446	356-446	356-446			104-176
		356-446	356-446	356-446			104-176
		356-410	356-410	356-410			104-176
		356-410	356-410	356-410			104-176
		356-446	356-446	356-446			104-176
		356-446	356-446	356-446			104-176
		356-410	356-410	356-410			104-176
		356-446	356-446	356-446			104-176
		356-446	356-446	356-446			104-176
		356-446	356-446	356-446			104-176
		356-446	356-446	356-446			122-212
		356-446	356-446	356-446			122-212
		356-446	356-446	356-446			122-212
		356-446	356-446	356-446			104-176
		356-446	356-446	356-446			104-176
		356-446	356-446	356-446			104-176
		374-500	374-500	374-500			122-212
		428-518	428-518	428-518			104-176
		428-518	428-518	428-518			104-176
		428-518	428-518	428-518			104-176
		374-500	374-500	374-500			
		428-518	428-518	428-518			104-176
		374-500	374-500	374-500			104-176
		338-464	338-464	338-464			
		374-500	374-500	374-500			122-212
		374-500	374-500	374-500			122-212
		374-500	374-500	374-500			104-176
		374-500	374-500	374-500			122-212
		428-518	428-518	428-518			122-212
		428-518	428-518	428-518			104-176
		428-482	446-500	464-518	446-500	482-536	104-158
		428-482	446-500	464-518	446-500	482-536	104-158
		428-482	446-500	464-518	446-500	482-536	104-158
		428-482	446-500	464-518	446-500	482-536	104-158
		428-482	446-500	464-518	446-500	482-536	104-158
		428-482	446-500	464-518	446-500	482-536	104-158
		428-482	446-500	464-518	446-500	482-536	104-158
		428-482	446-500	464-518	446-500	482-536	104-158
		428-482	446-500	464-518	446-500	482-536	104-158
		428-482	446-500	464-518	446-500	482-536	104-158
		428-482	446-500	464-518	446-500	482-536	104-158
		428-482	446-500	464-518	446-500	482-536	104-158
						428-500	140-176

FREE DATA SHEETS: WWW.IDES.COM/PSIM

Grade	Filler	Sp Grav	Shrink mils/in	Melt flow, g/10 min	Drying temp, °F	Drying time, hr	Max. % moisture
1081		1.043		19.00 AN	176	1.0-2.0	0.10
3006		1.053		4.70 AN	176	1.0-2.0	0.10
3008 black		1.063		16.00 AN	176	1.0-2.0	0.10
3013 Galvano		1.043		25.00 AN	176	1.0-2.0	0.10
3014		1.063		35.00 AN	176	1.0-2.0	0.10
3014 GF 17	GFI 17	1.173		35.00 AN	176	1.0-2.0	0.10
3014 GK 17	GB 17	1.173		26.00 AN	176	1.0-2.0	0.10
3014 UV		1.043		35.00 AN	176	1.0-2.0	0.10
3218		1.183		36.00 AN	176	1.0-2.0	0.10
3220		1.183		36.00 AN	176	1.0-2.0	0.10
3302		1.053		4.00 AN	176	1.0-2.0	0.10
3304		1.043		10.00 AN	176	1.0-2.0	0.10
3305		1.053		8.00 AN	176	1.0-2.0	0.10
3308		1.063		16.00 AN	176	1.0-2.0	0.10
3320 A		1.043		37.00 AN	176	1.0-2.0	0.10
3401		1.073		3.00 AN	176	1.0-2.0	0.10
5004 natural		1.043		7.00 AN	176	1.0-2.0	0.10
5007		1.043		17.00 AN	176	1.0-2.0	0.10
5010		1.043		20.00 AN	176	1.0-2.0	0.10
5010 A		1.043		20.00 AN	176	1.0-2.0	0.10
5010 A GK 30	GB 30	1.183		10.00 AN	176	1.0-2.0	0.10
5015		1.043		20.00 AN	176	1.0-2.0	0.10
5020		1.043		36.00 AN	176	1.0-2.0	0.10
5020 A		1.043		36.00 AN	176	1.0-2.0	0.10

ABS — Thermocomp — LNP

Grade	Filler	Sp Grav	Shrink mils/in	Melt flow, g/10 min	Drying temp, °F	Drying time, hr	Max. % moisture
AF-1001	GFI	1.070	4.0-6.0		180	4.0	0.05
AF-1001 HC WT9-377	GFI				180	4.0	0.05
AF-1002	GFI	1.110	4.0		180	4.0	0.08
AF-1004	GFI	1.190	2.0		180	4.0	0.08
AF-1004 LE BK8-055	GFI	1.190			180	4.0	0.08
AF-1006	GFI	1.280	2.0		180	4.0	0.08
HSG-A-0230A	PRO	2.300	7.0-9.0		180	4.0	0.02
PDX-A-02749	GFI	1.190	3.0		180	4.0	0.05

ABS — Toyolac — Toray

Grade	Filler	Sp Grav	Shrink mils/in	Melt flow, g/10 min	Drying temp, °F	Drying time, hr	Max. % moisture
100		1.030		14.50 AN	176-194	2.0-4.0	
125		1.030		16.50 AN	176-194	2.0-4.0	
180-X18		1.040		2.00	176-194	2.0-4.0	
300		1.030		11.00 AN	176-194	2.0-4.0	
360-X11		1.030		10.00 AN	176-194	2.0-4.0	
360-X39		1.030		20.00 AN	176-194	2.0-4.0	
440-345		1.050		6.00 AN	176-194	2.0-4.0	
450-X21		1.050		3.50 AN	176-194	2.0-4.0	
470-X60		1.050		2.00 AN	176-194	2.0-4.0	
500		1.050		20.00 AN	176-194	2.0-4.0	
700		1.030		23.00 AN	176-194	2.0-4.0	
900		1.070		14.50 AN	176-194	2.0-4.0	
920		1.080		21.00 AN	176-194	2.0-4.0	
930		1.070		14.50 AN	176-194	2.0-4.0	

ABS — Trilac — Polymer Tech

Grade	Filler	Sp Grav	Shrink mils/in	Melt flow, g/10 min	Drying temp, °F	Drying time, hr	Max. % moisture
ABS-EX1000				7.00 AN	180-190	2.0-4.0	
ABS-FR1		1.203	5.0-8.0	6.00 I	190-200	2.0-24.0	

Max. % regrind	Inj. pres., ksi	Rear temp, °F	Mid temp, °F	Front temp, °F	Nozzle temp, °F	Proc temp, °F	Mold temp, °F
						428-500	140-176
						428-500	140-176
						428-500	140-176
						428-500	140-176
						428-500	140-176
						428-500	140-176
						428-500	140-176
						428-500	140-176
						428-500	140-176
						428-500	140-176
						428-500	140-176
						428-500	140-176
						428-500	140-176
						428-500	140-176
						428-500	140-176
						428-500	140-176
						428-500	140-176
						428-500	140-176
						428-500	140-176
						428-500	140-176
						428-500	140-176
						428-500	140-176
						428-500	140-176
						500	160-180
						500	160-180
						500	160-180
						500	160-180
						500	160-180
						500	160-180
						480-500	160-180
						500	160-180
	11.4-18.5	392	428	464			104-140
	11.4-18.5	392	428	464			104-140
	11.4-18.5	392	428	464			104-140
	11.4-18.5	392	428	464			104-140
	11.4-18.5	392	428	464			104-140
	11.4-18.5	392	428	464			104-140
	11.4-18.5	392	428	464			104-140
	11.4-18.5	392	428	464			104-140
	11.4-18.5	392	428	464			104-140
	11.4-18.5	392	428	464			104-140
	11.4-18.5	392	428	464			104-140
	11.4-18.5	392	428	464			104-140
	11.4-18.5	392	428	464			104-140
	8.0-12.0	350	400	420		450-480	130-160
	8.0-12.0	350	400	420		450-480	130-160

FREE DATA SHEETS: WWW.IDES.COM/PSIM

Grade	Filler	Sp Grav	Shrink, mils/in	Melt flow, g/10 min	Drying temp, °F	Drying time, hr	Max. % moisture
ABS-FR4500		1.233		6.50 AN	190-200	2.0-24.0	
ABS-HF5500		1.053		20.00 AN	190-200	2.0-24.0	
ABS-HH2000		1.053		20.00 AN	190-200	2.0-24.0	
ABS-HH2500		1.053		1.80 AN	190-200	2.0-24.0	
ABS-HS4000				3.00 I	190-200	2.0-24.0	
ABS-HS5500		1.053		20.00 AN	190-200	2.0-24.0	
ABS-HS6500		1.043		15.00 AN	190-200	2.0-24.0	
ABS-HS7500		1.053		18.00 AN	190-200	2.0-24.0	
ABS-MP1000		1.043		23.00 AN	190-200	2.0-24.0	
ABS-MP2000		1.043		18.00 AN	190-200	2.0-24.0	
ABS-RC3000				3.00 I	190-200	2.0-24.0	

ABS — Ultrastyr — Polimeri Europa

Grade	Filler	Sp Grav	Shrink, mils/in	Melt flow, g/10 min	Drying temp, °F	Drying time, hr	Max. % moisture
2003		1.050	4.0-6.0	3.50 I	175	3.0-4.0	

ABS — Vampsab — Vamp Tech

Grade	Filler	Sp Grav	Shrink, mils/in	Melt flow, g/10 min	Drying temp, °F	Drying time, hr	Max. % moisture
0023 V0 AF		1.193	5.0-8.0		158-176		
0023 V0 E		1.198			158-176	3.0	
0023 V0 H		1.178	5.0-8.0		158-176	3.0	
0023 V0 UV		1.183	5.0-8.0		158-176	3.0	
0023 V2 UV		1.148	5.0-8.0		158-176	3.0	
1726 V0	GFI 17	1.308			158-176	3.0	

ABS — Vyteen — Lavergne Group

Grade	Filler	Sp Grav	Shrink, mils/in	Melt flow, g/10 min	Drying temp, °F	Drying time, hr	Max. % moisture
ABS 1080		1.063		5.00 L	180-190	2.0	

ABS+Acrylic — Lustran ABS — Lanxess

Grade	Filler	Sp Grav	Shrink, mils/in	Melt flow, g/10 min	Drying temp, °F	Drying time, hr	Max. % moisture
266		1.080	4.0-6.0	5.00 I	160-190	2.0-4.0	

ABS+Nylon — Excelloy — Techno Polymer

Grade	Filler	Sp Grav	Shrink, mils/in	Melt flow, g/10 min	Drying temp, °F	Drying time, hr	Max. % moisture
AK10 (Dry)		1.050	4.0-7.0	35.00 DG	176-194	2.0-5.0	
AK12G20 (Dry)	GFI 20	1.220	1.0-4.0	38.00 DG	212-230	2.0-5.0	
AK15 (Dry)		1.060	7.0-10.0	30.00 DG	176-194	2.0-5.0	

ABS+Nylon — Novalloy-A — Daicel Polymer

Grade	Filler	Sp Grav	Shrink, mils/in	Melt flow, g/10 min	Drying temp, °F	Drying time, hr	Max. % moisture
A1500 (Dry)		1.063	6.0-8.0		194-212	4.0-5.0	
A2604 (Dry)	GFI 20	1.233	2.0-5.0		194-212	4.0-5.0	
A5624 (Dry)	GFI 20	1.454	2.0-5.0		194-212	4.0-5.0	

ABS+Nylon — Schulablend — A. Schulman

Grade	Filler	Sp Grav	Shrink, mils/in	Melt flow, g/10 min	Drying temp, °F	Drying time, hr	Max. % moisture
M/MK (Dry)		1.063			176	3.0-4.0	

ABS+Nylon — Techniace — Nippon A&L

Grade	Filler	Sp Grav	Shrink, mils/in	Melt flow, g/10 min	Drying temp, °F	Drying time, hr	Max. % moisture
TA-1500		1.063	5.0-7.0	9.00 AA	230-248	> 3.0	
TA-3200	GFI	1.223	2.0-3.0	13.00 AA	230-248	> 3.0	

ABS+Nylon — Terez PA/ABS — Ter Hell Plast

Grade	Filler	Sp Grav	Shrink, mils/in	Melt flow, g/10 min	Drying temp, °F	Drying time, hr	Max. % moisture
Blend							
1000 GF 45 MF 1	GFI 45	1.454			176-194	4.0	0.10
Blend 2000		1.073		10.00 AZ	176-194	4.0	0.10
Blend 2010		1.073		20.00 AZ	176-194	4.0	0.10
Blend 2011 GF2 UV	GFI 2	1.073			176-194	4.0	0.10
Blend 2014 GK 20	GB 20	1.203		8.00 AZ	176-194	4.0	0.10
Blend 3610		1.073		45.00 AZ	176-194	4.0	0.10
Blend 3610 GF2	GFI 2	1.083		33.00 AZ	176-194	4.0	0.10
Blend 3610 GK10	GB 10	1.143		35.00 AZ	176-194	4.0	0.10

Max. % regrind	Inj. pres., ksi	Rear temp, °F	Mid temp, °F	Front temp, °F	Nozzle temp, °F	Proc temp, °F	Mold temp, °F
	8.0-12.0	350	400	420		450-480	130-160
	10.0-12.0	380	420	450		425-500	120-150
	10.0-12.0	380	420	440		425-500	120-150
	10.0-12.0	380	420	450		475-500	120-150
	10.0-12.0	380	420	440		450-500	120-150
	10.0-12.0	380	420	450		425-500	120-150
	10.0-12.0	380	420	440		450-500	120-150
	10.0-12.0	380	420	440		450-500	120-150
	10.0-12.0	380	420	450		425-500	120-150
	10.0-12.0	380	420	450		425-500	120-150
	10.0-12.0	380	420	440		450-500	120-150
	7.1-23.0					370-430	
		392-446					
		392-446					140-158
		392-446					
		392-446					140-158
		392-446					140-158
		392-446					140-158
	10.0-16.0	455-480	465-490	475-500	475-500		110-115
	10.0-16.0	380-430	390-440	400-450	400-450	110-150	110-150
		464-536	464-536	464-536			104-176
		464-536	464-536	464-536			122-212
		464-536	464-536	464-536			104-176
		356-410	428-482	446-500	428-482		140-158
		356-410	446-482	464-500	446-482		158-194
		356-410	446-482	464-500	428-482		158-194
					428-500		104-176
		464-536	464-536	464-536			104-176
		464-536	464-536	464-536			104-176
		437-455	437-455	437-455	473-491	482-518	140-176
		437-455	437-455	437-455	473-491	482-518	140-176
		437-455	437-455	437-455	473-491	482-518	140-176
		437-455	437-455	437-455	473-491	482-518	140-176
		437-455	437-455	437-455	473-491	482-518	140-176
		437-455	437-455	437-455	473-491	482-518	140-176
		437-455	437-455	437-455	473-491	482-518	140-176
		437-455	437-455	437-455	473-491	482-518	140-176

FREE DATA SHEETS: WWW.IDES.COM/PSIM

Grade	Filler	Sp Grav	Shrink, mils/in	Melt flow, g/10 min	Drying temp, °F	Drying time, hr	Max. % moisture
Blend 3610 UV		1.073		35.00 AZ	176-194	4.0	0.10
Blend 3614		1.073		62.00 AZ	176-194	4.0	0.10
Blend 3620		1.073		24.00 AZ	176-194	4.0	0.10

ABS+Nylon — Triax — Lanxess

Grade	Filler	Sp Grav	Shrink, mils/in	Melt flow, g/10 min	Drying temp, °F	Drying time, hr	Max. % moisture
1120 (Dry)		1.060	10.0		190	2.0-4.0	0.35
1180 (Dry)		1.070	10.0	7.20 S	190	2.0-4.0	0.35
1315 (Dry)	GFI 15	1.170	4.5	0.10 S	190	2.0-4.0	0.35

ABS+Nylon — Triax — Lanxess Euro

Grade	Filler	Sp Grav	Shrink, mils/in
KU2-3154 (Dry)	MN	1.113	6.0

ABS+PBT — Astalac — Marplex

Grade	Filler	Sp Grav	Shrink, mils/in	Melt flow, g/10 min	Drying temp, °F	Drying time, hr
MDA225B	TAL 10	1.220	6.0-10.0	30.00 AT	194-212	4.0-6.0

ABS+PBT — Excelloy — Techno Polymer

Grade	Filler	Sp Grav	Shrink, mils/in	Melt flow, g/10 min	Drying temp, °F	Drying time, hr
TK10		1.080	4.0-7.0	12.00 BL	176-194	2.0-5.0
TK12G20	GFI 20	1.280	2.0-5.0	40.00 DG	176-194	2.0-5.0
TK15		1.100	4.0-7.0	7.00 BL	176-194	2.0-5.0
TK30		1.110	4.0-7.0	50.00 BL	176-194	2.0-5.0

ABS+PBT — Kingfa — Kingfa

Grade	Filler	Sp Grav	Shrink, mils/in	Melt flow, g/10 min	Drying temp, °F	Drying time, hr
JE2-R2		1.073	5.0-6.0	22.00 BF	176-194	3.0-4.0
JE2-R2G20		1.363	3.0-4.0		212-230	2.0-3.0
JE2-R2G30		1.414	2.0-3.0		212-230	2.0-3.0

ABS+PBT — Novalloy-B — Daicel Polymer

Grade	Filler	Sp Grav	Shrink, mils/in	Drying temp, °F	Drying time, hr
B1500		1.173	7.0-9.0	176-248	3.0-5.0
B2504	GFI 20	1.313	3.0-5.0	176-248	3.0-5.0
B45M0		1.323	6.0-8.0	176-248	3.0-5.0
B5526	GFI 30	1.504	2.0-4.0	176-248	3.0-5.0
B5726	GFI 30	1.554	3.0-5.0	176-248	3.0-5.0

ABS+PBT — Novalloy-B — PlastxWorld

Grade	Filler	Sp Grav	Shrink, mils/in	Drying temp, °F	Drying time, hr
B2404	GFI 22	1.310	2.0-4.0		
B27B6	GFI 30	1.440	3.0-6.0	180-250	3.0-5.0
B4720		1.370			
B4750		1.370			
B5503	GFI 15	1.380	3.0-5.0	180-250	3.0-5.0
B5504	GFI 20	1.420	2.5-4.5	180-250	3.0-5.0
B5506	GFI 30	1.500	2.0-4.0	180-250	3.0-5.0
B6508	MN 40	1.620	2.0-4.5	180-250	3.0-5.0

ABS+PBT — Saxaloy — Sax Polymers

Grade	Filler	Sp Grav	Shrink, mils/in	Drying temp, °F	Drying time, hr
E116V1		1.163	5.0-15.0	194	2.0-4.0

ABS+PBT — Techniace — Nippon A&L

Grade	Filler	Sp Grav	Shrink, mils/in	Melt flow, g/10 min	Drying temp, °F	Drying time, hr
TB-1701		1.113	5.0-8.0	10.00 AA	194-212	> 3.0
TB-1801		1.093	5.0-8.0	8.00 AA	194-230	> 3.0

ABS+PBT — Terez PBT/ABS — Ter Hell Plast

Grade	Filler	Sp Grav	Melt flow, g/10 min	Drying temp, °F	Drying time, hr
Blend 4240/20		1.123	9.50 AZ	176-194	4.0

ABS+PBT — UMG Alloy — UMG ABS

Grade	Filler	Sp Grav	Shrink, mils/in	Drying temp, °F	Drying time, hr
TX10A		1.123	9.0-11.0	194	3.0-4.0
TX40A		1.113	7.0-9.0	212	3.0-4.0

Max. % regrind	Inj. pres., ksi	Rear temp, °F	Mid temp, °F	Front temp, °F	Nozzle temp, °F	Proc temp, °F	Mold temp, °F
		437-455	437-455	437-455	473-491	482-518	140-176
		437-455	437-455	437-455	473-491	482-518	140-176
		437-455	437-455	437-455	473-491	482-518	140-176
20	6.0-12.0	450-510	450-510	450-510	480-500	460-520	100-150
20	6.0-12.0	450-510	450-510	450-510	480-500	460-520	100-200
20	8.0-15.0	480-520	480-520	480-520	500-520	480-530	100-200
						500	176
	8.7-20.3	419-446	428-464	446-482		446-482	140-212
		428-518	428-518	428-518			104-176
		428-518	428-518	428-518			104-176
		428-518	428-518	428-518			104-176
		428-518	428-518	428-518			104-176
		410-446	428-446	428-464		428-464	104-176
		473-509	464-500	455-500		455-500	140-230
		473-509	464-500	455-500		455-500	140-230
		374-446	428-464	464-482	446-482		140-176
		374-446	428-464	464-482	446-482		140-176
		374-446	428-464	464-482	446-482		140-176
		374-446	428-464	464-482	446-482		140-176
		374-446	428-464	464-482	446-482		140-176
		374-410	428-464	464-482	446-482	465-500	140-176
		428-446	464-518	491-518		482-518	140-176
		374-410	428-464	464-482	446-482	465-500	140-176
		374-410	428-464	464-482	446-482	465-500	140-176
						465-500	140-176
						465-500	140-176
						465-500	140-176
						465-500	140-176
						482-527	86-194
		446-518	446-518	446-518			104-176
		446-518	446-518	446-518			104-176
						464-518	
	10.2-20.3	392-428	428-464	446-482	428-464	464-500	122-176
	10.2-20.3	392-428	428-464	446-482	428-464	464-500	122-176

Grade	Filler	Sp Grav	Shrink, mils/in	Melt flow, g/10 min	Drying temp, °F	Drying time, hr	Max. % moisture
TX64D	GFI	1.414	3.0-6.0		230	3.0-4.0	
TX78D	GFI	1.323	3.0-6.0		248	3.0-4.0	

ABS+PC — Abstron — Bhansali Eng Poly

Grade	Filler	Sp Grav	Shrink, mils/in	Melt flow, g/10 min	Drying temp, °F	Drying time, hr	Max. % moisture
IMC-45		1.120	5.0	13.00 AN	221-230	5.0-7.0	0.15
IMC-45 V		1.140	5.0	9.00 AN	221-230	5.0-7.0	0.15
IMC-45M		1.130	5.0	10.00 AN	221-230	5.0-7.0	0.15

ABS+PC — Albis PC/ABS — Albis

Grade	Filler	Sp Grav	Shrink, mils/in	Melt flow, g/10 min	Drying temp, °F	Drying time, hr	Max. % moisture
35A Gray 8GY1338		1.150	5.0-7.0	14.40 AF			
35A HF		1.150	5.0-7.0	40.00 AF			

ABS+PC — Anjablend A — J&A Plastics

Grade	Filler	Sp Grav	Shrink, mils/in	Melt flow, g/10 min	Drying temp, °F	Drying time, hr	Max. % moisture
050/45G		1.103			212	2.0-5.0	0.04
050/45S		1.103	5.0-7.0		221	2.0-5.0	0.05
050/65S		1.133	5.0-7.0		230	2.0-5.0	0.04
050/85S		1.153	5.0-7.0		239	2.0-5.0	0.02
050/85S-FR		1.193			212	2.0-5.0	0.02
J050/45S		1.103	5.0-7.0		221	2.0-5.0	0.05
J050/65S		1.133	5.0-7.0		230	2.0-5.0	0.04
J050/85S		1.153	5.0-7.0		239	2.0-5.0	0.02
J050/85S-FR		1.203			212	2.0-5.0	0.02

ABS+PC — Astaloy — Marplex

Grade	Filler	Sp Grav	Shrink, mils/in	Melt flow, g/10 min	Drying temp, °F	Drying time, hr	Max. % moisture
800LG		1.120	4.0-8.0	4.00 AT	203-212	3.0-5.0	
810GF	GFI 10	1.170	2.0-4.0	4.00 AT	203-212	3.0-5.0	
A800		1.120	4.0-8.0	6.00 AT	203-212	3.0-5.0	
EHA		1.080	4.0-8.0	5.00 AT	203-212	3.0-5.0	
KM60		1.220	4.0-8.0	2.50 AT	203-212	3.0-5.0	
KM63		1.220	4.0-8.0	3.50 AT	203-212	3.0-5.0	
KMA		1.260	4.0-8.0	7.00 AT	203-212	3.0-5.0	
KMA-UV		1.260	4.0-8.0	10.00 AT	203-212	3.0-5.0	
KMX		1.220	4.0-8.0	2.50 I	203-212	3.0-5.0	
KMX-3		1.220	4.0-8.0	3.50 I	203-212	3.0-5.0	
KMX-T		1.220	4.0-8.0	2.50 I	203-212	3.0-5.0	
M125		1.100	4.0-8.0	11.00 AT	203-212	3.0-5.0	
M126		1.100	4.0-8.0	11.00 AT	203-212	3.0-5.0	
M130		1.120	4.0-8.0	6.50 AT	203-212	3.0-5.0	
M130-S		1.120	4.0-8.0	12.00 AT	203-212	3.0-5.0	
M131		1.120	4.0-8.0	6.50 AT	203-212	3.0-5.0	
M150		1.160	4.0-8.0	7.00 AT	203-212	3.0-5.0	
M150H		1.160	4.0-8.0	9.00 AT	203-212	3.0-5.0	
MC300		1.090	4.0-8.0	5.00 AT	203-212	3.0-5.0	
MDA177		1.120	4.0-8.0	6.50 AT	203-212	3.0-5.0	
MDA216	MN	1.150	4.0-8.0	9.00 AT	212-230	3.0-5.0	
MDA292	GFI	1.270	2.0-4.0	11.00 AT	203-212	3.0-5.0	

ABS+PC — AVP — GE Polymerland

Grade	Filler	Sp Grav	Shrink, mils/in	Melt flow, g/10 min	Drying temp, °F	Drying time, hr	Max. % moisture
GLC08			5.0-7.0	8.00 AJ	200	2.0	

ABS+PC — B&M PC/ABS — B&M Plastics

Grade	Filler	Sp Grav	Shrink, mils/in	Melt flow, g/10 min	Drying temp, °F	Drying time, hr	Max. % moisture
PC/ABS20FR		1.210		20.00 AZ	190	2.0	0.03
PC/ABS270		1.130	7.0	7.00 S	230	3.0	0.04
PC/ABS290		1.130	7.0	26.00 AK	230	3.0	0.04

Max. % regrind	Inj. pres., ksi	Rear temp, °F	Mid temp, °F	Front temp, °F	Nozzle temp, °F	Proc temp, °F	Mold temp, °F
	10.2-20.3	392-428	428-464	446-482	428-464	464-500	140-176
	10.2-20.3	392-428	428-464	446-482	428-464	464-500	140-176
						446-554	221-239
						446-554	221-239
						446-554	221-239
						465-540	155-212
						465-540	155-212
						464-536	158-212
						464-518	158-212
						464-536	158-212
						464-554	158-212
						464-536	140-176
						464-518	158-212
						464-536	158-212
						464-554	158-212
						464-536	140-176
	8.7-20.3	455-491	473-509	491-527		482-536	122-194
	8.7-20.3	455-491	473-509	491-527		482-536	122-194
	8.7-20.3	455-491	473-509	491-527		482-536	122-194
	8.7-20.3	437-473	455-491	473-509		464-518	122-194
	8.7-20.3	437-473	455-491	473-509		464-518	122-194
	8.7-20.3	437-473	455-491	473-509		464-518	122-194
	8.7-20.3	437-473	455-491	473-509		464-518	122-194
	8.7-20.3	428-464	446-482	455-491		446-482	122-194
	8.7-20.3	437-464	> 446	455-482		455-473	122-194
	8.7-20.3	437-464	446-473	455-482		446-473	122-194
	8.7-20.3	437-464	446-473	455-482		446-473	122-194
	8.7-20.3	455-491	473-509	491-527		482-536	122-194
	8.7-20.3	455-491	473-509	491-527		482-536	122-194
	8.7-20.3	455-491	473-509	491-527		482-536	122-194
	8.7-20.3	455-491	473-509	491-527		482-536	122-194
	8.7-20.3	473-509	491-527	509-545		500-554	122-194
	8.7-20.3	473-509	491-527	509-545		500-554	122-194
	8.7-20.3	437-473	455-491	473-509		464-518	122-194
	8.7-20.3	455-491	473-509	491-527		482-536	122-194
	8.7-20.3	437-464	446-473	455-482		455-473	122-194
						500-550	160-200
		520-550	520-550	520-550	520-550		180-200
		480-530	500-550	510-560	520-570	515-565	140-200
		480-530	500-550	510-560	530-570	565-575	140-200

FREE DATA SHEETS: WWW.IDES.COM/PSIM

Grade	Filler	Sp Grav	Shrink mils/in	Melt flow g/10 min	Drying temp, °F	Drying time, hr	Max. % moisture
ABS+PC		**Bayblend**			**Bayer**		
2153		1.130	7.0	5.60 S	190-200	2.0-3.0	0.02
2753		1.130	7.0	5.60 S	200	4.0	0.02
2773		1.140	8.0	4.20 S	220	4.0	0.02
FR 110		1.190	4.0-6.0	35.00 AF	175-210	3.0-4.0	0.02
FR 2000		1.180	4.0-6.0		180	4.0	0.02
FR 2010		1.180	4.0-6.0		200	4.0	0.02
T 85		1.150	5.0-7.0		230	4.0	
T 88-2N	GFI 10	1.200	2.0-4.0		190	2.0-4.0	0.35
T 88-4N	GFI 20	1.250	2.0-3.0		190	2.0-4.0	
ABS+PC		**Bestpolux**			**Triesa**		
PCA45/01		1.123			176	2.0-4.0	
PCA65/01		1.143		12.00	176	2.0-4.0	
PCA65/02		1.143		12.00	176	2.0-4.0	
PCA85/02		1.163		12.00	176	2.0-4.0	
PCAH/02		1.143		12.00	176	2.0-4.0	
PCAX/01		1.213		20.00	176	2.0-4.0	
PCAX/02		1.213		20.00	176	2.0-4.0	
ABS+PC		**Cycoloy**			**GE Adv Materials**		
C1000HF Resin		1.120	5.0-7.0	24.00 AZ	210-219	3.0-4.0	0.04
C1110 Resin		1.140	5.0-7.0	8.00 AK	220-230	3.0-4.0	0.04
C1110HF Resin		1.140	5.0-7.0	12.00 AK	220-230	3.0-4.0	0.04
C1200 Resin		1.150	5.0-7.0	11.40 AZ	219-230	3.0-4.0	0.04
C1200HF Resin		1.150	5.0-7.0	19.00 AZ	219-230	3.0-4.0	0.04
C1200HFM Resin		1.180	4.0-6.0	22.00 AZ	219-230	3.0-4.0	0.04
C1950 Resin		1.120	5.0-7.0	7.00 I	180-190	3.0-4.0	0.04
C2800 Resin		1.170	4.0-6.0	16.00 AJ	171-180	3.0-4.0	0.04
C2950 Resin		1.180	4.0-6.0	10.00 AJ	180-190	3.0-4.0	0.04
C2950HF Resin		1.180	4.0-6.0	22.00 AZ	180-190	3.0-4.0	0.04
C2951 Resin		1.190	4.0-6.0	10.00 AJ	180-190	3.0-4.0	0.04
C3650 Resin		1.200	4.0-6.0	8.50 AZ	180-190	3.0-4.0	0.04
C6200 Resin		1.180	4.0-6.0	14.50 AJ	180-190	3.0-4.0	0.04
C6600 Resin		1.190	4.0-6.0	21.50 AJ	180-190	3.0-4.0	0.04
C6800 Resin		1.190	4.0-6.0	11.00 AJ	170-180	3.0-4.0	0.04
CH6410 Resin		1.190	0.5-0.7	6.30 AJ	196-210	2.0-4.0	0.04
CM6140 Resin		1.260	3.0-5.0	17.50 AZ	194	> 4.0	0.04
CP8930 Resin		1.130	5.0-8.0	16.00 AZ	210-220	3.0-4.0	0.04
CU1650 Resin		1.140	5.0-7.0	28.00 AZ	203-221	2.0-4.0	0.02
CU6800 Resin		1.200	5.0-7.0	23.00 AJ	170-180	2.0-4.0	0.04
CX1440 Resin		1.150	4.0-6.0	22.00 AZ	203-221	2.0-4.0	0.02
CX7010 Resin		1.180	5.0-7.0	22.00 AJ	171-180	2.0-4.0	0.04
CX7211 Resin		1.180	4.0-6.0	15.50 AJ	180-190	2.0-4.0	0.04
CX7240 Resin		1.190	4.0-6.0	21.00 AZ	194	4.0	0.04
CY6000 Resin		1.190	4.0-6.0	20.00 AZ	180-190	3.0-4.0	0.04
CY9640 Resin		1.140	5.0-7.0	22.00 AZ	203-221	3.0-4.0	0.04
CY9650 Resin		1.140	5.0-7.0	26.00 AZ	203-221	2.0-4.0	0.02
EHA Resin		1.090	5.0-8.0		225-235	3.0-4.0	0.04
EXCY0025 Resin		1.130		9.00 AZ	220-230	3.0-4.0	0.04
FXC630ME Resin		1.190	3.0-5.0	14.00 AJ	180-190	2.0-4.0	0.04
FXC630SK Resin		1.190	3.0-5.0	13.50 AJ	180-190	2.0-4.0	0.04
IP1000 Resin		1.130	5.0-7.0	13.50 AZ	220-230	3.0-4.0	0.04
LG8002 Resin		1.130	5.0-7.0	6.50 AJ	220-230	3.0-4.0	0.04
LG9000 Resin		1.130	5.0-7.0	17.00 AZ	220-230	3.0-4.0	0.04

Max. % regrind	Inj. pres., ksi	Rear temp, °F	Mid temp, °F	Front temp, °F	Nozzle temp, °F	Proc temp, °F	Mold temp, °F
	10.0-20.0	430-500	430-520	430-520	470-490	485-510	70-185
						510-530	160-180
						520-560	160-200
20	10.0-16.0	430-445	435-455	445-465	485-505	430-520	120-175
20		460-500	480-520	500-530	480-510	465-540	155-212
	10.0-16.0	430-445	435-455	445-465	485-505	465-520	140-175
20	10.0-20.0	460-500	480-520	500-530			176
						480-530	100-150
						480-530	100-150
						473-509	140-176
						473-491	140-176
						473-491	140-176
						473-509	140-176
						473-509	140-176
						473-509	140-158
						473-509	140-158
		480-540	489-550	489-550	500-550	500-550	171-210
		480-550	490-560	500-575	525-575	525-575	140-190
		480-550	490-560	500-575	525-575	525-575	140-190
		480-550	489-559	500-576	525-576	525-576	140-190
		480-550	489-559	500-576	525-576	525-576	140-190
		480-550	489-559	500-576	525-576	525-576	140-190
		430-490	430-510	470-530	470-530	470-530	140-180
		410-489	421-500	441-525	450-525	450-525	120-160
		430-489	430-531	469-531	469-531	469-531	140-180
		430-490	430-510	470-530	470-530	470-530	140-180
		430-490	430-510	470-530	470-530	470-530	140-180
		430-490	430-510	470-530	470-530	470-530	140-180
		430-489	430-531	469-531	469-531	469-531	140-180
		430-489	430-531	469-531	469-531	469-531	140-180
		430-480	440-500	450-510	450-510	450-510	140-180
		500-570	500-570	511-570	511-570	520-570	140-190
		527-572	527-572	536-572	536-572	527-572	140-176
		480-540	490-550	490-550	500-550	500-550	170-210
		446-500	482-554	482-554	464-536	500-554	140-194
		430-480	450-500	450-510	450-510	450-510	140-180
		446-500	482-554	482-554	464-536	500-554	140-194
		430-480	441-500	450-511	450-511	450-511	140-180
		430-490	430-510	470-530	470-530	470-530	140-180
		500-572	500-572	509-572	509-572	518-572	140-194
		430-490	430-510	470-530	470-530	470-530	140-180
		446-500	482-554	482-554	464-536	500-554	140-194
		446-500	482-554	482-554	464-536	500-554	140-194
		425-450	475-500	490-525	475-500	500-525	160-200
		480-550	490-560	500-575	525-575	525-575	140-190
		430-490	430-510	470-530	470-530	470-530	140-180
		430-490	430-510	470-530	470-530	470-530	140-180
		480-550	490-560	500-575	525-575	525-575	140-190
		480-550	490-560	500-575	525-575	525-575	140-190
		480-550	490-560	500-575	525-575	525-575	140-190

FREE DATA SHEETS: WWW.IDES.COM/PSIM

Grade	Filler	Sp Grav	Shrink, mils/in	Melt flow, g/10 min	Drying temp, °F	Drying time, hr	Max. % moisture
MC1300 Resin		1.100	5.0-8.0	14.00 AZ	210-220	3.0-4.0	0.04
MC7000 Resin		1.110	5.0-8.0	13.00 AZ	220-230	3.0-4.0	0.04
MC8002 Resin		1.140	5.0-7.0	9.00 AZ	220-230	3.0-4.0	0.04
MC9000 Resin		1.140	5.0-7.0	22.00 AZ	220-230	3.0-4.0	0.04
XCM850 Resin	UNS	1.300	4.0-6.0	7.00 AZ	212-230	3.0-4.0	0.04
XCY620 Resin		1.140	5.0-7.0	22.00 AZ	203-221	2.0-4.0	0.02
XCY620L Resin		1.140	5.0-7.0	22.00 AZ	203-221	2.0-4.0	0.02
XCY630 Resin		1.140	5.0-7.0	26.00 AZ	203-221	2.0-4.0	0.02
XCY630L Resin		1.140	5.0-7.0	26.00 AZ	203-221	2.0-4.0	0.02

ABS+PC Cycoloy GE Adv Matl AP

Grade	Filler	Sp Grav	Shrink, mils/in	Melt flow, g/10 min	Drying temp, °F	Drying time, hr	Max. % moisture
C1000HF Resin		1.120	5.0-7.0	24.00 AJ	210-219	3.0-4.0	0.04
C1110 Resin		1.140	5.0-7.0	8.00 AK	220-230	3.0-4.0	0.04
C1110HF Resin		1.140	5.0-7.0	12.00 AK	220-230	3.0-4.0	0.04
C1150E Resin		1.130	5.0-7.0	8.50 AJ	221-230	3.0-4.0	0.04
C1200 Resin		1.150	5.0-7.0	11.40 AJ	219-230	3.0-4.0	0.04
C1200HF Resin		1.150	5.0-7.0	19.00 AJ	219-230	3.0-4.0	0.04
C1200HFM Resin		1.180	4.0-6.0	22.00 AJ	219-230	3.0-4.0	0.04
C2800 Resin		1.170	4.0-6.0	16.00 AJ	171-180	3.0-4.0	0.04
C2950 Resin		1.180	4.0-6.0	10.00 AJ	180-190	3.0-4.0	0.04
C2951 Resin		1.190	4.0-6.0	10.00 AJ	180-190	3.0-4.0	0.04
C3650 Resin		1.200	4.0-6.0	8.50 AZ	180-190	3.0-4.0	0.04
C6200 Resin		1.180	4.0-6.0	14.50 AJ	180-190	3.0-4.0	0.04
C6600 Resin		1.190	4.0-6.0	21.50 AJ	180-190	3.0-4.0	0.04
C6800 Resin		1.190	4.0-6.0	11.00 AJ	170-180	2.0-4.0	0.04
CH6410 Resin		1.190	0.5-0.7	6.30 AJ	196-210	2.0-4.0	0.04
CM6140 Resin		1.260	3.0-5.0	17.50 AJ	194	> 4.0	0.04
CP8930 Resin		1.130	5.0-8.0	16.00 AJ	203-221	3.0-4.0	0.04
CU1650 Resin		1.140	5.0-7.0	28.00 AJ	203-221	2.0-4.0	0.02
CU6800 Resin		1.200	5.0-7.0	23.00 AJ	170-180	2.0-4.0	0.04
CX1440 Resin		1.150	4.0-6.0	22.00 AJ	203-221	2.0-4.0	0.02
CX7010 Resin		1.180	5.0-7.0	22.00 AJ	171-180	3.0-4.0	0.04
CX7211 Resin		1.180	4.0-6.0	15.50 AJ	180-190	3.0-4.0	0.04
CX7240 Resin		1.190	4.0-6.0	21.00 AJ	194	4.0	0.04
CY4210 Resin		1.190	4.0-6.0	21.00 AJ	180-190	3.0-4.0	0.04
CY6000 Resin		1.190	4.0-6.0	20.00 AJ	180-190	3.0-4.0	0.04
CY9640 Resin		1.140	5.0-7.0	22.00 AZ	203-221	2.0-4.0	0.02
CY9650 Resin		1.140	5.0-7.0	26.00 AZ	203-221	2.0-4.0	0.02
EHA Resin		1.090	6.0-8.0		225-235	3.0-4.0	0.04
FXC630ME Resin		1.190	3.0-5.0	14.00 AJ	180-190	3.0-4.0	0.04
FXC630SK Resin		1.190	3.0-5.0	13.50 AJ	180-190	3.0-4.0	0.04
IP1000 Resin		1.130	5.0-7.0	13.50 AZ	220-230	3.0-4.0	0.04
LG8002 Resin		1.130	5.0-7.0	6.50 AZ	220-230	3.0-4.0	0.04
LG9000 Resin		1.130	5.0-7.0	17.00 AZ	220-230	3.0-4.0	0.04
MC1300 Resin		1.100	5.0-8.0	14.00 AZ	210-220	3.0-4.0	0.04
MC8002 Resin		1.140	5.0-7.0	9.00 AZ	220-230	3.0-4.0	0.04
MC9000 Resin		1.140	5.0-7.0	22.00 AZ	220-230	3.0-4.0	0.04
XCM850 Resin	UNS	1.300	4.0-6.0	7.00 AZ	212-230	3.0-4.0	0.04
XCY620 Resin		1.140	5.0-7.0	22.00 AZ	203-221	2.0-4.0	0.02
XCY620L Resin		1.140	5.0-7.0	22.00 AZ	203-221	2.0-4.0	0.02
XCY630 Resin		1.140	5.0-7.0	26.00 AZ	203-221	2.0-4.0	0.02
XCY630L Resin		1.140	5.0-7.0	26.00 AZ	203-221	2.0-4.0	0.02

ABS+PC Cycoloy GE Adv Matl Euro

Grade	Filler	Sp Grav	Shrink, mils/in	Melt flow, g/10 min	Drying temp, °F	Drying time, hr	Max. % moisture
C1000 Resin		1.123	5.0-7.0		194-212	2.0-4.0	0.02
C1000A Resin		1.063	6.0-8.0		194-212	2.0-4.0	0.02

POCKET SPECS FOR INJECTION MOLDING

Max. % regrind	Inj. pres., ksi	Rear temp, °F	Mid temp, °F	Front temp, °F	Nozzle temp, °F	Proc temp, °F	Mold temp, °F
		480-540	490-550	490-550	500-550	500-550	170-210
		480-550	490-560	500-575	525-575	525-575	140-190
		480-550	490-560	500-575	525-575	525-575	140-190
		480-550	490-560	500-575	525-575	525-575	140-190
		500-518	509-554	518-572	500-554	518-572	140-212
		446-500	482-554	482-554	464-536	500-554	140-194
		446-500	482-554	482-554	464-536	500-554	140-194
		446-500	482-554	482-554	464-536	500-554	140-194
		446-500	482-554	482-554	464-536	500-554	140-194
		480-540	489-550	489-550	500-550	500-550	171-210
		480-550	490-560	500-575	525-575	525-575	140-190
		480-550	490-560	500-575	525-575	525-575	140-190
						482-536	
		480-550	489-559	500-576	525-576	525-576	140-190
		480-550	489-559	500-576	525-576	525-576	140-190
		480-550	489-559	500-576	525-576	525-576	140-190
		410-489	421-500	441-525	450-525	450-525	120-160
		430-489	430-531	469-531	469-531	469-531	140-180
		430-490	430-510	470-530	470-530	470-530	140-180
		430-490	430-510	470-530	470-530	470-530	140-180
		430-489	430-531	469-531	469-531	469-531	140-180
		430-489	430-531	469-531	469-531	469-531	140-180
		430-480	440-500	450-510	450-510	450-510	140-180
		500-570	500-570	511-570	511-570	520-570	140-190
		527-572	527-572	536-572	536-572	527-572	140-176
		480-540	490-550	490-550	500-550	500-550	170-210
		446-500	482-554	482-554	464-536	500-554	140-194
		430-480	440-500	450-510	450-510	450-510	140-180
		446-500	482-554	482-554	464-536	500-554	140-194
		430-480	441-500	450-511	450-511	450-511	140-180
		430-490	430-510	470-530	470-530	470-530	140-180
		500-572	500-572	509-572	509-572	518-572	140-194
		430-490	430-510	470-530	470-530	470-530	140-180
		430-490	430-510	470-530	470-530	470-530	140-180
		446-500	482-554	482-554	464-536	500-554	140-194
		446-500	482-554	482-554	464-536	500-554	140-194
		425-450	475-500	490-525	475-500	500-525	160-200
		430-490	430-510	470-530	470-530	470-530	140-180
		430-490	430-510	470-530	470-530	470-530	140-180
		480-550	490-560	500-575	525-575	525-575	140-190
		480-550	490-560	500-575	525-575	525-575	140-190
		480-550	490-560	500-575	525-575	525-575	140-190
		480-540	490-550	490-550	500-550	500-550	170-210
		480-550	490-560	500-575	525-575	525-575	140-190
		480-550	490-560	500-575	525-575	525-575	140-190
		500-518	509-554	518-572	500-554	518-572	140-212
		446-500	482-554	482-554	464-536	500-554	140-194
		446-500	482-554	482-554	464-536	500-554	140-194
		446-500	482-554	482-554	464-536	500-554	140-194
		446-500	482-554	482-554	464-536	500-554	140-194
		410-464	446-518	446-518	428-500	464-518	140-194
		410-464	446-518	446-518	428-500	464-518	140-194

FREE DATA SHEETS: WWW.IDES.COM/PSIM

Grade	Filler	Sp Grav	Shrink, mils/in	Melt flow, g/10 min	Drying temp, °F	Drying time, hr	Max. % moisture
C1000HF Resin		1.123	4.0-6.0		194-212	2.0-4.0	0.02
C1100 Resin		1.123	5.0-7.0		203-221	2.0-4.0	0.02
C1100HF Resin		1.123	5.0-7.0		203-221	2.0-4.0	0.02
C1104HF Resin		1.123	5.0-7.0		203-221	2.0-4.0	0.02
C1200 Resin		1.153	5.0-7.0		212-230	2.0-4.0	0.02
C1200HF Resin		1.153	5.0-7.0		212-230	2.0-4.0	0.02
C1200HFM Resin		1.183	5.0-7.0		212-230	2.0-4.0	0.02
C1204HF Resin		1.153	5.0-7.0		212-230	2.0-4.0	0.02
C2100 Resin		1.203	5.0-7.0		194-212	2.0-4.0	0.02
C2100HF Resin		1.203	5.0-7.0		194-212	2.0-4.0	0.02
C2800 Resin		1.173	4.0-6.0		167-212	2.0-4.0	0.02
C2950 Resin		1.173	4.0-6.0		194-212	2.0-4.0	0.02
C4210HF Resin	GFI 10	1.223	3.0-5.0		212-230	2.0-4.0	
C4220 Resin	GFI 20	1.303	2.0-4.0		212-230	2.0-4.0	
C6200 Resin		1.203	4.0-6.0		176-194	2.0-4.0	0.02
C6600 Resin		1.193	4.0-6.0		176-194	2.0-4.0	
C6850REC Resin		1.193			170-180	2.0-4.0	0.04
C8080REC Resin		1.173			220-230	3.0-4.0	0.04
C8950REC Resin		1.143			220-230	2.0-4.0	0.04
CH6410 Resin		1.203	5.0-7.0		194-212	2.0-4.0	0.02
CM6140 Resin		1.260	3.0-5.0	17.50 AJ	194	> 4.0	0.04
CP8930 Resin		1.130	5.0-8.0	16.00 AZ	210-220	3.0-4.0	0.02
CU1650 Resin		1.140	5.0-7.0	28.00 AZ	203-221	2.0-4.0	0.02
CU6800 Resin		1.203	4.0-6.0		167-176	2.0-4.0	0.02
CX1440 Resin		1.150	4.0-6.0	22.00 AZ	203-221	2.0-4.0	0.02
CX7010 Resin		1.180	5.0-7.0	22.00 AJ	171-180	2.0-4.0	0.04
CX7211 Resin		1.180	4.0-6.0	15.50 AJ	180-190	3.0-4.0	0.04
CX7240 Resin		1.190	4.0-6.0	21.00 AJ	194	4.0	0.04
CY6000 Resin		1.190	4.0-6.0	20.00 AJ	180-190	3.0-4.0	0.04
CY6120 Resin					176-194	2.0-4.0	
CY8540 Resin		1.153	5.0-7.0		203-221	2.0-4.0	
CY9640 Resin		1.140	5.0-7.0	22.00 AZ	203-221	2.0-4.0	0.02
CY9650 Resin		1.140	5.0-7.0	26.00 AZ	203-221	2.0-4.0	0.02
FXC630FE Resin		1.203	4.0-6.0		176-194	2.0-4.0	0.02
FXC630MA Resin		1.203	4.0-6.0		176-194	2.0-4.0	0.02
FXC630ME Resin		1.203	4.0-6.0		176-194	2.0-4.0	0.02
FXC630SK Resin		1.203	4.0-6.0		176-194	2.0-4.0	0.02
FXC630SP Resin		1.203	4.0-6.0		176-194	2.0-4.0	0.02
FXC630ST Resin		1.203	4.0-6.0		176-194	2.0-4.0	0.02
FXC630TE Resin		1.203			176-194	2.0-4.0	0.02
FXC810AR Resin		1.183	5.0-7.0		212-230	2.0-4.0	0.02
FXC810FE Resin		1.183	5.0-7.0		212-230	2.0-4.0	0.02
FXC810MA Resin		1.183	5.0-7.0		212-230	2.0-4.0	0.02
FXC810MU Resin		1.183	5.0-7.0		212-230	2.0-4.0	0.02
FXC810SK Resin		1.183	5.0-7.0		212-230	2.0-4.0	0.02
FXC810SL Resin		1.183	5.0-7.0		212-230	2.0-4.0	0.02
FXC810SP Resin		1.153	5.0-7.0		212-230	2.0-4.0	0.02
FXC810ST Resin		1.153	5.0-7.0		212-230	2.0-4.0	0.02
FXC810TE Resin		1.153	5.0-7.0		212-230	2.0-4.0	0.02
FXC813SK Resin		1.183	5.0-7.0		212-230	2.0-4.0	0.02
IP1000 Resin		1.133			212-230	2.0-4.0	0.02
LG9000 Resin		1.133	4.0-6.0		203-221	2.0-4.0	0.02
MC1300 Resin		1.100	5.0-8.0	14.00 AZ	210-220	3.0-4.0	0.04
MC5220 Resin	GFI 20	1.333	2.0-4.0		212-230	2.0-4.0	
MC8002 Resin		1.143	4.0-6.0		212-230	2.0-4.0	0.02
XCM850 Resin	UNS	1.300	4.0-6.0	7.00 AZ	212-230	3.0-4.0	0.04

Max. % regrind	Inj. pres., ksi	Rear temp, °F	Mid temp, °F	Front temp, °F	Nozzle temp, °F	Proc temp, °F	Mold temp, °F
		410-464	446-518	446-518	428-500	464-518	140-194
		428-482	464-536	464-536	446-518	482-536	140-194
		428-482	464-536	464-536	446-518	482-536	140-194
		428-482	464-536	464-536	446-518	482-536	140-194
		446-500	482-554	482-554	464-536	500-554	140-194
		446-500	482-554	482-554	464-536	500-554	140-194
		446-500	482-554	482-554	464-536	500-554	140-194
		446-500	482-554	482-554	464-536	500-554	140-194
		410-464	446-518	464-536	446-518	482-536	140-194
		410-464	446-518	464-536	446-518	482-536	140-194
		392-446	428-500	446-518	428-500	446-518	122-158
		410-464	446-518	464-536	446-518	482-536	140-194
						464-536	122-176
						464-536	122-176
		392-446	428-500	446-518	428-500	446-518	122-158
		446-482	464-500	482-518	482-518	482-518	158-185
		430-480	440-500	450-510	450-510	450-510	140-180
		480-550	490-560	500-575	525-575	525-575	140-190
		480-550	490-560	500-575	525-575	525-575	140-190
		446-500	482-554	500-572	482-554	518-572	140-194
		527-572	527-572	536-572	536-572	527-572	140-176
		480-540	490-550	490-550	500-550	500-550	170-210
		446-500	482-554	482-554	464-536	500-554	140-194
		392-446	428-500	446-518	428-500	446-518	122-158
		446-500	482-554	482-554	464-536	500-554	140-194
		430-480	441-500	450-511	450-511	450-511	140-180
		430-490	430-510	470-530	470-530	470-530	140-180
		500-572	500-572	509-572	509-572	518-572	140-194
		430-490	430-510	470-530	470-530	470-530	140-180
		446-482	464-500	482-518	482-518	482-518	158-185
		428-482	464-536	464-536	446-518	482-536	140-194
		446-500	482-554	482-554	464-536	500-554	140-194
		446-500	482-554	482-554	464-536	500-554	140-194
		392-446	428-500	446-518	428-500	446-518	122-158
		392-446	428-500	446-518	428-500	446-518	122-158
		392-446	428-500	446-518	428-500	446-518	122-158
		392-446	428-500	446-518	428-500	446-518	122-158
		392-446	428-500	446-518	428-500	446-518	122-158
		392-446	428-500	446-518	428-500	446-518	122-158
		392-446	428-500	446-518	428-500	446-518	122-158
		446-500	482-554	482-554	464-536	500-554	140-194
		446-500	482-554	482-554	464-536	500-554	140-194
		446-500	482-554	482-554	464-536	500-554	140-194
		446-500	482-554	482-554	464-536	500-554	140-194
		446-500	482-554	482-554	464-536	500-554	140-194
		446-500	482-554	482-554	464-536	500-554	140-194
		446-500	482-554	482-554	464-536	500-554	140-194
		446-500	482-554	482-554	464-536	500-554	140-194
		446-500	482-554	482-554	464-536	500-554	140-194
		482-554	491-563	500-572	527-572	527-572	167-212
		428-482	464-536	464-536	446-518	482-536	140-194
		480-540	490-550	490-550	500-550	500-550	170-210
						464-536	122-176
		428-482	464-536	464-536	446-518	482-536	140-194
		500-518	509-554	518-572	500-554	518-572	140-212

FREE DATA SHEETS: WWW.IDES.COM/PSIM

Grade	Filler	Sp Grav	Shrink, mils/in	Melt flow, g/10 min	Drying temp, °F	Drying time, hr	Max. % moisture
XCY620 Resin		1.140	5.0-7.0	22.00 AZ	203-221	2.0-4.0	0.02
XCY620L Resin		1.140	5.0-7.0	22.00 AZ	203-221	2.0-4.0	0.02
XCY630 Resin		1.140	5.0-7.0	26.00 AZ	203-221	2.0-4.0	0.02
XCY630L Resin		1.140	5.0-7.0	26.00 AZ	203-221	2.0-4.0	0.02

ABS+PC   Cycoloy   LNP

Grade	Filler	Sp Grav	Shrink, mils/in	Melt flow, g/10 min	Drying temp, °F	Drying time, hr	Max. % moisture
C2801		1.220			170-180	3.0-4.0	0.04
C6303		1.250	4.0-6.0	10.00 AJ	180-190	3.0-4.0	0.04
C7210A	TAL	1.220	3.0-5.0	16.40 AJ	180-190	3.0-4.0	0.04
CWR700M		1.180		12.00 AJ	180-190	3.0-4.0	0.04
DC6305		1.190			170-180	2.0-4.0	0.04
DC8516					170-180	3.0-4.0	0.04
EXCP0155		1.140	5.0-7.0		210-220	3.0-4.0	0.04
EXCP0207	CF 10	1.250			180-190	3.0-4.0	0.04
EXCP0208	CF 15	1.270			180-190	3.0-4.0	0.04
JK800	CF 8	1.250	1.0-2.0	17.00 AJ	180-190	3.0-4.0	0.04

ABS+PC   Deniblend   Vamp Tech

Grade	Filler	Sp Grav	Shrink, mils/in	Melt flow, g/10 min	Drying temp, °F	Drying time, hr	Max. % moisture
A		1.113	4.0-6.0		194	3.0	
B 0819		1.143			212	3.0	
B 2010	GFI	1.233			212	3.0	
F		1.123	4.0-6.0		194	3.0	
G		1.153	4.0-6.0		212	3.0	

ABS+PC   Diamond ABS/PC   Diamond

Grade	Filler	Sp Grav	Shrink, mils/in	Melt flow, g/10 min	Drying temp, °F	Drying time, hr	Max. % moisture
7901		1.080	3.0-5.0	1.20 G	195-210	2.0-4.0	0.10
8901		1.100	3.0-5.0	1.00 G	195-210	2.0-4.0	0.10
9901		1.120	3.0-5.0	0.80 G	195-210	2.0-4.0	0.10
FC-30		1.190	4.0-6.0	1.50 G	176-194	2.0-4.0	0.10

ABS+PC   Emerge   Dow

Grade	Filler	Sp Grav	Shrink, mils/in	Melt flow, g/10 min	Drying temp, °F	Drying time, hr	Max. % moisture
PC/ABS 7100		1.110	5.0-7.0	25.00 AZ	194-212	3.0-4.0	
PC/ABS 7350		1.183		25.00 AZ	176	3.0-4.0	
PC/ABS 7500		1.190	4.0-6.0	55.00 AZ	180-190	3.0-4.0	
PC/ABS 7550		1.183	7.0	46.00 AZ	176-194	3.0-4.0	
PC/ABS 7560		1.170	> 4.0	100.00 AZ	175-195	4.0	
PC/ABS 7570		1.183	4.0-6.0	95.00 AZ	176-194	3.0-4.0	
PC/ABS 7600		1.180	4.0-6.0	19.00 I	175		

ABS+PC   EnCom   EnCom

Grade	Filler	Sp Grav	Shrink, mils/in	Melt flow, g/10 min	Drying temp, °F	Drying time, hr	Max. % moisture
F0 PC-ABS 1010		1.180	4.0-6.0	10.00 AJ	180-220	2.0-4.0	0.02
F0 PC-ABS 2007		1.210		20.00 AZ	180-220	2.0-4.0	0.02
F0 PC-ABS 9002		1.200	4.0-7.0	17.00 AJ	180-220	3.0-4.0	0.02
PC-ABS 0710		1.130	7.0	7.00 S	180-220	2.0-4.0	0.02
PC-ABS 0711		1.130	7.0	7.00 S	180-220	2.0-4.0	0.02
PC-ABS 1310		1.130	7.0	13.00 S	180-220	2.0-4.0	0.02
PC-ABS 7000		1.130	7.0	7.00 AZ	180-220	2.0-4.0	0.02
PC-ABS 7025		1.130		9.00 S	180-220	2.0-4.0	0.02
PC-ABS QX 7002		1.150	4.0-6.0	9.00 S	180-220	2.0-4.0	0.02
WR PC-ABS 1245		1.180		12.00 AZ	180-220	2.0-4.0	0.02

ABS+PC   Establend   Cossa Polimeri

Grade	Filler	Sp Grav	Shrink, mils/in	Melt flow, g/10 min	Drying temp, °F	Drying time, hr	Max. % moisture
4501 V0/D		1.273	5.0-7.0	20.00 AZ	176	2.0	
6500 GF		1.143	5.0-7.0	32.00 AZ	194	2.0	

Max. % regrind	Inj. pres., ksi	Rear temp, °F	Mid temp, °F	Front temp, °F	Nozzle temp, °F	Proc temp, °F	Mold temp, °F
		446-500	482-554	482-554	464-536	500-554	140-194
		446-500	482-554	482-554	464-536	500-554	140-194
		446-500	482-554	482-554	464-536	500-554	140-194
		446-500	482-554	482-554	464-536	500-554	140-194
		410-490	420-500	440-525	450-525	450-525	120-160
		430-490	430-510	470-530	470-530	470-530	140-180
		430-490	430-510	470-530	470-530	470-530	140-180
		430-490	430-510	470-530	470-530	470-530	140-180
		430-480	440-500	450-510	450-510	450-510	140-180
		410-490	420-500	440-525	450-525	450-525	120-160
		480-540	490-550	490-550	500-550	500-550	170-210
		430-490	430-510	470-530	470-530	470-530	140-180
		430-490	430-510	470-530	470-530	470-530	140-180
		410-490	420-500	440-525	450-525	450-525	120-160
		464-500					122-158
		464-500					122-158
		464-500					122-176
		464-500					122-158
		464-500					122-158
30		445-500	455-510	460-520	460-520	460-520	100-180
30		445-500	455-510	460-520	460-520	460-520	100-180
30		445-500	455-510	460-520	460-520	460-520	100-180
	7.0-11.0	392-482	392-482	392-482			104-176
						460-510	120-195
		446-482	464-500	482-518	464-518		140-176
						460-510	140-195
						446-518	140-194
						465-535	105-175
						464-536	104-176
						420-465	140-160
		450-500	455-505	465-525	475-525	475-525	175-200
		450-500	455-505	465-525	475-525	475-525	175-200
		450-500	475-525	475-550	475-550	475-550	135-185
		450-500	455-505	465-525	475-525	475-525	175-200
		450-500	455-505	465-525	475-525	475-525	175-200
		450-500	455-505	465-525	475-525	475-525	175-200
		450-500	455-505	465-525	475-525	475-525	175-200
		450-500	455-505	465-525	475-525	475-525	175-200
		450-500	455-505	465-525	475-525	475-525	175-200
		450-500	455-505	465-525	475-525	475-525	175-200
						482-518	122-176
						428-482	122-176

Grade	Filler	Sp Grav	Shrink, mils/in	Melt flow, g/10 min	Drying temp, °F	Drying time, hr	Max. % moisture
ABS+PC		**Excelloy**			**Techno Polymer**		
CK10		1.100	4.0-6.0	15.00 BL	212-230	2.0-5.0	
CK10G10	GFI 10	1.150	2.0-4.0	10.00 BL	212-230	2.0-5.0	
CK10G20	GFI 20	1.230	1.0-3.0	7.00 BL	212-230	2.0-5.0	
CK10G30	GFI 30	1.320	1.0-2.0	6.00 BL	212-230	2.0-5.0	
CK20		1.100	4.0-6.0	31.00 BL	212-230	2.0-5.0	
CK50		1.140	4.0-7.0	9.50 BL	212-230	2.0-5.0	
CK55		1.150	4.0-7.0	15.00 BL	212-230	2.0-5.0	
CK5515	CF	1.320	1.0-3.0	30.00 BL	194-212	2.0-5.0	
CKF10		1.150	4.0-7.0	59.00 BL	194-212	2.0-5.0	
CKF50		1.230	4.0-7.0	29.00 BL	194-212	2.0-5.0	
CKF50G10	GFI 10	1.260	2.0-4.0	35.00 BL	212-230	2.0-5.0	
CKF50G20	GFI 20	1.330	1.0-3.0	27.00 BL	212-230	2.0-5.0	
CZ400		1.190	4.0-7.0	40.00 BL	176-194	2.0-5.0	
CZ500		1.190	4.0-7.0	47.00 BL	176-194	2.0-5.0	
CZF61	CF	1.230	1.0-3.0	33.00 BL	176-194	2.0-5.0	
ABS+PC		**Faradex**			**LNP**		
PCA-S-1003		1.213					
PCA-S-1003	STS	1.213			250	4.0	0.02
FR GY0-048-5	STS	1.353			250	4.0	0.02
ABS+PC		**Formpoly**			**Formulated Poly**		
AP4060		1.150	5.0-7.0		140-248	2.0-4.0	
AP7030		1.150	5.0-7.0		140-248	2.0-4.0	
AP8020		1.150	5.0-7.0		140-248	2.0-4.0	
ABS+PC		**Hybrid**			**Entec**		
S451H		1.210	5.0-7.0	18.00 AJ	220-230	2.0-4.0	0.04
S459		1.110	5.0-7.0	5.70 AJ	220-230	2.0-4.0	0.04
S459HTP		1.110	5.0-7.0	21.00 AZ	220-230	2.0-4.0	0.04
S464		1.120	5.0-7.0	6.20 AJ	220-230	2.0-4.0	0.04
S464LG		1.130	5.0-7.0	15.00 AZ	220-230	2.0-4.0	0.04
S464LGUV		1.130	5.0-7.0	15.00 AZ	220-230	2.0-4.0	0.04
S466		1.140	5.0-7.0	6.00 AJ	220-230	2.0-4.0	0.04
S470H		1.210	5.0-7.0	8.50 AJ	220-230	2.0-4.0	0.04
S551		1.183	5.0-7.0	20.00 AJ	170-190	2.0-4.0	0.04
S570		1.193	5.0-7.0	11.00 AJ	170-190	2.0-4.0	0.04
ABS+PC		**Iupilon**			**Mitsubishi EP**		
GP-1		1.140	3.0-7.0		230-248	5.0	
GP-1L		1.100	3.0-7.0		230-248	5.0	
GP-2		1.140	3.0-7.0		230-248	5.0	
GP-2L		1.210	3.0-7.0		230-248	5.0	
GP-3L		1.250	3.0-7.0		230-248	5.0	
ABS+PC		**Kingfa**			**Kingfa**		
JH950-402		1.123	4.0-6.0		194-212	3.0-6.0	
JH950-502		1.143	4.0-6.0		212-230	4.0-6.0	
JH950-602		1.173	4.0-6.0		212-230	4.0-6.0	
JH960 6100		1.183	5.0-7.0	32.00 AN	158-176	2.0-4.0	
JH960 6111		1.193	5.0-7.0	12.00 AJ	176-194	2.0-4.0	
JH960 6300		1.193	5.0-7.0	19.00 AJ	176-185	2.0-4.0	
JH960 6610		1.203	4.0-6.0	19.00 AZ	176-194	2.0-4.0	
JH960 HT10		1.203	5.0-7.0	21.00 AJ	176-194	2.0-4.0	

Max. % regrind	Inj. pres., ksi	Rear temp, °F	Mid temp, °F	Front temp, °F	Nozzle temp, °F	Proc temp, °F	Mold temp, °F
		428-518	428-518	428-518			122-212
		464-536	464-536	464-536			122-212
		464-536	464-536	464-536			122-212
		464-536	464-536	464-536			122-212
		428-518	428-518	428-518			122-212
		428-518	428-518	428-518			122-212
		428-518	428-518	428-518			122-212
		374-500	374-500	374-500			104-176
		374-500	374-500	374-500			104-176
		374-500	374-500	374-500			104-176
		374-500	374-500	374-500			104-176
		374-500	374-500	374-500			104-176
		374-500	374-500	374-500			104-176
		374-500	374-500	374-500			104-176
		374-500	374-500	374-500			104-176
						555-590	195-250
						555-590	195-250
		464	518	527	527	500-554	140-194
		464	518	527	527	500-554	140-194
		428	464	500	491	464-518	140-194
0.8-1.7		480-500	490-510	500-520	500-530		160-200
0.8-1.8		450-470	460-500	470-520	470-520		150-180
0.8-1.8		450-470	460-500	470-520	470-520		150-180
0.8-1.8		450-470	460-500	470-520	470-520		150-180
0.8-1.8		450-470	460-500	470-520	470-520		150-180
0.8-1.8		450-470	460-500	470-520	470-520		150-180
0.8-1.8		450-470	460-500	470-520	470-520		150-180
0.8-1.7		480-500	490-510	500-520	500-530		160-200
0.8-1.5		470-500	490-520	500-530	500-530		160-200
0.8-1.5		470-500	490-520	500-530	500-530		160-200
						446-500	122-176
						446-500	122-176
						446-500	122-176
						446-500	122-176
						446-500	122-176
		410-446	428-446	428-464		428-464	140-212
		410-464	428-464	428-482		428-491	140-176
		410-464	428-464	428-482		428-482	104-176
		410-446	428-464	437-482		428-464	104-140
		428-482	446-491	455-509		446-482	104-176
		428-482	446-491	455-509		446-482	104-176
		446-491	446-500	455-518		446-500	104-176
		446-491	446-500	455-518		446-500	104-176

FREE DATA SHEETS: WWW.IDES.COM/PSIM

Grade	Filler	Sp Grav	Shrink, mils/in	Melt flow, g/10 min	Drying temp, °F	Drying time, hr	Max. % moisture
JH-R0G30	GFI 30	1.424	2.0-4.0		212-230	4.0-6.0	
JH-R2G10 P60	GFI 10	1.223	3.0-5.0		212-230	4.0-6.0	
MAC-301		1.073	5.0-7.0		194-212	4.0-6.0	
MAC-451		1.103	4.0-6.0		194-212	4.0-6.0	
MAC-451 UV		1.113	5.0-7.0	10.00 AZ	194-221	4.0-6.0	
MAC-451PG		1.103	5.0-7.0	19.00 AZ	194-221	4.0-6.0	
MAC-501		1.133	5.0-6.0		194-221	4.0-6.0	
MAC-501DY		1.133	4.0-6.0		194-221	4.0-6.0	
MAC-551		1.133	5.0-7.0	15.00 AZ	212-230	4.0-6.0	
MAC-601		1.143	5.0-7.0	15.00 AZ	212-230	4.0-6.0	
MAC-601 AC		1.133	3.0-7.0		212-230	4.0-6.0	
MAC-601 DY		1.143	5.0-7.0		212-230	4.0-6.0	
MAC-601 UV		1.133	5.0-7.0		212-230	4.0-6.0	
MAC-701		1.153	4.0-6.0		212-230	4.0-6.0	
MAC-751		1.153	5.0-7.0	15.00 AZ	212-230	4.0-6.0	
MAC-751 HF		1.153	5.0-7.0	15.00 AZ	212-230	4.0-6.0	
MAC-851		1.163	5.0-7.0	15.00 AZ	212-230	4.0-6.0	

ABS+PC   Koblend   Polimeri Europa

Grade	Filler	Sp Grav	Shrink, mils/in	Melt flow, g/10 min	Drying temp, °F	Drying time, hr	Max. % moisture
PCA 52		1.180		11.00			
PCA 538		1.110	5.0-7.5	9.00 AD			

ABS+PC   Lastilac   Lati

Grade	Filler	Sp Grav	Shrink, mils/in	Melt flow, g/10 min	Drying temp, °F	Drying time, hr	Max. % moisture
10		1.123	5.0		176-212	3.0	
11		1.133	5.0		176-212	3.0	
11 G/20-V0	GFI 20	1.414	4.0		176-212	3.0	
9		1.103	5.0		176-212	3.0	

ABS+PC   Lexan   GE Adv Matl AP

Grade	Filler	Sp Grav	Shrink, mils/in	Melt flow, g/10 min	Drying temp, °F	Drying time, hr	Max. % moisture
JK500 Resin	GFI 10	1.270	1.0-2.5	20.00 AJ	180-190	3.0-4.0	

ABS+PC   Lexan   LNP

Grade	Filler	Sp Grav	Shrink, mils/in	Melt flow, g/10 min	Drying temp, °F	Drying time, hr	Max. % moisture
EXCP0086		1.240			170-180	2.0-4.0	0.04
EXCP0124		1.260		16.20 AJ	195-215	2.0-4.0	0.04
JK2000	GFI 22	1.390	5.0-15.0	22.00 AJ	180-190	3.0-4.0	
JK2500	CF 20	1.310	0.6-1.5	25.00 O	180-190	3.0-4.0	
JK500	GFI 10	1.270	1.0-2.5	20.00 AJ	180-190	3.0-4.0	
SML5870		1.280			170-180	2.0-4.0	0.04
SML6314		1.220			170-180	3.0-4.0	0.04

ABS+PC   Lupoy   LG Chem

Grade	Filler	Sp Grav	Shrink, mils/in	Melt flow, g/10 min	Drying temp, °F	Drying time, hr	Max. % moisture
GN-5001SF		1.180	4.0-6.0		140-175	4.0-6.0	0.05
GN-5001TF		1.180	4.0-6.0		140-175	4.0-6.0	0.05
GN-5000FQ		1.170	4.0-6.0		140-175	4.0-6.0	0.05
GP-5001AF		1.220	5.0-7.0		212-230	3.0-5.0	
GP-5001BF		1.220	5.0-8.0		212-230	3.0-5.0	
GP-5006AF		1.170	5.0-8.0		160-190	3.0-5.0	0.05
GP-5006B		1.140	5.0-8.0		160-210	3.0-5.0	0.05
GP-5006BF		1.220	0.1		212-230	3.0-5.0	0.05
GP-5008AF		1.190	5.0-7.0		212-230	3.0-5.0	
GP-5008BF		1.200	5.0-8.0		158-194	3.0-5.0	
GP-5106F	GFI	1.250	3.0-5.0		160-210	3.0-5.0	0.05
GP-5150	UNS 15	1.250	2.5-3.5		212-230	3.0-5.0	
GP-5200	GFI	1.300	2.0-4.0		160-210	3.0-5.0	0.05
GP-5206F	GFI	1.350	2.0-4.0		160-210	3.0-5.0	0.05
GP-5300	GFI	1.360	1.0-3.0		160-210	3.0-5.0	0.05

Max. % regrind	Inj. pres., ksi	Rear temp, °F	Mid temp, °F	Front temp, °F	Nozzle temp, °F	Proc temp, °F	Mold temp, °F
			428-464	437-464	464-482		446-482	176-230
			464-500	473-518	482-536		464-518	176-266
			410-446	428-464	437-473		428-464	104-176
			410-446	428-464	437-473		428-464	104-176
			428-464	428-482	446-500		428-464	140-194
			428-464	428-482	446-500		428-464	140-194
			428-455	428-464	446-482		428-464	104-176
			428-455	428-464	446-482		428-464	104-176
			446-464	446-482	464-500		428-482	140-176
			446-464	446-482	464-500		428-482	140-176
			446-482	464-500	482-536		464-518	140-194
			428-455	428-464	446-482		428-482	140-176
			446-482	464-500	482-536		464-536	140-194
			428-464	428-482	446-500		428-482	104-176
			428-473	428-482	446-500		428-482	104-176
			428-473	428-482	446-500		428-482	104-176
			428-473	428-482	446-500		428-500	104-176
							464	176
20							464-509	176-203
15							446-482	122-158
15							464-500	122-158
15							446-482	122-158
15							437-473	122-155
		500-530	520-550	520-570	520-570	520-590	120-200
		410-460	430-480	440-500	440-500	440-500	140-180
		390-410	410-430	430-445	430-445	435-465	155-195
		500-530	520-550	520-570	520-570	520-590	120-200
		500-530	520-550	520-570	520-570	520-590	120-200
		500-530	520-550	520-570	520-570	520-590	120-200
		410-460	430-480	440-500	440-500	440-500	140-180
		410-490	420-500	440-525	450-525	450-525	120-160
		390-445	410-465	430-480	430-480		125-175
		390-445	410-465	430-480	430-480		125-175
		390-445	410-465	430-480	430-480	446-500	125-175
	8.5-17.1	428-455	446-464	455-473	455-482	464-518	140-212
	8.5-17.1	428-455	446-464	455-473	455-482	464-518	140-212
	8.5-17.1	430-480	446-500	465-520	465-520	464-518	140-195
		445-500	465-520	480-535	480-535		140-195
	8.5-17.1	428-455	446-464	455-473	455-482	464-518	140-212
	8.5-17.1	428-455	446-464	455-473	455-482	464-518	140-212
	8.5-17.1	428-482	446-500	464-518	464-518	464-518	140-194
		445-520	465-535	480-555	480-555		160-230
	8.5-17.1	428-455	446-464	455-473	455-482	464-518	140-212
		445-520	465-535	480-555	480-555		160-230
		445-520	465-535	480-555	480-555		160-230
	8.5-17.1	445-520	465-535	480-555	480-555	464-518	160-230

FREE DATA SHEETS: WWW.IDES.COM/PSIM

Grade	Filler	Sp Grav	Shrink, mils/in	Melt flow, g/10 min	Drying temp, °F	Drying time, hr	Max. % moisture
GP-5300F	UNS 30	1.440	2.0-3.5		212-230	3.0-5.0	
GP-5306F	GFI	1.430	1.0-3.0		160-210	3.0-5.0	0.05
HF-5000		1.140	5.0-8.0		160-210	3.0-5.0	0.05
HI-5002A		1.110	5.0-8.0		158-194	3.0-5.0	
HI-5006A		1.120	5.0-8.0		212-230	3.0-5.0	
HR-5006A		1.130	5.0-8.0		158-212	3.0-5.0	0.05
HR-5007A		1.130	5.0-7.0		160-210	3.0-5.0	0.05
HR-5007AC		1.140	5.0-8.0		160-210	3.0-5.0	0.05
HR-5007AX		1.140	5.0-8.0		160-210	3.0-5.0	0.05
HR-5009A		1.100	5.0-7.0		212-230	3.0-5.0	
LT-1A		1.120	5.0-7.0		212-230	3.0-5.0	
MP-5000A		1.120	5.0-7.0		212-230	3.0-5.0	
MP-5001AF		1.220	5.0-7.0		212-230	3.0-5.0	

ABS+PC — Lustran Ultra — Lanxess Euro

Grade	Filler	Sp Grav	Shrink, mils/in	Melt flow, g/10 min	Drying temp, °F	Drying time, hr	Max. % moisture
DP 4105		1.073	6.0-8.0				
DP 4115		1.083	6.0-8.0				

ABS+PC — MDE Compounds — Michael Day

Grade	Filler	Sp Grav	Shrink, mils/in	Melt flow, g/10 min	Drying temp, °F	Drying time, hr	Max. % moisture
PC/ABS 1851G15L RC	GFI 15	1.240	3.0-5.0		200	4.0	0.02
PC/ABS 3633L		1.140	5.0-6.0		200	4.0	0.02
PC/ABS 3731L		1.140	5.0-6.0		200	4.0	0.02
PC/ABS 3731LT		1.140	5.0-6.0		200	4.0	0.02
PC/ABS 60420L		1.160	5.0-6.0		200	4.0	0.02
PC/ABS 70420L		1.140	5.0-6.0		200	4.0	0.02
PC/ABS60430L		1.160	5.0-6.0		200	4.0	0.02

ABS+PC — Multilon — Teijin

Grade	Filler	Sp Grav	Shrink, mils/in	Melt flow, g/10 min	Drying temp, °F	Drying time, hr	Max. % moisture
T-2711		1.140	5.0-7.0		212-230	4.0	

ABS+PC — Naxaloy — MRC Polymers

Grade	Filler	Sp Grav	Shrink, mils/in	Melt flow, g/10 min	Drying temp, °F	Drying time, hr	Max. % moisture
750		1.133	6.0	3.00 I	230	4.0	0.02
770		1.133	5.0-7.0	15.00 O	230	4.0	0.02

ABS+PC — Novalloy-S — Daicel Polymer

Grade	Filler	Sp Grav	Shrink, mils/in	Melt flow, g/10 min	Drying temp, °F	Drying time, hr	Max. % moisture
S1230	GFI 30	1.363	1.0-3.0		194-230	4.0-5.0	
S1500		1.143	4.0-6.0		194-230	4.0-5.0	
S3100		1.233	4.0-6.0		194-230	4.0-5.0	
S5230	GFI 30	1.434	1.0-3.0		194-248	4.0-5.0	
S6500L		1.163	4.0-6.0	45.00 AN	176-185	3.0-5.0	
S6700		1.173	4.0-6.0	31.00 AN	176-185	3.0-5.0	

ABS+PC — Novalloy-S — PlastxWorld

Grade	Filler	Sp Grav	Shrink, mils/in	Melt flow, g/10 min	Drying temp, °F	Drying time, hr	Max. % moisture
S3100V		1.213	4.0-6.0	13.00 AD	190-230	3.0-5.0	0.02
S3500V		1.253	4.0-6.0	10.00 AD	190-230	3.0-5.0	0.02
S4100V		1.233	4.0-6.0	13.00 AD	190-230	3.0-5.0	0.02

ABS+PC — OP-PC/ABS — Oxford Polymers

Grade	Filler	Sp Grav	Shrink, mils/in	Melt flow, g/10 min	Drying temp, °F	Drying time, hr	Max. % moisture
604-I		1.133	5.0-7.0		220-230	3.0-4.0	

ABS+PC — P-Blend — Putsch Kunststoffe

Grade	Filler	Sp Grav	Shrink, mils/in	Melt flow, g/10 min	Drying temp, °F	Drying time, hr	Max. % moisture
X5		1.183	6.0-8.0	25.00 AZ	176	3.0	
X6		1.123	7.5-8.5	15.00 AZ	212	3.0	
X85		1.233	5.0-8.0	18.00 AZ	230	2.0	
XS100		1.203	7.0-9.0	25.00 AZ	230	3.0	

Max. % regrind	Inj. pres., ksi	Rear temp, °F	Mid temp, °F	Front temp, °F	Nozzle temp, °F	Proc temp, °F	Mold temp, °F
	8.5-17.1	428-455	446-464	455-473	455-482	464-518	140-212
	8.5-17.1	445-520	465-535	480-555	480-555	464-518	160-230
		445-500	465-520	480-535	480-535		140-195
	8.5-17.1	428-482	446-500	464-518	464-518	464-518	140-194
	8.5-17.1	428-455	446-464	455-473	455-482	464-518	140-212
		446-500	464-518	482-536	482-536		140-194
	8.5-17.1	445-520	465-520	480-535	480-535	464-518	140-195
		445-500	465-520	480-535	480-535		140-195
		445-500	465-520	480-535	480-535		140-195
	8.5-17.1	428-455	446-464	455-473	455-482	464-518	140-212
	8.5-17.1	428-455	446-464	455-473	455-482	464-518	140-212
	8.5-17.1	428-455	446-464	455-473	455-482	464-518	140-212
	8.5-17.1	428-455	446-464	455-473	455-482	464-518	140-212
						464	158
						464	158
		480	490	500		480-500	180-200
		480	490	500		480-500	180-200
		480	490	500		480-500	180-200
		480	490	500		480-500	180-200
		480	490	500		480-500	180-200
		480	490	500		480-500	160-180
		480	490	500		480-500	160-180
						446-518	122-158
	10.0-20.0	480-520	500-530	520-540	500-540	500-540	120-180
	10.0-20.0	480-520	500-530	520-540	500-540	500-540	120-180
		410-464	446-482	464-500	446-500		140-176
		410-464	446-482	464-500	446-500		140-176
		392-446	428-464	446-482	428-482		140-176
		410-464	446-482	464-500	446-500		140-176
		374-410	410-446	446-482	428-482		104-140
		374-410	410-446	446-482	428-482		104-140
	7.0-14.0	392-446	428-464	446-482	428-464	465-500	140-180
	7.0-14.0	392-446	428-464	446-482	428-464	465-500	140-180
	7.0-14.0	392-446	428-464	446-482	428-464	465-500	140-180
		480-550	490-560	500-575	525-575		170-210
						500-518	140-176
						491-527	140-176
						509-518	104-176
						509-518	140-176

FREE DATA SHEETS: WWW.IDES.COM/PSIM

Grade	Filler	Sp Grav	Shrink, mils/in	Melt flow, g/10 min	Drying temp, °F	Drying time, hr	Max. % moisture
ABS+PC	**PermaStat**				**RTP**		
2500		1.153	6.0-8.0		200	4.0	
2500 FR A		1.303	6.0-8.0		200	4.0	
2501 FR	GFI 10	1.383	2.5-4.5		200	4.0	
ABS+PC	**Polyflam**				**A. Schulman**		
RMMB 4070		1.193			176	3.0-6.0	
ABS+PC	**Polyman**				**A. Schulman**		
(ABS/PC) M/MB 3		1.113			176	3.0-6.0	
ABS+PC	**Pre-elec**				**Premix Thermoplast**		
ESD 7200		1.110	5.0-7.0		140-176	2.0-4.0	
ABS+PC	**PRL**				**Polymer Res**		
PC/ABS-FR1		1.180	5.0-7.0	35.00 AF	170-180	3.0-4.0	
PC/ABS-FR2		1.180	4.0-6.0	50.00 AF	170-180	3.0-4.0	
PC/ABS-GP1		1.150	5.0-7.0	8.50 AF	170-180	3.0-4.0	
PC/ABS-GP2		1.150	5.0-7.0	20.00 AF	170-180	3.0-4.0	
ABS+PC	**PTS**				**Polymer Tech**		
PCA-1010HF		1.153			220	2.0-4.0	
PCA-1011		1.153			220	2.0-4.0	
PCA-1012		1.140			220	2.0-4.0	
PCA-2010HF		1.180		22.00 AJ	190	2.0-4.0	
PCA-FR		1.203	4.0-7.0	16.00 DO	205	2.0-4.0	
ABS+PC	**Pulse**				**Dow**		
1350		1.140	6.0-8.0	3.00 G	200	3.0-4.0	
1370		1.140	6.0-8.0	5.00 G	200	3.0-4.0	
880BG		1.130	7.0	3.00 I	220	4.0	
B250		1.180	6.5	2.10 I	210	4.0	
B-270		1.210	6.5	1.50 I	210	4.0	
ABS+PC	**QR Resin**				**QTR**		
QR-1200-GF20	GFI 20	1.280	2.0		190	2.0-4.0	
QR-1200HH-MN8	MN 8	1.200	6.0		240	2.0-4.0	
QR-1220		1.140	6.0	20.00 AZ	225	4.0-8.0	
QR-1220LG		1.140	6.0	20.00 AZ	225	3.0-4.0	
QR-1220P		1.140	6.0	20.00 AZ	225	4.0-8.0	
QR-1220W		1.140	6.0	20.00 AZ	225	4.0-8.0	
QR-1235-FR		1.180	5.0	35.00 AZ	200	3.0-6.0	
ABS+PC	**RC Plastics**				**RC Plastics**		
RCPCA10		1.190		10.00 AJ	180	3.0-4.0	
RCPCA25		1.190		25.00 AJ	180	3.0-4.0	
ABS+PC	**RTP Compounds**				**RTP**		
2500		1.153	4.0-8.0		200	4.0	
2500 A HB		1.153	5.0-8.0		200	4.0	
2500 FR A		1.213	4.5-7.5		200	4.0	
2500 FR-110		1.193	4.0-6.0	42.50 AF	200	4.0	
2500 FR-3010		1.203	5.0-8.0	20.00 AD	200	4.0	
2500 TFE 15 FR		1.303	5.0-8.0		200	4.0	
2500 TFE 5		1.183	6.0-10.0		200	4.0	

Max. % regrind	Inj. pres., ksi	Rear temp, °F	Mid temp, °F	Front temp, °F	Nozzle temp, °F	Proc temp, °F	Mold temp, °F
	10.0-15.0					470-500	125-200
	10.0-15.0					470-500	125-200
	10.0-15.0					470-500	125-200
						446-518	104-176
						446-536	104-176
						374-428	86-158
		430-490	450-510	470-530		475-525	120-180
		430-490	450-510	470-530		475-525	140-180
		480-550	490-560	500-575		525-575	160-200
		480-550	490-560	500-575		525-575	160-200
	10.0-20.0	430-445	435-455	445-465	450-470	460-490	155-190
	10.0-20.0	430-445	435-455	445-465	450-470	460-490	155-190
	10.0-20.0	430-445	435-455	445-465	450-470	460-490	155-190
	10.0-16.0	430-445	435-455	445-465	485-505	430-520	120-175
	10.0-16.0	450-510	475-525	475-550	475-550	475-550	135-185
		470-510	490-530	500-540	500-540	525-575	180-205
		470-510	490-530	500-540	500-540	525-575	180-205
						385-415	
						530-560	160-200
							180
		480-500	490-510	500-520	510-530	480-530	100-150
		490-510	510-525	520-540	535-550	550-590	165-190
		475-540	480-560	500-570	520-570	480-560	140-200
		480-550	490-560	500-575	525-575	525-575	140-190
		475-520	480-560	500-570	520-570	480-560	140-200
		475-520	480-540	500-550	520-550	480-540	140-180
		490-510	430-520	460-540	530-570	480-540	140-180
		450-540	450-540	450-540		430-550	120-175
		450-540	450-540	450-540		430-550	120-175
	10.0-15.0					470-525	125-200
	10.0-15.0					470-525	125-200
	10.0-15.0					470-525	125-200
	10.0-15.0					470-525	125-200
	10.0-15.0					470-525	125-200
	10.0-15.0					470-525	125-200
	10.0-15.0					470-525	125-200

FREE DATA SHEETS: WWW.IDES.COM/PSIM

Grade	Filler	Sp Grav	Shrink, mils/in	Melt flow, g/10 min	Drying temp, °F	Drying time, hr	Max. % moisture
2501	GFI 10	1.213	2.0-6.0		200	4.0	
2501 FR	GFI 10	1.273	3.0-5.0		200	4.0	
2502 FR	GFI 15	1.333	2.0-4.0		200	4.0	
2503	GFI 20	1.293	1.0-3.0		200	4.0	
2503 FR	GFI 20	1.363	1.5-3.5		200	4.0	
2505	GFI 30	1.383	0.5-2.0		200	4.0	
2505 FR	GFI 30	1.454	1.5-3.0		200	4.0	
2563 FR	STS 15	1.504	4.0-6.0		200	4.0	
2581	CF 10	1.193	1.0-3.0		200	4.0	
2581 HEC FR	CFN 10	1.363	1.0-2.0		200	4.0	
2582 HEC FR	CFN 15	1.393	0.5-2.5		200	4.0	
2583	CF 20	1.253	0.5-2.0		200	4.0	
2583 HEC FR	CFN 20	1.424	0.5-1.5		200	4.0	
2585	CF 30	1.333	0.5-2.0		200	4.0	
2599 X 61232 A FR		1.223	4.0-6.0		200	4.0	
2599 X 65037 FR A	GFI	1.414	1.5-3.0		200	4.0	
2599 X 67122		1.193	4.0-6.0		200	4.0	
2599 X 87260 B	CN	1.183	5.0-7.0		200	4.0	
2599 X 96121		1.123	6.0	17.00 AZ	200	4.0	
2599X87260C	CN	1.183	5.0-7.0		200	4.0	
EMI 2560.5	STS 5	1.203	4.0-6.0		200	4.0	
EMI 2561	STS 10	1.253	4.0-6.0		200	4.0	
EMI 2561 FR	STS 10	1.393	4.0-6.0		200	4.0	
EMI 2561 HF	STS 10	1.253	4.0-6.0		200	4.0	
EMI 2562	STS 15	1.303	4.0-6.0		200	4.0	
EMI 2562 FR	STS 15	1.404	4.0-6.0		200	4.0	
ESD A 2500		1.203	4.0-6.0		200	4.0	
ESD C 2500		1.223	4.0-6.0		200	4.0	
ESD C 2580 FR	CF	1.223	1.0		200	4.0	

ABS+PC — Saxaloy — Sax Polymers

Grade	Filler	Sp Grav	Shrink, mils/in	Melt flow, g/10 min	Drying temp, °F	Drying time, hr	Max. % moisture
A8120		1.103	4.0-7.0		212-230	2.0-4.0	
A8120GF20	GFI 20	1.203	2.0-5.0		212-230	2.0-4.0	
A8135		1.103	4.0-7.0		212-230	2.0-4.0	
A8220		1.133	4.0-7.0		212-230	2.0-4.0	
A8320		1.153	4.0-7.0		212-230	2.0-4.0	

ABS+PC — Shuman ABS/PC — Shuman

Grade	Filler	Sp Grav	Shrink, mils/in	Melt flow, g/10 min	Drying temp, °F	Drying time, hr	Max. % moisture
310		1.130		7.00	175-230	3.0-4.0	
330		1.130		7.00	175-230	3.0-4.0	
380		1.130		7.00	175-230	3.0-4.0	
FR310		1.130		7.00	175-230	3.0-4.0	
FR705		1.130		7.00	175-230	3.0-4.0	

ABS+PC — SLCC — GE Polymerland

Grade	Filler	Sp Grav	Shrink, mils/in	Melt flow, g/10 min	Drying temp, °F	Drying time, hr	Max. % moisture
C2800P		1.170	4.0-6.0	16.00 AJ	180	3.0	

ABS+PC — Spartech Polycom — SpartechPolycom

Grade	Filler	Sp Grav	Shrink, mils/in	Melt flow, g/10 min	Drying temp, °F	Drying time, hr	Max. % moisture
SC1A7-1010		1.110		8.00	190	2.0-4.0	
SC1A7-1015				4.00	190	2.0-4.0	

ABS+PC — Stat-Kon — LNP

Grade	Filler	Sp Grav	Shrink, mils/in	Melt flow, g/10 min	Drying temp, °F	Drying time, hr	Max. % moisture
PDX-PCA-03602	CF	1.250			180	4.0	0.02

ABS+PC — Stat-Loy — LNP

Grade	Filler	Sp Grav	Shrink, mils/in	Melt flow, g/10 min	Drying temp, °F	Drying time, hr	Max. % moisture
PCA-FR 94V-0 BK8-782		1.260	5.0-6.5		180	4.0	0.02

Max. % regrind	Inj. pres., ksi	Rear temp, °F	Mid temp, °F	Front temp, °F	Nozzle temp, °F	Proc temp, °F	Mold temp, °F
	10.0-15.0					470-525	125-200
	10.0-15.0					470-525	125-200
	10.0-15.0					470-525	125-200
	10.0-15.0					470-525	125-200
	10.0-15.0					470-525	125-200
	10.0-15.0					470-525	125-200
	10.0-15.0					470-525	125-200
	10.0-15.0					470-525	125-200
	10.0-15.0					470-525	125-200
	10.0-15.0					470-525	125-200
	10.0-15.0					470-525	125-200
	10.0-15.0					470-525	125-200
	10.0-15.0					470-525	125-200
	10.0-15.0					470-525	125-200
	10.0-15.0					470-525	125-200
	10.0-15.0					470-525	125-200
	10.0-15.0					470-525	125-200
	10.0-15.0					470-525	125-200
	10.0-15.0					470-525	125-200
	10.0-15.0					470-525	125-200
	10.0-15.0					470-525	125-200
	10.0-15.0					470-525	125-200
	10.0-15.0					470-525	125-200
	10.0-15.0					470-525	125-200
	10.0-15.0					470-525	125-200
	10.0-15.0					470-525	125-200
	10.0-15.0					470-525	125-200
	10.0-15.0					470-525	125-200
	10.0-15.0					470-525	125-200
	10.0-15.0					470-525	125-200
						464-554	140-212
						464-554	140-212
						464-554	140-212
						464-554	140-212
						464-554	140-212
						460-530	
						460-530	
						460-530	
						460-530	
						460-530	
		410-490	420-500	440-525	450-525	450-525	120-160
		480-540	490-550	500-560	525-575	525-575	180-200
		480-540	490-550	500-560	525-575	525-575	180-200
						525-575	100-180
						390-450	100-130

FREE DATA SHEETS: WWW.IDES.COM/PSIM

Grade	Filler	Sp Grav	Shrink, mils/in	Melt flow, g/10 min	Drying temp, °F	Drying time, hr	Max. % moisture
PCA-FR WT9-690					180	4.0	0.02
PDX-03583 BK8-229		1.260			180	4.0	0.02

ABS+PC — Taroblend — Taro Plast

Grade	Filler	Sp Grav	Shrink, mils/in	Melt flow, g/10 min	Drying temp, °F	Drying time, hr	Max. % moisture
30		1.003	4.0-7.0	16.00 AZ	176	1.0	
45		1.123	4.0-7.0	17.00 AZ	176	1.0	
45 X0		1.173	4.0-7.0		176	1.0	
46		1.123	4.0-7.0	20.00 AZ	176	1.0	
50 X0		1.183	4.0-6.0		176	1.0	
60 X0		1.203	4.0-6.0		176	1.0	
65		1.143	4.0-7.0	12.00 AZ	176	1.0	
65 X0		1.193	4.0-7.0		176	1.0	
66		1.143	4.0-7.0	22.00 AZ	176	1.0	
85		1.153	4.0-7.0	12.00 AZ	176	1.0	
85 X0		1.203	4.0-7.0		176	1.0	
86		1.153	4.0-7.0	16.00 AZ	176	1.0	
88 G2	GFI 10	1.203	2.0-4.0	12.00 AZ	176	1.0	
88 G4	GFI 20	1.253	2.0-4.0	10.00 AZ	176	1.0	

ABS+PC — Techniace — Nippon A&L

Grade	Filler	Sp Grav	Shrink, mils/in	Melt flow, g/10 min	Drying temp, °F	Drying time, hr	Max. % moisture
F-101		1.203	5.0-6.0	7.00 AN	203-212	> 3.0	
F-725G20	GFI 20	1.323	2.0-3.0	10.00 AN	212-230	> 3.0	
F-735S101		1.253	3.0-5.0	23.00 AN	194-212	> 3.0	
H-260		1.143	4.0-6.0	11.00 AN	230-248	> 3.0	
H-270		1.153	4.0-6.0	4.00 AN	230-248	> 3.0	
T-105		1.123	4.0-6.0	8.00 AN	212-230	> 3.0	

ABS+PC — Terez ABS/PC — Ter Hell Plast

Grade	Filler	Sp Grav	Shrink, mils/in	Melt flow, g/10 min	Drying temp, °F	Drying time, hr	Max. % moisture
2000 FL		1.193		50.00 AZ	176-194	4.0	0.05
Blend 2000		1.133		25.00 AZ	176-194	4.0	0.05
Blend 3000		1.123		18.00 AF	176-194	4.0	0.05
Blend 3301 GF20	GFI 20	1.293	4.0-8.0	10.00 AF	176-194	4.0	0.50
Blend X 2000		1.123		23.00 AF	176-194	4.0	0.05
Blend X 3000		1.123		15.00 AF	176-194	4.0	0.05

ABS+PC — Thermocomp — LNP

Grade	Filler	Sp Grav	Shrink, mils/in	Melt flow, g/10 min	Drying temp, °F	Drying time, hr	Max. % moisture
PCA-F-1001	GFI	1.190			180	4.0	0.02
PCA-F-1002	GFI	1.220	4.0		180	4.0	0.02

ABS+PC — Triloy — Sam Yang

Grade	Filler	Sp Grav	Shrink, mils/in	Melt flow, g/10 min	Drying temp, °F	Drying time, hr	Max. % moisture
200		1.080	5.0-7.0		248	3.0-5.0	
200N		1.200	5.0-7.0		248	3.0-5.0	
200NH		1.170	5.0-7.0		248	3.0-5.0	
210		1.130	5.0-7.0		248	3.0-5.0	
210N		1.220	5.0-7.0		248	3.0-5.0	
210NH		1.170	5.0-7.0		248	3.0-5.0	
215		1.140	5.0-7.0		248	3.0-5.0	
225		1.130	5.0-7.0		248	3.0-5.0	
230NH		1.170	5.0-7.0		248	3.0-5.0	
240		1.130	5.0-7.0		248	3.0-5.0	

ABS+PC — UMG Alloy — UMG ABS

Grade	Filler	Sp Grav	Shrink, mils/in	Melt flow, g/10 min	Drying temp, °F	Drying time, hr	Max. % moisture
CV65F	GFI	1.454	2.0-4.0		230	3.0-4.0	
FA-420CA	CF	1.243	1.0-3.0		221	3.0-4.0	
TA-15		1.113	5.0-7.0		212	3.0-4.0	

Max. % regrind	Inj. pres., ksi	Rear temp, °F	Mid temp, °F	Front temp, °F	Nozzle temp, °F	Proc temp, °F	Mold temp, °F
						390-450	100-130
						390-450	100-130
						392-464	122-158
						437-482	122-158
						428-464	122-158
						437-482	122-158
						446-482	122-158
						482-518	140-176
						446-500	122-158
						446-482	122-158
						446-491	122-158
						446-518	122-158
						446-518	122-158
						446-518	122-158
						464-518	176-212
						464-518	176-212
		428-464	428-464	428-464			104-176
		446-500	446-500	446-500			104-176
		428-500	428-500	428-500			104-176
		464-536	464-536	464-536			104-176
		464-536	464-536	464-536			104-176
		464-536	464-536	464-536			104-176
		464	482	500	482		122-176
		464	482	500	482		122-176
		464	482	500	482		122-176
		464	482	500	482		122-176
		464	482	500	482		122-176
		464	482	500	482		122-176
						480-520	100-180
						480-520	100-180
		446-482	428-464	410-446	464-482	464-482	
		446-482	428-464	410-446	464-482	464-482	
		446-482	428-464	410-446	464-482	464-482	
		446-482	428-464	410-446	464-482	464-482	
		446-482	428-464	410-446	464-482	464-482	
		446-482	428-464	410-446	464-482	464-482	
		446-482	428-464	410-446	464-482	464-482	
		446-482	428-464	410-446	464-482	464-482	
		446-482	428-464	410-446	464-482	464-482	
		446-482	428-464	410-446	464-482	464-482	
	10.2-20.3	392-428	428-464	446-482	428-464	464-500	140-176
	10.2-20.3	392-428	428-464	446-482	428-464	464-500	140-176
	10.2-20.3	392-428	428-464	446-482	428-464	464-500	122-176

FREE DATA SHEETS: WWW.IDES.COM/PSIM

Grade	Filler	Sp Grav	Shrink, mils/in	Melt flow, g/10 min	Drying temp, °F	Drying time, hr	Max. % moisture
ABS+PC	**Vampalloy**				**Vamp Tech**		
0023 V0 A		1.183	5.0-7.0	9.00	194-212		
0023 V0 E		1.233	4.0-6.0	5.00	194-230	3.0	
0023 V0 F		1.203	5.0-7.0	8.00	194-230		
0023 V0 G		1.213	5.0-7.0	7.00	194-230	3.0	
0024 V0 11		1.183	5.0-6.0	20.00	194-230	3.0	
0024 V0 13		1.203	5.0-6.0	18.00	194-230	3.0	
ABS+PC	**Verton**				**LNP**		
PCA-F-7003 EM	GLL	1.250			175-195	2.0-4.0	0.02
PCA-F-7004 EM	GLL	1.300	2.0-4.0		175-195	2.0-4.0	0.02
ABS+PC	**Vyteen**				**Lavergne Group**		
PC/ABS 1078		1.153		3.80 L	230	3.0-4.0	
ABS+PC	**Wonderloy**				**Chi Mei**		
PC-510		1.170		18.50 AJ	194	4.0	
PC-530		1.180		17.00 AJ	195	3.0-4.0	
PC-540		1.180		20.00 AJ	194	4.0	
ABS+PET	**Astaloy**				**Marplex**		
MDA257		1.120	6.0-10.0	9.00 CU	212-248	3.0-5.0	
ABS+PVC	**Royalite**				**Spartech**		
R540M		1.220		2.00 G	160	1.0	
ABS+PVC	**RTP Compounds**				**RTP**		
1000 FR A		1.434	18.0-24.0		250	4.0	
ABS+TPU	**Prevail**				**Dow**		
3150		1.090	5.0-7.0	25.00 I	170	4.0	0.02
Acetal Co Alloy	**Tenac-C**				**Asahi Kasei**		
TFC64		1.373	13.0-16.0		176-194	3.0-4.0	
Acetal Copoly	**Albis POM**				**Albis**		
21 A GF10 UV	GFI 10	1.460	8.0-15.0				
21 A GF10 UV Black	GFI 20	1.464	8.0-15.0				
21 A GF15 UV	GFI 15	1.460	8.0-12.0				
21A PTFE 20/01 Natural		1.413	19.0-20.0	8.50			
21A/K PTFE 2		1.430	19.0-21.0				
21A/K PTFE 2 Tan		1.430	19.0-21.0				
770/1 PTFE 15		1.490	> 19.0				
770/1 PTFE 18 SI 2		1.490	> 19.0				
770/1 PTFE 20/01		1.490	19.0-21.0				
Acetal Copoly	**Alcom**				**Albis**		
POM							
770/1 PTFE 15		1.490	19.0-21.0				
Acetal Copoly	**Anjaform**				**J&A Plastics**		
C130		1.414			176	2.0	
C270		1.414			176	2.0	
C90		1.414			176	2.0	

Max. % regrind	Inj. pres., ksi	Rear temp, °F	Mid temp, °F	Front temp, °F	Nozzle temp, °F	Proc temp, °F	Mold temp, °F
		482-536					158-194
		482-536					158-194
		482-536					158-194
		482-536					158-194
		482-536					122-158
		482-536					122-158
						555-610	140-195
						555-610	140-195
	10.0-20.0	460-500	480-520	500-530	480-510		155-212
						446-500	140-194
		390-445	410-500		445-500		105-160
						446-500	140-194
	8.7-20.3	419-455	437-473	455-491		464-500	122-194
25	1.0-1.5	360-365	370-375	375-380	370-380	405-415	80-100
	10.0-15.0					460-520	175-225
						410	80
						356-410	122
						355-430	190-250
						355-430	190-250
						355-430	190-250
						375-440	140-210
						355-430	190-250
						355-430	190-250
						355-430	190-250
						355-430	190-250
						355-430	190-250
						355-430	190-250
						356-428	176-194
						356-428	176-194
						356-428	176-194

FREE DATA SHEETS: WWW.IDES.COM/PSIM

Grade	Filler	Sp Grav	Shrink, mils/in	Melt flow, g/10 min	Drying temp, °F	Drying time, hr	Max. % moisture
Acetal Copoly	**Ashlene**				**Ashley Poly**		
180		1.410	2.2	2.50	175-195	3.0-4.0	
190		1.410	22.0	9.00	175-195	3.0-4.0	
190-10G	GFI 10	1.470	8.0		175-195	3.0-4.0	
190-25G	GFI 25	1.580	4.0		175-195	3.0-4.0	
192-N2		1.410	2.2	16.00	175-195	3.0-4.0	
195		1.410	2.2	27.00	175-195	3.0-4.0	
197		1.410	2.2	27.00	175-195	3.0-4.0	
R190-10G	GFI 10	1.470	8.0		175-195	3.0-4.0	
R190-25G	GFI 25	1.580	4.0		175-195	3.0-4.0	
R190B		1.410	22.0	9.00	175-195	3.0-4.0	
R190H		1.410	22.0	9.00	175-195	3.0-4.0	
R190H2		1.410	22.0	9.00	175-195	3.0-4.0	
R190-H2B		1.410	22.0	9.00	175-195	3.0-4.0	
R190H2-N3		1.410	22.0	9.00	175-195	3.0-4.0	
R190HB		1.420	22.0	9.00	175-195	3.0-4.0	
R190H-N3		1.410	22.0	9.00	175-195	3.0-4.0	
R190-N3		1.410	22.0	9.00	175-195	3.0-4.0	
R190TB		1.410	22.0	9.00	175-195	3.0-4.0	
R195B		1.410	2.2	26.50	175-195	3.0-4.0	
R195-B2		1.410	2.2	26.50	175-195	3.0-4.0	
R195-HB2		1.410	2.2	26.50	175-195	3.0-4.0	
RH190-20PF		1.540		6.00	175-195	3.0-4.0	
Acetal Copoly	**Astatal**				**Marplex**		
FG2010	GFI 10	1.470	11.0-17.0	7.50 E	176-194	2.0-3.0	
Acetal Copoly	**Bestpom**				**Triesa**		
C09/01		1.414	20.0	9.00	176	2.0-4.0	
C09H08/01		1.424	20.0	9.00	176	2.0-4.0	
C09T/01		1.504	21.0	6.00	176	2.0-4.0	
C09U/02		1.414	20.0	9.00	176	2.0-4.0	
C13/01		1.414	20.0	15.00	176	2.0-4.0	
C27/01		1.414	20.0	27.00	176	2.0-4.0	
Acetal Copoly	**Cabelec**				**Cabot**		
3899		1.393	15.0-25.0	2.50 E	176-212	3.0-4.0	
Acetal Copoly	**Celcon**				**Ticona**		
AM90S		1.410		9.00			
AM90S Plus		1.410		9.00			
AS270		1.410	22.0	27.00			
C13031 XAS		1.414					
C13031 XF		1.424					
CF901		1.383	19.0				
CF802		1.474	22.0				
EC-90PLUS		1.400	22.0	2.20			
EF10	CF	1.430	3.0				
GB10	GB 10	1.474	16.0				
GB25	GB 25	1.620	16.0				
GC10	GFI 10	1.464	11.0				
GC15	GFI 15	1.540	4.0				
GC25A	GFI 25	1.580	4.0				
GC25T	GFI 25	1.580	4.0				
GC25TF	GFI 25	1.580	4.0				

Max. % regrind	Inj. pres., ksi	Rear temp, °F	Mid temp, °F	Front temp, °F	Nozzle temp, °F	Proc temp, °F	Mold temp, °F
25	7.0-17.0	365-380	365-380	365-380	390-420		158-194
25	7.0-17.0	365-380	365-380	365-380	390-420		158-194
25	7.0-17.0	365-380	365-380	365-380	390-420		158-194
25	7.0-17.0	365-380	365-380	365-380	390-420		158-194
25	7.0-17.0	365-380	365-380	365-380	390-420		158-194
25	7.0-17.0	365-380	365-380	365-380	390-420		158-194
25	7.0-17.0	365-380	365-380	365-380	390-420		158-194
25	7.0-17.0	365-380	365-380	365-380	390-420		158-194
25	7.0-17.0	365-380	365-380	365-380	390-420		158-194
25	7.0-17.0	365-380	365-380	365-380	390-420		158-194
25	7.0-17.0	365-380	365-380	365-380	390-420		158-194
25	7.0-17.0	365-380	365-380	365-380	390-420		158-194
25	7.0-17.0	365-380	365-380	365-380	390-420		158-194
25	7.0-17.0	365-380	365-380	365-380	390-420		158-194
25	7.0-17.0	365-380	365-380	365-380	390-420		158-194
25	7.0-17.0	365-380	365-380	365-380	390-420		158-194
25	7.0-17.0	365-380	365-380	365-380	390-420		158-194
25	7.0-17.0	365-380	365-380	365-380	390-420		158-194
25	7.0-17.0	365-380	365-380	365-380	390-420		158-194
25	7.0-17.0	365-380	365-380	365-380	390-420		158-194
25	7.0-17.0	365-380	365-380	365-380	390-420		158-194
	8.7-18.9	329-365	347-383	365-401		374-410	122-194
						356-392	104-176
						356-392	104-176
						356-392	104-176
						356-392	104-176
						356-392	104-176
						356-392	104-176
	10.9	356	365	374	383	356-392	140
						360-390	180-199
						360-390	180-199
						360-390	180-199
						360-390	180-199
						360-390	180-199
						360-390	180-199
						360-390	180-199
						360-390	180-199
						360-390	199-250
						360-390	180-199
						360-390	180-199
						360-390	199-250
						360-390	199-250
						360-390	199-250
						360-390	199-250
						360-390	199-250

FREE DATA SHEETS: WWW.IDES.COM/PSIM

Grade	Filler	Sp Grav	Shrink, mils/in	Melt flow, g/10 min	Drying temp, °F	Drying time, hr	Max. % moisture
LM25		1.414					
LM90		1.410	22.0				
LM90Z		1.414					
LU02		1.393					
LW25-S2		1.383					
LW90		1.430	22.0	9.00			
LW90-F1		1.414					
LW90-F2	PTF	1.400	22.0				
LW90-F3		1.434					
LW90-F4	PTF	1.444					
LW90-F5	PTF	1.430	22.0				
LW90GPK		1.393					
LW90-S2		1.414	22.0				
LWGC-F4	GFI 25	1.620	4.0				
LWGC-S2		1.620	4.0				
M140		1.410	22.0				
M140-L1		1.414					
M15HP		1.410	19.0	1.50			
M25		1.410	22.0	2.50			
M25UV		1.404	18.0				
M270™		1.410	22.0				
M270UV		1.414	16.0				
M30AE		1.414					
M450		1.410	22.0				
M50		1.410	22.0				
M90-34		1.410	22.0				
M90AW		1.363					
M90SW		1.414					
M90™		1.410	22.0	9.00			
M90UV		1.410	22.0				
MC270	MN	1.480	19.0				
MC270-HM	MN	1.600	15.0				
MC90	MN	1.480	19.0				
MC90-HM	MN	1.600	15.0				
MR15HPB		1.414					
MR50B		1.414	20.0				
MR90B		1.414	22.0				
MT12R01		1.410	22.0				
MT12U01		1.410	22.0				
MT24F01	PTF	1.424					
MT24U01		1.410	22.0				
MT2U01		1.414					
MT8F01		1.444					
MT8F02		1.524					
MT8R02		1.414					
MT8U01		1.414					
TX90		1.390	210.0				
TX90PLUS		1.370	17.0				
UV140LG		1.333	15.0				
UV25Z		1.410	22.0				
UV270Z		1.410	22.0	27.00			
UV90Z		1.410	22.0				
WR25Z		1.410	22.0	2.50			
WR90Z		1.410	22.0	9.00			

Max. % regrind	Inj. pres., ksi	Rear temp, °F	Mid temp, °F	Front temp, °F	Nozzle temp, °F	Proc temp, °F	Mold temp, °F
						360-390	180-199
						360-390	180-199
						360-390	180-199
						360-390	180-199
						360-390	180-199
						360-390	180-199
						360-390	180-199
						360-390	180-199
						360-390	180-199
						360-390	180-199
						360-390	180-199
						360-390	180-199
						360-390	180-199
						360-390	199-250
						360-390	199-250
						360-390	180-199
						360-390	180-199
						401-428	199-250
						360-390	180-199
						360-390	180-199
						360-390	180-199
						360-390	180-199
						360-390	180-199
						360-390	180-199
						360-390	180-199
						360-390	180-199
						360-390	180-199
						360-390	180-199
						360-390	180-199
						360-390	180-199
						360-390	180-199
						401-428	199-250
						360-390	180-199
						360-390	180-199
						360-390	180-199
						360-390	180-199
						360-390	180-199
						360-390	180-199
						360-390	180-199
						360-390	180-199
						360-390	180-199
						360-390	180-199
						360-390	180-199
						360-390	180-199
						360-390	180-199
						360-390	180-199
						360-390	180-199
						360-390	180-199
						360-390	180-199

FREE DATA SHEETS: WWW.IDES.COM/PSIM

Grade	Filler	Sp Grav	Shrink, mils/in	Melt flow, g/10 min	Drying temp, °F	Drying time, hr	Max. % moisture
Acetal Copoly	**Clariant Acetal**				**Clariant Perf**		
CA9000NAT		1.400	24.0		200	2.0-4.0	
CP-G25	GFI 25	1.584			230	2.0	
CP-MF5		1.410	20.0	5.00	230	2.0	
CP-MF9		1.410	20.0	9.00	230	2.0	
Acetal Copoly	**Cyro MCR**				**Cyro**		
600		1.100		6.00 BF	175	3.0-4.0	
Acetal Copoly	**Delrin**				**DuPont EP**		
1260 NC010		1.414	19.0	29.00 E			0.20
300AS BK000	CF	1.434	15.0	5.50 E			0.05
460 NC010		1.414	18.0	9.00 E			0.20
Acetal Copoly	**Deniform**				**Vamp Tech**		
0358		1.434	14.0-18.0	4.50	176-212	2.0	
Acetal Copoly	**Edgetek**				**PolyOne**		
AT-1000		1.410	20.0-22.0				
AT-10CF/000	CF 10	1.430	7.0-9.0				
AT-20GF/000	GFI 20	1.550	5.0-7.0				
AT-30GB/000	GB 30	1.630	7.0-9.0				
AT-30GF/000	GFI 30	1.630	4.0-6.0				
AT-30GM/000	GFM 30	1.630	15.0-18.0				
GF 5209 12 30 A	GFI	1.520	9.0				
Acetal Copoly	**Formax**				**Chem Polymer**		
604		1.410	18.0-25.0	3.00 Q			0.20
605 G	GFI 5	1.440	10.0-18.0	5.00 Q			0.20
609		1.410	18.0-25.0	9.00 Q			0.20
625 G	GFI 25	1.590	4.0-7.0				0.20
630		1.410	18.0-25.0	27.00 Q			0.20
Acetal Copoly	**Formpoly**				**Formulated Poly**		
POMGF25	GFI 25	1.580	3.0-6.0		140-176	2.0-4.0	
POMGP270		1.420	16.0-20.0		140-176	2.0-4.0	
POMGP90		1.420	16.0-20.0		140-176	2.0-4.0	
POMMF25	MN 25				140-176	2.0-4.0	
Acetal Copoly	**Fulton**				**LNP**		
404		1.500	19.0-25.0		180	4.0	
404 UV		1.498	20.0-25.0		180	4.0	
Acetal Copoly	**Hostaform**				**Ticona**		
C 13021		1.414					
C 13021 RM		1.414					
C 13031		1.414					
C 13031 K	CAC	1.444					
C 2521		1.414					
C 2521 G		1.343					
C 2552		1.414					
C 27021		1.414					
C 27021 AST		1.414					
C 27021 GV3/30	GB 30	1.594					
C 52021		1.414	19.0-21.0				

Max. % regrind	Inj. pres., ksi	Rear temp, °F	Mid temp, °F	Front temp, °F	Nozzle temp, °F	Proc temp, °F	Mold temp, °F
	1.2	350-390	360-400	380-420	390-425	390-415	190-275
25	8.0-20.0	340-360	365-380	385-395	400-425		140-200
25	5.0-20.0	340-360	365-380	385-395	400-425		140-195
25	5.0-20.0	340-360	365-380	385-395	400-425		140-195
	10.0-20.0	380-440	390-450	400-460	410-470	420-480	90-150
						374-410	176-212
						392-410	176-212
						374-410	176-212
		356-392					158-194
						400-440	
						360-420	
						400-440	
						380-410	
						380-410	
						370-410	
						329	
25		320-350	350-375	360-395	365-400	355-395	
25		320-350	350-375	360-395	365-400	355-395	
25		320-350	350-375	360-395	365-400	355-395	
25		320-350	350-375	360-395	365-400	355-395	
25		320-350	350-375	360-395	365-400	355-395	
	17.1	365	410	428	410	410	167
	11.4	329	356	365	356	356	158
	11.4	329	356	365	356	356	158
						390-415	180-225
		350-370	380-400	410-430		390-420	180-230
						374-446	140-248
						374-446	140-248
						374-446	140-248
						374-446	140-248
						374-446	140-248
						374-446	140-248
						374-446	140-248
						374-446	140-248
						374-446	140-248
						374-446	140-248
						374-446	140-248

FREE DATA SHEETS: WWW.IDES.COM/PSIM

Grade	Filler	Sp Grav	Shrink, mils/in	Melt flow, g/10 min	Drying temp, °F	Drying time, hr	Max. % moisture
C 9021		1.414					
C 9021 10/1570		1.424					
C 9021 AW		1.383					
C 9021 G		1.343					
C 9021 GV1/10	GFI 10	1.484					
C 9021 GV1/20	GFI 20	1.574					
C 9021 GV1/30	GFI 26	1.604					
C 9021 GV1/40	GFI 40	1.724					
C 9021 GV3/10	GB 10	1.474					
C 9021 GV3/20	GB 20	1.534					
C 9021 GV3/30	GB 30	1.594					
C 9021 K	CAC	1.444					
C 9021 M		1.424					
C 9021 SW		1.424					
C 9021 TF		1.524					
MT12U01		1.410		22.0			
MT12U03		1.410		22.0			
MT24U01		1.414					
MT8U01		1.414					

Acetal Copoly   Isotal   GE Pland Euro

Grade	Filler	Sp Grav	Shrink, mils/in	Melt flow, g/10 min	Drying temp, °F	Drying time, hr	Max. % moisture
C13		1.414	21.0-29.0	13.00 E			
C2		1.414	19.0-31.0	2.50 E			
C27		1.414	20.0-27.0	27.00 E			
C9		1.414	21.0-29.0	9.00 E			
C9G30	GFI 30	1.594		3.00 E	140-176	1.0-2.0	
C9P		1.414	21.0-29.0	9.00 E			
C9W		1.414	21.0-29.0	9.00 E			

Acetal Copoly   lupital   Mitsubishi EP

Grade	Filler	Sp Grav	Shrink, mils/in	Melt flow, g/10 min	Drying temp, °F	Drying time, hr	Max. % moisture
ET-20	CP	1.410	16.0	11.00			
F10-01		1.410	22.0	2.50			
F10-02		1.410	22.0	2.50			
F10-03		1.410	22.0	2.50			
F20-01		1.410	20.0	9.00			
F20-02		1.410	20.0	9.00			
F20-03		1.410	20.0	9.00			
F20-54		1.410	20.0	9.00			
F20-61		1.410	20.0	9.00			
F25-01		1.410	20.0	16.00			
F25-02		1.410	20.0	16.00			
F25-03		1.410	20.0	16.00			
F30-01		1.410	20.0	27.00			
F30-02		1.410	20.0	27.00			
F30-03		1.410	20.0	27.00			
F40-01		1.410	20.0	52.00			
F40-02		1.410	20.0	52.00			
F40-03		1.410	20.0	52.00			
FA-2010		1.390	19.0	9.00			
FA-2020		1.370	18.0	9.00			
FB2025	GB	1.590	16.0	5.00			
FC2020D	CF 20	1.460	4.0	3.50			
FC2020H	CF 20	1.460	4.0	6.00			
FE-21		1.340	20.0	5.50			
FG2025	GFI 25	1.590	6.0	9.00 E			
FG2025L	GFI 25	1.590	6.0				

Max. % regrind	Inj. pres., ksi	Rear temp, °F	Mid temp, °F	Front temp, °F	Nozzle temp, °F	Proc temp, °F	Mold temp, °F
						374-446	140-248
						374-446	140-248
						374-446	140-248
						374-446	140-248
						374-446	140-248
						374-446	140-248
						374-446	140-248
						374-446	140-248
						374-446	140-248
						374-446	140-248
						374-446	140-248
						374-446	140-248
						374-446	140-248
						374-446	140-248
						374-446	140-248
						360-390	180-199
						401-428	199-250
						360-390	180-199
						360-390	180-199
	10.9					365-392	167-203
	10.9					365-392	167-203
	10.9					365-392	167-203
	10.9					365-392	167-203
						338-392	176-212
	10.9					365-392	167-203
	10.9					365-392	167-203
		338	356	374	356-410	392	
		338	356	374	356-410	392	
		338	356	374	356-410	392	
		338	356	374	356-410	392	
		338	356	374	356-410	392	
		338	356	374	356-410	392	
		338	356	374	356-410	392	
		338	356	374	356-410	392	
		338	356	374	356-410	392	
		338	356	374	356-410	392	
		338	356	374	356-410	392	
		338	356	374	356-410	392	
		338	356	374	356-410	392	
		338	356	374	356-410	392	
		338	356	374	356-410	392	
		338	356	374	356-410	392	
		338	356	374	356-410	392	
		338	347	356	356-410	392	
		338	347	356	356-410	392	
		338	374	392	356-410	392	
		338	374	392	356-410	392	
		338	356	374	356-410	392	
		338	374	392	356-410	392	
		338	374	392	356-410	392	

FREE DATA SHEETS: WWW.IDES.COM/PSIM

Grade	Filler	Sp Grav	Shrink, mils/in	Melt flow, g/10 min	Drying temp, °F	Drying time, hr	Max. % moisture
FL2010		1.460	20.0	7.50			
FL2020		1.510	21.0	6.00			
FS2022		1.410	20.0	10.00			
FT2010	WH 10	1.490	17.0	7.50			
FT2020	WH 20	1.590	9.0	5.50			
FU2025		1.350	17.0	6.00			
FU2050		1.290	12.0	4.50			
FV-30		1.410	20.0	31.00			
FW-21		1.420	20.0	9.50			
FW-24		1.410	20.0	9.50			
MF3020	GFM 20	1.550	17.0	20.00			
TC3015	TAL 15	1.520	19.0	10.50			
TC3030	TAL 30	1.630	15.0	9.50			

Acetal Copoly — Kocetal — Kolon

Grade	Filler	Sp Grav	Shrink, mils/in	Melt flow, g/10 min	Drying temp, °F	Drying time, hr	Max. % moisture
CF704	CF	1.460	5.0	5.00 E			
CL704	UNS	1.520	16.0	8.00 E			
DP301		1.410	20.0	9.00 E			
EC301		1.400	20.0	27.00 E			
EL304		1.380	17.0	7.00 E			
GB705	GFI	1.590	16.0	8.00 E			
GF705	GFI	1.590	5.0	8.00 E			
K100		1.410	22.0	2.50 E			
K300		1.410	20.0	9.00 E			
K500		1.410	20.0	14.00 E			
K700		1.410	20.0	27.00 E			
K900		1.410	20.0	45.00 E			
MS301		1.410	20.0	9.00 E			
SO301		1.400	20.0	9.00 E			
TC704	UNS	1.550	16.0	8.00 E			
TF302	PTF	1.460	20.0	8.00 E			
UR304		1.400	17.0	6.00 E			
VT701		1.410	20.0	3.00 E			
WH702	WH	1.500	16.0	8.00 E			
WR301		1.410	20.0	9.00 E			

Acetal Copoly — Latan — Lati

Grade	Filler	Sp Grav	Shrink, mils/in	Melt flow, g/10 min	Drying temp, °F	Drying time, hr	Max. % moisture
13		1.424	20.0	12.00	176-212	3.0	
13 G/15	GFI 15	1.534	9.0		176-212	3.0	
13 G/30	GFI 25	1.594	6.0		176-212	3.0	
13 K/30	CF 30	1.484	3.0		176-212	3.0	
13 S/30	GB 30	1.634	15.0		176-212	3.0	
23		1.424	20.0	24.00	176-212	3.0	
3E71		1.343	18.0	1.00	176-212	3.0	

Acetal Copoly — Latilub — Lati

Grade	Filler	Sp Grav	Shrink, mils/in	Melt flow, g/10 min	Drying temp, °F	Drying time, hr	Max. % moisture
73/13-01M		1.444	20.0		176-212	3.0	
73/13-10ST		1.434	20.0		176-212	3.0	
73/13-20ST		1.484	20.0		176-212	3.0	
73/13-20T		1.494	20.0		176-212	3.0	

Acetal Copoly — Lubricomp — LNP

Grade	Filler	Sp Grav	Shrink, mils/in	Melt flow, g/10 min	Drying temp, °F	Drying time, hr	Max. % moisture
KAL-4022 EM HS M	AP	1.450	19.0-26.0		180	4.0	
KAL-4022							
HP BK8-115	AR	1.450	20.0		180	4.0	
KFL-4016 M	GFM	1.650	14.0		180	4.0	

Max. % regrind	Inj. pres., ksi	Rear temp, °F	Mid temp, °F	Front temp, °F	Nozzle temp, °F	Proc temp, °F	Mold temp, °F
		338	356	374	356-410	392	
		338	356	374	356-410	392	
		338	356	374	356-410	392	
		338	356	374	356-410	392	
		338	356	374	356-410	392	
		338	356	374	356-410	392	
		338	356	374	356-410	392	
		338	356	374	356-410	392	
		338	356	374	356-410	392	
		338	356	374	356-410	392	
		338	374	392	356-410	392	
		338	356	374	356-410	392	
		338	356	374	356-410	392	
	11.4-19.9	338-374	374-410	392-464	392-446		140-248
	10.0-15.6	320-356	356-392	374-410	374-410		140-212
	10.0-15.6	320-356	356-392	374-410	374-410		140-212
	10.0-15.6	320-356	356-392	374-410	374-410		140-212
	10.0-15.6	320-356	356-392	374-410	374-410		140-212
	11.4-19.9	338-374	374-410	392-464	392-446		140-248
	11.4-19.9	338-374	374-410	392-464	392-446		140-248
	10.0-15.6	320-356	356-392	374-410	374-410		140-212
	10.0-15.6	320-356	356-392	374-410	374-410		140-212
	10.0-15.6	320-356	356-392	374-410	374-410		140-212
	10.0-15.6	320-356	356-392	374-410	374-410		140-212
	10.0-15.6	320-356	356-392	374-410	374-410		140-212
	10.0-15.6	320-356	356-392	374-410	374-410		140-212
	10.0-15.6	320-356	356-392	374-410	374-410		140-212
	10.0-15.6	320-356	356-392	374-410	374-410		140-212
	11.4-19.9	338-374	374-410	392-464	392-446		140-248
	10.0-15.6	320-356	356-392	374-410	374-410		140-212
	10.0-15.6	320-356	356-392	374-410	374-410		140-212
	11.4-19.9	338-374	374-410	392-464	392-446		140-248
	10.0-15.6	320-356	356-392	374-410	374-410		140-212
15						356-392	158-194
15						356-410	176-212
15						356-410	176-212
15						356-410	176-212
15						356-410	176-212
15						356-392	158-194
15						356-410	158-194
						356-392	158-194
						356-392	158-194
						356-392	158-194
						356-392	158-194
						390-415	180-225
						390-415	180-225
						390-415	180-225

FREE DATA SHEETS: WWW.IDES.COM/PSIM

Grade	Filler	Sp Grav	Shrink, mils/in	Melt flow, g/10 min	Drying temp, °F	Drying time, hr	Max. % moisture
KFL-4022 BK8-115	GFI	1.530	8.0		180	4.0	
KFL-4023 LE	GFI	1.580			180	4.0	
KFL-4025 BK8-115	GFI	1.650	5.0		180	4.0	
KFL-4032 ER BK8-115	GFI	1.560	11.0		180	4.0	
KFL-4036	GFI	1.730			180	4.0	
KFL-4412 BK8-229	GFI	1.464			180	4.0	
KFL-4532 BK8-115	GFI	1.510			180	4.0	
KL-4010		1.430	23.0		180	4.0	
KL-4030 BK8-114		1.480			180	4.0	
KL-4040		1.500	19.0-25.0		180	4.0	
KL-4050		1.550			180	4.0	
KL-4540		1.480	21.0-29.0		180	4.0	

Acetal Copoly — Lubriloy — LNP

Grade	Filler	Sp Grav	Shrink, mils/in	Melt flow, g/10 min	Drying temp, °F	Drying time, hr	Max. % moisture
K-		1.400	22.0		180	4.0	
KL-		1.410	25.0-30.0		180	4.0	

Acetal Copoly — Lubri-Tech — PolyOne

Grade	Filler	Sp Grav	Shrink, mils/in	Melt flow, g/10 min	Drying temp, °F	Drying time, hr	Max. % moisture
AT-000/05T		1.430	15.0-25.0				
AT-000/10T		1.540	15.0-20.0				
AT-000/10T 2S		1.540	15.0-20.0				
AT-000/15T		1.480	20.0-23.0				
AT-000/18T 2S		1.490	20.0-23.0				
AT-000/20T		1.510	20.0-23.0				
AT-1000		1.410	20.0-25.0				

Acetal Copoly — Lucel — LG Chem

Grade	Filler	Sp Grav	Shrink, mils/in	Melt flow, g/10 min	Drying temp, °F	Drying time, hr	Max. % moisture
CF-610	CF	1.450	5.0-10.0		194-230	2.0-3.0	0.10
CF-620	CF 20	1.480	3.0-7.0		194-230	3.0-6.0	
CR-620	CF 20	1.440	3.0-9.0		194-230	3.0-6.0	
EC-600B		1.420	18.0-21.0		194-230	3.0-6.0	
EC-605B	UNS	1.420	18.0-21.0		194-230	2.0-3.0	0.10
EC-610B	UNS	1.430	16.0-19.0		194-230	2.0-3.0	0.10
FW-700A		1.390	20.0-22.0		194-230	3.0-6.0	0.10
FW-700M		1.440	20.0-22.0		194-230	3.0-6.0	
FW-700S		1.400	20.0-22.0		194-230	3.0-6.0	
FW-710F		1.460	14.0-17.0		194-230	3.0-6.0	
FW-715C		1.480	17.0-20.0		194-230	3.0-6.0	
FW-720F		1.520	13.0-16.0		194-230	3.0-6.0	
GB-325	GB 25	1.590	16.0-19.0		194-230	3.0-6.0	
GC-210	GFI	1.480	11.0		194-230	3.0-6.0	
GC-225	GFI 25	1.590	4.5-8.5		194-230	3.0-6.0	
GC-240	GFI	1.720	3.0-7.0		194-230	3.0-6.0	
GR-220	GFI 20	1.540	4.5-5.5		194-230	3.0-6.0	
HI-510		1.380	17.0-20.0		194-230	3.0-6.0	
HI-515		1.370	17.0-20.0		194-230	3.0-6.0	
HI-520		1.360	17.0-20.0		194-230	3.0-6.0	
HI-525		1.360	16.0-19.0		194-230	3.0-6.0	
MP-109		1.450	17.0-20.0	9.00 E	194-230	3.0-6.0	
MR-310	MN	1.470	16.0-19.0		194-230	3.0-6.0	
MR-320	MN 20	1.530	13.0-16.0		194-230	3.0-6.0	
N103-03		1.410	20.0-23.0	3.00 E	194-230	3.0-6.0	
N109-01		1.410	18.0-21.0	9.00 E	194-230	3.0-6.0	
N109-02		1.410	18.0-21.0	9.00 E	194-230	3.0-6.0	
N109-03		1.410	18.0-21.0	9.00 E	194-230	3.0-6.0	

Max. % regrind	Inj. pres., ksi	Rear temp, °F	Mid temp, °F	Front temp, °F	Nozzle temp, °F	Proc temp, °F	Mold temp, °F
						390-415	180-225
						390-415	180-225
						390-415	180-225
						390-415	180-225
						390-415	180-225
						390-415	180-225
						390-415	180-225
						390-415	180-225
						390-415	180-225
						390-415	180-225
						390-415	180-225
						390-415	180-225
						390-415	180-225
						390-415	180-225
						370-410	
						370-410	
						370-410	
						370-410	
						370-410	
						370-410	
						360-410	
10.2-17.4		356-392	374-410	392-428	392-428	410-428	140-212
11.4-18.5		338-374	374-410	392-428	392-428	392-437	140-212
11.4-18.5		320-356	356-392	374-419	374-419	392-437	140-248
9.9-17.1		302-320	347-374	356-383	356-383	356-392	140-212
10.2-17.4		356-392	374-410	392-428	392-428	410-428	140-212
10.2-17.4		356-392	374-410	392-428	392-428	410-428	140-212
5.7-10.0		320-356	356-392	374-392	374-392		140-176
9.9-17.1		302-320	347-374	356-383	356-383	356-392	140-212
9.9-17.1		320-356	356-392	374-392	374-392	356-392	140-176
9.9-17.1		320-356	356-392	374-392	374-392	356-392	140-176
5.7-10.0		320-356	356-392	374-392	374-392		140-176
9.9-17.1		320-356	356-392	374-392	374-392	356-392	140-176
11.4-18.5		338-374	374-410	392-428	392-428	392-437	140-212
10.0-17.1		338-374	374-410	392-428	392-428		140-212
11.4-18.5		338-374	374-410	392-428	392-428	392-437	140-212
10.0-17.1		338-374	374-410	392-428	392-428		140-212
11.4-18.5		320-356	356-392	374-419	374-419	392-437	140-248
9.9-17.1		320-356	356-392	374-392	374-392	356-392	140-176
5.7-10.0		320-356	356-392	374-392	374-392		140-176
9.9-17.1		320-356	356-392	374-392	374-392	356-392	140-176
5.7-10.0		320-356	356-392	374-392	374-392		140-176
9.9-17.1		302-320	347-374	356-383	356-383	356-392	140-212
10.0-17.1		338-374	374-410	392-428	392-428		140-212
11.4-18.5		338-374	374-410	392-428	392-428	392-437	140-212
9.9-17.1		302-320	347-374	356-383	356-383	356-392	140-212
9.9-17.1		302-320	347-374	356-383	356-383	356-392	140-212
9.9-17.1		320-356	356-392	374-392	374-392	356-392	140-176
9.9-17.1		302-320	347-374	356-383	356-383	356-392	140-212

FREE DATA SHEETS: WWW.IDES.COM/PSIM

Grade	Filler	Sp Grav	Shrink, mils/in	Melt flow, g/10 min	Drying temp, °F	Drying time, hr	Max. % moisture
N109-AS		1.400	18.0-21.0	9.00 E	194-230	3.0-6.0	
N109-HR		1.410	18.0-21.0	9.00 E	194-230	3.0-6.0	
N109-LD		1.410	18.0-21.0	9.00 E	194-230	3.0-6.0	
N109-LDS		1.410	18.0-21.0		194-230	3.0-6.0	
N109-WR		1.410	18.0-21.0	9.00 E	194-230	3.0-6.0	
N115		1.410	18.0-21.0		194-230	3.0-6.0	
N115-LD		1.410	18.0-21.0		194-230	3.0-6.0	
N127-02		1.410	18.0-21.0	27.00 E	194-230	3.0-6.0	
N127-03		1.410	18.0-21.0	27.00 E	194-230	3.0-6.0	
N127-AS		1.400	18.0-21.0	27.00 E	194-230	3.0-6.0	
N127-LD		1.410	18.0-21.0	27.00 E	194-230	3.0-6.0	
N127-WR		1.410	18.0-21.0	27.00 E	194-230	3.0-6.0	
N145		1.410	18.0-21.0	45.00 E	194-230	3.0-6.0	
N145-02		1.410	18.0-21.0		194-230	3.0-6.0	
N145-AS		1.400	18.0-21.0	45.00 E	194-230	3.0-6.0	
N145-LD		1.410	18.0-21.0	45.00 E	194-230	3.0-6.0	
ST-550		1.280	15.0-18.0		194-230	3.0-6.0	
VC-127		1.400	18.0-20.0	27.00 E	194-230	3.0-6.0	
VC127-LD		1.410	18.0-21.0		194-230	3.0-6.0	
VC145		1.410	18.0-21.0		194-230	3.0-6.0	
WK-320	MN	1.590	8.0-12.0		194-230	3.0-6.0	
Acetal Copoly	**Lucet**				**LG Chem**		
CF-620	CF 20	1.480	4.0-9.5		176-212	3.0-6.0	
CR-620	CF 20	1.480	3.0-9.0		176-212	3.0-6.0	
EC-600B		1.420	18.0-21.0		176-212	3.0-6.0	
FW-700M		1.440	20.0-22.0		176-212	3.0-6.0	
FW-700S		1.400	20.0-22.0		176-212	3.0-6.0	
FW-710F		1.460	14.0-17.0		176-212	3.0-6.0	
FW-720F		1.520	13.0-16.0		176-212	3.0-6.0	
GB-325	GB 25	1.590	13.0-17.0		176-212	3.0-6.0	
GC-225	GFI 25	1.590	4.5-8.5		176-212	3.0-6.0	
GR-220	GFI 20	1.540	4.5-5.5		176-212	3.0-6.0	
HI-510		1.380	20.0-22.0		176-212	3.0-6.0	
HI-520		1.360	20.0-22.0		176-212	3.0-6.0	
MP-109		1.450	17.0-20.0		176-212	3.0-6.0	
MR-320	MN 20	1.530	13.0-17.0		176-212	3.0-6.0	
N103-01		1.410	18.0-21.0	3.00 E	176-212	3.0-6.0	
N103-03		1.410	20.0-23.0	3.00 E	176-212	3.0-6.0	
N109-01		1.410	18.0-21.0	9.00 E	176-212	3.0-6.0	
N109-02		1.410	18.0-21.0	9.00 E	176-212	3.0-6.0	
N109-03		1.410	18.0-21.0	9.00 E	176-212	3.0-6.0	
N109-AS		1.400	18.0-21.0	9.00 E	176-212	3.0-6.0	
N109-HR		1.410	18.0-21.0	9.00 E	176-212	3.0-6.0	
N109-LD		1.410	18.0-21.0	9.00 E	176-212	3.0-6.0	
N109-WR		1.410	18.0-21.0	9.00 E	176-212	3.0-6.0	
N127-02		1.410	18.0-21.0	27.00 E	176-212	3.0-6.0	
N127-03		1.410	18.0-21.0	27.00 E	176-212	3.0-6.0	
N127-AS		1.400	18.0-21.0	27.00 E	176-212	3.0-6.0	
N127-LD		1.410	18.0-21.0	27.00 E	176-212	3.0-6.0	
N127-WR		1.410	18.0-21.0	27.00 E	176-212	3.0-6.0	
N145		1.410	18.0-21.0	45.00 E	176-212	3.0-6.0	
N145-AS		1.400	18.0-20.0	45.00 E	176-212	3.0-6.0	
N145-LD		1.410	18.0-21.0	45.00 E	176-212	3.0-6.0	
ST-550		1.280	20.0-23.0		176-212	3.0-6.0	
VC-127		1.400	18.0-21.0		176-212	3.0-6.0	

Max. % regrind	Inj. pres., ksi	Rear temp, °F	Mid temp, °F	Front temp, °F	Nozzle temp, °F	Proc temp, °F	Mold temp, °F
	9.9-17.1	320-356	356-392	374-392	374-392	356-392	140-176
	9.9-17.1	320-356	356-392	374-392	374-392	356-392	140-176
	9.9-17.1	320-356	356-392	374-392	374-392	356-392	140-176
	5.7-10.0	320-356	356-392	374-392	374-392		140-176
	9.9-17.1	320-356	356-392	374-392	374-392	356-392	140-176
	5.7-10.0	320-356	356-392	374-392	374-392		140-176
	5.7-10.0	320-356	356-392	374-392	374-392		140-176
	9.9-17.1	320-356	356-392	374-392	374-392	356-392	140-176
	9.9-17.1	302-320	347-374	356-383	356-383	356-392	140-212
	9.9-17.1	320-356	356-392	374-392	374-392	356-392	140-176
	9.9-17.1	320-356	356-392	374-392	374-392	356-392	140-176
	9.9-17.1	302-320	347-374	356-383	356-383	356-392	140-212
	5.7-10.0	320-356	356-392	374-392	374-392		140-176
	9.9-17.1	320-356	356-392	374-392	374-392	356-392	140-176
	9.9-17.1	320-356	356-392	374-392	374-392	356-392	140-176
	9.9-17.1	320-356	356-392	374-392	374-392	356-392	140-176
	9.9-17.1	302-320	347-374	356-383	356-383	356-392	140-212
	5.7-10.0	320-356	356-392	374-392	374-392		140-176
	5.7-10.0	320-356	356-392	374-392	374-392		140-176
	10.0-17.1	338-374	374-410	392-428	392-428		140-212
	9.9-17.1	338-374	374-410	392-437	392-437	410-428	140-176
	9.9-17.1	338-374	374-410	392-437	392-437	410-428	140-176
	5.7-9.9	320-356	356-392	374-392	374-410	374-392	140-176
	5.7-9.9	320-356	356-392	374-392	374-410	374-392	140-176
	5.7-9.9	320-356	356-392	374-392	374-410	374-392	140-176
	5.7-9.9	320-356	356-392	374-392	374-410	374-392	140-176
	9.9-17.1	338-374	374-410	392-437	392-437	410-428	140-176
	9.9-17.1	338-374	374-410	392-437	392-437	410-428	140-176
	9.9-17.1	338-374	374-410	392-437	392-437	410-428	140-176
	5.7-9.9	320-356	356-392	374-392	374-410	374-392	140-176
	5.7-9.9	320-356	356-392	374-392	374-410	374-392	140-176
	9.9-17.1	338-374	374-410	392-437	392-437	410-428	140-176
	5.7-9.9	320-356	356-392	374-392	374-410	374-392	140-176
	5.7-9.9	320-356	356-392	374-392	374-410	374-392	140-176
	5.7-9.9	320-356	356-392	374-392	374-410	374-392	140-176
	5.7-9.9	320-356	356-392	374-392	374-410	374-392	140-176
	5.7-9.9	320-356	356-392	374-392	374-410	374-392	140-176
	5.7-9.9	320-356	356-392	374-392	374-410	374-392	140-176
	5.7-9.9	320-356	356-392	374-392	374-410	374-392	140-176
	5.7-9.9	320-356	356-392	374-392	374-410	374-392	140-176
	5.7-9.9	320-356	356-392	374-392	374-410	374-392	140-176
	5.7-9.9	320-356	356-392	374-392	374-410	374-392	140-176
	5.7-9.9	320-356	356-392	374-392	374-410	374-392	140-176
	5.7-9.9	320-356	356-392	374-392	374-410	374-392	140-176
	5.7-9.9	320-356	356-392	374-392	374-410	374-392	140-176
	5.7-9.9	320-356	356-392	374-392	374-410	374-392	140-176

FREE DATA SHEETS: WWW.IDES.COM/PSIM

Grade	Filler	Sp Grav	Shrink, mils/in	Melt flow, g/10 min	Drying temp, °F	Drying time, hr	Max. % moisture
Acetal Copoly		**Luvocom**			**Lehmann & Voss**		
90-0733	CF	1.484	6.0-8.0	9.00	248	2.0-4.0	
Acetal Copoly		**MDE Compounds**			**Michael Day**		
AC270		1.410	20.0		170-190	1.0-2.0	
AC90		1.410	22.0		170-190	1.0-2.0	
AC90F10		1.460	18.0-22.0		170-190	1.0-2.0	
AC90GR25	GFI 25	1.580	2.0-8.0		200-220	3.0	
AC90GR25L	GFI 25	1.580	4.0		200-220	3.0	
AC90GR25L BK20	GFI 25	1.580	4.0		200-220	3.0	
AC90GR25WL	GFI 25	1.580	4.0-14.0		200-220	3.0	
AC90S2		1.410	22.0		170-190	1.0-2.0	
AC90W		1.410	25.0		170-190	1.0-2.0	
Acetal Copoly		**OP-Acetal**			**Oxford Polymers**		
20GF	GFI 20	1.580	22.0		250	2.0	
Acetal Copoly		**Performafil**			**Techmer Lehvoss**		
J-80/10	GFI 10	1.480	6.0-8.0		160	1.0	
J-80/20	GFI 20	1.550	5.0-6.0		160	1.0	
Acetal Copoly		**PermaStat**			**RTP**		
800		1.333	18.0-25.0		250	2.0	
800 TFE 10		1.373	15.0-20.0		250	2.0	
800 TFE 15		1.404	15.0-20.0		250	2.0	
802	GFI 15	1.424	4.0-7.0		250	2.0	
Acetal Copoly		**Pier One POM**			**Pier One Polymers**		
AC109-BK09		1.410		8.00 I	230	2.0	
AC109-BK10		1.410		8.00 I	230	2.0	
AC109-NAT		1.410		8.00 I	230	2.0	
AC127-NAT		1.410		27.00 I	230	2.0	
Acetal Copoly		**Plaslube**			**Techmer Lehvoss**		
AC-80/TF/10		1.460	20.0				
AC-80/TF/20		1.510	20.0		180	1.0-2.0	0.20
J-80/20/TF/15	GFI 20	1.630	3.0				
Acetal Copoly		**Polyform**			**Polyram**		
PM1109		1.414	18.0-22.0	9.00 E	230-248	2.0-3.0	
PM3009G5	GFI 25	1.584	5.0	4.00 E	230-248	2.0-3.0	
PM3013G2	GFI 10	1.464		9.00 E	230-248	2.0-3.0	
PM3013G3	GFI 15	1.504		6.00 E	230-248	2.0-3.0	
PM3013G4	GFI 20	1.544	5.0	5.00 E	230-248	2.0-3.0	
PM340S4	GB 20	1.534	19.0	20.00 E	230-248	2.0-3.0	
PM7002		1.414	18.0-22.0	2.50 E	230-248	2.0-3.0	
PM7013		1.414	18.0-22.0	13.00 E	230-248	2.0-3.0	
PM7013G2	GFI 10	1.464	11.0	9.00 E	230-248	2.0-3.0	
PM8515		1.363	20.0-23.0	13.00 E	230-248	2.0-3.0	
RM2309		1.414	18.0-20.0	9.00 E	230-248	2.0-3.0	
RM7009		1.414	18.0-20.0	9.00 E	230-248	2.0-3.0	
Acetal Copoly		**PTS**			**Polymer Tech**		
POM-270		1.410		27.00	194-230	3.0-6.0	
POM-90		1.414		9.00 AN	194-230	3.0-6.0	

Max. % regrind	Inj. pres., ksi	Rear temp, °F	Mid temp, °F	Front temp, °F	Nozzle temp, °F	Proc temp, °F	Mold temp, °F
		347-374	365-401	356-392	347-392	392	176-248
		370	380	390		380-400	180-240
		370	380	390		380-400	180-240
		370	380	390		380-400	180-240
		410	400	400		410-420	200-240
		410	410	410		410-420	200-240
		410	410	410		410-420	200-240
		410	400	400		410-420	200-240
		370	380	390		380-400	180-240
		370	380	390		380-400	180-240
		350-390	360-400	370-410	370-410	360-425	175-225
		350-380	370-410	360-390	350-400	380-420	180-250
		350-380	370-410	360-390	350-400	380-420	180-250
	10.0-15.0					350-400	180-250
	10.0-15.0					350-400	180-250
	10.0-15.0					350-400	180-250
	10.0-15.0					350-400	180-250
						360-390	170-200
						360-390	170-200
						360-390	170-200
						360-390	170-200
		350-380	370-410	360-390	350-400	380-420	180-250
		350-370	370-390	360-380	350-370	370-400	170-200
		350-380	370-410	360-390	350-400	380-420	180-250
	10.2-15.2	347-392	356-401	374-410		356-446	140-230
	10.2-15.2	347-392	356-401	374-410		356-446	140-230
	10.2-15.2	347-392	356-401	374-410		356-446	140-230
	10.2-15.2	347-392	356-401	374-410		356-446	140-230
	10.2-15.2	347-392	356-401	374-410		356-446	140-230
	10.2-15.2	347-392	356-401	374-410		356-446	140-230
	10.2-15.2	347-392	356-401	374-410		356-446	140-230
	10.2-15.2	347-392	356-401	374-410		356-446	140-230
	10.2-15.2	347-392	356-401	374-410		356-446	140-230
	10.2-15.2	347-392	356-401	374-410		356-446	140-230
	10.2-15.2	347-392	356-401	374-410		356-446	140-230
	10.2-15.2	347-392	356-401	374-410		356-446	140-230
		320-356	356-392	374-419	374-419	392-437	140-212
		320-356	356-392	374-419	374-419	392-437	140-212

FREE DATA SHEETS: WWW.IDES.COM/PSIM

Grade	Filler	Sp Grav	Shrink, mils/in	Melt flow, g/10 min	Drying temp, °F	Drying time, hr	Max. % moisture
POM-90MC25	MN 25	1.594			194-230	3.0-6.0	
POM-90S2		1.414	18.0-22.0		194-230	3.0-6.0	
Acetal Copoly		**RTP Compounds**		**RTP**			
800		1.414	17.0-29.0		250	2.0	
800 AR 10	AR 10	1.414	15.0		250	2.0	
800 AR 10 TFE 10	AR 10	1.454	10.0-25.0		250	2.0	
800 AR 10 TFE 15	AR 10	1.494	10.0-20.0		250	2.0	
800 AR 10 TFE 20	AR 10	1.514	14.0		250	2.0	
800 AR 10 TFE 5	AR 10	1.434	14.0		250	2.0	
800 AR 15	AR 15	1.414	12.0		250	2.0	
800 AR 15 TFE 10	AR 15	1.464	12.0		250	2.0	
800 AR 15 TFE 15	AR 15	1.484	12.0		250	2.0	
800 AR 15 TFE 20	AR 15	1.514	11.0		250	2.0	
800 AR 15 TFE 20 UV	AR 15	1.514	11.0		250	2.0	
800 AR 5	AR 5	1.414	18.0		250	2.0	
800 AR 5 TFE 10	AR 5	1.454	18.0		250	2.0	
800 AR 5 TFE 10 SI 2	AR 5	1.444	18.0		250	2.0	
800 AR 5 TFE 10 SI 3	AR 5	1.434	20.0		250	2.0	
800 GB 10	GB 10	1.474	15.0-26.0		250	2.0	
800 GB 15	GB 15	1.514	19.0-28.0		250	2.0	
800 GB 20	GB 20	1.544	15.0-26.0		250	2.0	
800 GB 30	GB 30	1.624	14.0-22.0		250	2.0	
800 GB 40	GB 40	1.704	15.0-20.0		250	2.0	
800 MS 1		1.414	19.0		250	2.0	
800 MS 5		1.464	19.0		250	2.0	
800 SI 2		1.404	22.0		250	2.0	
800 SI 2 HB		1.393	25.0-35.0		250	2.0	
800 SI 2 UV		1.404	22.0		250	2.0	
800 SI 2 Z		1.404	22.0		250	2.0	
800 SI 4		1.383	20.0		250	2.0	
800 TFE 10		1.454	20.0		250	2.0	
800 TFE 10 LP		1.454	20.0		250	2.0	
800 TFE 10 SI 2		1.444	20.0-30.0		250	2.0	
800 TFE 10 SI 2 Z		1.454	20.0		250	2.0	
800 TFE 13 SI 2		1.464	20.0		250	2.0	
800 TFE 15		1.484	20.0		250	2.0	
800 TFE 15 LP		1.484	20.0		250	2.0	
800 TFE 15 SI 2		1.474	20.0		250	2.0	
800 TFE 15 SI 2 HB		1.474	18.0-24.0		250	2.0	
800 TFE 15 SI 2 Z		1.474	22.0		250	2.0	
800 TFE 15 Z		1.484	20.0		250	2.0	
800 TFE 18 SI 2		1.484	22.0		250	2.0	
800 TFE 2		1.414	15.0-25.0		250	2.0	
800 TFE 20		1.524	15.0-30.0		250	2.0	
800 TFE 20 LP		1.514	20.0		250	2.0	
800 TFE 20 SI 2		1.504	22.0		250	2.0	
800 TFE 20 Z		1.514	20.0		250	2.0	
800 TFE 5		1.424	20.0		250	2.0	
800 TFE 5 HB		1.434	25.0-35.0		250	2.0	
800 TFE 5 SI 2		1.424	20.0		250	2.0	
800 TFE 5 SI 2 HB		1.424	20.0-30.0		250	2.0	
800 TFE 5 Z		1.434	20.0		250	2.0	
800 Z		1.414	20.0		250	2.0	
800.5 UV	GFI 5	1.444	13.0-17.0		250	2.0	
801	GFI 10	1.474	7.0-12.0		250	2.0	

Max. % regrind	Inj. pres., ksi	Rear temp, °F	Mid temp, °F	Front temp, °F	Nozzle temp, °F	Proc temp, °F	Mold temp, °F
		320-356	356-392	374-419	374-419	392-437	140-212
		320-356	356-392	374-419	374-419	392-437	140-212
	10.0-15.0					360-425	175-225
	10.0-15.0					360-425	175-225
	10.0-15.0					360-425	175-225
	10.0-15.0					360-425	175-225
	10.0-15.0					360-425	175-225
	10.0-15.0					360-425	175-225
	10.0-15.0					360-425	175-225
	10.0-15.0					360-425	175-225
	10.0-15.0					360-425	175-225
	10.0-15.0					360-425	175-225
	10.0-15.0					360-425	175-225
	10.0-15.0					360-425	175-225
	10.0-15.0					360-425	175-225
	10.0-15.0					360-425	175-225
	10.0-15.0					360-425	175-225
	10.0-15.0					360-425	175-225
	10.0-15.0					360-425	175-225
	10.0-15.0					360-425	175-225
	10.0-15.0					360-425	175-225
	10.0-15.0					360-425	175-225
	10.0-15.0					360-425	175-225
	10.0-15.0					360-425	175-225
	10.0-15.0					360-425	175-225
	10.0-15.0					360-425	175-225
	10.0-15.0					360-425	175-225
	10.0-15.0					360-425	175-225
	10.0-15.0					360-425	175-225
	10.0-15.0					360-425	175-225
	10.0-15.0					360-425	175-225
	10.0-15.0					360-425	175-225
	10.0-15.0					360-425	175-225
	10.0-15.0					360-425	175-225
	10.0-15.0					360-425	175-225
	10.0-15.0					360-425	175-225
	10.0-15.0					360-425	175-225
	10.0-15.0					360-425	175-225
	10.0-15.0					360-425	175-225
	10.0-15.0					360-425	175-225
	10.0-15.0					360-425	175-225
	10.0-15.0					360-425	175-225
	10.0-15.0					360-425	175-225
	10.0-15.0					360-425	175-225
	10.0-15.0					360-425	175-225
	10.0-15.0					360-425	175-225
	10.0-15.0					360-425	175-225
	10.0-15.0					360-425	175-225
	10.0-15.0					360-425	175-225

FREE DATA SHEETS: WWW.IDES.COM/PSIM

Grade	Filler	Sp Grav	Shrink, mils/in	Melt flow, g/10 min	Drying temp, °F	Drying time, hr	Max. % moisture
801 TFE 15	GFI 10	1.554	9.0		250	2.0	
801 TFE 20	GFI 10	1.604	6.0-10.0		250	2.0	
801 TFE 5	GFI 10	1.494	9.0		250	2.0	
802	GFI 15	1.504	5.0-9.0		250	2.0	
802 SI 2	GFI 15	1.494	5.0-9.0		250	2.0	
802 TFE 10	GFI 15	1.564	4.0-7.0		250	2.0	
802 TFE 15	GFI 15	1.604	6.0		250	2.0	
803	GFI 20	1.544	4.0-8.0		250	2.0	
803 TFE 15	GFI 20	1.634	3.0-6.0		250	2.0	
803 TFE 5	GFI 20	1.584	4.0		250	2.0	
803 TFE 5 SI 2	GFI 20	1.554	5.0		250	2.0	
803CC TFE 15	GFI 20	1.654	6.0		250	2.0	
804 SI 2	GFI 25	1.554	4.0		250	2.0	
804 TFE 13 SI 2	GFI 25	1.654	4.0		250	2.0	
804 TFE 15	GFI 25	1.684	4.0		250	2.0	
805	GFI 30	1.624	3.0-4.0		250	2.0	
805 CC TFE 5	GFI 30	1.654	4.0		250	2.0	
805 SI 2	GFI 30	1.604	4.0		250	2.0	
805 SI 2 HB	GFI 30	1.614	4.0-6.0		250	2.0	
805 TFE 13 SI 2		1.694	3.0		250	2.0	
805 TFE 15	GFI 30	1.724	3.0		250	2.0	
805 TFE 15 UV	GFI 30	1.724	3.0		250	2.0	
807	GFI 40	1.704	2.0-3.0		250	2.0	
842	MN 10	1.474	20.0-30.0		250	2.0	
881 HB	CF 10	1.434	3.0-6.0		250	2.0	
881 SI 2	CF 10	1.424	2.0-5.0		250	2.0	
881 TFE 10	CF 10	1.474	2.0-5.0		250	2.0	
881 TFE 15	CF 10	1.504	4.0		250	2.0	
881 TFE 18 SI 2	CF 10	1.524	3.0		250	2.0	
881 TFE 5	CF 10	1.454	4.0		250	2.0	
882	CF 15	1.444	2.0-5.0		250	2.0	
882 TFE 10	CF 15	1.504	3.0		250	2.0	
883	CF 20	1.464	1.0-3.0		250	2.0	
883 TFE 15	CF 20	1.554	3.0		250	2.0	
883 TFE 20	CF 20	1.594	2.0		250	2.0	
885 TFE 13 SI 2	CF 30	1.554	1.0		250	2.0	
885 TFE 15	CF 30	1.584	1.0		250	2.0	
899 X 93924		1.414	20.0-30.0		250	2.0	
899X85698A		1.404	15.0-30.0		250	2.0	
ESD 800		1.363	17.0-25.0		250	2.0	
ESD 800 HB		1.383	20.0-30.0		250	2.0	
ESD 800 TFE 10		1.424	18.0-25.0		250	2.0	
ESD 800 TFE 5		1.404	20.0-30.0		250	2.0	
ESD 805	GFI 30	1.584	1.0-3.0		250	2.0	
ESD C 880	CF	1.434	3.0-5.0		250	2.0	

Acetal Copoly Saxaform Sax Polymers

Grade	Filler	Sp Grav	Shrink, mils/in	Melt flow, g/10 min	Drying temp, °F	Drying time, hr	Max. % moisture
C27		1.414					
C9		1.414					
C9G6		1.604					

Acetal Copoly Schulaform A. Schulman

Grade	Filler	Sp Grav	Shrink, mils/in	Melt flow, g/10 min	Drying temp, °F	Drying time, hr	Max. % moisture
9 a		1.414			230	3.0-4.0	
9 b		1.414			230	3.0-4.0	
9 d		1.414			230	3.0-4.0	
9 E HI		1.363			230	3.0-4.0	

Max. % regrind	Inj. pres., ksi	Rear temp, °F	Mid temp, °F	Front temp, °F	Nozzle temp, °F	Proc temp, °F	Mold temp, °F
	10.0-15.0					360-425	175-225
	10.0-15.0					360-425	175-225
	10.0-15.0					360-425	175-225
	10.0-15.0					360-425	175-225
	10.0-15.0					360-425	175-225
	10.0-15.0					360-425	175-225
	10.0-15.0					360-425	175-225
	10.0-15.0					360-425	175-225
	10.0-15.0					360-425	175-225
	10.0-15.0					360-425	175-225
	10.0-15.0					360-425	175-225
	10.0-15.0					360-425	175-225
	10.0-15.0					360-425	175-225
	10.0-15.0					360-425	175-225
	10.0-15.0					360-425	175-225
	10.0-15.0					360-425	175-225
	10.0-15.0					360-425	175-225
	10.0-15.0					360-425	175-225
	10.0-15.0					360-425	175-225
	10.0-15.0					360-425	175-225
	10.0-15.0					360-425	175-225
	10.0-15.0					360-425	175-225
	10.0-15.0					360-425	175-225
	10.0-15.0					360-425	175-225
	10.0-15.0					360-425	175-225
	10.0-15.0					360-425	175-225
	10.0-15.0					360-425	175-225
	10.0-15.0					360-425	175-225
	10.0-15.0					360-425	175-225
	10.0-15.0					360-425	175-225
	10.0-15.0					360-425	175-225
	10.0-15.0					360-425	175-225
	10.0-15.0					360-425	175-225
	10.0-15.0					360-425	175-225
	10.0-15.0					360-425	175-225
	10.0-15.0					360-425	175-225
	10.0-15.0					360-425	175-225
	10.0-15.0					360-425	175-225
	10.0-15.0					360-425	175-225
	10.0-15.0					360-425	175-225
	10.0-15.0					360-425	175-225
	10.0-15.0					360-425	175-225
	10.0-15.0					360-425	175-225
	10.0-15.0					360-425	175-225
						374-428	140-212
						374-428	140-194
						392-428	86-194
						356-392	140-248
						356-392	140-248
						356-392	140-248
						356-392	140-248

FREE DATA SHEETS: WWW.IDES.COM/PSIM

Grade	Filler	Sp Grav	Shrink, mils/in	Melt flow, g/10 min	Drying temp, °F	Drying time, hr	Max. % moisture
9 f		1.414			230	3.0-4.0	
GF 25	GFI 25	1.584			230	3.0-4.0	
TF 20		1.504			230	3.0-4.0	

Acetal Copoly — Sniatal — Rhodia

Grade	Filler	Sp Grav	Shrink, mils/in	Melt flow, g/10 min	Drying temp, °F	Drying time, hr
4 FV 200	GFI 20	1.544	6.0		176-194	3.0-4.0
4 FV 300	GFI 30	1.614	4.0		176-194	3.0-4.0
4 L		1.414	20.0		176-194	3.0-4.0
4 SC		1.353	17.0		176-194	3.0-4.0
4 SI		1.414	20.0		176-194	3.0-4.0
4 SV 250	GB 25	1.594			176-194	3.0-4.0
4 Y10		1.444	20.0		176-194	3.0-4.0
6 AV		1.414	20.0		176-194	3.0-4.0
CC 006		1.414	16.0		176-194	3.0-4.0
M2		1.414	22.0		176-194	3.0-4.0
M4		1.414	20.0		176-194	3.0-4.0
M5		1.414	20.0		176-194	3.0-4.0
M6		1.414	20.0		176-194	3.0-4.0
M8		1.414	20.0		176-194	3.0-4.0

Acetal Copoly — Stat-Kon — LNP

Grade	Filler	Sp Grav	Shrink, mils/in	Melt flow, g/10 min	Drying temp, °F	Drying time, hr
K-	CP	1.440	21.0-25.0		180	4.0
K-1 HI	CP	1.330	23.0		180	4.0
KC-1002	CF	1.430	6.0		180	4.0
KCL-4533	CF	1.470	4.0-6.0		180	4.0
PDX-K-02764	CP	1.440	15.0-35.0		180	4.0

Acetal Copoly — Stat-Loy — LNP

Grade	Filler	Sp Grav	Shrink, mils/in	Melt flow, g/10 min	Drying temp, °F	Drying time, hr
K- E		1.320	18.0		180	4.0
PDX-K-95702		1.320	17.0		180	4.0
PDX-K-96821		1.320	19.0		180	4.0

Acetal Copoly — Tarnoform — Zaktady Azotowe

Grade	Filler	Sp Grav	Shrink, mils/in	Melt flow, g/10 min	Drying temp, °F	Drying time, hr
200		1.414		2.50 E	212-248	2.0-3.0
300		1.414	36.5	9.00 E	212-248	2.0-3.0
300 Cl2		1.343		5.00 E	212	2.0-3.0
300 Cl4		1.273	31.2	2.50 E	212	2.0-3.0
300 DW		1.424		6.50 E	212-248	2.0-3.0
300 GB2	GFI 10	1.474		9.00 E	212-248	2.0-3.0
300 GB4	GFI 20	1.534		9.00 E	212-248	2.0-3.0
300 GB6	GFI 30	1.594		9.00 E	212-248	2.0-3.0
300 GF2	GFI 10	1.484	18.1	7.50 E	212-248	2.0-3.0
300 GF2 GB2	GFI 10	0.551		9.00 E	212-248	2.0-3.0
300 GF3	GFI 15	1.524	11.2	6.50 E	212-248	2.0-3.0
300 GF4	GFI 20	1.554		6.50 E	212-248	2.0-3.0
300 GF5	GFI 26	1.594	10.2	5.00 E	212-248	2.0-3.0
300 GF6	GFI 30	1.604	10.2	4.50 E	212-248	2.0-3.0
300 HI2		1.383		8.00 E	212	2.0-3.0
300 HI4		1.363	30.0	6.00 E	212	2.0-3.0
300 HI6		1.333		5.00 E	212	2.0-3.0
300 K		1.444	32.5	8.50 E	212-248	2.0-3.0
300 LS		1.414		9.00 E	212-248	2.0-3.0
300 M		1.424		9.00 E	212-248	2.0-3.0
300 MW4	CSO 20	1.554		7.00 E	212-248	2.0-3.0
300 MW6	CSO 30	1.624	16.1	5.50 E	212-248	2.0-3.0
300 SI		1.414		9.00 E	212-248	2.0-3.0

Max. % regrind	Inj. pres., ksi	Rear temp, °F	Mid temp, °F	Front temp, °F	Nozzle temp, °F	Proc temp, °F	Mold temp, °F
						356-392	140-248
						356-392	140-248
						356-392	140-248
		365-383	374-392	383-410			176
		365-383	374-392	383-410			176
		356-374	374-392	383-401			176
		356-374	374-392	383-401			176
		356-374	374-392	383-401			176
		356-383	374-392	392-410			176
		356-365	374-392	383-401			176
		356-365	374-392	374-383			176
		356-365	374-392	383-401			176
		329-347	356-374	374-383			176
		356-374	374-392	383-401			176
		374-392	365-383	356-365			176
		356-365	365-374	374-383			176
		347-356	356-365	365-374			176
						390-415	180-225
						390-415	180-225
						390-415	180-225
						390-415	180-225
						390-415	180-225
						380-400	160-200
						380-400	160-200
						380-400	160-200
		356-446	356-446	356-446			140-248
		356-446	356-446	356-446			140-248
		356-410	356-410	356-410			122-176
		356-410	356-410	356-410			122-176
		356-446	356-446	356-446			140-248
		356-446	356-446	356-446			140-248
		356-446	356-446	356-446			140-248
		356-446	356-446	356-446			140-248
		356-446	356-446	356-446			140-248
		356-446	356-446	356-446			140-248
		356-446	356-446	356-446			140-248
		356-446	356-446	356-446			140-248
		356-446	356-446	356-446			140-248
		356-446	356-446	356-446			140-248
		356-410	356-410	356-410			122-176
		356-410	356-410	356-410			122-176
		356-410	356-410	356-410			122-176
		356-446	356-446	356-446			140-248
		356-446	356-446	356-446			140-248
		356-446	356-446	356-446			140-248
		356-446	356-446	356-446			140-248
		356-446	356-446	356-446			140-248

Grade	Filler	Sp Grav	Shrink, mils/in	Melt flow, g/10 min	Drying temp, °F	Drying time, hr	Max. % moisture
300 TF		1.414		9.00 E	212-248	2.0-3.0	
300 TF2		1.464		8.50 E	212-248	2.0-3.0	
300 TF4		1.524		8.00 E	212-248	2.0-3.0	
300 UV		1.414		9.00 E	212-248	2.0-3.0	
100		1.414		13.00 E	212-248	2.0-3.0	
411		1.414	36.0	13.00 E	212-248	2.0-3.0	
500		1.414		27.00 E	212-248	2.0-3.0	
500 GB6	GFI 30	1.604		20.00 E	212-248	2.0-3.0	
500 HI4		1.363		21.00 E	212	2.0-3.0	
700		1.414		48.00 E	212-248	2.0-3.0	

Acetal Copoly — Tenac-C — Asahi Kasei

Grade	Filler	Sp Grav	Shrink, mils/in	Melt flow, g/10 min	Drying temp, °F	Drying time, hr	Max. % moisture
3510		1.414	16.0-20.0	2.80	176-194	3.0-4.0	
3513		1.414	16.0-20.0	3.00	176-194	3.0-4.0	
4513		1.414	16.0-20.0	9.00	176-194	3.0-4.0	
4520		1.414	16.0-20.0	9.00	176-194	3.0-4.0	
4563		1.414	16.0-20.0	9.00	176-194	3.0-4.0	
5520		1.414	16.0-20.0	15.00	176-194	3.0-4.0	
7513		1.414	16.0-20.0	30.00	176-194	3.0-4.0	
7520		1.414	16.0-20.0	30.00	176-194	3.0-4.0	
7554		1.414	15.0-19.0	30.00	176-194	3.0-4.0	
8520		1.414	16.0-20.0	45.00	176-194	3.0-4.0	
CF452	CF 10	1.434	3.0-6.0	5.00	176-194	3.0-4.0	
CF454	CF 20	1.464	1.0-2.0	4.00	176-194	3.0-4.0	
GN455	GFI 25	1.594	4.0-6.0	4.00	176-194	3.0-4.0	
GN755	GFI 25	1.594	4.0-6.0	8.00	176-194	3.0-4.0	
HC450		1.414	16.0-20.0	8.00	176-194	3.0-4.0	
HC750		1.414	16.0-20.0	30.00	176-194	3.0-4.0	
LD755	MN 20	1.524	14.0-16.0	25.00	176-194	3.0-4.0	
LT350		1.414	16.0-20.0	3.00	176-194	3.0-4.0	
MT754	MN 20	1.584	10.0-12.0	20.00	176-194	3.0-4.0	

Acetal Copoly — Terez POM — Ter Hell Plast

Grade	Filler	Sp Grav	Shrink, mils/in	Melt flow, g/10 min	Drying temp, °F	Drying time, hr	Max. % moisture
8001		1.414		2.50 E	212-248	2.0-3.0	
8005		1.414		9.00 E	212-248	2.0-3.0	
8005 ER		1.414		9.00 E	212-248	2.0-3.0	
8005 GF 30	GFI 30	1.634		5.50 E	212-248	2.0-3.0	
8005 GF25	GFI 25	1.594			212-248	2.0-3.0	
8007		1.414		13.00 E	212-248	2.0-3.0	
8014		1.414		27.00 E	212-248	2.0-3.0	
8022		1.414		48.00 E	212-248	2.0-3.0	

Acetal Copoly — Thermocomp — LNP

Grade	Filler	Sp Grav	Shrink, mils/in	Melt flow, g/10 min	Drying temp, °F	Drying time, hr	Max. % moisture
KB-1003 ER BK8-114	GB	1.510		24.0	180	4.0	
KB-1004	GB	1.560			180	4.0	
KB-1005	GB	1.594		23.0	180	4.0	
KF-1004	GFI	1.560			180	4.0	
KF-1004 M	GFM	1.530		27.0-30.0	180	4.0	
KF-1006 BK8-114	GFI	1.640		3.0	180	4.0	
KFX-1002	GFI	1.450		12.0	180	4.0	
KFX-1005	GFI			6.0	180	4.0	
KFX-1006	GFI	1.620		5.0	180	4.0	
KFX-1006 MG	GMF	1.640		7.0	180	4.0	
PDX-K-97390	GFI	1.450		12.0	180	4.0	

Max. % regrind	Inj. pres., ksi	Rear temp, °F	Mid temp, °F	Front temp, °F	Nozzle temp, °F	Proc temp, °F	Mold temp, °F
		356-446	356-446	356-446			140-248
		356-446	356-446	356-446			140-248
		356-446	356-446	356-446			140-248
		356-446	356-446	356-446			140-248
		356-446	356-446	356-446			140-248
		356-446	356-446	356-446			140-248
		356-446	356-446	356-446			140-248
		356-446	356-446	356-446			140-248
		356-410	356-410	356-410			122-176
		356-446	356-446	356-446			140-248
						356-410	122
						356-410	122
						356-410	122
						356-410	122
						356-410	122
						356-410	122
						356-410	122
						356-410	122
						356-410	122
						356-410	122
						356-410	122
						356-410	122
						356-410	122
						356-410	122
						356-410	122
						356-410	122
						356-410	122
						356-410	122
						356-410	140-248
						374-410	140-248
						374-410	140-248
						374-428	
						374-428	140-248
						374-410	140-248
						374-410	140-248
						374-410	140-248
						390-415	180-225
						390-415	180-225
						390-415	180-225
						390-415	180-225
						390-415	180-225
						390-415	180-225
						390-415	180-225
						390-415	180-225
						390-415	180-225
						390-415	180-225
						390-415	180-225

FREE DATA SHEETS: WWW.IDES.COM/PSIM

Grade	Filler	Sp Grav	Shrink, mils/in	Melt flow, g/10 min	Drying temp, °F	Drying time, hr	Max. % moisture
Acetal Copoly	**Ultraform**				**BASF**		
H2320 006 Q600		1.404	20.0		176-230		
H4320 Q600		1.393	20.0		176-230		
N2200 G53 UNC Q600	GFI 25	1.584	7.0		176-230		
N2310P Q600			20.0		176-230		
N2320 003 LEV		1.404					
N2320 003 UNC Q600		1.404	20.0		176-230		
N2320 U017 Q600					176-230		
N2320 U03 UNC Q600		1.404	20.0		176-230		
N2640 Z2 UNC Q600		1.373	18.0		176-230		
N2640 Z4 UNC Q600		1.353	19.0		176-230		
S1320 0021 UNC		1.414	21.0		176-230		
S2320 003 UNC Q600		1.404	20.0		176-230		
S2320 009 UNC Q600			20.0		176-230		
W2320 003 LEV		1.404					
W2320 003 UNC Q600		1.404	19.0		176-230		
W2320 U03		1.404	21.0				
W2320 U03 LEV		1.404					
Acetal Homopoly	**AD majoris**				**AD majoris**		
POM GRIS 8109		1.414		10.00 E			
Acetal Homopoly	**Ashlene**				**Ashley Poly**		
RH180		1.410	22.0	2.75	175-195	3.0-4.0	
RH180B		1.410	22.0	2.75	175-195	3.0-4.0	
RH180ST		1.390		1.00	175-195	3.0-4.0	
RH190		1.410	22.0	9.50	175-195	3.0-4.0	
RH190B		1.410	22.0	9.50	175-195	3.0-4.0	
RH190H		1.410	22.0	8.00	175-195	3.0-4.0	
RH190H2-B		1.410	22.0	9.50	175-195	3.0-4.0	
RH190HB		1.410	22.0	8.00	175-195	3.0-4.0	
RH190H-N3		1.410	22.0	8.00	175-195	3.0-4.0	
RH190N-3		1.410	22.0	9.50	175-195	3.0-4.0	
RH190-PF		1.420		6.00	175-195	3.0-4.0	
RH190ST		1.390		6.00	175-195	3.0-4.0	
RH190TB		1.410	22.0	6.00	175-195	3.0-4.0	
Acetal Homopoly	**Bestpom**				**Triesa**		
H02/01		1.424	20.0	2.50	176	2.0-4.0	
H02U/02		1.424	20.0	2.50	176	2.0-4.0	
H14/01		1.424	20.0	14.00	176	2.0-4.0	
H14U/02		1.424	20.0	14.00	176	2.0-4.0	
Acetal Homopoly	**Clariant Acetal**				**Clariant Perf**		
HP-GF-20	GFI 20	1.560			230	2.0	
HP-MF1		1.430	20.0	1.00	230	2.0	
HP-MF5		1.430	20.0	5.00	230	2.0	
HP-MF9		1.430	20.0	9.00	230	2.0	
Acetal Homopoly	**Delrin**				**DuPont EP**		
100AL NC010		1.404	18.0	2.20 E			0.20
100P NC010		1.420	18.0-21.0	1.00 M			0.20
100ST NC010		1.340	9.0-12.0	0.80 M			0.05
100T NC010		1.373	19.0	2.00 E			0.05
111P NC010		1.420	18.0-21.0	1.00 M			0.20

Max. % regrind	Inj. pres., ksi	Rear temp, °F	Mid temp, °F	Front temp, °F	Nozzle temp, °F	Proc temp, °F	Mold temp, °F
						374-446	140-248
						347-392	
						374-446	140-248
						374-446	140-248
						374-428	140-212
						374-446	140-248
						374-446	140-248
						374-446	140-248
						374-446	140-248
						374-446	140-248
						374-446	140-248
						374-446	140-248
						374-446	140-248
						374-428	140-212
						374-446	140-248
						374-446	140-248
						374-428	140-212
	8.7-29.0					374-410	176-230
	7.0-17.0	365-380	365-380	365-380	390-420		158-194
	7.0-17.0	365-380	365-380	365-380	390-420		158-194
25	7.0-17.0	365-380	365-380	365-380	390-420		158-194
25	7.0-17.0	365-380	365-380	365-380	390-420		158-194
25	7.0-17.0	365-380	365-380	365-380	390-420		158-194
25	7.0-17.0	365-380	365-380	365-380	390-420		158-194
25	7.0-17.0	365-380	365-380	365-380	390-420		158-194
25	7.0-17.0	365-380	365-380	365-380	390-420		158-194
25	7.0-17.0	365-380	365-380	365-380	390-420		158-194
25	7.0-17.0	365-380	365-380	365-380	390-420		158-194
25	7.0-17.0	365-380	365-380	365-380	390-420		158-194
25	7.0-17.0	365-380	365-380	365-380	390-420		158-194
25	7.0-17.0	365-380	365-380	365-380	390-420		158-194
						356-392	104-176
						356-392	104-176
						356-392	104-176
						356-392	104-176
25	8.0-20.0	340-360	365-380	385-395	400-425		140-200
25	5.0-20.0	340-360	365-380	385-395	400-425		140-195
25	5.0-20.0	340-360	365-380	385-395	400-425		140-195
25	5.0-20.0	340-360	365-380	385-395	400-425		140-195
						410-428	176-212
						410-428	176-212
						392-410	104-140
						392-410	104-140
						410-428	176-212

FREE DATA SHEETS: WWW.IDES.COM/PSIM

Grade	Filler	Sp Grav	Shrink, mils/in	Melt flow, g/10 min	Drying temp, °F	Drying time, hr	Max. % moisture
127UV NC010		1.420	18.0-21.0	1.00 M			0.20
150 NC010		1.424	20.0	2.30 E			0.05
311DP NC010		1.424	18.0	7.00 E			0.20
500AF		1.530	18.0-20.0	2.00 M			0.20
500AL NC010		1.390	17.0-20.0	6.00 M			0.10
500CL NC010		1.420	17.0-20.0	7.00 M			0.20
500P NC010		1.420	18.0-21.0	7.00 M			0.20
500T NC010		1.390	13.0-16.0	5.50 M			0.05
500TL NC010		1.430	17.0-20.0	6.00 M			0.20
520MP NC000		1.540	18.0-21.0	4.00 M			0.20
525GR NC000	GFI 25	1.600	3.0-6.0	5.00 M			0.10
527UV NC010		1.420	19.0-22.0	7.00 M			0.20
570 NC000	GFI 20	1.560	8.0-11.0	4.00 M			0.10
900P NC010		1.420	16.0-19.0	11.00 M			0.20
911AL NC010		1.404	16.0	24.00 E			0.20

Acetal Homopoly — Deniform — Vamp Tech

Grade	Filler	Sp Grav	Shrink, mils/in	Melt flow, g/10 min	Drying temp, °F	Drying time, hr	Max. % moisture
0017		1.484	18.0-22.0	9.00	176-212	3.0	
0018		1.434	18.0-22.0	12.00	176-212	3.0	
0037		1.363	16.0-18.0	5.00	140-176	3.0	
0059/S		1.424	18.0-22.0	11.00	176-212	3.0	
13		1.424	18.0-22.0	13.00	140-176	3.0	
2010	GFI 20	1.564	7.0-15.0	7.50	176-212	3.0	
2015	GB 20	1.534	15.0-16.0	8.00	176-212	3.0	
3010	GFI 30	1.614	6.0-14.0	6.00	176-212	3.0	
3015	GB 30	1.604	14.0-15.0	7.00	176-212	3.0	
3019	CF	1.484	3.0-6.0	2.00	176-212	3.0	

Acetal Homopoly — EnCom — EnCom

Grade	Filler	Sp Grav	Shrink, mils/in	Melt flow, g/10 min	Drying temp, °F	Drying time, hr	Max. % moisture
POM 0116		1.340	9.0-12.0	0.85 M	175	2.0-4.0	0.02
POM 0614 TF	TAL 2	1.430	17.0-20.0	5.80 M	175	2.0-4.0	0.02

Acetal Homopoly — Fulton — LNP

Grade	Filler	Sp Grav	Shrink, mils/in	Melt flow, g/10 min	Drying temp, °F	Drying time, hr	Max. % moisture
404 D		1.520	20.0-22.0		180	4.0	
404 D E LE BN7-669		1.550	28.0		180	4.0	

Acetal Homopoly — Jamplast — Jamplast

Grade	Filler	Sp Grav	Shrink, mils/in	Melt flow, g/10 min	Drying temp, °F	Drying time, hr	Max. % moisture
JPAC		1.410	22.0	9.00 E	180	3.0	
JPAH		1.530					0.20

Acetal Homopoly — Lubricomp — LNP

Grade	Filler	Sp Grav	Shrink, mils/in	Melt flow, g/10 min	Drying temp, °F	Drying time, hr	Max. % moisture
KCL-4034 D	CF	1.560			180	4.0	
KFL-4412 D BK8-229	GFI	1.460	12.0-12.9		180	4.0	
KL-4540 D HP		1.490	21.0		180	4.0	

Acetal Homopoly — Lubri-Tech — PolyOne

Grade	Filler	Sp Grav	Shrink, mils/in	Melt flow, g/10 min	Drying temp, °F	Drying time, hr	Max. % moisture
ATH-000/05T		1.430	10.0-20.0				
ATH-000/10T 2S		1.470	10.0-20.0				
ATH-000/18T 2S		1.510	20.0-23.0				
ATH-05KV/000	AR 5	1.430	20.0-23.0				
ATH-1000		1.410	20.0-23.0				
ATH-XC-361E		1.500	20.0-23.0				

Acetal Homopoly — MDE Compounds — Michael Day

Grade	Filler	Sp Grav	Shrink, mils/in	Melt flow, g/10 min	Drying temp, °F	Drying time, hr	Max. % moisture
AH10		1.420	24.0-26.0		170-190	1.0-2.0	
AH50		1.420	20.0-24.0		170-190	1.0-2.0	

Max. % regrind	Inj. pres., ksi	Rear temp, °F	Mid temp, °F	Front temp, °F	Nozzle temp, °F	Proc temp, °F	Mold temp, °F
						410-428	176-212
						410-428	176-212
						410-428	176-212
						410-428	176-212
						410-428	176-212
						410-428	176-212
						410-428	176-212
						392-410	104-140
						410-428	176-212
						410-428	176-212
						410-428	176-212
						410-428	176-212
						410-428	176-212
						410-428	176-212
						392-419	140-212
		356-392					158-194
		356-392					176-212
		356-392					140-194
		356-392					158-194
		374-392					176-212
		356-410					176-212
		356-410					176-212
		356-410					176-212
		356-410					176-212
		392					194-230
		365-390	365-390	365-400	365-420	390-430	160-210
		365-390	365-390	365-400	365-420	390-430	160-210
						390-415	180-225
						390-415	180-225
5	14.5-20.0	340	360	370	380	360-390	170-200
						410-428	176-212
						390-415	180-225
						390-415	180-225
						390-415	180-225
						370-420	
						370-420	
						380-420	
						380-420	
						370-420	
						380-420	
		390	400	410		410-425	180-240
		390	400	410		200-400	180-240

FREE DATA SHEETS: WWW.IDES.COM/PSIM

Grade	Filler	Sp Grav	Shrink, mils/in	Melt flow, g/10 min	Drying temp, °F	Drying time, hr	Max. % moisture
AH50F20		1.530	15.0-18.0		170-190	1.0-2.0	
AH50G20L	GFI 20	1.560	6.0		170-190	1.0-2.0	
AH50P		1.420	20.0-40.0		170-190	1.0-2.0	
AH50S2		1.420	22.0		170-190	1.0-2.0	

Acetal Homopoly	OP-Acetal				Oxford Polymers		
20PTFE	GTE	1.504	22.0		250	2.0-3.0	

Acetal Homopoly	Pier One POM				Pier One Polymers		
AH100-NAT		1.420		1.00 M	175	2.0	
AH105T-NAT		1.390		5.00 M	175	2.0	
AH900-NAT		1.420		9.00 M	175	2.0	

Acetal Homopoly	Plaslube				Techmer Lehvoss		
AC-81/TF/15		1.500	22.0		160	2.0	0.20
AC-81/TF/20/Natl		1.530	22.0		160	2.0	

Acetal Homopoly	PTS				Polymer Tech		
POMH-2100		1.424	18.0-22.0	2.80 AN	175-195	3.0-4.0	
POMH-2500		1.424	18.0-22.0	22.00 AN	175-195	3.0-4.0	
POMH-2900		1.424	18.0-22.0	34.00 AN	175-195	3.0-4.0	

Acetal Homopoly	RTP Compounds				RTP		
800 DEL		1.414	21.0-29.0		250	2.0	
800 SI 2 DEL		1.414	20.0		250	2.0	
800 TFE 10 DEL		1.474	20.0		250	2.0	
800 TFE 15 DEL		1.494	20.0		250	2.0	
800 TFE 20 DEL		1.534	20.0-30.0		250	2.0	
800 TFE 5 DEL		1.454	20.0-30.0		250	2.0	
801 SI 2 DEL	GFI 10	1.464	12.0		250	2.0	
801 TFE 10 DEL	GFI 10	1.534	10.0		250	2.0	
881 TFE 10 DEL	CF 10	1.494	3.0		250	2.0	
899 X 88188		1.424	25.0-35.0		250	2.0	
899 X 90822		1.444	20.0-30.0		250	2.0	

Acetal Homopoly	Tenac				Asahi Kasei		
2010		1.424	18.0-22.0	1.70	176-194	3.0-4.0	
3010		1.424	18.0-22.0	2.80	176-194	3.0-4.0	
3013A		1.424	18.0-22.0	2.80	176-194	3.0-4.0	
4010		1.424	18.0-22.0	10.00	176-194	3.0-4.0	
4012		1.424	18.0-22.0	9.00	176-194	3.0-4.0	
4013A		1.424	18.0-22.0	10.00	176-194	3.0-4.0	
4060		1.424	18.0-22.0	17.00	176-194	3.0-4.0	
5010		1.424	18.0-22.0	22.00	176-194	3.0-4.0	
5013A		1.424	18.0-22.0	22.00	176-194	3.0-4.0	
5050		1.424	17.0-21.0	21.00	176-194	3.0-4.0	
7010		1.424	18.0-21.0	34.00	176-194	3.0-4.0	
7050		1.424	17.0-21.0	33.00	176-194	3.0-4.0	
7054		1.424	17.0-21.0	39.00	176-194	3.0-4.0	
9054		1.424	17.0-21.0	70.00	176-194	3.0-4.0	
FS410		1.424	18.0-22.0	9.00	176-194	3.0-4.0	
GA510	GFI 10	1.504	15.0-18.0	17.00	176-194	3.0-4.0	
GA520	GFI 20	1.564	15.0-18.0	15.00	176-194	3.0-4.0	
GN705	GFI 25	1.564	4.0-6.0	10.00	176-194	3.0-4.0	
LA541		1.383	18.0-22.0	17.00	176-194	3.0-4.0	
LA543		1.383	18.0-22.0	17.00	176-194	3.0-4.0	

Max. % regrind	Inj. pres., ksi	Rear temp, °F	Mid temp, °F	Front temp, °F	Nozzle temp, °F	Proc temp, °F	Mold temp, °F
		390	400	410		400-420	180-240
		380	390	400		390-410	180-220
		390	400	410		400-420	180-240
		410	410	420		400-420	180-240
		350-380	360-390	370-400	370-400		175-225
						383-420	105-140
						383-420	105-140
						383-420	105
		350-380	370-410	360-390	350-400	380-420	180-250
		350-380	370-410	360-390	350-400	380-420	180-250
	10.5-15.5	425	375	375	375	400-440	140-250
	10.5-15.5	400	400	400	375	400-440	140-250
	10.5-15.5	400	400	400	375	400-440	140-250
	10.0-15.0					360-425	175-225
	10.0-15.0					375-425	175-225
	10.0-15.0					360-425	175-225
	10.0-15.0					360-425	175-225
	10.0-15.0					360-425	175-225
	10.0-15.0					360-425	175-225
	10.0-15.0					360-425	175-225
	10.0-15.0					360-425	175-225
	10.0-15.0					360-425	175-225
	10.0-15.0					360-425	175-225
	10.0-15.0					360-425	175-225
						374-410	122
						374-410	122
						374-410	122
						374-410	122
						374-410	122
						374-410	122
						374-410	122
						374-410	122
						374-410	122
						374-410	122
						374-410	122
						374-410	122
						374-410	122
						374-410	122
						374-410	122
						374-410	122
						374-410	122
						374-410	122
						374-410	122
						374-410	122

FREE DATA SHEETS: WWW.IDES.COM/PSIM

Grade	Filler	Sp Grav	Shrink, mils/in	Melt flow, g/10 min	Drying temp, °F	Drying time, hr	Max. % moisture
LM511		1.424	18.0-22.0	22.00	176-194	3.0-4.0	
LS701		1.424	18.0-22.0	34.00	176-194	3.0-4.0	
LT200		1.404	18.0-22.0	25.00	176-194	3.0-4.0	
LT802		1.424	18.0-22.0	1.70	176-194	3.0-4.0	
LT804		1.424	18.0-22.0	1.70	176-194	3.0-4.0	
SH210		1.424	18.0-22.0	1.70	176-194	3.0-4.0	
SH310		1.424	18.0-22.0	2.80	176-194	3.0-4.0	
SH410		1.424	18.0-22.0	10.00	176-194	3.0-4.0	
SH510		1.424	18.0-22.0	22.00	176-194	3.0-4.0	
SH710		1.424	18.0-22.0	34.00	176-194	3.0-4.0	

Acetal Homopoly — Thermocomp — LNP

Grade	Filler	Sp Grav	Shrink, mils/in	Melt flow, g/10 min	Drying temp, °F	Drying time, hr	Max. % moisture
KF-1002 D	GFI	1.490			180	4.0	
KF-1004 D	GFI	1.560	6.0		180	4.0	

Acrylic (PMMA) — Acrylite — Cyro

Grade	Filler	Sp Grav	Shrink, mils/in	Melt flow, g/10 min	Drying temp, °F	Drying time, hr	Max. % moisture
H10-108		1.190	3.0-6.0	14.00 I	175	3.0-4.0	
H12		1.190	4.0-6.0	7.00 I	180	3.0	0.10
H15		1.190	4.0-7.0	2.20 I	180	3.0	0.10
H15-002		1.190	4.0-7.0	2.20 I	175	3.0-4.0	
H15-003		1.190	4.0-7.0	2.20 I	175	3.0-4.0	
H15-310		1.190	4.0-7.0	2.20 I	175	3.0-4.0	
L40		1.190	3.0-5.0	28.00 I	160	3.0	0.10
M30		1.190	3.0-6.0	24.00 I	170	3.0	0.10
S10		1.190	4.0-7.0	3.40 I	180	3.0	0.10
S11		1.190	4.0-7.0	1.80 I	180	3.0	0.10

Acrylic (PMMA) — Acrylite Plus — Cyro

Grade	Filler	Sp Grav	Shrink, mils/in	Melt flow, g/10 min	Drying temp, °F	Drying time, hr	Max. % moisture
ZK-6		1.150	4.0-7.0	1.30 I	180	3.0-4.0	
ZK-D		1.150	3.0-6.0	5.00 I	175-190	3.0-4.0	0.10
ZK-F		1.170	3.0-6.0	11.00 I	175-190	3.0-4.0	0.10
ZK-M		1.170	3.0-6.0	3.00 I	180	3.0-4.0	
ZK-P		1.170	3.0-6.0	4.00 I	180	3.0-4.0	
ZK-X		1.160	4.0-7.0	1.00 I	175-190	3.0-4.0	0.10

Acrylic (PMMA) — Acryrex — Chi Mei

Grade	Filler	Sp Grav	Shrink, mils/in	Melt flow, g/10 min	Drying temp, °F	Drying time, hr	Max. % moisture
CM 205		1.190	2.0-6.0	1.80 I	185-195	2.0-3.0	
CM 207		1.190	2.0-6.0	8.00 I	167-176	2.0-3.0	
CM 211		1.190	2.0-6.0	16.00 I	160-165	2.0-3.0	

Acrylic (PMMA) — Anjacryl — J&A Plastics

Grade	Filler	Sp Grav	Shrink, mils/in	Melt flow, g/10 min	Drying temp, °F	Drying time, hr	Max. % moisture
A6		1.193			158-212	4.0-6.0	
A6XT		1.193			158-212	4.0-6.0	
A7		1.193			158-212	4.0-6.0	
A7XT		1.193			158-212	4.0-6.0	
A8		1.193			158-212	4.0-6.0	
A8XT		1.193			158-212	4.0-6.0	
J6		1.193			158-212	4.0-6.0	
J7		1.193			158-212	4.0-6.0	
J8		1.193			158-212	4.0-6.0	

Acrylic (PMMA) — Cyrolite — Cyro

Grade	Filler	Sp Grav	Shrink, mils/in	Melt flow, g/10 min	Drying temp, °F	Drying time, hr	Max. % moisture
CG-97		1.080	5.0-7.0	1.80 I	160	3.0-4.0	
G-20		1.110	4.0-7.0	2.20 S	175-185	3.0-4.0	
G-20 HIFLO®		1.110	4.0-7.0	12.00 S	175-185	3.0-4.0	0.10
Med 2		1.080		1.50 BF	160	3.0-4.0	

Max. % regrind	Inj. pres., ksi	Rear temp, °F	Mid temp, °F	Front temp, °F	Nozzle temp, °F	Proc temp, °F	Mold temp, °F
						374-410	122
						374-410	122
						374-410	122
						374-410	122
						374-410	122
						374-410	122
						374-410	122
						374-410	122
						374-410	122
						374-410	122
						390-415	180-225
						390-415	180-225
	6.0-15.0					410-470	90-160
	6.0-18.0	428-482	428-482	428-482			140
	6.0-18.0	464-482	464-482	464-482			140
	6.0-15.0					460-480	90-175
	6.0-15.0					460-480	90-175
	6.0-15.0					460-480	90-175
	6.0-18.0	390-460	390-460	390-460			140
	6.0-18.0	410-464	410-464	410-464			140
	6.0-18.0						140
	6.0-18.0						140
	6.0-15.0	425-450	450-480	450-480	450-480	450-480	150-195
	6.0-15.0	425-450	450-480	450-480	450-500	450-480	100-175
	6.0-15.0	425-450	450-480	450-480	450-500	450-480	100-175
	6.0-15.0	425-450	450-480	450-480	450-480	450-480	150-195
	6.0-15.0	425-450	450-480	450-480	450-480	450-480	150-195
	6.0-15.0	425-450	450-480	450-480	450-500	450-480	100-175
	0.8-1.4	410-480	410-480	410-480			120-160
	0.8-1.4	374-446	374-446	374-446			104-140
	0.8-1.4	340-410	340-410	340-410			85-120
						356-464	104-140
						392-482	104-140
						392-482	122-176
					428-482		122-176
					428-482		158-212
					446-482		158-212
						356-464	104-140
						392-482	122-176
						428-482	158-212
	10.0-16.0	425-450	450-480	450-480	450-480	420-480	90-150
	6.0-15.0	375-425	425-475	440-475	440-475	400-450	110-150
	6.0-15.0	375-425	425-475	440-475	440-475	400-450	110-150
	10.0-16.0	425-450	450-480	450-480	450-480	420-480	90-150

Grade	Filler	Sp Grav	Shrink, mils/in	Melt flow, g/10 min	Drying temp, °F	Drying time, hr	Max. % moisture
Acrylic (PMMA)	**Delpet**				**Asahi Kasei**		
560F		1.190	2.0-6.0	13.00 I	158	2.0-6.0	
Acrylic (PMMA)	**Diamat**				**Kolon**		
IG		1.160	3.0-8.0	5.00			
IH		1.150	3.0-8.0	3.50			
IM		1.170	3.0-7.0	7.50			
Acrylic (PMMA)	**Goldrex**				**Hanyang**		
HY-020		1.190	2.0-6.0	1.60 I	158-176	3.0-5.0	
HY-040H		1.190	2.0-6.0	3.50 I	167-194	3.0-5.0	
HY-080HI		1.160	2.0-6.0	4.00 I	140-158	4.0-6.0	
HY-080LI		1.170	2.0-6.0	7.00 I	140-158	4.0-6.0	
HY-150		1.190	2.0-6.0	14.00 I	194-212	3.0-5.0	
Acrylic (PMMA)	**LG PMMA**				**LG Chem**		
EF 940		1.180	2.0-6.0	3.00 I			
EG 920		1.180	2.0-6.0	1.60 I			
EG 930		1.180	2.0-6.0	2.20 I			
EH 910		1.180	2.0-6.0	1.00 I			
IF 850		1.180	2.0-6.0	12.50 I			
IF 870		1.180	2.0-6.0	23.00 I			
IG 840		1.180	2.0-5.0	5.80 I			
IH 830		1.180	2.0-6.0	2.30 I			
Acrylic (PMMA)	**Optix**				**Plaskolite-Cont**		
CA-1000 IG		1.160	2.0-7.0	2.80 I	165	2.0-4.0	
CA-924 G		1.170	2.0-7.0	6.30 I	180	2.0-4.0	
CA-927 G		1.160	2.0-7.0	4.50 I	175	2.0-4.0	
Acrylic (PMMA)	**Parapet**				**Kuraray**		
G		1.193	2.0-6.0	8.00 I	167-176	4.0-6.0	
GF		1.193	2.0-6.0	15.00 I	167-176	4.0-6.0	
GR00100		1.193	2.0-6.0	1.50 I	167-185	4.0-6.0	
GR01240		1.193	2.0-6.0	1.80 I	167-185	4.0-6.0	
GR01270		1.193	2.0-6.0	1.70 I	167-185	4.0-6.0	
GR04940		1.193	2.0-6.0	5.00 I	167-185	4.0-6.0	
GR04970		1.193	2.0-6.0	3.00 I	167-185	4.0-6.0	
GR-H24		1.193	2.0-6.0	10.00 I	167-185	4.0-6.0	
GR-H42		1.193	2.0-6.0	6.00 I	167-185	4.0-6.0	
GR-H60		1.193	2.0-6.0	3.00 I	167-185	4.0-6.0	
HR-F		1.193	2.0-6.0	5.50 I	167-185	4.0-6.0	
HR-G		1.193	2.0-6.0	0.60 I	167-185	4.0-6.0	
HR-L		1.193	2.0-6.0	2.00 I	167-185	4.0-6.0	
HR-S		1.193	2.0-6.0	2.40 I	167-185	4.0-6.0	
Acrylic (PMMA)	**PermaStat**				**RTP**		
1800		1.153	5.0-7.0		200	4.0	
1800 Clear		1.153	5.0-7.0		200	4.0	
Acrylic (PMMA)	**Perspex**				**Lucite**		
CP-1000E		1.160	6.0	1.10 I	150-165		
CP-1000I		1.160	6.0	2.70 I	150-165		
CP-41		1.190	5.0	25.00 I	150-165		
CP-51		1.190	5.0	14.50 I	150-165		

Max. % regrind	Inj. pres., ksi	Rear temp, °F	Mid temp, °F	Front temp, °F	Nozzle temp, °F	Proc temp, °F	Mold temp, °F
	5.8-14.5				374-446	374-392	122-158
	11.4-19.9	302-356	356-446	410-464	428-473	428-455	104-176
	11.4-19.9	302-356	356-446	410-464	428-473	428-455	104-176
	11.4-19.9	302-356	356-446	410-464	428-473	428-455	104-176
						410-428	140-176
						410-437	140-176
						410-437	140-176
						410-437	140-176
						392-419	140-176
	5.7-22.7	410-482	410-482	410-482			104-194
	5.7-22.7	464-518	464-518	464-518			104-194
	5.7-22.7	428-500	428-500	428-500			104-194
	5.7-22.7	464-518	464-518	464-518			104-194
	5.7-22.7	392-464	392-464	392-464			104-194
	5.7-22.7	374-464	374-464	374-464			104-194
	5.7-22.7	410-482	410-482	410-482			104-194
	5.7-22.7	428-500	428-500	428-500			104-194
	10.0-20.0	350-450	380-480	400-500	380-480	420-490	100-170
	10.0-20.0	350-450	380-480	400-500	380-480	420-480	110-190
	10.0-20.0	360-460	390-490	410-510	390-490	430-490	100-180
	8.7-20.3	374-446	374-446	374-446			104-140
	8.7-20.3	356-428	356-428	356-428			104-140
	10.2-21.8	428-500	428-500	428-500			122-176
	10.2-21.8	428-500	428-500	428-500			122-176
	10.2-21.8	428-500	428-500	428-500			122-176
	10.2-21.8	428-500	428-500	428-500			122-176
	10.2-21.8	428-500	428-500	428-500			122-176
	10.2-21.8	428-500	428-500	428-500			122-176
	10.2-21.8	428-500	428-500	428-500			122-176
	11.6-20.3	446-482	446-482	446-482			122-176
	11.6-20.3	446-482	446-482	446-482			122-176
	11.6-20.3	446-482	446-482	446-482			122-176
	11.6-20.3	446-482	446-482	446-482			122-176
	10.0-15.0					415-470	100-150
	10.0-15.0					415-470	100-150
		400-480	410-490	420-500	410-500	410-480	120-175
		400-480	410-490	420-500	410-500	410-480	120-175
		390-470	400-480	410-490	400-490	400-490	120-165
		390-470	400-480	410-490	400-490	400-490	120-165

FREE DATA SHEETS: WWW.IDES.COM/PSIM

Grade	Filler	Sp Grav	Shrink, mils/in	Melt flow, g/10 min	Drying temp, °F	Drying time, hr	Max. % moisture
CP-61		1.190	5.0	5.80 I	150-165		
CP-71		1.190	5.0	3.90 I	150-165		
CP-75		1.190	5.0	3.40 I	160-185		
CP-80		1.190	5.0	2.20 I	160-185		
CP-81		1.190	5.0	2.30 I	160-185		
CP-82		1.190	5.0	2.40 I	160-185		
CP-86		1.190	5.0	1.40 I	160-185		
CP-924		1.170	6.0	6.40 I	150-165		
CP-927		1.160	6.0	4.30 I	150-165		
CP-927HF		1.160	6.0	10.50 I	150-165		

Acrylic (PMMA) Plexiglas   Altuglas/Arkema

Grade	Filler	Sp Grav	Shrink, mils/in	Melt flow, g/10 min	Drying temp, °F	Drying time, hr	Max. % moisture
DR		1.150	3.0-8.0	1.00 I	180	4.0	
DR-T		1.160	3.0-8.0	0.80 I	180	4.0	
HFI-10		1.150	3.0-8.0	3.30 I	175	3.0-4.0	
HFI-7		1.170	3.0-6.0	10.00 I	175	2.0-4.0	
MI-4T		1.180	3.0-6.0	3.00 I	185	4.0	0.30
MI-7		1.170	3.0-6.0	3.20 I	185	4.0	0.30
MI-7T		1.180	3.0-6.0	1.80 I	185	4.0	0.30
SG-10		1.150	3.0-8.0	3.30 I	175	3.0-4.0	
SG-7		1.170	3.0-8.0	12.30 I	175	2.0-4.0	
V044		1.187	4.0-7.0	2.30 I	180	1.0-4.0	
V045		1.190	2.0-6.0	2.30 I	180	1.0-4.0	
V052		1.190	2.0-6.0	2.80 I	180	1.0-4.0	
V825		1.190	4.0-7.0	3.70 I	180	1.0-4.0	
V825 HID		1.187	4.0-7.0	3.70 I	180	1.0-4.0	
V825-UVA5A		1.187	4.0-7.0	3.70 I	180	1.0-4.0	
V826		1.187	4.0-7.0	1.60 I	180	1.0-4.0	
V920		1.187	4.0-7.0	8.00 I	180	1.0-4.0	
V920 UVT		1.187	4.0-7.0	8.00 I	180	1.0-4.0	
VH		1.187	4.0-7.0	19.50 I	180	1.0-4.0	
VLD		1.190	2.0-6.0	22.00 I	165	1.0-4.0	
VM		1.187	4.0-7.0	14.50 I	180	1.0-4.0	
VS		1.180	2.0-6.0	27.00 I	180	1.0-4.0	
VS UVT		1.187	4.0-7.0	27.00 I	180	1.0-4.0	

Acrylic (PMMA) Polyman   A. Schulman

Grade	Filler	Sp Grav	Shrink, mils/in	Melt flow, g/10 min	Drying temp, °F	Drying time, hr	Max. % moisture
(PMMA) Typ A		1.183			176	2.0-4.0	
(PMMA) Typ G		1.183			176	2.0-4.0	
(PMMA) Typ I		1.183			176	2.0-4.0	

Acrylic (PMMA) ShinkoLite-P   Mitsubishi Ray

Grade	Filler	Sp Grav	Shrink, mils/in	Melt flow, g/10 min	Drying temp, °F	Drying time, hr	Max. % moisture
IR D-30		1.170	3.0-7.0	3.60 I	158-185	4.0-6.0	
IR D-50		1.160	4.0-8.0	2.40 I	158-185	4.0-6.0	
IR D-70		1.140	4.0-8.0	1.30 I	158-185	4.0-6.0	
IR G-304		1.170	3.0-7.0	1.20 I	158-185	4.0-6.0	
IR G-504		1.160	4.0-8.0	0.90 I	158-185	4.0-6.0	
IR H-30		1.170	3.0-7.0	1.70 I	158-185	4.0-6.0	
IR H-50		1.160	4.0-8.0	1.10 I	158-185	4.0-6.0	
IR H-70		1.140	4.0-8.0	0.70 I	158-185	4.0-6.0	
MD		1.190	2.0-6.0	6.00 I	167-185	4.0-6.0	
MF		1.190	2.0-6.0	14.00 I	158-167	4.0-6.0	
V		1.190	2.0-6.0	2.50 I	176-194	4.0-6.0	
VH		1.190	2.0-6.0	2.00 I	176-194	4.0-6.0	
VR L-40		1.160	3.0-7.0	2.20 I	158-185	4.0-6.0	
VR S-40		1.160	3.0-7.0	7.80 I	158-185	4.0-6.0	

Max. % regrind	Inj. pres., ksi	Rear temp, °F	Mid temp, °F	Front temp, °F	Nozzle temp, °F	Proc temp, °F	Mold temp, °F
		390-470	400-480	410-490	400-490	400-490	120-165
		390-470	400-480	410-490	400-490	400-490	120-165
		400-480	410-490	420-500	410-500	410-490	120-200
		400-480	410-490	420-500	410-500	410-490	120-200
		400-480	410-490	420-500	410-500	410-490	120-200
		400-480	410-490	420-500	410-500	410-490	120-200
		400-480	410-490	420-500	410-500	410-490	120-200
		400-480	410-490	420-500	410-500	410-480	120-175
		400-480	410-490	420-500	410-500	410-490	120-175
		400-480	410-490	420-500	410-500	410-480	120-175
	7.0-16.0	430-480	460-510	450-500	450-500	450-500	60-170
	7.0-16.0	430-480	460-510	450-500	450-500	450-500	60-170
		440-480	460-500	450-490	450-490	470-510	90-170
		420-460	420-460	420-460	420-460	460	100-190
25		420-460	420-460	420-460	420-460	460	100-190
25		420-460	420-460	420-460	420-460	460	100-190
25		420-460	420-460	420-460	420-460	460	100-190
		440-480	460-500	450-490	450-490	470-510	90-170
		420-460	420-460	420-460	420-460	460	100-190
	15.0	420	430	440	430		150-190
		420	430	440	430		150-190
		420	430	440	430		150-190
	15.0	420	430	440	430		150-190
	15.0	420	430	440	430		150-190
	15.0	420	430	440	430		150-190
	15.0	425	435	450	435		150-190
	15.0	400	410	420	410		150-190
	15.0	400	410	420	410		150-190
	15.0	380	390	400	390		140-190
	15.0	380	390	400	390		130-160
	15.0	380	390	400	390		140-190
	15.0	360	370	380	370		130-190
	15.0	360	370	380	370		130-190
						428-482	104-158
						428-482	104-158
						428-482	104-158
	11.4-19.9	428-518	428-518	428-518			122-194
	11.4-19.9	428-518	428-518	428-518			122-194
	11.4-19.9	428-518	428-518	428-518			122-194
	11.4-19.9	428-518	428-518	428-518			122-194
	11.4-19.9	428-518	428-518	428-518			122-194
	11.4-19.9	428-518	428-518	428-518			122-194
	11.4-19.9	428-518	428-518	428-518			122-194
	11.4-19.9	428-518	428-518	428-518			122-194
	11.4-19.9	374-464	374-464	374-464			122-194
	11.4-19.9	338-446	338-446	338-446			122-194
	11.4-19.9	410-500	410-500	410-500			122-194
	11.4-20.0	410-500	410-500	410-500			122-194
	11.4-19.9	428-518	428-518	428-518			122-194
	11.4-19.9	428-518	428-518	428-518			122-194

FREE DATA SHEETS: WWW.IDES.COM/PSIM

Grade	Filler	Sp Grav	Shrink, mils/in	Melt flow, g/10 min	Drying temp, °F	Drying time, hr	Max. % moisture
Acrylic (PMMA)	**Sumipex**				**Sumitomo Chem**		
EX		1.190	2.0-6.0	1.50	175-195	4.0-6.0	
LG		1.190	2.0-6.0	10.00	166-180	4.0-6.0	
LG2		1.190	2.0-6.0	15.00	166-180	4.0-6.0	
MH		1.190	2.0-6.0	2.00	175-195	4.0-6.0	
MHF		1.190	2.0-6.0	2.00	175-195	4.0-6.0	
MM		1.190	2.0-6.0	0.60	180-195	4.0-6.0	
TR		1.200	2.0-6.0	2.40 I	194-212	4.0-6.0	
Acrylic (PMMA)	**Terez PMMA**				**Ter Hell Plast**		
5001		1.193		2.00 I	158-194	2.0-4.0	
5001 E		1.193		0.80 I	158-194	2.0-4.0	
5002 E		1.193		1.30 I	158-194	2.0-4.0	
5003		1.193		5.00 I	158-194	2.0-4.0	
5005		1.193		10.00 I	158-194	2.0-4.0	
Acrylic (PMMA)	**XT Polymer**				**Cyro**		
250		1.120	4.0-8.0	3.50 S			
255		1.110	4.0-10.0	4.00 S			
375		1.110	4.0-8.0	2.10 S			
X800RG		1.110	4.0-7.0	14.00 S			
X800RH		1.110	4.0-7.0	8.00 S			
Acrylic (SMMA)	**NAS**				**Nova Chemicals**		
21		1.080	2.0-6.0	1.90 G	180	2.0	
21 (20% KR03)				3.30 G	180	2.0	
21 (50% KR03)				4.80 G	180	2.0	
21 (80% KR03)				6.30 G	180	2.0	
30		1.090	2.0-6.0	2.20 G	180	2.0	
36		1.090	2.0-6.0	2.80 G	180	2.0	
90		1.070	2.0-6.0	1.50 G	170	2.0	
Acrylic (SMMA)	**NAS**				**Nova Innovene**		
21		1.083	0.0-0.1	1.90 G	180	2.0	
30		1.093		2.20 G	180	2.0	
36		1.093	0.0-0.1	2.20 G	180	2.0	
90			0.0-0.1	1.50 G	180	2.0	
Acrylic (SMMA)	**Net Poly SMMA**				**Network Poly**		
MS 100		1.080	2.0-6.0	0.40 G	180	2.0	
MS 300		1.090	2.0-6.0	2.40 G	180	2.0	
MS 300 SF		1.090	2.0	2.40 G	180	2.0	
MS 600		1.130	2.0-6.0	1.80 G	180	2.0	
Acrylic (SMMA)	**PSG SMMA**				**Plastic Sel Grp**		
115		1.070	5.0-7.0	3.30 I			
Acrylic (SMMA)	**Resirene CET**				**Resirene**		
116		1.080	4.0	1.80 G	167-171	2.0	
130		1.050	4.0	9.00 G			
240		1.050	4.0	6.50 G	167-176	2.0	
270		1.050	4.0	8.00 G	140	1.0	
Acrylic (SMMA)	**Zylar**				**Nova Chemicals**		
220		1.050	2.0-6.0	4.80 G	150	2.0	

Max. % regrind	Inj. pres., ksi	Rear temp, °F	Mid temp, °F	Front temp, °F	Nozzle temp, °F	Proc temp, °F	Mold temp, °F
	11.4-19.9						160-180
	8.5-17.7						140-180
	8.5-17.7						140-180
	11.4-19.9						160-180
	11.4-19.9						160-180
	11.4-19.9	446-518	446-518	446-518			176-194
						410-464	
						410-464	
						410-464	
						410-464	
						410-464	
	10.0-20.0					400-475	90-150
	10.0-20.0					400-475	90-150
	10.0-20.0					400-475	90-150
	10.0-20.0					400-475	90-150
	10.0-20.0					400-475	90-150
		360-420	390-450	410-470		410-470	90-140
		370	400	420		420-430	100-130
		370	400	420		420-430	100-130
		370	400	420		420-430	100-130
		360-420	390-450	410-470		410-470	90-140
		360-420	390-450	410-470		410-470	90-140
		360-420	390-450	410-470		410-470	90-140
		360-421	390-450	410-469		410-469	90-140
		360-421	390-450	410-469		410-469	90-140
		360-421	390-450	410-469		410-469	90-140
		360-421	390-450	410-469		410-469	90-140
						430-460	120-170
						400-430	120-140
						400-430	120-140
						430-460	120
		350-360	360-375	375-390	370-390	350-440	60-100
						392-446	100-180
						392-446	100-180
						392-446	100-180
						392-446	100-180
		355-415	365-425	375-435		400-460	80-130

FREE DATA SHEETS: WWW.IDES.COM/PSIM

Grade	Filler	Sp Grav	Shrink, mils/in	Melt flow, g/10 min	Drying temp, °F	Drying time, hr	Max. % moisture
221		1.050	2.0-6.0	4.80 G	150	2.0	
330		1.050	2.0-6.0	4.00 G	150	2.0	
390		1.040	2.0-6.0	4.20 G	150	2.0	
530		1.050	2.0-6.0	5.00 G	150	2.0	
531		1.050	2.0-6.0	5.00 G	150	2.0	
533		1.050	2.0-6.0	5.50 G	150	2.0	
535		1.050	2.0-6.0	5.50 G	150	2.0	
631		1.050	2.0-6.0	5.00 G	150	2.0	

Acrylic (SMMA)   Zylar   Nova Innovene

Grade	Filler	Sp Grav	Shrink, mils/in	Melt flow, g/10 min	Drying temp, °F	Drying time, hr	Max. % moisture
220		1.053	2.0-6.0	4.80 G	149	2.0	
221		1.053	2.0-6.0	4.80 G	149	2.0	
330		1.053	2.0-6.0	4.00 G	149	2.0	
390		1.043	2.0-6.0	4.20 G	149	2.0	
530		1.053	2.0-6.0	5.00 G	149	2.0	
531		1.053	2.0-6.0	5.00 G	149	2.0	
533		1.053	2.0-6.0	5.50 G	149	2.0	
535		1.053	2.0-6.0	5.50 G	149	2.0	
631		1.050	2.0-6.0	5.00 G	150	2.0	

Acrylic, Unspecified   Cyrovu   Cyro

Grade	Filler	Sp Grav	Shrink, mils/in	Melt flow, g/10 min	Drying temp, °F	Drying time, hr	Max. % moisture
Multipolymer Compound		1.110	4.0-7.0	6.00 BF	175	3.0-4.0	

Acrylic, Unspecified   Diakon   Lucite

Grade	Filler	Sp Grav	Shrink, mils/in	Melt flow, g/10 min	Drying temp, °F	Drying time, hr	Max. % moisture
CLG903		1.183	4.0-7.0	8.50	176	3.0-4.0	
CLH970		1.183	4.0-7.0	1.90	176	3.0-4.0	
CRG812		1.163	4.0-7.0	1.80	176	3.0-4.0	
CRG873		1.163	4.0-7.0	5.70	176	3.0-4.0	
Frost 902 51		1.193	4.0-7.0	5.50	176	3.0-4.0	
Frost 952 51		1.193	4.0-7.0	1.30	176	3.0-4.0	
LG703		1.183	4.0-7.0	7.90			
MG102		1.183	4.0-7.0	4.40			
MG102D		1.183	4.0-7.0	4.40			
MG102K		1.183	4.0-7.0	4.40			
ST15G7L		1.183	4.0-7.0	6.60	176	3.0-4.0	
ST25G8		1.173		2.50	176	3.0-4.0	
ST25H7		1.173	4.0-7.0	1.20	176	3.0-4.0	
ST35G8		1.163	4.0-7.0	1.80	176	3.0-4.0	
ST35N8		1.163	4.0-7.0	1.00	176	3.0-4.0	
ST45G8		1.153	4.0-8.0	1.30	176	3.0-4.0	
TD542		1.153	4.0-8.0	0.90	176	3.0-4.0	

Acrylic, Unspecified   Lucite SuperTuf   Lucite

Grade	Filler	Sp Grav	Shrink, mils/in	Melt flow, g/10 min	Drying temp, °F	Drying time, hr	Max. % moisture
ST50G6		1.003		10.50 I	150-165		
ST50G8		1.003		2.90 I	150-165		

Acrylic, Unspecified   RTP Compounds   RTP

Grade	Filler	Sp Grav	Shrink, mils/in	Melt flow, g/10 min	Drying temp, °F	Drying time, hr	Max. % moisture
1800		1.183	2.0-10.0		200	4.0	

Acrylic+PVC   Kydex   Kleerdex

Grade	Filler	Sp Grav	Shrink, mils/in	Melt flow, g/10 min	Drying temp, °F	Drying time, hr	Max. % moisture
IM62		1.320	2.0-4.0	34.20 F	130-160	4.0	
IM75		1.380	3.0-4.0				
IM88		1.380	2.0-4.0		130	4.0	
IM90		1.475	2.0-4.0		130	4.0	

Max. % regrind	Inj. pres., ksi	Rear temp, °F	Mid temp, °F	Front temp, °F	Nozzle temp, °F	Proc temp, °F	Mold temp, °F
		355-415	365-425	375-435		400-460	80-130
		355-415	365-425	375-435		400-460	80-130
		355-415	365-425	375-435		400-460	80-130
		355-415	365-425	375-435		400-460	80-130
		355-415	365-425	375-435		400-460	80-130
		355-415	365-425	375-435		400-460	80-130
		355-415	365-425	375-435		400-460	80-130
		355-415	365-425	375-435		400-460	80-130
		355-415	365-425	375-435		400-460	80-130
		354-415	365-424	376-435		399-482	81-129
		354-415	365-424	376-435		399-482	81-129
		354-415	365-424	376-435		399-482	81-129
		354-415	365-424	376-435		399-482	81-129
		354-415	365-424	376-435		399-482	81-129
		354-415	365-424	376-435		399-482	81-129
		354-415	365-424	376-435		399-482	81-129
		354-415	365-424	376-435		399-482	81-129
		355-415	365-425	375-435		400-460	80-130
	10.0-20.0	380-435	400-460	400-475	400-475	400-475	90-150
		374-482	392-518	410-536	410-518		122-194
		392-482	410-518	410-536	428-518		122-194
		374-464	410-500	410-536	428-518		122-176
		374-482	392-518	410-536	410-518		122-176
		392-482	410-518	410-536	428-518		122-194
		392-482	410-518	410-536	428-518		122-194
		356-446	392-482	410-518	428-500		122-176
		356-428	392-464	410-518	428-500		122-158
		356-428	392-464	410-518	428-500		122-158
		356-428	392-464	410-518	428-500		122-158
		374-482	392-518	410-536	410-518		104-176
		374-464	410-500	410-536	428-518		122-176
		392-482	392-518	410-536	410-518		104-176
		374-482	410-518	410-554	428-536		122-194
		374-482	410-518	410-554	428-536		122-194
		392-482	410-518	428-554	428-536		104-176
		374-482	410-518	410-554	428-536		122-194
		420	435	450	460	410-500	120-175
		420	435	450	460	410-500	120-175
	10.0-15.0					360-425	175-225
		315-385	315-385				90-140
						400	
		315-385	315-385			385-405	90-140
		315-385	315-385			385-405	90-140

FREE DATA SHEETS: WWW.IDES.COM/PSIM

Grade	Filler	Sp Grav	Shrink, mils/in	Melt flow, g/10 min	Drying temp, °F	Drying time, hr	Max. % moisture
AEM+TPC-ET	**DuPont ETPV**				**DuPont EP**		
50A01L NC010		1.083		2.50 CU			0.08
00A01 NC010		1.123		30.00 CU			0.08
AES	**Dialac**				**UMG ABS**		
EDF20		1.143	6.0-8.0		185-194	3.0-4.0	
ESA20		1.053	6.0-7.0		185-194	3.0-4.0	
ESA30		1.043	6.0-8.0		185-194	3.0-4.0	
ESH80		1.053	7.0-9.0		221	3.0-4.0	
EX18T		1.063	5.0-7.0		185-194	3.0-4.0	
EX18Z		1.053	5.0-7.0		185-194	3.0-4.0	
UH90		1.053	7.0-9.0		230	3.0-4.0	
XK300		1.063	6.0-8.0		185-194	3.0-4.0	
AES	**Saxatec**				**Sax Polymers**		
6120		1.073	4.0-7.0		176	2.0-4.0	
AES	**Unibrite**				**Nippon A&L**		
UB-201		1.043	4.0-6.0	65.00 AN	176-194	> 2.0	
UB-311		1.053	4.0-6.0	23.00 AN	176-194	> 2.0	
UB-500A		1.043	4.0-6.0	20.00 AN	176-194	> 2.0	
UB-600A		1.043	4.0-6.0	13.00 AN	176-194	> 2.0	
UB-700A		1.043	4.0-6.0	15.00 AN	176-194	> 2.0	
UB-801A		1.043	4.0-6.0	12.00 AN	185-203	> 2.0	
UB-830		1.053	4.0-6.0	7.00 AN	185-203	> 2.0	
UB-860		1.063	4.0-6.0	4.00 AN	194-212	> 2.0	
AES+PC	**Excelloy**				**Techno Polymer**		
CW10		1.110	4.0-6.0	44.00 BL	212-230	2.0-5.0	
CW50		1.150	4.0-7.0	30.00 BL	212-230	2.0-5.0	
AES+PC	**Techniace**				**Nippon A&L**		
W-870		1.153	4.0-6.0	5.00 AN	212-230	> 3.0	
Alkyd	**BMC**				**Bulk Molding**		
1901	GMN	2.210	3.0-6.0				
1902	GMN	2.080	2.0-4.0				
2201	GMN	2.100	3.0-6.0				
AS	**Litac-A**				**Nippon A&L**		
100PC		1.073	2.0-5.0	15.00 AN	176	> 4.0	
120PC		1.073	2.0-5.0	24.00 AN	176	> 4.0	
200PC		1.073	2.0-5.0	15.00 AN	176	> 4.0	
230PC		1.073	2.0-5.0	35.00 AN	176	> 4.0	
330PC		1.073	2.0-5.0	35.00 AN	176	> 4.0	
930PC		1.073	2.0-5.0	35.00 AN	176	> 4.0	
ASA	**Albis ASA**				**Albis**		
02A 811				10.00 AN			
02A MR20	MN 20	1.290		13.90 AN			
ASA	**Astalac**				**Marplex**		
ASA202		1.060	4.0-8.0	18.00 AN	185-194	3.0-5.0	
ASA303		1.060	4.0-8.0	28.00 AN	185-194	3.0-5.0	
ASA304		1.060	4.0-8.0	15.00 AN	185-194	3.0-5.0	

Max. % regrind	Inj. pres., ksi	Rear temp, °F	Mid temp, °F	Front temp, °F	Nozzle temp, °F	Proc temp, °F	Mold temp, °F
						482-500	
						464-482	
	10.2-18.9	302-374	338-410	356-428	338-410	392-446	122-140
	10.2-20.3	374-410	410-446	428-482	392-446	428-500	122-140
	10.2-20.3	374-410	410-446	428-482	392-446	428-500	122-140
	10.2-20.3	410-464	446-482	464-500	446-482	464-518	122-176
	10.2-20.3	374-410	410-446	428-482	392-446	428-500	122-140
	10.2-20.3	374-410	410-446	428-482	392-446	428-500	122-140
	10.2-20.3	410-464	446-482	464-500	446-482	464-518	122-176
	10.2-20.3	374-410	410-446	428-482	392-446	428-500	122-140
						428-500	140-194
		392-500	392-500	392-500			104-176
		392-500	392-500	392-500			104-176
		392-500	392-500	392-500			104-176
		392-500	392-500	392-500			104-176
		392-500	392-500	392-500			104-176
		428-536	428-536	428-536			104-176
		428-536	428-536	428-536			104-176
		428-536	428-536	428-536			104-176
		428-518	428-518	428-518			122-212
		428-518	428-518	428-518			122-212
		464-536	464-536	464-536			104-176
							280-330
							280-330
							280-330
		410-482	410-482	410-482			122-158
		410-482	410-482	410-482			122-158
		410-482	410-482	410-482			122-158
		410-482	410-482	410-482			122-158
		410-482	410-482	410-482			122-158
		410-482	410-482	410-482			122-158
						465-535	105-175
						465-535	105-175
	8.7-20.3	401-437	419-455	437-473		428-482	104-158
	8.7-20.3	401-437	419-455	437-473		428-482	104-158
	8.7-20.3	401-437	419-455	437-473		428-482	104-158

Grade	Filler	Sp Grav	Shrink, mils/in	Melt flow, g/10 min	Drying temp, °F	Drying time, hr	Max. % moisture
ASA309		1.060	4.0-8.0	5.00 AN	194-203	3.0-5.0	
ASA	**Centrex**				**Lanxess**		
821		1.050	5.0-7.0	1.40 I	180-190	2.0	0.20
ASA	**Dialac**				**UMG ABS**		
MAX10		1.073	4.0-6.0		185-194	3.0-4.0	
MAX15		1.073	4.0-6.0		185-194	3.0-4.0	
MAX20		1.073	4.0-6.0		185-194	3.0-4.0	
MAX25		1.073	4.0-6.0		185-194	3.0-4.0	
MAX40		1.083	4.0-6.0		230	3.0-4.0	
MD120		1.063	6.0-8.0		185-194	3.0-4.0	
MU400		1.143	4.0-6.0		185-194	3.0-4.0	
MU407		1.143	4.0-6.0		185-194	3.0-4.0	
TW15F		1.093	4.0-6.0		212	3.0-4.0	
TW17		1.093	4.0-6.0		212	3.0-4.0	
TW20B		1.093	4.0-6.0		212	3.0-4.0	
TW23		1.093	5.0-7.0		212	3.0-4.0	
TW25		1.103	5.0-7.0		212	3.0-4.0	
TW30		1.103	5.0-7.0		230	3.0-4.0	
VWA60		1.203	6.0-8.0		185-194	3.0-4.0	
WFA10		1.163	4.0-6.0		185-194	3.0-4.0	
WH10		1.123	4.0-5.0		194	6.0-10.0	
WR-3T		1.063	4.0-6.0		185-194	3.0-4.0	
ASA	**Diamond ASA**				**Diamond**		
S-10		1.060	5.0	0.80 G	176-185	2.0-4.0	0.10
S310		1.060	3.0-6.0	1.50 G	176-185	2.0-4.0	0.10
S319		1.130	3.0-7.0	0.50 G	176-185	2.0-4.0	0.10
S510		1.060	3.0-6.0	1.50 G	176-185	2.0-4.0	0.10
S519		1.120	3.0-7.0	0.35 G	176-185	2.0-4.0	0.10
S610		1.060	3.0-7.0	1.40 G	176-185	2.0-4.0	0.10
S710		1.060	3.0-7.0	1.40 G	176-185	2.0-4.0	0.10
T-105		1.060	3.0-7.0	0.30 G	176-185	2.0-4.0	0.10
T-110		1.060	3.0-7.0	0.40 G	176-185	2.0-4.0	0.10
T-115		1.070	3.0-7.0	0.30 G	176-185	2.0-4.0	0.10
T-120		1.070	3.0-7.0	0.30 G	176-185	2.0-4.0	0.10
WR-2		1.063	3.0-6.0	2.20 G	176-185	2.0-4.0	0.10
ASA	**Geloy**				**GE Adv Materials**		
CR7510 Resin		1.080	4.0-6.0	4.00 AN	190-210	3.0-4.0	0.04
CR7520 Resin		1.060	5.0-7.0	7.00 AN	180-190	3.0-6.0	0.04
FXTW20SK Resin		1.120	4.0-7.0	17.00 AN	176-194	3.0-4.0	0.04
XTWM200 Resin		1.100	4.0-6.0	15.00 AN	176-194	4.0	0.04
XTWM206 Resin		1.090	4.0-6.0	8.80 AN	185-194	4.0	0.04
ASA	**Geloy**				**GE Adv Matl AP**		
CR7510 Resin		1.080	4.0-6.0	4.00 AN	190-210	3.0-4.0	0.04
CR7520 Resin		1.060	5.0-7.0	7.00 AN	180-190	3.0-6.0	0.04
FXTW20SK Resin		1.120	4.0-7.0	17.00 AN	176-194	3.0-4.0	0.04
XTWM200 Resin		1.100	4.0-6.0	15.00 AN	176-194	4.0	0.04
XTWM206 Resin		1.090	4.0-6.0	8.80 AN	185-194	4.0	0.04
ASA	**Geloy**				**GE Adv Matl Euro**		
CR7510 Resin		1.063	4.0-7.0		212-230	2.0-4.0	0.02
CR7520 Resin		1.063	4.0-7.0		167-185	2.0-4.0	0.04

Max. % regrind	Inj. pres., ksi	Rear temp, °F	Mid temp, °F	Front temp, °F	Nozzle temp, °F	Proc temp, °F	Mold temp, °F
	8.7-20.3	401-437	419-455	437-473		428-482	104-176
15		460-525	460-525	460-525	485-550	485-550	110-160
	10.2-20.3	374-410	410-446	428-482	392-446	428-500	122-140
	10.2-20.3	374-410	410-446	428-482	392-446	428-500	122-140
	10.2-20.3	374-410	410-446	428-482	392-446	428-500	122-140
	10.2-20.3	374-410	410-446	428-482	392-446	428-500	122-140
	10.2-20.3	410-464	446-482	464-500	446-482	464-518	122-176
	10.2-20.3	374-410	410-446	428-482	392-446	428-500	122-140
	10.2-20.3	392-446	446-482	446-518	392-482	446-518	122-140
	10.2-20.3	374-410	410-446	428-482	392-446	428-500	122-140
	10.2-20.3	374-410	410-446	428-482	392-446	428-500	122-176
	10.2-20.3	374-410	410-446	428-482	392-446	428-500	122-176
	10.2-20.3	374-410	410-446	428-482	392-446	428-500	122-176
	10.2-20.3	374-410	410-446	428-482	392-446	428-500	122-176
	10.2-20.3	410-464	446-482	464-500	446-482	464-518	122-176
	10.2-18.9	302-374	338-410	356-428	338-410	392-446	122-140
	10.2-18.9	302-374	338-410	356-428	338-410	392-446	122-140
	10.2-20.3	392-428	410-446	446-482	446-482	464-500	140-176
	10.2-20.3	374-410	410-446	428-482	392-446	428-500	122-140
30		445-500	450-510	455-520	430-520	430-520	100-180
30		445-500	450-510	455-520	430-520	430-520	100-180
30		445-500	450-510	455-520	430-520	430-520	100-180
30		445-500	450-510	455-520	430-520	430-520	100-180
30		445-500	450-510	455-520	430-520	430-520	100-180
30		445-500	450-510	455-520	430-520	430-520	100-180
30		445-500	450-510	455-520	430-520	430-520	100-180
30		445-500	450-510	455-520	430-520	430-520	100-180
30		445-500	450-510	455-520	430-520	430-520	100-180
30		445-500	450-510	455-520	430-520	430-520	100-180
30		445-500	450-510	455-520	430-520	430-520	100-180
30		445-500	450-510	455-520	430-520	430-520	100-180
		450-480	460-490	470-500	460-490	490-520	130-160
		430-480	440-500	460-520	460-520	460-520	130-170
		437-473	446-482	464-491	446-482	482-509	140-185
		410-473	419-482	437-491	419-482	455-509	140-185
		419-482	428-491	446-500	428-491	464-518	140-185
		450-480	460-490	470-500	460-490	490-520	130-160
		430-480	440-500	460-520	460-520	460-520	130-170
		437-473	446-482	464-491	446-482	482-509	140-185
		410-473	419-482	437-491	419-482	455-509	140-185
		419-482	428-491	446-500	428-491	464-518	140-185
		482-554	491-563	500-572	527-572	527-572	167-212
		410-464	428-482	446-500	428-482	464-500	104-158

FREE DATA SHEETS: WWW.IDES.COM/PSIM

Grade	Filler	Sp Grav	Shrink, mils/in	Melt flow, g/10 min	Drying temp, °F	Drying time, hr	Max. % moisture
EXGY0009 Resin		1.103	4.0-6.0		194-212	2.0-4.0	0.02
EXGY0010 Resin		1.153	4.0-6.0		212-230	2.0-4.0	0.02
FXTW20SK Resin		1.120	4.0-7.0	17.00 AN	176-194	3.0-4.0	0.04
FXW710SK Resin		1.093	4.0-7.0		167-185	2.0-4.0	0.04
HRA150 Resin		1.153	4.0-6.0		212-230	2.0-4.0	0.02
HRA170 Resin		1.153	4.0-6.0		212-230	2.0-4.0	0.02
HRA222 Resin		1.173	4.0-6.0		176-194	2.0-4.0	0.02
KP4025 Resin		1.153	4.0-6.0		194-212	2.0-4.0	0.05
KP4034 Resin		1.153	4.0-6.0		194-221	2.0-4.0	0.04
XTPM302 Resin		1.103	4.0-6.0		194-212	2.0-4.0	0.02
XTPM309E Resin		1.163	4.0-6.0		212-230	2.0-4.0	0.02
XTWM200 Resin		1.100	4.0-7.0	15.00 AN	176-194	4.0	0.04
XTWM206 Resin		1.090	4.0-7.0	8.80 AN	185-194	4.0	0.04
ASA	**LG ASA**				**LG Chem**		
LI-921		1.070		9.00 AN	176-194	2.0-3.0	0.10
ASA	**Luran S**				**BASF**		
776 SE		1.073	5.5		176	2.0-4.0	
777 K		1.073	5.5		176	2.0-4.0	
778 T		1.073	5.5		174	2.0-4.0	
797 SE		1.073	5.5		174	2.0-4.0	
ASA	**QR Resin**				**QTR**		
QR-2102		1.070	7.0	2.00 CW	175	3.0-6.0	
ASA	**Saxatec**				**Sax Polymers**		
4115		1.073	4.0-7.0		176	2.0-4.0	
4120		1.073	4.0-7.0		176	2.0-4.0	
4210		1.073	4.0-7.0		176	2.0-4.0	
4307		1.073	4.0-7.0		176	2.0-4.0	
4811B		1.043	4.0-7.0		176	2.0-4.0	
4910 GF10	GFI 10	1.073	4.0-7.0		176	2.0-4.0	
ASA	**Spartech Polycom**				**SpartechPolycom**		
SC6-1060U		1.070		21.00	175	2.0-4.0	
SC6-1062U		1.070		21.00	175	2.0-4.0	
SC6-1080U		1.070			175	2.0-4.0	
SC6-1082U		1.070			175	2.0-4.0	
ASA	**Vitax**				**Hitachi**		
V6700A		1.060	4.0-6.0	5.50 G	176-185	2.0-4.0	
V6701A		1.060	4.0-6.0	3.50 G	176-185	2.0-4.0	
V6702A		1.070	4.0-6.0	2.50 G	176-185	2.0-4.0	
V6810		1.070	4.0-6.0	1.20 G	185-212	2.0-4.0	
V6815		1.080	4.0-6.0	1.00 G	185-212	2.0-4.0	
V6820		1.080	4.0-6.0	0.30 G	203-221	2.0-4.0	
ASA+ABS	**Astalac**				**Marplex**		
ASA576-UV 45001		1.050	4.0-8.0	7.00 AN	185-194	3.0-5.0	
ASA+AES	**Centrex**				**Lanxess**		
813		1.050	5.0-6.0	1.50 I	180-190	2.0	0.20
ASA+AMSAN	**Geloy**				**GE Adv Materials**		
CR7500 Resin		1.080	5.0-8.0	6.30 AN	185-203	3.0-4.0	0.04

Max. % regrind	Inj. pres., ksi	Rear temp, °F	Mid temp, °F	Front temp, °F	Nozzle temp, °F	Proc temp, °F	Mold temp, °F
		428-500	446-518	464-536	446-518	482-536	122-176
		446-500	482-554	482-554	464-536	500-554	140-194
		437-473	446-482	464-491	446-482	482-509	140-185
		410-428	428-482	446-500	428-482	464-500	104-158
		446-500	482-554	482-554	464-536	500-554	140-194
		446-500	482-554	482-554	464-536	500-554	140-194
		392-446	428-500	446-518	428-500	446-518	122-158
		428-482	446-500	464-518	446-500	482-518	122-158
						500-527	122-158
		428-500	446-518	464-536	446-518	482-536	122-176
		446-500	482-554	482-554	464-536	500-554	140-194
		410-473	419-482	437-491	419-482	455-509	140-185
		419-482	428-491	446-500	428-491	464-518	140-185
	11.6-14.5	356-392	374-410	410-428	410-428	446-482	104-176
						446-518	104-176
		464-536	464-536	464-536			104-176
						466-534	105-175
		410-450	430-470	450-500	460-520	390-500	105-175
						428-500	140-194
						428-500	140-194
						428-500	140-194
						428-500	140-194
						428-536	140-194
						428-500	140-194
		445-500	445-500	445-500	465-540	465-540	104-176
		445-500	445-500	445-500	465-540	465-540	104-176
		445-500	445-500	445-500	465-540	465-540	104-176
		445-500	445-500	445-500	465-540	465-540	104-176
	8.5-21.3	428-482	428-482	428-482			104-176
	8.5-21.3	428-482	428-482	428-482			104-176
	8.5-21.3	428-482	428-482	428-482			104-176
	8.5-21.3	446-518	446-518	446-518			104-176
	8.5-21.3	446-518	446-518	446-518			104-176
	8.5-21.3	464-536	464-536	464-536			104-176
	8.7-20.3	401-437	419-455	437-473		428-482	104-158
		460-525	460-525	460-525	485-550	485-550	110-160
		446-482	455-491	473-500	455-491	491-518	140-185

FREE DATA SHEETS: WWW.IDES.COM/PSIM

Grade	Filler	Sp Grav	Shrink, mils/in	Melt flow, g/10 min	Drying temp, °F	Drying time, hr	Max. % moisture
ASA+AMSAN	Geloy				GE Adv Matl AP		
CR7500 Resin		1.080	5.0-8.0	6.30 AN	185-203	3.0-4.0	0.04
ASA+AMSAN	Geloy				GE Adv Matl Euro		
CR7500 Resin		1.080	5.0-8.0	6.30 AN	185-203	3.0-4.0	0.04
ASA+PC	Astaloy				Marplex		
ASA401		1.120	4.0-8.0	13.00 AT	203-212	3.0-5.0	
ASA403		1.120	4.0-8.0	6.50 AT	203-212	3.0-5.0	
ASA404		1.150	4.0-8.0	5.00 AT	203-212	3.0-5.0	
ASA405		1.160	4.0-8.0	7.00 AT	203-212	3.0-5.0	
KMV		1.240	4.0-8.0	7.00 AT	203-212	3.0-5.0	
KNH		1.200	4.0-8.0	23.00 AJ	203-212	3.0-5.0	
KSH		1.200	4.0-8.0	8.00 AJ	203-212	3.0-5.0	
KSV		1.200	4.0-8.0	20.00 AT	203-212	3.0-5.0	
ASA+PC	Diamond ASA/PC				Diamond		
FA-30		1.240	4.0-7.0	0.70 G	195-210	2.0-4.0	0.10
TA-35		1.150	4.0-7.0	0.35 G	195-210	2.0-4.0	0.10
ASA+PC	Geloy				GE Adv Materials		
FXW750SK Resin		1.160	5.0-7.0	10.20 AN	190-210	3.0-4.0	0.04
FXW751SK Resin		1.160	5.0-7.0	8.30 AN	200-220	3.0-4.0	0.04
XP4020R Resin		1.130	4.0-6.0	10.00 AN	190-210	3.0-4.0	0.04
XP4025 Resin		1.140	5.0-7.0	18.00 AZ	190-210	3.0-4.0	0.04
XP4034 Resin		1.150	5.0-7.0	24.00 BR	200-220	3.0-4.0	0.04
XP7550 Resin		1.110	5.0-7.0	14.00 AN	190-210	3.0-4.0	0.04
ASA+PC	Geloy				GE Adv Matl AP		
FXW750SK Resin		1.160	5.0-7.0	10.20 AN	190-210	3.0-4.0	0.04
FXW751SK Resin		1.160	5.0-7.0	8.30 AN	200-220	3.0-4.0	0.04
XP4020R Resin		1.130	4.0-6.0	10.00 AN	190-210	3.0-4.0	0.04
XP4025 Resin		1.140	5.0-7.0	18.00 AZ	190-210	3.0-4.0	0.04
XP4034 Resin		1.150	5.0-7.0	24.00 BR	200-220	3.0-4.0	0.04
XP7550 Resin		1.110	5.0-7.0	14.00 AN	190-210	3.0-4.0	0.04
ASA+PC	Geloy				GE Adv Matl Euro		
DLFR200 Resin		1.173			176-194	2.0-4.0	0.02
FXW750SK Resin		1.160	5.0-7.0	10.20 AN	190-210	3.0-4.0	0.04
FXW751SK Resin		1.160	5.0-7.0	8.30 AN	200-220	3.0-4.0	0.04
HRA222F Resin		1.173	4.0-6.0		176-194	2.0-4.0	0.02
XP7550 Resin		1.110	5.0-7.0	14.00 AN	190-210	3.0-4.0	0.04
XTPM307 Resin		1.153			212-230	2.0-4.0	0.02
XTPM309 Resin		1.163			212-230	2.0-4.0	0.02
ASA+PC	Luran S				BASF		
KR 2861/1 C		1.153	3.0-7.0		212-230	2.0-4.0	
ASA+PC	Saxaloy				Sax Polymers		
B8118		1.143	4.0-7.0		212-230	2.0-4.0	
B8425		1.163	4.0-7.0		212-230	2.0-4.0	
ASA+PC	UMG Alloy				UMG ABS		
CV88B		1.113	5.0-7.0		230	3.0-4.0	
CV91A		1.133	6.0-8.0		248	3.0-4.0	

Max. % regrind	Inj. pres., ksi	Rear temp, °F	Mid temp, °F	Front temp, °F	Nozzle temp, °F	Proc temp, °F	Mold temp, °F
		446-482	455-491	473-500	455-491	491-518	140-185
		446-482	455-491	473-500	455-491	491-518	140-185
	8.7-20.3	455-491	473-509	491-527		482-536	122-194
	8.7-20.3	455-491	473-509	491-527		482-536	122-194
	8.7-20.3	419-455	437-473	455-491		446-500	122-194
	8.7-20.3	473-509	491-527	509-545		500-554	122-194
	8.7-20.3	437-473	455-491	473-509		464-518	122-194
	8.7-20.3	428-464	446-464	464-482		464-482	122-194
	8.7-20.3	455-473	473-491	491-509		491-509	122-194
	8.7-20.3	446-464	464-482	482-500		464-500	122-176
30		445-500	450-510	455-520	430-520	430-520	100-180
30		445-500	450-510	455-520	430-520	430-520	100-180
		450-480	460-490	470-500	460-490	490-520	130-160
		460-490	470-500	480-510	470-510	500-530	130-160
		450-480	460-490	470-500	460-490	490-520	130-160
		450-480	460-490	470-500	460-490	490-520	130-160
		460-490	470-500	480-510	470-510	500-530	130-160
		450-480	460-490	470-500	460-490	490-520	130-160
		450-480	460-490	470-500	460-490	490-520	130-160
		460-490	470-500	480-510	470-510	500-530	130-160
		450-480	460-490	470-500	460-490	490-520	130-160
		450-480	460-490	470-500	460-490	490-520	130-160
		460-490	470-500	480-510	470-510	500-530	130-160
		450-480	460-490	470-500	460-490	490-520	130-160
		392-446	428-500	446-518	428-500	446-518	122-158
		450-480	460-490	470-500	460-490	490-520	130-160
		460-490	470-500	480-510	470-510	500-530	130-160
		392-446	428-500	446-518	428-500	446-518	122-158
		450-480	460-490	470-500	460-490	490-520	130-160
		446-500	482-554	482-554	464-536	500-554	140-194
		446-500	482-554	482-554	464-536	500-554	140-194
						500-572	140-194
						464-572	140-212
						464-572	140-212
	10.2-20.3	410-446	446-482	446-518	428-482	446-536	140-176
	10.2-20.3	392-428	428-464	446-482	428-464	464-500	140-176

FREE DATA SHEETS: WWW.IDES.COM/PSIM

Grade	Filler	Sp Grav	Shrink, mils/in	Melt flow, g/10 min	Drying temp, °F	Drying time, hr	Max. % moisture
CX10A		1.123	6.0-8.0		230	3.0-4.0	
CX15A		1.123	6.0-8.0		230	3.0-4.0	
CX55B		1.223	6.0-8.0		212	3.0-4.0	
CX70B	UNS	1.183	3.0-5.0		221	3.0-4.0	
TC-37M		1.103	5.0-7.0		230	3.0-4.0	
TC-41M		1.113	5.0-7.0		230	3.0-4.0	
TC-80A		1.133	5.0-7.0		230	3.0-4.0	

ASA+PET Astaloy Marplex

MDA256		1.120	6.0-10.0	12.00 CU	212-248	3.0-5.0	

ASA+PUR Astalac Marplex

MDA252		1.110	4.0-8.0	4.00 CG	185-194	3.0-6.0	

ASA+PVC Geloy GE Adv Materials

XP2003 Resin		1.210	3.0-5.0	4.50 BA	150-160	2.0-3.0	0.04

Biodeg Syn Poly Mater-Bi Novamont

AI 05 H		1.280		2.50			
AI 35 H				4.50			

CA Rotuba CA Rotuba Plastics

H		1.280			150-170	2.0-4.0	
H2		1.280			150-170	2.0-4.0	
M		1.270			150-170	2.0-4.0	
MH		1.270			150-170	2.0-4.0	
MS		1.260			150-170	2.0-4.0	

CAB Albis CAB Albis

Grade	Sp Grav	Shrink, mils/in
B900 (10% Plasticizer)	1.190	2.0-6.0
B900 (13% Plasticizer)	1.180	2.0-6.0
B900 (16% Plasticizer)	1.170	2.0-6.0
B900 (20% Plasticizer)	1.170	2.0-6.0
B900 (22% Plasticizer)	1.160	2.0-6.0
B900 (5% Plasticizer)	1.200	2.0-6.0
B900 (7% Plasticizer)	1.200	2.0-6.0
B900 (8% Plasticizer)	1.200	2.0-6.0
B9001-16H (16% Plasticizer)	1.170	2.0-6.0
B9004 (10% Plasticizer)	1.190	2.0-6.0
B9004 (11% Plasticizer)	1.190	2.0-6.0
B9004 (13% Plasticizer)	1.180	2.0-6.0
B9004 (16% Plasticizer)	1.170	2.0-6.0
B9004 (20% Plasticizer)	1.170	2.0-6.0
B9004 (22% Plasticizer)	1.160	2.0-6.0
B9004 (5% Plasticizer)	1.200	2.0-6.0
B9004 (7% Plasticizer)	1.200	2.0-6.0
B9004 (8% Plasticizer)	1.200	2.0-6.0
B901 (11% Plasticizer)	1.190	2.0-6.0
B901 (13% Plasticizer)	1.180	2.0-6.0
B902 (10% Plasticizer)	1.190	2.0-6.0
B902 (11% Plasticizer)	1.190	2.0-6.0
B902 (13% Plasticizer)	1.180	2.0-6.0
B902 (16% Plasticizer)	1.170	2.0-6.0
B902 (20% Plasticizer)	1.170	2.0-6.0
B902 (22% Plasticizer)	1.160	2.0-6.0

Max. % regrind	Inj. pres., ksi	Rear temp, °F	Mid temp, °F	Front temp, °F	Nozzle temp, °F	Proc temp, °F	Mold temp, °F
	10.2-20.3	392-428	428-464	446-482	428-464	464-500	140-176
	10.2-20.3	392-428	428-464	446-482	428-464	464-500	140-176
	10.2-20.3	392-428	428-464	446-482	428-464	464-500	122-176
	10.2-20.3	410-446	446-482	464-518	446-482	482-536	140-212
	10.2-20.3	410-446	446-482	446-518	428-482	446-536	140-176
	10.2-20.3	410-446	446-482	446-518	428-482	446-536	140-176
	10.2-20.3	410-446	446-482	446-518	428-482	446-536	140-176
	8.7-20.3	419-455	437-473	455-491		464-500	122-194
	8.7-20.3	320-356	338-374	356-392		338-392	104-158
		330-350	340-370	360-385	370-400	380-410	80-140
	14.5	284-302	311-329	329-347	338-356		122-158
	11.6	284-302	311-329	329-347	338-356		59-77
	1.2-1.5	400-420	400-420	400-420	410-430		110-130
	1.2-1.6	420-450	420-450	420-450	430-450		110-130
	1.1-1.3	360-380	360-380	360-380	380-400		110-130
	1.1-1.4	380-400	380-400	380-400	390-410		110-130
	1.0-1.2	340-360	340-360	340-360	360-380		110-130
						445	135
						430	125
						415	110
						395	100
						375	90
						470	160
						460	150
						460	150
						415	110
						445	135
						445	135
						430	125
						415	110
						395	100
						375	90
						470	160
						460	150
						460	150
						445	135
						430	125
						445	135
						445	135
						430	125
						415	110
						395	100
						375	90

FREE DATA SHEETS: WWW.IDES.COM/PSIM

Grade	Filler	Sp Grav	Shrink, mils/in	Melt flow, g/10 min	Drying temp, °F	Drying time, hr	Max. % moisture
B902 (5% Plasticizer)		1.200		2.0-6.0			
B902 (7% Plasticizer)		1.200		2.0-6.0			
B9024 (10% Plasticizer)		1.190		2.0-6.0			
B9024 (11% Plasticizer)		1.190		2.0-6.0			
B9024 (13% Plasticizer)		1.180		2.0-6.0			
B9024 (16% Plasticizer)		1.170		2.0-6.0			
B9024 (20% Plasticizer)		1.170		2.0-6.0			
39024 (22% Plasticizer)		1.160		2.0-6.0			
39024 (3% Plasticizer)		1.210					
39024 (5% Plasticizer)		1.200		2.0-6.0			
B9024 (7% Plasticizer)		1.200		2.0-6.0			
B9025 (8% Plasticizer)		1.200		2.0-6.0			
B908 (13% Plasticizer)		1.180		2.0-6.0			
B9086 (10% Plasticizer)		1.190		2.0-6.0			
B9086 (11% Plasticizer)		1.190		2.0-6.0			
B9424 (3% Plasticizer)		1.210					
Reprocessed Grade		1.170		1.5-7.0			

CAP

Grade	Filler	Sp Grav	Shrink, mils/in	Melt flow, g/10 min	Drying temp, °F	Drying time, hr	Max. % moisture
	Albis CAP				Albis		
CP800 (10% Plasticizer)		1.210		2.0-6.0			
CP800 (12% Plasticizer)		1.200		2.0-6.0			
CP800 (13% Plasticizer)		1.200		2.0-6.0			
CP800 (16% Plasticizer)		1.190		2.0-6.0			
CP800 (17% Plasticizer)		1.190		2.0-6.0			
CP800 (18% Plasticizer)		1.190		2.0-6.0			
CP800 (8% Plasticizer)		1.210		2.0-6.0			
CP800 (9% Plasticizer)		1.210		2.0-6.0			
CP801 (10% Plasticizer)		1.210		2.0-6.0			
CP801 (12% Plasticizer)		1.200		2.0-6.0			
CP801 (13% Plasticizer)		1.200		2.0-6.0			
CP801 (16% Plasticizer)		1.190		2.0-6.0			
CP801 (17% Plasticizer)		1.190		2.0-6.0			
CP801 (18% Plasticizer)		1.190		2.0-6.0			
CP801 (8% Plasticizer)		1.210		2.0-6.0			
CP801 (9% Plasticizer)		1.210		2.0-6.0			
CP808 (10% Plasticizer)		1.210		2.0-6.0			
CP808 (12% Plasticizer)		1.200		2.0-6.0			
CP808 (13%							

Max. % regrind	Inj. pres., ksi	Rear temp, °F	Mid temp, °F	Front temp, °F	Nozzle temp, °F	Proc temp, °F	Mold temp, °F
						470	160
						460	150
						445	135
						445	135
						430	125
						415	110
						395	100
						375	90
						475	175
						470	160
						460	150
						460	150
						430	125
						445	135
						445	135
						475	175
						415	110
						460	150
						445	135
						445	135
						425	125
						405	110
						405	110
						470	165
						470	165
						460	150
						445	135
						445	135
						425	125
						405	110
						405	110
						470	165
						470	165
						460	150
						445	135

FREE DATA SHEETS: WWW.IDES.COM/PSIM

Grade	Filler	Sp Grav	Shrink, mils/in	Melt flow, g/10 min	Drying temp, °F	Drying time, hr	Max. % moisture
Plasticizer)		1.200	2.0-6.0				
CP808 (16% Plasticizer)		1.190	2.0-6.0				
CP808 (17% Plasticizer)		1.190	2.0-6.0				
CP808 (18% Plasticizer)		1.190	2.0-6.0				
CP808 (8% Plasticizer)		1.210	2.0-6.0				
CP808 (9% Plasticizer)		1.210	2.0-6.0				
CP808-12H-22034 Smoke (12% Plasticizer)		1.200	2.0-6.0				
CP811		1.170	2.0-6.0				

CAP — Cellidor — Albis Euro

Grade	Filler	Sp Grav	Shrink, mils/in
CP 400-08 A		1.213	

DAP — Cosmic DAP — Cosmic

Grade	Filler	Sp Grav	Shrink, mils/in
224	DAC	1.600	1.0-4.0
224V	DAC	1.420	7.0-9.0
306	ORL	1.520	1.0-4.0
6120	GFI	1.810	1.0-4.0
6120F	GFI	1.840	1.0-4.0
6130	GFI	1.820	1.0-4.0
6130F	GFI	1.820	1.0-4.0
6160	MN	1.840	1.0-4.0
6220	GFI	1.790	1.0-4.0
6220F	GFI	1.790	1.0-4.0
6230	GFI	1.820	1.0-4.0
6230F	GFI	1.820	1.0-4.0
D33	GFI	1.800	1.0-4.0
D44	MN	1.740	1.0-4.0
D45	MN	1.700	3.0-7.0
D62	GFI	1.820	1.0-4.0
D62CM	GFI	1.940	
D63	GFI	1.770	1.0-4.0
D69	GFI	1.720	1.0-4.0
D72	GFI	1.820	1.0-4.0
D73	GMN	1.950	
D73F	GMN	1.970	
ID-40	ORL	1.520	1.0-4.0
ID-50	DAC	1.390	1.0-4.0
K31	GFI	1.760	1.0-4.0
K43	MN	1.800	3.0-7.0
K43V	MN	1.670	3.0-7.0
K61	GFI	1.720	1.0-4.0
K66	GFI	1.820	1.0-4.0
K77	GFI	1.780	1.0-4.0

DAP — Rogers DAP — Rogers

Grade	Filler	Sp Grav	Shrink, mils/in
51-01CAFR	MN	1.750	5.0
52-01	GFI	1.930	2.0-4.0
52-70-70 V0	GFI	1.910	2.0-4.0
73-70-70 C	GFI	1.910	2.0-4.0
73-70-70 R	GFI	1.845	2.0-4.0

Max. % regrind	Inj. pres., ksi	Rear temp, °F	Mid temp, °F	Front temp, °F	Nozzle temp, °F	Proc temp, °F	Mold temp, °F
						445	135
						425	125
						405	110
						405	110
						470	165
						470	165
						445	135
						470	165
						374-455	104-176
0.5-8.0						275-330	
0.5-8.0						275-350	
0.5-8.0						275-330	
0.5-8.0						275-330	
0.5-8.0						275-330	
0.5-8.0						275-330	
0.5-8.0						275-330	
0.5-8.0						275-330	
0.5-8.0						275-330	
0.5-8.0						275-330	
0.5-8.0						275-330	
0.5-8.0						275-330	
0.5-8.0						275-300	
0.5-8.0						275-300	
0.5-8.0						275-330	
0.5-8.0						275-350	
0.5-8.0						275-350	
0.5-8.0						275-330	
0.5-8.0						275-330	
0.5-8.0						275-350	
0.5-8.0						275-330	
0.5-8.0						275-330	
0.5-8.0						275-330	
0.5-8.0						275-330	
0.5-8.0						275-300	
0.5-8.0						275-350	
0.5-8.0						275-330	
0.5-8.0						275-330	
0.5-8.0						275-330	
8.0-10.0		140	170		190	230-240	320-340
8.0-10.0		140	170		190	230-240	320-340
8.0-10.0		140	170		190	230-240	320-340
8.0-10.0		140	170		190	230-240	320-340
8.0-10.0		140	170		190	230-240	320-340

FREE DATA SHEETS: WWW.IDES.COM/PSIM

Grade	Filler	Sp Grav	Shrink, mils/in	Melt flow, g/10 min	Drying temp, °F	Drying time, hr	Max. % moisture
775 CAF	MN	1.670	6.5				
FS-10 V0	GFI	1.910	2.0-4.0				
FS-5	GFI	1.910	2.0-4.0				
FS-6 CAF	MN	1.860	3.5				
RX 1310	GFI	1.825	1.0-3.0				
RX 1366FR	GFI	1.865	1.0-3.0				
X 1-501AN	MN	1.730	7.0-10.0				
RX 1-501N	MN	1.800	3.0-6.0				
RX 1-510N	MN	1.660	3.0-6.0				
RX 1-520	GFI	1.825	1.0-3.0				
RX 1-540	GMN	1.845	1.0-3.0				
RX 2-501N	MN	1.795	3.0-6.0				
RX 2-520	GFI	1.750	1.0-3.0				
RX 3-1-501N	MN	1.830	3.0-6.0				
RX 3-1-525F	GFI	1.865	1.0-3.0				
RX 3-2-520F	GFI	1.900	1.0-3.0				

EAA		Iotek			ExxonMobil		
7010		0.964		0.80 E			
7030		0.959		2.50 E			
7310		0.955		1.00 E			
7410		0.972		1.15 E			
7520		0.964		2.00 E			
8000		0.947		0.80 E			
8020		0.947		1.60 E			
8030		0.950		2.80 E			
8420		0.959		2.00 E			
8610		0.951		1.30 E			

EBA		Lucalen			Basell		
A 2326 F		0.925		0.60 E			
A 2340 D		0.924		0.25 E			
A 2540 D		0.925		0.25 E			

ECTFE		Halar			Solvay Solexis		
300		1.680	20.0-25.0				
300 LC		1.680		2.25			
500		1.680	20.0-25.0				
500 LC		1.680		17.50			
520		1.676	20.0-25.0				
801		1.680		0.30			
812		1.680		12.50			
930 LC		1.680		4.50			
XPH 453		1.720		7.50			
XPH 465		1.720		18.50			
XPH 476		1.640		26.00			

EMA		Optema			ExxonMobil		
TC 140		0.942		135.00			

EP		Bakelite EP			Bakelite Euro		
4412 S	GMI	1.895	3.5				
8410 S	GFI	1.945	3.5				
8412 S	GFI	1.835	3.5				
8414 S	GFI	1.885	2.5				

Max. % regrind	Inj. pres., ksi	Rear temp, °F	Mid temp, °F	Front temp, °F	Nozzle temp, °F	Proc temp, °F	Mold temp, °F
	8.0-10.0	140	170		190	230-240	320-340
	8.0-10.0	140	170		190	230-240	320-340
	8.0-10.0	140	170		190	230-240	320-340
	8.0-10.0	140	170		190	230-240	320-340
	8.0-10.0	140	170		190	230-240	320-340
	8.0-10.0	140	170		190	230-240	320-340
	8.0-10.0	140	170		190	230-240	320-340
	8.0-10.0	140	170		190	230-240	320-340
	8.0-10.0	140	170		190	230-240	320-340
	8.0-10.0	140	170		190	230-240	320-340
	8.0-10.0	140	170		190	230-240	320-340
	8.0-10.0	140	170		190	230-240	320-340
	8.0-10.0	140	170		190	230-240	320-340
	8.0-10.0	140	170		190	230-240	320-340
	8.0-10.0	140	170		190	230-240	320-340
						392-446	
						392-446	
						392-446	
						392-446	
						392-446	
						392-446	
						392-446	
						392-446	
						392-446	
						113-212	
						140-428	
						140-428	
						500-540	
						500-540	
15	1.2	450	470	500	490	510	200-300
						500-540	
15	1.2	450	470	500	490	510	200-300
						500-540	
						500-540	
						500-540	
						500-540	
	1.5	399	441	447-491	447-491	500-540	90
						350-420	
						199-599	
	> 2.2	140-167	140-167	140-167	176-212	176-212	320-374
	> 2.2	140-167	140-167	140-167	176-212	176-212	320-374
	> 2.2	140-167	140-167	140-167	176-212	176-212	320-374
	> 2.2	140-167	140-167	140-167	176-212	176-212	320-374

FREE DATA SHEETS: WWW.IDES.COM/PSIM

Grade	Filler	Sp Grav	Shrink, mils/in	Melt flow, g/10 min	Drying temp, °F	Drying time, hr	Max. % moisture
EP	**Kraton**				**Kraton**		
G-1750X		0.860		7.50 G	125	2.0-4.0	
G-1765X		0.860		4.20 G	125	2.0-4.0	
EPE	**Elite**				**Dow**		
5220B		0.917		3.50 E			
XB 81844.94		0.942		0.85 E			
XB 81844.96		0.964		0.85 E			
Epoxy	**Cosmic Epoxy**				**Cosmic**		
CP7311		2.000	1.0-4.0				
CP7312		2.000	1.0-4.0				
CP7314		2.000	1.0-4.0				
CP7318		2.000	1.0-4.0				
E484	GFI	1.950	1.0-4.0				
E486	GFI	1.850	1.0-4.0				
E487	GFI	1.850	1.0-4.0				
E4905	GFI	1.950	1.0-4.0				
E4920	GMN	1.900	1.0-4.0				
E4930R	GMN	2.000	1.0-4.0				
E4940S	GMN	1.850	1.0-4.0				
Epoxy	**Hysol**				**Loctite**		
MG33F-0588		1.870					
Epoxy	**Lytex**				**Quantum Comp**		
4143	GFI 45	1.500					
4144	GFI 45	1.300					
Epoxy	**Rogers Epoxy**				**Rogers**		
1904B	GMN	2.050	1.0-3.0				
1906	GMN	1.900	1.0-3.0				
1907	GFI	1.950	2.0-4.0				
1908	GFI	1.850	2.0-4.0				
1908B	GFI	1.850	2.0-4.0				
1914	GFI	1.940	1.0-3.0				
1960B	GMN	1.750	4.0-6.0				
1961B	GMN	1.895	2.0-4.0				
2004B	GMN	1.950	2.0-4.0				
2008	GFI	1.845	3.0-5.0				
2060B	GMN	1.800	4.0-6.0				
2061B	GMN	1.950	2.0-4.0				
ETFE	**Halon**				**Solvay Solexis**		
101		1.695		15.0-20.0			
ETFE	**Thermocomp**				**LNP**		
FP-EC-1003	CF	1.730			250-300	4.0	
FP-EC-1004	CF	1.750		7.0	250-300	4.0	
ETPU	**Isoplast**				**Dow**		
101		1.190	4.0-6.0	8.00 AY	185-195	4.0-12.0	0.03
101 LGF40 BLK	GLL 40	1.510	1.0		180-210	4.0-12.0	0.02
101 LGF40 NAT	GLL 40	1.510	1.0		180-210	4.0-12.0	0.02
101 LGF60 BLK	GLL 60	1.710	1.0		180-210	4.0-12.0	0.02

Max. % regrind	Inj. pres., ksi	Rear temp, °F	Mid temp, °F	Front temp, °F	Nozzle temp, °F	Proc temp, °F	Mold temp, °F
20	0.5-1.0	150-200	400-475	400-475	455		95-150
20	0.5-1.0	150-200	400-475	400-475	455		95-150
						520	
						374-482	
						374-482	
	0.5-8.0					275-330	
	0.5-8.0					275-330	
	0.5-8.0					275-330	
	0.5-8.0					275-330	
	0.3-8.0					300-350	
	0.3-8.0					300-350	
	0.3-8.0					300-350	
	0.1-1.0					250-350	
	0.1-1.0					250-350	
	0.1-1.0					250-350	
	0.1-1.0					250-350	
	0.5-1.5					293-351	
							260-325
							260-325
	0.3-0.7	170	200		200	220-230	345-360
	0.3-0.7	170	200		200	220-230	345-360
	0.3-0.7	170	200		200	220-230	345-360
	0.3-0.7	170	200		200	220-230	345-360
	0.3-0.7	170	200		200	220-230	345-360
	0.3-0.7	170	200		200	220-230	345-360
	0.3-0.7	170	200		200	220-230	345-360
	0.3-0.7	170	200		200	220-230	345-360
	0.3-0.7	170	200		200	220-230	345-360
	0.3-0.7	170	200		200	220-230	345-360
	0.3-0.7	170	200		200	220-230	345-360
						575-650	250-300
						600	200-250
						600	200-250
	0.6-1.0	400	430	430	450	430-470	150-180
	0.6-1.0	420	460	480	480	460-500	150-190
	0.6-1.0	420	460	480	480	460-500	150-190
	0.6-1.0	420	460	480	480	460-500	150-190

FREE DATA SHEETS: WWW.IDES.COM/PSIM

Grade	Filler	Sp Grav	Shrink, mils/in	Melt flow, g/10 min	Drying temp, °F	Drying time, hr	Max. % moisture
101 LGF60 NAT	GLL 60	1.710	1.0		180-210	4.0-12.0	0.02
202 LGF40	GLL 40	1.500	1.0		260-280	4.0-12.0	
202EZ		1.200	4.0-6.0		260-280	4.0-12.0	
2510		1.190	4.0-6.0		185-195	4.0-12.0	0.02
2530		1.200	4.0-6.0		185-195	4.0-12.0	0.02
2531		1.200	4.0-6.0		200-230	4.0-12.0	0.02
2540 NAT	GLL 40	1.510	1.0		180-210	4.0-12.0	0.02
2560 NAT	GLL 60	1.710	1.0		180-210		
301		1.200	4.0-6.0		200-230	4.0-12.0	0.02
302EZ		1.200	4.0-6.0		260-280	4.0-12.0	0.02

EVA · Alcudia · Repsol YPF

Grade	Sp Grav	Melt flow, g/10 min
PA-430	0.946	3.00 E

EVA · Apifive · API

Grade	Sp Grav
1505-200	0.201
1505-350	0.351
1505-400	0.401
3010-200	0.201
3010-350	0.351
3010-400	0.401
DP 0469	0.180
DP 0799	0.201
DP 0800	0.201
DP 0801	0.201
DP 0840	0.962
DP 0884	0.862
DP 0885	0.942

EVA · Apizero · API

Grade	Sp Grav
AZ DP 0643-200	0.201
AZ DP 0644-200	0.201
HL 150	0.150
HL 200	0.221
HL 250	0.251
HL 300	0.301
HL 350	0.351
ML 200	0.221
ML 350	0.351
SL 200	0.211
SL 350	0.351

EVA · Ateva · AT Plastics

Grade	Sp Grav	Melt flow, g/10 min
1240A	0.932	10.00

EVA · Cabelec · Cabot

Grade	Sp Grav	Shrink, mils/in	Melt flow, g/10 min	Drying time, hr
0887	1.163	10.0-13.0	3.00 F	2.0-4.0

EVA · Elvax · DuPont P&IP

Grade	Sp Grav	Melt flow, g/10 min	Drying temp, °F	Drying time, hr
150	0.957	43.00	120	8.0
250	0.951	25.00	140	8.0
260	0.955	6.00	140	8.0
265	0.951	3.00	140	8.0
350	0.948	19.00	140	8.0
360	0.948	2.00	140	8.0
450	0.941	8.00	140	8.0

Max. % regrind	Inj. pres., ksi	Rear temp, °F	Mid temp, °F	Front temp, °F	Nozzle temp, °F	Proc temp, °F	Mold temp, °F
	0.6-1.0	420	460	480	480	460-500	150-190
	0.6-1.0	450	480	490	500	450-500	200-250
	0.6-1.0	430	480	430	500	460-500	200-250
	0.6-1.0					430-470	150-180
	0.6-1.0					430-470	150-180
	0.6-1.0					450-480	150-200
	0.6-1.0					460-500	150-190
						460-500	150-190
	0.6-1.0	410	450	450	460	450-480	150-200
	0.6-1.0	450	480	490	500	460-500	200-250
						392	
	1.2-1.5						347-365
	1.2-1.5						347-365
	1.2-1.5						347-365
	1.2-1.5						347-365
	1.2-1.5						347-365
	1.2-1.5						347-365
	1.2-1.5						347-365
	1.2-1.5						347-365
	1.2-1.5						347-365
	1.2-1.5						347-365
	1.2-1.5						347-365
	1.2-1.5						347-365
	1.2-1.5						347-365
	1.2-1.5						347-365
	1.2-1.5						347-365
	1.2-1.5						347-365
	1.2-1.5						347-365
	1.2-1.5						347-365
	1.2-1.5						347-365
	1.2-1.5						347-365
	1.2-1.5						347-365
	1.2-1.5						347-365
		355	375	390	410		105
						356-428	
	5.0-15.0	250	300	350	300-400	425	60-100
	5.0-15.0	250	300	350	300-400	425	60-100
	5.0-15.0	250	300	350	300-400	425	60-100
	5.0-15.0	250	300	350	300-400	425	60-100
	5.0-15.0	250	300	350	300-400	425	60-100
	5.0-15.0	250	300	350	300-400	425	60-100
	5.0-15.0	250	300	350	300-400	425	60-100

FREE DATA SHEETS: WWW.IDES.COM/PSIM

Grade	Filler	Sp Grav	Shrink, mils/in	Melt flow, g/10 min	Drying temp, °F	Drying time, hr	Max. % moisture
460		0.941		2.50	140	8.0	
470		0.941		0.70	140	8.0	
550		0.935		8.00	140	8.0	
560		0.935		2.50	140	8.0	
565		0.935		1.50	140	8.0	
650		0.933		8.00	140	8.0	
660		0.933		2.50	140	8.0	
670		0.933		0.30	140	8.0	
750		0.930		7.00	140	8.0	
780		0.930		2.00	140	8.0	
EVA	**Escorene Ultra**			**ExxonMobil**			
UL 00218 CC3		0.941		1.70 E			
UL 00218 CC7		0.941		1.70 E			
UL 00226		0.953		2.00 A			
UL 00226 CC		0.953		2.00 A			
UL 00328		0.954		3.00 A			
UL 00514		0.937		5.00 A			
UL 00728		0.954		7.00 A			
UL 00728 CC		0.954		7.00 A			
UL 00728 FF		0.954		7.00 A			
EVA	**Evatane**			**Arkema**			
1020 VB 2		0.927	20.0	2.00 E			
8590		0.928	20.0	2.00 E			
EVA	**Latistat**			**Lati**			
48/9900-03		1.053	10.0		158-176	3.0	
EVA	**Taisox**			**Formosa Korea**			
7240M		0.937		1.50 E			
7340M		0.936		2.50 E			
7350M		0.940		2.50 E			
7360M		0.943		2.00 E			
7440M		0.936		4.00 E			
7470M		0.950		4.00 E			
EVA	**Total PE**			**Total Petrochem**			
EVA 1020 VN 3		0.931		3.00 E			
EVA 1020 VN 5		0.942		2.00 E			
EVA 1040 VN 4		0.937		4.00 E			
EVA 1090 VN 3		0.931		9.00 E			
FEP	**RTP Compounds**			**RTP**			
3500		2.155			250	2.0-4.0	
3503	GFI 20	2.206	4.0-6.0		250	2.0-4.0	
3583		2.015	5.0-9.0		250	2.0-4.0	
Fluoroelastomer	**Dyneon PFA**			**Dyneon**			
6505N				4.50 CL			
6510N				10.00 CL			
6515N				15.00 CL			
Fluoroelastomer	**Dyneon THV**			**Dyneon**			
410 A		1.980	15.0-30.0	10.00 AA			
500 G		1.980	15.0-30.0	10.00 AA			

Max. % regrind	Inj. pres., ksi	Rear temp, °F	Mid temp, °F	Front temp, °F	Nozzle temp, °F	Proc temp, °F	Mold temp, °F
5.0-15.0	250	300	350	300-400	425	60-100	
5.0-15.0	250	300	350	300-400	425	60-100	
5.0-15.0	250	300	350	300-400	425	60-100	
5.0-15.0	250	300	350	300-400	425	60-100	
5.0-15.0	250	300	350	300-400	425	60-100	
5.0-15.0	250	300	350	300-400	425	60-100	
5.0-15.0	250	300	350	300-400	425	60-100	
5.0-15.0	250	300	350	300-400	425	60-100	
5.0-15.0	250	300	350	300-400	425	60-100	
5.0-15.0	250	300	350	300-400	425	60-100	
						356	
						356	
						356	
						356	
						338	
						482	
						392	
						392	
						392	
						356-428	
						356-428	
						374-392	68-104
						302-356	
						302-356	
						302-356	
						302-356	
						302-356	
						302-356	
							59-104
							59-104
							59-104
							59-284
	3.0-8.0					650-725	200
	3.0-8.0					650-725	200
	3.0-8.0					650-725	200
						788	482
						788	482
						788	482
		390-428	428-490	490-545	490-545		140
		390-445	445-500	500-555	500-555		140

FREE DATA SHEETS: WWW.IDES.COM/PSIM

Grade	Filler	Sp Grav	Shrink, mils/in	Melt flow, g/10 min	Drying temp, °F	Drying time, hr	Max. % moisture
Fluoropolymer	**Dyneon THV**				**Dyneon**		
ET 6210 J		1.730		12.00	AA		
ET 6235		1.730		10.00	AA		
ET 6235 J		1.730		7.00	AA		
ET 6240 J		1.730		10.00	AA		
Fluoropolymer	**Neoflon**				**Daikin**		
EFEP RP-4020		1.740		37.50	AA		
EFEP RP-5000		1.740		25.00	AA		
HDPE	**AD majoris**				**AD majoris**		
MN300U BLACK 8229	BAS 30	1.253		14.00	L	176	3.0
HDPE	**Alathon**				**Equistar**		
H 5112		0.953		12.00	E		
H 5234		0.954		34.00	E		
H 5520		0.957		20.00	E		
H 5618		0.958		18.00	E		
H 6017		0.962		18.00	E		
H 6030		0.967		30.00	E		
L 50PE100		0.952		0.35	E		
L 5800-I		0.960		0.35	E		
M 5363		0.955		6.30	E		
M 5372		0.955		6.90	E		
M 6028		0.960		2.80	E		
M 6062		0.961		6.00	E		
M 6138		0.963		3.80	E		
M 6580		0.967		8.20	E		
M4855X01		0.950		5.00	E		
HDPE	**Alathon ETP**				**Equistar**		
H 4745		0.948		45.00	E		
H 4837		0.950		40.00	E		
H 5057		0.950		57.00	E		
H 5656		0.958		56.00	E		
HDPE	**Albis PE**				**Albis**		
11A GF20-001	GFI 20	1.080	3.0	2.00	E		
11A GF30-001	GFI 30	1.170		2.00	E		
11A3 GF33C	GFI 33	1.190		3.00	E		
HDPE	**Alcom**				**Albis**		
HDPE 590/1 SM UV FF Black		0.998		3.90	E		
PE 11A5 UV SM Gray-8GY1316-FF		0.998		3.90	E		
HDPE	**Bapolene**				**Bamberger**		
HD3292		0.954		40.00	E		
HDPE	**Borealis PE**				**Borealis**		
MG9647		0.966	20.0	8.00	E		
MG9647A		0.966	20.0	8.00	E		
ML7547		0.956	20.0	4.00	E		

Max. % regrind	Inj. pres., ksi	Rear temp, °F	Mid temp, °F	Front temp, °F	Nozzle temp, °F	Proc temp, °F	Mold temp, °F
						500-662	302
						608-644	302
						500-662	302
						500-662	302
	7.3-14.5	356-392	392-428	446-482	446-482		86-176
	7.3-14.5	392-428	428-464	482-518	482-518		86-212
						410-482	86-122
		450	470	475	475		
		450	470	475	475		
		450	470	475	475		
		450	470	475	475		
		450	470	475	475		
		450	470	475	475		
		399	390	379	370	399	50-61
		450	470	475	475		
		450	470	475	475		
		450	469	475	475		
		450	469	475	475		
		450	470	475	475		
		450	470	475	475		
		450	470	475	475		
		450	470	475	475		
		450	469	475	475		
		450	470	475	475		
		450	470	475	475		
		450	470	475	475		
		450	470	475	475		
						410-575	40-160
						410-575	40-160
						410-575	40-160
						410-575	40-160
						410-575	40-160
						338-446	
						410-527	50-104
						410-527	50-104
						410-527	50-104

FREE DATA SHEETS: WWW.IDES.COM/PSIM

Grade	Filler	Sp Grav	Shrink mils/in	Melt flow, g/10 min	Drying temp, °F	Drying time, hr	Max. % moisture
ML9621		0.964	20.0	12.00 E			
ML9641		0.966	20.0	8.00 E			
ML9647		0.966	20.0	8.00 E			

HDPE — Bormed — Borealis

Grade	Filler	Sp Grav	Shrink mils/in	Melt flow, g/10 min	Drying temp, °F	Drying time, hr	Max. % moisture
HE7541-PH		0.956	20.0	4.00 E			
HE9621-PH		0.964	20.0	12.00 E			

HDPE — Borstar — Borealis

Grade	Filler	Sp Grav	Shrink mils/in	Melt flow, g/10 min	Drying temp, °F	Drying time, hr	Max. % moisture
HE3490-IM		0.961		0.12 E			
MB6561		0.958	20.0	1.50 E			
MB6562		0.958	20.0	1.50 E			
MB7541		0.956		4.00 E			
MB7542		0.956		4.00 E			

HDPE — Braskem PE — Braskem

Grade	Filler	Sp Grav	Shrink mils/in	Melt flow, g/10 min	Drying temp, °F	Drying time, hr	Max. % moisture
HI-760UV		0.957		7.00 E			

HDPE — Cabelec — Cabot

Grade	Filler	Sp Grav	Shrink mils/in	Melt flow, g/10 min	Drying temp, °F	Drying time, hr	Max. % moisture
CA4743		1.156	10.0-20.0	2.60 E	140		2.0-4.0
CA4821		1.073	25.0-35.0	14.60 F	140		2.0-4.0
XS4821		1.073		14.60 F	140		2.0-4.0

HDPE — Certene — Muehlstein

Grade	Filler	Sp Grav	Shrink mils/in	Melt flow, g/10 min	Drying temp, °F	Drying time, hr	Max. % moisture
HGB-0354		0.956		0.35 E			
HGB-0354A		0.956		0.35 E			
HGB-0760		0.962		0.70 E			
HI-1252		0.954		12.00 E			
HI-2053		0.955		20.00 E			
HI-2553		0.955		25.00 E			
HI-4052		0.954		40.00 E			
HI-452		0.954		4.00 E			
HI-5552		0.954		55.00 E			
HI-752		0.954		7.00 E			
HI-960		0.962		9.00 E			
HPB-0354		0.956		0.35 E			
HPB-0354A		0.956		0.35 E			
HPB-0760		0.962		0.70 E			

HDPE — Daelim Po1y — Daelim

Grade	Filler	Sp Grav	Shrink mils/in	Melt flow, g/10 min	Drying temp, °F	Drying time, hr	Max. % moisture
5502		0.957		0.35 E			
5502-03LD		0.957		0.18 E			
6007LD		0.965		0.65 E			
6060PL		0.964		2.50 E			
LH-3250		0.932		5.00 E			
LH-3250P		0.932		5.00 E			
LH-5540		0.957		4.50 E			
LH-58120		0.960		11.00 E			
LH-58120UV		0.960		11.00 E			
LH-60180		0.963		19.00 E			
LH-6050		0.961		5.50 E			
LH-6070		0.963		7.50 E			
LH-6070UV		0.963		7.50 E			

HDPE — Dow HDPE — Dow

Grade	Filler	Sp Grav	Shrink mils/in	Melt flow, g/10 min	Drying temp, °F	Drying time, hr	Max. % moisture
8262B		0.964		8.00 E			

Max. % regrind	Inj. pres., ksi	Rear temp, °F	Mid temp, °F	Front temp, °F	Nozzle temp, °F	Proc temp, °F	Mold temp, °F
						392-500	50-104
						410-527	50-104
						410-527	50-104
						374-482	50-104
						392-500	50-104
						190-260	
						374-482	50-104
						374-482	50-104
						374-482	50-104
						374-482	50-104
							41-77
	12.3	338	356	374	392	356-482	104
	12.3	374	401	401	419		95
	12.3	374	401	401	419		95
							50-86
							50-86
							50-86
						410-446	68-104
						410-446	68-104
						410-446	68-104
						410-446	68-104
						446-518	68-104
						410-446	68-104
						410-482	68-104
						410-464	68-104
							50-86
							50-86
							50-86
						356-410	
						356-410	
						338-374	
						392-500	
						482-662	
						482-662	
						392-500	
						392-500	
						392-500	
						392-500	
						392-500	
						392-500	
						392-500	
						374-518	50-70

FREE DATA SHEETS: WWW.IDES.COM/PSIM

Grade	Filler	Sp Grav	Shrink, mils/in	Melt flow, g/10 min	Drying temp, °F	Drying time, hr	Max. % moisture
XB 81830.09BK		0.959		9.00 F			
HDPE	**Ecomass**			**Technical Polymers**			
3608TU96	TUN	11.028	6.0-10.0				
HDPE	**Edgetek**			**PolyOne**			
PE-30GF/000	GFI	1.180	3.0				
HDPE	**Eltex**			**Ineos Polyolefins**			
A4090N2029		0.953		11.00 E			
B4020N1343		0.954		2.20 E			
HDPE	**Etilinas**			**PE Malaysia**			
HD6070UA		0.962		7.60 E			
HDPE	**Hostalen**			**Basell**			
GD 9555		0.955		0.90 E			
GF 4760		0.958		0.40 E			
GM 9310 C black		0.992		4.50 F			
HDPE	**INEOS HDPE**			**Ineos Polyolefins**			
G38-70C		0.940		14.00 E			
K46-06-161		0.948		4.20 E			
HDPE	**Ipiranga**			**Polisul**			
GC 7260 LS		0.961		8.00 E			
GD 5160		0.964		0.75 E			
GE 4960 BR		1.003		0.50 E			
GF 4950		0.958		0.34 E			
GF 4960		0.963		0.34 E			
GF 5250		0.955		0.30 E			
GM 5010 T2		0.957		11.00 F	194	2.0	
GM 5240 PR		0.959		0.55 E	194	2.0	
GM 8250		0.957		8.00 E			
GM 8260		0.962		12.00 F			
HA 7260		0.958		20.00 E			
HC 7260		0.961		8.00 E			
HC 7260 LS		0.961		8.00 E			
HC 7260 LS-L		0.961		8.00 E			
HD 7255 LS-L		0.956		4.50 E			
HD 7555 LS-L		0.949		7.50 E			
HE 7250 LS-L		0.952		2.00 E			
HDPE	**Kemcor**			**Qenos**			
HD 120R		0.963		0.70 E			
HD 224R		0.962		0.70 E			
HD 4003		0.958		0.70 E			
HD 5148		0.962		0.85 E			
HDPE	**Latene**			**Lati**			
HD 2 G/20	GFI 20	1.113	4.0		176	2.0-3.0	
HD 2 G/40	GFI 40	1.293	3.0		176	2.0-3.0	
HD 7 G/30	GFI 30	1.183	3.0		176	2.0-3.0	
HDPE	**Latistat**			**Lati**			
45/7-02		1.053	14.0		158-176	3.0	

Max. % regrind	Inj. pres., ksi	Rear temp, °F	Mid temp, °F	Front temp, °F	Nozzle temp, °F	Proc temp, °F	Mold temp, °F
						329-401	392-419
						350-440	70-150
						380-430	80-130
						482	
						482	
						410-500	68-140
						392-536	
						392-536	
						392-500	
25	18.0-22.0	360-410	390-450	400-480	400-460	400-450	40-60
25	18.0-22.0	360-410	390-450	400-480	400-460	400-450	40-60
				374-428			50-68
40		302-320		329-338	338		
40				338-347	347		
40		356	365	374	365		
40		356	365	374	365		
40		356		374	365		
40		374	392	410	392		
40		374	392	410	392		
				338-392			50-68
				374-428			50-68
				374-428			50-68
				374-428			50-68
				392-446			50-68
				428-464	482-500		50-68
				392-464			50-68
						329-347	
						329-347	
						365-401	
						374	
15						410-446	104-140
15						410-446	104-140
15						410-446	104-140
						392-428	68-104

FREE DATA SHEETS: WWW.IDES.COM/PSIM

Grade	Filler	Sp Grav	Shrink, mils/in	Melt flow, g/10 min	Drying temp, °F	Drying time, hr	Max. % moisture
HDPE	**Marlex HiD**				**CP Chem**		
9006		0.955		6.60 E			
9012		0.954		11.50 E			
9018		0.954		20.00 E			
9402		0.965		0.37 E			
9506H		0.952		0.27 E			
3706		0.964		6.50 E			
HDPE	**NWP**				**North Wood**		
7020-62	WDF 20	1.003	13.5	2.60			
7040-62	WDF 40	1.054	7.2	2.30			
HDPE	**Omni**				**Omni Plastics**		
HDPE GRC40 NA	GFI 40			4.20	175	2.0	
HDPE	**Performafil**				**Techmer Lehvoss**		
J-90/20	GFI 20		3.0-4.0				
HDPE	**PermaStat**				**RTP**		
700		0.972	20.0-40.0		175	2.0	
HDPE	**Politeno**				**Politeno**		
IC-58		0.956		45.00 E			
IC-59 U4		0.960		11.00 E			
HDPE	**Pre-elec**				**Premix Thermoplast**		
ESD 2100		0.971		0.50 E	140-176	2.0-4.0	
PE 1292		1.027	15.0-25.0	35.00 F	176	2.0-4.0	
HDPE	**Raprex**				**Ion Beam**		
200		0.952		3.50 E			
HDPE	**Relene**				**Reliance**		
B 56003		0.958		0.30 E			
L 60040		0.962		4.00 E			
L 60075		0.962		8.20 E			
M 60075		0.962		8.20 E			
HDPE	**Rhetech PE**				**RheTech**		
E204-00		0.950	14.5	30.00 L	100-120	1.0-2.0	0.05
E204-01		0.950	14.5	30.00 L	100-120	1.0-2.0	0.05
HDPE	**Riopol**				**Rio Polimeros**		
EI-56250		0.958		25.00 E			
EI-60070		0.962		7.00 E			
EI-60070 V1		0.962		7.00 E			
HDPE	**RTP Compounds**				**RTP**		
700		0.952	17.0-29.0		175	2.0	
700 AR 15 TFE 15	AR 15	1.103	12.0		175	2.0	
700 FR		1.404	13.0-17.0	10.00 E	175	2.0	
700 SI		0.952	15.0-30.0		175	2.0	
700 SI 2		0.942	25.0		175	2.0	
700 SI 2 Z		0.942	20.0-30.0		175	2.0	
700 TFE 10		1.003	20.0		175	2.0	

Max. % regrind	Inj. pres., ksi	Rear temp, °F	Mid temp, °F	Front temp, °F	Nozzle temp, °F	Proc temp, °F	Mold temp, °F
100						400-450	
100						400-450	
100						400-450	
100						400-450	
100						400-450	
100						400-450	
		360-380	360-380	360-380	360-380		
		360-380	360-380	360-380	360-380		
		350-390	370-420	390-400	400-420	380-450	70-150
		390-430	420-460	410-450	390-490	380-450	50-110
	10.0-15.0					350-400	70-125
		302-446	302-446	302-446			
		338-482	338-482	338-482			
	8.7-11.6					374-410	86-104
	8.7-11.6					392-482	104-140
						428-482	68-122
						347-401	
						446-518	
						428-482	
						428-482	
	0.4-1.5	300-320	310-340	320-355	320-340		60-80
	0.4-1.5	300-320	310-340	320-355	320-340		60-80
			338-392	338			50-68
			374-428	356			50-68
			374-428	356			50-68
	10.0-15.0					380-450	70-150
	10.0-15.0					380-450	70-150
	10.0-15.0					380-450	70-150
	10.0-15.0					380-450	70-150
	10.0-15.0					380-450	70-150
	10.0-15.0					380-450	70-150
	10.0-15.0					380-450	70-150
	10.0-15.0					380-450	70-150

FREE DATA SHEETS: WWW.IDES.COM/PSIM

Grade	Filler	Sp Grav	Shrink, mils/in	Melt flow, g/10 min	Drying temp, °F	Drying time, hr	Max. % moisture
700 TFE 20		1.073	25.0		175	2.0	
700 TFE 40		1.223	15.0-35.0		175	2.0	
700 UV		0.952	20.0-30.0		175	2.0	
700.5	GFI 5	0.982	9.0-13.0		175	2.0	
701	GFI 10	1.013	4.0-7.0		175	2.0	
702	GFI 15	1.053	4.0-7.0		175	2.0	
703	GFI 20	1.083	2.0-4.0		175	2.0	
705	GFI 30	1.163	1.0-3.0		175	2.0	
707	GFI 40	1.263	1.0-3.0		175	2.0	
709	GFI 50	1.393	1.0-2.0		175	2.0	
727	TAL 40	1.313	14.0-23.0		175	2.0	
728	TAL 20	1.103	21.0-31.0		175	2.0	
731	TAL 10	1.023	25.0-39.0		175	2.0	
732	TAL 30	1.183	20.0-25.0		175	2.0	
ESD A 700		1.023	20.0-30.0		175	2.0	
ESD C 700		1.063	20.0-30.0		175	2.0	
ESD C 703	GFI 20	1.183	4.0-8.0		175	2.0	
ESD C 780	CF	1.003	2.0-4.0		175	2.0	
ICP 700		0.982	30.0-50.0				

HDPE	Sabic HDPE		SABIC	
M80064		0.966	8.00 E	
M80064S		0.966	8.00 E	

HDPE	Sclair		Nova Chemicals	
2807		0.956	6.70 E	
2815		0.954	69.00 E	
2908		0.963	7.00 E	
2908C		0.963	10.00 E	

HDPE	Taisox		Formosa Korea	
3840		0.940	4.00 E	
7001		0.952	0.05 E	
7200		0.957	22.00 E	
7200F		0.957	22.00 E	
7501		0.955	0.02 E	
8001		0.950	0.05 E	
8003		0.960	0.25 E	
8003H		0.960	0.30 E	
8040		0.955	4.00 E	
8050		0.962	6.00 E	
8070		0.963	6.00 E	
8230		0.954	21.00 E	
8300		0.954	30.00 E	
9000		0.952	0.07 E	
9001		0.952	0.05 E	
9002		0.950	0.15 E	
9003		0.954	0.25 E	
9007		0.949	0.75 E	

HDPE	Titanex		Titan Group	
HI2081		0.959	20.00 E	

HDPE	Total PE		Total Petrochem	
HDPE 2040 ML 55		0.957	4.00 E	
HDPE 2040 MN 55		0.957	4.00 E	

Max. % regrind	Inj. pres., ksi	Rear temp, °F	Mid temp, °F	Front temp, °F	Nozzle temp, °F	Proc temp, °F	Mold temp, °F
	10.0-15.0					380-450	70-150
	10.0-15.0					380-450	70-150
	10.0-15.0					380-450	70-150
	10.0-15.0					380-450	70-150
	10.0-15.0					380-450	70-150
	10.0-15.0					380-450	70-150
	10.0-15.0					380-450	70-150
	10.0-15.0					380-450	70-150
	10.0-15.0					380-450	70-150
	10.0-15.0					380-450	70-150
	10.0-15.0					380-450	70-150
	10.0-15.0					380-450	70-150
	10.0-15.0					380-450	70-150
	10.0-15.0					380-450	70-150
	10.0-15.0					380-450	70-150
	10.0-15.0					380-450	70-150
	10.0-15.0					380-450	70-150
	10.0-15.0					380-450	70-150
	10.0-20.0					350-410	70-100
	10.0-12.9					446-527	90-100
	10.0-12.9					446-527	90-100
						350-420	
						350-500	
						350-420	
						350-420	
						338-374	
						374-446	
						338-374	
						482-518	
						374-446	
						356-428	
						320-356	
						320-356	
						338-374	
						338-374	
						338-374	
						338-374	
						338-374	
						356-428	
						356-428	
						356-410	
						320-356	
						428-482	
						374-482	68-122
							50-104
							50-104

FREE DATA SHEETS: WWW.IDES.COM/PSIM

Grade	Filler	Sp Grav	Shrink, mils/in	Melt flow, g/10 min	Drying temp, °F	Drying time, hr	Max. % moisture
HDPE 2070 ML 60		0.962		7.00 E			
HDPE 2070 MN 60		0.962		7.00 E			
mPE M 6091		0.962		0.85 E			
HDPE	**Unifill-60**				**North Wood**		
20-HDPE	WDF 20	0.994	12.1	2.00			
40-HDPE	WDF 40	1.071	6.6	0.70			
HDPE	**Unipol**				**Dow**		
DMDA-8007		0.965		8.00 E			
DMDA-8904		0.954		4.40 I			
DMDA-8920		0.956		20.00 E			
DMDA-8940		0.951		40.00 E			
DMDA-8965		0.954		65.00 E			
HDPE	**Zemid**				**DuPont Canada**		
651	MN	1.190		0.86 E	200-210	3.0-4.0	0.02
HDPE Copolymer	**Alathon**				**Equistar**		
M 4621		0.948		2.20 E			
M 5040		0.952		4.00 E			
M 5350		0.955		4.50 E			
M 5370		0.955		6.60 E			
M 5562		0.957		6.00 E			
HDPE Copolymer	**Ipiranga**				**Polisul**		
GF 4950 HS		0.953		0.21 E			
GV 0350		0.954		2.50 F			
HDPE Copolymer	**Kemcor**				**Qenos**		
HD 8951		0.958	15.0-35.0	10.00 E			
HD 8952		0.958	15.0-35.0	23.00 E			
HD 8953		0.958	15.0-35.0	30.00 E			
HDX 954		0.958	15.0-35.0	40.00 E			
HDPE Copolymer	**Sabic HDPE**				**SABIC**		
M200056		0.958		20.00 E			
M300054		0.956		30.00 E			
M40060S		0.962		4.00 E			
HDPE, HMW	**Daelim Poly**				**Daelim**		
TR-570		0.954		0.03 E			
TR-570H		0.954		0.04 E			
HDPE, HMW	**INEOS HDPE**				**Ineos Polyolefins**		
K50-10		0.952		10.00 F			
HDPE, HMW	**Kemcor**				**Qenos**		
HD 1155		0.956	15.0-35.0	0.04 E			
HMWPE	**Lubmer**				**Mitsui Chem USA**		
L5000		0.965	18.0				
HPPA	**Zytel HTN**				**DuPont EP**		
53G35HSLR							
BK083 (Dry)		1.424	6.0				0.10

Max. % regrind	Inj. pres., ksi	Rear temp, °F	Mid temp, °F	Front temp, °F	Nozzle temp, °F	Proc temp, °F	Mold temp, °F
							50-104
							50-104
						356-464	
		360-380	360-380	360-380	360-380		
		360-380	360-380	360-380	360-380		
	12.0-18.0					425-525	50-100
						375-590	50-120
						380-575	50-100
	6.0-10.0					350-450	70-100
	12.0-18.0					425-550	50-100
25	8.0-14.0	300-320	320-340	320-340	340-360	350-360	70-120
		450	470	475	475		
		450	470	475	475		
		450	470	475	475		
		450	470	475	475		
		450	470	475	475		
40		356	365	374	365		
30				374-419	374-428		
						419-455	
						383-419	
						383-419	
						383-419	
						356-482	59-140
	13.5-14.9					347-455	59-140
						450-500	68-104
						374-428	
						374-428	
25	18.0-22.0	360-410	390-450	400-480	400-460	400-450	40-60
	2.0					428	
	14.2	410	473	518	518		75-104
						536-572	185-221

Grade	Filler	Sp Grav	Shrink, mils/in	Melt flow, g/10 min	Drying temp, °F	Drying time, hr	Max. % moisture
53G50HSLR BK083 (Dry)		1.594	4.0				0.10
53G50HSLR NC010 (Dry)		1.594	4.0				0.10
53GM40HSL BK083 (Dry)		1.514	5.0				0.10
Ionomer	**Bexloy**				**DuPont P&IP**		
W 501 NC		0.960	14.0		175		0.08
W 507NC		0.960	12.0		175		0.08
Ionomer	**Formion**				**A. Schulman**		
FI 105		0.940	6.0-18.0	1.00 E	120-140	4.0-8.0	0.08
FI 107H GF	GFI	1.010	3.0	5.00 E			
FI 120		0.960	6.0-18.0	1.50 E	118-140	4.0-8.0	0.08
FI 120E		0.960	6.0-18.0	1.00 E			
FI 128 GF	GFI	1.020	3.0	5.00 E			
FI 200		1.040	8.0-10.0		170-190	4.0-8.0	0.12
FI 223		1.130	2.0-6.0		140-180	4.0-6.0	0.12
FI 225	GFI 30	1.260	0.5-1.5	2.50 L	140-180	4.0-6.0	0.12
FI 226	GFI 40	1.380	0.5-1.5		140-180	4.0-6.0	0.12
FI 231	MN 5	1.080	7.0-11.0		170-190	4.0-8.0	0.12
FI 232	MN 10	1.110	7.0-11.0		170-190	4.0-8.0	0.12
FI 232H	MN 10	1.090	7.0-11.0		170-190	4.0-8.0	0.12
FI 233	MN 15	1.150	6.0-10.0		170-190	4.0-8.0	0.12
FI 234	MN 20	1.220	3.0-7.0		160-200	4.0-8.0	0.12
FI 241E	UNS	0.940	10.0-14.0	1.00 E	100-140	2.0-4.0	0.10
FI 294G GF	GFI	1.100	2.0	0.95 E			
FI 310	UNS	1.100	3.0	1.15 E			
FI 317 GF	GFI	0.990	3.0	13.50 E			
FI 330		1.150	2.0-6.0		120-140	4.0-8.0	0.08
FI 335		1.050	2.0-6.0		100-140	2.0-4.0	0.08
FI 335 GF	GFI	1.110	2.0	1.50 E			
FI 340 GF	GFI	1.110	2.0	2.50 E			
FI 341	UNS	0.960	3.0	4.00 E	120-140	4.0-8.0	0.08
FI 342		1.000	6.0-10.0		120-140	2.0-4.0	
FI 342 GF	GFI	1.040	2.0	4.00 E			
FI 344 GF	GFI	0.970	4.0	20.00 E			
FI 388		1.270	> 1.0	1.00 E	120-140	2.0-4.0	0.08
FI 389		0.950	8.0-12.0		100-140	2.0-4.0	0.08
FI 390		0.960	6.0-10.0		100-140	2.0-4.0	0.08
FI 391		0.940	11.0-15.0		100-140	2.0-4.0	0.08
FI 391E		0.950	10.0-14.0		100-140	2.0-4.0	0.08
FI 392		0.990	6.0-10.0		100-140	2.0-4.0	0.08
FI 393	GFI 10	1.020	2.0-6.0		100-140	2.0-4.0	0.08
FI 394		1.050	2.0-4.0		100-140	2.0-4.0	0.08
FI 395		0.940	18.0-26.0		100-120	2.0-4.0	0.12
FI 396	GFI 3	0.960	6.0-10.0		100-140	2.0-4.0	0.08
FI 397		1.020	2.0-6.0		100-140	2.0-4.0	0.08
FI 401		1.120	1.0-3.0		100-140	2.0-4.0	0.08
FI 555-31 RECYCLED		0.960	6.0-10.0		100-140	2.0-4.0	0.08
FI 950		0.940	9.0-15.0		100-140	2.0-4.0	0.12
Ionomer	**Surlyn**				**DuPont P&IP**		
7930		0.940		1.80			
7940		0.940		2.60			

Max. % regrind	Inj. pres., ksi	Rear temp, °F	Mid temp, °F	Front temp, °F	Nozzle temp, °F	Proc temp, °F	Mold temp, °F
						536-572	185-221
						554-572	185-221
						536-572	185-221
		510	520	530	460-520	460-540	60-120
		510	520	530	460-520	460-540	60-120
	8.0-15.0	290-350	400-455	420-475	400-475	420-475	50-80
	8.7-10.2	375				450	60
	8.0-15.0	290-350	400-455	420-475	400-475	420-475	50-80
						340-430	
	8.7-10.2	375				450	60
						450-500	60-130
	8.0-15.0	390-460	440-475	450-500	450-500	460-500	80-140
	8.0-15.0	430-470	440-475	450-500	450-500	460-500	80-140
	8.0-15.0	430-470	440-475	450-500	450-500	460-500	80-140
						450-500	60-130
						450-500	60-130
						450-500	60-130
						450-500	60-130
	8.0-15.0	390-460	440-475	450-500	450-500	460-500	80-140
	8.0-15.0	290-350	380-435	380-435	380-435	380-445	50-80
	8.7-10.2	375				450	60
	8.7-10.2	375				450	60
	8.7-10.2	375				450	60
	8.0-15.0	380-450	390-460	400-470	400-470	400-470	50-120
	8.0-15.0	290-350	400-455	420-475	400-475	420-475	50-80
	8.7-10.2	375				450	60
	8.7-10.2	375				450	60
	8.0-15.0	360-430	370-440	380-460	380-460	360-470	50-80
	8.0-15.0	360-430	390-460	400-470	400-470	400-470	50-80
	8.7-10.2	375				450	60
	8.7-10.2	375				450	60
	8.0-15.0	450-500	450-500	450-500	450-500	450-500	50-130
	8.0-15.0	290-350	400-455	400-475	400-475	420-475	50-80
	8.0-15.0	290-350	400-455	400-475	400-475	420-475	50-80
	8.0-15.0	290-350	400-455	400-475	400-475	420-475	50-80
	8.0-15.0	290-350	400-455	400-475	400-475	420-475	50-80
	8.0-15.0	360-430	390-460	400-470	400-470	400-470	50-80
	8.0-15.0	290-350	400-455	400-475	400-475	420-475	50-80
	8.0-15.0	290-350	400-455	400-475	400-475	420-475	50-80
	8.0-15.0	290-350	320-400	320-400	320-400	320-400	50-80
	8.0-15.0	290-350	400-455	400-475	400-475	420-475	50-80
	8.0-15.0	290-350	400-455	400-475	400-475	420-475	50-80
	8.0-15.0	290-350	400-455	400-475	400-475	420-475	50-80
	8.0-15.0	290-350	400-455	400-475	400-475	420-475	50-80
	8.0-15.0	290-350	380-435	380-435	380-435	380-445	50-80
	10.0-16.0	375	475	475	475	475-500	40-120
	10.0-16.0	375	475	475	475	475-500	40-120

FREE DATA SHEETS: WWW.IDES.COM/PSIM

Grade	Filler	Sp Grav	Shrink, mils/in	Melt flow, g/10 min	Drying temp, °F	Drying time, hr	Max. % moisture
8020		0.950		1.00			
8528		0.940		1.30			
8550		0.940		3.90			
8660		0.940		10.00			
8920		0.950		0.90			
8940		0.950		2.80			
9020		0.960		1.10			
9450		0.940		5.50			
9520		0.950		1.10			
9650		0.960		5.00			
9720		0.960		1.00			
9721		0.960		1.00			
9730		0.950		1.60			
9910		0.970		0.70			
9950		0.960		5.50			
9970		0.950		5.50			
SG201U NC010		1.043	10.0		175		0.15

LCP — CoolPoly — Cool Polymers

Grade	Filler	Sp Grav	Shrink, mils/in	Melt flow, g/10 min	Drying temp, °F	Drying time, hr	Max. % moisture
D5502		1.704	4.0-7.0		356	2.0-4.0	0.01
D5506		1.805	1.0-3.0		355	2.0-4.0	0.01
E2		1.845	1.0-3.0		356	2.0-4.0	0.01

LCP — Edgetek — PolyOne

Grade	Filler	Sp Grav	Shrink, mils/in
LC-30CF/000	CF 30	1.500	1.0-2.0
LC-30GF/000	GFI 30	1.610	1.0-2.0

LCP — Laxtar — Lati

Grade	Filler	Sp Grav	Shrink, mils/in	Drying temp, °F	Drying time, hr
G/30	GFI 30	1.604	2.0	302	6.0-8.0

LCP — RTP Compounds — RTP

Grade	Filler	Sp Grav	Shrink, mils/in	Drying temp, °F	Drying time, hr
3400 FC-110	GFI	1.684	0.5-2.0	300	8.0
3400 FC-120	GFI		2.0	300	8.0
3400 FC-130	MN	1.865	0.5-3.0	300	8.0
3400 FC-210	GFI	1.604	0.1-0.5	300	8.0
3400 G-330	GFI	1.634	0.2-1.0	300	8.0
3400 G-345	GFI	1.764	0.2-1.0	300	8.0
3400 G-430	GFI	1.634	0.2	300	8.0
3400 G-445	GFI	1.754	0.5-1.5	300	8.0
3400 G-540	GFI	1.704	0.2	300	8.0
3400 G-930	GFI	1.634	0.5-1.5	300	8.0
3400 M-350	MN	1.865	0.2	300	8.0
3400 M-450	GFM	1.764	0.2-1.5	300	8.0
3400 MG-350	GFI	1.805	1.0-1.5	300	8.0
3400 MG-450	GFI	1.764	0.5-1.5	300	8.0
3400 RC-210	GFI	1.604	0.1-1.0	300	8.0
3400 RC-220	GFI	1.794	1.0-3.0	300	8.0
3400-3		1.383	1.0	300	8.0
3401-1	GFI 10	1.474	1.0-2.0	300	4.0
3401-3	GFI 10	1.484	3.0	300	8.0
3401-4	GFI 10	1.464	5.0	300	8.0
3402-3	GFI 15	1.494	3.0	300	8.0
3403-1	GFI 20	1.544	1.0-2.0	300	4.0
3403-3	GFI 20	1.524	3.0	300	8.0
3403-4	GFI 20	1.524	4.0	300	8.0
3405-1	GFI 30	1.624	1.0-2.0	300	4.0

Max. % regrind	Inj. pres., ksi	Rear temp, °F	Mid temp, °F	Front temp, °F	Nozzle temp, °F	Proc temp, °F	Mold temp, °F
	10.0-16.0	375	475	475	475	475-500	40-120
	10.0-16.0	375	475	475	475	475-500	40-120
	10.0-16.0	375	475	475	475	475-600	40-120
	10.0-16.0	350	400	400	400	400-425	40-120
	10.0-16.0	375	475	475	475	475-500	40-120
	10.0-16.0	375	475	475	475	475-500	40-120
	10.0-16.0	375	475	475	475	475-500	40-120
	10.0-16.0	350	400	400	400	400-425	40-120
	10.0-16.0	375	475	475	475	475-500	40-120
	10.0-16.0	350	400	400	400	400-425	40-120
	10.0-16.0	375	475	475	475	475-500	40-120
	10.0-16.0	375	475	475	475	475-500	40-120
	10.0-16.0	375	475	475	475	475-500	40-120
	10.0-16.0	375	475	475	475	475-500	40-120
	10.0-16.0	350	400	400	400	400-425	40-120
	10.0-16.0	350	400	400	400	400-425	40-120
						455-482	105-175
	5.1-10.2	626-680	644-698	653-716	662-720	660-739	199-351
	5.0-10.0	630-680	640-700	650-720	660-720	660-740	200-350
	14.9-20.0	630-680	640-700	649-720	660-720	660-739	392-662
						550-600	
						600-650	
						608-680	149-203
	10.0-18.0					685-750	150-200
	15.0-20.0					685-750	150-250
	10.0-18.0					685-750	150-200
	10.0-18.0					685-750	150-200
	12.0-18.0					630-690	150-250
	12.0-18.0					630-690	150-250
	10.0-18.0					685-750	150-200
	10.0-18.0					685-750	150-200
	12.0-18.0					630-690	150-250
	12.0-18.0					630-690	150-250
	10.0-18.0					685-750	150-200
	12.0-18.0					630-690	150-250
	10.0-18.0					685-750	150-200
	1.0-18.0					685-750	150-200
	10.0-18.0					685-750	150-200
	12.0-18.0					630-690	150-250
	5.0-12.0					525-565	100-200
	12.0-18.0					630-690	150-250
	10.0-18.0					685-750	150-200
	12.0-18.0					630-690	150-250
	5.0-12.0					520-575	100-200
	12.0-18.0					630-690	150-250
	10.0-18.0					685-750	150-200
	5.0-12.0					520-575	100-200

FREE DATA SHEETS: WWW.IDES.COM/PSIM

Grade	Filler	Sp Grav	Shrink, mils/in	Melt flow, g/10 min	Drying temp, °F	Drying time, hr	Max. % moisture
3405-3	GFI 30	1.614	1.0-2.5		300	8.0	
3405-4	GFI 30	1.614	0.2-1.0		300	8.0	
3405-4 TFE 15	GFI 30	1.694	0.5-3.0		300	8.0	
3407-1	GFI 40	1.714	1.0-2.0		300	4.0	
3407-3	GFI 40	1.704	2.0		300	8.0	
3481-1	CF 10	1.434	1.0		300	4.0	
3483-1	CF 20	1.464	1.0		300	4.0	
3483-3	CF 20	1.454	0.1		300	8.0	
3483-4	CF 20	1.393	0.5		300	8.0	
3485-1	CF 30	1.504	0.5-1.0		300	4.0	
3485-3	CF 30	1.484	0.1		300	8.0	
3485-4	CF 30	1.514	0.5		300	8.0	
3485-4 TFE 15	CF 30	1.544	0.2-1.0		300	8.0	
3487-1	CF 40	1.534	0.5-1.0		300	4.0	
3487-3	CF 40	1.514	0.1		300	8.0	
3487-4	CF 40	1.554	0.5		300	8.0	
3499-3							
X 102947 B		2.707	4.0		300	8.0	
3499-3 X 91193 A		1.945	2.0-3.0		300	8.0	
3499-3 X 92886		1.704	1.5		300	8.0	
3499-3 X 93110		1.845	2.0		300	8.0	
3499-4 X 91192 A		1.704	2.0-4.0		300	8.0	
3499-4 X 91192 B		1.734	2.0-4.0		300	8.0	

LCP — Sumikasuper LCP — Sumitomo Chem

Grade	Filler	Sp Grav	Shrink, mils/in	Melt flow, g/10 min	Drying temp, °F	Drying time, hr	Max. % moisture
E4006L	GFI 30	1.600	1.1		248-302	3.0	
E4008	GFI 40	1.700	1.0		248-302	3.0	
E4008L	GFI	1.700	1.4		248-302	3.0	
E5008	GFI 40	1.690	0.6		248-302	3.0	
E5008L	GFI 40	1.690	0.5		248-302	3.0	
E6006	GFI	1.620	2.1		248-302	3.0	
E6006L	GFI 30	1.610	1.9		248-302	3.0	
E6006LHF	GFI	1.610	1.1		248-302	3.0	
E6007AS	GFI	1.630	3.1		248-302	3.0	
E6008	GFI 40	1.700	1.8		248-302	3.0	
E6008L	GFI	1.700	1.4		248-302	3.0	
E6010	GFI	1.800	2.0		248-302	3.0	
E6109F		1.800	2.5		248-302	3.0	
E6308AS	GFI	1.690	2.2		248-302	3.0	
E6310C		1.750	2.6		248-302	3.0	
E6406	CF	1.460	0.3		248-302	3.0	
E6606	WH	1.690	-0.7		248-302	3.0	
E6710	GFI	1.930	3.0		248-302	3.0	
E6807L	GFI 35	1.670	1.1		248-302	3.0	
E6808 WO2	GFI	1.720	1.7		248-302	3.0	
E6809T		1.790	2.0		248-302	3.0	
E6810	GFI 50	1.810	2.2		248-302	3.0	
E6810F	GFI	1.790	2.2		248-302	3.0	
E7006L	GFI 30	1.640	1.4		248-302	3.0	
E7008	GFI 40	1.710	1.7		248-302	3.0	
E7807L	GFI	1.670	1.8		248-302	3.0	

LCP — Therma-Tech — PolyOne

Grade	Filler	Sp Grav	Shrink, mils/in	Melt flow, g/10 min	Drying temp, °F	Drying time, hr	Max. % moisture
LC-5000C TC		1.770	3.0-4.0				
LC-6000 TC		1.820	2.0-3.0				

Max. % regrind	Inj. pres., ksi	Rear temp, °F	Mid temp, °F	Front temp, °F	Nozzle temp, °F	Proc temp, °F	Mold temp, °F
	12.0-18.0					630-690	150-250
	10.0-18.0					685-750	150-200
	10.0-18.0					685-750	150-200
	5.0-12.0					520-575	100-200
	12.0-18.0					630-690	150-250
	5.0-12.0					520-575	100-200
	5.0-12.0					520-575	100-200
	12.0-18.0					630-690	150-250
	10.0-18.0					685-750	150-200
	5.0-12.0					520-575	100-200
	12.0-18.0					630-690	150-250
	10.0-18.0					685-750	150-200
	10.0-18.0					685-750	150-200
	5.0-12.0					520-575	100-200
	12.0-18.0					630-690	150-250
	10.0-18.0					685-750	150-200
	12.0-18.0					630-690	150-250
	12.0-18.0					630-690	150-250
	12.0-18.0					630-690	150-250
	12.0-18.0					630-690	150-250
	10.0-18.0					685-750	150-200
	10.0-18.0					685-750	150-200
0	17.1-22.8	626-662	662-698	698-734	698-734		158-320
0	17.1-22.8	626-662	662-698	698-734	698-734		158-320
0	17.1-22.8	626-662	662-698	698-734	698-734		158-320
0	17.1-22.8	662-698	698-734	734-770	734-770		158-320
0	17.1-22.8	662-698	698-734	734-770	734-770		158-320
0	11.3-22.8	572-608	608-662	644-698	644-698		158-320
0	11.3-22.8	572-608	608-662	644-698	644-698		158-320
0	11.3-22.8	572-608	608-662	644-698	644-698		158-320
0	11.3-22.8	572-608	608-662	644-698	644-698		158-320
0	11.3-22.8	572-608	608-662	644-698	644-698		158-320
0	11.3-22.8	572-608	608-662	644-698	644-698		158-320
0	11.3-22.8	572-608	608-662	644-698	644-698		158-320
0	11.3-22.8	572-608	608-662	644-698	644-698		158-320
0	11.3-22.8	572-608	608-662	644-698	644-698		158-320
0	11.3-22.8	572-608	608-662	644-698	644-698		158-320
0	11.3-22.8	572-608	608-662	644-698	644-698		158-320
0	11.3-22.8	572-608	608-662	644-698	644-698		158-320
0	11.3-22.8	572-608	608-662	644-698	644-698		158-320
0	11.3-22.8	572-608	608-662	644-698	644-698		158-320
0	11.3-22.8	536-572	572-608	608-644	608-644		158-320
0	11.3-22.8	536-572	572-608	608-644	608-644		158-320
						600-645	200-250
						600-645	200-250

Grade	Filler	Sp Grav	Shrink, mils/in	Melt flow, g/10 min	Drying temp, °F	Drying time, hr	Max. % moisture
LCP	**Vectra**				**Polyplastics**		
A140	GFI	1.714	0.7				
A330S	WH	1.690	0.2		284-320	4.0	
A422		1.680	0.2		284-320	4.0	
A466	SIF	1.764	1.8				
A540	MN 40	1.770	0.2		284-320	4.0	
A950		1.400	0.2		284-320	4.0	
C140	GFI	1.714	0.2				
E130		1.620	0.2		284-320	4.0	
E140i	GFI	1.714	1.0				
T150	GFI	1.815	0.6				
LCP	**Vectra**				**Ticona**		
A115	GFI 15	1.504	4.0				
A130	GFI 30	1.624	4.0				
A150	GFI 50	1.794	4.0				
A230	CF 30	1.494	3.0				
A410	GFI 25	1.845	5.0				
A430		1.504	7.0				
A435	GTE	1.624	4.0				
A515	MN 15	1.524	6.0				
A530	MN 30	1.654	7.0				
A625	GRF 25	1.544	5.0				
A700	GFI 30	1.634	4.0				
A725	UNS 25	1.564	8.0				
A950		1.404	7.0				
B130	GFI 30	1.604	2.0				
B230	CF 30	1.504	1.0				
C115	GFI 15	1.504	5.0				
C130	GFI 30	1.624	4.0				
C150	GFI 50	1.815	4.0				
C550	MN 30	1.895	7.0				
C810	GMN	1.855	9.0				
D130M	GMF 30	1.634	8.0				
E130i	GFI 30	1.614	5.0				
E530i	MN 30	1.654	11.0				
E820i	MN	1.784	12.0				
H130	GFI 30	1.604	5.0				
H140	GFI 40	1.704	5.0				
L130	GFI 30	1.614	4.0				
L140	GFI 40	1.714	4.0				
MT1300		1.404	7.0				
MT1310	GFI 30	1.624	4.0				
MT1335	GTE	1.624	4.0				
MT1340	MN 15	1.524	6.0				
MT1345	MN 30	1.654	7.0				
MT1355	CF 30	1.494	3.0				
MT2310	GFI 30	1.604	2.0				
MT2355	CF 30	1.504	1.0				
MT3310	GFI 30	1.624	4.0				
T130	GFI 30	1.604	6.0				
LCP	**Xydar**				**Solvay Advanced**		
G-430	GFI	1.630	0.7		300	8.0	
G-930	GFI 30	1.600	0.1		300	6.0-8.0	

Max. % regrind	Inj. pres., ksi	Rear temp, °F	Mid temp, °F	Front temp, °F	Nozzle temp, °F	Proc temp, °F	Mold temp, °F
	8.6						
25	2.2-6.5	482-554	518-554	554-590	554-590	554-608	158-230
25	2.2-6.5	482-554	518-554	554-590	554-590	554-608	158-230
	11.5						
25	2.2-6.5	482-554	518-554	554-590	554-590	554-608	158-230
25	2.2-6.5	482-554	518-554	554-590	554-590	554-608	158-230
	8.6						
25	2.2-6.5	536-644	590-662	626-662	626-662	644-680	158-248
	8.6						
	8.6						
		518-563	518-563	518-563		545-563	176-248
		518-563	518-563	518-563		545-563	176-248
		518-563	518-563	518-563		545-563	176-248
		518-563	518-563	518-563		545-563	176-248
		518-563	518-563	518-563		545-563	176-248
		518-563	518-563	518-563		545-563	176-248
		518-563	518-563	518-563		545-563	176-248
		518-563	518-563	518-563		545-563	176-248
		518-563	518-563	518-563		545-563	176-248
		518-563	518-563	518-563		545-563	176-248
		518-563	518-563	518-563		545-563	176-248
		518-563	518-563	518-563		545-563	176-248
		518-563	518-563	518-563		545-563	176-248
		518-563	518-563	518-563		545-563	176-248
		554-626	554-626	554-626		608-644	176-248
		554-626	554-626	554-626		608-644	176-248
		554-626	554-626	554-626		608-644	176-248
		554-626	554-626	554-626		608-644	176-248
		554-626	554-626	554-626		608-644	176-248
		554-626	554-626	554-626		608-644	176-248
		599-644	599-644	599-644		635-653	176-248
		599-644	599-644	599-644		635-653	176-248
		599-644	599-644	599-644		635-653	176-248
		599-644	599-644	599-644		635-653	176-248
		599-644	599-644	599-644		635-653	176-248
		527-599	527-599	527-599		572-608	176-248
		527-599	527-599	527-599		572-608	176-248
		518-563	518-563	518-563		545-563	176-248
		518-563	518-563	518-563		545-563	176-248
		518-563	518-563	518-563		545-563	176-248
		518-563	518-563	518-563		545-563	176-248
		518-563	518-563	518-563		545-563	176-248
		518-563	518-563	518-563		545-563	176-248
		518-563	518-563	518-563		545-563	176-248
		554-626	554-626	554-626		608-644	176-248
		671-698	671-698	671-698		689-707	176-248
						610-680	150-200
						610-680	80-200

FREE DATA SHEETS: WWW.IDES.COM/PSIM

Grade	Filler	Sp Grav	Shrink, mils/in	Melt flow, g/10 min	Drying temp, °F	Drying time, hr	Max. % moisture
M-345	MN 45	1.750			300	6.0-8.0	
MG-350	GMN	1.840	0.7		300	8.0	

LCP   Zenite   DuPont EP

Grade	Filler	Sp Grav	Shrink, mils/in	Melt flow, g/10 min	Drying temp, °F	Drying time, hr	Max. % moisture
3130L BK010	GFI 30	1.620	0.0				0.01
6130 BK010	GFI	1.624	8.0				0.01
6330 BK010	MN 30	1.640	0.0				0.01
7130 BK010	GFI 30	1.620	-1.0				0.01
7145L BK010	GFI 45	1.760	0.7				0.01

LDPE   Borcell   Borealis

Grade	Filler	Sp Grav	Shrink, mils/in	Melt flow, g/10 min	Drying temp, °F	Drying time, hr	Max. % moisture
LE1120		0.926		5.00 E			

LDPE   Borealis PE   Borealis

Grade	Filler	Sp Grav	Shrink, mils/in	Melt flow, g/10 min	Drying temp, °F	Drying time, hr	Max. % moisture
MA9240		0.926	15.0-20.0	36.00 E			

LDPE   Bormed   Borealis

Grade	Filler	Sp Grav	Shrink, mils/in	Melt flow, g/10 min	Drying temp, °F	Drying time, hr	Max. % moisture
LE6603-PH		0.925	15.0-20.0	22.00 E			

LDPE   Braskem PE   Braskem

Grade	Filler	Sp Grav	Shrink, mils/in	Melt flow, g/10 min	Drying temp, °F	Drying time, hr	Max. % moisture
BI-818		0.920		7.50 E			
PB-208		0.925		22.00 E			
PB-608		0.917		30.00 E			
PB-681		0.924		3.80 E			

LDPE   Cosmothene   TPC

Grade	Filler	Sp Grav	Shrink, mils/in	Melt flow, g/10 min	Drying temp, °F	Drying time, hr	Max. % moisture
G215		0.922		1.50			
G810-S		0.920		35.00			
G811		0.919		21.00			
G812		0.919		35.00			
G814		0.919		50.00			

LDPE   Daelim Poly   Daelim

Grade	Filler	Sp Grav	Shrink, mils/in	Melt flow, g/10 min	Drying temp, °F	Drying time, hr	Max. % moisture
LD-01		0.924		0.25 E			
LD-01A		0.924		0.30 E			
LD-05		0.924		0.55 E			
LD-05A		0.924		0.50 E			
LD-08		0.924		0.50 E			
LD-08A		0.924		0.50 E			
LD-10		0.923		0.80 E			
LD-14		0.923		1.50 E			
LD-18A		0.923		2.30 E			
LD-18AS		0.923		3.00 E			
LD-26		0.923		4.00 E			
LD-26A		0.923		4.00 E			
LD-37		0.920		20.00 E			
LD-41		0.920		40.00 E			
LD-61		0.921		5.50 E			
LD-62		0.921		7.60 E			
LD-63		0.920		10.00 E			

LDPE   Dow LDPE   Dow

Grade	Filler	Sp Grav	Shrink, mils/in	Melt flow, g/10 min	Drying temp, °F	Drying time, hr	Max. % moisture
113C		0.925		2.80 E			
160C		0.920		6.00 E			
208C		0.927		0.70 E			
218C		0.924		2.20 E			

Max. % regrind	Inj. pres., ksi	Rear temp, °F	Mid temp, °F	Front temp, °F	Nozzle temp, °F	Proc temp, °F	Mold temp, °F
						610-680	150-200
30						610-710	150-200
						653-671	104-302
						662-680	104-302
						662-680	104-302
						680-698	104-302
						680-698	104-302
		302	320	356			
						356-446	50-104
						356-446	50-104
							41-77
							41-77
							41-77
							41-77
						338-392	
						338-392	
						338-392	
						338-392	
						338-392	
						374-428	
						374-428	
						320-374	
						320-374	
						320-374	
						320-374	
						320-374	
						320-356	
						320-347	
						320-347	
						320-347	
						311-347	
						374-428	
						320-374	
						536-608	
						536-608	
						500-572	
						329	
						329	
						401	
						329	

FREE DATA SHEETS: WWW.IDES.COM/PSIM

Grade	Filler	Sp Grav	Shrink, mils/in	Melt flow, g/10 min	Drying temp, °F	Drying time, hr	Max. % moisture
401C		0.922		1.25 E			
440C		0.924		2.20 E			
600C		0.922		0.30 E			
601C		0.924		0.16 E			
LDPE	**DuPont 20 Series**			**DuPont P&IP**			
20		0.920		1.90 E			
2005		0.920		1.90			
2010		0.920		1.90			
20-6064		0.920		1.90 E			
LDPE	**ExxonMobil LDPE**			**ExxonMobil**			
LD 650		0.916		22.00 E			
LD 653		0.926		22.00 E			
LD 653 CE		0.926		22.00 E			
LD 654		0.915		70.00 E			
LDPE	**Hanwha LDPE**			**Hanwha**			
722		0.917	10.0-30.0	22.00 E			
724		0.917	10.0-30.0	45.00 E			
737		0.917	10.0-30.0	22.00 E			
749		0.920	10.0-30.0	6.00 E			
LDPE	**Icorene**			**ICO Polymers**			
MP600-16		0.926		20.50 E			
MP650-16		0.916		22.00 E			
MP652-16		0.925		6.00 E			
LDPE	**Ipethene**			**Carmel Olefins**			
470		0.922		5.00 E			
600		0.917		7.00 E			
800		0.917		20.00 E			
810		0.920		20.00 E			
820		0.922		20.00 E			
900		0.917		50.00 E			
LDPE	**Kemcor**			**Qenos**			
LD 4200 (INJECTION)		0.925	10.0-30.0	2.00 E			
LD 6258		0.924	10.0-30.0	7.00 E			
LD 8153		0.922	10.0-30.0	20.00 E			
LD 9150		0.923	10.0-30.0	35.00 E			
LD 9151		0.920	10.0-30.0	70.00 E			
LD 9155		0.922	10.0-30.0	60.00 E			
LD 9157		0.922	10.0-30.0	60.00 E			
LDX 151		0.920	10.0-30.0	70.00 E			
LDPE	**Lacqtene**			**Total Petrochem**			
1200 MN 26 C		0.928		20.00 E			
LDPE	**Latistat**			**Lati**			
43/7-02		0.982	14.0	8.00 E	158-176	3.0	
LDPE	**Lupolen**			**Basell**			
1806 H		0.922		1.60 E			
1810 E		0.922		0.40 E			
1840 D		0.921		0.25 E			

Max. % regrind	Inj. pres., ksi	Rear temp, °F	Mid temp, °F	Front temp, °F	Nozzle temp, °F	Proc temp, °F	Mold temp, °F
						329	
						329	
						329	
						329	
		400	400	400	425	356-455	
		325	350	350	350		80
		400	400	400	425	356-455	
		400	400	400	425	356-455	
				320-464			68-122
				320-464			68-122
				320-464			68-122
				320-464			68-122
	0.4-1.4					320-536	50-140
	0.4-1.4					320-536	50-140
	0.4-1.4					320-536	50-140
	0.4-1.4					320-536	50-140
						248-284	59-122
						212-248	59-122
						356-482	68-122
						284-464	
						464	
						410	
						482	
						392	
						356	
						464-518	
						428-482	
						356-392	
						338-392	
						284-320	
						302-338	
						302-338	
						284-320	
							86-104
						392-428	68-104
						356-500	
						356-500	
						392-536	

FREE DATA SHEETS: WWW.IDES.COM/PSIM

Grade	Filler	Sp Grav	Shrink mils/in	Melt flow, g/10 min	Drying temp, °F	Drying time, hr	Max. % moisture
1840 H		0.921		1.50 E			
2420 F		0.925		0.75 E			
2420 H		0.926		1.90 E			
2420 K		0.926		4.00 E			
2426 F		0.926		0.75 E			
2426 H		0.927		1.90 E			
2426 K		0.927		4.00 E			
3020 D		0.929		0.30 E			
3020 F		0.929		0.90 E			
3020 H		0.929		2.00 E			
3020 K		0.929		4.00 E			
3026 H		0.929		2.00 E			
3040 D		0.930		0.25 E			
3220 D		0.932		0.40 E			

LDPE	Marlex			CP Chem			
PE 1007		0.919		7.00 E			
PE 1400		0.926		8.00 E			

LDPE	Novapol			Nova Chemicals			
LA-0224-A		0.925		2.30 E			

LDPE	Petrothene			Equistar			
NA 209-009		0.927		23.00 E			
NA 831-000		0.921		9.00 E			
NA 850-020		0.920		2.10 E			
NA 870-252		0.923		38.50 E			

LDPE	Polifin PE			Sasol			
1503LA		0.916		55.00 E			
WJG47		0.920		2.00 E			
WNG14		0.919		7.00 E			
WRM19		0.919		20.00 E			
WSM73		0.922		30.00 E			
XJG003		0.924		2.00 E			

LDPE	Politeno			Politeno			
I-7018		0.918		7.00 E			

LDPE	Pre-elec			Premix Thermoplast			
ESD 4100		0.943	15.0	1.00 E	158	3.0	

LDPE	RTP Compounds			RTP			
700 A FR		1.223	25.0-30.0		175	2.0	
700A		0.922	24.0-31.0		175	2.0	
ESD A 700 A		1.003	18.0-25.0		175	2.0	
ESD C 700 A		1.043	20.0-30.0		175	2.0	
ICP 700 A		0.952	18.0-22.0				

LDPE	Taisox			Formosa Korea			
6520G		0.918		8.00 E			
6630M		0.924		20.00 E			
6810M		0.916		50.00 E			

LDPE	Titanlene			Titan Group			
LDI 300YY		0.922		20.00 E			

Max. % regrind	Inj. pres., ksi	Rear temp, °F	Mid temp, °F	Front temp, °F	Nozzle temp, °F	Proc temp, °F	Mold temp, °F
						356-500	
						392-482	
						356-500	
						356-500	
						356-428	
						356-428	
						302-374	
						374-500	
						374-500	
						356-500	
						374-500	
						356-428	
						356-500	
						356-500	
100						380-425	
100						380-425	
						338-374	
		325	350	350	350		
		325	350	350	350		
		325	350	350	350		
		325	350	350	350		
						284-392	
						446-536	
						428-518	
						356-464	
						320-374	
						464-500	
		266-356	266-356	266-356			
	8.7-11.6					338-374	68-122
	10.0-15.0					380-450	70-150
	10.0-15.0					380-450	70-150
	10.0-15.0					380-450	70-150
	10.0-15.0					380-450	70-150
	10.0-20.0					350-410	70-100
						518-644	
						302-356	
						302-356	
						320-464	59-122

FREE DATA SHEETS: WWW.IDES.COM/PSIM

Grade	Filler	Sp Grav	Shrink, mils/in	Melt flow, g/10 min	Drying temp, °F	Drying time, hr	Max. % moisture
LDI 305YY		0.925		6.00 E			
LDI 326YY		0.922		25.00 E			
LDPE		**Total PE**			**Total Petrochem**		
LDPE 1020 FN 24		0.924		2.10 E			
LDPE 1070 MN 18 C		0.920	10.0-30.0	7.50 E			
LDPE 1200 MN 18 C		0.920		22.00 E			
LDPE 1700 MN 18 C		0.920		70.00 E			
LDPE LD 0304		0.926		4.00 E			
LDPE		**Trithene**			**Triunfo**		
JX 7065		0.920		6.50 E			
JX 7300		0.919		30.00 E			
SX 7010		0.925		1.00 E			
SX 7012		0.924		1.20 E			
LLDPE		**Certene**			**Channel**		
LLI-5026		0.928		50.00 E			
LLDPE		**Certene**			**Muehlstein**		
LLI-2024		0.926		20.00 E			
LLI-5026		0.928		50.00 E			
LLDPE		**Daelim Poly**			**Daelim**		
LL-04SJ	GFI	0.925		1.10 E			
LL-05S	GFI	0.925		1.85 E			
LL-05SC		0.925		1.85 E			
LL-05SU		0.925		1.85 E			
LL-24		0.917		1.10 E			
LL-24W		0.916		1.30 E			
LL-25		0.914		2.00 E			
LL-32HF		0.919		0.75 E			
LL-34		0.917		1.10 E			
LL-34H		0.917		1.10 E			
LLDPE		**Dow LLDPE**			**Dow**		
6200		0.929		20.00 E			
6500R		0.929		47.00 E			
XB 81841.48		0.920		2.00 E			
LLDPE		**Hanwha LLDPE**			**Hanwha**		
7635		0.922		0.23 E			
LLDPE		**LinTech**			**Politeno**		
IA-41		0.921		25.00 E			
LLDPE		**M. Holland Magma**			**M. Holland**		
LM372-A		0.872		30.00			
LLDPE		**Petrothene**			**Equistar**		
GA 564-000		0.926		21.00 E			
GA 568-000		0.927		33.00 E			
GA 574-000		0.928		50.00 E			
GA 578-000		0.930		85.00 E			
GA 584-000		0.931		105.00 E			
GA 594-000		0.935		140.00 E			

Max. % regrind	Inj. pres., ksi	Rear temp, °F	Mid temp, °F	Front temp, °F	Nozzle temp, °F	Proc temp, °F	Mold temp, °F
						320-464	77-122
						320-464	59-122
							86-104
							86-104
							86-104
							86-104
							86-104
						374-536	86-122
		302-338	338-410				77-113
						329-347	59
						329-347	59
							68-104
						356-428	68-104
							68-104
						338-410	
						338-410	
						338-410	
						338-410	
						338-410	
						356-446	
						338-446	
						356-446	
						356-446	
						356-446	
						374-446	41-86
						356-428	41-86
						403	
	0.4-2.1					356-572	50-140
		302-392	302-392	302-392			
	1.5-2.0					329-455	122-140
		350	375	400	400		
		350	375	400	400		
		350	375	400	400		
		350	375	375	375		
		350	375	400	400		
		350	375	400	400		

FREE DATA SHEETS: WWW.IDES.COM/PSIM

Grade	Filler	Sp Grav	Shrink, mils/in	Melt flow, g/10 min	Drying temp, °F	Drying time, hr	Max. % moisture
GA 684-000X01		0.931		105.00 E			
GA 694-000X01		0.935		140.00 E			

LLDPE   Polifin PE   Sasol

Grade	Filler	Sp Grav	Shrink, mils/in	Melt flow, g/10 min	Drying temp, °F	Drying time, hr	Max. % moisture
LM3040P		0.926		20.00 E			
LM3160P		0.920		25.00 E			

LLDPE   Pre-elec   Premix Thermoplast

Grade	Filler	Sp Grav	Shrink, mils/in	Melt flow, g/10 min	Drying temp, °F	Drying time, hr	Max. % moisture
PE 1270		0.999	14.0-16.0	0.50 E	194	3.0	
PE 1313		0.999	14.0-16.0	4.00 F	194	3.0	

LLDPE   Rhetech PE   RheTech

Grade	Filler	Sp Grav	Shrink, mils/in	Melt flow, g/10 min	Drying temp, °F	Drying time, hr	Max. % moisture
E206-01		0.929	20.0	35.00 E	100-120	1.0-2.0	0.05

LLDPE   Sabic LLDPE   SABIC

Grade	Filler	Sp Grav	Shrink, mils/in	Melt flow, g/10 min	Drying temp, °F	Drying time, hr	Max. % moisture
M200024		0.926		20.00 E			
M500026		0.928		50.00 E			
MG200024		0.926		20.00 E			
MG500026		0.928		50.00 E			

LLDPE   Sclair   Nova Chemicals

Grade	Filler	Sp Grav	Shrink, mils/in	Melt flow, g/10 min	Drying temp, °F	Drying time, hr	Max. % moisture
2114		0.927		52.00 E			

LLDPE   Surpass   Nova Chemicals

Grade	Filler	Sp Grav	Shrink, mils/in	Melt flow, g/10 min	Drying temp, °F	Drying time, hr	Max. % moisture
FPs016-C		0.918		0.65 E			

LLDPE   Taisox   Formosa Korea

Grade	Filler	Sp Grav	Shrink, mils/in	Melt flow, g/10 min	Drying temp, °F	Drying time, hr	Max. % moisture
3470		0.928		25.00 E			
3490		0.928		50.00 E			

LLDPE   Titanex   Titan Group

Grade	Filler	Sp Grav	Shrink, mils/in	Melt flow, g/10 min	Drying temp, °F	Drying time, hr	Max. % moisture
LI2516		0.920		25.00 E			
LI5011		0.928		50.00 E			

LLDPE   Unipol   Dow

Grade	Filler	Sp Grav	Shrink, mils/in	Melt flow, g/10 min	Drying temp, °F	Drying time, hr	Max. % moisture
DNDA-1077		0.933		100.00			
DNDA-1082		0.935		155.00			

LMDPE   Polifin PE   Sasol

Grade	Filler	Sp Grav	Shrink, mils/in	Melt flow, g/10 min	Drying temp, °F	Drying time, hr	Max. % moisture
LM3060P		0.928		50.00 E			
LM3071P		0.936		5.00 E			
LM3076P		0.936		5.00 E			
LM3111P		0.941		3.00 E			
LM3180P		0.941		3.00 E			
LM3186P		0.941		3.00 E			

MABS   Polylux   A. Schulman

Grade	Filler	Sp Grav	Shrink, mils/in	Melt flow, g/10 min	Drying temp, °F	Drying time, hr	Max. % moisture
Typ C1		1.103			158	2.0-4.0	
Typ C2		1.093			158	2.0-4.0	
Typ C5		1.103			158	2.0-4.0	

MABS   Saxalac   Sax Polymers

Grade	Filler	Sp Grav	Shrink, mils/in	Melt flow, g/10 min	Drying temp, °F	Drying time, hr	Max. % moisture
603TR		1.083	4.0-7.0		176	2.0-4.0	
608TR		1.083	4.0-7.0		176	2.0-4.0	
626TR		1.073	4.0-7.0		176	2.0-4.0	

Max. % regrind	Inj. pres., ksi	Rear temp, °F	Mid temp, °F	Front temp, °F	Nozzle temp, °F	Proc temp, °F	Mold temp, °F
		350	375	400	400		
		350	375	400	400		
					356-482		
						338-482	
	8.7-11.6					356-428	68-122
	8.7-11.6					356-428	68-122
	0.4-1.4	280-310	290-330	310-340	300-320		60-80
						379-450	41-86
						356-446	41-86
						374-446	
						356-446	
						350-420	
						365-428	
						338-374	
						338-374	
						338-428	50-104
						338-428	50-104
						380-520	40-85
						330-550	40-85
						356-482	
						392-536	
						392-536	
						392-536	
						392-536	
						392-536	
						392-464	104-176
						392-464	104-158
						392-464	104-158
						428-500	122-176
						428-500	122-176
						428-500	122-176

Grade	Filler	Sp Grav	Shrink, mils/in	Melt flow, g/10 min	Drying temp, °F	Drying time, hr	Max. % moisture
MABS		**Terlux**			**BASF**		
2802 TR		1.083	5.5		158	2.0-4.0	
2812 TR		1.083	5.5		158	2.0-4.0	
MDPE		**Trithene**			**Triunfo**		
SX 9003		0.931		0.30 E			
Mel Formald		**Bakelite MP**			**Bakelite Euro**		
4165 S	GFI	1.825	0.6				
Mel Formald		**Cymel**			**Cytec**		
1077-1295	AC	1.500	8.0-9.0				
1077-DXM	AC	1.500	8.0-9.0				
1077-P	AC	1.500	8.0-9.0				
1077-S	AC	1.500	8.0-9.0				
1077-T	AC	1.500	8.0-9.0				
Mel Formald		**Perstorp Melamine**			**Perstorp**		
751	AC	1.500	7.0				
791	AC	1.500	7.0				
Mel Formald		**PMC Melamine**			**Plastic Mfg Co**		
Melamine Molding Compound		1.486	8.0-13.0				
Mel Phenolic		**Plenco**			**Plastics Eng**		
00714 (Injection)		1.654	6.8				
00732 (Injection)		1.567	9.7				
00755 (Injection)		1.585	7.6				
00757 (Injection)		1.700	5.7				
MMBS		**Denka TP Poly**			**Denka**		
TP-SX		1.110	0.5	6.30	160-175	2.0-3.0	
TP-USX		1.100	0.5	2.30	160-175	2.0-3.0	
MMBS		**Net Poly SMMA**			**Network Poly**		
MS 150		1.050	2.0-6.0	3.30 G	180	2.0	
MS 175		1.030	2.0-6.0	5.50 G	180	2.0	
MMS		**Cevian-MAS**			**Daicel Polymer**		
MAS10		1.083	3.0-5.0	22.00 AN	176-185	3.0-5.0	
MAS30		1.133	3.0-5.0	13.00 AN	176-185	3.0-5.0	
Nylon 11		**Ashlene**			**Ashley Poly**		
935		1.040			176	12.0	
940H		1.050			176	12.0	0.10
L935		1.040			176	12.0	
L935H		1.040			176	12.0	
L940H		1.050			176	12.0	0.10
LT940H		1.050			176	12.0	0.10
T940H		1.050			176	12.0	0.10
Nylon 11		**Rilsan**			**Arkema**		
BMNO P40		1.047			150-175	3.0-4.0	

Max. % regrind	Inj. pres., ksi	Rear temp, °F	Mid temp, °F	Front temp, °F	Nozzle temp, °F	Proc temp, °F	Mold temp, °F
10						444-500	120-165
10						446-500	122-176
		302-356	302-356	302-356			
	> 2.2	140-167	140-167	140-167	176-212	176-212	320-374
		80-170		180-215	180-230	180-240	300-330
		80-170		180-215	180-230	180-240	300-330
		80-170		180-215	180-230	180-240	300-330
		80-170		180-215	180-230	180-240	300-330
		80-170		180-215	180-230	180-240	300-330
	2.0-6.0					310-335	
	2.0-6.0					310-335	
	2.0-6.0						300-335
		302-356		356-410		428-464	325-360
		302-356		356-410		428-464	325-360
		302-356		356-410		428-464	325-360
		302-356		356-410		428-464	325-360
	10.0-15.0	390-440	420-480	425-500		425-500	100-160
	10.0-15.0	390-440	420-480	425-500		425-500	100-160
						430-460	130
						430-460	130
		338-374	374-410	410-446	410-446		104-140
		338-374	374-410	410-446	410-446		104-140
20	5.0-10.0	390	410	430	430		80-150

FREE DATA SHEETS: WWW.IDES.COM/PSIM

Grade	Filler	Sp Grav	Shrink, mils/in	Melt flow, g/10 min	Drying temp, °F	Drying time, hr	Max. % moisture
Nylon 11		**RTP Compounds**			**RTP**		
200 C		1.033	13.0-18.0		175	4.0	
200 C MS		1.073	15.0-20.0		175	4.0	
200 C TFE 10		1.093	15.0-25.0		175	4.0	
201 C	GFI 10	1.103	4.0-6.0		175	4.0	
201 C FR	GFI 10	1.424	4.0-6.0		175	4.0	
202 C	GFI 15	1.133	2.0-4.0		175	4.0	
202 C FR	GFI 15	1.454	3.5-5.5		175	4.0	
203 C	GFI 20	1.183	2.0-4.0		175	4.0	
203 C FR	GFI 20	1.504	2.5-4.5		175	4.0	
203 C TFE 20	GFI 20	1.333	2.0-4.0		175	4.0	
205 C	GFI 30	1.253	1.0-3.0		175	4.0	
207 C	GFI 40	1.353	1.0-3.0		175	4.0	
283 C	CF 20	1.123	0.5-1.5		175	4.0	
284 C	CF 25	1.153	1.0-3.0		175	4.0	
284 C TFE 15	CF 25	1.263	1.0-3.0		175	4.0	
Nylon 11		**Thermocomp**			**LNP**		
HB-1006 BK8-114	GB	1.270			180	4.0	0.15
HF-1006	GFI	1.260	1.0-2.0		180	4.0	0.15
HF-1008 BK8-114	GFI	1.370	1.0-3.0		180	4.0	0.15
Nylon 12		**Ashlene**			**Ashley Poly**		
925		1.020			212	3.0-6.0	0.50
925-20PF		1.140	16.0-18.0		212	3.0-6.0	0.50
925L-25G	GFI 25	1.180			212	3.0-6.0	0.50
925LMS-22G	GFI 22	1.220			212	3.0-6.0	0.50
925LS-23G	GFI 23	1.170			212	3.0-6.0	0.50
929		1.030			212	3.0-6.0	0.50
930		1.030			212	3.0-6.0	0.50
D925		1.020			212	3.0-6.0	0.50
D925H		1.020			212	3.0-6.0	0.50
D925L-30G	GFI 30	1.240	3.0		212	3.0-6.0	0.50
D925L-30GB	GFI 30	1.240	3.0		212	3.0-6.0	0.50
D925LH-30G	GFI 30	1.240	3.0		212	3.0-6.0	0.50
D926		1.020			212	3.0-6.0	0.50
D926H		1.020			212	3.0-6.0	0.50
D927		1.030			212	3.0-6.0	0.50
D927H		1.030			212	3.0-6.0	0.50
D930		1.030			212	3.0-6.0	0.50
D930H		1.030			212	3.0-6.0	0.50
DH925H		1.020			212	3.0-6.0	0.50
L925		1.020			212	3.0-6.0	0.50
L927		1.030			212	3.0-6.0	0.50
L927H		1.030			212	3.0-6.0	0.50
L930		1.030			212	3.0-6.0	0.50
TD925H		1.020			212	3.0-6.0	0.50
TD930H		1.030			212	3.0-6.0	0.50
Nylon 12		**Fostalon**			**Foster**		
50000		1.020			180	4.0	0.03
51000		1.020			180	4.0	0.03
52000		1.020			180	4.0	0.03
52030BA	BAS 30	1.360			180	4.0	0.03
53000		1.020			180	4.0	0.03

Max. % regrind	Inj. pres., ksi	Rear temp, °F	Mid temp, °F	Front temp, °F	Nozzle temp, °F	Proc temp, °F	Mold temp, °F
	10.0-15.0					435-550	100-150
	10.0-15.0					435-550	100-150
	10.0-15.0					435-550	100-150
	10.0-15.0					435-550	100-150
	10.0-15.0					435-550	100-150
	10.0-15.0					435-550	100-150
	10.0-15.0					435-550	100-150
	10.0-15.0					435-550	100-150
	10.0-15.0					435-550	100-150
	10.0-15.0					435-550	100-150
	10.0-15.0					435-550	100-150
	10.0-15.0					435-550	100-150
	10.0-15.0					435-550	100-150
	10.0-15.0					435-550	100-150
	10.0-15.0					435-550	100-150
						440-500	110-125
						440-500	110-125
						440-500	110-125
						430-480	
						430-480	
						430-480	
						480-540	
						430-480	

FREE DATA SHEETS: WWW.IDES.COM/PSIM

Grade	Filler	Sp Grav	Shrink, mils/in	Melt flow, g/10 min	Drying temp, °F	Drying time, hr	Max. % moisture
54000		1.030			180	4.0	0.03
54030BA	BAS 30	1.360			180	4.0	0.03
55000		1.030			180	4.0	0.03
56000		1.040			180	4.0	0.03
56030BA	BAS 30	1.360			180	4.0	0.03
57000		1.040			180	4.0	0.03
58000		1.050			180	4.0	0.03
58030BA	BAS 30	1.360			180	4.0	0.03
59000		1.060			180	4.0	0.03

Nylon 12 — Fostamid — Foster

Grade	Filler	Sp Grav	Shrink, mils/in	Melt flow, g/10 min	Drying temp, °F	Drying time, hr	Max. % moisture
1172		1.020		4.00	180	4.0	0.03
1172-40BS	MN 30	1.570		14.00	180	4.0	0.03
5400		1.030			180	4.0	0.03
5600		1.040			180	4.0	0.03

Nylon 12 — Gravi-Tech — PolyOne

Grade	Filler	Sp Grav	Shrink, mils/in	Melt flow, g/10 min	Drying temp, °F	Drying time, hr	Max. % moisture
GRV-NJ-110-W		11.000	5.0-7.0		175	4.0	
GRV-NP-069-BMX		6.900	5.0-6.0		175	4.0	
GRV-NP-110-W		11.000	5.0-6.0		175	4.0	

Nylon 12 — Grilamid — EMS-Grivory

Grade	Filler	Sp Grav	Shrink, mils/in	Melt flow, g/10 min	Drying temp, °F	Drying time, hr	Max. % moisture
L 20A Z		1.003	7.0		176	4.0-12.0	
L16GM (Dry)		1.010	7.0		158-176	6.0-10.0	0.10
L20 FR (Dry)		1.040	10.0		176-212	4.0-16.0	0.10
L20 GHS (Dry)		1.010	19.0		230	2.0	
L20 GM (Dry)		1.010			176-212	4.0-16.0	0.10
L20G (Dry)		1.010	17.0		158-176	6.0-10.0	0.10
L20W40 (Dry)		1.010			176-212	4.0-16.0	0.10
L25 W40 (Dry)		1.030	19.0				
LB 25 HX (Dry)		1.003	8.0		230	2.0	
LKN-5H (Dry)	GB 50	1.440	16.0		230	2.0	
LV-15H (Dry)	GFI 15	1.110	5.0		158-176	6.0-10.0	0.20
LV-23 ESD (Dry)	CF	1.200	5.0		230	2.0	
LV-23H (Dry)	GFI 23	1.170	5.0		230	2.0	
LV-3H (Dry)	GFI 30	1.220	6.0		158-176	6.0-10.0	0.20
LV-43H (Dry)	GFI 43	1.360	5.0		230	2.0	
TR 55 (Dry)		1.060	11.0		230	2.0	
TR 55 LX (Dry)		1.040	9.0		230	2.0	
TR 90 (Dry)		1.003	7.5		176	4.0-6.0	0.08
TR55LY (Dry)		1.040	9.0		230	3.0-4.0	0.10
TR55LZ (Dry)		1.030	10.0		158-176	6.0-10.0	0.10
TR70 LX (Dry)		1.050	13.0		230	2.0-4.0	0.10

Nylon 12 — Latamid — Lati

Grade	Filler	Sp Grav	Shrink, mils/in	Melt flow, g/10 min	Drying temp, °F	Drying time, hr	Max. % moisture
12 H FE85	UNS	3.258	5.0		176-194	3.0	
12 H FE90	UNS	3.258	5.0		176-194	3.0	

Nylon 12 — Latilub — Lati

Grade	Filler	Sp Grav	Shrink, mils/in	Melt flow, g/10 min	Drying temp, °F	Drying time, hr	Max. % moisture
82-01M		1.043	7.0		176-212	3.0	

Nylon 12 — Lubricomp — LNP

Grade	Filler	Sp Grav	Shrink, mils/in	Melt flow, g/10 min	Drying temp, °F	Drying time, hr	Max. % moisture
SCL-4036	CF	1.270			180	4.0	0.02
SFL-402-10							
OR2-765	GFI	1.640			180	4.0	0.02

Max. % regrind	Inj. pres., ksi	Rear temp, °F	Mid temp, °F	Front temp, °F	Nozzle temp, °F	Proc temp, °F	Mold temp, °F
						430-480	
						480-540	
						480-540	
						480-540	
						480-540	
						480-540	
						480-540	
						480-540	
						480-540	
						430-480	
						430-480	
						470-530	
						480-540	
						500-550	180-300
						500-550	180-300
						500-550	180-300
			464-500		464-500	482-518	104
25		410	430	445	440	455	105
						428-518	104-122
		428-500	428-500	428-500		465	105
		420-450	420-450	420-450		455-518	105
		430	445	465	445	465	105
		456	464	464	446-464	428-482	104
		428-482	428-482	428-482		464	104
		572-590	572-590	572-590		554	104-122
		482-536	482-536	482-536		500	176
25		490	500	520	500	465-570	140
		465-570	465-570	465-570		500	176
		465-570	465-570	465-570		500	176
25		490	500	520	500	465-570	175
		465-570	465-570	465-570		500	176
		536-572	536-572	536-572		563	176
		464-535	464-535	464-535		509	100
		491	500	509	500	509	176
		482-518	482-518	482-518	475	500-518	104
		465	475	480	475	464-535	100
		590	572	554	572	554-608	176-248
15						464-500	140-176
15						464-500	140-176
						410-464	140-176
						440-455	160-180
						440-455	160-180

FREE DATA SHEETS: WWW.IDES.COM/PSIM

Grade	Filler	Sp Grav	Shrink, mils/in	Melt flow, g/10 min	Drying temp, °F	Drying time, hr	Max. % moisture
Nylon 12	**Luvocom**				**Lehmann & Voss**		
6-7697	CF	1.163	3.0-7.0		167	6.0-10.0	
Nylon 12	**Polyram PA12**				**Polyram**		
PD100		1.023	15.0		185	3.0	
PD300G4	GFI 20	1.253			185	3.0	
PD300G6	GFI 30	1.353			185	3.0	
RD101		1.023	15.0		185	3.0	
RD104		1.023	15.0		185	3.0	
RD120		1.033	16.4		185	3.0	
Nylon 12	**Rilsan**				**Arkema**		
AMNO		1.017			150-175	3.0-4.0	
AZMO 30	GFI 30	1.227			150-175	3.0-4.0	
Nylon 12	**RTP Compounds**				**RTP**		
200 F		1.023	16.0-20.0		175	4.0	
200F TFE 20		1.133	10.0-20.0		175	4.0	
200F TFE 20 SI		1.133	10.0-20.0		175	4.0	
201 F	GFI 10	1.083	4.0-6.0		175	4.0	
203 F	GFI 20	1.153	3.0-5.0		175	4.0	
205 F	GFI 30	1.233	2.0-3.0		175	4.0	
207 F	GFI 40	1.313	1.0-3.0		175	4.0	
281 F	CF 10	1.053	2.0-4.0		175	4.0	
283 F	CF 20	1.103	1.0-3.0		175	4.0	
285 F	CF 30	1.153	1.0-2.0		175	4.0	
285 F TFE 10 HS L	CF 30	1.233	0.5		175	4.0	
Nylon 12	**SEP**				**Foster**		
Nanocomposite Nylon 12		1.320		4.00 BO			
SS Nylon 12		1.100		2.30 BO			
Nylon 12	**Stat-Kon**				**LNP**		
PDX-S-90398	STS	1.100		11.0	180	4.0	0.20
SS-	STS	1.100		14.0	180	4.0	0.02
Nylon 12	**Stat-Tech**				**PolyOne**		
NJ-10SS/000	STS 10	1.100	6.0-8.0				
NJ-20NCF/000	CFN 20	1.170	3.0-4.0				
Nylon 12	**Sumikon**				**Sumitomo Bake**		
FM-PG337	ORG	3.600	5.0		212	3.0	
Nylon 12	**Therma-Tech**				**PolyOne**		
NJ-6000 TC		1.610	1.0-2.0				
NJ-6000C TC		1.650	2.0-3.0				
NJC-6000 TC		1.580	3.0-4.0				
NJC-7500 TC		1.680	3.0-4.0				
Nylon 12	**Thermocomp**				**LNP**		
SF-1006	GFI	1.240	2.0-3.0		180	4.0	0.02
Nylon 12	**UBE Nylon**				**UBE Industries**		
3014U (Dry)		1.020	10.0-16.0				0.10

Max. % regrind	Inj. pres., ksi	Rear temp, °F	Mid temp, °F	Front temp, °F	Nozzle temp, °F	Proc temp, °F	Mold temp, °F
		446-482	464-500	482-518	482-500	482	158-230
	10.2-15.2	419-491	428-500	437-509			149-221
	10.2-15.2	419-491	428-500	437-509			149-221
	10.2-15.2	419-491	428-500	437-509			149-221
	10.2-15.2	419-491	428-500	437-509			149-221
	10.2-15.2	419-491	428-500	437-509			149-221
	10.2-15.2	419-491	428-500	437-509			149-221
20	5.0-10.0	390	410	430	430		80-150
20	5.0-10.0	425	450	475	475		80-150
	10.0-15.0					430-525	150-220
	10.0-15.0					430-525	150-220
	10.0-15.0					430-525	150-220
	10.0-15.0					430-525	150-220
	10.0-15.0					430-525	150-220
	10.0-15.0					430-525	150-220
	10.0-15.0					430-525	150-220
	10.0-15.0					430-525	150-220
	10.0-15.0					430-525	150-220
	10.0-15.0					430-525	150-220
	10.0-15.0					430-525	150-220
						390-430	
						482-518	
						400	180-225
						400	180-225
						460-520	
						480-540	
							176-248
						500-530	150-200
						500-530	150-200
						500-530	150-200
						500-530	150-200
						440-455	160-180
	9.2	374	428	428	428	455	158-176

FREE DATA SHEETS: WWW.IDES.COM/PSIM

Grade	Filler	Sp Grav	Shrink, mils/in	Melt flow, g/10 min	Drying temp, °F	Drying time, hr	Max. % moisture
3020LU1 (Dry)		1.020	10.0-16.0				0.10
3024LU (Dry)		1.020	10.0-16.0				0.10
3024U (Dry)		1.020	10.0-16.0				0.10
3035JU6 (Dry)		1.030	7.0-18.0				0.10

Nylon 12 Elast — Fostalink — Foster

Grade	Filler	Sp Grav	Shrink, mils/in	Melt flow, g/10 min	Drying temp, °F	Drying time, hr	Max. % moisture
7200XL				17.00	180	4.0	0.03
FK17200XXA				20.00	180	4.0	0.03
FK17230BAA	BAS 30			18.00	180	4.0	0.03
FK17230BSA				18.50	180	4.0	0.03
Pre-Crosslinking				15.00	180	4.0	0.03

Nylon 12 Elast — Grilamid — EMS-Grivory

Grade	Filler	Sp Grav	Shrink, mils/in	Melt flow, g/10 min	Drying temp, °F	Drying time, hr	Max. % moisture
ELY 20 NZ (Dry)		0.992	8.0		230	3.0-4.0	0.10
ELY 2475 (Dry)		1.023	7.0		230	3.0-4.0	0.10
ELY 2694 (Dry)		1.013	6.0		230	3.0-4.0	0.10
ELY 2702 (Dry)		1.023	5.0		230	3.0-4.0	0.10
ELY60 (Dry)		1.010	4.0		158-176	6.0-10.0	0.10

Nylon 46 — CoolPoly — Cool Polymers

Grade	Filler	Sp Grav	Shrink, mils/in	Melt flow, g/10 min	Drying temp, °F	Drying time, hr	Max. % moisture
D3604		1.434	8.0-11.0		176	4.0	0.05
D3606		1.654	4.0-7.0		219	12.0	0.05
E3601		1.754	2.0-5.0		219	12.0	0.05
E3603		1.564	4.0-6.0		219	12.0	0.05
E3605		1.353	5.0-8.0		219	12.0	0.05

Nylon 46 — Luvocom — Lehmann & Voss

Grade	Filler	Sp Grav	Shrink, mils/in	Melt flow, g/10 min	Drying temp, °F	Drying time, hr	Max. % moisture
19-7247	CF	1.243	3.0-8.0		176	6.0-8.0	
19-7261	CF	1.313	2.0-7.0		176	6.0-8.0	
19-7276	CF	1.424	1.0-5.0		176	2.0-8.0	
19-7416	CF	1.333	2.0-7.0		176	2.0-8.0	

Nylon 6 — AD majoris — AD majoris

Grade	Filler	Sp Grav	Shrink, mils/in	Melt flow, g/10 min	Drying temp, °F	Drying time, hr	Max. % moisture
6 VENYL 15 BV GRIS (Dry)	GB 15	1.253	6.0-12.0				
6 VENYL 15 BV GRIS (Dry)	GB 15	1.253	6.0-12.0				
6 VENYL 15 FV GRIS (Dry)	GFI 15	1.253	4.0-8.0				
6 VENYL 15 FV GRIS (Dry)	GFI 15	1.253	4.0-8.0				
6 VENYL 15 FV NOIR (Dry)	GFI 15	1.253	4.0-8.0				
6 VENYL 30 FV 8229 (Dry)	GFI 30	1.363	4.0-8.0				
6 VENYL BEIGE 1731/HEU (Dry)		1.143	5.0-15.0				

Nylon 6 — Adell Polyamide — Adell

Grade	Filler	Sp Grav	Shrink, mils/in	Melt flow, g/10 min	Drying temp, °F	Drying time, hr	Max. % moisture
BR-37	GFI 33	1.380	2.0-5.0		180	4.0	

Nylon 6 — Aegis — Honeywell

Grade	Filler	Sp Grav	Shrink, mils/in	Melt flow, g/10 min	Drying temp, °F	Drying time, hr	Max. % moisture
BX3WQ662 (Dry)		1.133			149		0.10
H8202NL (Dry)		1.133	12.0		185		0.25
NC73ZP		1.130		4.60 DF	176		0.08

Max. % regrind	Inj. pres., ksi	Rear temp, °F	Mid temp, °F	Front temp, °F	Nozzle temp, °F	Proc temp, °F	Mold temp, °F
	9.2	374	428	428	428	455	158-176
	9.2	374	428	428	428	455	158-176
	9.2	374	428	428	428	455	158-176
	9.2	374	428	428	428	455	158-176
						430-450	
						430-450	
						430-450	
						430-450	
						430-450	
		410	428	437	428	455	86
						410-500	68
						410-500	68
		356	374	383	383	419	68
25		355	365	375		410	70
	10.2-15.2	559-590	579-601	590-610	590-621	590-601	176-329
	10.2-15.2	554-590	572-599	581-608	590-626	590-601	176-302
	0.7-1.6	559-590	576-601	572-599	590-621	590-601	221-300
	10.2-15.2	554-590	572-599	581-608	590-626	590-601	225-325
	10.2-15.2	554-590	572-599	581-608	590-626	590-601	225-325
		545-599	581-599	581-599	536-626	590	248-284
		545-599	581-599	581-599	536-626	590	248-284
		545-599	581-599	581-599	536-626	590	248-284
		545-599	581-599	581-599	536-626	590	248-284
	12.3-16.0	473-509	482-518	491-527	491-527		185-230
	12.3-16.0	473-509	482-518	491-527	491-527		185-230
	12.3-16.0	473-509	482-518	491-527	491-527		185-230
	12.3-16.0	473-509	482-518	491-527	491-527		185-230
	12.3-16.0	473-509	482-518	491-527	491-527		185-230
	12.3-16.0	473-509	482-518	491-527	491-527		194-248
	10.2-13.1	482-518	464-491	464-491	428-509		122-158
25		520-540	510-530	500-520	480-500	480-520	200-230
		500-554	482-518	464-491		482-518	
	0.5-1.5					464-536	176-203
						450-520	

FREE DATA SHEETS: WWW.IDES.COM/PSIM

Grade	Filler	Sp Grav	Shrink, mils/in	Melt flow, g/10 min	Drying temp, °F	Drying time, hr	Max. % moisture
Nylon 6		**Akulon Ultra**			**DSM EP**		
K-FHGM35 (Cond)	MN 25				220		0.12
Nylon 6		**Albis PA 6**			**Albis**		
152		1.130		12.0			
152 B GF25/02	GFI 25	1.330		4.0-6.0			
152 B GF25/02 HZI	GFI 25	1.280		4.0-6.0			
152 GF13/01	GFI 13	1.220		5.0			
152 GF30/01 MZ2	GFI 30	1.360		4.0			
152 GF30/02	GFI 30	1.360		4.0			
152 GF33/01	GFI 33	1.380		3.0	180	4.0-6.0	
152 GF33/02 Black	GFI 33	1.390		3.0	180	4.0-6.0	
152 GF33/02 HZ1 Black	GFI 33	1.360		3.0	180	4.0-6.0	
152 GF33/02 Natural	GFI 33	1.390		3.0			
152 GF43/01 Black	GFI 43	1.500		2.0			
152/01		1.130		12.0			
15A GB 30	GB 30	1.320		4.0			
15A GB 40	GB 40	1.440		4.0			
15A GF 20 (Dry)	GFI 20	1.280					
15A GF15	GFI 15	1.240		5.0			
15A GF15/02 HZ	GFI 15	1.230		5.0			
15A GF20 HZ UV	GFI 20	1.280		5.0			
15A GF25	GFI 25	1.320		4.0			
15A GF25 UV HZ	GFI 25	1.340		5.0			
15A GF33 HZ	GFI 33	1.420		4.0			
15A GF33 UV HZ	GFI 33	1.420		4.0-6.0			
15A GF50	GFI 50	1.560		1.0-3.0			
15A01		1.130		10.0-15.0			
162/7 GF15 MR25	MN 25	1.370		2.0-4.0			
16A GF50	GFI 50	1.564		1.0-3.0			
45/0 (Dry)		1.130					
45/1 (Dry)		1.130					
45/1 GF 15 (Dry)	GFI 15	1.240		5.0			
45/1 GF 15 HZ (Dry)	GFI 15	1.240		4.0			
45/1 GF 20 (Dry)	GFI 20	1.280		6.0-11.0			
45/1 GF 25 (Dry)	GFI 25	1.320		4.0			
45/1 GF 30 (Dry)	GFI 30	1.360					
45/1 GF 30 HZ (Dry)	GFI 30	1.320		3.0			
45/1 GF 30 HZ UV (Dry)	GFI 30	1.320		3.0			
45/1 GF 35 (Dry)	GFI 35	1.410		3.0			
45/1 GF 50 (Dry)	GFI 50	1.560		2.0			
45/2 GF 30 (Dry)	GFI 30	1.360					
45/3 FS (Dry)		1.170					
50/1 GK30 (Dry)	GB 30	1.360		4.0			
50/1 MR 30 (Dry)	MN 30	1.350		10.0			
50/1 MR 40 (Dry)	MN 40	1.480					
55 WM (Dry)		1.110		15.0			
55/2 (Dry)		1.130		12.0			
55/5 TSZ (Dry)		1.110		15.0			
900/1 GF 10 GK 20	GB 20	1.360					
900/1 GF30 GK30	GB 30	1.620		2.0-3.0			
GF/MRW 50 Black	GFI 50	1.590		> 6.0			
WAB (Dry)		1.130					

Max. % regrind	Inj. pres., ksi	Rear temp, °F	Mid temp, °F	Front temp, °F	Nozzle temp, °F	Proc temp, °F	Mold temp, °F
		520-540	530-550	510-530	500-520	520-540	130-180
						465-555	110-140
						515-555	175-230
						515-555	175-230
						515-555	175-230
						515-555	175-230
						515-555	175-230
						515-555	175-230
						515-555	175-230
						515-555	175-230
						515-555	175-230
						515-555	175-230
						465-555	110-140
						515-555	175-230
						515-555	175-230
						465-555	175-250
						515-555	175-230
						515-555	175-230
						515-555	175-230
						515-555	175-230
						515-555	175-230
						515-555	175-230
						515-555	175-230
						515-555	175-230
						465-555	110-140
						465-555	110-140
						515-555	175-230
						465-555	160-195
						465-555	160-195
						520-540	140-190
						520-540	140-190
						465-555	175-250
						465-555	175-250
						465-555	175-250
						465-555	175-250
						465-555	175-250
						465-555	175-250
						465-555	175-250
						465-555	175-250
						465-555	160-195
						465-555	175-250
						500-555	140-210
						500-555	140-210
						465-555	160-195
						465-555	160-195
						465-555	160-195
						465-555	160-195
						535-575	175-230
						535-575	175-230
						465-555	160-195

FREE DATA SHEETS: WWW.IDES.COM/PSIM

Grade	Filler	Sp Grav	Shrink, mils/in	Melt flow, g/10 min	Drying temp, °F	Drying time, hr	Max. % moisture
Nylon 6	**Amilan**			**Toray**			
CM1001G-15 (Dry)	GFI 15	1.250					
CM1001G-20 (Dry)	GFI 20	1.290					
CM1001R (Dry)	MN 40	1.510					
CM1003G-R30 (Dry)	GLL 30	1.370					
CM1007 (Dry)		1.130					
CM1011G-15 (Dry)	GFI 15	1.250					
CM1011G-30 (Dry)	GFI 30	1.360					
CM1011G-45 (Dry)	GFI 45	1.500					
CM1014-V0 (Dry)		1.180					
CM1016G-30 (Dry)	GFI 30	1.360					
CM1016-K (Dry)		1.130					
CM1017 (Dry)		1.130					
CM1017-C (Dry)		1.130					
CM1021 (Dry)		1.130					0.20
CM1023 (Dry)		1.130					
CM1026 (Dry)		1.130					0.20
UTN121 (Dry)		1.090					
UTN141 (Dry)		1.060					
Nylon 6	**Anamide**			**Albis**			
6 PA E Black		1.130	12.0-14.0				
6 PA F Black		1.130	12.0-14.0				
6 PA F Natural		1.130	12.0-14.0				
Nylon 6	**Anjamid 6**			**J&A Plastics**			
200B		1.143			176	4.0-10.0	0.10
200C		1.143			176	4.0-10.0	0.10
200C-E		1.073			176	4.0-10.0	0.10
200C-PTZ		1.103			176	4.0-10.0	0.10
200C-STZ		1.123			176	4.0-10.0	0.10
200C-TZ		1.103			176	4.0-10.0	0.10
201C-P		1.143			176	4.0-10.0	0.10
250-E/GF15	GFI 15	1.203	9.0		176	4.0-10.0	0.10
250-E/GF30	GFI 30	1.323	8.0		176	4.0-10.0	0.10
250-GF15	GFI 15	1.233	12.0		176	4.0-10.0	0.10
250-GF20	GFI 20	1.293			176	4.0-10.0	0.10
250-GF25	GFI 25	1.323			176	4.0-10.0	0.10
250-GF30	GFI 30	1.363	8.5		176	4.0-10.0	0.10
250-GF50	GFI 50	1.554			176	4.0-10.0	0.10
250-GK/KF30/1E8	GB 30	1.404			176	4.0-10.0	0.10
250-H/GF30	GFI 30	1.363	8.0		176	4.0-10.0	0.10
J200B		1.143			176	4.0-10.0	0.10
J200C		1.143			176	4.0-10.0	0.10
J200C-P		1.143			176	4.0-10.0	0.10
J200C-TZ		1.103			176	4.0-10.0	0.10
J250-E/GF15	GFI 15	1.203			176	4.0-10.0	0.10
J250-GF15	GFI 15	1.233			176	4.0-10.0	0.10
J250-GF30	GFI 30	1.363			176	4.0-10.0	0.10
J250-GK30	GB 30	1.323			176	4.0-10.0	0.10
J250-UV/GF15	GFI 15	1.233			176	4.0-10.0	0.10
J255-GF15	GFI 15	1.233			176	4.0-10.0	0.10
J255-GF20	GFI 20	1.293			176	4.0-10.0	0.10
J255-GF30	GFI 30	1.363			176	4.0-10.0	0.10
J255-GF50	GFI 50	1.574			176	4.0-10.0	0.10

Max. % regrind	Inj. pres., ksi	Rear temp, °F	Mid temp, °F	Front temp, °F	Nozzle temp, °F	Proc temp, °F	Mold temp, °F
	10.0-22.8	410-500	410-500	410-500		428-536	140-176
	10.0-22.8	410-500	410-500	410-500		428-536	140-176
	10.0-22.8	410-500	410-500	410-500		428-536	140-176
	10.0-22.8	410-500	410-500	410-500		428-536	140-176
	10.0-22.8	410-500	410-500	410-500		428-536	140-176
	10.0-22.8	410-500	410-500	410-500		428-536	140-176
	10.0-22.8	410-500	410-500	410-500		428-536	140-176
	10.0-22.8	410-500	410-500	410-500		428-536	140-176
	10.0-22.8	410-500	410-500	410-500		428-536	140-176
	10.0-22.8	410-500	410-500	410-500		428-536	140-176
	10.0-22.8	410-500	410-500	410-500		428-536	140-176
	10.0-22.8	410-500	410-500	410-500		428-536	140-176
	10.0-22.8	410-500	410-500	410-500		428-536	140-176
	10.0-22.8	410-500	410-500	410-500		428-536	140-176
	10.0-22.8	410-500	410-500	410-500		428-536	140-176
	10.0-22.8	410-500	410-500	410-500		428-536	140-176
	10.0-22.8	410-500	410-500	410-500		428-536	140-176
						465-555	110-140
						465-555	110-140
						465-555	110-140
						464-500	176-212
						464-500	176-212
						464-500	176-212
						464-500	176-212
						464-500	176-212
						464-500	176-212
						464-500	176-212
						482-536	176-239
						500-554	185-248
						482-545	185-248
						482-545	185-248
						500-554	185-248
						500-554	185-248
						536-572	185-248
						500-554	185-248
						500-554	185-248
						464-500	176-212
						464-500	176-212
						464-500	176-212
						464-500	176-212
						482-536	176-239
						482-545	185-248
						500-554	185-248
						500-554	185-248
						482-545	185-248
						482-545	185-248
						491-545	185-248
						500-554	176-248
						518-572	176-248

FREE DATA SHEETS: WWW.IDES.COM/PSIM

Grade	Filler	Sp Grav	Shrink, mils/in	Melt flow, g/10 min	Drying temp, °F	Drying time, hr	Max. % moisture
J255-GFK 10/20	GB 20	1.353			176	4.0-10.0	0.10
R200		1.153			176	4.0-15.0	0.10
R250-GF30	GFI 30	1.363			176	4.0-15.0	0.10

Nylon 6 — Aquamid / Aquafil

Grade	Filler	Sp Grav	Shrink, mils/in	Melt flow, g/10 min	Drying temp, °F	Drying time, hr	Max. % moisture
6FC		1.143	10.0-16.0		167-185	4.0-6.0	
6G30GR	GFI 30	1.363	3.0-5.0		167-203	4.0-6.0	
6G30H	GFI 30	1.363	3.0-5.0		167-203	4.0-6.0	
6G30ST	GFI 30	1.343	2.5-5.0		167-203	4.0-6.0	
6Y10		1.143	12.0-14.0		167-203	4.0-6.0	

Nylon 6 — Asahi Thermo PA / Asahi Thermofil

Grade	Filler	Sp Grav	Shrink, mils/in	Melt flow, g/10 min	Drying temp, °F	Drying time, hr	Max. % moisture
N-33FG-1100	GFI 33	1.380	2.0		170	3.0	0.10
N-40MF-1600	MN 40	1.480	5.0		170	3.0	0.10

Nylon 6 — Ashlene / Ashley Poly

Grade	Filler	Sp Grav	Shrink, mils/in	Melt flow, g/10 min	Drying temp, °F	Drying time, hr	Max. % moisture
630		1.130	12.0		150-160	2.0-3.0	
630-13G	GFI 13	1.210	5.0		150-160	2.0-3.0	
630-33G	GFI 33	1.370	4.0		150-160	2.0-3.0	
630B		1.130	12.0		150-160	2.0-3.0	
630BU		1.130	13.0		150-160	2.0-3.0	
630U		1.130	14.0		150-160	2.0-3.0	
733LD		1.070	1.3		150-160	2.0-3.0	
734LD		1.100	15.0		150-160	2.0-3.0	
735		1.110	14.0		150-160	2.0-3.0	
735LD		1.110	14.0		150-160	2.0-3.0	
736LD		1.090	14.0		150-160	2.0-3.0	
73M	MN	1.450			150-160	2.0-3.0	
79MGS	GMN 40	1.480	4.0		150-160	2.0-3.0	
830		1.130	12.0		150-160	2.0-3.0	
830L		1.130	12.0		150-160	2.0-3.0	
830L-13G	GFI 13	1.210	3.0		150-160	2.0-3.0	
830L-30G	GFI 30	1.360	3.0		150-160	2.0-3.0	
830L-33G	GFI 33	1.370	4.0		150-160	2.0-3.0	
830L-50G	GFI 50	1.560	2.0		150-160	2.0-3.0	
830LS-30G	GFI 30	1.360	3.0		150-160	2.0-3.0	
830LW		1.130	12.0		150-160	2.0-3.0	
835		1.120	12.0		150-160	2.0-3.0	
870		1.170	5.0		150-160	2.0-3.0	

Nylon 6 — AVP / GE Polymerland

Grade	Filler	Sp Grav	Shrink, mils/in	Melt flow, g/10 min	Drying temp, °F	Drying time, hr	Max. % moisture
GY601		1.140	13.0-15.0		180	2.0	
GY6FC		1.140	13.0-15.0		180	2.0	
GY6FT		1.140	13.0-15.0		180	2.0	
RY633	GFI 33	1.370	3.0-6.0		180	2.0	

Nylon 6 — B&M PA6 / B&M Plastics

Grade	Filler	Sp Grav	Shrink, mils/in	Melt flow, g/10 min	Drying temp, °F	Drying time, hr	Max. % moisture
PA6		1.130	14.0-18.0	8.00 O	175		
PA6GF43		1.500			175		
PA6IM		1.110			175	2.0	0.02

Nylon 6 — Badamid / Bada Euro

Grade	Filler	Sp Grav	Shrink, mils/in	Melt flow, g/10 min	Drying temp, °F	Drying time, hr	Max. % moisture
B70 (Dry)		1.133					
B70 FR HF (Dry)		1.183					
B70 GF/GK30 (Dry)	GBF 30	1.353					
B70 GF/M30 FR (Dry)	GMN 30	1.514					

Max. % regrind	Inj. pres., ksi	Rear temp, °F	Mid temp, °F	Front temp, °F	Nozzle temp, °F	Proc temp, °F	Mold temp, °F
						500-554	185-248
						464-500	176-212
						500-554	176-248
						446-500	104-176
						464-518	194-248
						464-518	194
						464-518	194-248
						446-500	104-176
	12.0-16.0	470-510	490-530	500-550	510-560		150-200
	12.0-16.0	470-510	490-530	500-550	510-560		150-200
	5.0-20.0	430-470	440-500	460-520	450-500	460-520	80-200
	5.0-20.0	440-500	460-520	480-540	480-540	490-540	150-230
	5.0-20.0	480-520	500-560	520-580	520-580	520-580	150-230
	5.0-20.0	430-470	440-500	460-520	450-500	460-520	80-200
	5.0-20.0	430-470	440-500	460-520	450-500	460-520	80-200
	5.0-20.0	430-470	440-500	460-520	450-500	460-520	80-200
	6.0-20.0	440-500	460-520	480-540	480-540	480-540	80-200
	6.0-20.0	440-500	460-520	480-540	480-540	480-540	80-200
	6.0-20.0	440-500	460-520	480-540	480-540	480-540	80-200
	6.0-20.0	440-500	460-520	480-540	480-540	480-540	80-200
	6.0-20.0	440-500	460-520	480-540	480-540	480-540	80-200
	5.0-15.0	480-520	500-560	520-580	520-580	520-580	150-230
	14.0-20.0	480-520	500-540	520-560	520-560	520-560	150-230
	5.0-20.0	430-470	440-500	460-520	450-500	460-520	80-200
	5.0-20.0	430-470	440-500	460-520	450-500	460-520	80-200
	5.0-20.0	480-520	500-560	520-580	520-580	520-580	150-230
	5.0-20.0	480-520	500-560	520-580	520-580	520-580	150-230
	5.0-20.0	480-520	500-560	520-580	520-580	520-580	150-230
	5.0-20.0	480-520	500-560	520-580	520-580	520-580	150-230
	5.0-20.0	480-520	500-560	520-580	520-580	520-580	150-230
	5.0-20.0	430-470	440-500	460-520	450-500	460-520	80-200
	5.0-20.0	430-470	440-500	460-520	450-500	460-520	80-200
	9.0-20.0	536	550	554	530-560	570-610	150-200
		390-440	420-490	450-520	450-520	450-520	50-230
		390-440	420-490	450-520	450-520	450-520	50-230
		390-440	420-490	450-520	450-520	450-520	50-230
		440-500	470-530	500-560	500-560	500-560	150-230
		425-455	445-485	465-500	465-510		
		425-455	445-485	465-500	465-510		
		500-540	510-530	525-540	500-540	500-540	150-220
						464-500	140-176
						464-500	140-176
						500-536	176-194
						500-536	176-194

FREE DATA SHEETS: WWW.IDES.COM/PSIM

Grade	Filler	Sp Grav	Shrink, mils/in	Melt flow, g/10 min	Drying temp, °F	Drying time, hr	Max. % moisture
B70 GF30 TM-Z1 (Dry)	GFI 30	1.353					
B70 GF30 TM-Z3 (Dry)	GFI 30	1.323					
B70 GK30 (Dry)	GB 30	1.353					
B70 GK30 FR HF (Dry)	GB 30	1.353					
B70 L (Dry)		1.103					
B70 S (Dry)		1.133					
B70 SM-Z3 (Dry)		1.083					
B70 TM-Z3 (Dry)		1.063					
UL B70 (Dry)		1.133					
UL B70 GF30 H (Dry)	GFI 30	1.353					

Nylon 6   Bestnyl   Triesa

Grade	Filler	Sp Grav	Shrink, mils/in	Melt flow, g/10 min	Drying temp, °F	Drying time, hr	Max. % moisture
SI00VI01BE (Dry)		1.133	11.0	3.00	176	2.0-4.0	
SI00VI01BM (Dry)		1.093	15.0		176	3.0-5.0	
SI00VI01BN (Dry)		1.133	12.0		176	3.0-5.0	
SI00VI01BN-1 (Dry)		1.133	9.0	22.00	176	2.0-4.0	
SI00VI01BS08 (Dry)		1.153	11.0		176	3.0-5.0	
SI00VI01BWX (Dry)		1.163	10.0		176	2.0-4.0	
SI00VI02B (Dry)		1.143	12.0		176	2.0-4.0	
SI00VI02BEHX (Dry)		1.143		2.50	176	2.0-4.0	
SI00VI02BH14 (Dry)	MN 20	1.273			176	2.0-4.0	
SI00VI02BHC (Dry)		1.133			176	2.0-4.0	
SI00VI02BM (Dry)		1.103	10.0		176	2.0-4.0	
SI00VI02BU (Dry)		1.143	12.0		176	2.0-4.0	
SI00VI02BX (Dry)		1.283	10.0	20.00	176	2.0-4.0	
SI00VI12BEWX (Dry)		1.153	10.0	3.00	176	2.0-4.0	
SI00VI12BWX (Dry)		1.163	10.0		176	2.0-4.0	
SI15VI01A (Dry)	GFI 15	1.233	4.0		176	2.0-4.0	
SI15VI01BH16 (Dry)	MN 25	1.464			176	2.0-4.0	
SI15VI02AU (Dry)	GFI 15	1.263	4.0		176	2.0-4.0	
SI15VI02BX (Dry)	GFI 15	1.303	5.0		176	2.0-4.0	
SI20CB01BH (Dry)	CF 20	1.223			176	2.0-4.0	
SI20CI01AHQ03 (Dry)	GFI 20	1.293		7.00	176	2.0-4.0	
SI20VI02AU (Dry)	GFI 20	1.273	4.0		176	2.0-4.0	
SI25VI01A (Dry)	GFI 25	1.303	3.0		176	2.0-4.0	
SI25VI01BX (Dry)	GFI 25	1.404	3.5		176	2.0-4.0	
SI30VI01A (Dry)	GFI 30	1.363	3.0		176	2.0-4.0	
SI30VI01BM (Dry)	GFI 30	1.343	4.0		176	2.0-4.0	
SI30VI02ANU (Dry)	GFI 30	1.373	3.0		176	2.0-4.0	
SI30VI02BHF (Dry)	GBF 30	1.363			176	2.0-4.0	
SI30VI02BNH (Dry)	GFI 30	1.363	3.0		176	2.0-4.0	
SI30VI02BWX (Dry)	GFI 30	1.393	3.0		176	2.0-4.0	
SI30VI02BX (Dry)	GFI 30	1.434	2.5		176	2.0-4.0	
SI50VI01BHF (Dry)	GBF 50	1.534			176	2.0-4.0	
SI50VI02ANU (Dry)	GFI 50	1.564	1.0		194	2.0-4.0	

Nylon 6   Cabelec   Cabot

Grade	Filler	Sp Grav	Shrink, mils/in	Melt flow, g/10 min	Drying temp, °F	Drying time, hr	Max. % moisture
3178		1.131	17.0-20.0				

Nylon 6   Capron   BASF

Grade	Filler	Sp Grav	Shrink, mils/in	Melt flow, g/10 min	Drying temp, °F	Drying time, hr	Max. % moisture
8200 NL (Dry)		1.133	12.0		176		
8202 NL (Dry)		1.133	12.0		176		
8224 HSL (Dry)		1.133			149		

Nylon 6   Celstran   Ticona

Grade	Filler	Sp Grav	Shrink, mils/in	Melt flow, g/10 min	Drying temp, °F	Drying time, hr	Max. % moisture
PA6-GF30-01 (Dry)	GLL 30	1.360	0.5-1.0				

Max. % regrind	Inj. pres., ksi	Rear temp, °F	Mid temp, °F	Front temp, °F	Nozzle temp, °F	Proc temp, °F	Mold temp, °F
						500-536	176-194
						500-536	176-194
						500-536	176-194
						500-536	176-194
						464-500	140-176
						464-500	140-176
						482-518	140-176
						482-518	140-176
						464-500	140-176
						500-536	176-194
						446-491	104-140
						437-464	122-140
						437-464	122-140
						437-464	122-140
						437-464	122-140
						437-455	122-140
						437-464	104-140
						446-482	140-176
						437-464	140-176
						437-464	122-158
						437-464	104-140
						437-464	104-140
						437-464	104-140
						446-482	104-140
						437-455	122-140
						437-464	158-176
						437-464	140-176
						446-464	158-176
						446-464	158-176
						446-464	158-176
						446-464	158-176
						446-464	158-176
						446-464	158-176
						428-446	122-140
						446-464	158-176
						446-464	158-176
						446-464	158-176
						446-464	158-176
						446-464	158-176
						446-464	140-176
						446-464	158-176
						464-482	194-212
						464-482	194-212
						500-554	
						464-545	149-176
						464-545	149-176
						482-518	
						518-536	185-203

FREE DATA SHEETS: WWW.IDES.COM/PSIM

Grade	Filler	Sp Grav	Shrink, mils/in	Melt flow, g/10 min	Drying temp, °F	Drying time, hr	Max. % moisture
PA6-GF40-01 (Dry)	GLL 40	1.450	0.5-1.0				
PA6-GF50-01 (Dry)	GLL 50	1.560	0.5-1.0				
PA6-GF50-03 (Dry)	GLL 50	1.564					
PA6-GF60-01 (Dry)	GLL 60	1.690	0.5-1.0				

Nylon 6 — Chemlon — Chem Polymer

Grade	Filler	Sp Grav	Shrink, mils/in	Melt flow, g/10 min	Drying temp, °F	Drying time, hr	Max. % moisture
206 G	GFI 6	1.180	8.0-13.0		175		0.20
212		1.130	14.0-18.0	8.00 Q	175		0.20
212 H		1.130	14.0-18.0	8.00 Q	175		0.20
214 G	GFI 14	1.230	5.0-10.0		175		0.20
214 GH	GFI 14	1.230	5.0-10.0		175		0.20
217 GIU	GFI 17	1.230	2.5-4.5	8.00 Q	175		0.20
218 GVH	GFI	1.500	2.0-3.0		175		0.20
220 G	GFI 20	1.330	5.0		150-180		0.20
223		1.130	10.0-15.0	8.00 Q	175		0.20
225 G	GFI 25	1.330	3.0-5.0		175		0.20
225-15 MG	GMN 20	1.520	1.5-4.0		175		0.20
225-15 MGH	MN 25	1.500	1.5-4.0		175		0.20
230 GH	GFI	1.360	2.0-4.0		175		0.20
233 G	GFI 30	1.390	2.0-4.0		175		0.20
233 GH	GFI 30	1.390	2.0-4.0		175		0.20
233 GV	GFI 33	1.590	1.5-3.0		175		0.20
240 G	GFI 40	1.460	1.5-3.5		175		0.20
240 MH	MN 40	1.510	6.0-10.0		175		0.20
253		1.110	15.0-19.0	5.00 Q	175		0.20
253 H		1.110	15.0-19.0	5.00 Q	175		0.20
253 U		1.100			150-180		0.20
257 H		1.080	16.0-20.0	1.00 Q	175		0.20
260 G	GFI	1.690	0.7-2.0		175		0.20
267 H		1.100	13.0-18.0	3.50 Q	175		0.15
270 H		1.100	13.0-18.0	3.50 Q	175		0.15
275		1.090	16.0		150-180		0.20
275 H		1.070	15.0-20.0	3.00 Q	175		0.15
276 H		1.060	16.0-21.0	1.50 Q	175		0.15
280		1.070	17.5-22.5		175		0.20
280 H		1.080	16.0		150-180		0.20
282		1.180	9.0-14.0	13.00 Q	175		0.20
412 H		1.130	14.0-18.0	10.00 Q	175		0.20

Nylon 6 — Clariant PA6 — Clariant Perf

Grade	Filler	Sp Grav	Shrink, mils/in	Melt flow, g/10 min	Drying temp, °F	Drying time, hr	Max. % moisture
60G13-L	GFI 13	1.120	6.0		160-180		
60G25-L	GFI 25	1.310	5.0		160-180		
60G33-L	GFI 33	1.370	3.5		175	2.0-4.0	0.20
60G43-L	GFI 43	1.480	3.0		160-180		
6253-L		1.120	17.0		160-180		
PA-211		1.140	12.0		175	2.0-4.0	0.20
PA-211CF30	CF 30	1.280	2.0		175	2.0-4.0	0.20
PA-211CF30 TF15	CF 30	1.370	2.5		175	2.0-4.0	0.20
PA-211G13	GFI 13	1.220	5.5		175	2.0-4.0	0.20
PA-211G33	GFI 33	1.370	3.5		175	2.0-4.0	0.20
PA-211GF30 TF15	GFI 30	1.490	4.0		175	2.0-4.0	0.20
PA-211M40P	MN 40	1.510	10.0		175	2.0-4.0	0.20
PA-211N40	MN 25	1.490	6.0		175	2.0-4.0	0.20
PA-211TF20		1.260	13.0		175	2.0-4.0	0.20
PA-211X012		1.080	13.0		175	2.0-4.0	0.20
PA-211X032		1.110	14.0		175	2.0-4.0	0.20

Max. % regrind	Inj. pres., ksi	Rear temp, °F	Mid temp, °F	Front temp, °F	Nozzle temp, °F	Proc temp, °F	Mold temp, °F
						527-545	185-203
						545-563	185-203
						545-563	185-203
						554-572	194-212
25		425-455	485-495	485-510	485-510	480-510	
25		425-455	445-485	465-500	465-510	465-510	
25		425-455	445-485	465-500	465-510	465-510	
25		425-455	485-495	475-515	475-515	480-510	
25	5.0-20.0	425-455	465-495	475-515	475-515	480-510	140-200
25		435-465	485-505	495-525	495-525	490-515	
25		425-455	485-495	485-510	485-510	480-510	
	5.0-20.0	520	510	480	480		140-200
25		425-455	465-500	465-500		465-510	
25		425-455	485-495	485-510	485-510	480-510	
25		425-455	485-495	475-515	475-515	480-510	
25	5.0-20.0	425-455	475-495	475-515	475-515	480-510	140-200
25		425-455	485-495	485-510	485-510	480-510	
25		425-455	485-505	485-515	485-515	480-515	
25	5.0-20.0	425-455	485-505	485-515	485-515	480-510	140-200
		465-495	505-535	505-545	505-545	505-545	
25		425-455	485-495	485-520	485-520	480-520	
25		425-455	485-495	485-515	485-515	480-515	
25		425-455	445-485	465-500	465-510	465-510	
25		425-455	445-485	465-500	465-510	465-510	
	5.0-20.0	470	450	440	450		70-200
25		425-455	445-485	465-500	465-500	465-500	
		425-455	485-505	485-530	485-530	490-530	
25		420-455	445-485	465-490	465-490	465-510	
		420-455	445-485	465-490	465-490	465-490	
	5.0-20.0	470	450	440	450		70-200
25		420-455	445-485	465-490	465-490	465-490	
25		420-455	445-485	465-490	465-490	465-490	
		425-455	465-495	475-515	475-515	480-510	
	5.0-20.0	470	450	440	450		70-200
25		425-455	445-485	465-500	465-500	465-500	
25		425-455	445-485	465-500	465-510	465-510	
25	5.0-20.0	410-450	440-480	470-510	450-500		160-220
25	5.0-20.0	410-450	440-480	470-510	450-500		160-220
	1.2-2.0	480-510	480-510	490-520	490-525	490-520	175-250
25	5.0-20.0	410-450	440-480	470-510	450-500		160-220
25	5.0-15.0	410-440	430-470	460-500	440-480		130-200
		480-525	480-525	480-525		490-520	150-200
		480-525	480-525	480-525		490-520	150-200
		480-525	480-525	480-525		490-520	150-200
		480-525	480-525	480-525		490-520	150-200
		480-525	480-525	480-525		490-520	150-200
		480-525	480-525	480-525		490-520	150-200
		480-525	480-525	480-525		490-520	150-200
		480-525	480-525	480-525		490-520	150-200
		480-525	480-525	480-525		490-520	150-200
		480-525	480-525	480-525		490-520	150-200

FREE DATA SHEETS: WWW.IDES.COM/PSIM

Grade	Filler	Sp Grav	Shrink, mils/in	Melt flow, g/10 min	Drying temp, °F	Drying time, hr	Max. % moisture
PA-212		1.140		9.0	175	2.0-4.0	0.20
PA213		1.140		15.0-20.0	175	2.0-4.0	0.20
PA213G13	GFI 13	1.220	4.0-6.0		175	2.0-4.0	0.20
PA213G33	GFI 33	1.370	3.5		175	2.0-4.0	0.20
PA-213M40P	MN 40	1.510	10.0		175	2.0-4.0	0.20
PA213N40	GMN 40	1.490	4.0		175	2.0-4.0	0.20
PA-213XO12		1.080	13.0		175	2.0-4.0	0.20
PA-213XO32		1.110	14.0		175	2.0-4.0	0.20
PA-221		1.080	12.0		175	2.0-4.0	0.20
PA-221G33	GFI 33	1.350	4.0		175	2.0-4.0	0.20
PA-223G33	GFI 33	1.350	4.0		175	2.0-4.0	0.20

Nylon 6 — Comtuf — A. Schulman

Grade	Filler	Sp Grav	Shrink, mils/in	Melt flow, g/10 min	Drying temp, °F	Drying time, hr	Max. % moisture
610	UNS	1.404	2.0		175	2.0-4.0	
611	GFI 13	1.190	8.0		180	3.0	0.20
613	GFI 30	1.320	2.0		180	3.0	
615	GFI 45	1.500	2.0		180	3.0	0.20
618	MN 15	1.180	12.0		180	3.0	0.20
651	MN 35	1.380	9.0		180	3.0	0.20

Nylon 6 — Daunyl — Daunia Trading

Grade	Filler	Sp Grav	Shrink, mils/in	Melt flow, g/10 min	Drying temp, °F	Drying time, hr	Max. % moisture
B R300 (Dry)	GFI 30	1.343	2.5-3.5				
DPN 27 AV (Dry)		1.133	11.0-14.0				

Nylon 6 — Denyl — Vamp Tech

Grade	Filler	Sp Grav	Shrink, mils/in	Melt flow, g/10 min	Drying temp, °F	Drying time, hr	Max. % moisture
6 0018 (Dry)		1.153	13.0-16.0		176-212	3.0	
6 0037 H (Dry)		1.103	13.0-17.0		176-212	3.0	
6 0037 ST		1.073			176-212	3.0	
6 0558 ST		1.123	6.0-9.0		176-212	3.0	
6 0858		1.173	7.0-10.0		176-212	3.0	
6 2010 (Dry)	GFI 20	1.243	4.0-5.0		176-212	3.0	
6 2535	GFI 25	1.424	3.0-4.0		176-212	3.0	
6 3010 (Dry)	GFI 30	1.363	2.0-3.0		176-212	3.0	
6 3015 (Dry)	GB 30	1.363	11.0-12.0		176-212	3.0	
6 3016	GBF 30	1.368	3.2-4.0		176-212	3.0	
6 3040	GFI 30	1.323	2.0-3.0		176-212	3.0	
6 5010 (Dry)	GFI 50	1.564	1.0-2.0		176-212	3.0	
6 N (Dry)		1.133	13.0-16.0		176-212	3.0	

Nylon 6 — Diaterm — DTR

Grade	Filler	Sp Grav	Shrink, mils/in	Melt flow, g/10 min	Drying temp, °F	Drying time, hr	Max. % moisture
A27 10		1.133			194	3.0	
A27 GF15	GFI 15	1.203			194	3.0	
A27 GF20	GFI 20	1.253			194	3.0	
A27 GF30	GFI 30	1.353			194	3.0	
A27 GF30TF10	GFI 30	1.474			194	3.0	
A27 GF30V0	GFI 30	1.484			194	3.0	
A27 GF40	GFI 40	1.474			194	3.0	
A27 GK20	GFI 20	1.263			194	3.0	
A27 GK30	GB 30	1.363			194	3.0	
A27 SR		1.083			194	3.0	
A27 SR GF30	GFI 30	1.353			194	1.0	
A27 SR GF50	GFI 50	1.534			194	3.0	
A27 SSR GF30	GFI 30	1.353			194	3.0	
A27 V0-UV		1.303			194	3.0	

Max. % regrind	Inj. pres., ksi	Rear temp, °F	Mid temp, °F	Front temp, °F	Nozzle temp, °F	Proc temp, °F	Mold temp, °F
		480-525	480-525	480-525		490-520	150-200
	1.2-2.0	480-510	480-510	490-520	490-525	490-520	125-175
	1.2-2.0	480-510	480-510	490-520	490-525	490-520	175-250
		480-510	480-510	490-520	490-525	490-520	175-250
		480-525	480-525	480-525		490-520	150-200
	1.2-2.0	480-510	480-510	490-520	490-525	490-520	175-250
		480-525	480-525	480-525		490-520	150-200
		480-525	480-525	480-525		490-520	150-200
		480-525	480-525	480-525		490-520	150-200
		480-525	480-525	480-525		490-520	150-200
		480-525	480-525	480-525		490-520	150-200
						518-563	150-200
20		500-530	490-520	490-520	480-530	550	185-210
20		500-530	490-520	490-520	480-530	550	185-210
20		500-530	490-520	490-520	480-530	550	185-210
0		500-520	500-520	500-520	490-530	550	185-210
0		500-520	500-520	500-520	490-530	550	185-210
						464-518	176-212
						446-482	68-176
		428-464					158-176
		428-464					158-176
		428-482					122-140
		428-464					122-158
		428-464					122-158
		446-482					176-194
		446-500					158-194
		446-482					158-194
		446-482					158-194
		446-482					158-194
		446-482					158-194
		446-500					176-212
		428-464					158-176

FREE DATA SHEETS: WWW.IDES.COM/PSIM

Grade	Filler	Sp Grav	Shrink, mils/in	Melt flow, g/10 min	Drying temp, °F	Drying time, hr	Max. % moisture
Nylon 6		**Dinalon**			**Grupo Repol**		
PA 6		1.133		24.0			
PA 6 15% FV	GFI 15	1.233		8.0			
PA 6 30% CM	MN 30	1.353		10.0			
PA 6 30% FV	GFI 30	1.363		3.0			
PA 6 IMPACTO		1.133		24.0			
PA 6 IMPACTO ALTO		1.083		25.0			
PA 6 IMPACTO MEDIO		1.113		25.0			
PA 6 IGNÍFUGA		1.203		15.0			
PA 6 IGNÍFUGA 30% FV	GFI 30	1.554		4.5			
PA 6 MOS2		1.143		24.0			
Nylon 6		**Durethan**			**Lanxess**		
B 30 S (Dry)		1.140		12.0	170-180	2.0-20.0	0.10
B 31 SK 000000 (Dry)		1.140		11.0			0.10
B 40 FA 000000 (Dry)		1.143					
B 40 SK (Dry)		1.140		12.0	170-180	2.0-20.0	0.10
B 40 SK W1 000000 (Dry)		1.143					
BC 30 (Dry)		1.100		13.0	170-180	2.0-20.0	0.10
BC 303 (Dry)		1.070		16.0	176	4.0-5.0	0.10
BC 40 SR2 (Dry)		1.100		15.0	170-180	2.0-20.0	0.12
BC 402 (Dry)		1.080		16.0	170-180	2.0-20.0	0.10
BG 30 X (Dry)	GB	1.350		7.0	170-180	4.0	
BG 30 X 901510 (Dry)	GBF 30	1.363		9.3			
BKV 115 (Dry)	GFI 15	1.230		3.0	170-180	2.0-20.0	0.10
BKV 120 RM (Dry)	GFI 20	1.280		3.0	170-180	2.0-20.0	0.10
BKV 125 RM (Dry)	GFI 25	1.320		2.0	170-180	2.0-20.0	0.10
BKV 130 (Dry)	GFI 30	1.360		3.0	170-180	2.0-20.0	0.10
BKV 130 RM (Dry)	GFI 30	1.360		2.0	170-180	2.0-20.0	0.10
BKV 135 RM (Dry)	GFI 35	1.410		2.0	170-180	2.0-20.0	0.10
BKV 140 (Dry)	GFI 40	1.460		3.0	170-180	2.0-20.0	0.10
BKV 30 (Dry)	GFI 30	1.360		3.0	170-180	2.0-20.0	0.10
BKV 30 EF 000000 (Dry)	GFI 30			7.4			
BKV 30 H2.0 EF 901510	GFI 30						
BKV 30 RM (Dry)	GFI 30	1.360		3.0	170-180	2.0-20.0	0.10
BKV 330 H2.0 901510 (Dry)	GFI 30	1.363		8.7			
BKV 35 Z (Dry)	GFI 35	1.410		3.0	170-180	2.0-20.0	0.10
BKV 40 H 901510 (Dry)	GFI 40	1.460		8.5			
BKV 50 901510 (Dry)	GFI 50	1.570		8.5			
BM 230 H (Dry)	MN 30	1.360		12.0	170-180	2.0-20.0	0.10
BM 29 X 900051 (Dry)	GMN 30	1.363		9.5			
BM 30 X (Dry)	GMN 30	1.380		5.0	170-180	2.0-20.0	0.10
BM 40 X (Dry)	GMN 40	1.460		5.0	170-180	2.0-20.0	0.10
DP 1100/30 H2.0 901510 (Dry)	GB	1.354		11.3			
DP 1721 000000 (Dry)		1.143					

Max. % regrind	Inj. pres., ksi	Rear temp, °F	Mid temp, °F	Front temp, °F	Nozzle temp, °F	Proc temp, °F	Mold temp, °F
						464	122
						482	122
						475	122
						500	140
						464	140
						464	140
						464	140
						455	122
						500	140
						464	122
0	10.0-20.0	470-480	480-500	500-520	520-535	480-520	175-250
						480-520	175-250
						500	104
0	10.0-20.0	470-480	480-500	500-520	520-535	480-520	175-250
						500	176
0	10.0-20.0	490-500	500-520	520-535	520-535	500-535	160-195
		491-500	500-518	518-536	518-536	518-545	158-194
0	0.0-20.0	490-500	500-520	520-535	520-535	500-535	160-195
0	10.0-20.0	490-500	500-520	520-535	520-535	500-535	160-195
0	10.0-20.0	470-480	480-510	510-535	520-535	520-535	160-230
						536	176
0	10.0-20.0	470-480	480-510	510-535	520-535	520-535	160-230
0	10.0-20.0	470-480	480-510	510-535	520-535	520-535	160-230
0	10.0-20.0	470-480	480-510	510-535	520-535	520-535	160-230
0	10.0-20.0	470-480	480-510	510-535	520-535	520-535	160-230
0	10.0-20.0	470-480	480-510	510-535	520-535	520-535	160-230
0	10.0-20.0	470-480	480-510	510-535	520-535	520-535	160-230
0	10.0-20.0	470-480	480-510	510-535	520-535	520-535	160-230
0	10.0-20.0	470-480	480-510	510-535	520-535	520-535	160-230
						536	176
						536	176
0	10.0-20.0	470-480	480-500	500-520	500-535	500-535	140-175
						536	176
0	10.0-20.0	470-480	480-510	510-535	520-535	520-535	160-230
						554	176
						554	176
0	10.0-20.0	470-480	480-510	510-535	520-535	520-535	160-230
						536	176
0	10.0-20.0	470-480	480-510	510-535	520-535	520-535	160-230
0	10.0-20.0	470-480	480-510	510-535	520-535	520-535	160-230
						536	176
						500	104

FREE DATA SHEETS: WWW.IDES.COM/PSIM

Grade	Filler	Sp Grav	Shrink, mils/in	Melt flow, g/10 min	Drying temp, °F	Drying time, hr	Max. % moisture
DP 1802 H3.0 (Dry)		1.123					
RM KU2-2561/30 (Dry)	MN 30	1.360	12.0		170-180	4.0	0.10

Nylon 6   Durethan   Lanxess Euro

Grade	Filler	Sp Grav	Shrink, mils/in	Melt flow, g/10 min	Drying temp, °F	Drying time, hr	Max. % moisture
BC 40 000000 (Dry)		1.100	16.5				
BG 30 X 901510 (Dry)	GBF 30	1.363	9.3				
BKV 15 F 901510 (Dry)	GFI 15	1.233	8.1				
BKV 25 H2.0 LT 904040 (Dry)	GFI 25	1.323	8.8				
BKV 30 EF 000000 (Dry)	GFI 30		7.4				
BKV 30 F 000000 (Dry)	GFI 30	1.363	8.2				
BKV 30 G 900051 (Dry)	GFI 30	1.363	7.4				
BKV 30 G 900116 (Dry)	GFI 30	1.363	7.4				
BKV 30 H2.0 EF 901510	GFI 30						
BKV 30 H2.0 EF 900111 (Dry)	GFI 30	1.363					
BKV 30 H2.0 EF 901050 (Dry)	GFI 30	1.363	8.2				
BKV 30 H2.0 LT 904040 (Dry)	GFI 30	1.363	8.5				
BKV 30 901510 (Dry)	GFI 30	1.363	8.5				
BKV 30 W 902173 (Dry)	GFI 30	1.363	8.5				
BKV 30 W1 000000 (Dry)	GFI 30	1.363	8.2				
BKV 35 901510 (Dry)	GFI 35	1.414	8.1				
BKV 35 H2.0 EF 900116 (Dry)	GFI 35	1.399	6.0				
BKV 35 H2.0 EF 901510 (Dry)	GFI 35	1.399	6.0				
BKV 35 900116 (Dry)	GFI 35	1.414	7.8				
BKV 35 901510 (Dry)	GFI 35	1.414	10.0				
BKV 50 901510 (Dry)	GFI 50	1.570	8.5				
BKV 50 H2.0 EF 000000	GFI 50	1.574	6.1				
BKV 50 H2.0 EF 900116 (Dry)	GFI 50	1.589	5.1				
BKV 50 W1 000000 (Dry)	GFI 50	1.574					
BM 130 H1.0 000000 (Dry)	MN 30	1.363					
BM 230 H2.0 901510 (Dry)	MN 30	1.363	11.2				
BM 240 H2.0 901510 (Dry)	MN 40	1.460	12.2				
BM 29 X 000000 (Dry)	GMN 30	1.363					

POCKET SPECS FOR INJECTION MOLDING

Max. % regrind	Inj. pres., ksi	Rear temp, °F	Mid temp, °F	Front temp, °F	Nozzle temp, °F	Proc temp, °F	Mold temp, °F
						518	176
10	10.0-20.0	465-485	480-500	500-520	490-510	510-530	160-195
						500	176
						536	176
						536	176
						536	176
						536	176
						536	176
						536	176
						536	176
						536	176
						536	176
						536	176
						536	176
						536	176
						536	176
						554	176
						500	176
						500	176
						554	176
						536	176
						554	176
						554	176
						554	176
						554	176
						536	176
						536	176
						554	176
						536	176

FREE DATA SHEETS: WWW.IDES.COM/PSIM

Grade	Filler	Sp Grav	Shrink, mils/in	Melt flow, g/10 min	Drying temp, °F	Drying time, hr	Max. % moisture
CI 31 F		1.103					
DP 1100/30 H2.0 901510 (Dry)	GB	1.354	11.3				
DP 1441/40 H2.0 EF 900116 (Dry)	GMN 40	1.442	8.7				
DP 1441/40 H2.0 EF 900116 (Dry)	GMN 40	1.442	8.7				
DP 1442/30 H2.0 EF 901510 (Dry)	MN 30	1.396	8.5				
DP 1721 000000 (Dry)		1.143					
DP 1802 H3.0 (Dry)		1.123					
DP 1852/30 000000 (Dry)	GFI 30	1.673	6.9				
DP 2131/20 H2.0 900051 (Dry)	GFI 20	1.283					
DP 2131/20 W1 901317 (Dry)	GFI 20	1.283	6.7				
DP BCF 30 X 000000 (Dry)	GCF 30	1.353	7.5				
DP BKV 30 XF 000000 (Dry)	GFI 30	1.343					
DP BKV 60 H2.0 EF 900116 (Dry)	GFI 60	1.684	5.5				
DP BKV 60 H2.0 EF 901510 (Dry)	GFI 60	1.684	5.5				
DP BM 29 X H2.0 EF 900116	GMN 30	1.363					
DP2-1336 901510 (Dry)		1.063	10.9				
DP2-1801/30 H3.0 000000 (Dry)	GMF 30	1.404	6.3				
DP2-2037/30 H2.0 LT 904040 (Dry)	GFI 30	1.363					
DP2-2140/15Z H2.0 900050 (Dry)	GFI 15	1.203	9.2				
KU 2-2183 000000 (Dry)		1.143	9.0				

Nylon 6 — Durethan B — Lanxess Euro

Grade	Filler	Sp Grav	Shrink, mils/in	Melt flow, g/10 min	Drying temp, °F	Drying time, hr	Max. % moisture
31F 000000 (Dry)		1.143					
40 FA 000000 (Dry)		1.143					
40 FAM 000000 (Dry)		1.143					
40 SK W1 000000 (Dry)		1.143					

Nylon 6 — Ecomass — Technical Polymers

Grade	Filler	Sp Grav	Shrink, mils/in	Melt flow, g/10 min	Drying temp, °F	Drying time, hr	Max. % moisture
1850ZD96	TUN	10.025	4.0-6.0		165	2.0-4.0	

Nylon 6 — Econyl — Aquafil

Grade	Filler	Sp Grav	Shrink, mils/in	Melt flow, g/10 min	Drying temp, °F	Drying time, hr	Max. % moisture
6G30D1	GFI 30	1.353			167-203	4.0-6.0	
6G30FL	GFI 30	1.363	2.5-5.5		167-203	4.0-6.0	
6ST1		1.103		14.0-18.0	167-185	4.0-6.0	

Nylon 6 — Edgetek — PolyOne

Grade	Filler	Sp Grav	Shrink, mils/in	Melt flow, g/10 min	Drying temp, °F	Drying time, hr	Max. % moisture
NY-10GF/10T	GFI	1.270	6.0		175-200	2.0	
NY-20CF/000	CF	1.230	1.5		200-225	2.0	
NY-20GF/10GB/000	GFI 20	1.320	2.0-4.0		200	4.0	

Max. % regrind	Inj. pres., ksi	Rear temp, °F	Mid temp, °F	Front temp, °F	Nozzle temp, °F	Proc temp, °F	Mold temp, °F
						428	104
						536	176
						554	176
						554	176
						536	176
						500	104
						518	176
						536	176
						536	176
						536	176
						536	176
						536	176
						536	176
						536	176
						536	176
						500	113
						500	176
						536	176
						536	176
						500	176
						500	104
						500	104
						500	104
						500	176
						500-550	150-180
						455-527	176-248
						455-527	176-248
						446-500	140-176
						450-500	150-200
						500-560	200-225
						520-560	200-250

FREE DATA SHEETS: WWW.IDES.COM/PSIM

Grade	Filler	Sp Grav	Shrink, mils/in	Melt flow, g/10 min	Drying temp, °F	Drying time, hr	Max. % moisture
NY-40GF/000	GFI	1.460	1.0-2.0		180	2.0	
Nylon 6	**Electrafil**				**Techmer Lehvoss**		
J-3/CF/30	CF 30	1.280	1.0		180	2.0	0.10
J-3/CF/40	CF 40	1.330	1.0		165-220	2.0-16.0	
Nylon 6	**Emarex**				**MRC Polymers**		
300 GF13	GFI 13	1.223	6.0		180	2.0-4.0	0.20
300 GF33	GFI 33	1.383	3.0		180	2.0-4.0	0.20
300 GF43	GFI 43	1.494	2.0		180	2.0-4.0	0.20
305		1.103	10.0		180	2.0-4.0	0.20
308		1.103	10.0		180	2.0-4.0	0.20
Nylon 6	**EnCom**				**EnCom**		
PA6U GR15 MF25 BK 42004	MN 25	1.490	55.0		165-200	2.0-4.0	0.02
Nylon 6	**Espree**				**GE Polymerland**		
GY6IL		1.140	13.0-15.0		180	2.0	
NY613GF	GFI 13	1.220	4.0-6.0		180	2.0	
NY633GF	GFI 33	1.370	3.0-6.0		180	2.0	
NY633GH	GFI 33	1.370	3.0-6.0		180	2.0	
NY643GH	GFI 43	1.500	2.0-4.0		180	2.0	
NY650GF	GFI 50	1.560	2.0-4.0		180	2.0	
NY6FC		1.140	13.0-15.0		180	2.0	
NY6GP		1.140	13.0-15.0		180	2.0	
Nylon 6	**Ferro Nylon**				**Ferro**		
RNY20LA	GFI 20	1.290	4.0				0.10
RNY30LA	GFI 30	1.400	3.0				0.10
Nylon 6	**Formpoly**				**Formulated Poly**		
N6AS28		1.140	17.0-23.0		212-248	2.0-4.0	
N6BF40	GMN 40				212-248	2.0-4.0	
N6GF15	GFI 15	1.240	5.0-8.0		212-248	2.0-4.0	
N6GF15T	GFI 15				212-248	2.0-4.0	
N6GF30	GFI 30	1.360	1.5-3.5		212-248	2.0-4.0	
N6GF30FR	GFI	1.430	3.0-4.0		212-248	2.0-4.0	
N6GF30T	GFI 30				212-248	2.0-4.0	
N6GF40	GFI 40				212-248	2.0-4.0	
N6GF40ST	GFI 40	1.400	1.5-2.5		140-248	2.0-4.0	
N6GF40T	GFI 40				212-248	2.0-4.0	
N6GP28		1.140	17.0-23.0		212-248	2.0-4.0	
N6HS28		1.140	17.0-23.0		212-248	2.0-4.0	
N6MF15	MN 15	1.230	7.0-8.0		212-248	2.0-4.0	
N6MF30	MN 30				212-248	2.0-4.0	
N6MS28		1.140	17.0-23.0		212-248	2.0-4.0	
N6ST25		1.100	15.0-20.0		140-248	2.0-4.0	
N6WF40	GMN 40				212-248	2.0-4.0	
Nylon 6	**Frianyl**				**Frisetta**		
B63 OGV50	GFI 50	1.484	7.0		176	4.0-8.0	0.15
B63 SG40 1102/C	MN 40	1.414	13.0-15.0		176	4.0-8.0	0.15
Nylon 6	**Gravi-Tech**				**PolyOne**		
GRV-NY-030-SS		3.000	6.0-9.0		175	4.0	

Max. % regrind	Inj. pres., ksi	Rear temp, °F	Mid temp, °F	Front temp, °F	Nozzle temp, °F	Proc temp, °F	Mold temp, °F
						520-570	200-250
		510-530	530-550	520-540	520-540	530-550	175-220
		520-540	530-550	510-530	500-520	520-540	130-180
	2.0-15.0	460-540	460-540	480-560	480-560	490-560	150-200
	2.0-15.0	460-540	460-540	480-560	480-560	490-560	150-200
	2.0-15.0	460-540	460-540	480-560	480-560	490-560	150-200
	2.0-15.0	415-480	420-490	420-490	420-490	420-510	50-200
	2.0-15.0	415-480	420-490	420-490	420-490	420-510	50-200
		460-540	460-540	470-565	470-565	485-565	160-220
		390-440	420-490	450-520	450-520	450-520	50-230
		440-500	470-530	500-560	500-560	500-560	150-230
		440-500	470-530	500-560	500-560	500-560	150-230
		440-500	470-530	500-560	500-560	500-560	150-230
		440-500	470-530	500-560	500-560	500-560	150-230
		440-500	470-530	500-560	500-560	500-560	150-230
		390-440	420-490	450-520	450-520	450-520	50-230
		390-440	420-490	450-520	450-520	450-520	50-230
	0.5-1.5	510-530	510-530	510-530	500-540		150-180
	0.5-1.5	510-530	510-530	510-530	500-540		150-180
	11.4	356	437	455	446	437-455	149-194
	13.5	392	455	473	464	446-464	158-212
	15.6	428	473	491	482	455-482	158-212
	13.5	392	437	437	446	428-446	158-212
		428	473	491	482	464-491	158-212
	11.4	356	437	455	446	437-455	149-194
	11.4	356	437	455	446	437-455	149-194
	12.8	392	455	455	455	437-446	176-230
	11.4	356	437	455	446	437-455	149-194
		356	428	437	446	428-464	140-176
						464-518	140-176
						464-518	140-176
						500-550	180-300

FREE DATA SHEETS: WWW.IDES.COM/PSIM

Grade	Filler	Sp Grav	Shrink, mils/in	Melt flow, g/10 min	Drying temp, °F	Drying time, hr	Max. % moisture
GRV-NY-060-CU		6.000	3.0-5.0		175	4.0	
Nylon 6	**Grilon**				**EMS-Grivory**		
A28 GM (Dry)		1.140	15.0		230	2.0	
A28 NX (Dry)		1.120			158-176	6.0-10.0	0.10
A28 NZ (Dry)		1.050	10.5		230	6.0-10.0	0.10
A28 VO (Dry)		1.160	12.0		158-176	6.0-10.0	0.10
BG-15/2 (Dry)	GFI 15	1.230	8.0		176-212	4.0-16.0	0.10
BS (Dry)		1.140	24.0				0.10
BS 23 (Dry)		1.143			176	4.0-12.0	
PK-5H (Dry)	GB 50	1.550			176	4.0-16.0	0.10
PMV-5H V0 (Dry)	GMN 50	1.690			176-212	4.0-16.0	0.10
PV-15H HM (Dry)	GFI 15	1.143			80-100	4.0-16.0	0.10
PV-25H HM (Dry)	GFI 25	1.170	8.0		176-212	4.0-16.0	0.10
PV-3H HM (Dry)	GFI 30	1.273			176-212	4.0-16.0	0.10
PV-4H HM (Dry)	GFI 40	1.420	8.0		176-212	4.0-16.0	0.10
PV-5H HM (Dry)	GFI 50	1.560			176-212	4.0-16.0	0.10
PV-5H HM (Dry)	GFI 50	1.484			176	4.0-16.0	0.10
PVN-3H (Dry)	GFI 30	1.320	5.0		176	4.0-16.0	0.10
PVS-3H (Dry)	GFI 30	1.240			176	4.0-16.0	0.10
PVS-5H Black 9697(Dry)	GFI 50	1.580	5.0		176	4.0-16.0	0.10
PVZ-3H (Dry)	GFI 30	1.330	5.0		176	4.0-16.0	0.10
PVZ-5H (Dry)	GFI 50	1.540	4.0		176	4.0-16.0	0.10
R40GM (Dry)		1.140	9.0		158-176	6.0-10.0	0.10
R47 HW (Dry)		1.120	10.0		158-176	6.0-10.0	0.10
R47 HW10 (Dry)		1.120			176-212	4.0-16.0	0.10
R47 NZE (Dry)		1.080	20.0		176	4.0-16.0	0.10
Nylon 6	**Grivory**				**EMS-Grivory**		
HT 1V-4 FA 9225 (Dry)	GFI 40	1.534	1.0		176	4.0-12.0	
HT1V-4 FA Natural (Dry)	GFI 40	1.534	1.0		176	4.0-12.0	
HT1V-5X WA Natural (Dry)	GFI 50	1.654	0.5		176	4.0-12.0	
Nylon 6	**Hiloy**				**A. Schulman**		
610	GMN 45	1.504	2.0		175	2.0-4.0	
612	GFI 20	1.260	3.0		180	3.0	0.20
613	GFI 33	1.370	2.0		180	3.0	0.20
614	GFI 45	1.500	2.0		180	3.0	0.20
616	MN 40	1.490	5.0		180	3.0	0.20
617	GMN 55	1.670	4.0		180	3.0	0.20
662	GB 20	1.250	11.0		180	3.0	0.20
663	GB 30	1.330	11.0		180	3.0	0.20
Nylon 6	**Hylon Nylon 6**				**Entec**		
N2000 (Dry)		1.130	15.0		165-180		0.18
N2000HL (Dry)		1.130	15.0		165-180		0.18
N2000L (Dry)		1.130	15.0		165-180		0.18
N2000L2 (Dry)		1.130	15.0		165-180		0.18
N2000NHL (Dry)		1.130	9.0		165-180		0.18
N2000NL (Dry)		1.130	9.0		165-180		0.18
N2000STHL (Dry)		1.070	18.0		165-180		0.18
N2000STL (Dry)		1.070	18.0		165-180		0.18
N2000THL (Dry)		1.100	18.0		165-180		0.18

Max. % regrind	Inj. pres., ksi	Rear temp, °F	Mid temp, °F	Front temp, °F	Nozzle temp, °F	Proc temp, °F	Mold temp, °F
						500-550	180-300
		445	455	465	455-465	446-500	176-190
25		470	480	490	490	500	176-190
		500	518	500	500	500	176-190
25		482	491	500	500	480-500	176
25		490	510	520	520	520-536	176
		445	455	465	445-465	518	176
		455	464	473	473	464-572	
		490	510	520	520	500-536	176
		518	536	554	554	554-572	176
		490	510	530	490-530	500-555	176
		490	510	530	490-530	500-572	176
		490	510	530	490-530	500-555	176
		490	510	530	490-530	500-555	176
		490	510	520	520	500-536	176
		490	510	530	490-530	500-555	176
25		490	510	530	490-530	500-555	176
		482	500	518	500	482-518	176
		482	500	518	500	482-518	176
		490	510	530	490-530	500-555	176
		490	510	530	490-530	500-555	176
25		445	455	465		475	176
25		455	465	475	464	500	140
		455	465	475	464	500	140
		509	518	518	527	500	176
		626-644	626-653	626-653	626-644	644	
		626-644	626-653	626-653	626-644	644	
		626-644	626-653	626-653	626-644	644	
						518-563	150-200
20		500-530	500-520	500-520	490-530	550	185-210
20		500-530	500-520	500-520	490-530	550	185-210
20		500-530	500-520	500-520	490-530	550	185-210
20		500-530	500-520	500-520	490-530	550	185-210
20		500-530	500-520	500-520	490-530	550	185-210
20		500-530	500-520	500-520	490-530	550	185-210
20		500-530	500-520	500-520	490-530	550	185-210
	0.5-2.0	430-475	460-490	470-500	455-500	460-510	150-180
	0.5-2.0	430-475	460-490	470-500	455-500	460-510	150-180
	0.5-2.0	430-475	460-490	470-500	455-500	460-510	150-180
	0.5-2.0	430-475	460-490	470-500	455-500	460-510	150-180
	0.5-2.0	430-475	460-490	470-500	455-500	460-510	150-180
	0.5-2.0	430-475	460-490	470-500	455-500	460-510	150-180
	0.5-2.0	430-475	460-490	470-500	455-500	460-510	150-180
	0.5-2.0	430-475	460-490	470-500	455-500	460-510	150-180
	0.5-2.0	430-475	460-490	470-500	455-500	460-510	150-180

FREE DATA SHEETS: WWW.IDES.COM/PSIM

Grade	Filler	Sp Grav	Shrink, mils/in	Melt flow, g/10 min	Drying temp, °F	Drying time, hr	Max. % moisture
N2000TL (Dry)		1.100	18.0		165-180		0.18
N2015HL (Dry)	GFI 15	1.220	5.0		165-180		0.18
N2015L (Dry)	GFI 15	1.220	5.0		165-180		0.18
N2017STHL (Dry)	GFI 17	1.190	8.0		165-180		0.18
N2017STL (Dry)	GFI 17	1.190	8.0		165-180		0.18
N2017THL (Dry)	GFI 17	1.210	6.0		165-180		0.18
N2017TL (Dry)	GFI 17	1.210	6.0		165-180		0.18
N2033HL (Dry)	GFI 33	1.380	3.0		165-180		0.18
N2033L (Dry)	GFI 33	1.380	3.0		165-180		0.18
N2033STHL (Dry)	GFI 33	1.330	2.0		165-180		0.18
N2033STL (Dry)	GFI 33	1.330	2.0		165-180		0.18
N2033THL (Dry)	GFI 33	1.350	2.0		165-180		0.18
N2033TL (Dry)	GFI 33	1.350	3.0		165-180		0.18
N2040MGHL (Dry)	MN 25	1.480	4.0		165-180		0.18
N2040MGL (Dry)	MN 25	1.480	4.0		165-180		0.18
N2040MHL (Dry)	MN 40	1.490	9.0		165-180		0.18
N2040ML (Dry)	MN 40	1.490	9.0		165-180		0.18
N2043HL (Dry)	GFI 43	1.490	2.0		165-180		0.18
N2043L (Dry)	GFI 43	1.490	2.0		165-180		0.18

Nylon 6　　Isocor　　　　　　　　Shakespeare

Grade	Filler	Sp Grav	Shrink, mils/in	Melt flow, g/10 min	Drying temp, °F	Drying time, hr	Max. % moisture
4007 (Dry)		1.103	15.0				0.20
637		1.070					0.20
651		1.080					0.20
653 (Dry)		1.080	15.0				0.20
HZ73SI (Dry)		1.103	15.0				0.20
TT25TI		1.092					0.20
TT52SI		1.090					0.20
TT65SI		1.080					0.20

Nylon 6　　Kelon B　　　　　　　Lati

Grade	Filler	Sp Grav	Shrink, mils/in	Melt flow, g/10 min	Drying temp, °F	Drying time, hr	Max. % moisture
FR H CET/05-V2	MN 5	1.183	10.0		176-212	3.0	
FR H CET/25-V2	MN 25	1.404	6.0		176-212	3.0	
FR H CET/30-V0	MN 30	1.584	5.0		176-212	3.0	
FR H2 CEG/500-V0CT3	GMN 50	1.714	3.5		176-212	3.0	
FR H2 CETG/250-V0	UNS 25	1.594	5.0		176-212	3.0	
H CA/30	MN 30	1.363	15.0		176-212	3.0	
H CE/30	MN 30	1.363	10.0		176-212	3.0	
H CE/50	MN 50	1.614	8.0		176-212	3.0	
H CER/30	MN 30	1.363	10.0		176-212	3.0	
H CET/30	MN 30	1.373	6.0		176-212	3.0	
HPX CER/30	MN 30	1.353	10.0		176-212	3.0	

Nylon 6　　Kingfa　　　　　　　Kingfa

Grade	Filler	Sp Grav	Shrink, mils/in	Melt flow, g/10 min	Drying temp, °F	Drying time, hr	Max. % moisture
CPA-6		1.083	14.0-18.0		194-230	4.0-6.0	
PA6-G15	GFI 15	1.243	6.0		194-230	4.0-6.0	
PA6-G50	GFI 50	1.564	2.0		194-230	4.0-6.0	
PA6-M20G16	GFI 20	1.414	4.0-6.0		194-230	4.0-6.0	
PA6-M25G20	MN 25	1.534	3.0-5.0		194-230	4.0-6.0	
PA6-MG30	GMN 30	1.363	3.0-5.0		194-230	4.0-6.0	
PA6-MG45	GMN 45	1.484	2.0-3.0		194-230	4.0-6.0	
PA6-RG30	GFI 30	1.524	3.0		194-230	4.0-6.0	
PA6-T25	MN 25	1.323	9.0-13.0		194-230	4.0-6.0	

Max. % regrind	Inj. pres., ksi	Rear temp, °F	Mid temp, °F	Front temp, °F	Nozzle temp, °F	Proc temp, °F	Mold temp, °F
	0.5-2.0	430-475	460-490	470-500	455-500	460-510	150-180
	1.0-1.8	450-480	470-500	480-515	480-515	480-515	180-220
	1.0-1.8	450-480	470-500	480-515	480-515	480-515	180-220
	1.0-1.8	450-480	470-500	480-515	480-515	480-515	180-220
	1.0-1.8	450-480	470-500	480-515	480-515	480-515	180-220
	1.0-1.8	450-480	470-500	480-515	480-515	480-515	180-220
	1.0-1.8	450-480	470-500	480-515	480-515	480-515	180-220
	1.0-1.8	450-480	470-500	480-515	480-515	480-515	180-220
	1.0-1.8	450-480	470-500	480-515	480-515	480-515	180-220
	1.0-1.8	450-480	470-500	480-515	480-515	480-515	180-220
	1.0-1.8	450-480	470-500	480-515	480-515	480-515	180-220
	1.0-1.8	450-480	470-500	480-515	480-515	480-515	180-220
	1.0-1.8	450-480	470-500	480-515	480-515	480-515	180-220
	1.0-1.8	450-480	470-500	480-515	480-515	480-515	180-220
	1.0-1.8	450-480	470-500	480-515	480-515	480-515	180-220
	1.0-1.8	450-480	470-500	480-515	480-515	480-515	180-220
	1.0-1.8	450-480	470-500	480-515	480-515	480-515	180-220
	1.0-1.8	450-480	470-500	480-515	480-515	480-515	180-220
	0.5-2.0	430-470	440-500	460-520	460-520	460-520	50-200
	0.5-2.0	290-310	300-320	310-330	290-310	290-310	50-200
	0.5-2.0	290-310	300-320	310-330	290-310	290-310	50-200
	0.5-2.0	290-310	300-320	310-330	290-310	290-310	50-200
	0.5-2.0	430-470	440-500	460-520	460-520	460-520	50-200
	0.5-2.0	290-310	300-320	310-330	290-310	290-310	50-200
	0.5-2.0	290-310	300-320	310-330	290-310	290-310	50-200
	0.5-2.0	290-310	300-320	310-330	290-310	290-310	50-200
15						446-482	158-176
15						464-500	158-176
15						464-500	158-194
15						509-545	194-248
15						464-500	158-194
15						464-518	158-194
15						464-518	158-194
15						464-518	158-194
15						464-518	158-194
15						464-518	158-176
		437-473	482-518	500-536		491-545	122-158
		437-473	482-518	500-536		491-545	122-158
		437-473	482-518	500-536		491-545	122-158
		437-473	482-518	500-536		491-545	122-158
		437-473	482-518	500-536		491-545	122-158
		437-473	482-518	500-536		491-545	122-158
		437-473	482-518	500-536		491-545	122-158
		428-464	464-500	491-527		482-518	86-140
		437-473	482-518	500-536		491-545	122-158

FREE DATA SHEETS: WWW.IDES.COM/PSIM

Grade	Filler	Sp Grav	Shrink, mils/in	Melt flow, g/10 min	Drying temp, °F	Drying time, hr	Max. % moisture
Nylon 6	**Konduit**				**LNP**		
PTF-212-11	GFI		7.0		180	4.0	0.02
PTF-2155 BK8-114	GFI	1.660	5.0		180	4.0	0.02
Nylon 6	**Kopa**				**Kolon**		
KN133HB	GFI	1.630	4.0-6.0		167-185	4.0-6.0	0.10
KN133MS		1.160	11.0-12.0		167-185	4.0-6.0	0.10
KN133MX	MN	1.250	8.0-10.0		167-185	4.0-6.0	0.10
KN173HI		1.080	14.0-18.0		167-185	4.0-6.0	0.10
KN175HI		1.120	13.0-16.0		167-185	4.0-6.0	0.10
Nylon 6	**Latamid**				**Lati**		
6		1.133	12.5		176-212	3.0	
6 B G/30	GFI 30	1.363	2.5		176-212	3.0	
6 CPX10 G/35	GFI 35	1.404	3.0		176-212	3.0	
6 E02		1.053	10.0		176-212	3.0	
6 G/20-V1	GFI 20	1.444	3.0		176-212	3.0	
6 G/30-V1	GFI 30	1.564	2.5		176-212	3.0	
6 GS/30	GBF 30	1.363	3.5		176-212	3.0	
6 H2 G/20-V0CT1	GFI 20	1.565	2.0-3.0		176-212	3.0	
6 H2 G/20-V2HF	GFI 20	1.313	5.0		176-212	3.0	
6 H2 G/30	GFI 30	1.363	2.5		176-212	3.0	
6 H2 G/30-V0	GFI 30	1.614	2.5		176-212	3.0	
6 H2 G/30-V0CT1	GFI 30	1.574	2.5		176-212	3.0	
6 H2 G/30-V1CT1	GFI 30	1.574	2.5		176-212	3.0	
6 H2 G/35	GFI 35	1.404	3.0-6.0		176-212	3.0	
6 H2 G/50	GFI	1.564	2.0		176-212	3.0	
6 H2E04 G/30	GFI 30	1.323	3.5		176-212	3.0	
6 H2PX10 G/25	GFI 25	1.313	2.5		176-212	3.0	
6 H-V0		1.183	10.0		176-212	3.0	
6 S/30	GB 30	1.363	11.0		176-212	3.0	
Nylon 6	**Latilub**				**Lati**		
62-01M		1.153	9.5		176-212	3.0	
Nylon 6	**Latistat**				**Lati**		
62-08		1.203	8.0		176-212	3.0	
Nylon 6	**Lubrilon**				**A. Schulman**		
610	CF	1.370	2.0		180	3.0	0.20
Nylon 6	**Luvocom**				**Lehmann & Voss**		
3/CF/12/EG	CF 12	1.183	3.0-7.0		167	6.0-16.0	
Nylon 6	**Mapex**				**Ginar**		
AN0320SB	GFI 15	1.233	4.0		194	4.0	0.20
AN0320SN	GFI 15	1.233	4.0		158	4.0	0.20
AN0720SB	GFI 35	1.414	3.0		194	4.0	0.20
AN0720SN	GFI 35	1.414	3.0		158	4.0	0.20
AN0920SB	GFI 45	1.514	2.0		158	4.0	0.20
AN0920SN	GFI 45	1.514	2.0		194	4.0	0.20
N0050FN	GFI 15	1.323	15.0		158	4.0	0.20
N0320FN	GFI 15	1.434	7.0		158	4.0	0.20
NT0110GB	GFI 15	1.083	26.0		194	4.0	0.20
NT0110GN	GFI 15	1.083	24.6		158	4.0	0.20

Max. % regrind	Inj. pres., ksi	Rear temp, °F	Mid temp, °F	Front temp, °F	Nozzle temp, °F	Proc temp, °F	Mold temp, °F
						510-530	180-200
						510-530	180-200
20	18.5	464	491	500	491	541	176
20	14.2	428	464	464	455	505	176
20	17.1	455	482	491	491	541	176
20	13.5	455	473	473	482	532	158
20	13.5	455	473	473	482	532	158
15						428-464	158-176
15						446-500	158-194
15						446-500	140-176
15						428-482	122-140
15						428-464	158-194
15						428-464	158-194
15						446-500	158-194
15		473-509	473-509	473-509			158-194
15						500-536	140-176
15						446-500	158-194
15						428-464	158-194
15						500-536	176-194
15		446-500	446-500	446-500		473-509	158-194
15							158-194
15						464-518	176-212
15						428-500	140-158
15						446-500	140-158
15						428-464	158-176
15						446-482	158-194
						410-446	158-176
						428-464	122-158
20		500-530	500-520	500-520	490-530	550	185-210
		482-518	518-554	536-572	518-536	518	158-230
		446-464	464-500		446-464		140-176
		446-464	464-500		446-464		140-176
		464-482	482-518		464-482		176-194
		464-482	482-518		464-482		176-194
		464-482	482-518		464-482		176-194
		464-482	482-518		464-482		176-194
		428-446	446-464		428-446		140-176
		428-455	464-482		446-464		158-194
		428-464	464-482		446-464		140-176
		428-464	464-482		446-464		140-176

FREE DATA SHEETS: WWW.IDES.COM/PSIM

Grade	Filler	Sp Grav	Shrink mils/in	Melt flow g/10 min	Drying temp, °F	Drying time, hr	Max. % moisture
NT0320GB	GFI 30	1.193	4.0		194	4.0	0.20
NT0320GN	GFI 30	1.193	4.0		158	4.0	0.20
NT0620GB	GFI 30	1.323	3.0		194	4.0	0.20
NT0620GN	GFI 30	1.323	3.0		158	4.0	0.20

Nylon 6 — Maxamid — Pier One Polymers

Grade	Filler	Sp Grav	Shrink mils/in	Melt flow g/10 min	Drying temp, °F	Drying time, hr	Max. % moisture
MT404W-BK20		1.110					0.20
PC6-BK10		1.130					0.20
PC6G13-BK10	GFI 13	1.220					0.20
PC6G25-BK10	GFI 25	1.300					0.20
PC6G33-BK10	GFI 33	1.380					0.20
PC6G40HSL-BK10	GFI 40	1.450					0.20
PCST6-BK10		1.080					0.20
PCT6-BK10		1.090					0.20
PCT6G33-BK10	GFI 33	1.360					0.20
RC6-BK09		1.130					0.20
RC6G13-BK09	GFI 13	1.220					0.20
RC6G25-BK09	GFI 25	1.300					0.20
RC6G33-BK09	GFI 33	1.380					0.20
RC6G43-BK09	GFI 43	1.380					0.20

Nylon 6 — MDE Compounds — Michael Day

Grade	Filler	Sp Grav	Shrink mils/in	Melt flow g/10 min	Drying temp, °F	Drying time, hr	Max. % moisture
6020HSL	GFI 20	1.300	4.0				0.25
6020L	GFI 20	1.300	4.0				0.25
N603		1.100	12.0		180	2.0	0.25
N603H		1.100	12.0		180	2.0	0.25
N603HL		1.100	12.0		180	2.0	0.25
N603HS		1.100	12.0		180	2.0	0.25
N603HSL		1.100	12.0		180	2.0	0.25
N603L		1.100	12.0		180	2.0	0.25
N604		1.090	13.0		175	2.0-4.0	0.25
N604HS		1.090	13.0		175	2.0-4.0	0.25
N6050HL		1.130	13.0-16.0		180	4.0	0.25
N6050HSL		1.130	13.0-16.0		180	4.0	0.25
N6050L		1.130	13.0-16.0		180	4.0	0.25
N6065HSL		1.130	12.0		175	2.0-4.0	0.25
N6065L		1.130	12.0		175	2.0-4.0	0.25
N609		1.090	13.0		175	2.0-4.0	0.25
N609HS		1.090	13.0		175	2.0-4.0	0.25
N60G06HSL	GRF 6	1.170	8.0		175	2.0-4.0	0.25
N60G06L	GFI 6	1.170	8.0		175	2.0-4.0	0.25
N60G13HSL	GFI 13	1.210	5.0		180	4.0	0.25
N60G13L	GFI 13	1.210	5.0		180	4.0	0.25
N60G14HL	GFI 15	1.230	7.0				0.25
N60G14HSL	GFI 15	1.230	7.0				0.25
N60G14L	GFI 15	1.230	7.0				0.25
N60G15HL		1.230	5.0		175	2.0-4.0	0.25
N60G15HSL	GFI 15	1.230	5.0		175	2.0-4.0	0.25
N60G15L	GFI 15	1.230	5.0		175	2.0-4.0	0.25
N60G33HL	GFI 33	1.380	3.0		175	2.0-4.0	0.25
N60G33HSL	GFI 33	1.380	3.0		175	2.0-4.0	0.25
N60G33HSLU	GFI 33	1.380	2.0-4.0		180	4.0	0.25
N60G33HSWL	GFI 33	1.380	2.5-3.0		180	4.0	0.25
N60G33HWL	GFI 33	1.380	2.5-3.0		180	4.0	0.25
N60G33L	GFI 33	1.380	3.0		175	2.0-4.0	0.25
N60G33LU	GFI 33	1.380	2.0-4.0		180	4.0	0.25

Max. % regrind	Inj. pres., ksi	Rear temp, °F	Mid temp, °F	Front temp, °F	Nozzle temp, °F	Proc temp, °F	Mold temp, °F
		446-464	473-509		464-482		140-176
		446-464	473-509		464-482		140-176
		446-464	482-509		464-482		140-176
		446-464	482-509		464-482		140-176
						536-590	150-250
						420-530	50-200
						450-550	150-250
						450-550	150-250
						450-550	150-250
						450-550	150-250
						430-540	50-200
						430-540	50-200
						430-540	50-200
						420-530	50-200
						450-550	150-250
						450-550	150-250
						450-550	150-250
						450-550	150-250
		510	500	490		510	160-200
		510	500	490		510	160-200
		500	490	480		500	140-180
		500	490	480		500	140-180
		500	490	480		500	140-180
		500	490	480		500	140-180
		500	490	480		500	140-180
		500	490	480		500	140-180
		490	480	470		470-510	140-180
		490	480	470		470-510	140-180
		490	480	470		470-510	140-180
		500	490	480		480-500	140-180
		500	490	480		480-500	140-180
		500	490	480		490-500	140-160
		500	490	480		490-500	140-160
		500	490	480		500	160-180
		500	490	480		500	160-180
		510	500	490		500-520	160-200
		510	500	490		500-520	160-200
		510	500	490		500-520	150-200
		510	500	490		500-520	150-200
		510	500	490		500-520	150-200
		500	490	480		500	160-180
		500	490	480		500	160-180
		500	490	480		500	160-180
		510	500	490		510-520	160-200
		510	500	490		510-520	160-200
		520	510	500		510-540	160-200
		520	510	500		510-530	160-200
		520	510	500		510-530	160-200
		510	500	490		510-520	160-200
		520	510	500		510-540	160-200

FREE DATA SHEETS: WWW.IDES.COM/PSIM

Grade	Filler	Sp Grav	Shrink, mils/in	Melt flow, g/10 min	Drying temp, °F	Drying time, hr	Max. % moisture
N60G33WL	GFI 33	1.380	2.5-3.0		180	4.0	0.25
N60G43HSL	GFI 40	1.490	2.0-3.0		175	2.0-4.0	0.25
N60G43L	GFI 40	1.490	2.0-3.0		175	2.0-4.0	0.25
N60G50HSL	GFI 50	1.570	2.0		175	2.0-4.0	0.25
N60G50L	GFI 50	1.570	2.0		175	2.0-4.0	0.25
N60GB20G10HSL	GB 20	1.360			180	4.0	0.25
N60GB20HL	GB 20	1.270	8.0-10.0				0.25
N60GB20HSL	GB 20	1.270	8.0-10.0				0.25
N60GB20L	GB 20	1.270	8.0-10.0				0.25
N60M30HL	MN 30	1.390	9.0-11.0		175		0.25
N60M30HSL	MN 30	1.390	9.0-11.0		175		0.25
N60M30L	MN 30	1.390	9.0-11.0		175		0.25
N60M40HL	MN 40	1.480	8.0-10.0		180	4.0	0.25
N60M40HSL	MN 40	1.480	8.0-10.0		180	4.0	0.25
N60M40L	MN 40	1.480	8.0-10.0		180	4.0	0.25
N60MAG30HSL	GMN 30	1.380			200-220	2.0-4.0	0.10
N60MAG30L	GMN 30	1.380			200-220	2.0-4.0	0.10
N60MFG40THSL	GMN 40	1.470	2.0-3.0		180	4.0	0.25
N60MG30HSL.RC.BK	GMN 30	1.380	4.0		200-220	2.0-4.0	
N60MG40HL	GMN 40	1.480	2.0-4.0				0.25
N60MG40HSL	GMN 40	1.480	2.0-4.0				0.25
N60MG40HSWL BK206	GMN 40	1.480	1.0-4.0				0.25
N60MG40HWL	GMN 40	1.480	2.0-4.0				0.25
N60MG40L	GMN 40	1.480	2.0-4.0				0.25
N60MG40WL	GMN 40	1.480	2.0-4.0				0.25
N60N45HSL		1.130	10.0		175	2.0-4.0	0.10
N60N45L		1.130	10.0		175	2.0-4.0	0.10
N60P50L		1.130	13.0		175	2.0-4.0	0.25
NST6050HSL		1.100	14.0		175	2.0-4.0	0.25
NST6050L		1.100	14.0		175	2.0-4.0	0.25
NST60G13HSL	GFI 13	1.200	5.0-7.0		180	4.0	0.25
NST60G13L	GFI 13	1.200	5.0-7.0		180	4.0	0.25
NST60G14HSL	GFI 14	1.200	5.0-7.0		180	4.0	0.25
NST60G14L	GFI 14	1.200	5.0-7.0		180	4.0	0.25
NST60G25HSL	GFI 25	1.270	4.0-6.0		180	4.0	0.25
NST60G25L	GFI 25	1.270	4.0-6.0		180	4.0	0.25
NST60G33HSL	GFI 33	1.370	3.0		175-180	2.0-4.0	0.25
NST60G33L	GFI 33	1.370	3.0		175-180	2.0-4.0	0.25
NST60G43HSL	GFI 43	1.410	3.0		180	4.0	0.25
NST60G43L	GFI 43	1.410	3.0		180	4.0	0.25
NST60P50HSL		1.060	16.0		175		0.25
NST60P50L		1.060	16.0		175		0.25
RN60G50HSL	GFI 50	1.570	1.0-2.0		180	4.0	0.25
RN60G50L	GFI 50	1.570	1.0-2.0		180	4.0	0.25

Nylon 6 Minlon DuPont EP

Grade	Filler	Sp Grav	Shrink, mils/in	Melt flow, g/10 min	Drying temp, °F	Drying time, hr	Max. % moisture
73GM40 NC010 (Dry)		1.464	10.0				0.20
73M30 NC010 (Dry)		1.353	9.0				0.20
73M40 NC010 (Dry)		1.454	8.0				0.20

Nylon 6 MonTor Nylon Toray

Grade	Filler	Sp Grav
CM1001G-15 (Dry)	GFI 15	1.250
CM1001G-20 (Dry)	GFI 20	1.290
CM1001R (Dry)	MN 40	1.510
CM1003G-R30 (Dry)	GFI 30	1.370

Max. % regrind	Inj. pres., ksi	Rear temp, °F	Mid temp, °F	Front temp, °F	Nozzle temp, °F	Proc temp, °F	Mold temp, °F
		520	510	500		510-530	160-200
		530	520	510		520-535	180-210
		530	520	510		520-535	180-210
		535	525	515		520-535	180-210
		535	525	515		520-535	180-210
		510	500	490		510-520	160-200
		520	510	500		510-530	160-200
		520	510	500		510-530	160-200
		520	510	500		510-530	160-200
		510	500	490		500-520	140-180
		510	500	490		500-520	140-180
		510	500	490		500-520	140-180
		520	510	500		510-540	160-200
		520	510	500		510-520	160-200
		520	510	500		510-520	160-200
		525	515	505		525-550	170-200
		525	515	505		525-550	170-200
		530	520	510		510-540	160-190
		520	520	505		520-530	160-200
		525	515	505		510-540	170-200
		525	515	505		500-525	170-200
		525	515	505		510-540	160-190
		525	515	505		510-540	170-200
		525	515	505		510-540	170-200
		525	515	505		510-540	170-200
		480	480	470		480	140-180
		480	480	470		480	140-180
		480	480	470		480	140-180
		520	510	500		515-525	150-180
		520	510	500		515-525	150-180
		520	510	500		520-540	180-220
		520	510	500		520-540	180-220
		520	510	500		520-540	180-220
		520	510	500		520-540	180-220
		520	510	500		520-540	180-220
		520	510	500		520-540	180-220
		520	510	500		510-525	170-200
		520	510	500		510-525	170-200
		520	510	500		510-525	170-220
		520	510	500		510-525	170-220
		500	480	490-500		510	140-180
		500	480	490-500		510	140-180
		540	530	520		530-550	170-200
		540	530	520		530-550	170-200
						500-536	158-248
						500-536	158-248
						500-536	158-248
	9.9-22.7	410-500	410-500	410-500		428-536	140-176
	9.9-22.7	410-500	410-500	410-500		428-536	140-176
	9.9-22.7	410-500	410-500	410-500		428-536	140-176
	9.9-22.7	410-500	410-500	410-500		428-536	140-176

FREE DATA SHEETS: WWW.IDES.COM/PSIM

Grade	Filler	Sp Grav	Shrink, mils/in	Melt flow, g/10 min	Drying temp, °F	Drying time, hr	Max. % moisture
CM1007 (Dry)		1.130					
CM1011G-15 (Dry)	GFI 15	1.250					
CM1011G-30 (Dry)	GFI 30	1.360					
CM1011G-45 (Dry)	GFI 45	1.500					
CM1014-V0 (Dry)		1.180					
CM1016G-30 (Dry)	GFI 30	1.360					
CM1016-K (Dry)		1.130					
CM1017 (Dry)		1.130					
CM1017-C (Dry)		1.130					
CM1021 (Dry)		1.130					
CM1023 (Dry)		1.130					
CM1026 (Dry)		1.130					
UTN121 (Dry)		1.090					
UTN141 (Dry)		1.060					

Nylon 6   Nilamid   Nilit

Grade	Filler	Sp Grav	Shrink, mils/in	Melt flow, g/10 min	Drying temp, °F	Drying time, hr	Max. % moisture
B FR HF		1.173	13.0		176-185	4.0	0.10
B G3 FR HF	GFI 15				176-185	4.0	0.10
B G4 FR HF	GFI 20	1.323	6.0		176-185	4.0	0.10
B G6 FR C4	GFI 30	1.564	5.0		176-185	4.0	0.10
B G7 FR HF	GFI 35				176-185	4.0	0.10
B3 H G10	GFI 50	1.574	4.0		176-185	4.0	0.10
B3 H G3	GFI 15	1.233	7.0		176-185	4.0	0.10
B3 H G4	GFI 20				176-185	4.0	0.10
B3 H G5	GFI 25				176-185	4.0	0.10
B3 H G6	GFI 30	1.363	6.0		176-185	4.0	0.10
B3 H G7	GFI 35	1.414	4.0		176-185	4.0	0.10
B3 H G8	GFI 40	1.454	5.0		176-185	4.0	0.10
B3 H XB		1.083	14.0		176-185	4.0	0.10
B3 H XE					176-185	4.0	0.10
B3 H ZA		1.093	14.0		176-185	4.0	0.10
B3 H ZB		1.083	14.0		176-185	4.0	0.10
B3 H ZC		1.063	14.0		176-185	4.0	0.10
B3 H ZE					176-185	4.0	0.10
B3 N		1.133	13.0		176-185	4.0	0.10

Nylon 6   Nilamon   Nilit

Grade	Filler	Sp Grav	Shrink, mils/in	Melt flow, g/10 min	Drying temp, °F	Drying time, hr	Max. % moisture
B3 H K8	MN 40				176-185	4.0	0.10
B3 H7 GK35	MN 25	1.524	5.0		176-185	4.0	0.10
B3 H7 K6	MN 30				176-185	4.0	0.10

Nylon 6   Nylaforce   Leis Polytechnik

Grade	Filler	Sp Grav	Shrink, mils/in	Melt flow, g/10 min	Drying temp, °F	Drying time, hr	Max. % moisture
B 50 (Dry)	GFI 50	1.564	1.0-5.0				
B 60 (Dry)	GFI 60	1.644	1.0-4.0				
B 70 (Dry)	GFI 70	1.734	1.0-3.0				

Nylon 6   Nylamid   ALM

Grade	Filler	Sp Grav	Shrink, mils/in	Melt flow, g/10 min	Drying temp, °F	Drying time, hr	Max. % moisture
200		1.130			150-180	2.0-4.0	0.20
2010		1.130			150-180	2.0-4.0	0.20
321		1.110			150-180	2.0-4.0	0.20
421-HS		1.060			150-180	2.0-4.0	0.20
5233	GFI	1.370			150-180	2.0-4.0	0.20

Nylon 6   Nylene   Custom Resins

Grade	Filler	Sp Grav	Shrink, mils/in	Melt flow, g/10 min	Drying temp, °F	Drying time, hr	Max. % moisture
204 HS (Dry)		1.130	9.0		150-180	2.0-4.0	0.20
321 HS (Dry)		1.110	12.0		150-180	2.0-4.0	0.20

Max. % regrind	Inj. pres., ksi	Rear temp, °F	Mid temp, °F	Front temp, °F	Nozzle temp, °F	Proc temp, °F	Mold temp, °F
	9.9-22.7	410-500	410-500	410-500		428-536	140-176
	9.9-22.7	410-500	410-500	410-500		428-536	140-176
	9.9-22.7	410-500	410-500	410-500		428-536	140-176
	9.9-22.7	410-500	410-500	410-500		428-536	140-176
	9.9-22.7	410-500	410-500	410-500		428-536	140-176
	9.9-22.7	410-500	410-500	410-500		428-536	140-176
	9.9-22.7	410-500	410-500	410-500		428-536	140-176
	9.9-22.7	410-500	410-500	410-500		428-536	140-176
	9.9-22.7	410-500	410-500	410-500		428-536	140-176
	9.9-22.7	410-500	410-500	410-500		428-536	140-176
	9.9-22.7	410-500	410-500	410-500		428-536	140-176
	9.9-22.7	410-500	410-500	410-500		428-536	140-176
	9.9-22.7	410-500	410-500	410-500		428-536	140-176
	9.9-22.7	410-500	410-500	410-500		428-536	140-176
15	10.2-14.5	437-482	446-509	455-509	455-509	446-500	140-176
15	10.2-14.5	455-491	464-509	473-509	473-509	464-500	140-176
15	10.2-14.5	455-491	464-509	473-509	473-509	464-500	140-176
15	10.2-14.5	464-500	464-509	464-518	473-527	482-518	176-230
15	10.2-14.5	455-491	464-509	473-509	473-509	464-500	140-176
30	10.2-14.5	464-518	464-518	473-545	473-554	473-536	176-212
30	10.2-14.5	464-518	464-518	473-545	473-554	473-536	176-212
30	10.2-14.5	464-518	464-518	473-545	473-554	473-536	176-212
30	10.2-14.5	464-518	464-518	473-545	473-554	473-536	176-212
30	10.2-14.5	464-518	464-518	473-545	473-554	473-536	176-212
30	10.2-14.5	464-518	464-518	473-545	473-554	473-536	176-212
30	10.2-14.5	464-518	464-518	473-545	473-554	473-536	176-212
30	10.2-14.5	446-500	446-500	464-518	464-518	464-536	140-176
30	10.2-14.5	446-500	446-500	464-518	464-518	464-536	140-176
30	10.2-14.5	446-500	446-500	464-518	464-518	464-536	140-176
30	10.2-14.5	446-500	446-500	464-518	464-518	464-536	140-176
30	10.2-14.5	446-500	446-500	464-518	464-518	464-536	140-176
30	10.2-14.5	446-500	446-500	464-518	464-518	464-536	140-176
40	10.2-14.5	446-500	446-500	464-518	464-518	464-536	140-176
30	10.2-14.5	464-518	464-518	482-536	482-545	482-554	176-212
30	10.2-14.5	464-518	464-518	482-536	482-545	482-554	176-212
30	10.2-14.5	464-518	464-518	482-536	482-545	482-554	176-212
	11.6-21.8					482-554	176-284
	11.6-21.8					482-554	176-284
	11.6-21.8					482-554	176-284
25	4.0-12.0	430-475	440-500	460-520	460-520	460-520	120-200
25	4.0-12.0	430-475	440-500	460-520	460-520	460-520	120-200
25	7.0-15.0	440-500	460-520	480-540	480-540	480-540	120-200
25	7.0-15.0	440-500	460-520	480-540	480-540	480-540	120-200
25	8.0-18.0	480-530	500-550	520-570	520-570	520-570	180-200
25	4.0-12.0	430-475	440-500	460-520	460-520	460-520	120-200
25	7.0-15.0	440-500	460-520	480-540	480-540	480-540	120-200

FREE DATA SHEETS: WWW.IDES.COM/PSIM

Grade	Filler	Sp Grav	Shrink, mils/in	Melt flow, g/10 min	Drying temp, °F	Drying time, hr	Max. % moisture
323 HS (Dry)		1.100	13.0		150-180	2.0-4.0	0.20
401 (Dry)		1.140	12.0		150-180	2.0-4.0	0.20
402 (Dry)		1.130			150-180	2.0-4.0	0.20
404 (Dry)		1.140	12.0		150-180	2.0-4.0	0.20
406 (Dry)		1.130	9.0		150-180	2.0-4.0	0.20
409 (Dry)		1.130	9.0		150-180	2.0-4.0	0.20
421 HS (Dry)		1.060	14.0		150-180	2.0-4.0	0.20
4214 HS (Dry)		1.090	14.0		150-180	2.0-4.0	0.20
4214-15 HS	GFI 15	1.230	6.0		150-180	2.0-4.0	0.20
4214-33 HS	GFI 33	1.360	4.0		150-180	2.0-4.0	0.20
451 (Dry)		1.140	12.0		150-180	2.0-4.0	0.20
452 (Dry)		1.120			150-180	2.0-4.0	0.20
453 (Dry)		1.170			150-180	2.0-4.0	0.20
454 (Dry)		1.140	12.0		150-180	2.0-4.0	0.20
5213 HS (Dry)	GFI 13	1.210	5.0		150-180	2.0-4.0	0.20
5233 HS (Dry)	GFI 33	1.370	3.0		150-180	2.0-4.0	0.20
5243 HS (Dry)	GFI 43	1.490	2.0		150-180	2.0-4.0	0.20
5250 HS (Dry)	GFI 50	1.560	2.0		150-180	2.0-4.0	0.20
6240 HS (Dry)	MN 40	1.480	9.0		150-180	2.0-4.0	0.20
7115 HS (Dry)	MN 25	1.450	4.0		150-180	2.0-4.0	0.20
7115-41 HS	GMN 40	1.420	5.0		150-180	2.0-4.0	0.20
721 (Dry)		1.100	14.0		150-180	2.0-4.0	0.20
7228 HS	GMN 28	1.320	8.0		150-180	2.0-4.0	0.20
724 (Dry)		1.100	14.0		150-180	2.0-4.0	0.20
733 (Dry)		1.080	14.0		150-180	2.0-4.0	0.20
734 (Dry)		1.080	14.0		150-180	2.0-4.0	0.20
NX1440 HS (Dry)		1.140	9.0		150-180	2.0-4.0	0.20
PX1719 (Dry)		1.080	14.0		150-180	2.0-4.0	0.20

Nylon 6   Nypel   BASF

| 6030G HS BK (Dry) | GFI 30 | 1.363 | 3.0 | | 176 | | |

Nylon 6   Omni   Omni Plastics

PA6 GR30 NA	GFI 30				180	2.0-4.0	0.12
PA6 U GR15 IM4 BK1000	GFI 15				180	2.0-4.0	0.20
PA6 U GR30 BK1000	GFI 30				180	2.0-4.0	0.20
PA6 U GR33 NA	GFI 33				180	2.0-4.0	0.20
PA6 GR35 IM4 BK1000	GFI 33				180	2.0-4.0	0.20
PA6 U GR43 BK1000	GFI 43				180	2.0-4.0	0.20
PA6 U WF30 BK1000	MN 30	1.350			175	4.0	0.20

Nylon 6   Oxnilon 6   Oxford Polymers

14GF	GFI 14	1.233	5.0		175	2.0-4.0	
15 Imp(Dry)		1.060	20.0		180	2.0-4.0	
33GF	GFI 33	1.383	3.0		175	2.0-4.0	
4 Imp(Dry)		1.080	15.0		180	2.0-4.0	
43GF	GFI 43	1.474	2.0		175	2.0-4.0	
50GF	GFI 50	1.564	2.0		175	2.0-4.0	
ST 14GF(Dry)	GFI 33	1.190	6.0		175	2.0-4.0	
ST 33GF(Dry)	GFI 33	1.320	3.0		175	2.0-4.0	
Unfilled		1.130	15.0		180	2.0	

Max. % regrind	Inj. pres., ksi	Rear temp, °F	Mid temp, °F	Front temp, °F	Nozzle temp, °F	Proc temp, °F	Mold temp, °F
25	7.0-15.0	440-500	460-520	480-540	480-540	480-540	120-200
25	4.0-12.0	430-475	440-500	460-520	460-520	460-520	120-200
25	4.0-12.0	430-475	440-500	460-520	460-520	460-520	120-200
25	4.0-12.0	430-475	440-500	460-520	460-520	460-520	120-200
25	4.0-12.0	430-475	440-500	460-520	460-520	460-520	120-200
25	4.0-12.0	430-475	440-500	460-520	460-520	460-520	120-200
25	7.0-15.0	440-500	460-520	480-540	480-540	480-540	120-200
25	7.0-15.0	440-500	460-520	480-540	480-540	480-540	120-200
25	8.0-18.0	480-530	500-550	520-570	520-570	520-570	180-200
25	8.0-18.0	480-530	500-550	520-570	520-570	520-570	180-200
25	4.0-12.0	430-475	440-500	460-520	460-520	460-520	120-200
25	4.0-12.0	430-475	440-500	460-520	460-520	460-520	120-200
25	4.0-12.0	430-475	440-500	460-520	460-520	460-520	120-200
25	4.0-12.0	430-475	440-500	460-520	460-520	460-520	120-200
25	5.0-15.0	440-500	460-520	480-540	480-540	480-540	180-200
25	8.0-18.0	480-530	500-550	520-570	520-570	520-570	180-200
25	8.0-18.0	480-530	500-550	520-570	520-570	520-570	180-200
25	8.0-18.0	480-530	500-550	520-570	520-570	520-570	180-200
25	8.0-18.0	480-530	500-550	520-570	520-570	520-570	180-200
25	8.0-18.0	480-530	500-550	520-570	520-570	520-570	180-200
25	8.0-18.0	480-530	500-550	520-570	520-570	520-570	180-200
25	7.0-15.0	440-500	460-520	480-540	480-540	480-540	120-200
25	8.0-18.0	480-530	500-550	520-570	520-570	520-570	180-200
25	7.0-15.0	440-500	460-520	480-540	480-540	480-540	120-200
25	7.0-15.0	440-500	460-520	480-540	480-540	480-540	120-200
25	7.0-15.0	440-500	460-520	480-540	480-540	480-540	120-200
25	4.0-12.0	430-475	440-500	460-520	460-520	460-520	120-200
25	7.0-15.0	440-500	460-520	480-540	480-540	480-540	120-200
						518-563	176-203
		490-520	500-530	510-540	510-540	500-540	140-210
		430-500	450-510	480-520	510-540	470-535	130-200
		430-500	450-510	480-520	510-540	470-535	130-200
		430-500	450-510	480-520	510-540	470-535	130-200
		430-500	450-510	480-520	510-540	470-535	130-200
		430-500	450-510	480-520	510-540	470-535	130-200
		525-540	530-550	540-560	530-550	530-570	150-210
		480-530	500-550	515-565	515-565	500-520	150-255
		430-500	450-510	480-520	480-520	470-535	130-200
		480-530	500-550	515-565	515-565	520-550	150-255
		430-500	450-510	480-520	480-520	470-535	130-200
		500-550	520-570	535-585	535-585	520-550	150-255
		500-550	520-570	535-585	535-585	520-550	150-255
		480-530	500-550	515-565	515-565	515-565	150-255
		480-530	500-550	515-565	515-565	515-565	150-255
		430-500	450-510	480-520	480-520	470-535	130-200

FREE DATA SHEETS: WWW.IDES.COM/PSIM

Grade	Filler	Sp Grav	Shrink, mils/in	Melt flow, g/10 min	Drying temp, °F	Drying time, hr	Max. % moisture
Nylon 6	**PermaStat**				**RTP**		
200 A		1.133	10.0-15.0		175	4.0	
203 A	GFI 20	1.273	2.0-4.0		175	4.0	
Nylon 6	**Polifil**				**TPG**		
730		1.130	12.0				
730-13GF	GFI 13	1.210	5.0				
730-33GF	GFI 33	1.370					
82MR	MN	1.450					
836L		1.090	12.0				
39MRGFHS	GMN	1.480	10.0				
930L		1.130	12.0				
930L-13GF	GFI 13	1.210	5.0				
930L-33GF	GFI 33	1.360	3.0				
Nylon 6	**Polyram PA6**				**Polyram**		
PB150		1.143	12.0-16.0		185	3.0	
PB300G33/310G6	GFI 32	1.373	3.5		185	3.0	
PB300G4	GFI 20	1.283	8.0-11.0		185	3.0	
PB302G3	GFI 15	1.223	5.5		185	3.0	
PB302G8	GFI 40	1.454	2.0		185	3.0	
PB306G6	GFI 30	1.373	3.5		185	3.0	
PB320G3	GFI 15	1.223	3.0-4.0		185	3.0	
PB320G5	GFI 25	1.303	3.0-4.0		185	3.0	
PB320G6	GFI 30	1.383	3.0-4.0		185	3.0	
PB322G6	GFI 30	1.373	3.5		185	3.0	
PB33018	GMN 40	1.383	2.5		185	3.0	
PB350M6	MN 30	1.363	8.0-11.0		185	3.0	
PB35116	GMN 30	1.654	7.0		185	3.0	
PB702		1.143	12.0-16.0		185	3.0	
PB801		1.053	12.0-16.0		185	3.0	
PB847I4	GMN 20	1.303	6.0		185	3.0	
PB891		1.063	14.0-48.0		185	3.0	
RB133/RB703		1.143	14.0-18.0		185	3.0	
RB145		1.123			185	3.0	
RB300G6	GFI 30	1.353	2.0-3.0		185	3.0	
RB301G6	GFI 30	1.283	1.5		185	3.0	
RB306G6	GFI 30	1.373	3.5		185	3.0	
RB506		1.143	14.0-16.0		185	3.0	
RB841		1.143	13.0-15.0		185	3.0	
Nylon 6	**Pre-elec**				**Premix Thermoplast**		
PA 1406		1.110	4.0		176	2.0-4.0	
PA 1407		1.110	10.0-16.0		176	2.0-4.0	
Nylon 6	**PRL**				**Polymer Res**		
NY6-G13	GFI 13	1.220	4.0-6.0		165-185	3.0-4.0	
NY6-G33	GFI 33	1.380	2.0-4.0		165-185	3.0-4.0	
NY6-G43	GFI 43	1.490	2.0-7.0		165-185	3.0-4.0	
NY6-GP1		1.130	11.0-15.0		165-185	3.0-4.0	
NY6-GP2		1.130	8.0-12.0		165-185	3.0-4.0	
NY6-IM1		1.090	16.0-20.0		165-185	3.0-4.0	
NY6-M25G15	MN 25	1.480	4.0-9.0		165-185	3.0-4.0	

Max. % regrind	Inj. pres., ksi	Rear temp, °F	Mid temp, °F	Front temp, °F	Nozzle temp, °F	Proc temp, °F	Mold temp, °F
	10.0-15.0					380-460	150-200
	10.0-15.0					380-460	150-200
		430-470	440-500	460-520	450-500	460-520	
		440-500	460-520	480-540	480-540	490-540	160-180
		440-500	460-520	480-540	480-540	490-540	160-180
5.0-15.0		480-520	500-560	520-580	520-580	520-580	150-230
6.0-20.0		440-500	460-520	480-540	480-540	480-540	80-200
14.0-20.0		480-520	500-560	520-580	520-560	520-560	150-230
5.0-20.0		430-470	440-500	460-520	450-500	460-520	80-200
5.0-20.0		440-500	460-520	480-540	480-540	490-540	150-230
5.0-20.0		480-520	500-560	520-580	520-580	520-580	150-230
10.2-15.2		428-500	446-509	482-518			131-203
10.2-15.2		428-500	446-509	482-518			131-203
10.2-15.2		428-500	446-509	482-518			131-203
10.2-15.2		428-500	446-509	482-518			131-203
10.2-15.2		428-500	446-509	482-518			131-203
10.2-15.2		428-500	446-509	482-518			131-203
10.2-15.2		428-500	446-509	482-518			131-203
10.2-15.2		428-500	446-509	482-518			131-203
10.2-15.2		428-500	446-509	482-518			131-203
10.2-15.2		428-500	446-509	482-518			131-203
10.2-15.2		428-500	446-509	482-518			131-203
10.2-15.2		428-500	446-509	482-518			131-203
10.2-15.2		428-500	446-509	482-518			131-203
10.2-15.2		428-500	446-509	482-518			131-203
10.2-15.2		428-500	446-509	482-518			131-203
10.2-15.2		428-500	446-509	482-518			131-203
10.2-15.2		428-500	446-509	482-518			131-203
10.2-15.2		428-500	446-509	482-518			131-203
10.2-15.2		428-500	446-509	482-518			131-203
10.2-15.2		428-500	446-509	482-518			131-203
10.2-15.2		428-500	446-509	482-518			131-203
10.2-15.2		428-500	446-509	482-518			131-203
	8.7-11.6					392-482	140-176
	8.7-11.6					392-500	140-176
		480-515	470-500	480-515		460-515	150-220
		480-515	470-500	480-515		480-515	150-220
		450-480	470-500	480-515		480-515	180-220
		430-475	460-490	470-500		460-535	150-180
		430-475	460-490	470-500		460-535	175-220
		430-475	460-490	470-500		460-515	150-180
		450-480	470-500	480-515		550-580	180-220

FREE DATA SHEETS: WWW.IDES.COM/PSIM

Grade	Filler	Sp Grav	Shrink, mils/in	Melt flow, g/10 min	Drying temp, °F	Drying time, hr	Max. % moisture
Nylon 6		**Radiflam**			**Radici Plastics**		
S AE (Dry)		1.180	1.0				
S FR (Dry)		1.150	1.0				
S RV300AE (Dry)		1.400	0.3				
Nylon 6		**Radilon**			**Radici Plastics**		
S 35FL (Dry)		1.130	1.0				
S 40E (Dry)		1.143			176	2.0-4.0	0.20
S 40FL (Dry)		1.130	1.1				
S CP300 (Dry)	MN	1.370	1.0		176	2.0-4.0	0.20
S CP400 (Dry)		1.470	0.9				
S CV300 (Dry)	GB	1.360	1.0		176	2.0-4.0	0.20
S HSX (Dry)		1.110	25.0		176	2.0-4.0	0.20
S RCV3015 (Dry)		1.360	0.6				
S RV200 (Dry)	GFI	1.260	0.4		176	2.0-4.0	0.20
S RV250 (Dry)	GFI	1.310	0.4		176	2.0-4.0	0.20
S RV300 (Dry)	GFI	1.350	3.0		176	2.0-4.0	0.20
S RV300R (Dry)	GFI	1.360	0.3		176	2.0-4.0	0.20
S RV330 (Dry)		1.370	0.3				
S RV350 (Dry)	GFI	1.390	0.3		176	2.0-4.0	0.20
S RV500 (Dry)	GFI	1.540	2.5		176	2.0-4.0	0.20
S USX200 (Dry)		1.080	20.0		176	2.0-4.0	0.20
Nylon 6		**RC Plastics**			**RC Plastics**		
RCPA6		1.140		13.0-16.0	180	4.0-6.0	
RCPA6 GF 30	GFI 30	1.370		3.5-4.5	180	4.0-6.0	
Nylon 6		**RTP Compounds**			**RTP**		
200 A		1.133		13.0-17.0	180	2.0	
200 A FR		1.363		12.0-18.0	180	2.0	
200 A FR UV		1.363		12.0-18.0	180	2.0	
200 A GB 40	GB 40	1.444		11.0-15.0	180	2.0	
200 A HS MS		1.173		8.0-20.0	180	2.0	
200 A MS		1.173		10.0-15.0	180	2.0	
200 A MS 2		1.153		10.0-15.0	180	2.0	
200 A SI 2		1.133		10.0-15.0	180	2.0	
200 A TFE 20		1.253		10.0-20.0	180	2.0	
200.5A		1.163		7.0-11.0	180	2.0	
201 A	GFI 10	1.203		3.0-6.0	180	2.0	
201 A FR	GFI 10	1.534		4.0-6.0	180	2.0	
201 A FR UV	GFI 10	1.534		4.0-6.0	180	2.0	
201 A GB 20 HS	GB 20	1.353		3.0-6.0	180	2.0	
202 A	GFI 15	1.233		3.0-6.0	180	2.0	
202A HS	GFI 15	1.233		3.0-6.0	180	2.0	
203 A	GFI 20	1.273		2.0-5.0	180	2.0	
203 A FR	GFI 20	1.584		3.0-5.0	180	2.0	
203 A FR UV	GFI 20	1.584		3.0-5.0	180	2.0	
203 A TFE 10	GFI 20	1.353		1.0-3.0	180	2.0	
204 A FR	GFI 25	1.634		2.0-4.0	180	2.0	
205 A	GFI 30	1.353		2.0-4.0	180	2.0	
205 A FR	GFI 30	1.654		1.5-3.0	180	2.0	
205 A FR UV	GFI 30	1.654		1.5-3.0	180	2.0	
205 A HI	GFI 30	1.343		2.0-4.0	180	2.0	
205 A TFE 15	GFI 30	1.484		0.5-3.0	180	2.0	
205.3 A HS	GFI 33	1.393		1.0-2.0	180	2.0	

Max. % regrind	Inj. pres., ksi	Rear temp, °F	Mid temp, °F	Front temp, °F	Nozzle temp, °F	Proc temp, °F	Mold temp, °F
						455	68
						455	68
						482	194
						437	68
						518	122
						437	68
						518	176
						482	194
						518	176
						500	122
						500	194
						518	176
						518	176
						518	176
						518	176
						500	194
						518	176
						518	176
						500	104
		480-550	480-550	480-550		510-530	190-200
		480-550	480-550	480-550		510-530	190-200
10.0-15.0						470-535	130-200
10.0-15.0						470-535	130-200
10.0-15.0						470-535	130-200
10.0-15.0						470-535	130-200
10.0-15.0						470-535	130-200
10.0-15.0						470-535	130-200
10.0-15.0						470-535	130-200
10.0-15.0						470-535	130-200
10.0-15.0						470-535	130-200
10.0-15.0						470-535	130-200
10.0-15.0						470-535	130-200
10.0-15.0						470-535	130-200
10.0-15.0						470-535	130-200
10.0-15.0						470-535	130-200
10.0-15.0						470-535	130-200
10.0-15.0						470-535	130-200
10.0-15.0						470-535	130-200
10.0-15.0						470-535	130-200
10.0-15.0						470-535	130-200
10.0-15.0						470-535	130-200
10.0-15.0						470-535	130-200
10.0-15.0						470-535	130-200
10.0-15.0						470-535	130-200
10.0-15.0						470-535	130-200
10.0-15.0						470-535	130-200

FREE DATA SHEETS: WWW.IDES.COM/PSIM

Grade	Filler	Sp Grav	Shrink, mils/in	Melt flow, g/10 min	Drying temp, °F	Drying time, hr	Max. % moisture
206 A HS	GFI 35	1.404	1.5-3.5		180	2.0	
206A	GFI 35	1.404	1.5-3.5		180	2.0	
207 A	GFI 40	1.454	1.0-3.0		180	2.0	
207 A TFE 15	GFI 40	1.614	0.5-2.0		180	2.0	
209 A	GFI 50	1.564	1.0-3.0		180	2.0	
211 A	GFI 60	1.694	1.0-3.0		180	2.0	
225 A	MN 20	1.283	7.0-12.0		180	2.0	
227 A	MN 40	1.484	5.0-10.0		180	2.0	
281 A	CF 10	1.173	1.0-2.0		180	2.0	
282 A	CF 15	1.193	1.0-2.0		180	2.0	
283 A	CF 20	1.223	0.2-1.0		180	2.0	
285 A	CF 30	1.273	0.2-1.0		180	2.0	
287 A	CF 40	1.313	0.2-1.0		180	2.0	
A TFE 10 SI 2	CF 40	1.383	0.1-1.0		180	2.0	
2899 X 107551		0.922	16.0-18.0		175	2.0-3.0	
299 A X 106739		5.764	4.0-8.0		180	2.0	
299 A X 108950 A		2.005	8.0-12.0		180	2.0	
299 A X 108950 B		3.008	5.0-10.0		180	2.0	
299 A X 108950 C		4.010	5.0-10.0		180	2.0	
299 A X 108950 D		5.013	5.0-10.0		180	2.0	
299 A X 108950 E		6.015	5.0-10.0		180	2.0	
299 A X 108950 F		7.018	5.0-10.0		180	2.0	
299 A X 108950 G		8.020	5.0-10.0		180	2.0	
299 A X 108950 H		9.023	6.0-10.0		180	2.0	
299 A X 108950 I		10.025	4.0-9.0		180	2.0	
299 A X 108950 J		11.028	3.0-8.0		180	2.0	
299 A X 82678 C		1.133	10.0-20.0		180	2.0	
299 A X 90821		1.163	10.0-20.0		180	2.0	
299 A X 92625 C	CL	1.153	13.0-15.0		180	2.0	
299 A X 92682 A		2.005	10.0-16.0		180	2.0	
299 A X 92682 B		3.008	9.0-15.0		180	2.0	
299 A X 92682 C		4.010	7.0-13.0		180	2.0	
299 A X 92682 D		5.013	6.0-12.0		180	2.0	
299 A X 92682 E		6.015	6.0-12.0		180	2.0	
299 A X 92682 J		11.028	3.0-8.0		180	2.0	
EMI 261A	STS 10	1.243	10.0-16.0		175	4.0	
ESD A 200 A		1.173	12.0-16.0		180	2.0	
ESD C 200 A		1.193	14.0-18.0		180	2.0	
ESD C 202 A	GFI 15	1.283	5.0-8.0		180	2.0	
ESD C 203 A	GFI 20	1.313	2.0-4.0		180	2.0	
PA6 15 GF 25 M BLK/BLK		1.484	2.0-4.0		180	2.0	
PA6 20 GF BLK		1.273	2.0-4.0		175	4.0	
PA6 30 GF BLK		1.363	2.0-4.0		180	2.0	
PA6 30 GF NAT		1.363	2.0-4.0		180	2.0	
PA6 33 GF BLK		1.383	2.0-4.0		180	2.0	
PA6 40 GF BLK		1.474	1.0-3.0		180	2.0	
PA6 50 GF BLK		1.564	1.0-3.0		180	2.0	
PA6 HI 30 GF BLK		1.343	2.0-4.0		175	4.0	
PA6 HI 40 GF BLK		1.414	1.0-3.0		180	2.0	
PA6 HI BLK		1.103	15.0-20.0		180	2.0	
PA6 HI NAT		1.103	15.0-20.0		180	2.0	
PA6 L BLK		1.133	10.0-20.0		180	2.0	
PA66 13 GF BLK		1.223	5.0-8.0		175	4.0	
VLF 80207 A	GLL 40	1.454	1.0-3.0		180	2.0	
VLF 80209 A	GLL 50	1.564	1.0-2.0		180	2.0	

Max. % regrind	Inj. pres., ksi	Rear temp, °F	Mid temp, °F	Front temp, °F	Nozzle temp, °F	Proc temp, °F	Mold temp, °F
	10.0-15.0					470-535	130-200
	10.0-15.0					470-535	130-200
	10.0-15.0					470-535	130-200
	10.0-15.0					470-535	130-200
	10.0-15.0					470-535	130-200
	10.0-15.0					470-535	130-200
	10.0-15.0					470-535	130-200
	10.0-15.0					470-535	130-200
	10.0-15.0					470-535	130-200
	10.0-15.0					470-535	130-200
	10.0-15.0					470-535	130-200
	10.0-15.0					470-535	130-200
	10.0-15.0					470-535	130-200
	10.0-15.0					470-535	130-200
	12.0-18.0					420-480	120-150
	10.0-15.0					470-535	130-200
	10.0-15.0					470-535	130-200
	10.0-15.0					470-535	130-200
	10.0-15.0					470-535	130-200
	10.0-15.0					470-535	130-200
	10.0-15.0					470-535	130-200
	10.0-15.0					470-535	130-200
	10.0-15.0					470-535	130-200
	10.0-15.0					470-535	130-200
	10.0-15.0					470-535	130-200
	10.0-15.0					470-535	130-200
	10.0-15.0					470-535	130-200
	10.0-15.0					470-535	130-200
	10.0-15.0					460-510	130-200
	10.0-15.0					470-535	130-200
	10.0-15.0					470-535	130-200
	10.0-15.0					470-535	130-200
	10.0-15.0					470-535	130-200
	10.0-15.0					470-535	130-200
	10.0-15.0					470-535	130-200
	10.0-15.0					470-535	130-200
	10.0-15.0					470-535	130-200
	10.0-15.0					470-535	130-200
	10.0-15.0					470-535	130-200
	10.0-15.0					470-535	130-200
	10.0-18.0					530-570	150-225
	10.0-15.0					470-535	130-200
	10.0-15.0					470-535	130-200
	10.0-15.0					470-535	130-200
	10.0-15.0					470-535	130-200
	10.0-15.0					470-535	130-200
	10.0-18.0					480-545	140-200
	10.0-15.0					470-535	130-200
	10.0-15.0					470-535	130-200
	10.0-15.0					470-535	130-200
	10.0-15.0					470-535	130-200
	10.0-18.0					530-570	150-225
	10.0-18.0					470-520	130-200
	10.0-18.0					470-520	130-200

FREE DATA SHEETS: WWW.IDES.COM/PSIM

Grade	Filler	Sp Grav	Shrink, mils/in	Melt flow, g/10 min	Drying temp, °F	Drying time, hr	Max. % moisture
Nylon 6		**Saxamid**			**Sax Polymers**		
126		1.133			176	2.0-6.0	0.20
126F10	GFI 50	1.554			176	2.0-10.0	
126F3	GFI 15	1.233			176	2.0-10.0	
126F4	GFI 20	1.283			176	2.0-10.0	0.20
126F5	GFI 25	1.323			176	2.0-10.0	0.20
126F6	GFI 30	1.363			176	2.0-10.0	0.20
126F6H	GFI 30	1.363			176	2.0-10.0	0.20
126F8	GFI 40	1.474			176	2.0-10.0	0.20
126H		1.133			176	2.0-6.0	0.20
126K2	GB 10	1.193			176	2.0-10.0	0.20
126K4	GB 20	1.273			176	2.0-10.0	0.20
126K6	GB 30	1.353			176	2.0-10.0	0.20
126S3		1.133			176	2.0-6.0	0.20
126T3		1.223			176	2.0-10.0	0.20
127		1.143			176	2.0-6.0	0.20
136F3Q32	GFI 15	1.173			176	2.0-6.0	0.20
136F3Q32H	GFI 15	1.173			176	2.0-6.0	0.20
136F6Q30	GFI 15	1.283			176	2.0-6.0	0.20
136F6Q30H	GFI 30	1.283			176	2.0-6.0	0.20
136F6Q31	GFI 30	1.273			176	2.0-6.0	0.20
136F6Q32	GFI 30	1.253			176	2.0-10.0	0.20
136Q10		1.123			176	2.0-6.0	0.20
136Q30		1.083			176	2.0-6.0	0.20
136Q31		1.083			176	2.0-6.0	0.20
136Q32		1.083			176	2.0-6.0	0.20
Nylon 6		**Schulamid**			**A. Schulman**		
6 GB 30 (Dry)	GB 30	1.323	11.0		175	2.0-4.0	
6 GBF 3010 (Dry)	GFI 30				176	4.0-6.0	
6 GF 15 H	GFI 15	1.230	10.0		175	2.0-4.0	
6 GF 15 HI	GFI 15	1.200	4.0		175	2.0-4.0	
6 GF 25 (Dry)	GFI 25				176	4.0-6.0	
6 GF 30 (Dry)	GFI 30	1.350	2.0		175	2.0-4.0	
6 GF 30 FR 4 (Dry)	GFI 30				176	4.0-6.0	
6 GF 30 HI (Dry)	GFI 30				176	4.0-6.0	
6 GF 33	GFI 33	1.370	2.0		175	2.0-4.0	
6 GF 33 RN	GFI 33	1.370	10.0		175	2.0-4.0	
6 GF 35	GFI 35	1.393	3.0-12.0		175	2.0-4.0	
6 GF 50 (Dry)	GFI 50				176	4.0-6.0	
6 GF 50 H	GFI 50	1.554	1.0		175	2.0-4.0	
6 HV 15 (Dry)					176	4.0-6.0	
6 MF 40 (Dry)	MN 40	1.470	5.0		180		
6 MGF 4015 (Dry)	GFI 40				176	4.0-6.0	
6 MV 14 (Dry)					176	4.0-6.0	
6 MV 14 FR (Dry)					176	4.0-6.0	
6 MV 5 (Dry)		1.130	13.0		175	2.0-4.0	
6 MV HI (Dry)					176	4.0-6.0	
6 NV 12 (Dry)					176	4.0-6.0	
6 NV 12 FR (Dry)					176	4.0-6.0	
Nylon 6		**Sebiform**			**Sebi**		
140		1.674	1.8-2.2	14.00 E	48-176	2.0-3.0	
141		1.674	1.7-2.0	14.00 E	176-194	2.0-3.0	
25		1.674	1.8-2.2	2.50 E	176-194	2.0-3.0	

Max. % regrind	Inj. pres., ksi	Rear temp, °F	Mid temp, °F	Front temp, °F	Nozzle temp, °F	Proc temp, °F	Mold temp, °F
						482-518	140-176
						518-554	176-194
						518-554	176-194
						518-554	176-194
						518-554	176-194
						518-554	176-194
						518-554	176-194
						518-554	176-194
						482-518	140-176
						482-536	140-194
						482-536	140-194
						482-536	140-194
						482-518	104-176
						518-554	176-194
						536-572	104-176
						500-554	158-194
						500-554	158-194
						500-554	158-194
						500-554	158-194
						500-554	158-194
						518-554	176-194
						482-518	104-176
						482-518	104-176
						482-518	104-176
						482-518	104-176
						518-563	150-200
						482-536	140-194
						518-563	150-200
						518-563	150-200
						482-536	140-194
						518-563	150-200
						464-500	140-194
						482-536	140-194
						518-563	150-200
						518-563	150-200
						518-563	150-200
						482-536	140-194
						518-563	150-200
						482-518	140-194
		465	480	500	500	480-540	175-210
						482-536	140-194
						482-518	140-194
						482-518	140-194
						464-527	150-200
						482-518	140-194
						482-518	140-194
						464-500	140-194
		374-392	374-392	374-392	347-428		158-194
		374-392	374-392	374-392	347-428		158-194
		374-392	374-392	374-392	347-428		158-194

FREE DATA SHEETS: WWW.IDES.COM/PSIM

Grade	Filler	Sp Grav	Shrink, mils/in	Melt flow, g/10 min	Drying temp, °F	Drying time, hr	Max. % moisture
270		1.674	1.9-2.2	27.00 E	176-194	2.0-3.0	
C160		1.414	1.6-2.0	16.00 E	176-194	2.0-3.0	
C25		1.414	1.9-2.2	2.50 E	176-194	2.0-3.0	
C270		1.414	1.6-2.0	27.00 E	176-194	2.0-3.0	
C310		1.414	1.6-2.0	31.00 E	176-194	2.0-3.0	
C90		1.414		9.00 E	176-194	2.0-3.0	

Nylon 6 — Spartech Polycom / SpartechPolycom

Grade	Filler	Sp Grav	Shrink, mils/in	Melt flow, g/10 min	Drying temp, °F	Drying time, hr	Max. % moisture
SC14-2080L		1.070			190-200	2.0-4.0	
SC14-2090		1.120	9.0-13.0		180	1.0-4.0	
SC14-2090L		1.140			190-200	2.0-4.0	
SC14-2213L	GFI 13	1.250	3.0		190-200	2.0-4.0	
SC14-2233L	GFI 33	1.400	3.0		190-200	2.0-4.0	

Nylon 6 — Staramide / LNP

Grade	Filler	Sp Grav	Shrink, mils/in	Melt flow, g/10 min	Drying temp, °F	Drying time, hr	Max. % moisture
B28		1.140	11.0-15.0		167-185	4.0-6.0	0.20
B28H		1.140	11.0-15.0		167-185	4.0-6.0	0.20
B28N		1.140	11.0-15.0		167-185	4.0-6.0	0.20
B28U		1.140	11.0-15.0		167-185	4.0-6.0	0.20
B40		1.140	11.0-15.0		167-185	4.0-6.0	0.20
BG10	GFI 50	1.560	1.0-2.0		167-185	4.0-6.0	0.20
BG10H	GFI 50	1.560	1.0-2.0		167-185	4.0-6.0	0.20
BG10HU		1.560	1.0-2.0		167-185	4.0-6.0	0.20
BG3	GFI 15	1.230	4.5-8.5		167-185	4.0-6.0	0.20
BG3H	GFI 15	1.230	4.5-8.5		167-185	4.0-6.0	0.20
BG3ST42	GFI 15	1.203	8.0-12.0		167-185	4.0-6.0	0.20
BG3ST43	GFI 15	1.210	8.0-12.0		167-185	4.0-6.0	0.20
BG4	GFI 20	1.270	3.0-6.0		167-185	4.0-6.0	0.20
BG4H	GFI 20	1.270	3.0-6.0		167-185	4.0-6.0	0.20
BG5	GFI 25	1.310	2.0-3.0		167-185	4.0-6.0	0.20
BG5H	GFI 25	1.310	2.0-3.0		167-185	4.0-6.0	0.20
BG6	GFI 30	1.360	2.0-4.0		167-185	4.0-6.0	0.20
BG6H	GFI 30	1.360	2.0-4.0		167-185	4.0-6.0	0.20
BG6ST01	GFI 30	1.353	2.0-3.0		167-185	4.0-6.0	0.20
BG6ST02	GFI 30	1.330	2.5-3.5		167-185	4.0-6.0	0.20
BG6ST41	GFI 30	1.350	2.0-3.0		167-185	4.0-6.0	0.20
BG6ST43	GFI 30	1.300	3.0-4.0		167-185	4.0-6.0	0.20
BG6U	GFI 30	1.360	2.0-4.0		167-185	4.0-6.0	0.20
BG7	GFI 35	1.410	1.5-3.5		167-185	4.0-6.0	0.20
BG7H	GFI 35	1.410	1.5-3.5		167-185	4.0-6.0	0.20
BG8	GFI 40	1.470	1.5-2.5		167-185	4.0-6.0	0.20
BK8	MN 40	1.460	8.0-10.0		167-185	4.0-6.0	0.20
BLM		1.150	10.0-13.0		167-185	4.0-6.0	0.20
BS10	GB 50	1.560	6.0-8.0		167-185	4.0-6.0	0.20
BS6	GB 30	1.350	10.0-15.0		167-185	4.0-6.0	0.20
BST01		1.120	15.0-20.0		167-185	4.0-6.0	0.20
BST02		1.070	15.0-20.0		167-185	4.0-6.0	0.20
BST03		1.060	14.0-18.0		167-185	4.0-6.0	0.20
BST42		1.100	14.0-18.0		167-185	4.0-6.0	0.20
BST43		1.090	14.0-18.0		167-185	4.0-6.0	0.20
BST44		1.080			167-185	4.0-6.0	0.20
P-1000 HI 020		1.083	19.0-21.0		180	4.0	0.02
PF-100-10 HS NAT95	GFI	1.564	1.0-3.0		180	4.0	0.02
PF-1006 NAT95	GFI	1.373	9.0-13.0		180	4.0	0.02
PM-3603 HI 012 BK846	MN	1.223	12.0-14.0		180	4.0	0.02
PM-3660 HS	MN	1.363	6.0-9.0		180	4.0	0.02

Max. % regrind	Inj. pres., ksi	Rear temp, °F	Mid temp, °F	Front temp, °F	Nozzle temp, °F	Proc temp, °F	Mold temp, °F
		374-392	374-392	374-392	347-428		158-194
		374-392	374-392	374-392	329-428		158-194
		374-392	374-392	374-392	329-428		158-194
		374-392	374-392	374-392	329-428		158-194
		374-392	374-392	374-392	329-428		158-194
		374-392	374-392	374-392	329-428		158-194
		450-490	500-520	490-520	500-520	490-540	80-180
		440-480	460-500	480-520	490-510	450-520	180-200
		450-490	500-520	490-520	500-520	490-540	80-180
		480-520	530-550	520-550	530-550	520-560	100-200
		480-520	530-550	520-550	530-550	520-560	100-200
		428-464	428-464	428-464	410-446	428-464	140-176
		428-464	428-464	428-464	410-446	428-464	140-176
		428-464	428-464	428-464	410-446	428-464	140-176
		428-464	428-464	428-464	410-446	428-464	140-176
		428-464	428-464	428-464	410-446	428-464	140-176
		482-536	482-536	482-536	464-518	482-536	158-248
		482-536	482-536	482-536	464-518	482-536	158-248
		482-536	482-536	482-536	464-518	482-536	158-248
		482-536	482-536	482-536	464-518	482-536	158-248
		482-536	482-536	482-536	464-518	482-536	158-248
		464-500	464-500	464-500	446-482	464-500	140-176
		464-500	464-500	464-500	446-482	464-500	140-176
		482-536	482-536	482-536	464-518	482-536	158-248
		482-536	482-536	482-536	464-518	482-536	158-248
		482-536	482-536	482-536	464-518	482-536	158-248
		482-536	482-536	482-536	464-518	482-536	158-248
		482-536	482-536	482-536	464-518	482-536	158-248
		464-500	464-500	464-500	446-482	464-500	140-176
		464-500	464-500	464-500	446-482	464-500	140-176
		464-500	464-500	464-500	446-482	464-500	140-176
		464-500	464-500	464-500	446-482	464-500	140-176
		482-536	482-536	482-536	464-518	482-536	158-248
		482-536	482-536	482-536	464-518	482-536	158-248
		482-536	482-536	482-536	464-518	482-536	158-248
		500-536	500-536	500-536	482-518	500-536	158-212
		428-482	428-482	428-482	410-464	428-482	140-194
		482-518	482-518	482-518	464-500	482-518	158-194
		482-518	482-518	482-518	464-500	482-518	158-194
		428-482	428-482	428-482	410-464	428-482	140-194
		428-482	428-482	428-482	410-464	428-482	140-194
		428-482	428-482	428-482	410-464	428-482	140-194
		428-482	428-482	428-482	410-464	428-482	140-194
		428-482	428-482	428-482	410-464	428-482	140-194
		428-482	428-482	428-482	410-464	428-482	140-194
						485-510	130-200
						485-510	130-200
						485-510	130-200
						485-510	130-200
						485-510	130-200

FREE DATA SHEETS: WWW.IDES.COM/PSIM

Grade	Filler	Sp Grav	Shrink, mils/in	Melt flow, g/10 min	Drying temp, °F	Drying time, hr	Max. % moisture
Nylon 6	**Starflam**				**LNP**		
B28UL		1.130	12.0-16.0		167-185	4.0-6.0	0.20
BFR460B	GFI 30	1.353	6.0-8.0		167-185	4.0-6.0	0.20
BFR460B1	GFI 33	1.554	1.5-3.0		167-185	4.0-6.0	0.20
BFR552Y3	GMN 21	1.350	4.0-6.0		167-185	4.0-6.0	0.20
BFR552Y6	GMN 18	1.350	4.0-6.0		167-185	4.0-6.0	0.20
BFR562Y3	GMN 30	1.404	3.0-5.0		167-185	4.0-6.0	0.20
P-1000 Z220		1.170	8.0-10.0		180	4.0	0.02
P-1000 Z222		1.163	14.0-16.0		180	4.0	0.02
P-1000 Z230		1.584			180	4.0	0.02
P1000Z220NF-NAT		1.183	8.0-12.0		180	4.0	0.02
PF-1002							
Z230 BK831	GFI	1.674	3.0-5.0		180	4.0	0.02
PF-1004 Z222	GFI	1.353			180	4.0	0.02
PF-1005 Z222	GFI	1.390	4.0-6.0		180	4.0	0.02
PF-1005 Z270	GFI 25	1.393	1.0-3.0		180	4.0	0.02
PF-1006							
Z222 GY02272	GFI	1.424	2.0-5.0		180	4.0	0.02
PF-1007 Z270	GFI 35	1.454			180	4.0	0.02
PM-3240 Z222	MN	1.333	5.0-8.0		180	4.0	0.02
PM-3650							
Z222 GY02111	MN	1.373	4.0-7.0		180	4.0	0.02
PM-3660 Z880	MN	1.604	4.0-6.0		180	4.0	0.02
Nylon 6	**Stat-Kon**				**LNP**		
PF-30	GFI 30	1.430	4.0		180	4.0	0.02
Nylon 6	**Stat-Tech**				**PolyOne**		
NY-20CP/000		1.250	10.0-13.0		200	4.0	
Nylon 6	**Sumikon**				**Sumitomo Bake**		
FM-E105D	ME	5.000	4.0		212	3.0	
FM-PF370	ORG	3.700	4.0		212	3.0	
FM-PF651	ME	6.500	4.0		212	3.0	
FM-PF738	ME	3.700	6.0		212	3.0	
FM-PF745	ME	4.500	4.0		212	3.0	
Nylon 6	**Tarnamid**				**Zaktady Azotowe**		
T-27 (Dry)		1.143	14.0	120.00 BO	176-212	2.0-4.0	0.20
T-27 GB30 (Dry)	GB 30	1.343	14.0	80.00 BO	176-212	2.0-4.0	0.20
T-27 GF10GB20 (Dry)	GBF 30	1.353	7.0	70.00 BO	176-212	2.0-4.0	0.20
T-27 GF15 (Dry)	GFI 15	1.223		60.00 BO	176-212	2.0-4.0	0.20
T-27 GF15MW25 (Dry)	GMN 40	1.404	1.0	30.00 BO	176-212	2.0-4.0	0.20
T-27 GF25 (Dry)	GFI 25	1.303	4.0	55.00 BO	176-212	2.0-4.0	0.20
T-27 GF30 (Dry)	GFI 30	1.353	3.0	50.00 BO	176-212	2.0-4.0	0.20
T-27 GF30 I (Dry)	GFI 30	1.323	3.0	30.00 BO	176-212	2.0-4.0	0.20
T-27 GF30 V0 (Dry)	GFI 30	1.644		40.00 BO	176-212	2.0-4.0	0.20
T-27 GF30 V2 (Dry)	GFI 30	1.454	2.0	35.00 BO	176-212	2.0-4.0	0.20
T-27 GF35 (Dry)	GFI 35	1.404	3.0	45.00 BO	176-212	2.0-4.0	0.20
T-27 GF50 (Dry)	GFI 50	1.554	2.0	20.00 BO	176-212	2.0-4.0	0.20
T-27 MCS (Dry)		1.143	16.0	100.00 BO	176-212	2.0-4.0	0.20
T-27 MCS 850 (Dry)		1.153	15.0	150.00 BO	176-212	2.0-4.0	0.20
T-27 MCS HI (Dry)		1.083	17.0	60.00 BO	176-212	2.0-4.0	0.20
T-27 MCS I (Dry)		1.103	20.0	70.00 BO	176-212	2.0-4.0	0.20
T-27 MCS I8 (Dry)		1.123	20.0	90.00 BO	176-212	2.0-4.0	0.20

Max. % regrind	Inj. pres., ksi	Rear temp, °F	Mid temp, °F	Front temp, °F	Nozzle temp, °F	Proc temp, °F	Mold temp, °F
		428-464	428-464	428-464	410-446	428-464	140-176
		482-518	482-518	482-518	464-500	482-518	158-194
		482-518	482-518	482-518	464-500	482-518	158-194
		482-518	482-518	482-518	464-500	482-518	158-194
		482-518	482-518	482-518	464-500	482-518	158-194
		482-518	482-518	482-518	464-500	482-518	158-194
						485-510	130-200
						485-510	130-200
						485-510	130-200
						485-510	130-200
						485-510	130-200
						485-510	130-200
						485-510	130-200
						485-510	130-200
						485-510	130-200
						485-510	130-200
						485-510	130-200
						485-510	130-200
						485-510	130-200
						510-530	180-200
						520-580	180-220
							176-248
							176-248
							176-248
							176-248
							176-248
	11.6-18.9					446-500	140-176
	11.6-18.9					482-554	176-248
	11.6-18.9					482-554	176-248
	11.6-18.9					482-554	176-248
	11.6-18.9					482-554	176-248
	11.6-18.9					482-554	176-248
	11.6-18.9					482-554	176-248
	11.6-18.9					482-554	176-248
	11.6-18.9					482-554	176-248
	11.6-18.9					482-554	176-248
	11.6-18.9					482-554	176-248
	11.6-18.9					482-554	176-248
	11.6-18.9					446-500	140-176
	11.6-18.9					446-500	140-176
	11.6-18.9					446-500	140-176
	11.6-18.9					446-500	140-176
	11.6-18.9					446-500	140-176

FREE DATA SHEETS: WWW.IDES.COM/PSIM

Grade	Filler	Sp Grav	Shrink, mils/in	Melt flow, g/10 min	Drying temp, °F	Drying time, hr	Max. % moisture
T-27 MCS V2 (Dry)		1.153	15.0	140.00 BO	176-212	2.0-4.0	0.20
T-27 MCS VO (Dry)		1.183	15.0	160.00 BO	176-212	2.0-4.0	0.20
T-27 MCZ (Dry)		1.143	16.0	100.00 BO	176-212	2.0-4.0	0.20
T-27 MHS (Dry)		1.143	16.0	100.00 BO	176-212	2.0-4.0	0.20
T-27 MK30 (Dry)	MN 30	1.353		60.00 BO	176-212	2.0-4.0	0.20
T-27 MRS (Dry)		1.143	9.0	100.00 BO	176-212	2.0-4.0	0.20
T-27 MS (Dry)		1.143	14.0	120.00 BO	176-212	2.0-4.0	0.20
T-27 MSK (Dry)		1.143	14.0	100.00 BO	176-212	2.0-4.0	0.20
T-27 MT30 (Dry)	MN 30	1.353		60.00 BO	176-212	2.0-4.0	0.20
T-27 MTR (Dry)		1.133	1.5	110.00 BO	176-212	2.0-4.0	0.20
T-27 MW30 (Dry)	MN 30	1.353	5.0	80.00 BO	176-212	2.0-4.0	0.20
T-29 (Dry)		1.143	14.0	50.00 BO	176-212	2.0-4.0	0.20
T-29 MCS (Dry)		1.143	16.0	45.00 BO	176-212	2.0-4.0	0.20
T-29 MS (Dry)		1.143	14.0	50.00 BO	176-212	2.0-4.0	0.20
T-30 MS (Dry)		1.143	14.0	25.00 BO	176-212	2.0-4.0	0.20

Nylon 6   Taromid B   Taro Plast

Grade	Filler	Sp Grav	Shrink, mils/in	Melt flow, g/10 min	Drying temp, °F	Drying time, hr	Max. % moisture
240		1.138	11.0-16.0	25.00 CZ	176-194	1.0	
280		1.138	11.0-16.0	13.00 BZ	176-194	1.0	
280 G10	GFI 50	1.574	2.0	6.00 T	176-194	1.0	
280 G2	GFI 10	1.183	6.0-9.0	15.00 T	176-194	1.0	
280 G2 X2	GFI 10	1.223	6.0-8.0		176-194	1.0	
280 G3	GFI 15	1.203	4.0-5.0	15.00 T	176-194	1.0	
280 G3 K3	GBF 30	1.363	3.0-4.0		176-194	1.0	
280 G3 X0	GFI 15	1.283	3.5-5.0		176-194	1.0	
280 G4	GFI 20	1.253	3.0-5.0	14.00 T	176-194	1.0	
280 G4 X0	GFI 20	1.414	3.0-5.0		176-194	1.0	
280 G5	GFI 25	1.313	3.0-4.0	12.00 T	176-194	2.0	
280 G5 X0	GFI 25	1.464	3.0-4.0		176-194	1.0	
280 G5 Y0	GFI 25	1.383	3.0-4.0		176-194	1.0	
280 G6	GFI 30	1.353	2.5-3.5	7.00 T	176-194	1.0	
280 G6 X0	GFI 30	1.574	2.5-3.5		176-194	1.0	
280 G7	GFI 35	1.383	2.0-3.0	6.00 T	176-194	1.0	
280 G7 X0	GFI 35	1.614	2.0-3.0		176-194	1.0	
280 G8	GFI 40	1.484	1.5-2.5	6.00 T	176-194	1.0	
280 K10	GB 50	1.564	5.0-7.0	12.00 T	176-194	1.0	
280 K6	GB 30	1.363	11.0-12.0	18.00 T	176-194	1.0	
280 MT6	MN 30	1.373	4.0-6.0	8.00 T	176-194	2.0	
280 MT8	MN 40	1.474	3.0-6.0	8.00 T	176-194	2.0	
280 R1		1.123	11.0-16.0	15.00 BZ	176-194	1.0	
280 R2		1.103	11.0-15.0		176-194	1.0	
280 R3		1.098	11.0-16.0	8.00 BZ	176-194	1.0	
280 S		1.138	11.0-16.0	12.00 BZ	176-194	1.0	
280 X0		1.223	10.0-15.0		176-194	1.0	
280 Y0		1.173	10.0-15.0		176-194	1.0	
280 Z1 G6	GFI 30	1.333	2.5-3.5	5.00 T	176-194	1.0	
280 Z3		1.098	12.0-15.0		176-194	1.0	
280 Z4		1.073	11.0-16.0		176-194	1.0	

Nylon 6   Technyl   Rhodia

Grade	Filler	Sp Grav	Shrink, mils/in	Melt flow, g/10 min	Drying temp, °F	Drying time, hr	Max. % moisture
C 216 V30 Y17 (Dry)	GFI 30	1.373			176		0.20
C 216 Y10 (Dry)		1.143			176		0.20
C 216T (Dry)		1.133	8.0		176		0.20
C 218 MT25 V15 (Dry)	MN 25	1.474			176		0.20
C 218 MT25 V20							
BLACK TP (Dry)	MN 25	1.524	3.0		176		0.20

POCKET SPECS FOR INJECTION MOLDING

Max. % regrind	Inj. pres., ksi	Rear temp, °F	Mid temp, °F	Front temp, °F	Nozzle temp, °F	Proc temp, °F	Mold temp, °F
	11.6-18.9					446-500	140-176
	11.6-18.9					446-500	140-176
	11.6-18.9					446-500	140-176
	11.6-18.9					446-500	140-176
	11.6-18.9					482-554	176-248
	11.6-18.9					446-500	140-176
	11.6-18.9					446-500	140-176
	11.6-18.9					446-500	140-176
	11.6-18.9					482-554	176-248
	11.6-18.9					446-500	140-176
	11.6-18.9					482-554	176-248
	11.6-18.9					446-500	140-176
	11.6-18.9					446-500	140-176
	11.6-18.9					446-500	140-176
	11.6-18.9					446-500	140-176
						428-464	158-176
						428-464	158-176
						446-500	194-248
						446-482	158-194
						446-482	176-194
						446-482	158-194
						428-482	176-212
						446-482	176-194
						446-482	158-194
						446-482	176-212
						446-482	176-212
						446-482	176-212
						464-518	176-212
						446-482	176-230
						446-482	176-212
						446-500	194-248
						446-500	176-230
						446-500	194-248
						428-500	176-212
						428-482	176-212
						446-518	176-212
						446-518	176-212
						428-482	158-176
						428-482	158-176
						428-482	158-176
						428-464	158-176
						428-464	158-176
						446-482	158-176
						464-500	176-230
						464-518	158-176
						446-518	158-176
		437-446	446-464	464-482			176-248
		437-455	437-455	446-464			104-140
		428-437	437-446	428-446			68
		446-464	482-491	482-491			212-248
		446-464	482-491	482-491			212-248

FREE DATA SHEETS: WWW.IDES.COM/PSIM

Grade	Filler	Sp Grav	Shrink, mils/in	Melt flow, g/10 min	Drying temp, °F	Drying time, hr	Max. % moisture
C 218 MZ20 V10 BLACK Z (Dry)	MN 20	1.363	5.4		176		0.20
C 218 V33 (Dry)	GFI 33	1.373	7.0				0.20
C 218 V35 NATURAL (Dry)	GFI 35	1.383	2.0		176		0.20
C 226 (Dry)		1.143			176		0.20
C 236 V35 BLACK Z	GFI 35	1.343			176		0.20
C 246M (Dry)		1.063			176		0.20
C 246M V30 (Dry)	GFI 30	1.313	11.0		176		0.20
C 246M V30 BLACK Z (Dry)	GFI 30	1.313	3.6		176		0.20
C 250 (Dry)		1.083			176		0.20
C 256 V18 (Dry)	GFI 18	1.233			176		0.20
C 256 V30 (Dry)	GFI 30	1.313			176		0.20
C 256 V34 (Dry)	GFI 34	1.323	4.7		176		0.20
C 302 (Dry)		1.143			176		0.20
C 30H1 V30/F (Dry)	GFI 30	1.624	6.0		176		0.20
C 32H2 MX30 GRIS 174N (Dry)	GFI 30	1.564			176		0.20
C 406 (Dry)		1.143			176		0.20
C 50H2 (Dry)		1.163	8.0		176		0.20
C 52G1 (Dry)		1.183	11.0		176		0.20
C 52G3 MZ25 (Dry)	MN	1.373	8.0		176		0.20
C230F (Dry)		1.123			176		0.20
CR 218 V30 BLACK 1 N	GFI 30	1.363	8.7		176		0.20

Nylon 6 — Technyl Star — Rhodia

Grade	Filler	Sp Grav	Shrink, mils/in	Melt flow, g/10 min	Drying temp, °F	Drying time, hr	Max. % moisture
S 218 MT25 V20 (Dry)	MN 25	1.504			176		0.20
S 52G1 MZ25 GREY R7035 CF (Dry)	MN 25	1.373	8.0		176		0.20
SX 218 V50 (Dry)	GFI 50	1.554			176		0.20

Nylon 6 — Tecnoline — Domo nv

Grade	Filler	Sp Grav	Shrink, mils/in	Melt flow, g/10 min	Drying temp, °F	Drying time, hr	Max. % moisture
A1-001-N1		1.123					
A1-002-V15	GFI 15	1.243					
A1-002-V25	GFI 25	1.323					
A1-004-V40	GFI 40	1.444					
A1-006-N2		1.123					
A1-008-N1		1.123					
A1-008-V30-H2	GFI 30	1.363					
A1-010-V30	GFI 30	1.363					
A1-201-N1		1.123					
A1-501-I1		1.103					
A1-501-I2		1.063					
A1-601-FR0		1.193			176	2.0-4.0	
A1-603-FR0		1.193			176	2.0-4.0	
A1-604-V30-FR0	GFI 30	1.464			176	2.0-4.0	

Nylon 6 — Terez PA6 — Ter Hell Plast

Grade	Filler	Sp Grav	Shrink, mils/in	Melt flow, g/10 min	Drying temp, °F	Drying time, hr	Max. % moisture
1000 TR		1.133			176	3.0	0.10
6500 A		1.143			176	3.0	0.10
7100 (Dry)		1.143			176	3.0	0.10
7100 X		1.133			176	3.0	0.10
7113		1.143			176	3.0	0.10

Max. % regrind	Inj. pres., ksi	Rear temp, °F	Mid temp, °F	Front temp, °F	Nozzle temp, °F	Proc temp, °F	Mold temp, °F
		428-464	446-482	482-500			176-212
		437-446	446-464	464-482			176-212
		437-446	446-464	464-482			176-212
		410-428	428-446	437-455			68-104
		437-446	437-455	446-464			158-194
		428-437	437-446	446-455			122
		437-446	437-455	446-464			158-194
		437-446	437-455	446-464			158-194
		428-446	437-446	437-446			104-140
		437-446	437-446	446-464			158-194
		437-446	437-455	446-464			158-194
		482-500	500-518	509-527			176-248
		437-455	446-464	455-464			104
		446-464	464-482	464-491			176-212
		446-464	464-473	464-482			140-176
		437-446	446-464	455-464			104
		446-464	464-482	482-500			140-176
		446-464	464-536	482-500			140-176
		428-446	446-464	473-491			176
		428-446	437-455	446-464			68-122
		437-446	446-464	464-482			176-212
		428-446	473-482	473-482			176
		428-446	446-464	473-491			176
		428-437	455-464	464-473			176
					446-554		140-176
					464-572		176-212
					464-572		176-212
					464-572		176-212
					446-554		140-176
					446-554		140-176
					464-572		176-212
					464-572		176-212
					446-554		140-176
					446-554		140-176
					446-554		140-176
					464-536		158-194
					464-536		158-194
					482-572		158-194
		437-473	446-482	455-491	455-500	464-509	131-176
		437-473	446-482	455-491	455-500	464-509	131-176
		437-473	446-482	455-491	455-500	464-509	131-176
		437-473	446-482	455-491	455-500	464-509	131-176
		437-473	446-482	455-491	455-500	464-509	131-176

FREE DATA SHEETS: WWW.IDES.COM/PSIM

Grade	Filler	Sp Grav	Shrink, mils/in	Melt flow, g/10 min	Drying temp, °F	Drying time, hr	Max. % moisture
7200		1.133			176	3.0	0.10
7400 GF 20 GK 10 black	GFI 20	1.343			176	3.0	0.10
7400 GK 10	GB 10	1.213			176	3.0	0.10
7400 GK 20	GB 20	1.303			176	3.0	0.10
7400 GK 30	GB 30	1.373			176	3.0	0.10
7400 GK 40	GB 40	1.464			176	3.0	0.10
7410 GK 30	GB 30	1.373			176	3.0	0.10
7430 GK 30	GB 30	1.373			176	3.0	0.10
7450 T GK 30	GB 30	1.353			176	3.0	0.10
7500 GF 20 FL HF	GFI 20	1.323			176	3.0	0.10
7500 GF 25 FL HF	GFI 25	1.404			176	3.0	0.10
7500 GF 30 FL HF /2	GFI 30	1.454			176	3.0	0.10
7500 GF 30 FL HF/1	GFI 30	1.404			176	3.0	0.10
7500 GF 30 HY	GFI 30	1.353			176	3.0	0.10
7500 GF 50	GFI 50	1.574			176	3.0	0.10
7500 GF10	GFI 10	1.213			176	3.0	0.10
7500 GF15	GFI 15	1.243			176	3.0	0.10
7500 GF20	GFI 20	1.283			176	3.0	0.10
7500 GF25	GFI 25	1.323			176	3.0	0.10
7500 GF30	GFI 30	1.353			176	3.0	0.10
7500 GF40	GFI 40	1.464			176	3.0	0.10
7510 GF 15	GFI 15	1.233			176	3.0	0.10
7510 GF 30	GFI 30	1.353			176	3.0	0.10
7510 GF 35	GFI 35	1.414			176	3.0	0.10
7510 GF20	GFI 20	1.293			176	3.0	0.10
7530 GF 15 black	GFI 15	1.223			176	3.0	0.10
7530 GF 25	GFI 25	1.323			176	3.0	0.10
7530 GF 30 black	GFI 30	1.353			176	3.0	0.10
7530 GF 35	GFI 35	1.383			176	3.0	0.10
7600		1.143			176	3.0	0.10
7600 FL HF		1.173			176	3.0	0.10
7600 H/1		1.173			176	3.0	0.10
7600 HY		1.143			176	3.0	0.10
7600 UV		1.143			176	3.0	0.10
7600/1		1.173			176	3.0	0.10
7630 black		1.143			176	3.0	0.10
7650 TD black		1.123			176	3.0	0.10
7750 T		1.133			176	3.0	0.10
7750 T D/1		1.123			176	3.0	0.10
7750 T GF 20	GFI 20	1.283			176	3.0	0.10
7750 T GF 30	GFI 30	1.223			176	3.0	0.10
7750 T GF 7	GFI 7	1.173			176	3.0	0.10
7750 T/1		1.143			176	3.0	0.10
7750 TD black		1.123			176	3.0	0.10
7750 TK		1.133			176	3.0	0.10
7800		1.133			176	3.0	0.10
7850 E		1.123			176	3.0	0.10
7850 T		1.123			176	3.0	0.10
7850 T GK 30	GB 30	1.353			176	3.0	0.10
8750 T natural		1.123			176	3.0	0.10
8950 T		1.073			176	3.0	0.10

Nylon 6 Therma-Tech PolyOne

Grade	Filler	Sp Grav	Shrink, mils/in	Melt flow, g/10 min	Drying temp, °F	Drying time, hr	Max. % moisture
NY-4515 TC		1.590	2.0-3.0				

Max. % regrind	Inj. pres., ksi	Rear temp, °F	Mid temp, °F	Front temp, °F	Nozzle temp, °F	Proc temp, °F	Mold temp, °F
		437-473	446-482	455-491	455-500	464-509	131-176
		518-536	527-554	509-527	500-518	518-536	131-176
		518-536	527-554	509-527	500-518	518-536	131-176
		518-536	527-554	509-527	500-518	518-536	131-176
		518-536	527-554	509-527	500-518	518-536	131-176
		518-536	527-554	509-527	500-518	518-536	131-176
		518-536	527-554	509-527	500-518	518-536	131-176
		518-536	527-554	509-527	500-518	518-536	131-176
		518-536	527-554	509-527	500-518	518-536	131-176
		518-536	527-554	509-527	500-518	518-536	131-176
		518-536	527-554	509-527	500-518	518-536	131-176
		518-536	527-554	509-527	500-518	518-536	131-176
		518-536	527-554	509-527	500-518	518-536	131-176
		518-536	527-554	509-527	500-518	518-536	131-176
		518-536	527-554	509-527	500-518	518-536	131-176
		518-536	527-554	509-527	500-518	518-536	131-176
		518-536	527-554	509-527	500-518	518-536	131-176
		518-536	527-554	509-527	500-518	518-536	131-176
		518-536	527-554	509-527	500-518	518-536	131-176
		518-536	527-554	509-527	500-518	518-536	131-176
		518-536	527-554	509-527	500-518	518-536	131-176
		518-536	527-554	509-527	500-518	518-536	131-176
		518-536	527-554	509-527	500-518	518-536	131-176
		518-536	527-554	509-527	500-518	518-536	131-176
		437-473	446-482	455-491	455-500	464-509	131-176
		437-473	446-482	455-491	455-500	464-509	131-176
		437-473	446-482	455-491	455-500	464-509	131-176
		437-473	446-482	455-491	455-500	464-509	131-176
		437-473	446-482	455-491	455-500	464-509	131-176
		437-473	446-482	455-491	455-500	464-509	131-176
		437-473	446-482	455-491	455-500	464-509	131-176
		437-473	446-482	455-491	455-500	464-509	131-176
		437-473	446-482	455-491	455-500	464-509	131-176
		518-536	527-554	509-527	500-518	518-536	131-176
		518-536	527-554	509-527	500-518	518-536	131-176
		518-536	527-554	509-527	500-518	518-536	131-176
		437-473	446-482	455-491	455-500	464-509	131-176
		437-473	446-482	455-491	455-500	464-509	131-176
		437-473	446-482	455-491	455-500	464-509	131-176
		437-473	446-482	455-491	455-500	464-509	131-176
		437-473	446-482	455-491	455-500	464-509	131-176
		518-536	527-554	509-527	500-518	518-536	131-176
		437-473	446-482	455-491	455-500	464-509	131-176
		437-473	446-482	455-491	455-500	464-509	131-176
						520-560	150-200

FREE DATA SHEETS: WWW.IDES.COM/PSIM

Grade	Filler	Sp Grav	Shrink, mils/in	Melt flow, g/10 min	Drying temp, °F	Drying time, hr	Max. % moisture
Nylon 6		**Thermocomp**			**LNP**		
HSG-P-0320A	PRO	3.070	11.0		180	4.0	0.20
HSG-P-0390A							
MR BK8-114	PRO	3.810	11.0		180	4.0	0.20
HSG-P-0600A	PRO	6.000			180	4.0	0.02
HSG-P-0600X RS	PRO	6.000			180	4.0	0.02
HSG-P-1000A	PRO				180	4.0	0.02
HSG-P-1000X RS	PRO	10.000			180	4.0	0.02
HSG-P-1100A EXP	PRO	11.000			180	4.0	0.20
PF-1001 HS	GFI	1.170			180	4.0	0.02
PF-100-10	GFI	1.570	1.0-3.0		180	4.0	0.02
PF-100-10 HS	GFI	1.570	1.0-3.0		180	4.0	0.02
PF-1002	GFI	1.190	7.0		180	4.0	0.02
PF-1002							
HS RM BK8-115	GFI	1.100			181	4.0	0.02
PF-1003 GY0-629-2	GFI	1.270			180	4.0	0.02
PF-1004							
FR BK8-115	GFI	1.540			180	4.0	0.02
PF-1006	GFI	1.360	2.0		180	4.0	0.02
PF-1006 BK8-114	GFI	1.360	2.0-5.0		180	4.0	0.02
PF-1006 HS	GFI	1.370	2.0-5.0		180	4.0	0.02
PF-1006 UV WT9-557	GFI	1.400			180	4.0	0.02
PF-1008	GFI	1.470	2.0-4.0		180	4.0	0.02
PF-1008 HS	GFI	1.470	2.0-4.0		180	4.0	0.02
PF-1008 HS RM	GFI	1.350	1.0-3.0		181	4.0	0.02
PF-1009	GFI	1.540	2.0-4.0		180	4.0	0.02
PFM-3253							
UV BK8-185	MN 25	1.474			180	4.0	0.02
Nylon 6		**Thermotuf**			**LNP**		
PC-1006 HI	CF	1.240			180	4.0	0.02
PDX-P-02755							
WT9-325-1	PRO	1.120	7.0				
PDX-P-95726							
BK8-114	GFI				180	4.0	0.02
PF-100-10							
HI HS WT9-977	GFI	1.630			180	4.0	0.02
PF-1006 HI	GFI	1.370	1.0-3.0		180	4.0	0.02
PF-1006 HI BK8-115	GFI	1.350			180	4.0	0.02
PF-1006							
HI UV YL3-067	GFI	1.360	3.0		180	4.0	0.02
PF-1008 HI BK8-115	GFI	1.440	3.0		180	4.0	0.02
PF-1008 HI							
HS UV BK8-115	GFI	1.460	2.0		180	4.0	0.02
Nylon 6		**Thermylon**			**Asahi Thermofil**		
NSG-240A	GCR 50	1.580	2.0		220	3.0	0.10
NSG-440A	GCR 60	1.720	2.0		220	3.0	0.10
NSG-730A	GCR 65	1.810	2.0		220	3.0	0.10
Nylon 6		**Tipcofil**			**Tipco**		
AG 200	GFI 10	1.203	9.0	20.00	176		
AG 300	GFI 15	1.243	8.0	16.00	185		
AG 600	GFI 30	1.373	5.0	10.00	185		
AG 800	GFI 40	1.474	3.0	5.00	185		

Max. % regrind	Inj. pres., ksi	Rear temp, °F	Mid temp, °F	Front temp, °F	Nozzle temp, °F	Proc temp, °F	Mold temp, °F
						510-520	180-200
						510-520	180-200
						510-520	180-200
						510-520	180-200
						510-520	180-200
						510-520	180-200
						510-520	180-200
						510-530	180-200
						510-530	180-200
						510-530	180-200
						490-530	180-200
						510-530	180-200
						510-530	180-200
						510-530	180-200
						510-530	180-200
						510-530	180-200
						510-530	180-200
						510-530	180-200
						510-530	180-200
						490-530	180-200
						510-530	180-200
						510-530	180-200
						510-530	180-200
						510-530	180-200
						510-530	180-200
						510-530	180-200
						510-530	180-200
						510-530	180-200
						510-530	180-200
						510-530	180-200
						510-530	180-200
12.0-16.0		470-510	490-530	500-550	510-560		150-250
12.0-16.0		470-510	490-530	500-550	510-560		150-200
12.0-16.0		470-510	490-530	500-550	510-560		150-200
		464	473	491	473	464	185
		473	482	491	482	482	194
		473	491	509	500	500	212
		482	500	518	509	518	221

FREE DATA SHEETS: WWW.IDES.COM/PSIM

Grade	Filler	Sp Grav	Shrink, mils/in	Melt flow, g/10 min	Drying temp, °F	Drying time, hr	Max. % moisture
AGM 602	GFI 20	1.373	5.0	10.00	185		
AGM 802	MN 25	1.453	3.0	8.00	185		
AM 300	MN 15	1.253	8.0	14.00	176		
AU 027		1.143	13.0	30.00	176		

Nylon 6 — Toyobo Nylon — Toyobo

Grade	Filler	Sp Grav	Shrink, mils/in	Melt flow, g/10 min	Drying temp, °F	Drying time, hr	Max. % moisture
T-400G15 (Dry)	GFI 15	1.250	5.0-7.0	25.00			
T-401 (Dry)	GFI 20	1.290	2.0-5.0	22.00			
T-402 (Dry)	GFI 30	1.360	2.0-4.0	19.00			
T-402FR (Dry)	GFI 30	1.590	4.0-8.0	20.00			
T-403 (Dry)	GFI 45	1.480	1.0-3.0	4.00			
T-422-02 (Dry)	MN 35	1.420	1.0-2.0	3.00			
T-422VOR (Dry)	MN 23	1.560	1.0-2.0	20.00			
T-521 (Dry)	GMN 30	1.370	2.0-4.0	15.00			
T-777-02 (Dry)	MN 40	1.480	3.0-5.0	33.00			
T-779 (Dry)	MN 37	1.430	3.0-5.0	10.00			
T-802 (Dry)		1.140	5.0-7.0	55.00			
T-803 (Dry)		1.140	4.0-7.0	44.00			
T-808-02 (Dry)		1.180	4.0-8.0	40.00			
TY-145TZ (Dry)	MN 25	1.330	2.0-3.0	15.00			
TY-592GHV (Dry)	GFI 55	1.810	1.0-3.0	4.00			
TY-791GT (Dry)	GFI 55	1.640	1.0-2.0	10.00			
TY-791HT (Dry)	GMN 60	1.740	1.0-2.0	9.00			

Nylon 6 — Trimid — Polymer Tech

Grade	Filler	Sp Grav	Shrink, mils/in	Melt flow, g/10 min	Drying temp, °F	Drying time, hr	Max. % moisture
N6-200L		1.143			180	3.0-4.0	
N6-200N		1.143			180	3.0-4.0	
N6-600		1.143			180	3.0-4.0	
N6-615I-NC		1.123			180	3.0-4.0	
N6-G13L	GFI 13	1.213	5.0		180	3.0-4.0	
N6-G15HL	GFI 15	1.233	5.0		180	3.0-4.0	
N6-G15L	GFI 15	1.233	5.0		180	3.0-4.0	
N6-G30L	GFI 30	1.373			180	3.0-4.0	
N6-G33L	GFI 33	1.373			180	3.0-4.0	
N6-M200HL					180		

Nylon 6 — UBE Nylon — UBE Industries

Grade	Filler	Sp Grav	Shrink, mils/in	Melt flow, g/10 min	Drying temp, °F	Drying time, hr	Max. % moisture
1011FB (Dry)		1.140	14.0-15.0				0.10
1011GC4 (Dry)	GFI 20	1.280	4.0-7.0				0.10
1013B (Dry)		1.140	14.0-15.0				0.10
1013NB (Dry)		1.140	9.0-12.0				0.10
1013NH (Dry)		1.140	12.0-15.0				0.10
1013NU2 (Dry)		1.140	12.0-13.0				0.10
1013NW8 (Dry)		1.140	12.0-13.0				0.10
1013R (Dry)	MN 30	1.500	7.0-8.0				0.10
1013RU1 (Dry)	MN 40	1.500	10.0-12.0				0.10
1013RW (Dry)	MN 40	1.500	10.0-11.0				0.10
1015GC6 (Dry)	GFI 30	1.360	2.0-7.0				0.10
1015GC9 (Dry)	GFI 45	1.500	1.0-5.0				0.10
1015GI (Dry)	GFI	1.260	4.0-12.0				0.10
1018I (Dry)		1.070	11.0-15.0				0.10
1022B (Dry)		1.140	14.0-15.0				0.10
1022SV2 (Dry)		1.160	9.0-11.0				0.10
2020GC4 (Dry)	GFI 20	1.280	6.0-14.0				0.10
2020GC6 (Dry)	GFI 30	1.360	5.0-13.0				0.10
2020GC9 (Dry)	GFI 45	1.500	4.0-11.0				0.10

Max. % regrind	Inj. pres., ksi	Rear temp, °F	Mid temp, °F	Front temp, °F	Nozzle temp, °F	Proc temp, °F	Mold temp, °F
		464	482	491	482	482	185
		473	491	509	500	500	167
		455	473	491	473	464	185
		446	455	464	446	455	158
	4.4-8.0					500-536	140
	4.4-8.0					500-536	140
	4.4-8.7					500-536	140
	5.8-8.7					482-536	140
	10.9-13.8					518-554	140
	5.8-11.6					500-554	140-212
	5.8-8.7					482-545	140
	4.4-8.7					500-536	140
	5.8-7.3					536-572	158-230
	7.3-8.7					500-536	158-230
	4.4-5.8					464-500	176
	4.4-5.8					464-500	176
	4.4-6.5					464-500	176
	4.4-8.7					500-554	140-212
	19.6					590-626	302
	4.4-10.2					518-554	176-212
	7.3-13.1					518-554	176-212
	12.0-25.0	280-420	440-490	460-510	460-510	450-520	70-200
	12.0-25.0	280-420	440-490	460-510	460-510	450-520	70-200
	12.0-25.0	280-420	440-490	460-510	460-510	450-520	70-200
	12.0-25.0	280-420	440-490	460-510	460-510	450-520	70-200
	12.0-25.0	280-420	440-490	460-510	460-510	450-520	70-200
	12.0-25.0	280-420	440-490	460-510	460-510	450-520	70-200
	12.0-25.0	280-420	440-490	460-510	460-510	450-520	70-200
	12.0-25.0	280-420	440-490	460-510	460-510	450-520	70-200
	12.0-25.0	280-420	440-490	460-510	460-510	450-520	70-200
	9.2	428	446	473	473	482	158-176
	12.1	464	509	527	527	545	158-176
	9.2	428	446	473	473	482	158-176
	9.2	428	446	473	473	482	158-176
	9.2	428	446	473	473	482	158-176
	9.2	428	446	473	473	482	158-176
	9.2	428	446	473	473	482	158-176
	12.1	464	509	527	527	545	158-176
	12.1	464	509	527	527	545	158-176
	12.1	464	509	527	527	545	158-176
	12.1	464	509	527	527	545	158-176
	12.1	464	509	527	527	545	158-176
	9.2	428	446	473	473	482	158-176
	9.2	428	446	473	473	482	158-176
	9.2	428	446	473	473	482	158-176
	12.1	518	536	545	545	563	158-176
	12.1	518	536	545	545	563	158-176
	12.1	518	536	545	545	563	158-176

FREE DATA SHEETS: WWW.IDES.COM/PSIM

Grade	Filler	Sp Grav	Shrink, mils/in	Melt flow, g/10 min	Drying temp, °F	Drying time, hr	Max. % moisture
2020GCU (Dry)	GFI 30	1.600	5.0-13.0				0.10

Nylon 6   Ultramid   BASF

Grade	Filler	Sp Grav	Shrink, mils/in	Melt flow, g/10 min	Drying temp, °F	Drying time, hr	Max. % moisture
8200 (Dry)		1.133		12.0	176		
8202 (Dry)		1.133		12.0	176		
8202 HS (Dry)		1.133		12.0	176		
8202C (Dry)		1.133		9.0	176		
8231G HS (Dry)	GFI 14	1.233		5.0	176		
8233G HS (Dry)	GFI 33	1.393		3.0	176		
8234G HS (Dry)	GFI 44			2.0	176		
8253 (Dry)		1.093		12.0	176		
3253 HS (Dry)		1.093		12.0	176		
3254 HS BK-102 (Dry)		1.073		13.0	149		
3255 HS (Dry)		1.083		13.0	176		
8266G HS BK-102 (Dry)	GMN 40	1.484		4.0	176		
8267G HS BK-102 (Dry)	GMN 40	1.484		4.0	176		
8272G HS BK-102 (Dry)	GFI 12	1.223			176		
8350 HS (Dry)		1.073		14.0	176		
HPN 9362 (Dry)	MN 40	1.414		10.0	176		
TG7S BK-102 (Dry)	GFI 35	1.373			176		

Nylon 6   Ultramid B   BASF

Grade	Filler	Sp Grav	Shrink, mils/in	Melt flow, g/10 min	Drying temp, °F	Drying time, hr	Max. % moisture
3 (Dry)		1.133		10.0	176		
3EG6 (Dry)	GFI 30	1.363		2.0	176		
3GM35 BKQ642 23220 (Dry)	GMN 40			4.0	176		
3GM35 Q611 (Dry)	GMN 40	1.484			176		
3K (Dry)		1.133		10.0	176		
3L (Dry)		1.103		9.0	176		
3M6 BK60564 (Dry)	MN 30	1.363		8.0	176		
3S BK00464 (Dry)		1.133			176		
3WG10 bk 564 (Dry)	GFI 50	1.554		3.0			
3WG6 (Dry)	GFI 30	1.363		2.0	176		
3WG7 (Dry)	GFI 35	1.414		3.5			
3ZG3 BK30564 (Dry)	GFI 15	1.223			176		
3ZG6 BK30564 (Dry)	GFI 30	1.333			176		
50L 01 (Dry)		1.133		9.0	176		

Nylon 6   Vampamid   Vamp Tech

Grade	Filler	Sp Grav	Shrink, mils/in	Melt flow, g/10 min	Drying temp, °F	Drying time, hr	Max. % moisture
6 0024 V0		1.173	8.0-12.0		176-212		
6 0024 V2		1.153	8.0-12.0		176-212		
6 0024 V2 34		1.153	8.0-12.0		176-212		
6 0041 V0		1.353	11.0-15.0		176-212		
6 1027 V2	MN	1.273			176-212		
6 2026 V0	GFI	1.504	3.0-6.0		176-212		
6 2026 V0 DF	GFI 20	1.504	3.0-6.0		176-212		
6 2028 V2	GFI	1.323	4.0-6.0		176-212		
6 3025 V0	MN	1.589	2.0-6.0		176-212		
6 3026 V0	GFI	1.564	2.0-4.0		176-212		
6 3026 V0 DF	GFI	1.564	2.0-4.0		176-212		
6 3028 V2	GFI	1.434	3.0-5.0		176-212		
6 3054 V0 DF	GMN 30	1.584	3.0-6.0		176-212		
6 3526 V0	GFI	1.629	2.0-4.0		176-212		

Max. % regrind	Inj. pres., ksi	Rear temp, °F	Mid temp, °F	Front temp, °F	Nozzle temp, °F	Proc temp, °F	Mold temp, °F
	12.1	518	536	545	545	563	158-176
						464-545	149-176
						464-545	149-176
						464-545	149-176
						464-545	149-176
						482-554	176-203
						518-563	176-203
						536-581	176-203
						464-518	140-185
						464-518	140-185
						464-482	
						464-518	140-185
						518-563	176-203
						518-563	176-203
						473-500	140
						464-482	
						518-563	176-203
						518-563	176-203
						464-545	149-176
						518-563	176-203
						518-563	176-203
						518-563	176-203
						464-545	149-176
						464-518	140-185
						518-563	176-203
						464-545	149-176
						536-572	176-194
						518-563	176-203
						518-554	176-194
						518-563	176-203
						518-563	176-203
						428-520	
		473-509					140-176
		473-509					140-176
		473-509					
		473-509					122-140
		473-509					140-176
		473-509					158-194
		473-509					158-194
		473-509					158-194
		473-509					158-194
		473-509					158-194
		482-509					158-194
		473-509					158-194
		473-509					158-194
		473-509					158-194

FREE DATA SHEETS: WWW.IDES.COM/PSIM

Grade	Filler	Sp Grav	Shrink, mils/in	Melt flow, g/10 min	Drying temp, °F	Drying time, hr	Max. % moisture
Nylon 6		**Veroplas**			**PlastxWorld**		
PA2000		1.130	24.0				0.17
PA2001F		1.200	15.0				0.17
PA2002		1.130	20.0				0.17
PA2002HI		1.080	25.0				0.17
PA2002MI		1.110	25.0				0.17
PA2009L		1.140	24.0				0.17
PA3150	GFI 15	1.230	8.0				0.17
PA3300	GFI 30	1.360	3.0				0.17
PA3301F	GFI 30	1.550	15.0				0.17
PA5300	MN 30	1.350	10.0				0.17
Nylon 6		**Verton**			**LNP**		
PDX-P-00700	GLL	1.383			180	4.0	0.02
PDX-P-91060	GLL	1.480	1.0		180	4.0	
PDX-P-91200	GLL				180	4.0	0.02
BK8-288	GLL	1.494			180	4.0	0.02
PF-700-10	GLL	1.560			180	4.0	0.02
Nylon 6		**Vitamide**			**Jackdaw**		
BR36OR REF 2962/1	GFI 30	1.353	3.0		158-176	4.0-6.0	
REF2962/1	GFI 30	1.353			158-176	4.0-6.0	
Nylon 6		**Voloy**			**A. Schulman**		
612	GFI 30	1.560	4.0		180	3.0	0.20
613	GFI 30	1.570	2.0		180	3.0	0.20
Nylon 6		**Vylon**			**Lavergne Group**		
B33F	GFI 33	1.373			158	2.0-4.0	0.02
B33F HST	GFI 33	1.383			158	2.0-4.0	0.02
B40FM	GMN 40	1.464			158	2.0-4.0	0.02
B40M	MN 40	1.494			158	2.0-4.0	0.02
Nylon 6		**Wellamid**			**Wellman**		
42L XE-N		1.117		14.0-18.0	175	2.0-4.0	0.20
42LH XE-N		1.117		14.0-18.0	175	2.0-4.0	0.20
42LH-N		1.117		13.0-17.0	175	2.0-4.0	0.20
42L-N		1.117		13.0-17.0	175	2.0-4.0	0.20
42LN2-N		1.117		8.0-13.0	175	2.0-4.0	0.20
42LN2-XE-N		1.117		8.0-14.0	150-180		0.20
GF14-60 XE-N	GFI 14	1.243		6.0-10.0	175	2.0-4.0	0.20
GF20-60 XE-N	GFI 20	1.273		6.0-10.0	175	2.0-4.0	0.20
GF30-60 42LH-N	GFI 30	1.340		2.0-6.0	175	2.0-4.0	0.20
GF30-60 XE-N	GFI 33	1.340		2.0-6.0	175	2.0-4.0	0.20
GS40-60 42LH-N	GB 40	1.400		13.0-17.0	175	2.0-4.0	0.20
GS40-60 42L-N	GB 40	1.400		13.0-17.0	175	2.0-4.0	0.20
MR340 42H-N	MN 34	1.336		7.0-11.0	175	2.0-4.0	0.20
MR410 42H-N	MN	1.436		7.0-11.0	175	2.0-4.0	0.20
MRGF1683-WBK1	GMN 40	1.504		7.0-10.0	175	2.0-4.0	0.20
MRGF25/15 42H-N	MN 25	1.450		3.0-6.0	175	2.0-4.0	0.20
MRGF30/10 42H-N	MN 30	1.450		4.0-8.0	175	2.0-4.0	0.20
T423 BK10	TAL 36	1.454		3.0-7.0	175	2.0-4.0	0.20
Nylon 6		**Wellamid EcoLon**			**Wellman**		
MRGF1616-BK	GMN 40	1.504		8.0-11.0	175	2.0-4.0	0.20

Max. % regrind	Inj. pres., ksi	Rear temp, °F	Mid temp, °F	Front temp, °F	Nozzle temp, °F	Proc temp, °F	Mold temp, °F
						535-565	200-225
						535-565	150-200
						535-565	200-225
						535-565	200-225
		464-518	464-518	464-518			176
			464-518				176
20		500-530	500-520	500-520	490-530	550	185-210
20		500-530	500-520	500-520	490-530	550	185-210
		500-518	518-536	536-554	563	554	176-194
		500-518	518-536	536-554	563	554	176-194
		500-518	518-536	536-554	563	554	176-194
		500-518	518-536	536-554	563	554	176-194
25	5.0-20.0	460-540	450-530	440-520	440-560	440-560	160-200
25	5.0-20.0	460-540	450-530	440-520	440-560	440-560	160-200
25	5.0-20.0	460-540	450-530	440-520	440-560	440-560	160-200
25	5.0-20.0	460-540	450-530	440-520	440-560	440-560	160-200
25	5.0-20.0	460-540	450-530	440-520	440-560	440-560	160-200
25	5.0-20.0	470	450	440	450	440-550	70-200
	5.0-20.0	500-540	490-530	480-520	480-520	490-540	160-200
	5.0-20.0	500-540	490-530	480-520	480-520	490-540	160-200
25	5.0-20.0	500-540	490-530	480-520	480-520	490-540	160-200
25	5.0-20.0	500-540	490-530	480-520	480-520	490-540	160-200
25	5.0-20.0	520-540	510-530	500-520	490-530	480-530	160-200
25	5.0-20.0	520-540	510-530	500-520	490-530	480-530	160-200
	5.0-20.0	530-560	520-550	510-540	490-560	520-560	160-200
	5.0-20.0	530-560	520-540	510-530	490-540	520-570	160-200
	5.0-20.0	530-560	520-540	510-530	490-540	520-570	160-200
	5.0-20.0	530-560	520-540	510-530	490-540	520-570	160-200
25	5.0-20.0	530-560	520-540	510-530	490-540	520-570	160-200
	5.0-20.0	530-560	520-550	510-540	490-560	520-560	160-200
	5.0-20.0	530-560	520-540	510-530	490-540	520-570	160-200

FREE DATA SHEETS: WWW.IDES.COM/PSIM

Grade	Filler	Sp Grav	Shrink, mils/in	Melt flow, g/10 min	Drying temp, °F	Drying time, hr	Max. % moisture
Nylon 6	**Zytel**				**DuPont EP**		
7301 NC010 (Dry)		1.130	10.0				0.20
7304 NC010 (Dry)		1.130	12.0				0.05
7331H NC010A (Dry)		1.093	10.0				0.20
7335F NC010 (Dry)		1.133	7.5				0.20
73G15HSL							
BK363 (Dry)	GFI 15	1.253					0.20
73G15L							
NC010 (Dry)	GFI 15	1.233	3.0				0.20
73G15THSL							
BK240 (Dry)		1.203	6.0				0.20
73G30HSL							
BK416 (Dry)	GFI 30	1.363	1.0				0.20
73G30HSL							
NC010 (Dry)	GFI 30	1.363	6.0				0.20
73G30L NC010 (Dry)	GFI 30	1.363	2.0				0.20
73G30T BK261 (Dry)	GFI 30	1.343					0.20
73G30T NC010 (Dry)	GFI 30	1.343	10.0				0.20
73G35HSL							
BK262 (Dry)	GFI 35	1.414					0.20
73G45 BK263 (Dry)	GFI 45	1.514					0.20
73G45L NC010 (Dry)	GFI 45	1.514	1.0				0.20
BM73G15THS							
BK317 (Dry)		1.183	2.8				0.20
FR73G20GWF							
GY372 (Dry)	GFI 20	1.333					0.20
FR73G20GWF							
NC010 (Dry)	GFI 20	1.313	5.0				0.20
FR73M25GWF							
GY372 (Dry)	MN 25	1.393					0.20
ST7301 BK356 (Dry)		1.063	13.0				0.20
ST7301 NC010 (Dry)		1.063	12.0				0.20
ST811HS BK038 (Dry)		1.040	18.0				0.05
ST811HS NC010 (Dry)		1.040	18.0				0.05
Nylon 6 Alloy	**Albis PA 6**				**Albis**		
152 GF33/02	GFI 33	1.393	2.0-4.0				
Nylon 6 Alloy	**Electrafil**				**Techmer Lehvoss**		
J-71/CF/20/EG	CF 20	1.190	0.5		220	2.0	0.20
J-71/CF/40/EG	CF 40	1.300	5.0		220	2.0	0.20
Nylon 6 Alloy	**Grilon**				**EMS-Grivory**		
BT 40 Z (Dry)		1.060	9.0		230	2.0	0.10
Nylon 6 Elast	**Grilon**				**EMS-Grivory**		
ELX 2112 (Dry)		1.060			158-176	6.0-10.0	0.10
ELX 23 NZ (Dry)		1.030	200.0		158-176	6.0-10.0	0.10
Nylon 6 Elast	**Toyobo Nylon**				**Toyobo**		
T-222SA (Dry)		1.030	9.0-12.0	6.00			
TY-102ND (Dry)		1.090	7.0-10.0				
TY-181GC (Dry)	GFI 43	1.460	1.0-3.0	6.00			
TY-502NZ (Dry)		1.180	2.0-4.0	7.00			

Max. % regrind	Inj. pres., ksi	Rear temp, °F	Mid temp, °F	Front temp, °F	Nozzle temp, °F	Proc temp, °F	Mold temp, °F
						500-536	122-194
						500-536	122-194
						500-536	122-194
						500-536	122-194
						500-536	158-248
						500-536	158-248
						500-536	122-212
						500-536	158-248
						500-536	158-248
						500-536	158-248
						500-536	122-212
						500-536	122-212
						500-536	158-248
						500-536	158-248
						500-536	158-248
						500-536	122-212
						500-536	158-248
						500-536	158-248
						500-536	158-248
						500-536	122-194
						500-536	122-194
						500-536	122-194
						500-536	122-194
						515-555	175-230
		485-520	500-530	490-520	490-520	485-530	130-180
		485-520	500-530	490-520	490-520	485-530	130-180
		482	509	518	509	545	176
25		410-446	410-446	410-430		410-446	104-140
25		390	410	430		446-482	104-140
	7.3-11.6					500-572	122-158
	5.8-11.6					473-545	122-176
	4.4-10.2					536	176-212
	4.4-5.8					581-608	194

FREE DATA SHEETS: WWW.IDES.COM/PSIM

Grade	Filler	Sp Grav	Shrink, mils/in	Melt flow, g/10 min	Drying temp, °F	Drying time, hr	Max. % moisture
Nylon 6/10		**Chemlon**			**Chem Polymer**		
340 G	GFI	1.420	1.0-3.0	5.00 S	175		0.20
345 G	GFI	1.450	1.0-3.0		175		0.20
Nylon 6/10		**Edgetek**			**PolyOne**		
NI-10GF/000	GFI	1.450	5.0		200	4.0	
Nylon 6/10		**Isocor**			**Shakespeare**		
6100 (Dry)		1.070	11.0				0.20
6104 (Dry)		1.070	11.0				0.20
6105 (Dry)		1.070	11.0				0.20
CN30BT (Dry)		1.140	3.0				0.20
CN30XT (Dry)		1.140	3.0				0.20
HW115SI (Dry)		1.070	11.0				0.20
HW29TL (Dry)		1.070	11.0				0.20
HW69SI (Dry)		1.070	11.0				0.20
SC45BT (Dry)		1.150	3.0				0.20
Nylon 6/10		**Lubricomp**			**LNP**		
QAL-4522 HS	AR	1.150			180	4.0	0.02
QCL-4032 FR-1 BK8-115	CF	1.440	2.0-4.0		180	4.0	0.02
QCL-4034 BK8-115	CF	1.300			180	4.0	0.02
QCL-4536	CF	1.320			180	4.0	0.02
QFL-4017 ER HS	GFI	1.420	1.0		180	4.0	0.02
QFL-4036 BK8-115	GFI	1.460	2.0		180	4.0	0.02
QFL-4536	GFI	1.440	2.0		180	4.0	0.02
QL-4730		1.150	14.0-16.0		180	4.0	0.02
Nylon 6/10		**Luvocom**			**Lehmann & Voss**		
7-1139	CF	1.233	2.0-4.0		167	6.0-10.0	
Nylon 6/10		**RTP Compounds**			**RTP**		
200 B		1.083	15.0-22.0		175	2.0	
200B TFE 15		1.173	20.0-30.0		175	2.0	
201 B	GFI 10	1.153	5.0-8.0		175	2.0	
203 B	GFI 20	1.223	3.0-5.0		175	2.0	
205 B	GFI 30	1.303	1.0-3.0		175	2.0	
205 B TFE 13 SI 2		1.414			175	2.0	
205 B TFE 15	GFI 30	1.444	2.0-5.0		175	2.0	
207 B	GFI 40	1.424	1.0-2.0		175	2.0	
207 B TFE 15	GFI 40	1.554	2.0-4.0		175	2.0	
282 B TFE 15	CF 15	1.243	2.0-4.0		175	2.0	
Nylon 6/10		**Stat-Kon**			**LNP**		
QCL-4032 FR-1 BK8-114	CF	1.440	2.0-4.0		180	4.0	0.02
Nylon 6/10		**Thermocomp**			**LNP**		
QC-1006	CF 30	1.220			180	4.0	0.02
QF-1002 HS BK8-114	GFI				180	4.0	0.02
QF-1006	GFI	1.300	2.0		180	4.0	0.16
QF-1006 FR	GFI	1.590			180	4.0	0.02
QF-1007	GFI	1.340			180	4.0	0.02
QF-1008 HS	GFI	1.410			180	4.0	0.02

Max. % regrind	Inj. pres., ksi	Rear temp, °F	Mid temp, °F	Front temp, °F	Nozzle temp, °F	Proc temp, °F	Mold temp, °F
25		455-485	475-515	495-525	485-535	485-530	
25		455-485	475-515	495-525	485-535	485-530	
						540	200
	0.5-2.0	430-470	440-500	460-520	460-520	460-520	50-200
	0.5-2.0	430-470	440-500	460-520	460-520	460-520	50-200
	0.5-2.0	430-470	440-500	460-520	460-520	460-520	50-200
	0.5-2.0	410-430	420-440	430-450	470-490	470-490	50-200
	0.5-2.0	410-430	420-440	430-450	470-490	470-490	50-200
	0.5-2.0	430-470	440-500	460-520	460-520	460-520	50-200
	0.5-2.0	430-470	440-500	460-520	460-520	460-520	50-200
	0.5-2.0	430-470	440-500	460-520	460-520	460-520	50-200
	0.5-2.0	410-430	420-440	430-450	470-490	470-490	50-200
						515-525	180-200
						515-525	180-200
						515-525	180-200
						515-525	180-200
						515-525	180-200
						515-525	180-200
						515-525	180-200
						515-525	180-200
		464-518	500-536	518-554	518-554	509	158-212
	10.0-18.0					530-570	150-225
	10.0-18.0					530-570	150-225
	10.0-18.0					530-570	150-225
	10.0-18.0					530-570	150-225
	10.0-18.0					530-570	150-225
	10.0-18.0					530-570	150-225
	10.0-18.0					530-570	150-225
	10.0-18.0					530-570	150-225
	10.0-18.0					530-570	150-225
	10.0-18.0					530-570	150-225
						515-525	180-200
						515-525	180-200
						515-525	180-200
						515-525	180-200
						515-525	180-200
						515-525	180-200

FREE DATA SHEETS: WWW.IDES.COM/PSIM

Grade	Filler	Sp Grav	Shrink, mils/in	Melt flow, g/10 min	Drying temp, °F	Drying time, hr	Max. % moisture
Nylon 6/10		**Thermotuf**			**LNP**		
PDX-Q-01581	GFI	1.300	1.0-3.0		180	4.0	0.02
QF-1006 HI	GFI	1.290	2.0		180	4.0	0.16
Nylon 6/12		**Ashlene**			**Ashley Poly**		
980L		1.060		11.0	150-160	2.0-3.0	
980LS		1.060		11.0	150-160	2.0-3.0	
980LS-33G	GFI 33	1.320		3.0	150-160	2.0-3.0	
Nylon 6/12		**Isocor**			**Shakespeare**		
HG20SC (Dry)		1.039		12.0			0.20
HG26SI (Dry)		1.039		12.0			0.20
Nylon 6/12		**Konduit**			**LNP**		
ITF-212-11	GFI			9.0	180	4.0	0.02
Nylon 6/12		**Lubricomp**			**LNP**		
IBL-4416	GB	1.300		17.0	180	4.0	0.16
ICL-4536	CF	1.300			180	4.0	0.02
IFL-4021	GFI	1.170			180	4.0	0.02
IFL-4036	GFI	1.450	2.0		180	4.0	0.02
Nylon 6/12		**Lubrilon**			**A. Schulman**		
640		1.173		16.0	175	2.0-4.0	
Nylon 6/12		**MDE Compounds**			**Michael Day**		
N61250HSL		1.060		12.0	175	2.0-4.0	0.25
N61250L		1.060		12.0	175	2.0-4.0	0.25
N612G33HRL	GFI 33	1.320		3.0	175	2.0-4.0	0.25
N612G33HSL	GFI 33	1.320		3.0	175	2.0-4.0	0.25
N612G33HSL BK99	GFI 33	1.320		2.0-4.0	180	4.0	0.25
N612G33L	GFI 33	1.320		3.0	175	2.0-4.0	0.25
N612G33L BK99	GFI 33	1.320		2.0-4.0	180	4.0	0.25
N612G43HRL	GFI 43	1.460		1.5	175	2.0-4.0	0.25
N612G43HSL	GFI 43	1.460		1.5	175	2.0-4.0	0.25
N612G43L	GFI 43	1.460		1.5	175	2.0-4.0	0.25
N612HSL		1.070		12.0	180	4.0	0.25
N612L		1.070		12.0	180	4.0	0.25
Nylon 6/12		**Nylamid**			**ALM**		
8100		1.070			150-180	2.0-4.0	0.20
Nylon 6/12		**Nylene**			**Custom Resins**		
8100		1.100		11.0	150-180	2.0-4.0	0.20
9533	GFI 33	1.280	2.0		150-180	2.0-4.0	0.20
9543	GFI 43	1.460	2.0		150-180	2.0-4.0	
Nylon 6/12		**Performafil**			**Techmer Lehvoss**		
J-4/30/VO	GFI	1.550	2.0		180	2.0-4.0	
J-4/35	GFI 35	1.340	2.0		165-220	2.0-16.0	
Nylon 6/12		**RTP Compounds**			**RTP**		
200 D		1.063	18.0-25.0		175	4.0	
200 D AR 10 TFE 5	AR 10	1.123	15.0-25.0		175	4.0	
200 D FR		1.353	15.0-20.0		175	4.0	

Max. % regrind	Inj. pres., ksi	Rear temp, °F	Mid temp, °F	Front temp, °F	Nozzle temp, °F	Proc temp, °F	Mold temp, °F
						515-525	180-200
						515-525	180-200
	5.0-20.0	460	445	440	450	450-550	100-200
	5.0-20.0	460	445	440	450	450-550	100-200
	5.0-20.0	540-560	520-530	510-520	530-560	540-580	150-250
	0.5-2.0	430-470	440-500	460-520	460-520	460-520	50-200
	0.5-2.0	430-470	440-500	460-520	460-520	460-520	50-200
						515-525	150-200
						515-525	150-200
						515-525	150-200
						515-525	150-200
						515-525	150-200
						464-527	150-200
		470	460	450		460-480	150-180
		470	460	450		460-480	150-180
		540	530	520		530-540	160-200
		540	530	520		530-540	160-200
		540	530	520		530-540	160-200
		540	530	520		530-540	160-200
		540	530	520		530-540	160-200
		550	540	530		540-550	160-200
		550	540	530		540-550	160-200
		550	540	530		540-550	160-200
		470	460	450		460-480	150-180
		470	460	450		460-480	150-180
25	4.0-12.0	540-560	520-530	510-520	540-570	540-580	150-250
25	4.0-12.0	540-560	520-530	510-520	540-570	540-580	150-250
25	4.0-12.0	540-560	520-530	510-520	540-570	540-580	150-250
	3.0-9.0			400			
		490-520	520-550	500-540	480-550	480-530	140-180
		520-540	530-550	510-530	500-520	520-540	130-180
	10.0-18.0					480-545	140-200
	10.0-18.0					480-545	140-200
	10.0-18.0					480-545	140-200

Grade	Filler	Sp Grav	Shrink, mils/in	Melt flow, g/10 min	Drying temp, °F	Drying time, hr	Max. % moisture
200 D GB 30 TFE 15	GB 30	1.424	20.0-30.0		175	4.0	
200 D MS		1.103	10.0-15.0		175	4.0	
200 D TFE 10		1.123	20.0-35.0		175	4.0	
200 D TFE 13 SI 2		1.153	20.0-30.0		175	4.0	
200 D TFE 20		1.193	20.0-30.0		175	4.0	
200.5 D TFE 10	GFI 5	1.153	10.0-15.0		175	4.0	
200D AR 10 TFE 10	AR 10	1.163	10.0-20.0		175	4.0	
201 D	GFI 10	1.133	5.0-9.0		175	4.0	
201 D FR	GFI 10	1.434	6.0-12.0		175	4.0	
202 D	GFI 15	1.163	4.0-8.0		175	4.0	
203 D	GFI 20	1.223	2.0-5.0		175	4.0	
203 D FR	GFI 20	1.504	3.0-5.0		175	4.0	
203 D							
HS GB 20 TFE 15	GB 20	1.534	3.0-7.0		175	4.0	
203 D TFE 10	GFI 20	1.273	3.0-5.0		175	4.0	
204 D FR	GFI 25	1.564	2.5-4.0		175	4.0	
204 D TFE 15 FR	GFI 25	1.634	3.0-4.0		175	4.0	
205 D	GFI 30	1.303	2.0-4.0		175	4.0	
205 D FR	GFI 30	1.654	1.5-3.0		175	4.0	
205 D MS 5	GFI 30	1.343	2.0-6.0		175	4.0	
205 D MS UV	GFI 30	1.353	1.0-5.0		175	4.0	
205 D TFE 15	GFI 30	1.424	2.0-6.0		175	4.0	
205 D TFE 20	GFI 30	1.464	1.0-5.0		175	4.0	
205 D TFE 5	GFI 30	1.323	1.0-5.0		175	4.0	
205.3 D	GFI 33	1.323	2.0-4.0		175	4.0	
205D Z	GFI 30	1.303	2.0-4.0		175	4.0	
207 D	GFI 40	1.383	1.0-3.0		175	4.0	
207 D FR	GFI 40	1.704	1.0-2.0		175	4.0	
209 D	GFI 50	1.504	1.0-2.0		175	4.0	
281 D TFE 10	CF 10	1.173	1.0-4.0		175	4.0	
283 D TFE 15	CF 20	1.263	1.0-3.0		175	4.0	
283 D TFE 15 SI 2	CF 20	1.253	1.0-3.0		175	4.0	
285 D SI 2	CF 30	1.203	0.5-3.0		175	4.0	
285 D TFE 15	CF 30	1.323	0.5-3.0		175	4.0	
285D	CF 30	1.213	1.0-3.0		175	4.0	
287 D	CF 40	1.263	0.6-1.6		175	4.0	

Nylon 6/12   Thermocomp   LNP

Grade	Filler	Sp Grav	Shrink, mils/in	Melt flow, g/10 min	Drying temp, °F	Drying time, hr	Max. % moisture
IF-1003 BK8-115	GFI	1.180	4.0-6.0		180	4.0	0.16
IF-1004	GFI	1.210	4.0		180	4.0	0.02
IF-1006	GFI	1.320	1.0-2.0		180	4.0	0.16
IF-1006 CCS BK8-115	GFI	1.300	2.0-4.0		180	4.0	0.16
IF-1006 LE	GFI	1.310			180	4.0	0.02
IF-1007 BK8-114	GFI	1.300			180	4.0	0.02
PDX-I-04512 CCS BK8-115	GFI	1.180	4.0-6.0		180	4.0	0.16
PDX-I-04513 CCS BK8-115	GFI	1.300	2.0-4.0		180	4.0	0.16
PDX-I-95700	GFI	1.330			180	4.0	0.02

Nylon 6/12   Thermotuf   LNP

Grade	Filler	Sp Grav	Shrink, mils/in	Melt flow, g/10 min	Drying temp, °F	Drying time, hr	Max. % moisture
PDX-I-02582	PRO	1.410			180	4.0	0.02

Nylon 6/12   Zytel   DuPont EP

Grade	Filler	Sp Grav	Shrink, mils/in	Melt flow, g/10 min	Drying temp, °F	Drying time, hr	Max. % moisture
151 NC010 (Dry)							0.15
151L NC010 (Dry)		1.060	11.0				0.15

Max. % regrind	Inj. pres., ksi	Rear temp, °F	Mid temp, °F	Front temp, °F	Nozzle temp, °F	Proc temp, °F	Mold temp, °F
	10.0-18.0					480-545	140-200
	10.0-18.0					480-545	140-200
	10.0-18.0					480-545	140-200
	10.0-18.0					480-545	140-200
	10.0-18.0					480-545	140-200
	10.0-18.0					480-545	140-200
	10.0-18.0					480-545	140-200
	10.0-18.0					480-545	140-200
	10.0-18.0					480-545	140-200
	10.0-18.0					480-545	140-200
	10.0-18.0					480-545	140-200
	10.0-18.0					480-545	140-200
	10.0-18.0					480-545	140-200
	10.0-18.0					480-545	140-200
	10.0-18.0					480-545	140-200
	10.0-18.0					480-545	140-200
	10.0-18.0					480-545	140-200
	10.0-18.0					480-545	140-200
	10.0-18.0					480-545	140-200
	10.0-18.0					480-545	140-200
	10.0-18.0					480-545	140-200
	10.0-18.0					480-545	140-200
	10.0-18.0					480-545	140-200
	10.0-18.0					480-545	140-200
	10.0-18.0					480-545	140-200
	10.0-18.0					480-545	140-200
	10.0-18.0					480-545	140-200
	10.0-18.0					480-545	140-200
	10.0-18.0					480-545	140-200
	10.0-18.0					480-545	140-200
	10.0-18.0					480-545	140-200
	10.0-18.0					480-545	140-200
						515-525	150-200
						515-525	150-200
						515-525	150-200
						515-525	150-200
						515-525	150-200
						515-525	150-200
						515-525	150-200
						515-525	150-200
						515-525	150-200
						515-525	150-200
						446-554	122-194
						446-554	122-194

FREE DATA SHEETS: WWW.IDES.COM/PSIM

Grade	Filler	Sp Grav	Shrink, mils/in	Melt flow, g/10 min	Drying temp, °F	Drying time, hr	Max. % moisture
153HSL BKB038 (Dry)							0.15
153HSL NC010 (Dry)		1.060	11.0				0.15
157HSL BK010 (Dry)		1.070	14.0				0.05
158 NC010 (Dry)		1.060	11.0				0.05
158L NC010 (Dry)		1.060	11.0				0.05
159 NC010 (Dry)		1.063					0.05
159L NC010 (Dry)		1.060					0.05
350PHS2 NC010 (Dry)		1.030	22.0				0.05
77G33HS1L NC010 (Dry)	GFI 33	1.320	1.0				0.15
77G33L BK031 (Dry)	GFI 33	1.320	1.0				0.15
77G33L NC010 (Dry)	GFI 33	1.320	1.0				0.15
77G43L BK031 (Dry)	GFI 43	1.420	8.0				0.15
77G43L NC010 (Dry)	GFI 43	1.420	8.0				0.15
FE5382 BK276 (Dry)		1.320	3.0				0.15

Nylon 6/69 — Isocor — Shakespeare

Grade	Filler	Sp Grav	Shrink, mils/in	Melt flow, g/10 min	Drying temp, °F	Drying time, hr	Max. % moisture
4011 (Dry)		1.120	14.0				0.20

Nylon 6+ABS — Bestnyl — Triesa

Grade	Filler	Sp Grav	Shrink, mils/in	Melt flow, g/10 min	Drying temp, °F	Drying time, hr	Max. % moisture
ABP70U/02 (Dry)		1.083	10.0		176	2.0-4.0	

Nylon 6+ABS — Lumid — LG Chem

Grade	Filler	Sp Grav	Shrink, mils/in	Melt flow, g/10 min	Drying temp, °F	Drying time, hr	Max. % moisture
HI-5006		1.060	7.0-9.0	7.00 AD	80-100	3.0-4.0	

Nylon 6+ABS — Saxaloy — Sax Polymers

Grade	Filler	Sp Grav	Shrink, mils/in	Melt flow, g/10 min	Drying temp, °F	Drying time, hr	Max. % moisture
C30V11	GFI 8	1.093	5.0-15.0		194	2.0-4.0	
C30V7		1.143	5.0-15.0		194	2.0-4.0	

Nylon 6+ABS — Technyl Alloy — Rhodia

Grade	Filler	Sp Grav	Shrink, mils/in	Melt flow, g/10 min	Drying temp, °F	Drying time, hr	Max. % moisture
KC 216 V12 (Dry)	GFI 12	1.183	5.0		176		0.20
KC 246 (Dry)		1.083	7.0		176		
KC 246 BLACK (Dry)		1.083	7.0		176		0.20
KC 246 BLACK 3N (Dry)		1.083	7.0		176		0.20
KC 256 BLACK (Dry)		1.073	7.0		176		0.20

Nylon 66 — Albis PA 66 — Albis

Grade	Filler	Sp Grav	Shrink, mils/in	Melt flow, g/10 min	Drying temp, °F	Drying time, hr	Max. % moisture
140/1 GF 10 UV	GFI 10	1.210					
140/1 GF 13 (Dry)	GFI 13	1.210	5.0				
140/1 GF 15 (Dry)	GFI 15	1.230	5.0				
140/1 GF 15 HZ (Dry)	GFI 15	1.230	5.0				
140/1 GF 20 (Dry)	GFI 20	1.273					
140/1 GF 30 (Dry)	GFI 30	1.360	4.0				
140/1 GF 33 (Dry)	GFI 33	1.390	4.0				
140/1 GF 33 SM	GFI 33	1.370					
140/1 GF 35 (Dry)	GFI 35	1.410					
140/1 GF 50 (Dry)	GFI 50	1.560	2.0				
145/1 MR 40 (Dry)	MN 40	1.450	4.0				
150/1 (Dry)		1.130	12.0				
150/1 HZ (Dry)		1.100	16.0				
150/1 HZ UV SM		1.080					
162 GF15	GFI 15	1.230	5.0				
162 GF15/1 Black	GFI 15		2.0-4.0				

Max. % regrind	Inj. pres., ksi	Rear temp, °F	Mid temp, °F	Front temp, °F	Nozzle temp, °F	Proc temp, °F	Mold temp, °F
						446-554	122-194
						446-554	122-194
						446-554	122-194
						446-554	122-194
						446-554	122-194
						446-554	122-194
						446-554	122-194
						446-554	122-194
						536-572	158-248
						536-572	158-248
						536-572	158-248
						536-572	158-248
						536-572	158-248
						536-572	158-248
	0.5-2.0	420-460	430-490	450-510	450-510	450-510	20-200
						428-464	140-176
	0.6-1.2	428-464	446-482	446-500	446-500		122-176
						482-527	86-194
						482-527	86-194
		428-446	446-464	464-482			158-194
		482-500	500-518	518-536			122-140
		428-446	446-464	464-482			140-176
		482-500	500-518	518-536			122-140
		428-446	446-464	464-482			140-176
						500-575	175-250
						500-575	175-250
						500-575	175-250
						500-575	175-250
						500-575	175-250
						500-575	175-250
						500-575	175-250
						500-575	175-250
						500-575	175-250
						500-575	175-250
						500-575	175-210
						500-575	160-195
						500-575	160-195
						500-575	160-195
						535-575	175-230
						535-575	175-230

FREE DATA SHEETS: WWW.IDES.COM/PSIM

Grade	Filler	Sp Grav	Shrink, mils/in	Melt flow, g/10 min	Drying temp, °F	Drying time, hr	Max. % moisture
162 GF30 TL	GFI 30	1.360	4.0-6.0				
162 GF33	GFI 33	1.403	2.0-4.0				
162 GF33/01	GFI 33	1.390	4.0				
162 GF33/02	GFI 33	1.400	4.0-6.0				
162 GF45/02	GFI 45		2.0-4.0				
162/01		1.130		12.0			
162/01 HZ		1.070		14.0			
162/01 MZ		1.100		14.0			
162/01 MZI		1.100		14.0			
162/01MR40 MZI	MN 40	1.420		8.0-13.0			
162/03 GF33 Black	GFI 33		2.0-4.0				
162/1 GF30	GFI 30	1.360	4.0				
162/1 GF33/01	GFI 33	1.400	4.0-6.0				
162/7 Black		1.130		18.0-20.0			
162/7 GF33	GFI 33	1.420	4.0-6.0				
162/7 GF33 UV Black	GFI 33	1.420	4.0-6.0				
16A GB40	GB 20	1.440	8.0				
16A GF 33/02 UV Black (Dry)	GFI 33	1.380	4.0				
16A GF10							
MR20 PTFE 30	MN 20	1.570	2.0-4.0				
16A GF15 MR23	MN 23	1.370	2.0-4.0				
16A GF20 PTFE 20	GFI 20	1.340	2.0-4.0				
16A GF20 PTFE 30	GFI 20	1.340	2.0-4.0				
16A GF20/01	GFI 20	1.270	2.0-4.0				
16A GF33/01	GFI 33	1.400	4.0-6.0				
16A GR05 Black		1.150		10.0-13.0			
16A AR23 GF15	MN 23	1.373	2.0-4.0				
16A MR40	MN 40	1.500	8.0-10.0				
16A MR40 HZ UV	MN 40	1.490	8.0-13.0				
16A MR40 HZ UV Black	MN 40	1.490	8.0-13.0				
16A/1 GF30 HZ1	GFI 30	1.360	4.0-6.0				
16A01		1.130		7.0			
910/1 CF 10	CF 10	1.173					
910/1 CF 30 PTFE 15	CF 30	1.383					
910/1 CF 30 PTFE 15 SI 2	CF 30	1.383					
910/1 GF 15 MR 23 Natural (Dry)	MN 23						
910/1 GF 30 PTFE 15 (Dry)	GFI 30	1.504					
910/1/ CF 10 GF10 HZ	CF 10	1.213					
A100 IM		1.120		12.0-14.0	2.50 K		

Nylon 66 Alcom Albis

66 PA 910/1 CF 10	CF 10	1.170					
66 PA 910/1 CF 30 PTFE 15	CF 30	1.380					
66 PA 910/1 CF 30 PTFE 15 SI 2	CF 30	1.380					
66 PA 910/1 GF 15 MR 23 (Dry)	MN 23	1.450					

Max. % regrind	Inj. pres., ksi	Rear temp, °F	Mid temp, °F	Front temp, °F	Nozzle temp, °F	Proc temp, °F	Mold temp, °F
						535-575	175-230
						535-575	175-230
						535-575	175-230
						535-575	175-230
						535-575	175-230
						535-575	110-140
						535-575	110-140
						535-575	110-140
						535-575	110-140
						535-575	175-230
						535-575	175-230
						535-575	175-230
						535-575	175-230
						535-575	110-140
						535-575	175-230
						535-575	175-230
						535-575	175-230
						500-575	175-250
						535-575	175-230
						535-575	175-230
						535-575	175-230
						535-575	175-230
						535-575	175-230
						535-575	175-230
						535-575	110-140
						535-575	175-230
						535-575	175-230
						535-575	175-230
						535-575	175-230
						535-575	175-230
						535-575	110-140
						500-575	175-250
						500-575	175-250
						500-575	175-250
						500-575	175-250
						500-575	175-250
						500-575	175-250
						535-575	110-140
						500-575	175-250
						500-575	175-250
						500-575	175-250
						500-575	175-250

FREE DATA SHEETS: WWW.IDES.COM/PSIM

Grade	Filler	Sp Grav	Shrink, mils/in	Melt flow, g/10 min	Drying temp, °F	Drying time, hr	Max. % moisture
66 PA 910/1 GF 30 PTFE 15 (Dry)	GFI 30	1.500					
66 PA Mos2 (Dry)		1.150					
66 PA 910/1 PTFE 15		1.230	15.0-18.0				
66 PA 910/1/ CF 10 GF10 HZ	CF 10	1.210					

Nylon 66   Amilan   Toray

Grade	Filler	Sp Grav	Shrink, mils/in	Melt flow, g/10 min	Drying temp, °F	Drying time, hr	Max. % moisture
CM3001G-15 (Dry)	GFI 15	1.260					
CM3001G-30 (Dry)	GFI 30	1.370					
CM3001G-30B1 (Dry)	GFI 30	1.370					
CM3001G-45 (Dry)	GFI 45	1.500					
CM3001-N (Dry)		1.135					
CM3003 (Dry)							
CM3003G-R30 (Dry)	GLL 30	1.380					
CM3004G-15 (Dry)	GFI 15	1.470					
CM3004G-30 (Dry)	GFI 30	1.590					
CM3004-V0 (Dry)		1.180					
CM3006 (Dry)		1.135					
CM3006-E (Dry)		1.135					
CM3006G-30 (Dry)	GFI 30	1.370					
CM3007 (Dry)		1.135					
UTN320 (Dry)		1.090					
UTN325 (Dry)		1.070					

Nylon 66   Anamide   Albis

Grade	Filler	Sp Grav	Shrink, mils/in	Melt flow, g/10 min	Drying temp, °F	Drying time, hr	Max. % moisture
66 PA A Natural		1.140					

Nylon 66   Anjamid 6.6   J&A Plastics

Grade	Filler	Sp Grav	Shrink, mils/in	Melt flow, g/10 min	Drying temp, °F	Drying time, hr	Max. % moisture
300B		1.143			176	4.0-10.0	0.10
300B-E		1.083			176	4.0-10.0	0.10
300B-P		1.143			176	4.0-10.0	0.10
300B-STZ		1.083			176	4.0-10.0	0.10
300B-TZ		1.103			176	4.0-10.0	0.10
350-E/GF15	GFI 15	1.203	9.0		176	4.0-10.0	0.10
350-E/GF30	GFI 30	1.353	8.0		176	4.0-10.0	0.10
350-GF15	GFI 15	1.233	12.0		1/6	4.0-10.0	0.10
350-GF30	GFI 30	1.363	8.5		176	4.0-10.0	0.10
350-GF50	GFI 50	1.554	6.0		176	4.0-10.0	0.10
350-GK30	GB 30	1.323	8.0		176	4.0-10.0	0.10
J300B		1.143			176	4.0-10.0	0.10
J300B-P		1.143			176	4.0-10.0	0.10
J300B-TZ		1.103			176	4.0-10.0	0.10
J300B-UV		1.143			176	4.0-10.0	0.10
J350-E/GF15	GFI 15	1.203	9.0		176	4.0-10.0	0.10
J350-GF15	GFI 15	1.233	12.0		176	4.0-10.0	0.10
J350-GF30	GFI 30	1.363	8.5		176	4.0-10.0	0.10
J350-GF50	GFI 50	1.554	6.0		176	4.0-10.0	0.10
J350-GK30	GB 30	1.323	8.0		176	4.0-10.0	0.10
J355-GF30	GFI 30	1.363			176	4.0-10.0	0.10
J355-H/GF30	GFI 30	1.363			176	4.0-10.0	0.10
R300		1.153			176	4.0-15.0	0.10
R300-STZ		1.103			176	4.0-15.0	0.10
R350-GF25	GFI 25	1.323			176	4.0-15.0	0.10
R350-GF30	GFI 30	1.363			176	4.0-15.0	0.10

Max. % regrind	Inj. pres., ksi	Rear temp, °F	Mid temp, °F	Front temp, °F	Nozzle temp, °F	Proc temp, °F	Mold temp, °F
						500-575	175-250
						500-575	175-250
						465-555	160-195
						500-575	175-250
	8.5-21.3	464-572	464-572	464-572		500-590	140-176
	8.5-21.3	464-572	464-572	464-572		500-590	140-176
	8.5-21.3	464-572	464-572	464-572		500-590	140-176
	8.5-21.3	464-572	464-572	464-572		500-590	140-176
	8.5-21.3	464-572	464-572	464-572		500-590	140-176
	8.5-21.3	464-572	464-572	464-572		500-590	140-176
	8.5-21.3	464-572	464-572	464-572		500-590	140-176
	8.5-21.3	464-572	464-572	464-572		500-590	140-176
	8.5-21.3	464-572	464-572	464-572		500-590	140-176
	8.5-21.3	464-572	464-572	464-572		500-590	140-176
	8.5-21.3	464-572	464-572	464-572		500-590	140-176
	8.5-21.3	464-572	464-572	464-572		500-590	140-176
	8.5-21.3	464-572	464-572	464-572		500-590	140-176
	8.5-21.3	464-572	464-572	464-572		500-590	140-176
	8.5-21.3	464-572	464-572	464-572		500-590	140-176
						535-575	110-140
						536-572	176-212
						536-572	176-212
						536-572	176-212
						536-572	176-212
						536-572	176-212
						536-572	176-212
						536-572	176-212
						536-572	176-248
						536-572	176-248
						554-590	176-248
						536-572	176-212
						536-572	176-212
						536-572	176-212
						536-572	176-212
						536-572	176-212
						536-572	176-212
						536-572	176-248
						536-572	176-248
						554-590	176-248
						536-572	176-212
						536-572	176-248
						536-572	176-248
						500-536	176-212
						509-536	176-203
						536-572	176-248
						536-572	176-248

Grade	Filler	Sp Grav	Shrink, mils/in	Melt flow, g/10 min	Drying temp, °F	Drying time, hr	Max. % moisture
Nylon 66		**Aqualoy**			**A. Schulman**		
645	GFI	1.414	2.0		175	2.0-4.0	
Nylon 66		**Aquamid**			**Aquafil**		
66B30	GFI 30	1.353	4.0-10.0		167-185	4.0-6.0	
66G20V0AH	GFI 20	1.504	3.0-6.0		167-185	4.0-6.0	
66G25V0AH	GFI 25	1.554	2.0-5.0		167-203	2.0-4.0	
66G25V0P 1001	GFI 25	1.333	3.0-6.0		167-203	2.0-4.0	
66G30ST	GFI 30	1.333	3.0-6.0		167-185	2.0-4.0	
66G35V0P	GFI 35	1.434	3.0-5.0		167-203	2.0-4.0	
66M30	MN 30	1.373	9.0-14.0		167-185	2.0-4.0	
Nylon 66		**Asahi Thermo PA**			**Asahi Thermofil**		
N3-33FG-0100	GFI 33	1.396	3.0		170	3.0	0.10
N3-33FG-0626	GFI 33	1.400	3.0		170	3.0	0.10
Nylon 66		**Ashlene**			**Ashley Poly**		
520		1.130	15.0		150-160	2.0-3.0	
520-13G	GFI 13	1.230	7.0		150-160	2.0-3.0	
520-25GU	GFI 25	1.300			150-160	2.0-3.0	
520-33G	GFI 33	1.370	2.0		150-160	2.0-3.0	
520-33G	GFI 33	1.370	2.0		150-160	2.0-3.0	
520-50G	GFI 50	1.570	2.0		150-160	2.0-3.0	
520B		1.130	15.0		150-160	2.0-3.0	
520BU		1.150	15.0		150-160	2.0-3.0	
520MS		1.170	11.0-14.0		150-160	2.0-3.0	
521		1.130	16.0		150-160	2.0-3.0	
522		1.130	16.0		150-160	2.0-3.0	
525		1.080	16.0		150-160	2.0-3.0	
525-13G	GFI 13	1.170			150-160	2.0-3.0	
525-33G	GFI 33	1.350			150-160	2.0-3.0	
525LD		1.080	15.0		150-160	2.0-3.0	
525LD-13G	GFI 13	1.170			150-160	2.0-3.0	
525LD-33G	GFI 33	1.350			150-160	2.0-3.0	
526LD		1.110	16.0		150-160	2.0-3.0	
527		1.070	16.0		150-160	2.0-3.0	
527-13G	GFI 13	1.190	8.0		150-160	2.0-3.0	
527-33G	GFI 33	1.340	3.0		150-160	2.0-3.0	
527LD-13G	GFI 13	1.190	8.0		150-160	2.0-3.0	
527LD-14G	GFI 14				150-160	2.0-3.0	
527LDS-B2		1.070	15.0		150-160	2.0-3.0	
527LDW		1.070	16.0		150-160	2.0-3.0	
528		1.130	15.0		150-160	2.0-3.0	
528BR-WO		1.250	15.0		150-160	2.0-3.0	
528L		1.130	15.0		150-160	2.0-3.0	
528L-13G	GFI 13	1.210	5.0		150-160	2.0-3.0	
528L2		1.130	15.0		150-160	2.0-3.0	
528L-25G	GFI 25	1.310			150-160	2.0-3.0	
528L-30G	GFI 30	1.360			150-160	2.0-3.0	
528L-33G	GFI 33	1.370	2.0		150-160	2.0-3.0	
528L-5G	GFI 5	1.160	6.0		150-160	2.0-3.0	
528LB-2		1.140	15.0		150-160	2.0-3.0	
528LS		1.140	15.0		150-160	2.0-3.0	
528LW		1.130	15.0		150-160	2.0-3.0	
528MS		1.170	11.0-14.0		150-160	2.0-3.0	

Max. % regrind	Inj. pres., ksi	Rear temp, °F	Mid temp, °F	Front temp, °F	Nozzle temp, °F	Proc temp, °F	Mold temp, °F
						554-590	150-200
						500-554	158-212
						500-554	158-212
						509-563	203
						509-563	203
						500-554	176-248
						509-563	203
						500-536	104-176
10.0-16.0		500-520	520-540	530-550	540-560		150-230
10.0-16.0		500-520	520-540	530-550	540-560		150-230
5.0-20.0		540	525	520	500-570	535-580	100-200
5.0-20.0		520-540	500-510	500-510	520-530	520-540	150-250
5.0-20.0		520-540	500-510	500-510	520-530	520-540	150-250
5.0-20.0		520-540	500-510	500-510	520-530	520-540	150-250
5.0-20.0		520-540	500-510	500-510	520-530	520-540	150-250
5.0-20.0		520-540	500-510	500-510	520-530	520-540	150-250
5.0-20.0		540	525	520	500-570	535-580	100-200
5.0-20.0		540	525	520	500-570	535-580	100-200
5.0-20.0		540	525	520	500-570	535-580	100-200
5.0-20.0		540	525	520	500-570	535-580	100-200
5.0-20.0		540	525	520	500-570	535-580	100-200
6.0-20.0		560	535	525	500-570	550-560	100-200
5.0-20.0		550-570	530-540	520-530	540-560	550-590	150-250
5.0-20.0		550-570	530-540	520-530	540-560	550-590	150-250
6.0-20.0		560	535	525	500-570	550-560	100-200
5.0-20.0		550-570	530-540	520-530	540-560	550-590	150-250
5.0-20.0		550-570	530-540	520-530	540-560	550-590	150-250
6.0-20.0		560	535	525	500-570	550-560	100-200
5.0-20.0		550-570	530-540	520-530	540-560	550-590	150-250
5.0-20.0		550-570	530-540	520-530	540-560	550-590	150-250
5.0-20.0		550-570	530-540	520-530	540-560	550-590	150-250
5.0-20.0		550-570	530-540	520-530	540-560	550-590	150-250
6.0-20.0		560	535	525	500-570	550-560	100-200
6.0-20.0		560	535	525	500-570	550-560	100-200
5.0-20.0		540	525	520	500-570	535-580	100-200
5.0-20.0		540	525	520	500-570	535-580	100-200
5.0-20.0		540	525	520	500-570	535-580	100-200
5.0-20.0		520-540	500-510	500-510	520-530	520-540	150-250
5.0-20.0		540	525	520	500-570	535-580	100-200
5.0-20.0		520-540	500-510	500-510	520-530	520-540	150-250
5.0-20.0		520-540	500-510	500-510	520-530	520-540	150-250
5.0-20.0		520-540	500-510	500-510	520-530	520-540	150-250
5.0-20.0		520-540	500-510	500-510	520-530	520-540	150-250
5.0-20.0		540	525	520	500-570	535-580	100-200
5.0-20.0		540	525	520	500-570	535-580	100-200
5.0-20.0		540	525	520	500-570	535-580	100-200
5.0-20.0		540	525	520	500-570	535-580	100-200

Grade	Filler	Sp Grav	Shrink, mils/in	Melt flow, g/10 min	Drying temp, °F	Drying time, hr	Max. % moisture
528SMS-30GB	GFI 30	1.410	3.4		150-160	2.0-3.0	
528TF		1.130	15.0		150-160	2.0-3.0	
62M	MN 40	1.500	9.0-11.0		150-160	2.0-3.0	
63M	MN	1.400			150-160	2.0-3.0	

Nylon 66 — Astamid — Marplex

Grade	Filler	Sp Grav	Shrink, mils/in	Melt flow, g/10 min	Drying temp, °F	Drying time, hr	Max. % moisture
MA3LK		1.120	13.0-21.0		167-185	2.0	

Nylon 66 — AVP — GE Polymerland

Grade	Filler	Sp Grav	Shrink, mils/in	Melt flow, g/10 min	Drying temp, °F	Drying time, hr	Max. % moisture
GYY01		1.140	13.0-15.0		180	2.0	
GYY02		1.140	13.0-15.0		180	2.0	
GYYHS		1.140	13.0-15.0		180	2.0	
MYY40KF	GMN 40	1.400	5.0-9.0		180	2.0	
RYY13	GFI 13	1.220	4.0-6.0		180	2.0	
RYY3H	GFI 33	1.370	3.0-6.0		180	2.0-8.0	
RYY3T	GFI 33	1.340	3.0-6.0		180	2.0-8.0	

Nylon 66 — B&M PA66 — B&M Plastics

Grade	Filler	Sp Grav	Shrink, mils/in	Melt flow, g/10 min	Drying temp, °F	Drying time, hr	Max. % moisture
PA66		1.140	15.0-22.0	10.00 O	175		
PA66GF13	GFI 13	1.220			175	2.0	0.03
PA66GF33	GFI 33	1.390			175	2.0	0.03
PA66GF43	GFI 43	1.500			175	2.0	0.03
PA66HI		1.090			175	2.0	0.03
PA66HM		1.090			175	2.0	0.03

Nylon 66 — Badamid — Bada Euro

Grade	Filler	Sp Grav
A70 (Dry)		1.143
A70		
GF/GK30 (Dry)	GBF 30	1.383
A70 GF30 H (Dry)	GFI 30	1.383
A70 GF30 L H (Dry)	GFI 30	1.343
A70 GF30		
TM-Z3 (Dry)	GFI 30	1.323
A70 GK15		
TM-Z3 (Dry)	GB 15	1.223
A70 GK30 (Dry)	GB 30	1.383
A70 L (Dry)		1.103
A70 S (Dry)		1.143
A70 SM-Z3 (Dry)		1.093
A70 TM-Z1 (Dry)		1.093
A70 TM-Z3 (Dry)		1.073
UL A70		
GF30 H FR (Dry)	GFI 30	1.373
UL A70 H (Dry)		1.143

Nylon 66 — Bestnyl — Triesa

Grade	Filler	Sp Grav	Shrink, mils/in	Melt flow, g/10 min	Drying temp, °F	Drying time, hr	Max. % moisture
SE00VI01A (Dry)		1.133	15.0		176	2.0-4.0	
SE00VI01AHQ03	UNS 5	1.163			185	2.0-4.0	
SE00VI01AM (Dry)		1.093	17.0		176	2.0-4.0	
SE00VI01AM-1 (Dry)		1.083	15.0		176	2.0-4.0	
SE00VI01AS08 (Dry)		1.153	14.0		176	2.0-4.0	
SE00VI01AT (Dry)		1.243			176	2.0-4.0	
SE00VI02AH (Dry)		1.143	15.0		176	2.0-4.0	
SE00VI02AM (Dry)		1.093	17.0		176	2.0-4.0	
SE10VI01A	GFI 10	1.203			176	2.0-4.0	
SE10VI02AU	GFI 10	1.203			176	2.0-4.0	

Max. % regrind	Inj. pres., ksi	Rear temp, °F	Mid temp, °F	Front temp, °F	Nozzle temp, °F	Proc temp, °F	Mold temp, °F
	5.0-20.0	540	525	520	500-570	535-580	100-200
	5.0-20.0	540	525	520	500-570	535-580	100-200
	5.0-15.0	540-560	530-550	530-540	540-550	540-570	150-230
	5.0-15.0	540-560	530-550	530-540	540-550	540-570	150-230
	8.7-18.9	410-446	428-464	446-482		464-500	122-176
		480-540	500-550	520-580	520-580	520-580	150-230
		480-540	500-550	520-580	520-580	520-580	150-230
		480-540	500-550	520-580	520-580	520-580	150-230
		480-540	500-550	520-580	520-580	520-580	150-230
		480-540	500-550	520-580	520-580	520-580	150-230
		480-540	500-550	520-580	520-580	520-580	150-230
		480-540	500-550	520-580	520-580	520-580	150-230
		465-490	495-525	505-540	505-535		
		530-560	530-540	525-550	520-560	550-560	160-180
		530-560	530-540	525-550	520-560	550-560	160-180
		530-560	530-540	525-550	520-560	550-560	160-180
		530-560	530-540	525-550	520-560	550-560	160-180
		530-560	530-540	525-550	520-560	550-560	160-180
						536-572	140-176
						545-581	176-230
						545-581	176-230
						536-572	176-230
						545-581	176-230
						536-572	176-212
						536-581	176-212
						290-300	140-176
						536-572	140-176
						536-572	140-176
						290-300	140-176
						290-300	140-176
						536-572	176-212
						536-572	140-176
						500-518	158-167
						527-536	176-194
						500-518	158-167
						500-518	158-167
						500-518	158-167
						500-518	158-167
						500-518	158-167
						500-518	158-167
						518-527	158-167
						518-527	158-167

FREE DATA SHEETS: WWW.IDES.COM/PSIM

Grade	Filler	Sp Grav	Shrink, mils/in	Melt flow, g/10 min	Drying temp, °F	Drying time, hr	Max. % moisture
SE15VI01A (Dry)	GFI 15	1.243	7.0		176	2.0-4.0	
SE15VI02AS08 (Dry)	GFI 15	1.243	7.0		176	2.0-4.0	
SE15VI02AS16 (Dry)	MN 25	1.474	6.0		176	3.0-5.0	
SE15VI02AU (Dry)	GFI 15	1.243	7.0		176	2.0-4.0	
SE15VI02AX (Dry)	GFI 15	1.273			176	2.0-4.0	
SE20VI01AHQ03 (Dry)	GFI 20	1.303		15.00	176	2.0-4.0	
SE25VI01A (Dry)	GFI 25	1.323	6.0		176	2.0-4.0	
SE25VI01AWX (Dry)	GFI 25	1.363			176	2.0-4.0	
SE25VI01AX-1 (Dry)	GFI 25	1.343	5.0		176	2.0-4.0	
SE25VI02A (Dry)	GFI 25	1.323	6.0		176	2.0-4.0	
SE25VI02AHC (Dry)	GFI 25	1.323	6.0		176	2.0-4.0	
SE25VI02AX (Dry)	GFI 25	1.343	5.0		176	2.0-4.0	
SE30CB02AH (Dry)	CF 30	1.283	2.0		176	2.0-4.0	
SE30VI01AH (Dry)	GFI 30	1.363	5.0		176	2.0-4.0	
SE30VI01AT (Dry)	GTE 30	1.424	4.0		176	2.0-4.0	
SE30VI02AH (Dry)	GFI 30	1.363	5.0		176	3.0-5.0	
SE30VI02AS08 (Dry)	GFI 30	1.383	5.0		176	3.0-5.0	
SE30VI02AWXL (Dry)	GFI 30	1.404	3.0		176	2.0-4.0	
SE30VI11AHD (Dry)	GFI 30	1.363	5.0		185	2.0-4.0	
SE35VI01AH (Dry)	GFI 35	1.404	5.0		176	2.0-4.0	
SE35VI01AX (Dry)	GFI 35	1.454	4.0		176	2.0-4.0	
SE35VI02AU (Dry)	GFI 35	1.414	5.0		194	3.0-5.0	
SE35VI02AX (Dry)	GFI 35	1.494	3.0		176	2.0-4.0	
SE43VI11AH-1 (Dry)	GFI 43	1.494	3.0		185	2.0-4.0	
SE50VI02AH (Comd)	GFI 50				176	2.0-4.0	
SE50VI02AH (Dry)	GFI 50	1.574	3.0		176	2.0-4.0	

Nylon 66 — Celstran — Ticona

Grade	Filler	Sp Grav	Shrink, mils/in
PA66-AF35-02-US (Dry)	AR 35	1.220	3.0
PA66-CF20-03 (Dry)	CFL 20	1.220	
PA66-GF30-02 (Dry)	GLL 30	1.360	1.0-2.0
PA66-GF30-07 (Dry)	GLL 30	1.360	
PA66-GF40-02-EU	GLL 40	1.454	
PA66-GF40-02-US	GLL 40	1.450	1.0-2.0
PA66-GF50-02-EU	GLL 50	1.564	
PA66-GF50-02-US	GLL 50	1.560	1.0-1.5
PA66-GF60-02-US (Dry)	GLL 60	1.690	0.5-1.0
PA66-SF10-02 (Dry)	STS 10	1.240	3.0
PA66-SF6-02 (Dry)	STS 6	1.190	4.0

Nylon 66 — Certene — Channel

Grade	Filler	Sp Grav	Drying temp, °F
6613-LTU	GFI 13	1.193	150-180

Nylon 66 — Certene — Muehlstein

Grade	Filler	Sp Grav	Drying temp, °F
6613-LTU	GFI 13	1.193	150-180

Nylon 66 — Chemlon — Chem Polymer

Grade	Sp Grav	Shrink, mils/in	Melt flow, g/10 min	Drying temp, °F	Max. % moisture
100	1.140	15.0-22.0	10.00 K	175	0.20
100 H	1.140	15.0-22.0	10.00 K	175	0.20
100 HU	1.140	15.0		150-180	0.20
100 L	1.140	15.0-22.0	10.00 Q	175	0.20
100 W	1.160	12.0-18.0		175	0.20
100 X	1.140			150-180	0.20
100 XH	1.140			150-180	0.20

288   POCKET SPECS FOR INJECTION MOLDING

Max. % regrind	Inj. pres., ksi	Rear temp, °F	Mid temp, °F	Front temp, °F	Nozzle temp, °F	Proc temp, °F	Mold temp, °F
						518-527	158-176
						518-527	158-176
						527-545	176-194
						518-527	158-176
						518-527	158-176
						518-536	158-176
						527-545	176-194
						518-536	140-176
						518-536	140-176
						527-545	176-194
						527-545	176-194
						518-536	140-176
						527-554	194-212
						527-554	176-194
						518-536	176-194
						518-536	176-194
						518-536	176-194
						518-536	176-194
						518-536	176-194
						527-554	194-212
						518-536	158-176
						527-554	194-212
						518-536	158-176
						527-536	176-194
						527-554	194-212
						527-554	194-212
						581-590	185-203
						563-581	185-203
						554-563	185-203
						527-545	185-203
						572-599	194-248
						563-572	185-203
						590-617	194-248
						572-590	194-212
						590-599	194-212
						554-572	167-185
						554-572	167-185
	1.0-1.2	520	540	540	530	535	200-250
	1.0-1.2	520	540	540	530	535	200-250
25		465-490	495-525	505-540	505-535	505-535	
25	5.0-20.0	465-490	495-520	505-540	505-535	505-535	70-200
	5.0-20.0	540	520	500	500		70-200
25		465-490	495-525	505-540	505-535	505-535	
25		465-490	495-520	505-535	505-540	505-540	
	5.0-20.0	540	520	500	500		70-200
	5.0-20.0	540	520	500	500		70-200

FREE DATA SHEETS: WWW.IDES.COM/PSIM

Grade	Filler	Sp Grav	Shrink, mils/in	Melt flow, g/10 min	Drying temp, °F	Drying time, hr	Max. % moisture
100 XHU		1.140			150-180		0.20
102		1.140	10.0-16.0		175		0.20
104		1.110	12.0-20.0		175		0.20
104 H		1.100	12.0-20.0		175		0.20
104 HU		1.120	10.0-17.0		175		0.20
104-13 G	GFI 13	1.200	4.0-7.0	20.00 W	175		0.20
104-13 GH	GFI 13	1.200	4.0-7.0	20.00 W	175		0.20
109		1.090	19.0-25.0		175		0.20
109 H		1.090			175		0.20
109-18 G	GFI 18	1.230	4.0-7.0		175		0.20
109-33 G	GFI 33	1.360	2.0-4.0		175		0.20
109-33 GH	GFI 33	1.340	3.0		150-180		0.20
113 G	GFI 13	1.220	4.0-7.0		175		0.20
113 GH	GFI 13	1.220	4.0-7.0		175		0.20
115 G	GFI 15	1.240	3.0-7.0		175		0.20
125 G	GFI 25	1.340	2.5-4.5		175		0.20
125 GH	GFI 25	1.330	4.0		150-180		0.20
125 GVH	GFI 25	1.550	1.0-3.0		175		0.20
125-15 MG	MN 25	1.420	5.0		150-180		0.20
125-15 MGH	GMN 20	1.540	1.5-4.0		175		0.20
125-15 MGHU	MN 25	1.420	5.0		150-180		0.20
130 GH	GFI	1.370	1.5-4.0		175		0.20
133 G	GFI 33	1.380	1.5-4.0		175		0.20
133 GH	GFI 33	1.380	1.5-4.0		175		0.20
133 GHL	GFI 33	1.380	3.0		150-180		0.20
133 GHR	GFI 33	1.380	1.5-4.0		175		0.20
133 GVH	GFI 30	1.590	1.5-3.0		175		0.20
140 M	MN 40	1.520	7.0-12.0		175		0.20
140 MH	MN 40	1.500	7.0-12.0		175		0.20
143 G	GFI 43	1.500	1.0-3.0		175		0.20
143 GH	GFI 43	1.500	2.0		150-180		0.20
182			9.0-14.0		175		0.20

Nylon 66   Clariant Nylon 6/6   Clariant Perf

Grade	Filler	Sp Grav	Shrink, mils/in	Melt flow, g/10 min	Drying temp, °F	Drying time, hr	Max. % moisture
6601-FR		1.160	14.0-19.0		160-180		
6601-L		1.140	14.0-19.0		160-180		
6601-L BK-09		1.140	12.0-17.0		160-180		
6601-LN		1.140	14.0-19.0		160-180		
6602 LNN		1.130	12.0-17.0		160-180		
6602-L BK-02		1.130	12.0-17.0		160-180		
6603-HSL		1.140	14.0-19.0		160-180		
6604G13-L	GFI 13	1.180	8.0		160-180		
6604G33-L	GFI 33	1.330	6.0		160-180		
6604G43-L	GFI 43	1.370	5.0		160-180		
6604-L		1.100	14.0-19.0		160-180		
6605-L BK-10		1.140	14.0-19.0		160-180		
6608 BLACK					160-180		
6608G33 BLACK	GFI 33	1.399			160-180		
6618G15	GFI 15				160-180		
6642M		1.170	11.0		160-180		
66G25-FR	GFI 25	1.350	3.0-7.0		160-180		
66G25-L	GFI 25	1.360	3.0-7.0		160-180		
66G25M15	GFI 25				160-180		
66G33-L	GFI 33	1.370	3.0-7.0		160-180		
66G33M	GFI 33	1.280	5.0		160-180		
66G43-L	GFI 43	1.460	2.0-6.0		160-180		

Max. % regrind	Inj. pres., ksi	Rear temp, °F	Mid temp, °F	Front temp, °F	Nozzle temp, °F	Proc temp, °F	Mold temp, °F
	5.0-20.0	540	520	500	500		70-200
25		465-490	495-520	505-540	505-535	505-540	
25		465-490	495-525	505-540	505-535	505-535	
25		465-490	495-520	505-540	505-535	505-540	
25		465-490	495-525	505-540	505-535	505-535	
25		465-495	495-525	505-540	505-535	505-535	
25	5.0-20.0	465-495	505-525	505-540	505-535	505-535	140-200
25		465-495	495-520	505-535	505-540	505-540	
25		465-495	495-525	505-540	505-540	505-540	
25		465-495	495-520	505-540	505-540	505-540	
25		465-495	495-520	505-535	505-540	505-540	
	5.0-20.0	560	540	530	530		140-200
25		465-490	495-525	505-540	505-535	505-535	
25		465-495	495-520	505-535	505-540	505-540	
25		465-495	495-525	505-540	505-540	505-540	
25		465-495	495-520	505-535	505-540	505-540	
	5.0-20.0	560	540	530	530		140-200
15		485-515	505-545	515-555	515-545	505-545	
	5.0-20.0	560	540	530	530		140-200
25		465-495	505-535	515-545	515-540	505-545	
	5.0-20.0	560	540	530	530		140-200
25		465-495	505-530	505-545	505-545	505-540	
25		475-495	505-525	515-540	515-540	505-540	
25	5.0-20.0	475-495	505-525	515-540	515-540	505-540	140-200
	5.0-20.0	560	540	530	530		140-200
25	5.0-20.0	465-495	505-530	505-545	505-545	505-540	140-200
25		465-495	505-535	505-545	505-545	505-545	
25		465-490	495-520	505-540	505-535	505-535	
25		465-490	495-525	505-540	505-535	505-535	140-200
25		465-495	495-520	505-540	505-540	505-540	
	5.0-20.0	560	540	530	530		140-200
		475-495	505-515	505-525	515-535	505-530	
25	5.0-15.0	480-510	520-550	540-560	510-550		130-200
25	5.0-15.0	480-510	520-550	540-560	510-550		130-200
25	5.0-15.0	480-510	520-550	540-560	510-550		130-200
25	5.0-15.0	480-510	520-550	540-560	510-550		130-200
25	5.0-15.0	480-510	520-550	540-560	510-550		130-200
25	5.0-15.0	480-510	520-550	540-560	510-550		130-200
25	5.0-15.0	480-510	520-550	540-560	510-550		130-200
25	8.0-20.0	480-520	520-550	540-570	510-550		160-220
25	8.0-20.0	480-520	520-550	540-570	510-550		160-220
25	8.0-20.0	480-520	520-550	540-570	510-550		160-220
25	5.0-15.0	480-510	520-550	540-560	510-550		130-200
25	8.0-20.0	480-520	520-550	540-570	510-550		160-220
25	5.0-15.0	480-510	520-550	540-560	510-550		130-200
25	8.0-20.0	480-520	520-550	540-570	510-550		160-220
25	8.0-20.0	480-520	520-550	540-570	510-550		160-220
25	5.0-15.0	480-510	520-550	540-560	510-550		130-200
25	8.0-20.0	480-520	520-550	540-570	510-550		160-220
25	8.0-20.0	480-520	520-550	540-570	510-550		160-220
25	8.0-20.0	480-520	520-550	540-570	510-550		160-220
25	8.0-20.0	480-520	520-550	540-570	510-550		160-220

FREE DATA SHEETS: WWW.IDES.COM/PSIM

Grade	Filler	Sp Grav	Shrink, mils/in	Melt flow, g/10 min	Drying temp, °F	Drying time, hr	Max. % moisture
66M40-L	MN 40	1.480	10.0		160-180		
BR-2025 BK		1.110	10.0		175	4.0-6.0	
PA-111		1.140	17.0		175	2.0-4.0	0.20
PA-111C		1.140	10.0		175	2.0-4.0	0.20
PA-111CF30	CF 30	1.280	2.0		175	2.0-4.0	0.20
PA-111CF30 TF15	CF 30	1.380	2.5		175	2.0-4.0	0.20
PA-111G13	GFI 13	1.210	7.0		175	2.0-4.0	0.20
PA-111G20	GFI 20	1.280	5.0		175	2.0-4.0	0.20
PA-111G33	GFI 33	1.370	3.0		175	2.0-4.0	0.20
PA-111G33C	GFI 33	1.430	3.0		175	2.0-4.0	0.20
PA-111G43	GFI 43	1.476	2.0		175	2.0-4.0	0.20
PA-111GF30 TF15	GFI 30	1.490	4.0		175	2.0-4.0	0.20
PA-111M40	MN 40	1.480	9.0		175	2.0-4.0	0.20
PA-111N40	MN 25	1.490	3.5		175	2.0-4.0	0.20
PA-111TF20		1.260	15.0		175	2.0-4.0	0.20
PA-113		1.140	17.0		175	2.0-4.0	0.20
PA-113C		1.140	10.0		175	2.0-4.0	0.20
PA-113CF30	CF 30	1.280	2.0		175	2.0-4.0	0.20
PA-113CF30 TF15	CF 30	1.380	2.5		175	2.0-4.0	0.20
PA-113G13	GFI 13	1.210	7.0		175	2.0-4.0	0.20
PA-113G20	GFI 20	1.280	5.0		175	2.0-4.0	0.20
PA-113G33	GFI 33	1.370	3.0		175	2.0-4.0	0.20
PA-113G33C	GFI 33	1.430	3.0		175	2.0-4.0	0.20
PA-113G43	GFI 43	1.470	2.0		175	2.0-4.0	0.20
PA-113GF30 TF15	GFI 30	1.490	4.0		175	2.0-4.0	0.20
PA-113M40	MN 40	1.480	9.0		175	2.0-4.0	0.20
PA-113M40W	MN 40	1.466			200	2.0-4.0	
PA-113N40	MN 25	1.490	3.5		175	2.0-4.0	0.20
PA-113TF20		1.260	15.0		175	2.0-4.0	0.20
PA-121		1.090	15.0		175	2.0-4.0	0.20
PA-121G13	GFI 13	1.180	6.0		175	2.0-4.0	0.20
PA-121G33	GFI 33	1.330	4.0		175	2.0-4.0	0.20
PA-123		1.090	15.0		175	2.0-4.0	0.20
PA-123G13	GFI 13	1.180	6.0		175	2.0-4.0	0.20
PA-123G33	GFI 33	1.330	4.0		175	2.0-4.0	0.20
PA-131		1.080	17.0		175	2.0-4.0	0.20
PA-131G13	GFI 13	1.170	10.0		175	2.0-4.0	0.20
PA-131G33	GFI 33	1.320	7.0		175	2.0-4.0	0.20
PA-133		1.080	17.0		175	2.0-4.0	0.20
PA-133G13	GFI 13	1.170	10.0		175	2.0-4.0	0.20
PA-133G33	GFI 33	1.320	7.0		175	2.0-4.0	0.20
R66G13-L	GFI 13	1.220	4.0-8.0		160-180		

Nylon 66   Colorcomp   LNP

Grade	Filler	Sp Grav	Shrink, mils/in	Melt flow, g/10 min	Drying temp, °F	Drying time, hr	Max. % moisture
R-1000 HS							
GN4-321-1 GLOW		1.220			180	4.0	0.02

Nylon 66   Comtuf   A. Schulman

Grade	Filler	Sp Grav	Shrink, mils/in	Melt flow, g/10 min	Drying temp, °F	Drying time, hr	Max. % moisture
602		1.073	13.0		175	2.0-4.0	
604		1.073	13.0		175	2.0-4.0	
607		1.070	13.0		180	3.0	0.20
621	GFI 13	1.180	7.0		180	3.0	0.20
630	GFI 40	1.420	2.0		180	3.0	0.20
631	GFI 13	1.180	7.0		180	3.0	0.20
633	GFI 30	1.300	1.0		180	3.0	0.20
635	GMN 40	1.470	5.0		180	3.0	0.20

Max. % regrind	Inj. pres., ksi	Rear temp, °F	Mid temp, °F	Front temp, °F	Nozzle temp, °F	Proc temp, °F	Mold temp, °F
25	8.0-20.0	480-520	520-550	540-570	510-550		160-220
	1.1	550	530	525	525	525	180
		510-560	510-560	510-560		510-550	150-200
		510-560	510-560	510-560		150-200	150-200
		510-560	510-560	510-560		510-550	150-200
		510-560	510-560	510-560		510-550	150-200
		510-560	510-560	510-560		510-550	150-200
		510-560	510-560	510-560		510-550	150-200
		510-560	510-560	510-560		510-550	150-200
		510-560	510-560	510-560		510-550	150-200
		510-560	510-560	510-560		510-550	150-200
		510-560	510-560	510-560		510-550	150-200
		510-560	510-560	510-560		510-550	150-200
		510-560	510-560	510-560		510-550	150-200
		510-560	510-560	510-560		510-550	150-200
		510-560	510-560	510-560		510-550	150-200
		510-560	510-560	510-560		510-550	150-200
		510-560	510-560	510-560		510-550	150-200
		510-560	510-560	510-560		510-550	150-200
		510-560	510-560	510-560		510-550	150-200
		510-560	510-560	510-560		510-550	150-200
		510-560	510-560	510-560		510-550	150-200
		510-560	510-560	510-560		510-550	150-200
		510-560	510-560	510-560		510-550	150-200
		510-560	510-560	510-560		510-550	150-200
		510-560	510-560	510-560		510-550	150-200
		510-560	510-560	510-560		510-550	150-200
		510-560	510-560	510-560		510-550	150-200
		510-560	510-560	510-560		510-550	150-200
		510-560	510-560	510-560		510-550	150-200
		510-560	510-560	510-560		510-550	150-200
		510-560	510-560	510-560		510-550	150-200
		510-560	510-560	510-560		510-550	150-200
		510-560	510-560	510-560		510-550	150-200
		510-560	510-560	510-560		510-550	150-200
25	8.0-20.0	480-520	520-550	540-570	510-550		160-220
						510-530	140-210
						536-581	150-200
						536-581	150-200
20		555-575	545-575	545-565	540-565	575	105-140
20		520-575	520-575	520-565	520-575	575	185-210
20		520-575	520-557	520-565	520-575	575	185-210
20		520-575	520-575	520-565	520-575	575	185-210
20		520-575	520-575	520-565	520-575	575	185-210
20		520-575	520-575	520-565	520-575	575	185-210

FREE DATA SHEETS: WWW.IDES.COM/PSIM

Grade	Filler	Sp Grav	Shrink, mils/in	Melt flow, g/10 min	Drying temp, °F	Drying time, hr	Max. % moisture
639	MN 40	1.450	6.0		180	3.0	0.20
652	MN 30	1.310	12.0		180	3.0	0.20

Nylon 66 — Daunyl — Daunia Trading

Grade	Filler	Sp Grav	Shrink, mils/in	Melt flow, g/10 min	Drying temp, °F	Drying time, hr	Max. % moisture
66 AV (Dry)		1.143		12.0-16.0			
A R300 (Dry)	GFI 30	1.353		2.5-3.5			

Nylon 66 — Denyl — Vamp Tech

Grade	Filler	Sp Grav	Shrink, mils/in	Melt flow, g/10 min	Drying temp, °F	Drying time, hr
66 0018 (Dry)		1.158		14.0-16.0	194-212	3.0
66 0037 H (Dry)		1.103		12.0-17.0	194-212	3.0
66 0037 ST		1.073			176-212	3.0
66 0758		1.173		7.0-10.0	176-212	3.0
66 2010 (Dry)	GFI 30	1.273		4.0-6.0	194-212	3.0
66 2535	GFI 25	1.469		2.0-5.0	194-212	3.0
66 3010 (Dry)	GFI 30	1.368		2.0-4.0	194-212	3.0
66 3015	GB 30	1.373		11.0-12.0	194-212	3.0
66 3016	GBF 30	1.373		5.0-7.0	194-212	3.0
66 3019	CF 30	1.293		0.4-0.8	194-212	3.0
66 3040	GFI 30	1.293		2.0-4.0	194-212	3.0
66 4022 (Dry)	MN 40	1.474		12.0-17.0	194-212	3.0
66 5010 N (Dry)	GFI 50	1.549		1.0-3.0	194-212	3.0
66 N		1.143		17.0-30.0	194-212	3.0

Nylon 66 — Diaterm — DTR

Grade	Filler	Sp Grav	Shrink, mils/in	Melt flow, g/10 min	Drying temp, °F	Drying time, hr
B26 10		1.133			194	3.0
B26 GF15	GFI 15	1.233			194	3.0
B26 GF20	GFI 20	1.263			194	1.0
B26 GF25	GFI 25	1.323			194	3.0
B26 GF30	GFI 30	1.363			194	3.0
B26 GF30V0	GFI 30	1.604			194	3.0
B26 GF35	GFI 35	1.414			194	3.0
B26 HX		1.133			194	3.0
B26 SR		1.103			194	1.0
B26 SSR		1.083			194	1.0
B26 TF30	GFI	1.353			194	3.0

Nylon 66 — Dinalon — Grupo Repol

Grade	Filler	Sp Grav	Shrink, mils/in	Melt flow, g/10 min
PA 6.6		1.133		28.0
PA 6.6 15% FV	GFI 15	1.233		12.0
PA 6.6 30% CM	MN 30	1.353		15.0
PA 6.6 30% FV	GFI 30	1.363		5.0
PA 6.6 40% FV	GFI 40	1.454		4.0
PA 6.6 50% FV	GFI 50	1.574		4.0
PA 6.6 IGNÍFUGA		1.203		20.0
PA 6.6 IGNÍFUGA 30% FV	GFI 30	1.554		5.0
PA 6.6 MEDIO IMPACTO		1.103		28.0
PA 6.6 MOS2		1.143		28.0

Nylon 66 — Durethan — Lanxess

Grade	Filler	Sp Grav	Shrink, mils/in
AKV 15 000000 (Dry)	GFI 15	1.233	15.5
AKV 15 901510 (Dry)	GFI 15	1.230	15.5
AKV 30 000000 (Dry)	GFI 30	1.363	14.6
AKV 30 G H2.0 LT 904040 (Dry)	GFI 30	1.363	

POCKET SPECS FOR INJECTION MOLDING

Max. % regrind	Inj. pres., ksi	Rear temp, °F	Mid temp, °F	Front temp, °F	Nozzle temp, °F	Proc temp, °F	Mold temp, °F
20		555-575	545-575	545-565	540-565	575	185-210
20		555-575	545-575	545-565	540-565	575	185-210
						464-518	68-176
						464-518	176-212
		500-536					140-194
		500-536					140-194
		500-554					122-158
		500-536					140-176
		500-536					140-194
		482-536					140-194
		500-536					140-194
		500-536					140-194
		482-536					140-194
		500-554					158-230
		500-518					140-194
		500-536					140-194
		500-554					158-212
		500-536					140-194
						518	176
						527	176
						536	176
						536	185
						554	194
						572	194
						527	176
						536	185
						527	176
						527	176
						554	176
						554	176
						554	176
						554	176

FREE DATA SHEETS: WWW.IDES.COM/PSIM

Grade	Filler	Sp Grav	Shrink, mils/in	Melt flow, g/10 min	Drying temp, °F	Drying time, hr	Max. % moisture
AKV 30 901510 (Dry)	GFI 30	1.360	12.7				
AKV 30 HR 900116 (Dry)	GFI 30	1.363	12.7				
AKV 30 HR 901510 (Dry)	GFI 30	1.363	12.7				
AKV 325 H2.0 901510 (Dry)	GFI 25	1.323	8.4				
AKV 35 901510 (Dry)	GFI 35	1.414	9.1				
AKV 50 901510 (Dry)	GFI 50	1.574	12.5				
AM 140 H2.0 901510 (Dry)	MN 40	1.464	6.0				
DP 2-2240/15 H2.0 901510 (Dry)	GFI 15	1.233	10.5				
DP 2801 000000 (Dry)			12.2				
DP 2802/30 000000 (Dry)	GFI 30	1.404	7.7				

Nylon 66   Durethan   Lanxess Euro

Grade	Filler	Sp Grav	Shrink, mils/in	Melt flow, g/10 min	Drying temp, °F	Drying time, hr	Max. % moisture
AKV 15 000000 (Dry)	GFI 15	1.233	15.5				
AKV 30 000000 (Dry)	GFI 30	1.363	14.6				
AKV 30 F 901510 (Dry)	GFI 30	1.363	12.6				
AKV 30 G H2.0 LT 904040 (Dry)	GFI 30	1.363					
AKV 30 G 900051 (Dry)	GFI 30	1.363	9.4				
AKV 30 HR 900116 (Dry)	GFI 30	1.363	12.7				
AKV 30 HR 901510 (Dry)	GFI 30	1.363	12.7				
AKV 325 H2.0 901510 (Dry)	GFI 25	1.323	8.4				
AKV 50 000000 (Dry)	GFI 50	1.574	12.5				
DP 2-2224/30 H2.0 901510 (Dry)	GMN 30	1.363	7.6				
DP 2-2240/15 H2.0 901510 (Dry)	GFI 15	1.233	10.5				
DP 2-2851/30 H3.0 000000 (Dry)	GFI 30	1.664	8.1				
DP 2801 000000 (Dry)			12.2				
DP 2802/30 000000 (Dry)	GFI 30	1.404	7.7				
KL 1-2218/40 H2.0 901510 (Dry)	GMN 40	1.464	13.0				
KL 1-2403/40 H1.0 000000 (Dry)	MN 40	1.464					

Nylon 66   Durethan A   Lanxess Euro

Grade	Filler	Sp Grav	Shrink, mils/in	Melt flow, g/10 min	Drying temp, °F	Drying time, hr	Max. % moisture
30 H2.0 901510 (Dry)		1.143	18.6				

Nylon 66   Econyl   Aquafil

Grade	Filler	Sp Grav	Shrink, mils/in	Melt flow, g/10 min	Drying temp, °F	Drying time, hr	Max. % moisture
66G30FL	GFI 30	1.353	2.5-5.5		167-203	4.0-6.0	

Nylon 66   Edgetek   PolyOne

Grade	Filler	Sp Grav	Shrink, mils/in	Melt flow, g/10 min	Drying temp, °F	Drying time, hr	Max. % moisture
NN-1000		1.140	16.0-18.0				
NN-20CF/000	CF 20	1.230	2.0-3.0				
NN-40CF/000	CF 40	1.320	1.0-2.0				

Max. % regrind	Inj. pres., ksi	Rear temp, °F	Mid temp, °F	Front temp, °F	Nozzle temp, °F	Proc temp, °F	Mold temp, °F
						554	176
						554	176
						554	176
						554	176
						572	176
						572	176
						572	176
						554	176
						536	176
						536	176
						554	176
						554	176
						554	176
						554	176
						554	176
						554	176
						554	176
						554	176
						572	176
						554	176
						554	176
						536	176
						536	176
						536	176
						572	176
						572	176
						536	176
						509-545	176-248
						520-550	
						540-570	
						550-570	

FREE DATA SHEETS: WWW.IDES.COM/PSIM

Grade	Filler	Sp Grav	Shrink, mils/in	Melt flow, g/10 min	Drying temp, °F	Drying time, hr	Max. % moisture
NN-50GF/000	GFI 50	1.570	3.0-5.0				
NN-50GF/000EM L	GFI	1.570	3.0		180-200	2.0	
NN-60CF/000	CF 60	0.143	1.0-2.0				

Nylon 66 — Electrafil — Techmer Lehvoss

Grade	Filler	Sp Grav	Shrink, mils/in	Melt flow, g/10 min	Drying temp, °F	Drying time, hr	Max. % moisture
J-1/CF/10	CF 10	1.180	3.0		180	2.0-4.0	0.10
J-1/CF/10/TF/13/SI/2	CF 10	1.250			180	2.0-4.0	0.10
J-1/CF/15/TF/20	CF 15	1.330	3.0		165-220	2.0-16.0	
J-1/CF/20	CF 20	1.230	2.0		180	2.0-4.0	0.10
J-1/CF/30	CF 30	1.280	1.0		180	2.0-4.0	0.10
J-1/CF/30/TF/13/SI/2	CF 30	1.360	1.0		180	2.0-4.0	0.10
J-1/CF/40	CF 40	1.330	1.0		180	2.0-4.0	0.10

Nylon 66 — Emarex — MRC Polymers

Grade	Filler	Sp Grav	Shrink, mils/in	Melt flow, g/10 min	Drying temp, °F	Drying time, hr	Max. % moisture
400 GF13	GFI 13	1.233	6.0		180	2.0-4.0	0.20
400 GF33	GFI 33	1.393	2.0		180	2.0-4.0	0.20
405		1.093	20.0		180	2.0-4.0	
408		1.083	15.0		180	2.0-4.0	0.20

Nylon 66 — Espree — GE Polymerland

Grade	Filler	Sp Grav	Shrink, mils/in	Melt flow, g/10 min	Drying temp, °F	Drying time, hr	Max. % moisture
GYYIL		1.140	13.0-15.0		180	2.0	
GYYSL		1.140	13.0-15.0		180	2.0	
NY6610FR	GFI 10	1.430	4.0-6.0		180	2.0	
NY6613GF	GFI 13	1.220	4.0-6.0		180	2.0	
NY6614GT	GFI 14	1.190	4.0-6.0		180	2.0	
NY6633GF	GFI 33	1.370	3.0-6.0		180	2.0	
NY6633GH	GFI 33	1.370	3.0-6.0		180	2.0	
NY6643GF	GFI 43	1.500	2.0-4.0		180	2.0	
NY6643GH	GFI 43	1.500	2.0-4.0		180	2.0	
NY664MGF	GMN 40	1.400	5.0-9.0		180	2.0	
NY6650GF	GFI 50	1.560	2.0-4.0		180	2.0	
NY66FC		1.140	13.0-15.0		180	2.0	
NY66GP		1.140	13.0-15.0		180	2.0	
NY66HI		1.080	15.0-20.0		180	2.0	
NY66HIHS		1.080	15.0-20.0		180	2.0	
NY66HS		1.140	13.0-15.0		180	2.0	
RYY1H	GFI 13	1.220	4.0-6.0		180	2.0	
RYY33	GFI 33	1.370	3.0-6.0		180	2.0	
RYY3H	GFI 33	1.370	3.0-6.0		180	2.0	
ZYYHI		1.080	15.0-20.0		180	2.0	
ZYYST		1.080	15.0-20.0		180	2.0	

Nylon 66 — Ferro Nylon — Ferro

Grade	Filler	Sp Grav	Shrink, mils/in	Melt flow, g/10 min	Drying temp, °F	Drying time, hr	Max. % moisture
RNY15MS01GY	GFI 15	1.410	4.0				0.10
RNY20MA	GFI 20	1.280	4.0				0.10
RNY33MA14BK	GFI 33	1.400	2.0				0.10

Nylon 66 — Formpoly — Formulated Poly

Grade	Filler	Sp Grav	Shrink, mils/in	Melt flow, g/10 min	Drying temp, °F	Drying time, hr	Max. % moisture
N66GF15	GFI 15				212-248	2.0-4.0	
N66GF20	GFI 20				212-248	2.0-4.0	
N66GF33	GFI 33	1.380	1.5-3.5		212-248	2.0-4.0	
N66GF33FR	GFI				212-248	2.0-4.0	
N66GF43	GFI 43				212-248	2.0-4.0	
N66GP30		1.140		20.0-24.0	212-248	2.0-4.0	
N66HS30					212-248	2.0-4.0	
N66MS30	UNS	1.140		20.0-24.0	212-248	2.0-4.0	

Max. % regrind	Inj. pres., ksi	Rear temp, °F	Mid temp, °F	Front temp, °F	Nozzle temp, °F	Proc temp, °F	Mold temp, °F
						540-570	
						540-570	190-225
						550-570	
		540-560	550-570	530-550	520-580	540-580	175-220
		550-570	560-580	540-560	530-550	560-580	175-220
		540-560	550-570	530-550	520-540	540-580	130-200
		530-550	550-570	540-560	540-550	540-580	175-220
		530-550	550-570	540-560	540-550	540-580	175-220
		550-570	560-580	540-560	530-550	560-580	175-220
		530-550	550-570	540-560	540-550	540-580	175-220
	8.0-20.0	540-580	540-580	520-570	520-560	540-570	100-200
	8.0-20.0	540-580	540-580	520-570	520-560	540-570	100-200
	8.0-20.0	540-580	540-580	520-570	520-560	540-570	100-200
	8.0-20.0	540-580	540-580	520-570	520-560	540-570	100-200
		480-540	500-550	520-580	520-580	520-580	150-230
		480-540	500-550	520-580	520-580	520-580	150-230
		480-540	500-550	520-580	520-580	520-580	150-230
		480-540	500-550	520-580	520-580	520-580	150-230
		480-540	500-550	520-580	520-580	520-580	150-230
		480-540	500-550	520-580	520-580	520-580	150-230
		480-540	500-550	520-580	520-580	520-580	150-230
		480-540	500-550	520-580	520-580	520-580	150-230
		480-540	500-550	520-580	520-580	520-580	150-230
		480-540	500-550	520-580	520-580	520-580	150-230
		480-540	500-550	520-580	520-580	520-580	150-230
		480-540	500-550	520-580	520-580	520-580	150-230
		480-540	500-550	520-580	520-580	520-580	150-230
		480-540	500-550	520-580	520-580	520-580	150-230
		480-540	500-550	520-580	520-580	520-580	150-230
		480-540	500-550	520-580	520-580	520-580	150-230
		480-540	500-550	520-580	520-580	520-580	150-230
		480-540	500-550	520-580	520-580	520-580	150-230
		480-540	500-550	520-580	520-580	520-580	150-230
	0.5-1.5	510-530	510-530	510-530	500-540		150-180
	0.5-1.5	510-530	510-530	510-530	500-540		150-180
	0.5-1.5	510-530	510-530	510-530	500-540		150-180
	17.1	518	518	545	536	527-545	176-212
	15.6	482	509	536	527	518-527	158-212
	10.7	482	509	536	527	509-527	149-194
	10.7	482	509	536	527	509-527	149-194
	10.7	482	509	536	527	509-527	149-194

Grade	Filler	Sp Grav	Shrink, mils/in	Melt flow, g/10 min	Drying temp, °F	Drying time, hr	Max. % moisture
N66ST55		1.140	17.5-22.5		140-248	2.0-4.0	

Nylon 66 — Frianyl — Frisetta

Grade	Filler	Sp Grav	Shrink, mils/in	Melt flow, g/10 min	Drying temp, °F	Drying time, hr	Max. % moisture
A63 RV0		1.153	12.0-14.0		176	4.0-8.0	0.15
A63 RV0 9005		1.143	9.0-14.0		176	4.0-8.0	0.15

Nylon 66 — Grilon — EMS-Grivory

Grade	Filler	Sp Grav	Shrink, mils/in	Melt flow, g/10 min	Drying temp, °F	Drying time, hr	Max. % moisture
AS (Dry)		1.140	24.0		176	4.0-16.0	0.10
AZ 3 (Dry)		1.070	30.0		176	4.0-16.0	0.10
T300GM (Dry)		1.140			176-212	4.0-16.0	0.10
T300NZ (Dry)		1.100			176-212	4.0-16.0	0.10
T302V0 (Dry)		1.140	19.0		176-212	4.0-16.0	0.10
TV-3H (Dry)	GFI 30	1.340			176-212	4.0-16.0	0.10

Nylon 66 — Hiloy — A. Schulman

Grade	Filler	Sp Grav	Shrink, mils/in	Melt flow, g/10 min	Drying temp, °F	Drying time, hr	Max. % moisture
621	GFI 15	1.250	7.0		180	3.0	0.20
622	GFI 20	1.280	4.0		180	3.0	0.20
623	GFI 33	1.380	3.0		180	3.0	0.20
624	GFI 43	1.480	2.0		180	3.0	0.20
625	GFI 50	1.550	2.0		180	3.0	0.20
626	GMN 35	1.430	3.0		180	3.0	0.20
627	MN 20	1.300	9.0		180	3.0	0.20
628	MN 30	1.390	8.0		180	3.0	0.20
629	MN 40	1.480	6.0		180	3.0	0.20
630	GMN 45	1.500	5.0		180	3.0	0.20
631	GFI 15	1.210	7.0		180	3.0	0.20
632	GFI 20	1.270	4.0		180	3.0	0.20
633	GFI 33	1.320	2.0		180	3.0	0.20
634	GFI 43	1.480	2.0		180	3.0	0.20
636	GMN 40	1.490	5.0		180	3.0	0.20
637	GMN 20	1.270	9.0		180	3.0	0.20
638	MN 35	1.450	5.0		180	3.0	0.20
656	CF	1.240	1.0		180	3.0	0.20
657	CF	1.400	1.0		180	3.0	0.20

Nylon 66 — Hylon Nylon 6/6 — Entec

Grade	Filler	Sp Grav	Shrink, mils/in	Melt flow, g/10 min	Drying temp, °F	Drying time, hr	Max. % moisture
N1000 (Dry)		1.140	15.0		165-180		0.18
N1000L2 (Dry)		1.140	15.0		165-180		0.18
N1000NL (Dry)		1.140	12.0		165-180		0.18
N1000NL2 (Dry)		1.140	12.0		165-180		0.18
N1013L (Dry)	GFI 13	1.220	5.0-8.0		165-180		0.18
N1025HLFR (Dry)	GFI 25	1.650	3.0-7.0		165-180		0.18
N1033L (Dry)	GFI 33	1.380	3.0-5.0		165-180		0.18
N1035HLHR (Dry)	GFI 35	1.390	3.0-5.0		165-180		0.18
N1040MHL (Dry)	MN 40	1.490	7.0-10.0		165-180		0.18
N1040ML (Dry)	MN 40	1.490	7.0-10.0		165-180		0.18
N1043L (Dry)	GFI 43	1.490	3.0-5.0		165-180		0.18

Nylon 66 — Kelon A — Lati

Grade	Filler	Sp Grav	Shrink, mils/in	Melt flow, g/10 min	Drying temp, °F	Drying time, hr	Max. % moisture
FR H CET/25-V0	MN 25	1.504	6.0		176-212	3.0	
FR H2 CEG/250-V0	UNS 25	1.504	6.0		176-212	3.0	
FR H2 CET/35-V2	MN 35	1.574	6.0		176-212	3.0	
FR H2 CETG/300-V0	UNS 30	1.604	5.0		176-212	3.0	
FR H2 CETG/350-V0	UNS 35	1.644	5.0		176-212	3.0	
H CE/25	MN 25	1.333	11.5		176-212	3.0	
H CE/40	MN 40	1.484	9.0		176-212	3.0	

Max. % regrind	Inj. pres., ksi	Rear temp, °F	Mid temp, °F	Front temp, °F	Nozzle temp, °F	Proc temp, °F	Mold temp, °F
		437	464	491	482	482-500	149-185
						500-554	140-176
						500-554	140-176
		490	500	510	490-510	536	176
		490	500	510	500	536	176-190
25		482	491	500	500	536	176
		482	491	500	500	536	176
25		482	491	500	500	480-500	176
25		510	520	530	520	545	176
20		520-555	520-545	520-545	520-575	575	185-210
20		520-555	520-545	520-545	520-575	575	185-210
20		520-555	520-545	520-545	520-575	575	185-210
20		520-555	520-545	520-545	520-575	575	185-210
20		520-555	520-545	520-545	520-575	575	185-210
20		520-575	520-575	520-565	520-575	575	185-210
20		555-575	555-575	545-565	540-565	575	185-210
20		555-575	555-575	545-565	540-565	575	185-210
20		555-575	555-575	545-565	540-565	575	185-210
20		520-575	520-575	520-545	520-545	575	185-210
20		520-555	520-545	520-545	520-575	575	185-210
20		520-555	520-545	520-545	520-575	575	185-210
20		520-555	520-545	520-545	520-575	575	185-210
20		520-555	520-545	520-545	520-575	575	185-210
20		520-575	520-575	520-565	520-575	575	185-210
20		520-575	520-575	520-565	520-575	575	185-210
20		555-575	555-575	545-565	540-565	575	185-210
20		520-555	520-545	520-545	520-575	575	185-210
20		520-555	520-545	520-545	520-575	575	185-210
	0.5-1.8	520-530	530-550	530-550	520-540	520-540	150-200
	0.5-1.8	520-530	530-550	530-550	520-540	520-540	150-200
	0.5-1.8	520-530	530-550	530-550	520-540	520-540	150-200
	0.5-1.8	520-530	530-550	530-550	520-540	520-540	150-200
	1.0-1.8	520-540	540-570	540-580	550-580	550-580	180-220
	1.0-1.8	520-540	540-570	540-580	550-580	550-580	180-220
	1.0-1.8	520-540	540-570	540-580	550-580	550-580	180-220
	1.0-1.8	520-540	540-570	540-580	550-580	550-580	180-220
	1.0-1.8	520-540	540-570	540-580	550-580	550-580	180-220
	1.0-1.8	520-540	540-570	540-580	550-580	550-580	180-220
15						500-518	158-194
15						500-527	158-194
15						500-536	158-194
15						500-527	158-194
15						500-527	158-194
15						500-536	158-194
15						500-554	176-212

FREE DATA SHEETS: WWW.IDES.COM/PSIM

Grade	Filler	Sp Grav	Shrink, mils/in	Melt flow, g/10 min	Drying temp, °F	Drying time, hr	Max. % moisture
H CE/50	MN 50	1.614	8.0		176-212	3.0	
H CEG/40	UNS 40	1.484	9.0		176-212	3.0	
H CER/40	UNS 40	1.474	12.0		176-212	3.0	
HE31 CER/30	MN 30	1.343	12.5		176-212	3.0	

Nylon 66   Kingfa   Kingfa

Grade	Filler	Sp Grav	Shrink, mils/in	Melt flow, g/10 min	Drying temp, °F	Drying time, hr	Max. % moisture
PA66-C111		1.083		14.0-17.0	194-230	4.0-6.0	
PA66-G15	GFI 15	1.243	5.0		194-230	4.0-6.0	
PA66-G30	GFI 30	1.373	4.0		194-230	4.0-6.0	
PA66-G50	GFI 50	1.564	2.0		194-230	4.0-6.0	
PA66-R0N		1.253		13.0-15.0	194-230	4.0-6.0	
PA66-RG001		1.263		12.0-14.0	194-230	4.0-6.0	
PA66-RG201	GFI 20	1.414	5.0		194-230	4.0-6.0	
PA66-RG301	GFI 30	1.464	4.0		194-230	4.0-6.0	
PA66-ROW		1.163		11.0	194-230	4.0-6.0	
PA66-T15	MN 15	1.243		11.0-14.0	194-230	4.0-6.0	

Nylon 66   Konduit   LNP

Grade	Filler	Sp Grav	Shrink, mils/in	Melt flow, g/10 min	Drying temp, °F	Drying time, hr	Max. % moisture
RTF-212-11	GFI			9.0	180	4.0	0.02

Nylon 66   Kopa   Kolon

Grade	Filler	Sp Grav	Shrink, mils/in	Melt flow, g/10 min	Drying temp, °F	Drying time, hr	Max. % moisture
KN331		1.140		10.0-12.0	158-176	5.0	
KN333G30V0	GFI 30	1.600		3.0-7.0	158-176	5.0	
KN333HB	GFI	1.420		3.0-7.0	158-176	5.0	
KN333HI		1.070		13.0-18.0	158-176	5.0	
KN333HR		1.140		10.0-12.0	158-176	5.0	
KN333MT30	MN 30	1.370		3.0-8.0	158-176	5.0	

Nylon 66   Latamid   Lati

Grade	Filler	Sp Grav	Shrink, mils/in	Melt flow, g/10 min	Drying temp, °F	Drying time, hr	Max. % moisture
66		1.143	15.0		176-212	3.0	
66 B G/20-V	GFI 20	1.504	3.5		176-212	3.0	
66 E21		1.073	13.0		176-212	3.0	
66 E21 G/17	GFI 17	1.223	4.0		176-212	3.0	
66 E21 G/30	GFI 30	1.313	4.0		176-212	3.0	
66 G/20-V0	GFI 20	1.424	3.5		176-212	3.0	
66 GS/30	GBF 30	1.373	5.5		176-212	3.0	
66 H2 G/25	GFI 25	1.323	4.5		176-212	3.0	
66 H2 G/25-V0	GFI 25	1.484	3.0		176-212	3.0	
66 H2 G/25-V0CT1	GFI 25	1.594	3.0		176-212	3.0	
66 H2 G/25-V0KB	GFI 25	1.383	4.0		176-212	3.0	
66 H2 G/25-V0KB1	GFI 25	1.363	4.0		176-212	3.0	
66 H2 G/25-V0KB3	GFI 25	1.333	4.0		176-212	3.0	
66 H2 G/30	GFI 30	1.373	4.0		176-212	3.0	
66 H2 G/35	GFI 35	1.414	3.5		176-212	3.0	
66 H2 G/35-V0	GFI 35	1.594	2.5		176-212	3.0	
66 H2 G/35-V0KB	GFI 35	1.494	3.5		176-212	3.0	
66 H2 G/35-V0KB1	GFI 35	1.474	3.5		176-212	3.0	
66 H2 G/50	GFI 50	1.574	3.0		176-212	3.0	
66 H2 G/50-V0KB1	GFI 50	1.594	3.0		176-212	3.0	
66 H2 G/60	GFI 60	1.674	2.5		176-212	3.0	
66 H2 GK/30	GCF 30	1.313	2.0		176-212	3.0	
66 H2 K/20	CF 20	1.233	2.0		176-212	3.0	
66 H2 K/30	CF 30	1.283	2.0		176-212	4.0	
66 H2 K/40	CF 40	1.343	1.5		176-212	3.0	
66 H2 BLACK:3324	GBF 25	1.323		6.0-8.0	176-212		
66 H2PX30-V0		1.373	11.5		176-212	3.0	

Max. % regrind	Inj. pres., ksi	Rear temp, °F	Mid temp, °F	Front temp, °F	Nozzle temp, °F	Proc temp, °F	Mold temp, °F
15						500-554	176-212
15						500-554	158-194
15						500-554	176-212
15						500-554	158-194
		500-536	509-572	527-581		527-590	122-176
		500-536	509-572	527-581		527-590	122-176
		500-536	509-572	527-581		527-590	122-176
		500-536	509-572	527-581		527-590	122-176
		491-527	500-554	518-572		527-572	122-158
		491-527	500-554	518-572		527-572	122-158
		491-527	500-554	518-572		527-572	122-158
		491-527	500-554	518-572		527-572	122-158
		455-473	464-491	473-509		473-509	104-140
		500-536	509-572	527-581		527-590	122-176
						540-575	200-225
20	12.8	500	518	536	518		176
20	17.1	500	536	545	527		176
20	15.6	509	545	554	536		176
20	14.2	500	518	527	509		158
20	12.8	500	518	536	518		176
20	15.6	509	545	554	536		176
15						500-536	176-194
15						473-500	158-194
15						500-536	122-158
15						500-536	140-176
15						500-536	140-176
15						482-500	158-194
15						500-536	158-194
15						500-554	158-194
15						500-518	158-194
15						500-536	158-194
15						500-536	158-194
15						500-536	158-194
15						500-536	158-194
15						500-554	158-194
15						500-554	158-194
15						500-518	158-194
15						500-536	158-194
15						500-536	158-194
15						500-554	176-212
15						518-536	158-194
15						509-554	176-212
15						500-554	158-194
15						509-554	158-194
15						500-554	158-194
15						500-554	158-194
						518-554	158-194
15						482-500	104-122

FREE DATA SHEETS: WWW.IDES.COM/PSIM

Grade	Filler	Sp Grav	Shrink, mils/in	Melt flow, g/10 min	Drying temp, °F	Drying time, hr	Max. % moisture
66 H-V0		1.173	13.0		176-212	3.0	
66 PX15		1.113	14.5		176-212	3.0	
66 S/30	GB 30	1.373	11.0		176-212	3.0	
66 S/50	GB 50	1.574	8.0		176-212	3.0	

Nylon 66 — Latilub — Lati

66-01M		1.163	12.0		176-212	3.0	
66-01M G/30	GFI 30	1.383	3.0		176-212	3.0	
66-01M G/50	GFI 50	1.604	2.0		176-212	3.0	
66-20ST		1.263	14.0		176-212	3.0	
66-20ST G/20	GFI 20	1.444	4.0		176-212	3.0	
66-20T		1.263	14.0		176-212	3.0	
66-20T G/20	GFI 20	1.444	4.0		176-212	3.0	
66-20T G/40	GFI 40	1.654	1.8		176-212	3.0	

Nylon 66 — Latishield — Lati

36-08A							
G/25-V0KB1	GFI 25	1.444	2.5		176-185	3.0	

Nylon 66 — Latistat — Lati

| 66-06 | | 1.213 | 10.5 | | 176-212 | 3.0 | |

Nylon 66 — Lubricomp — LNP

PDX-R-85514	PRO	1.270			180	4.0	0.02
RA-1003	AR	1.170	18.0		180	4.0	0.20
RA-1004	AR	1.230	15.0		180	4.0	0.20
RAL-4022	AR	1.220	19.0		180	4.0	0.02
RAL-4022 HI BK8-115	AR	1.200			180	4.0	0.02
RAL-4023	AR	1.240	17.0-18.0		180	4.0	0.20
RAL-4023 HS	AR	1.240	17.0-18.0		180	4.0	0.20
RCL-4036 HS	CF	1.380	1.0		180	4.0	0.02
RCL-4536	CF	1.340	2.0		180	4.0	0.02
RFL-4016	GFI	1.430			180	4.0	0.20
RFL-4026	GFI	1.430			180	4.0	0.20
RFL-4036	GFI	1.510	3.0		180	4.0	0.02
RFL-4036 HS	GFI	1.510	3.0		180	4.0	0.20
RFL-4216 HS	GFI	1.410	3.0		180	4.0	0.02
RFL-4218 HS	GFI	1.510	3.0		180	4.0	0.20
RFL-4316 EM HS MG MR	GBF	1.380	5.0		180	4.0	0.20
RFL-4536 BK8-115	GFI	1.480	2.0		180	4.0	0.20
RFL-4736 BK8-115	GFI	1.450			180	4.0	0.02
RL-4010 FR HP BK8-115		1.390	19.0		180	4.0	0.02
RL-4020 BK8-115		1.190	22.0		180	4.0	0.20
RL-4030 BK8-115		1.230			180	4.0	0.02
RL-4040 FR HS		1.530	15.0		180	4.0	0.02
RL-4040 HS BK8-048		1.270	19.0-33.0		180	4.0	0.02
RL-4540					180	4.0	0.02
RL-4540 FR BK8-115		1.490	20.0		180	4.0	0.02

Nylon 66 — Lubrilon — A. Schulman

602		1.163	8.0		175	2.0-4.0	
605		1.220	14.0		180	3.0	0.20
606		1.260	9.0		180	3.0	0.20
620	GFI	1.530	2.0		180	3.0	0.20

Max. % regrind	Inj. pres., ksi	Rear temp, °F	Mid temp, °F	Front temp, °F	Nozzle temp, °F	Proc temp, °F	Mold temp, °F
15						500-518	140-176
15						500-536	140-176
15						500-536	158-194
15						500-554	176-212
						500-536	158-194
						500-536	158-194
						500-536	158-194
						500-536	158-194
						500-536	158-194
						500-536	158-194
						500-536	158-194
						500-554	158-194
						500-536	158-176
						500-536	140-176
						525-550	175-200
						525-550	175-200
						525-550	175-200
						525-550	175-200
						525-550	175-200
						525-550	175-200
						525-550	175-200
						525-550	175-200
						525-550	175-200
						540-575	200-225
						540-575	200-225
						540-575	200-225
						540-575	200-225
						540-575	200-225
						540-575	200-225
						540-575	200-225
						540-575	200-225
						540-575	200-225
						525-550	175-200
						525-550	175-200
						525-550	175-200
						525-550	175-200
						525-550	175-200
						525-550	175-200
						525-550	175-200
						536-581	150-200
20		520-555	520-545	520-545	520-575	575	185-210
20		520-555	520-545	520-545	520-575	575	185-210
20		520-555	520-545	520-545	520-575	575	185-210

FREE DATA SHEETS: WWW.IDES.COM/PSIM

Grade	Filler	Sp Grav	Shrink, mils/in	Melt flow, g/10 min	Drying temp, °F	Drying time, hr	Max. % moisture
628	GFI	1.430	3.0		180	3.0	0.20
629	GFI 33	1.514	2.0		175	2.0-4.0	
62S1		1.130	7.0		180	3.0	0.20
631		1.240	8.0		180	3.0	0.20
632	CF	1.280	1.0		180	3.0	0.20
635	CF	1.330	1.0		180	3.0	0.20
636	CF	1.230	1.0		180	3.0	0.20
637	CF	1.290	1.0		180	3.0	0.20
E-16822-1B	CF	1.330	2.0		180	3.0	0.20

Nylon 66 Lubriloy LNP

Grade	Filler	Sp Grav	Shrink, mils/in	Melt flow, g/10 min	Drying temp, °F	Drying time, hr	Max. % moisture
PDX-R-03551 EXP	PRO	1.070	24.0		180	4.0	0.02
PDX-R-99650		1.100	24.0-26.0		180	4.0	0.02
R-		1.030	18.0-22.0		180	4.0	0.02
RA-	AR	1.050			180	4.0	0.02
RF-10 BK8-115		1.090			180	4.0	0.02
RF-15		1.130			180	4.0	0.02
RF-30	GFI	1.240	3.0-4.0		180	4.0	0.02
RF-40 BK8-115		1.340	4.0		180	4.0	0.02
RL-		1.020	26.0		180	4.0	0.02
RW-	PRO	1.120	23.0-25.0		180	4.0	0.02
RW- HI	PRO	1.100	24.0-26.0		180	4.0	0.02

Nylon 66 Lubri-Tech PolyOne

Grade	Filler	Sp Grav	Shrink, mils/in	Melt flow, g/10 min	Drying temp, °F	Drying time, hr	Max. % moisture
NN-000/000		1.140	16.0-20.0				
NN-000/05M		1.180	14.0-18.0				
NN-000/10T		1.190	10.0-15.0				
NN-000/15T		1.230	14.0-18.0				
NN-000/20T		1.260	14.0-18.0				
NN-1000 LW		1.020	16.0-20.0				

Nylon 66 Lumid LG Chem

Grade	Filler	Sp Grav	Shrink, mils/in	Melt flow, g/10 min	Drying temp, °F	Drying time, hr	Max. % moisture
GP-2251A-F	GFI 25	1.560	4.0-8.0		194	2.0-4.0	
GP-2330A	GFI 33	1.380	2.0-6.0		194	2.0-4.0	
GP-2337A	GFI 33	1.380	2.0-6.0		194	2.0-4.0	
GP-2430A	GFI 43	1.510	2.0-6.0		194	2.0-4.0	
HI-1002A		1.080	10.0-18.0		194	2.0-4.0	
HI-2332A	GFI 33	1.340	3.0-8.0		194	2.0-4.0	
LW-3400A	MN 40	1.510	8.0-10.0		194	2.0-4.0	
LW-3402A	MN 40	1.420	2.0-4.0		194	2.0-4.0	
LW-4400A	GMN 40	1.430	2.0-3.0		194	2.0-4.0	
SL-2339A	GFI 33	1.450	2.0-6.0		194	2.0-4.0	

Nylon 66 Luvocom Lehmann & Voss

Grade	Filler	Sp Grav	Shrink, mils/in	Melt flow, g/10 min	Drying temp, °F	Drying time, hr	Max. % moisture
1/CF/30/TF/13/SI/2	CF 30	1.363	2.0-4.0		167	6.0-16.0	
1/GK/30/TF/13/SI/2	GB 30	1.454	10.0-15.0		167	6.0-16.0	
1-1120		1.273	15.0-20.0	1.75	167	6.0-16.0	
1-3005	GFI	1.373	6.0-8.0		167	6.0-16.0	
1-7334 VP	CF	1.404	2.0-4.0		167	6.0-16.0	
1-7488 VP	CF	1.383	1.0-3.0		167	6.0-16.0	

Nylon 66 Mapex Ginar

Grade	Filler	Sp Grav	Shrink, mils/in	Melt flow, g/10 min	Drying temp, °F	Drying time, hr	Max. % moisture
A0050FN	GFI 15	1.173	25.0		158	4.0	0.20
A0520FB	GFI 15	1.504	3.0		194	4.0	0.20
A0520FN	GFI 15	1.504	3.0		158	4.0	0.20
AN4320SB	GFI 13	1.233	4.0		194	4.0	0.20

Max. % regrind	Inj. pres., ksi	Rear temp, °F	Mid temp, °F	Front temp, °F	Nozzle temp, °F	Proc temp, °F	Mold temp, °F
20		520-555	520-545	520-545	520-575	575	185-210
						554-590	150-200
20		520-555	520-545	520-545	520-575	575	185-210
20		520-555	520-545	520-545	520-575	575	185-210
20		520-555	520-545	520-545	520-575	575	185-210
20		520-555	520-545	520-545	520-575	575	185-210
20		520-555	520-545	520-545	520-575	575	185-210
20		520-555	520-545	520-545	520-575	575	185-210
20		520-555	520-545	520-545	520-575	575	185-210
						540-575	200-225
						540-575	200-225
						520-540	175-200
						520-540	175-200
						520-540	175-200
						520-540	175-200
						520-540	175-200
						520-540	175-200
						520-540	175-200
						540-575	200-225
						540-575	200-225
						520-550	
						520-550	
						530-580	
						530-580	
						530-580	
						520-550	
	8.5-17.1	536-572	527-554	536-554	536-554	536-572	158-212
	8.5-17.1	536-572	527-554	536-554	536-554	536-572	158-212
	8.5-17.1	536-572	527-554	536-554	536-554	536-572	158-212
	8.5-17.1	536-572	527-554	536-554	536-554	536-572	158-212
	8.5-17.1	536-572	527-554	536-554	536-554	536-572	158-212
	8.5-17.1	536-572	527-554	536-554	536-554	536-572	158-212
	8.5-17.1	536-572	527-554	536-554	536-554	536-572	158-212
	8.5-17.1	536-572	527-554	536-554	536-554	536-572	158-212
	8.5-17.1	536-572	527-554	536-554	536-554	536-572	158-212
	8.5-17.1	536-572	527-554	536-554	536-554	536-572	158-212
		554-572	554-590	554-590	554-590	554	194-248
		554-590	554-590	554-590	536-572	554	194-248
		554-590	554-590	554-590	536-572	554	194-248
		554-590	554-590	554-590	536-572	554	194-248
		554-590	554-590	554-590	536-572	554	194-248
		554-590	554-590	554-590	536-572	554	194-248
		482-509	509-527		500-518		140-176
		482-509	509-527		500-518		158-194
		482-509	509-527		500-518		158-194
		482-509	464-500		446-464		140-176

FREE DATA SHEETS: WWW.IDES.COM/PSIM

Grade	Filler	Sp Grav	Shrink, mils/in	Melt flow, g/10 min	Drying temp, °F	Drying time, hr	Max. % moisture
AN4320SN	GFI 13	1.233	4.0		158	4.0	0.20
AN4720SB	GFI 33	1.404	3.0		194	4.0	0.20
AN4720SN	GFI 33	1.393	3.0		158	4.0	0.20
AN4920SN	GFI 43	1.484	2.0		158	4.0	0.20
AT0110GB	GFI 15	1.073	22.0		194	4.0	0.20
AT0110GN	GFI 15	1.083	22.0		158	4.0	0.20
AT0320GB	GFI 30	1.173	5.0		194	4.0	0.20
AT0320GN	GFI 30	1.183	5.0		158	4.0	0.20

Nylon 66 — Maxamid — Pier One Polymers

Grade	Filler	Sp Grav	Shrink, mils/in	Melt flow, g/10 min	Drying temp, °F	Drying time, hr	Max. % moisture
EPDM0466-BK09		1.090					0.20
EPDM2066-BK09		1.070					
EPDM66G14-BK09	GFI 14	1.190					0.20
EPDM66G33-BK09	GFI 33	1.340					0.20
EPDM66G33H							
SL-BK10	GFI 33	1.340					0.20
PC66-BK10		1.140					0.20
PC66G13-BK10	GFI 13	1.230					0.20
PC66G33-BK10	GFI 33	1.390					
PC66G33HSL-BK10	GFI 33	1.390					0.20
PC66G43-BK10	GFI 43	1.510					0.20
RC66-BK09		1.140					0.20
RC66G13-BK09	GFI 13	1.230					0.20
RC66G13HSL-BK09	GFI 13	1.230					0.20
RC66G33-BK09	GFI 33	1.390					0.20
RC66G43-BK09	GFI 43	1.510					0.20
RC66MG40-BK09	GMN 40	1.460					0.20

Nylon 66 — MDE Compounds — Michael Day

Grade	Filler	Sp Grav	Shrink, mils/in	Melt flow, g/10 min	Drying temp, °F	Drying time, hr	Max. % moisture
N66250HSL		1.140		17.0	175	2.0-4.0	0.25
N66250L		1.140		17.0	175	2.0-4.0	0.25
N6650F20HSL		1.250		12.0	180	4.0	0.25
N6650HL		1.140		14.0-16.0	180	4.0	0.25
N6650HRL		1.140		15.0	175	2.0-4.0	0.25
N6650HSL		1.140		14.0-16.0	180	4.0	0.25
N6650HSL RC		1.140		13.0-15.0	180	4.0	0.25
N6650HSLU		1.140		13.0-15.0	180	4.0	0.25
N6650L		1.140		14.0-16.0	180	4.0	0.25
N6650L RC		1.140		13.0-16.0	180	4.0	0.25
N6650LU		1.140		13.0-15.0	180	4.0	0.25
N6650M2		1.150		10.0-12.0	175-180	2.0-4.0	0.25
N6650M2HS		1.150		10.0-12.0	175-180	2.0-4.0	0.25
N6650S2		1.140		15.0	175	2.0-4.0	0.25
N6650S2HS		1.140		15.0	175	2.0-4.0	0.25
N6650THSL		1.090		15.0	175	2.0-4.0	0.25
N6650TL		1.090		15.0	175	2.0-4.0	0.25
N66G13HL	GFI 13	1.230		5.0-7.0	180	4.0	0.25
N66G13HSL	GFI 13	1.230		5.0-7.0	180	4.0	0.25
N66G13L	GFI 13	1.230		5.0-7.0	180	4.0	0.25
N66G13THSL	GFI 13	1.190		6.0	175	2.0-4.0	0.25
N66G13TL	GFI 13	1.190		6.0	175	2.0-4.0	0.25
N66G14T1HSL GY	GFI 14	1.200		5.0-8.0	180	4.0	0.25
N66G30HRL BK	GFI 30	1.380		2.0-4.0	180	4.0	0.25
N66G33HL	GFI 33	1.380		2.0-4.0	180	4.0	0.25
N66G33HSL	GFI 33	1.380		2.0	180	4.0	0.25
N66G33HSLU	GFI 30	1.380		2.0-3.0	180	4.0	0.25

Max. % regrind	Inj. pres., ksi	Rear temp, °F	Mid temp, °F	Front temp, °F	Nozzle temp, °F	Proc temp, °F	Mold temp, °F
			482-509	464-500	446-464		140-176
			482-509	482-518	464-482		176-194
			482-509	482-518	464-482		176-194
			482-509	482-518	464-482		176-194
			482-509	464-482	509-527		140-176
			482-509	464-482	509-527		140-176
			482-509	482-509	509-527		140-176
			482-509	473-509	473-509		140-176
						550-580	100-200
						550-580	150-250
						550-580	150-250
						550-580	150-250
						550-580	150-250
						550-580	100-200
						520-550	150-250
						550-580	
						550-580	150-250
						550-580	150-250
						550-580	100-200
						520-550	150-250
						520-550	150-250
						550-580	150-250
						550-580	150-250
						550-580	150-250
		550	540	530		540-550	150-180
		550	540	530		540-550	150-180
		545	535	525		535-545	150-180
		520	530	540		530-550	140-180
		540	530	525		530-540	140-180
		520	530	540		530-550	140-180
		535	530	525		530-550	140-180
		535	530	525		525-535	140-180
		520	530	540		530-550	140-180
		535	530	525		530-550	140-180
		535	530	525		525-535	140-180
		540	530	525		530-540	150-180
		540	530	525		530-540	150-180
		540	530	525		530-540	150-180
		540	530	525		530-540	150-180
		545	540	530		535-545	150-180
		545	540	530		535-545	150-180
		550	545	540		550-565	160-180
		550	545	540		550-565	160-180
		550	545	540		550-565	160-180
		560	550	540		550-565	160-180
		560	550	540		550-565	150-180
		570	560	550		560-575	160-200
		565	550	540		550-575	160-200
		560	550	540		550-575	160-180
		560	550	540		550-575	160-180
		560	550	540		550-575	160-180

FREE DATA SHEETS: WWW.IDES.COM/PSIM

Grade	Filler	Sp Grav	Shrink, mils/in	Melt flow, g/10 min	Drying temp, °F	Drying time, hr	Max. % moisture
N66G33L	GFI 33	1.380	2.0-4.0		180	4.0	0.25
N66G33LU	GFI 30	1.380	2.0-3.0		180	4.0	0.25
N66G33THSL	GFI 33	1.350	3.0		175	2.0-4.0	0.25
N66G33TL	GFI 33	1.350	3.0		175	2.0-4.0	0.25
N66G43HSL	GFI 43	1.500	2.0		175	2.0-4.0	0.25
N66G43L	GFI 43	1.500	2.0		175	2.0-4.0	0.25
N66G50HSL	GFI 50	1.580	1.0-2.0		175-180	2.0-4.0	0.25
N66G50L	GFI 50	1.580	1.0-2.0		175-180	2.0-4.0	0.25
N66G60HSL	GFI 60	1.700	1.0		175-180	2.0-4.0	0.20
N66G60L	GFI 60	1.700	1.0		175-180	2.0-4.0	0.20
N66GB20G15HSL	GB 20	1.400	2.0		175		0.25
N66M40HSL	MN 40	1.500	8.0		175-180	2.0-4.0	0.25
N66M40HSLU	MN 40	1.500	8.0		180	4.0	0.25
N66M40HSL	MN 40	1.500	8.0		175-180	2.0-4.0	0.25
N66M40LU	MN 40	1.500	8.0		180	4.0	0.25
N66M40THSL	MN 40	1.490	9.0-13.0		175	2.0-4.0	0.25
N66M40TL	MN 40	1.490	9.0-13.0		175	2.0-4.0	0.25
N66MG40HSL	GMN 40	1.450	5.0		175	2.0-4.0	0.25
N66MG40L	GMN 40	1.450	5.0		175	2.0-4.0	0.25
N66N50HSL		1.140	7.0		175	2.0-4.0	0.25
N66N50L		1.140	7.0		175	2.0-4.0	0.25
N66NT50HSL		1.140	14.0		175	2.0-4.0	0.25
N66NT50L		1.140	14.0		175	2.0-4.0	0.25
N66T50HSL		1.120	15.0		175	2.0-4.0	0.25
N66T50L		1.120	15.0		175	2.0-4.0	0.25
NST6650HSL		1.080	16.0		175	2.0-4.0	0.25
NST6650L		1.080	16.0		175	2.0-4.0	0.25
NST66G14HSL	GFI 14	1.190	5.0		175	2.0-4.0	0.25
NST66G14L	GFI 14	1.190	5.0		175	2.0-4.0	0.25
NST66G33HSL	GFI 33	1.340	2.0		175	2.0-4.0	0.25
NST66G33HSLU BK	GFI 33	1.340	2.0		180	4.0	0.25
NST66G33L	GFI 33	1.340	2.0		175	2.0-4.0	0.25
NST66G33LU BK	GFI 33	1.340	2.0		180	4.0	0.25
NST66M36HSL	MN 36	1.420	10.0		175	2.0-4.0	0.25
NST66M36L	MN 36	1.420	10.0		175	2.0-4.0	0.25
RN6650HSL V0		1.240	12.0-15.0		200	2.0	0.25
RN6650L		1.140	14.0-16.0		180	4.0	0.25
RN66G20HSL V0	GFI 20	1.530	2.0-4.0		200	2.0	0.25
RN66G20L	GFI 20	1.280	4.0-6.0		180	4.0	0.25
RN66G25HSL V0	GFI 25	1.560	2.0-4.0		180	4.0	0.25
RN66G30HSL V0	GFI 30	1.600	2.0-3.0		180	4.0	0.25
RN66G30L	GFI 30	1.370	2.0-4.0		180	4.0	0.25
RN66G33HSL	GFI 33	1.320	2.0-4.0		180	4.0	0.25
RN66G33L	GFI 33	1.380	2.0-4.0		180	4.0	0.25
RN66GB30L	GB 30	1.340	6.0-8.0		180	4.0	0.25
RN66GB35L	GB 35	1.400	6.0-8.0		180	4.0	0.25
RN66N50L		1.140	10.0-14.0		180	4.0	0.25

Nylon 66   Minlon   DuPont EP

Grade	Filler	Sp Grav	Shrink, mils/in	Melt flow, g/10 min	Drying temp, °F	Drying time, hr	Max. % moisture
10B40							
NC010 (Dry)	MN 40	1.510	4.0				0.20
10B40HS1							
BK061 (Dry)	MN 40	1.510	4.0				0.20
11C40							
BKB086 (Dry)	MN 40	1.470	9.0				0.20
11C40							

POCKET SPECS FOR INJECTION MOLDING

Max. % regrind	Inj. pres., ksi	Rear temp, °F	Mid temp, °F	Front temp, °F	Nozzle temp, °F	Proc temp, °F	Mold temp, °F
		560	550	540		550-575	160-180
		560	550	540		550-575	160-180
		570	560	540		560-570	170-200
		570	560	540		560-570	170-200
		570	565	550		565-575	170-190
		570	565	550		565-575	170-190
		575	570	560		570-580	180-210
		575	570	560		570-580	180-210
		580	570	560		570-580	180-220
		580	570	560		570-580	180-220
		570	565	550		565-575	170-190
		570	565	550		565-575	170-190
		570	565	550		565-575	170-190
		570	565	550		565-575	170-190
		570	565	550		565-575	170-190
		570	560	550		570	160-200
		570	560	550		570	160-200
		570	565	550		565-575	170-190
		570	565	550		565-575	170-190
		540	530	525		530-540	150-180
		540	530	525		530-540	150-180
		540	530	525		530-540	150-180
		540	530	525		530-540	150-180
		540	530	530		530-540	150-180
		540	530	530		530-540	150-180
		560	550	540		550-565	150-180
		560	550	540		550-565	150-180
		570	560	550		560-575	180-200
		570	560	550		560-575	180-200
		570	560	550		560-570	160-200
		570	560	550		560-575	160-200
		570	560	550		560-570	160-200
		570	560	550		560-575	160-200
		570	560	550		570	160-200
		570	560	550		570	160-200
		535	530	525		530-540	150-180
		535	530	525		530-550	140-180
		550	540	530		540-550	160-200
		550	545	540		550-570	150-180
		550	540	530		540-550	160-200
		550	540	530		540-550	160-200
		560	550	540		550-570	160-180
		560	550	540		550-575	160-180
		560	550	540		550-575	160-180
		550	540	530		540-560	150-180
		550	540	530		540-560	150-180
		540	535	530		530-550	140-180
						545-581	158-248
						545-581	158-248
						545-581	158-248

FREE DATA SHEETS: WWW.IDES.COM/PSIM

Grade	Filler	Sp Grav	Shrink, mils/in	Melt flow, g/10 min	Drying temp, °F	Drying time, hr	Max. % moisture
NC010 (Dry)	MN 40	1.470	9.0				0.20
12T BKB100 (Dry)	MN 36	1.410	10.0				0.20
12T NC010 (Dry)	MN 36	1.420	11.0				0.20
12TA BKB124 (Dry)	MN 32	1.380	10.0				0.20
22C BK086 (Dry)	GMN	1.450	5.0				0.20
22C NC010 (Dry)	GMN	1.450	6.0				0.20
EFE6053 BK413 (Dry)		1.474	11.0				0.20
FE6190 BK086 (Dry)		1.420	2.0				0.20
IG38C1 BK434 (Dry)		1.454	5.0				0.20

Nylon 66 — Modified Plastics — Modified Plas

Grade	Filler	Sp Grav	Shrink, mils/in	Melt flow, g/10 min	Drying temp, °F	Drying time, hr	Max. % moisture
MN 6/6-FG 10	GFI 10	1.220	17.0		200		
MN 6/6-FG 20	GFI 20	1.290	7.0		200		
MN 6/6-FG 30	GFI 30	1.370	6.0-7.0		200		
MN 6/6-FG 40	GFI 40	1.460	4.0		200		

Nylon 66 — MonTor Nylon — Toray

Grade	Filler	Sp Grav	Shrink, mils/in	Melt flow, g/10 min	Drying temp, °F	Drying time, hr	Max. % moisture
CM3001G-15 (Dry)	GFI 15	1.260					
CM3001G-30 (Dry)	GFI 30	1.370					
CM3001G-30B1 (Dry)	GFI 30	1.370					
CM3001G-45 (Dry)	GFI 45	1.500					
CM3001-N (Dry)		1.130					
CM3003 (Dry)							
CM3003G-R30 (Dry)	GFI 30	1.380					
CM3004G-15 (Dry)	GFI 15	1.470					
CM3004G-30 (Dry)	GFI 30	1.590					
CM3004-V0 (Dry)		1.180					
CM3006 (2.5% H2O)							
CM3006 (Dry)		1.130					
CM3006-E (Dry)		1.130					
CM3006G-30 (Dry)	GFI 30	1.370					
CM3007 (2.5% H2O)							
CM3007 (Dry)		1.130					
UTN320 (Dry)		1.090					
UTN325 (2.4% H2O)							
UTN325 (Dry)		1.070					

Nylon 66 — Nilamid — Nilit

Grade	Filler	Sp Grav	Shrink, mils/in	Melt flow, g/10 min	Drying temp, °F	Drying time, hr	Max. % moisture
A G10 FR PH1	GFI 50	1.584	5.0		176-185	4.0	0.10
A G5 FR C4	GFI 25	1.584	7.0		176-185	4.0	0.10
A G5 FR PH1	GFI 25	1.383	8.0		176-185	4.0	0.10
A G5 FR PH2	GFI 25	1.343	7.0		176-185	4.0	0.10
A G7 FR PH1	GFI 35	1.484	7.0		176-185	4.0	0.10
A3 H C4	CF 20				176-185	4.0	0.10
A3 H G10	GFI 50	1.574	3.0		176-185	4.0	0.10
A3 H G12	GFI 60				176-185	4.0	0.10
A3 H G3	GFI 15	1.233	8.0		176-185	4.0	0.10
A3 H G3 ZB	GFI 13	1.203	6.0		176-185	4.0	0.10
A3 H G4	GFI 20	1.273	6.0		176-185	4.0	0.10
A3 H G5	GFI 25				176-185	4.0	0.10
A3 H G6	GFI 30	1.373	5.0		176-185	4.0	0.10
A3 H G6 TF8	GFI 30				176-185	4.0	0.10
A3 H G7	GFI 35	1.424	5.0		176-185	4.0	0.10
A3 H G8	GFI 40	1.444	5.0		176-185	4.0	0.10
A3 H ZB		1.083	14.0		176-185	4.0	0.10
A3 H ZC		1.073	13.0		176-185	4.0	0.10

Max. % regrind	Inj. pres., ksi	Rear temp, °F	Mid temp, °F	Front temp, °F	Nozzle temp, °F	Proc temp, °F	Mold temp, °F
						545-581	158-248
						545-581	158-248
						545-581	158-248
						545-581	158-248
						545-581	158-248
						545-581	158-248
						545-581	158-248
						545-581	158-248
						545-581	158-248
						520-560	200-220
						520-570	200-225
						530-580	225-250
						540	200-250
	8.5-21.3	464-572	464-572	464-572		500-590	140-176
	8.5-21.3	464-572	464-572	464-572		500-590	140-176
	8.5-21.3	464-572	464-572	464-572		500-590	140-176
	8.5-21.3	464-572	464-572	464-572		500-590	140-176
	8.5-21.3	464-572	464-572	464-572		500-590	140-176
	8.5-21.3	464-572	464-572	464-572		500-590	140-176
	8.5-21.3	464-572	464-572	464-572		500-590	140-176
	8.5-21.3	464-572	464-572	464-572		500-590	140-176
	8.5-21.3	464-572	464-572	464-572		500-590	140-176
	8.5-21.3	464-572	464-572	464-572		500-590	140-176
	8.5-21.3	464-572	464-572	464-572		500-590	140-176
	8.5-21.3	464-572	464-572	464-572		500-590	140-176
	8.5-21.3	464-572	464-572	464-572		500-590	140-176
	8.5-21.3	464-572	464-572	464-572		500-590	140-176
	8.5-21.3	464-572	464-572	464-572		500-590	140-176
	8.5-21.3	464-572	464-572	464-572		500-590	140-176
	8.5-21.3	464-572	464-572	464-572		500-590	140-176
40	10.2-14.5	500-536	500-536	518-536	527-545	527-554	176-230
15	10.2-14.5	500-536	500-536	518-536	527-545	527-554	176-230
15	10.2-14.5	500-536	500-536	518-536	527-545	527-554	176-230
5	10.2-14.5	500-536	500-536	518-536	527-545	527-554	176-230
5	10.2-14.5	500-536	500-536	518-536	527-545	527-554	176-230
40	10.2-14.5	518-554	527-554	536-563	536-563	527-572	176-230
40	10.2-14.5	518-554	527-554	545-572	545-572	536-572	194-248
40	10.2-14.5	518-554	527-554	545-572	545-572	536-572	194-248
40	10.2-14.5	518-554	527-554	536-563	536-563	527-572	176-230
40	10.2-14.5	518-554	527-554	536-563	536-563	527-572	176-230
40	10.2-14.5	518-554	527-554	536-563	536-563	527-572	176-230
40	10.2-14.5	518-554	527-554	536-563	536-563	527-572	176-230
40	10.2-14.5	518-554	527-554	536-563	536-563	527-572	176-230
40	10.2-14.5	518-554	527-554	536-563	536-563	527-572	176-230
40	10.2-14.5	518-554	527-554	536-563	536-563	527-572	176-230
0	10.2-14.5	509-545	518-545	527-554	527-554	527-554	140-176
0	10.2-14.5	509-545	518-545	527-554	527-554	527-554	140-176

FREE DATA SHEETS: WWW.IDES.COM/PSIM

Grade	Filler	Sp Grav	Shrink, mils/in	Melt flow, g/10 min	Drying temp, °F	Drying time, hr	Max. % moisture
A3 H ZE		1.073	13.0		176-185	4.0	0.10
A3 H5 G6	GFI 30	1.373	5.0		176-185	4.0	0.10
A3 H6 G5	GFI 25	1.323	5.5		176-185	4.0	0.10
A3 H6 G6	GFI 30	1.373	5.0		176-185	4.0	0.10
A3 H6 G7	GFI 35				176-185	4.0	0.10
A3 H7 G10	GFI 50				176-185	4.0	0.10
A3 H7 G12	GFI 60				176-185	4.0	0.10
A3 H7 G3	GFI 15				176-185	4.0	0.10
A3 H7 G3 ZB	GFI 15				176-185	4.0	0.10
A3 H7 G4	GFI 20				176-185	4.0	0.10
A3 H7 G5	GFI 25				176-185	4.0	0.10
A3 H7 G6	GFI 30	1.373	5.0		176-185	4.0	0.10
A3 H7 G7	GFI 35	1.414	4.0		176-185	4.0	0.10
A3 H7 G8	GFI 40	1.444	5.0		176-185	4.0	0.10

Nylon 66 — Nilamon — Nilit

Grade	Filler	Sp Grav	Shrink, mils/in	Melt flow, g/10 min	Drying temp, °F	Drying time, hr	Max. % moisture
A3 H K8	MN 40	1.474	9.0		176-185	4.0	0.10
A3 H7 T5	MN 25				176-185	4.0	0.10

Nylon 66 — Novamid — Mitsubishi EP

Grade	Filler	Sp Grav	Shrink, mils/in	Melt flow, g/10 min	Drying temp, °F	Drying time, hr	Max. % moisture
X1310N6-BK (Dry)		1.160		4.0			

Nylon 66 — Nycal — Technical Polymers

Grade	Filler	Sp Grav	Shrink, mils/in	Melt flow, g/10 min	Drying temp, °F	Drying time, hr	Max. % moisture
2125MK40W5H Bk-1	MN 40	1.480			185	4.0	

Nylon 66 — Nykon — LNP

Grade	Filler	Sp Grav	Shrink, mils/in	Melt flow, g/10 min	Drying temp, °F	Drying time, hr	Max. % moisture
R- HS		1.160			180	4.0	0.02

Nylon 66 — Nylaforce — Leis Polytechnik

Grade	Filler	Sp Grav	Shrink, mils/in	Melt flow, g/10 min	Drying temp, °F	Drying time, hr	Max. % moisture
A 50 (Dry)	GFI 50	1.564	1.0-5.0				
A 60 (Dry)	GFI 60	1.654	1.0-5.0				

Nylon 66 — Nylamid — ALM

Grade	Filler	Sp Grav	Shrink, mils/in	Melt flow, g/10 min	Drying temp, °F	Drying time, hr	Max. % moisture
1000		1.130			150-180	2.0-4.0	0.20
1001		1.130			150-180	2.0-4.0	0.20
1010		1.130			150-180	2.0-4.0	0.20
132		1.130			150-180	2.0-4.0	0.20
132-L		1.130			150-180	2.0-4.0	0.20
132L-FDA Grade		1.130			150-180	2.0-4.0	0.20
311		1.080			150-180	2.0-4.0	0.20
411		1.110			150-180	2.0-4.0	0.20
4114		1.070			150-180	2.0-4.0	0.20
412		1.070			150-180	2.0-4.0	0.20
5113	GFI	1.220			150-180	2.0-4.0	0.20
5133	GFI	1.370			150-180	2.0-4.0	0.20
5150	UNS	1.160			150-180	2.0-4.0	0.20
7140		1.170			150-180	2.0-4.0	0.20

Nylon 66 — Nylene — Custom Resins

Grade	Filler	Sp Grav	Shrink, mils/in	Melt flow, g/10 min	Drying temp, °F	Drying time, hr	Max. % moisture
132 HS (Dry)		1.140	13.0		150-180	2.0-4.0	0.20
132 V0 30 (Dry)		1.160	13.0		150-180	2.0-4.0	0.20
132-250 HS (Dry)		1.130	13.0		150-180	2.0-4.0	0.20
134 HS (Dry)		1.140	13.0		150-180	2.0-4.0	0.20
311 HS (Dry)		1.080	12.0		150-180	2.0-4.0	0.20
411 HS (Dry)		1.110	12.0		150-180	2.0-4.0	0.20
4114 HS (Dry)		1.070	14.0		150-180	2.0-4.0	0.20

Max. % regrind	Inj. pres., ksi	Rear temp, °F	Mid temp, °F	Front temp, °F	Nozzle temp, °F	Proc temp, °F	Mold temp, °F
30	10.2-14.5	509-545	518-545	527-554	527-554	527-554	140-176
30	10.2-14.5	518-554	527-554	536-563	536-563	527-572	176-230
30	10.2-14.5	518-554	527-554	536-563	536-563	527-572	176-230
30	10.2-14.5	518-554	527-554	536-563	536-563	527-572	176-230
30	10.2-14.5	518-554	527-554	536-563	536-563	527-572	176-230
30	10.2-14.5	518-554	527-554	545-572	545-572	536-572	194-248
30	10.2-14.5	518-554	527-554	545-572	545-572	536-572	194-248
30	10.2-14.5	518-554	527-554	536-563	536-563	527-572	176-230
30	10.2-14.5	518-554	527-554	536-563	536-563	527-572	176-230
30	10.2-14.5	518-554	527-554	536-563	536-563	527-572	176-230
30	10.2-14.5	518-554	527-554	536-563	536-563	527-572	176-230
30	10.2-14.5	518-554	527-554	536-563	536-563	527-572	176-230
30	10.2-14.5	518-554	527-554	536-563	536-563	527-572	176-230
30	10.2-14.5	518-554	527-554	536-563	536-563	527-572	176-230
30	10.2-14.5	518-554	527-554	536-563	536-563	527-572	176-230
30	10.2-14.5	518-554	527-554	536-563	536-563	527-554	176-230
30	10.2-14.5	518-554	527-554	536-563	536-563	527-554	176-230
20		500	500	500			
						480-560	150-250
						525-550	175-200
	11.6-21.8					536-590	176-284
	11.6-21.8					536-590	176-284
25	4.0-12.0	500-540	520-560	540-580	535-575	540-580	120-200
25	4.0-12.0	500-540	520-560	540-580	535-575	540-580	120-200
25	4.0-12.0	500-540	520-560	540-580	535-575	540-580	120-200
25	4.0-12.0	500-540	520-560	540-580	535-575	540-580	120-200
25	4.0-12.0	500-540	520-560	540-580	535-575	540-580	120-200
25	4.0-12.0	500-540	520-560	540-580	535-575	540-580	120-200
25	7.0-15.0	500-540	520-560	540-580	535-575	540-580	120-200
25	7.0-15.0	500-540	520-560	540-580	535-575	540-580	120-200
25	7.0-15.0	500-540	520-560	540-580	535-575	540-580	120-200
25	7.0-15.0	500-540	520-560	540-580	535-575	540-580	120-200
25	5.0-15.0	500-560	530-570	540-590	535-585	550-590	180-200
25	8.0-18.0	520-560	540-580	560-600	555-595	560-600	180-200
25	8.0-18.0	520-560	540-580	560-600	555-595	560-600	180-200
25	7.0-15.0	500-540	520-560	540-580	535-575	540-580	120-200
25	4.0-12.0	500-540	520-560	540-580	535-575	540-580	120-200
25	4.0-12.0	500-540	520-560	540-580	535-575	540-580	120-200
25	4.0-12.0	500-540	520-560	540-580	535-575	540-580	120-200
25	4.0-12.0	500-540	520-560	540-580	535-575	540-580	120-200
25	7.0-15.0	500-540	520-560	540-580	535-575	540-580	120-200
25	7.0-15.0	500-540	520-560	540-580	535-575	540-580	120-200
25	7.0-15.0	500-540	520-560	540-580	535-575	540-580	120-200

FREE DATA SHEETS: WWW.IDES.COM/PSIM

Grade	Filler	Sp Grav	Shrink, mils/in	Melt flow, g/10 min	Drying temp, °F	Drying time, hr	Max. % moisture
4114-14 GL HS (Dry)	GFI 14	1.190	6.0		150-180	2.0-4.0	0.20
4114-33 GL HS (Dry)	GFI 33	1.330	3.0		150-180	2.0-4.0	0.20
4120 HS (Dry)		1.080	14.0		150-180	2.0-4.0	0.20
5105 HS (Dry)	GFI 5	1.150	8.0		150-180	2.0-4.0	0.20
5113 HS (Dry)	GFI 13	1.220	5.0		150-180	2.0-4.0	0.20
5125 HS (Dry)	GFI 25	1.300	3.0		150-180	2.0-4.0	0.20
5133 HS (Dry)	GFI 33	1.360	2.0		150-180	2.0-4.0	0.20
5143 HS (Dry)	GFI 43	1.500	2.0		150-180	2.0-4.0	0.20
5150 HS (Dry)	GFI 50	1.560	2.0		150-180	2.0-4.0	0.20
6110 HS (Dry)	MN 10	1.220	10.0-13.0		150-180	2.0-4.0	0.20
6111 HS (Dry)	MN 40	1.500	9.0-13.0		150-180	2.0-4.0	0.20
6140 HS (Dry)	MN 40	1.500	8.0-10.0		150-180	2.0-4.0	0.20
6440 HS (Dry)	MN 36	1.410	10.0-12.0		150-180	2.0-4.0	0.20
7215 HS (Dry)	MN 25	1.400	5.0-9.5		150-180	2.0-4.0	0.20

Nylon 66 — Nyloy — Nytex

Grade	Filler	Sp Grav	Shrink, mils/in	Melt flow, g/10 min	Drying temp, °F	Drying time, hr	Max. % moisture
M-4005		1.180	20.0				
MG-0077N-V0	GFI 33	1.580	1.5-2.5				

Nylon 66 — Nytron — Nytex

Grade	Filler	Sp Grav	Shrink, mils/in	Melt flow, g/10 min	Drying temp, °F	Drying time, hr	Max. % moisture
LMC-0030	CFL 30	1.270	0.3				
LMC-0045	CFL 45	1.330	0.1				
LMC-4030	CFL 30	1.300	0.3				
LMC-5022	CFL 10	1.200	1.5				
LMC-5024	GLL 20	1.320					
LMG-0030N	GLL 30	1.400	2.0-3.0				
LMG-0050N	GLL 50	1.540	1.0-2.0				
LMG-1045	GLL 45	1.470	2.0				

Nylon 66 — Omni — Omni Plastics

Grade	Filler	Sp Grav	Shrink, mils/in	Melt flow, g/10 min	Drying temp, °F	Drying time, hr	Max. % moisture
PA6/6 GR33 FD NA	GFI 33	1.380			180	2.0-4.0	0.12
PA6/6 GR33 HS BK1000	GFI 33				180	2.0-4.0	0.12
PA6/6 GR33 IM12 BK1000	GFI 33				180	2.0-4.0	0.12
PA6/6 GR50 HS BK1000	GFI 50				180	2.0-4.0	0.12
PA6/6 U GR33 HS BK1000	GFI 33				180	2.0-4.0	0.12
PA6/6 U GR33 IM8 NA	GFI 33				180	2.0-4.0	0.12

Nylon 66 — Oxnilon 66 — Oxford Polymers

Grade	Filler	Sp Grav	Shrink, mils/in	Melt flow, g/10 min	Drying temp, °F	Drying time, hr	Max. % moisture
13GF	GFI 13	1.203	5.0				
14GF(Dry)	GFI 14	1.200	5.0		180	4.0	
15 PTFE 30GF	GFI 30	1.490	2.0		180	4.0	
15-IMP		1.083	20.0		175	4.0	
20PTFE		1.250	15.0		180	3.0-4.0	
30GF-V0	GFI 30	1.600	3.0		180	2.0	
33GF	GFI 33	1.363	2.0				
33GF(Dry)	GFI 33	1.360	2.0		180	4.0	
43GF	GFI 43	1.504	2.0		180	4.0	
4IMP		1.103	15.0		175	4.0	
50GF	GFI 50	1.614	1.5		180	4.0	
Moly		1.190	15.0		175	4.0	
ST 33GF(Dry)	GFI 33	1.340	3.0		190	4.0	

Max. % regrind	Inj. pres., ksi	Rear temp, °F	Mid temp, °F	Front temp, °F	Nozzle temp, °F	Proc temp, °F	Mold temp, °F
25	5.0-15.0	500-560	530-570	540-590	535-585	550-600	180-200
25	8.0-18.0	520-560	540-580	560-600	555-595	560-600	180-200
25	7.0-15.0	500-540	520-560	540-580	535-575	540-580	120-200
25	5.0-15.0	500-560	530-570	540-590	535-585	550-600	180-200
25	5.0-15.0	500-560	530-570	540-590	535-585	550-600	180-200
25	8.0-18.0	520-560	540-580	560-600	555-595	560-600	180-200
25	8.0-18.0	520-560	540-580	560-600	555-595	560-600	180-200
25	8.0-18.0	520-560	540-580	560-600	555-595	560-600	180-200
25	8.0-18.0	520-560	540-580	560-600	555-595	560-600	180-200
25	5.0-15.0	500-560	530-570	540-590	535-585	550-600	180-200
25	8.0-18.0	520-560	540-580	560-600	555-595	560-600	180-200
25	8.0-18.0	520-560	540-580	560-600	555-595	560-600	180-200
25	8.0-18.0	520-560	540-580	560-600	555-595	560-600	180-200
25	8.0-18.0	520-560	540-580	560-600	555-595	560-600	180-200

					511	
					527	
					590	
					600	
					590	
					600	
					600	
					579	
					590	
					580	

	525-540	530-550	540-560	540-550	530-580	150-210
	520-530	520-540	530-550	530-540	520-550	180
	525-540	530-550	540-560	540-550	530-580	150-210
	520-530	520-540	530-550	530-540	520-550	180
	520-530	520-540	530-550	530-540	520-550	180
	525-540	530-550	540-560	540-550	530-580	150-210

					550-580	
	520-560	540-580	560-600	555-595	560-600	110-220
	520-560	560-600	560-600	555-595	560-600	110-220
	525-540	530-550	540-560	540-560	540-560	150-225
	525-540	530-550	540-560	540-560	530-570	150-225
	480-540	500-550	520-580	520-580	520-580	150-230
					550-580	
	520-560	540-580	560-600	555-595	560-600	110-220
	540-580	560-600	580-620	575-615	550-580	110-220
	525-540	530-550	540-560	540-560	540-560	150-225
	540-580	560-600	580-620	575-615	560-580	110-220
	525-540	530-550	540-560	540-560	530-570	150-225
	520-560	540-580	560-600	555-595	560-600	110-220

FREE DATA SHEETS: WWW.IDES.COM/PSIM

Grade	Filler	Sp Grav	Shrink, mils/in	Melt flow, g/10 min	Drying temp, °F	Drying time, hr	Max. % moisture
ST-14GF	GFI 14	1.193	6.0		190	4.0	
ST-30GF	GFI 30	1.343	3.0				
Unfilled		1.140	15.0		175	4.0	

Nylon 66 — PermaStat — RTP

200		1.113	15.0-20.0		175	2.0	
200 H		1.093	15.0-20.0		175	2.0	

Nylon 66 — Plaslube — Techmer Lehvoss

J-1/30/TF/13/SI/2 (Dry)	GFI 30	1.490	2.0		180	2.0-4.0	0.12
J-1/30/TF/15 (Dry)	GFI 30	1.520	2.0		180	2.0-4.0	0.12
NY-1/SI/2		1.140	15.0		180	2.0-4.0	0.12

Nylon 66 — Polifil — TPG

620		1.150	0.2				
620-13GF	GFI 13	1.230	7.0				
620-33GF	GFI 33	1.370					
625							
625L		1.090	15.0				
627		1.070	16.0				
627L		1.080	15.0				
628-13GF	GFI 13	1.220	5.0				
628-33GF	GFI 33	1.380	2.0				
628BR-WO		1.250	11.0				
628L		1.140	15.0				
628L-13GF		1.210	5.0				
628L-33GF		1.370	20.0				
71MR	MN	1.500	6.5				
78MRGF	GMN	1.450	5.0				

Nylon 66 — Polyram PA6.6 — Polyram

PA103		1.143	14.0-18.0		185	3.0	
PA106R		1.143	14.0-18.0		185	3.0	
PA112NT	PTF	1.223	20.0		185	3.0	
PA125		1.143	14.0-18.0		185	3.0	
PA301G4	GFI 20	1.273	4.0-5.0		185	3.0	
PA303G33	GFI 33	1.383	3.0-4.0		185	3.0	
PA303G43	GFI 43	1.584	3.0-4.0		185	3.0	
PA303G5	GFI 25	1.313	4.0-5.0		185	3.0	
PA303G50	GFI 50	1.554	1.0-2.5		185	3.0	
PA309G6	GFI 30	1.373	2.0		185	3.0	
PA320G5	GFI 25	1.604	2.0-4.0		185	3.0	
PA323G6	GFI 30	1.383	3.0-4.0		185	3.0	
PA325G6	GFI 30	1.303	4.0		185	3.0	
PA340S6	GB 30	1.353	8.0-10.0		185	3.0	
PA341G9	GFI 45	1.464	2.0-3.0		185	3.0	
PA352M6	MN 30	1.373	9.0-13.0		185	3.0	
PA4801G6	GFI 30	1.474	3.0-4.0		185	3.0	
PA500		1.243	9.0-16.0		185	3.0	
PA517		1.504	10.0-14.0		185	3.0	
PA604		1.143	11.0-18.0		185	3.0	
PA700		1.143	11.0-18.0		185	3.0	
PA810		1.103	14.0-18.0		185	3.0	
PA830		1.083	17.0-25.0		185	3.0	
PA840G3	GFI 15	1.223	0.0-4.0		185	3.0	
PA866S6		0.912	17.0		185	3.0	

Max. % regrind	Inj. pres., ksi	Rear temp, °F	Mid temp, °F	Front temp, °F	Nozzle temp, °F	Proc temp, °F	Mold temp, °F
		520-560	540-580	560-600	555-595	550-570 560-575	110-220
		525-540	530-550	540-560	540-560	530-570	150-225
	10.0-15.0					465-520	150-225
	10.0-15.0					465-520	150-225
		540-560	550-570	530-550	540-560	540-580	130-200
		540-560	550-570	530-550	540-560	540-580	130-200
		540-550	540-550	530-540	520-530	520-560	130-200
		540	525	520	500-570	535-580	
		520-540	500-510	500-510	520-530	520-540	160-180
		520-540	500-510	500-510	520-530	520-540	160-180
		560	535	525	500-570	550-560	
	6.0-20.0	560	535	525	500-570	550-560	100-200
		560	535	525	500-570	550-560	
	6.0-20.0	560	535	525	500-570	550-560	100-200
	5.0-20.0	520-540	500-510	500-510	520-530	520-540	150-250
	5.0-20.0	520-540	500-510	500-510	520-530	520-540	150-250
		460-500	480-520	480-520	470-490	485-510	
	5.0-20.0	540	525	520	500-570	535-580	100-200
		540	525	520	500-570	535-580	160-180
		540	525	520	500-570	535-580	160-180
	14.0-20.0	560-570	550-560	540-550	560-580	560-580	150-230
	5.0-15.0	540-560	530-550	530-540	540-550	540-570	150-230
	10.2-18.1	518-536	536-572	545-590			149-230
	10.2-18.1	518-536	536-572	545-590			149-230
	10.2-18.1	518-536	536-572	545-590			149-230
	10.2-18.1	518-536	536-572	545-590			149-230
	10.2-18.1	518-536	536-572	545-590			149-230
	10.2-18.1	518-536	536-572	545-590			149-230
	10.2-18.1	518-536	536-572	545-590			149-230
	10.2-18.1	518-536	536-572	545-590			149-230
	10.2-18.1	518-536	536-572	545-590			149-230
	10.2-18.1	518-536	536-572	545-590			149-230
	10.2-18.1	518-536	536-572	545-590			149-230
	10.2-18.1	518-536	536-572	545-590			149-230
	10.2-18.1	518-536	536-572	545-590			149-230
	10.2-18.1	518-536	536-572	545-590			149-230
	10.2-18.1	518-536	536-572	545-590			149-230
	10.2-18.1	518-536	536-572	545-590			149-230
	10.2-18.1	518-536	536-572	545-590			149-230
	10.2-18.1	518-536	536-572	545-590			149-230
	10.2-18.1	518-536	536-572	545-590			149-230
	10.2-18.1	518-536	536-572	545-590			149-230
	10.2-18.1	518-536	536-572	545-590			149-230
	10.2-18.1	518-536	536-572	545-590			149-230
	10.2-18.1	518-536	536-572	545-590			149-230

FREE DATA SHEETS: WWW.IDES.COM/PSIM

Grade	Filler	Sp Grav	Shrink, mils/in	Melt flow, g/10 min	Drying temp, °F	Drying time, hr	Max. % moisture
PA870G33	GFI 33	1.333	3.0-4.0		185	3.0	
PA880		1.083	17.0-25.0		185	3.0	
RA101/RA102		1.143	15.0-18.0		185	3.0	
RA103		1.133	16.0-20.0		185	3.0	
RA116		1.143	14.0-18.0		185	3.0	
RA124		1.143	14.0-18.0		185	3.0	
RA300G3	GFI 15	1.233	4.0-5.0		185	3.0	
RA300G4	GFI 20	1.273	4.0-5.0		185	3.0	
RA300G6/331 G6/334G6	GFI 30	1.373	2.0-3.0		185	3.0	
RA301G6	GFI 30	1.373	3.0-4.0		185	3.0	
RA303G4	GFI 20	1.273	4.5-5.5		185	3.0	
RA303G6	GFI 30	1.373	3.0-4.0		185	3.0	
RA303G7	GFI 35	1.404	3.0-4.0		185	3.0	
RA304G6	GFI 30	1.373	3.0-4.0		185	3.0	
RA307G4	GFI 20	1.273	4.5-5.5		185	3.0	
RA320G3	GFI 15	1.233	3.5-4.5		185	3.0	
RA320G6/RA321G6	GFI 30	1.383	3.0-4.0		185	3.0	
RA325G5	GFI 25	1.303	4.0		185	3.0	
RA325J5	GBF 25	1.353	9.0		185	3.0	
RA341M16	MN 16	1.233	8.0-10.0		185	3.0	
RA502		1.183	10.0-15.0		185	3.0	
RA601		1.143	14.0-18.0		185	3.0	
RA843		1.093	15.0-19.0		185	3.0	
RA844		1.093	15.0-19.0		185	3.0	
RA845		1.093	20.0		185	3.0	
RA846		1.093	15.0-19.0		185	3.0	

Nylon 66   Polytron   Polyram

Grade	Filler	Sp Grav	Shrink, mils/in	Melt flow, g/10 min	Drying temp, °F	Drying time, hr	Max. % moisture
A40B01	GLL 40	1.484	2.2		185	3.0	
P30BO1	GLL 30	1.123	1.7		185	3.0	
P40BO1	GLL 40	1.233	1.2		185	3.0	
P50BO1	GLL 50	1.303	0.3		185	3.0	

Nylon 66   PRL   Polymer Res

Grade	Filler	Sp Grav	Shrink, mils/in	Melt flow, g/10 min	Drying temp, °F	Drying time, hr	Max. % moisture
NY66-G13	GFI 13	1.220	4.0-6.0		165-185	3.0-4.0	
NY66-G33	GFI 33	1.380	2.0-4.0		165-185	3.0-4.0	
NY66-G43	GFI 43	1.500	2.0-4.0		165-185	3.0-4.0	
NY66-GP1		1.140	12.0-18.0		165-185	3.0-4.0	
NY66-GP2		1.140	12.0-18.0		165-185	3.0-4.0	
NY66-IM1		1.090	14.0-20.0		165-185	3.0-4.0	
NY66-IM1G13	GFI 13	1.200	5.0-10.0		165-185	3.0-4.0	
NY66-IM1G33	GFI 33	1.350	3.0-8.0		165-185	3.0-4.0	
NY66-IM2		1.070	17.0-20.0		165-185	3.0-4.0	
NY66-IM2G13	GFI 13	1.180	5.0-8.0		165-185	3.0-4.0	
NY66-IM2G33	GFI 33	1.330	3.0-5.0		165-185	3.0-4.0	
NY66-M25G15	MN 25	1.490	4.0-9.0		165-185	3.0-4.0	
NY66-M40	MN 40	1.490	7.0-10.0		165-185	3.0-4.0	

Nylon 66   Radiflam   Radici Plastics

Grade	Filler	Sp Grav	Shrink, mils/in	Melt flow, g/10 min	Drying temp, °F	Drying time, hr	Max. % moisture
A AE (Dry)		1.180	1.4				
A RV250AF (Dry)		1.310	0.4				

Nylon 66   Radilon   Radici Plastics

Grade	Filler	Sp Grav	Shrink, mils/in	Melt flow, g/10 min	Drying temp, °F	Drying time, hr	Max. % moisture
A CP400 (Dry)		1.470	0.9				
A RV150 (Dry)		1.200	0.5				

Max. % regrind	Inj. pres., ksi	Rear temp, °F	Mid temp, °F	Front temp, °F	Nozzle temp, °F	Proc temp, °F	Mold temp, °F
	10.2-18.1	518-536	536-572	545-590			149-230
	10.2-18.1	518-536	536-572	545-590			149-230
	10.2-18.1	518-536	536-572	545-590			149-230
	10.2-18.1	518-536	536-572	545-590			149-230
	10.2-18.1	518-536	536-572	545-590			149-230
	10.2-18.1	518-536	536-572	545-590			149-230
	10.2-18.1	518-536	536-572	545-590			149-230
	10.2-18.1	518-536	536-572	545-590			149-230
	10.2-18.1	518-536	536-572	545-590			149-230
	10.2-18.1	518-536	536-572	545-590			149-230
	10.2-18.1	518-536	536-572	545-590			149-230
	10.2-18.1	518-536	536-572	545-590			149-230
	10.2-18.1	518-536	536-572	545-590			149-230
	10.2-18.1	518-536	536-572	545-590			149-230
	10.2-18.1	518-536	536-572	545-590			149-230
	10.2-18.1	518-536	536-572	545-590			149-230
	10.2-18.1	518-536	536-572	545-590			149-230
	10.2-18.1	518-536	536-572	545-590			149-230
	10.2-18.1	518-536	536-572	545-590			149-230
	10.2-18.1	518-536	536-572	545-590			149-230
	10.2-18.1	518-536	536-572	545-590			149-230
	10.2-18.1	518-536	536-572	545-590			149-230
	10.2-18.1	518-536	536-572	545-590			149-230
	10.2-18.1	518-536	536-572	545-590			149-230
	10.2-18.1	518-536	536-572	545-590			149-230
	10.2-18.1	518-536	536-572	545-590			149-230
	10.2-18.1	518-536	536-572	545-590			149-230
	10.2-18.1	518-536	536-572	545-590			149-230
		520-540	530-550	560-580		550-570	150-220
		520-540	530-550	560-580		550-570	150-220
		520-540	530-550	560-580		550-570	150-220
		510-530	520-540	530-550		530-560	150-200
		510-530	520-540	530-550		530-560	150-200
		510-530	520-540	530-550		530-560	150-200
		520-540	530-550	560-580		550-570	150-220
		560-580	530-550	520-540		550-570	150-220
		510-530	520-540	530-550		530-560	150-200
		520-540	530-550	560-580		550-570	150-220
		560-580	530-550	520-540		550-570	150-220
		520-540	540-570	540-580		550-580	180-220
		520-540	530-550	560-580		550-570	150-220
						500	68
						509	221
						518	212
						513	194

FREE DATA SHEETS: WWW.IDES.COM/PSIM

Grade	Filler	Sp Grav	Shrink, mils/in	Melt flow, g/10 min	Drying temp, °F	Drying time, hr	Max. % moisture
A RV200 (Dry)	GFI	1.260	0.5		176	2.0-4.0	0.20
A RV250 (Dry)	GFI	1.310	0.4		176	2.0-4.0	0.20
A RV300 (Dry)	GFI	1.360	0.4		176	2.0-4.0	0.20
A RV300R (Dry)		1.360	0.4				
A RV500 (Dry)	GFI	1.500	5.0		176	2.0-4.0	0.20

Nylon 66   RC Plastics   RC Plastics

Grade	Filler	Sp Grav	Shrink, mils/in	Melt flow, g/10 min	Drying temp, °F	Drying time, hr	Max. % moisture
RCPA66		1.140	15.0-18.0		180	4.0-6.0	
RCPA66 GF 30	GFI 30	1.370	4.0-5.5		180	4.0-6.0	

Nylon 66   RTP Compounds   RTP

Grade	Filler	Sp Grav	Shrink, mils/in	Melt flow, g/10 min	Drying temp, °F	Drying time, hr
200		1.143	15.0		175	4.0
200 A MS 5		1.183	10.0-15.0		180	2.0
200 A TFE 15		1.223	10.0-20.0		180	2.0
200 AR 10 TFE 10	AR 10	1.233	10.0-25.0		175	4.0
200 AR 15	AR 15	1.173	10.0-20.0		175	4.0
200 AR 15 TFE 10	AR 15	1.243	10.0-20.0		175	4.0
200 AR 15 TFE 15	AR 15	1.273	10.0-20.0		175	4.0
200 AR 15 TFE 15 SI 2		1.263	10.0-20.0		175	4.0
200 AR 20	AR 20	1.193	10.0-15.0		175	4.0
200 FR		1.363	11.0-17.0		175	4.0
200 FR BAC		1.414	10.0-16.0		175	4.0
200 FR NH		1.183	14.0-18.0		175	4.0
200 FR UV		1.363	11.0-17.0		175	4.0
200 GB 15 TFE 15	GB 15	1.353	15.0-20.0		175	4.0
200 GB 20	GB 20	1.273	15.0-20.0		175	4.0
200 GB 20 HS	GB 20	1.273	15.0-20.0		175	4.0
200 GB 30 HS	GB 30	1.363	13.0-17.0		175	4.0
200 GB 40	GB 40	1.444	13.0-17.0		175	4.0
200 H AR 5 TFE 10	AR 5	1.163	20.0-30.0		175	4.0
200 H FR UV		1.263	18.0-24.0		175	4.0
200 H MS 4		1.113	15.0-25.0		175	4.0
200 H SI 2		1.083	15.0-25.0		175	4.0
200 H TFE 20 SI 1		1.203	20.0-40.0		175	4.0
200 H TFE 20 SI 2		1.203	20.0-40.0		175	4.0
200 H TFE 5		1.113	15.0-30.0		175	4.0
200 HS MS 2		1.163	10.0-16.0		175	4.0
200 MS		1.183	10.0-14.0		175	4.0
200 MS 2		1.163	10.0-20.0		175	4.0
200 MS 5		1.183	10.0-15.0		175	4.0
200 MS Natural		1.183	10.0-15.0		175	4.0
200 SE		1.153	12.0-16.0		175	4.0
200 SI 2		1.133	15.0-25.0		175	4.0
200 TFE 10		1.193	15.0-25.0		175	4.0
200 TFE 10 SI 2		1.193	15.0-30.0		175	4.0
200 TFE 15		1.233	15.0-30.0		175	4.0
200 TFE 18 SI 2		1.243	15.0-30.0		175	4.0
200 TFE 18 SI 2 HB		1.243	28.0-35.0		175	4.0
200 TFE 20		1.263	15.0-25.0		175	4.0
200 TFE 20 FR		1.464	12.0-20.0		175	4.0
200 TFE 20 HS		1.263	20.0-30.0		175	4.0

Max. % regrind	Inj. pres., ksi	Rear temp, °F	Mid temp, °F	Front temp, °F	Nozzle temp, °F	Proc temp, °F	Mold temp, °F
						554	176
						554	176
						554	176
						518	221
						554	176
		530-580	530-580	530-580		540-575	150-225
		530-580	530-580	530-580		540-575	150-225
	10.0-18.0					530-570	150-225
	10.0-15.0					470-535	130-200
	10.0-15.0					470-535	130-200
	10.0-18.0					530-570	150-225
	10.0-18.0					530-570	150-225
	10.0-18.0					530-570	150-225
	10.0-18.0					530-570	150-225
	10.0-18.0					530-570	150-225
	10.0-18.0					530-570	150-225
	10.0-18.0					530-570	150-225
	10.0-18.0					530-570	150-225
	10.0-18.0					490-530	150-225
	10.0-18.0					530-570	150-225
	10.0-18.0					530-570	150-225
	10.0-18.0					530-570	150-225
	10.0-18.0					530-570	150-225
	10.0-18.0					530-570	150-225
	10.0-18.0					530-570	150-225
	10.0-18.0					530-570	150-225
	10.0-18.0					530-570	150-225
	10.0-18.0					530-570	150-225
	10.0-18.0					530-570	150-225
	10.0-18.0					530-570	150-225
	10.0-18.0					530-570	150-225
	10.0-18.0					530-570	150-225
	10.0-18.0					530-570	150-225
	10.0-18.0					530-570	150-225
	10.0-18.0					530-570	150-225
	10.0-18.0					530-570	150-225
	10.0-18.0					530-570	150-225
	10.0-18.0					530-570	150-225
	10.0-18.0					530-570	150-225
	10.0-18.0					530-570	150-225
	10.0-18.0					530-570	150-225
	10.0-18.0					530-570	150-225
	10.0-18.0					530-570	150-225

FREE DATA SHEETS: WWW.IDES.COM/PSIM

Grade	Filler	Sp Grav	Shrink, mils/in	Melt flow, g/10 min	Drying temp, °F	Drying time, hr	Max. % moisture
200 TFE 20 SI		1.263		15.0-30.0	175	4.0	
200 TFE 5		1.173		15.0-30.0	175	4.0	
200 TFE 5 SI 2		1.163		20.0-35.0	175	4.0	
200 TFE 5 Z		1.173		15.0-30.0	175	4.0	
200.5 FR	GFI 5	1.464		8.0-12.0	175	4.0	
201	GFI 10	1.213			175	4.0	
201 FR	GFI 10	1.484	4.0-6.0		175	4.0	
201 FR SP	GFI 10	1.504	5.0-8.0		175	4.0	
201 FR UV	GFI 10	1.484	4.0-6.0		175	4.0	
201 MS 2 HB	GFI 10	1.223	5.0-8.0		175	4.0	
201 UV	GFI 10	1.213	6.0-9.0		175	4.0	
202	GFI 15	1.233	4.0-7.0		175	4.0	
202 B	GFI 15	1.183	4.0-7.0		175	2.0	
202 FR	GFI 15	1.554	2.5-4.0		175	4.0	
202 FR UV		1.554	2.5-4.0		175	4.0	
202 GB 25	GB 25	1.454	4.0-7.0		175	4.0	
202 H	GFI 15	1.193	5.0-8.0		175	4.0	
203	GFI 20	1.273	3.0-6.0		175	4.0	
203 FR	GFI 20	1.584	2.0-3.5		175	4.0	
203 FR UV	GFI 20	1.584	2.0-3.5		175	4.0	
203 HB	GFI 20	1.273	3.0-6.0		175	4.0	
203 MS	GFI 20	1.323	2.0-5.0		175	4.0	
203 MS 5	GFI 20	1.333	3.0-5.0		175	4.0	
203 TFE 10	GFI 20	1.353	4.0-7.0		175	4.0	
203 TFE 13 SI 2	GFI 20	1.363	3.0-7.0		175	4.0	
203 TFE 15	GFI 20	1.393	4.0-8.0		175	4.0	
203 TFE 15 FR	GFI 20	1.674	3.5-5.0		175	4.0	
203 TFE 20	GFI 20	1.434	3.0-7.0		175	4.0	
203 TFE 20 HB	GFI 20	1.434	4.0-6.0		175	4.0	
203 TFE 5	GFI 20	1.313	3.0-6.0		175	4.0	
204 A FR UV	GFI 25	1.634	2.0-4.0		180	2.0	
204 FR	GFI 25	1.644	2.0-3.0		175	4.0	
204 FR UV	GFI 25	1.644	2.0-3.0		175	4.0	
204 GB FR	GB 25	1.614		11.0-16.0	175	4.0	
205	GFI 30	1.363	2.0-4.0		175	4.0	
205 A MS 5	GFI 30	1.414	2.0-4.0		180	2.0	
205 D HS TFE 15	GFI 30	1.424	3.0-8.0		175	4.0	
205 FR	GFI 30	1.664	1.5-3.0		175	4.0	
205 FR SP	GFI 30	1.654	2.5-3.5		175	4.0	
205 FR UV	GFI 30	1.664	1.5-3.0		175	4.0	
205 H FR	GFI 30	1.594	2.0-3.0		175	4.0	
205 HB	GFI 30	1.363	2.5-3.5		175	4.0	
205 HS MS 2	GFI 30	1.404	2.0-4.0		175	4.0	
205 HS MS 5	GFI 30	1.434	2.0-4.0		175	4.0	
205 K	GFI 30	1.434	1.0-3.0		250	4.0-5.0	
205 K TFE 15	GFI 30	1.554	1.0-3.0		250	4.0-5.0	
205 MS	GFI 30	1.414	1.5-4.0		175	4.0	
205 MS 2	GFI 30	1.404	2.0-4.0		175	4.0	
205 MS 5	GFI 30	1.434	1.5-4.0		175	4.0	
205 SI 2	GFI 30	1.353	2.0-4.0		175	4.0	
205 TFE 10		1.444	2.0-5.0		175	4.0	
205 TFE 13 SI 2		1.484	2.0-5.0		175	4.0	
205 TFE 15	GFI 30	1.494	1.0-5.0		175	4.0	
205 TFE 15 FR	GFI 30	1.754	2.0-4.0		175	4.0	
205 TFE 15 HB	GFI 30	1.504	2.0-3.5		175	4.0	
205 TFE 15 HS	GFI 30	1.494	2.0-4.0		175	4.0	

Max. % regrind	Inj. pres., ksi	Rear temp, °F	Mid temp, °F	Front temp, °F	Nozzle temp, °F	Proc temp, °F	Mold temp, °F
	10.0-18.0					530-570	150-225
	10.0-18.0					530-570	150-225
	10.0-18.0					530-570	150-225
	10.0-18.0					530-570	150-225
	10.0-18.0					530-570	150-225
	10.0-18.0					530-570	150-225
	10.0-18.0					530-570	150-225
	10.0-18.0					530-570	150-225
	10.0-18.0					530-570	150-225
	10.0-18.0					530-570	150-225
	10.0-18.0					530-570	150-225
	10.0-18.0					530-570	150-225
	10.0-18.0					530-570	150-225
	10.0-18.0					530-570	150-225
	10.0-18.0					530-570	150-225
	10.0-18.0					530-570	150-225
	10.0-18.0					530-570	150-225
	10.0-18.0					530-570	150-225
	10.0-18.0					530-570	150-225
	10.0-18.0					530-570	150-225
	10.0-18.0					530-570	150-225
	10.0-18.0					530-570	150-225
	10.0-18.0					530-570	150-225
	10.0-18.0					530-570	150-225
	10.0-18.0					530-570	150-225
	10.0-18.0					530-570	150-225
	10.0-18.0					530-570	150-225
	10.0-18.0					530-570	150-225
	10.0-15.0					470-535	130-200
	10.0-18.0					530-570	150-225
	10.0-18.0					530-570	150-225
	10.0-18.0					530-570	150-225
	10.0-18.0					530-570	150-225
	10.0-15.0					470-535	130-200
	10.0-18.0					480-545	140-200
	10.0-18.0					530-570	150-225
	10.0-18.0					530-570	150-225
	10.0-18.0					530-570	150-225
	10.0-18.0					530-570	150-225
	10.0-18.0					530-570	150-225
	10.0-18.0					530-570	150-225
	10.0-18.0					530-570	150-225
	12.0-18.0					480-540	250-285
	12.0-18.0					480-540	250-285
	10.0-18.0					530-570	150-225
	10.0-18.0					530-570	150-225
	10.0-18.0					530-570	150-225
	10.0-18.0					530-570	150-225
	10.0-18.0					530-570	150-225
	10.0-18.0					530-570	150-225
	10.0-18.0					530-570	150-225
	10.0-18.0					530-570	150-225
	10.0-18.0					530-570	150-225
	10.0-18.0					530-570	150-225

FREE DATA SHEETS: WWW.IDES.COM/PSIM

Grade	Filler	Sp Grav	Shrink, mils/in	Melt flow, g/10 min	Drying temp, °F	Drying time, hr	Max. % moisture
205 TFE 15 SI	GFI 30	1.504	2.0-4.5		175	4.0	
205 TFE 15 SI 2	GFI 30	1.494	2.5-4.5		175	4.0	
205 TFE 15 UV	GFI 30	1.494	2.0-5.0		175	4.0	
205 TFE 15 Z	GFI 30	1.504	2.0-4.0		175	4.0	
205 TFE 20	GFI 30	1.544	2.5-5.0		175	4.0	
205 TFE 5	GFI 30	1.404	2.0-4.0		175	4.0	
205 TFE 5 MS 4		1.454	1.0-4.0		175	4.0	
205.3 TFE 15	GFI 33	1.534	2.0-4.0		175	4.0	
206 TFE 15	GFI 35	1.544	1.5-4.0		175	4.0	
206 UV	GFI 35	1.404	2.0-3.0		175	4.0	
207	GFI 40	1.464	1.0-4.0		175	4.0	
207							
A TFE 13 SI 2	GFI 40	1.594	0.5-2.0		180	2.0	
207 FR	GFI 40	1.724	1.0-2.0		175	4.0	
207 FR SP	GFI 40	1.734	1.5-2.5		175	4.0	
207 HB	GFI 20	1.464	1.0-4.0		175	4.0	
207 K	GFI 40	1.534	1.0-2.0		250	4.0-5.0	
207 MS	GFI 40	1.514	1.5-4.0		175	4.0	
207 TFE 10	GFI 40	1.554	1.0-4.0		175	4.0	
208 K	GFI 45	1.584	1.0-2.0		250	4.0-5.0	
209	GFI 50	1.564	1.0-3.0		175	4.0	
209 K	GFI 50	1.644	1.0-2.0		250	4.0-5.0	
209 K FR	GFI 50	1.805	1.0-2.0		250	4.0-5.0	
209 MS UV	GFI 50	1.644	1.0-3.0		175	4.0	
211	GFI 60	1.714	1.0-3.0		175	4.0	
211 K	GFI 60	1.734	1.0-2.0		250	4.0-5.0	
225	MN 20	1.293	9.0-13.0		175	4.0	
227	MN 40	1.504	7.0-11.0		175	4.0	
227 FR	MN 40	1.704	5.0-8.0		175	4.0	
227 MS	MN 40	1.504	8.0-12.0		175	4.0	
281	CF 10	1.183	2.0-4.0		175	4.0	
281 FR	CF 10	1.454	1.5-2.5		175	4.0	
281 MS	CF 10	1.183	2.0-4.0		175	4.0	
281 TFE 10	CF 10	1.243	2.0-5.0		175	4.0	
281 TFE 20	CF 10	1.303	2.0-4.0		175	4.0	
282	CF 15	1.203	1.0-3.0		175	4.0	
283	CF 20	1.223	0.5-2.0		175	4.0	
283 FR	CF 20	1.504	0.7-1.0		175	4.0	
283 HEC	CFN 20	1.273	1.0-3.0		175	4.0	
283 TFE 15	CF 20	1.323	0.5-2.5		175	4.0	
283 TFE 15 SI 2	CF 20	1.313	0.5-2.5		175	4.0	
283H	CF 20	1.173	1.0-3.0		175	4.0	
285	CF 30	1.273	0.5-2.0		175	4.0	
285 FR	CF 30	1.574	0.2-0.6		175	4.0	
285 H HEC UV		1.233	0.5-1.5		175	4.0	
285 HEC		1.313	1.0-2.0		175	4.0	
285 TFE 13 SI 2	CF 30	1.353	0.5-2.0		175	4.0	
285 TFE 15	CF 30	1.373	0.5-2.0		175	4.0	
285 TFE 5	CF 30	1.303	0.5-2.0		175	4.0	
285H	CF 30	1.213	1.0-2.0		175	4.0	
287	CF 40	1.313	0.5-2.0		175	4.0	
287 TFE 15	CF 40	1.624	0.5-2.0		175	4.0	
287H	CF 40	1.263	0.5-2.0		175	4.0	
289	CF 50	1.373	0.5-2.0		175	4.0	
291	CF 60	1.434	0.5-2.0		175	4.0	
299 X 83820 B		1.143	20.0-25.0		175	4.0	

Max. % regrind	Inj. pres., ksi	Rear temp, °F	Mid temp, °F	Front temp, °F	Nozzle temp, °F	Proc temp, °F	Mold temp, °F
	10.0-18.0					530-570	150-225
	10.0-18.0					530-570	150-225
	10.0-18.0					530-570	150-225
	10.0-18.0					530-570	150-225
	10.0-18.0					530-570	150-225
	10.0-18.0					530-570	150-225
	10.0-18.0					530-570	150-225
	10.0-18.0					530-570	150-225
	10.0-18.0					530-570	150-225
	10.0-18.0					530-570	150-225
	10.0-15.0					470-535	130-200
	10.0-18.0					530-570	150-225
	10.0-18.0					530-570	150-225
	10.0-18.0					530-570	150-225
	12.0-18.0					480-540	250-285
	10.0-18.0					530-570	150-225
	10.0-18.0					530-570	150-225
	12.0-18.0					480-540	250-285
	10.0-18.0					530-570	150-225
	12.0-18.0					480-540	250-285
	12.0-18.0					480-520	250-285
	10.0-18.0					530-570	150-225
	10.0-18.0					530-570	150-225
	12.0-18.0					480-540	250-285
	10.0-18.0					530-570	150-225
	10.0-18.0					530-570	150-225
	10.0-18.0					530-570	150-225
	10.0-18.0					530-570	150-225
	10.0-18.0					530-570	150-225
	10.0-18.0					530-570	150-225
	10.0-18.0					530-570	150-225
	10.0-18.0					530-570	150-225
	10.0-18.0					530-570	150-225
	10.0-18.0					530-570	150-225
	10.0-18.0					530-570	150-225
	10.0-18.0					530-570	150-225
	10.0-18.0					530-570	150-225
	10.0-18.0					530-570	150-225
	10.0-18.0					530-570	150-225
	10.0-18.0					530-570	150-225
	10.0-18.0					530-570	150-225
	10.0-18.0					530-570	150-225
	10.0-18.0					530-570	150-225
	10.0-18.0					530-570	150-225
	10.0-18.0					530-570	150-225
	10.0-18.0					530-570	150-225
	10.0-18.0					530-570	150-225
	10.0-18.0					530-570	150-225

FREE DATA SHEETS: WWW.IDES.COM/PSIM

Grade	Filler	Sp Grav	Shrink mils/in	Melt flow, g/10 min	Drying temp, °F	Drying time, hr	Max. % moisture
299 X 87256 B	CN	1.173		14.0-18.0	175	4.0	
299 X 87256 C	CN	1.173		14.0-17.0	175	4.0	
299 X 93636 B		1.173		20.0-35.0	175	4.0	
EMI 260.5	STS 5	1.183		12.0-18.0	175	4.0	
EMI 261	STS 10	1.223		12.0-18.0	175	4.0	
EMI 261 H	STS 10	1.183		17.0-24.0	175	4.0	
EMI 262	STS 15	1.263		12.0-18.0	175	4.0	
EMI 263	STS 20	1.303		10.0-14.0	175	4.0	
ESD A 200		1.143		20.0-30.0	175	4.0	
ESD A 200 H		1.143		15.0-20.0	175	4.0	
ESD A 201	GFI 10	1.213		8.0-11.0	175	4.0	
ESD A 205	GFI 30	1.383		3.0-5.0	175	4.0	
ESD A 280	CF	1.143		2.0-4.0	175	4.0	
ESD A 280 FR	CF	1.454		2.0-4.0	175	4.0	
ESD C 200		1.173		16.0-25.0	175	4.0	
ESD C 200 H		1.173			175	4.0	
ESD C 202	GFI 15	1.283		6.0-9.0	175	4.0	
ESD C 202 H	GFI 15	1.273		6.0-9.0	175	4.0	
ESD C 203	GFI 20	1.313		5.0-7.0	175	4.0	
ESD C 203 H	GFI 20	1.293		3.0-5.0	175	4.0	
ESD C 204 H	GFI 25	1.353		2.0-4.0	175	4.0	
ESD C 205	GFI 30	1.404		3.0-5.0	175	4.0	
ESD C 205 UV	GFI 30	1.404		3.0-5.0	175	4.0	
ESD C 280	CF	1.203		1.5-3.5	175	4.0	
ESD C 280 FR	CF	1.474		1.0-2.0	175	4.0	
ESD C 280 H	CF	1.143		2.0-4.0	175	4.0	
PA66 15 GF 25 M BLK/BLK		1.484		2.0-5.0	175	4.0	
PA66 20 GF BLK		1.273		3.0-6.0	175	4.0	
PA66 20 GF FR0 BLK		1.584		2.0-3.5	175	4.0	
PA66 30 GF BLK		1.373		2.0-4.0	175	4.0	
PA66 30 GF FR0 BLK		1.654		1.5-3.0	175	4.0	
PA66 30 GF FR0 NAT		1.654		1.5-3.0	175	4.0	
PA66 30 GF HB BLK		1.373		2.0-4.0	175	4.0	
PA66 30 GF NAT		1.373		2.0-4.0	175	4.0	
PA66 33 GF BLK		1.393		2.0-4.0	175	4.0	
PA66 33 GF BLK/BLK		1.393		2.0-4.0	175	4.0	
PA66 33 GF NAT		1.393		2.0-4.0	175	4.0	
PA66 40 GF BLK		1.464		1.0-4.0	175	4.0	
PA66 40 M BLK/BLK		1.504		7.0-11.0	175	4.0	
PA66 43 GF BLK		1.494		1.0-3.0	175	4.0	
PA66 43 GF BLK/BLK		1.494		1.0-3.0	175	4.0	
PA66 50 GF BLK		1.564		1.0-3.0	175	4.0	
PA66 HI 25 GF BLK		1.273		2.0-5.0	175	4.0	
PA66 HI 30 GF BLK		1.323		2.0-4.0	175	4.0	
PA66 HI 33 GF BLK		1.333		3.0-5.0	175	4.0	

Max. % regrind	Inj. pres., ksi	Rear temp, °F	Mid temp, °F	Front temp, °F	Nozzle temp, °F	Proc temp, °F	Mold temp, °F
	10.0-18.0					530-570	150-225
	10.0-18.0					530-570	150-225
	10.0-18.0					530-570	150-225
	10.0-15.0					485-560	175-210
	10.0-15.0					485-560	175-210
	10.0-15.0					485-560	175-210
	10.0-15.0					485-560	175-210
	10.0-15.0					485-560	175-210
	10.0-18.0					530-570	150-225
	10.0-18.0					530-570	150-225
	10.0-18.0					530-570	150-225
	10.0-18.0					530-570	150-225
	10.0-18.0					530-570	150-225
	10.0-18.0					530-570	150-225
	10.0-18.0					530-570	150-225
	10.0-18.0					530-570	150-225
	10.0-18.0					530-570	150-225
	10.0-18.0					530-570	150-225
	10.0-18.0					530-570	150-225
	10.0-18.0					530-570	150-225
	10.0-18.0					530-570	150-225
	10.0-18.0					530-570	150-225
	10.0-18.0					530-570	150-225
	10.0-18.0					530-570	150-225
	10.0-18.0					530-570	150-225
	10.0-18.0					530-570	150-225
	10.0-18.0					530-570	150-225
	10.0-18.0					530-570	150-225
	10.0-18.0					530-570	150-225
	10.0-18.0					530-570	150-225
	10.0-18.0					530-570	150-225
	10.0-18.0					530-570	150-225
	10.0-18.0					530-570	150-225
	10.0-18.0					530-570	150-225
	10.0-18.0					530-570	150-225
	10.0-18.0					530-570	150-225
	10.0-18.0					530-570	150-225
	10.0-18.0					530-570	150-225
	10.0-18.0					530-570	150-225
	10.0-18.0					530-570	150-225
	10.0-18.0					530-570	150-225
	10.0-18.0					530-570	150-225

FREE DATA SHEETS: WWW.IDES.COM/PSIM

Grade	Filler	Sp Grav	Shrink, mils/in	Melt flow, g/10 min	Drying temp, °F	Drying time, hr	Max. % moisture
PA66							
HI 40 GF BLK		1.323	2.0-4.0		175	4.0	
PA66 HI BLK		1.083	17.0-26.0		175	4.0	
PA66 L BLK		1.143	10.0-20.0		175	4.0	
PP 10 GF		0.972	5.0-8.0	10.00 L	175	2.0	
VLF 80205 EM HS	GLL 30	1.373	2.0-3.0		175	4.0	
VLF 80207 EM HS	GLL 40	1.464	1.0-3.0		175	2.0-4.0	
VLF 80209 EM HS	GLL 50	1.574	1.0-3.0		175	2.0-4.0	
VLF 80211 A	GLL 60	1.694	1.0-2.0		180	2.0	
VLF 80211 EM HS	GLL 60	1.714	1.0-3.0		175	2.0-4.0	

Nylon 66   Saxamid   Sax Polymers

Grade	Filler	Sp Grav	Shrink, mils/in	Melt flow, g/10 min	Drying temp, °F	Drying time, hr	Max. % moisture
226		1.133			176	2.0-6.0	0.20
226F10	GFI 50	1.554			176	2.0-6.0	0.20
226F3	GFI 15	1.213			176	2.0-6.0	0.20
226F3H	GFI 15	1.213			176	2.0-6.0	0.20
226F4	GFI 20	1.273			176	2.0-6.0	0.20
226F5	GFI 25	1.323			176	2.0-6.0	0.20
226F5H	GFI 25	1.323			176	2.0-6.0	0.20
226F6	GFI 30	1.363			176	2.0-6.0	0.20
226F6H	GFI 30	1.363			176	2.0-6.0	0.20
226F6T3	GFI 30	1.474			176	2.0-6.0	0.20
226F7	GFI 35	1.414			176	2.0-6.0	0.20
226F7H	GFI 35	1.383			176	2.0-6.0	0.20
226K6	GB 30	1.343			176	2.0-6.0	0.20
226K7H	GB 35	1.434			176	2.0-6.0	0.20
236Q10		1.123			176	2.0-6.0	0.20
236Q30		1.083			176	2.0-6.0	0.20
236Q31		1.073			176	2.0-6.0	0.20
236Q40		1.083			176	2.0-6.0	0.20

Nylon 66   Schulamid   A. Schulman

Grade	Filler	Sp Grav	Shrink, mils/in	Melt flow, g/10 min	Drying temp, °F	Drying time, hr	Max. % moisture
66 GB 40	GB 40	1.430	11.0		175	2.0-4.0	
66 GBF 3020 (Dry)	GFI 30				176	4.0-6.0	
66 GF 13 (Dry)	GFI 13	1.210	7.0		175	2.0-4.0	
66 GF 15 (Dry)	GFI 15	1.200	8.0		180		
66 GF 15 H	GFI 15	1.270	6.0		175	2.0-4.0	
66 GF 20 H	GFI 20	1.270			175	2.0-4.0	
66 GF 30 (Dry)	GFI 30				176	4.0-6.0	
66 GF 30 H	GFI 30	1.380	3.0		175	2.0-4.0	
66 GF 33	GFI 33	1.400	4.0		175	2.0-4.0	
66 GF 33 H	GFI 33	1.400	4.0		175	2.0-4.0	
66 GF 33 HS	GFI 33	1.400	2.0		175	2.0-4.0	
66 GF 35 (Dry)	GFI 33				176	4.0-6.0	
66 GF 40 H	GFI 40	1.460	2.0		175	2.0-4.0	
66 GF 45 (Dry)	GFI 45	1.500	4.0		180		
66 GF 50	GFI 50	1.574	3.0-10.0		174	2.0-4.0	
66 GF 50 H (Dry)	GFI 50				176	4.0-6.0	
66 MF 40 (Dry)	MN 40	1.480	8.0		175	2.0-4.0	
66 MK 20 HI	MN 20	1.283	5.0-15.0		175	2.0-4.0	
66 MK 30 HI	MN 30	1.363	4.0-14.0		175	2.0-4.0	
66 MK 4015 H	GFI 40	1.470	5.0		175	2.0-4.0	
66 MKF 40 HI	MN 40	1.454	4.0-12.0		175	2.0-4.0	
66 MKF 4015	GFI 40	1.470	5.0		175	2.0-4.0	
66 MV 2 9 (Dry)					176	4.0-6.0	
66 MV 3 (Dry)		1.130	15.0		175	2.0-4.0	

Max. % regrind	Inj. pres., ksi	Rear temp, °F	Mid temp, °F	Front temp, °F	Nozzle temp, °F	Proc temp, °F	Mold temp, °F
	10.0-18.0					530-570	150-225
	10.0-18.0					530-570	150-225
	10.0-18.0					530-570	150-225
	10.0-15.0					375-450	90-150
	10.0-18.0					530-570	150-225
	5.0-18.0					520-570	150-255
	5.0-18.0					520-570	150-255
	10.0-18.0					470-520	130-200
	5.0-18.0					520-570	150-255
						536-572	104-176
						536-572	176-194
						536-572	158-194
						536-572	158-194
						536-572	176-194
						536-572	158-194
						536-572	158-194
						536-572	176-194
						536-572	176-194
						536-572	176-194
						536-572	176-194
						536-572	176-194
						536-572	176-194
						536-572	176-194
						518-554	140-194
						518-554	140-194
						518-554	140-194
						518-554	140-194
						554-590	150-200
						482-536	140-194
						554-590	150-200
		540	530	530	540	540-560	175-210
						554-590	150-200
						554-590	150-200
						482-536	140-194
						554-590	150-200
						554-590	150-200
						554-590	150-200
						554-590	150-200
						554-590	140-212
						554-590	150-200
		540	530	530	540	540-560	175-210
						554-590	151-199
						554-590	140-212
						563-581	150-200
						563-581	150-200
						563-581	150-200
						554-590	150-200
						536-581	150-200
						554-590	150-200
						536-590	140-212
						536-581	150-200

FREE DATA SHEETS: WWW.IDES.COM/PSIM

Grade	Filler	Sp Grav	Shrink, mils/in	Melt flow, g/10 min	Drying temp, °F	Drying time, hr	Max. % moisture
66 MV 3 FR		1.170	11.0		175	2.0-4.0	
66 MV 3 H		1.130	15.0		175	2.0-4.0	
66 MV 3 HI		1.070	13.0		175	2.0-4.0	
66 MV 3 HI-IMP (Dry)		1.070	15.0		180		
66 MV HI (Dry)					176	4.0-6.0	
66 MV SHI (Dry)					176	4.0-6.0	
66 MWG 40 (Dry)	MN 25	1.490	5.0		180		
66 N 68 (Dry)		1.080	15.0		180		
66 PTFE 20 HS		1.260	18.0		175	2.0-4.0	
66 SK 1000 (Dry)					176	4.0-6.0	
E-17222		1.070	13.0		175	2.0-4.0	

Nylon 66 — Spartech Polycom

Grade	Filler	Sp Grav	Shrink, mils/in	Melt flow, g/10 min	Drying temp, °F	Drying time, hr	Max. % moisture
SC14-1060L		1.140			190-200	2.0-4.0	
SC14-1080L		1.090			190-200	2.0-4.0	
SC14-1085L		1.070			190-200	2.0-4.0	
SC14-1090		1.140	15.0-20.0		180	1.0-4.0	
SC14-1098		1.090	12.0-16.0		180	1.0-4.0	
SC14-1213	GFI 13	1.220	7.0-11.0		180	1.0-4.0	
SC14-1213L	GFI 13				190-200	2.0-4.0	
SC14-1233	GFI 33	1.380	2.0-6.0		180	1.0-4.0	
SC14-1233L	GFI 33	1.400			190-200	2.0-4.0	
SC14F-1060L		1.270			190-200	2.0-4.0	
SCR14-1060L		1.140			190-200	2.0-4.0	

Nylon 66 — Staramide LNP

Grade	Filler	Sp Grav	Shrink, mils/in	Melt flow, g/10 min	Drying temp, °F	Drying time, hr	Max. % moisture
A24G6K	GFI 30	1.370	2.0-4.0		167-185	4.0-6.0	0.20
A28		1.140	16.0-20.0		167-185	4.0-6.0	0.20
A28K		1.140	16.0-20.0		167-185	4.0-6.0	0.20
A28N		1.140	16.0-20.0		167-185	4.0-6.0	0.20
A40		1.160	16.0-20.0		167-185	4.0-6.0	0.20
AG10	GFI 50	1.570	1.0-2.5		167-185	4.0-6.0	0.20
AG10K	GFI 50	1.570	1.0-2.5		167-185	4.0-6.0	0.20
AG3	GFI 15	1.230	4.0-8.0		167-185	4.0-6.0	0.20
AG3K	GFI 15	1.230	4.0-8.0		167-185	4.0-6.0	0.20
AG3X3	GFI 12	1.160	5.0-8.0		167-185	4.0-6.0	0.20
AG4	GFI 20	1.260	2.0-5.0		167-185	4.0-6.0	0.20
AG4K	GFI 20	1.260	2.0-5.0		167-185	4.0-6.0	0.20
AG5	GFI 25	1.310	2.5-3.5		167-185	4.0-6.0	0.20
AG5K	GFI 25	1.310	2.5-3.5		167-185	4.0-6.0	0.20
AG6	GFI 30	1.370	2.0-4.0		167-185	4.0-6.0	0.20
AG6K	GFI 30	1.370	2.0-4.0		167-185	4.0-6.0	0.20
AG6ST01	GFI 30	1.360	2.0-4.0		167-185	4.0-6.0	0.20
AG6ST43	GFI 30	1.320	3.0-5.0		167-185	4.0-6.0	0.20
AG7	GFI 35	1.410	1.5-3.0		167-185	4.0-6.0	0.20
AG7K	GFI 35	1.410	1.5-3.0		167-185	4.0-6.0	0.20
AK6	MN 30	1.370	10.0-14.0		167-185	4.0-6.0	0.20
AK8	MN 40	1.460	9.0-13.0		167-185	4.0-6.0	0.20
ALM		1.150	16.0-20.0		167-185	4.0-6.0	0.20
AS10	GB 50	1.564	5.0-8.0		167-185	4.0-6.0	0.20
AS3	GB 15	1.233	12.0-16.0		167-185	4.0-6.0	0.20
AS6	GB 30	1.370	11.0-15.0		167-185	4.0-6.0	0.20
AS8	GB 40	1.430			200-225	3.0-4.0	0.07
AST03		1.080	13.0-20.0		167-185	4.0-6.0	0.20
AST04		1.080	10.0-15.0		167-185	4.0-6.0	0.20
AST41		1.130	15.0-20.0		167-185	4.0-6.0	0.20

Max. % regrind	Inj. pres., ksi	Rear temp, °F	Mid temp, °F	Front temp, °F	Nozzle temp, °F	Proc temp, °F	Mold temp, °F
						536-581	150-200
						536-581	150-200
						536-581	150-200
		530	520	510	510	520-560	175-210
						536-590	140-212
						536-590	140-212
		540	530	530	540	540-560	175-210
		530	520	510	510	520-560	175-210
						518-554	150-200
						536-590	140-212
						536-581	150-200
		480-520	530-550	520-550	530-550	520-560	100-200
		480-520	530-550	520-550	530-550	520-560	100-200
		480-520	530-550	520-550	530-550	520-560	100-200
		480-520	530-550	520-560	530-550	520-560	100-200
		540-560	550-570	530-550	520-540	540-580	130-200
		550-570	530-540	520-530	540-560	520-590	150-250
		480-520	530-550	520-550	530-550	520-560	100-200
		550-570	530-540	520-530	540-560	550-590	150-250
		480-520	530-550	520-550	530-550	520-560	100-200
		460-520	480-520	480-520	470-490	460-500	70-200
		480-520	530-550	520-550	530-550	520-560	100-200
		518-554	500-536	500-536	482-518	500-554	158-248
		500-536	500-536	500-536	482-518	500-536	158-194
		500-536	500-536	500-536	482-518	500-536	158-194
		500-536	500-536	500-536	482-518	500-536	158-194
		500-536	500-536	500-536	482-518	500-536	158-194
		518-554	500-536	500-536	482-518	500-554	158-248
		518-554	500-536	500-536	482-518	500-554	158-248
		518-554	500-536	500-536	482-518	500-554	158-248
		518-554	500-536	500-536	482-518	500-554	158-248
		518-554	500-536	500-536	482-518	500-554	158-248
		518-554	500-536	500-536	482-518	500-554	158-248
		518-554	500-536	500-536	482-518	500-554	158-248
		518-554	500-536	500-536	482-518	500-554	158-248
		518-554	500-536	500-536	482-518	500-554	158-248
		518-554	500-536	500-536	482-518	500-554	158-248
		518-554	500-536	500-536	482-518	500-554	158-248
		518-554	500-536	500-536	482-518	500-554	158-248
		518-554	500-536	500-536	482-518	500-554	158-248
		518-554	518-554	518-554	500-536	518-554	194-230
		518-554	518-554	518-554	500-536	518-554	194-230
		500-536	500-536	500-536	482-518	500-536	158-194
		518-554	500-536	500-536	482-518	500-554	158-248
		518-554	500-536	500-536	482-518	500-554	158-248
		518-554	500-536	500-536	482-518	500-554	158-248
		490-560	500-560	510-560	520-560	520-560	150-200
		500-536	500-536	500-536	482-518	500-536	158-194
		500-536	500-536	500-536	482-518	500-536	158-194
		500-536	500-536	500-536	482-518	500-536	158-194

FREE DATA SHEETS: WWW.IDES.COM/PSIM

Grade	Filler	Sp Grav	Shrink, mils/in	Melt flow, g/10 min	Drying temp, °F	Drying time, hr	Max. % moisture
AST42K		1.103	15.0-20.0		167-185	4.0-6.0	0.20
AST43		1.090	10.0-12.0		167-185	4.0-6.0	0.20
AST44		1.070	10.0-12.0		167-185	4.0-6.0	0.20
R-1000 HI 010		1.133	10.0-15.0		180	4.0	0.20
R-1000 HI 020		1.093	11.0-15.0		180	4.0	0.20
R-1000 HI 620		1.073	23.0-25.0		180	4.0	0.20

Nylon 66 — Starflam — LNP

Grade	Filler	Sp Grav	Shrink, mils/in	Melt flow, g/10 min	Drying temp, °F	Drying time, hr	Max. % moisture
AFR200B		1.250	10.0-15.0		167-185	4.0-6.0	0.20
AFR450B	GFI 25	1.500	2.0-3.0		160-175	2.0-4.0	0.20
AFR450X1	GFI 25	1.360	3.0-5.0		167-185	4.0-6.0	0.20
AFR450X2	GFI 25	1.330	3.0-5.0		167-185	4.0-6.0	0.20
AFR460B	GFI 30	1.510	2.0-3.0		167-185	4.0-6.0	0.20
AFR470X1	GFI 35	1.430	2.0-3.0		167-185	4.0-6.0	0.20
AFR470X2	GFI 35	1.430	2.0-3.0		167-185	4.0-6.0	0.20
AFR682A1	MN 40	1.600	5.0-7.0		167-185	4.0-6.0	0.20
AFR682B1	MN 40	1.564	5.0-7.0		167-185	4.0-6.0	0.20
AFR682B2	MN 40	1.584	5.0-7.0		167-185	4.0-6.0	0.20
R-1000							
Z220 EM BK866		1.173	8.0-15.0		180	4.0	0.02
RF-1002 Z230 EM	GFI	1.734	2.0-5.0		180	4.0	0.02
RF-1005 Z250	GFI	1.490			180	4.0	0.20
RF-1005 Z250 EM	GFI	1.474	1.0-3.0		180	4.0	0.02
RF-1005 Z270	GFI 25	1.393	2.0-4.0		180	4.0	0.20
RF-1007 Z270	GFI 35	1.484	1.0-3.0		180	4.0	0.02
RF-1007							
Z270 EM NT91	GFI	1.484	1.0-3.0		180	4.0	0.02
RF-1009							
Z270 EM NT91	GFI	1.584	1.0-3.0		180	4.0	0.02

Nylon 66 — Stat-Kon — LNP

Grade	Filler	Sp Grav	Shrink, mils/in	Melt flow, g/10 min	Drying temp, °F	Drying time, hr	Max. % moisture
R-	CP	1.190	27.0		180	4.0	0.02
R- HI	CP	1.150			180	4.0	0.02
R-1 HI	CP	1.183	31.7		180	4.0	0.02
RC-1003	CF	1.200	2.0-3.0		180	4.0	0.20
RC-1003 FR	CF	1.440	2.0-3.0		180	4.0	0.02
RC-1004	CF	1.250			180	4.0	0.02
RC-1006	CF	1.270	1.0		180	4.0	0.20
RC-1006							
FR HS BK8-115	CF	1.500			180	4.0	0.02
RCFL-4036 FR	GCF	1.700	2.0		180	4.0	0.02
RCFL-4536	GCF	1.430			180	4.0	0.02
RCL-4033	CF 15	1.300			180	4.0	0.02
RF-20 BK8-114	CP	1.393	13.5		180	4.0	0.02

Nylon 66 — Taromid A — Taro Plast

Grade	Filler	Sp Grav	Shrink, mils/in	Melt flow, g/10 min	Drying temp, °F	Drying time, hr	Max. % moisture
280		1.143	16.0-22.0	30.00 BQ	176-194	1.0	
280 G10	GFI 50	1.574	1.5-2.5	5.00 AS	176-194	1.0	
280 G3	GFI 15	1.243	6.0-8.0	25.00 AS	176-194	1.0	
280 G3 K3	GBF 30	1.343	4.5-5.5	15.00 AS	176-194	1.0	
280 G3 X0	GFI 15	1.383	4.0-8.0		176-194	1.0	
280 G4	GFI 20	1.253	5.0-6.0	20.00 AS	176-194	1.0	
280 G4 X0	GFI 20	1.414	4.0-7.0		176-194	1.0	
280 G5	GFI 25	1.313	5.0-6.0	15.00 AS	176-194	1.0	
280 G5 X0	GFI 25	1.474	3.5-6.0		176-194	1.0	
280 G6	GFI 30	1.353	3.0-4.5		176-194	1.0	

Max. % regrind	Inj. pres., ksi	Rear temp, °F	Mid temp, °F	Front temp, °F	Nozzle temp, °F	Proc temp, °F	Mold temp, °F
		500-536	500-536	500-536	482-518	500-536	158-194
		500-536	500-536	500-536	482-518	500-536	158-194
		500-536	500-536	500-536	482-518	500-536	158-194
						510-530	140-210
						510-530	140-210
						510-530	140-210
		518-554	500-536	500-536	482-518	500-536	158-212
		550-570	530-540	520-530	540-560	550-580	150-250
		518-554	518-554	518-554	500-536	500-554	194-248
		518-554	518-554	518-554	500-536	500-554	194-248
		518-554	500-536	500-536	482-518	500-536	158-212
		518-554	518-554	518-554	500-536	500-554	194-248
		518-554	518-554	518-554	500-536	500-554	194-248
		500-536	500-536	500-536	482-518	500-536	176-212
		500-536	500-536	500-536	482-518	500-536	176-212
		500-536	500-536	500-536	482-518	500-536	176-212
						510-530	140-210
						510-530	140-210
						510-530	140-210
						510-530	140-210
						510-530	140-210
						510-530	140-210
						510-530	140-210
						510-530	140-210
						540-575	200-225
						540-575	200-225
						540-575	200-225
						540-575	200-225
						540-575	200-225
						540-575	200-225
						540-575	200-225
						540-575	200-225
						540-575	200-225
						540-575	200-225
						540-575	200-225
						540-575	200-225
						482-536	158-194
						518-572	176-248
						482-518	176-212
						482-536	158-194
						500-518	158-194
						482-518	176-212
						500-518	158-194
						500-536	176-212
						500-518	158-194
						500-536	176-230

FREE DATA SHEETS: WWW.IDES.COM/PSIM

Grade	Filler	Sp Grav	Shrink, mils/in	Melt flow, g/10 min	Drying temp, °F	Drying time, hr	Max. % moisture
280 G6 MB1	GFI 30	1.373	4.0-6.0	8.00 DA	176-194	1.0	
280 G6 X0	GFI 30	1.574	3.0-5.0		176-194	1.0	
280 G7	GFI 35	1.383	2.5-3.5	20.00 AS	176-194	1.0	
280 G7 X0	GFI 30	1.584	3.0-5.0		176-194	1.0	
280 G8	GFI 40	1.404	2.5-3.5		176-194	1.0	
280 H G6 DX0 TR1	GFI 30	1.574	3.0-5.0		176-194	1.0	
280 H G9 DX0 TR1	GFI 30	1.624	1.5-3.0		176-194	1.0	
280 MB3		1.153	16.0-22.0		176-194	1.0	
280 MT6	MN 30	1.373	8.0-11.0	27.00 AS	176-194	1.0	
280 MT8	MN 40	1.464	4.0-6.0	25.00 AS	176-194	1.0	
280 R1		1.103	14.0-20.0	22.00 DA	176-194	1.0	
280 R2		1.093	13.5-19.0	18.00 DA	176-194	1.0	
280 R3		1.083	13.0-18.0	16.00 DA	176-194	1.0	
280 X0		1.233	12.0-18.0		176-194	1.0	
280 Z1 G6	GFI 30	1.293	2.0-3.5	20.00 AS	176-194	1.0	
280 Z2		1.093	15.0-17.0		176-194	1.0	
280 Z4		1.073	15.0-17.0	3.00 AS	176-194	1.0	
280S	CAC	1.143	16.0-22.0	35.00 BQ			

Nylon 66   Technyl   Rhodia

Grade	Filler	Sp Grav	Shrink, mils/in	Melt flow, g/10 min	Drying temp, °F	Drying time, hr	Max. % moisture
A 202F (Dry)		1.143	19.0		176		0.20
A 203		1.143			176		0.20
A 205F (Dry)		1.143	19.0		176		0.20
A 205F NATURAL P (Dry)		1.143	19.0		176		0.20
A 205F ROUGE57 (Dry)		1.143	19.0		176		0.20
A 206 NATURAL Z (Dry)		1.143	19.0		176		0.20
A 206K NATURAL T (Dry)		1.143	17.0		176		0.20
A 208F 21 N (Dry)		1.143	20.0		176		0.20
A 20H1 V25 43 N (Dry)	GFI 25	1.383	5.0		176		0.20
A 216 V15 (Dry)	GFI 15	1.243	11.0		176		0.20
A 216 V15 BLACK FA (Dry)	GFI 15	1.243	11.0		176		0.20
A 216 V50 (Dry)	GFI 50	1.570	3.0		176		0.20
A 216S V15 (Dry)	GFI 15	1.243			176		0.20
A 216S V30 (Dry)	GFI 30	1.373			176		0.20
A 216T V33 BLACK 1 N (Dry)	GFI 33	1.404			176		0.20
A 217 (Dry)		1.140					
A 217 BLACK 1 N (Dry)		1.143			176		0.20
A 217 BLACK 1NV (Dry)		1.143			176		0.20
A 217 NATURAL P (Dry)		1.143	19.0		176		0.20
A 218 (Dry)		1.140	19.0-21.0				
A 218 21 N (Dry)		1.143	19.0		176		0.20
A 218 MT15 V25 21 N (Dry)	GFI 25	1.474	12.0		176		0.20
A 218 MT25 V15 (COND)	MN 25						

Max. % regrind	Inj. pres., ksi	Rear temp, °F	Mid temp, °F	Front temp, °F	Nozzle temp, °F	Proc temp, °F	Mold temp, °F
						500-536	176-230
						500-518	176-230
						500-536	176-230
						500-518	176-230
						500-536	176-230
						500-554	194-230
						518-572	194-230
						482-536	158-194
						482-536	176-212
						500-554	176-212
						482-536	158-194
						482-518	158-176
						482-518	158-176
						500-518	158-194
						500-518	176-230
						482-518	158-176
						518-554	158-176
						482-536	158-194
		518-527	536-545	545-554			140-176
		500-536	518-545	518-554			140-176
		518-527	536-545	545-554			140-176
		518-527	536-545	545-554			140-176
		518-527	536-545	545-554			140-176
		482-518	500-518	518-536			140-176
		518-527	536-545	545-554			140-176
		518-527	536-545	545-554			140-176
		518-527	527-536	536-554			140-176
		500-518	518-536	536-554			140-176
		500-518	518-536	536-554			140-176
		500-518	518-536	536-554			176
		500-518	518-536	536-554			140-176
		500-518	518-536	536-554			140-176
		500-518	518-536	536-554			140-176
		482-536	500-554	518-572	536-554		
		482-518	500-536	518-554			140-176
		482-518	500-536	518-554			
		482-518	482-536	518-554			140-176
		482-536	500-554	518-572	536-554		
		482-518	500-536	518-554			140-176
		500-509	518-536	536-554			176-212
		500-518	518-536	536-554			176-212

FREE DATA SHEETS: WWW.IDES.COM/PSIM

Grade	Filler	Sp Grav	Shrink, mils/in	Melt flow, g/10 min	Drying temp, °F	Drying time, hr	Max. % moisture
A 218							
MT25 V15 (DRY)	MN 25		8.0				
A 218 MX40 (Dry)	MN 40	1.484	5.5		176		0.20
A 218 MZ15							
V25 BLACK 31N	GFI 25	1.474			176		0.20
A 218							
S40 21 N (Dry)	GFI 40	1.474	14.0		176		0.20
A 218							
V15 21 N (Dry)	GB 15	1.243	11.0		176		0.20
A 218 V25							
NATURAL B (Dry)	GFI 25	1.323	8.5		176		0.20
A 218							
V30 34 NG (Dry)	GFI 30	1.373	8.0		176		0.20
A 218 21NS (Dry)	GFI 30	1.373			176		0.20
A 218							
V35 34 NG (Dry)	GFI 35	1.414			176		0.20
A 218 V43 (Dry)	GFI 43	1.494	7.0		176		0.20
A 218 V50							
NOIR 21N (Dry)	GFI 50	1.574	5.0		176		0.20
A 218 Y10 (Dry)		1.143	19.0		176		0.20
A 218G V30 (Dry)	GFI 30	1.373	8.0		176		0.20
A 218G V33							
NOIR 34N (Dry)	GFI 33	1.393	10.8		176		0.20
A 218G1 V25							
NOIR 34N (Dry)	GFI 25	1.323	8.0		176		0.20
A 218G1 V30							
NOIR 34N (Dry)	GFI 30	1.373	8.0		176		0.20
A 218G2 V25							
NOIR 34N (Dry)	GFI 25	1.323	8.0		176		0.20
A 218G2 V30							
NOIR 34N (Dry)	GFI 30	1.373	8.0		176		0.20
A 218W V15	GFI 15	1.243	11.0		176		0.20
A 218Z1 V30	GBF 30	1.373			176		0.20
A 219 V25 B (Dry)	GFI 25	1.323	7.0		176		0.20
A 21T2 V25	GFI 25				176		0.20
A 21T3 V25 (Dry)	GFI 25	1.383	9.0		176		0.20
A 21T3 V25 GRIS							
G2115 CF (Dry)	GFI 25	1.383	5.0		176		0.20
A 21T3 V25							
NOIR 15N (Dry)	GFI 25	1.383	9.0		176		0.20
A 221 T1							
NATURAL S (Dry)		1.143	15.8		176		0.20
A 222							
BLACK 1 N (Dry)		1.143	15.0		176		0.20
A 238 21 N (Dry)		1.103	19.0		176		0.20
A 238							
V13 21 N (Dry)	GFI 13	1.193	8.5		176		0.20
A 238C M25							
BLACK 5N (Dry)	MN 25	1.263	16.0		176	2.0-6.0	0.15
A 238P5 M25							
BLACK 5N (Dry)	MN	1.263	17.0		176	2.0-6.0	0.20
A 246M (Dry)		1.083	19.0		176		0.20
A 248							
V33 21 N (Dry)	GFI 33	1.393	5.0		176		0.20
A 268 21 N (Dry)		1.103			176		0.20
A 30H2 V25 (Dry)	GFI 25	1.544			176		0.20

Max. % regrind	Inj. pres., ksi	Rear temp, °F	Mid temp, °F	Front temp, °F	Nozzle temp, °F	Proc temp, °F	Mold temp, °F
		260-270	270-280	280-290			80-100
		464-500	482-518	500-536			140-176
		500-509	518-536	536-554			176-212
		500-518	518-536	536-554			140-176
		500-518	518-536	536-554			140-176
		500-518	518-536	536-554			140-176
		500-518	518-536	536-554			176-212
		500-518	518-536	536-554			140-176
		500-518	518-536	536-554			140-176
		500-518	518-536	536-554			176-212
		500-518	518-536	536-572			140-212
		482-518	500-518	518-536			140-176
		500-518	518-536	536-554			176-212
		500-518	518-536	536-554			176-212
		500-518	518-536	536-554			176-212
		500-518	518-536	536-554			176-212
		500-518	518-536	536-554			176-212
		500-518	518-536	536-554			176-212
		500-518	518-536	536-554			140-176
		500-509	518-536	536-554			140-176
		500-518	518-536	536-554			140-176
		500-518	518-536	536-554			140-176
		500-518	518-536	536-554			140-176
		500-518	518-536	536-554			140-176
		500-518	518-536	536-554			140-176
		482-518	500-536	518-554			140-176
		482-518	500-536	518-554			140-176
		464-482	482-500	500-518			140-176
		500-518	518-536	536-554			176-212
						536-572	176-248
						536-572	176-212
		482-518	500-536	518-554			140-176
		482-518	518-536	536-554			176-212
		500-518	518-536	536-554			140-176
		527-536	536-545	545-554			140-194

FREE DATA SHEETS: WWW.IDES.COM/PSIM

Grade	Filler	Sp Grav	Shrink, mils/in	Melt flow, g/10 min	Drying temp, °F	Drying time, hr	Max. % moisture
A 338Wit1							
V30 BLACK 36N	GFI 30	1.373			176		0.20
A 338Wit2							
V30 BLACK 36N	GFI 30	1.373			176		0.20
A 60G1 V30	GFI 30	1.464	9.0		176		0.20
AR 130/2 (Dry)	GFI 30	1.373			176		0.20
AR 218							
V30 BLACK (Dry)	GFI 30	1.373			176		0.20
AR 231 MT 16	MN 16	1.253	22.7		176		0.20
PSA 200 (Dry)	MN 28	1.434	14.0		176		0.20
SSD							
330 KNF/E (Dry)		1.378					0.20
SSD KNF (Dry)		1.143			176		0.20

Nylon 66   Tecnoline   Domo nv

Grade	Filler	Sp Grav	Shrink, mils/in	Melt flow, g/10 min	Drying temp, °F	Drying time, hr	Max. % moisture
A2-001-N1		1.143					
A2-001-N1-H2		1.143					
A2-003-V30	GFI 30	1.363					
A2-003-V30-H2	GFI 30	1.373					
A2-601-V25-FR0	GFI 25	1.404			176	2.0-4.0	

Nylon 66   TerezPA66   Ter Hell Plast

Grade	Filler	Sp Grav	Shrink, mils/in	Melt flow, g/10 min	Drying temp, °F	Drying time, hr	Max. % moisture
7100		1.143			176	3.0	0.10
7400 GF							
20 GK 10 black	GFI 20	1.353			176	3.0	0.10
7400 GFK 30	GBF 30	1.373			176	3.0	0.10
7400 GK 15	GB 15	1.243			176	3.0	0.10
7400 GK 20	GB 20	1.353			176	3.0	0.10
7400 GK 30	GB 30	1.373			176	3.0	0.10
7410 GK 20 GF 10	GB 20	1.353			176	3.0	0.10
7410 GK 40	GB 40	1.474			176	3.0	0.10
7430 GF							
20 GK 10 black	GFI 20	1.353			176	3.0	0.10
7450 T GK 30	GB 30	1.353			176	3.0	0.10
7500 GF 15	GFI 15	1.263			176	3.0	0.10
7500 GF 15 H	GFI 15	1.263			176	3.0	0.10
7500 GF 20 H	GFI 20	1.293			176	3.0	0.10
7500 GF 25 FL HF	GFI 25	1.404			176	3.0	0.10
7500 GF 30	GFI 30	1.373			176	3.0	0.10
7500							
GF 30 FL HF /3	GFI 30	1.474			176	3.0	0.10
7500 GF 35	GFI 35	1.414			176	3.0	0.10
7500 GF 35 H	GFI 35	1.404			176	3.0	0.10
7500 GF 35 HA	GFI 35	1.373			176	3.0	0.10
7500 GF 35 HY	GFI 35	1.414			176	3.0	0.10
7500							
GF30 FL HF /2	GFI 30	1.474			176	3.0	0.10
7500							
GF30 FL HF/1	GFI 30	1.424			176	3.0	0.10
7500 GF30 HY	GFI 30	1.373			176	3.0	0.10
7510 GF 25	GFI 25	1.313			176	3.0	0.10
7510 GF 30 HY	GFI 30	1.373			176	3.0	0.10
7510 GF 35	GFI 35	1.373			176	3.0	0.10
7510 GF 50	GFI 50	1.574			176	3.0	0.10
7510 GF30	GFI 30	1.373			176	3.0	0.10
7530 GF							

Max. % regrind	Inj. pres., ksi	Rear temp, °F	Mid temp, °F	Front temp, °F	Nozzle temp, °F	Proc temp, °F	Mold temp, °F
		500-509	518-536	536-554			176-212
		500-509	518-536	536-554			176-212
		500-527	527-536	536-545			140-176
		500-518	518-536	536-554			176-212
		500-518	518-536	536-554			176-212
		500-518	518-536	536-554			140-176
		500-518	509-527	527-545			212-248
		491-509	509-527	527-536			140-176
		491-509	500-518	509-527			176
						518-572	140-176
						518-572	140-176
						518-572	176-212
						518-572	176-212
						536-572	158-194
		518-554	527-563	536-563	518-563	518-563	131-176
		536-563	554-572	527-554	536-563	536-581	131-203
		536-563	554-572	527-554	536-563	536-581	131-203
		536-563	554-572	527-554	536-563	536-581	131-203
		536-563	554-572	527-554	536-563	536-581	131-203
		536-563	554-572	527-554	536-563	536-581	131-203
		536-563	554-572	527-554	536-563	536-581	131-203
		536-563	554-572	527-554	536-563	536-581	131-203
		536-563	554-572	527-554	536-563	536-581	131-203
		536-563	554-572	527-554	536-563	536-581	131-203
		536-563	554-572	527-554	536-563	536-581	131-203
		536-563	554-572	527-554	536-563	536-581	131-203
		536-563	554-572	527-554	536-563	536-581	131-203
		536-563	554-572	527-554	536-563	536-581	131-203
		536-563	554-572	527-554	536-563	536-581	131-203
		536-563	554-572	527-554	536-563	536-581	131-203
		536-563	554-572	527-554	536-563	536-581	131-203
		536-563	554-572	527-554	536-563	536-581	131-203
		536-563	554-572	527-554	536-563	536-581	131-203
		536-563	554-572	527-554	536-563	536-581	131-203
		536-563	554-572	527-554	536-563	536-581	131-203
		536-563	554-572	527-554	536-563	536-581	131-203
		536-563	554-572	527-554	536-563	536-581	131-203
		536-563	554-572	527-554	536-563	536-581	131-203
		536-563	554-572	527-554	536-563	536-581	131-203

FREE DATA SHEETS: WWW.IDES.COM/PSIM

Grade	Filler	Sp Grav	Shrink, mils/in	Melt flow, g/10 min	Drying temp, °F	Drying time, hr	Max. % moisture
20 GK 10 black	GFI 20	1.353			176	3.0	0.10
7530 GF 30 black	GFI 30	1.373			176	3.0	0.10
7530 GF35	GFI 35	1.414			176	3.0	0.10
7600		1.143			176	3.0	0.10
7600 FL HF		1.163			176	3.0	0.10
7600 H		1.143			176	3.0	0.10
7610		1.143			176	3.0	0.10
7630 black		1.143			176	3.0	0.10
7750 T		1.133			176	3.0	0.10
7750 T GF 10	GFI 10	1.213			176	3.0	0.10
7750 T GF 30 C black	GFI 30	1.353			176	3.0	0.10
7750 TC		1.153			176	3.0	0.10
7850 T		1.133			176	3.0	0.10
8650 T GF30	GFI 30	1.353			176	3.0	0.10
HT 7110 GF 33	GFI 33	1.393			176	3.0	0.10
HT 7110							
GF 41 FL-HF/2	GFI 41	1.564			176	3.0	0.10
HT 7110 GF 50	GFI 50	1.584			176	3.0	0.10
HT 7110 GF 55	GFI 60	1.644			176	3.0	0.10

Nylon 66   Therma-Tech   PolyOne

Grade	Filler	Sp Grav	Shrink, mils/in	Melt flow, g/10 min	Drying temp, °F	Drying time, hr	Max. % moisture
NN-3000 TC		1.410	7.0-8.0				
NN-5000C TC		1.540	3.0-4.0				
NNC-5000 TC		1.580	3.0-4.0				

Nylon 66   Thermocomp   LNP

Grade	Filler	Sp Grav	Shrink, mils/in	Melt flow, g/10 min	Drying temp, °F	Drying time, hr	Max. % moisture
PDX-R-02743 BK8-115	GFI	1.400	3.0		180	4.0	0.02
PDX-R-04493 BLACK	GLL	1.690			180	4.0	0.02
PDX-R-93402 BK8-115	GFI	1.440	9.0		180	4.0	0.02
RB-1004 HS BK8-114	GB	1.280			180	4.0	0.20
RB-1006	GB	1.360			180	4.0	0.02
RB-1008	GB	1.460	18.0-20.0		180	4.0	0.20
RC-1003	CF	1.203	2.0-3.0		180	4.0	0.20
RC-1006	CF	1.270	1.0		180	4.0	0.02
RC-1008	CF				180	4.0	0.20
RC-1008 EES HC BK8-065	CF	1.320	1.0-3.0		180	4.0	0.02
RF-100-10 EM HS BK8-115	GFI	1.590	3.0		180	4.0	0.20
RF-100-10 HS	GFI	1.570	3.0		180	4.0	0.02
RF-100-12	GFI	1.730	3.0		180	4.0	0.02
RF-100-12 EM HS BK8-115	GFI	1.730	5.0		180	4.0	0.20
RF-100-12 MG BK8-114	GMF	1.710			180	4.0	0.02
RF-1002	GFI	1.210	8.0		180	4.0	0.02
RF-1002 EM HS BK8-115	GFI	1.220	8.0		180	4.0	0.20
RF-1003 FR HS	GFI	1.480	9.0		180	4.0	0.02
RF-1004	GFI	1.290	5.0		180	4.0	0.02
RF-1004 FR HS	GFI	1.530	3.0-5.0		180	4.0	0.02

Max. % regrind	Inj. pres., ksi	Rear temp, °F	Mid temp, °F	Front temp, °F	Nozzle temp, °F	Proc temp, °F	Mold temp, °F
		536-563	554-572	527-554	536-563	536-581	131-203
		536-563	554-572	527-554	536-563	536-581	131-203
		536-563	554-572	527-554	536-563	536-581	131-203
		518-554	527-563	536-563	518-563	518-563	131-176
		518-554	527-563	536-563	518-563	518-563	131-176
		518-554	527-563	536-563	518-563	518-563	131-176
		518-554	527-563	536-563	518-563	518-563	131-176
		518-554	527-563	536-563	518-563	518-563	131-176
		518-554	527-563	536-563	518-563	518-563	131-176
		536-563	554-572	527-554	536-563	536-581	131-203
		536-563	554-572	527-554	536-563	536-581	131-203
		518-554	527-563	536-563	518-563	518-563	131-176
		518-554	527-563	536-563	518-563	518-563	131-176
		536-563	554-572	527-554	536-563	536-581	131-203
		536-563	554-572	527-554	536-563	536-581	131-203
		536-563	554-572	527-554	536-563	536-581	131-203
		536-563	554-572	527-554	536-563	536-581	131-203
		536-563	554-572	527-554	536-563	536-581	131-203
						540-570	150-200
						540-570	150-200
						540-570	150-200
						540-575	200-225
						535-565	200-225
						525-550	175-200
						540-575	200-225
						540-575	200-225
						540-575	200-225
						540-575	200-225
						540-575	200-225
						540-575	200-225
						540-575	200-225
						540-575	200-225
						540-575	200-225
						540-575	200-225
						540-575	200-225
						540-575	200-225
						540-575	200-225
						540-575	200-225
						525-550	175-200
						540-575	200-225
						525-550	175-200

FREE DATA SHEETS: WWW.IDES.COM/PSIM

Grade	Filler	Sp Grav	Shrink, mils/in	Melt flow, g/10 min	Drying temp, °F	Drying time, hr	Max. % moisture
RF-1004							
HS BK8-115	GFI	1.290	5.0		180	4.0	0.20
RF-1005							
FR HS BK8-115	GFI	1.602	5.0		180	4.0	0.02
RF-1005							
HS BK8-114	GFI	1.340	3.0		180	4.0	0.20
RF-1006	GFI	1.400	4.0		180	4.0	0.20
RF-1006							
EM BK8-115	GFI	1.400	3.0		180	4.0	0.20
RF-1006 EM HS	GFI	1.400	3.0		180	4.0	0.20
RF-1006 ER FR HS	GFI	1.650	2.0		180	4.0	0.20
RF-1006							
FR BK8-115	GFI	1.690			180	4.0	0.02
RF-1006							
FR HS RD1-226	GFI	1.710	3.0		180	4.0	0.02
RF-1006 HS	GFI	1.400	4.0		180	4.0	0.20
RF-1006 M	GFM	1.390	14.0		180	4.0	0.20
RF-1007							
EM HS BK8-115	GFI	1.400			180	4.0	0.02
RF-1007 FR							
MG LEX BK8-115	GMF	1.664	4.0		180	4.0	0.02
RF-1007 HR HS	GFI	1.420	4.0		180	4.0	0.02
RF-1008	GFI	1.470	3.0		180	4.0	0.02
RF-1008 EM HS	GFI	1.470	2.0		180	4.0	0.02
RF-1008 HS							
MG UV BK8-852	GB 25	1.474	3.0-5.0		180	4.0	0.02
RM-3240 WT9-327	MN	1.380			180	4.0	0.02

Nylon 66   ThermoStran   Montsinger

Grade	Filler	Sp Grav	Shrink, mils/in	Melt flow, g/10 min	Drying temp, °F	Drying time, hr	Max. % moisture
PA66-30G	GLL 30	1.360			185	4.0	
PA66-40G	GLL 40	1.450			185	4.0	
PA66-50G	GLL 50	1.560			185	4.0	

Nylon 66   Thermotuf   LNP

Grade	Filler	Sp Grav	Shrink, mils/in	Melt flow, g/10 min	Drying temp, °F	Drying time, hr	Max. % moisture
PDX-R-02761 LE	PRO	1.170			180	4.0	0.02
PDX-V-00585							
BK8-114	GFI	1.330	1.0		180	4.0	0.02
RF-1002 HI	GFI	1.200			180	4.0	0.02
RF-1006 HI	GFI	1.370	3.0		180	4.0	0.02
RF-1006							
HI BK8-114	GFI	1.380			180	4.0	0.02
RF-1006							
HI GY0-178-1	GFI	1.400			180	4.0	0.02
RF-1008							
HI HS BK8-312	GFI	1.464	2.0		180	4.0	0.02
VC-1006	CF	1.220			180	4.0	0.02

Nylon 66   Thermylon   Asahi Thermofil

Grade	Filler	Sp Grav	Shrink, mils/in	Melt flow, g/10 min	Drying temp, °F	Drying time, hr	Max. % moisture
LSG-440A	GCR 60	1.730	2.0		220	3.0	0.10

Nylon 66   Toyobo Nylon   Toyobo

Grade	Filler	Sp Grav	Shrink, mils/in	Melt flow, g/10 min	Drying temp, °F	Drying time, hr	Max. % moisture
T-656E (Dry)		1.120	6.0-12.0				
T-661 (Dry)		1.140	6.0-12.0				
T-662 (Dry)		1.140	6.0-12.0				
T-663G15 (Dry)	GFI 15	1.260	7.0-10.0	10.00			
T-663G30 (Dry)	GFI 30	1.370	2.0-5.0	7.00			

Max. % regrind	Inj. pres., ksi	Rear temp, °F	Mid temp, °F	Front temp, °F	Nozzle temp, °F	Proc temp, °F	Mold temp, °F
						540-575	200-225
						525-550	175-200
						540-575	200-225
						540-575	200-225
						540-575	200-225
						540-575	200-225
						525-550	175-200
						540-575	200-225
						525-550	175-200
						540-575	200-225
						540-575	200-225
						540-575	200-225
						540-575	200-225
						540-575	200-225
						540-575	200-225
						540-575	200-225
						540-575	200-225
						540-575	200-225
10.0	500	510	520	520	510-530	175	
10.0	500	510	520	520	510-530	175	
10.0	500	510	520	520	510-530	175	
						540-575	200-225
						520-560	120-200
						540-575	200-225
						540-575	200-225
						540-575	200-225
						540-575	200-225
						540-575	200-225
						540-560	200-225
10.0-16.0	520-540	540-560	550-580	560-580			150-300
4.4-5.8						518-554	104-176
4.4-5.8						518-554	104-176
4.4-5.8						518-554	104-176
4.4-8.7						536-590	140
4.4-8.7						536-590	140

FREE DATA SHEETS: WWW.IDES.COM/PSIM

Grade	Filler	Sp Grav	Shrink, mils/in	Melt flow, g/10 min	Drying temp, °F	Drying time, hr	Max. % moisture
T-663G50 (Dry)	GFI 50	1.570	2.0-4.0	4.00			
T-665C30 (Dry)	CF 30	1.270	2.0-5.0				
T-669VGB (Dry)	GFI 35	1.620	2.0-4.0	25.00			
TY-835TC (Dry)	MN 20	1.280	3.0-6.0	25.00			

Nylon 66 — Trimid — Polymer Tech

Grade	Filler	Sp Grav	Shrink, mils/in	Melt flow, g/10 min	Drying temp, °F	Drying time, hr	Max. % moisture
N66-100HL		1.143			160	4.0	
N66-100L		1.133			160	4.0	
N66-100NL		1.143			160	4.0	
N66-1010		1.133			160	4.0	
N66-1010L		1.133			160	4.0	
N66-G13	GFI 13	1.223			160	4.0	
N66-G13HL	GFI 13	1.223			160	4.0	
N66-G13L	GFI 13	1.373			160	4.0	
N66-G13LU	GFI 13	1.223			160	4.0	
N66-G33	GFI 33	1.363			160	4.0	
N66-G33HL	GFI 33	1.373			160	4.0	
N66-G33L	GFI 33	1.373			160	4.0	
N66-G43HL	GFI 43	1.504			160	4.0	
N66-G43L	GFI 43	1.494			160	4.0	
N66-S100HL-BK		1.083			160	4.0	
N66-S100L		1.073			160	4.0	
N66-SG33-BK	GFI 33	1.333			160	4.0	
N66-T100		1.083			160	4.0	
N66-T100HL		1.103			160	4.0	

Nylon 66 — UBE Nylon — UBE Industries

Grade	Filler	Sp Grav	Shrink, mils/in	Melt flow, g/10 min	Drying temp, °F	Drying time, hr	Max. % moisture
2015B (Dry)		1.140		17.0-22.0			0.10
2015SV (Dry)		1.160		12.0-17.0			0.10
2020B (Dry)		1.140		17.0-22.0			0.10
2020H (Dry)		1.140		17.0-22.0			0.10
2020U (Dry)		1.140		17.0-22.0			0.10
2020UW1 (Dry)		1.140		17.0-22.0			0.10

Nylon 66 — Ultramid — BASF

Grade	Filler	Sp Grav	Shrink, mils/in	Melt flow, g/10 min	Drying temp, °F	Drying time, hr	Max. % moisture
1000-11 (Dry)		1.143		16.0	284		
1003-2 (Dry)		1.143		16.0	284		
1310-11 (Dry)		1.140		16.0	140-150		0.20
1603-2 (Dry)	GFI 43	1.504	4.0		284		
1703-2 (Dry)	GFI 25	1.333	4.0		284		
6030 (Dry)		1.083		13.0	284		
N-276 (Dry)	GMN 40	1.504	3.0		284		

Nylon 66 — Ultramid A — BASF

Grade	Filler	Sp Grav	Shrink, mils/in	Melt flow, g/10 min	Drying temp, °F	Drying time, hr	Max. % moisture
3EG3 (Dry)	GFI 15	1.233	4.0		176		
3EG6 (Dry)	GFI 30	1.363	2.0		176		
3EG7 (Dry)	GFI 35	1.414	2.0		176		
3HG2 (Dry)	GFI 10	1.203			176		
3HG5 (Dry)	GFI 25	1.323	3.0		176		
3HG6 HR bk 23591 (DRY)	GFI 30	1.373	5.5				
3K (Dry)		1.133		10.0	176		
3W BK00464 (Dry)		1.133			176		
3WG5 (Dry)	GFI 25	1.323	3.0		176		
3WG6 (Dry)	GFI 30	1.363	2.0		176		
3WG7 BK23210 (Dry)	GFI 35	1.414			176		

Max. % regrind	Inj. pres., ksi	Rear temp, °F	Mid temp, °F	Front temp, °F	Nozzle temp, °F	Proc temp, °F	Mold temp, °F
	4.4-8.7					536-590	140
	4.4-8.7					518-572	140-284
	5.8					527-563	176
	4.4-8.7					518-572	140
	10.0	490	515	545	510-540	520-560	80-200
	10.0	490	515	545	510-540	520-560	80-200
	10.0	490	515	545	510-540	520-560	80-200
	10.0	490	515	545	510-540	520-560	80-200
	10.0	490	515	545	510-540	520-560	80-200
	10.0	490	515	545	510-540	520-560	80-200
	10.0	490	515	545	510-540	520-560	80-200
	10.0	490	515	545	510-540	520-560	80-200
	10.0	490	515	545	510-540	520-560	80-200
	10.0	490	515	545	510-540	520-560	80-200
	10.0	490	515	545	510-540	520-560	80-200
	10.0	490	515	545	510-540	520-560	80-200
	10.0	490	515	545	510-540	520-560	80-200
	10.0	490	515	545	510-540	520-560	80-200
	10.0	490	515	545	510-540	520-560	80-200
	10.0	490	515	545	510-540	520-560	80-200
	10.0	490	515	545	510-540	520-560	80-200
	10.0	490	515	545	510-540	520-560	80-200
	9.2	509	527	536	536	554	158-176
	9.2	509	527	536	536	554	158-176
	9.2	509	527	536	536	554	158-176
	9.2	509	527	536	536	554	158-176
	9.2	509	527	536	536	554	158-176
	9.2	509	527	536	536	554	158-176
						536-581	140-212
						536-581	140-212
	5.0-18.0					535-580	140-212
						550-581	140-212
						550-581	140-212
						550-581	140-212
						536-581	
						536-581	176-194
						536-581	176-194
						536-581	176-194
						536-581	176-194
						536-581	176-194
						536-572	176-194
						536-572	104-176
						536-572	104-176
						536-581	176-194
						536-581	176-194
						536-581	176-194

FREE DATA SHEETS: WWW.IDES.COM/PSIM

Grade	Filler	Sp Grav	Shrink, mils/in	Melt flow, g/10 min	Drying temp, °F	Drying time, hr	Max. % moisture
3X2G5 (Dry)	GFI 25	1.343	3.0		176		
4 (Dry)		1.133	14.0		176		
5 (Dry)		1.133	14.0		176		

Nylon 66 — Vampamid / Vamp Tech

Grade	Filler	Sp Grav	Shrink, mils/in	Melt flow, g/10 min	Drying temp, °F	Drying time, hr	Max. % moisture
66 0024 V0		1.153	11.0-15.0		176-212		
66 1028 V0 LS FTA	GFI	1.664	1.0-3.0		176-212		
66 2526 V0	GFI	1.554	2.0-5.0		176-212		
66 2528 V2	GFI	1.373	3.0-6.0		176-212		
66 2530 V0 P	GFI	1.373	2.0-5.0		176-212		
66 2530 V0 P60	GFI	1.323	3.0-6.0		176-212		
66 3025 V0	MN	1.614	5.0-7.0		176-212		
66 3026 V0	GFI 30	1.604	2.0-5.0		176-212		
66 3028 V0 LSFT	GFI 30	1.574	2.0-3.0		176-212		
66 3028 V1 LSFT	GFI	1.469	2.0-4.0		176-212		
66 3525 V2	MN	1.574	5.0-8.0		176-212		
66 3530 V0 P	GFI	1.454	2.0-3.0		176-212		
66 3530 V0 P60	GFI 35	1.363	2.0-3.0		176-212		
66 3530 V2 P	GFI 35	1.434	2.0-4.0		176-212		
66 3555 V2	GMN 35	1.444	5.0-7.0		176-212		
66 5030 V0 P	GFI 50	1.584	1.0-3.0		176-212		

Nylon 66 — Verton / LNP

Grade	Filler	Sp Grav	Shrink, mils/in	Melt flow, g/10 min	Drying temp, °F	Drying time, hr	Max. % moisture
PDX-R-03579	GLL	1.714	4.1		180	4.0	0.20
PDX-R-89047	GLL	1.420			180	4.0	0.02
RF-700-10 EM HS	GLL	1.580	1.0		180	4.0	0.02
RF-700-10 EM HS UV	GLL	1.580	1.0		180	4.0	0.02
RF-700-12 EM HS	GLL	1.710	2.0		180	4.0	0.20
RF-700-12 EM HS UV	GLL	1.710	2.0		180	4.0	0.20
RF-7007 EM HS	GLL	1.420			180	4.0	0.20
RF-7007 EM HS UV	GLL	1.420			180	4.0	0.20
RF-7007 FR	GLL	1.694			180	4.0	0.02
RF-7008 EM GN4-512	GLL	1.470			180	4.0	0.02
RF-7008 HS	GLL	1.470	2.0		180	4.0	0.02
RFL-8028 EM HS	GLL	1.560			180	4.0	0.20
RFL-8029	GLL	1.654			180	4.0	0.20

Nylon 66 — Voloy / A. Schulman

Grade	Filler	Sp Grav	Shrink, mils/in	Melt flow, g/10 min	Drying temp, °F	Drying time, hr	Max. % moisture
630		1.330	11.0		180	3.0	0.20
631	GFI 13	1.450	5.0		180	3.0	0.20

Nylon 66 — Vydyne / Solutia

Grade	Filler	Sp Grav	Shrink, mils/in	Melt flow, g/10 min	Drying temp, °F	Drying time, hr	Max. % moisture
20M (Dry)		1.140	15.0-20.0		160	1.0-3.0	
20NSP Black (Dry)		1.140	8.0-12.0		160	1.0-3.0	
20NSP Natural (Dry)		1.140	8.0-12.0		160	1.0-3.0	
21SP (Dry)		1.140	15.0-20.0				
21SPC (Dry)		1.140	15.0-20.0		160	1.0-3.0	
21SPF (Dry)		1.140	15.0-20.0		160	1.0-3.0	
21X (Dry)		1.140	15.0-20.0		160	1.0-3.0	
22H (Dry)		1.140	15.0-20.0		160	1.0-3.0	
22HSP (Dry)		1.140	15.0-20.0		160	1.0-3.0	
22X		1.140	15.0-20.0				
25W (Dry)		1.140	16.0-20.0		160	1.0-3.0	0.20
25WSP (Dry)		1.140	16.0-20.0		160	1.0-3.0	
41 (Dry)		1.080	16.0-22.0		160	1.0-3.0	
41H (Dry)		1.080	16.0-22.0		160	1.0-3.0	

Max. % regrind	Inj. pres., ksi	Rear temp, °F	Mid temp, °F	Front temp, °F	Nozzle temp, °F	Proc temp, °F	Mold temp, °F
						545-572	176-194
						536-572	104-176
						536-572	104-176
		500-554					158-203
		500-536					158-203
		500-554					158-203
		500-554					158-203
		500-554					158-203
		500-554					158-203
		500-554					158-203
		500-554					158-194
		500-536					158-203
		500-536					158-203
		500-554					158-203
		500-554					158-203
		500-554					158-203
		500-554					158-203
		500-554					158-203
		500-554					185-230
						535-565	200-225
						535-565	200-225
						535-565	200-225
						535-565	200-225
						535-565	200-225
						535-565	200-225
						535-565	200-225
						535-565	200-225
						535-565	200-225
						535-565	200-225
						535-565	200-225
						535-565	200-225
20		520-555	520-545	520-545	520-575	575	185-210
20		520-555	520-545	520-545	520-575	575	185-210
	8.0-20.0	500-530	510-540	520-550	500-530	520-570	150-200
	8.0-20.0	480-520	530-550	540-560	530-550	520-560	100-200
	8.0-20.0	480-520	530-550	540-560	530-550	520-560	100-200
						520-560	100-200
	8.0-20.0	480-520	530-550	540-560	530-550	520-560	100-200
	8.0-20.0	480-520	530-550	540-560	530-550	520-560	100-200
	8.0-20.0	480-520	530-550	540-560	530-550	520-560	100-200
25	8.0-20.0	480-520	530-550	540-560	530-550	520-560	100-200
						520-560	100-200
25	8.0-20.0	480-520	530-550	540-560	530-550	520-560	100-200
	8.0-20.0	480-520	530-550	540-560	530-550	520-560	100-200
	6.0-20.0	489-520	530-550	540-560	530-550	520-560	105-195
	6.0-20.0	489-520	530-550	540-560	530-550	520-560	105-195

FREE DATA SHEETS: WWW.IDES.COM/PSIM

Grade	Filler	Sp Grav	Shrink, mils/in	Melt flow, g/10 min	Drying temp, °F	Drying time, hr	Max. % moisture
45		1.120	16.0-22.0		160	1.0-3.0	
47H (Dry)		1.100	16.0-22.0		160	1.0-3.0	
909 Black (Dry)	GFI 25	1.470	2.0-6.0		160	1.0-3.0	
909 Natural (Dry)	GFI 25	1.470	2.0-6.0		160	1.0-3.0	
ECO-315 (Dry)		1.160		11.0	160	1.0-3.0	0.25
IC914		1.143					
M340 (Dry)		1.240	15.0-20.0		160	1.0-3.0	
M344 (Dry)		1.270	15.0-20.0		160	1.0-3.0	
M344-01 (Dry)		1.270	15.0-20.0		160	1.0-3.0	
M346 (Dry)		1.220	14.0-20.0		160	1.0-3.0	
R200 (Dry)	MN 40	1.470	8.0-11.0		160	1.0-3.0	
R208 (Dry)	MN 40	1.470	8.0-11.0		160	1.0-3.0	
R220	MN 40	1.480	8.0-11.0		160	1.0-3.0	
R228	MN 40	1.480	8.0-11.0		160	1.0-3.0	
R240 (Dry)	MN 32	1.390	10.0-15.0		160	1.0-3.0	
R250-01 (Dry)	MN 40	1.460	8.0-11.0		160	1.0-3.0	0.20
R400G (Dry)	GMN	1.420	5.0-10.0		160	1.0-3.0	0.20
R400G-01 (Dry)	GMN	1.420	5.0-10.0		160	1.0-3.0	
R413	GFI 13	1.200	6.0		160	1.0-3.0	
R413H (Dry)	GFI 13	1.200	6.0		160	1.0-3.0	
R413H-07	GFI 13	1.200	5.0				
R513 (Dry)	GFI 13	1.220	4.0-8.0		160	1.0-3.0	
R513-01 (Dry)	GFI 13	1.220	4.0-8.0		160	1.0-3.0	
R513H (Dry)	GFI 13	1.220		9.0	160	1.0-3.0	
R513H-01 (Dry)	GFI 13	1.220	4.0-8.0		160	1.0-3.0	
R525H	GFI 25	1.320	3.0-5.0		160	1.0-3.0	
R525H-02 (Dry)	GFI 25	1.320	3.0-5.0		160	1.0-3.0	
R530H	GFI 30	1.370	1.0		160	1.0-3.0	
R530H-02 (Dry)	GFI 30	1.350	3.0-5.0		160	1.0-3.0	
R533 (Dry)	GFI 33	1.400	2.0		160	1.0-3.0	
R533-01 (Dry)	GFI 33	1.400	3.0-5.0		160	1.0-3.0	
R533H (Dry)	GFI 33	1.400	2.0		160	1.0-3.0	
R533H-01 (Dry)	GFI 33	1.400	3.0-5.0		160	1.0-3.0	
R533T (Dry)	GFI 33	1.400	2.0		160	1.0-3.0	
R538H	GFI 33	1.400	2.0		160	1.0-3.0	
R538H-02 (Dry)	GFI 33	1.400	3.0-5.0		160	1.0-3.0	
R543 (Dry)	GFI 43	1.500	3.0-5.0		160	1.0-3.0	
R543-01 (Dry)	GFI 43	1.500	3.0-5.0		160	1.0-3.0	
R543H (Dry)	GFI 43	1.500	3.0-5.0		160	1.0-3.0	
R543H-01 (Dry)	GFI 43	1.500	3.0-5.0		160	1.0-3.0	
R633H-01 (Dry)	GFI 33	1.370	3.0-6.0		160	1.0-3.0	
R840	MN	1.450			160	1.0-3.0	
R8540H	GFI 33	1.460	3.0-6.0				
R860-01 (Dry)	GMN	1.450	5.0-7.0		160	1.0-3.0	

Nylon 66 — Vylon — Lavergne Group

Grade	Filler	Sp Grav	Shrink, mils/in	Melt flow, g/10 min	Drying temp, °F	Drying time, hr	Max. % moisture
A13F IMHS	GFI 13	1.193			158	2.0-4.0	0.02
A20F NHS	GFI 20	1.283			158	2.0-4.0	0.02
A33F HS	GFI 33	1.383			158	2.0-4.0	0.02
A40FMH	GMN 40	1.464			158	2.0-4.0	0.02

Nylon 66 — Wellamid — Wellman

Grade	Filler	Sp Grav	Shrink, mils/in	Melt flow, g/10 min	Drying temp, °F	Drying time, hr	Max. % moisture
22LH15-XE-N		1.037	18.0-22.0		150-170		0.20
22LHI3 XE-N		1.077	16.0-20.0		175	2.0-4.0	0.20
22LHI4 XE-N		1.057	18.0-22.0		175	2.0-4.0	0.20
22LHI6 XE-N		1.057	16.0-20.0		175	2.0-4.0	0.20

Max. % regrind	Inj. pres., ksi	Rear temp, °F	Mid temp, °F	Front temp, °F	Nozzle temp, °F	Proc temp, °F	Mold temp, °F
	8.0-20.0	489-520	530-550	540-560	530-550	520-560	100-200
	8.0-20.0	489-520	530-550	540-560	530-550	520-560	105-195
	8.0-20.0	470-500	475-500	480-500	480-500	490-510	100-200
	8.0-20.0	470-500	475-500	480-500	480-500	490-510	100-200
	10.0-20.0	450-480	460-485	475-495	460-480	480-540	70-200
						530-560	100-200
	8.0-20.0	460-500	480-520	480-520	470-520	490-510	70-200
25	8.0-20.0	460-500	480-520	480-520	470-520	490-510	70-200
25	8.0-20.0	460-500	480-520	480-520	470-490	470-510	70-200
25	8.0-20.0	450-480	455-485	465-495	460-480	465-500	70-200
	8.0-20.0	530-560	540-570	540-570	530-560	550-580	150-200
	8.0-20.0	530-560	540-570	540-570	530-560	550-580	150-200
	8.0-20.0	500-530	510-540	520-550	500-530	520-550	150-200
	8.0-20.0	500-530	510-540	520-550	500-530	520-550	150-200
25	8.0-20.0	500-530	510-540	510-540	500-530	520-550	150-200
25	8.0-20.0	500-530	510-540	510-540	500-530	520-550	150-200
25	8.0-20.0	500-530	510-540	510-540	500-530	520-550	150-200
	6.0-20.0	500-530	510-540	520-550	500-530	520-570	105-200
	6.0-20.0	500-530	510-540	520-550	500-530	520-570	105-200
						530-570	150-200
25	8.0-20.0	518-536	545-572	545-572	545-572	530-570	150-200
25	8.0-20.0	518-536	545-572	545-572	545-572	530-570	150-200
	8.0-20.0	518-536	545-572	545-572	545-572	530-570	150-200
25	8.0-20.0	518-536	545-572	545-572	545-572	530-570	150-200
	8.0-20.0	518-536	545-572	545-572	545-572	530-570	150-200
25	8.0-20.0	518-536	545-572	545-572	545-572	530-570	150-200
	8.0-20.0	500-530	510-540	520-550	500-530	520-570	150-200
25	8.0-20.0	518-536	545-572	545-572	545-572	530-570	150-200
	8.0-20.0	518-536	545-572	545-572	545-572	530-570	150-200
25	8.0-20.0	518-536	545-572	545-572	545-572	530-570	150-200
	8.0-20.0	518-536	545-572	545-572	545-572	530-570	150-200
25	8.0-20.0	518-536	545-572	545-572	545-572	530-570	150-200
	8.0-20.0	500-530	510-540	520-550	500-530	520-570	150-200
	8.0-20.0	518-536	545-572	545-572	545-572	530-570	150-200
	8.0-20.0	518-536	545-572	545-572	545-572	530-570	150-200
25	8.0-20.0	518-536	545-572	545-572	545-572	530-570	150-200
	8.0-20.0	518-536	545-572	545-572	545-572	530-570	150-200
25	8.0-20.0	518-536	545-572	545-572	545-572	530-570	150-200
25	8.0-20.0	509-527	536-555	536-555	536-555	520-550	150-200
						530-570	150-200
						530-570	150-200
		554-572	527-536	518-527	536-554	554-581	194-230
		550-570	530-540	520-530	530-550	550-580	195-230
		554-572	527-536	518-527	536-554	554-581	194-230
		554-572	527-536	518-527	536-554	554-581	194-230
25	5.0-20.0	520	520	500	500	520-580	70-200
25	5.0-20.0	530-560	520-550	510-540	510-560	520-580	160-200
25	5.0-20.0	530-560	520-550	510-540	510-560	520-580	160-200
25	5.0-20.0	530-560	520-550	510-540	510-560	520-580	160-200

FREE DATA SHEETS: WWW.IDES.COM/PSIM

Grade	Filler	Sp Grav	Shrink, mils/in	Melt flow, g/10 min	Drying temp, °F	Drying time, hr	Max. % moisture
22LH-N		1.127		15.0-20.0	175	2.0-4.0	0.20
22LH-XE-N		1.127		15.0-20.0	150-180		0.20
22L-N		1.127		15.0-20.0	175	2.0-4.0	0.20
22LN2-N		1.127		8.0-12.0	175	2.0-4.0	0.20
22L-XE-N1		1.127		15.0-20.0	150-180		0.20
FR22F-N		1.310		14.0-18.0	175	2.0-4.0	0.20
FRGF25-66N	GFI 25	1.510		2.0-6.0	175	2.0-4.0	0.20
FRGS25-66N	GB 25	1.510		2.0-6.0	175	2.0-4.0	0.20
GF13-66 22LH-N	GFI 13	1.230		3.0-7.0	150-170		0.20
GF13-66 XE-N	GFI 13	1.230		3.0-7.0	150-170		0.20
GF33-66 22LH-N	GFI 33	1.340		2.0-6.0	150-170		0.20
GF33-66 XE-N	GFI 33	1.340		2.0-6.0	175	2.0-4.0	0.20
GF33-66 XE-N1	GFI 33	1.340		2.0-6.0	150-170		0.20
GF43-66 XE-N	GFI 43	1.510		2.0-6.0	175	2.0-4.0	0.20
GFT13-66 XE-N	GFI 13	1.160		4.0-8.0	175	2.0-4.0	0.20
GFT13-66 XE-NBK1	GFI 13	1.193		8.0-12.0	175	2.0-4.0	0.20
GFT33-66 XE-N	GFI 33	1.277		2.0-6.0	150-170		0.20
GS25-66 22LH-N	GB 25	1.280		13.0-17.0	175	2.0-4.0	0.20
GS25-66 22L-N	GB 25	1.280		13.0-17.0	175	2.0-4.0	0.20
GS40-66 22L-N	GB 40	1.420		13.0-17.0	175	2.0-4.0	0.20
GSF25/15-66 22L-N	GB 25	1.420		13.0-17.0	175	2.0-4.0	0.20
MRGF3822-BK	GMN 38	1.464			175	2.0-4.0	0.20
NY1599-BK		1.153		11.0-13.0	175	2.0-4.0	0.20
XT1482-BK		1.093		19.0-23.0	175	2.0-4.0	0.20
XT1482-N		1.093			175	2.0-4.0	0.20
XT1486-BK		1.113		16.0-20.0	175	2.0-4.0	0.20
XT1486-N		1.113			175	2.0-4.0	0.20

Nylon 66 — Wellamid EcoLon — Wellman

Grade	Filler	Sp Grav	Shrink, mils/in	Melt flow, g/10 min	Drying temp, °F	Drying time, hr	Max. % moisture
MRGF1518-BK	GMN 38	1.464		5.0-7.0	175	2.0-4.0	0.20

Nylon 66 — Zytel — DuPont EP

Grade	Filler	Sp Grav	Shrink, mils/in	Melt flow, g/10 min	Drying temp, °F	Drying time, hr	Max. % moisture
101 NC010 (Dry)		1.140		15.0			0.20
101F							
BKB009 (Dry)		1.143		13.0			0.20
101F NC010 (Dry)		1.140		15.0			0.20
101L BKB038 (Dry)		1.143					0.20
101L NC010 (Dry)		1.140		15.0			0.20
103FHS BKB009 (Dry)		1.143		13.0			0.20
103FHS NC010 (Dry)		1.140		14.0			0.20
103HSL BKB038 (Dry)		1.140					0.20
103HSL NC010 (Dry)		1.140		15.0			0.20
114HSL BK000 (Dry)		1.120		13.0			0.20
132F BKB501 (Dry)		1.143					0.20
132F NC010 (Dry)		1.140		11.0			0.20
145 BK010 (Dry)		1.143		16.0			0.15
42A NC010 (Dry)		1.140		15.0			0.05
45HSB NC010 (Dry)		1.140		14.0			0.05
70G13HS1L BK031 (Dry)	GFI 13	1.220		10.0			0.20
70G13HS1L NC010 (Dry)	GFI 13	1.220		6.0			0.20
70G13L NC010 (Dry)	GFI 13	1.220		6.0			0.20
70G25HSLR BK099 (Dry)	GFI 25	1.323					0.20

Max. % regrind	Inj. pres., ksi	Rear temp, °F	Mid temp, °F	Front temp, °F	Nozzle temp, °F	Proc temp, °F	Mold temp, °F
25	5.0-20.0	530-560	520-550	510-540	510-560	520-580	160-200
25	5.0-20.0	540	520	500	500	520-580	70-200
25	5.0-20.0	530-560	520-550	510-540	510-560	520-580	160-200
25	5.0-20.0	530-560	520-550	510-540	510-560	520-580	160-200
25	5.0-20.0	540	520	500	500	520-580	70-200
20	5.0-20.0	520-540	510-530	500-520	520-540	510-530	160-200
20	5.0-20.0	520-540	510-530	500-520	520-540	510-530	160-200
20	5.0-20.0	520-540	510-530	500-520	520-540	510-530	160-200
25	5.0-20.0	540-580	520-550	520-540	520-540	530-580	140-200
25	5.0-20.0	540-580	520-550	520-540	520-540	530-580	140-200
25	5.0-20.0	540-580	520-550	520-540	520-540	530-580	140-200
25	5.0-20.0	540-590	530-580	520-540	520-580	520-580	160-200
25	5.0-20.0	540-580	520-550	520-540	520-540	530-580	140-200
25	5.0-20.0	540-590	530-580	520-570	520-580	520-580	160-200
25	5.0-20.0	540-590	530-580	520-570	520-580	520-580	160-200
	5.0-20.0	540-590	530-580	520-570	520-580	520-580	160-200
25	5.0-20.0	540-580	520-550	520-540	520-540	530-580	140-200
25	5.0-20.0	540-580	520-550	500-530	500-550	530-580	160-200
25	5.0-20.0	540-580	520-550	500-530	500-550	530-580	160-200
25	5.0-20.0	540-580	520-550	500-530	500-550	530-580	160-200
25	5.0-20.0	540-580	520-550	500-530	500-550	530-580	160-200
	5.0-20.0	560-590	540-560	520-540	510-560	540-560	160-200
	5.0-20.0	500-540	500-530	500-520	500-560	520-560	100-200
	5.0-20.0	530-560	520-550	510-540	510-560	520-580	160-200
	5.0-20.0	530-560	520-550	510-540	510-560	520-580	160-200
	5.0-20.0	530-560	520-550	510-540	510-560	520-580	160-200
	5.0-20.0	530-560	520-550	510-540	510-560	520-580	160-200
	5.0-20.0	560-590	540-560	520-540	510-560	540-560	160-200
						536-572	122-194
						536-572	122-194
						536-572	122-194
						536-572	122-194
						536-572	122-194
						536-572	122-194
						536-572	122-194
						536-572	122-194
						536-572	122-194
						536-572	122-194
						536-572	122-194
						536-572	122-194
						536-572	122-194
						536-572	122-194
						545-581	158-248
						545-581	158-248
						545-581	158-248
						545-581	158-248

FREE DATA SHEETS: WWW.IDES.COM/PSIM

Grade	Filler	Sp Grav	Shrink, mils/in	Melt flow, g/10 min	Drying temp, °F	Drying time, hr	Max. % moisture
70G25HSLR NC010 (Dry)	GFI 25	1.323	11.0				0.20
70G30HSLR BK099 (Dry)	GFI 30	1.370					0.20
70G30HSLR NC010 (Dry)	GFI 30	1.373	11.0				0.20
70G30L NC010 (Dry)	GFI 30	1.373	3.0				0.20
70G33HS1L BK031 (Dry)	GFI 33	1.390	2.0				0.20
70G33HS1L NC010 (Dry)	GFI 33	1.380	2.0				0.20
70G33L BK031 (Dry)	GFI 33	1.390	2.0				0.20
70G33L NC010 (Dry)	GFI 33	1.380	2.0				0.20
70G35HSL NC010 (Dry)	GFI 35	1.414	11.0				0.20
70G35HSLRA4 BK267 (Dry)	GFI 35	1.414					0.20
70G43HSLA BK099 (Dry)	GFI 43	1.494					0.20
70G43L NC010 (Dry)	GFI 43	1.510	2.0				0.20
70G50HSLA BK039B (Dry)	GFI 50	1.574					0.20
70G60HSL BK359 (Dry)	GFI 60	1.704	6.0				0.20
80G14AHS BK099 (Dry)	GFI 14	1.193	9.0				0.20
80G25HS BK117 (Dry)	GFI 25	1.253	3.0				0.20
80G25HS NC010 (Dry)	GFI 25	1.263	3.0				0.20
80G33HS1L BK104 (Dry)	GFI 33	1.330	7.0				0.20
80G33HS1L NC010 (Dry)	GFI 33	1.330	4.0				0.20
80G33L NC010 (Dry)	GFI 33	1.330	4.0				0.20
80G43HS1L BK104 (Dry)	GFI 43	1.430	6.0				0.20
E51HSB NC010 (Dry)		1.143	13.0				0.05
FE3071 NC010 (Dry)		1.130					0.05
FE3757 NC010 (Dry)		1.143	18.0				0.15
FE5480HS BK032N (Dry)		1.333					0.20
FE5555 BK538 (Dry)		1.404					0.20
FN714 NC010 (Dry)		1.020					0.20
FN718 NC010 (Dry)		1.040					0.20

Max. % regrind	Inj. pres., ksi	Rear temp, °F	Mid temp, °F	Front temp, °F	Nozzle temp, °F	Proc temp, °F	Mold temp, °F
						545-581	158-248
						545-581	158-248
						545-581	158-248
						545-581	158-248
						545-581	158-248
						545-581	158-248
						545-581	158-248
						545-581	158-248
						545-581	158-248
						545-581	158-248
						545-581	158-248
						545-581	158-248
						545-581	158-248
						545-581	158-248
						545-581	122-212
						545-581	122-212
						545-581	122-212
						545-581	122-212
						545-581	122-212
						545-581	122-212
						545-581	122-212
						536-572	122-194
						536-572	122-194
						536-572	122-194
						545-581	158-248
						545-581	158-248
						527-563	104-176
						527-563	104-176

FREE DATA SHEETS: WWW.IDES.COM/PSIM

Grade	Filler	Sp Grav	Shrink, mils/in	Melt flow, g/10 min	Drying temp, °F	Drying time, hr	Max. % moisture
FR50 NC010 (Dry)	GFI 25	1.560	4.0				0.20
FR7025V0F NC010 (Dry)		1.150	8.0				0.20
FR7026V0F BK001 (Dry)							0.20
FR7026V0F NC010 (Dry)		1.150	8.0				0.20
FR70M30V0 BK010 (Dry)	MN 30	1.624	9.0				0.20
FR70M30V0 NC010 (Dry)	MN 30	1.620	5.0				0.20
MT409AHS BK010 (Dry)		1.110	13.0				0.20
MT409AHS NC010 (Dry)		1.103	19.0				0.20
ST801A NC010A (Dry)		1.073	17.0				0.20
ST801AHS BK010 (Dry)		1.093	15.0				0.20
ST801AHS NC010 (Dry)		1.083	18.0				0.20
ST801AW BK195 (Dry)		1.093	20.0				0.20
ST801AW NC010 (Dry)		1.083	18.0				0.20

Nylon 66 Alloy Falban Ovation Polymers

Grade	Filler	Sp Grav	Shrink, mils/in	Melt flow, g/10 min	Drying temp, °F	Drying time, hr	Max. % moisture
Q 2125	GFI 25	1.310	2.0-3.0		176-212	4.0-8.0	0.02

Nylon 66 Alloy Voloy A. Schulman

Grade	Filler	Sp Grav	Shrink, mils/in	Melt flow, g/10 min	Drying temp, °F	Drying time, hr	Max. % moisture
681	GFI 45	1.730	3.0		180	3.0	0.20
682	GFI 45	1.580	1.0		180	3.0	0.20
683	GFI 45	1.600	2.0		180	3.0	0.20
684	GFI 45	1.540	2.0		180	3.0	0.20
685	GFI 48	1.650	2.0		180	3.0	0.20
686	GFI 45	1.650	1.0		180	3.0	0.20
688		1.640	3.0		180	3.0	0.20

Nylon 66/6 AD majoris AD majoris

Grade	Filler	Sp Grav	Shrink, mils/in	Melt flow, g/10 min	Drying temp, °F	Drying time, hr	Max. % moisture
B 216 30 FV (Dry)	GFI 30	1.373	5.0-7.0		194	4.0	
B 216 GRIS 8097 (Dry)		1.143		14.0	176	4.0	
PA 9208 15 FV 8139/205122	GFI 15	1.253		7.0	194	4.0	
PA 9325 30 FV NOIR 7727/FXT (Dry)	GFI 30	1.373	5.0-7.0		176	4.0	
PA 9325 NOIR (Dry)		1.143		14.0	176	4.0	

Nylon 66/6 Albis PA 66/6 Albis

Grade	Filler	Sp Grav	Shrink, mils/in	Melt flow, g/10 min	Drying temp, °F	Drying time, hr	Max. % moisture
152 GF30/02 BK8-1114 Black	GFI 30	1.360	4.0-6.0				

Nylon 66/6 Anjamid 6/6.6 J&A Plastics

Grade	Filler	Sp Grav	Shrink, mils/in	Melt flow, g/10 min	Drying temp, °F	Drying time, hr	Max. % moisture
R195-GF30	GFI 30	1.363			176	4.0-12.0	0.10
R195-H/GF30	GFI 30	1.363		8.0	176	4.0-10.0	0.10

Max. % regrind	Inj. pres., ksi	Rear temp, °F	Mid temp, °F	Front temp, °F	Nozzle temp, °F	Proc temp, °F	Mold temp, °F
						536-572	158-248
						518-554	122-194
						518-554	122-194
						518-554	122-194
						536-572	158-230
						536-572	158-230
						518-572	122-194
						518-572	122-194
						518-572	122-194
						518-572	122-194
						518-572	122-194
						518-572	122-194
						518-572	122-194
		518-572	536-572	545-590	545-590	554-590	194-248
20		520-555	520-545	520-545	520-575	575	185-210
20		520-555	520-545	520-545	520-575	575	185-210
20		520-555	520-545	520-545	520-575	575	185-210
20		520-555	520-545	520-545	520-575	575	185-210
20		520-555	520-545	520-545	520-575	575	185-210
20		520-555	520-545	520-545	520-575	575	185-210
20		520-555	520-545	520-545	520-575	575	185-210
	8.7-14.5	482-500	500-518	518-536			140-176
	8.7-14.5	500-536	482-509	482-509			140-176
	12.3-14.5	500-518	491-509	482-500		500-518	158-194
	8.7-14.5	500-536	482-509	482-509			140-176
	8.7-14.5	464-500	482-500	482-509			140-176
						465-555	175-230
						536-572	176-239
						527-572	176-248

FREE DATA SHEETS: WWW.IDES.COM/PSIM

Grade	Filler	Sp Grav	Shrink, mils/in	Melt flow, g/10 min	Drying temp, °F	Drying time, hr	Max. % moisture
Nylon 66/6	**Badamid**				**Bada Euro**		
C70 FR HF (Dry)		1.183					
UL C70 GF20 FR (Dry)	GFI 20	1.504					
Nylon 66/6	**Bestnyl**				**Triesa**		
SC00VI01AWX (Dry)		1.163	10.0		176	2.0-4.0	
SC00VI02AH15 (Dry)	MN 30	1.363	8.0		194	3.0-4.0	
SC30VI02BMU (Dry)	GFI 30	1.343			176	2.0-4.0	
Nylon 66/6	**Grilon**				**EMS-Grivory**		
TS VO (Dry)		1.160	19.0		176-212	4.0-16.0	0.10
TSG-30 (Dry)	GFI 30	1.340	3.0		176-212	4.0-16.0	0.10
TSG-60 (Dry)	GFI 60	1.720	1.0		176-212	4.0-16.0	0.10
TSM-30 (Dry)	MN 30	1.370	10.0		176	4.0-16.0	0.10
TSS (Dry)		1.140	23.0		176-212	3.0-4.0	0.10
TSZ 1 (Dry)		1.120	23.0		230	3.0-4.0	0.10
Nylon 66/6	**Isocor**				**Shakespeare**		
CU145SI (Dry)		1.110					0.20
Nylon 66/6	**Latamid**				**Lati**		
68 H2 G/30	GFI 30	1.373	4.0		176-212	3.0	
68 H2-V0		1.163	12.5		176-212	3.0	
Nylon 66/6	**Mapex**				**Ginar**		
AN1721GB	GMN 35	1.474	3.0		194	4.0	0.20
AN2320SB	GFI 13	1.233	4.0		194	4.0	0.20
AN2320SN	GFI 13	1.233	4.0		158	4.0	0.20
AN2620PB	GFI 43	1.404	3.0		194	4.0	0.20
AN2720SB	GFI 43	1.404	3.0		194	4.0	0.20
AN2720SN	GFI 43	1.404	3.0		158	4.0	0.20
AN2920SN	GFI 43	1.504	2.0		194	4.0	0.20
HK4920SB	GMN 50	1.564	2.0		194	4.0	0.20
HK4920SN	GMN 50	1.564	2.0		158	4.0	0.20
HK5920SB	GMN 53	1.634	2.0		194	4.0	0.20
Nylon 66/6	**MDE Compounds**				**Michael Day**		
N666G40HS2L BK0299	GFI 40	1.470	2.0		180	4.0	0.25
Nylon 66/6	**Nilamid**				**Nilit**		
A H2 FR HF2		1.173	13.0		176-185	4.0	0.10
C3 H G5	GFI 25				176-185	4.0	0.10
C3 H G6	GFI 30				176-185	4.0	0.10
C3 H G7	GFI 35				176-185	4.0	0.10
Nylon 66/6	**Omni**				**Omni Plastics**		
PA6/6,6 U GR33 BK1000	GFI 33				180	2.0-4.0	0.12
Nylon 66/6	**Taromid A**				**Taro Plast**		
260		1.138	16.0-21.0	38.00 BQ	176-194	1.0	
260 S		1.138	16.0-20.0	38.00 BQ			
260 Y0		1.173	10.0-15.0		176-194	1.0	

Max. % regrind	Inj. pres., ksi	Rear temp, °F	Mid temp, °F	Front temp, °F	Nozzle temp, °F	Proc temp, °F	Mold temp, °F
						518-554	140-176
						518-554	158-194
						464-482	122-140
						518-536	176-194
						500-518	176-194
		480	514	527	535	500-535	176
		518	545	572	554	535-572	176-230
		518	545	572	554	535-572	176-230
		518	545	572	554	535-572	176-230
		518	545	572	554	535-572	176-230
		518	500	545	518-570	535-572	176
	0.5-2.0	430-470	440-500	460-520	460-520	460-520	50-200
15						464-518	158-194
15						464-500	158-194
		500-527	518-545		509-527		140-176
		482-509	518-545		509-527		140-176
		482-509	518-545		509-527		140-176
		500-527	518-545		509-527		176-194
		500-527	518-545		509-527		176-194
		500-527	518-545		509-527		176-194
		500-527	518-545		509-527		176-194
		500-527	518-545		509-527		176-194
		500-527	518-545		509-527		176-194
		500-527	518-545		509-527		176-194
		550	540	530		540-560	160-200
15	10.2-14.5	500-518	500-527	518-536	518-536	509-536	176
30	10.2-14.5	518-554	527-554	536-563	536-563	527-572	176-230
30	10.2-14.5	518-554	527-554	536-563	536-563	527-572	176-230
30	10.2-14.5	518-554	527-554	536-563	536-563	527-572	176-230
		520-530	520-540	530-550	530-540	520-550	180
						482-536	158-194
						482-536	158-194
						482-518	158-194

FREE DATA SHEETS: WWW.IDES.COM/PSIM

Grade	Filler	Sp Grav	Shrink, mils/in	Melt flow, g/10 min	Drying temp, °F	Drying time, hr	Max. % moisture
Nylon 66/6	**Technyl**				**Rhodia**		
B 216 V40							
BROWN 105 (Dry)	GFI 40	1.464	4.0		176		0.20
B 218							
MX30 21 N (Dry)		1.383	6.0		176		0.20
B 218L V20							
NOIR 44 N (Dry)	GFI 20	1.293	8.0		176		0.20
B 218L							
V30 44 N (Dry)	GFI 30	1.373	5.0		176		0.20
B 238 21 N (Dry)		1.093	20.5		176		0.20
B 250 MT16 (Dry)	MN 16	1.243	15.0		176		0.20
B 50H1							
NATURAL L (Dry)		1.163	10.0		176		0.20
FE 50221 AL (Dry)		1.143	18.0		176		0.20
Nylon 66/6	**Ultramid C**				**BASF**		
3U (Dry)		1.163	8.0		176		
Nylon 66/6	**Vitamide**				**Jackdaw**		
TR36BK	GFI 30	1.373					
Nylon 66/6	**Vydyne**				**Solutia**		
R250 (Dry)	MN 40	1.480	8.0-11.0		160	1.0-3.0	
R270	MN 20	1.280	13.0-15.0		160	1.0-3.0	
R270-01	MN 20	1.280	13.0-15.0		160	1.0-4.0	
R633 (Dry)	GFI 33	1.390	3.0-6.0		160	1.0-3.0	
R633H (Dry)	GFI 33	1.390	3.0-6.0		160	1.0-3.0	
Nylon 66/6	**Wellamid**				**Wellman**		
GF60-66/6 XE-N	GFI 60	1.704	6.0-10.0		175	2.0-4.0	0.20
MR259 22LH-N	MN 25	1.310	14.0-18.0		175	2.0-4.0	0.20
MR409 22H-N	MN 40	1.406	14.0-18.0		175	2.0-4.0	0.20
MR410 22H-N	MN 40	1.436	7.0-11.0		175	2.0-4.0	0.20
MRGF25/15 22H-N	MN 25	1.450	3.0-6.0		175	2.0-4.0	0.20
Nylon 66/6	**Zytel**				**DuPont EP**		
72G33W							
NC010 (Dry)	GFI 33	1.390	6.0				0.20
FR82G30V0							
BKB523 (Dry)	GFI 30	1.404					0.10
Nylon 66+ABS	**Staramide**				**LNP**		
ALY430A	GFI 15	1.220	6.0-8.0		167-185	4.0-6.0	0.20
ALY540A	GMN 17	1.240	7.0-9.0		167-185	4.0-6.0	0.20
Nylon Copolymer	**Durethan**				**Lanxess Euro**		
BKV 115 H2.0							
901510 (Dry)	GFI 15	1.233	7.1				
BKV							
15 901510 (Dry)	GFI 15	1.230	8.8				
BKV 215 H2.0							
901510 (Dry)	GFI 15	1.183	8.3				
BKV 230							
W1 000000 (Dry)	GFI 30	1.323					

Max. % regrind	Inj. pres., ksi	Rear temp, °F	Mid temp, °F	Front temp, °F	Nozzle temp, °F	Proc temp, °F	Mold temp, °F
		464-500	482-518	500-536			140-176
		464-500	482-518	500-536			140-176
		482-518	500-518	518-536			176-212
		482-518	500-518	518-536			176-212
		464-482	482-500	500-518			140-176
		464-500	482-518	500-536			140-176
		464-482	473-491	482-500			140-176
		482-500	500-518	500-536			140-176
						464-545	149-176
			842				
	8.0-20.0	500-530	510-540	520-550	500-530	520-550	150-200
	8.0-20.0	500-530	510-540	520-550	500-530	520-550	150-200
	8.0-20.0					520-560	150-200
	8.0-20.0	509-527	536-555	536-555	536-555	520-560	150-200
	8.0-20.0	509-527	536-555	536-555	536-555	520-560	150-200
	5.0-20.0	540-590	530-580	520-570	520-580	520-580	160-200
25	5.0-20.0	540-580	530-570	520-560	540-560	550-570	160-200
25	5.0-20.0	540-580	530-570	520-560	540-560	550-590	160-200
25	5.0-20.0	540-580	530-570	520-560	540-560	550-590	160-200
	5.0-20.0	560-590	540-560	520-540	510-560	540-560	160-200
						518-554	158-248
						536-572	122-194
		500-536	500-536	500-536	482-518	500-536	158-194
		500-536	500-536	500-536	482-518	500-536	158-194
						536	176
						536	176
						536	176
						536	176

FREE DATA SHEETS: WWW.IDES.COM/PSIM

Grade	Filler	Sp Grav	Shrink, mils/in	Melt flow, g/10 min	Drying temp, °F	Drying time, hr	Max. % moisture
Nylon, Unspecified	**Cabelec**				**Cabot**		
3826		1.145	17.0-20.0		185	2.0-4.0	
Nylon, Unspecified	**Durethan**				**Lanxess**		
BKV 115 H2.0 901510 (Dry)	GFI 15	1.233	7.1				
BKV 130 H2.0 901510 (Dry)	GFI 30	1.363	7.2				
BKV 215 H2.0 901510 (Dry)	GFI 15	1.183	8.3				
DP 1803/10 H3.0 000000 (Dry)	GMN 50		5.0				
T 40 (Dry)		1.180	6.0		175		0.10
Nylon, Unspecified	**Durethan**				**Lanxess Euro**		
DP 1803/10 H3.0 000000 (Dry)	GMN 50		5.0				
DP BKV 240 H2.0 901510 (Dry)	GFI 40	1.404	7.4				
KU 2-2184/15 H3.0 000000 (Dry)	GMN 65	1.704	7.0				
Nylon, Unspecified	**Ecomass**				**Technical Polymers**		
1000TU96	TUN	11.028	5.0-7.0		165	4.0	
10066ZD96	TUN	10.025	5.0-6.0		165	4.0	
1050CO94	CO	6.015	6.0-10.0		165	4.0	
1050TU96	TUN	11.028	5.0-6.0		165	4.0	
1050ZB92	UNS	6.917	5.0-6.0		165	4.0	
1080TU96	TUN	11.028	5.0-6.0		165	4.0	
1700TU96	TUN	11.028	5.0-6.0		165	4.0	
Nylon, Unspecified	**Electrafil**				**Techmer Lehvoss**		
M-1526/EC		1.190	13.0		165-220	2.0-16.0	
Nylon, Unspecified	**Formpoly**				**Formulated Poly**		
NP8020		1.160	15.0-17.0		140-248	2.0-4.0	
Nylon, Unspecified	**Grivory**				**EMS-Grivory**		
GC-4H (Dry)	CF 40	1.340	5.0		230	2.0	
GM-4H (Dry)	MN 40	1.450	14.0		212	3.0-4.0	0.10
GTR 45 (Dry)		1.180	5.0		230	2.0	
GV-2H (Dry)	GFI 20	1.290	10.0		230	2.0	
GV-4H (Dry)	GFI 40	1.470	4.0		230	2.0	
GV-5H (Dry)	GFI 50	1.560	5.0		230	2.0	
GV-6H (Dry)	GFI 60	1.690	4.0		230	2.0	
GVN-35H (Dry)	GFI 35	1.390	8.0		176	6.0-10.0	0.10
Nylon, Unspecified	**Kelon C**				**Lati**		
H CE/40	MN 40	1.484	10.0		176-212	3.0	
Nylon, Unspecified	**Kingfa**				**Kingfa**		
PA-G30	GFI 30	1.363	4.0		194-230	4.0-6.0	
Nylon, Unspecified	**Lubricomp**				**LNP**		
XFL-4021							

Max. % regrind	Inj. pres., ksi	Rear temp, °F	Mid temp, °F	Front temp, °F	Nozzle temp, °F	Proc temp, °F	Mold temp, °F
					509	428-518	140
						536	176
						536	176
						536	176
						554	176
17.0		490-500	500-535	535-555	535-555	535-570	185-205
						554	176
						554	176
						554	176
						450-500	150-180
						400-490	135-180
						400-490	135-180
						400-490	135-180
						400-450	150-180
						400-490	135-180
						400-490	135-180
		490-520	520-550	500-540	480-550	480-530	140-180
		392	437	464	455	428-464	158-194
		536-572	536-572	536-572		554	175-248
		538	527	518	527	538-572	140-212
		500-536	500-536	500-536		500	140
		518-590	518-590	518-590		545	175-266
		518-590	518-590	518-590		545	175-266
		518-590	518-590	518-590		563	175-266
		518-590	518-590	518-590		563	175-266
		545	554	572	554	518-590	175-266
						482-536	158-194
		437-473	482-518	500-536		491-545	122-158

FREE DATA SHEETS: WWW.IDES.COM/PSIM

Grade	Filler	Sp Grav	Shrink, mils/in	Melt flow, g/10 min	Drying temp, °F	Drying time, hr	Max. % moisture
MR BK8-115	GFI	1.210	7.0		250	4.0	0.15

Nylon, Unspecified — Lubrilon — A. Schulman

Grade	Filler	Sp Grav	Shrink, mils/in	Melt flow, g/10 min	Drying temp, °F	Drying time, hr	Max. % moisture
604		1.223	8.0		175	2.0-4.0	

Nylon, Unspecified — MDE Compounds — Michael Day

Grade	Filler	Sp Grav	Shrink, mils/in	Melt flow, g/10 min	Drying temp, °F	Drying time, hr	Max. % moisture
HPN200G35HSL	GFI 35	1.470	2.0-3.0		210	6.0-8.0	0.10
HPN200MG35L	GMN 35	1.470	2.0-3.0		180	4.0	0.25

Nylon, Unspecified — RTP Compounds — RTP

Grade	Filler	Sp Grav	Shrink, mils/in	Melt flow, g/10 min	Drying temp, °F	Drying time, hr	Max. % moisture
200 E		1.183	5.0-7.0		175	4.0	
200 H		1.083	17.0-24.0		175	4.0	
200 H FR		1.263	18.0-24.0		175	4.0	
200 H TFE 20		1.213	20.0-35.0		175	4.0	
201 H	GFI 10	1.163	6.0-10.0		175	4.0	
203 H	GFI 20	1.223	3.0-6.0		175	4.0	
205 H	GFI 30	1.323	2.0-4.0		175	4.0	
205 H TFE 15	GFI 30	1.434	2.0-5.0		175	4.0	
205E	GFI 30	1.404	1.0-2.0		175	4.0	
207 H	GFI 40	1.223	2.0-4.0		175	4.0	
1400		1.193	5.0-10.0		175	4.0	
1401	GFI 10	1.263	4.0-5.0		175	4.0	
4403	GFI 20	1.333	3.0-5.0		175	4.0	
4404	GFI 25	1.383	3.0-4.0		175	4.0	
4405	GFI 30	1.424	2.0-3.5		175	4.0	
4405 FR	GFI 30	1.654	1.5-3.0		175	4.0	
4405 FR L	GFI 30	1.654	1.5-3.0		175	4.0	
4405.3	GFI 33	1.454	2.0-3.0		175	4.0	
4405.3 HS L	GFI 33	1.454	2.0-3.0		175	4.0	
4406	GFI 35	1.464	2.0-3.0		175	4.0	
4406 HS L	GFI 35	1.464	2.0-3.0		175	4.0	
4406 L	GFI 35	1.464	2.0-3.0		175	4.0	
4407	GFI 40	1.514	2.0-3.0		175	4.0	
4408 HS L	GFI 45	1.564	2.0		175	4.0	
4408 L	GFI 45	1.564	2.0		175	4.0	
4409	GFI 50	1.624	1.5		175	4.0	
4481	CF 10	1.223	2.0-5.0		175	4.0	
4483	CF 20	1.263	0.5-3.0		175	4.0	
4485	CF 30	1.303	0.5-1.0		175	4.0	
4487	CF 40	1.383	0.5-2.0		175	4.0	
4499 X 83041		1.373	10.0-20.0		175	4.0	

Nylon, Unspecified — Selar PA — DuPont P&IP

Grade	Filler	Sp Grav	Shrink, mils/in	Melt flow, g/10 min	Drying temp, °F	Drying time, hr	Max. % moisture
3426		1.193			175-205	4.0	
3508		1.193			176-203		
UX2033		1.193			176-203		

Nylon, Unspecified — Technyl — Rhodia

Grade	Filler	Sp Grav	Shrink, mils/in	Melt flow, g/10 min	Drying temp, °F	Drying time, hr	Max. % moisture
PSB 169 (Dry)					176		0.20
PSB 189 (Dry)	GFI 30				176		0.20

Nylon, Unspecified — Technyl Star — Rhodia

Grade	Filler	Sp Grav	Shrink, mils/in	Melt flow, g/10 min	Drying temp, °F	Drying time, hr	Max. % moisture
FORCE S 218 LGF30 BLACK 31N (Dry)	GLL 30	1.343	4.7		176		0.12
FORCE S 218 31 N (Dry)	GLL 40	1.454	4.0		176		0.12

Max. % regrind	Inj. pres., ksi	Rear temp, °F	Mid temp, °F	Front temp, °F	Nozzle temp, °F	Proc temp, °F	Mold temp, °F
						540-570	150-225
						518-554	150-200
		610	610	610		610-630	270-310
		600	600	600		600-625	270-320
	10.0-15.0					520-570	150-210
	10.0-18.0					530-570	150-225
	10.0-18.0					530-570	150-225
	10.0-18.0					530-570	150-225
	10.0-18.0					530-570	150-225
	10.0-18.0					530-570	150-225
	10.0-18.0					530-570	150-225
	10.0-18.0					530-570	150-225
	10.0-15.0					520-570	150-210
	10.0-18.0					530-570	150-225
	10.0-15.0					590-650	275-325
	10.0-15.0					590-650	275-325
	10.0-15.0					590-650	275-325
	10.0-15.0					590-650	275-325
	10.0-15.0					590-650	275-325
	10.0-15.0					590-650	275-325
	10.0-15.0					590-650	275-325
	10.0-15.0					590-650	275-325
	10.0-15.0					590-650	275-325
	10.0-15.0					590-650	275-325
	10.0-15.0					590-650	275-325
	10.0-15.0					590-650	275-325
	10.0-15.0					590-650	275-325
	10.0-15.0					590-650	275-325
	10.0-15.0					590-650	275-325
	10.0-15.0					590-650	275-325
	10.0-15.0					590-650	275-325
	10.0-15.0					590-650	275-325
		536	554	572	536	536-608	158-200
		536	554	572	536	554-608	
		536	554	572	536	554-608	
		437-446	455-464	464-473			104
		437-446	437-455	446-464			158-194
		473-491	491-518	509-536			176
		473-491	491-518	509-536			176

Grade	Filler	Sp Grav	Shrink mils/in	Melt flow, g/10 min	Drying temp, °F	Drying time, hr	Max. % moisture
FORCE SX 218 LGF50							
BLACK 31N (Dry)	GLL 50	1.554	3.5		176		0.10
FORCE SX 218 LGF60							
BLACK 31N (Dry)	GLL 60	1.654	3.2		176		0.10
S 216 V30 (Dry)	GFI 30	1.343			176		0.15
S 216 V35 (Dry)	GFI 35	1.414			176		0.15
S 216 V35							
IVORY 2294 CF	GFI 33	1.414			176		0.15
S 218 L1 V30							
BLACK 1 N (Dry)	GFI 30	1.343			176		0.15
S 218 MT							
40 23 N (Dry)	MN 40	1.454	10.0		176		0.20
S 218 MZ20							
V10 BLACK 2N	MN 20	1.363	5.4		176		0.15
S 218 V30 (Dry)	GFI 30	1.343	3.5		176		0.15
S 218							
V30 31 N (Dry)	GFI 30	1.343	3.5		176		0.15
S 218 V35 (Dry)	GFI 35	1.414			176		0.15
S 246							
V30 Black 31N	GFI 30				176		0.15
S 246 V35	GFI 35	1.414			176		0.15
S 52X1 MV50	GFI	1.524	0.1		176		0.20
S 60G1 V30 (Dry)	GFI 30	1.424	4.0		176		0.15
SX 216 V50 (Dry)	GFI 50	1.554			176		0.15
SX 216 V60 (Dry)	GFI 60	1.654			176		0.15
SX 218 L1 V50							
BLACK 1 N (Dry)	GFI 50	1.554			176		0.20
SX 218 MZ40							
V25 BLACK (Dry)	GMN 33	1.805			176		0.20
SX 218 V50							
BLACK Z (Dry)	GFI 50	1.554			176		0.20
SX							
218 V60 (Cond)	GFI 60	1.654	0.1		176		0.15
SX 218 V60							
BLACK Z (Dry)	GFI 60	1.654			176		0.20
SX218 V60							
NOIR Z (Dry)	GFI 60	1.654			176		0.20

Nylon, Unspecified Thermotuf LNP

Grade	Filler	Sp Grav	Shrink mils/in	Melt flow, g/10 min	Drying temp, °F	Drying time, hr	Max. % moisture
V-1000		1.073	13.0-15.0		180	4.0	0.02
VF-1002	GFI	1.150			180	4.0	0.20
VF-1003	GFI	1.180			180	4.0	0.02
VF-1003							
YL3-115-1	GFI	1.230			180	4.0	0.02
VF-1004							
HS BK8-114	GFI	1.240			180	4.0	0.02
VF-1006	GFI	1.310	4.0		180	4.0	0.02
VF-1008	GFI	1.400			180	4.0	0.20
VFM-3353							
D BK8-114	GMN	1.420			180	4.0	0.02
VFM-3633							
HS BK8-115	GMN	1.320	3.0		180	4.0	0.02

Nylon, Unspecified Toyobo Nylon Toyobo

Grade	Filler	Sp Grav	Shrink mils/in	Melt flow, g/10 min	Drying temp, °F	Drying time, hr	Max. % moisture
NB-1700 (Dry)		1.060	7.0-10.0	27.50			
NB-5550 (Dry)	MN 30	1.270	4.0-7.0	5.00			

Max. % regrind	Inj. pres., ksi	Rear temp, °F	Mid temp, °F	Front temp, °F	Nozzle temp, °F	Proc temp, °F	Mold temp, °F
			473-491	491-518	509-536		176
			473-491	491-518	509-536		176
			428-437	437-455	455-473		176
			428-437	437-455	455-473		176
			428-437	437-455	455-473		176
			428-437	437-455	455-473		176
			428-446	464-482	473-482		176
			428-446	473-482	473-482		176
			428-437	437-455	455-473		176
			428-437	437-455	455-473		176
			428-437	437-455	455-473		176
			428-437	437-455	455-473		176
			437-446	437-455	446-464		158-194
			464-473	473-482	491-500		158
			428-437	437-455	455-473		176
			428-437	455-464	464-473		176
			428-437	455-464	464-473		176
			428-437	455-464	464-473		176
			428-446	473-482	473-482		176
			428-437	455-464	464-473		176
			428-437	455-464	464-473		176
			428-437	455-464	464-473		176
			428-437	455-464	464-473		176
						520-560	120-200
						540-560	200-225
						540-560	200-225
						540-560	200-225
						540-560	200-225
						540-560	200-225
						540-560	200-225
						540-560	200-225
						540-560	200-225
	4.4-8.7					473-545	86-176
	7.3					464-554	122-248

FREE DATA SHEETS: WWW.IDES.COM/PSIM

Grade	Filler	Sp Grav	Shrink, mils/in	Melt flow, g/10 min	Drying temp, °F	Drying time, hr	Max. % moisture
NB-5620S (Dry)	MN 15	1.170	6.0-8.0	8.00			
T-714E (Dry)		1.180	1.0-3.0				

Nylon, Unspecified — Wellamid — Wellman

Grade	Filler	Sp Grav	Shrink, mils/in	Melt flow, g/10 min	Drying temp, °F	Drying time, hr	Max. % moisture
GF33-66/6 XE-N	GFI 33	1.340	2.0-6.0		175	2.0-4.0	0.20
GF43-66/6 XE-N	GFI 43	1.490	2.0-4.0		175	2.0-4.0	0.20

Nylon, Unspecified — Wellamid EcoLon — Wellman

Grade	Filler	Sp Grav	Shrink, mils/in	Melt flow, g/10 min	Drying temp, °F	Drying time, hr	Max. % moisture
2000-BK1	GMN 37	1.444	9.0		175	2.0-4.0	0.20

Nylon+PP — Bestnyl — Triesa

Grade	Filler	Sp Grav	Shrink, mils/in	Melt flow, g/10 min	Drying temp, °F	Drying time, hr	Max. % moisture
PPA60E (Dry)		1.043			176	2.0-4.0	

Nylon+PP — Deniblend — Vamp Tech

Grade	Filler	Sp Grav	Shrink, mils/in	Melt flow, g/10 min	Drying temp, °F	Drying time, hr	Max. % moisture
0052		1.013	17.0-19.0		176-212	3.0	

Nylon+PP — Gapex HT — Ferro

Grade	Filler	Sp Grav	Shrink, mils/in	Melt flow, g/10 min	Drying temp, °F	Drying time, hr	Max. % moisture
RNP23	GFI 23	1.170	3.0		200	6.0	0.10
RNP33	GFI 33	1.250	2.0		200	6.0	0.10
RNP43	GFI 43	1.350	2.0		200	6.0	0.10

Nylon+PP — Nylex — Multibase

Grade	Filler	Sp Grav	Shrink, mils/in	Melt flow, g/10 min	Drying temp, °F	Drying time, hr	Max. % moisture
1230 NAT		0.960	5.0	0.95 L			
1404 NAT		0.950	5.0	4.70 L			
2185 FR		1.010	12.0	6.00 L			
2185 NAT		0.970	9.0	4.70 L			
2185 R15	GFI 15	1.060	12.0	3.90 L			
2185 R30	GFI 30	1.350	20.0	2.80 L			

Nylon+PP — Polyfort — A. Schulman

Grade	Filler	Sp Grav	Shrink, mils/in	Melt flow, g/10 min	Drying temp, °F	Drying time, hr	Max. % moisture
FXP 6630	CSO 30	1.283			170	4.0	

Nylon+PP — Schulablend — A. Schulman

Grade	Filler	Sp Grav	Shrink, mils/in	Melt flow, g/10 min	Drying temp, °F	Drying time, hr	Max. % moisture
B12 G8		1.023			176	4.0-6.0	
GF 30	GFI 30	1.253			176	4.0-6.0	

Nylon+PP — Terez PA/PP — Ter Hell Plast

Grade	Filler	Sp Grav	Shrink, mils/in	Melt flow, g/10 min	Drying temp, °F	Drying time, hr	Max. % moisture
7110/5		1.053			158-176	2.0-3.0	
7500 GF 35/2	GFI 35	1.313			158-176	2.0-3.0	
7500 GF 7	GFI 7	1.103			158-176	2.0-3.0	
7810/1 HI		1.033			158-176	2.0-3.0	

Nylon+PPE — EnCom — EnCom

Grade	Filler	Sp Grav	Shrink, mils/in	Melt flow, g/10 min	Drying temp, °F	Drying time, hr	Max. % moisture
GF30 PPE-PA	GFI 30	1.320	3.0-5.0		200-225	2.0-4.0	0.00
GPTF30 PPE-PA	GTE 30	1.390	3.0-5.0		200-225	2.0-4.0	0.00
PPE-PA 2030GF BK43001	GFI 30	1.320	3.0-5.0		200-225	2.0-4.0	0.00
PPE-PA 290		1.080	10.0	4.00 AS	200-225	2.0-4.0	0.00

Nylon+PPE — Xyron — Asahi Kasei

Grade	Filler	Sp Grav	Shrink, mils/in	Melt flow, g/10 min	Drying temp, °F	Drying time, hr	Max. % moisture
A0100		1.103	11.0-14.0		212-230	3.0-4.0	
A0210		1.093	11.0-14.0		212-230	3.0-4.0	
A0501		1.113	11.0-14.0		212-230	3.0-4.0	
A1400		1.083	12.0-16.0		212-230	3.0-4.0	
AG114	GFI	1.170	8.0-9.0		221-248	2.0-4.0	
AG115	GFI	1.240	4.0-9.0		221-248	2.0-4.0	

Max. % regrind	Inj. pres., ksi	Rear temp, °F	Mid temp, °F	Front temp, °F	Nozzle temp, °F	Proc temp, °F	Mold temp, °F
	7.3					464-554	122-248
	5.8-7.3					482-536	140
	5.0-20.0	540-590	530-580	520-570	520-580	520-580	160-200
	5.0-20.0	540-590	530-580	520-570	520-580	520-580	160-200
	5.0-20.0	540-580	540-560	520-540	510-560	540-580	160-200
						428-464	140-176
		446-464					158-176
		550-565	550-565	555-565	565-575		180-220
		550-565	550-565	555-565	565-575		180-220
		550-565	550-565	555-565	565-575		180-220
	0.4-1.2	401	406	415	415		55-118
	0.4-1.2	401	406	415	415		55-118
	0.4-1.2	401	406	415	415		55-118
	0.4-1.2	401	406	415	415		55-118
	0.4-1.2	401	406	415	415		55-118
	0.4-1.2	401	406	415	415		55-118
		500	500	500	520		150
						464-500	140-194
						464-500	
						446-500	
						446-500	
						446-518	
						446-500	
		500-570	510-570	520-570	530-570	530-570	150-250
		500-570	510-570	520-570	530-570	530-570	150-250
		500-570	510-570	520-570	530-570	530-570	150-250
		500-570	510-570	520-570	530-570	530-570	150-250
						500-536	140-212
						536-572	140-212
						482-536	140-212
						518-554	140-194
						482-554	158-266
						500-554	158-266

FREE DATA SHEETS: WWW.IDES.COM/PSIM

Grade	Filler	Sp Grav	Shrink, mils/in	Melt flow, g/10 min	Drying temp, °F	Drying time, hr	Max. % moisture
AG511	GFI 10	1.163	5.0-7.0		212-230	3.0-4.0	
AG512	GFI 20	1.233	4.0-7.0		212-230	3.0-4.0	
G010H	GFI 30	1.323	3.0-6.0		194-212	3.0-4.0	
G010Z	GFI 30	1.444	3.0-6.0		194-212	3.0-4.0	
G020H	GFI 30	1.323	3.0-7.0		194-212	3.0-4.0	
G020Z	GFI 30	1.444	3.0-6.0		194-212	3.0-4.0	
X0100		1.100	11.0-14.0		194-212	2.0-4.0	
X1400		1.080	12.0-14.0		212-230	2.0-3.0	
X5402		1.093	11.0-14.0		194-212	3.0-4.0	
X5403		1.243	11.0-14.0		194-212	3.0-4.0	
X9830		1.080	11.0-14.0		221-248	2.0-4.0	

Nylon+SAN — Performafil — Techmer Lehvoss

Grade	Filler	Sp Grav	Shrink, mils/in	Melt flow, g/10 min	Drying temp, °F	Drying time, hr	Max. % moisture
J-71/20	GFI 20	1.240	3.0		220	2.0	0.08
J-71/20/VO/ND	GFI	1.450	1.6		180	2.0-4.0	
J-71/30	GFI 30	1.330	2.0		220	2.0	0.08
J-71/30/VO/ND	GFI	1.550	1.2		180	2.0-4.0	

PAI — Torlon — Solvay Advanced

Grade	Filler	Sp Grav	Shrink, mils/in	Melt flow, g/10 min	Drying temp, °F	Drying time, hr	Max. % moisture
4203L		1.420	6.0-8.5		350	3.0	
4275		1.510	2.5-4.5		350	3.0	
4301		1.460	3.5-6.0		350	3.0	
4435		1.590	1.4		350	3.0	
5030	GFI 30	1.610	1.0-2.5		350	3.0	
7130	CF 30	1.480	0.0-1.5		350	3.0	

PAMXD6 — Ixef — Solvay Advanced

Grade	Filler	Sp Grav	Shrink, mils/in	Melt flow, g/10 min	Drying temp, °F	Drying time, hr	Max. % moisture
1002/0008 (Dry)	GFI 30	1.434	1.0-4.0		176	12.0	0.30
1022/0008 (Dry)	GFI 50	1.644	1.0-3.0		176	12.0	0.30
1023/0008 (Dry)	GFI 50	1.644	1.0-3.0		176	12.0	0.30
1025/9008 (Dry)	GFI 46	1.614	1.0-3.0		176	12.0	0.30
1027/9000 (Dry)	GFI 50	1.644	1.0-3.0		176	12.0	0.30
1028/9208 (Dry)	UNS 50	1.654	1.0-3.0		176	12.0	
1032/0008 (Dry)	GFI 60	1.774	1.0-3.0		176	12.0	0.30
1313/0004 (Dry)	UNS 40	1.464	1.0-3.0		176	12.0	
1501/0008 (Dry)	GFI 30	1.544	1.0-4.0		176	12.0	0.30
1521/0008 (Dry)	GFI 50	1.754	1.0-3.0		176	12.0	0.30
1622/0003 (Dry)	GFI 50	1.604	1.0-3.0		176	12.0	
2011/0000 (Dry)	MN 42	1.584	4.0-6.0		176	12.0	
2030/X927 (Dry)	GMN 55	1.744	1.0-4.0		176	12.0	0.30
2057/9000 (Dry)	MN 45	1.614	4.0-5.0		176	12.0	
2530/9008 (Dry)	GMN 55	1.855	1.0-3.0		176	12.0	0.30
3006/9019 (Dry)	CF 30	1.343	0.5-1.5		176	12.0	0.30
5002/0008 (Dry)	GTE 20	1.514	2.0-4.0		176	12.0	0.30

PAMXD6 — Reny — Mitsubishi EP

Grade	Filler	Sp Grav	Shrink, mils/in	Melt flow, g/10 min	Drying temp, °F	Drying time, hr	Max. % moisture
6002 (Dry)		1.210	14.1				
6301 (Dry)		1.170	15.0				

PAMXD6 — RTP Compounds — RTP

Grade	Filler	Sp Grav	Shrink, mils/in	Melt flow, g/10 min	Drying temp, °F	Drying time, hr	Max. % moisture
206 K	GFI 35	1.484	1.0-3.0		250	4.0-5.0	
209 K TFE 15	GFI 50	1.825	0.5-1.5		250	4.0-5.0	
285 K	CF 30	1.323	0.5-1.5		250	4.0-5.0	
285 K TFE 15	CF 40	1.444	0.2-2.0		250	4.0-5.0	
289 K	CF 50	1.444	0.3-1.0		250	4.0-5.0	

Max. % regrind	Inj. pres., ksi	Rear temp, °F	Mid temp, °F	Front temp, °F	Nozzle temp, °F	Proc temp, °F	Mold temp, °F
						500-554	140-248
						500-554	140-248
						482-554	140-212
						464-536	140-212
						536-572	140-212
						500-572	140-212
						464-518	104-194
						518-554	140-194
						500-572	140-212
						500-554	140-212
						482-536	122-176
		520	540	530	520	540	165
		490-520	520-550	500-540	480-550	480-530	140-180
		520	540	530	520	540	165
		490-520	520-550	500-540	480-550	480-530	140-180
		580			700		390-420
		580			700		390-420
		580			700		390-420
		580			700		390-420
		580			700	650-700	390-420
		580			700	650-700	390-420
	7.3-21.8	482-500	500-518	518-536	500-554	536	248-284
	7.3-21.8	482-500	500-518	518-536	500-554	536	248-284
	7.3-21.8	482-500	500-518	518-536	500-554	536	248-284
	7.3-21.8	482-500	500-518	518-536	500-554	536	248-284
	7.3-21.8	482-500	500-518	518-536	500-554	536	248-284
	7.3-36.3	482-500	500-518	518-536	500-554	536	248-284
	7.3-21.8	482-500	500-518	518-536	500-554	536	248-284
	7.3-36.3	482-500	500-518	518-536	500-554	518	248-284
	7.3-21.8	482-500	500-518	518-536	500-554	518	248-284
	7.3-21.8	482-500	500-518	518-536	500-554	518	248-284
						509-527	248
		482-500	500-518	518-536	500-554	536	248-284
	7.3-21.8	482-500	500-518	518-536	500-554	536	248-284
	7.3-21.8	482-500	500-518	518-536	500-554	518	248-284
	7.3-21.8	482-500	500-518	518-536	500-554	536	248-284
	7.3-21.8	482-500	500-518	518-536	500-554	536	248-284
						482-518	248-284
						482-518	248-284
	12.0-18.0					480-540	250-285
	12.0-18.0					480-540	250-285
	12.0-18.0					480-540	250-285
	12.0-18.0					480-540	250-285
	12.0-18.0					480-540	250-280

FREE DATA SHEETS: WWW.IDES.COM/PSIM

Grade	Filler	Sp Grav	Shrink, mils/in	Melt flow, g/10 min	Drying temp, °F	Drying time, hr	Max. % moisture
PAMXD6		**Toyobo Nylon**			**Toyobo**		
T-602G30 (Dry)	GFI 30	1.360	2.0-4.0	22.00			
T-663G50A (Dry)	GFI 50	1.570	2.0-4.0	5.00			
PAO		**M. Holland Magma**			**M. Holland**		
Magmalene		0.872					
PBT		**AD majoris**			**AD majoris**		
PBT 9237 20 FV	GFI 20	1.454		10.0	248	4.0	
PBT		**Albis PBT**			**Albis**		
18A BS15 Bright White	BAS	1.460			20.00 T		
18A BS15 Natural	BAS	1.460			20.00 T		
18A BS15 White	BAS	1.460			20.00 T		
18A BS20 White	BAS	1.520			20.00 T		
700/1 GF							
30 PTFE 15 SI 2	GFI 30	1.620					
700/9 GR 25	GFI 25				8.00 T		
708/9 GR25	GFI 25				8.00		
PBT		**Alcom**			**Albis**		
PBT 700/1 Satin Chrome Silver Metallic		1.320	8.0-12.0				
PBT 700/1 Satin Stainless Silver Metallic		1.320					
PBT 700/1 Silver FF		1.320					
PBT		**Anjadur**			**J&A Plastics**		
400		1.303			230	4.0-10.0	0.02
400-E		1.283			230	4.0-10.0	0.02
400-FR		1.454			230	4.0-10.0	0.02
450-E/GF15	GFI 15	1.404			230	4.0-10.0	0.02
450-E/GF30	GFI 30	1.534			230	4.0-10.0	0.02
450-F/GF30	GFI 30	1.614			230	4.0-10.0	0.02
450-FR/GF15	GFI 15	1.564		11.0	230	4.0-10.0	0.02
450-FR/GF30	GFI 30	1.654		10.0	230	4.0-10.0	0.02
450-GF10	GFI 10	1.383			230	4.0-10.0	0.02
450-GF15	GFI 15	1.424			230	4.0-10.0	0.02
450-GF20	GFI 20	1.464		11.0	230	4.0-10.0	0.02
450-GF30	GFI 30	1.554		11.0	230	4.0-10.0	0.02
J400		1.303			230	4.0-10.0	0.02
J400-E		1.283			230	4.0-10.0	0.02
J400-FR		1.454			230	4.0-10.0	0.02
J450-E/GF15	GFI 15	1.404			230	4.0-10.0	0.02
J450-E/GF30	GFI 30	1.534			230	4.0-10.0	0.02
J450-F/GF30	GFI 30	1.614			230	4.0-10.0	0.02
J450-FR/GF10	GFI 10	1.464			230	4.0-10.0	0.02
J450-FR/GF15	GFI 15	1.564			230	4.0-10.0	0.02
J450-FR/GF30	GFI 30	1.654			230	4.0-10.0	0.02
J450-GF10	GFI 10	1.383			230	4.0-10.0	0.02
J450-GF15	GFI 15	1.424			230	4.0-10.0	0.02
J450-GF30	GFI 30	1.554			230	4.0-10.0	0.02
J455-F/GF30	GFI 30	1.624			230	4.0-10.0	0.03

Max. % regrind	Inj. pres., ksi	Rear temp, °F	Mid temp, °F	Front temp, °F	Nozzle temp, °F	Proc temp, °F	Mold temp, °F
	4.4-8.7					482-554	140
	5.8-11.6					518-572	248-284
	1.5-2.0					329-455	122-140
						491-518	176-248
						450-525	140-195
						450-525	140-195
						450-525	140-195
						450-525	140-195
						450-525	140-195
						450-525	140-195
						450-525	140-195
						450-525	140-195
						450-525	140-195
						450-525	140-195
						482-518	176-212
						482-518	176-212
						482-518	176-212
						482-518	176-230
						482-518	176-230
						482-518	176-230
						482-518	176-230
						482-518	176-230
						482-518	176-230
						482-518	176-230
						482-518	176-230
						482-518	176-230
						482-518	176-212
						482-518	176-212
						482-518	176-212
						482-518	176-230
						482-518	176-230
						482-518	176-230
						482-518	176-230
						482-518	176-230
						482-518	176-230
						482-518	176-230
						482-518	176-230
						482-518	176-230
						482-518	176-230

FREE DATA SHEETS: WWW.IDES.COM/PSIM

Grade	Filler	Sp Grav	Shrink, mils/in	Melt flow, g/10 min	Drying temp, °F	Drying time, hr	Max. % moisture
J455-FR/GF20	GFI 20	1.604			230	4.0-10.0	0.02
J455-FR/GF30	GFI 30	1.654			230	4.0-10.0	0.02
J455-GF20	GFI 20	1.464			248	2.0-8.0	0.04
J455-GF30	GFI 30	1.554			230	4.0-10.0	0.02
R400		1.313			230	4.0-12.0	0.02
R450-GF30	GFI 30	1.564			230		0.02

PBT   Ashlene   Ashley Poly

Grade	Filler	Sp Grav	Shrink, mils/in	Melt flow, g/10 min	Drying temp, °F	Drying time, hr
105		1.310	6.0-9.0		250-260	3.0-4.0
114WO		1.340	5.0-8.0		250-260	3.0-4.0
124	GFI 20	1.400	5.0-7.0		250-260	2.0-4.0
126	GFI 30	1.540	3.0-5.0		250-260	2.0-4.0
126WO	GFI 30	1.540	4.0-7.0		250-260	2.0-4.0
130	GFI 50	1.710	3.0-5.0		250-260	2.0-4.0
149WO	GFI 45	1.800	3.0-5.0		250-260	2.0-4.0
P105		1.310	6.0-9.0		250-260	3.0-4.0
P106		1.310	6.0-9.0		250-260	3.0-4.0
P114		1.290	5.0-8.0		250-260	3.0-4.0
P114WO		1.340	5.0-8.0		250-260	3.0-4.0
P123	GFI 15	1.370	9.0-11.0		250-260	2.0-4.0
P123WO	GFI 15	1.530	9.0-11.0		250-260	2.0-4.0
P124WO	GFI 20	1.530	4.0-8.0		250-260	2.0-4.0
P126	GFI 30	1.540	3.0-5.0		250-260	2.0-4.0
P126T	GFI 30	1.520	3.0-5.0		250-260	2.0-4.0

PBT   Astalene   Marplex

Grade	Filler	Sp Grav	Shrink, mils/in	Melt flow, g/10 min	Drying temp, °F	Drying time, hr
PBT MDA271	MN 35	1.760	14.0	22.00 T	248-266	4.0-6.0

PBT   AVP   GE Polymerland

Grade	Filler	Sp Grav	Shrink, mils/in	Melt flow, g/10 min	Drying temp, °F	Drying time, hr
KVV17	GFI 17		5.0-9.0		250	3.0
KVV30	GFI 30	1.630	4.0-9.0		250	4.0
RVV17	GFI 17		5.0-9.0		250	3.0
RVV30	GFI 30	1.540	4.0-6.0	9.00 I	250	5.0

PBT   B&M PBT   B&M Plastics

Grade	Filler	Sp Grav	Shrink, mils/in	Melt flow, g/10 min	Drying temp, °F	Drying time, hr	Max. % moisture
PBTFRGF30	GFI 30	1.620	3.0-5.0		250	3.0-4.0	0.02
PBTGF15	GFI 15	1.410			250	3.0-4.0	0.04
PBTGF30	GFI 30	1.570			250	3.0-4.0	0.04

PBT   Badadur   Bada Euro

Grade	Filler	Sp Grav
PBT8		1.313
PBT8 S		1.313
PBT8 TM-Z1		1.243
PBT8 TM-Z2		1.203
PBT9 FR HF		1.454

PBT   Bestdur   Triesa

Grade	Filler	Sp Grav	Shrink, mils/in	Drying temp, °F	Drying time, hr
TH/01		1.303	15.0	230	2.0-4.0
TH/02		1.303	5.0	212	2.0-4.0
THG3/01	GFI 15	1.424		212	2.0-4.0
THG4U/11	GFI 20	1.454		212	2.0-4.0
THG6/01	GFI 30	1.544	4.0	176	3.0-5.0
THG6/02	GFI 30	1.544	4.0	176	3.0-5.0
TXG4/01	GFI 20	1.564		212	2.0-4.0
TXG6/01	GFI 30	1.644	4.0	212	2.0-4.0
TXG6/02	GFI 30	1.644	4.0	212	2.0-4.0

Max. % regrind	Inj. pres., ksi	Rear temp, °F	Mid temp, °F	Front temp, °F	Nozzle temp, °F	Proc temp, °F	Mold temp, °F
						482-518	176-230
						482-518	176-230
						482-518	176-212
						482-518	176-230
						482-518	176-212
						500-518	176-230
	0.7-1.2	440-470	450-480	460-490	460-490	455-490	110-140
	0.7-1.2	440-470	450-480	460-490	460-490	455-490	110-140
	8.0-17.0	440-470	450-480	460-490	460-490	470-500	160-200
	8.0-17.0	440-470	450-480	460-490	460-490	470-500	160-200
	8.0-17.0	440-470	450-480	460-490	460-490	470-500	160-200
	8.0-17.0	440-470	450-480	460-490	460-490	470-500	160-200
	8.0-17.0	440-470	450-480	460-490	460-490	470-500	160-200
	0.7-1.2	440-470	450-480	460-490	460-490	455-490	110-140
	0.7-1.2	440-470	450-480	460-490	460-490	455-490	110-140
	0.7-1.2	440-470	450-480	460-490	460-490	455-490	110-140
	0.7-1.2	440-470	450-480	460-490	460-490	455-490	110-140
	8.0-17.0	440-470	450-480	460-490	460-490	470-500	160-200
	8.0-17.0	440-470	450-480	460-490	460-490	470-500	160-200
	8.0-17.0	440-470	450-480	460-490	460-490	470-500	160-200
	8.0-17.0	440-470	450-480	460-490	460-490	470-500	160-200
	8.0-17.0	440-470	450-480	460-490	460-490	470-500	160-200
	8.7-20.3	446-464	464-482	482-500		482-518	140
						470-500	160-190
		440-480	450-490	460-500	455-495	460-500	150-190
						470-500	160-190
		450-490	460-500	470-510	465-505	470-510	150-250
		440-470	460-490	470-500	470-500	470-510	150-190
		460-490	470-500	480-510	470-500	480-510	150-190
		460-490	470-500	480-510	470-500	480-510	150-190
						464-500	176
						464-500	176
						464-500	176
						464-500	176
						464-500	176
						446-473	104-176
						446-473	104-176
						473-500	158-176
						473-500	158-176
						473-500	158-176
						473-500	158-176
						455-473	122-194
						455-482	122-194
						455-482	122-194

Grade	Filler	Sp Grav	Shrink, mils/in	Melt flow, g/10 min	Drying temp, °F	Drying time, hr	Max. % moisture
PBT	**CBT**			**Cyclics**			
100		1.313	15.0				
200		1.313	15.0				
PBT	**CCP PBT**			**Chang Chun**			
2000-104D		1.440	9.0-18.0				
2000-201D		1.440	9.0-18.0				
3015-104	GFI 15	1.410	3.0-6.0				
3015-201	GFI 15	1.410	3.0-6.0				
3020-104	GFI 20	1.440	3.0-6.0				
3030-104	GFI 30	1.510	2.0-5.0				
3030-201	GFI 30	1.510	2.0-5.0				
4115-104D	GFI 15	1.530	3.0-6.0				
4115-201D	GFI 15	1.540	3.0-6.0				
4130-104D	GFI 30	1.650	2.0-5.0				
4130-201D	GFI 30	1.660	2.0-5.0				
4140-201D	GFI 40	1.750	1.0-4.0				
5130-201	GFI 30	1.540	1.0-4.0				
PBT	**Celanex**			**Ticona**			
1300A		1.310	18.0-20.0	90.00			
1400A		1.310	18.0-20.0	50.00			
1600A		1.310	18.0-20.0	6.50			
1602Z		1.310	20.0	10.00			
1612Z	GFI 8	1.350	6.0-10.0				
1632Z	GFI 15	1.410	3.0-7.0	9.00			
1662Z	GFI 30	1.520	2.0-6.0	7.00			
2000		1.310	18.0-20.0	75.00			
2000-2		1.310	18.0-20.0	75.00			
2000-K		1.310	18.0-20.0	75.00			
2001		1.310	18.0-20.0	6.50			
2001HP		1.313					
2002		1.310	18.0-20.0	20.00			
2002-2		1.310	18.0-20.0	20.00			
2002AP		1.313	18.0-20.0				
2002UV		1.310	18.0-20.0				
2003		1.310	18.0-20.0	35.00			
2003-2		1.310	18.0-20.0	35.00			
2003HR		1.310	18.0-20.0				
2004		1.300	18.0-20.0				
2004-2		1.300	18.0-20.0				
2008		1.310	18.0-20.0				
2012		1.430	18.0-20.0				
2014		1.440	23.0-25.0				
2016		1.440	25.0-30.0	25.00			
2025		1.313					
2300 GV1/10	GFI 10	1.383					
2300 GV1/20	GFI 20	1.454					
2300 GV1/30	GFI 30	1.554					
2300 GV1/50	GFI 50	1.714					
2300 GV3/20	GB 20	1.454					
2300 GV3/30	GB 30	1.554					
2302 GV1/15	GFI 15	1.434					
2302 GV1/20	GFI 20	1.474					
2302 GV1/30	GFI 30	1.554					

Max. % regrind	Inj. pres., ksi	Rear temp, °F	Mid temp, °F	Front temp, °F	Nozzle temp, °F	Proc temp, °F	Mold temp, °F
						446-500	374-392
						446-500	356-392
	7.1-17.1	446-500	446-500	446-500	482-500		104-248
	7.1-17.1	446-500	446-500	446-500	482-500		104-248
	7.1-17.1	464-518	464-518	464-518	500-518		104-248
	7.1-17.1	464-518	464-518	464-518	500-518		104-248
	7.1-17.1	464-518	464-518	464-518	500-518		104-248
	7.1-17.1	464-518	464-518	464-518	500-518		104-248
	7.1-17.1	464-518	464-518	464-518	500-518		104-248
	7.1-17.1	464-518	464-518	464-518	500-518		104-248
	7.1-17.1	464-518	464-518	464-518	500-518		104-248
	7.1-17.1	464-518	464-518	464-518	500-518		104-248
	7.1-17.1	464-518	464-518	464-518	500-518		104-248
	7.1-17.1	464-518	464-518	464-518	500-518		104-248
	7.1-17.1	464-518	464-518	464-518	500-518		104-248
25		446-464	455-482	464-500	482-500	455-500	149-199
25		446-464	455-482	464-500	482-500	455-500	149-199
25		446-464	455-482	464-500	482-500	455-500	149-199
25		446-464	455-482	464-500	482-500	455-500	149-199
25		446-464	455-482	464-500	482-500	455-500	149-199
25		446-464	455-482	464-500	482-500	455-500	149-199
25		446-464	455-482	464-500	482-500	455-500	149-199
25		446-464	455-482	464-500	482-500	455-500	149-199
25		446-464	455-482	464-500	482-500	455-500	149-199
25		446-464	455-482	464-500	482-500	455-500	149-199
25		446-464	455-482	464-500	482-500	455-500	149-199
25		446-464	455-482	464-500	482-500	455-500	149-199
25		446-482	455-491	464-500	482-509	455-509	149-199
25		446-464	455-482	464-500	482-500	455-500	149-199
25		446-464	455-482	464-500	482-500	455-500	149-199
25		446-464	455-482	464-500	482-500	455-500	149-199
25		446-464	455-482	464-500	482-500	455-500	149-199
25		446-464	455-482	464-500	482-500	455-500	149-199
25		446-464	455-482	464-500	482-500	455-500	149-199
25		446-464	455-482	464-500	482-500	455-500	149-199
50		446-464	455-482	464-491	482-491	455-491	149-199
50		446-464	455-482	464-491	482-491	455-491	149-199
		392-410	410-428	428-446	446-464	446-464	149-185
	8.7-14.5					500-518	167-185
	8.7-14.5					500-518	167-185
	8.7-14.5					500-518	167-185
	8.7-14.5					500-518	167-185
	8.7-14.5					500-518	167-185
	8.7-14.5					500-518	167-185
	8.7-14.5					509-527	194-212
	8.7-14.5					509-527	194-212
	8.7-14.5					509-527	194-212

FREE DATA SHEETS: WWW.IDES.COM/PSIM

Grade	Filler	Sp Grav	Shrink, mils/in	Melt flow, g/10 min	Drying temp, °F	Drying time, hr	Max. % moisture
2360 FL		1.454					
2360 GV1/10 FL	GFI 10	1.534					
2360 GV1/20 FL	GFI 20	1.604					
2360 GV1/30 FL	GFI 30	1.674					
2401 MT		1.313	18.0-20.0				
2402 MT		1.313	18.0-20.0				
2403 MT		1.313	18.0-20.0				
2404 MT	PTF	1.343	18.0-20.0				
2500		1.313					
3100	GFI 8	1.350	6.0-10.0	17.00			
3109HR	GFI 8	1.350	6.0-10.0				
3114	GFI 8	1.490					
3116	GFI 8	1.500	10.0-14.0				
3200	GFI 15	1.410	5.0-7.0	26.00			
3200-2	GFI 15	1.410	5.0-7.0	26.00			
3200HR	GFI 15	1.414	5.0-7.0				
3201	GFI 15	1.410	5.0-7.0				
3210	GFI 20	1.620	4.0-6.0				
3214	GFI 15	1.520	5.0-7.0				
3216	GFI 15	1.540	4.0-6.0				
3226	GFI 20	1.604					
3300	GFI 30	1.530	3.0-5.0	16.00			
3300-2	GFI 30	1.530	3.0-5.0	16.00			
3300HR	GFI 30	1.530	3.0-5.0				
3300LM	GFI 30	1.530	3.0-5.0				
3309HR	GFI 30	1.544	7.0-9.0				
3309HRT	GFI 30	1.504					
3310	GFI 30	1.660	3.0-5.0	9.00			
3314	GFI 30	1.650					
3316	GFI 30	1.660	3.0-5.0				
3325HRT	GFI 30	1.464	2.0-4.0				
3400	GFI 40	1.610	3.0-5.0	8.00			
3409HR	GFI 40	1.614	7.0-9.0				
4016		1.450	24.0-28.0				
4202	GFI 15	1.380	5.0-10.0				
4300	GFI 30	1.530	3.0-5.0	7.00			
4302	GFI 30	1.490	3.0				
4302HS	GFI 30	1.490	3.0				
4305	GFI 33	1.500	5.0	7.00			
4306	GFI 30	1.500	4.0-6.0	10.00			
5200	GFI 15	1.410	4.0-6.0	28.00			
5200-2	GFI 15	1.410	4.0-6.0	28.00			
5201	GFI 15	1.414	4.0-6.0				
5202	GFI 15	1.444	4.0-6.0				
5300	GFI 30	1.540	3.0-5.0	17.00			
6400	GMN 40	1.650	4.0-6.0	17.00			
6407	GMN 30	1.520	3.0-4.0	21.00			
6407HR	GMN 30	1.520	3.0-4.0				
6500	GMN 30	1.550	2.0-5.0	22.00			
6500LM	GMN 30	1.554	2.0-5.0				
7316	GMN 35	1.740					
7700	GMN 35	1.740	5.0-7.0	6.00			
7716	GMN 35	1.690	2.0-5.0				
J600	GMN 40	1.620	4.0-6.0	11.00			

Max. % regrind	Inj. pres., ksi	Rear temp, °F	Mid temp, °F	Front temp, °F	Nozzle temp, °F	Proc temp, °F	Mold temp, °F
	8.7-14.5					482-500	167-185
	8.7-14.5					500-518	167-185
	8.7-14.5					500-518	167-185
	8.7-14.5					500-518	167-185
25		446-464	455-482	464-500	482-500	455-500	149-199
25		446-464	455-482	464-500	482-500	455-500	149-199
25		446-464	455-482	464-500	482-500	455-500	149-199
25		446-464	455-482	464-500	482-500	455-500	149-199
	8.7-14.5					482-500	167-185
25		446-464	455-482	464-500	482-500	455-500	149-199
25		446-464	455-482	464-500	482-500	455-500	149-199
50		446-464	455-482	464-491	482-491	455-491	149-199
50		446-464	455-482	464-491	482-491	455-491	149-199
25		446-464	455-482	464-500	482-500	455-500	149-199
25		446-464	455-482	464-500	482-500	455-500	149-199
25		446-464	455-482	464-500	482-500	455-500	149-199
25		446-464	455-482	464-500	482-500	455-500	149-199
50		446-464	455-482	464-491	482-491	455-491	149-199
50		446-464	455-482	464-491	482-491	455-491	149-199
	1.5-8.7					500-518	167-185
25		446-464	455-482	464-500	482-500	455-500	149-199
25		446-464	455-482	464-500	482-500	455-500	149-199
25		446-464	455-482	464-500	482-500	455-500	149-199
25		446-464	455-482	464-500	482-500	455-500	149-199
25		446-464	455-482	464-500	482-500	455-500	149-199
25		446-464	455-482	464-500	482-500	455-500	149-199
50		446-464	455-482	464-491	482-491	455-491	149-199
50		446-464	455-482	464-491	482-491	455-491	149-199
25		446-464	455-482	464-500	482-500	455-500	149-199
25		446-464	455-482	464-500	482-500	455-500	149-199
25		446-464	455-482	464-500	482-500	455-500	149-199
50		446-464	455-482	464-491	482-491	455-491	149-199
25		446-464	455-482	464-500	482-500	455-500	149-199
25		446-464	455-482	464-500	482-500	455-500	149-199
25		446-464	455-482	464-500	482-500	455-500	149-199
25		446-464	455-482	464-500	482-500	455-500	149-199
25		446-464	455-482	464-500	482-500	455-500	149-199
25		446-464	455-482	464-500	482-500	455-500	149-199
25		446-482	455-491	464-500	482-509	455-509	149-199
25		446-482	455-491	464-500	482-509	455-509	149-199
25		446-482	455-491	464-500	482-509	455-509	149-199
		446-482	455-491	464-500	482-509	455-509	149-199
25		446-482	455-491	464-500	482-509	455-509	149-199
25		446-482	455-491	464-500	482-509	455-509	149-199
25		446-482	455-491	464-500	482-509	455-509	149-199
25		446-482	455-491	464-500	482-509	455-509	149-199
25		482-500	491-509	500-518	509-527	509-527	149-199
25		482-500	491-509	500-518	509-527	509-527	149-199
50		446-464	455-482	464-491	482-491	455-491	149-199
25		446-464	455-482	464-500	482-500	455-500	149-199
50		446-464	455-482	464-491	482-491	455-491	149-199
25		446-482	455-491	464-500	482-509	455-509	149-199

FREE DATA SHEETS: WWW.IDES.COM/PSIM

Grade	Filler	Sp Grav	Shrink, mils/in	Melt flow, g/10 min	Drying temp, °F	Drying time, hr	Max. % moisture
PBT		**Celstran**			**Ticona**		
PBT-CF40-08	CFL	1.474					
PBT-GF30-08	GLL 30	1.544					
PBT-GF40-08	GLL 40	1.614					
PBT-GF50-08	GLL 50						
PBT		**Clariant PBT**			**Clariant Perf**		
PBT-1100		1.310	18.0		250	4.0	0.02
PBT-1100G15	GFI 15	1.420	9.0		250	4.0	0.02
PBT-1100G20	GFI 25	1.450	7.0		250	4.0	0.02
PBT-1100G30	GFI 30	1.530	5.0		250	4.0	0.02
PBT-1100G30TF15	GFI 30	1.660	5.0		250	4.0	0.02
PBT-1300		1.290	18.0		250	4.0	0.02
PBT-1300G25	GFI 25	1.460	6.0		250	4.0	0.02
PBT-1700		1.400	18.0		250	4.0	0.02
PBT-1700G15	GFI 15	1.530	9.0		250	4.0	0.02
PBT-1700G30	GFI 30	1.660	5.0		250	4.0	0.02
PBT		**Comtuf**			**A. Schulman**		
420		1.263	18.0		266	2.0-4.0	
425	GFI 40	1.540	2.0		300	3.0	0.03
PBT		**CoolPoly**			**Cool Polymers**		
D4302		1.474	7.0-10.0		180	4.0	
E4301		1.414	3.0-6.0		180	4.0	
PBT		**Crastin**			**DuPont EP**		
6129 NC010		1.310	15.0				0.04
6129C NC010		1.310	15.0				0.04
6130 NC010		1.310	16.0				0.04
6130C NC010		1.310	16.0	15.50 T			0.04
6131 NC010		1.310	16.0	48.00 T			0.04
6131C NC010		1.310	16.0	48.00 T			0.04
6134 NC010		1.303		33.00 T			0.04
6134C NC010		1.303					0.04
BM6450XD BK560		1.213					0.04
CE2055 BKB580		1.323	20.0				0.04
CE2548 GY740	TMN 20	1.484	16.0				0.04
HR5315HF BK503	GFI 15	1.373	11.0				0.04
HR5315HF NC010	GFI 15	1.373	11.0				0.04
HR5330HF BK503	GFI 30	1.504	10.0				0.04
HR5330HF NC010	GFI 30	1.480	10.0				0.04
HTI668FR BK851							0.04
HTI668FR NC010	GMN 45	1.794	9.0				0.04
LW685FR BK507	GMN 30	1.674					0.04
LW9320FR BK507							0.04
LW9330FR BK507							0.04
S600F10 BK851		1.303					0.04
S600F10 NC010		1.303	16.0				0.04
S600F20 BK851		1.313					0.04
S600F20 NC010		1.313	16.0				0.04
S600F40 BK851		1.313					0.04
S600F40 NC010		1.313	18.0				0.04
S600LF NC010		1.323	22.0				0.04
S620F20 BK851		1.313					0.04

Max. % regrind	Inj. pres., ksi	Rear temp, °F	Mid temp, °F	Front temp, °F	Nozzle temp, °F	Proc temp, °F	Mold temp, °F
						536-572	176-194
						536-572	176-194
						536-572	176-194
						536-572	176-194
		450-525	450-525	450-525		450-475	150-180
		450-525	450-525	450-525		450-475	150-180
		450-525	450-525	450-525		450-475	150-180
		450-525	450-525	450-525		450-475	150-180
		450-525	450-525	450-525		450-475	150-180
		450-525	450-525	450-525		450-475	150-180
		450-525	450-525	450-525		450-475	150-180
		450-525	450-525	450-525		450-475	150-180
		450-525	450-525	450-525		450-475	150-180
		450-525	450-525	450-525		450-475	150-180
						482-500	86-150
20		445-475	455-480	475-500	475-500	520	140-265
	5.1-11.9	392-410	399-441	421-460		421-460	81-151
	5.1-11.9	392-410	399-441	421-460		421-460	81-151
						464-500	86-266
						464-500	86-266
						464-500	86-266
						464-500	86-266
						464-500	86-266
						464-500	86-266
						464-500	86-266
						464-500	86-266
						464-500	86-266
						464-500	86-266
						464-500	86-266
						464-500	86-266
						464-500	86-266
						464-500	86-266
						464-500	86-266
						464-500	86-266
						464-500	86-266
						464-500	86-266
						464-500	86-266
						464-500	86-266
						464-500	86-266
						464-500	86-266
						464-500	86-266
						464-500	86-266
						464-500	86-266

FREE DATA SHEETS: WWW.IDES.COM/PSIM

Grade	Filler	Sp Grav	Shrink, mils/in	Melt flow, g/10 min	Drying temp, °F	Drying time, hr	Max. % moisture
S620F20 NC010		1.313	16.0				0.04
S660FR BK507		1.474	20.0				0.04
S660FR NC010		1.450	18.0	26.00 T			0.04
SK601 BK851	GFI 10	1.373					0.04
SK601 NC010	GFI 10	1.373	12.0				0.04
SK602 BK851	GFI 15	1.414					0.04
SK602 NC010	GFI 15	1.410	6.0				0.04
SK603 BK851	GFI 20	1.454					0.04
SK603 NC010	GFI 20	1.450	4.0				0.04
SK605 BK851	GFI 30	1.524					0.04
SK605 NC010	GFI 30	1.530	3.0				0.04
SK608 BK509	GFI 45	1.664	13.0				0.04
SK609 BK851	GFI 50	1.714					0.04
SK609 NC010	GFI 50	1.724	11.0				0.04
SK662FR BK507		1.524					0.04
SK662FR NC010	GFI 15	1.524	5.0				0.04
SK665FR BK507		1.634					0.04
SK665FR NC010	GFI 30	1.634	4.0				0.04
SO653 NC010	GB 20	1.454	16.0				0.04
ST820 BK503		1.230	11.0				0.04
ST820 NC010		1.230	22.0				0.04
ST830FR BK507		1.373	16.0				0.04
ST830FRUV NC010		1.373	16.0				0.04
T801 NC010	GFI 10	1.343	9.0				0.04
T803 BK851	GFI 20	1.434					0.04
T803 NC010	GFI 20	1.434	9.0				0.04
T805 BK851	GFI 30	1.514					0.04
T805 NC010	GFI 30	1.514	2.5				0.04
T841FR BK851	GFI 10	1.534	11.0				0.04
T841FR NC010	GFI 10	1.544	7.0				0.04
T843FR BK851	GFI 20	1.594	11.0				0.04
T843FR NC010	GFI 20	1.604	10.0				0.04
T845FR BK851	GFI 30	1.674	10.0				0.04
T845FR NC010	GFI 30	1.674	2.5				0.04

PBT   Deniter   Vamp Tech

Grade	Filler	Sp Grav	Shrink, mils/in	Melt flow, g/10 min	Drying temp, °F	Drying time, hr	Max. % moisture
0037 ST		1.223	18.0-22.0		239-266	3.0	
1010	GFI 10	1.363	6.0-12.0		248-266	3.0	
2010	GFI 20	1.474	3.5-5.0		248	3.0	
3010	GFI 30	1.504	3.0-10.0		248-266	3.0	
3015	GB 30	1.504	12.0-14.0		248-266	3.0	
3019	CF 30	1.404			248-266	3.0	
3022	MN 30	1.504	12.0-14.0		248-266	3.0	
5010	GFI 50	1.704	2.0-8.0		248-266	3.0	
9		1.303	18.0-22.0		248-266	3.0	

PBT   Durlex   Chem Polymer

Grade	Filler	Sp Grav	Shrink, mils/in	Melt flow, g/10 min	Drying temp, °F	Drying time, hr	Max. % moisture
700		1.300	18.0-25.0		175		0.03
709 IH		1.220	19.0-28.0	3.00 Q			0.03
715G	GFI 15	1.410	9.0-15.0				0.03
730G	GFI 30	1.550	5.0-10.0				0.03
730GVH	GFI 30	1.650	2.5-5.0				0.03
740G	GFI 40	1.680	2.0-4.0				0.03

PBT   Edgetek   PolyOne

Grade	Filler	Sp Grav	Shrink, mils/in	Melt flow, g/10 min	Drying temp, °F	Drying time, hr	Max. % moisture
PS-30GF/000	GFI	1.540	4.0		225	4.0	

Max. % regrind	Inj. pres., ksi	Rear temp, °F	Mid temp, °F	Front temp, °F	Nozzle temp, °F	Proc temp, °F	Mold temp, °F
						464-500	86-266
						464-500	86-266
						464-500	86-266
						464-500	86-266
						464-500	86-266
						464-500	86-266
						464-500	86-266
						464-500	86-266
						464-500	86-266
						464-500	86-266
						464-500	86-266
						482-518	86-266
						500-518	86-266
						500-518	86-266
						464-500	86-266
						464-500	86-266
						464-500	86-266
						464-500	86-266
						464-500	86-266
						464-500	86-266
						464-500	86-266
						464-500	86-266
						464-500	86-266
						464-500	86-266
						464-500	86-266
						464-500	86-266
						464-500	86-266
						464-500	86-266
						464-500	86-266
						464-500	86-266
						464-500	86-266
						464-500	86-266
						464-500	86-266
		446-482					131-176
		482-500					158-212
		446-482					176-230
		491-509					176-212
		482-509					194-230
		473-509					158-212
		473-509					158-212
		491-518					176-212
		446-482					131-176
25		470-490	490-525	500-535	500-525	500-535	
25		470-490	490-525	500-535	500-525	500-535	
25		470-490	490-525	500-535	500-525	500-535	
25		470-490	490-525	500-535	500-525	500-535	
25		470-490	490-525	500-535	500-525	500-535	
25		470-490	490-525	500-535	500-525	500-535	
						480-510	250

FREE DATA SHEETS: WWW.IDES.COM/PSIM

Grade	Filler	Sp Grav	Shrink, mils/in	Melt flow, g/10 min	Drying temp, °F	Drying time, hr	Max. % moisture
PS-30GF/000 FR V0	GFI	1.700	3.0		225	4.0	
PBT	**EnCom**				**EnCom**		
F0 PBT 30 GF	GFI	1.600	4.0		250	3.0-4.0	0.02
PBT	**Enduran**				**GE Adv Matl Euro**		
7062X Resin	GMN 45	1.835			230-248	2.0-4.0	0.02
PBT	**Formpoly**				**Formulated Poly**		
PBTGF15	GFI 15	1.510	2.5-3.5		140-248	2.0-4.0	
PBTGF15FR	GFI 15				140-248	2.0-4.0	
PBTGF30	GFI 30	1.530	2.5-3.5		140-248	2.0-4.0	
PBTGF30FR	GFI 30	1.690	2.0-3.0		140-248	2.0-4.0	
PBT	**Global PBT**				**Global**		
508	GFI 30	1.504	4.0		250		
PBT	**Hiloy**				**A. Schulman**		
412	GFI	1.393	8.0		266	2.0-4.0	
413	GFI 33	1.524	3.0		266	2.0-4.0	
414	GFI 45	1.674	2.0		266	2.0-4.0	
415	GFI 20	1.444	4.0		266	2.0-4.0	
420	GMN 30	1.554	8.0		266	2.0-4.0	
421	GMN 45	1.694	4.0		266	2.0-4.0	
PBT	**Hylox**				**Entec**		
9015	GFI 15	1.413	4.0-6.0		250	4.0	0.02
9020	GFI 20	1.440			250	4.0	0.02
9030	GFI 30	1.520	3.0-6.0		250	4.0	0.02
9230BK	GFI 30	1.510			250	4.0	0.02
PBT	**Kingfa**				**Kingfa**		
PBT-G15	GFI 15	1.424	5.0		248-284	4.0-6.0	
PBT-G30	GFI 30	1.534	3.0		248-284	4.0-6.0	
PBT-R0N		1.434	12.0		248-284	3.0-5.0	
PBT-RG002		1.323	11.0		248-284	4.0-6.0	
PBT-RG15	GFI 15	1.544	5.0		248-284	4.0-6.0	
PBT-RG151	GFI 15	1.554	5.0		248-284	4.0-6.0	
PBT-RG152	GFI 15	1.554	5.0		248-284	4.0-6.0	
PBT-RG20	GFI 20	1.574	4.0		248-284	4.0-6.0	
PBT-RG30	GFI 30	1.634	3.0		248-284	4.0-6.0	
PBT-RG301	GFI 30	1.644	3.0		248-284	4.0-6.0	
PBT-RG302	GFI 30	1.644	3.0		248-284	4.0-6.0	
PBT-T15	MN 15	1.414	9.0		248-284	3.0-5.0	
PBT-T30	MN 30	1.504	6.0		248-284	3.0-5.0	
UTPBT-HB		1.303	13.0		248-284		
PBT	**Later**				**Lati**		
4		1.323	18.0	17.00	248-266	3.0	
4 CE/50	MN 50	1.794	10.0		248-266	3.0	
4 G/20	GFI 20	1.474	5.0		248-266	3.0	
4 G/20-V0	GFI 20	1.654	4.0		248-266	3.0	
4 G/30	GFI 30	1.544	4.0		248-266	3.0	
4 G/30-V0	GFI 30	1.694	4.0		248-266	3.0	
4 G/30-V0CT1	GFI 30	1.695	3.0-5.0		248-266	3.0	0.05

384   POCKET SPECS FOR INJECTION MOLDING

Max. % regrind	Inj. pres., ksi	Rear temp, °F	Mid temp, °F	Front temp, °F	Nozzle temp, °F	Proc temp, °F	Mold temp, °F
						450-480	200-225
		460-490	470-500	480-510	470-500	480-510	150-190
		446-482	464-500	482-518	473-518	491-536	140-212
		464	473	482	491	464-518	86-194
		464	473	482	491	464-518	86-194
		455	464	473	482	464-500	86-194
						495	169
						482-500	86-150
						482-500	86-150
						482-500	86-150
						482-500	86-150
						482-500	86-150
						482-500	86-150
	1.0-1.7	450-470	460-480	470-490	470-490	480-500	180-250
	1.0-1.7	450-470	460-480	470-490	470-490	480-500	180-250
	1.0-1.7	450-470	460-480	470-490	470-490	480-500	180-250
	1.0-1.7	450-470	460-480	470-490	470-490	480-500	180-250
		428-464	455-491	473-509		455-491	122-176
		428-464	455-491	473-509		455-491	122-176
		428-464	446-482	464-500		464-500	122-176
		428-464	464-491	464-500		464-500	122-176
		428-464	455-491	464-509		464-500	122-158
		428-464	455-491	464-509		464-500	122-158
		428-464	455-491	464-509		464-500	122-158
		428-464	455-491	464-509		464-500	122-158
		428-464	455-491	464-509		464-500	122-158
		428-464	455-491	464-509		464-500	122-158
		428-464	455-491	464-509		464-500	122-158
		428-464	446-482	464-500		464-500	122-176
		428-464	446-482	464-500		464-500	122-176
15						446-482	140-176
15						482-518	176-230
15						464-500	158-212
15						464-482	158-212
15						464-500	176-212
15						446-482	158-212
10		446-482	446-482	446-482			158-212

Grade	Filler	Sp Grav	Shrink, mils/in	Melt flow, g/10 min	Drying temp, °F	Drying time, hr	Max. % moisture
4 G/50	GFI 50	1.704	2.5		248-266	3.0	
4 GS/30	GBF 30	1.534	6.0		248-266	3.0	
4 M/10	GFI 10	1.384	16.0-19.0		248-266	3.0	0.05
4E61		1.213		17.5	248-266	3.0	
4E61 CERG/450-V0	GMN 45	1.784	4.0		248-266	3.0	
4E61 G/30	GFI 30	1.454	4.0		248-266	3.0	
4-V0		1.434	20.0		248-266	3.0	

PBT   Latilub   Lati

Grade	Filler	Sp Grav	Shrink, mils/in	Melt flow, g/10 min	Drying temp, °F	Drying time, hr	Max. % moisture
75/4-20T		1.434	14.5		248-266	3.0	

PBT   Lubricomp   LNP

Grade	Filler	Sp Grav	Shrink, mils/in	Melt flow, g/10 min	Drying temp, °F	Drying time, hr	Max. % moisture
WFL-4034	GFI	1.570	4.0		250	4.0	0.05
WFL-4034 HC	GFI	1.560			250	4.0	0.15
WFL-4036	GFI	1.680	1.0-3.0		250	4.0	0.05
WFL-4536	GFI	1.570	1.0-3.0		250	4.0	0.05
WL-4040		1.430	21.0-24.0		250	4.0	0.05

PBT   Lucon   LG Chem

Grade	Filler	Sp Grav	Shrink, mils/in	Melt flow, g/10 min	Drying temp, °F	Drying time, hr	Max. % moisture
PX-2200R	CF	1.420	7.0-8.0	40.00 AN	248-284	2.0-4.0	0.10

PBT   Lumax   LG Chem

Grade	Filler	Sp Grav	Shrink, mils/in	Melt flow, g/10 min	Drying temp, °F	Drying time, hr	Max. % moisture
IN-5001		1.130	7.0-9.0		176-212	4.0-6.0	0.02

PBT   Lupox   LG Chem

Grade	Filler	Sp Grav	Shrink, mils/in	Melt flow, g/10 min	Drying temp, °F	Drying time, hr	Max. % moisture
EE-4401F	UNS	1.750	3.0-7.0		248-284	2.0-5.0	0.10
GP-1000		1.310	12.0-21.0		248-284	2.0-4.0	
GP-1000H		1.280	12.0-21.0		248-284	2.0-5.0	0.10
GP-1001F		1.440	11.0-20.0		248-284	2.0-5.0	0.10
GP-1006F		1.420	11.0-20.0		248-284	2.0-5.0	0.10
GP-2000		1.310	12.0-21.0		248-284	2.0-4.0	
GP-2076F	GFI 15	1.480	5.0-12.0		248-284	2.0-5.0	0.10
GP-2150	GFI 15	1.410	4.0-11.0		248-284	2.0-4.0	
GP-2151F	GFI 15	1.530	4.0-11.0		248-284	2.0-4.0	
GP-2156F	GFI 15	1.520	4.0-11.0		248-284	2.0-4.0	
GP-2300	GFI 30	1.520	3.0-10.0		248-284	2.0-4.0	
GP-2300G	GFI 30	1.520	3.0-10.0		248-284	2.0-4.0	0.10
GP-2301F	GFI 30	1.660	3.0-10.0		248-284	2.0-4.0	
GP-2306F	GFI 30	1.620	3.0-10.0		248-284	2.0-4.0	
HI-2152	GFI 15	1.350	4.0-10.0		248-284	2.0-4.0	
HI-2302	GFI 30	1.440	3.0-9.0		248-284	2.0-5.0	0.10
HV-1010		1.310	12.0-21.0		248-284	2.0-4.0	
LW-5303	UNS	1.510	3.0-9.0		248-284	2.0-4.0	
LW-5303F	GFI 30	1.550	3.0-9.0		248-284	2.0-4.0	
LW-5402	UNS	1.600	3.0-6.0		248-284	2.0-5.0	0.10
SG-3250	UNS	1.540	5.0-12.0		248-284	2.0-4.0	
SG-4405	GFI	1.650	3.0-8.0		248-284	2.0-5.0	0.10
SG-5152	UNS	1.400	4.0-9.0		248-284	2.0-5.0	0.10
SG-5200	GFI 20	1.450	4.0-9.0		248-284	2.0-5.0	0.10
SV-1080		1.310	12.0-21.0		248-284	2.0-4.0	
SV-1120		1.310	12.0-21.0		248-284	2.0-4.0	
TE-5000G		1.210	7.0-8.0		248-284	2.0-4.0	

PBT   Lutrel   LG Chem

Grade	Filler	Sp Grav	Shrink, mils/in	Melt flow, g/10 min	Drying temp, °F	Drying time, hr	Max. % moisture
EE-4400	GMN 40	1.650	3.0-7.0		248	5.0	
EE-4401F	GMN 40	1.750	3.0-7.0		248	5.0	

Max. % regrind	Inj. pres., ksi	Rear temp, °F	Mid temp, °F	Front temp, °F	Nozzle temp, °F	Proc temp, °F	Mold temp, °F
15						482-518	176-212
15						464-500	158-212
10		446-482	446-482	446-482			158-194
15						446-500	122-158
15						446-482	158-212
15						464-500	140-176
15						428-464	158-176
						446-482	158-212
						460-510	180-210
						460-510	180-210
						460-510	180-210
						460-510	180-210
						460-510	180-210
	8.7-14.5	464-482	482-500	500-518	500-518	500-518	140-212
	9.4-13.8	410-446	428-464	446-482	446-482	446-482	140-176
	10.2-17.4	446-473	455-482	464-500	464-500	464-500	122-212
	5.7-10.0	437-455	446-464	455-473	455-473		104-176
	5.8-10.2	437-455	446-473	455-473	455-473	455-473	104-176
	5.8-10.2	437-455	446-473	455-473	455-473	455-473	104-176
	5.8-10.2	437-455	446-473	455-473	455-473	455-473	104-176
	10.0-17.1	446-473	455-482	464-482	464-500		122-212
	10.2-17.4	446-473	455-482	464-500	464-500	464-500	122-212
	10.0-17.1	446-473	455-482	464-482	464-500		122-212
	10.0-17.1	446-473	455-482	464-482	464-482		122-212
	10.0-17.1	446-473	455-482	464-482	464-500		122-212
	10.0-17.1	446-473	455-482	464-482	464-482		122-212
	10.2-17.4	446-473	455-482	464-500	464-500	464-500	122-212
	10.0-17.1	446-473	455-482	464-482	464-500		122-212
	10.0-17.1	446-473	455-482	464-482	464-482		122-212
	10.0-17.1	446-473	455-482	464-482	464-500		122-212
	10.2-17.4	446-473	455-482	464-500	464-500	464-500	122-212
	5.7-10.0	437-455	446-464	455-473	455-473		104-176
	10.0-17.1	446-473	455-482	464-482	464-482		122-212
	10.0-17.1	446-473	455-482	464-482	464-500		122-212
	10.2-17.4	446-473	455-482	464-500	464-500	464-500	122-212
	10.0-17.1	446-473	455-482	464-482	464-500		122-212
	10.2-17.4	446-473	455-482	464-500	464-500	464-500	122-212
	10.2-17.4	446-473	455-482	464-500	464-500	464-500	122-212
	10.2-17.4	446-473	455-482	464-500	464-500	464-500	122-212
	5.7-10.0	437-455	446-464	455-473	455-473		104-176
	5.7-10.0	437-455	446-464	455-473	455-473		104-176
	7.1-11.4	464-500	482-518	482-518	500-536		104-176
	9.9-17.1	446-473	455-482	464-482	464-482	464-500	122-212
	9.9-17.1	446-473	455-482	464-482	464-500	464-500	122-212

FREE DATA SHEETS: WWW.IDES.COM/PSIM

Grade	Filler	Sp Grav	Shrink, mils/in	Melt flow, g/10 min	Drying temp, °F	Drying time, hr	Max. % moisture
GP-1000		1.310	12.0-21.0		248	5.0	
GP-1001F		1.440	11.0-20.0		248	5.0	
GP-1006F		1.420	11.0-20.0		248	5.0	
GP-2006F		1.420	13.0-20.0		248	5.0	
GP-2150	GFI 15	1.410	4.0-11.0		248	5.0	
GP-2151F	GFI 15	1.530	4.0-11.0		248	5.0	
GP-2156F	GFI 15	1.520	4.0-11.0		248	5.0	
GP-2156FK		1.450	5.0-11.0		248-284	3.0-5.0	
GP-2300	GFI 30	1.520	3.0-10.0		248	5.0	
GP-2301F	GFI 30	1.660	3.0-10.0		248	5.0	
GP-2306F	GFI 30	1.620	3.0-10.0		248	5.0	
GP-2306FK		1.490	3.0-8.0		248-284	3.0-5.0	
HI-2152	GFI 15	1.350	4.0-10.0		248	5.0	
HI-2302	GFI 30	1.440	3.0-9.0		248	5.0	
HV-1010		1.310	12.0-21.0		248	5.0	
LW-5302F				2.20 T	248	5.0	
LW-5303	UNS 30	1.510	3.0-9.0		248	5.0	
LW-5303F	UNS 30	1.550	3.0-9.0		248	5.0	
SG-5150	UNS 15	1.430	4.0-10.0		248	5.0	
SG-5151F	UNS 15	1.520	4.0-10.0		248	5.0	
SG-5300	UNS 30	1.540	3.0-9.0		248	5.0	
SG-5301F	UNS 30	1.660	3.0-9.0		248	5.0	
TC-30F	UNS	1.540	3.0-8.0	25.00 T			
TE-5011		1.220	7.0-10.0		248	5.0	
TE-5020		1.220	7.0-10.0		248	5.0	

PBT — Luvocom — Lehmann & Voss

Grade	Filler	Sp Grav	Shrink, mils/in	Melt flow, g/10 min	Drying temp, °F	Drying time, hr	Max. % moisture
1850/GF/30/TF/13/SI/2	GFI 30	1.634	4.0-7.0	32.00	248	4.0-6.0	
1850-7557 VP	AR	1.434			248	4.0-6.0	

PBT — MDE Compounds — Michael Day

Grade	Filler	Sp Grav	Shrink, mils/in	Melt flow, g/10 min	Drying temp, °F	Drying time, hr	Max. % moisture
PBT100L		1.310	20.0-22.0		260-280	2.0-3.0	0.05
PBT200G30L V0	GFI 30	1.680	3.0		260-280	2.0-3.0	0.10
PBT200L		1.310	18.0-20.0		260-280	2.0-3.0	0.05
PBT500G15L V0	GFI 15	1.620	5.0		260-280	2.0-3.0	0.10
PBT500G20L	GFI 20	1.450	4.0-5.0		180	4.0	0.25
PBT500G30L RC	GFI 30	1.540	6.0				0.05
PBT82G30L	GFI 30	1.500	4.0-6.0		260-280	2.0-3.0	0.02
PBT82G30L RC	GFI 30	1.500	4.0-6.0				0.05
RPBT800G30HSL V0	GFI 30	1.680	3.0				0.05

PBT — Nan Ya PBT — Nan Ya Plastics

Grade	Filler	Sp Grav	Shrink, mils/in	Melt flow, g/10 min	Drying temp, °F	Drying time, hr	Max. % moisture
1111FB		1.310	10.0-14.0	40.00 T	250	4.0	
1210G3	GFI 15	1.420	4.0-12.0	37.00 T	285	4.0	
1210G6	GFI 30	1.520	3.0-11.0	15.00 T	285	4.0	
1300T		1.440	16.0-22.0	52.00 T	285	4.0	
1400G3	GFI 15	1.540	4.0-14.0	17.00 T	285	4.0	
1400G6	GFI 30	1.620	2.0-10.0	14.00 T	285	4.0	

PBT — OP-PBT — Oxford Polymers

Grade	Filler	Sp Grav	Shrink, mils/in	Melt flow, g/10 min	Drying temp, °F	Drying time, hr	Max. % moisture
30GF	GFI 30	1.504	3.0		250	3.0-12.0	

PBT — PermaStat — RTP

Grade	Filler	Sp Grav	Shrink, mils/in	Melt flow, g/10 min	Drying temp, °F	Drying time, hr	Max. % moisture
1000		1.273	16.0-23.0		250	4.0	

Max. % regrind	Inj. pres., ksi	Rear temp, °F	Mid temp, °F	Front temp, °F	Nozzle temp, °F	Proc temp, °F	Mold temp, °F
	5.7-9.9	437-455	446-464	455-473	455-473	455-473	104-176
	5.7-9.9	437-455	446-464	455-473	455-473	455-473	104-176
	5.7-9.9	437-455	446-464	455-473	455-473	455-473	104-176
	5.7-9.9	437-455	446-464	455-473	455-473	455-473	104-176
	9.9-17.1	446-473	455-482	464-482	464-500	464-500	122-212
	9.9-17.1	446-473	455-482	464-482	464-500	464-500	122-212
	9.9-17.1	446-473	455-482	464-482	464-500	464-500	122-212
15	9.9-17.1	464-482	473-491	482-500	482-500	491-509	176-212
	9.9-17.1	446-473	455-482	464-482	464-500	464-500	122-212
	9.9-17.1	446-473	455-482	464-482	464-500	464-500	122-212
	9.9-17.1	446-473	455-482	464-482	464-500	464-500	122-212
15	10.0-17.1	464-482	473-491	482-500	482-500	491-509	176-212
	9.9-17.1	446-473	455-482	464-482	464-500	464-500	122-212
	9.9-17.1	446-473	455-482	464-482	464-500	464-500	122-212
	5.7-9.9	437-455	446-464	455-473	455-473	455-473	104-176
	10.0-17.1	473-491	482-500	491-509	491-509	491-509	176-212
	9.9-17.1	446-473	455-482	464-482	464-500	464-500	122-212
	9.9-17.1	446-473	455-482	464-482	464-500	464-500	122-212
	9.9-17.1	446-473	455-482	464-482	464-500	464-500	122-212
	9.9-17.1	446-473	455-482	464-482	464-500	464-500	122-212
	9.9-17.1	446-473	455-482	464-482	464-500	464-500	122-212
	10.0-17.1	473-491	482-500	482-509	482-509	491-518	176-212
	9.9-17.1	446-473	455-482	464-482	464-500	464-500	122-212
	9.9-17.1	446-473	455-482	464-482	464-500	464-500	122-212
		464-500	500-536	482-518	482-509	482	140-248
		464-500	500-536	482-518	482-509	482	140-248
		500	490	480		490-500	160-180
		500	490	480		490-500	170-200
		490	480	480		480-490	160-180
		480	475	470		470-480	170-200
		490	480	470		480-490	170-200
		490	480	470		480-490	170-200
		510	500	500		510-520	170-200
		510	500	500		510-520	170-200
		490	480	470		480-500	170-200
	4.2-6.4	435	445	455	465		120
	6.4-12.0	445	455	475	480		175
	6.4-12.0	445	465	490	490		210
	4.2-6.4	435	445	455	465		140
	6.4-12.0	435	445	465	475		160
	6.4-12.0	445	455	465	475		160
		470	480	490	480		145
	10.0-15.0					400-460	100-250

FREE DATA SHEETS: WWW.IDES.COM/PSIM

Grade	Filler	Sp Grav	Shrink, mils/in	Melt flow, g/10 min	Drying temp, °F	Drying time, hr	Max. % moisture
PBT		**Pextin**			**Pier One Polymers**		
PBT125-BK10		1.310					0.02
PBTG15-BK10	GFI 15	1.420					0.02
PBTG30-BK10	GFI 30	1.530					0.02
PBTM30-BK10	MN 30	1.440					0.02
PBT		**Planac**			**Dainippon Ink**		
BT-1000		1.310	15.0				
BT-1000-S01		1.310	15.0				
BT-1015-02	GFI 15	1.380	4.0				
BT-1015-05	GFI 15	1.400	4.0				
BT-1030-02	GFI 30	1.510	3.0				
BT-1030-05	GFI 30	1.530	3.0				
BT-1500		1.310	15.0				
BT-2200		1.410	14.0				
BT-2200-60		1.410	14.0				
BT-2215	GFI 15	1.540	4.0				
BT-2215-11	GFI 15	1.540	4.0				
BT-2215-27	GFI 15	1.540	4.0				
BT-2215-60	GFI 15	1.540	4.0				
BT-2230	GFI 30	1.650	3.0				
BT-2230-11	GFI 30	1.650	3.0				
BT-2230-27	GFI 30	1.650	3.0				
BT-2230-60	GFI 30	1.650	3.0				
BT-2330	GMN	1.780	3.0				
BT-2535	GMN	1.630	3.0				
BT-3500		1.310	15.0				
BT-3530	GFI 30	1.520	3.0				
BT-6035	GMN	1.500	3.0				
PBT		**Pocan**			**Albis**		
B1305		1.300	17.0				
B1501		1.300	21.0				
B1505		1.300	17.0				
B1600		1.300	20.0				
B2505		1.450	18.0				
B3215	GFI 10	1.380	9.0				
B3225	GFI 20	1.460	5.0				
B3235	GFI 30	1.550	4.0				
B4215	GFI 12	1.490	5.0				
B4225	GFI 20	1.570	5.0				
B4235	GFI 30	1.550	4.0				
B7375	MN 25	1.560	17.0				
B7425	GB 30	1.460	18.0				
KL1-7033	GFI 30	1.460	4.0				
KL1-7265	GFI 15	1.430	4.0				
KL1-7301		1.303					
KL1-7313	GFI 15	1.433	3.0				
KL1-7341	GFI 40	1.634	4.0				
KU 2-7615 GF 15	GFI 15	1.350					
KU1-7301		1.300	19.0				
KU1-7313	GFI 15	1.430	3.0				
KU1-7341	GMN 40	1.630	4.0				
KU2-7503/1		1.450	18.0		250	2.0-4.0	0.05
S1506		1.220	19.0				

Max. % regrind	Inj. pres., ksi	Rear temp, °F	Mid temp, °F	Front temp, °F	Nozzle temp, °F	Proc temp, °F	Mold temp, °F
						450-510	110-140
						450-510	130-180
						450-510	130-180
						490-530	150-200
		446-500	446-500	446-500			68-158
		446-500	446-500	446-500			68-158
		464-518	464-518	464-518			122-212
		464-518	464-518	464-518			122-212
		464-518	464-518	464-518			122-212
		464-518	464-518	464-518			122-212
		446-500	446-500	446-500			68-158
		446-500	446-500	446-500			68-158
		446-500	446-500	446-500			68-158
		464-518	464-518	464-518			122-212
		464-518	464-518	464-518			122-212
		464-518	464-518	464-518			122-212
		464-518	464-518	464-518			122-212
		464-518	464-518	464-518			122-212
		464-518	464-518	464-518			122-212
		464-518	464-518	464-518			122-212
		464-518	464-518	464-518			122-212
		464-518	464-518	464-518			122-212
		464-518	464-518	464-518			122-212
		446-500	446-500	446-500			68-158
		464-518	464-518	464-518			122-212
		464-518	464-518	464-518			122-212
						464-518	160-250
						464-518	160-250
						464-518	160-250
						464-518	160-250
						464-518	160-250
						464-518	160-250
						464-518	160-250
						464-518	160-250
						464-518	160-250
						464-518	160-250
						464-518	160-250
						464-518	160-250
						464-518	160-250
						464-518	160-250
						464-518	160-250
						464-518	160-250
						464-518	160-250
						464-518	160-250
						460-500	160-250
						464-518	160-250
						464-518	160-250
						464-518	160-250
20	12.0-18.0	455-470	470-490	480-500	480-500	460-500	160-250
						464-518	160-250

Grade	Filler	Sp Grav	Shrink, mils/in	Melt flow, g/10 min	Drying temp, °F	Drying time, hr	Max. % moisture
S7020		1.350	18.0				
S7916		1.200		5.00 AJ			
PBT		**Pocan**			**Lanxess**		
B 3225 802004	GFI 20	1.464	13.0				
B 4235L 010351	GFI 30	1.604	10.0				
DP 7102 000000	MN 25	1.569	13.0				
DP 7139 000000	GFI 30	1.544	11.0				
DP 7244 700051	GFI 30	1.704	12.0				
KU 2-7503-1 000000		1.454	18.0				
S 1506 901510		1.223	18.0				
PBT		**Pocan**			**Lanxess Euro**		
B 1100 000000		1.303					
B 1700 000000		1.303	16.0				
B 3215 Z 000000	GFI 10	1.363	13.0				
B 3225 802004	GFI 20	1.464	13.0				
B 3225 901510	GFI 20	1.464	13.0				
3 3225 Z 000000	GFI 20		13.0				
3 3235 901510	GFI 30	1.554	12.0				
3 4235 Z 000000	GFI 30	1.654	12.0				
B 4235L 010351	GFI 30	1.604	10.0				
DP 1105 000000		1.303	21.0				
DP 7102 000000	MN 25	1.569	13.0				
DP 7139 000000	GFI 30	1.544	11.0				
DP 7244 700051	GFI 30	1.704	12.0				
DP 7318 000000		1.504	19.0				
DP B 1000 000000			17.0				
DP B 3225 XF 000000	GFI 20	1.420	10.0				
DP B 3235 XF 901510	GFI 30	1.484	10.0				
KL 1-7835 POS065 000000	GBF 30	1.684	10.0				
KL 1-7835 POS065 700394	GBF 30	1.684	10.0				
KU 2-7111 000000	GFI 15	1.383	14.0				
KU 2-7111 901510	GFI 15	1.383	14.0				
KU 2-7426 901510	GFI 20	1.554	10.0				
KU 2-7503/1 000000		1.454	18.0				
KU 2-7755 000000	GFI 7	1.494	14.3				
S 1506 901510		1.223	18.0				
TP 710-003 000000	MN 25		14.0				
PBT		**Polyram PBT**			**Polyram**		
PF201		1.303	23.0	45.00 T	248	3.0-4.0	
PF300G2	GFI 10	1.203	5.0	25.00 T	248	3.0-4.0	
PF303G4	GFI 20	1.454	3.5	20.00 T	248	3.0-4.0	
PF320G2	GFI 10	1.524	13.0	20.00 T	248	3.0-4.0	
PF320G4	GFI 20	1.594	11.0	15.00 T	248	3.0-4.0	
PF321G6	GFI 30	1.684	2.0	10.00 T	248	3.0-4.0	
PF329G4	GFI 20	1.494	16.0	3.00 T	248	3.0-4.0	
PF340S4	GB 20	1.454	20.0	15.00 T	248	3.0-4.0	

Max. % regrind	Inj. pres., ksi	Rear temp, °F	Mid temp, °F	Front temp, °F	Nozzle temp, °F	Proc temp, °F	Mold temp, °F
						464-518	160-250
						460-500	160-250
						500	176
						500	176
						500	176
						500	176
						500	176
						482	176
						482	176
						500	176
						500	176
						500	176
						500	176
						500	176
						500	176
						500	176
						500	176
						500	176
						500	176
						500	176
						500	176
						500	176
						500	176
						500	176
						500	176
						500	176
						500	176
						500	176
						500	176
						500	176
						518	266
						482	176
						500	176
						482	176
						500	176
	10.2-15.2	455-491	464-500	473-518			158-194
	10.2-15.2	455-491	464-500	473-518			158-194
	10.2-15.2	455-491	464-500	473-518			158-194
	10.2-15.2	455-491	464-500	473-518			158-194
	10.2-15.2	455-491	464-500	473-518			158-194
	10.2-15.2	455-491	464-500	473-518			158-194
	10.2-15.2	455-491	464-500	473-518			158-194
	10.2-15.2	455-491	464-500	473-518			158-194

FREE DATA SHEETS: WWW.IDES.COM/PSIM

Grade	Filler	Sp Grav	Shrink, mils/in	Melt flow, g/10 min	Drying temp, °F	Drying time, hr	Max. % moisture
PF350M3	MN 15	1.414	18.0	20.00 T	248	3.0-4.0	
PF353M6	MN 30	1.454	18.0	15.00 T	248	3.0-4.0	
PF391G6/PF392G6	GFI 30	1.534	4.0	10.00 T	248	3.0-4.0	
PF701		1.303	21.0	25.00 T	248	3.0-4.0	
PF713		1.303	21.0	30.00 T	248	3.0-4.0	
PF810		1.273	23.0	20.00 L	248	3.0-4.0	
RF300G4	GFI 20	1.454	4.0	20.00 L	248	3.0-4.0	
RF350M3	MN 15	1.414	18.0	20.00 T	248	3.0-4.0	

PBT — Pre-elec — Premix Thermoplast

Grade	Filler	Sp Grav	Shrink, mils/in	Melt flow, g/10 min	Drying temp, °F	Drying time, hr	Max. % moisture
PBT 1455		1.332	22.0	14.00 BL	284	3.0-4.0	

PBT — PRL — Polymer Res

Grade	Filler	Sp Grav	Shrink, mils/in	Melt flow, g/10 min	Drying temp, °F	Drying time, hr	Max. % moisture
TP-FR IM		1.340	10.0-14.0	6.00 T	240-250	3.0-4.0	
TP-FR IM2		1.330	10.0-14.0	11.50 T	240-250	3.0-4.0	
TP-FR2		1.390	15.0-20.0	14.00 T	240-250	3.0-4.0	
TP-FRG15	GFI 15	1.540	5.0-9.0	14.00 T	240-250	3.0-4.0	
TP-FRG30	GFI 30	1.620	4.0-8.0	14.50 T	240-250	3.0-4.0	
TP-FRG7.5	GFI 8	1.450	6.0-9.0	15.00 T	240-250	3.0-4.0	
TP-FRHG15	GFI 15	1.520	6.0-9.0	5.00 T	240-250	3.0-4.0	
TP-FRHG30	GFI 30	1.650	3.0-9.0	3.00 T	240-250	3.0-4.0	
TP-G15	GFI 15	1.400	6.0-10.0	12.00 T	240-250	3.0-4.0	
TP-G30	GFI 30	1.520	6.0-9.0	14.00 T	240-250	3.0-4.0	
TP-G40	GFI 40	1.610	5.0-8.0	10.00 T	240-250	3.0-4.0	
TP-GFMF1	GMN 40	1.750	4.0-8.0	5.00 T	240-250	3.0-4.0	
TP-GFMF2	GMN 40	1.620	4.0-8.0	6.00 T	240-250	3.0-4.0	
TP-GP1		1.310	16.0-22.0	18.50 T	240-250	3.0-4.0	
TP-GP2		1.310	16.0-22.0	16.00 T	240-250	3.0-4.0	
TP-HG15	GFI 15	1.450	6.0-10.0	15.00 T	240-250	4.0-6.0	
TP-HG30	GFI 30	1.500	6.0-9.0	14.00 T	240-250	4.0	
TP-IG30	GFI 30	1.500	4.0-8.0	11.50 T	240-250	4.0	
TP-IGFR-G30	GFI 30	1.570	4.0-8.0	11.50 T	240-250	4.0	
TP-IM-G30	GFI 30	1.520	4.0-8.0	11.50 T	240-250	4.0	
TP-SF-FRG30	GFI 30	1.620	3.0-5.0	8.00 T	240-250	4.0	
TP-SF-G30	GFI 30	1.500	2.0-5.0	8.00 T	240-250	4.0	

PBT — QR Resin — QTR

Grade	Filler	Sp Grav	Shrink, mils/in	Melt flow, g/10 min	Drying temp, °F	Drying time, hr	Max. % moisture
QR-8060-MN25	MN 25	1.500	13.0	60.00 BM	250	3.0-6.0	0.02

PBT — Raditer — Radici Plastics

Grade	Filler	Sp Grav	Shrink, mils/in	Melt flow, g/10 min	Drying temp, °F	Drying time, hr	Max. % moisture
B N100		1.310	20.0		230	2.0-4.0	0.04

PBT — Remex — GE Adv Materials

Grade	Filler	Sp Grav	Shrink, mils/in	Melt flow, g/10 min	Drying temp, °F	Drying time, hr	Max. % moisture
VR4060 Resin	GFI 32	1.530			250	3.0-4.0	0.02
VR4860 Resin	GFI 35	1.650			250	3.0-4.0	0.02

PBT — RTP Compounds — RTP

Grade	Filler	Sp Grav	Shrink, mils/in	Melt flow, g/10 min	Drying temp, °F	Drying time, hr	Max. % moisture
1000		1.313	13.0-19.0		250	4.0	
1000 AR 10	AR 10	1.333	12.0		250	4.0	
1000 AR 15 TFE 15	AR 15	1.424	12.0		250	4.0	
1000 HI		1.223	15.0-26.0		250	4.0	
1000 HI FR A		1.353	18.0-22.0		250	4.0	
1000 MS 2		1.333	20.0		250	4.0	
1000 SI 2		1.303	20.0		250	4.0	
1000 TFE 10		1.373	20.0		250	4.0	

Max. % regrind	Inj. pres., ksi	Rear temp, °F	Mid temp, °F	Front temp, °F	Nozzle temp, °F	Proc temp, °F	Mold temp, °F
	10.2-15.2	455-491	464-500	473-518			158-194
	10.2-15.2	455-491	464-500	473-518			158-194
	10.2-15.2	455-491	464-500	473-518			158-194
	10.2-15.2	455-491	464-500	473-518			158-194
	10.2-15.2	455-491	464-500	473-518			158-194
	10.2-15.2	455-491	464-500	473-518			158-194
	10.2-15.2	455-491	464-500	473-518			158-194
	10.2-15.2	455-491	464-500	473-518			158-194
	18.9-20.3					482-536	176-194
		460-490	470-500	480-510		450-500	110-180
		460-490	470-500	480-510		475-525	120-170
		450-480	460-490	470-500		450-500	110-140
		460-490	470-500	480-510		475-525	160-190
		460-490	470-500	480-510		450-500	160-190
		460-490	470-500	480-510		450-500	160-190
		460-490	470-500	480-510		480-510	150-190
		460-490	470-500	480-510		450-500	150-190
		460-490	470-500	480-510		450-500	160-190
		460-490	470-500	480-510		450-500	160-190
		460-490	470-500	480-510		450-500	150-190
		460-490	470-500	480-510		450-500	150-190
		470-490	480-510	490-510		480-530	160-200
		470-490	480-510	490-510		475-525	160-200
		450-480	460-490	470-500		450-500	110-170
		450-480	460-490	470-500		450-500	110-170
		460-490	470-500	480-510		450-500	160-190
		460-490	470-500	480-510		450-500	160-190
		460-490	470-500	480-510		450-500	160-190
		460-490	470-500	480-510		450-500	160-190
		460-490	470-500	480-510		450-500	150-190
		460-490	470-500	480-510		450-500	160-190
		460-490	470-500	480-510		450-500	160-190
		460-500	480-510	480-520	470-510	480-520	150-190
						473	140
		460-490	470-500	480-510	470-500	480-510	150-190
		460-490	470-500	480-510	470-500	480-510	150-190
	10.0-15.0					460-520	175-225
	10.0-15.0					460-520	175-225
	10.0-15.0					460-520	175-225
	10.0-15.0					460-520	175-225
	10.0-15.0					460-520	175-225
	10.0-15.0					460-520	175-225
	10.0-15.0					460-520	175-225
	10.0-15.0					460-520	175-225

FREE DATA SHEETS: WWW.IDES.COM/PSIM

Grade	Filler	Sp Grav	Shrink, mils/in	Melt flow, g/10 min	Drying temp, °F	Drying time, hr	Max. % moisture
1000 TFE 10 Z		1.373	20.0		250	4.0	
1000 TFE 15		1.393	15.0-25.0		250	4.0	
1000 TFE 15 SI 2		1.363	20.0		250	4.0	
1000 TFE 18 SI 2		1.404	20.0		250	4.0	
1000 TFE 20		1.414	20.0		250	4.0	
1000 TFE 20 HB		1.434	20.0-25.0		250	4.0	
1000 TFE 5		1.343	20.0		250	4.0	
1001	GFI 10	1.383	7.0-11.0		250	4.0	
1001 FR A	GFI 10	1.504	7.0-9.0		250	4.0	
1001 GB 15 TFE 5	GB 15	1.514	6.0-11.0		250	4.0	
1002	GFI 15	1.414	4.0-9.0		250	4.0	
1002 FR A	GFI 15	1.534	5.0-7.0		250	4.0	
1002 SI 2	GFI 15	1.404	5.0		250	4.0	
1002 TFE 15	GFI 15	1.514	6.0		250	4.0	
1003	GFI 20	1.454	2.0-6.0		250	4.0	
1003 FR A	GFI 20	1.564	4.0-6.0		250	4.0	
1003 TFE 15	GFI 20	1.554	4.0		250	4.0	
1004 FR A	GFI 25	1.614	3.0-5.0		250	4.0	
1005	GFI 30	1.534	2.0-4.0		250	4.0	
1005 FR A	GFI 30	1.634	1.5-2.5		250	4.0	
1005 HI	GFI 30	1.484	1.0-3.0		250	4.0	
1005 SI 2	GFI 30	1.534	3.0		250	4.0	
1005 TFE 10	GFI 30	1.614	3.0		250	4.0	
1005 TFE 13 SI 2		1.624	3.0		250	4.0	
1005 TFE 15	GFI 30	1.644	2.0-4.0		250	4.0	
1005 TFE 15 FR A	GFI 30	1.774	2.0		250	4.0	
1005 TFE 15 Z	GFI 30	1.654	3.0		250	4.0	
1005 TFE 20	GFI 30	1.694	3.0		250	4.0	
1005 TFE 5	GFI 30	1.574	3.0		250	4.0	
1007	GFI 40	1.634	2.0-4.0		250	4.0	
1007 SI 2	GFI 40	1.624	2.0		250	4.0	
1007 SI 2 HB	GFI 40	1.584	1.5-3.0		250	4.0	
1009	GFI 50	1.724	1.0-3.0		250	4.0	
1025	GBF	1.614	4.0-6.0		250	4.0	
1081	CF 10	1.343	3.0-5.0		250	4.0	
1082	CF 15	1.353	2.0-4.0		250	4.0	
1082 TFE 15	CF 15	1.454	3.0		250	4.0	
1083	CF 20	1.373	1.0-2.0		250	4.0	
1085	CF 30	1.414	0.5-1.5		250	4.0	
1085 TFE 13 SI 2	CF 30	1.504	1.0		250	4.0	
1085 TFE 15	CF 30	1.514	1.0		250	4.0	
1087	CF 40	1.464	0.5-1.5		250	4.0	
1099 X 108836		2.707	9.0-15.0		250	4.0	
1099 X 63347		1.313	18.0-22.0		250	4.0	
1099 X 87257 B	CN	1.343	18.0-22.0		250	4.0	
1099 X 87257 C	CN	0.501	18.0-22.0		250	4.0	
1099 X 91190		1.794	4.0-5.0		250	4.0	
1099X52742H	GFI	1.684	1.5-3.5		250	4.0	
EMI 1060.7 FR	STS 7	1.404	10.0		250	4.0	
EMI 1060.75	STS 8	1.393	12.0-16.0		250	4.0	
EMI 1061	STS 10	1.424	12.0-16.0		250	4.0	
EMI 1062		1.464	1.0-1.5		250	4.0	
ESD A 1000		1.293	15.0-20.0		250	4.0	
ESD A 1005	GFI 30	1.544	1.0-3.0		250	4.0	
ESD C 1000		1.343	15.0-20.0		250	4.0	
ESD C 1002	GFI 15	1.434	4.0-6.0		250	4.0	

Max. % regrind	Inj. pres., ksi	Rear temp, °F	Mid temp, °F	Front temp, °F	Nozzle temp, °F	Proc temp, °F	Mold temp, °F
	10.0-15.0					460-520	175-225
	10.0-15.0					460-520	175-225
	10.0-15.0					460-520	175-225
	10.0-15.0					460-520	175-225
	10.0-15.0					460-520	175-225
	10.0-15.0					460-520	175-225
	10.0-15.0					460-520	175-225
	10.0-15.0					460-520	175-225
	10.0-15.0					460-520	175-225
	10.0-15.0					460-520	175-225
	10.0-15.0					460-520	175-225
	10.0-15.0					460-520	175-225
	10.0-15.0					460-520	175-225
	10.0-15.0					460-520	175-225
	10.0-15.0					460-520	175-225
	10.0-15.0					460-520	175-225
	10.0-15.0					460-520	175-225
	10.0-15.0					460-520	175-225
	10.0-15.0					460-520	175-225
	10.0-15.0					460-520	175-225
	10.0-15.0					460-520	175-225
	10.0-15.0					460-520	175-225
	10.0-15.0					460-520	175-225
	10.0-15.0					460-520	175-225
	10.0-15.0					460-520	175-225
	10.0-15.0					460-520	175-225
	10.0-15.0					460-520	175-225
	10.0-15.0					460-520	175-225
	10.0-15.0					460-520	175-225
	10.0-15.0					460-520	175-225
	10.0-15.0					460-520	175-225
	10.0-15.0					460-520	175-225
	10.0-15.0					460-520	175-225
	10.0-15.0					460-520	175-225
	10.0-15.0					460-520	175-225
	10.0-15.0					460-520	175-225
	10.0-15.0					460-520	175-225
	10.0-15.0					460-520	175-225
	10.0-15.0					460-520	175-225
	10.0-15.0					460-520	175-225
	10.0-15.0					460-520	175-225
	10.0-15.0					460-520	175-225
	10.0-15.0					380-430	145-180
	10.0-15.0					380-430	145-180
	10.0-15.0					380-430	145-180
	10.0-15.0					380-430	145-180
	10.0-15.0					460-520	175-225
	10.0-15.0					460-520	175-225
	10.0-15.0					460-520	175-225
	10.0-15.0					460-520	175-225

Grade	Filler	Sp Grav	Shrink, mils/in	Melt flow, g/10 min	Drying temp, °F	Drying time, hr	Max. % moisture
ESD C 1005	GFI 30	1.554	1.0-3.0		250	4.0	
ESD C 1080	CF	1.353	1.0-3.0		250	4.0	
ESD C 1080 FR ESD	CF	1.454	1.0-3.0		250	4.0	
C 1080 TFE 15	CF	1.444	2.0-4.0		250	4.0	
VLF 81007	GLL 40	1.634	1.0-3.0		250	4.0	
VLF 81009	GLL 50	1.724	1.0-3.0		250	4.0	

PBT Schuladur A. Schulman

Grade	Filler	Sp Grav	Shrink, mils/in	Melt flow, g/10 min	Drying temp, °F	Drying time, hr	Max. % moisture
A GB20	GB 20	1.450	18.0		266	2.0-4.0	
A GB30	GB 30	1.520	15.0		266	2.0-4.0	
A GF 10	GFI 10	1.380	8.0		248	2.0-4.0	
A GF 12 FR 3	GFI 12	1.554			248	2.0-4.0	
A GF 15	GFI 15	1.410	6.0		248	2.0-4.0	
A GF 15 HI	GFI 15	1.353			248	2.0-4.0	
A GF 20	GFI 20	1.454			248	2.0-4.0	
A GF 20 FR 4	GFI 20	1.544			248	2.0-4.0	
A GF 30	GFI 30	1.534	3.0		248	2.0-4.0	
A GF20HI	GFI 20	1.370	3.0		266	2.0-4.0	
A GF33HI	GFI 33	1.480	2.0		266	2.0-4.0	
A GF50	GFI 50	1.730	1.0		266	2.0-4.0	
A MV 14		1.313			248	2.0-4.0	
A NV 12		1.313			248	2.0-4.0	
A NV 12 SHI		1.253			248	2.0-4.0	
A NV 12 SHI FR 4		1.393			248	2.0-4.0	

PBT Shinite PBT Shinkong

Grade	Filler	Sp Grav	Shrink, mils/in	Melt flow, g/10 min	Drying temp, °F	Drying time, hr	Max. % moisture
D201		1.310	20.0-22.0		250	2.0-4.0	0.02
D201G30	GFI 30	1.520	3.0-14.0		250	2.0-4.0	0.02
D202		1.420	20.0-22.0		250	2.0-4.0	0.02
D202G30	GFI 30	1.590	3.0-13.0		250	2.0-4.0	0.02

PBT Skyton SK Chemicals

Grade	Filler	Sp Grav	Shrink, mils/in	Melt flow, g/10 min	Drying temp, °F	Drying time, hr	Max. % moisture
1030	GFI 15	1.410		6.0-12.0	248	2.0-4.0	
1060	GFI 30	1.530		4.0-8.0	248	2.0-4.0	
1062	GFI 30	1.490		4.0-8.0	248	2.0-4.0	
1100A		1.310		17.0-25.0	248	2.0-4.0	
1100B		1.320		17.0-25.0	248	2.0-4.0	
1100C		1.340		17.0-23.0	248	2.0-4.0	
1100G		1.310		17.0-25.0	248	2.0-4.0	
1102		1.250		17.0-25.0	248	2.0-4.0	
1260	MN 30	1.600		4.0-8.0	248	2.0-4.0	
1280	GMN 40	1.620		2.0-6.0	248	2.0-4.0	
1436	GFI 15	1.430		6.0-12.0	248	2.0-4.0	
1466	GFI 30	1.540		4.0-8.0	248	2.0-4.0	
2108		1.310		23.0-35.0	248	2.0-4.0	
2108K		1.330		22.0-32.0	248	2.0-4.0	
3030	GFI 15	1.580		5.0-15.0	248	2.0-4.0	
3032	GFI 15	1.580		6.0-12.0	248	2.0-4.0	
3040	GFI 20	1.600		5.0-12.0	248	2.0-4.0	
3060	GFI 30	1.620		4.0-8.0	248	2.0-4.0	
3100		1.420		10.0-15.0	248	2.0-4.0	
3102		1.340		10.0-15.0	248	2.0-4.0	
3250	MN 25	1.650		5.0-9.0	248	2.0-4.0	
3280	GMN 40	1.770		2.0-6.0	248	2.0-4.0	

Max. % regrind	Inj. pres., ksi	Rear temp, °F	Mid temp, °F	Front temp, °F	Nozzle temp, °F	Proc temp, °F	Mold temp, °F
	10.0-15.0					460-520	175-225
	10.0-15.0					460-520	175-225
	10.0-15.0					460-520	175-225
	10.0-15.0					460-520	175-225
	10.0-18.0					460-520	150-250
	10.0-15.0					460-520	175-225
						482-500	86-150
						482-500	86-150
						446-500	158-194
						464-518	158-194
						446-500	158-194
						446-500	158-194
						446-500	158-194
						464-518	158-194
						446-500	158-194
						482-500	86-150
						482-500	86-150
						482-500	86-150
						482-500	158-194
						482-500	158-194
						446-500	158-194
						446-500	158-194
25		450-500	450-500	450-500		465-500	140-250
25		450-500	450-500	450-500		465-500	140-250
25		450-500	450-500	450-500		465-500	140-250
25		450-500	450-500	450-500		465-500	140-250
	10.0-17.1	446-473	455-482	464-482	464-500		122-212
	10.0-17.1	446-473	455-482	464-482	464-500		122-212
	10.0-17.1	446-473	455-482	464-482	464-500		122-212
	5.7-10.0	437-455	446-464	455-473	455-473		104-176
	5.7-10.0	437-455	446-464	455-473	455-473		104-176
	5.7-10.0	437-455	446-464	455-473	455-473		104-176
	5.7-10.0	437-455	446-464	455-473	455-473		104-176
	5.7-10.0	437-455	446-464	455-473	455-473		104-176
	10.0-17.1	446-473	455-482	464-482	464-500		122-212
	10.0-17.1	446-473	455-482	464-482	464-500		122-212
	10.0-17.1	446-473	455-482	464-482	464-500		122-212
	10.0-17.1	446-473	455-482	464-482	464-500		122-212
	5.7-10.0	437-455	446-464	455-473	455-473		104-176
	5.7-10.0	437-455	446-464	455-473	455-473		104-176
	10.0-17.1	446-473	455-482	464-482	464-500		122-212
	10.0-17.1	446-473	455-482	464-482	464-500		122-212
	10.0-17.1	446-473	455-482	464-482	464-500		122-212
	10.0-17.1	446-473	455-482	464-482	464-500		122-212
	5.7-10.0	437-455	446-464	455-473	455-473		104-176
	5.7-10.0	437-455	446-464	455-473	455-473		104-176
	10.0-17.1	446-473	455-482	464-482	464-500		122-212
	10.0-17.1	446-473	455-482	464-482	464-500		122-212

FREE DATA SHEETS: WWW.IDES.COM/PSIM

Grade	Filler	Sp Grav	Shrink, mils/in	Melt flow, g/10 min	Drying temp, °F	Drying time, hr	Max. % moisture
PBT		**SLCC**			**GE Polymerland**		
310SE0P		1.390	9.0-16.0		250	3.0	
357MP		1.340	8.0-11.0		250	3.0	
PBT		**Spartech Polycom**			**SpartechPolycom**		
SC21-1090		1.300			190-200	3.0-4.0	
SC21-1091		1.310			190-200	3.0-4.0	
SC21-1093U		1.310			190-200	3.0-4.0	
SC21-1095		1.310			190-200	3.0-4.0	
SC21-1230	GFI 30	1.500			190-200	3.0-4.0	
SCR21-1090		1.300			190-200	3.0-4.0	
SCR21-1091		1.310			190-200	3.0-4.0	
SCR21-1093U		1.310			190-200	3.0-4.0	
SCR21-1095		1.310			190-200	3.0-4.0	
PBT		**Stat-Kon**			**LNP**		
PDX-W-02840 CCS	CF	1.370			250	4.0	0.05
WC-1002	CF	1.350	4.0-6.0		250	4.0	0.05
WC-1006							
LEX BK8-115	CF	1.430	1.0		250	4.0	0.15
PBT		**Stat-Loy**			**LNP**		
W-		1.270	17.0		230	4.0	0.05
PBT		**Stat-Tech**			**PolyOne**		
PS-18CF/000 CM	CF	1.360	1.5-2.0		180-230	2.0	
PBT		**Tarlox**			**Taro Plast**		
10		1.313	16.0-18.0	20.00 BZ	212	1.0-2.0	
10 G10	GFI 50	1.704	2.0-3.0	8.00 T	212	1.0-2.0	
10 G2	GFI 10	1.383	7.0-11.0	27.00 T	212	1.0-2.0	
10 G2 X0	GFI 10	1.484	6.0-10.0		212	1.0-2.0	
10 G3	GFI 15	1.404	5.0-8.0	25.00 T	212	1.0-2.0	
10 G3 X0	GFI 15	1.534	5.0-8.0		212	1.0-2.0	
10 G4	GFI 20	1.464	4.0-6.0	20.00 T	212	1.0-2.0	
10 G4 DX03	GFI 20	1.534	4.0-6.0		212	1.0-2.0	
10 G4 X0	GFI 20	1.584	4.0-6.0		212	1.0-2.0	
10 G5	GFI 25	1.494	4.0-6.0		212	1.0-2.0	
10 G5 X0	GFI 25	1.614	3.5-5.5		212	1.0-2.0	
10 G6	GFI 30	1.534	2.5-5.5		212	1.0-2.0	
10 G6 MT4	GMN 50	1.714	2.5-4.0	5.00 T	212	1.0-2.0	
10 G6 X0	GFI 30	1.654	2.0-4.0		212	1.0-2.0	
10 H G6 DX0	GFI 30	1.654	2.0-4.0		212	1.0-2.0	
10 H G6 X0	GFI 30	1.654	2.0-4.0		212	1.0-2.0	
10 X0		1.424	15.0-20.0		212	1.0-2.0	
10 Z1 G4	GFI 20	1.454	4.0-6.0		212	1.0-2.0	
10 Z1 G6	GFI 30	1.454	2.0-4.0	15.00 T	212	1.0-2.0	
PBT		**Terez PBT**			**Ter Hell Plast**		
TM 4250	MN 25	1.494					
PBT		**Thermocomp**			**LNP**		
HSG-W-0240A	PRO	2.400	9.0		250	4.0	0.05
HSG-W-0245A	PRO	2.450	8.0-10.0		250	4.0	0.05
HSG-W-0270B	PRO	2.700	8.0-10.0		250	4.0	0.15

Max. % regrind	Inj. pres., ksi	Rear temp, °F	Mid temp, °F	Front temp, °F	Nozzle temp, °F	Proc temp, °F	Mold temp, °F
		450-480	460-490	470-500	460-490	470-500	120-170
		460-490	470-500	480-510	470-500	480-510	120-170
		440-470	450-480	460-490	460-490	455-490	110-140
		440-470	450-480	460-490	460-490	455-490	110-140
		440-470	450-480	460-490	460-490	455-490	110-140
		440-470	450-480	460-490	460-490	455-490	110-140
		440-470	450-480	460-490	460-490	455-490	110-140
		440-470	450-480	460-490	460-490	455-490	110-140
		440-470	450-480	460-490	460-490	455-490	110-140
		440-470	450-480	460-490	460-490	455-490	110-140
		440-470	450-480	460-490	460-490	455-490	110-140
						460-510	180-210
						460-510	180-210
						460-510	180-210
						430-445	50-120
						470-530	180-230
						446-482	140-176
						482-518	176-230
						464-500	176-230
						446-482	176-230
						464-500	176-230
						446-482	176-230
						464-500	176-230
						446-500	176-230
						446-500	176-230
						464-500	176-230
						446-500	176-230
						482-518	176-230
						482-518	176-230
						446-500	176-230
						446-518	176-230
						446-518	176-230
						446-482	140-176
						464-500	176-230
						464-500	176-230
						464-500	86-266
						460-510	180-210
						460-510	180-210
						460-510	180-210

Grade	Filler	Sp Grav	Shrink, mils/in	Melt flow, g/10 min	Drying temp, °F	Drying time, hr	Max. % moisture
HSG-W-0500A	PRO	5.000	7.0-9.0		250	4.0	0.15
HSG-W-0500B							
GY0-604-3	PRO	5.000			250	4.0	0.15
PDX-W-02869							
GY0-604-3	PRO	4.860	13.0		250	4.0	0.05
WF-1003							
FR BK8-115	GFI	1.580	5.0		250	4.0	0.15
WF-1003							
FR UV WT9-335	GFI	1.640	6.0		250	4.0	0.05
WF-1004	GFI	1.460	3.0		250	4.0	0.05
WF-1004							
E HC BL5-818-1	GFI	1.460			250	4.0	0.15
WF-1006	GFI	1.550	3.0		250	4.0	0.05
WF-1006 FR	GFI	1.660	4.0		250	4.0	0.15
WF-1006							
HC WT9-306	GFI	1.620	6.0		250	4.0	0.15
WF-1006 MG	GFI	1.510	13.0		250	4.0	0.15
WF-1006							
UV WT9-298-1	GFI	1.630			250	4.0	0.15
WF-1008	GFI	1.660			250	4.0	0.15
WF-1008 BK8-114	GFI	1.640			250	4.0	0.15

PBT   Thermotuf   LNP

Grade	Filler	Sp Grav	Shrink, mils/in	Melt flow, g/10 min	Drying temp, °F	Drying time, hr	Max. % moisture
WF-1003							
HI BK8-114	GFI	1.370	7.0		250	4.0	0.05
WF-1006 HI	GFI	1.470	3.0		250	4.0	0.05

PBT   Toraycon   Toray

Grade	Filler	Sp Grav	Shrink, mils/in	Melt flow, g/10 min	Drying temp, °F	Drying time, hr	Max. % moisture
1101G30	GFI 30	1.550	3.0-10.0		248-266	3.0-5.0	0.02
1101G45	GFI 45	1.670	2.0-8.0		266	3.0	0.02
1101GX08	GFI	1.460	3.0-8.0		266	3.0	0.02
1101GX54	GFI 30	1.460	4.0-10.0		266	3.0	0.02
1104G30	GFI 30	1.680	3.0-10.0		248-266	3.0-5.0	0.02
1151G	GFI	1.630	4.0-13.0		266	3.0	0.02
1174G	GFI 30	1.650	3.0-9.0		266	3.0	0.02
1184G05	GFI 5	1.490	8.0-20.0		266	3.0	0.02
1184G10	GFI 10	1.530	5.0-18.0		266	3.0	0.02
1184G15	GFI 15	1.570	4.0-18.0		266	3.0	0.02
1184G20	GFI 20	1.610	3.0-17.0		266	3.0	0.02
1184G30	GFI 30	1.690	2.0-17.0		266	3.0	0.02
1194G	GFI 30	1.670	3.0-9.0		266	3.0	0.02
1201G15	GFI 15	1.420	6.0-15.0		266	3.0	0.02
1304G05	GFI 5	1.530	13.0-18.0		266	3.0	0.02
1304G15	GFI 15	1.590	5.0-15.0		266	3.0	0.02
1401X04		1.310	17.0-23.0		266	3.0	0.02
1401X06		1.310	17.0-23.0		248-266	3.0-5.0	0.02
1401X07		1.310	18.0-24.0		266	3.0	0.02
1404X04		1.480	17.0-23.0		248-266	3.0-5.0	0.02
1494X02		1.430	15.0-20.0		266	3.0	0.02
5101G15	GFI 15	1.360	6.0-15.0		266	3.0	0.02
5151G	GFI	1.590	14.0-19.0		266	3.0	0.02
5201X10		1.290	20.0-25.0		266	3.0	0.02
5201X11		1.210	26.0		266	3.0	0.02

PBT   Tribit   Sam Yang

Grade	Filler	Sp Grav	Shrink, mils/in	Melt flow, g/10 min	Drying temp, °F	Drying time, hr	Max. % moisture
1500		1.310	14.0-23.0		230-266		

Max. % regrind	Inj. pres., ksi	Rear temp, °F	Mid temp, °F	Front temp, °F	Nozzle temp, °F	Proc temp, °F	Mold temp, °F
						460-510	180-210
						460-510	180-210
						460-510	180-210
						460-510	180-210
						470-500	180-210
						460-510	180-210
						460-510	180-210
						460-510	180-210
						470-500	180-210
						460-510	180-210
						460-510	180-210
						460-510	180-210
						460-510	180-210
						460-510	180-210
						460-510	180-210
						460-510	180-210
	4.0-19.9	464-482	464-482	464-482			176-194
	4.0-19.9	464-482	464-482	464-482			176-194
	4.0-19.9	446-464	446-464	446-464			104-176
	4.0-19.9	446-464	446-464	446-464			104-176
		446-464	428-464	392-428	446-464	86-176	

FREE DATA SHEETS: WWW.IDES.COM/PSIM

Grade	Filler	Sp Grav	Shrink, mils/in	Melt flow, g/10 min	Drying temp, °F	Drying time, hr	Max. % moisture
1500G15	GFI 15	1.500	2.0-12.0		230-266		
1500G30	GFI 30	1.520	2.0-12.0		230-266		
1500GN15	GFI 15	1.570	2.0-12.0		230-266		
1500GN30	GFI 30	1.590	2.0-12.0		230-266		
1500N		1.420	13.0-18.0		230-266		
1500N(HC)		1.420	13.0-18.0		230-266		
1503		1.300	14.0-22.0		230-266		
1503S		1.300	14.0-22.0		230-266		
1700S		1.310	14.0-23.0		230-266		
1800S		1.320	14.0-23.0		230-266		

PBT Tufpet PBT Mitsubishi Ray

Grade	Filler	Sp Grav	Shrink, mils/in	Melt flow, g/10 min	Drying temp, °F	Drying time, hr	Max. % moisture
B39	BRS	1.960	6.0-11.0		284	2.0	
FEX70	ST 70	3.300	10.0-12.0		284	2.0	
G1010	GFI 10	1.380	5.0-17.0		284	2.0	
G1020	GFI 20	1.460	2.5-13.0		284	2.0	
G1030	GFI 30	1.530	1.5-9.0		284	2.0	
G2030	GFI 30	1.650	1.0-9.0		284	2.0	
G2130	MN 40	1.730	10.0-13.0		284	2.0	
32230	GFI 30	1.720	2.0-11.0		284	2.0	
32430	GFI 30	1.720			284	2.0	
32630	GFI 30	1.660	2.0-8.0		284	2.0	
G2810	GFI 10	1.520	4.0-16.0		284	2.0	
G2815	GFI 15	1.560	3.0-15.0		284	2.0	
G2820	GFI 20	1.600	2.0-12.0		284	2.0	
G2830	GFI 30	1.680	1.0-9.0		284	2.0	
G2930	GFI 30	1.680			284	2.0	
N1000		1.310	15.0-20.0		284	2.0	
N2100		1.470	15.0-20.0		284	2.0	
N2800		1.460	15.0-20.0		284	2.0	
S1030U	GFI 30	1.550	2.5-8.5		284	2.0	
S1040B	MN 40	1.580	9.0-11.0		284	2.0	
S1040P	MN 40	1.640	11.0-13.0		284	2.0	
SX1040	MN 30	1.600	6.0-10.0		284	2.0	

PBT Ultradur BASF

Grade	Filler	Sp Grav	Shrink, mils/in	Melt flow, g/10 min	Drying temp, °F	Drying time, hr	Max. % moisture
B2550		1.303	16.0		212-248		
B4300 G2	GFI 10	1.373	9.0		212-248		
B4300 G3 BK5110	GFI 15	1.424			212-248		
B4300 G4	GFI 20	1.454	7.0		212-248		
B4300 G6	GFI 30	1.534	4.0		212-248		
B4406 G4 Q113	GFI 20	1.584	7.0		212-248		
B4406 G6 Q113	GFI 30	1.684			212-248		
B4500		1.303	15.0		212-248		
B4520		1.303	16.0		212-248	4.0	
B6550		1.303			212-248		
B6550 L		1.303			212-248		

PBT Valox GE Adv Materials

Grade	Filler	Sp Grav	Shrink, mils/in	Melt flow, g/10 min	Drying temp, °F	Drying time, hr	Max. % moisture
215HPR Resin		1.310			250	3.0-4.0	0.02
310 Resin		1.310			250	3.0-4.0	0.02
310SE0 Resin		1.390			250	3.0-4.0	0.02
311 Resin		1.310			250	3.0-4.0	0.02
321 Resin		1.310			250	3.0-4.0	0.02
325 Resin		1.310			250	3.0-4.0	0.02
325E Resin		1.310			250	3.0-4.0	0.02

Max. % regrind	Inj. pres., ksi	Rear temp, °F	Mid temp, °F	Front temp, °F	Nozzle temp, °F	Proc temp, °F	Mold temp, °F
			464-500	446-482	428-446	482-518	86-176
			464-500	446-482	428-446	482-518	86-176
			464-500	446-482	428-446	482-518	86-176
			464-500	446-482	428-446	482-518	86-176
			446-464	428-464	392-428	446-464	86-176
			446-464	428-464	392-428	446-464	86-176
			446-464	428-464	392-428	446-464	86-176
			446-464	428-464	392-428	446-464	86-176
			446-464	428-464	392-428	446-464	86-176
			446-464	428-464	392-428	446-464	86-176
	11.8	446-578	446-578	446-578			104-212
	11.8	446-578	446-578	446-578			104-212
	11.8	446-578	446-578	446-578			104-212
	11.8	446-578	446-578	446-578			104-212
	11.8	446-578	446-578	446-578			104-212
	11.8	446-500	446-500	446-500			104-212
	11.8	446-500	446-500	446-500			104-212
	11.8	446-578	446-578	446-578			104-212
	11.8	446-578	446-578	446-578			104-212
	11.8	446-500	446-500	446-500			104-212
	11.8	446-500	446-500	446-500			104-212
	11.8	446-500	446-500	446-500			104-212
	11.8	446-500	446-500	446-500			104-212
	11.8	446-578	446-578	446-578			104-212
	11.8	446-578	446-578	446-578			104-212
	11.8	446-500	446-500	446-500			104-212
	11.8	446-500	446-500	446-500			104-212
	11.8	446-578	446-578	446-578			104-212
	11.8	446-578	446-578	446-578			104-212
	11.8	446-578	446-578	446-578			104-212
						500-518	
						482-518	140-212
						482-518	140-212
						482-518	140-212
						482-518	140-212
						482-518	140-212
						482-518	140-212
						482-518	104-176
						482-518	104-176
						446-554	
						446-554	
		450-480	460-490	470-500	460-490	470-500	120-170
		450-480	460-490	470-500	460-490	470-500	120-170
		450-480	460-490	470-500	460-490	470-500	120-170
		450-480	460-490	470-500	460-490	470-500	120-170
		450-480	460-490	470-500	460-490	470-500	120-170
		450-480	460-490	470-500	460-490	470-500	120-170
		450-480	460-490	470-500	460-490	470-500	120-170

FREE DATA SHEETS: WWW.IDES.COM/PSIM

Grade	Filler	Sp Grav	Shrink, mils/in	Melt flow, g/10 min	Drying temp, °F	Drying time, hr	Max. % moisture
325M Resin		1.310			250	3.0-4.0	0.02
325ML Resin		1.360			250	3.0-4.0	0.02
327 Resin		1.290			250	3.0-4.0	0.02
337 Resin		1.220	24.0-27.0	12.70 AF	250	3.0-4.0	0.02
357 Resin		1.340			250	3.0-4.0	0.02
357M Resin		1.340			250	3.0-4.0	0.02
357U Resin		1.340			250	3.0-4.0	0.02
364 Resin		1.300	8.0-10.0		250	3.0-4.0	0.02
412 Resin	GFI 20	1.450			250	3.0-4.0	0.02
412E Resin	GFI 20	1.450			250	3.0-4.0	0.02
414 Resin	GFI 40	1.630			250	3.0-4.0	0.02
420 Resin	GFI 30	1.530			250	3.0-4.0	0.02
420D Resin	GFI 30	1.530			250	3.0-4.0	0.02
420HP Resin	GFI 30	1.530			250	3.0-4.0	0.02
420M Resin	GFI 30	1.530			250	3.0-4.0	0.02
420P Resin	GFI 30	1.530			250	3.0-4.0	0.02
420R Resin	GFI 30	1.530			250	3.0-4.0	0.02
420SE0 Resin	GFI 30	1.580			250	3.0-4.0	0.02
420SE0M Resin		1.580			250	3.0-4.0	0.02
420SE0U Resin		1.580			250	3.0-4.0	0.02
420U Resin	GFI 30	1.530			250	3.0-4.0	0.02
430 Resin	GFI 33	1.520			250	3.0-4.0	0.02
451E Resin	GFI 20	1.530			250	3.0-4.0	0.02
4521 Resin	GFI 20	1.530			250	3.0-4.0	0.02
457 Resin	GFI 7	1.440			250	3.0-4.0	0.02
701 Resin	GMN 35	1.590			250	3.0-4.0	0.02
730 Resin	GMN 35	1.550			250	3.0-4.0	0.02
732E Resin	GMN 30	1.510			250	3.0-4.0	0.02
735 Resin	GMN 40	1.620			250	3.0-4.0	0.02
736 Resin		1.690			250	3.0-4.0	0.02
745 Resin	MN 30	1.460	8.0-10.0		250	3.0-4.0	0.02
760 Resin	MN 25	1.550			250	3.0-4.0	0.02
771 Resin	GMN 35	1.720	6.5-8.5		250	3.0-4.0	0.02
780 Resin	GMN 40	1.770			250	3.0-4.0	0.02
815 Resin	GFI 15	1.430			250	3.0-4.0	0.02
830 Resin	GFI 30	1.540			250	3.0-4.0	0.02
855 Resin	GFI 15	1.540		81.00 CN	250	3.0-4.0	0.02
DR48 Resin	GFI 17	1.530			250	3.0-4.0	0.02
DR51 Resin	GFI 15	1.410			250	3.0-4.0	0.02
DR51M Resin	GFI 15	1.410			250	3.0-4.0	0.02
DR51R Resin	GFI 15	1.410			250	3.0-4.0	0.02
DR51U Resin	GFI 15	1.410			250	3.0-4.0	0.02
EF3500 Resin		1.430			250	3.0-4.0	0.02
EF3512 Resin		1.440	20.0-22.0	6.90 AF	250	3.0-4.0	0.02
EF4530 Resin	GFI 30	1.670			250	3.0-4.0	0.02
EH7020 Resin		1.490			250	3.0-4.0	0.02
HF4030 Resin	GFI 30	1.510	5.0		250	3.0-4.0	0.02
HR326 Resin		1.310	21.0-23.0		140-170	4.0-5.0	0.05
HR326HV Resin		1.310	21.0-23.0		140-170	4.0-5.0	0.05
HR426 Resin	GFI 30	1.530			140-170	4.0-5.0	0.05
K3501 Resin		1.289	11.0-18.0		140-170	4.0-5.0	0.05
K4530 Resin	GFI 15	1.410	7.0-9.0		140-170	4.0-6.0	0.05
K4560 Resin	GFI 30	1.500	6.0-8.0		140-170	4.0-6.0	0.05
V3001MC Resin		1.320	18.0-21.0	33.00 T	250	3.0-4.0	0.02
V3100HR Resin		1.310	21.0-23.0		140-170	4.0-5.0	0.05
V4860HR Resin	GFI 30	1.640	1.8-2.1	17.80 AF	248	3.0-4.0	0.02

Max. % regrind	Inj. pres., ksi	Rear temp, °F	Mid temp, °F	Front temp, °F	Nozzle temp, °F	Proc temp, °F	Mold temp, °F
		450-480	460-490	470-500	460-490	470-500	120-170
		450-480	460-490	470-500	460-490	470-500	120-170
		450-480	460-490	470-500	460-490	470-500	120-170
		450-480	460-490	470-500	460-490	470-500	120-170
		460-490	470-500	480-510	470-500	480-510	120-170
		460-490	470-500	480-510	470-500	480-510	120-170
		460-490	470-500	480-510	470-500	480-510	120-170
		460-490	470-500	480-510	470-500	480-510	120-170
		460-490	470-500	480-510	470-500	480-510	150-190
		460-490	470-500	480-510	470-500	480-510	150-190
		460-490	470-500	480-510	470-500	480-510	150-190
		460-490	470-500	480-510	470-500	480-510	150-190
		460-490	470-500	480-510	470-500	480-510	150-190
		460-490	470-500	480-510	470-500	480-510	150-190
		460-490	470-500	480-510	470-500	480-510	150-190
		460-490	470-500	480-510	470-500	480-510	150-190
		470-510	480-520	490-530	480-520	490-530	150-190
		470-510	480-520	490-530	480-520	490-530	150-190
		470-510	480-520	490-530	480-520	490-530	150-190
		460-490	470-500	480-510	470-500	480-510	150-190
		460-490	470-500	480-510	470-500	480-510	150-190
		460-490	470-500	480-510	470-500	480-510	150-190
		460-490	470-500	480-510	470-500	480-510	150-190
		470-490	480-500	490-510	490-520	490-530	150-200
		470-490	480-500	490-510	490-520	490-530	150-200
		470-490	480-500	490-510	490-520	490-530	150-200
		470-490	480-500	490-510	490-520	490-530	150-200
		470-490	480-500	490-510	490-520	490-530	150-200
		470-490	480-500	490-510	490-520	490-530	150-200
		470-490	480-500	490-510	490-520	490-530	150-200
		470-490	480-500	490-510	490-520	490-530	150-200
		460-490	470-500	480-510	470-500	480-510	150-190
		460-490	470-500	480-510	470-500	480-510	150-190
		460-490	470-500	480-510	470-500	480-510	150-190
		460-490	470-500	480-510	470-500	480-510	150-190
		460-490	470-500	480-510	470-500	480-510	150-190
		460-490	470-500	480-510	470-500	480-510	150-190
		460-490	470-500	480-510	470-500	480-510	150-190
		450-480	460-490	470-500	460-490	470-500	120-170
		450-480	460-490	470-500	460-490	470-500	120-170
		460-490	470-500	480-510	470-500	480-510	150-190
		460-490	470-500	480-510	470-500	480-510	150-190
		470-490	480-500	490-510	490-520	490-530	150-200
		460-490	470-500	480-510	470-500	480-510	150-190
		460-490	470-500	480-510	470-500	480-510	150-190
		460-490	470-500	480-510	470-500	480-510	150-190
		460-490	470-500	480-510	470-500	480-510	150-190
		460-490	470-500	480-510	470-500	480-510	150-190
		460-490	470-500	480-510	470-500	480-510	170-190
		460-490	470-500	480-510	470-500	480-510	150-190
		428-464	446-482	464-500	464-500	446-500	140-248

FREE DATA SHEETS: WWW.IDES.COM/PSIM

Grade	Filler	Sp Grav	Shrink, mils/in	Melt flow, g/10 min	Drying temp, °F	Drying time, hr	Max. % moisture
VAC3001 Resin		1.310	21.0-23.0		250	3.0-4.0	0.02
VIC4311 Resin	GFI 30	1.420	2.0-4.0	19.00 AF	250	3.0-4.0	0.02
PBT		**Valox**			**GE Adv Matl AP**		
3002B Resin		1.310	17.0-23.0		250	3.0-4.0	
310 Resin		1.310			250	3.0-4.0	0.02
310SE0 Resin		1.390			250	3.0-4.0	0.02
312 Resin		1.310			250	3.0-4.0	0.02
315 Resin		1.310	17.0-23.0		250	3.0-4.0	
325 Resin		1.310			250	3.0-4.0	
325M Resin		1.310			250	3.0-4.0	0.02
350U Resin		1.300	10.0-14.0	16.00 AF	250	3.0-4.0	0.02
357 Resin		1.340			250	3.0-4.0	0.02
357U Resin		1.340			250	3.0-4.0	0.02
364 Resin		1.300	8.0-10.0		250	3.0-4.0	0.02
414 Resin	GFI 40	1.630			250	3.0-4.0	0.02
420 Resin	GFI 30	1.530			250	3.0-4.0	0.02
420D Resin	GFI 30	1.530			250	3.0-4.0	0.02
420M Resin	GFI 30	1.530			250	3.0-4.0	0.02
420SE0 Resin	GFI 30	1.580			250	3.0-4.0	0.02
420SE0M Resin		1.580			250	3.0-4.0	0.02
420SE0U Resin		1.580			250	3.0-4.0	0.02
451E Resin	GFI 20	1.530			250	3.0-4.0	0.02
4521 Resin	GFI 20	1.530			250	3.0-4.0	0.02
457 Resin	GFI 7	1.440			250	3.0-4.0	0.02
701 Resin	GMN 35	1.590			250	3.0-4.0	0.02
735 Resin	GMN 40	1.620			250	3.0-4.0	0.02
745 Resin	MN 30	1.460	8.0-10.0		250	3.0-4.0	0.02
780 Resin	GMN 40	1.770			250	3.0-4.0	0.02
815 Resin	GFI 15	1.430			250	3.0-4.0	0.02
830 Resin	GFI 30	1.540			250	3.0-4.0	0.02
830R Resin	GFI 30	1.540	3.0-8.0		250	4.0-6.0	0.02
855 Resin	GFI 15	1.540		81.00 CN	250	3.0-4.0	0.02
CS3002U Resin		1.330	17.0-23.0		250	3.0-4.0	
CS8115U Resin	GFI 15	1.460	4.0-8.0		250	4.0-6.0	
DR48 Resin	GFI 17	1.530			250	3.0-4.0	0.02
DR51 Resin	GFI 15	1.410			250	3.0-4.0	0.02
DR51M Resin	GFI 15	1.410			250	3.0-4.0	0.02
EF4530 Resin	GFI 30	1.670			250	3.0-4.0	0.02
EH7020 Resin		1.490			250	3.0-4.0	0.02
HR426 Resin	GFI 30	1.530			140-170	4.0-5.0	0.05
V4860HR Resin	GFI 30	1.530	1.8-2.1	17.80 AF	248	3.0-4.0	0.02
PBT		**Valox**			**GE Adv Matl Euro**		
260HPR Resin		1.313	11.0-18.0		230-248	2.0-4.0	0.02
3007 Resin		1.313	11.0-18.0		230-248	2.0-4.0	0.02
310SE0 Resin		1.414	11.0-18.0		230-248	2.0-4.0	0.02
312C Resin		1.313	11.0-18.0		230-248	2.0-4.0	0.02
315 Resin		1.313	11.0-18.0		230-248	2.0-4.0	0.02
325 Resin		1.313	11.0-18.0		230-248	2.0-4.0	0.02
325C Resin		1.313	11.0-18.0		230-248	2.0-4.0	0.02
325F Resin		1.313	11.0-18.0		230-248	2.0-4.0	0.02
325M Resin		1.313	11.0-18.0		230-248	2.0-4.0	0.02
357X Resin		1.343	11.0-18.0		230-248	2.0-4.0	0.02
357XU Resin		1.343	11.0-18.0		230-248	2.0-4.0	0.02
359 Resin		1.283	11.0-18.0		230-248	2.0-4.0	0.02

Max. % regrind	Inj. pres., ksi	Rear temp, °F	Mid temp, °F	Front temp, °F	Nozzle temp, °F	Proc temp, °F	Mold temp, °F
		460-490	470-500	480-510	470-500	480-510	150-190
		460-490	470-500	480-510	470-500	480-510	150-190
						455-509	113-140
		450-480	460-490	470-500	460-490	470-500	120-170
		450-480	460-490	470-500	460-490	470-500	120-170
		450-480	460-490	470-500	460-490	470-500	120-170
						455-509	113-140
		450-480	460-490	470-500	460-490	470-500	120-170
		450-480	460-490	470-500	460-490	470-500	120-170
						455-509	104-140
		460-490	470-500	480-510	470-500	480-510	120-170
		460-490	470-500	480-510	470-500	480-510	120-170
		460-490	470-500	480-510	470-500	480-510	120-170
		460-490	470-500	480-510	470-500	480-510	150-190
		460-490	470-500	480-510	470-500	480-510	150-190
		460-490	470-500	480-510	470-500	480-510	150-190
		470-510	480-520	490-530	480-520	490-530	150-190
		470-510	480-520	490-530	480-520	490-530	150-190
		470-510	480-520	490-530	480-520	490-530	150-190
		460-490	470-500	480-510	470-500	480-510	150-190
		460-490	470-500	480-510	470-500	480-510	150-190
		460-490	470-500	480-510	470-500	480-510	150-190
		470-490	480-500	490-510	490-520	490-530	150-200
		470-490	480-500	490-510	490-520	490-530	150-200
		470-490	480-500	490-510	490-520	490-530	150-200
		470-490	480-500	490-510	490-520	490-530	150-200
		460-490	470-500	480-510	470-500	480-510	150-190
		460-490	470-500	480-510	470-500	480-510	150-190
						473-509	149-194
		460-490	470-500	480-510	470-500	480-510	150-190
						455-509	113-140
						482-518	140-212
		460-490	470-500	480-510	470-500	480-510	150-190
		460-490	470-500	480-510	470-500	480-510	150-190
		460-490	470-500	480-510	470-500	480-510	150-190
		460-490	470-500	480-510	470-500	480-510	150-190
		460-490	470-500	480-510	470-500	480-510	150-190
		460-490	470-500	480-510	470-500	480-510	150-190
		428-464	446-482	464-500	464-500	446-500	140-248
		446-473	464-491	473-509	464-500	482-518	104-212
		446-473	464-491	473-509	464-500	482-518	104-212
		446-473	464-491	473-509	464-500	482-518	104-212
		446-473	464-491	473-509	464-500	482-518	104-212
		446-473	464-491	473-509	464-500	482-518	104-212
		446-473	464-491	473-509	464-500	482-518	104-212
		446-473	464-491	473-509	464-500	482-518	104-212
		446-473	464-491	473-509	464-500	482-518	104-212
		446-473	464-491	473-509	464-500	482-518	104-212
		446-473	464-491	473-509	464-500	482-518	104-212
		446-473	464-491	473-509	464-500	482-518	104-212

FREE DATA SHEETS: WWW.IDES.COM/PSIM

Grade	Filler	Sp Grav	Shrink, mils/in	Melt flow, g/10 min	Drying temp, °F	Drying time, hr	Max. % moisture
3607U Resin		1.253	10.0-18.0	16.00 AF	230-248	2.0-4.0	0.02
4012 Resin	GFI 10	1.393	6.0-9.0		230-248	2.0-4.0	0.02
4012G Resin	GFI 10	1.393	6.0-9.0		230-248	2.0-4.0	0.02
4014 Resin	GFI 6	1.363	7.0-10.0		230-248	2.0-4.0	0.02
4022 Resin	GFI 20	1.454	3.0-7.0		230-248	2.0-4.0	0.02
4026 Resin	GFI 14	1.414	5.0-8.0	18.00 T	230-248	2.0-4.0	0.02
4031 Resin	GFI 30	1.524	3.0-7.0		230-248	2.0-4.0	0.02
4032 Resin	GFI 30	1.464	3.0-7.0		230-248	2.0-4.0	0.02
412 Resin	GFI 20	1.454	4.0-8.0		230-248	2.0-4.0	0.02
420 Resin	GFI 30	1.534	3.0-7.0		230-248	2.0-4.0	0.02
420SE0 Resin	GFI 30	1.634	1.0-3.0		230-248	2.0-4.0	0.02
430 Resin	GFI 33	1.554	3.0-7.0		230-248	2.0-4.0	0.02
4512 Resin	GFI 10	1.424	6.0-9.0		230-248	2.0-4.0	0.02
451E Resin	GFI 20	1.534	4.0-8.0		230-248	2.0-4.0	0.02
4521 Resin	GFI 20	1.534	3.0-7.0	26.00 T	230-248	2.0-4.0	0.02
457 Resin	GFI 7	1.434	10.0-14.0		230-248	2.0-4.0	0.02
4630 Resin	GFI 30	1.604	1.0-3.0	10.00 T	230-248	2.0-4.0	0.02
467 Resin	GFI 30	1.564	1.0-3.0		230-248	2.0-4.0	0.02
5021 Resin	GFI 20	1.424	3.0-8.0		230-248	2.0-4.0	0.02
5031 Resin	GFI 30	1.474	3.0-7.0		230-248	2.0-4.0	0.02
508 Resin	GFI 30	1.504	4.0-6.0		230-248	2.0-4.0	0.02
508R Resin	GFI 30	1.504	4.0-6.0		230-248	2.0-4.0	0.02
5510 Resin	GFI 10	1.404	3.0-8.0		230-248	2.0-4.0	0.02
553 Resin	GFI 30	1.584	4.0-6.0		230-248	2.0-4.0	0.02
735 Resin	GMN 40	1.624	3.0-6.0		230-248	4.0-6.0	0.02
7523 Resin	GMN 45	1.825	2.0-5.0		230-248	2.0-4.0	0.02
771 Resin	MN 20	1.714	3.0-6.0		230-248	2.0-4.0	0.02
8024U Resin	GFI 20	1.474	4.0-8.0		230-248	4.0-6.0	0.02
8032 Resin	GFI 30	1.534	4.0-8.0		230-248	4.0-6.0	0.02
8032U Resin	GFI 30	1.534	4.0-8.0		230-248	4.0-6.0	0.02
8032UX Resin	GFI 30	1.534	4.0-8.0		230-248	4.0-6.0	0.02
815 Resin	GFI 15	1.434	4.0-8.0		230-248	4.0-6.0	0.02
815UX Resin	GFI 15	1.434	4.0-8.0		230-248	4.0-6.0	0.02
830 Resin	GFI 30	1.544	4.0-8.0		230-248	4.0-6.0	0.02
830X Resin	GFI 30	1.544	4.0-9.0		230-248	4.0-6.0	0.02
855 Resin	GFI 15	1.544	4.0-8.0		230-248	4.0-6.0	0.02
865 Resin	GFI 30	1.664	4.0-8.0		230-248	4.0-6.0	0.02
DR48 Resin	GFI 17	1.514	5.0-8.0		230-248	2.0-4.0	0.02
DR48V Resin	GFI 17	1.514	5.0-8.0		230-248	2.0-4.0	0.02
DR51 Resin	GFI 15	1.414	5.0-8.0	18.00 T	230-248	2.0-4.0	0.02
FXV310SK Resin		1.313	11.0-18.0		230-248	2.0-4.0	0.02
V3001MC Resin		1.313	11.0-18.0		230-248	2.0-4.0	0.02
V4020CS Resin		1.393	6.0-9.0		230-248	2.0-4.0	0.02
V4330CS Resin		1.414	5.0-8.0		230-248	2.0-4.0	0.02
V4860HR Resin	GFI 30	1.640	1.8-2.1	17.80 AF	248	3.0-4.0	0.02
VX3101N Resin		1.313	11.0-18.0		230-248	2.0-4.0	0.02
VX3603C Resin		1.454			230-248	2.0-4.0	0.02
VX3608C Resin		1.303	10.0-18.0		230-248	2.0-4.0	0.02
VX4015 Resin	GFI 15	1.363	5.0-8.0		230-248	2.0-4.0	0.02
VX4029 Resin	GFI 30	1.544	3.0-7.0	13.00 T	230-248	2.0-4.0	0.02
VX4037 Resin	GFI 30	1.534	3.0-7.0		230-248	2.0-4.0	0.02
VX4510 Resin	GFI 10	1.524	6.0-10.0		230-248	2.0-4.0	0.02
VX4920 Resin	GFI 20	1.383	2.0-4.0		230-248	2.0-4.0	0.02
VX4930 Resin	GFI 30	1.464	1.0-3.0		230-248	2.0-4.0	0.02
VX5005 Resin	GFI 5	1.323	4.0-8.0		230-248	2.0-4.0	0.02
VX5011 Resin	GFI 10	1.313	3.0-8.0		230-248	2.0-4.0	0.02

Max. % regrind	Inj. pres., ksi	Rear temp, °F	Mid temp, °F	Front temp, °F	Nozzle temp, °F	Proc temp, °F	Mold temp, °F
		446-473	464-491	473-509	464-500	482-518	104-212
		446-473	464-491	473-509	464-500	482-518	104-212
		446-473	464-491	473-509	464-500	482-518	104-212
		446-473	464-491	473-509	464-500	482-518	104-212
		446-473	464-491	473-509	464-500	482-518	104-212
		446-473	464-491	473-509	464-500	482-518	104-212
		446-473	464-491	473-509	464-500	482-518	104-212
		446-473	464-491	473-509	464-500	482-518	104-212
		446-473	464-491	473-509	464-500	482-518	104-212
		446-473	464-491	473-509	464-500	482-518	104-212
		446-473	464-491	473-509	464-500	482-518	104-212
		446-473	464-491	473-509	464-500	482-518	104-212
		446-473	464-491	473-509	464-500	482-518	104-212
		446-473	464-491	473-509	464-500	482-518	104-212
		446-473	464-491	473-509	464-500	482-518	104-212
		446-473	464-491	473-509	464-500	482-518	104-212
		446-473	464-491	473-509	464-500	482-518	104-212
		446-473	464-491	473-509	464-500	482-518	104-212
		446-473	464-491	473-509	464-500	482-518	104-212
		446-473	464-491	473-509	464-500	482-518	104-212
		446-473	464-491	473-509	464-500	482-518	104-212
		464-500	491-536	500-536	509-527	500-545	140-230
		446-473	464-491	473-509	464-500	482-518	104-212
		446-473	464-491	473-509	464-500	482-518	104-212
		464-500	491-536	500-536	509-527	500-545	140-230
		464-500	491-536	500-536	509-527	500-545	140-230
		464-500	491-536	500-536	509-527	500-545	140-230
		464-500	491-536	500-536	509-527	500-545	140-230
		464-500	491-536	500-536	509-527	500-545	140-230
		464-500	491-536	500-536	509-527	500-545	140-230
		464-500	491-536	500-536	509-527	500-545	140-230
		464-500	491-536	500-536	509-527	500-545	140-230
		491-536	500-536	509-527	500-545	140-230	
		446-473	464-491	473-509	464-500	482-518	104-212
		446-473	464-491	473-509	464-500	482-518	104-212
		446-473	464-491	473-509	464-500	482-518	104-212
		446-473	464-491	473-509	464-500	482-518	104-212
		446-473	464-491	473-509	464-500	482-518	104-212
		446-473	464-491	473-509	464-500	482-518	104-212
		428-464	446-482	464-500	464-500	446-500	140-248
		446-473	464-491	473-509	464-500	482-518	104-212
		446-473	464-491	473-509	464-500	482-518	104-212
		446-473	464-491	473-509	464-500	482-518	104-212
		446-473	464-491	473-509	464-500	482-518	104-212
		446-473	464-491	473-509	464-500	482-518	104-212
		446-473	464-491	473-509	464-500	482-518	104-212
		446-473	464-491	473-509	464-500	482-518	104-212
		446-473	464-491	473-509	464-500	482-518	104-212
		446-473	464-491	473-509	464-500	482-518	104-212

FREE DATA SHEETS: WWW.IDES.COM/PSIM

Grade	Filler	Sp Grav	Shrink, mils/in	Melt flow, g/10 min	Drying temp, °F	Drying time, hr	Max. % moisture
VX5022 Resin	GFI 20	1.393	3.0-8.0		230-248	2.0-4.0	0.02
VX5121 Resin	GFI 15	1.383	3.0-8.0		230-248	2.0-4.0	0.02
VX5530 Resin	GFI 15	1.574	3.0-5.0		230-248	2.0-4.0	0.02
VX7024 Resin	MN 12	1.393	10.0-20.0		230-248	4.0-6.0	0.02
VX8015U Resin	GFI 15	1.434	4.0-8.0		230-248	4.0-6.0	0.02
VX8532 Resin	GFI 30	1.664	4.0-8.0		230-248	4.0-6.0	0.02

PBT Valox LNP

Grade	Filler	Sp Grav	Shrink, mils/in	Melt flow, g/10 min	Drying temp, °F	Drying time, hr	Max. % moisture
EXCP0054	CF 16	1.380			250	3.0-4.0	0.02
EXCP0099	CF 20	1.390			275	4.0-6.0	0.02
EXCP0212	GRF 45	1.660			250	3.0-4.0	0.02
EXCP0214	CF 45	1.670			250	3.0-4.0	0.02
EXCP0216	CF 45	1.660			250	3.0-4.0	0.02
SMV5837	GB 20	1.460	16.0-19.0		250	3.0-4.0	0.02
SMV5871	MN 20	1.480	13.0-15.0		250	3.0-4.0	0.02
SMV5890	CF 30	1.430			250	3.0-4.0	0.02

PBT Vampter Vamp Tech

Grade	Filler	Sp Grav	Shrink, mils/in	Melt flow, g/10 min	Drying temp, °F	Drying time, hr	Max. % moisture
0023 V0		1.424	16.0-18.0		248-266	3.0	
0023 V2		1.333	9.0-11.0	14.00	248-266	3.0	
0024 V2		1.404	15.0-17.0		248-266	3.0	
1026 V0	GFI 10	1.484	8.0-14.0		248-266	3.0	
2026 V0	GFI 20	1.544	6.0-12.0		248-266	3.0	
3026 V0	GFI 30	1.624	4.0-10.0		248-266	3.0	
3028 V2	GFI 30	1.604	4.0-10.0		248-266	3.0	
4554 V0 60 F20	GMN 20	1.694	2.0-5.0	6.00	248-266	3.0	

PBT Vandar Ticona

Grade	Filler	Sp Grav	Shrink, mils/in	Melt flow, g/10 min	Drying temp, °F	Drying time, hr	Max. % moisture
2100		1.230	18.0				
2100UV		1.230	18.0				
2122	MN 10	1.300	13.0-15.0				
2500		1.250	17.0-22.0	12.00			
4602Z		1.250	17.0-22.0				
4612R	GFI 7	1.300	6.0-8.0				
4632Z	GFI 15	1.340	4.0-6.0				
4662Z	GFI 30	1.470	3.0-5.0				
6000		1.200	5.0-9.0				
8000		1.310	25.0-28.0				
9114		1.130	9.0-11.0	22.00			
9116		1.140	11.0-16.0	8.00			
AB100		1.123	10.0-12.0				
AB700		1.170					
AB875	GFI 20	1.280					

PBT Vandar Ticona Euro

Grade	Filler	Sp Grav	Shrink, mils/in	Melt flow, g/10 min	Drying temp, °F	Drying time, hr	Max. % moisture
2100		1.233	17.0				
4602Z		1.253	17.0				
4612R		1.303	6.0				
4632Z		1.343	4.0				
4662Z		1.474	3.0				
8000		1.313	25.0				
9116		1.143	11.0				

PBT Verton LNP

Grade	Filler	Sp Grav	Shrink, mils/in	Melt flow, g/10 min	Drying temp, °F	Drying time, hr	Max. % moisture
WF-700-10	GLL	1.700	1.0-3.0		250	4.0	0.05
WF-7006	GLL	1.544			250	4.0	0.05

Max. % regrind	Inj. pres., ksi	Rear temp, °F	Mid temp, °F	Front temp, °F	Nozzle temp, °F	Proc temp, °F	Mold temp, °F
		446-473	464-491	473-509	464-500	482-518	104-212
		446-473	464-491	473-509	464-500	482-518	104-212
		446-473	464-491	473-509	464-500	482-518	104-212
		464-500	491-536	500-536	509-527	500-545	140-230
		464-500	491-536	500-536	509-527	500-545	140-230
		464-500	491-536	500-536	509-527	500-545	140-230
		460-490	470-500	480-510	470-500	480-510	150-190
		500-530	520-540	524-540	520-540	520-540	100-150
		460-490	470-500	480-510	470-500	480-510	120-170
		460-490	470-500	480-510	470-500	480-510	120-170
		460-490	470-500	480-510	470-500	480-510	120-170
		470-490	480-500	490-510	490-520	490-530	150-200
		470-490	480-500	490-510	490-520	490-530	150-200
		460-490	470-500	480-510	470-500	480-510	150-190
		455-482					158-212
		455-482					158-212
		464-491					158-212
		455-491					158-212
		455-491					158-212
		455-491					158-212
		473-491					158-212
		464-491					176-212
		446-482	455-491	464-500	464-509	464-509	104-203
		446-482	455-491	464-500	464-509	464-509	104-203
		446-482	455-491	464-500	464-509	464-509	104-203
		446-482	455-491	464-500	464-509	464-509	104-203
		446-482	455-491	464-500	464-509	464-509	104-203
		446-482	455-491	464-500	464-509	464-509	104-203
		446-482	455-491	464-500	464-509	464-509	104-203
		446-482	455-491	464-500	464-509	464-509	104-203
		464-491	482-500	491-509	500-518	500-536	104-248
		446-464	455-482	464-491	482-491	455-491	104-199
		446-455	455-482	464-491	482-500	455-500	77-131
		446-455	455-482	464-491	482-500	455-500	77-131
		365-392	392-410	392-419	392-419	374-419	68-131
		446-455	455-482	464-491	482-500	455-500	77-131
		347-392	365-401	374-419	383-419	374-419	68-122
		450-480					
		450-480					
		450-480					
		450-480					
		450-480					
		450-480					
		450-470					
		450-480					
						475-540	150-250
						475-540	150-250

FREE DATA SHEETS: WWW.IDES.COM/PSIM

Grade	Filler	Sp Grav	Shrink, mils/in	Melt flow, g/10 min	Drying temp, °F	Drying time, hr	Max. % moisture
WF-7007	GLL	1.590	2.0-5.0		250	4.0	0.05
PBT	**Vexel**				**Custom Resins**		
3100		1.310	9.0-16.0		250-280	2.0-4.0	0.04
3250		1.310	9.0-16.0		250-280	2.0-4.0	0.04
4150	GFI 15	1.410	4.0-6.0		250-280	2.0-4.0	0.04
4200	GFI 30	1.530	3.0-5.0		250-280	2.0-4.0	0.04
4450	GFI 45	1.670	2.0-4.0		250-280	2.0-4.0	0.04
5100 RD	GFI 15	1.410	4.0-6.0		250-280	2.0-4.0	0.04
PBT	**Voloy**				**A. Schulman**		
413	GFI 31	1.700	2.0		300	3.0	0.03
415	GMN 30	1.630	4.0		300	3.0	0.03
417	GMN 43	1.690	2.0		300	3.0	
PBT Alloy	**AVP**				**GE Polymerland**		
RVVTD	UNS	1.560	4.0-6.0		250	5.0	
PBT Alloy	**Comtuf**				**A. Schulman**		
461	GFI 30	1.490	2.0		300	3.0	0.03
463	GFI 45	1.630	1.0		300	3.0	0.03
464	GFI	1.674	1.0		266	2.0-4.0	
PBT Alloy	**Crastin**				**DuPont EP**		
LW9020 BK580	GFI 20	1.353					0.04
LW9020 NC010	GFI 20	1.353	3.0				0.04
LW9030 BK851	GFI 30	1.444					0.04
LW9030 NC010	GFI 30	1.444	2.0				0.04
LW9320 BK851	GFI 20	1.343					0.04
LW9320 NC010	GFI 20	1.350	3.0				0.04
LW9320FR NC010	GFI 20	1.470	3.0				0.04
LW9330 BK851	GFI 30	1.424					0.04
LW9330 NC010	GFI 30	1.430	2.0				0.04
LW9330FR NC010	GFI 30	1.550	2.0				0.04
PBT Alloy	**Hiloy**				**A. Schulman**		
422	MN	1.815	9.0		266	2.0-4.0	
431	GFI	1.414	5.0		266	2.0-4.0	
432	GFI 30	1.524	2.0		266	2.0-4.0	
433	GFI 45	1.644	1.0		266	2.0-4.0	
435	UNS	1.734	1.0		266	2.0-4.0	
436	GMN 20	1.424	5.0		266	2.0-4.0	
441	GFI 33	1.564	3.0		266	2.0-4.0	
443	GFI 55	1.805	2.0		266	2.0-4.0	
PBT Alloy	**Lubrilon**				**A. Schulman**		
432	GFI 30	1.524			266	2.0-4.0	
E-13370B	GFI	1.450	2.0		330	4.0	0.02
E-16026N	CF	1.410	2.0		330	4.0	0.02
PBT Alloy	**Lumax**				**LG Chem**		
GP-5000H		1.210	10.0-12.0		176-230	3.0-4.0	
GP-5006F		1.250	5.0-6.0		176-230	3.0-4.0	
GP-5100	GFI 10	1.200	4.0-6.0		176-230	3.0-4.0	
GP-5106F	GFI 10	1.400	5.0-10.0		176-230	3.0-4.0	
GP-5200	GFI 20	1.350	4.0-9.0		176-230	3.0-4.0	

Max. % regrind	Inj. pres., ksi	Rear temp, °F	Mid temp, °F	Front temp, °F	Nozzle temp, °F	Proc temp, °F	Mold temp, °F
						475-540	150-250
25	8.0-10.0	440-460	450-470	455-480	460-480	460-480	80-150
25	8.0-10.0	440-460	450-470	455-480	460-480	460-480	80-150
25	10.0-18.0	450-480	460-490	470-510	480-540	470-510	130-225
25	10.0-18.0	450-480	460-490	470-510	480-540	470-510	130-225
25	10.0-18.0	450-480	460-490	470-510	480-540	470-510	130-225
25	8.0-17.0	440-470	450-480	460-500	460-490	470-500	160-200
20		445-475	455-480	475-500	475-500	520	140-265
20		445-475	455-480	475-500	475-500	520	140-265
20		445-475	455-480	475-500	475-500	520	140-265
		450-490	460-500	470-510	465-505	470-510	150-250
20		445-475	455-480	475-500	475-500	520	140-265
20		445-475	455-480	475-500	475-500	520	140-265
						482-500	86-150
						464-500	86-266
						464-500	86-266
						464-500	86-266
						464-500	86-266
						464-500	86-266
						464-500	86-266
						464-500	86-266
						464-500	86-266
						464-500	86-266
						464-500	86-266
						500-536	149-203
						500-536	149-203
						500-536	149-203
						500-536	149-203
						482-500	86-150
						500-536	149-203
						500-536	149-203
						500-536	149-203
						500-536	149-203
20		555-575	565-580	565-590	565-590	600	185-250
20		555-575	565-580	565-590	565-590	600	185-250
	9.2-13.5	374-428	428-464	446-482	446-482	446-482	140-176
	9.2-13.5	374-428	428-464	446-482	446-482	446-482	140-176
	9.9-17.1	437-455	446-473	464-482	464-482	464-491	140-194
	9.9-17.1	437-455	446-473	464-482	464-482	464-491	140-194
	9.9-17.1	437-455	446-473	464-482	464-482	464-491	140-194

FREE DATA SHEETS: WWW.IDES.COM/PSIM

Grade	Filler	Sp Grav	Shrink, mils/in	Melt flow, g/10 min	Drying temp, °F	Drying time, hr	Max. % moisture
GP-5206F	GFI 20	1.420	3.0-5.0		176-230	3.0-4.0	
GP-5300	GFI 30	1.390	2.0-4.0		176-230	3.0-4.0	
GP-5306F	GFI 30	1.500	3.0-8.0		176-230	3.0-4.0	
HF-5006F		1.190	5.0-6.0		212	3.0-4.0	
HF-5008		1.070	5.0-7.0		212	3.0-4.0	
HF-5300	GFI 30	1.290	1.0-2.0		176-230	3.0-4.0	
HF-5306F	GFI 30	1.500	3.0-7.0		176-230	3.0-4.0	
HR-5007		1.080	5.0-6.0		176-230	3.0-4.0	
HR-5300	GFI 30	1.420	3.0-5.0		176-230	3.0-4.0	
HR-5306F	GFI 30	1.520	3.0-9.0		176-230	3.0-4.0	

PBT Alloy — Voloy — A. Schulman

430	GFI 30	1.700	3.0		300	3.0	0.03
461	GFI 30	1.630	2.0		300	3.0	0.03
462	GMN 35	1.630	2.0		300	3.0	0.03

PBT+ASA — Latiblend — Lati

7535 G/30	GFI 30	1.464	3.0-7.0		248-266	3.0	

PBT+ASA — Pocan — Lanxess Euro

A 3110 900044	GFI 15	1.353	9.0				
A 3120 900044	GFI 20	1.434	7.0				
A 3130 000000	GFI 30	1.504	7.0				
A 3130 900044	GFI 30	1.504	7.0				

PBT+ASA — Saxaloy — Sax Polymers

E174F4	GFI 20	1.393	5.0-12.0		194	2.0-4.0	

PBT+PET — AD majoris — AD majoris

PBT 9237 30 FV 7809/21GY21	GFI 30	1.534	9.0		248	4.0	
PBT 9238 30 FV	GFI	1.664	7.0		284	3.0-4.0	

PBT+PET — Astapet — Marplex

B70G30	GFI 30	1.550	2.0-6.0	60.00 W	284-302	5.0-6.0	
MDA282	GFI 30	1.550	2.0-6.0	60.00 W	284-302	5.0-6.0	

PBT+PET — Bestdur — Triesa

TPHG6/01	GFI 30	1.544			230	2.0-4.0	
TPHG6/02	GFI 30	1.544			230	2.0-4.0	
TPXG6/02	GFI 30	1.684			230	2.0-4.0	

PBT+PET — Enduran — GE Adv Materials

7062X Resin	UNS 45	1.880	8.0-10.0	19.00 CK	250	4.0-6.0	0.04
7065 Resin	MN 63	2.400	12.0-14.0	17.00 CK	250	4.0-6.0	0.04
7085 Resin	GMN 68	2.300	7.0-9.0	11.00 CK	250	4.0-6.0	0.04

PBT+PET — Pocan — Albis

T7323	GFI 20	1.470	3.0				
T7331	GFI 30	1.550	3.0				
T7391	GFI 45	1.670	2.0				

PBT+PET — Pocan — Lanxess

DP T7140 LDS 000000	GMN 40	1.754	6.0				

Max. % regrind	Inj. pres., ksi	Rear temp, °F	Mid temp, °F	Front temp, °F	Nozzle temp, °F	Proc temp, °F	Mold temp, °F
	9.9-17.1	437-455	446-473	464-482	464-482	464-491	140-194
	9.9-17.1	437-455	446-473	464-482	464-482	464-491	140-194
	9.9-17.1	437-455	446-473	464-482	464-482	464-491	140-194
	9.2-13.5	374-428	428-464	446-482	446-482		140-176
	9.2-13.5	374-428	428-464	446-482	446-482	446-482	140-176
	9.9-17.1	437-455	446-473	464-482	464-482	464-491	140-194
	9.9-17.1	437-455	446-473	464-482	464-482	464-491	140-194
	9.2-13.5	374-428	428-464	446-482	446-482	446-482	140-176
	9.9-17.1	437-455	446-473	464-482	464-482	464-491	140-194
	9.9-17.1	437-455	446-473	464-482	464-482	464-491	140-194
20		445-475	455-480	475-500	475-500	520	140-265
20		445-475	455-480	475-500	475-500	520	140-265
20		445-475	455-480	475-500	475-500	520	140-265
15		446-482	446-482	446-482			158-194
						518	194
						518	194
						518	194
						518	194
						482-527	104-212
						491-518	176-248
		446-464	464-482	482-500			140-176
	8.7-20.3	464-482	482-500	500-518		500-536	230-266
	8.7-20.3	482-500	500-518	518-536		518-554	230-266
						482-509	203-230
						482-509	203-230
						482-509	203-230
		470-490	470-490	480-500	500-520	500-530	150-200
		470-490	470-490	480-500	500-520	500-530	150-200
		470-490	470-490	480-500	500-520	500-530	150-200
						464-518	160-250
						464-518	160-250
						464-518	160-250
						536	176

FREE DATA SHEETS: WWW.IDES.COM/PSIM

Grade	Filler	Sp Grav	Shrink, mils/in	Melt flow, g/10 min	Drying temp, °F	Drying time, hr	Max. % moisture
PBT+PET	**Pocan**				**Lanxess Euro**		
DP							
BFN 4230 000000	GFI 30		5.7				
DP T7140							
LDS 000000	GMN 40	1.754	6.0				
PBT+PET	**Schuladur**				**A. Schulman**		
PCR GF 20	GFI 30	1.474			248	2.0-4.0	
PCR GF 30	GFI 30	1.554			248	2.0-4.0	
PBT+PET	**Ultradur**				**BASF**		
B4040 G4	GFI 20	1.474	10.0				
B4040 G6	GFI 30	1.554	10.0				
PBT+PET	**Valox**				**GE Adv Materials**		
865 Resin	GFI 30	1.660			250	3.0-4.0	0.02
AE7370 Resin	GMN 35	1.640	3.0-5.0	56.00 CN	250	3.0-4.0	0.02
CS860 Resin	GFI 30	1.730	2.0-3.0	45.00 CN	140-170	4.0-5.0	0.05
V8060RE Resin	GFI 30	1.530	2.5-5.5	32.00 CN	140-170	4.0-5.0	0.05
PBT+PET	**Valox**				**GE Adv Matl AP**		
865 Resin	GFI 30	1.660			250	3.0-4.0	0.02
CS860 Resin	GFI 30	1.730	2.0-3.0	45.00 CN	140-170	4.0-5.0	0.05
EH7020HF Resin	MN	1.490	15.3-15.7	64.00 BP	250	3.0-4.0	0.02
V7390 Resin	GFI 30	1.780	3.0-8.0	7.00 CN	250	4.0-6.0	0.04
PBT+PET	**Valox**				**GE Adv Matl Euro**		
V8560 Resin	GFI 30	1.664			230-248	4.0-6.0	0.02
PBT+PET	**Valox**				**LNP**		
SMV5845	CF 16				250	3.0-4.0	0.02
SMV5846	CF 20	1.465			250	3.0-4.0	0.02
SMV5847	CF 30	1.504			250	3.0-4.0	0.02
PBT+PET	**Vylopet**				**Toyobo**		
EMC405A		1.440	13.0		284	3.0	
EMC407		1.320	20.0		284	3.0	
EMC605P		1.420	11.0		284	3.0	
EMC618P		1.580	4.0		284	3.0	
PBT+PET	**Xenoy**				**GE Adv Matl Euro**		
6380U Resin	GFI 30	1.514	3.0-7.0		230-248	4.0-6.0	0.02
PBT+PS	**Planac**				**Dainippon Ink**		
BSH-115	GFI 15	1.350	3.0				
BSH-130	GFI 30	1.480	2.0				
BSV-115	GFI 15	1.500	3.0				
BSV-130	GFI 30	1.610	2.0				
PC	**AD majoris**				**AD majoris**		
PC 9381 10 FV		1.268	2.0-5.0		248	2.0-4.0	
PC 9381 20 FV		1.363	2.0-5.0		248	2.0-4.0	
PC	**Albis PC**				**Albis**		
160 Black		1.200	6.0-8.0	19.00 O			

Max. % regrind	Inj. pres., ksi	Rear temp, °F	Mid temp, °F	Front temp, °F	Nozzle temp, °F	Proc temp, °F	Mold temp, °F
						500	176
						536	176
						464-518	158-194
						464-518	158-194
						482-527	140-212
						482-527	140-212
		460-490	470-500	480-510	470-500	480-510	150-190
		470-490	480-500	490-510	490-520	490-530	150-200
		470-490	480-500	490-510	490-520	490-530	150-200
		470-490	480-500	490-510	490-520	490-530	150-200
		460-490	470-500	480-510	470-500	480-510	150-190
		470-490	480-500	490-510	490-520	490-530	150-200
		460-490	470-500	480-510	470-500	480-510	150-190
		470-490	470-490	480-500	500-520	500-530	150-200
		464-500	491-536	500-536	509-527	500-545	140-230
		460-490	470-500	480-510	470-500	480-510	150-190
		460-490	470-500	480-510	470-500	480-510	150-190
		460-490	470-500	480-510	470-500	480-510	150-190
						509	176
						509	122
						509	176
						509	176
		464-518	482-527	500-536	500-527	509-545	140-230
		446-518	446-518	446-518			104-194
		446-518	446-518	446-518			104-194
		446-518	446-518	446-518			104-194
		446-518	446-518	446-518			104-194
						554-590	176-248
						554-590	176-248
						540-600	175-250

FREE DATA SHEETS: WWW.IDES.COM/PSIM

Grade	Filler	Sp Grav	Shrink, mils/in	Melt flow, g/10 min	Drying temp, °F	Drying time, hr	Max. % moisture
221 08/05		1.200	6.0-8.0	8.00 O			
221 08/05 E Clear		1.200	5.0-7.0	8.00 O			
221 12/07 J		1.200	6.0-8.0	12.00 O			
221 15/05		1.200	6.0-8.0	15.00 O			
221 15/05 EM NTL		1.200	6.0-8.0	15.00 O			
221 15/07 J		1.200	6.0-8.0	15.00 O			
221 20/05		1.203	5.0-7.0	20.00 O			
221 20/05 E Clear		1.200	> 5.0	20.00 O			
221 20/05 J		1.200	6.0-8.0	20.00 O			
222 08/05		1.200	6.0-8.0	8.00 O			
226 05/05		1.200	6.0-8.0	5.00 O			
226 10/05		1.200	6.0-8.0	10.00 O			
226 12/05 GF10	GFI 10	1.250	3.0-5.0	12.00 O			
226 15/05		1.200	6.0-8.0	15.00 O			
226 15/05 FR05		1.200	6.0-8.0	15.00 O			
226 15/05 HZ01		1.190	6.0-8.0	6.50 O			
226 15/05 HZ02		1.180	6.0-8.0	10.00 O			
226 15/05 HZ03		1.180	6.0-8.0	10.00 O			
226 20/03		1.200	6.0-8.0	20.00 O			
226 20/05		1.200	6.0-8.0	20.00 O			
226 20/05 Black		1.200	6.0-8.0	20.00 O			
226 30/03		1.200	6.0-8.0	30.00 O			
226 30/05 Black		1.200	6.0-8.0	30.00 O			
226 30/05 FR01	GFI 30	1.610	1.0-3.0	12.00 O			
226 GF20/05	GFI 20	1.350	> 2.0	6.00 O			
226 GF30/05	GFI 30	1.430	1.0-3.0	8.00 O			
226 GF30/1	GFI 30	1.430	1.0-3.0	8.00 O			
229 GF20 Black	GFI 20	1.350	2.0-4.0	8.00 O			
229 GF30 Black	GFI 30	1.430	1.0-3.0	8.00 O			
22A		1.200	6.0-8.0	12.00 O			
22A 12/07							
White 9WT1339		1.200		12.30 O			
22A							
GF 30 PTFE 15		1.550	2.0-4.0	3.10 O			
22A GF20/05	GFI 20	1.350	> 2.0	6.00 O			
22A GF30 Black	GFI 30	1.430	1.0-3.0	7.00 O			
22A GF30/05	GFI 30	1.430	1.0-3.0	7.00 O			
22A GF40/05	GFI 42	1.440	1.0-2.0	5.00 O			
22A GF42/05	GFI 42	1.440	1.0-2.0	5.00 O			
22A GF42/07	GFI 42	1.440	1.0-2.0	5.00 O			
740 GF23 PTFE 5	GFI 23	1.423	6.0-8.0	3.10 O			
740/1 CF30	CF 30	1.330					
748/1 CF10	CF 10	1.240					
748/8 GF10	GFI 10	1.220	3.0-5.0	7.00 O			
748P UV		1.200	6.0-8.0	15.00 O			
A910T		1.200	6.0-8.0	14.00 O			
LISA 10							
VP KL1-9400 G		1.200	6.0-8.0	12.00 O			

PC　　　　　　　Alcom　　　　　　　　　Albis

Grade	Filler	Sp Grav	Shrink, mils/in	Melt flow, g/10 min	Drying temp, °F	Drying time, hr	Max. % moisture
PC 740							
GF20 PTFE 15	GFI 20	1.380	2.0-4.0	3.10 O			
PC 740 GF20							
PTFE 15 Green	GFI 20	1.450	2.0-4.0	12.00 O			
PC							
740 GF23 PTFE 5	GFI 23	1.420	6.0-8.0	3.10 O			

Max. % regrind	Inj. pres., ksi	Rear temp, °F	Mid temp, °F	Front temp, °F	Nozzle temp, °F	Proc temp, °F	Mold temp, °F
						505-545	175-210
						505-545	175-210
						505-545	175-210
						505-545	175-210
						505-545	175-210
						505-545	175-210
						535-565	150-220
						535-565	150-220
						505-545	175-210
						505-545	175-210
						535-610	175-250
						535-610	175-250
						535-610	175-250
						505-545	175-210
						505-545	175-210
						505-545	175-210
						505-545	175-210
						505-545	175-210
						505-545	175-210
						505-545	175-210
						505-545	175-210
						505-545	175-210
						505-545	175-210
						505-545	175-210
						535-610	175-250
						535-610	175-250
						535-610	175-250
						535-610	175-250
						535-610	175-250
						505-545	175-210
						505-545	175-210
						540-610	150-220
						535-610	175-250
						535-610	175-250
						535-610	175-250
						535-610	175-250
						535-610	175-250
						535-610	175-250
						540-610	150-220
						580-620	180-250
						535-610	175-250
						505-545	175-210
						540-575	150-220
						535-610	175-250
						550-590	150-220
						540-610	150-220
						540-610	150-220
						540-610	150-220

FREE DATA SHEETS: WWW.IDES.COM/PSIM

Grade	Filler	Sp Grav	Shrink, mils/in	Melt flow, g/10 min	Drying temp, °F	Drying time, hr	Max. % moisture
PC 740/1 CF15	CF 15	1.250		6.00 O			
Sl2 Natural							
PC 740/1 V4155	AR 20	1.230		9.00 O			
PC 740/1 V4156	AR 20	1.250		5.00 O			
PC 740/1 V4157	AR 10	1.230		10.50 O			

PC   Anjalon   J&A Plastics

Grade	Filler	Sp Grav	Shrink, mils/in	Melt flow, g/10 min	Drying temp, °F	Drying time, hr	Max. % moisture
100U		1.203	4.0		248	2.0-5.0	0.02
100V		1.203	4.0		248	2.0-5.0	0.02
100V-FR		1.203	4.0		248	2.0-5.0	0.02
100W		1.203	4.0		248	2.0-5.0	0.02
100X		1.203	4.0		248	2.0-5.0	0.02
100X-FR		1.203	4.0		248	2.0-5.0	0.02
100Y		1.203	4.0		248	2.0-5.0	0.02
150-FR/GF10	GFI 10	1.283			248	2.0-5.0	0.02
150-GF10	GFI 10	1.283			248	2.0-5.0	0.02
150-GF20	GFI 20	1.353			248	2.0-5.0	0.02
150-GF30	GFI 30	1.434			248	2.0-5.0	0.02
J100U		1.203			248	2.0-5.0	0.02
J100V		1.203			248	2.0-5.0	0.02
J100V-UV		1.203			248	2.0-5.0	0.02
J100X		1.203			248	2.0-5.0	0.02
J100X-FR		1.203			248	2.0-5.0	0.02
J100Y		1.203			248	2.0-5.0	0.02
J150-FR/GF10	GFI 10	1.283			248	2.0-5.0	0.02
J150-FR/GF20	GFI 20	1.353			248	2.0-5.0	0.02
J150-GF10	GFI 10	1.283			248	2.0-5.0	0.02
J150-GF20	GFI 20	1.353			248	2.0-5.0	0.02
J150-GF30	GFI 30	1.434			248	2.0-5.0	0.02
J155-FR/GF10	GFI 10	1.303			248	2.0-6.0	0.02
J155-G4	GFI 4	1.253			248	2.0-6.0	0.02
J155-GF10	GFI 10	1.303			248	2.0-6.0	0.02
J155-GF20	GFI 20	1.353			248	2.0-5.0	0.01
J155-GF30	GFI 30	1.444			248	2.0-5.0	0.01
R100X		1.203			248	2.0-5.0	0.02
R150-FR/GF10	GFI 10	1.283			248	2.0-5.0	0.02
R150-GF30	GFI 30	1.454			248	2.0-5.0	0.02

PC   Apec   Bayer

Grade	Filler	Sp Grav	Shrink, mils/in	Melt flow, g/10 min	Drying temp, °F	Drying time, hr	Max. % moisture
DP9-9331		1.180	7.0-8.0	8.50 AC	265	4.0	0.02
DP9-9333		1.180	7.0-8.0	8.50 AC	265	4.0	0.02
DP9-9340R		1.170	7.0-8.0	15.00 CF	265	4.0	0.02
DP9-9341		1.170	7.0-8.0	6.50 AC	265	4.0	0.02
DP9-9343		1.170	7.0-8.0	7.00 AC	265	4.0	0.02
DP9-9351		1.150	8.0-9.0	3.50 AC	265	4.0	0.02
DP9-9353		1.150	8.0-9.0	3.50 AC	265	4.0	0.02
DP9-9354		1.150	8.0-9.0	8.00 CF	265	4.0	0.02
DP9-9354T		1.150	8.0-9.0	8.00 CF	265	4.0	0.02
DP9-9371		1.140	8.0-9.0	1.25 AC	265	4.0	0.02
DP9-9373		1.140	8.0-9.0	1.25 AC	265	4.0	0.02

PC   Ashlene   Ashley Poly

Grade	Filler	Sp Grav	Shrink, mils/in	Melt flow, g/10 min	Drying temp, °F	Drying time, hr	Max. % moisture
1021		1.200	5.0-7.0	16.00 O			
1021R		1.200	5.0-7.0	16.00 O			
1021T		1.190	6.0-8.0	17.00			
1023		1.200	5.0-7.0	16.00 O			

Max. % regrind	Inj. pres., ksi	Rear temp, °F	Mid temp, °F	Front temp, °F	Nozzle temp, °F	Proc temp, °F	Mold temp, °F
						580-620	180-250
						540-610	150-220
						540-610	150-220
						540-610	150-220
						536-572	176-212
						536-608	176-212
						536-608	176-212
						536-608	176-248
						536-608	185-248
						536-608	185-248
						536-608	185-248
						536-608	176-248
						536-608	185-248
						536-608	176-248
						536-608	176-248
						536-572	176-230
						536-572	176-230
						536-608	176-230
						536-608	185-248
						536-608	185-248
						536-608	185-248
						536-608	185-248
						536-608	185-248
						536-608	185-248
						536-608	185-248
						536-608	185-248
						536-590	185-248
						536-608	176-248
						536-608	185-248
						536-590	185-248
						536-608	194-248
						536-608	194-248
						536-572	176-212
						536-608	185-248
						554-608	194-248
20	15.0-20.0	560-580	570-590	580-600	570-590	580-620	175-250
20	15.0-20.0	560-580	570-590	580-600	570-590	580-620	175-250
20	15.0-20.0	590-610	595-615	600-620	590-610	590-630	175-250
20	15.0-20.0	590-610	595-615	600-620	590-610	590-630	175-250
20	15.0-20.0	590-610	595-615	600-620	590-610	590-630	175-250
20	15.0-20.0	600-620	605-625	615-635	605-625	600-640	175-250
20	15.0-20.0	600-620	605-625	615-635	605-625	600-640	175-250
20	15.0-20.0	610	615	625	635	620	190-275
20	15.0-20.0	610	615	625	635	620	190-275
20	15.0-20.0	635-655	645-665	655-675	640-660	620-660	175-250
20	15.0-20.0	635-655	645-665	655-675	640-660	620-660	175-250
		470-530	500-540	530-560	530-560	530-560	160-200
		470-530	500-540	530-560	530-560	530-560	160-200
		470-530	500-540	530-560	530-560	530-560	160-200
		470-530	500-540	530-560	530-560	530-560	160-200

FREE DATA SHEETS: WWW.IDES.COM/PSIM

Grade	Filler	Sp Grav	Shrink, mils/in	Melt flow, g/10 min	Drying temp, °F	Drying time, hr	Max. % moisture
1023R		1.200	5.0-7.0	16.00 O			
1041BU		1.200	5.0-7.0	11.50			
1041R		1.200	5.0-7.0	10.00 O			
1043BU		1.200	5.0-7.0	11.50			
1051		1.200	5.0-7.0	22.50 O			
1051R		1.200	5.0-7.0	22.50 O			
1053		1.200	5.0-7.0	22.50 O			
1053R		1.200	5.0-7.0	22.50 O			
1061R		1.200	5.0-7.0	8.00 O			
1105	GFI 6	1.280	5.0-7.0	16.00			
1410B	GFI 10	1.250	2.0-4.0				
1413B	GFI 10	1.250	2.0-4.0				
1420B	GFI 20	1.350	1.0				
1423B	GFI 20	1.350	1.0				
1430	GFI 30	1.430	1.0				
1433	GFI 30	1.430	1.0				
1433-H2	GFI 30	1.430	1.0				
1621		1.200	5.0-7.0	16.00 O			
1621R		1.200	5.0-7.0	16.00 O			
1623		1.200	5.0-7.0	16.00 O			
1623R		1.200	5.0-7.0	16.00 O			
1641		1.200	5.0-7.0	11.50 O			
1641R		1.200	5.0-7.0	11.50 O			
1643		1.200	5.0-7.0	11.50 O			
1643R		1.200	5.0-7.0	11.50 O			
C1174		1.220	5.0-7.0	7.00 O			
C1174-3		1.220	5.0-7.0	7.00 O			
C1174R		1.220	5.0-7.0	7.00 O			
C1174WO		1.220	5.0-7.0	7.00 O			
C1174WO-3		1.220	5.0-7.0	7.00 O			
C1174WOR		1.220	5.0-7.0	7.00 O			
C1175		1.220	5.0-7.0	10.50 O			
C1175-3		1.220	5.0-7.0	10.50 O			
C1175R		1.220	5.0-7.0	10.50 O			
C1175WO		1.220	5.0-7.0	10.50 O			
C1175WO-3		1.220	5.0-7.0	10.50 O			
C1175WOR		1.220	5.0-7.0	10.50 O			
C1176		1.220	5.0-7.0	16.00 O			
C1176-3		1.220	5.0-7.0	16.00 O			
C1176R		1.220	5.0-7.0	16.00 O			
C1176WO		1.220	5.0-7.0	16.00 O			
C1176WO-3		1.220	5.0-7.0	16.00 O			
C1176WOR		1.220	5.0-7.0	16.00 O			
C1177		1.220	5.0-7.0	20.00 O			
C1177-3		1.220	5.0-7.0	20.00 O			
C1177R		1.220	5.0-7.0	20.00 O			
C1177WO		1.220	5.0-7.0	20.00 O			
C1177WO-3		1.220	5.0-7.0	20.00 O			
C1177WOR		1.220	5.0-7.0	20.00 O			
P1021R		1.200	5.0-7.0	16.00 O			
P1043R		1.200	5.0-7.0	12.00 O			
P1044R		1.200	5.0-7.0	12.00 O			
P1051R		1.200	5.0-7.0	21.00 O			
P1053R		1.200	5.0-7.0	21.00 O			
P1081		1.200	5.0-7.0	3.50 O			
P1081R		1.200	5.0-7.0	3.50 O			

Max. % regrind	Inj. pres., ksi	Rear temp, °F	Mid temp, °F	Front temp, °F	Nozzle temp, °F	Proc temp, °F	Mold temp, °F
		470-530	500-540	530-560	530-560	530-560	160-200
		500-530	510-550	550-600	550-600	550-600	160-220
		500-530	510-550	550-600	550-600	550-600	160-220
		500-530	510-550	550-600	550-600	550-600	160-220
		470-500	490-520	500-530	500-530	500-530	160-200
		470-500	490-520	500-530	500-530	500-530	160-200
		470-500	490-520	500-530	500-530	500-530	160-200
		470-500	490-520	500-530	500-530	500-530	160-200
		520-550	530-570	570-620	570-620	570-620	170-230
		540-560	540-580	550-600	550-600	550-600	180-240
		540-560	540-580	550-600	550-600	550-600	180-240
		540-560	540-580	550-600	550-600	550-600	180-240
		540-560	540-580	550-600	550-600	550-600	180-240
		540-560	540-580	550-600	550-600	550-600	180-240
		540-560	540-580	550-600	550-600	550-600	180-240
		540-560	540-580	550-600	550-600	550-600	180-240
		540-560	540-580	550-600	550-600	550-600	180-240
		470-530	500-540	530-560	530-560	530-560	160-200
		470-530	500-540	530-560	530-560	530-560	160-200
		470-530	500-540	530-560	530-560	530-560	160-200
		470-530	500-540	530-560	530-560	530-560	160-200
		500-530	510-550	550-600	550-600	550-600	160-220
		500-530	510-550	550-600	550-600	550-600	160-220
		500-530	510-550	550-600	550-600	550-600	160-220
		500-530	510-550	550-600	550-600	550-600	160-220
		520-550	530-570	570-620	570-620	570-620	170-230
		520-550	530-570	570-620	570-620	570-620	170-230
		520-550	530-570	570-620	570-620	570-620	170-230
		520-550	530-570	570-620	570-620	570-620	170-230
		520-550	530-570	570-620	570-620	570-620	170-230
		520-550	530-570	570-620	570-620	570-620	170-230
		500-530	510-550	550-600	550-600	550-600	160-220
		500-530	510-550	550-600	550-600	550-600	160-220
		500-530	510-550	550-600	550-600	550-600	160-220
		500-530	510-550	550-600	550-600	550-600	160-220
		500-530	510-550	550-600	550-600	550-600	160-220
		470-530	500-540	530-560	530-560	530-560	160-200
		470-530	500-540	530-560	530-560	530-560	160-200
		470-530	500-540	530-560	530-560	530-560	160-200
		470-530	500-540	530-560	530-560	530-560	160-200
		470-530	500-540	530-560	530-560	530-560	160-200
		470-500	490-520	500-530	500-530	500-530	160-200
		470-500	490-520	500-530	500-530	500-530	160-200
		470-500	490-520	500-530	500-530	500-530	160-200
		470-500	490-520	500-530	500-530	500-530	160-200
		470-500	490-520	500-530	500-530	500-530	160-200
		470-500	490-520	500-530	500-530	500-530	160-200
		470-530	500-540	530-560	530-560	530-560	160-200
		500-530	510-550	550-600	550-600	550-600	160-220
		500-530	510-550	550-600	550-600	550-600	160-220
		470-500	490-520	500-530	500-530	500-530	160-200
		470-500	490-520	500-530	500-530	500-530	160-200
		500-580	560-590	600-640	600-640	600-640	180-240
		500-580	560-590	600-640	600-640	600-640	180-240

FREE DATA SHEETS: WWW.IDES.COM/PSIM

Grade	Filler	Sp Grav	Shrink, mils/in	Melt flow, g/10 min	Drying temp, °F	Drying time, hr	Max. % moisture
P1083		1.200	5.0-7.0	3.50 O			
P1083R		1.200	5.0-7.0	3.50 O			
P1084		1.200	5.0-7.0	3.50 O			
P1410	GFI 10	1.250	3.0				
P1413	GFI 10	1.250	3.0				
P1420	GFI 20	1.350	1.0				
P1423	GFI 20	1.350	1.0				
P1430	GFI 30	1.430	1.0				
P1433	GFI 30	1.430	1.0				
P1440	GFI 40	1.520	1.0				
P1443	GFI 40	1.520	1.0				
PB1410	GFI 10	1.250	3.0				
PB1413	GFI 10	1.250	3.0				

PC — Astalon — Marplex

Grade	Filler	Sp Grav	Shrink, mils/in	Melt flow, g/10 min	Drying temp, °F	Drying time, hr	Max. % moisture
K2000R		1.210	3.0-9.0	13.00 O	248-257	4.0-6.0	
K3000R		1.210	3.0-9.0	18.00 O	248-257	4.0-6.0	

PC — AVP — GE Polymerland

Grade	Filler	Sp Grav	Shrink, mils/in	Melt flow, g/10 min	Drying temp, °F	Drying time, hr	Max. % moisture
FLLS0		1.200	5.0-7.0	9.00 O	250	5.0	
FLLS2		1.210		25.00 O	250	5.0	
KLL10	GFI 10	1.280	3.0-5.0	9.00 O	250	6.0	
KLL20	GFI 20	1.350	2.0-4.0	5.00 O	250	4.0	
RLL05	GFI 5	1.200	2.0-5.0		250	4.0	
RLL10	GFI 10	1.250		10.00 O	250	3.0	
RLL20	GFI 20	1.340	1.0-3.0	7.00 O	250	4.0	
RLL30	GFI 30	1.430	1.0-3.0	4.00 O	250	4.0	
SLL05	GFI 5		4.0-6.0		250	4.0	
TLL12		1.210	5.0-7.0	12.00 O	250	4.0	
TLL40CP		1.200		38.00 O	250	4.0-16.0	
TLL80		1.200	5.0-7.0	20.00 O	250	4.0	
ZLL12		1.210	5.0-7.0	9.00 O	250	4.0	
ZLL19		1.210	5.0-7.0	19.00 O	250	3.0	
ZLL30		1.200	5.0-7.0	30.00 O	250	4.0	

PC — B&M PC — B&M Plastics

Grade	Filler	Sp Grav	Shrink, mils/in	Melt flow, g/10 min	Drying temp, °F	Drying time, hr	Max. % moisture
PC05		1.200	6.0	7.00	250	3.0	
PC08FR701		1.200	6.0	14.00 O	250	3.0-4.0	
PC08FR702		1.200	6.0	20.00 O	250	3.0-4.0	
PC08FR703		1.200	6.0	20.00 O	250	3.0-4.0	
PC08FR704		1.200	6.0	14.00 O	250	3.0-4.0	
PC08FR705		1.200	6.0	20.00 O	250	3.0-4.0	0.02
PC08FR706		1.200	6.0	14.00	250	3.0-4.0	
PC08FRGF10	GFI 10	1.250	4.0		250	4.0	
PC08FRGF10HF		1.250	3.0		250	4.0	
PC08FRGF20	GFI 20	1.340	2.0		250	4.0	
PC08FRGF30	GFI 30	1.420	3.0		250	4.0	0.02
PC08FRGF40	GFI 40	1.520	0.0		250	4.0	
PC08FRM		1.200	6.0		230	3.0-4.0	
PC08FRMGF10	GFI 10	1.250	4.0		250	4.0	
PC08SF		1.210	6.0	12.00 O	250	4.0	
PC10		1.200	6.0	10.00 O	250	3.0	
PC14		1.200	6.0	14.00 O	250	3.0	
PC20		1.200	6.0	20.00 O	250	3.0	
PC210		1.200	6.0	10.00 O	250	3.0	
PC214		1.200	6.0	14.00 O	250	3.0	

Max. % regrind	Inj. pres., ksi	Rear temp, °F	Mid temp, °F	Front temp, °F	Nozzle temp, °F	Proc temp, °F	Mold temp, °F
		500-580	560-590	600-640	600-640	600-640	180-240
		500-580	560-590	600-640	600-640	600-640	180-240
		500-580	560-590	600-640	600-640	600-640	180-240
		540-580	540-580	550-600	550-600	550-600	180-240
		540-560	540-580	550-600	550-600	550-600	180-240
		540-560	540-580	550-600	550-600	550-600	180-240
		540-560	540-580	550-600	550-600	550-600	180-240
		540-560	540-580	550-600	550-600	550-600	180-240
		540-560	540-580	550-600	550-600	550-600	180-240
		540-560	540-580	550-600	550-600	550-600	180-240
		540-560	540-580	550-600	550-600	550-600	180-240
		540-560	540-580	550-600	550-600	550-600	180-240
		540-560	540-580	550-600	550-600	550-600	180-240
	8.7-20.3	446-482	473-509	500-536		491-518	140-230
	8.7-20.3	446-482	473-509	500-536		491-518	140-230
		510-530	520-540	530-560	520-560	550-600	160-200
		490-510	500-520	510-540	500-540	530-580	160-200
		540-560	550-600	550-600	550-600	580-630	160-200
		550-570	560-610	560-610	560-610	590-640	180-240
		540-560	550-600	550-600	550-600	550-600	160-200
		540-560	550-600	550-600	550-600	525-560	160-190
		540-580	560-600	580-640	580-620	590-640	180-240
		540-580	560-600	580-640	580-640	600-650	180-240
						550-600	160-200
		510-540	520-540	530-560	520-560	550-600	170-210
		480-520	500-520	520-550	510-540	520-550	160-200
		480-520	500-520	520-550	510-540	520-550	160-200
		510-540	520-540	530-560	520-560	550-600	180-210
		540-560	550-600	550-600	550-600	570-620	180-240
		470-500	480-500	500-520	490-520	500-540	160-200
		530-570	540-570	540-570	540-570		180-240
		480-520	500-520	520-550	510-540	530-560	160-200
		480-520	500-520	520-550	510-540	530-560	160-200
		480-520	500-520	520-550	510-540	530-560	160-200
		480-520	500-520	520-550	510-540	530-560	160-200
		520-550	520-550	520-550	520-550	530-560	160-200
		520-550	520-550	520-550	520-550	530-560	160-200
		540-580	560-600	580-600	580-620		180-240
		540-580	560-600	580-600	580-600		180-240
		540-580	560-600	580-600	580-600	575-610	180-240
		540-580	540-580	540-580	540-580	550-600	190-240
		540-580	560-600	580-620	580-620		180-240
		480-520	500-520	500-530	500-530	530-560	120-170
		540-580	560-600	580-600	580-600		180-240
		520-540	540-560	550-580	550-580		150-250
		510-535	530-560	530-560	570-625		150-225
		480-520	500-520	510-560	510-560		160-200
		470-500	480-540	500-560	490-560		160-200
		510-535	530-560	530-560	570-625		150-225
		480-520	500-520	510-560	510-560		160-200

FREE DATA SHEETS: WWW.IDES.COM/PSIM

Grade	Filler	Sp Grav	Shrink, mils/in	Melt flow, g/10 min	Drying temp, °F	Drying time, hr	Max. % moisture
PC220		1.200	6.0	20.00 O	250	3.0	
PC28		1.200		28.00 O	250	3.0	
PCGF10	GFI 10	1.250	3.0		250	4.0	
PCGF20	GFI 20	1.340	3.0		250	4.0	
PCGF30	GFI 30	1.400	3.0		250	4.0	0.02
PCGF40		1.520	0.0		250	4.0	

PC   Bestpolux   Triesa

Grade	Filler	Sp Grav	Shrink, mils/in	Melt flow, g/10 min	Drying temp, °F	Drying time, hr	Max. % moisture
PC02		1.203	6.0	15.00	248	2.0-4.0	
PCG2/02	GFI 10	1.283	3.5		248	2.0-4.0	
PCG2X/01	GFI 10	1.273	3.5		248	2.0-4.0	
PCG2X/02	GFI 10	1.273	3.5		248	2.0-4.0	
PCU/01		1.203	6.0	22.00	248	2.0-4.0	
PCU/02		1.203	6.0	15.00	248	2.0-4.0	
PCU-1/01		1.203	6.0	35.00	248	2.0-4.0	
PCX		1.203	5.0	15.00	248	2.0-4.0	

PC   Cabelec   Cabot

Grade	Filler	Sp Grav	Shrink, mils/in	Melt flow, g/10 min	Drying temp, °F	Drying time, hr	Max. % moisture
3718		1.233	6.0-8.0	8.00 AZ	212	2.0-4.0	

PC   Calibre   Dow

Grade	Filler	Sp Grav	Shrink, mils/in	Melt flow, g/10 min	Drying temp, °F	Drying time, hr	Max. % moisture
1080 DVD		1.200	5.0-7.0	80.00 O	248	3.0-4.0	0.01
200-10		1.200	5.0-7.0	10.00 O	250	3.0-4.0	0.02
200-15		1.200	5.0-7.0	15.00 O	250	3.0-4.0	0.02
200-22		1.200	5.0-7.0	22.00 O	250	3.0-4.0	0.02
200-3		1.200	5.0-7.0	4.00 O	250	3.0-4.0	0.02
200-4		1.200	5.0-7.0	4.00 O	250	3.0-4.0	0.02
200-6		1.200	5.0-7.0	6.00 O	250	3.0	0.02
201-10		1.200	5.0-7.0	10.00 O	250	3.0-4.0	0.02
201-15		1.200	5.0-7.0	15.00 O	250	3.0-4.0	0.02
201-22		1.200	5.0-7.0	22.00 O	250	3.0-4.0	0.02
201-6		1.200	5.0-7.0	6.00 O	250	3.0-4.0	0.02
202-10		1.200	5.0-7.0	10.00 O	250	3.0-4.0	0.02
202-6		1.200	5.0-7.0	6.00 O	250	3.0-4.0	0.02
203-10		1.200	5.0-7.0	10.00 O	250	3.0-4.0	0.02
203-15		1.200	5.0-7.0	15.00 O	250	3.0-4.0	0.02
203-22		1.200	5.0-7.0	22.00 O	250	3.0-4.0	0.02
203-6		1.200	5.0-7.0	6.00 O	250	3.0-4.0	0.02
2060-10		1.200	5.0-7.0	10.00 O	250	3.0-4.0	0.02
2060-15		1.200	5.0-7.0	15.00 O	250	3.0-4.0	0.02
2061-10		1.200	5.0-7.0	10.00 O	250	3.0-4.0	0.02
2061-15		1.200	5.0-7.0	15.00 O	250	3.0-4.0	0.02
2061-22		1.200	5.0-7.0	22.00 O	250	3.0-4.0	0.02
300-10		1.200	5.0-7.0	10.00 O	250	3.0-4.0	0.02
300-15		1.200	5.0-7.0	15.00 O	250	3.0-4.0	0.02
300-6		1.200	5.0-7.0	6.00 O	250	3.0-4.0	0.02
300-8		1.203		8.00 O	250	3.0-4.0	0.02
300EP-22		1.200	5.0-7.0	22.00 O	250	3.0-4.0	0.02
300V-15		1.200	5.0-7.0	15.00 O	250	3.0-4.0	0.02
300V-4		1.200	5.0-7.0	4.00 O	250	3.0-4.0	0.02
300V-6		1.200	5.0-7.0	6.00 O	250	3.0-4.0	0.02
301-10		1.200	5.0-7.0	10.00 O	250	3.0-4.0	0.02
301-15		1.200	5.0-7.0	15.00 O	250	3.0-4.0	0.02
301-6		1.200	5.0-7.0	6.00 O	250	3.0-4.0	0.02
301EP-22		1.200	5.0-7.0	22.00 O	250	3.0-4.0	0.02
301V-10		1.200	5.0-7.0	10.00 O	250	3.0-4.0	0.02

Max. % regrind	Inj. pres., ksi	Rear temp, °F	Mid temp, °F	Front temp, °F	Nozzle temp, °F	Proc temp, °F	Mold temp, °F
		470-500	480-540	500-560	490-560		160-200
		480-520	500-520	510-560	510-560		160-200
		520-550	540-560	550-600	550-600		180-240
		540-580	560-600	560-600	560-600		180-240
		540-580	540-580	540-580	540-580	550-600	190-240
		540-580	560-600	580-620	580-620		180-240
						500-536	176-194
						500-536	176-194
						500-536	176-194
						500-536	176-194
						500-536	176-194
						500-536	176-194
						500-536	176-194
						500-536	176-194
						500-554	176-212
		518-572	572-608	590-644	590-626		140-230
		500-520	510-550	550-600	550-600	550-600	160-220
		470-530	500-540	530-560	530-560	530-560	160-220
		470-500	490-520	500-530	500-530	500-530	160-200
		550-580	560-590	600-640	600-640	600-640	180-240
25		550-580	560-590	600-640	600-640	600-640	180-240
		520-550	530-570	570-620	570-620	570-620	170-230
		500-520	510-550	550-600	550-600	550-600	160-220
		470-530	500-540	530-560	530-560	530-560	160-220
		470-500	490-520	500-530	500-530	500-530	160-200
		520-550	530-570	570-620	570-620	570-620	170-230
		500-520	510-550	550-600	550-600	550-600	160-220
		520-550	530-570	570-620	570-620	570-620	170-230
		500-520	510-550	550-600	550-600	550-600	160-220
		470-530	500-540	530-560	530-560	530-560	160-220
		470-500	490-520	500-530	500-530	500-530	160-200
		520-550	530-570	570-620	570-620	570-620	170-230
		500-520	510-550	550-600	550-600	550-600	160-220
25		470-530	500-540	530-560	530-560	530-560	160-220
		500-520	510-550	550-600	550-600	550-600	160-220
		470-530	500-540	530-560	530-560	530-560	160-220
		470-500	490-520	500-530	500-530	500-530	160-200
		500-520	510-550	550-600	550-600	550-600	160-220
		470-530	500-540	530-560	530-560	530-560	160-220
		520-550	530-570	570-620	570-620	570-620	170-230
		500-520	510-550	550-600	550-600	550-600	160-220
		470-500	490-520	500-530	500-530	500-530	160-200
		470-530	500-540	530-560	530-560	530-560	160-220
		550-580	560-590	600-640	600-640	600-640	180-240
		520-550	530-570	570-620	570-620	570-620	170-230
		500-520	510-550	550-600	550-600	550-600	160-220
		470-530	500-540	530-560	530-560	530-560	160-220
		520-550	530-570	570-620	570-620	570-620	170-230
		470-500	490-520	500-530	500-530	500-530	160-200
		500-520	510-550	550-600	550-600	550-600	160-220

FREE DATA SHEETS: WWW.IDES.COM/PSIM

Grade	Filler	Sp Grav	Shrink, mils/in	Melt flow, g/10 min	Drying temp, °F	Drying time, hr	Max. % moisture
301V-15		1.200	5.0-7.0	15.00 O	250	3.0-4.0	0.02
301V-4		1.200	5.0-7.0	4.00 O	250	3.0-4.0	0.02
301V-6		1.200	5.0-7.0	6.00 O	250	3.0-4.0	0.02
302-10		1.200	5.0-7.0	10.00 O	250	3.0-4.0	0.02
302-15		1.200	5.0-7.0	15.00 O	250	3.0-4.0	0.02
302EP-22		1.200	5.0-7.0	22.00 O	250	3.0-4.0	0.02
302V-10		1.200	5.0-7.0	10.00 O	250	3.0-4.0	0.02
302V-15		1.200	5.0-7.0	15.00 O	250	3.0-4.0	0.02
302V-4		1.200	5.0-7.0	4.00 O	250	3.0-4.0	0.02
302V-6		1.200	5.0-7.0	6.00 O	250	3.0-4.0	0.02
303-10		1.200	5.0-7.0	10.00 O	250	3.0-4.0	0.02
303-15		1.200	5.0-7.0	15.00 O	250	3.0-4.0	0.02
303-6		1.200	5.0-7.0	6.00 O	250	3.0-4.0	0.02
303EP-22		1.200	5.0-7.0	22.00 O	250	3.0-4.0	0.02
303V-10		1.200	5.0-7.0	10.00 O	250	3.0-4.0	0.02
303V-15		1.200	5.0-7.0	15.00 O	250	3.0-4.0	0.02
303V-4		1.200	5.0-7.0	4.00 O	250	3.0-4.0	0.02
303V-6		1.200	5.0-7.0	6.00 O	250	3.0-4.0	0.02
621-2		1.203	5.0-7.0	2.50 O			
700-10		1.200	5.0-7.0	10.00 O	250	3.0-4.0	0.02
700-15		1.200	5.0-7.0	15.00 O	250	3.0-4.0	0.02
701-10		1.200	5.0-7.0	10.00 O	250	3.0-4.0	0.02
701-15		1.200	5.0-7.0	15.00 O	250	3.0-4.0	0.02
701-6		1.200	5.0-7.0	6.00 O	250	3.0-4.0	0.02
702-10		1.200	5.0-7.0	10.00 O	250	3.0-4.0	0.02
702-15		1.200	5.0-7.0	15.00 O	250	3.0-4.0	0.02
702-6		1.200	5.0-7.0	6.00 O	250	3.0-4.0	0.02
703-10		1.200	5.0-7.0	10.00 O	250	3.0-4.0	0.02
703-15		1.200	5.0-7.0	15.00 O	250	3.0-4.0	0.02
703-6		1.200	5.0-7.0	6.00 O	250	3.0-4.0	0.02
893-10		1.200	5.0-7.0	10.00 O	248	3.0-4.0	0.02
893-20		1.200	5.0-7.0	19.00 O	248	3.0-4.0	0.02
MegaRad 2081-10		1.200	5.0-7.0	10.00 O	250	3.0-4.0	0.02
MegaRad 2081-15		1.200	5.0-7.0	15.00 O	250	3.0-4.0	0.02

PC   Celex   Dow

Grade	Filler	Sp Grav	Shrink, mils/in	Melt flow, g/10 min	Drying temp, °F	Drying time, hr	Max. % moisture
310HF		1.243	3.0-5.0	19.00 O	248	3.0-4.0	
315		1.273	3.0-4.0	15.00 O	248	3.0-4.0	
320AD		1.353	5.0-7.0	14.00 I	248	3.0-4.0	
320LE		1.343	4.0-5.0	9.00 O	248	3.0-4.0	
330AD		1.434	2.0-3.0	12.00 AE	248	3.0-4.0	
501.C		1.123	4.0-6.0	30.00 AF	176	3.0-4.0	
5200HF		1.183		17.00 I	176	3.0-4.0	
720GS		1.173	3.0-5.0	4.00 I	185	3.0-4.0	
730GS		1.253	2.0-4.0	3.00 I	185	3.0-4.0	

PC   Clariant PC   Clariant Perf

Grade	Filler	Sp Grav	Shrink, mils/in	Melt flow, g/10 min	Drying temp, °F	Drying time, hr	Max. % moisture
PC-000-L		1.200	6.0		250	3.0-4.0	
PC-010-L	GFI 10	1.280	5.0		250	3.0-4.0	
PC-020-L	GFI 20	1.360	4.0		250	3.0-4.0	
PC-030-L	GFI 30	1.450	3.0		250	3.0-4.0	
PC-040-L	GFI 40	1.520	2.0		250	3.0-4.0	
PC-1100		1.200	6.0		250	4.0	0.02
PC-1100G10	GFI 10	1.250	3.0		250	4.0	0.02
PC-1100G20	GFI 20	1.340	1.5		250	4.0	0.02
PC-1100G30	GFI 30	1.430	1.0		250	4.0	0.02

Max. % regrind	Inj. pres., ksi	Rear temp, °F	Mid temp, °F	Front temp, °F	Nozzle temp, °F	Proc temp, °F	Mold temp, °F
		470-530	500-540	530-560	530-560	530-560	160-220
		550-580	560-590	600-640	600-640	600-640	180-240
		520-550	530-570	570-620	570-620	570-620	170-230
		500-520	510-550	550-600	550-600	550-600	160-220
		470-530	500-540	530-560	530-560	530-560	160-220
		470-500	490-520	500-530	500-530	500-530	160-200
		500-520	510-550	550-600	550-600	550-600	160-220
		470-530	500-540	530-560	530-560	530-560	160-220
		550-580	560-590	600-640	600-640	600-640	180-240
		520-550	530-570	570-620	570-620	570-620	170-230
		500-520	510-550	550-600	550-600	550-600	160-220
		470-530	500-540	530-560	530-560	530-560	160-220
		520-550	530-570	570-620	570-620	570-620	170-230
		470-500	490-520	500-530	500-530	500-530	160-200
		500-520	510-550	550-600	550-600	550-600	160-220
		470-530	500-540	530-560	530-560	530-560	160-220
		550-580	560-590	600-640	600-640	600-640	180-240
		520-550	530-570	570-620	570-620	570-620	170-230
		149-176	149-176	131-149			
25		500-520	510-550	550-600	550-600	550-600	160-220
25		470-530	500-540	530-560	530-560	530-560	160-220
		500-520	510-550	550-600	550-600	550-600	160-220
		470-530	500-540	530-560	530-560	530-560	160-220
		520-550	530-570	570-620	570-620	570-620	170-230
		500-520	510-550	550-600	550-600	550-600	160-220
		470-530	500-540	530-560	530-560	530-560	160-220
		520-550	530-570	570-620	570-620	570-620	170-230
		500-520	510-550	550-600	550-600	550-600	160-220
		470-530	500-540	530-560	530-560	530-560	160-220
		520-550	530-570	570-620	570-620	570-620	170-230
		530	550	585	585	550-600	
		530	550	585	585	550-600	
		500-520	510-550	550-600	550-600	550-600	160-220
		470-530	500-540	530-560	530-560	530-560	160-220
		500-509	509-518	518-527	527-536		176-248
		540-559	540-579	550-601	550-601		180-241
		482-491	491-500	500-509	509-518		140-176
		446-482	464-500	473-500	482-518		104-140
		482-491	491-500	500-509	509-518		140-212
		419-446	446-455	455-464	464-482		104-140
		374-428	392-437	401-455	410-455		104-140
		355-375	374-428	374-428	392-446		140-176
		356-374	374-428	374-428	392-446		140-176
20	12.0-18.0	510-530	520-540	540-570	530-580	540-560	160-200
20	16.0-20.0	550-580	570-600	580-640	580-640	550-570	180-240
20	16.0-20.0	550-580	570-600	580-640	580-640	550-570	180-240
20	16.0-20.0	550-580	570-600	580-640	580-640	550-570	180-240
20	16.0-20.0	550-580	570-600	580-640	580-640	550-570	180-240
		580-650	580-650	580-650		580-620	180-250
		580-650	580-650	580-650		580-620	180-250
		580-650	580-650	580-650		580-620	180-250
		580-650	580-650	580-650		580-620	180-250

FREE DATA SHEETS: WWW.IDES.COM/PSIM

Grade	Filler	Sp Grav	Shrink, mils/in	Melt flow, g/10 min	Drying temp, °F	Drying time, hr	Max. % moisture
PC-1100G30TF15	GFI 30	1.550	1.0		250	4.0	0.02
PC-1100G40	GFI 40	1.520	1.0		250	4.0	0.02
PC-1100H30	CF 30	1.330	1.5		250	4.0	0.02
PC-1100TF15		1.280	6.0		250	4.0	0.02
PC-1700G10FR	GFI 10	1.250	3.0		250	4.0	0.02

PC   Colorcomp   LNP

Grade	Filler	Sp Grav	Shrink, mils/in	Melt flow, g/10 min	Drying temp, °F	Drying time, hr	Max. % moisture
D-1000 LE SM		1.203			250	4.0	0.02

PC   CoolPoly   Cool Polymers

Grade	Filler	Sp Grav	Shrink, mils/in	Melt flow, g/10 min	Drying temp, °F	Drying time, hr	Max. % moisture
E4501		1.233	3.0-6.0		221	4.0	

PC   Cycoloy   GE Adv Matl AP

Grade	Filler	Sp Grav	Shrink, mils/in	Melt flow, g/10 min	Drying temp, °F	Drying time, hr	Max. % moisture
EFX810ME Resin		1.160	4.0-6.0	14.00 AZ	194	3.0-4.0	0.02
EFX830ME Resin		1.190	4.0-6.0	8.00 AJ	194	3.0-4.0	0.02

PC   Cycoloy   GE Adv Matl Euro

Grade	Filler	Sp Grav	Shrink, mils/in	Melt flow, g/10 min	Drying temp, °F	Drying time, hr	Max. % moisture
EFX810ME Resin		1.160	4.0-6.0	14.00 AZ	194	3.0-4.0	0.02
EFX830ME Resin		1.190	4.0-6.0	8.00 AJ	194	3.0-4.0	0.02

PC   Durolon   Policarbonatos

Grade	Filler	Sp Grav	Shrink, mils/in	Melt flow, g/10 min	Drying temp, °F	Drying time, hr	Max. % moisture
G-2510	GFI 10	1.270	5.0-6.0		248	4.0	
G-2520	GFI 20	1.330	2.0-6.0		248	4.0	
G-2530	GFI 30	1.420	1.5-6.0		248	4.0	
GPR-2510A	GFI 10	1.273	5.0-6.0		248	4.0	
GPR-2520A	GFI 20	1.333	2.0-6.0		248	4.0	
GPR-2530A	GFI 30	1.424	1.5-6.0		248	4.0	
HFR-1700		1.203	5.0-7.0	27.00 O	248	4.0	
HFR-1710		1.203	5.0-7.0	27.00 O	248	4.0	
HFR-1900		1.203	5.0-7.0	22.00 O	248	4.0	
HFR-1910		1.203	5.0-7.0	22.00 O	248	4.0	
HFV-1900		1.203	5.0-7.0	22.00 O	248	4.0	
HFVR-1700		1.203	5.0-7.0	27.00 O	248	4.0	
HFVR-1710		1.203	5.0-7.0	27.00 O	248	4.0	
HFVR-1900		1.203	5.0-7.0	22.00 O	248	4.0	
HFVR-1910		1.203	5.0-7.0	22.00 O	248	4.0	
HFVRE-1700		1.203	5.0-7.0	27.00 O	248	4.0	
HFVRE-1900		1.203	5.0-7.0	22.00 O	248	4.0	
IR-2000		1.203	5.0-7.0	17.00 O	248	4.0	
IR-2010		1.203	5.0-7.0	17.00 O	248	4.0	
IR-2200		1.203	5.0-7.0	12.00 O	248	4.0	
IR-2210		1.203	5.0-7.0	12.00 O	248	4.0	
IR-2500		1.203	5.0-7.0	8.00 O	248	4.0	
IR-2510		1.200	5.0-7.0	8.00 O	248	4.0	
V-2600		1.200	5.0-7.0	6.00 O	248	4.0	
VE-2600		1.203	5.0-7.0	6.00 O	248	4.0	
VR-2000		1.203	5.0-7.0	17.00 O	248	4.0	
VR-2010		1.203	5.0-7.0	17.00 O	248	4.0	
VR-2200		1.203	5.0-7.0	12.00 O	248	4.0	
VR-2210		1.203	5.0-7.0	12.00 O	248	4.0	
VR-2500		1.203	5.0-7.0	8.00 O	248	4.0	
VR-2510		1.203	5.0-7.0	8.00 O	248	4.0	
VRE-2000		1.203	5.0-7.0	17.00 O	248	4.0	
VRE-2200		1.203	5.0-7.0	12.00 O	248	4.0	
VRE-2500		1.203	5.0-7.0	8.00 O	248	4.0	
VRY-2000		1.203	5.0-7.0	17.00 O	248	4.0	

Max. % regrind	Inj. pres., ksi	Rear temp, °F	Mid temp, °F	Front temp, °F	Nozzle temp, °F	Proc temp, °F	Mold temp, °F
		580-650	580-650	580-650		580-620	180-250
		580-650	580-650	580-650		580-620	180-250
		580-650	580-650	580-650		580-620	180-250
		580-650	580-650	580-650		580-620	180-250
		580-650	580-650	580-650		580-620	180-250
						570-600	175-225
	10.2-21.8	536-554	554-572	563-590		563-590	158-203
		518-554	545-581	572-608	572-608	572-608	176-203
		518-554	545-581	572-608	572-608	572-608	176-203
		518-554	545-581	572-608	572-608	572-608	176-203
		518-554	545-581	572-608	572-608	572-608	176-203
		536	554	536	518	464-572	176-212
		536	554	536	518	464-572	176-212
		536	554	536	518	464-572	176-212
		518	536	554	536	464-572	176-212
		518	536	554	536	464-572	176-212
		518	536	554	536	464-572	176-212
		482	509	500	482	464-572	176-212
		482	500	509	482	464-572	176-212
		500	518	500	482	464-572	176-212
		482	500	518	500	464-572	176-212
		500	518	500	482	464-572	176-212
		482	500	509	482	464-572	176-212
		482	500	509	482	464-572	176-212
		482	500	518	500	464-572	176-212
		482	500	509	482		176-212
		482	500	518	500		176-212
		518	536	518	500	464-572	176-212
		500	518	536	518	464-572	176-212
		518	536	518	500	464-572	176-212
		500	518	536	518	464-572	176-212
		536	554	536	518	464-572	176-212
		518	536	554	536	464-572	176-212
		518	536	554	536	464-572	176-212
		518	536	554	536		176-212
		500	518	536	518	464-572	176-212
		500	518	536	518	464-572	176-212
		500	518	536	518	464-572	176-212
		500	518	536	518	464-572	176-212
		518	536	554	536	464-572	176-212
		518	536	554	536	464-572	176-212
		500	518	536	518	464-572	176-212
		518	536	554	536	464-572	176-212
		500	518	536	518	464-572	176-212

FREE DATA SHEETS: WWW.IDES.COM/PSIM

Grade	Filler	Sp Grav	Shrink, mils/in	Melt flow, g/10 min	Drying temp, °F	Drying time, hr	Max. % moisture
VRY-2200		1.203	5.0-7.0	12.00 O	248	4.0	
VRY-2500		1.203	5.0-7.0	8.00 O	248	4.0	

PC   Edgetek   PolyOne

Grade	Filler	Sp Grav	Shrink, mils/in	Melt flow, g/10 min	Drying temp, °F	Drying time, hr	Max. % moisture
PC-1000		1.203	5.0-7.0				
PC-10CF/000	CF 10	1.230	2.0-3.0				
PC-10GF/000	GFI 10	1.260	3.0-4.0				
PC-10GF/000 FR	GFI	1.280	3.0-4.0		250	2.0	
PC-15CF/000 FCR	CF	1.250	1.5-2.0		250	2.0	
PC-15CF-15GF/000	GCF	1.378	1.0-1.5		260	2.0	
PC-20GF/000	GFI	1.340	2.0		250	2.0	
PC-30CF/000	CF	1.330	1.0-2.0		250	2.0	
PC-30GF/000	GFI 30	1.430	1.0-2.0				
PC-40CF/000	CF 40	1.380	1.0-2.0				

PC   Electrafil   Techmer Lehvoss

Grade	Filler	Sp Grav	Shrink, mils/in	Melt flow, g/10 min	Drying temp, °F	Drying time, hr	Max. % moisture
J-50/CF/10	CF 10	1.240	1.5		250	2.0-4.0	0.10
J-50/CF/30	CF 30	1.330	0.5		250	2.0-4.0	0.10
J-50/CF/30/TF/15	CF 30	1.420	1.0		250	8.0	0.03
PC-50/EC		1.210	5.0		250	4.0	0.05
PC-50/EC/VO		1.310	5.0		250	4.0	0.05

PC   Emerge   Dow

Grade	Filler	Sp Grav	Shrink, mils/in	Melt flow, g/10 min	Drying temp, °F	Drying time, hr	Max. % moisture
PC 4202-15		1.360	2.0	15.00 O	250	3.0	
PC 4202-8		1.360	2.0	8.00 O	250	3.0-4.0	
PC 4310-22		1.200	5.0-7.0	22.00 O	250	3.0-4.0	
PC 4330-22		1.200	5.0-7.0	22.00 O	250	3.0-4.0	
PC 4510-10		1.200	5.0-7.0	10.00 O	250	3.0-4.0	
PC 4510-15		1.200	5.0-7.0	15.00 O	250	3.0-4.0	
PC 4510-6		1.200	5.0-7.0	6.00 O	250	3.0-4.0	
PC 4530-10		1.200	5.0-7.0	10.00 O	250	3.0-4.0	
PC 4530-15		1.200	5.0-7.0	15.00 O	250	3.0-4.0	
PC 4530-6		1.200	5.0-7.0	6.00 O	250	3.0-4.0	
PC 4600-10		1.203	5.0-7.0	10.00 O	250	3.0-4.0	
PC 4610-10		1.203	5.0-7.0	10.00 O	250	3.0-4.0	
PC 4630-10		1.200	5.0-7.0	10.00 O	250	3.0-4.0	
PC 4701-13	GFI 10	1.270	2.0-5.0	13.00 O	250	3.0-4.0	
PC 4701-8	GFI 10	1.270	2.0-5.0	8.00 O	250	3.0-4.0	
PC 4702-13	GFI 20	1.370	2.0-4.0	13.00 O	250	3.0-4.0	
PC 4702-15	GFI 20	1.373	2.0-4.0	15.00 O	250	3.0-4.0	
PC 4702-8	GFI 20	1.370	2.0-4.0	8.00 O	250	3.0-4.0	
PC 4731-13	GFI 10	1.273	2.0-5.0	13.00 O	250	3.0-4.0	
PC 4731-8	GFI 10	1.273	2.0-5.0	8.00 O	250	3.0-4.0	
PC 4732-13	GFI 20	1.370	2.0-4.0	13.00 O	250	3.0-4.0	
PC 4732-8	GFI 20	1.370	2.0-4.0	8.00 O	250	3.0-4.0	
PC 4800-10		1.203	5.0-7.0	10.00 O	250	3.0-4.0	
PC 4800-15		1.200	5.0-7.0	15.00 O	250	3.0-4.0	
PC 4800-19		1.203	5.0-7.0	19.00 O	250	3.0-4.0	
PC 4800-7		1.203	5.0-7.0	7.00 O	250	3.0-4.0	
PC 4850-10		1.203	5.0-7.0	10.00 O	250	3.0-4.0	
PC 4850-19		1.203	5.0-7.0	19.00 O	250	3.0-4.0	
PC 8600-10		1.203	5.0-7.0	10.00 O	257	3.0-4.0	
PC 8600-20		1.203	5.0-7.0	20.00 O	257	3.0-4.0	
PC 8702	GFI 20	1.330	2.0-4.0	5.00 O		3.0-4.0	

Max. % regrind	Inj. pres., ksi	Rear temp, °F	Mid temp, °F	Front temp, °F	Nozzle temp, °F	Proc temp, °F	Mold temp, °F
		500	518	536	518	464-572	176-212
		518	536	554	536	464-572	176-212
						540-600	
						580-630	
						550-600	
						550-600	150-200
						550-610	180-225
						560-620	250
						550-600	180-250
						550-600	200-250
						550-600	
						580-630	
		575-600	600-630	590-620	590-620	580-620	160-190
		575-600	600-630	590-620	590-620	580-620	160-190
		575-590	590-620	600-620	590-610	580-610	180-200
		530-550	550-570	540-560	540-560	530-560	130-180
		550-580	560-600	560-620	560-610	580-620	180-250
							180
							180
						500-530	160-200
						500-530	160-200
						550-600	160-220
						530-560	160-220
						570-620	170-230
						550-600	160-220
						530-560	160-220
						570-620	170-230
						550-600	160-220
						550-600	160-220
						560-600	160-220
						550-600	180-240
						550-600	180-240
						550-600	180-240
						550-600	180-240
						550-600	180-240
						550-601	180-241
						550-601	180-241
						550-600	180-240
						550-600	180-240
						550-600	160-220
						570-620	170-230
						500-530	160-200
						570-620	170-230
						550-600	160-220
						500-530	160-200
						518-600	158-212
						500-536	158-212
						555-600	175-240

Grade	Filler	Sp Grav	Shrink, mils/in	Melt flow, g/10 min	Drying temp, °F	Drying time, hr	Max. % moisture
PC		**EnCom**			**EnCom**		
Branched PC 1006		1.200	3.0-6.0	4.00 O	220-250	4.0	0.02
C PC 1212 R		1.180	3.0-5.0	15.00 O	200-250	4.0	0.02
F0 GF10 PC	GFI 10	1.250	2.0-4.0		220-250	4.0	0.02
F0 GF20 PC	GFI 20	1.340	2.0-4.0		220-250	4.0	0.02
F2 PC 1015		1.200	5.0-8.0	10.00 O	220-250	4.0	0.02
F2 PC 1212		1.200	6.0	12.00 O	220-250	4.0	0.02
F5 PC 1013		1.200	6.0	10.00 O	220-250	4.0	0.02
FDA PC 1016		1.200	6.0	10.00 O	220-250	4.0	0.02
GF05 PC	GFI 5	1.210	5.0		220-250	4.0	0.02
GF10 PC	GFI 10	1.270	3.0-5.0		220-250	4.0	0.02
GF20 PC	GFI 20	1.340	3.0		220-250	4.0	0.02
GF30 PC	GFI 30	1.420	3.0		220-250	4.0	0.02
PC 0515		1.200	6.0	6.00 O	220-250	4.0	0.02
PC 1016		1.200	6.0	10.00 O	220-250	4.0	0.02
PC 1212		1.200	3.0-5.0	12.00 O	220-250	4.0	0.02
PC 1214 UV		1.200	6.0	12.00 O	200-250	4.0	0.02
PC 1414		1.200	6.0	16.00 O	220-250	4.0	0.02
PC 1612 UR		1.200	6.0	16.00 O	220-250	4.0	0.02
PC 1614		1.200	6.0	16.00 O	220-250	4.0	0.02
PC 2008		1.200	6.0	20.00 O	220-250	4.0	0.02
PC 2012		1.200	6.0	20.00 O	220-250	4.0	0.02
PC 2212		1.200	6.0	22.00 O	220-250	4.0	0.02
PC 2512		1.200	6.0	25.00 O	220-250	4.0	0.02
PC 3035		1.200	6.0	30.00 O	220-250	4.0	0.02
S PC 1614 R		1.200	6.0	17.00 O	200-250	4.0	0.02
PC		**Estacarb**			**Cossa Polimeri**		
PC 1560 V0 HF		1.203	5.0-7.0	15.00 O	248	2.0	
PC 2020 GF V0	GFI 10	1.283	3.0-5.0	20.00 O	248	2.0	
PC 2020 GF V0 HF	GFI 10	1.283	3.0-5.0	20.00 O	248	2.0	
PC		**Faradex**			**LNP**		
DS-1003 FR HI	STS	1.293	4.0-7.0		250-265	4.0	0.02
PC		**FR-PC**			**LG Chem**		
GP-2100	GFI 10	1.250	2.0-4.0		248	5.0	
GP-2200	GFI 20	1.350	1.0-3.0		248	5.0	
GP-2300	GFI 30	1.430	1.0-2.5		248	5.0	
GP-2400	GFI 40	1.520	1.0-2.0		248	5.0	
PC		**Hiloy**			**A. Schulman**		
511	GFI 10	1.250	2.0-4.0		275	3.0	0.02
512	GFI 20	1.320	3.0		275	3.0	0.02
513	GFI 30	1.410	2.0		275	3.0	0.02
514	GFI 40	1.490	2.0		275	3.0	0.02
515	CF 10	1.250	2.0		275	3.0	0.02
516	CF 20	1.290	2.0		275	3.0	0.02
517	CF 30	1.330	2.0		275	3.0	0.02
518	CF 40	1.390	2.0		275	3.0	0.02
PC		**Hylex**			**Entec**		
P1007L		1.200	5.0-7.0	7.00 O	250	3.0-4.0	0.02
P1010FR		1.240	5.0-7.0	10.00 O	250	3.0-4.0	0.02
P1010G10 HB	GFI 10	1.250	2.0-5.0	7.00 O	250	4.0-6.0	0.02

Max. % regrind	Inj. pres., ksi	Rear temp, °F	Mid temp, °F	Front temp, °F	Nozzle temp, °F	Proc temp, °F	Mold temp, °F
		520-560	540-580	550-600	550-590	560-600	160-210
		520-560	540-580	550-600	550-590	560-600	160-210
		550-590	570-610	590-630	580-620	590-630	180-240
		520-560	540-580	550-600	550-590	560-600	160-210
		520-560	540-580	550-600	550-590	560-600	160-210
		520-560	540-580	550-600	550-590	560-600	160-210
		520-560	540-580	550-600	550-590	560-600	160-210
		520-560	540-580	550-600	550-590	560-600	160-210
		520-560	540-580	550-600	550-590	560-600	160-210
		520-560	540-580	550-600	550-590	560-600	160-210
		520-560	540-580	550-600	550-590	560-600	160-210
		520-560	540-580	550-600	550-590	560-600	160-210
		520-560	540-580	550-600	550-590	560-600	160-210
		520-560	540-580	550-600	550-590	560-600	160-210
		520-560	540-580	550-600	550-590	560-600	160-210
		520-560	540-580	550-600	550-590	560-600	160-210
		520-560	540-580	550-600	550-590	560-600	160-210
		520-560	540-580	550-600	550-590	560-600	160-210
		520-560	540-580	550-600	550-590	560-600	160-210
		520-560	540-580	550-600	550-590	560-600	160-210
		520-560	540-580	550-600	550-590	560-600	160-210
		520-560	540-580	550-600	550-590	560-600	160-210
		520-560	540-580	550-600	550-590	560-600	160-210
						482-536	140-194
						482-518	140-194
						482-518	140-194
						580-610	200-265
	9.9-12.8	518	536	545	554		212-248
	9.9-12.8	536	545	554	554		212-248
	9.9-12.8	536	545	554	554		212-248
	9.9-12.8	554	554	572	572		212-248
20		570-600	580-610	590-655	590-625	670	160-265
20		570-600	580-610	590-655	590-625	670	160-265
20		570-600	580-610	590-655	590-625	670	160-265
20		570-600	580-610	590-655	590-625	670	160-265
20		570-600	580-610	590-655	590-625	670	160-265
20		570-600	580-610	590-655	590-625	670	160-265
20		570-600	580-610	590-655	590-625	670	160-265
20		570-600	580-610	590-655	590-625	670	160-265
	1.5-2.0	540-580	550-590	590-630	570-620	590-640	180-230
	1.0-1.8	520-540	530-550	540-570	530-570	550-600	170-200
	1.2-1.8	550-570	550-590	560-600	560-600	570-610	180-240

FREE DATA SHEETS: WWW.IDES.COM/PSIM

Grade	Filler	Sp Grav	Shrink mils/in	Melt flow, g/10 min	Drying temp, °F	Drying time, hr	Max. % moisture
P1010G10FR	GFI 10	1.250	2.0-5.0	7.00 I	250	4.0-6.0	0.02
P1010G15 HB	GFI 15	1.300	2.0-4.0	7.00 O	250	4.0-6.0	0.02
P1010G20 HB	GFI 20	1.350	1.0-3.0	6.00 O	250	4.0-6.0	0.02
P1010G20FR	GFI 20	1.350		6.00 O		3.0-4.0	0.02
P1010G30 HB	GFI 30	1.430	1.0-3.0	5.00 O	250	4.0-6.0	0.02
P1010G30FR	GFI 30	1.430		5.00 O		4.0-6.0	0.02
P1010G40 HB	GFI 40	1.520	1.0-2.0	3.00 O	250	4.0-6.0	0.02
P1010G40FR	GFI 40	1.520	1.0-2.0	3.00 O		4.0-6.0	0.02
P1010L		1.200	5.0-7.0	10.00 O	250	3.0-4.0	0.02
P1010LLT		1.180	5.0-7.0	11.00 O	250	3.0-4.0	0.02
P1017FR		1.240	5.0-7.0	17.00 O	250	3.0-4.0	0.02
P1017L		1.200	5.0-7.0	17.00 O	250	3.0-4.0	0.02
P1018LLT		1.180	6.0-8.0	18.00 O	250	3.0-4.0	0.02
P1025G10	GFI 10	1.250	2.0-5.0		250	4.0-6.0	0.02
P1025G10FR	GFI 10	1.250	5.0-7.0	25.00 O	250	4.0-6.0	0.02
P1025L		1.200	5.0-7.0	25.00 O	250	3.0-4.0	0.02
P1307L		1.200	5.0-7.0	7.00 O	250	3.0-4.0	0.02
P1310FR		1.240	5.0-7.0	10.00 O	250	3.0-4.0	0.02
P1310G10 HB	GFI 10	1.250	2.0-5.0	7.00 O	250	4.0-6.0	0.02
P1310G15 HB	GFI 15	1.300	2.0-4.0	7.00 O	250	4.0-6.0	0.02
P1310G20 HB	GFI 20	1.350	1.0-3.0	6.00 O	250	4.0-6.0	0.02
P1310G30 HB	GFI 30	1.430	1.0-3.0	5.00 O	250	4.0-6.0	0.02
P1310G40 HB	GFI 40	1.520	1.0-2.0	3.00 O	250	4.0-6.0	0.02
P1310L		1.200	5.0-7.0	10.00 O	250	3.0-4.0	0.02
P1310LLT		1.180	5.0-7.0	11.00 O	250	3.0-4.0	0.02
P1317FR		1.240	5.0-7.0	17.00 O	250	3.0-4.0	0.02
P1317L		1.200	5.0-7.0	17.00 O	250	3.0-4.0	0.02
P1318LLT		1.180	6.0-8.0	18.00 O	250	3.0-4.0	0.02
P1325L		1.200	5.0-7.0	25.00 O	250	3.0-4.0	0.02
PC		**lupilon**			**Mitsubishi EP**		
GS-2010M	GFI 10	1.270	3.0		248	4.0	
GS-2020M	GFI 20	1.330	1.0		248	4.0	
GS2020MN1	GFI 20	1.330	1.0	8.50 O	248	4.0	
GS-2030M	GFI 30	1.420	0.5		248	4.0	
H-3000		1.200	5.0-8.0	30.00 O	248	4.0	
H-3000R		1.200	5.0-8.0	30.00 O	248	4.0	
LS-2010		1.220	5.0-8.0	10.00 O	248	4.0	
LS-2020		1.250	5.0-8.0	10.00 O	248	4.0	
LS-2030		1.280	5.0-8.0	9.10 O	248	4.0	
ML200		1.200	5.0-8.0	9.50 O	248	4.0	
ML300		1.200	5.0-8.0	17.00 O	248	4.0	
N-3		1.235	5.0-8.0		248	4.0	
S-1000		1.200	5.0-8.0	7.50 O	248	4.0	
S-1000R		1.200	5.0-8.0	7.50 O	248	4.0	
S-1000U		1.200	5.0-8.0	7.50 O	248	4.0	
S-1001		1.200	5.0-8.0	7.50 O	248	4.0	
S-1003		1.200	5.0-8.0		248	4.0	
S-2000		1.200	5.0-8.0	12.00 O	248	4.0	
S-2000R		1.200	5.0-8.0	12.00 O	248	4.0	
S-2000U		1.200	5.0-8.0	12.00 O	248	4.0	
S-2001		1.200	5.0-8.0	12.00 O	248	4.0	
S-2003		1.200	5.0-8.0		248	4.0	
S-3000		1.200	5.0-8.0	16.00 O	248	4.0	
S-3000R		1.200	5.0-8.0	16.00 O	248	4.0	
S-3000U		1.200	5.0-8.0	16.00 O	248	4.0	

Max. % regrind	Inj. pres., ksi	Rear temp, °F	Mid temp, °F	Front temp, °F	Nozzle temp, °F	Proc temp, °F	Mold temp, °F
	1.2-1.8	550-570	550-590	560-600	560-600	570-610	180-240
	1.3-1.9	550-570	560-580	560-600	560-600	580-620	190-250
	1.4-2.0	550-570	560-600	580-620	580-620	600-640	190-250
	1.4-2.0	550-570	560-600	580-620	580-620	600-640	190-250
	1.6-2.2	560-580	570-610	580-630	580-630	590-640	190-250
	1.6-2.2	560-580	570-610	580-630	580-630	590-640	190-250
	1.6-2.2	570-590	580-620	590-640	590-640	600-650	190-250
	1.6-2.2	570-590	580-620	590-640	590-640	600-650	190-250
	1.0-1.8	520-540	530-550	540-570	530-570	550-600	170-200
	1.0-1.8	520-540	530-550	540-570	530-570	550-600	170-200
	0.9-1.8	470-510	490-520	520-540	510-530	520-550	160-200
	0.9-1.8	470-510	490-520	520-540	510-530	520-550	160-200
	0.9-1.8	470-510	490-520	520-540	510-530	520-550	160-200
	1.2-1.8	550-570	550-590	560-600	560-600	570-610	180-240
	1.2-1.8	550-570	550-590	560-600	560-600	570-610	180-240
	0.8-1.8	450-490	470-510	500-520	500-520	510-530	150-190
	1.5-2.0	540-580	550-590	590-630	570-620	590-640	180-230
	1.0-1.8	520-540	530-550	540-570	530-570	550-600	170-200
	1.2-1.8	550-570	550-590	560-600	560-600	570-610	180-240
	1.3-1.9	550-570	560-580	560-600	560-600	580-620	190-250
	1.4-2.0	550-570	560-600	580-620	580-620	600-640	190-250
	1.6-2.2	560-580	570-610	580-630	580-630	590-640	190-250
	1.6-2.2	570-590	580-620	590-640	590-640	600-650	190-250
	1.0-1.8	520-540	530-550	540-570	530-570	550-600	170-200
	1.0-1.8	520-540	530-550	540-570	530-570	550-600	170-200
	0.9-1.8	470-510	490-520	520-540	510-530	520-550	160-200
	0.9-1.8	470-510	490-520	520-540	510-530	520-550	160-200
	0.9-1.8	470-510	490-520	520-540	510-530	520-550	160-200
	0.8-1.8	450-490	470-510	500-520	500-520	510-530	150-190
						536-608	176-248
						536-608	176-248
						536-608	176-248
						536-608	176-248
						500-608	158-248
						500-608	158-248
						536-608	176-248
						536-608	176-248
						536-608	176-248
						500-608	158-248
						500-608	158-248
						500-608	158-248
						500-608	158-248
						500-608	158-248
						500-608	158-248
						500-608	158-248
						500-608	158-248
						500-608	158-248
						500-608	158-248
						500-608	158-248
						500-608	158-248
						500-608	158-248

FREE DATA SHEETS: WWW.IDES.COM/PSIM

Grade	Filler	Sp Grav	Shrink, mils/in	Melt flow, g/10 min	Drying temp, °F	Drying time, hr	Max. % moisture
S-3001		1.200	5.0-8.0	16.00 O	248	4.0	
S-3003		1.200	5.0-8.0		248	4.0	
PC	**Jamplast**				**Jamplast**		
JPPCGP		1.200	5.0-7.0	6.00 O	250	3.0-4.0	0.02
PC	**Latilon**				**Lati**		
24		1.213	6.0		248-266	3.0	
24D		1.203	5.0-7.0		248-266	3.0	0.05
28		1.213	6.0		248-266	3.0	
28D		1.203	5.0-7.0		248-266	3.0	0.05
28D G/20	GFI 20	1.343	4.0		248-266	3.0	
28D G/30	GFI 30	1.434	3.0		248-266	3.0	
28D K/20	CF 20	1.263	1.0		248-266	3.0	
28D K/30	CF 30	1.333	0.8		248-266	3.0	
28D M/20	GFI 20	1.373	4.0		248-266	3.0	
28D-V0		1.213	6.0		248-266	3.0	
28-V0		1.203	5.0-7.0		248-266	3.0	0.05
30D G/10-V0	GFI 10	1.303	3.0		248-266	3.0	
30-V0		1.213	6.0		248-266	3.0	
PC	**Latilub**				**Lati**		
87/28-02S		1.203	6.0		248-266	3.0	
37/28-12T		1.273	7.0		248-266	3.0	
37/28-12T G/20		1.424	3.5		248-266	3.0	
37/28-15T K/30	CF 30	1.434	0.8		248-266	3.0	
87/28-20T		1.323	7.0		248-266	3.0	
PC	**Latishield**				**Lati**		
87/28-06A		1.243	5.5		248-266	3.0	
87/30-06A-V0		1.253	5.5		248-266	3.0	
PC	**Latistat**				**Lati**		
87/28-09 G/10	GFI 10	1.263	3.5		230-248	3.0	
87/28-09 G/20	GFI 20	1.343	3.0		230-248	3.0	
PC	**Lexan**				**GE Adv Materials**		
101 Resin		1.200	5.0-7.0	7.00 O	250	3.0-4.0	0.02
101R Resin		1.200	5.0-7.0	7.00 O	250	3.0-4.0	0.02
103 Resin		1.200	5.0-7.0	7.00 O	250	3.0-4.0	0.02
103R Resin		1.200	5.0-7.0	7.00 O	250	3.0-4.0	0.02
104 Resin		1.200	5.0-7.0	7.00 O	250	3.0-4.0	0.02
104R Resin		1.200	5.0-7.0	7.00 O	250	3.0-4.0	0.02
121 Resin		1.200	5.0-7.0	17.50 O	250	3.0-4.0	0.02
121R Resin		1.200	5.0-7.0	17.50 O	250	3.0-4.0	0.02
123 Resin		1.200	5.0-7.0	17.50 O	250	3.0-4.0	0.02
123R Resin		1.200	5.0-7.0	17.50 O	250	3.0-4.0	0.02
123S Resin		1.200	5.0-7.0	17.50 O	250	3.0-4.0	0.02
124 Resin		1.200	5.0-7.0	17.50 O	250	3.0-4.0	0.02
124R Resin		1.200	5.0-7.0	17.50 O	250	3.0-4.0	0.02
131 Resin		1.200	5.0-7.0	3.50 O	250	3.0-4.0	0.02
133 Resin		1.200	5.0-7.0	3.50 O	250	3.0-4.0	0.02
134 Resin		1.200	5.0-7.0	3.50 O	250	3.0-4.0	0.02
134R Resin		1.200	5.0-7.0	3.50 O	250	3.0-4.0	0.02
141 Resin		1.200	5.0-7.0	10.50 O	250	3.0-4.0	0.02
141R Resin		1.200	5.0-7.0	10.50 O	250	3.0-4.0	0.02

Max. % regrind	Inj. pres., ksi	Rear temp, °F	Mid temp, °F	Front temp, °F	Nozzle temp, °F	Proc temp, °F	te
						500-608	158-2
						500-608	158-248
		520-550	530-570	570-620	570-620	570-620	170-230
5						500-554	194-230
0		500-554	500-554	500-554			194-230
5						518-554	194-230
0		518-554	518-554	518-554			194-230
5						518-554	212-248
5						518-554	212-248
5						518-554	212-248
5						518-554	212-248
5						518-554	212-248
5						518-554	194-230
5		518-554	518-554	518-554			194-230
5						518-572	212-248
5						518-572	194-230
						500-536	194-230
						500-554	194-230
						500-554	212-248
						500-554	212-248
						500-554	194-230
						500-536	212-248
						500-554	212-248
						500-536	212-248
						500-536	212-248
		550-590	570-610	590-630	580-620	590-630	180-240
		550-590	570-610	590-630	580-620	590-630	180-240
		550-590	570-610	590-630	580-620	590-630	180-240
		550-590	570-610	590-630	580-620	590-630	180-240
		550-590	570-610	590-630	580-620	590-630	180-240
		550-590	570-610	590-630	580-620	590-630	180-240
		500-540	520-560	540-580	530-570	540-580	160-200
		500-540	520-559	540-579	531-570	540-579	160-199
		500-540	520-560	540-580	530-570	540-580	160-200
		500-540	520-559	540-579	531-570	540-579	160-199
		500-540	520-560	540-580	530-570	540-580	160-200
		500-540	520-560	540-580	530-570	540-580	160-200
		570-610	590-630	610-650	600-640	610-650	180-240
		570-610	590-630	610-650	600-640	610-650	180-240
		570-610	590-630	610-650	600-640	610-650	180-240
		570-610	590-630	610-650	600-640	610-650	180-240
		520-560	540-580	560-600	550-590	560-600	160-200
		520-560	540-580	560-600	550-590	560-600	160-200

FREE DATA SHEETS: WWW.IDES.COM/PSIM

Grade	Filler	Sp Grav	Shrink, mils/in	Melt flow, g/10 min	Drying temp, °F	Drying time, hr	Max. % moisture
141S Resin		1.200	5.0-7.0	10.50 O	250	3.0-4.0	0.02
143 Resin		1.200	5.0-7.0	10.50 O	250	3.0-4.0	0.02
143R Resin		1.200	5.0-7.0	10.50 O	250	3.0-4.0	0.02
143S Resin		1.200	5.0-7.0	10.50 O	250	3.0-4.0	0.02
144 Resin		1.200	5.0-7.0	10.50 O	250	3.0-4.0	0.02
144R Resin		1.200	5.0-7.0	10.50 O	250	3.0-4.0	0.02
144S Resin		1.200	5.0-7.0	10.50 O	250	3.0-4.0	0.02
1500 Resin		1.200	5.0-7.0	5.50 O	250	3.0-4.0	0.02
151 Resin		1.200	5.0-7.0	2.50 O	250	3.0-4.0	0.02
153 Resin		1.200	5.0-7.0	2.50 O	250	3.0-4.0	0.02
153R Resin		1.200	5.0-7.0	2.50 O	250	3.0-4.0	0.02
191 Resin		1.190	5.0-7.0	8.50 O	250	3.0-4.0	0.02
193 Resin		1.190	5.0-7.0	8.50 O	250	3.0-4.0	0.02
194 Resin		1.190	5.0-7.0	8.50 O	250	3.0-4.0	0.02
201 Resin		1.200	5.0-7.0	7.00 O	250	3.0-4.0	0.02
201R Resin		1.200	5.0-7.0	7.00 O	250	3.0-4.0	0.02
203 Resin		1.200	5.0-7.0	7.00 O	250	3.0-4.0	0.02
203R Resin		1.200	5.0-7.0	7.00 O	250	3.0-4.0	0.02
221 Resin		1.200	5.0-7.0	17.50 O	250	3.0-4.0	0.02
221R Resin		1.200	5.0-7.0	17.50 O	250	3.0-4.0	0.02
223 Resin		1.200	5.0-7.0	17.50 O	250	3.0-4.0	0.02
223R Resin		1.200	5.0-7.0	17.50 O	250	3.0-4.0	0.02
241 Resin		1.200	5.0-7.0	10.50 O	250	3.0-4.0	0.02
241R Resin		1.200	5.0-7.0	10.50 O	250	3.0-4.0	0.02
243 Resin		1.200	5.0-7.0	10.50 O	250	3.0-4.0	0.02
243R Resin		1.200	5.0-7.0	10.50 O	250	3.0-4.0	0.02
303 Resin		1.200	5.0-7.0	5.50 O	250	3.0-4.0	0.02
3412ECR Resin	GFI 20	1.300	2.0-5.0	7.00 O	250	3.0-4.0	0.02
3412R Resin	GFI 20	1.350	1.0-3.0	4.30 O	250	3.0-4.0	0.02
3413HF Resin	GFI 30	1.440		40.00 BE	250	3.0-4.0	0.02
3413R Resin	GFI 30	1.430	1.0-3.0	19.00 BE	250	3.0-4.0	0.02
3414R Resin	GFI 40	1.520	1.0-2.0	12.60 BE	250	3.0-4.0	0.02
3433R Resin	GFI 30	1.430	1.0-3.0	19.00 BE	250	3.0-4.0	0.02
500 Resin	GFI 10	1.270	2.0-4.0	7.50 O	250	3.0-4.0	0.02
500ECR Resin	GFI 10	1.270	5.0-7.0	7.50 BA	248	2.0-4.0	0.02
500R Resin	GFI 10	1.270	2.0-4.0	7.50 O	250	3.0-4.0	0.02
503 Resin	GFI 10	1.250	2.0-4.0		250	3.0-4.0	0.02
503R Resin	GFI 10	1.250	2.0-4.0		250	3.0-4.0	0.02
505R Resin	GFI 10	1.260	2.0-6.0	7.00 O	248	2.0-4.0	0.02
915R Resin		1.200	7.5-9.5	18.00 O	250	3.0-4.0	0.02
920 Resin		1.210	5.0-7.0	14.50 O	250	3.0-4.0	0.02
920A Resin		1.210	5.0-7.0	14.50 O	250	3.0-4.0	0.02
920ASR Resin		1.210	5.0-7.0	14.50 O	250	3.0-4.0	0.02
923 Resin		1.210	5.0-7.0	14.50 O	250	3.0-4.0	0.02
923A Resin		1.210	5.0-7.0	14.50 O	250	3.0-4.0	0.02
923ASR Resin		1.210	5.0-7.0	14.50 O	250	3.0-4.0	0.02
925 Resin		1.190	6.0-8.0	14.00 O	250	3.0-4.0	0.02
925U Resin		1.190	6.0-8.0	14.00 O	250	3.0-4.0	0.02
940 Resin		1.210	5.0-7.0	10.00 O	250	3.0-4.0	0.02
940A Resin		1.210	5.0-7.0	10.00 O	250	3.0-4.0	0.02
940ASR Resin		1.210	5.0-7.0	10.00 O	250	3.0-4.0	0.02
943 Resin		1.210	5.0-7.0	10.00 O	250	3.0-4.0	0.02
943A Resin		1.210	5.0-7.0	10.00 O	250	3.0-4.0	0.02
943ASR Resin		1.210	5.0-7.0	10.00 O	250	3.0-4.0	0.02
945 Resin		1.190	6.0-8.0	10.00 O	250	3.0-4.0	0.02
945ASR Resin		1.190	5.0-7.0	10.00 O	248	2.0-4.0	0.02

Max. % regrind	Inj. pres., ksi	Rear temp, °F	Mid temp, °F	Front temp, °F	Nozzle temp, °F	Proc temp, °F	Mold temp, °F
		520-560	540-580	560-600	550-590	560-600	160-200
		520-560	540-580	560-600	550-590	560-600	160-200
		423-559	540-579	559-601	550-590	559-601	160-199
		520-560	540-580	560-600	550-590	560-600	160-200
		520-560	540-580	560-600	550-590	560-600	160-200
		520-560	540-580	560-600	550-590	560-600	160-200
		560-600	580-620	600-640	590-630	600-640	180-240
		570-610	590-630	610-650	600-640	610-650	180-240
		570-610	590-630	610-650	600-640	610-650	180-240
		570-610	590-630	610-650	600-640	610-650	180-240
		550-610	570-610	590-630	580-620	590-630	180-240
		550-590	570-610	590-630	580-620	590-630	180-240
		550-590	570-610	590-630	580-620	590-630	180-240
		550-590	570-610	590-630	580-620	590-630	180-240
		550-590	570-610	590-630	580-620	590-630	180-240
		550-590	570-610	590-630	580-620	590-630	180-240
		550-590	570-610	590-630	580-620	590-630	180-240
		500-540	520-560	540-580	530-570	540-580	160-200
		500-540	520-560	540-580	530-570	540-580	160-200
		500-540	520-560	540-580	530-570	540-580	160-200
		500-540	520-560	540-580	530-570	540-580	160-200
		520-560	540-580	560-600	550-590	560-600	160-200
		520-560	540-580	560-600	550-590	560-600	160-200
		520-560	540-580	560-600	550-590	560-600	160-200
		520-560	540-580	560-600	550-590	560-600	160-200
		560-600	580-620	600-640	590-630	600-640	180-240
		510-550	530-570	550-590	540-580	550-590	160-200
		560-600	580-620	600-640	590-630	600-640	180-240
		550-590	570-610	590-630	580-620	590-630	180-240
		560-600	580-620	600-640	590-630	600-640	180-240
		560-600	580-620	600-640	590-630	600-640	180-240
		560-600	580-620	600-640	590-630	600-640	180-240
		550-590	570-610	590-630	580-620	590-630	180-240
		518-572	536-590	554-608	536-590	554-608	176-248
		550-590	570-610	590-630	580-620	590-630	180-240
		550-590	570-610	590-630	580-620	590-630	180-240
		550-590	570-610	590-630	579-621	590-630	180-241
		518-572	536-590	554-608	536-590	554-608	176-248
		510-550	530-570	550-590	540-580	550-590	160-200
		510-550	530-570	550-590	540-580	550-590	160-200
		510-550	530-570	550-590	540-580	550-590	160-200
		510-550	530-570	550-590	540-580	550-590	160-200
		510-550	530-570	550-590	540-580	550-590	160-200
		510-550	530-570	550-590	540-580	550-590	160-200
		510-550	530-570	550-590	540-580	550-590	160-200
		510-550	530-570	550-590	540-580	550-590	160-200
		520-560	540-580	560-600	550-590	560-600	160-200
		423-559	540-579	559-601	550-590	559-601	160-199
		520-560	540-580	560-600	550-590	560-600	160-200
		520-560	540-580	560-600	550-590	560-600	160-200
		520-560	540-580	560-600	550-590	560-600	160-200
		520-560	540-580	560-600	550-590	560-600	160-200
		520-560	540-580	560-600	550-590	560-600	160-200
		500-536	518-554	536-590	518-554	536-590	176-230

FREE DATA SHEETS: WWW.IDES.COM/PSIM

Grade	Filler	Sp Grav	Shrink, mils/in	Melt flow, g/10 min	Drying temp, °F	Drying time, hr	Max. % moisture
945U Resin		1.190	6.0-8.0	10.00 O	250	3.0-4.0	0.02
950 Resin		1.210	5.0-7.0	7.00 O	250	3.0-4.0	0.02
950A Resin		1.210	5.0-7.0	7.00 O	250	3.0-4.0	0.02
950ASR Resin		1.210	5.0-7.0	7.00 O	250	3.0-4.0	0.02
953 Resin		1.210	5.0-7.0	7.00 O	250	3.0-4.0	0.02
953A Resin		1.210	5.0-7.0	7.00 O	250	3.0-4.0	0.02
953ASR Resin		1.210	5.0-7.0	7.00 O	250	3.0-4.0	0.02
955 Resin		1.190	6.0-8.0	7.00 O	250	3.0-4.0	0.02
955U Resin		1.190	6.0-8.0	7.00 O	250	3.0-4.0	0.02
9945A Resin		1.200	5.0-7.0	10.00 O	248	2.0-4.0	0.02
AD143 Resin		1.200	5.0-7.0	13.00 O	248	2.0-4.0	0.02
AD4820 Resin		1.200	5.0-7.0	7.00 O	248	2.0-4.0	0.02
BFL2000 Resin		1.290	5.0-7.0	32.00 O	248	2.0-4.0	0.02
BFL2000U Resin		1.290	5.0-7.0	26.00 O	248	3.0-4.0	0.02
BFL2010 Resin	GFI	1.300	2.0-6.0	14.40 O	248	2.0-4.0	0.02
BFL2015 Resin	GFI	1.230	2.0-5.0	6.50 O	248	2.0-4.0	0.02
BPL1000 Resin		1.169	5.0-7.0	25.29 O	194	4.0	0.02
DMX2415 Resin		1.200	5.0-7.0	13.50 O	250	3.0-4.0	0.02
EM1210 Resin		1.190	5.0-7.0	13.00 O	250	3.0-4.0	0.02
EM2212 Resin	GFI 10	1.240	3.0-5.0		250	3.0-4.0	0.02
EM3110 Resin		1.190	5.0-7.0	20.00 O	250	3.0-4.0	0.02
EM3110R Resin		1.190	5.0-7.0	20.00 O	250	3.0-4.0	0.02
EXL1112 Resin		1.180	4.0-8.0	17.00 O	250	3.0-4.0	0.02
EXL1112T Resin		1.190	4.0-8.0	20.00 O	250	3.0-4.0	0.02
EXL1132T Resin		1.190	4.0-8.0	20.00 O	250	3.0-4.0	0.02
EXL1162T Resin		1.190	4.0-8.0	20.00 O	250	3.0-4.0	0.02
EXL1192T Resin		1.190	4.0-8.0	20.00 O	250	3.0-4.0	0.02
EXL1330 Resin		1.180	4.0-8.0	10.00 O	250	3.0-4.0	0.02
EXL1413B Resin		1.180	4.0-8.0	10.00 O	250	3.0-4.0	0.02
EXL1413T Resin		1.190	4.0-8.0	10.00 O	250	3.0-4.0	0.02
EXL1414 Resin		1.180	4.0-8.0	10.00 O	250	3.0-4.0	0.02
EXL1414H Resin		1.180	4.0-8.0	10.00 O	250	3.0-4.0	0.02
EXL1414T Resin		1.190	4.0-8.0	10.00 O	250	3.0-4.0	0.02
EXL1433T Resin		1.190	4.0-8.0	10.00 O	250	3.0-4.0	0.02
EXL1434 Resin		1.180	4.0-8.0	10.00 O	250	3.0-4.0	0.02
EXL1434T Resin		1.190	4.0-8.0	10.00 O	250	3.0-4.0	0.02
EXL1443T Resin		1.190	4.0-8.0	10.00 O	250	3.0-4.0	0.02
EXL1444 Resin		1.180	4.0-8.0	10.00 O	250	3.0-4.0	0.02
EXL1463T Resin		1.190	4.0-8.0	10.00 O	250	3.0-4.0	0.02
EXL1464T Resin		1.190	4.0-8.0	10.00 O	250	3.0-4.0	0.02
EXL1494T Resin		1.190	4.0-8.0	10.00 O	250	3.0-4.0	0.02
EXL1810T Resin		1.190	4.0-8.0	35.00 O	250	3.0-4.0	0.02
EXL1860T Resin		1.190	4.0-8.0	35.00 O	250	3.0-4.0	0.02
EXL1890T Resin		1.190	4.0-8.0	35.00 O	250	3.0-4.0	0.02
EXL4016 Resin	GFI	1.224	2.0-6.0	6.00 O	250	3.0-4.0	0.02
EXL4019 Resin	GFI 9	1.250	2.0-6.0	7.50 O	250	3.0-4.0	0.02
EXL4419 Resin	GFI 9	1.250	2.0-6.0	11.00 O	250	3.0-4.0	0.02
EXL6414 Resin		1.190	4.0-8.0	8.00 O	250	3.0-4.0	0.02
EXL9112 Resin		1.180	4.0-8.0	17.00 O	250	3.0-4.0	0.02
EXL9132 Resin		1.180	4.0-8.0	17.00 O	250	3.0-4.0	0.02
EXL9134 Resin		1.190	4.0-8.0	16.00 O	248	3.0-4.0	0.02
EXL9330 Resin		1.180	4.0-8.0	10.00 O	250	3.0-4.0	0.02
EXL9335 Resin		1.180	4.0-8.0	10.00 O	250	3.0-4.0	0.02
EXLN0004 Resin	GFI 6	1.224	2.0-6.0	6.00 O	250	3.0-4.0	0.02
FXA1413T Resin		1.180	4.0-8.0	10.00 O	250	3.0-4.0	0.02
FXA1414T Resin		1.180	4.0-8.0	10.00 O	250	3.0-4.0	0.02

Max. % regrind	Inj. pres., ksi	Rear temp, °F	Mid temp, °F	Front temp, °F	Nozzle temp, °F	Proc temp, °F	Mold temp, °F
		520-560	540-580	560-600	550-590	560-600	160-200
		550-590	570-610	590-630	580-620	590-630	180-240
		550-590	570-610	590-630	580-620	590-630	180-240
		550-590	570-610	590-630	580-620	590-630	180-240
		550-590	570-610	590-630	580-620	590-630	180-240
		550-590	570-610	590-630	580-620	590-630	180-240
		550-590	570-610	590-630	580-620	590-630	180-240
		550-590	570-610	590-630	580-620	590-630	180-240
		550-590	570-610	590-630	580-620	590-630	180-240
		500-536	518-554	536-590	518-554	536-590	176-230
		500-536	518-554	536-590	518-554	536-590	176-230
		518-572	536-590	554-608	536-590	554-608	176-248
		500-536	518-554	536-572	518-554	536-572	176-212
		480-520	500-540	520-560	510-550	520-560	160-200
		518-572	536-590	554-608	536-590	554-608	176-248
		518-572	536-590	554-608	536-590	554-608	176-248
		500-536	518-554	536-572	518-554	536-572	194
		520-560	540-580	560-600	550-590	560-600	160-200
		520-560	540-580	560-600	550-590	560-600	160-200
		520-560	540-580	560-600	550-590	560-600	160-200
		490-530	510-550	530-570	520-560	530-570	160-200
		490-530	510-550	530-570	520-560	530-570	160-200
		423-559	540-579	559-601	550-590	559-601	160-199
		423-559	540-579	559-601	550-590	559-601	160-199
		423-559	540-579	559-601	550-590	559-601	160-199
		423-559	540-579	559-601	550-590	559-601	160-199
		423-559	540-579	559-601	550-590	559-601	160-199
		423-559	540-579	559-601	550-590	559-601	160-199
		423-559	540-579	559-601	550-590	559-601	160-199
		423-559	540-579	559-601	550-590	559-601	160-199
		520-560	540-580	560-600	550-590	560-600	160-200
		423-559	540-579	559-601	550-590	559-601	160-199
		423-559	540-579	559-601	550-590	559-601	160-199
		423-559	540-579	559-601	550-590	559-601	160-199
		423-559	540-579	559-601	550-590	559-601	160-199
		423-559	540-579	559-601	550-590	559-601	160-199
		423-559	540-579	559-601	550-590	559-601	160-199
		423-559	540-579	559-601	550-590	559-601	160-199
		423-559	540-579	559-601	550-590	559-601	160-199
		423-559	540-579	559-601	550-590	559-601	160-199
		423-559	540-579	559-601	550-590	559-601	160-199
		550-590	570-610	590-630	579-621	590-630	180-241
		550-590	570-610	590-630	579-621	590-630	180-241
		550-590	570-610	590-630	579-621	590-630	180-241
		520-560	540-580	560-600	550-590	560-600	160-200
		423-559	540-579	559-601	550-590	559-601	160-199
		423-559	540-579	559-601	550-590	559-601	160-199
		518-563	536-581	563-599	554-590	563-599	158-203
		423-559	540-579	559-601	550-590	559-601	160-199
		423-559	540-579	559-601	550-590	559-601	160-199
		550-590	570-610	590-630	580-620	590-630	180-240
		423-559	540-579	559-601	550-590	559-601	160-199
		423-559	540-579	559-601	550-590	559-601	160-199

FREE DATA SHEETS: WWW.IDES.COM/PSIM

Grade	Filler	Sp Grav	Shrink, mils/in	Melt flow, g/10 min	Drying temp, °F	Drying time, hr	Max. % moisture
FXD103 Resin		1.200	5.0-7.0	7.00 O	250	3.0-4.0	0.02
FXD103R Resin		1.200	5.0-7.0	7.00 O	250	3.0-4.0	0.02
FXD121R Resin		1.190	5.0-7.0	18.20 O	250	3.0-4.0	0.02
FXD1413T Resin		1.190	4.0-8.0	10.00 O	250	3.0-4.0	0.02
FXD1414T Resin		1.180	4.0-8.0	10.00 O	250	3.0-4.0	0.02
FXD1433T Resin		1.180	4.0-8.0	10.00 O	250	3.0-4.0	0.02
FXD171R Resin		1.190	5.0-7.0	25.00 O	250	3.0-4.0	0.02
FXD9945A Resin		1.200	5.0-7.0	10.00 O	248	2.0-4.0	0.02
FXE101 Resin		1.200	5.0-7.0	7.00 O	250	3.0-4.0	0.02
FXE1413T Resin		1.190	4.0-8.0	10.00 O	250	3.0-4.0	0.02
FXE1414T Resin		1.190	4.0-8.0	10.00 O	250	3.0-4.0	0.02
FXE143R Resin		1.200	5.0-7.0	10.50 O	250	3.0-4.0	0.02
FXE144H Resin		1.200	5.0-7.0	11.00 O	250	3.0-4.0	0.02
FXE1810T Resin		1.190	4.0-8.0	35.00 O	250	3.0-4.0	0.02
FXG1413T Resin		1.180	0.4-0.8	10.00 O	250	3.0-4.0	0.02
FXG1414T Resin		1.180	4.0-8.0	10.00 O	250	3.0-4.0	0.02
FXM123R Resin		1.200	5.0-7.0	18.00 O	250	3.0-4.0	0.02
FXM1413T Resin		1.180	0.4-0.8	10.00 O	250	3.0-4.0	0.02
FXM1414T Resin		1.180	4.0-8.0	10.00 O	250	3.0-4.0	0.02
FXM141R Resin		1.200	5.0-7.0	10.80 O	250	3.0-4.0	0.02
FXP1430T Resin		1.180	4.0-9.0	12.00 O	250	3.0-4.0	0.02
HF1110 Resin		1.200	5.0-7.0	25.00 O	250	3.0-4.0	0.02
HF1110R Resin		1.200	5.0-7.0	25.00 O	250	3.0-4.0	0.02
HF1130 Resin		1.200	5.0-7.0	25.00 O	250	3.0-4.0	0.02
HF1140 Resin		1.200	5.0-7.0	25.00 O	250	3.0-4.0	0.02
HF1140R Resin		1.200	5.0-7.0	25.00 O	250	3.0-4.0	0.02
HP1 Resin		1.200	5.0-7.0	25.00 O	250	3.0-4.0	0.02
HP1HF Resin		1.180	5.0-7.0	39.00 O	248	2.0-4.0	0.02
HP1R Resin		1.200	5.0-7.0	25.00 O	250	3.0-4.0	0.02
HP2 Resin		1.200	5.0-7.0	17.50 O	250	3.0-4.0	0.02
HP2R Resin		1.200	5.0-7.0	17.50 O	250	3.0-4.0	0.02
HP4 Resin		1.200	5.0-7.0	10.50 O	250	3.0-4.0	0.02
HP4R Resin		1.200	5.0-7.0	10.50 O	250	3.0-4.0	0.02
HPM1914 Resin		1.190	6.0-9.0	25.00 BA	250	3.0-4.0	0.02
HPM1944 Resin		1.190	6.0-9.0	10.00 O	250	3.0-4.0	0.02
HPS1 Resin		1.200	5.0-7.0	25.00 O	250	3.0-4.0	0.02
HPS1R Resin		1.200	5.0-7.0	25.00 O	250	3.0-4.0	0.02
HPS2 Resin		1.200	5.0-7.0	17.50 O	250	3.0-4.0	0.02
HPS2R Resin		1.200	5.0-7.0	17.50 O	250	3.0-4.0	0.02
HPS4 Resin		1.190	5.0-7.0	10.50 O	248	2.0-4.0	0.02
HPS6 Resin		1.200	5.0-7.0	112.20 BE	250	3.0-4.0	0.02
HPS6R Resin		1.200	5.0-7.0	7.00 O	250	3.0-4.0	0.02
HPS7 Resin		1.200	5.0-7.0	24.00 BE	250	3.0-4.0	0.02
HPS7R Resin		1.200	5.0-7.0	24.00 BE	250	3.0-4.0	0.02
HPX4 Resin		1.190	4.0-8.0	10.00 O	250	3.0-4.0	0.02
HPX4R Resin		1.190	4.0-8.0	10.00 O	250	3.0-4.0	0.02
HPX8R Resin		1.190	5.0-7.0	35.00 O	250	3.0-4.0	0.02
IP300 Resin		1.180	5.0-7.0	18.00 O	250	3.0-4.0	0.02
LI1813R Resin		1.200	5.0-7.0	17.50 O	248	2.0-4.0	0.02
LI1911R Resin		1.200	5.0-7.0	17.50 O	250	3.0-4.0	0.02
LS1 Resin		1.200	5.0-7.0	17.50 O	250	3.0-4.0	0.02
LS2 Resin		1.200	5.0-7.0	11.00 O	250	3.0-4.0	0.02
LS2FX Resin		1.200	5.0-7.0	11.00 O	250	3.0-4.0	0.02
LS3 Resin		1.200	5.0-7.0	7.00 O	250	3.0-4.0	0.02
LSHF Resin		1.200	5.0-7.0	25.00 O	250	3.0-4.0	0.02
ML3729 Resin		1.200	5.0-7.0	39.00 O	250	3.0-4.0	0.02

Max. % regrind	Inj. pres., ksi	Rear temp, °F	Mid temp, °F	Front temp, °F	Nozzle temp, °F	Proc temp, °F	Mold temp, °F
		550-590	570-610	590-630	580-620	590-630	180-240
		550-590	570-610	590-630	580-620	590-630	180-240
		500-540	520-560	540-580	530-570	540-580	160-200
		423-559	540-579	559-601	550-590	559-601	160-199
		423-559	540-579	559-601	550-590	559-601	160-199
		423-559	540-579	559-601	550-590	559-601	160-199
		480-520	500-540	520-559	511-550	520-559	160-199
		500-536	518-554	536-590	518-554	536-590	176-230
		550-590	570-610	590-630	580-620	590-630	180-240
		423-559	540-579	559-601	550-590	559-601	160-199
		423-559	540-579	559-601	550-590	559-601	160-199
		520-560	540-580	560-600	550-590	560-600	160-200
		520-560	540-580	560-600	550-590	560-600	160-200
		520-560	540-580	560-600	550-590	560-600	160-200
		423-559	540-579	559-601	550-590	559-601	160-199
		423-559	540-579	559-601	550-590	559-601	160-199
		500-540	520-560	540-580	530-570	540-580	160-200
		423-559	540-579	559-601	550-590	559-601	160-199
		423-559	540-579	559-601	550-590	559-601	160-199
		520-560	540-580	560-600	550-590	560-600	160-200
		423-559	540-579	559-601	550-590	559-601	160-199
		480-520	500-540	520-560	510-550	520-560	160-200
		480-520	500-540	520-560	510-550	520-560	160-200
		480-520	500-540	520-560	510-550	520-560	160-200
		480-520	500-540	520-560	510-550	520-560	160-200
		480-520	500-540	520-560	510-550	520-560	160-200
		480-520	500-540	520-560	510-550	520-560	160-200
		500-536	518-554	536-572	518-554	536-572	176-212
		480-520	500-540	520-560	510-550	520-560	160-200
		500-540	520-560	540-580	530-570	540-580	160-200
		500-540	520-560	540-580	530-570	540-580	160-200
		520-560	540-580	560-600	550-590	560-600	160-200
		520-560	540-580	560-600	550-590	560-600	160-200
		480-520	500-540	520-560	510-550	520-560	160-200
		520-560	540-580	560-600	550-590	560-600	160-200
		480-520	500-540	520-560	510-550	520-560	160-200
		480-520	500-540	520-560	510-550	520-560	160-200
		500-540	520-560	540-580	530-570	540-580	160-200
		500-540	520-560	540-580	530-570	540-580	160-200
		500-536	518-554	536-590	518-554	536-590	176-230
		550-590	570-610	590-630	580-620	590-630	180-240
		550-590	570-610	590-630	580-620	590-630	180-240
		550-590	570-610	590-630	580-620	590-630	180-240
		550-590	570-610	590-630	580-620	590-630	180-240
		520-560	540-580	560-600	550-590	560-600	160-200
		520-560	540-580	560-600	550-590	560-600	160-200
		520-560	540-580	560-600	550-590	560-600	160-200
		500-540	520-560	540-580	530-570	540-580	160-200
		500-536	518-554	536-572	518-554	536-572	176-212
		500-540	520-560	540-580	530-570	540-580	160-200
		500-540	520-560	540-580	530-570	540-580	160-200
		520-560	540-580	560-600	550-590	560-600	160-200
		520-560	540-580	560-600	550-590	560-600	160-200
		550-590	570-610	590-630	580-620	590-630	180-240
		480-520	500-540	520-560	510-550	520-560	160-200
		480-520	500-540	520-559	511-550	520-559	160-199

FREE DATA SHEETS: WWW.IDES.COM/PSIM

Grade	Filler	Sp Grav	Shrink, mils/in	Melt flow, g/10 min	Drying temp, °F	Drying time, hr	Max. % moisture
ML4189 Resin		1.200		13.50 O	250	3.0-4.0	0.02
ML6018 Resin			5.0-7.0	16.50 O	250	3.0-4.0	0.02
ML6018R Resin		1.180			250	3.0-4.0	0.02
ML6076 Resin		1.250	5.0-7.0	5.20 O	250	3.0-4.0	0.02
ML6143H Resin		1.180	5.0-7.0	18.00 O	250	3.0-4.0	0.02
ML6339R Resin		1.170	5.0-7.0	10.00 O	220-230	3.0-4.0	
ML6411 Resin		1.190	4.0-8.0	7.00 AJ	194-212	3.0-4.0	0.02
ML6412 Resin		1.190	4.0-8.0	5.00 AJ	194-212	2.0-4.0	0.02
ML6451 Resin		1.190		10.50 O	250	3.0-4.0	0.02
ML6608 Resin		1.200	5.0-7.0	25.00 O	250	3.0-4.0	0.02
ML6622 Resin		1.200	5.0-7.0	7.00 O	250	3.0-4.0	0.02
ML6622R Resin		1.200	5.0-7.0	7.00 O	250	3.0-4.0	0.02
ML7470R Resin		1.200	5.0-7.0	10.50 O	250	3.0-4.0	0.02
ML7556R Resin		1.200	5.0-7.0	25.00 O	250	3.0-4.0	0.02
ML7652 Resin		1.190	4.0-8.0	14.00 O	250	3.0-4.0	0.02
OQ1022 Resin		1.190	6.0-8.0	11.00 BZ	250	3.0-4.0	0.02
OQ1030 Resin		1.200	0.5-0.7	12.80 BZ	250	3.0-4.0	0.02
OQ1030FX Resin		1.200	5.5-7.5	11.70 BZ	250	3.0-4.0	0.02
OQ1060 Resin		1.200	5.0-7.0	44.00 O	250	2.0-4.0	0.02
OQ2220 Resin		1.200	5.0-7.0	17.50 O	250	3.0-4.0	0.02
OQ2320 Resin		1.200	5.0-7.0	12.50 O	250	3.0-4.0	0.02
OQ2720 Resin		1.200	5.0-7.0	7.50 O	250	3.0-4.0	0.02
OQ3120 Resin		1.200	5.0-7.0	25.00 O	250	3.0-4.0	0.02
OQ3220 Resin		1.200	5.0-7.0	18.00 O	250	3.0-4.0	0.02
OQ3420 Resin		1.200	5.0-7.0	10.50 O	250	3.0-4.0	0.02
OQ3820 Resin		1.190	6.0-8.0	7.40 O	250	3.0-4.0	0.02
OQ4120R Resin		1.200	5.0-7.0	25.00 O	250	3.0-4.0	0.02
OQ4620 Resin		1.200	5.0-7.0	8.50 O	250	3.0-4.0	0.02
OQ4620R Resin		1.200	5.0-7.0	8.50 O	250	3.0-4.0	0.02
PK2640 Resin		1.200		7.00 O	250	3.0-5.0	
PK2870 Resin		1.200	5.0-7.0	2.50 O	250	3.0-4.0	0.02
PK2940 Resin		1.200	5.0-7.0	2.00 O	250	3.0-4.0	0.02
SLX1231D Resin		1.200	5.0-7.0	18.00 O	248	2.0-4.0	0.02
SLX1231T Resin		1.200	5.0-7.0	18.00 O	248	2.0-4.0	0.02
SLX1431D Resin		1.200	5.0-7.0	10.00 BA	248	2.0-4.0	0.02
SLX1431T Resin		1.200	5.0-7.0	10.00 BA	248	2.0-4.0	0.02
SLX1432 Resin		1.222	6.0-8.0	10.00 O	250	3.0-4.0	0.02
SLX1432D Resin		1.220	5.0-7.8	10.00 O	248	3.0-4.0	0.02
SLX1432T Resin		1.220	5.0-7.0	10.00 O	248	3.0-4.0	0.02
SLX2231T Resin		1.200	5.0-7.0	17.50 O	248	2.0-4.0	0.02
SLX2431D Resin		1.200	5.0-7.0	10.00 O	248	2.0-4.0	0.02
SLX2431T Resin		1.200	5.0-7.0	10.00 O	248	3.0-4.0	0.02
SLX2432D Resin		1.220	5.0-7.8	10.00 O	248	3.0-4.0	0.02
SLX2432T Resin		1.220	5.0-7.0	10.00 O	248	3.0-4.0	0.02
VR2020 Resin		1.200	5.0-7.0	17.50 O	250	3.0-4.0	0.02

PC — Lexan — GE Adv Matl AP

Grade	Filler	Sp Grav	Shrink, mils/in	Melt flow, g/10 min	Drying temp, °F	Drying time, hr	Max. % moisture
101 Resin		1.200	5.0-7.0	7.00 O	250	3.0-4.0	0.02
101R Resin		1.200	5.0-7.0	7.00 O	250	3.0-4.0	0.02
103 Resin		1.200	5.0-7.0	7.00 O	250	3.0-4.0	0.02
103R Resin		1.200	5.0-7.0	7.00 O	250	3.0-4.0	0.02
104 Resin		1.200	5.0-7.0	7.00 O	250	3.0-4.0	0.02
104R Resin		1.200	5.0-7.0	7.00 O	250	3.0-4.0	0.02
121 Resin		1.200	5.0-7.0	17.50 O	250	3.0-4.0	0.02
121R Resin		1.200	5.0-7.0	17.50 O	250	3.0-4.0	0.02
121SRM Resin		1.200	5.0-7.0	18.00 O	250	3.0-4.0	0.02

Max. % regrind	Inj. pres., ksi	Rear temp, °F	Mid temp, °F	Front temp, °F	Nozzle temp, °F	Proc temp, °F	Mold temp, °F
		510-550	530-570	550-590	540-580	550-590	160-200
		500-540	520-560	540-580	530-570	540-580	160-200
		500-540	520-560	540-580	530-570	540-580	160-200
		560-600	580-620	600-640	590-630	600-640	180-240
		500-540	520-560	540-580	530-570	540-580	160-200
		460-540	480-560	500-580	490-570	500-580	120-180
		446-500	482-554	500-572	482-554	518-572	140-194
		446-500	482-554	500-572	482-554	518-572	140-194
		520-560	540-580	560-600	550-590	560-600	160-200
		480-520	500-540	520-560	510-550	520-560	160-200
		570-610	590-630	610-650	600-640	610-650	180-240
		570-610	590-630	610-650	600-640	610-650	180-240
		520-560	540-580	560-600	550-590	560-600	160-200
		480-520	500-540	520-560	510-550	520-560	160-200
		520-560	540-580	560-600	550-590	560-600	160-200
		540-590	560-610	580-630	580-630	580-630	150-200
		540-590	560-610	580-630	580-630	580-630	150-200
		540-590	560-610	580-630	580-630	580-630	150-200
		540-610	610-680	610-680	540-610	610-680	180-210
		500-540	520-560	540-580	530-570	540-580	160-200
		510-550	530-570	550-590	540-580	550-590	160-200
		550-590	570-610	590-630	580-620	590-630	180-240
		480-520	500-540	520-560	510-550	520-560	160-200
		500-540	520-560	540-580	530-570	540-580	160-200
		520-560	540-580	560-600	550-590	560-600	160-200
		550-590	570-610	590-630	580-620	590-630	180-240
		480-520	500-540	520-560	510-550	520-560	160-200
		550-590	570-610	590-630	580-620	590-630	180-240
		550-590	570-610	590-630	580-620	590-630	180-240
		550-580	560-600	600-640	580-630	600-650	180-240
		570-610	590-630	610-650	600-640	610-650	180-240
		570-610	590-630	610-650	600-640	610-650	180-240
		500-536	518-554	536-590	518-554	536-590	176-230
		500-536	518-554	536-590	518-554	536-590	176-230
		500-536	518-554	536-590	518-554	536-590	176-230
		500-536	518-554	536-590	518-554	536-590	176-230
		520-560	540-580	560-600	550-590	560-600	160-200
		491-536	509-554	536-572	527-563	536-572	158-203
		491-536	509-554	536-572	527-563	536-572	158-203
		500-536	518-554	536-590	518-554	536-590	176-230
		500-536	518-554	536-590	518-554	536-590	176-230
		491-536	509-554	536-572	527-563	536-572	158-203
		491-536	509-554	536-572	527-563	536-572	158-203
		500-540	520-560	540-580	530-570	540-580	160-200
		550-590	570-610	590-630	580-620	590-630	180-240
		550-590	570-610	590-630	580-620	590-630	180-240
		550-590	570-610	590-630	580-620	590-630	180-240
		550-590	570-610	590-630	580-620	590-630	180-240
		550-590	570-610	590-630	580-620	590-630	180-240
		550-590	570-610	590-630	580-620	590-630	180-240
		500-540	520-560	540-580	530-570	540-580	160-200
		500-540	520-559	540-579	531-570	540-579	160-199
						540-579	160-199

FREE DATA SHEETS: WWW.IDES.COM/PSIM

Grade	Filler	Sp Grav	Shrink, mils/in	Melt flow, g/10 min	Drying temp, °F	Drying time, hr	Max. % moisture
123 Resin		1.200	5.0-7.0	17.50 O	250	3.0-4.0	0.02
123HSR Resin		1.200	5.0-7.0	18.00 O	250	3.0-4.0	
123R Resin		1.200	5.0-7.0	17.50 O	250	3.0-4.0	0.02
123SRM Resin		1.200	5.0-7.0	18.00 O	250	3.0-4.0	
124 Resin		1.200	5.0-7.0	17.50 O	250	3.0-4.0	0.02
124R Resin		1.200	5.0-7.0	17.50 O	250	3.0-4.0	0.02
131 Resin		1.200	5.0-7.0	3.50 O	250	3.0-4.0	0.02
133 Resin		1.200	5.0-7.0	3.50 O	250	3.0-4.0	0.02
134 Resin		1.200	5.0-7.0	3.50 O	250	3.0-4.0	0.02
141 Resin		1.200	5.0-7.0	10.50 O	250	3.0-4.0	0.02
141R Resin		1.200	5.0-7.0	10.50 O	250	3.0-4.0	0.02
141S Resin		1.200	5.0-7.0	10.50 O	250	3.0-4.0	0.02
143 Resin		1.200	5.0-7.0	10.50 O	250	3.0-4.0	0.02
143R Resin		1.200	5.0-7.0	10.50 O	250	3.0-4.0	0.02
144 Resin		1.200	5.0-7.0	10.50 O	250	3.0-4.0	0.02
144R Resin		1.200	5.0-7.0	10.50 O	250	3.0-4.0	0.02
151 Resin		1.200	5.0-7.0	2.50 O	250	3.0-4.0	0.02
153 Resin		1.200	5.0-7.0	2.50 O	250	3.0-4.0	0.02
153R Resin		1.200	5.0-7.0	2.50 O	250	3.0-4.0	0.02
191 Resin		1.190	5.0-7.0	8.50 O	250	3.0-4.0	0.02
201 Resin		1.200	5.0-7.0	7.00 O	250	3.0-4.0	0.02
201R Resin		1.200	5.0-7.0	7.00 O	250	3.0-4.0	0.02
203 Resin		1.200	5.0-7.0	7.00 O	250	3.0-4.0	0.02
203R Resin		1.200	5.0-7.0	7.00 O	250	3.0-4.0	0.02
221 Resin		1.200	5.0-7.0	17.50 O	250	3.0-4.0	0.02
221HSR Resin		1.200	5.0-7.0	18.00 O	250	3.0-4.0	
221R Resin		1.200	5.0-7.0	17.50 O	250	3.0-4.0	0.02
223 Resin		1.200	5.0-7.0	17.50 O	250	3.0-4.0	0.02
223HSR Resin		1.200	5.0-7.0	18.00 O	250	3.0-4.0	
223R Resin		1.200	5.0-7.0	17.50 O	250	3.0-4.0	0.02
241 Resin		1.200	5.0-7.0	10.50 O	250	3.0-4.0	0.02
241R Resin		1.200	5.0-7.0	10.50 O	250	3.0-4.0	0.02
243 Resin		1.200	5.0-7.0	10.50 O	250	3.0-4.0	0.02
243R Resin		1.200	5.0-7.0	10.50 O	250	3.0-4.0	0.02
303 Resin		1.200	5.0-7.0	5.50 O	250	3.0-4.0	0.02
3412ECR Resin	GFI 20	1.300	2.0-5.0	7.00 O	250	3.0-4.0	0.02
3412R Resin	GFI 20	1.350	1.0-3.0	4.30 O	250	3.0-4.0	0.02
3413HF Resin	GFI 30	1.440		40.00 BE	250	3.0-4.0	0.02
3413R Resin	GFI 30	1.430	1.0-3.0	19.00 BE	250	3.0-4.0	0.02
3414R Resin	GFI 40	1.520	1.0-2.0	12.60 BE	250	3.0-4.0	0.02
500 Resin	GFI 10	1.270	2.0-4.0	7.50 O	250	3.0-4.0	0.02
500ECR Resin	GFI 10	1.270	5.0-7.0	7.50 BA	248	2.0-4.0	0.02
500R Resin	GFI 10	1.270	2.0-4.0	7.50 O	250	3.0-4.0	0.02
503 Resin	GFI 10	1.250	2.0-4.0		250	3.0-4.0	0.02
503R Resin	GFI 10	1.250	2.0-4.0		250	3.0-4.0	0.02
505R Resin	GFI 10	1.260	2.0-6.0	7.00 O	248	2.0-4.0	0.02
915R Resin		1.200	7.5-9.5	18.00 O	250	3.0-4.0	0.02
920 Resin		1.210	5.0-7.0	14.50 O	250	3.0-4.0	0.02
920A Resin		1.210	5.0-7.0	14.50 O	250	3.0-4.0	0.02
923 Resin		1.210	5.0-7.0	14.50 O	250	3.0-4.0	0.02
923A Resin		1.210	5.0-7.0	14.50 O	250	3.0-4.0	0.02
925 Resin		1.190	6.0-8.0	14.00 O	250	3.0-4.0	0.02
925U Resin		1.190	6.0-8.0	14.00 O	250	3.0-4.0	0.02
940 Resin		1.210	5.0-7.0	10.00 O	250	3.0-4.0	0.02
940A Resin		1.210	5.0-7.0	10.00 O	250	3.0-4.0	0.02
940ASR Resin		1.210	5.0-7.0	10.00 O	250	3.0-4.0	0.02

Max. % regrind	Inj. pres., ksi	Rear temp, °F	Mid temp, °F	Front temp, °F	Nozzle temp, °F	Proc temp, °F	Mold temp, °F
		500-540	520-560	540-580	530-570	540-580	160-200
						540-579	160-199
		500-540	520-559	540-579	531-570	540-579	160-199
						540-579	160-199
		500-540	520-560	540-580	530-570	540-580	160-200
		500-540	520-559	540-579	531-570	540-579	160-199
		570-610	590-630	610-650	600-640	610-650	180-240
		570-610	590-630	610-650	600-640	610-650	180-240
		570-610	590-630	610-650	600-640	610-650	180-240
		520-560	540-580	560-600	550-590	560-600	160-200
		520-560	540-580	560-600	550-590	560-600	160-200
		520-560	540-580	560-600	550-590	560-600	160-200
		520-560	540-580	560-600	550-590	560-600	160-200
		423-559	540-579	559-601	550-590	559-601	160-199
		520-560	540-580	560-600	550-590	560-600	160-200
		520-560	540-580	560-600	550-590	560-600	160-200
		570-610	590-630	610-650	600-640	610-650	180-240
		570-610	590-630	610-650	600-640	610-650	180-240
		570-610	590-630	610-650	600-640	610-650	180-240
		550-590	570-610	590-630	580-620	590-630	180-240
		550-590	570-610	590-630	580-620	590-630	180-240
		550-590	570-610	590-630	580-620	590-630	180-240
		550-590	570-610	590-630	580-620	590-630	180-240
		550-590	570-610	590-630	580-620	590-630	180-240
		500-540	520-560	540-580	530-570	540-580	160-200
						540-579	160-199
		500-540	520-560	540-580	530-570	540-580	160-200
		500-540	520-560	540-580	530-570	540-580	160-200
						540-579	160-199
		500-540	520-560	540-580	530-570	540-580	160-200
		520-560	540-580	560-600	550-590	560-600	160-200
		520-560	540-580	560-600	550-590	560-600	160-200
		520-560	540-580	560-600	550-590	560-600	160-200
		520-560	540-580	560-600	550-590	560-600	160-200
		560-600	580-620	600-640	590-630	600-640	180-240
		510-550	530-570	550-590	540-580	550-590	160-200
		560-600	580-620	600-640	590-630	600-640	180-240
		550-590	570-610	590-630	580-620	590-630	180-240
		560-600	580-620	600-640	590-630	600-640	180-240
		560-600	580-620	600-640	590-630	600-640	180-240
		550-590	570-610	590-630	580-620	590-630	180-240
		518-572	536-590	554-608	536-590	554-608	176-248
		550-590	570-610	590-630	580-620	590-630	180-240
		550-590	570-610	590-630	580-620	590-630	180-240
		550-590	570-610	590-630	579-621	590-630	180-241
		518-572	536-590	554-608	536-590	554-608	176-248
		510-550	530-570	550-590	540-580	550-590	160-200
		510-550	530-570	550-590	540-580	550-590	160-200
		510-550	530-570	550-590	540-580	550-590	160-200
		510-550	530-570	550-590	540-580	550-590	160-200
		510-550	530-570	550-590	540-580	550-590	160-200
		510-550	530-570	550-590	540-580	550-590	160-200
		510-550	530-570	550-590	540-580	550-590	160-200
		520-560	540-580	560-600	550-590	560-600	160-200
		423-559	540-579	559-601	550-590	559-601	160-199
		520-560	540-580	560-600	550-590	560-600	160-200

FREE DATA SHEETS: WWW.IDES.COM/PSIM

Grade	Filler	Sp Grav	Shrink, mils/in	Melt flow, g/10 min	Drying temp, °F	Drying time, hr	Max. % moisture
943 Resin		1.210	5.0-7.0	10.00 O	250	3.0-4.0	0.02
943A Resin		1.210	5.0-7.0	10.00 O	250	3.0-4.0	0.02
943ASR Resin		1.210	5.0-7.0	10.00 O	250	3.0-4.0	0.02
945 Resin		1.190	6.0-8.0	10.00 O	250	3.0-4.0	0.02
945ASR Resin		1.190	6.0-8.0	10.00 O	248	2.0-4.0	0.02
945U Resin		1.190	6.0-8.0	10.00 O	250	3.0-4.0	0.02
950 Resin		1.210	5.0-7.0	7.00 O	250	3.0-4.0	0.02
950A Resin		1.210	5.0-7.0	7.00 O	250	3.0-4.0	0.02
953 Resin		1.210	5.0-7.0	7.00 O	250	3.0-4.0	0.02
953A Resin		1.210	5.0-7.0	7.00 O	250	3.0-4.0	0.02
955 Resin		1.190	6.0-8.0	7.00 O	250	3.0-4.0	0.02
955U Resin		1.190	6.0-8.0	7.00 O	250	3.0-4.0	0.02
9945A Resin		1.200	5.0-7.0	10.00 O	248	2.0-4.0	0.02
AD143 Resin		1.200	5.0-7.0	13.00 O	248	2.0-4.0	0.02
AD4820 Resin		1.200	5.0-7.0	7.00 O	248	2.0-4.0	0.02
BFL2000 Resin		1.290	5.0-7.0	32.00 O	248	2.0-4.0	0.02
BFL2000U Resin		1.290	5.0-7.0	26.00 O	250	3.0-4.0	0.02
BFL2010 Resin	GFI	1.300	2.0-6.0	14.40 O	248	2.0-4.0	0.02
BFL2015 Resin	GFI	1.230	2.0-5.0	6.50 O	248	2.0-4.0	0.02
BPL1000 Resin		1.169	5.0-7.0	25.29 O	194	4.0	0.02
DMX2415 Resin		1.200	5.0-7.0	13.50 O	250	3.0-4.0	0.02
EM1210 Resin		1.190	5.0-7.0	13.00 O	250	3.0-4.0	0.02
EM3110 Resin		1.190	5.0-7.0	20.00 O	250	3.0-4.0	0.02
EM3110R Resin		1.190	5.0-7.0	20.00 O	250	3.0-4.0	0.02
EXL1112 Resin		1.180	4.0-8.0	17.00 O	250	3.0-4.0	0.02
EXL1112T Resin		1.190	4.0-8.0	20.00 O	250	3.0-4.0	0.02
EXL1132T Resin		1.190	4.0-8.0	20.00 O	250	3.0-4.0	0.02
EXL1162T Resin		1.190	4.0-8.0	20.00 O	250	3.0-4.0	0.02
EXL1192T Resin		1.190	4.0-8.0	20.00 O	250	3.0-4.0	0.02
EXL1330 Resin		1.180	4.0-8.0	10.00 O	250	3.0-4.0	0.02
EXL1413B Resin		1.180	4.0-8.0	10.00 O	250	3.0-4.0	0.02
EXL1413T Resin		1.190	4.0-8.0	10.00 O	250	3.0-4.0	0.02
EXL1414 Resin		1.180	4.0-8.0	10.00 O	248	3.0-4.0	0.02
EXL1414H Resin		1.180	4.0-8.0	10.00 O	250	3.0-4.0	0.02
EXL1414T Resin		1.190	4.0-8.0	10.00 O	250	3.0-4.0	0.02
EXL1433T Resin		1.190	4.0-8.0	10.00 O	250	3.0-4.0	0.02
EXL1434 Resin		1.180	4.0-8.0	10.00 O	250	3.0-4.0	0.02
EXL1434T Resin		1.190	4.0-8.0	10.00 O	250	3.0-4.0	0.02
EXL1443T Resin		1.190	4.0-8.0	10.00 O	250	3.0-4.0	0.02
EXL1444 Resin		1.180	4.0-8.0	10.00 O	250	3.0-4.0	0.02
EXL1463T Resin		1.190	4.0-8.0	10.00 O	250	3.0-4.0	0.02
EXL1464T Resin		1.190	4.0-8.0	10.00 O	250	3.0-4.0	0.02
EXL1494T Resin		1.190	4.0-8.0	10.00 O	250	3.0-4.0	0.02
EXL1810T Resin		1.190	4.0-8.0	35.00 O	250	3.0-4.0	0.02
EXL1860T Resin		1.190	4.0-8.0	35.00 O	250	3.0-4.0	0.02
EXL1890T Resin		1.190	4.0-8.0	35.00 O	250	3.0-4.0	0.02
EXL4016 Resin		1.224	2.0-6.0	6.00 O	250	3.0-4.0	0.02
EXL4019 Resin	GFI 9	1.250	2.0-6.0	7.50 O	250	3.0-4.0	0.02
EXL4419 Resin	GFI 9	1.250	2.0-6.0	11.00 O	250	3.0-4.0	0.02
EXL6414 Resin		1.190	4.0-8.0	8.00 O	250	3.0-4.0	0.02
EXL9112 Resin		1.180	4.0-8.0	17.00 O	250	3.0-4.0	0.02
EXL9132 Resin		1.180	4.0-8.0	17.00 O	250	3.0-4.0	0.02
EXL9134 Resin		1.190	4.0-8.0	16.00 O	248	3.0-4.0	0.02
EXL9330 Resin		1.180	4.0-8.0	10.00 O	250	3.0-4.0	0.02
EXLN0004 Resin	GFI 6	1.224	2.0-6.0	6.00 O	250	3.0-4.0	0.02
FXA1413T Resin		1.180	4.0-8.0	10.00 O	250	3.0-4.0	0.02

Max. % regrind	Inj. pres., ksi	Rear temp, °F	Mid temp, °F	Front temp, °F	Nozzle temp, °F	Proc temp, °F	Mold temp, °F
		520-560	540-580	560-600	550-590	560-600	160-200
		520-560	540-580	560-600	550-590	560-600	160-200
		520-560	540-580	560-600	550-590	560-600	160-200
		520-560	540-580	560-600	550-590	560-600	160-200
		500-536	518-554	536-590	518-554	536-590	176-230
		520-560	540-580	560-600	550-590	560-600	160-200
		550-590	570-610	590-630	580-620	590-630	180-240
		550-590	570-610	590-630	580-620	590-630	180-240
		550-590	570-610	590-630	580-620	590-630	180-240
		550-590	570-610	590-630	580-620	590-630	180-240
		550-590	570-610	590-630	580-620	590-630	180-240
		550-590	570-610	590-630	580-620	590-630	180-240
		500-536	518-554	536-590	518-554	536-590	176-230
		500-536	518-554	536-590	518-554	536-590	176-230
		518-572	536-590	554-608	536-590	554-608	176-248
		500-536	518-554	536-572	518-554	536-572	176-212
		480-520	500-540	520-560	510-550	520-560	160-200
		518-572	536-590	554-608	536-590	554-608	176-248
		518-572	536-590	554-608	536-590	554-608	176-248
		500-536	518-554	536-572	518-554	536-572	194
		520-560	540-580	560-600	550-590	560-600	160-200
		520-560	540-580	560-600	550-590	560-600	160-200
		490-530	510-550	530-570	520-560	530-570	160-200
		490-530	510-550	530-570	520-560	530-570	160-200
		423-559	540-579	559-601	550-590	559-601	160-199
		423-559	540-579	559-601	550-590	559-601	160-199
		423-559	540-579	559-601	550-590	559-601	160-199
		423-559	540-579	559-601	550-590	559-601	160-199
		423-559	540-579	559-601	550-590	559-601	160-199
		423-559	540-579	559-601	550-590	559-601	160-199
		423-559	540-579	559-601	550-590	559-601	160-199
		518-563	536-581	563-599	554-590	563-599	158-203
		520-560	540-580	560-600	550-590	560-600	160-200
		423-559	540-579	559-601	550-590	559-601	160-199
		423-559	540-579	559-601	550-590	559-601	160-199
		423-559	540-579	559-601	550-590	559-601	160-199
		423-559	540-579	559-601	550-590	559-601	160-199
		423-559	540-579	559-601	550-590	559-601	160-199
		423-559	540-579	559-601	550-590	559-601	160-199
		423-559	540-579	559-601	550-590	559-601	160-199
		423-559	540-579	559-601	550-590	559-601	160-199
		423-559	540-579	559-601	550-590	559-601	160-199
		423-559	540-579	559-601	550-590	559-601	160-199
		550-590	570-610	590-630	579-621	590-630	180-241
		550-590	570-610	590-630	579-621	590-630	180-241
		550-590	570-610	590-630	579-621	590-630	180-241
		520-560	540-580	560-600	550-590	560-600	160-200
		423-559	540-579	559-601	550-590	559-601	160-199
		423-559	540-579	559-601	550-590	559-601	160-199
		518-563	536-581	563-599	554-590	563-599	158-203
		423-559	540-579	559-601	550-590	559-601	160-199
		550-590	570-610	590-630	580-620	590-630	180-240
		423-559	540-579	559-601	550-590	559-601	160-199

FREE DATA SHEETS: WWW.IDES.COM/PSIM

Grade	Filler	Sp Grav	Shrink, mils/in	Melt flow, g/10 min	Drying temp, °F	Drying time, hr	Max. % moisture
FXA1414T Resin		1.180	4.0-8.0	10.00 O	250	3.0-4.0	0.02
FXD103 Resin		1.200	5.0-7.0	7.00 O	250	3.0-4.0	0.02
FXD103R Resin		1.200	5.0-7.0	7.00 O	250	3.0-4.0	0.02
FXD121R Resin		1.190	5.0-7.0	18.20 O	250	3.0-4.0	0.02
FXD1413T Resin		1.190	4.0-8.0	10.00 O	250	3.0-4.0	0.02
FXD1414T Resin		1.180	4.0-8.0	10.00 O	250	3.0-4.0	0.02
FXD1433T Resin		1.180	5.0-7.0	10.00 O	250	3.0-4.0	0.02
FXD171R Resin		1.190	5.0-7.0	25.00 O	250	3.0-4.0	0.02
FXD9945A Resin		1.200	5.0-7.0	10.00 O	248	2.0-4.0	0.02
FXE1413T Resin		1.190	4.0-8.0	10.00 O	250	3.0-4.0	0.02
FXE1414T Resin		1.190	4.0-8.0	10.00 O	250	3.0-4.0	0.02
FXE144H Resin		1.200	5.0-7.0	11.00 O	250	3.0-4.0	0.02
FXE1810T Resin		1.190	5.0-7.0	35.00 O	250	3.0-4.0	0.02
FXG1413T Resin		1.180	0.4-0.8	10.00 O	250	3.0-4.0	0.02
FXG1414T Resin		1.180	4.0-8.0	10.00 O	250	3.0-4.0	0.02
FXM123R Resin		1.200	5.0-7.0	18.00 O	250	3.0-4.0	0.02
FXM1413T Resin		1.180	0.4-0.8	10.00 O	250	3.0-4.0	0.02
FXM1414T Resin		1.180	4.0-8.0	10.00 O	250	3.0-4.0	0.02
FXM141R Resin		1.200	5.0-7.0	10.80 O	250	3.0-4.0	0.02
FXP1430T Resin		1.180	4.0-9.0	12.00 O	250	3.0-4.0	0.02
HF1110 Resin		1.200	5.0-7.0	25.00 O	250	3.0-4.0	0.02
HF1110R Resin		1.200	5.0-7.0	25.00 O	250	3.0-4.0	0.02
HF1130 Resin		1.200	5.0-7.0	25.00 O	250	3.0-4.0	0.02
HF1140 Resin		1.200	5.0-7.0	25.00 O	250	3.0-4.0	0.02
HF1140R Resin		1.200	5.0-7.0	25.00 O	250	3.0-4.0	0.02
HP1 Resin		1.200	5.0-7.0	25.00 O	250	3.0-4.0	0.02
HP1HF Resin		1.180	5.0-7.0	39.00 O	248	2.0-4.0	0.02
HP1R Resin		1.200	5.0-7.0	25.00 O	250	3.0-4.0	0.02
HP4R Resin		1.200	5.0-7.0	10.50 O	250	3.0-4.0	0.02
HPM1914 Resin		1.190	6.0-9.0	25.00 BA	250	3.0-4.0	0.02
HPM1944 Resin		1.190	6.0-9.0	10.00 O	250	3.0-4.0	0.02
HPS1R Resin		1.200	5.0-7.0	25.00 O	250	3.0-4.0	0.02
HPS2 Resin		1.200	5.0-7.0	17.50 O	250	3.0-4.0	0.02
HPS4 Resin		1.190	5.0-7.0	10.50 O	248	2.0-4.0	0.02
HPS6 Resin		1.200	5.0-7.0	112.20 BE	250	3.0-4.0	0.02
HPS7 Resin		1.200	5.0-7.0	24.00 BE	250	3.0-4.0	0.02
HPS7R Resin		1.200	5.0-7.0	24.00 BE	250	3.0-4.0	0.02
HPX4 Resin		1.190	4.0-8.0	10.00 O	250	3.0-4.0	0.02
HPX4R Resin		1.190	4.0-8.0	10.00 O	250	3.0-4.0	0.02
HPX8R Resin		1.190	4.0-8.0	35.00 O	250	3.0-4.0	0.02
LGK3020 Resin	GFI	1.430	0.5-2.5		250	3.0-4.0	0.02
LGK5030 Resin	GFI	1.610	0.5-2.5		250		
LR505 Resin	GFI 10	1.260	3.0-6.0	7.50 O	250	3.0-4.0	0.02
LS1 Resin		1.200	5.0-7.0	17.50 O	250	3.0-4.0	0.02
LS2 Resin		1.200	5.0-7.0	11.00 O	250	3.0-4.0	0.02
LS3 Resin		1.200	5.0-7.0	7.00 O	250	3.0-4.0	0.02
LSHF Resin		1.200	5.0-7.0	25.00 O	250	3.0-4.0	0.02
ML6018R Resin		1.180			250	3.0-4.0	0.02
ML6339R Resin		1.170	5.0-7.0	10.00 O	220-230	3.0-4.0	
ML6411 Resin		1.190	4.0-8.0	7.00 AJ	194-212	2.0-4.0	0.02
ML6412 Resin		1.190	4.0-8.0	5.00 AJ	194-212	2.0-4.0	0.02
ML6451 Resin		1.190		10.50 O	250	3.0-4.0	0.02
ML6622 Resin		1.200	5.0-7.0	3.00 O	250	3.0-4.0	0.02
ML6819 Resin		1.200	5.0-7.0	8.00 O	250	3.0-4.0	0.02
OQ1022 Resin		1.190	6.0-8.0	11.00 BZ	250	3.0-4.0	0.02
OQ1030 Resin		1.200	0.5-0.7	12.80 BZ	250	3.0-4.0	0.02

Max. % regrind	Inj. pres., ksi	Rear temp, °F	Mid temp, °F	Front temp, °F	Nozzle temp, °F	Proc temp, °F	Mold temp, °F
		423-559	540-579	559-601	550-590	559-601	160-199
		550-590	570-610	590-630	580-620	590-630	180-240
		550-590	570-610	590-630	580-620	590-630	180-240
		500-540	520-560	540-580	530-570	540-580	160-200
		423-559	540-579	559-601	550-590	559-601	160-199
		423-559	540-579	559-601	550-590	559-601	160-199
		423-559	540-579	559-601	550-590	559-601	160-199
		480-520	500-540	520-559	511-550	520-559	160-199
		500-590	518-590	536-590	518-554	536-590	176-230
		423-559	540-579	559-601	550-590	559-601	160-199
		423-559	540-579	559-601	550-590	559-601	160-199
		520-560	540-580	560-600	550-590	560-600	160-200
		520-560	540-580	560-600	550-590	560-600	160-200
		423-559	540-579	559-601	550-590	559-601	160-199
		423-559	540-579	559-601	550-590	559-601	160-199
		500-540	520-560	540-580	530-570	540-580	160-200
		423-559	540-579	559-601	550-590	559-601	160-199
		423-559	540-579	559-601	550-590	559-601	160-199
		520-560	540-580	560-600	550-590	560-600	160-200
		423-559	540-579	559-601	550-590	559-601	160-199
		480-520	500-540	520-560	510-550	520-560	160-200
		480-520	500-540	520-560	510-550	520-560	160-200
		480-520	500-540	520-560	510-550	520-560	160-200
		480-520	500-540	520-560	510-550	520-560	160-200
		480-520	500-540	520-560	510-550	520-560	160-200
		480-520	500-540	520-560	510-550	520-560	160-200
		500-536	518-554	536-572	518-554	536-572	176-212
		480-520	500-540	520-560	510-550	520-560	160-200
		520-560	540-580	560-600	550-590	560-600	160-200
		480-520	500-540	520-560	510-550	520-560	160-200
		520-560	540-580	560-600	550-590	560-600	160-200
		480-520	500-540	520-560	510-550	520-560	160-200
		500-540	520-560	540-580	530-570	540-580	160-200
		500-536	518-554	536-590	518-554	536-590	176-230
		550-590	570-610	590-630	580-620	590-630	180-240
		550-590	570-610	590-630	580-620	590-630	180-240
		550-590	570-610	590-630	580-620	590-630	180-240
		520-560	540-580	560-600	550-590	560-600	160-200
		520-560	540-580	560-600	550-590	560-600	160-200
		520-560	540-580	560-600	550-590	560-600	160-200
		560-600	580-620	600-640	590-630	600-640	180-240
		560-600	580-620	600-640	590-630	600-640	180-240
		550-590	570-610	590-630	580-620	590-630	180-240
		500-540	520-560	540-580	530-570	540-580	160-200
		520-560	540-580	560-600	550-590	560-600	160-200
		550-590	570-610	590-630	580-620	590-630	180-240
		480-520	500-540	520-560	510-550	520-560	160-200
		500-540	520-560	540-580	530-570	540-580	160-200
		460-540	480-560	500-580	490-570	500-580	120-180
		446-500	482-554	500-572	482-554	518-572	140-194
		446-500	482-554	500-572	482-554	518-572	140-194
		520-560	540-580	560-600	550-590	560-600	160-200
		570-610	590-630	610-650	600-640	610-650	180-240
						549-599	160-199
		540-590	560-610	580-630	580-630	580-630	150-200
		540-590	560-610	580-630	580-630	580-630	150-200

FREE DATA SHEETS: WWW.IDES.COM/PSIM

Grade	Filler	Sp Grav	Shrink, mils/in	Melt flow, g/10 min	Drying temp, °F	Drying time, hr	Max. % moisture
OQ1030FX Resin		1.200	6.0-8.0	11.70 BZ	250	3.0-4.0	0.02
OQ1031FX Resin		1.200	6.0-8.0	11.70 BZ	250	3.0-4.0	0.02
OQ2320 Resin		1.200	5.0-7.0	12.50 O	250	3.0-4.0	0.02
OQ2720 Resin		1.200	5.0-7.0	7.50 O	250	3.0-4.0	0.02
OQ3220 Resin		1.200	5.0-7.0	18.00 O	250	3.0-4.0	0.02
OQ3420 Resin		1.200	5.0-7.0	10.50 O	250	3.0-4.0	0.02
OQ3820 Resin		1.190	6.0-8.0	7.40 O	250	3.0-4.0	0.02
OQ4620 Resin		1.200	5.0-7.0	8.50 O	250	3.0-4.0	0.02
PK2870 Resin		1.200	5.0-7.0	2.50 O	250	3.0-4.0	0.02
PK2940 Resin		1.200	5.0-7.0	2.00 O	250	3.0-4.0	0.02
SLX1231D Resin		1.200	5.0-7.0	18.00 O	248	2.0-4.0	0.02
SLX1231T Resin		1.200	5.0-7.0	18.00 O	248	2.0-4.0	0.02
SLX1431D Resin		1.200	5.0-7.0	10.00 BA	248	2.0-4.0	0.02
SLX1431T Resin		1.200	5.0-7.0	10.00 BA	248	2.0-4.0	0.02
SLX1432 Resin		1.222	6.0-8.0	10.00 O	250	3.0-4.0	0.02
SLX1432D Resin		1.220	5.0-7.8	10.00 O	248	3.0-4.0	0.02
SLX1432T Resin		1.220	5.0-7.0	10.00 O	248	3.0-4.0	0.02
SLX2231T Resin		1.200	5.0-7.0	17.50 O	248	2.0-4.0	0.02
SLX2431D Resin		1.200	5.0-7.0	10.00 O	248	2.0-4.0	0.02
SLX2431T Resin		1.200	5.0-7.0	10.00 O	248	2.0-4.0	0.02
SLX2432D Resin		1.220	5.0-7.8	10.00 O	248	3.0-4.0	0.02
SLX2432T Resin		1.220	5.0-7.0	10.00 O	248	3.0-4.0	0.02

PC   Lexan   GE Adv Matl Euro

Grade	Filler	Sp Grav	Shrink, mils/in	Melt flow, g/10 min	Drying temp, °F	Drying time, hr	Max. % moisture
101 Resin		1.203	5.0-7.0		248	2.0-4.0	0.02
101R Resin		1.203	5.0-7.0		248	2.0-4.0	0.02
103 Resin		1.203	5.0-7.0		248	2.0-4.0	0.02
103R Resin		1.203	5.0-7.0		248	2.0-4.0	0.02
104 Resin		1.203	5.0-7.0		248	2.0-4.0	0.02
104R Resin		1.203	5.0-7.0		248	2.0-4.0	0.02
121 Resin		1.203	5.0-7.0		248	2.0-4.0	0.02
121R Resin		1.203	5.0-7.0		248	2.0-4.0	0.02
123R Resin		1.203	5.0-7.0		248	2.0-4.0	0.02
124R Resin		1.203	5.0-7.0		248	2.0-4.0	0.02
1278R Resin	GFI 20	1.353	2.0-5.0		248	2.0-4.0	0.02
134R Resin		1.203	5.0-7.0		248	2.0-4.0	0.02
141 Resin		1.203	5.0-7.0		248	2.0-4.0	0.02
141R Resin		1.203	5.0-7.0		248	2.0-4.0	0.02
143 Resin		1.203	5.0-7.0		248	2.0-4.0	0.02
143R Resin		1.203	5.0-7.0		248	2.0-4.0	0.02
144R Resin		1.203	5.0-7.0		248	2.0-4.0	0.02
161R Resin		1.203	5.0-7.0		248	2.0-4.0	0.02
163R Resin		1.203	5.0-7.0		248	2.0-4.0	0.02
164R Resin		1.203	5.0-7.0		248	2.0-4.0	0.02
171R Resin		1.203	5.0-7.0		248	2.0-4.0	0.02
2014R Resin		1.243	4.0-6.0		248	2.0-4.0	0.02
201R Resin		1.203	5.0-7.0		248	2.0-4.0	0.02
2034R Resin		1.243	4.0-6.0		248	2.0-4.0	0.02
221R Resin		1.203	5.0-7.0		248	2.0-4.0	0.02
223R Resin		1.203	5.0-7.0		248	2.0-4.0	0.02
241R Resin		1.203	5.0-7.0		248	2.0-4.0	0.02
243R Resin		1.203	5.0-7.0		248	2.0-4.0	0.02
261R Resin		1.203	5.0-7.0		248	2.0-4.0	0.02
263R Resin		1.203	5.0-7.0		248	2.0-4.0	0.02
2814R Resin	GFI 10	1.253	2.0-6.0		248	2.0-4.0	0.02
3412ECR Resin	GFI 20	1.300	2.0-5.0	7.00 O	250	3.0-4.0	0.02

Max. % regrind	Inj. pres., ksi	Rear temp, °F	Mid temp, °F	Front temp, °F	Nozzle temp, °F	Proc temp, °F	Mold temp, °F
		540-590	560-610	580-630	580-630	580-630	150-200
		540-590	560-610	580-630	580-630	580-630	150-200
		510-550	530-570	550-590	540-580	550-590	160-200
		550-590	570-610	590-630	580-620	590-630	180-240
		500-540	520-560	540-580	530-570	540-580	160-200
		520-560	540-580	560-600	550-590	560-600	160-200
		550-590	570-610	590-630	580-620	590-630	180-240
		550-590	570-610	590-630	580-620	590-630	180-240
		570-610	590-630	610-650	600-640	610-650	180-240
		570-610	590-630	610-650	600-640	610-650	180-240
		500-536	518-554	536-590	518-554	536-590	176-230
		500-536	518-554	536-590	518-554	536-590	176-230
		500-536	518-554	536-590	518-554	536-590	176-230
		500-536	518-554	536-590	518-554	536-590	176-230
		520-560	540-580	560-600	550-590	560-600	160-200
		491-536	509-554	536-572	527-563	536-572	158-203
		491-536	509-554	536-572	527-563	536-572	158-203
		500-536	518-554	536-590	518-554	536-590	176-230
		500-536	518-554	536-590	518-554	536-590	176-230
		500-536	518-554	536-590	518-554	536-590	176-230
		491-536	509-554	536-572	527-563	536-572	158-203
		491-536	509-554	536-572	527-563	536-572	158-203
		518-572	536-590	554-608	536-590	554-608	176-248
		518-572	536-590	554-608	536-590	554-608	176-248
		518-572	536-590	554-608	536-590	554-608	176-248
		518-572	536-590	554-608	536-590	554-608	176-248
		518-572	536-590	554-608	536-590	554-608	176-248
		518-572	536-590	554-608	536-590	554-608	176-248
		500-536	518-554	536-572	518-554	536-572	176-212
		500-536	518-554	536-572	518-554	536-572	176-212
		500-536	518-554	536-572	518-554	536-572	176-212
		500-536	518-554	536-572	518-554	536-572	176-212
		500-536	518-554	536-590	518-554	536-590	176-230
		518-572	536-590	554-608	536-590	554-608	176-248
		500-536	518-554	536-590	518-554	536-590	176-230
		500-536	518-554	536-590	518-554	536-590	176-230
		500-536	518-554	536-590	518-554	536-590	176-230
		500-536	518-554	536-590	518-554	536-590	176-230
		500-536	518-554	536-590	518-554	536-590	176-230
		500-536	518-554	536-590	518-554	536-590	176-230
		500-536	518-554	536-590	518-554	536-590	176-230
		500-536	518-554	536-590	518-554	536-590	176-230
		500-536	518-554	536-572	518-554	536-572	176-212
		500-536	518-554	536-590	518-554	536-590	176-230
		518-572	536-590	554-608	536-590	554-608	176-248
		500-536	518-554	536-590	518-554	536-590	176-230
		500-536	518-554	536-572	518-554	536-572	176-212
		500-536	518-554	536-572	518-554	536-572	176-212
		500-536	518-554	536-590	518-554	536-590	176-230
		500-536	518-554	536-590	518-554	536-590	176-230
		500-536	518-554	536-590	518-554	536-590	176-230
		500-536	518-554	536-590	518-554	536-590	176-230
		518-572	536-590	554-608	536-590	554-608	176-248
		510-550	530-570	550-590	540-580	550-590	160-200

FREE DATA SHEETS: WWW.IDES.COM/PSIM

Grade	Filler	Sp Grav	Shrink, mils/in	Melt flow, g/10 min	Drying temp, °F	Drying time, hr	Max. % moisture
3412R Resin	GFI 20	1.353	2.0-5.0		248	2.0-4.0	0.02
3413R Resin	GFI 30	1.444	1.0-4.0		248	2.0-4.0	0.02
3414R Resin	GFI 40	1.524	1.0-3.0		248	2.0-4.0	0.02
4501 Resin		1.203	7.0		257-275	3.0-4.0	
4701R Resin		1.203	9.0		257-275	3.0-4.0	
500ECR Resin	GFI 10	1.270	5.0-7.0	7.50 BA	248	2.0-4.0	0.02
500R Resin	GFI 10	1.253	2.0-6.0		248	2.0-4.0	0.02
503R Resin	GFI 10	1.253	2.0-6.0		248	2.0-4.0	0.02
505R Resin	GFI 10	1.260	2.0-6.0	7.00 O	248	2.0-4.0	0.02
915R Resin		1.203	5.0-7.0		248	2.0-4.0	0.02
920 Resin		1.203	5.0-7.0		248	2.0-4.0	0.02
920A Resin		1.203	5.0-7.0		248	2.0-4.0	0.02
923 Resin		1.203	5.0-7.0		248	2.0-4.0	0.02
923A Resin		1.203	5.0-7.0		248	2.0-4.0	0.02
925 Resin		1.203	5.0-7.0		248	2.0-4.0	0.02
925A Resin		1.203	5.0-7.0		248	2.0-4.0	0.02
925AU Resin		1.203	5.0-7.0		248	2.0-4.0	0.02
925U Resin		1.203	5.0-7.0		248	2.0-4.0	0.02
940 Resin		1.203	5.0-7.0		248	2.0-4.0	0.02
940A Resin		1.203	5.0-7.0		248	2.0-4.0	0.02
943 Resin		1.203	5.0-7.0		248	2.0-4.0	0.02
943A Resin		1.203	5.0-7.0		248	2.0-4.0	0.02
945 Resin		1.203	5.0-7.0		248	2.0-4.0	0.02
945A Resin		1.203	5.0-7.0		248	2.0-4.0	0.02
945ASR Resin		1.190	5.0-7.0	10.00 O	248	2.0-4.0	0.02
945AU Resin		1.203	5.0-7.0		248	2.0-4.0	0.02
945U Resin		1.203	5.0-7.0		248	2.0-4.0	0.02
950 Resin		1.203	5.0-7.0		248	2.0-4.0	0.02
950A Resin		1.203	5.0-7.0		248	2.0-4.0	0.02
953A Resin		1.203	5.0-7.0		248	2.0-4.0	0.02
955 Resin		1.203	5.0-7.0		248	2.0-4.0	0.02
955A Resin		1.203	5.0-7.0		248	2.0-4.0	0.02
955AU Resin		1.203	5.0-7.0		248	2.0-4.0	0.02
955U Resin		1.203	5.0-7.0		248	2.0-4.0	0.02
9945A Resin		1.200	5.0-7.0	10.00 O	248	2.0-4.0	0.02
AD143 Resin		1.200	5.0-7.0	13.00 O	248	2.0-4.0	0.02
AD4820 Resin		1.200	5.0-7.0	7.00 O	248	2.0-4.0	0.02
BFL2000 Resin		1.290	5.0-7.0	32.00 O	248	2.0-4.0	0.02
BFL2000U Resin		1.290	5.0-7.0	26.00 O	250	3.0-4.0	0.02
BFL2010 Resin	GFI	1.300	2.0-6.0	14.40 O	248	2.0-4.0	0.02
BFL2015 Resin	GFI	1.230	2.0-5.0	6.50 O	248	2.0-4.0	0.02
BPL1000 Resin		1.169	5.0-7.0	25.29 O	194	4.0	0.02
DMX2415 Resin		1.200	5.0-7.0	13.50 O	250	3.0-4.0	0.02
EXL1112 Resin		1.180	4.0-8.0	17.00 O	250	3.0-4.0	0.02
EXL1112T Resin		1.190	4.0-8.0	20.00 O	250	3.0-4.0	0.02
EXL1132T Resin		1.190	4.0-8.0	20.00 O	250	3.0-4.0	0.02
EXL1162T Resin		1.190	4.0-8.0	20.00 O	250	3.0-4.0	0.02
EXL1192T Resin		1.190	4.0-8.0	20.00 O	250	3.0-4.0	0.02
EXL1330 Resin		1.180	4.0-8.0	10.00 O	250	3.0-4.0	0.02
EXL1413B Resin		1.180	4.0-8.0	10.00 O	250	3.0-4.0	0.02
EXL1413T Resin		1.190	4.0-8.0	10.00 O	250	3.0-4.0	0.02
EXL1414 Resin		1.180	4.0-8.0	10.00 O	248	3.0-4.0	0.02
EXL1414H Resin		1.180	4.0-8.0	10.00 O	250	3.0-4.0	0.02
EXL1414T Resin		1.190	4.0-8.0	10.00 O	250	3.0-4.0	0.02
EXL1433T Resin		1.190	4.0-8.0	10.00 O	250	3.0-4.0	0.02
EXL1434 Resin		1.180	4.0-8.0	10.00 O	250	3.0-4.0	0.02

Max. % regrind	Inj. pres., ksi	Rear temp, °F	Mid temp, °F	Front temp, °F	Nozzle temp, °F	Proc temp, °F	Mold temp, °F
		518-572	536-590	554-608	536-590	554-608	176-248
		518-572	536-590	554-608	536-590	554-608	176-248
		518-572	536-590	554-608	536-590	554-608	176-248
		572-608	590-626	608-644	608-644	617-680	212-257
		572-608	590-626	608-644	608-644	617-680	212-257
		518-572	536-590	554-608	536-590	554-608	176-248
		518-572	536-590	554-608	536-590	554-608	176-248
		518-572	536-590	554-608	536-590	554-608	176-248
		518-572	536-590	554-608	536-590	554-608	176-248
		500-536	518-554	536-572	518-554	536-572	176-212
		500-536	518-554	536-572	518-554	536-572	176-212
		500-536	518-554	536-572	518-554	536-572	176-212
		500-536	518-554	536-572	518-554	536-572	176-212
		500-536	518-554	536-572	518-554	536-572	176-212
		500-536	518-554	536-590	518-554	536-590	176-230
		500-536	518-554	536-590	518-554	536-590	176-230
		500-536	518-554	536-590	518-554	536-590	176-230
		500-536	518-554	536-590	518-554	536-590	176-230
		500-536	518-554	536-572	518-554	536-572	176-212
		500-536	518-554	536-572	518-554	536-572	176-212
		500-536	518-554	536-572	518-554	536-572	176-212
		500-536	518-554	536-572	518-554	536-572	176-212
		500-536	518-554	536-590	518-554	536-590	176-230
		500-536	518-554	536-590	518-554	536-590	176-230
		500-536	518-554	536-590	518-554	536-590	176-230
		500-536	518-554	536-590	518-554	536-590	176-230
		500-536	518-554	536-590	518-554	536-590	176-230
		500-536	518-554	536-590	518-554	536-590	176-230
		500-536	518-554	536-590	518-554	536-590	176-230
		500-536	518-554	536-590	518-554	536-590	176-230
		518-572	536-590	554-608	536-590	554-608	176-248
		518-572	536-590	554-608	536-590	554-608	176-248
		518-572	536-590	554-608	536-590	554-608	176-248
		518-572	536-590	554-608	536-590	554-608	176-248
		500-536	518-554	536-590	518-554	536-590	176-230
		500-536	518-554	536-590	518-554	536-590	176-230
		518-572	536-590	554-608	536-590	554-608	176-248
		500-536	518-554	536-572	518-554	536-572	176-212
		480-520	500-540	520-560	510-550	520-560	160-200
		518-572	536-590	554-608	536-590	554-608	176-248
		518-572	536-590	554-608	536-590	554-608	176-248
		500-536	518-554	536-572	518-554	536-572	194
		520-560	540-580	560-600	550-590	560-600	160-200
		423-559	540-579	559-601	550-590	559-601	160-199
		423-559	540-579	559-601	550-590	559-601	160-199
		423-559	540-579	559-601	550-590	559-601	160-199
		423-559	540-579	559-601	550-590	559-601	160-199
		423-559	540-579	559-601	550-590	559-601	160-199
		423-559	540-579	559-601	550-590	559-601	160-199
		423-559	540-579	559-601	550-590	559-601	160-199
		423-559	540-579	559-601	550-590	559-601	160-199
		518-563	536-581	563-599	554-590	563-599	158-203
		520-560	540-580	560-600	550-590	560-600	160-200
		423-559	540-579	559-601	550-590	559-601	160-199
		423-559	540-579	559-601	550-590	559-601	160-199
		423-559	540-579	559-601	550-590	559-601	160-199

Grade	Filler	Sp Grav	Shrink, mils/in	Melt flow, g/10 min	Drying temp, °F	Drying time, hr	Max. % moisture
EXL1434T Resin		1.190	4.0–8.0	10.00 O	250	3.0–4.0	0.02
EXL1443T Resin		1.190	4.0–8.0	10.00 O	250	3.0–4.0	0.02
EXL1444 Resin		1.180	4.0–8.0	10.00 O	250	3.0–4.0	0.02
EXL1463T Resin		1.190	4.0–8.0	10.00 O	250	3.0–4.0	0.02
EXL1464T Resin		1.190	4.0–8.0	10.00 O	250	3.0–4.0	0.02
EXL1494T Resin		1.190	4.0–8.0	10.00 O	250	3.0–4.0	0.02
EXL1810T Resin		1.190	4.0–8.0	35.00 O	250	3.0–4.0	0.02
EXL1860T Resin		1.190	4.0–8.0	35.00 O	250	3.0–4.0	0.02
EXL1890T Resin		1.190	4.0–8.0	35.00 O	250	3.0–4.0	0.02
EXL4016 Resin		1.224	2.0–6.0	6.00 O	250	3.0–4.0	0.02
EXL4019 Resin	GFI 9	1.250	2.0–6.0	7.50 O	250	3.0–4.0	0.02
EXL4419 Resin	GFI 9	1.250	2.0–6.0	11.00 O	250	3.0–4.0	0.02
EXL6013 Resin		1.203	6.0–8.0		248	2.0–4.0	0.02
EXL6033 Resin		1.203	6.0–8.0		248	2.0–4.0	0.02
EXL6414 Resin		1.190	4.0–8.0	8.00 O	250	3.0–4.0	0.02
EXL9112 Resin		1.180	4.0–8.0	17.00 O	250	3.0–4.0	0.02
EXL9132 Resin		1.180	4.0–8.0	17.00 O	250	3.0–4.0	0.02
EXL9134 Resin		1.190	4.0–8.0	16.00 O	248	3.0–4.0	0.02
EXL9330 Resin		1.180	4.0–8.0	10.00 O	250	3.0–4.0	0.02
EXLN0004 Resin	GFI 6	1.224	2.0–6.0	6.00 O	250	3.0–4.0	0.02
FL3000 Resin		1.103	9.0–11.0		248	2.0–4.0	0.02
FL900P Resin		0.950	5.0–7.0		248	2.0–4.0	0.02
FL900S Resin		0.950	5.0–7.0		248	2.0–4.0	0.02
FL920 Resin	GFI 20	1.000	3.0–5.0		248	2.0–4.0	0.02
FXA101 Resin		1.203	5.0–7.0		248	2.0–4.0	0.02
FXA101R Resin		1.203	5.0–7.0		248	2.0–4.0	0.02
FXA121R Resin		1.203	5.0–7.0		248	2.0–4.0	0.02
FXA1413T Resin		1.180	4.0–8.0	10.00 O	250	3.0–4.0	0.02
FXA1414T Resin		1.180	4.0–8.0	10.00 O	250	3.0–4.0	0.02
FXA141R Resin		1.203	5.0–7.0		248	2.0–4.0	0.02
FXA171R Resin		1.203	5.0–7.0		248	2.0–4.0	0.02
FXA921A Resin		1.203	5.0–7.0		248	2.0–4.0	0.02
FXD101R Resin		1.203	5.0–7.0		248	2.0–4.0	0.02
FXD103 Resin		1.200	5.0–7.0	7.00 O	250	3.0–4.0	0.02
FXD103R Resin		1.200	5.0–7.0	7.00 O	250	3.0–4.0	0.02
FXD121 Resin		1.203	5.0–7.0		248	2.0–4.0	0.02
FXD121R Resin		1.203	5.0–7.0		248	2.0–4.0	0.02
FXD123R Resin		1.203	5.0–7.0		248	2.0–4.0	0.02
FXD124R Resin		1.203	5.0–7.0		248	2.0–4.0	0.02
FXD141 Resin		1.203	5.0–7.0		248	2.0–4.0	0.02
FXD1413T Resin		1.190	4.0–8.0	10.00 O	250	3.0–4.0	0.02
FXD1414T Resin		1.180	4.0–8.0	10.00 O	250	3.0–4.0	0.02
FXD141R Resin		1.203	5.0–7.0		248	2.0–4.0	0.02
FXD1433T Resin		1.180	4.0–8.0	10.00 O	250	3.0–4.0	0.02
FXD143R Resin		1.203	5.0–7.0		248	2.0–4.0	0.02
FXD144R Resin		1.203	5.0–7.0		248	2.0–4.0	0.02
FXD161R Resin		1.203	5.0–7.0		248	2.0–4.0	0.02
FXD163R Resin		1.203	5.0–7.0		248	2.0–4.0	0.02
FXD164R Resin		1.203	5.0–7.0		248	2.0–4.0	0.02
FXD171R Resin		1.203	5.0–7.0		248	2.0–4.0	0.02
FXD173R Resin		1.203	5.0–7.0		248	2.0–4.0	0.02
FXD921A Resin		1.203	5.0–7.0		248	2.0–4.0	0.02
FXD923A Resin		1.203	5.0–7.0		248	2.0–4.0	0.02
FXD9945A Resin		1.200	5.0–7.0	10.00 O	248	2.0–4.0	0.02
FXE101 Resin		1.203	5.0–7.0		248	2.0–4.0	0.02
FXE101R Resin		1.203	5.0–7.0		248	2.0–4.0	0.02

Max. % regrind	Inj. pres., ksi	Rear temp, °F	Mid temp, °F	Front temp, °F	Nozzle temp, °F	Proc temp, °F	Mold temp, °F
		423-559	540-579	559-601	550-590	559-601	160-199
		423-559	540-579	559-601	550-590	559-601	160-199
		423-559	540-579	559-601	550-590	559-601	160-199
		423-559	540-579	559-601	550-590	559-601	160-199
		423-559	540-579	559-601	550-590	559-601	160-199
		423-559	540-579	559-601	550-590	559-601	160-199
		423-559	540-579	559-601	550-590	559-601	160-199
		423-559	540-579	559-601	550-590	559-601	160-199
		423-559	540-579	559-601	550-590	559-601	160-199
		550-590	570-610	590-630	579-621	590-630	180-241
		550-590	570-610	590-630	579-621	590-630	180-241
		550-590	570-610	590-630	579-621	590-630	180-241
		518-572	536-590	554-608	536-590	554-608	176-248
		518-572	536-590	554-608	536-590	554-608	176-248
		520-560	540-580	560-600	550-590	560-600	160-200
		423-559	540-579	559-601	550-590	559-601	160-199
		423-559	540-579	559-601	550-590	559-601	160-199
		518-563	536-581	563-599	554-590	563-599	158-203
		423-559	540-579	559-601	550-590	559-601	160-199
		550-590	570-610	590-630	580-620	590-630	180-240
		509-563	536-590	554-608	554-608	554-608	149-203
		509-563	536-590	554-608	554-608	554-608	149-203
		509-563	536-590	554-608	554-608	554-608	149-203
		509-563	536-590	554-608	554-608	554-608	149-203
		518-572	536-590	554-608	536-590	554-608	176-248
		518-572	536-590	554-608	536-590	554-608	176-248
		500-536	518-554	536-572	518-554	536-572	176-212
		423-559	540-579	559-601	550-590	559-601	160-199
		423-559	540-579	559-601	550-590	559-601	160-199
		500-536	518-554	536-572	518-554	536-590	176-212
		500-536	518-554	536-572	518-554	536-572	176-212
		500-536	518-554	536-572	518-554	536-572	176-212
		518-572	536-590	554-608	580-620	536-590	176-248
		550-590	570-610	590-630	580-620	590-630	180-240
		550-590	570-610	590-630	580-620	590-630	180-240
		500-536	518-554	536-572	518-554	536-572	176-212
		500-536	518-554	536-572	518-554	536-572	176-212
		500-536	518-554	536-572	518-554	536-572	176-212
		500-536	518-554	536-572	518-554	536-572	176-212
		500-536	518-554	536-572	518-554	536-590	176-230
		423-559	540-579	559-601	550-590	559-601	160-199
		423-559	540-579	559-601	550-590	559-601	160-199
		500-536	518-554	536-590	518-554	536-590	176-230
		423-559	540-579	559-601	550-590	559-601	160-199
		500-536	518-554	536-590	518-554	536-590	176-230
		500-536	518-554	536-590	518-554	536-590	176-230
		500-536	518-554	536-590	518-554	536-590	176-230
		500-536	518-554	536-590	518-554	536-590	176-230
		500-536	518-554	536-590	518-554	536-590	176-230
		500-536	518-554	536-572	518-554	536-572	176-212
		500-536	518-554	536-572	518-554	536-572	176-212
		500-536	518-554	536-572	518-554	536-572	176-212
		500-536	518-554	536-590	518-554	536-590	176-230
		518-572	536-590	554-608	536-590	554-608	176-248
		518-572	536-590	554-608	536-590	554-608	176-248

Grade	Filler	Sp Grav	Shrink mils/in	Melt flow, g/10 min	Drying temp, °F	Drying time, hr	Max. % moisture
FXE121R Resin		1.203	5.0-7.0		248	2.0-4.0	0.02
FXE124R Resin		1.203	5.0-7.0		248	2.0-4.0	0.02
FXE1413T Resin		1.190	4.0-8.0	10.00 O	250	3.0-4.0	0.02
FXE1414T Resin		1.190	4.0-8.0	10.00 O	250	3.0-4.0	0.02
FXE141R Resin		1.203	5.0-7.0		248	2.0-4.0	0.02
FXE143R Resin		1.203	5.0-7.0		248	2.0-4.0	0.02
FXE144H Resin		1.200	5.0-7.0	11.00 O	250	3.0-4.0	0.02
FXE144R Resin		1.203	5.0-7.0		248	2.0-4.0	0.02
FXE161R Resin		1.203	5.0-7.0		248	2.0-4.0	0.02
FXE164R Resin		1.203	5.0-7.0		248	2.0-4.0	0.02
FXE171R Resin		1.203	5.0-7.0		248	2.0-4.0	0.02
FXE174R Resin		1.203	5.0-7.0		248	2.0-4.0	0.02
FXE1810T Resin		1.190	4.0-8.0	35.00 O	250	3.0-4.0	0.02
FXE921A Resin		1.203	5.0-7.0		248	2.0-4.0	0.02
FXG101 Resin		1.203	5.0-7.0		248	2.0-4.0	0.02
FXG101R Resin		1.203	5.0-7.0		248	2.0-4.0	0.02
FXG121R Resin		1.203	5.0-7.0		248	2.0-4.0	0.02
FXG1413T Resin		1.180	0.4-0.8	10.00 O	250	3.0-4.0	0.02
FXG1414T Resin		1.180	4.0-8.0	10.00 O	250	3.0-4.0	0.02
FXG141R Resin		1.203	5.0-7.0		248	2.0-4.0	0.02
FXG161R Resin		1.203	5.0-7.0		248	2.0-4.0	0.02
FXG171R Resin		1.203	5.0-7.0		248	2.0-4.0	0.02
FXG921A Resin		1.203	5.0-7.0		248	2.0-4.0	0.02
FXL101R Resin		1.203	5.0-7.0		248	2.0-4.0	0.02
FXL121R Resin		1.203	5.0-7.0		248	2.0-4.0	0.02
FXL141R Resin		1.203	5.0-7.0		248	2.0-4.0	0.02
FXL171R Resin		1.203	5.0-7.0		248	2.0-4.0	0.02
FXM101 Resin		1.203	5.0-7.0		248	2.0-4.0	0.02
FXM101R Resin		1.203	5.0-7.0		248	2.0-4.0	0.02
FXM121R Resin		1.203	5.0-7.0		248	2.0-4.0	0.02
FXM123R Resin		1.200	5.0-7.0	18.00 O	250	3.0-4.0	0.02
FXM1413T Resin		1.180	0.4-0.8	10.00 O	250	3.0-4.0	0.02
FXM1414T Resin		1.180	4.0-8.0	10.00 O	250	3.0-4.0	0.02
FXM141R Resin		1.200	5.0-7.0	10.80 O	250	3.0-4.0	0.02
FXM161R Resin		1.203	5.0-7.0		248	2.0-4.0	0.02
FXM163R Resin		1.203	5.0-7.0		248	2.0-4.0	0.02
FXM171R Resin		1.203	5.0-7.0		248	2.0-4.0	0.02
FXM921A Resin		1.203	5.0-7.0		248	2.0-4.0	0.02
FXM941A Resin		1.203	5.0-7.0		248	2.0-4.0	0.02
FXP1430T Resin		1.180	4.0-9.0	12.00 O	250	3.0-4.0	0.02
GLX143 Resin		1.203	5.0-7.0		248	2.0-4.0	0.02
HF1110 Resin		1.203	5.0-7.0		248	2.0-4.0	0.02
HF1110R Resin		1.203	5.0-7.0		248	2.0-4.0	0.02
HF1130R Resin		1.203	5.0-7.0		248	2.0-4.0	0.02
HF1140 Resin		1.200	5.0-7.0		248	2.0-4.0	0.02
HF1140R Resin		1.203	5.0-7.0		248	2.0-4.0	0.02
HF500R Resin	GFI 9	1.253	2.0-6.0		248	2.0-4.0	0.02
HP1 Resin		1.203	5.0-7.0		248	2.0-4.0	0.02
HP1HF Resin		1.180	5.0-7.0	39.00 O	248	2.0-4.0	0.02
HP1R Resin		1.203	5.0-7.0		248	2.0-4.0	0.02
HP2 Resin		1.203	5.0-7.0		248	2.0-4.0	0.02
HP2R Resin		1.203	5.0-7.0		248	2.0-4.0	0.02
HP4 Resin		1.203	5.0-7.0		248	2.0-4.0	0.02
HP4R Resin		1.203	5.0-7.0		248	2.0-4.0	0.02
HPM1914 Resin		1.190	6.0-9.0	25.00 BA	250	3.0-4.0	0.02
HPM1944 Resin		1.190	6.0-9.0	10.00 O	250	3.0-4.0	0.02

Max. % regrind	Inj. pres., ksi	Rear temp, °F	Mid temp, °F	Front temp, °F	Nozzle temp, °F	Proc temp, °F	Mold temp, °F
		500-536	518-554	536-572	518-554	536-572	176-212
		500-536	518-554	536-572	518-554	536-572	176-212
		423-559	540-579	559-601	550-590	559-601	160-199
		423-559	540-579	559-601	550-590	559-601	160-199
		500-536	518-554	536-590	518-554	536-590	176-230
		500-536	518-554	536-590	518-554	536-590	176-230
		520-560	540-580	560-600	550-590	560-600	160-200
		500-536	518-554	536-590	518-554	536-590	176-230
		500-536	518-554	536-572	518-554	536-572	176-212
		500-536	518-554	536-590	518-554	536-590	176-230
		500-536	518-554	536-572	518-554	536-572	176-212
		500-536	518-554	536-572	518-554	536-572	176-212
		520-560	540-580	560-600	550-590	560-600	160-200
		500-536	518-554	536-572	518-554	536-572	176-212
		518-572	536-590	554-608	536-590	554-608	176-248
		518-572	536-590	554-608	536-590	554-608	176-248
		500-536	518-554	536-572	518-554	536-572	176-212
		423-559	540-579	559-601	550-590	559-601	160-199
		423-559	540-579	559-601	550-590	559-601	160-199
		500-536	518-554	536-590	518-554	536-590	176-230
		500-536	518-554	536-572	518-554	536-572	176-212
		500-536	518-554	536-572	518-554	536-572	176-212
		500-536	518-554	536-572	518-554	536-572	176-212
		518-572	536-590	554-608	536-590	554-608	176-248
		500-536	518-554	536-572	518-554	536-572	176-212
		500-536	518-554	536-590	518-554	536-590	176-230
		500-536	518-554	536-572	518-554	536-572	176-212
		518-572	536-590	554-608	536-590	554-608	176-248
		518-572	536-590	554-608	536-590	554-608	176-248
		500-536	518-554	536-572	518-554	536-572	176-212
		500-540	520-560	540-580	530-570	540-580	160-200
		423-559	540-579	559-601	550-590	559-601	160-199
		423-559	540-579	559-601	550-590	559-601	160-199
		520-560	540-580	560-600	550-590	560-600	160-200
		500-536	518-554	536-590	518-554	536-590	176-230
		500-536	518-554	536-590	518-554	536-590	176-230
		500-536	518-554	536-572	518-554	536-572	176-212
		500-536	518-554	536-572	518-554	536-572	176-212
		500-536	518-554	536-572	518-554	536-572	176-212
		423-559	540-579	559-601	550-590	559-601	160-199
		500-536	518-554	536-590	518-554	536-590	176-230
		500-536	518-554	536-572	518-554	536-572	176-212
		500-536	518-554	536-572	518-554	536-572	176-212
		500-536	518-554	536-572	518-554	536-572	176-212
		500-536	518-554	536-572	518-554	536-572	176-212
		500-536	518-554	536-572	518-554	536-572	176-212
		500-536	518-554	536-572	518-554	536-572	176-212
		500-536	518-554	536-572	518-554	536-572	176-212
		500-536	518-554	536-572	518-554	536-572	176-212
		500-536	518-554	536-590	518-554	536-590	176-230
		500-536	518-554	536-590	518-554	536-590	176-230
		480-520	500-540	520-560	510-550	520-560	160-200
		520-560	540-580	560-600	550-590	560-600	160-200

FREE DATA SHEETS: WWW.IDES.COM/PSIM

Grade	Filler	Sp Grav	Shrink, mils/in	Melt flow, g/10 min	Drying temp, °F	Drying time, hr	Max. % moisture
HPS1 Resin		1.203	5.0-7.0		248	2.0-4.0	0.02
HPS1R Resin		1.203	5.0-7.0		248	2.0-4.0	0.02
HPS2 Resin		1.203	5.0-7.0		248	2.0-4.0	0.02
HPS2R Resin		1.203	5.0-7.0		248	2.0-4.0	0.02
HPS4 Resin		1.190	5.0-7.0	10.50 O	248	2.0-4.0	0.02
HPS6 Resin		1.200	5.0-7.0	112.20 BE	248	2.0-4.0	0.02
HPS6R Resin					248	2.0-4.0	0.02
HPS7 Resin		1.200	5.0-7.0	24.00 BE	250	3.0-4.0	0.02
HPS7R Resin		1.200	5.0-7.0	24.00 BE	250	3.0-4.0	0.02
HPX4 Resin		1.190	4.0-8.0	10.00 O	250	3.0-4.0	0.02
HPX4R Resin		1.190	4.0-8.0	10.00 O	250	3.0-4.0	0.02
HPX8R Resin		1.190	4.0-8.0	35.00 O	250	3.0-4.0	0.02
LI1813R Resin		1.203	5.0-7.0		248	2.0-4.0	0.02
LI1911R Resin		1.203	5.0-7.0		248	2.0-4.0	0.02
LS1 Resin		1.203	5.0-7.0		248	2.0-4.0	0.02
LS2 Resin		1.203	5.0-7.0		248	2.0-4.0	0.02
LS3 Resin		1.203	5.0-7.0		248	2.0-4.0	0.02
LSHF Resin		1.200	5.0-7.0	25.00 O	250	3.0-4.0	0.02
ML1010 Resin		1.193			221	2.0-4.0	
ML3019 Resin	GFI 10	1.273	2.0-6.0		248	2.0-4.0	0.02
ML3041 Resin		1.203	5.0-7.0		248	2.0-4.0	0.02
ML3042 Resin		1.333	5.0-7.0		248	2.0-4.0	0.02
ML3260 Resin	GFI 15	1.313	2.0-5.0		248	2.0-4.0	0.02
ML3286 Resin	GFI 17	1.333	2.0-6.0		248	2.0-4.0	0.02
ML3400 Resin		1.203	5.0-7.0		248	2.0-4.0	0.02
ML3459E Resin		1.200	6.0-8.0		248	2.0-4.0	0.02
ML3485 Resin		1.203	5.0-7.0		248	2.0-4.0	0.02
ML3513 Resin	GFI 30	1.424	2.0-4.0		248	2.0-4.0	0.02
ML3562 Resin		1.203	5.0-7.0		248	2.0-4.0	0.02
ML3729 Resin		1.203	5.0-7.0		248	2.0-4.0	0.02
ML3982 Resin		1.203	5.0-7.0		248	2.0-4.0	0.02
ML3999 Resin	GFI 20	1.353			248	2.0-4.0	0.02
ML6411 Resin		1.190	4.0-8.0	7.00 AJ	194-212	2.0-4.0	0.02
ML6412 Resin		1.190	4.0-8.0	5.00 AJ	194-212	2.0-4.0	0.02
OQ1020 Resin		1.203	5.0-7.0		248	4.0-6.0	0.02
OQ1020LN Resin		1.203	5.0-7.0	12.10 BZ	248	4.0-6.0	0.02
OQ1022 Resin		1.190	6.0-8.0	11.00 BZ	250	3.0-4.0	0.02
OQ1025 Resin		1.203	5.0-7.0		248	4.0-6.0	0.02
OQ1030 Resin		1.193	5.0-7.0		248	4.0-6.0	0.02
OQ1030FX Resin		1.200	6.0-8.0	11.70 BZ	250	3.0-4.0	0.02
OQ1030LN Resin		1.203	5.0-7.0	14.00 BZ	248	4.0-6.0	0.02
OQ1031FX Resin		1.200	6.0-8.0	11.70 BZ	250	3.0-4.0	0.02
OQ1050 Resin		1.203	5.0-7.0		248	4.0-6.0	0.02
OQ3120 Resin		1.203	5.0-7.0		248	2.0-4.0	0.02
OQ3220 Resin		1.203	5.0-7.0		248	2.0-4.0	0.02
OQ3420 Resin		1.203	5.0-7.0		248	2.0-4.0	0.02
OQ3820 Resin		1.190	6.0-8.0	7.40 O	250	3.0-4.0	0.02
OQ4120R Resin		1.203	5.0-7.0		248	2.0-4.0	0.02
OQ4320 Resin		1.203	5.0-7.0		248	2.0-4.0	0.02
OQ4320R Resin		1.203	5.0-7.0		248	2.0-4.0	0.02
OQ4620 Resin		1.203			248	2.0-4.0	0.02
OQ4620R Resin		1.203			248	2.0-4.0	0.02
OQ4820 Resin		1.203	5.0-7.0		248	2.0-4.0	0.02
SD1274 Resin		1.203			248	2.0-4.0	0.02
SLX1231D Resin		1.200	5.0-7.0	18.00 O	248	2.0-4.0	0.02
SLX1231T Resin		1.200	5.0-7.0	18.00 O	248	2.0-4.0	0.02

Max. % regrind	Inj. pres., ksi	Rear temp, °F	Mid temp, °F	Front temp, °F	Nozzle temp, °F	Proc temp, °F	Mold temp, °F
		500-536	518-554	536-572	518-554	536-572	176-212
		500-536	518-554	536-572	518-554	536-572	176-212
		500-536	518-554	536-572	518-554	536-572	176-212
		500-536	518-554	536-572	518-554	536-572	176-212
		500-536	518-554	536-590	518-554	536-590	176-230
		518-572	536-590	554-608	536-590	554-608	176-248
		518-572	536-590	554-608	536-590	554-608	176-248
		550-590	570-610	590-630	580-620	590-630	180-240
		550-590	570-610	590-630	580-620	590-630	180-240
		520-560	540-580	560-600	550-590	560-600	160-200
		520-560	540-580	560-600	550-590	560-600	160-200
		520-560	540-580	560-600	550-590	560-600	160-200
		500-536	518-554	536-572	518-554	536-572	176-212
		500-536	518-554	536-572	518-554	536-572	176-212
		500-536	518-554	536-572	518-554	536-572	176-212
		500-536	518-554	536-590	518-554	536-590	176-230
		518-572	536-590	554-608	536-590	554-608	176-248
		480-520	500-540	520-560	510-550	520-560	160-200
		482-518	500-536	518-554	500-536	527-563	149-185
		518-572	536-590	554-608	536-590	554-608	176-248
		500-536	518-554	536-572	518-554	536-572	176-212
		518-572	536-590	554-608	536-590	554-608	176-248
		500-536	518-554	536-590	518-554	536-590	176-230
		518-572	536-590	554-608	536-590	554-608	176-248
		500-536	518-554	536-590	518-554	536-590	176-230
		518-572	536-590	554-608	536-590	554-608	176-248
		500-536	518-554	536-572	518-554	536-572	176-212
		518-572	536-590	554-608	536-590	554-608	176-248
		500-536	518-554	536-590	518-554	536-590	176-230
		500-536	518-554	536-572	518-554	536-572	176-212
		500-536	518-554	536-572	518-554	536-572	176-212
		500-536	518-554	536-590	518-554	536-590	176-230
		446-500	482-554	500-572	482-554	518-572	140-194
		446-500	482-554	500-572	482-554	518-572	140-194
		464-536	536-608	572-644	536-608	572-626	176-212
		464-536	536-608	572-644	536-608	572-626	176-212
		540-590	560-610	580-630	580-630	580-630	150-200
		464-536	536-608	572-644	536-608	572-626	176-212
		464-536	536-608	572-644	536-608	572-626	176-212
		540-590	560-610	580-630	580-630	580-630	150-200
		464-536	536-608	572-644	536-608	572-626	176-212
		540-590	560-610	580-630	580-630	580-630	150-200
		464-536	536-608	572-644	536-608	572-626	176-212
		500-536	518-554	536-572	518-554	536-572	176-212
		500-536	518-554	536-572	518-554	536-572	176-212
		500-536	518-554	536-590	518-554	536-590	176-230
		550-590	570-610	590-630	580-620	590-630	180-240
		500-536	518-554	536-572	518-554	536-572	176-212
		500-536	518-554	536-590	518-554	536-590	176-230
		500-536	518-554	536-590	518-554	536-590	176-230
		518-572	536-590	554-608	536-590	554-608	176-248
		518-572	536-590	554-608	536-590	554-608	176-248
		518-572	536-590	554-608	536-590	554-608	176-248
		518-572	536-590	554-608	536-590	554-608	176-248
		500-536	518-554	536-590	518-554	536-590	176-230
		500-536	518-554	536-590	518-554	536-590	176-230

FREE DATA SHEETS: WWW.IDES.COM/PSIM

Grade	Filler	Sp Grav	Shrink, mils/in	Melt flow, g/10 min	Drying temp, °F	Drying time, hr	Max. % moisture
SLX1431D Resin		1.200	5.0-7.0	10.00 BA	248	2.0-4.0	0.02
SLX1431T Resin		1.200	5.0-7.0	10.00 BA	248	2.0-4.0	0.02
SLX1432 Resin		1.222	6.0-8.0	10.00 O	250	3.0-4.0	0.02
SLX1432D Resin		1.220	5.0-7.8	10.00 O	248	3.0-4.0	0.02
SLX1432T Resin		1.220	5.0-7.0	10.00 O	248	3.0-4.0	0.02
SLX2231T Resin		1.200	5.0-7.0	17.50 O	248	2.0-4.0	0.02
SLX2431D Resin		1.200	5.0-7.0	10.00 O	248	2.0-4.0	0.02
SLX2431T Resin		1.200	5.0-7.0	10.00 O	248	2.0-4.0	0.02
SLX2432D Resin		1.220	5.0-7.8	10.00 O	248	3.0-4.0	0.02
SLX2432T Resin		1.220	5.0-7.0	10.00 O	248	3.0-4.0	0.02
ZLL12CP Resin		1.203	5.0-7.0		248	2.0-4.0	0.02

PC   Lexan   LNP

Grade	Filler	Sp Grav	Shrink, mils/in	Melt flow, g/10 min	Drying temp, °F	Drying time, hr	Max. % moisture
EXCP0001	CP 16	1.270	6.0-8.0	27.00 BE	250	3.0-4.0	0.02
EXCP0058	GFM 20	1.340			250	3.0-4.0	0.02
EXCP0076	GFI 30	1.440	0.0-2.0	18.00 AJ	180-190	3.0-4.0	
EXCP0077	GFI 40	1.530	0.0-2.0	16.00 AJ	180-190	3.0-4.0	
EXCP0088	GFI 20	1.340			250	3.0-4.0	
EXCP0094	CF 8	1.240	3.0-5.0		250	3.0-4.0	0.02
EXCP0101	CF 10	1.250	2.0-5.0		250	3.0-4.0	0.02
EXCP0106	CF 15	1.260	1.0-4.0		250	3.0-4.0	0.02
EXCP0107	CF 20	1.280	1.0-3.0		250	3.0-4.0	0.02
EXCP0108	CF 30	1.330	1.0-3.0		250	3.0-4.0	0.02
EXCP0120	GFI 10	1.260	4.0-6.0		250	3.0-4.0	0.02
EXCP0149		1.180			170-180	2.0-4.0	0.04
EXCP0196		1.220			250	3.0-4.0	0.02
LC1500N	CF 15	1.260			250	3.0-4.0	0.02
LCF1010	CF 10	1.300	2.0-3.0		250	3.0-4.0	0.02
LCF1506	CTE 21	1.310	0.5-1.5		250	3.0-4.0	0.02
LCF1506N	CF 15	1.300		14.50 O	250	3.0-4.0	0.02
LCF1515	CF 15	1.340	1.0-3.0		250	3.0-4.0	0.02
LF0335	GMF 35	1.474			> 248	2.0-4.0	0.02
LF1000		1.260			250	3.0-4.0	0.02
LF1000N		1.260	4.0-6.0	6.30 AJ	250	3.0-4.0	0.02
LF1010	GFI 10	1.330			250	3.0-4.0	0.02
LF1010N	GFI 10	1.330		7.50 O	250	3.0-4.0	0.02
LF1500N		1.290	4.0-6.0	5.50 AJ	250	3.0-4.0	0.02
LF1510A	GFI 10	1.360	2.0-3.0	8.10 O	250	3.0-4.0	0.02
LF1520A	GFI 20	1.470	1.5-2.5		250	3.0-4.0	0.02
LF1530A	GFI 30	1.560	0.5-2.5		250	3.0-4.0	0.02
LF2000N		1.310	4.0-6.0	4.50 AJ	250	3.0-4.0	0.02
LGK3020	GFI	1.430	0.5-2.5		250	3.0-4.0	0.02
LGK5030	GFI	1.610	0.5-2.5		250	3.0-4.0	0.02
LGN2000A	GFI 20	1.350	1.5-2.5	20.70 O	250	3.0-4.0	0.02
SML5704	GBF 50	1.630			250	3.0-4.0	0.02
SML5725	CF 15	1.360			250	3.0-4.0	0.02
SML5726	CF 10	1.290			250	3.0-4.0	0.02
SML5728	CF	1.310			180-190	3.0-4.0	0.02
SML5730	CF 11	1.280			250	3.0-4.0	0.02
SML5750	GBF 50	1.630			250	3.0-4.0	0.02
SML5765	CF 20	1.260			220-230	3.0-4.0	0.02
SML5790	GFI 10	1.300			180-190	3.0-4.0	0.02
SML5806	CF 8	1.220			250	3.0-4.0	0.02
SML5807	CF 12	1.240			250	3.0-4.0	0.02
SML5808	CF 20	1.300			250	3.0-4.0	0.02
SML5851	CF 30				250	3.0-4.0	0.02

Max. % regrind	Inj. pres., ksi	Rear temp, °F	Mid temp, °F	Front temp, °F	Nozzle temp, °F	Proc temp, °F	Mold temp, °F
		500-536	518-554	536-590	518-554	536-590	176-230
		500-536	518-554	536-590	518-554	536-590	176-230
		520-560	540-580	560-600	550-590	560-600	160-200
		491-536	509-554	536-572	527-563	536-572	158-203
		491-536	509-554	536-572	527-563	536-572	158-203
		500-536	518-554	536-590	518-554	536-590	176-230
		500-536	518-554	536-590	518-554	536-590	176-230
		500-536	518-554	536-590	518-554	536-590	176-230
		491-536	509-554	536-572	527-563	536-572	158-203
		491-536	509-554	536-572	527-563	536-572	158-203
		500-536	518-554	536-590	518-554	536-590	176-230
		510-550	530-570	550-590	540-580	550-590	160-200
		520-560	540-580	560-600	550-590	560-600	160-200
		500-530	520-550	520-570	520-570	520-590	120-200
		500-530	520-550	520-570	520-570	520-590	120-200
		520-560	540-580	560-600	550-590	560-600	160-200
		510-550	530-570	550-590	540-580	550-590	160-200
		510-550	530-570	550-590	540-580	550-590	160-200
		510-550	530-570	550-590	540-580	550-590	160-200
		510-550	530-570	550-590	540-580	550-590	160-200
		520-560	540-580	560-600	550-590	560-600	160-200
		410-460	430-480	440-500	440-500	440-500	140-180
		490-530	510-550	530-570	520-560	530-570	160-200
		510-550	530-570	550-590	540-580	550-590	160-200
		510-550	530-570	550-590	540-580	550-590	160-200
		530-560	540-580	550-600	550-600	550-600	160-220
		530-560	540-580	550-600	550-600	550-600	160-220
		510-550	530-570	550-590	540-580	550-590	160-200
		518-572	536-590	554-608	536-590	554-608	176-248
		520-540	520-540	530-580	530-580	550-600	160-220
		510-550	530-570	550-590	540-580	550-590	160-200
		520-540	520-540	530-580	530-580	550-600	160-220
		510-550	530-570	550-590	540-580	550-590	160-200
		510-550	530-570	550-590	540-580	550-590	160-200
		510-550	530-570	550-590	540-580	550-590	160-200
		510-550	530-570	550-590	540-580	550-590	160-200
		510-550	530-570	550-590	540-580	550-590	160-200
		560-600	580-620	600-640	590-630	600-640	180-240
		560-600	580-620	600-640	590-630	600-640	180-240
		520-560	540-580	560-600	550-590	560-600	160-200
		560-600	580-620	600-640	590-630	600-640	180-240
		520-540	520-540	530-580	530-580	550-600	160-220
		520-540	520-540	530-580	530-580	550-600	160-220
		500-530	520-550	520-570	520-570	520-590	120-200
		520-540	520-540	530-580	530-580	550-600	160-220
		560-600	580-620	600-640	590-630	600-640	180-240
		460-540	480-560	500-580	490-570	500-580	120-180
		500-530	520-550	520-570	520-570	520-590	120-200
		510-550	530-570	550-590	540-580	550-590	160-200
		510-550	530-570	550-590	540-580	550-590	160-200
		510-550	530-570	550-590	540-580	550-590	160-200
		490-530	510-550	530-570	520-560	530-570	160-200

Grade	Filler	Sp Grav	Shrink, mils/in	Melt flow, g/10 min	Drying temp, °F	Drying time, hr	Max. % moisture
SML5856	CF 10	1.320			250	3.0-4.0	0.02
SML5860	CF 4	1.230			250	3.0-4.0	0.02
SML5861	GMN 14	1.280			250	3.0-4.0	0.02
SML5877		1.200			250	3.0-4.0	0.02
SML5889		1.200			250	3.0-4.0	0.02
SML5897	CF 40	1.400	-1.0-0.0	7.90 O	250	3.0-4.0	0.02
SP7602	GFI 10	1.280	2.0-4.0		180-190	3.0-4.0	
SP7604	GFI 20	1.360	1.0-2.0		180-190	3.0-4.0	
WR2210		1.200	5.0-7.0	18.20 O	250	3.0-4.0	0.02
WR5210R	PTF 7	1.200	4.0-6.0	21.50 O	250	3.0-4.0	0.02

PC   Lubricomp   LNP

Grade	Filler	Sp Grav	Shrink, mils/in	Melt flow, g/10 min	Drying temp, °F	Drying time, hr	Max. % moisture
DAL-4022 BK8-115	AR	1.230	16.0		250	4.0	0.02
DCL-4032							
FR BK8-115	CF	1.365	1.0-2.0		250	4.0	0.02
DCL-4034 FR	CF	1.410	1.0		250	4.0	0.02
DCL-4036	CF	1.430	0.0-1.0		250	4.0	0.02
DFL-4012 BK8-115	GFI	1.310			250	4.0	0.02
DFL-4014 BK8-115	GFI	1.390			250	4.0	0.02
DFL-4024							
M BK8-115	GFM	1.420			250	4.0	0.02
DFL-4028							
EM MG BK8-167	GMF	1.650			250	4.0	0.02
DFL-4032 BK8-250	GFI	1.370	2.0		250	4.0	0.02
DFL-4032 FR BK8-115	GFI	1.400	3.0		250	4.0	0.02
DFL-4033 EM							
FR HP BK8-115	GFI	1.440	3.0		250	4.0	0.02
DFL-4034	GFI	1.460	3.0		250	4.0	0.02
DFL-4034							
FR 94V-0	GFI	1.500	4.0-6.0		250	4.0	0.02
DFL-4036	GFI	1.580	1.0-2.0		250	4.0	0.02
DFL-4036 LE	GFI	1.550			250	4.0	0.02
DFL-4036							
PB GY0-326-3	GFI	1.590			250	4.0	0.02
DL-4020		1.250	7.0-9.0		250	4.0	0.02
DL-4020							
FR BK8-250		1.280	7.0-9.0		250	4.0	0.02
DL-4020 SM		1.250	6.0-9.0		250	4.0	0.02
DL-4030		1.280	8.0-9.0		250	4.0	0.02
DL-4030 EM		1.280	8.0-9.0		250	4.0	0.02
DL-4030							
EP BK8-167		1.280	7.0-9.0		250	4.0	0.02
DL-4040		1.310			250	4.0	0.02
DL-4530		1.260	9.0-10.0		250	4.0	0.02
DL-4530							
EM HC BK8-250		1.250			250	4.0	0.02
DL-4530							
SM LEX BK8-115		1.270	8.0		250	4.0	0.02
PDX-D-00714							
EES GY0-756-2	PRO	1.330	3.0-5.0		250	4.0	0.02
PDX-D-94375							
EES BK8-065		1.270			250	4.0	0.02
PDX-D-94375 EES							
HC GY0-779-3							
PDX-D-96651							
SF BK8-115	PRO	1.230	7.0		250	4.0	0.02

Max. % regrind	Inj. pres., ksi	Rear temp, °F	Mid temp, °F	Front temp, °F	Nozzle temp, °F	Proc temp, °F	Mold temp, °F
		530-560	540-580	550-600	550-600	550-600	160-220
		520-560	540-580	560-600	550-590	560-600	160-220
		520-560	540-580	560-600	550-590	560-600	160-200
		500-540	520-560	540-580	530-570	540-580	160-200
		550-590	570-610	590-630	580-620	590-630	180-240
		530-560	540-580	550-600	550-600	550-600	160-220
		500-530	520-550	520-570	520-570	520-590	120-200
		500-530	520-550	520-570	520-570	520-590	120-200
		500-540	520-560	540-580	530-570	540-580	160-200
		490-530	510-550	530-570	520-560	530-570	160-200
						570-600	175-225
						580-620	175-225
						580-620	175-225
						580-620	175-225
						580-620	175-225
						580-620	175-225
						580-620	175-225
						580-620	175-225
						580-620	175-225
						580-620	175-225
						580-620	175-225
						580-620	175-225
						580-620	175-225
						580-620	175-225
						580-620	175-225
						580-620	175-225
						570-600	175-225
						570-600	175-225
						570-600	175-225
						570-600	175-225
						570-600	175-225
						570-600	175-225
						570-600	175-225
						570-600	175-225
						570-600	175-225
						580-620	175-225
						570-600	175-225
						570-600	175-225
						570-600	175-225

FREE DATA SHEETS: WWW.IDES.COM/PSIM

Grade	Filler	Sp Grav	Shrink, mils/in	Melt flow, g/10 min	Drying temp, °F	Drying time, hr	Max. % moisture
PDX-D-98729							
EXP BK8-167		1.250	7.0		250	4.0	0.02
PDX-D-99854	PRO	1.200			250	4.0	0.02

PC   Lubrilon   A. Schulman

Grade	Filler	Sp Grav	Shrink, mils/in	Melt flow, g/10 min	Drying temp, °F	Drying time, hr	Max. % moisture
511	GFI	1.290	4.0		275	3.0	0.02
512	GFI	1.310	4.0		275	3.0	0.02

PC   Lubriloy   LNP

Grade	Filler	Sp Grav	Shrink, mils/in	Melt flow, g/10 min	Drying temp, °F	Drying time, hr	Max. % moisture
D-		1.170	8.0		180-200	4.0	0.02
D- EP BK8-167		1.170	8.0		180-200	4.0	0.02
D- FR		1.230	6.0-8.0		180-200	4.0	0.02
D- FR ECO	PRO	1.200	5.0		180	4.0	0.02
D- FR ECO BK8-167		1.200	5.0		180	4.0	0.02
D- GY0-477-3	PRO	1.170	9.0		250	4.0	0.02
D- HI		1.170			180-200	4.0	0.02
DF-10 BK8-114	GFI	1.230			180-200	4.0	0.02
DF-20	GFI	1.320	2.0-3.0		250	4.0	0.02
DF-20 FR ECO	GFI	1.330	2.0		180-200	4.0	0.02
DF-20 FR PB GY0-359-2	GFI	1.360	2.0		180-200	4.0	0.02
DF-30	GFI	1.400	1.0-3.0		250	4.0	0.02

PC   Lubri-Tech   PolyOne

Grade	Filler	Sp Grav	Shrink, mils/in	Melt flow, g/10 min	Drying temp, °F	Drying time, hr	Max. % moisture
PC-000/05T-2S		1.230	6.0		250	4.0	
PC-000/10T		1.260	5.0-7.0				
PC-000/15T		1.286	6.0-8.0		250	4.0	
PC-000/20T		1.320	5.0-7.0				
PC-1000		1.200	5.0-7.0				
PC-20CF/15T	CF 20	1.370	1.0-2.0				
PC-20GF/15T	GFI 20	1.450	2.0-4.0				
PC-30CF/20T	CF 30	1.460	1.0-2.0				
PC-30GF/15T	GFI 30	1.550	3.0-6.0				

PC   Lucon   LG Chem

Grade	Filler	Sp Grav	Shrink, mils/in	Melt flow, g/10 min	Drying temp, °F	Drying time, hr	Max. % moisture
CP-4201F	CF	1.290	1.0-2.0	22.00 AN	248	4.0	0.10
CP-4208F	CF	1.250	1.0-2.0	24.00 AN	248	4.0	0.10

PC   Lupoy   LG Chem

Grade	Filler	Sp Grav	Shrink, mils/in	Melt flow, g/10 min	Drying temp, °F	Drying time, hr	Max. % moisture
GN-1006F		1.210	5.0-8.0		212-248	3.0-5.0	0.05
GP-1000		1.200	5.0-8.0		212-248	3.0-5.0	0.05
GP-1006F		1.220	5.0-8.0		212-248	3.0-5.0	0.05
GP-2101F	GFI 10	1.250	2.0-4.0		212-248	3.0-5.0	0.05
GP-2151F	GFI 15	1.300	1.0-3.0		212-248	3.0-5.0	0.05
GP-2200	GFI 20	1.350	1.0-3.0		212-248	3.0-5.0	0.05
GP-2301F	GFI 30	1.440	1.0-3.0		212-248	3.0-5.0	0.05
GP-2400	GFI 40	1.520	1.0-2.0		212-248	3.0-5.0	0.05
GP-2401F	GFI 40	1.530	1.0-2.0		212-248	3.0-5.0	0.05
HI-1002		1.200	5.0-8.0		212-248	3.0-5.0	0.05
SR-3102F		1.250	4.0-6.0		212-248	3.0-5.0	0.05
SR-3108F		1.250	4.0-6.0		212-248	3.0-5.0	0.05

PC   Luvocom   Lehmann & Voss

Grade	Filler	Sp Grav	Shrink, mils/in	Melt flow, g/10 min	Drying temp, °F	Drying time, hr	Max. % moisture
50/GF/30/TF/15/BK	GFI 30	1.564	1.0-5.0		248	4.0-6.0	

Max. % regrind	Inj. pres., ksi	Rear temp, °F	Mid temp, °F	Front temp, °F	Nozzle temp, °F	Proc temp, °F	Mold temp, °F
						570-600	175-225
						570-600	175-225
20		570-600	580-610	590-655	590-625	670	160-265
20		570-600	580-610	590-655	590-625	670	160-265
						530-570	150-200
						530-570	150-200
						530-570	150-200
						485-550	100-150
						485-550	100-150
						580-600	150-200
						530-570	150-200
						530-570	150-200
						580-600	150-200
						530-570	150-200
						530-570	150-200
						580-600	150-200
						550-600	130-250
						550-600	
						550-600	250
						550-600	
						540-600	
						580-630	
						550-600	
						580-630	
						550-600	
	8.7-14.5	482-500	500-518	518-536	518-536	518-536	140-176
	8.7-14.5	482-500	500-518	518-536	518-536	518-536	140-176
		518-572	536-590	536-590	536-590	536-590	158-194
		518-572	536-590	536-590	536-590	536-590	158-194
		518-572	536-590	536-590	536-590	536-590	158-194
		518-572	536-590	536-590	536-590	536-590	158-194
		518-572	536-590	536-590	536-590	536-590	158-194
		518-572	536-590	536-590	536-590	536-590	158-194
		518-572	536-590	536-590	536-590	536-590	158-194
		518-572	536-590	536-590	536-590	536-590	158-194
		518-572	536-590	536-590	536-590	536-590	158-194
		518-572	536-590	536-590	536-590	536-590	158-194
		518-572	536-590	536-590	536-590	536-590	158-194
		536-572	554-590	572-608	554-590	563	176-248

FREE DATA SHEETS: WWW.IDES.COM/PSIM

Grade	Filler	Sp Grav	Shrink, mils/in	Melt flow, g/10 min	Drying temp, °F	Drying time, hr	Max. % moisture
PC		**Makrolon**			**Bayer**		
2205		1.200	5.0-7.0	33.00 O	250	4.0	0.02
2405		1.200	5.0-7.0	20.00 O	250	4.0	0.02
2407		1.200	5.0-7.0	20.00 O	250	4.0	0.02
2458		1.200	5.0-7.0	20.00 O	250	4.0	0.02
2505		1.200	6.0-8.0	15.00 O	250	4.0	0.02
2558		1.200	6.0-8.0	15.00 O	250	4.0	0.02
2605		1.200	6.0-8.0	11.50 O	250	4.0	0.02
2607		1.200	6.0-8.0	11.50 O	250	4.0	0.02
2608		1.200	6.0-8.0	12.00 O	250	4.0	0.02
2658		1.200	6.0-8.0	11.50 O	250	4.0	0.02
2805		1.193	6.0-8.0	10.00 O	250	4.0	0.02
2807		1.200	6.0-8.0	10.00 O	250	4.0	0.02
2858		1.200	6.0-8.0	10.00 O	250	4.0	0.02
3103		1.200	6.0-8.0	6.50 O	250	4.0	0.02
3105		1.200	6.0-8.0	6.50 O	250	4.0	0.02
3107		1.200	6.0-8.0	6.50 O	250	4.0	0.02
3108		1.200	6.0-8.0	6.50 O	250	4.0	0.02
3158		1.200	6.0-8.0	6.50 O	250	4.0	0.02
3205		1.200	6.0-8.0	4.50 O	250	4.0	
3207		1.200	6.0-8.0	4.50 O	250	4.0	
3258		1.200	6.0-8.0	4.50 O	250	4.0	
5303		1.200	5.0-7.0	11.00 O	250	1.0	
5308		1.200	5.0-7.0	11.00 O	250	1.0	
5255		1.200	5.0-7.0	20.00 O	250	4.0	0.02
6257		1.200	5.0-7.0	20.00 O	250	4.0	0.02
6265		1.190	5.0-7.0	19.00 O	250		0.02
6355		1.200	6.0-8.0	16.00 O	250	4.0	0.02
6357		1.200	6.0-8.0	16.00 O	250	4.0	0.02
6455		1.200	6.0-8.0	12.00 O	250	4.0	0.02
6457		1.200	6.0-8.0	12.00 O	250	4.0	0.02
6465		1.210	5.0-7.0	11.00 O	250	4.0	0.02
6485		1.200	6.0-8.0	12.00 O	250	4.0	0.02
8325	GFI 20	1.350	3.0-4.0	5.00 O	250		0.02
9415	GFI 10	1.270	3.0-5.0	7.00 O	250		0.02
AL2247		1.200	5.0-7.0	33.00 O	250	5.0	0.02
AL2447		1.200	5.0-7.0	20.00 O	250	4.0	0.02
AL2647		1.200	6.0-8.0	11.50 O	250	5.0	0.02
CD2005		1.110	5.5		250	4.0	0.02
DP1-1095	GFI 15	1.290		6.50 O	250		
DP1-1413 1118 Tint		1.200	6.0-8.0	12.00 O	250	4.0	0.02
DP1-1413 1119 Tint		1.200	6.0-8.0	12.00 O	250	4.0	0.02
DP1-1416		1.200	5.0-7.0	17.50 O	245-255	4.0	0.02
DP1-1452 1112 Tint		1.200	6.0-8.0	17.00 O	250	4.0	0.02
DP1-1803		1.200	6.0-8.0	7.00 AW	250	4.0	
DP1-1821		1.200	6.0-8.0	6.00 AW	250	4.0	
LQ-2847 1006 Tint		1.200	6.0-8.0	11.00 O	250	5.0	0.02
LQ-3147 1006 Tint		1.200	6.0-8.0	6.50 O	250	5.0	0.02
LQ-3187		1.200	6.0-8.0	6.50 O	250	5.0	0.02
LTG-2623		1.200	5.0-7.0	11.00 O	250	5.0	0.02
LTG-2627 1112 Tint		1.200	5.0-7.0	11.50 O	250	5.0	0.02
LTG-3123		1.200	6.0-8.0	6.50 O	250	5.0	0.02
LTG-3127 1112 Tint		1.200	6.0-8.0	6.50 O	250	5.0	0.02
Rx-1805 1118 Tint		1.200	6.0-8.0	7.00 O	250	4.0	0.02
Rx-2530 1118 Tint		1.200	6.0-8.0	15.00 O	250	4.0	0.02

Max. % regrind	Inj. pres., ksi	Rear temp, °F	Mid temp, °F	Front temp, °F	Nozzle temp, °F	Proc temp, °F	Mold temp, °F
20	10.0-15.0	445-495	510-550	530-570	510-530	535-565	150-220
20	10.0-15.0	445-495	510-550	530-570	510-530	535-565	150-220
20	10.0-15.0	445-495	510-550	530-570	510-530	535-565	150-220
20	10.0-20.0	445-495	510-550	530-570	510-530	535-565	150-220
20	10.0-20.0	465-510	515-550	535-575	515-585	540-575	150-220
20	10.0-20.0	465-510	515-550	535-575	515-585	540-575	150-220
20	10.0-20.0	480-520	520-560	545-585	515-585	550-580	150-220
20	10.0-20.0	480-520	520-560	545-585	515-585	550-580	150-220
20	10.0-20.0	480-520	520-560	545-585	515-585	550-580	150-220
20	10.0-20.0	480-520	520-560	545-585	515-585	550-580	150-220
20	10.0-20.0	500-540	510-550	555-595	535-595	560-590	150-220
20	10.0-20.0	500-540	510-550	555-595	535-595	560-590	150-220
20	10.0-20.0	500-540	510-550	555-595	535-595	560-590	150-220
20	10.0-20.0	520-560	540-580	565-605	540-560	570-600	150-220
20	10.0-20.0	520-560	540-580	565-605	540-560	570-600	150-220
20	10.0-20.0	520-560	540-580	565-605	540-560	570-600	150-220
20	10.0-20.0	520-560	540-580	565-605	540-605	570-600	150-220
20	10.0-20.0	565	580	600	570	600	150-220
20	10.0-20.0	565	580	600	570	600	150-220
20	10.0-20.0	565	580	600	570	600	150-220
20	10.0-15.0	445-495	510-550	530-570	510-530	535-565	150-220
20	10.0-15.0	445-495	510-550	530-570	510-530	535-565	150-220
20	10.0-20.0					540-620	150-220
20	10.0-20.0	480-520	520-560	545-585	515-585	550-580	150-220
20	10.0-20.0	480-520	520-560	545-585	515-585	550-580	150-220
20	10.0-20.0	480-520	520-560	545-585	515-585	550-580	150-220
20	10.0-20.0	480-520	520-560	545-585	515-585	550-580	150-220
20	10.0-20.0	480-520	520-560	545-585	515-585	550-580	150-220
20	10.0-20.0					540-620	150-220
20	10.0-20.0					540-620	150-220
	10.0-15.0	445-495	510-550	530-570	510-530	535-565	150-220
	10.0-20.0	510-550	510-550	530-570	510-530	535-565	150-220
	10.0-20.0	480-520	520-560	545-585	515-585	550-580	150-220
20	18.0	515-555	595-595	580-620	570-590	580-630	175-230
20	10.0-20.0	480-520	520-560	545-585	515-585	550-580	150-220
20	10.0-20.0	480-520	520-560	545-585	515-585	550-580	150-220
	15.0-20.0	530-560	540-570	550-575	520-560	550-590	120-200
	10.0-20.0	465-510	515-550	535-575	515-585	540-575	150-220
	10.0-20.0	520-560	540-580	565-605	540-605	570-600	150-220
	10.0-20.0	520-560	540-580	565-605	540-605	570-600	150-220
	10.0-20.0	500-540	510-550	555-595	535-595	560-590	150-220
	10.0-20.0	520-560	540-580	565-605	540-560	570-600	150-220
	10.0-20.0	520-560	540-580	565-605	540-560	570-600	150-220
	10.0-20.0	480-520	520-560	545-585	515-585	550-580	150-220
	10.0-20.0	480-520	520-560	545-585	515-585	550-580	150-220
	10.0-20.0	520-560	540-580	565-605	540-560	570-600	150-220
	10.0-20.0	520-560	540-580	565-605	540-560	570-600	150-220
	10.0-20.0	465-510	515-550	535-575	515-585	540-575	150-220
20	10.0-20.0	465-510	515-550	535-575	515-585	540-575	150-220

FREE DATA SHEETS: WWW.IDES.COM/PSIM

Grade	Filler	Sp Grav	Shrink, mils/in	Melt flow, g/10 min	Drying temp, °F	Drying time, hr	Max. % moisture
SF-800		0.900	5.0-7.0	5.50 O			
SF-810		1.270	4.0-6.0	6.50 O			
T-7435		1.200	5.0-7.0	17.50 O	250	4.0	0.02
T7855		1.190	6.0-8.0	12.50 O	250	3.0-4.0	
PC		**MDE Compounds**			**Michael Day**		
PC05L		1.200	5.0-8.0		280	2.0	0.02
PC10G10L	GFI 10	1.270	3.0-4.0		260-270	2.0-4.0	0.02
PC10G10TL	GFI 10	1.240	3.0-5.0		260-270	2.0-4.0	0.02
PC10G20L	GFI 20	1.350	2.0-3.0		260-270	2.0-4.0	0.02
PC10G30L	GFI 30	1.430	15.0-25.0		260-270	2.0-4.0	0.02
PC10G40L	GFI 40	1.520	1.0-3.0		260-270	2.0-4.0	0.02
PC10L		1.200	5.0-7.0		280	2.0	0.02
PC10L V0		1.210	5.0-7.0		250	4.0	0.02
PC10WL.CL		1.200	5.0-7.0		250	4.0	0.02
PC20 IR		1.200	5.0-7.0		250	4.0	0.02
PC20IR.02		1.200	5.0-7.0		250	4.0	0.02
PC20L		1.200	5.0-7.0		250-280	2.0-4.0	0.02
PC20L V0		1.210	5.0-7.0		250	4.0	0.02
PC20TL		1.200	5.0-6.0		260-270	2.0-4.0	0.02
PC9110TL BK		1.200	8.0-10.0				
PC		**Naxell**			**MRC Polymers**		
PC100H		1.203	5.0-7.0	23.00 O	241	4.0-6.0	0.02
PC100HR		1.200	6.0	23.00 O	240	4.0-6.0	0.02
PC100M		1.200	6.0	12.00 O	240	4.0-6.0	0.02
PC100MH		1.200	6.0	17.00 O	240	4.0-6.0	0.02
PC100VH		1.200	6.0	29.00 O	240	4.0-6.0	0.02
PC110		1.200	6.0	23.00 O	240	4.0-6.0	0.02
PC110-10G	GFI 10	1.250	3.0	8.00 O	260	4.0-6.0	0.02
PC110-20G	GFI 20	1.350	2.0		280-300	4.0-6.0	0.02
PC110-30G	GFI 30	1.430	2.0		260	4.0-6.0	0.02
PC110-5G	GFI 30	1.220	5.0	10.00 O	260	4.0-6.0	0.02
PC110FR		1.200	6.0		240	4.0-6.0	0.02
PC110H		1.200	6.0	23.00 O	240	4.0-6.0	0.02
PC110L		1.200	6.0	8.00 O	240	4.0-6.0	0.02
PC110M		1.200	6.0	12.00 O	240	4.0-6.0	0.02
PC110MH		1.200	6.0	17.00 O	240	4.0-6.0	0.02
PC110VL		1.200	6.0	4.00 O	240	4.0-6.0	0.02
PC110WR-20G	GLM 20	1.360	2.0		280-300	4.0-6.0	0.02
PC111FRH-10G	GLM 10	1.250	3.0		240	4.0-6.0	0.02
PC120FRM-10G	GLM 10	1.250	3.0		240	4.0-6.0	0.02
PC210HR		1.200	6.0	25.00 O	240	4.0	0.02
PC210M		1.200	7.0	12.00 O	240	4.0	0.02
PC210MH		1.200	5.0-8.0	17.00 O	240	4.0-6.0	0.02
PC21MFR-10G	GFI 10	1.250	3.0		240-250	4.0-6.0	0.02
PC22MFR-10G	GFI 10	1.250	3.0		240-250	4.0-6.0	0.02
PC23M-10G	GFI 10	1.253	2.0-4.0	20.00 O	241-250	4.0-6.0	0.02
PC23M-20G	GFI 20	1.350	2.0		240-250	4.0-6.0	0.02
PC23M-30G	GFI 30	1.430	2.0		240-250	4.0-6.0	0.02
PC23MFR-10G	GFI 10	1.250	3.0		240-250	4.0-6.0	0.02
PC23MS		1.193	5.0-8.0		241	4.0-6.0	0.02
PC24MFR-10G	GFI 10	1.250	3.0		250	4.0	0.02
PC429HHI		1.190	5.0-8.0	23.00 O	241	4.0-6.0	0.02
PC429MHHI		1.190	7.0	18.00 O	240	4.0-6.0	0.02
PC429MHI		1.190	7.0	12.00 O	240	4.0-6.0	0.02

Max. % regrind	Inj. pres., ksi	Rear temp, °F	Mid temp, °F	Front temp, °F	Nozzle temp, °F	Proc temp, °F	Mold temp, °F
	15.0-20.0	530-565	550-580	555-590	560-590	550-600	150-200
	15.0-20.0	530-565	550-580	555-590	560-590	550-600	150-200
20	15.0-20.0	530-560	540-570	550-575	520-560	550-590	120-200
	15.0-20.0	530-560	540-570	550-575	520-560	550-590	120-200
		550	560	570		560-570	180-200
		540	550	560		560	180-200
		540	550	560		550-560	160-200
		545	555	565		560-570	180-200
		540	560	570		560-570	180-200
		550	565	575		570-580	180-210
		540	550	560		560	180-200
		540	550	560		560	180-200
		540	550	560		560	180-200
		540	550	560		550-580	160-200
		540	550	560		540-560	170-200
		540	550	560		560	180-200
		540	550	560		560	170-200
		540	550	560		550-560	170-200
		500	520	540		520	180-200
	10.0-20.0	480-500	500-520	520-540	520-540	511-540	120-199
	10.0-20.0	480-500	500-520	520-540	520-540	510-540	120-200
	10.0-20.0	490-520	510-540	530-560	530-560	530-560	120-200
	10.0-20.0	490-520	510-540	530-560	530-560	530-560	120-200
	10.0-20.0	480-500	490-520	500-520	500-520	510-520	120-200
	10.0-20.0	490-520	510-540	530-560	530-560	530-560	120-200
	10.0-20.0	560-620	570-620	580-630	560-630	580-630	150-240
	10.0-20.0	570-630	580-640	600-650	600-640	570-650	150-240
	10.0-20.0	570-630	580-640	600-650	600-640	570-650	150-240
	10.0-20.0	560-620	570-620	580-630	560-630	580-630	150-240
	10.0-20.0	480-510	500-520	500-530	500-530	500-520	150-220
	10.0-20.0	480-500	500-520	520-540	520-540	510-540	120-200
	10.0-20.0	500-520	510-540	530-560	530-560	530-580	120-200
	10.0-20.0	490-520	510-540	530-560	530-560	530-560	120-200
	10.0-20.0	490-520	510-540	530-560	530-560	530-560	120-200
	10.0-20.0	500-520	510-540	530-580	530-560	530-560	120-200
	10.0-20.0	570-630	580-640	600-650	600-640	570-650	150-240
	10.0-20.0	460-480	480-500	500-520	500-520	490-520	150-220
	10.0-20.0	480-500	500-520	520-540	540-560	520-572	160-200
	10.0-20.0	480-500	500-520	520-540	520-540	510-540	120-200
	10.0-20.0	480-500	500-520	520-540	520-540	520-540	120-200
	10.0-20.0	500-520	510-530	520-540	520-540	520-560	120-200
	10.0-20.0	480-520	500-520	520-530	520-530	510-530	150-200
	10.0-20.0	480-520	500-520	520-540	520-540	510-530	150-200
	10.0-20.0	480-520	500-540	520-559	520-559	520-540	151-199
	10.0-20.0	480-520	500-540	520-560	520-540	520-540	150-200
	10.0-20.0	490-520	510-540	530-560	530-560	530-560	120-200
	10.0-20.0	480-520	500-540	520-560	520-560	520-540	150-200
	10.0-20.0	460-480	480-500	500-520	500-520	489-520	120-199
	10.0-20.0	500-520	500-540	520-560	520-580	520-560	150-200
	10.0-20.0	500-540	520-559	540-559	540-559	500-559	120-180
	10.0-20.0	500-540	520-560	540-560	540-560	520-570	120-180
	10.0-20.0	500-540	520-560	540-560	540-560	520-570	120-180

FREE DATA SHEETS: WWW.IDES.COM/PSIM

Grade	Filler	Sp Grav	Shrink, mils/in	Melt flow, g/10 min	Drying temp, °F	Drying time, hr	Max. % moisture
PC		**Nyloy**			**Nytex**		
C-0010N-V0		1.210	6.0	35.00			
C-0200		1.190	6.0				
CG-0010N	GFI 10	1.270	2.5-3.5				
CG-0020N	GFI 20	1.340	2.0-3.0				
PC		**OP-PC-Fill/Lub**			**Oxford Polymers**		
15 PTFE-30GF	GFI 30	1.540	2.0		250	3.0-4.0	
PC		**OP-PC-Filled**			**Oxford Polymers**		
10GF	GFI 10	1.283	3.5		250	3.0-4.0	
20GF	GFI 20	1.353	2.5		250	3.0-4.0	
30CF	CF 30	1.320	2.0		250	2.0-4.0	
30GF	GFI 30	1.434	2.0		250	3.0-4.0	
40GF	GFI 40	1.524	1.5		250	3.0-4.0	
PC		**OP-PC-Lub**			**Oxford Polymers**		
15 PTFE		1.270	5.0-7.0		250	3.0-4.0	
PC		**OP-PC-Unfilled**			**Oxford Polymers**		
1518		1.203	6.0	16.50	250	3.0-4.0	
20		1.203	6.0	20.00	250	3.0-4.0	
46		1.203	6.0	5.00	250	3.0-4.0	
58		1.203	6.0	7.00	250	3.0-4.0	
912		1.203	6.0	10.00	250	3.0-4.0	
PC		**Panlite**			**Teijin**		
AD-5503		1.200	5.0-7.0		212-248	5.0	0.01
K-1300Y		1.200	5.0-7.0		212-248	5.0	0.02
L-1225		1.203			212-248	5.0	0.02
L-1225L		1.200	5.0-7.0		212-248	5.0	0.02
L-1225Y		1.200	5.0-7.0		212-248	5.0	0.02
L-1250		1.203			212-248	5.0	0.02
L-1250Y		1.200	5.0-7.0		212-248	5.0	0.02
LN-1250G		1.220	5.0-7.0		212-248	5.0	0.02
LS-2250		1.260	5.0-7.0				0.02
LV-2225L		1.200	5.0-7.0		212-248	5.0	0.02
LV-2225Y		1.200	5.0-7.0		212-248	5.0	0.02
LV-2225Z		1.200	5.0-7.0		212-248	5.0	0.02
LV-2250Y		1.200	5.0-7.0		212-248	5.0	0.02
LV-2250Z		1.200	5.0-7.0		212-248	5.0	0.02
PC		**Performafil**			**Techmer Lehvoss**		
J-50/10	GFI 10	1.280	3.0		250	2.0-4.0	0.10
J-50/20	GFI 20	1.350	3.0		250	2.0-4.0	0.10
J-50/20/FR	GFI 20	1.360	3.0		250	2.0-4.0	0.10
J-50/20/RG	GFI 20	1.350	2.0		250	2.0-4.0	
J-50/30	GFI 30	1.450	1.0		250	2.0-4.0	0.10
J-50/30/FR	GFI 30	1.450	2.0		250	2.0-4.0	0.10
J-50/30/RG	GFI 30	1.410	1.0		250	2.0-4.0	
J-50/40	GFI 40	1.540	1.0		250	2.0-4.0	0.10
PC		**PermaStat**			**RTP**		
300		1.193	6.0-9.0		250	4.0	
300 FR A		1.303	5.0-7.0		250	4.0	

Max. % regrind	Inj. pres., ksi	Rear temp, °F	Mid temp, °F	Front temp, °F	Nozzle temp, °F	Proc temp, °F	Mold temp, °F
						545	
						545	
						554	
						554	
		550-570	550-570	570-600	570-600	570-620	180-240
	13.0	540-560	540-560	550-560	550-600	550	180-240
	15.0	540-560	540-560	550-560	550-600	560	180-240
		575-600	600-630	590-620	590-620	580-620	160-190
	15.0	550-560	570-600	570-600	570-600	560	180-240
	15.0	550-560	570-600	570-600	570-600	560	180-240
		520-550	540-570	560-590	560-590	550-600	180-250
		480-520	500-520	520-550	510-540	520	160-200
		480	490	500	500	520	150-160
		510	520	530	530		160-200
		550-580	560-600	600-640	580-630	540	180-240
		510-530	520-540	540-570	530-580	540	160-200
						500-644	176-248
						536-608	176-248
	14.2-21.3					500-608	176-248
						500-608	176-248
	14.2-21.3					500-608	176-248
	14.2-21.3					500-608	176-248
	14.2-21.3					500-608	176-248
						500-608	176-248
	14.2-21.3					518-608	176-248
						500-608	176-248
						500-608	176-248
						500-608	176-248
						500-608	176-248
						500-608	176-248
		570-600	590-650	600-630	590-630	580-625	160-190
		570-600	590-650	600-630	590-630	580-625	160-190
		530-550	550-590	540-560	530-560	540-570	160-190
		570-600	590-650	600-630	590-630	580-625	160-190
		570-600	590-650	600-630	590-630	580-625	160-190
		530-550	550-590	540-560	530-560	540-570	160-190
		570-600	590-650	600-630	590-630	580-625	160-190
		570-600	590-650	600-630	590-630	580-625	160-190
	6.0-10.0					430-470	150-250
	6.0-10.0					430-470	150-250

FREE DATA SHEETS: WWW.IDES.COM/PSIM

Grade	Filler	Sp Grav	Shrink, mils/in	Melt flow, g/10 min	Drying temp, °F	Drying time, hr	Max. % moisture
301	GFI 10	1.253	3.0-5.0		250	4.0	
301 FR	GFI 10	1.343	2.0-4.0		230	2.0-4.0	
301 TFE 10	GFI 10	1.303	3.0-5.0		250	4.0	
303	GFI 20	1.323	2.0-3.0		250	4.0	

PC   Plaslube   Techmer Lehvoss

Grade	Filler	Sp Grav	Shrink, mils/in	Melt flow, g/10 min	Drying temp, °F	Drying time, hr	Max. % moisture
J-50/10/TF/15	GFI 10	1.360			250	4.0	0.03
J-50/30/TF/15	GFI 30	1.570	2.0		250	4.0	0.03
PC-50/TF/13/SI/2		1.270	7.0		250	4.0	0.03
PC-50/TF/15		1.290	7.0		250	4.0	0.03

PC   Polifil   TPG

Grade	Filler	Sp Grav	Shrink, mils/in	Melt flow, g/10 min	Drying temp, °F	Drying time, hr
GFPC-10	GFI 10	1.260	2.0-4.0	12.00 O	250	4.0-5.0
GFPC-20	GFI 20	1.350	2.0-3.0	12.00 O	250	4.0-5.0
GFPC-30	GFI 30	1.430	2.0-3.0	12.00 O	250	4.0-5.0
GFPC-40	GFI 40	1.520	1.0-2.0	12.00 O	250	4.0-5.0

PC   Polyman   A. Schulman

Grade	Filler	Sp Grav	Drying temp, °F	Drying time, hr
(PC) XP 11 RN		1.203	248	4.0-12.0
(PC) XP 21 RN		1.203	248	4.0-12.0
(PC) XP 31 RN		1.203	248	4.0-12.0
(PC) XP 41 RN		1.203	248	4.0-12.0

PC   Polyram PC   Polyram

Grade	Filler	Sp Grav	Shrink, mils/in	Melt flow, g/10 min	Drying temp, °F	Drying time, hr
PZ300G6	GFI 30	1.424	2.0-3.0	15.00 DC	248	4.0-5.0
PZ300G8	GFI 40	1.504	2.0-3.0	10.00 DC	248	4.0-5.0
PZ307G2	GFI 10	1.273	2.0	10.00 DC	248	4.0-5.0
PZ320G2	GFI 10	1.283		10.00 DC	248	4.0-5.0
PZ322G2	GFI 10	1.213	4.5	25.00 DC	248	4.0-5.0
PZ500		1.213		10.00 DC	248	4.0-5.0
PZ503		1.213		12.00 DC	248	4.0-5.0
PZ715		1.203	5.0-8.0		248	4.0-5.0
PZ725/PZ726		1.203	5.0-7.0	20.00 DC	248	4.0-5.0
PZ740/PZ741		1.213	5.0	18.00 DC	248	4.0-5.0
RZ220		1.203	5.0-7.0	10.00 DC	248	4.0-5.0
RZ222/RZ224		1.203	5.0-7.0	15.00 DC	248	4.0-5.0
RZ225		1.203	5.0-7.0	15.00 DC	248	4.0-5.0
RZ227		1.203	5.0-7.0	10.00 DC	248	4.0-5.0
RZ236		1.203	5.0-7.0	20.00 DC	248	4.0-5.0
RZ300G13	GFI 13	1.243	2.0	15.00 DC	248	4.0-5.0
RZ300G3	GFI 15	1.243	2.0	10.00 DC	248	4.0-5.0
RZ300G4	GFI 20	1.353	2.0	8.00 DC	248	4.0-5.0
RZ300G6/RZ30G6	GFI 30	1.424	2.0-3.0	3.50 DC	248	4.0-5.0
RZ309G18	GFI 18	1.313	2.0	12.00 DC	248	4.0-5.0
RZ720		1.203	5.0-7.0	15.00 DC	248	4.0-5.0
ZP301R8	CF 40	1.353	2.0-3.0	5.00 DC	248	4.0-5.0

PC   PRL   Polymer Res

Grade	Filler	Sp Grav	Shrink, mils/in	Melt flow, g/10 min	Drying temp, °F	Drying time, hr
PC-BR1		1.200	5.0-8.0	3.00 O	245-255	3.0-4.0
PC-BR1-UV		1.200	5.0-8.0	3.00 O	245-255	3.0-4.0
PC-FD1		1.200	5.0-7.0	7.50 O	245-255	3.0-4.0
PC-FD2		1.200	5.0-7.0	12.50 O	245-255	3.0-4.0
PC-FD3		1.200	5.0-7.0	17.00 O	245-255	3.0-4.0
PC-FD4		1.200	5.0-7.0	25.00 O	245-255	3.0-4.0
PC-FR1A-D		1.210	5.0-7.0	7.50 O	245-255	3.0-4.0
PC-FR1-D		1.210	5.0-7.0	7.50 O	245-255	3.0-4.0

Max. % regrind	Inj. pres., ksi	Rear temp, °F	Mid temp, °F	Front temp, °F	Nozzle temp, °F	Proc temp, °F	Mold temp, °F
	6.0-10.0					430-470	150-250
	10.0-15.0					430-475	150-250
	6.0-10.0					430-470	150-250
	6.0-10.0					430-470	150-250
		580-600	590-620	580-610	580-610	580-630	160-190
		570-600	590-620	580-610	580-610	580-630	160-190
		570-600	590-620	580-610	580-610	580-630	140-190
		570-600	590-620	580-610	580-610	580-630	160-190
		510-530	520-540	530-560	540-570	530-580	170-210
		510-530	520-540	530-560	540-570	530-580	170-210
		510-530	520-540	530-560	540-570	530-580	170-210
		510-530	520-540	530-560	540-570	530-580	170-210
						536-590	185-239
						536-590	185-239
						536-590	185-239
						536-590	185-239
10.2-15.2		518-554	536-572	554-590			176-248
10.2-15.2		518-554	536-572	554-590			176-248
10.2-15.2		518-554	536-572	554-590			176-248
10.2-15.2		518-554	536-572	554-590			176-248
10.2-15.2		518-554	536-572	554-590			176-248
10.2-15.2		518-554	536-572	554-590			176-248
10.2-15.2		518-554	536-572	554-590			176-248
10.2-15.2		518-554	536-572	554-590			176-248
10.2-15.2		518-554	536-572	554-590			176-248
10.2-15.2		518-554	536-572	554-590			176-248
10.2-15.2		518-554	536-572	554-590			176-248
10.2-15.2		518-554	536-572	554-590			176-248
10.2-15.2		518-554	536-572	554-590			176-248
10.2-15.2		518-554	536-572	554-590			176-248
10.2-15.2		518-554	536-572	554-590			176-248
10.2-15.2		518-554	536-572	554-590			176-248
10.2-15.2		518-554	536-572	554-590			176-248
10.2-15.2		518-554	536-572	554-590			176-248
10.2-15.2		518-554	536-572	554-590			176-248
		570-610	590-630	610-650		600-650	180-240
		570-610	590-630	610-650		600-650	180-240
		550-590	570-610	590-630		600-650	180-240
		520-560	540-580	560-600		550-600	160-200
		500-540	520-560	540-580		550-600	160-200
		480-520	500-540	520-560		510-560	150-200
		550-590	570-610	590-630		600-650	180-240
		550-590	570-610	590-630		600-650	180-240

FREE DATA SHEETS: WWW.IDES.COM/PSIM

Grade	Filler	Sp Grav	Shrink, mils/in	Melt flow, g/10 min	Drying temp, °F	Drying time, hr	Max. % moisture
PC-FR2A-D		1.210	5.0-7.0	12.50 O	245-255	3.0-4.0	
PC-FR2-D		1.210	5.0-7.0	12.50 O	245-255	3.0-4.0	
PC-FR3A-D		1.210	5.0-7.0	17.00 O	245-255	3.0-4.0	
PC-FR3-D		1.210	5.0-7.0	17.00 O	245-255	3.0-4.0	
PC-G10	GFI 10	1.270	3.0-6.0	8.50 O	245-255	3.0-4.0	
PC-G20	GFI 20	1.350	1.0-4.0	7.00 O	245-255	3.0-4.0	
PC-G30	GFI 30	1.430	1.0-3.0	7.50 O	245-255	3.0-4.0	
PC-G40	GFI 40	1.500	1.0-3.0	6.00 O	245-255	3.0-4.0	
PC-GP1-D		1.200	5.0-7.0	7.50 O	245-255	3.0-4.0	
PC-GP2-D		1.200	5.0-7.0	12.50 O	245-255	3.0-4.0	
PC-GP3-D		1.200	5.0-7.0	17.00 O	245-255	3.0-4.0	
PC-GP4		1.200	5.0-7.0	25.00 O	245-255	3.0-4.0	
PC-HM-FR1	GFI 10	1.260	2.0-5.0	8.50 O	245-255	3.0-4.0	
PC-IM1		1.190	5.0-7.0	7.50 O	245-255	3.0-4.0	
PC-IM2		1.190	5.0-7.0	12.50 O	245-255	3.0-4.0	
PC-IM3		1.190	5.0-7.0	17.00 O	245-255	3.0-4.0	
PC-IM4		1.190	5.0-7.0	25.00 O	245-255	3.0-4.0	
PCSF-FR	GFI 5	1.210	5.0-7.0	8.50 O	245-255	3.0-4.0	
PCSF-FR G30	GFI 30	1.430	1.0-3.0	7.50 O	245-255	3.0-4.0	
PCSF-FR1	GFI 10	1.270	3.0-6.0	8.50 O	245-255	3.0-4.0	
PC-UV1-D		1.200	5.0-7.0	7.50 O	245-255	3.0-4.0	
PC-UV2-D		1.200	5.0-7.0	12.50 O	245-255	3.0-4.0	
PC-UV3-D		1.200	5.0-7.0	17.00 O	245-255	3.0-4.0	
PC-UV4		1.200	5.0-7.0	25.00 O	250-265	3.0-4.0	

PC		PSG PC			Plastic Sel Grp		
20NBR		1.200	5.0-7.0	20.00 O	250	4.0	0.02
30NB		1.200	5.0-7.0	35.00 O	250	4.0	0.02
30NBR		1.200	5.0-7.0	35.00 O	250	4.0	0.02
30NBRUV		1.200	5.0-7.0	35.00 O	250	4.0	0.02
30NBUV		1.200	5.0-7.0	35.00 O	250	4.0	0.02

PC		QR Resin			QTR		
QR-1000F-GFR	GFI 5	1.090	6.0	15.00 O	250	3.0-6.0	
QR-1000F-GFR10	GFI 10	1.120	5.0	15.00 O	250	3.0-6.0	
QR-1000F-GFR20	GFI 20	1.190	4.0	15.00 O	250	3.0-6.0	
QR-1000-GF10	GFI 10	1.260	3.0	15.00 O	250	3.0-6.0	
QR-1000-GF20	GFI 20	1.350	2.0	15.00 O	250	3.0-6.0	
QR-1000-GF30	GFI 30	1.430	2.0	15.00 O	250	3.0-6.0	
QR-1000-GF40	GFI 40	1.520	2.0	15.00 O	250	3.0-6.0	
QR-1000-GFR10	GFI 10	1.270	3.0	15.00 O	250	3.0-6.0	
QR-1000-GFR20	GFI 20	1.350	2.0	15.00 O	250	3.0-6.0	
QR-1000-GFR30	GFI 30	1.440	2.0	15.00 O	250	3.0-6.0	
QR-1000-GFR40	GFI 40	1.530	2.0	15.00 O	250	3.0-6.0	
QR-1000IM-GFR10	GFI 10	1.270	3.0	15.00 O	250	3.0-6.0	
QR-1000L-GFR30	GFI 30	1.550	1.0		250	2.0-4.0	
QR-1008		1.200	6.0	8.00 O	250	2.0-4.0	
QR-1008-FR		1.210	6.0	8.00 O	250	3.0-6.0	
QR-1012		1.200	6.0	12.00 O	250	2.0-4.0	
QR-1012-FR		1.210	6.0	12.00 O	250	3.0-6.0	
QR-1013-IM		1.200	6.0	13.00 O	250	3.0-6.0	
QR-1015		1.200	6.0	15.00 O	250	4.0-8.0	
QR-1015E-IM		1.200	6.0	15.00 O	250	3.0-6.0	
QR-1015-FR		1.210	6.0	15.00 O	250	3.0-6.0	
QR-1018		1.200	6.0	18.00 O	250	2.0-4.0	
QR-1018-FR		1.210	6.0	18.00 O	250	3.0-6.0	

Max. % regrind	Inj. pres., ksi	Rear temp, °F	Mid temp, °F	Front temp, °F	Nozzle temp, °F	Proc temp, °F	Mold temp, °F
		520-560	540-580	560-600		550-600	170-210
		520-560	540-580	560-600		550-600	170-210
		510-550	530-570	550-590		540-590	160-200
		510-550	530-570	550-590		540-590	160-200
		560-600	580-620	600-640		575-625	180-240
		560-600	580-620	600-640		575-625	180-240
		560-600	580-620	600-640		575-625	180-240
		560-600	580-620	600-640		575-625	180-240
		550-590	570-610	590-630		600-650	180-240
		520-560	540-580	560-600		550-600	160-200
		500-540	520-560	540-580		550-600	160-200
		480-520	500-540	520-560		510-560	150-200
		560-600	580-620	600-640		575-625	180-240
		420-580	540-580	560-600		540-600	160-200
		490-530	510-550	530-570		525-575	160-200
		490-530	510-550	530-570		525-575	160-200
		490-530	510-550	530-570		525-575	160-200
		490-510	560-590	560-590		550-600	170-210
		490-510	560-590	560-590		550-600	160-200
		490-510	560-590	560-590		550-600	160-220
		550-590	570-610	590-630		600-650	180-240
		520-560	540-580	560-600		550-600	160-200
		500-540	520-560	540-580		550-600	160-200
		480-520	500-540	520-560		510-560	150-200
		475-525	500-550	525-575	525-575	525-575	160-210
		475-525	500-550	525-575	525-575	525-575	160-210
		475-525	500-550	525-575	525-575	525-575	160-210
		475-525	500-550	525-575	525-575	525-575	160-210
		475-525	500-550	525-575	525-575	525-575	160-210
		540-590	560-600	580-620	580-610	580-620	180-240
		540-590	560-600	580-620	580-610	580-620	180-240
		550-600	570-620	590-630	590-620	590-630	200-250
		540-590	560-600	580-620	580-610	580-620	180-240
		540-590	560-600	580-620	580-610	580-620	180-240
		540-580	560-600	580-640	580-640	600-650	180-240
		560-600	580-620	600-640	590-630	600-640	180-240
		540-590	560-600	580-620	580-610	580-620	180-240
		540-590	560-600	580-620	580-610	580-620	180-240
		540-580	560-600	580-640	580-640	600-650	180-240
		560-600	580-620	600-640	590-630	600-640	180-240
		540-590	560-600	580-620	580-610	580-620	180-240
		540-620	540-620	540-620	570-610	590	200
		540-580	560-600	580-620	570-610	580-620	180-240
		540-580	560-600	580-620	570-610	580-620	180-240
		520-560	540-590	560-600	550-590	560-600	160-200
		500-540	520-560	540-580	530-570	540-570	160-200
		500-550	520-580	540-580	530-580	540-590	160-200
		490-530	510-570	530-570	520-560	520-560	160-200
		500-550	520-580	540-580	530-580	540-590	160-200
		500-540	520-560	540-580	530-570	540-570	160-200
		500-540	520-560	540-580	530-570	540-580	160-200
		500-540	520-560	540-580	530-570	540-570	160-200

FREE DATA SHEETS: WWW.IDES.COM/PSIM

Grade	Filler	Sp Grav	Shrink, mils/in	Melt flow, g/10 min	Drying temp, °F	Drying time, hr	Max. % moisture
QR-1018IM-FR		1.210	6.0	18.00 O	250	3.0-6.0	
QR-1022		1.200	6.0	22.00 O	250	2.0-4.0	
QR-1022-FR		1.210	6.0	20.00 O	250	3.0-6.0	
QR-1025-FR		1.210	6.0	25.00 O	250	3.0-6.0	
QR-1030		1.200	6.0	30.00 O	250	3.0-6.0	

PC — RC Plastics — RC Plastics

Grade	Filler	Sp Grav	Shrink, mils/in	Melt flow, g/10 min	Drying temp, °F	Drying time, hr
RCPC 16 FR		1.210		16.00 AJ	250	4.0
RCPC 8 FR		1.210		8.00 AJ	250	4.0
RCPC 8 FR GF 10	GFI 10	1.290		8.00 AJ	250	4.0

PC — RTP Compounds — RTP

Grade	Filler	Sp Grav	Shrink, mils/in	Melt flow, g/10 min	Drying temp, °F	Drying time, hr
300		1.193	6.0-9.0	11.00 O	250	4.0
300 AR 10	AR 10	1.213	3.0-6.0		250	4.0
300 AR 10 TFE 10	AR 10	1.283	3.0-6.0		250	4.0
300 AR 10 TFE 15	AR 10	1.313	4.0-7.0		250	4.0
300 AR 15	AR 15	1.233	3.0-5.0		250	4.0
300 AR 15 TFE 15	AR 15	1.313	3.0-6.0		250	4.0
300 FR		1.233	5.0-8.0	11.00 O	250	4.0
300 FR A		1.213	6.0-8.0	11.00 O	250	4.0
300 FR A UV		1.213	6.0-8.0	11.00 O	250	4.0
300 GB 10	GB 10	1.273	5.0-8.0		250	4.0
300						
GB 10 TFE 15 EM	GB 10	1.343	6.0-8.0		250	4.0
300 GB 20	GB 20	1.333	5.0-8.0		250	4.0
300 GB 20 SE A	GB 20	1.343	5.5-7.5		250	4.0
300 GB 20 TFE 15	GB 20	1.454	4.0-8.0		250	4.0
300 GB 30	GB 30	1.424	5.0-8.0		250	4.0
300 HB		1.193	6.0-9.0	11.00 O	250	4.0
300 HF		1.203	5.0-7.0	20.00 O	250	4.0
300 HF FR A		1.213	7.0-9.0	18.00 O	250	4.0
300 HF FR A UV		1.213	7.0-9.0	17.50 O	250	4.0
300 HF TFE 15		1.273	3.0-6.0		250	4.0
300 LF FR A		1.213	7.0-9.0		250	4.0
300 LF FR A UV		1.213	7.0-9.0		250	4.0
300 MG 30	GFM 30	1.424	5.0		250	4.0
300 SI 2		1.193	5.0-10.0		250	4.0
300 SI 2 Z		1.193	5.0-10.0		250	4.0
300 TFE 10		1.253	5.0-10.0		250	4.0
300 TFE 10 SE		1.253	6.0-8.0		250	4.0
300 TFE 10 SE A		1.263	6.0-8.0		250	4.0
300 TFE 10 SI 2		1.243	5.0-10.0		250	4.0
300 TFE 13 SI 2		1.263	5.0-10.0		250	4.0
300 TFE 15		1.283	5.0-8.0		250	4.0
300 TFE 15 FR		1.313	5.0-8.0		250	4.0
300 TFE 15 SE		1.293	6.0-8.0		250	4.0
300 TFE 15 SI 2		1.283	5.0-10.0		250	4.0
300 TFE 15 SI Z		1.283	5.0-10.0		250	4.0
300 TFE 20		1.313	5.0-8.0		250	4.0
300 TFE 20 SE		1.323	6.0-8.0		250	4.0
300 TFE 5		1.223	5.0-8.0		250	4.0
300 TFE 5 SE A		1.233	5.0-8.0		250	4.0
300 TFE 5 SI 2		1.213	6.0-10.0		250	4.0
300 TFE 7 SE A		1.243	6.0-9.0		250	4.0
300 UV		1.203	6.0-9.0		250	4.0
301	GFI 10	1.263	5.0-7.0		250	4.0

Max. % regrind	Inj. pres., ksi	Rear temp, °F	Mid temp, °F	Front temp, °F	Nozzle temp, °F	Proc temp, °F	Mold temp, °F
		500-540	520-560	540-580	530-570	540-570	160-200
		500-540	520-560	540-580	530-570	540-580	160-200
		500-540	520-560	540-580	530-570	540-570	160-200
		500-540	520-560	540-580	530-570	540-570	160-200
		500-540	520-560	540-580	530-570	540-580	160-200
		560-630	560-630	560-630		580-620	175-225
		560-630	560-630	560-630		580-620	175-225
		560-630	560-630	560-630		580-620	175-225
	10.0-15.0					550-600	180-250
	10.0-15.0					550-600	180-250
	10.0-15.0					550-600	180-250
	10.0-15.0					550-600	180-250
	10.0-15.0					550-600	180-250
	10.0-15.0					550-600	180-250
	10.0-15.0					550-600	180-250
	10.0-15.0					550-600	180-250
	10.0-15.0					550-600	180-250
	10.0-15.0					550-600	180-250
	10.0-15.0					550-600	180-250
	10.0-15.0					550-600	180-250
	10.0-15.0					550-600	180-250
	10.0-15.0					550-600	180-250
	10.0-15.0					550-600	180-250
	10.0-15.0					550-600	180-250
	10.0-15.0					550-600	180-250
	10.0-15.0					550-600	180-250
						550-600	
	10.0-15.0					550-600	180-250
	10.0-15.0					550-600	180-250
	10.0-15.0					550-600	180-250
	10.0-15.0					550-600	180-250
	10.0-15.0					550-600	180-250
	10.0-15.0					550-600	180-250
	10.0-15.0					550-600	180-250
	10.0-15.0					550-600	180-250
	10.0-15.0					550-600	180-250
	10.0-15.0					550-600	180-250
	10.0-15.0					550-600	180-250
	10.0-15.0					550-600	180-250
	10.0-15.0					550-600	180-250
	10.0-15.0					550-600	180-250
	10.0-15.0					550-600	180-250
	10.0-15.0					550-600	180-250
	10.0-15.0					550-600	180-250
	10.0-15.0					550-600	180-250
	10.0-15.0					550-600	180-250

FREE DATA SHEETS: WWW.IDES.COM/PSIM

Grade	Filler	Sp Grav	Shrink, mils/in	Melt flow, g/10 min	Drying temp, °F	Drying time, hr	Max. % moisture
301 EM L HB	GFI 10	1.243	4.0-6.0		250	4.0	
301 FR	GFI 10	1.263	3.0-5.0		250	4.0	
301 FR UV	GFI 10	1.263	3.0-5.0		250	4.0	
301 HF FR	GFI 10	1.283	3.0-5.0		250	4.0	
301 TFE 10	GFI 10	1.323	3.0-6.0		250	4.0	
301 TFE 10 FR L	GFI 10	1.353	2.0-4.0		250	4.0	
301 TFE 10 SI 2	GFI 10	1.323	3.0-6.0		250	4.0	
301 TFE 15	GFI 10	1.363	3.0-6.0		250	4.0	
301 TFE 15 FR L	GFI 10	1.383	2.0-4.0		250	4.0	
301 TFE 5	GFI 10	1.293	3.0-6.0		250	4.0	
301 TFE 5 FR L	GFI 10	1.333	4.0-6.0		250	4.0	
301-500	GFI 10	1.273	3.0-5.0		250	4.0	
302	GFI 15	1.293	2.0-4.0		250	4.0	
302 FR	GFI 15	1.303	2.0-4.0		250	4.0	
302 FR UV	GFI 15	1.303	2.0-4.0		250	4.0	
302 HF FR 10	GFI 15	1.373	1.0-3.0		250	4.0	
302 SE	GFI 15	1.303	1.5-4.0		250	4.0	
302 TFE 15	GFI 15	1.424	1.5-3.5		250	4.0	
302 TFE 15 FR	GFI 15	1.444	2.0-4.0		250	4.0	
303	GFI 20	1.333	2.0-4.0		250	4.0	
303 FR	GFI 20	1.343	2.0-4.0		250	4.0	
303 FR UV	GFI 20	1.343	2.0-4.0		250	4.0	
303 SE	GFI 20	1.333	1.5-3.0		250	4.0	
303 SI 2	GFI 20	1.333	2.0-4.0		250	4.0	
303 TFE 10	GFI 20	1.404	1.5-3.5		250	4.0	
303 TFE 10 FR	GFI 20	1.424	1.5-3.0		250	4.0	
303 TFE 15	GFI 20	1.444	1.5-4.0		250	4.0	
303 TFE 15 FR	GFI 20	1.454	1.5-3.0		250	4.0	
303 TFE 15 SE	GFI 20	1.454	1.5-3.0		250	4.0	
303 TFE 15 SI 2 HB	GFI 20	1.424	1.5-3.0		250	4.0	
303 TFE 20	GFI 20	1.494	1.5-4.0		250	4.0	
303 TFE 20 SE	GFI 20	1.504	1.5-3.0		250	4.0	
303 TFE 5	GFI 20	1.373	2.0-4.0		250	4.0	
304 FR	GFI 25	1.383	1.5-3.0		250	4.0	
304 SE	GFI 25	1.373	1.0-3.0		250	4.0	
305	GFI 30	1.424	1.0-3.0		250	4.0	
305 FR	GFI 30	1.434	1.0-3.0		250	4.0	
305 FR L	GFI 30	1.444	1.0-3.0		250	4.0	
305 FR UV	GFI 30	1.434	1.0-3.0		250	4.0	
305 SE	GFI 30	1.424	1.0-2.5		250	4.0	
305 TFE 13 SI 2		1.524	1.0-3.0		250	4.0	
305 TFE 15	GFI 30	1.554	1.0-3.0		250	4.0	
305 TFE 15 FR	GFI 30	1.554	1.0-3.0		250	4.0	
305 TFE 15 SE A	GFI 30	1.544	1.5-2.5		250	4.0	
305 TFE 15 SI 2 HB	GFI 30	1.534	1.0-2.5		250	4.0	
307	GFI 40	1.514	1.0-3.0		250	4.0	
307 FR	GFI 40	1.524	0.5-3.0		250	4.0	
307 L UV	GFI 40	1.514	1.0-2.0		250	4.0	
307 SE	GFI 40	1.524	0.5-2.0		250	4.0	
381	CF 10	1.243	1.0-3.0		250	4.0	
381 EM	CF 10	1.223	0.5-2.0		250	4.0	
381 FR	CF 10	1.273	1.0-3.0		250	4.0	
381 HEC	CFN 10	1.283	2.0-3.0		250	4.0	
381 TFE 10	CF 10	1.293	0.5-2.0		250	4.0	

Max. % regrind	Inj. pres., ksi	Rear temp, °F	Mid temp, °F	Front temp, °F	Nozzle temp, °F	Proc temp, °F	Mold temp, °F
	10.0-15.0					550-600	180-250
	10.0-15.0					550-600	180-250
	10.0-15.0					550-600	180-250
	10.0-15.0					550-600	180-250
	10.0-15.0					550-600	180-250
	10.0-15.0					550-600	180-250
	10.0-15.0					550-600	180-250
	10.0-15.0					550-600	180-250
	10.0-15.0					550-600	180-250
	10.0-15.0					550-600	180-250
	10.0-15.0					550-600	180-250
	10.0-15.0					550-600	180-250
	10.0-15.0					550-600	180-250
	10.0-15.0					550-600	180-250
	10.0-15.0					550-600	180-250
	10.0-15.0					550-600	180-250
	10.0-15.0					550-600	180-250
	10.0-15.0					550-600	180-250
	10.0-15.0					550-600	180-250
	10.0-15.0					550-600	180-250
	10.0-15.0					550-600	180-250
	10.0-15.0					550-600	180-250
	10.0-15.0					550-600	180-250
	10.0-15.0					550-600	180-250
	10.0-15.0					550-600	180-250
	10.0-15.0					550-600	180-250
	10.0-15.0					550-600	180-250
	10.0-15.0					550-600	180-250
	10.0-15.0					550-600	180-250
	10.0-15.0					550-600	180-250
	10.0-15.0					550-600	180-250
	10.0-15.0					550-600	180-250
	10.0-15.0					550-600	180-250
	10.0-15.0					550-600	180-250
	10.0-15.0					550-600	180-260
	10.0-15.0					550-600	180-250
	10.0-15.0					550-600	180-250
	10.0-15.0					550-600	180-250
	10.0-15.0					550-600	180-250
	10.0-15.0					550-600	180-250
	10.0-15.0					550-600	180-250
	10.0-15.0					550-600	180-250
	10.0-15.0					550-600	180-250
	10.0-15.0					550-600	180-250
	10.0-15.0					550-600	180-250
	10.0-15.0					550-600	180-250
	10.0-15.0					550-600	180-250
	10.0-15.0					550-600	180-250
	10.0-15.0					550-600	180-250

FREE DATA SHEETS: WWW.IDES.COM/PSIM

Grade	Filler	Sp Grav	Shrink, mils/in	Melt flow, g/10 min	Drying temp, °F	Drying time, hr	Max. % moisture
381 TFE 10 SE	CF 10	1.323	0.5-2.0		250	4.0	
381 TFE 13 SI 2	CF 10	1.303	0.5-2.5		250	4.0	
381 TFE 15	CF 10	1.323	1.0-2.0		250	4.0	
382	CF 15	1.263	1.0-2.0		250	4.0	
382 HB							
TFE 10 SI 2 HB	CF 15	1.303	0.5-2.0		250	4.0	
383	CF 20	1.283	0.5-2.0		250	4.0	
383 FR	CF 20	1.303	0.3-1.5		250	4.0	
383 HEC	CFN 20	1.333	1.0-2.0		250	4.0	
383 TFE 10	CF 20	1.343	0.5-2.0		250	4.0	
383 TFE 15	CF 20	1.373	0.5-2.5		250	4.0	
383 TFE 15 FR	CF 20	1.404	0.1-1.0		250	4.0	
385	CF 30	1.323	0.5-1.0		250	4.0	
385 TFE 13 SI 2	CF 30	1.393	0.5-1.5		250	4.0	
385 TFE 15	CF 30	1.434	0.5-1.5		250	4.0	
387	CF 40	1.363	0.5-1.0		250	4.0	
387 TFE 10	CF 40	1.444	0.1-1.0		250	4.0	
399 X 87254 B	CN	1.213	5.0-7.0		250	4.0	
399 X 87254 C	CN	1.223	5.0-7.0		250	4.0	
399 X 91042		1.584	1.0		250	4.0	
399 X 93969		1.213	4.0-6.0		170	6.0	
399 X 95997 B		1.414	1.0		250	4.0	
EMI 330 C FR	STS 5	1.303	6.0-7.0		250	4.0	
EMI 330 D FR	STS 8	1.353	6.0-7.0		250	4.0	
EMI 330 E FR	STS 10	1.404	5.0-6.0		250	4.0	
EMI 330 F FR	STS 13	1.454	5.0-6.0		250	4.0	
EMI 330 G FR	STS 15	1.504	4.0-5.0		250	4.0	
EMI 331 C FR	GFI 10	1.424	3.0-4.0		250	4.0	
EMI 331 D FR	GFI 10	1.464	3.0-4.0		250	4.0	
EMI 331 E FR	GFI 10	1.504	3.0-4.0		250	4.0	
EMI 331 F FR	STS 13	1.554	2.5-3.5		250	4.0	
EMI 331 G FR	STS 15	1.604	2.5-3.5		250	4.0	
EMI 331.25 D FR	GFI 13	1.474	2.5-4.0		250	4.0	
EMI 333 D FR	GFI 20	1.504	2.0-3.0		250	4.0	
EMI 333 G FR		1.534	2.0-3.0		250	4.0	
EMI 360.5	STS 5	1.253	6.0-7.0		250	4.0	
EMI 360.75	STS 8	1.273	6.0-7.0		250	4.0	
EMI 361	STS 10	1.303	6.0-7.0		250	4.0	
EMI 362	STS 15	1.353	5.0-6.0		250	4.0	
ESD 300 EM		1.213	6.0-8.0		250	4.0	
ESD 300 EM FR		1.283	5.0-8.0		250	4.0	
ESD 300 EM TFE 15		1.303	6.0-8.0		250	4.0	
ESD 301 EM	GFI 10	1.273	3.0-5.0		250	4.0	
ESD 301 EM FR	GFI 10	1.353	3.0-5.0		250	4.0	
ESD 302 EM FR	GFI 15	1.393	2.0-4.0		250	4.0	
ESD 303 EM	GFI 20	1.353	2.0-3.0		250	4.0	
ESD A 380	CF	1.223	1.5-2.5		250	4.0	
ESD C 380	CF	1.253	1.0-2.0		250	4.0	
ESD C 380 FR	CF	1.253	1.0-3.0		250	4.0	
ESD C 380 FR L	CF	1.263	1.0-3.0		250	4.0	
ESD C 380 SE	CF	1.243	1.0-3.0		250	4.0	

PC   Shuman PC   Shuman

900		1.200		20.00	250-260	2.0-24.0	
910		1.200		20.00	250-260	2.0-24.0	

Max. % regrind	Inj. pres., ksi	Rear temp, °F	Mid temp, °F	Front temp, °F	Nozzle temp, °F	Proc temp, °F	Mold temp, °F
	10.0-15.0					550-600	180-250
	10.0-15.0					550-600	180-250
	10.0-15.0					550-600	180-250
	10.0-15.0					550-600	180-250
	10.0-15.0					550-600	180-250
	10.0-15.0					550-600	180-250
	10.0-15.0					550-600	180-250
	10.0-15.0					550-600	180-250
	10.0-15.0					550-600	180-250
	10.0-15.0					550-600	180-250
	10.0-15.0					550-600	180-250
	10.0-15.0					550-600	180-250
	10.0-15.0					550-600	180-250
	10.0-15.0					550-600	180-250
	10.0-15.0					550-600	180-250
	10.0-15.0					550-600	180-250
	10.0-15.0					550-600	180-250
	10.0-15.0					550-600	180-250
	10.0-15.0					550-600	180-250
	10.0-15.0					440-510	120-180
	10.0-15.0					550-600	180-250
	10.0-15.0					530-580	160-250
	10.0-15.0					530-580	160-250
	10.0-15.0					530-580	160-250
	10.0-15.0					530-580	160-250
	10.0-15.0					530-580	160-250
	10.0-15.0					530-580	160-250
	10.0-15.0					530-580	160-250
	10.0-15.0					530-580	160-250
	10.0-15.0					530-580	160-250
	10.0-15.0					530-580	160-250
	10.0-15.0					530-580	160-250
	10.0-15.0					530-580	160-250
	10.0-15.0					530-580	160-250
	10.0-15.0					530-580	160-250
	10.0-15.0					530-580	160-250
	10.0-15.0					550-600	180-250
	10.0-15.0					550-600	180-250
	10.0-15.0					550-600	180-250
	10.0-15.0					550-600	180-250
	10.0-15.0					550-600	180-250
	10.0-15.0					550-600	180-250
	10.0-15.0					550-600	180-250
	10.0-15.0					550-600	180-250
	10.0-15.0					550-600	180-250
	10.0-15.0					550-600	180-250
	10.0-15.0					550-600	180-250
						510-550	
						510-550	

Grade	Filler	Sp Grav	Shrink, mils/in	Melt flow, g/10 min	Drying temp, °F	Drying time, hr	Max. % moisture
910-05V0	GFI 5	1.300		20.00	250-260	2.0-24.0	
920		1.200		20.00	250-260	2.0-24.0	
930		1.200		20.00	250-260	2.0-24.0	
930-05V0	GFI 5	1.300		20.00	250-260	2.0-24.0	
980		1.200		20.00	250-260	2.0-24.0	
980-05V0	GFI 5	1.300		20.00	250-260	2.0-24.0	
FR910V0		1.200		20.00	250-260	2.0-24.0	
FR980V0		1.200		20.00	250-260	2.0-24.0	
SP910		1.200		20.00	250-260	2.0-24.0	
SP920		1.200		20.00	250-260	2.0-24.0	
SP930		1.200		20.00	250-260	2.0-24.0	
SP980		1.200		20.00	250-260	2.0-24.0	

PC — Sinvet — Polimeri Europa

Grade	Filler	Sp Grav	Shrink, mils/in	Melt flow, g/10 min	Drying temp, °F	Drying time, hr	Max. % moisture
R273		1.200	5.0-7.0	4.00 O	250	2.0	

PC — SLCC — GE Polymerland

Grade	Filler	Sp Grav	Shrink, mils/in	Melt flow, g/10 min	Drying temp, °F	Drying time, hr	Max. % moisture
101P		1.200	5.0-7.0	6.50 O	250	4.0	
101RP		1.200	5.0-7.0	6.50 O	250	4.0	
103P		1.200	5.0-7.0	6.50 O	250	4.0	
103RP		1.200	5.0-7.0	6.50 O	250	4.0	
104P		1.200	5.0-7.0	7.00 O	250	3.0	
104RP		1.200	5.0-7.0	7.00 O	250	3.0	
121P		1.200	5.0-7.0	16.50 O	250	4.0	
121RP		1.200	5.0-7.0	16.00 O	250	4.0	
123P		1.200	5.0-7.0	16.00 O	250	4.0	
123RP		1.200	5.0-7.0	16.50 O	250	4.0	
124P		1.200	5.0-7.0	16.50 O	250	3.0	
124RP		1.200	5.0-7.0	16.50 O	250	3.0	
141P		1.200	5.0-7.0	10.00 O	250	4.0	
141RP		1.200	5.0-7.0	10.00 O	250	4.0	
143P		1.200	5.0-7.0	10.00 O	250	4.0	
143RP		1.200	5.0-7.0	10.00 O	250	4.0	
144P		1.200	5.0-7.0	10.00 O	250	3.0	
144RP		1.200	5.0-7.0	10.00 O	250	3.0	
201RP		1.200	5.0-7.0	7.00 O	250	4.0	
203P		1.200		7.00 O	250	4.0	
203RP		1.200		7.00 O	250	4.0	
221P		1.200	5.0-7.0	16.00 O	250	4.0	
221RP		1.200	5.0-7.0	16.00 O	250	4.0	
223P		1.200	5.0-7.0	16.00 O	250	4.0	
223RP		1.200	5.0-7.0	16.00 O	250	4.0	
241P		1.200	5.0-7.0	11.40 O	250	4.0	
241RP		1.200	5.0-7.0	11.40 O	250	4.0	
303P		1.200	5.0-7.0	5.30 O	250	4.0	
3412P	GFI 20	1.350	1.0-3.0	20.00 O	250	4.0	
3412RP	GFI 20	1.350	1.0-3.0		250	4.0	
3413P	GFI 30	1.430	1.0-3.0	18.00 O	250	4.0	
3413RP	GFI 30	1.430	1.0-3.0		250	6.0	
500P	GFI 10	1.250	2.0-5.0	7.50 O	250	4.0	
500RP	GFI 10	1.250	2.0-5.0	7.50 O	250	4.0	
503P	GFI	1.250	2.0-5.0	7.50 O	250	4.0	
503RP	GFI	1.250	2.0-5.0	7.50 O	250	4.0	
920AP		1.210	5.0-7.0	16.00 O	250	4.0	
920P		1.210	5.0-7.0	16.00 O	250	4.0	
923AP		1.200	5.0-7.0	16.00 O	250	4.0	

Max. % regrind	Inj. pres., ksi	Rear temp, °F	Mid temp, °F	Front temp, °F	Nozzle temp, °F	Proc temp, °F	Mold temp, °F
						510-550	
						510-550	
						510-550	
						510-550	
						510-550	
						510-550	
						510-550	
						510-550	
						510-550	
						510-550	
						510-550	
						510-550	
	11.0				500-572	536-626	
		550-580	560-600	600-640	580-630	600-650	180-240
		550-580	560-600	600-640	580-630	600-650	180-240
		550-580	560-600	600-640	580-630	600-650	180-240
		550-580	560-600	600-640	580-630	600-650	180-240
		550-580	560-600	600-640	580-630	600-650	160-200
		550-580	560-600	600-640	580-630	600-650	160-200
		480-520	500-520	520-550	510-540	530-560	160-200
		480-520	500-520	520-550	510-540	530-560	160-200
		480-520	500-520	520-550	510-540	530-560	160-200
		480-520	500-520	520-550	510-540	530-560	160-200
		480-520	500-520	520-550	510-540	530-560	160-200
		480-520	500-520	520-550	510-540	530-560	160-200
		510-530	520-540	530-560	520-560	550-600	180-210
		510-530	520-540	530-560	520-560	550-600	160-200
		510-530	520-540	530-560	520-560	550-600	180-210
		510-530	520-540	530-560	520-560	550-600	160-200
		510-530	520-540	530-560	520-560	550-600	160-200
		510-530	520-540	530-560	520-560	550-600	160-200
		550-580	560-600	600-640	580-630	600-650	180-240
						600-650	180-240
						600-650	180-240
		480-520	500-520	520-550	510-540	530-560	160-200
		480-520	500-520	520-550	510-540	530-560	160-200
		480-520	500-520	520-550	510-540	530-560	160-200
		510-530	520-540	530-560	520-560	550-600	180-210
		510-530	520-540	530-560	520-560	550-600	180-210
		450-480	460-490	470-500	460-490	470-500	120-170
		540-580	560-600	580-640	580-620	600-650	180-240
		540-580	560-600	580-640	580-620	600-650	180-240
		540-580	560-600	580-640	580-620	600-650	180-240
		540-580	560-600	580-640	580-620	600-650	180-240
		540-560	550-600	550-600	550-600	570-620	180-240
		540-560	550-600	550-600	550-600	570-620	180-240
		540-560	550-600	550-600	550-600	570-620	180-240
		480-520	500-520	520-550	510-540	550-600	180-240
		480-520	500-520	520-550	510-540	550-600	160-200
		520	500-520	520-550	510-540	530-560	160-200

FREE DATA SHEETS: WWW.IDES.COM/PSIM

Grade	Filler	Sp Grav	Shrink, mils/in	Melt flow, g/10 min	Drying temp, °F	Drying time, hr	Max. % moisture
923P		1.210	5.0-7.0	16.00 O	250	4.0	
940AP		1.210	5.0-7.0	11.00 O	250	4.0	
940P		1.210	5.0-7.0	11.00 O	250	4.0	
943AP		1.210	5.0-7.0	11.00 O	250	4.0	
943P		1.210	5.0-7.0	11.00 O	250	4.0	
950AP		1.210	5.0-7.0	7.00 O	250	4.0	
950P		1.210	5.0-7.0	7.00 O	250	4.0	
953AP		1.210	5.0-7.0	7.00 O	250	4.0	
953P		1.210	5.0-7.0	7.00 O	250	4.0	
HF1110P		1.200	5.0-7.0	30.50 O	250	4.0	
HF1110RP		1.200	5.0-7.0	30.50 O	250	4.0	
HF1130P		1.200	5.0-7.0	30.50 O	250	4.0	
HF1130RP		1.200	5.0-7.0	30.50 O	250	4.0	
HF1140P		1.200	5.0-7.0	25.00 O	250	4.0	
ML4506P			5.0-7.0	10.10 O	250	3.0	

PC Spartech Polycom SpartechPolycom

Grade	Filler	Sp Grav	Shrink, mils/in	Melt flow, g/10 min	Drying temp, °F	Drying time, hr	Max. % moisture
SC7-7006		1.200		6.00	250	3.0-4.0	
SC7-7006F		1.200		6.00	250	3.0-4.0	
SC7-7006R		1.200		6.00	250	3.0-4.0	
SC7-7006RF		1.200		6.00	250	3.0-4.0	
SC7-7006U		1.200		6.00	250	3.0-4.0	
SC7-7006UA		1.200		7.30 O	250	3.0-4.0	
SC7-7006UR		1.200		6.00	250	3.0-4.0	
SC7-7010		1.200		10.00	250	3.0-4.0	
SC7-7010F		1.200		10.00	250	3.0-4.0	
SC7-7010R		1.200		10.00	250	3.0-4.0	
SC7-7010RF		1.200		10.00	250	3.0-4.0	
SC7-7010U		1.200		10.00	250	3.0-4.0	
SC7-7010UR		1.200		10.00	250	3.0-4.0	
SC7-7015		1.200		20.00	250	3.0-4.0	
SC7-7015F		1.200		20.00	250	3.0-4.0	
SC7-7015R		1.200		20.00	250	3.0-4.0	
SC7-7015RF		1.200		20.00	250	3.0-4.0	
SC7-7015U		1.200		20.00	250	3.0-4.0	
SC7-7015UR		1.200		20.00	250	3.0-4.0	
SC7-7022		1.200		26.00	250	3.0-4.0	
SC7-7022F		1.200		26.00	250	3.0-4.0	
SC7-7022R		1.200		26.00	250	3.0-4.0	
SC7-7022RF		1.200		26.00	250	3.0-4.0	
SC7-7022U		1.200		26.00	250	3.0-4.0	
SC7-7022UR		1.200		26.00	250	3.0-4.0	
SC7-70906				6.00	250	3.0-4.0	
SC7-70906R				6.00	250	3.0-4.0	
SC7-70906U				6.00	250	3.0-4.0	
SC7-70910				20.00	250	3.0-4.0	
SC7-70910R				20.00	250	3.0-4.0	
SC7-70910U				20.00	250	3.0-4.0	
SC7-70915				17.00	250	3.0-4.0	
SC7-70915R				17.00	250	3.0-4.0	
SC7-70915U				17.00	250	3.0-4.0	
SC7-70922		1.200	5.0-7.0	22.00	250	3.0-5.0	
SC7-7210		1.250			250	3.0-4.0	
SC7-7210R		1.250			250	3.0-4.0	
SC7-7210U		1.250			250	3.0-4.0	
SC7-7210UR		1.250			250	3.0-4.0	

Max. % regrind	Inj. pres., ksi	Rear temp, °F	Mid temp, °F	Front temp, °F	Nozzle temp, °F	Proc temp, °F	Mold temp, °F
		480-520	500-520	520-550	510-540	530-560	160-200
		510-540	520-540	530-560	520-560	550-600	160-200
		510-540	520-540	530-560	520-560	550-600	160-200
		510-540	520-540	530-560	520-560	550-600	160-200
		510-530	520-540	530-560	520-560	550-600	160-200
		550-580	560-600	600-640	580-630	550-600	160-200
		550-580	560-600	600-640	580-630	550-600	160-200
		550-580	560-600	600-640	580-630	550-600	160-200
		550-580	560-600	600-640	580-630	550-600	160-200
		470-500	480-500	500-520	490-520	500-540	140-180
		470-500	480-500	500-520	490-520	500-540	140-180
		470-500	480-500	500-520	490-520	500-540	160-200
		470-500	480-500	500-520	490-520	500-540	160-200
		470-500	480-500	500-520	490-500	500-540	160-200
		510-530	520-540	530-560	520-560	550-600	160-200
		510-530	520-540	540-570	530-580	550-600	160-200
		510-530	520-540	540-570	530-580	550-600	160-200
		510-530	520-540	540-570	530-580	550-600	160-200
		510-530	520-540	540-570	530-580	550-600	160-200
		510-530	520-540	540-570	530-580	550-600	160-200
		510-530	520-540	540-570	530-580	550-600	160-200
		510-530	520-540	540-570	530-580	550-600	160-200
		510-530	520-540	540-570	530-580	550-600	160-200
		510-530	520-540	540-570	530-580	550-600	160-200
		510-530	520-540	540-570	530-580	550-600	160-200
		510-530	520-540	540-570	530-580	550-600	160-200
		510-530	520-540	540-570	530-580	550-600	160-200
		510-530	520-540	540-570	530-580	550-600	160-200
		510-530	520-540	540-570	530-580	550-600	160-200
		510-530	520-540	540-570	530-580	550-600	160-200
		510-530	520-540	540-570	530-580	550-600	160-200
		510-530	520-540	540-570	530-580	550-600	160-200
		510-530	520-540	540-570	530-580	550-600	160-200
		510-530	520-540	540-570	530-580	550-600	160-200
		510-530	520-540	540-570	530-580	550-600	160-200
		510-530	520-540	540-570	530-580	550-600	160-200
		510-530	520-540	540-570	530-580	550-600	160-200
		510-530	520-540	540-570	530-580	550-600	160-200
		510-530	520-540	540-570	530-580	550-600	160-200
		510-530	520-540	540-570	530-580	550-600	160-200
		510-530	520-540	540-570	530-580	550-600	160-200
		510-530	520-540	540-570	530-580	550-600	160-200
		480-520	500-520	520-550	510-540	530-560	160-200
		510-530	520-540	540-570	530-580	550-600	160-200
		510-530	520-540	540-570	530-580	550-600	160-200
		510-530	520-540	540-570	530-580	550-600	160-200
		510-530	520-540	540-570	530-580	550-600	160-200

FREE DATA SHEETS: WWW.IDES.COM/PSIM

Grade	Filler	Sp Grav	Shrink, mils/in	Melt flow, g/10 min	Drying temp, °F	Drying time, hr	Max. % moisture
SC7F-7010		1.210		14.00 O	250	3.0-4.0	
SC7F-7010A		1.210		14.00 O	250	3.0-4.0	
SC7F-7010AR		1.210		14.00 O	250	3.0-4.0	
SC7F-7010AU		1.210		14.00 O	250	3.0-4.0	
SC7F-7010AUR		1.210		14.00 O	250	3.0-4.0	
SC7F-7010R		1.210		14.00 O	250	3.0-4.0	
SC7F-7010U		1.210		14.00 O	250	3.0-4.0	
SC7F-7010UR		1.210		14.00 O	250	3.0-4.0	
SC7F-7015		1.210		16.00 O	250	3.0-4.0	
SC7F-7015A		1.210		16.00 O	250	3.0-4.0	
SC7F-7015AR		1.210		16.00 O	250	3.0-4.0	
SC7F-7015AU		1.210		16.00 O	250	3.0-4.0	
SC7F-7015AUR		1.210		16.00 O	250	3.0-4.0	
SC7F-7015R		1.210		16.00 O	250	3.0-4.0	
SC7F-7015U		1.210		16.00 O	250	3.0-4.0	
SC7F-7015UR		1.210		16.00 O	250	3.0-4.0	
SC7F-7910		1.210	5.0-7.0	10.00	250	3.0-5.0	
SCR7-7006		1.200		6.00	250	3.0-4.0	
SCR7-7006F		1.200		6.00	250	3.0-4.0	
SCR7-7006R		1.200		6.00	250	3.0-4.0	
SCR7-7006RF		1.200		6.00	250	3.0-4.0	
SCR7-7006U		1.200		6.00	250	3.0-4.0	
SCR7-7006UA		1.200		7.30 O	250	3.0-4.0	
SCR7-7006UR		1.200		6.00	250	3.0-4.0	
SCR7-7010		1.200		10.00	250	3.0-4.0	
SCR7-7010F		1.200		10.00	250	3.0-4.0	
SCR7-7010R		1.200		10.00	250	3.0-4.0	
SCR7-7010RF		1.200		10.00	250	3.0-4.0	
SCR7-7010U		1.200		10.00	250	3.0-4.0	
SCR7-7010UR		1.200		10.00	250	3.0-4.0	
SCR7-7015		1.200		20.00	250	3.0-4.0	
SCR7-7015F		1.200		20.00	250	3.0-4.0	
SCR7-7015R		1.200		20.00	250	3.0-4.0	
SCR7-7015RF		1.200		20.00	250	3.0-4.0	
SCR7-7015U		1.200		20.00	250	3.0-4.0	
SCR7-7015UR		1.200		20.00	250	3.0-4.0	
SCR7-7022		1.200		26.00	250	3.0-4.0	
SCR7-7022F		1.200		26.00	250	3.0-4.0	
SCR7-7022R		1.200		26.00	250	3.0-4.0	
SCR7-7022RF		1.200		26.00	250	3.0-4.0	
SCR7-7022U		1.200		26.00	250	3.0-4.0	
SCR7-7022UR		1.200		26.00	250	3.0-4.0	
SCR7-7210		1.250			250	3.0-4.0	
SCR7-7210R		1.250			250	3.0-4.0	
SCR7-7210U		1.250			250	3.0-4.0	
SCR7-7210UR		1.250			250	3.0-4.0	
SCR7F-7010		1.210		14.00 O	250	3.0-4.0	
SCR7F-7010A		1.210		14.00 O	250	3.0-4.0	
SCR7F-7010AR		1.210		14.00 O	250	3.0-4.0	
SCR7F-7010AU		1.210		14.00 O	250	3.0-4.0	
SCR7F-7010AUR		1.210		14.00 O	250	3.0-4.0	
SCR7F-7010R		1.210		14.00 O	250	3.0-4.0	
SCR7F-7010U		1.210		14.00 O	250	3.0-4.0	
SCR7F-7010UR		1.210		14.00 O	250	3.0-4.0	
SCR7F-7015		1.210		16.00 O	250	3.0-4.0	
SCR7F-7015A		1.210		16.00 O	250	3.0-4.0	

Max. % regrind	Inj. pres., ksi	Rear temp, °F	Mid temp, °F	Front temp, °F	Nozzle temp, °F	Proc temp, °F	Mold temp, °F
		510-530	520-540	540-570	530-580	550-600	160-200
		510-530	520-540	540-570	530-580	550-600	160-200
		510-530	520-540	540-570	530-580	550-600	160-200
		510-530	520-540	540-570	530-580	550-600	160-200
		510-530	520-540	540-570	530-580	550-600	160-200
		510-530	520-540	540-570	530-580	550-600	160-200
		510-530	520-540	540-570	530-580	550-600	160-200
		510-530	520-540	540-570	530-580	550-600	160-200
		510-530	520-540	540-570	530-580	550-600	160-200
		510-530	520-540	540-570	530-580	550-600	160-200
		510-530	520-540	540-570	530-580	550-600	160-200
		510-530	520-540	540-570	530-580	550-600	160-200
		510-530	520-540	540-570	530-580	550-600	160-200
		510-530	520-540	540-570	530-580	550-600	160-200
		510-530	520-540	540-570	530-580	550-600	160-200
		510-530	520-540	540-570	530-580	550-600	160-200
		510-530	520-540	540-570	530-580	550-600	160-200
		510-530	520-540	540-570	530-580	550-600	160-200
		510-530	520-540	540-570	530-580	550-600	160-200
		510-530	520-540	540-570	530-580	550-600	160-200
		510-530	520-540	540-570	530-580	550-600	160-200
		510-530	520-540	540-570	530-580	550-600	160-200
		510-530	520-540	540-570	530-580	550-600	160-200
		510-530	520-540	540-570	530-580	550-600	160-200
		510-530	520-540	540-570	530-580	550-600	160-200
		510-530	520-540	540-570	530-580	550-600	160-200
		510-530	520-540	540-570	530-580	550-600	160-200
		510-530	520-540	540-570	530-580	550-600	160-200
		510-530	520-540	540-570	530-580	550-600	160-200
		510-530	520-540	540-570	530-580	550-600	160-200
		510-530	520-540	540-570	530-580	550-600	160-200
		510-530	520-540	540-570	530-580	550-600	160-200
		510-530	520-540	540-570	530-580	550-600	160-200
		510-530	520-540	540-570	530-580	550-600	160-200
		510-530	520-540	540-570	530-580	550-600	160-200
		510-530	520-540	540-570	530-580	550-600	160-200
		510-530	520-540	540-570	530-580	550-600	160-200
		510-530	520-540	540-570	530-580	550-600	160-200
		510-530	520-540	540-570	530-580	550-600	160-200
		510-530	520-540	540-570	530-580	550-600	160-200
		510-530	520-540	540-570	530-580	550-600	160-200
		510-530	520-540	540-570	530-580	550-600	160-200
		510-530	520-540	540-570	530-580	550-600	160-200
		510-530	520-540	540-570	530-580	550-600	160-200
		510-530	520-540	540-570	530-580	550-600	160-200
		510-530	520-540	540-570	530-580	550-600	160-200
		510-530	520-540	540-570	530-580	550-600	160-200

FREE DATA SHEETS: WWW.IDES.COM/PSIM

Grade	Filler	Sp Grav	Shrink, mils/in	Melt flow, g/10 min	Drying temp, °F	Drying time, hr	Max. % moisture
SCR7F-7015AR		1.210		16.00 O	250	3.0-4.0	
SCR7F-7015AU		1.210		16.00 O	250	3.0-4.0	
SCR7F-7015AUR		1.210		16.00 O	250	3.0-4.0	
SCR7F-7015R		1.210		16.00 O	250	3.0-4.0	
SCR7F-7015U		1.210		16.00 O	250	3.0-4.0	
SCR7F-7015UR		1.210		16.00 O	250	3.0-4.0	

PC   Stat-Kon   LNP

Grade	Filler	Sp Grav	Shrink, mils/in	Melt flow, g/10 min	Drying temp, °F	Drying time, hr	Max. % moisture
D-	CP	1.240	8.0		250	4.0	0.02
D- EM CCS	CP	1.220	6.0-8.0		250	4.0	0.02
D- EM FR	CP	1.310			200-215	3.0-4.0	0.02
D- EP V-1	CP	1.290	8.0		250	4.0	0.02
D- EP V-1 HP	CP	1.290			250	4.0	0.02
D- FR	CP	1.320	8.0		200-215	3.0-4.0	0.02
D- FR ECO	CP	1.280			180	4.0	0.02
DC-10 EP FR BK1005	CF	1.250	1.0-3.0		180	4.0	0.02
DC-1002 EM FR BK8-115	CF	1.260	1.0-3.0		250	4.0	0.02
DC-1002 EM FR ECO	CF	1.270	1.0-3.0		180	4.0	0.02
DC-1002 EM FR PB GY0-201-1	CF				250	4.0	0.02
DC-1002 EM MR	CF	1.230	1.0-3.0		250	4.0	0.02
DC-1002 EP BK8-250	CF	1.230	1.0-3.0		250	4.0	0.02
DC-1002 SM BK8-167	CF		1.0-3.0		250	4.0	0.02
DC-1003 E	CF	1.260	1.0-3.0		250	4.0	0.02
DC-1003 EM GY0-482-1	CF	1.240	0.4-1.0		250	4.0	0.02
DC-1003 EM MR BK8-250	CF	1.240	0.4-1.0		250	4.0	0.02
DC-1003 EP BK8-250	CF	1.250	0.4-1.0		250	4.0	0.02
DC-1004 BK8-250	CF	1.270	0.4-1.0		250	4.0	0.02
DC-1004 EM CCS	CF	1.270	0.4-1.0		250	4.0	0.02
DC-1006 EM MR BK8-250	CF	1.300	0.4-1.0		250	4.0	0.02
DC-1006 FR SM	CF	1.360			250	4.0	0.02
DCF-1006	GCF	1.370	0.0-2.0		250	4.0	0.02
DCFL-4024 BK8-250	GCF	1.380			250	4.0	0.02
DCL-4013 EM HP BK8-115	CF 15	1.280			250	4.0	0.02
DCL-4022 EP BK8-167	CF	1.300	1.0-3.0		250	4.0	0.02
DCL-4032 EM BK8-141	CF	1.330	1.0		250	4.0	0.02
DCL-4032 EM FR GY0-171-2	CF	1.400			250	4.0	0.02
DCL-4032 FR BK8-115	CF	1.350	1.0-2.0		250	4.0	0.02
DCL-4033 EM CCS	CF	1.340	1.0		250	4.0	0.02
DCL-4033 FR HP BK8-115	CF	1.370	1.0		250	4.0	0.02

Max. % regrind	Inj. pres., ksi	Rear temp, °F	Mid temp, °F	Front temp, °F	Nozzle temp, °F	Proc temp, °F	Mold temp, °F
		510-530	520-540	540-570	530-580	550-600	160-200
		510-530	520-540	540-570	530-580	550-600	160-200
		510-530	520-540	540-570	530-580	550-600	160-200
		510-530	520-540	540-570	530-580	550-600	160-200
		510-530	520-540	540-570	530-580	550-600	160-200
		510-530	520-540	540-570	530-580	550-600	160-200
						580-620	175-225
						580-620	175-225
						560-620	160-190
						580-620	175-225
						580-620	175-225
						560-620	160-190
						485-550	100-150
						485-550	100-150
						580-620	175-225
						485-550	100-150
						580-620	175-225
						580-620	175-225
						580-620	175-225
						580-620	175-225
						580-620	175-225
						580-620	175-225
						580-620	175-225
						580-620	175-225
						580-620	175-225
						580-620	175-225
						580-620	175-225
						580-620	175-225
						580-620	175-225
						580-620	175-225
						580-620	175-225
						580-620	175-225
						580-620	175-225
						580-620	175-225
						580-620	175-225
						580-620	175-225

FREE DATA SHEETS: WWW.IDES.COM/PSIM

Grade	Filler	Sp Grav	Shrink, mils/in	Melt flow, g/10 min	Drying temp, °F	Drying time, hr	Max. % moisture
DCL-4036	CF	1.430			250	4.0	0.02
DCL-4413 SM	CF	1.240	1.0-3.0		250	4.0	0.02
DCL-4523 SM HP BK8-167	CF	1.290	2.0		250	4.0	0.02
DCL-4532 LEX BK8-115	CF	1.300	1.0		250	4.0	0.02
DCL-4542 EM BK8-115	CF	1.320	2.0		250	4.0	0.02
DF- FR	GCP	1.370	4.0		250	4.0	0.02
DS-	STS	1.360	7.0		250	4.0	0.02
DX-7	CP	1.340	6.0		250	4.0	0.02
PDX-D-00887 CCS	CP	1.240	8.0		250	4.0	0.02
PDX-D-01303 HP BK8-115		1.280	1.0		250	4.0	0.02
PDX-D-02728 CCS	CF	1.240			250	4.0	0.02
PDX-D-02731 CCS	CF	1.260			250	4.0	0.02
PDX-D-02785	PRO	1.260			250	4.0	0.02
PDX-D-03550	PRO	1.250			250	4.0	0.02
PDX-D-03633 CCS	CP	1.270	4.0		250	4.0	0.02
PDX-D-04419 CCS	CP	1.270	4.0		250	4.0	0.02
PDX-D-04462 CCS	CP	1.220	6.0-8.0		250	4.0	0.02
PDX-D-04489 CCS	CF	1.330	0.0		250	4.0	0.02
PDX-D-04490	CP	1.230	4.0		250	4.0	0.02
PDX-D-92440 GY0-665-1	STS	1.360	7.0		250	4.0	0.02
PDX-D-93500 BK8-115	STS	1.250	7.0		250	4.0	0.02
PDX-D-96690 HP		1.340	2.0		250	4.0	0.02
PDX-D-96717 LEX	CP	1.300	7.0		250	4.0	0.02
PDX-D-99620 CCS	CP	1.220			250	4.0	0.02
PDX-D-99873 CCS BK8-167	CF	1.290	1.0		250	4.0	0.02

PC   Stat-Tech   PolyOne

Grade	Filler	Sp Grav	Shrink, mils/in	Melt flow, g/10 min	Drying temp, °F	Drying time, hr	Max. % moisture
PC-08CF/000	CF 8	1.230	3.0-5.0				
PC-10NCF/000	CFN 10	1.270	1.0-2.0				
PC-10SS/000	STS 10	1.350	6.0-8.0				
PC-15CP/000 EG		1.250			250	4.0	
PC-15MCF/000	CFM 15	1.250	3.0-5.0				
PC-20CF/000	CF 20	1.280	1.0-2.0				
PC-30MCF/000	CFM 30	1.330	1.0-2.0				

PC   Tarolon   Taro Plast

Grade	Filler	Sp Grav	Shrink, mils/in	Melt flow, g/10 min	Drying temp, °F	Drying time, hr
2000		1.203	5.0-7.0	22.00 O	212-230	1.0-2.0
2011		1.203	5.0-7.0	22.00 O	212-230	1.0-2.0
2020		1.203	5.0-7.0	22.00 O	212-230	1.0-2.0
2500		1.203	5.0-7.0	18.00 O	212-230	1.0-2.0
2500 G2	GFI 10	1.253	3.0-5.0	12.00 O	212-230	1.0-2.0
2500 G4	GFI 20	1.343	3.0-5.0	12.00 O	212-230	1.0-2.0
2500 G6	GFI 30	1.434	1.0-3.0	10.00 O	212-230	1.0-2.0
2500 W G2 X0	GFI 10	1.273	3.0-5.0		212-230	1.0-2.0
2500 W G4 X0	GFI 20	1.363	2.5-3.5		212-230	1.0-2.0
2500 W G6 X0	GFI 30	1.454	1.5-2.5		212-230	1.0-2.0
2500 W X0		1.233	5.0-7.0		212-230	1.0-2.0
2511		1.203	5.0-7.0	15.00 O	212-230	1.0-2.0
2520		1.203	5.0-7.0	18.00 O	212-230	1.0-2.0

Max. % regrind	Inj. pres., ksi	Rear temp, °F	Mid temp, °F	Front temp, °F	Nozzle temp, °F	Proc temp, °F	Mold temp, °F
						580-620	175-225
						580-620	175-225
						580-620	175-225
						580-620	175-225
						580-620	175-225
						580-620	175-225
						530-580	200-250
						580-620	175-225
						580-620	175-225
						580-620	175-225
						580-620	175-225
						580-620	175-225
						580-620	175-225
						580-620	175-225
						580-620	175-225
						580-620	175-225
						580-620	175-225
						580-620	175-225
						530-580	200-250
						530-580	200-250
						580-620	175-225
						580-620	175-225
						580-620	175-225
						580-620	175-225
						560-600	
						550-600	
						550-600	
						560-580	
						570-620	
						550-600	
						500-554	176-212
						500-554	176-212
						500-554	176-212
						500-554	176-212
						500-572	212-248
						500-572	212-248
						500-572	212-248
						482-554	212-248
						482-554	212-248
						482-554	212-248
						482-554	194-230
						500-554	176-212
						500-554	176-212

FREE DATA SHEETS: WWW.IDES.COM/PSIM

Grade	Filler	Sp Grav	Shrink, mils/in	Melt flow, g/10 min	Drying temp, °F	Drying time, hr	Max. % moisture
3000		1.203	5.0-7.0	10.00 O	212-230	1.0-2.0	
3000 Y0		1.203	5.0-7.0	10.00 O	212-230	1.0-2.0	
3011		1.203	5.0-7.0	10.00 O	212-230	1.0-2.0	
3020		1.203	5.0-7.0	10.00 O	212-230	1.0-2.0	

PC   Terez PC   Ter Hell Plast

Grade	Filler	Sp Grav	Shrink, mils/in	Melt flow, g/10 min	Drying temp, °F	Drying time, hr	Max. % moisture
1003		1.203		8.00 O	248	4.0	0.02
1005 GF 10 FL	GFI 10	1.273		8.00 O	248	4.0	0.02
1005 GF 10 FL UV	GFI 10	1.273		8.00 O	248	4.0	0.02
1005 GF 25	GFI 25	1.404		12.00 O	248	4.0	0.02
1007 GF 10 black	GFI 10	1.253		15.00 O	248	4.0	0.02
1007 GF 20 / black	GFI 20	1.353		15.00 O	248	4.0	0.02
1008 black		1.203		20.00 O	248	4.0	0.02
9001 UV		1.203		5.00 O	248	4.0	0.02
9002 L		1.203		3.00 O	248	4.0	0.02
9003		1.203		6.00 O	248	4.0	0.02
9003 L		1.203		6.00 O	248	4.0	0.02
9005		1.203		10.00 O	248	4.0	0.02
9005 F		1.203		10.00 O	248	4.0	0.02
9005 L		1.203		10.00 O	248	4.0	0.02
9005 UV		1.203		10.00 O	248	4.0	0.02
9007		1.203		20.00 O	248	4.0	0.02
9007 L		1.203		14.00 O	248	4.0	0.02
9007 UV		1.203		20.00 O	248	4.0	0.02
9010 L		1.203			248	4.0	0.02
9011		1.203		25.00 O	248	4.0	0.02
9011 L		1.203		25.00 O	248	4.0	0.02
9011 UV		1.203		25.00 O	248	4.0	0.02
X9005 GF 8	GFI 8	1.273		15.00 O	248	4.0	0.02

PC   Thermocomp   LNP

Grade	Filler	Sp Grav	Shrink, mils/in	Melt flow, g/10 min	Drying temp, °F	Drying time, hr	Max. % moisture
DB-1008 EM MR BK8-250	GB	1.330			250	4.0	0.02
DC-1002 EM FR BK8-167	CF	1.260	1.0-3.0		250	4.0	0.02
DC-1002 EM MR BK8-114	CF	1.230	1.0-3.0		250	4.0	0.02
DC-1003 EM MR LEX	CF	1.240	0.4-1.0		250	4.0	0.02
DC-1004	CF	1.270	1.0		250	4.0	0.02
DC-1004 FR BK8-114	CF	1.300			250	4.0	0.02
DC-1006 EM MR	CF	1.300	0.4-1.0		250	4.0	0.02
DF-1002 BK8-115	GFI	1.280	5.0		250	4.0	0.02
DF-1002 EM MR	GFI	1.270	4.0		250	4.0	0.02
DF-1002 EM MR BK8-250	GFI	1.270	4.0		250	4.0	0.02
DF-1002 EM MR HC RD1-360-1	GFI	1.290			250	4.0	0.02
DF-1002 EP FR BK8-250	GFI	1.310	4.0		250	4.0	0.02
DF-1002 EP FR ECO	GFI	1.298			200-215	3.0-4.0	0.02
DF-1002 LE	GFI	1.270			250	4.0	0.02
DF-1004 EM	GFI	1.350	3.0		250	4.0	0.02
DF-1004 EM MR	GFI	1.320	2.0-3.0		250	4.0	0.02
DF-1004 EM MR BE	GFI	1.340	4.0		250	4.0	0.02
DF-1004 EM MR HC WT9-116	GFI	1.400			250	4.0	0.02

Max. % regrind	Inj. pres., ksi	Rear temp, °F	Mid temp, °F	Front temp, °F	Nozzle temp, °F	Proc temp, °F	Mold temp, °F
						518-572	194-230
						482-554	194-230
						500-554	176-212
						518-572	194-230
						536-608	176-248
						536-608	176-248
						536-608	176-248
						536-608	176-248
						536-608	176-248
						536-608	176-248
						536-608	176-248
						536-608	176-248
						536-608	176-248
						536-608	176-248
						536-608	176-248
						536-608	176-248
						536-608	176-248
						536-608	176-248
						536-608	176-248
						536-608	176-248
						536-608	176-248
						536-608	176-248
						536-608	176-248
						536-608	176-248
						536-608	176-248
						536-608	176-248
						580-620	175-225
						580-620	175-225
						580-620	175-225
						580-620	175-225
						580-620	175-225
						580-620	175-225
						580-620	175-225
						580-620	175-225
						580-620	175-225
						580-620	175-225
						580-620	175-225
						560-620	160-190
						580-620	175-225
						580-620	175-225
						580-620	175-225
						580-620	175-225
						580-620	175-225

FREE DATA SHEETS: WWW.IDES.COM/PSIM

Grade	Filler	Sp Grav	Shrink, mils/in	Melt flow, g/10 min	Drying temp, °F	Drying time, hr	Max. % moisture
DF-1004 EP BK8-250	GFI		2.0		250	4.0	0.02
DF-1004 EP FR ECO	GFI	1.370	2.0-4.0		200-215	3.0-4.0	0.02
DF-1004 EP MG BK8-114	GFI	1.333	4.0		250	4.0	0.02
DF-1004 FR BK8-250	GFI				250	4.0	0.02
DF-1004 M GY0-478-3	GFI	1.410	3.0		250	4.0	0.02
DF-1006 EM MR	GFI	1.420	1.0		250	4.0	0.02
DF-1006 EM MR BE	GFI	1.430	2.0		250	4.0	0.02
DF-1006 EM MR BK8-250	GFI	1.420	1.0		250	4.0	0.02
DF-1006 EP BK8-250	GFI	1.420	1.0		250	4.0	0.02
DF-1006 EP FR BK8-251	GFI	1.460	2.0		250	4.0	0.02
DF-1006 EP FR ECO BK8-782	GFI	1.446	1.0		200-215	3.0-4.0	0.02
DF-1006 EP MG BK8-229	GFI	1.440	4.0		250	4.0	0.02
DF-1006 LE	GFI	1.440			250	4.0	0.02
DF-1008 BK8-185	GFI	1.520	1.0		250	4.0	0.02
DF-1008 EM MR BE WT9-007	GFI				250	4.0	0.02
DF-1008 EM MR BK8-250	GFI		2.0		250	4.0	0.02
DF-1008 EP BK8-115	GFI 40	1.520	4.0		250	4.0	0.02
DF-1008 FR LEX BK8-115	GFI	1.580			250	4.0	0.02
DF-1008 LE	GFI	1.580	2.0		250	4.0	0.02
DFA-113	GFI	1.290	3.0-5.0		250	4.0	0.02
DFA-113 EM MR BK8-115	GFI	1.270	5.0		250	4.0	0.02
DM-3720 EXP WT9-337-1	MN	1.290	5.0-6.0		250	4.0	0.02
PDX-D-99721					250	4.0	0.02
EES BL5-185-2	GFI	1.280	7.0		250	4.0	0.02

PC   Thermotuf   LNP

Grade	Filler	Sp Grav	Shrink, mils/in	Melt flow, g/10 min	Drying temp, °F	Drying time, hr	Max. % moisture
DF-1008 EM HI MR BK8-115	GFI 40	1.510	3.0		250	4.0	0.02

PC   Trirex   Sam Yang

Grade	Filler	Sp Grav	Shrink, mils/in	Melt flow, g/10 min	Drying temp, °F	Drying time, hr
3020HF		1.200		5.0-7.0	248	3.0-5.0
3020U		1.200		5.0-7.0	248	3.0-5.0
3022A		1.200		5.0-7.0	248	3.0-5.0
3022FD		1.200		5.0-7.0	248	3.0-5.0
3022I		1.200		5.0-7.0	248	3.0-5.0
3022IR		1.200		5.0-7.0	248	3.0-5.0
3022IR-2		1.200		5.0-7.0	248	3.0-5.0
3022L1		1.200		5.0-7.0	248	3.0-5.0
3022U		1.200		5.0-7.0	248	3.0-5.0
3025A		1.200		5.0-7.0	248	3.0-5.0
3025FD		1.200		5.0-7.0	248	3.0-5.0
3025G10	GFI 10	1.250		3.0-5.0	248	3.0-5.0
3025G15	GFI 15	1.300		3.0-5.0	248	3.0-5.0
3025G20	GFI 20	1.340		3.0-5.0	248	3.0-5.0
3025G30	GFI 30	1.430		3.0-5.0	248	3.0-5.0
3025GRU10	GFM 10	1.260		3.0-5.0	248	3.0-5.0

Max. % regrind	Inj. pres., ksi	Rear temp, °F	Mid temp, °F	Front temp, °F	Nozzle temp, °F	Proc temp, °F	Mold temp, °F
						580-620	175-225
						560-620	160-190
						580-620	175-225
						580-620	175-225
						580-620	175-225
						580-620	175-225
						580-620	175-225
						580-620	175-225
						580-620	175-225
						580-620	175-225
						560-620	160-190
						580-620	175-225
						580-620	175-225
						580-620	175-225
						580-620	175-225
						580-620	175-225
						580-620	175-225
						580-620	175-225
						580-620	175-225
						580-620	175-225
						580-620	175-225
						570-600	175-225
						580-620	175-225
						580-620	175-225
		536-572	536-572	536-572	554-590	572-590	
		536-572	536-572	536-572	554-590	572-590	
		536-572	536-572	536-572	554-590	572-590	
		536-572	536-572	536-572	554-590	572-590	
		536-572	536-572	536-572	554-590	572-590	
		536-572	536-572	536-572	554-590	572-590	
		536-572	536-572	536-572	554-590	572-590	
		536-572	536-572	536-572	554-590	572-590	
		536-572	536-572	536-572	554-590	572-590	
		536-572	536-572	536-572	554-590	572-590	
		536-572	536-572	536-572	554-590	572-590	
		536-572	536-572	536-572	554-590	572-590	
		536-572	536-572	536-572	554-590	572-590	
		536-572	536-572	536-572	554-590	572-590	

FREE DATA SHEETS: WWW.IDES.COM/PSIM

Grade	Filler	Sp Grav	Shrink, mils/in	Melt flow, g/10 min	Drying temp, °F	Drying time, hr	Max. % moisture
3025GRU30	GFM 30	1.340	3.0-5.0		248	3.0-5.0	
3025I		1.200	5.0-7.0		248	3.0-5.0	
3025IR		1.200	5.0-7.0		248	3.0-5.0	
3025IR-2		1.200	5.0-7.0		248	3.0-5.0	
3025L1		1.200	5.0-7.0		248	3.0-5.0	
3025N1		1.240	5.0-7.0		248	3.0-5.0	
3025N2		1.240	5.0-7.0		248	3.0-5.0	
3025NB		1.240	5.0-7.0		248	6.0	
3025U		1.200			248	3.0-5.0	
3026U		1.200			248	3.0-5.0	
3027A		1.200	5.0-7.0		248	3.0-5.0	
3027FD		1.200	5.0-7.0		248	3.0-5.0	
3027I		1.200	5.0-7.0		248	3.0-5.0	
3027IR		1.200	5.0-7.0		248	3.0-5.0	
3027U		1.200	5.0-7.0		248	3.0-5.0	
3027U-C		1.180			248	3.0-5.0	
3030A		1.200	5.0-7.0		248	3.0-5.0	
3030FD		1.200	5.0-7.0		248	3.0-5.0	
3030I		1.200	5.0-7.0		248	3.0-5.0	
3030IR		1.200	5.0-7.0		248	3.0-5.0	
3030U		1.200	5.0-7.0		248	3.0-5.0	
3500G20	GFI 20	1.340	3.0-5.0		248	6.0	
3500G30	GFI 30	1.430	3.0-5.0		248	6.0	

PC Tristar

Polymer Tech

Grade	Filler	Sp Grav	Shrink, mils/in	Melt flow, g/10 min	Drying temp, °F	Drying time, hr	Max. % moisture
PC-05GFR	GFI 5	1.203			250	3.0-4.0	
PC-10		1.203		10.00 O	250	3.0-4.0	
PC-10FR		1.233		12.00 O	250	3.0-4.0	
PC-10FR-(16)		1.233		16.00 O	250	3.0-4.0	
PC-10FR-(18)		1.233		18.00 O	250	3.0-4.0	
PC-10FR-(8)		1.233		8.00 O	250	3.0-4.0	
PC-10FR-(V)		1.233		12.00 O	250	3.0-4.0	
PC-10FR-(V16)		1.233		16.00 O	250	3.0-4.0	
PC-10FR-(V18)		1.233		18.00 O	250	3.0-4.0	
PC-10FR-(V8)		1.230		8.00 O	250	3.0-4.0	
PC-10FRN		1.233		15.00 O	250	4.0	
PC-10FRN-(V)(f1)		1.233		15.00 O	250	4.0	
PC-10R		1.203		10.00 O	250	3.0-4.0	
PC-10R-(14)		1.203		14.00 O	250	3.0-4.0	
PC-10R-(18)		1.203		18.00 O	250	3.0-4.0	
PC-10R-(22)		1.203		22.00 O	250	3.0-4.0	
PC-10R-(6)		1.203		6.00 O	250	3.0-4.0	
PC-10R-(8)		1.203		8.00 O	250	3.0-4.0	
PC-10R-(IM)		1.203		10.00 O	250	3.0-4.0	
PC-10R-(V)		1.200		10.00 O	250	3.0-4.0	
PC-10R-(V15)		1.203		15.00 O	250	3.0-4.0	
PC-10R-(V18)		1.203		18.00 O	250	3.0-4.0	
PC-10R-(V22)		1.200		22.00 O	250	3.0-4.0	
PC-10R-(V6)		1.203		6.00 O	250	3.0-4.0	
PC-10R-(V8)		1.203		8.00 O	250	3.0-4.0	
PC-10R-(VE)		1.203		12.00 O	250	3.0-4.0	
PC-10R-CL		1.200		10.00 O	250	3.0-4.0	
PC-10R-CL(15)		1.203		15.00 O	250	3.0-4.0	
PC-10R-CL(22)		1.203		22.00 O	250	3.0-4.0	
PC-10R-CL(6)		1.203		6.00 O	250	3.0-4.0	
PC-10R-CL(V)		1.203		10.00 O	250	3.0-4.0	

Max. % regrind	Inj. pres., ksi	Rear temp, °F	Mid temp, °F	Front temp, °F	Nozzle temp, °F	Proc temp, °F	Mold temp, °F
		536-572	536-572	536-572	554-590	572-590	
		536-572	536-572	536-572	554-590	572-590	
		536-572	536-572	536-572	554-590	572-590	
		536-572	536-572	536-572	554-590	572-590	
		536-572	536-572	536-572	554-590	572-590	
		536-572	536-572	536-572	554-590	572-590	
11.4-19.9		464-536	518-590	518-590	518-572	518-590	158-230
		536-572	536-572	536-572	554-590	572-590	
		536-572	536-572	536-572	554-590	572-590	
		536-572	536-572	536-572	554-590	572-590	
		536-572	536-572	536-572	554-590	572-590	
		536-572	536-572	536-572	554-590	572-590	
		536-572	536-572	536-572	554-590	572-590	
		536-572	536-572	536-572	554-590	572-590	
		536-572	536-572	536-572	554-590	572-590	
		536-572	536-572	536-572	554-590	572-590	
		536-572	536-572	536-572	554-590	572-590	
		536-572	536-572	536-572	554-590	572-590	
11.4-19.9		464-536	518-590	518-590	518-572	518-590	158-230
11.4-19.9		464-536	518-590	518-590	518-572	518-590	158-230
		430-480	510-560	530-570	480-550	520-570	160-200
	12.0-18.0	510-530	520-540	540-570	530-580	550-600	160-200
	11.0-18.0	490-525	510-530	530-560	520-560	540-580	160-200
	10.0-18.0	480-520	500-520	520-550	510-540	530-560	160-200
	7.5-18.0	470-500	480-500	500-520	490-520	500-540	160-200
	14.0-20.0	530-555	540-560	570-605	555-605	575-625	170-220
	11.0-18.0	490-525	510-530	530-560	520-560	540-580	160-200
	11.0-18.0	480-520	500-520	520-550	510-540	530-560	160-200
	7.5-18.0	470-500	480-500	500-520	490-520	500-540	160-200
	14.0-20.0	530-555	540-560	570-605	555-605	575-625	170-220
	11.0-18.0	490-525	510-530	530-560	520-560	540-580	160-200
	11.0-18.0	490-525	510-530	530-560	520-560	540-580	160-200
	12.0-18.0	510-530	520-540	540-570	530-580	550-600	160-200
	11.0-18.0	490-525	510-530	530-560	520-560	540-580	160-200
	7.5-18.0	470-500	480-500	500-520	490-520	500-540	160-200
	7.5-18.0	470-500	480-500	500-520	490-520	500-540	160-200
	16.0-22.0	550-580	570-610	600-640	580-630	600-650	180-240
	14.0-20.0	530-555	540-560	570-605	555-605	575-625	170-220
	12.0-18.0	510-530	520-540	540-570	530-580	550-600	160-200
	12.0-18.0	510-530	520-540	540-570	530-580	550-600	160-200
	10.0-18.0	480-520	500-520	520-550	510-540	530-560	160-200
	7.5-18.0	470-500	480-500	500-520	490-520	500-540	160-200
	7.5-18.0	470-500	480-500	500-520	490-520	500-540	160-200
	16.0-22.0	550-580	570-610	600-640	580-630	600-650	180-240
	14.0-20.0	530-555	540-560	570-605	555-605	575-625	170-220
	11.0-18.0	490-525	510-530	530-560	520-560	540-580	160-200
	12.0-18.0	510-530	520-540	540-570	530-580	550-600	160-200
	10.0-18.0	480-520	500-520	520-550	510-540	530-560	160-200
	7.5-18.0	470-500	480-500	500-520	490-520	500-540	160-200
	16.0-22.0	550-580	570-610	600-640	580-630	600-650	180-240
	12.0-20.0	510-530	520-540	540-570	530-580	550-600	160-200

FREE DATA SHEETS: WWW.IDES.COM/PSIM

Grade	Filler	Sp Grav	Shrink, mils/in	Melt flow, g/10 min	Drying temp, °F	Drying time, hr	Max. % moisture
PC-10R-CL(V15)		1.203		15.00 O	250	3.0-4.0	
PC-10R-CL(V22)		1.203		22.00 O	250	3.0-4.0	
PC-10R-CL(V6)		1.203		6.00 O	250	3.0-4.0	
PC-15R-113		1.203		15.00 O	250	3.0-4.0	

PC   Vampcarb   Vamp Tech

Grade	Filler	Sp Grav	Shrink, mils/in	Melt flow, g/10 min	Drying temp, °F	Drying time, hr	Max. % moisture
0023 V0		1.003	5.0-7.0	14.00	212-266	3.0	
0024 V0		1.203	> 6.0	12.00	212-248	3.0	
0024 V2		1.213	5.0-7.0		212-266	2.0	
1026 V0	GFI 10	1.283	2.0-4.0	10.00	212-266		
2028 V1	GFI 20	1.333	3.0-5.0	12.00	212-266		
3026 V0	GFI 30	1.424	1.0-3.0	6.00	212-266		
3028 V1	GFI 30	1.404	2.0-4.0	15.00	212-266	3.0	

PC   Vyteen   Lavergne Group

Grade	Filler	Sp Grav	Shrink, mils/in	Melt flow, g/10 min	Drying temp, °F	Drying time, hr	Max. % moisture
PC 130		1.203		12.00 L	250	2.0-4.0	0.02
PC 135		1.203		11.00 O	250	2.0-4.0	

PC   Wonderlite   Chi Mei

Grade	Filler	Sp Grav	Shrink, mils/in	Melt flow, g/10 min	Drying temp, °F	Drying time, hr	Max. % moisture
PC-110		1.200	5.0-7.0	10.00 O	248	4.0	
PC-115		1.200	5.0-7.0	15.00 O	250	4.0	
PC-122		1.200	5.0-7.0	22.00 O	248	4.0	
PC-122M		1.200	5.0-7.0	22.00 O	248	4.0	
PC-175		1.200	5.0-7.0	75.00 O	248	4.0	

PC Alloy   Kingfa   Kingfa

Grade	Filler	Sp Grav	Shrink, mils/in	Melt flow, g/10 min	Drying temp, °F	Drying time, hr	Max. % moisture
JH710 G10	GFI 10	1.263	3.0-4.0		230-248	3.0-4.0	
JH710 G10D	GFI 10	1.263	3.0-5.0		230-248	4.0-6.0	
JH710 G15	GFI 15	1.313	3.0-5.0		230-248	3.0-4.0	
JH710 G20	GFI 20	1.343	3.0-4.0		230	3.0-4.0	
JH710 G30	GFI 30	1.434	2.0-3.0		212-248	3.0-4.0	
JH720 G10	GFI 10	1.263	3.0-5.0		230-248	3.0-4.0	
JH720 G10D	GFI 10	1.263	3.0-5.0		230-248	3.0-4.0	
JH720 G15	GFI 15	1.263	3.0-5.0		230-248	3.0-4.0	
JH720 G20	GFI 20	1.333	3.0-4.0		230-248	3.0-4.0	
JH720 G30	GFI 30	1.424	2.0-3.0		230-248	3.0-4.0	
JH720 G50	GFI 50	1.514	1.0-2.0		230-248	3.0-4.0	
JH820		1.203	5.0-7.0		248	4.0-6.0	
JH830		1.213	5.0-7.0		212-239	3.0-6.0	
JH830T		1.203	5.0-7.0		248	4.0-6.0	
PC-S609		1.193	5.0-7.0	14.00 O	212-239	3.0-4.0	
PC-S809		1.193	5.0-7.0	14.00 L	221-239	3.0-4.0	
PC-S923		1.193	5.0-7.0		230	4.0-6.0	
PC-WT01		1.203			230-248	3.0-4.0	

PC Alloy   Makroblend   Bayer

Grade	Filler	Sp Grav	Shrink, mils/in	Melt flow, g/10 min	Drying temp, °F	Drying time, hr	Max. % moisture
EL 700		1.280	6.0-8.0	15.00 AA	220-230	4.0-6.0	
UT 408		1.220	5.0-7.0	17.00 AA	220-230	4.0-6.0	0.01

PC Alloy   UMG Alloy   UMG ABS

Grade	Filler	Sp Grav	Shrink, mils/in	Melt flow, g/10 min	Drying temp, °F	Drying time, hr	Max. % moisture
FA-820CA	CF	1.223	1.0-3.0		221	3.0-4.0	
FA-840CA	CF	1.273	1.0-2.0		221	3.0-4.0	
TA-15W		1.123	5.0-7.0		230	3.0-4.0	
TA-26S		1.133	6.0-8.0		230	3.0-4.0	
TA-35		1.143	5.0-7.0		230	3.0-4.0	
TA-40		1.163	6.0-8.0		230	3.0-4.0	

Max. % regrind	Inj. pres., ksi	Rear temp., °F	Mid temp., °F	Front temp., °F	Nozzle temp., °F	Proc temp., °F	Mold temp., °F
	10.0-18.0	480-520	500-520	520-550	510-540	530-560	160-200
	7.5-18.0	470-500	480-500	500-520	490-520	500-540	160-200
	16.0-22.0	550-580	570-610	600-640	580-630	600-650	180-240
	10.0-18.0	480-520	500-520	520-550	510-540	530-560	160-200
		518-572					194-248
		500-536					212
		500-554					194-248
		518-572					194-230
		518-572					194-212
		536-590					194-230
		518-572					194-230
	10.0-20.0	490-520	510-540	530-560	530-560	530-560	
	1.0-2.0	490-520	510-540	530-560	530-560	530-560	180
		465-575	520-590		520-575	464-608	158-248
							160-250
						464-608	158-248
						464-608	158-248
		446-482	455-500	464-518		455-500	176-230
		455-500	464-518	482-536		455-500	176-266
		446-482	455-500	464-518		455-500	176-266
		446-500	464-518	482-536		455-518	194-266
		464-518	500-536	518-554		482-536	176-266
		464-518	473-527	482-545		473-518	176-266
		464-527	473-536	482-554		473-518	176-266
		482-527	509-545	518-554		491-536	194-284
		464-518	482-536	500-554		482-536	176-266
		464-527	482-536	500-554		482-536	176-284
		464-536	482-554	500-563		482-536	212-284
		464-518	500-536	518-554		482-536	140-176
		446-500	446-518	455-527		446-500	140-176
		464-518	500-536	518-554		482-536	140-176
		464-518	464-500	482-500		464-536	104-176
		446-518	455-536	464-554		446-536	104-176
		446-518	455-536	464-554		464-536	140-176
		482-536	509-545	500-554		482-545	104-176
20	10.0-20.0	470-490	480-500	490-510		500-530	65-180
	10.0-20.0	500-545	500-545	500-545	490-535	530-555	130-180
	10.2-20.3	392-428	428-464	446-482	428-464	464-500	140-176
	10.2-20.3	392-428	428-464	446-482	428-464	464-500	140-176
	10.2-20.3	410-446	446-482	446-518	428-482	446-536	140-176
	10.2-20.3	410-446	446-482	446-518	428-482	446-536	140-176
	10.2-20.3	410-446	446-482	446-518	428-482	446-536	140-176
	10.2-20.3	410-446	446-482	446-518	428-482	446-536	140-176

FREE DATA SHEETS: WWW.IDES.COM/PSIM

Grade	Filler	Sp Grav	Shrink, mils/in	Melt flow, g/10 min	Drying temp, °F	Drying time, hr	Max. % moisture
TA-40B		1.143	6.0-8.0		230	3.0-4.0	
TCL-1D		1.113	6.0-8.0		230	3.0-4.0	

PC+Acrylic   AVP   GE Polymerland

Grade	Filler	Sp Grav	Shrink, mils/in	Melt flow, g/10 min	Drying temp, °F	Drying time, hr	Max. % moisture
GLG1P		1.200	6.0-8.0	10.00 O	250	4.0	

PC+Acrylic   Cyrex   Cyro

Grade	Filler	Sp Grav	Shrink, mils/in	Melt flow, g/10 min	Drying temp, °F	Drying time, hr	Max. % moisture
100		1.120	4.0-8.0	4.00 I	180	3.0-4.0	
200		1.150	4.0-8.0	3.90 I	180	3.0-6.0	
300		1.170	4.0-8.0	1.90 I	180	3.0-4.0	
400		1.150	4.0-8.0	7.90 I	180	3.0-4.0	
953		1.150	4.0-8.0	1.90 I	180	3.0-4.0	

PC+Acrylic   PermaStat   RTP

Grade	Filler	Sp Grav	Shrink, mils/in	Melt flow, g/10 min	Drying temp, °F	Drying time, hr	Max. % moisture
1800 A		1.153	5.0-8.0		180	3.0-6.0	
1800 A FR		1.293	4.0-7.0		180	3.0-6.0	

PC+Acrylic   RTP Compounds   RTP

Grade	Filler	Sp Grav	Shrink, mils/in	Melt flow, g/10 min	Drying temp, °F	Drying time, hr	Max. % moisture
1800 A		1.153	3.0-9.0		180	3.0-6.0	
1800 A FR		1.253	6.0-8.0		180	3.0-6.0	
1800 A FR UV		1.253	6.0-8.0		180	3.0-6.0	
1800 A TFE 10		1.213	6.0		180	3.0-6.0	
1800 A TFE 15		1.213	7.0		180	3.0-6.0	
1800 A Z		1.153	6.0-9.0		180	3.0-6.0	
1899 A X 106999		1.293	3.0-6.0		180	3.0-6.0	
1899 A X 83675		1.153	4.0-9.0		180	3.0-6.0	

PC+PBT   Anjablend B   J&A Plastics

Grade	Filler	Sp Grav	Shrink, mils/in	Melt flow, g/10 min	Drying temp, °F	Drying time, hr	Max. % moisture
J010/50-E		1.223			203	2.0-5.0	0.02
J015/20-GK20	GB 20	1.424			212-248	2.0-5.0	0.03
J010/50-E		1.223			203	2.0-5.0	0.02
R010-E		1.243			203		0.02

PC+PBT   AVP   GE Polymerland

Grade	Filler	Sp Grav	Shrink, mils/in	Melt flow, g/10 min	Drying temp, °F	Drying time, hr	Max. % moisture
GLV80		1.200	8.0-11.0	12.00 I	230	4.0	
GLV8M		1.200	8.0-11.0	7.50 I	230	4.0	
GLV8U		1.200	8.0-11.0	12.00 I	230	4.0	

PC+PBT   B&M PC/PBT   B&M Plastics

Grade	Filler	Sp Grav	Shrink, mils/in	Melt flow, g/10 min	Drying temp, °F	Drying time, hr	Max. % moisture
PC/PBT400		1.220	9.0	23.00 AF	250	3.0-4.0	
PC/PBT400IM2		1.180	9.0	12.00 AF	220	3.0	

PC+PBT   Bestpolux   Triesa

Grade	Filler	Sp Grav	Shrink, mils/in	Melt flow, g/10 min	Drying temp, °F	Drying time, hr	Max. % moisture
PCBM		1.223		15.00	212	2.0-4.0	

PC+PBT   Deniblend   Vamp Tech

Grade	Filler	Sp Grav	Shrink, mils/in	Melt flow, g/10 min	Drying temp, °F	Drying time, hr	Max. % moisture
0053		1.233	20.0-25.0		212	3.0	

PC+PBT   EnCom   EnCom

Grade	Filler	Sp Grav	Shrink, mils/in	Melt flow, g/10 min	Drying temp, °F	Drying time, hr	Max. % moisture
PC/PBT 1013UV		1.200	8.0-11.0	10.00 I	230	4.0	0.02
PC/PBT 1013		1.200	6.0-11.0	10.00 I	230-250	2.0-6.0	0.02
PC/PBT 1013 IM		1.180	6.0-11.0	10.00 I	230-250	2.0-6.0	0.02
PC-PBT 1174SP		1.220	17.0-20.0	8.00 I	230-250	2.0-6.0	0.02

PC+PBT   Hybrid   Entec

Grade	Filler	Sp Grav	Shrink, mils/in	Melt flow, g/10 min	Drying temp, °F	Drying time, hr	Max. % moisture
B2025I		1.180	6.0-9.0	25.00 AK	230	4.0-5.0	0.02

Max. % regrind	Inj. pres., ksi	Rear temp, °F	Mid temp, °F	Front temp, °F	Nozzle temp, °F	Proc temp, °F	Mold temp, °F
	10.2-20.3	410-446	446-482	446-518	428-482	446-536	140-176
	10.2-20.3	410-446	446-482	446-518	428-482	446-536	140-176
		480-530	480-530	490-540	480-530	500-550	140-180
	8.0-10.0	395-445	445-485	460-510	460-510	460-510	150-210
	8.0-10.0	375-425	425-475	450-480	450-480	450-480	150-180
	8.0-10.0	395-445	445-485	460-510	460-510	460-510	150-210
	8.0-10.0	395-445	445-485	460-510	460-510	460-510	150-210
	8.0-10.0	390-445	445-485	460-510	460-510	460-510	150-210
	10.0-15.0					400-480	100-150
	10.0-15.0					400-480	100-150
	8.0-12.0					460-510	90-150
	8.0-12.0					460-510	90-150
	8.0-12.0					460-510	90-150
	8.0-12.0					460-510	90-150
	8.0-12.0					460-510	90-150
	8.0-12.0					460-510	90-150
	8.0-12.0					400-480	100-150
	8.0-12.0					460-510	90-150
						482-518	140-176
						482-518	176-212
						482-518	140-176
						482-518	140-176
		460-490	470-500	475-505	470-500	480-510	100-180
		460-490	470-500	475-505	470-500	480-510	100-180
		460-490	470-500	475-505	470-500	480-510	100-180
		475-525	485-525	490-530	490-520	500-525	160-200
		465-510	475-520	475-530	475-530	490-530	140-190
						500-527	176
		464-518					140-176
		470-520	480-530	495-540	490-525	500-535	150
		470-520	480-530	495-540	490-525	500-535	150-200
		470-520	480-530	495-540	490-525	500-535	150-200
		470-520	480-530	495-540	490-525	500-535	150-200
		460-510	470-520	480-530	490-520	490-520	130-180

FREE DATA SHEETS: WWW.IDES.COM/PSIM

Grade	Filler	Sp Grav	Shrink, mils/in	Melt flow, g/10 min	Drying temp, °F	Drying time, hr	Max. % moisture
B2025IU		1.170	6.0-9.0	25.00 AK	230	4.0-5.0	0.02
B2026I		1.190	6.0-9.0	26.00 AZ	230	4.0-5.0	0.02
B2026IU		1.190	6.0-9.0	26.00 AZ	230	4.0-5.0	0.02
B2125I		1.180	6.0-9.0	25.00 AK	230	4.0-5.0	0.02
B2125IU		1.170	6.0-9.0	25.00 AK	230	4.0-5.0	0.02
B3030		1.210		32.00 AZ	230	4.0-5.0	0.02
B3030U		1.210		32.00 AZ	230	4.0-5.0	0.02
B6720		1.240		20.00 AT	230	4.0-5.0	0.02
B6720U		1.240		20.00 AT	230	4.0-5.0	0.02

PC+PBT — Lonoy — Kingfa

Grade	Filler	Sp Grav	Shrink, mils/in	Melt flow, g/10 min	Drying temp, °F	Drying time, hr	Max. % moisture
Ionoy 1200		1.233	6.0-8.0	45.00 AZ	230	3.0-4.0	
Ionoy 1300		1.213	8.0-10.0	40.00 AF	176-185	3.0-4.0	
Ionoy 1600		1.223	8.0-12.0		248	4.0-6.0	
Ionoy 3010	GFI	1.303	4.0-6.0		248	4.0-6.0	
Ionoy 6100		1.243	4.0-7.0		248	4.0-6.0	

PC+PBT — Lupox — LG Chem

Grade	Filler	Sp Grav	Shrink, mils/in	Melt flow, g/10 min	Drying temp, °F	Drying time, hr	Max. % moisture
TE-5020		1.220	7.0-10.0		248-284	2.0-4.0	0.10

PC+PBT — MDE Compounds — Michael Day

Grade	Filler	Sp Grav	Shrink, mils/in	Melt flow, g/10 min	Drying temp, °F	Drying time, hr	Max. % moisture
PC/PBT 501020L		1.180		10.0	250	4.0	0.02

PC+PBT — OP-PC/PBT — Oxford Polymers

Grade	Filler	Sp Grav	Shrink, mils/in	Melt flow, g/10 min	Drying temp, °F	Drying time, hr	Max. % moisture
604-I		1.163		7.5	230	4.0-6.0	

PC+PBT — Panlite — Teijin

Grade	Filler	Sp Grav	Shrink, mils/in	Melt flow, g/10 min	Drying temp, °F	Drying time, hr	Max. % moisture
AM-8035					212-248	5.0	0.02

PC+PBT — Pocan — Lanxess

Grade	Filler	Sp Grav	Shrink, mils/in	Melt flow, g/10 min	Drying temp, °F	Drying time, hr	Max. % moisture
KU 2-7604							
POS061 000000		1.303		8.5			

PC+PBT — Pocan — Lanxess Euro

Grade	Filler	Sp Grav	Shrink, mils/in	Melt flow, g/10 min	Drying temp, °F	Drying time, hr	Max. % moisture
B 7616 000000	GFI 15	1.353		5.5			
DP CF 2200 000000		1.303		8.5			
KU 1-7625 901510	GFI 20	1.404		5.0			
KU 2-7604 000000				8.5			
KU 2-7604							
POS061 000000		1.303		8.5			

PC+PBT — Pre-elec — Premix Thermoplast

Grade	Filler	Sp Grav	Shrink, mils/in	Melt flow, g/10 min	Drying temp, °F	Drying time, hr	Max. % moisture
ESD 7300		1.110	8.0-10.0		176-212	2.0-4.0	

PC+PBT — PRL — Polymer Res

Grade	Filler	Sp Grav	Shrink, mils/in	Melt flow, g/10 min	Drying temp, °F	Drying time, hr	Max. % moisture
TP-SF-FRG10	GFI 10	1.270	4.0-6.0	13.00 T	180-250	3.0-4.0	
TP-SF-G10	GFI 10	1.260	4.0-6.0	13.00 T	180-250	3.0-4.0	

PC+PBT — PTS — Polymer Tech

Grade	Filler	Sp Grav	Shrink, mils/in	Melt flow, g/10 min	Drying temp, °F	Drying time, hr	Max. % moisture
PCA-3013		1.213			250	2.0-4.0	
PCA-3015		1.173			230	2.0-4.0	
PCA-30G11-(V)	GFI 11	1.263		11.00 AF	190-210	4.0	

PC+PBT — Remex — GE Adv Materials

Grade	Filler	Sp Grav	Shrink, mils/in	Melt flow, g/10 min	Drying temp, °F	Drying time, hr	Max. % moisture
VR5460 Resin	GFI 32	1.480	3.0-5.0	28.00 AF	250	3.0-4.0	0.02
XR6200 Resin		1.190	8.0-9.0	12.50 AF	230	4.0-6.0	0.02

Max. % regrind	Inj. pres., ksi	Rear temp, °F	Mid temp, °F	Front temp, °F	Nozzle temp, °F	Proc temp, °F	Mold temp, °F
		460-510	470-520	480-530	490-520	490-520	130-180
		460-510	470-520	480-530	490-520	490-520	130-180
		460-510	470-520	480-530	490-520	490-520	130-180
		460-510	470-520	480-530	490-520	490-520	130-180
		460-510	470-520	480-530	490-520	490-520	130-180
		460-510	470-520	480-530	490-520	490-520	130-180
		460-510	470-520	480-530	490-520	490-520	130-180
		460-510	470-520	480-530	490-520	490-520	130-180
		460-510	470-520	480-530	490-520	490-520	130-180
		446-500	464-518	464-518		464-518	158-194
		392-428	392-437	410-446		392-446	140-176
		473-500	482-518	482-518		473-518	158-194
		473-500	482-518	482-518		473-518	158-194
		473-500	482-518	482-518		473-518	158-194
	7.3-11.6	464-500	473-509	482-518	500-536	500-536	104-176
		480	500	510		500-550	170-190
		470-510	480-520	490-530	490-520		150-190
						446-500	140-176
						500	176
						500	176
						500	176
						500	176
						500	176
						500	176
						410-464	86-158
		460-490	470-500	480-510		480-500	160-200
		460-490	470-500	480-510		480-500	160-200
		460-480	470-500	485-525	485-505	480-520	150-180
		450-470	460-490	475-515	475-510	470-535	150-180
	16.0-20.0	495-535	475-535	475-535	475-535	475-535	160-200
		460-490	470-500	480-510	470-500	480-510	150-190
		470-510	480-520	490-530	490-520	500-530	150-190

FREE DATA SHEETS: WWW.IDES.COM/PSIM

Grade	Filler	Sp Grav	Shrink, mils/in	Melt flow, g/10 min	Drying temp, °F	Drying time, hr	Max. % moisture
PC+PBT		**SLCC**			**GE Polymerland**		
5220UP		1.210	8.0-10.0		232	4.0	
6127P		1.230	16.0-21.0		232	4.0	
PC+PBT		**Spartech Polycom**			**SpartechPolycom**		
SC7A21-2800				8.00	190	2.0-4.0	
SC7A21-3000				24.00	190	2.0-4.0	
PC+PBT		**Taroloy**			**Taro Plast**		
10		1.213	6.0-10.0	20.00 AZ	230	2.0	
50		1.223	8.0-11.0	30.00 AZ	230	2.0	
PC+PBT		**Thermocomp**			**LNP**		
9760	MN	1.540	15.0		250-300	4.0	0.02
PC+PBT		**Tipcofil**			**Tipco**		
KMX 800 FR		1.905	10.0	45.00	194		
PC+PBT		**Valox**			**GE Adv Materials**		
368 Resin		1.300	9.0-11.0		250	3.0-4.0	0.02
3706 Resin		1.300	12.0-14.0	23.00 AZ	250	3.0-4.0	0.02
508 Resin	GFI 30	1.500			250	3.0-4.0	0.02
508R Resin	GFI 30	1.500			250	3.0-4.0	0.02
508U Resin	GFI 30	1.500			250	3.0-4.0	0.02
551 Resin	GFI 30	1.530			250	3.0-4.0	0.02
553 Resin	GFI 30	1.590			250	3.0-4.0	0.02
553E Resin		1.580			250	3.0-4.0	0.02
553U Resin		1.580			250	3.0-4.0	0.02
K4630 Resin	GFI 17	1.500	8.0-10.0	20.00 AF	250	3.0-4.0	0.02
V3900WX Resin		1.300	7.0-10.0	35.00 CN	250	3.0-4.0	0.02
V5060RE Resin	GFI 34	1.474		20.00 AF	250	3.0-4.0	0.02
PC+PBT		**Valox**			**GE Adv Matl AP**		
368 Resin		1.300	9.0-11.0		250	3.0-4.0	0.02
508 Resin	GFI 30	1.500			250	3.0-4.0	0.02
553 Resin	GFI 30	1.590			250	3.0-4.0	0.02
V3900WX Resin		1.300	7.0-10.0	35.00 CN	250	3.0-4.0	0.02
PC+PBT		**Valox**			**GE Adv Matl Euro**		
V3800 Resin		1.343			230-248	2.0-4.0	0.02
V3900WX Resin		1.300	7.0-10.0	35.00 CN	250	3.0-4.0	0.02
PC+PBT		**Vylopet**			**Toyobo**		
CA3300		1.220	7.0		266	3.0	
CA5310		1.290	5.0		266	3.0	
EMC130-20		1.910	2.0				
EMC132-01		1.650	3.0				
EMC132-02		1.650	3.0				
EMC133		1.650	3.0				
EMC307		1.300	8.0				
EMC310		1.590	5.0				
EMC310TU		1.590	4.0				
EMC317A		1.900	5.0				
EMC320R		1.600	3.0				
EMC330		1.590	9.0				

Max. % regrind	Inj. pres., ksi	Rear temp, °F	Mid temp, °F	Front temp, °F	Nozzle temp, °F	Proc temp, °F	Mold temp, °F
		470-510	480-520	490-530	490-520	500-530	150-190
		470-510	480-520	490-530	490-520	500-530	150-190
		480-540	490-550	500-560	525-575	525-575	180-200
		480-540	490-550	500-560	525-575	525-575	180-200
						464-536	176-230
						464-500	176-230
						480-530	175-200
		482	500	527	509	518	221
		460-490	470-500	480-510	470-500	480-510	150-190
		460-490	470-500	480-510	470-500	480-510	150-190
		460-490	470-500	480-510	470-500	480-510	150-190
		460-490	470-500	480-510	470-500	480-510	150-190
		460-490	470-500	480-510	470-500	480-510	150-190
		460-490	470-500	480-510	470-500	480-510	150-190
		460-490	470-500	480-510	470-500	480-510	150-190
		460-490	470-500	480-510	470-500	480-510	150-190
		460-490	470-500	480-510	470-500	480-510	150-190
		460-490	470-500	480-510	470-500	480-510	150-190
		460-490	470-500	480-510	470-500	480-510	150-190
		460-490	470-500	480-510	470-500	480-510	150-190
		460-490	470-500	480-510	470-500	480-510	150-190
		460-490	470-500	480-510	470-500	480-510	150-190
		460-490	470-500	480-510	470-500	480-510	150-190
		460-490	470-500	480-510	470-500	480-510	150-190
		446-473	464-491	473-509	464-500	482-518	104-212
		460-490	470-500	480-510	470-500	480-510	150-190
						518	158
						518	158
						482-500	194-248
						482-500	194-248
						482-500	194-248
						482-500	194-248
						491-509	194-248
						491-509	194-248
						491-509	194-248
						491-509	194-248
						491-509	194-248
						491-518	194-248

FREE DATA SHEETS: WWW.IDES.COM/PSIM

Grade	Filler	Sp Grav	Shrink, mils/in	Melt flow, g/10 min	Drying temp, °F	Drying time, hr	Max. % moisture
EMC333		1.590	9.0				
EMC341		1.630	9.0				
EMC355		1.810	3.0				
EMC532		1.560	3.0				
EMC545		1.680	9.0				

PC+PBT — Xenoy — GE Adv Materials

Grade	Filler	Sp Grav	Shrink, mils/in	Melt flow, g/10 min	Drying temp, °F	Drying time, hr	Max. % moisture
1101 Resin		1.210	8.0-10.0		230	4.0-6.0	0.02
1102 Resin		1.200	8.0-10.0		230	4.0-6.0	0.02
1103 Resin		1.200	8.0-10.0	13.00 AF	230	4.0-6.0	0.02
1200 Resin		1.200	16.0-18.0		230	4.0-6.0	0.02
1333 Resin		1.230	7.0-9.0		230	4.0-6.0	0.02
1731 Resin		1.220	5.0-7.0		230	4.0-6.0	0.02
1731J Resin		1.220	6.5-7.3	9.62 AF	230	4.0-6.0	0.02
1732 Resin		1.230	5.0-7.0	30.00 CN	230	4.0-6.0	0.02
1760E Resin	GFI 11	1.300	4.0-6.0	15.00 AF	230	4.0-6.0	0.02
5220 Resin		1.210	8.0-10.0		230	4.0-6.0	0.02
5220U Resin		1.210	8.0-10.0		230	4.0-6.0	0.02
5230 Resin		1.220	6.0-9.0		230	4.0-6.0	0.02
5230R Resin		1.220	6.0-9.0		230	4.0-6.0	0.02
5720 Resin		1.170	10.0-12.0		230	4.0-6.0	0.02
5720U Resin		1.170	10.0-12.0		230	4.0-6.0	0.02
5770 Resin	GMN 20	1.390	4.0-6.0		230	4.0-6.0	0.02
6123 Resin		1.240	12.0-15.0		230	4.0-6.0	0.02
6123M Resin		1.240	12.0-15.0		230	4.0-6.0	0.02
6127 Resin		1.230	16.0-21.0		230	4.0-6.0	0.02
6240 Resin	GFI 10	1.300	7.0-9.0		230	4.0-6.0	0.02
6370 Resin	GFI 30	1.440			230	4.0-6.0	0.02
6620 Resin		1.200	16.0-18.0		220-240	2.0-4.0	0.02
6620U Resin		1.200	16.0-18.0		220-240	2.0-4.0	0.02
X1200UV Resin		1.210	9.0-10.0	15.30 AF	230	4.0-6.0	0.02
X5300WX Resin		1.230	7.0-9.0	26.00 CN	230	4.0-6.0	0.02

PC+PBT — Xenoy — GE Adv Matl AP

Grade	Filler	Sp Grav	Shrink, mils/in	Melt flow, g/10 min	Drying temp, °F	Drying time, hr	Max. % moisture
1101 Resin		1.210	8.0-10.0		230	4.0-6.0	0.02
1102 Resin		1.200	8.0-10.0		230	4.0-6.0	0.02
1103 Resin		1.200	8.0-10.0	13.00 AF	230	4.0-6.0	0.02
1731 Resin		1.220	5.0-7.0		230	4.0-6.0	0.02
1731J Resin		1.220	6.5-7.3	9.62 AF	230	4.0-6.0	0.02
5220 Resin		1.210	8.0-10.0		230	4.0-6.0	0.02
5220U Resin		1.210	8.0-10.0		230	4.0-6.0	0.02
5720U Resin		1.170	10.0-12.0		230	4.0-6.0	0.02
6620 Resin		1.200	14.0-20.0		248	3.0-4.0	0.02
9159U Resin		1.220	6.0-9.0		248	3.0-4.0	0.02
X1200UV Resin		1.210	9.0-10.0	15.30 AF	230	4.0-6.0	0.02
X5300WX Resin		1.230	7.0-9.0	26.00 CN	230	4.0-6.0	0.02
X6320 Resin	MN	1.332	5.0-8.0	20.00 AF	230	4.0-6.0	0.02

PC+PBT — Xenoy — GE Adv Matl Euro

Grade	Filler	Sp Grav	Shrink, mils/in	Melt flow, g/10 min	Drying temp, °F	Drying time, hr	Max. % moisture
1576VTC Resin		1.213	7.0-10.0		194-212	2.0-4.0	0.02
1731J Resin		1.220	6.5-7.3	9.62 AF	230	2.0-4.0	0.02
1760T Resin	GFI 11	1.303	5.0-9.0		212-230	2.0-4.0	0.02
5220U Resin		1.223	7.0-11.0		194-212	2.0-4.0	0.02
5730 Resin		1.213	7.0-11.0		194-212	2.0-4.0	0.02
6370 Resin	GFI 30	1.444	3.0-6.0		212-230	2.0-4.0	0.02
CL100 Resin		1.223	7.0-10.0		194-212	2.0-4.0	0.02

Max. % regrind	Inj. pres., ksi	Rear temp, °F	Mid temp, °F	Front temp, °F	Nozzle temp, °F	Proc temp, °F	Mold temp, °F
						491-518	194-248
						491-518	194-248
						491-518	194-248
						491-518	185-248
						491-518	194-230
		470-510	480-520	490-530	490-520	500-530	150-190
		470-510	480-520	490-530	490-520	500-530	150-190
		460-500	470-510	480-520	480-510	490-530	100-190
		470-510	480-520	490-530	490-520	500-530	150-190
		470-510	480-520	490-530	490-520	500-530	150-190
		470-510	480-520	490-530	490-520	500-530	150-190
		470-510	480-520	490-530	490-520	500-530	150-190
		470-510	480-520	490-530	490-520	500-530	150-190
		480-520	490-530	500-540	490-530	500-540	150-200
		470-510	480-520	490-530	490-520	500-530	150-190
		470-510	480-520	490-530	490-520	500-530	150-190
		470-510	480-520	490-530	490-520	500-530	150-190
		470-510	480-520	490-530	490-520	500-530	150-190
		470-510	480-520	490-530	490-520	500-530	150-190
		470-510	480-520	490-530	490-520	500-530	150-190
		480-520	490-530	500-540	490-530	500-540	150-200
		470-510	480-520	490-530	490-520	500-530	150-190
		470-510	480-520	490-530	490-520	500-530	150-190
		470-510	480-520	490-530	490-520	500-530	150-190
		480-520	490-530	500-540	490-530	500-540	150-200
		480-520	490-530	500-540	490-530	500-540	150-200
		440-470	450-480	460-490	460-480	460-500	120-180
		450-475	465-490	480-510	480-520	480-520	100-180
		470-510	480-520	490-530	490-520	500-530	150-190
		470-510	480-520	490-530	490-520	500-530	150-190
		470-510	480-520	490-530	490-520	500-530	150-190
		470-510	480-520	490-530	490-520	500-530	150-190
		460-500	470-510	480-520	480-510	490-530	100-190
		470-510	480-520	490-530	490-520	500-530	150-190
		470-510	480-520	490-530	490-520	500-530	150-190
		470-510	480-520	490-530	490-520	500-530	150-190
		470-510	480-520	490-530	490-520	500-530	150-190
		470-510	480-520	490-530	490-520	500-530	150-190
						482-554	131-176
						491-527	140-176
		470-510	480-520	490-530	490-520	500-530	150-190
		470-510	480-520	490-530	490-520	500-530	150-190
		470-510	480-520	490-530	490-520	500-530	150-190
		446-482	464-509	482-518	482-509	491-518	140-176
		470-510	480-520	490-530	490-520	500-530	150-190
		446-482	464-509	482-518	482-509	491-518	140-212
		446-482	464-509	482-518	482-509	491-518	140-176
		446-482	464-509	482-518	482-509	491-518	140-176
		446-482	464-509	482-518	482-509	491-518	140-212
		446-482	464-509	482-518	482-509	491-518	140-212

FREE DATA SHEETS: WWW.IDES.COM/PSIM

Grade	Filler	Sp Grav	Shrink, mils/in	Melt flow, g/10 min	Drying temp, °F	Drying time, hr	Max. % moisture
CL100B Resin		1.223	7.0-10.0		194-212	2.0-4.0	0.02
CL100S Resin		1.223	7.0-10.0		194-212	2.0-4.0	0.02
CL101 Resin		1.223	7.0-11.0		194-212	2.0-4.0	0.02
CL101D Resin		1.203	7.0-11.0		194-212	2.0-4.0	0.02
CL101M Resin		1.223	7.0-11.0		194-212	2.0-4.0	0.02
CL200 Resin		1.223	11.0-15.0		194-212	2.0-4.0	0.02
CL300 Resin		1.223	7.0-11.0	35.00 AF	194-212	2.0-4.0	0.02
CL500U Resin		1.223	9.0-12.0		194-212	2.0-4.0	0.02
FXX210SK Resin		1.233			194-212		
X1200UV Resin		1.210	9.0-10.0	15.30 AF	230	4.0-6.0	0.02
X5101 Resin		1.223	7.0-11.0		194-212	2.0-4.0	0.02
XD1369 Resin		1.213	7.0-10.0		194-212	2.0-4.0	0.02
XD1507S Resin		1.233	8.0-11.0		194-212	2.0-4.0	0.02
XD1525 Resin		1.213	5.0-8.0		230-248	4.0-6.0	0.02
XD1575S Resin		1.223	7.0-11.0		194-212	2.0-4.0	0.02
XD1588 Resin		1.223	7.0-10.0		194-212	2.0-4.0	0.02
XD1607 Resin	GFI 22	1.404	4.0-8.0		212-230	2.0-4.0	0.02
XD1622 Resin		1.223	7.0-10.0		194-212	2.0-4.0	0.02
XD1641 Resin		1.213	7.0-10.0		194-212	2.0-4.0	0.02
XD1647 Resin	MN 15	1.303	6.0-8.0		194-212	2.0-4.0	0.02
XD1928B Resin		1.223	7.0-10.0		194-212	2.0-4.0	0.02
XD549G Resin		1.213	7.0-11.0	40.00 AF	194-212	2.0-4.0	0.02
XD549S Resin		1.213	7.0-11.0	40.00 AF	194-212	2.0-4.0	0.02
XL1351 Resin		1.223	5.0-7.0		194-212	2.0-4.0	0.02
XL1562 Resin		1.223	8.0-11.0		194-212	2.0-4.0	0.02

PC+PET   Albis PC/PET   Albis

Grade	Filler	Sp Grav	Shrink, mils/in	Melt flow, g/10 min	Drying temp, °F	Drying time, hr	Max. % moisture
36A 100 Black		1.210	6.0-8.0	22.50 AA			
36A 226/15 19P Black		1.210	6.0-8.0	22.50 AA			
36A 620G GF10 UV Yellow	GFI 10	1.310	1.0-6.0				
36A 620G GF6 UV Yellow	GFI 6	1.300	1.0-6.0	12.00 AA			
748/718 09 GB5	GB 5	1.260	2.0-5.0	9.00 O			
748/718 15 GB5	GB 5	1.260	3.0-6.0	15.00 O			
748/718 GF 20 HZ	GFI 20	1.350	1.0-6.0	6.50 O			
748/718 HZ		1.200	7.0-9.0	16.00 AA			

PC+PET   Alcom   Albis

Grade	Filler	Sp Grav	Shrink, mils/in	Melt flow, g/10 min	Drying temp, °F	Drying time, hr	Max. % moisture
PC/PET 760/1 Satin 8BN1123FF		1.230	6.0-8.0	22.50 AA			
PC/PET 760/1 Silver Metallic 8 GY1334 FF		1.230	6.0-8.0	22.50 AA			
PC/PET 760/1 SM Satin Silver FF		1.230	6.0-8.0	22.50 AA			
PC/PET 760/1 SM Stainless FF		1.230	6.0-8.0	22.50 AA			

PC+PET   Astalon   Marplex

Grade	Filler	Sp Grav	Shrink, mils/in	Melt flow, g/10 min	Drying temp, °F	Drying time, hr	Max. % moisture
MB2106-M2	MN 10	1.290	5.0-9.0	15.00 O	248-257	4.0-6.0	

PC+PET   AVP   GE Polymerland

Grade	Filler	Sp Grav	Shrink, mils/in	Melt flow, g/10 min	Drying temp, °F	Drying time, hr	Max. % moisture
FLT25		1.200	6.0-9.0	25.00 AZ	250	4.0	
GLT25		1.200	6.0-9.0	35.00 AZ	250	4.0	

Max. % regrind	Inj. pres., ksi	Rear temp, °F	Mid temp, °F	Front temp, °F	Nozzle temp, °F	Proc temp, °F	Mold temp, °F
		446-482	464-509	482-518	482-509	491-518	140-176
		446-482	464-509	482-518	482-509	491-518	140-176
		446-482	464-509	482-518	482-509	491-518	140-176
		446-482	464-509	482-518	482-509	491-518	140-176
		446-482	464-509	482-518	482-509	491-518	140-176
		446-482	464-509	482-518	482-509	491-518	140-176
		446-482	464-509	482-518	482-509	491-518	140-176
		446-482	464-509	482-518	482-509	491-518	140-176
		446-482	464-509	482-518	482-509	491-518	140-176
		470-510	480-520	490-530	490-520	500-530	150-190
		446-482	464-509	482-518	482-509	491-518	140-176
		446-482	464-509	482-518	482-509	491-518	140-176
		464-518	482-527	500-536	500-527	509-527	140-212
		446-482	464-509	482-518	482-509	491-518	140-176
		446-482	464-509	482-518	482-509	491-518	140-212
		446-482	464-509	482-518	482-509	491-518	140-176
		446-482	464-509	482-518	482-509	491-518	140-176
		446-482	464-509	482-518	482-509	491-518	140-176
		446-482	464-509	482-518	482-509	491-518	140-176
		446-482	464-509	482-518	482-509	491-518	140-176
		446-482	464-509	482-518	482-509	491-518	140-176
		446-482	464-509	482-518	482-509	491-518	140-176
		446-482	464-509	482-518	482-509	491-518	140-176
						530-550	130-160
						530-550	130-160
						500-530	165-200
						500-530	165-200
						500-540	170-240
						500-540	170-240
						500-540	170-240
						500-540	170-240
						530-550	130-160
						530-550	130-160
						530-550	130-160
						530-550	130-160
	8.7-20.3	473-509	500-536	527-563		518-572	140-230
		490-515	490-515	500-525	490-515	510-535	150-190
		490-515	490-515	500-525	490-515	510-535	150-190

FREE DATA SHEETS: WWW.IDES.COM/PSIM

Grade	Filler	Sp Grav	Shrink, mils/in	Melt flow, g/10 min	Drying temp, °F	Drying time, hr	Max. % moisture
PC+PET	**B&M PC/PET**				**B&M Plastics**		
330		1.210	7.0	15.00 AA	250	3.0	
PC/PET325		1.210	7.0	27.00 AA	250	3.0	
PC/PET340FR		1.200		19.00 AA	250	3.0-4.0	
PETFRGF15	GFI 15	1.430			250	3.0-4.0	0.04
PC+PET	**Bestpolux**				**Triesa**		
PCTM		1.243		30.00	212	2.0-4.0	
PCTM-1		1.213		15.00	212	2.0-4.0	
PC+PET	**Comtuf**				**A. Schulman**		
410		1.193	5.0		230	4.0-6.0	
PC+PET	**EnCom**				**EnCom**		
PC/PET1013					175-185	2.0-4.0	
PC-PET 1013IM		1.190	7.0-10.0	10.00 I	230-250	2.0-6.0	0.02
PC+PET	**Lonoy**				**Kingfa**		
lonoy 2100 LT		1.213	8.0-10.0	35.00 AF	230	3.0-4.0	
lonoy 2200 HT		1.213	8.0-10.0	35.00 AF	230	3.0-4.0	
PC+PET	**Makroblend**				**Bayer**		
DP4-1374		1.200	6.0-8.0	8.00 AA			
DP4-1386		1.200	6.0-8.0	17.50 AA	210	4.0	
EL 703		1.290	6.0-8.0	25.00 AA	220-230	4.0-6.0	
UT 1018		1.220	6.0-9.0	10.00 AA	210-215	4.0-6.0	0.02
JT 400		1.220	6.0-8.0	30.00 AA	190-230	6.0	0.02
JT 403		1.220	6.0-8.0	30.00 AA	220-230	4.0-6.0	0.01
UT 620 G	GFI 10	1.310	1.0-6.0	15.00 AA	190-230	4.0-6.0	0.02
UT 640 G	GFI 20	1.370	1.0-6.0	13.00 AA	190-230	4.0-6.0	0.02
PC+PET	**Makrolon**				**Bayer**		
DP1-1455		1.200	6.0-8.0	30.00 AA	220	4.0-6.0	0.02
PC+PET	**MDE Compounds**				**Michael Day**		
PC/PET 731020L		1.220					0.02
PC+PET	**Naxaloy**				**MRC Polymers**		
793A5		1.223	7.0		240-250	6.0-8.0	0.01
PC+PET	**Panlite**				**Teijin**		
AM-9022					212-248	5.0	0.02
GM-9315					212-248	5.0	0.02
PC+PET	**Spartech Polycom**				**SpartechPolycom**		
SC7A21-2000		1.200		12.00	190	2.0-4.0	
SC7A21-2063		1.200	8.0-10.0		230	3.0-4.0	
PC+PET	**Vypet PC**				**Lavergne Group**		
LT-01		1.220	4.0-6.0		225-230	4.0	
PC 1015		1.230	4.0-6.0		225-230	4.0	
PC 2020	GFI 20	1.380	1.0-4.0		225-230	4.0	
PC+PET	**Xenoy**				**GE Adv Materials**		
2230 Resin		1.220	6.0-9.0		230	4.0-6.0	0.02

Max. % regrind	Inj. pres., ksi	Rear temp, °F	Mid temp, °F	Front temp, °F	Nozzle temp, °F	Proc temp, °F	Mold temp, °F
		465-510	500-550	520-550	500-530		160-200
		475-520	530-560	530-560	510-540	525-550	160-200
		475-525	485-525	490-530	490-520	500-525	160-200
		460-490	470-500	480-510	470-500	480-510	150-190
						500-527	176
						500-527	176
						500-536	149-203
		350-380	350-400	380-400	400-430		120-140
		470-520	480-530	495-540	490-525	500-535	150-200
		446-500	464-518	464-518		464-518	158-194
		446-500	464-518	464-518		464-518	158-194
	10.0-20.0	470-490	480-500	490-510	495-515	500-530	65-180
	13.0-15.0	500-545	500-545	500-545	490-535	530-555	130-160
20	10.0-20.0	470-490	480-500	490-510	495-515	500-530	65-180
20	10.0-20.0	490	500	510	515	500-530	65-165
20	10.0-20.0	470	480	490	495	500-550	65-180
20	10.0-20.0	470-490	480-500	490-510	495-515	500-530	65-180
20	10.0-20.0	490	500	510	515	500-530	165-200
20	10.0-20.0	490	500	510	515	500-530	165-200
20	10.0-20.0	470-490	475-495	480-500	485-505	500-525	65-150
		480	500	510		500-550	170-200
	10.0-20.0	470-490	500-530	510-540	495-510	500-540	100-180
						482-536	140-176
						446-518	158-194
		480-540	490-550	500-560	525-575	525-575	180-200
		470-490	480-500	490-510	500-530	500-530	120-165
		540-580	540-580	540-580	560-590		120-140
		540-580	540-580	540-580	560-590		120-140
		540-580	540-580	540-580	560-590		120-140
		480-520	490-530	500-540	490-530	500-540	150-200

FREE DATA SHEETS: WWW.IDES.COM/PSIM

Grade	Filler	Sp Grav	Shrink, mils/in	Melt flow, g/10 min	Drying temp, °F	Drying time, hr	Max. % moisture
2230EU Resin		1.220	6.0-9.0		230	4.0-6.0	0.02
2230M Resin		1.220	6.0-9.0		230	4.0-6.0	0.02
2235 Resin		1.220	6.0-9.0		230	4.0-6.0	0.02
2390 Resin	GFI 30	1.490	1.0-3.0	25.00 CN	250	4.0-6.0	0.02
2730U Resin		1.210			230	4.0-6.0	0.02
2735 Resin		1.210	5.0-8.0		230	4.0-6.0	0.02
6390 Resin	GFI 30	1.490	1.0-3.0	25.00 CN	250	4.0-6.0	0.02
X2300WX Resin		1.210	8.0-10.0	35.00 CN	230	4.0-6.0	0.02
X5410 Resin	MN	1.270	6.5-7.5	19.35 BP	230	4.0-6.0	0.02

PC+PET Xenoy GE Adv Matl AP

X5410 Resin	MN	1.270	6.5-7.5	19.35 BP	230	4.0-6.0	0.02

PC+PET Xenoy GE Adv Matl Euro

X2500UV Resin		1.223	5.0-8.0		230-248	4.0-6.0	0.02
X5410 Resin	MN	1.270	6.5-7.5	19.35 BP	230	4.0-6.0	0.02
XD859 Resin		1.223	5.0-8.0		230-248	4.0-6.0	0.02
XL1339 Resin		1.223	5.0-8.0		230-248	4.0-6.0	0.02
XL1339U Resin		1.223	5.0-8.0		230-248	4.0-6.0	0.02

PC+Polyester Comtuf A. Schulman

413	GFI 20	1.310	3.0		220	3.0	0.02

PC+Polyester Eastalloy Eastman

DA003-8999K		1.200	5.0-7.0		199	4.0-6.0	
DA105		1.200	4.0-7.0		203	4.0-6.0	
DA510		1.200	5.0-7.0		190	4.0-6.0	
MA510		1.200	5.0-7.0		190	4.0-6.0	

PC+Polyester EnCom EnCom

GF PC-Polyester 1250	PRO	1.280	3.0-5.0	15.00 O	190-230	2.0-6.0	0.02
GF PC-Polyester 3012	PRO	1.510	3.0-5.0	12.00 O	190-230	2.0-6.0	0.02

PC+Polyester Falban Ovation Polymers

ET 1160		1.220	4.0-6.0		194-230	4.0-6.0	0.02

PC+Polyester Naxaloy MRC Polymers

793A3 GF10	GFI 10	1.293	4.0		220-250	6.0-8.0	0.01
793A3 GF20	GFI 20	1.373	3.0		240-250	6.0-8.0	0.01
793A3 GF30	GFI 30	1.494	2.0		240-250	6.0-8.0	0.01
793A7		1.213	6.5	18.00 O	240-250	6.0-8.0	0.01
793A7 BK201		1.213	6.5	22.00 O	240-250	6.0-8.0	0.01
793A7 L		1.213	7.0	28.00 O	240-250	6.0-8.0	0.01
794A1		1.220	7.0	22.00 O	210-230	6.0-8.0	0.01
795A2		1.220	7.0	15.00 O	210-230	6.0-8.0	0.01

PC+Polyester Pexloy Pier One Polymers

PXP-315-BK10		1.170		3.00			0.02
PXP-315UV-BK10		1.170		3.00			0.02
PXP-315UV-NATURAL		1.170		3.00			0.02
PXP-412-BK10		1.220		4.00			0.02
PXP-413-BK10		1.210		4.00			0.02
PXP-413UV-BK10		1.210		4.00			0.02
PXP-413UV-NATURAL		1.210		4.00			0.02

Max. % regrind	Inj. pres., ksi	Rear temp, °F	Mid temp, °F	Front temp, °F	Nozzle temp, °F	Proc temp, °F	Mold temp, °F
		480-520	490-530	500-540	490-530	500-540	150-200
		480-520	490-530	500-540	490-530	500-540	150-200
		480-520	490-530	500-540	490-530	500-540	150-200
		500-540	510-550	520-560	520-550	520-560	150-200
		480-520	490-530	500-540	490-530	500-540	150-200
		480-520	490-530	500-540	490-530	500-540	150-200
		500-540	510-550	520-560	520-550	520-560	150-200
		480-520	490-530	500-540	490-530	500-540	150-200
		470-510	480-520	490-530	490-520	500-530	150-190
		470-510	480-520	490-530	490-520	500-530	150-190
		464-518	482-527	500-536	500-527	509-527	140-212
		470-510	480-520	490-530	490-520	500-530	150-190
		464-518	482-527	500-536	500-527	509-527	140-212
		464-518	482-527	500-536	500-527	509-527	140-212
		464-518	482-527	500-536	500-527	509-527	140-212
20		490-520	490-520	490-520	480-510	545	75-115
						520-559	90-151
						536-581	68-131
						511-550	81-140
						511-550	81-140
		470-520	480-530	495-540	490-525	500-535	65-150
		470-520	480-530	495-540	490-525	500-535	65-150
		455-500	464-509	464-518	464-527	491-536	149-185
	10.0-20.0	470-490	480-500	490-510	495-515	500-530	100-200
	10.0-20.0	470-490	500-530	510-540	495-510	500-540	100-180
	10.0-20.0	470-490	500-530	510-540	495-510	500-540	100-180
	10.0-20.0	490-520	500-530	510-540	510-540	500-540	100-180
	10.0-20.0	490-520	500-530	510-540	510-540	500-540	100-180
	10.0-20.0	490-520	500-530	510-540	510-540	500-540	100-180
	5.0-25.0	460-490	470-500	480-530	490-520	480-500	100-160
	5.0-25.0	460-480	470-490	480-510	480-510	480-500	100-160
						470-535	150-180
						470-535	150-180
						470-535	150-180
						470-535	150-180
						470-535	150-180
						470-535	150-180
						470-535	150-180

FREE DATA SHEETS: WWW.IDES.COM/PSIM

Grade	Filler	Sp Grav	Shrink mils/in	Melt flow g/10 min	Drying temp, °F	Drying time, hr	Max. % moisture
PC+Polyester	**PRL**			**Polymer Res**			
PC/TP-GP1		1.220	5.0-8.0	10.00 BP	220-230	4.0-6.0	
PC/TP-GP2		1.220	6.0-9.0	10.00 BP	220-230	4.0-6.0	
PC/TP-GP3		1.220	13.0-18.0	10.00 BP	220-230	4.0-6.0	
PC+Polyester	**QR Resin**			**QTR**			
QR-1310		1.210	9.0	30.00 AZ	220	2.0-4.0	
QR-1310IM		1.210	9.0	20.00 AZ	230	4.0-6.0	0.02
QR-1310IM-GF10	GFI 10	1.260	8.0		220	4.0-8.0	0.02
QR-1310IM-GF30	GFI 30	1.450	3.0		220	4.0-8.0	0.02
QR-1310MN	GMN 20	1.390	5.0		230	4.0-6.0	
QR-1340		1.210	9.0	40.00 AZ	230	4.0-8.0	0.02
PC+Polyester	**Stat-Loy**			**LNP**			
PDX-04470 CLEAR		1.160			160-180	4.0	0.02
PDX-05405		1.160			160-180	4.0	0.02
PC+Polyester	**Xenoy**			**GE Adv Materials**			
X5600WX Resin		1.240	7.0-9.0	4.14 AF	230	4.0-6.0	0.02
PC+Polyester	**Xenoy**			**GE Adv Matl AP**			
X5600WX Resin		1.240	7.0-9.0	4.14 AF	230	4.0-6.0	0.02
PC+Polyester	**Xenoy**			**GE Adv Matl Euro**			
X5600WX Resin		1.240	7.0-9.0	4.14 AF	230	4.0-6.0	0.02
PC+Polyester	**Xylex**			**GE Adv Materials**			
FXY310DM Resin		1.150	5.0-7.0	8.66 BP	150-170	3.0-5.0	0.02
FXY311DF Resin		1.150	5.0-7.0	8.93 BP	150-175	3.0-5.0	0.02
FXY330DF Resin		1.170	5.0-7.0	14.70 BP	150-170	3.0-5.0	0.02
HX7409HP Resin		1.200	6.0-8.0	3.20 BP	158-194	3.0-5.0	0.02
X7110 Resin		1.200	5.0-8.0	9.00 BP	150-175	3.0-5.0	0.02
X7200 Resin		1.200	5.0-7.0	12.00 BP	180-200	3.0-5.0	0.02
X7200MR Resin		1.200	5.0-7.0	12.00 BP	180-200	3.0-5.0	0.02
X7300 Resin		1.200	4.0-8.0	21.00 BP	180-200	3.0-5.0	0.02
X7300CL Resin		1.200	4.0-8.0	21.00 BP	180-200	3.0-5.0	0.02
X7325WX Resin		1.160	5.0-8.0	42.00 CN	90-120	3.0-5.0	0.02
X7509 Resin		1.200	4.0-6.0	12.00 BP	150-175	3.0-5.0	0.02
X7509HP Resin		1.200		12.00 BP	150-175	3.0-5.0	0.02
X8011EX Resin		1.170			180-200	3.0-5.0	0.02
X8210 Resin		1.200	5.0-8.0	10.00 BP	150-170	3.0-5.0	0.02
X8300 Resin		1.200	5.0-8.0	15.00 BP	150-170	3.0-5.0	0.02
X8300HP Resin		1.200	5.0-8.0	15.00 BP	150-170	3.0-5.0	0.02
X8300MR Resin		1.200	5.0-8.0	15.00 BP	150-170	3.0-5.0	0.02
PC+Polyester	**Xylex**			**GE Adv Matl AP**			
FXY310DM Resin		1.150	5.0-7.0	8.66 BP	150-170	3.0-5.0	0.02
FXY311DF Resin		1.150	5.0-7.0	8.93 BP	150-175	3.0-5.0	0.02
FXY330DF Resin		1.170	5.0-7.0	14.70 BP	150-170	3.0-5.0	0.02
HX7409HP Resin		1.200	6.0-8.0	3.20 BP	158-194	3.0-5.0	0.02
X7110 Resin		1.200	5.0-8.0	9.00 BP	150-175	3.0-5.0	0.02
X7200 Resin		1.200	5.0-7.0	12.00 BP	180-200	3.0-5.0	0.02
X7200MR Resin		1.200	5.0-7.0	12.00 BP	180-200	3.0-5.0	0.02
X7300 Resin		1.200	4.0-8.0	21.00 BP	180-200	3.0-5.0	0.02
X7300CL Resin		1.200	4.0-8.0	21.00 BP	180-200	3.0-5.0	0.02

Max. % regrind	Inj. pres., ksi	Rear temp, °F	Mid temp, °F	Front temp, °F	Nozzle temp, °F	Proc temp, °F	Mold temp, °F
		480-520	490-530	500-540		475-525	150-190
		480-520	490-530	500-540		475-525	150-190
		470-510	480-520	490-530		500-550	150-190
		475-520	490-525	500-540	500-525	500-540	140-200
		470-510	480-520	490-530	490-520	500-530	150-190
		470-510	480-530	490-540	475-530	510-530	150-200
		470-510	480-530	490-540	475-535	510-530	150-200
		480-520	490-530	500-540	490-530	500-540	150-200
		475-520	490-525	500-530	500-525	500-530	100-160
						400-450	100-150
						400-450	100-150
		470-510	480-520	490-530	490-520	500-530	150-190
		470-510	480-520	490-530	490-520	500-530	150-190
		470-510	480-520	490-530	490-520	500-530	150-190
		460-480	460-500	470-510	470-510	470-510	110-140
		470-500	470-520	480-520	480-520	480-520	110-140
		460-480	460-500	470-510	470-510	470-510	110-140
		482-518	500-554	518-572	509-563	518-572	113-176
		470-500	470-520	480-520	480-520	480-520	110-140
		460-480	470-510	480-520	480-520	480-520	110-140
		460-480	470-510	480-520	480-520	480-520	110-140
		460-480	470-510	480-520	480-520	480-520	110-140
		460-480	460-500	450-510	450-510	450-510	80-130
		470-500	470-520	480-520	480-520	480-520	110-140
		470-500	470-520	480-520	480-520	480-520	110-140
		460-480	470-510	480-520	480-520	480-520	110-140
		460-480	460-500	470-510	470-510	470-510	110-140
		460-480	460-500	470-510	470-510	470-510	110-140
		460-480	460-500	470-510	470-510	470-510	110-140
		460-480	460-500	470-510	470-510	470-510	110-140
		460-480	460-500	470-510	470-510	470-510	110-140
		470-500	470-520	480-520	480-520	480-520	110-140
		460-480	460-500	470-510	470-510	470-510	110-140
		482-518	500-554	518-572	509-563	518-572	113-176
		470-500	470-520	480-520	480-520	480-520	110-140
		460-480	470-510	480-520	480-520	480-520	110-140
		460-480	470-510	480-520	480-520	480-520	110-140
		460-480	470-510	480-520	480-520	480-520	110-140
		460-480	470-510	480-520	480-520	480-520	110-140

FREE DATA SHEETS: WWW.IDES.COM/PSIM

Grade	Filler	Sp Grav	Shrink, mils/in	Melt flow, g/10 min	Drying temp, °F	Drying time, hr	Max. % moisture
X7325WX Resin		1.160	5.0-8.0	42.00 CN	90-120	3.0-5.0	0.02
X7509 Resin		1.200	4.0-6.0	12.00 BP	150-175	3.0-5.0	0.02
X7509HP Resin		1.200		12.00 BP	150-175	3.0-5.0	0.02
X8210 Resin		1.200	5.0-8.0	10.00 BP	150-170	3.0-5.0	0.02
X8300 Resin		1.200	5.0-8.0	15.00 BP	150-170	3.0-5.0	0.02
X8300HP Resin		1.200	5.0-8.0	15.00 BP	150-170	3.0-5.0	0.02
X8300MR Resin		1.200	5.0-8.0	15.00 BP	150-170	3.0-5.0	0.02

PC+Polyester — Xylex — GE Adv Matl Euro

Grade	Filler	Sp Grav	Shrink, mils/in	Melt flow, g/10 min	Drying temp, °F	Drying time, hr	Max. % moisture
FXY310DM Resin		1.150	5.0-7.0	8.66 BP	150-170	3.0-5.0	0.02
FXY311DF Resin		1.150	5.0-7.0	8.93 BP	150-170	3.0-5.0	0.02
FXY330DF Resin		1.170	5.0-7.0	14.70 BP	150-170	3.0-5.0	0.02
HX7409HP Resin		1.200	6.0-8.0	3.20 BP	158-194	3.0-5.0	0.02
X7110 Resin		1.200	5.0-8.0	9.00 BP	150-175	3.0-5.0	0.02
X7200 Resin		1.200	5.0-7.0	12.00 BP	180-200	3.0-5.0	0.02
X7200MR Resin		1.200	5.0-7.0	12.00 BP	180-200	3.0-5.0	0.02
X7300 Resin		1.200	4.0-8.0	21.00 BP	180-200	3.0-5.0	0.02
X7300CL Resin		1.200	4.0-8.0	21.00 BP	180-200	3.0-5.0	0.02
X7325WX Resin		1.160	5.0-8.0	42.00 CN	90-120	3.0-5.0	0.02
X7509 Resin		1.200	4.0-6.0	12.00 BP	150-175	3.0-5.0	0.02
X7509HP Resin		1.200		12.00 BP	150-175	3.0-5.0	0.02
X8210 Resin		1.200	5.0-8.0	10.00 BP	150-170	3.0-5.0	0.02
X8300 Resin		1.200	5.0-8.0	15.00 BP	150-170	3.0-5.0	0.02
X8300HP Resin		1.200	5.0-8.0	15.00 BP	150-170	3.0-5.0	0.02
X8300MR Resin		1.200	5.0-8.0	15.00 BP	150-170	3.0-5.0	0.02

PC+PPC — Lexan — GE Adv Materials

Grade	Filler	Sp Grav	Shrink, mils/in	Melt flow, g/10 min	Drying temp, °F	Drying time, hr	Max. % moisture
4301 Resin		1.200	6.0-8.0	8.00 O	248	2.0-4.0	
4401R Resin		1.200	6.0-8.0	6.00 O	248	2.0-4.0	0.02
4404 Resin		1.200	6.0-8.0	6.00 O	248	2.0-4.0	0.02

PC+PPC — Lexan — GE Adv Matl AP

Grade	Filler	Sp Grav	Shrink, mils/in	Melt flow, g/10 min	Drying temp, °F	Drying time, hr	Max. % moisture
4301 Resin		1.200	6.0-8.0	8.00 O	248	2.0-4.0	
4401R Resin		1.200	6.0-8.0	6.00 O	248	2.0-4.0	0.02
4404 Resin		1.200	6.0-8.0	6.00 O	248	2.0-4.0	0.02

PC+PPC — Lexan — GE Adv Matl Euro

Grade	Filler	Sp Grav	Shrink, mils/in	Melt flow, g/10 min	Drying temp, °F	Drying time, hr	Max. % moisture
4301 Resin		1.200	6.0-8.0	8.00 O	248	2.0-4.0	
4401R Resin		1.200	6.0-8.0	6.00 O	248	2.0-4.0	0.02
4404 Resin		1.200	6.0-8.0	6.00 O	248	2.0-4.0	0.02

PC+PSU — Edgetek — PolyOne

Grade	Filler	Sp Grav	Shrink, mils/in
MLS-1000		1.230	6.0-7.0
MLS-10GF/000	GFI 10	1.290	4.0-6.0
MLS-20GF/000	GFI 20	1.360	3.0-4.0

PC+PSU — Stat-Tech — PolyOne

Grade	Filler	Sp Grav	Shrink, mils/in
MLS-XC195C-2		1.290	2.0-3.0

PC+SAN — Lexan — LNP

Grade	Filler	Sp Grav	Shrink, mils/in	Drying temp, °F	Drying time, hr	Max. % moisture
WR6300		1.170	5.0-7.0	225	3.0-4.0	0.02

PC+Styrenic — Comtuf — A. Schulman

Grade	Filler	Sp Grav	Shrink, mils/in	Drying temp, °F	Drying time, hr	Max. % moisture
522		1.120	4.0	275	3.0	0.02
523		1.120	4.0	275	3.0	0.02
524		1.120	4.0	275	3.0	0.02

Max. % regrind	Inj. pres., ksi	Rear temp, °F	Mid temp, °F	Front temp, °F	Nozzle temp, °F	Proc temp, °F	Mold temp, °F
		460-480	460-500	450-510	450-510	450-510	80-130
		470-500	470-520	480-520	480-520	480-520	110-140
		470-500	470-520	480-520	480-520	480-520	110-140
		460-480	460-500	470-510	470-510	470-510	110-140
		460-480	460-500	470-510	470-510	470-510	110-140
		460-480	460-500	470-510	470-510	470-510	110-140
		460-480	460-500	470-510	470-510	470-510	110-140
		460-480	460-500	470-510	470-510	470-510	110-140
		470-500	470-520	480-520	480-520	480-520	110-140
		460-480	460-500	470-510	470-510	470-510	110-140
		482-518	500-554	518-572	509-563	518-572	113-176
		470-500	470-520	480-520	480-520	480-520	110-140
		460-480	470-510	480-520	480-520	480-520	110-140
		460-480	470-510	480-520	480-520	480-520	110-140
		460-480	470-510	480-520	480-520	480-520	110-140
		460-480	460-500	450-510	450-510	450-510	80-130
		470-500	470-520	480-520	480-520	480-520	110-140
		470-500	470-520	480-520	480-520	480-520	110-140
		460-480	460-500	470-510	470-510	470-510	110-140
		460-480	460-500	470-510	470-510	470-510	110-140
		460-480	460-500	470-510	470-510	470-510	110-140
		460-480	460-500	470-510	470-510	470-510	110-140
						572-626	212-248
		518-572	536-590	554-608	536-590	554-608	176-248
		518-572	536-590	554-608	536-590	554-608	176-248
						572-626	212-248
		518-572	536-590	554-608	536-590	554-608	176-248
		518-572	536-590	554-608	536-590	554-608	176-248
						572-626	212-248
		518-572	536-590	554-608	536-590	554-608	176-248
		518-572	536-590	554-608	536-590	554-608	176-248
						630-660	
						630-660	
						630-660	
						630-660	
		440-480	460-500	480-520	470-510	480-520	120-180
20		465-520	475-530	490-535	500-555	555	175-205
20		465-520	475-530	490-535	500-555	555	175-205
20		465-520	475-530	490-535	500-555	555	175-205

Grade	Filler	Sp Grav	Shrink, mils/in	Melt flow, g/10 min	Drying temp, °F	Drying time, hr	Max. % moisture
PC+Styrenic		**Novalloy-X**			**Daicel Polymer**		
X5213		1.213	4.0-6.0	48.00 AN	176-185	3.0-5.0	
X7203F		1.173	4.0-6.0	70.00 AN	176-185	3.0-4.0	
X7203L		1.173	4.0-6.0	40.00 AN	176-185	3.0-4.0	
X7303L (Type V)		1.163	4.0-6.0	50.00 AN	167-176	3.0-4.0	
PC+TPU		**Texin**			**Bayer**		
3203		1.220	8.0		220-230	2.0-3.0	0.03
3215		1.210	6.0		180-220	1.0-3.0	0.03
4210		1.210	8.0		180-220	1.0-3.0	0.03
4215		1.210	8.0		180-220	1.0-3.0	0.03
5370		1.210	8.0		180-230	0.0	0.03
PCL		**Tone**			**Dow**		
P-767		1.145		30.00 E			
P-787		1.145		4.00 E			
PCT		**Albis PCT**			**Albis**		
19A		1.200					
19A/01 Blue		1.200					
19A/01 Red		1.200					
PCT		**Thermx**			**DuPont EP**		
CG033 NC010	GFI 30	1.460					0.03
CG933 NC010	GFI 20	1.630	8.0				0.03
CG943 NC010	GFI 20	1.710					0.03
CGT33 BK010T	GFI 30	1.444	7.5				0.03
FG20GT NC010	GFI 20	1.330					0.03
FG30GT NC010	GFI 30	1.410					0.03
PE Alloy		**RTP Compounds**			**RTP**		
2017 FR		1.303	18.0-24.0		175	2.0	
PE Copolymer		**Evatane**			**Arkema**		
1080 VN 5		0.942		8.00 E			
1350 VN 5		0.942		35.00 F			
24-03		0.947		3.00 E			
28-05		0.952		7.00 E			
PE, Unspecified		**Celstran**			**Ticona**		
PEHD-GF60-01-US	GLL 58	1.510					
PE, Unspecified		**Lubricomp**			**LNP**		
FL-4020 HS		0.980			180	4.0	
FL-4410		0.950	21.0-23.0		180	4.0	
PDX-F-04491		0.930	24.0		180	4.0	
PDX-F-04492		0.940	24.0		180	4.0	
PE, Unspecified		**Modified Plastics**			**Modified Plas**		
MPE-FG5	GFI 5	0.990	5.0				
PE, Unspecified		**Shuman PE**			**Shuman**		
603		0.952		2.00			

POCKET SPECS FOR INJECTION MOLDING

Max. % regrind	Inj. pres., ksi	Rear temp, °F	Mid temp, °F	Front temp, °F	Nozzle temp, °F	Proc temp, °F	Mold temp, °F
		374-410	410-446	446-482	428-482		104-140
		374-410	410-446	446-482	428-482		104-140
		374-410	410-446	446-482	428-482		104-140
		374-410	410-446	446-482	428-482		104-140
20	6.0-15.0	400-420	400-420	410-430	420-440	425	60-100
20	7.0-12.0	430-450	440-460	440-460	450-475	465	80-110
20	7.0-12.0	430-450	440-460	440-460	450-475	455	80-110
20	7.0-12.0	430-450	440-460	440-460	450-475	465	80-110
20	6.0-15.0	430-450	440-460	440-460	440-470	450-460	60-110
	2.0-2.3	160-200	160-200	160-225	160-225	226-268	73
	2.0-2.3	160-200	160-200	160-225	160-225	226-268	73
						465-510	55-85
						465-510	55-85
						465-510	55-85
						563-590	176-248
						563-590	176-248
						563-590	176-248
						563-590	176-248
						563-590	302-347
						563-590	302-347
	10.0-15.0					340-460	70-120
							59-104
							59-104
							59-104
							59-104
						419-437	149-167
						450	100-125
						450	100-125
						450	100-125
						450	100-125
						325	90-150
						360-410	

FREE DATA SHEETS: WWW.IDES.COM/PSIM

Grade	Filler	Sp Grav	Shrink, mils/in	Melt flow, g/10 min	Drying temp, °F	Drying time, hr	Max. % moisture
PE, Unspecified	**Stat-Kon**			**LNP**			
F-1	CP	0.970	27.0-30.0		180	4.0	
PDX-F-96486		0.990	20.0-40.0		180	4.0	
PDX-F-97333	CP	0.990	20.0-40.0		180	4.0	
PDX-F-98500	CP	0.970	27.0-30.0		180	4.0	
PDX-F-98501	GFI	1.083			180	4.0	
PE, Unspecified	**Thermocomp**			**LNP**			
FF-1004	GFI	1.080			180	4.0	
PE, Unspecified	**Zemid**			**DuPont Canada**			
610	MN	1.190	11.0-14.0	3.50 E	200-210	3.0-4.0	0.02
620	MN	1.290	11.0-14.0	3.50 E	200-210	3.0-4.0	0.02
630	MN	1.290	11.0-14.0	3.50 E	200-210	3.0-4.0	0.02
641	MN	1.190	11.0-14.0	1.70 E	200-210	3.0-4.0	0.02
PEBA	**Pebax**			**Arkema**			
2533		1.010	5.0	12.00 Q	140	6.0-8.0	
2533 SA 00		1.010		7.00 Q	158	6.0	0.10
2533 SN 00		1.010		7.00 Q	158	6.0	0.10
3533		1.010	5.0	8.00 Q	140	6.0-8.0	
3533 SA 00		1.010		8.00 Q	158	6.0	0.10
3533 SN 00		1.010		8.00 Q	158	6.0	0.10
4033		1.010	4.0	6.50 Q	149	6.0-8.0	
4033 SA 00		1.010		3.00 Q	158	6.0	0.10
4033 SN 00		1.010		3.00 Q	158	6.0	0.10
5512 MA 00		1.100		2.00 Q	176	4.0	0.10
5512 MN 00		1.100		2.00 Q	176	4.0	0.10
5533		1.010	10.0	6.50 Q	158	5.0-7.0	
5533 SA 00		1.010		3.00 Q	176	4.0	0.10
5533 SN 00		1.010		3.00 Q	176	4.0	0.10
5562 MA 00		1.060		8.00 Q	176	4.0	0.10
6312 MA 00		1.100		1.00 Q	176	4.0	0.10
6312 MN 00		1.100		1.00 Q	176	4.0	0.10
6333		1.010	11.0	6.50 Q	158	5.0-7.0	
6333 SA 00		1.010		2.00 Q	176	4.0	0.10
6333 SN 00		1.010		2.00 Q	176	4.0	0.10
7033		1.020	11.0	5.50 Q	167	4.0-6.0	
7233		1.020	11.0	5.50 Q	167	4.0-6.0	
PEEK	**Edgetek**			**PolyOne**			
PK-1000		1.260	7.0-8.0				
PK-10GF/000	GFI 10	1.390	4.0-5.0				
PK-20CF/000	CF 20	1.380	1.0-2.0				
PK-20GF/000	GFI	1.460	3.0		300	2.0	
PK-30GF/000	GFI 30	1.540	2.0-3.0				
PK-40CF/000	CF 40	1.460	0.5-1.0				
PEEK	**Gatone**			**Gharda**			
5300PF		1.303			338	3.0	
5600PF		1.303			338	3.0	
PEEK	**Kadel**			**Solvay Advanced**			
E-1230	CF 30	1.450	2.0-8.0		300	4.0	
EP-3140	GFI 40	1.600	1.0-8.0		350	2.5	

Max. % regrind	Inj. pres., ksi	Rear temp, °F	Mid temp, °F	Front temp, °F	Nozzle temp, °F	Proc temp, °F	Mold temp, °F
						450	100-125
						450	100-125
						450	100-125
						450	100-125
						450	100-125
						450	100-125
25	8.0-14.0	300-320	320-340	320-340	340-360	350-360	70-120
25	8.0-14.0	300-320	320-340	320-340	340-360	350-360	70-120
25	8.0-14.0	300-320	320-340	320-340	340-360	350-360	70-120
25	8.0-14.0	300-320	320-340	320-340	340-360	350-360	70-120
10	7.3-11.6					356-482	68-104
15	5.0-10.0					315-430	60-140
15	5.0-10.0					315-430	60-140
10	7.3-11.6					356-482	68-104
15	5.0-10.0					330-460	60-140
15	5.0-10.0					330-460	60-140
10	7.3-11.6					392-536	68-104
15	5.0-10.0					365-460	60-140
15	5.0-10.0					365-460	60-140
15	5.0-10.0					415-460	60-140
15	5.0-10.0					415-460	60-140
10	7.3-11.6					392-536	68-104
15	5.0-10.0					365-480	60-140
15	5.0-10.0					365-480	60-140
15	5.0-10.0					280-360	60-140
15	5.0-10.0					425-500	60-140
15	5.0-10.0					425-500	60-140
10	7.3-11.6					446-572	68-104
15	5.0-10.0					375-480	60-140
15	5.0-10.0					375-480	60-140
10	7.3-11.6					446-572	68-104
10	7.3-11.6					446-572	68-104
						700-750	
						710-730	
						730-750	
						720-740	300
						730-750	
						730-750	
						715-805	320-430
						715-765	320-430

FREE DATA SHEETS: WWW.IDES.COM/PSIM

Grade	Filler	Sp Grav	Shrink, mils/in	Melt flow, g/10 min	Drying temp, °F	Drying time, hr	Max. % moisture
PEEK	**Larpeek**				**Lati**		
10 G/30	GFI 30	1.524	5.0		302-338	3.0	
10 G/50	GFI 50	1.704	5.0		302-338	3.0	
10 K/20	CF 20	1.343	4.0		302-338	3.0	
10 K/30	CF 30	1.393	3.0		302-338	3.0	
10 K/40	CF 40	1.414	2.5		302-338	3.0	
50 G/20	GFI 20	1.454	7.0		302-338	3.0	
50 G/30	GFI 30	1.494	5.0		302-338	3.0	
50 G/40	GFI 40	1.584	4.0		302-338	3.0	
50 G/50	GFI 50	1.704	3.0		302-338	3.0	
50 G/60	GFI 60	1.805	2.5		302-338	3.0	
50 K/30	CF 30	1.404	3.0		302-338	3.0	
PEEK	**Latilub**				**Lati**		
88/50-20GRT K/10	CF 10	1.444	6.0		302-338	3.0	
88/50-30GRT		1.474	5.5		302-338	3.0	
PEEK	**Lubricomp**				**LNP**		
LAL-4022							
EM BK8-115	AR	1.340	13.0		250-300	4.0	0.10
LCL-4033 EM	CF	1.430	1.0-3.0		250-300	4.0	0.10
LL-4040		1.370	13.0		250-300	4.0	0.10
LTW		1.430			250-300	4.0	0.10
PEEK	**Luvocom**				**Lehmann & Voss**		
1105/CF/10/ GR/10/TF/10-2	CF 10	1.444	3.0-6.0	10.00	302	4.0-6.0	
1105/GF/14	GFI 14	1.383	5.0-7.0		302	4.0-6.0	
1105-0699	CF	1.504	1.0-4.0		302	6.0-12.0	
1105-7198/BK		1.383	17.0	32.00	302	4.0-6.0	
1105-7596/BL VP		1.363	6.0-15.0		302	3.0-4.0	
1105-7597	CF	1.654		25.00	302	4.0-6.0	
PEEK	**RTP Compounds**				**RTP**		
2200 HF TFE 15		1.373	10.0-20.0		300	3.0	
2200 HF TFE 5		1.323	10.0		300	3.0	
2200 LF		1.303	10.0-16.0		300	3.0	
2200 LF AR 15 TFE 15	AR 15	1.404	5.0-12.0		300	3.0	
2200 LF AR 15 TFE 15 Z		1.404	5.0-12.0		300	3.0	
2200 LF TFE 15		1.363	10.0-15.0		300	3.0	
2200 LF TFE 5		1.323	12.0		300	3.0	
2201 HF	GFI 10	1.373	6.0		300	3.0	
2201 LF	GFI 10	1.373	6.0		300	3.0	
2203 HF	GFI 20	1.444	4.0		300	3.0	
2203 LF	GFI 20	1.444	4.0		300	3.0	
2204 HF	GFI 25	1.484	3.5		300	3.0	
2205 HF	GFI 30	1.524	3.0		300	3.0	
2205 HF TFE 15	GFI 30	1.634	2.0-5.0		300	3.0	
2205 HF Z	GFI 30	1.534	3.0		300	3.0	
2205 LF	GFI 30	1.524	3.0		300	3.0	
2205 LF TFE 15	GFI 30	1.644	2.0-5.0		300	3.0	
2205 LF TFE 15 Z		1.644	2.0-5.0		300	3.0	
2207 HF	GFI 40	1.614	2.0		300	3.0	

Max. % regrind	Inj. pres., ksi	Rear temp, °F	Mid temp, °F	Front temp, °F	Nozzle temp, °F	Proc temp, °F	Mold temp, °F
						689-725	356-374
						698-734	356-374
						689-725	356-374
						689-725	356-374
						689-725	356-374
						698-734	356-374
						698-734	356-374
						716-752	356-374
						716-752	356-374
						716-752	356-374
						716-752	356-374
						689-725	356-374
						689-725	356-374
						715-730	275-325
						715-730	275-325
						715-730	275-325
						715-730	275-325
		680-698	716-734	734-752	680-716	734	320-356
		698-716	716-734	734-752	680-716	734	320-392
		698-788	698-788	662-698	734-788	734	446
		680-698	716-734	734-752	680-716	734	320-392
		662-680	680-716	689-734	680-716	698	320-356
		680-698	716-734	734-752	500-716	734	320-392
12.0-18.0						660-750	325-425
12.0-18.0						660-750	325-425
12.0-18.0						660-750	325-425
12.0-18.0						660-750	325-425
12.0-18.0						660-750	325-425
12.0-18.0						660-750	325-425
12.0-18.0						660-750	325-425
12.0-18.0						660-750	325-425
12.0-18.0						660-750	325-425
12.0-18.0						660-750	325-425
12.0-18.0						660-750	325-425
12.0-18.0						660-750	325-425
12.0-18.0						660-750	325-425
12.0-18.0						660-750	325-425
12.0-18.0						660-750	325-425
12.0-18.0						660-750	325-425
12.0-18.0						660-750	325-425

FREE DATA SHEETS: WWW.IDES.COM/PSIM

Grade	Filler	Sp Grav	Shrink, mils/in	Melt flow, g/10 min	Drying temp, °F	Drying time, hr	Max. % moisture
2207 LF	GFI 40	1.614	2.0		300	3.0	
2211 HF	GFI 60	1.845	1.0-3.0		300	3.0	
2281 HF	CF 10	1.333	2.0		300	3.0	
2281 LF	CF 10	1.333	2.0		300	3.0	
2282 HF TFE 15	CF 15	1.454	2.0		300	3.0	
2282 LF TFE 15	CF 10	1.414	0.5-2.0		300	3.0	
2283 HEC		1.434	2.0-3.0		300	3.0	
2283 HF	CF 20	1.363	1.0		300	3.0	
2283 HF TFE 15	CF 20	1.454	0.5-2.0		300	3.0	
2283 LF	CF 20	1.363	1.0		300	3.0	
2285 HF	CF 30	1.414	0.5		300	3.0	
2285 HF TFE 15	CF 30	1.504	0.1-1.0		300	3.0	
2285 LF	CF 30	1.414	0.5		300	3.0	
2285 LF TFE 15	CF 30	1.494	0.5-1.0		300	3.0	
2285 LF TFE 15 Z	CF 30	1.494	0.5-2.0		300	3.0	
2285 LF Z	CF 30	1.404	0.5		300	3.0	
2287 A		1.454	0.5		355	2.0	
2287 HF	CF 40	1.454	0.5		300	3.0	
2287 LF	CF 40	1.454	0.5		300	3.0	
2299 X 108578 A	GLL 30	1.524	2.0-4.0		300	3.0	
2299 X 108578 B	GLL 40	1.614	2.0-4.0		300	3.0	
2299 X 108578 C	GLL 50	1.704	1.0-3.0		300	3.0	
2299 X 108681		2.206	5.0		300	3.0	
2299 X 110551		1.534	1.0		300	3.0	
2299 X 53538		1.564	1.5		300	3.0	
2299 X 57352 A		1.444	1.0-3.0		300	3.0	
2299 X 80218		1.584	15.0-25.0		300	3.0	
2299 X 86287 C	CN	1.333	18.0-22.0		300	3.0	
2299 X 91191		1.825	2.0-4.0		300	3.0	

PEEK — Stat-Kon — LNP

Grade	Filler	Sp Grav	Shrink, mils/in	Melt flow, g/10 min	Drying temp, °F	Drying time, hr	Max. % moisture
LC-1003	CF	1.340	2.0		250-300	4.0	0.10
LC-1003 EM	CF	1.330	2.0-3.0		250-300	4.0	0.10
LCL-4026 EM BK8-115	CF 30				250-300	4.0	0.10
PDX-L-04420 CCS	CF	1.360	3.0		250-300	4.0	0.10

PEEK — Stat-Tech — PolyOne

Grade	Filler	Sp Grav	Shrink, mils/in	Melt flow, g/10 min	Drying temp, °F	Drying time, hr	Max. % moisture
PK-30NCF/10T	CFN 30	1.580	1.0-2.0				

PEEK — Thermocomp — LNP

Grade	Filler	Sp Grav	Shrink, mils/in	Melt flow, g/10 min	Drying temp, °F	Drying time, hr	Max. % moisture
LC-1003 EM	CF	1.330	2.0-3.0		250-300	4.0	0.10
LC-1006	CF	1.410	1.0		250-300	4.0	0.10
LC-1006 EM	CF	1.410	1.0		250-300	4.0	0.10
LF-1002	GFI	1.360			250-300	4.0	0.10
LF-1003	GFI				250-300	4.0	0.10
LF-1004	GFI	1.450			250-300	4.0	0.10
LF-1006	GFI	1.530			250-300	4.0	0.10
LF-1006 EM	GFI	1.530			250-300	4.0	0.10
LF-1006 MG	GMF	1.530			250-300	4.0	0.10

PEI — Edgetek — PolyOne

Grade	Filler	Sp Grav	Shrink, mils/in	Melt flow, g/10 min	Drying temp, °F	Drying time, hr	Max. % moisture
PI-1000		1.270	7.0-9.0				
PI-20GF/000	GFI 20	1.410	3.0-4.0				
PI-20GM/000	GFM 20	1.410	4.0-5.0				
PI-30CF/000	CF 30	1.390	2.0-3.0				

Max. % regrind	Inj. pres., ksi	Rear temp, °F	Mid temp, °F	Front temp, °F	Nozzle temp, °F	Proc temp, °F	Mold temp, °F
	12.0-18.0					660-750	325-425
	12.0-18.0					660-750	325-425
	12.0-18.0					660-750	325-425
	12.0-18.0					660-750	325-425
	12.0-18.0					660-750	325-425
	12.0-18.0					660-750	325-425
	12.0-18.0					660-750	325-425
	12.0-18.0					660-750	325-425
	12.0-18.0					660-750	325-425
	12.0-18.0					660-750	325-425
	12.0-18.0					660-750	325-425
	12.0-18.0					660-750	325-425
	12.0-18.0					660-750	325-425
	12.0-18.0					660-750	325-425
	12.0-18.0					660-750	325-425
	10.0-20.0					725-775	355-425
	12.0-18.0					660-750	325-425
	12.0-18.0					660-750	325-425
	12.0-18.0					660-750	325-425
	12.0-18.0					660-750	325-425
	12.0-18.0					660-750	325-425
	12.0-18.0					660-750	325-425
	12.0-18.0					660-750	325-425
	12.0-18.0					660-750	325-425
	12.0-18.0					660-750	325-425
	12.0-18.0					660-750	325-425
	12.0-18.0					660-750	325-425
	12.0-18.0					660-750	325-425
						715-730	275-325
						715-730	275-325
						715-730	275-325
						715-730	275-325
						750-800	
						715-730	275-325
						715-730	275-325
						715-730	275-325
						715-730	275-325
						715-730	275-325
						715-730	275-325
						715-730	275-325
						715-730	275-325
						715-730	275-325
						620-700	
						680-750	
						650-700	
						700-770	

FREE DATA SHEETS: WWW.IDES.COM/PSIM

Grade	Filler	Sp Grav	Shrink, mils/in	Melt flow, g/10 min	Drying temp, °F	Drying time, hr	Max. % moisture
PI-30GF/000	GFI 30	1.490	2.0-3.0				
PI-40CF/000	CF 40	1.440	1.0-2.0				
PEI	**EnCom**				**EnCom**		
PEI 0901		1.270	5.0-7.0	9.50 DJ	300	4.0-6.0	0.02
PEI	**Lubricomp**				**LNP**		
ECL-4036	CF	1.480	0.0		250-300	4.0	0.02
EFL-4034							
LE BK8-065	GFI	1.540	3.0		250-300	4.0	0.05
EFL-4036	GFI	1.620	1.0-3.0		250-300	4.0	0.02
EFL-4544	GFI	1.560	3.0		250-300	4.0	0.05
EL-4030		1.350	8.0-10.0		250-300	4.0	0.05
PDX-E-00548 CCS	AR	1.310	7.0		250-300	4.0	0.05
PDX-E-03599 EES HC GY0-795-3		1.280	7.0		250-300	4.0	0.02
PDX-E-03599 EES HC RD1-990		1.280	7.0		250-300	4.0	0.02
PDX-E-03647 EES HC	CF	1.560	2.0		250-300	4.0	0.02
PEI	**OP-PEI**				**Oxford Polymers**		
10GF	GFI 10	1.343	5.5		300	4.0-6.0	
20GF	GFI 20	1.424	4.0		275	4.0-6.0	
30GF	GFI 30	1.504	3.0		275	4.0-6.0	
40GF	GFI 40	1.604	2.0		300	4.0-6.0	
PEI	**PRL**				**Polymer Res**		
PEI-G10	GFI 10	1.340	4.0-6.0	13.50 AP	290-300	4.0-6.0	
PEI-G20	GFI 20	1.420	2.0-5.0	13.50 AP	290-300	4.0-6.0	
PEI-G30	GFI 30	1.510	1.0-4.0	13.50 AP	290-300	4.0-6.0	
PEI-G40	GFI 40	1.600	1.0-3.0	13.50 AP	290-300	4.0-6.0	
PEI-GP1		1.270	5.0-7.0	17.50 AP	290-300	4.0-6.0	
PEI	**QR Resin**				**QTR**		
QR-5000		1.270	6.0	18.00 AP	300	4.0-6.0	
PEI	**RTP Compounds**				**RTP**		
2100		1.273	8.0		300	4.0	
2100							
AR 15 TFE 15	AR 15	1.383	3.0-6.0		300	4.0	
2100 LF		1.273	8.0		300	4.0	
2100 TFE 10		1.333	6.0-10.0		300	4.0	
2100 TFE 15		1.353	6.0-10.0		300	4.0	
2101	GFI 10	1.343	6.0		300	4.0	
2101 LF	GFI 10	1.343	6.0		300	4.0	
2102	GFI 15	1.373	3.0		300	4.0	
2103	GFI 20	1.414	3.0		300	4.0	
2103 L	GFI 20	1.414	3.0		300	4.0	
2103 LF	GFI 20	1.414	3.0		300	4.0	
2103 TFE 15	GFI 20	1.514	1.0-4.0		300	4.0	
2105	GFI 30	1.504	2.0		300	4.0	
2105 HF TFE 15	GFI 30	1.393	0.5-3.0		300	4.0	
2105 L	GFI 30	1.504	2.0		300	4.0	
2105 LF	GFI 30	1.504	2.0		300	4.0	
2105 TFE 15	GFI 30	1.614	1.0-3.0		300	4.0	

Max. % regrind	Inj. pres., ksi	Rear temp, °F	Mid temp, °F	Front temp, °F	Nozzle temp, °F	Proc temp, °F	Mold temp, °F
						680-750	
						730-790	
		630-750	640-750	650-750	650-750	660-750	275-325
						680-690	250-300
						680-690	250-300
						680-690	250-300
						680-690	250-300
						680-690	250-300
						680-690	250-300
						680-690	250-300
						680-690	250-300
						680-690	250-300
		630	640	650	650	720	275
		640-680	640-690	650-700	650-700	720	150-350
		630-680	640-690	650-700	650-700	720	150-350
		630-670	650-690	670-710	660-700	720	275-325
		630-750	640-750	650-750		640-750	225-350
		630-750	640-750	650-750		640-750	225-350
		630-750	640-750	650-750		640-750	225-350
		630-750	640-750	650-750		640-750	225-350
		630-750	640-750	650-750		640-750	225-350
		610-650	620-670	650-700	640-680	650-700	270-320
	12.0-18.0					670-750	275-350
	12.0-18.0					670-750	275-350
	12.0-18.0					670-750	275-350
	12.0-18.0					670-750	275-350
	12.0-18.0					670-750	275-350
	12.0-18.0					670-750	275-350
	12.0-18.0					670-750	275-350
	12.0-18.0					670-750	275-350
	12.0-18.0					670-750	275-350
	12.0-18.0					670-750	275-350
	12.0-18.0					670-750	275-350
	12.0-18.0					670-750	275-350
	12.0-18.0					670-750	275-350
	12.0-18.0					670-750	275-350
	12.0-18.0					670-750	275-350
	12.0-18.0					670-750	275-350

FREE DATA SHEETS: WWW.IDES.COM/PSIM

Grade	Filler	Sp Grav	Shrink mils/in	Melt flow, g/10 min	Drying temp, °F	Drying time, hr	Max. % moisture
2105 Z	GFI 30	1.494	2.0		300	4.0	
2107	GFI 40	1.594	1.0		300	4.0	
2107 LF	GFI 40	1.594	1.0		300	4.0	
2181	CF 10	1.313	2.0		300	4.0	
2183	CF 20	1.353	0.5		300	4.0	
2183 HEC	CFN 20	1.434	0.5-1.5		300	4.0	
2184	CF 25	1.373	0.5		300	4.0	
2184 HEC	CFN 25	1.404	0.5-1.5		300	4.0	
2185	CF 30	1.393	0.5		300	4.0	
2185 HEC		1.424	0.5-1.5		300	4.0	
2187	CF 40	1.434	0.5		300	4.0	
2199 X 89189 C	CN	1.283	6.0-9.0		300	4.0	
2199 X 89189 D	CN	1.283	6.0-9.0		300	4.0	
EMI 2160.5	STS 5	1.333	6.0-8.0		300	4.0	
EMI 2161	STS 10	1.363	6.0-8.0		300	4.0	
EMI 2162	STS 15	1.404	6.0-8.0		300	4.0	
ESD C 2180	CF	1.323	1.0-2.0		300	4.0	

PEI   Stat-Kon   LNP

Grade	Filler	Sp Grav	Shrink mils/in	Melt flow, g/10 min	Drying temp, °F	Drying time, hr	Max. % moisture
EC-1002 EM	CF	1.310		1.0-3.0	250-300	4.0	0.05
EC-1003 CCS	CF	1.330		1.0-3.0	250-300	4.0	0.02
EC-1004	CF	1.340		1.0-3.0	250-300	4.0	0.02
EC-1005	CF	1.365		1.0-3.0	250-300	4.0	0.05
EC-1005							
EM BK8-115	CF	1.365		0.5-3.0	250-300	4.0	0.05
EC-1006	CF	1.390		1.0-3.0	250-300	4.0	0.05
EC-1008							
EM BK8-115	CF	1.460		0.0-1.0	250-300	4.0	0.05
ECF-1006 BK8-115	GCF	1.460		1.0-2.0	250-300	4.0	0.02
PDX-E-99550 CCS	CF	1.370		1.0	250-300	4.0	0.05
PDX-E-99689 CCS	CF	1.310		2.0	250-300	4.0	0.05

PEI   Stat-Tech   PolyOne

Grade	Filler	Sp Grav	Shrink mils/in	Melt flow, g/10 min	Drying temp, °F	Drying time, hr	Max. % moisture
PI-05CF/000 EM	CF 5	1.290	4.0-6.0				

PEI   Thermocomp   LNP

Grade	Filler	Sp Grav	Shrink mils/in	Melt flow, g/10 min	Drying temp, °F	Drying time, hr	Max. % moisture
EC-1002							
EM BK8-115	CF	1.310		1.0-3.0	250-300	4.0	0.05
EC-1004	CF	1.340		1.0-3.0	250-300	4.0	0.02
EC-1005	CF	1.365		1.0-3.0	250-300	4.0	0.05
EC-1005 EM	CF	1.365		1.0-3.0	250-300	4.0	0.05
EC-1006	CF	1.380		1.0-3.0	250-300	4.0	0.05
EC-1006 EM	CF	1.390		1.0	250-300	4.0	0.02
EC-1008 EM EXP	CF	1.460		0.0-1.0	250-300	4.0	0.05
ECF-1006 EM	GCF	1.480		1.0-2.0	250-300	4.0	0.02
ECF-1008	GCF	1.570		1.0-2.0	250-300	4.0	0.02
EF-1002	GFI		5.0-7.0		250-300	4.0	
EF-1002							
EM BK8-114	GFI	1.360	5.0-7.0		250-300	4.0	0.05
EF-1002							
EP BK8-114	GFI	1.360	5.0-7.0		250-300	4.0	0.05
EF-1004 BK8-115	GFI	1.430	3.0-5.0		250-300	4.0	0.02
EF-1006 BK8-114	GFI	1.520	2.0		250-300	4.0	0.02
EF-1006 EES	GFI	1.520			250-300	4.0	0.02
EF-1006 EM	GFI	1.530	2.0		250-300	4.0	0.05
PDX-E-93452	CF	1.350					

Max. % regrind	Inj. pres., ksi	Rear temp, °F	Mid temp, °F	Front temp, °F	Nozzle temp, °F	Proc temp, °F	Mold temp, °F
	12.0-18.0					670-750	275-350
	12.0-18.0					670-750	275-350
	12.0-18.0					670-750	275-350
	12.0-18.0					670-750	275-350
	12.0-18.0					670-750	275-350
	12.0-18.0					670-750	275-350
	12.0-18.0					670-750	275-350
	12.0-18.0					670-750	275-350
	12.0-18.0					670-750	275-350
	12.0-18.0					670-750	275-350
	12.0-18.0					670-750	275-350
	12.0-18.0					670-750	275-350
	12.0-18.0					670-750	275-350
	12.0-18.0					670-750	275-350
	12.0-18.0					670-750	275-350
	12.0-18.0					670-750	275-350
						680-690	250-300
						680-690	250-300
						680-690	250-300
						680-690	250-300
						680-690	250-300
						680-690	250-300
						680-690	250-300
						680-690	250-300
						680-690	250-300
						680-690	250-300
						670-720	
						680-690	250-300
						680-690	250-300
						680-690	250-300
						680-690	250-300
						680-690	250-300
						680-690	250-300
						680-690	250-300
						680-690	250-300
						680-690	250-300
						680-690	250-300
						680-690	250-300
						680-690	250-300
						680-690	250-300
						680-690	250-300
						680-690	250-300
						680-690	250-300

FREE DATA SHEETS: WWW.IDES.COM/PSIM

Grade	Filler	Sp Grav	Shrink, mils/in	Melt flow, g/10 min	Drying temp, °F	Drying time, hr	Max. % moisture
PEI	**Ultem**			**GE Adv Materials**			
1000 Resin		1.270	5.0-7.0	9.00 AP	300	4.0-6.0	0.02
1000EF Resin		1.270	5.0-7.0	12.00 AP	300	4.0-6.0	0.02
1000F Resin		1.270	5.0-7.0	9.00 AP	300	4.0-6.0	0.02
1000M Resin		1.270	5.0-7.0	9.70 AP	300	4.0-6.0	0.02
1000P Resin		1.270	5.0-7.0	9.00 AP	300	4.0-6.0	0.02
1000R Resin		1.270	5.0-7.0	9.70 AP	300	4.0-6.0	0.02
1010 Resin		1.270	5.0-7.0	17.80 AP	300	4.0-6.0	0.02
1010F Resin		1.270	5.0-7.0	17.80 AP	300	1.0-6.0	0.02
1010K Resin		1.270	5.0-7.0	17.80 AP	300	4.0-6.0	0.02
1010KM Resin		1.270	5.0-7.0	17.80 AP	300	4.0-6.0	0.02
1010P Resin		1.270	5.0-7.0	17.80 AP	300	4.0-6.0	0.02
1010R Resin		1.270	5.0-7.0	17.80 AP	300	4.0-6.0	0.02
1010RF Resin		1.270	5.0-7.0	17.80 AP	300	4.0-6.0	0.02
1100 Resin		1.360	5.0-7.0	8.80 AP	300	4.0-6.0	0.02
1100F Resin		1.360	5.0-7.0	8.80 AP	300	4.0-6.0	0.02
1100R Resin		1.360	5.0-7.0	11.20 AP	300	4.0-6.0	0.02
1110 Resin		1.360	5.0-7.0	16.00 AP	300	4.0-6.0	0.02
1110F Resin		1.360	5.0-7.0	16.00 AP	300	4.0-6.0	0.02
1110R Resin		1.360	4.0-6.0	16.00 AP	300	4.0-6.0	0.02
1285 Resin		1.290	6.0-7.0	8.10 AQ	250-300	4.0-8.0	0.02
2100 Resin	GFI 10	1.340	5.0-6.0	7.00 AP	300	4.0-6.0	0.02
2100N Resin	GFI 10	1.340	5.0-6.0	7.00 AP	300	4.0-6.0	0.02
2100R Resin	GFI 10	1.340	5.0-6.0	7.80 AP	300	4.0-6.0	0.02
2110 Resin	GFI 10	1.340		11.30 AP	300	4.0-6.0	0.02
2110EPR Resin	GFI 10	1.350	7.0-9.0	19.00 AP	300	4.0-6.0	0.02
2110N Resin	GFI 10	1.410		10.40 AP	300	4.0-6.0	0.02
2110R Resin	GFI 10	1.340		11.50 AP	300	4.0-6.0	0.02
2200 Resin	GFI 20	1.420	3.0-5.0	6.00 AP	300	4.0-6.0	0.02
2200F Resin	GFI 20	1.420	3.0-5.0	6.00 AP	300	4.0-6.0	0.02
2200N Resin	GFI 20	1.420	3.0-5.0	6.00 AP	300	4.0-6.0	0.02
2200R Resin	GFI 20	1.420	3.0-5.0	6.50 AP	300	4.0-6.0	0.02
2210 Resin	GFI 20	1.420		8.40 AP	300	4.0-6.0	0.02
2210EPR Resin	GFI 20	1.390	5.0-7.0	13.00 AP	300	4.0-6.0	0.02
2210K Resin	GFI 20	1.420	3.0-5.0	13.00 AP	300	4.0-6.0	0.02
2210R Resin	GFI 20	1.420		9.00 AP	300	4.0-6.0	0.02
2212 Resin	GFM 20	1.430		13.20 AP	300	4.0-6.0	0.02
2212EPR Resin	GFM 20	1.400	5.0-7.0	15.00 AP	300	4.0-6.0	0.02
2212R Resin	GFM 20	1.430		13.50 AP	300	4.0-6.0	0.02
2300 Resin	GFI 30	1.510	2.0-4.0	5.00 AP	300	4.0-6.0	0.02
2300F Resin	GFI 30	1.510	2.0-4.0	5.00 AP	300	4.0-6.0	0.02
2300R Resin	GFI 30	1.510	2.0-4.0	5.30 AP	300	4.0-6.0	0.02
2310 Resin	GFI 30	1.510	2.0-4.0	7.60 AP	300	4.0-6.0	0.02
2310EPR Resin	GFI 30	1.480	3.0-5.0	11.00 AP	300	4.0-6.0	0.02
2310F Resin	GFI 30	1.510	2.0-4.0	7.60 AP	300	4.0-6.0	0.02
2310R Resin	GFI 30	1.510		7.60 AP	300	4.0-6.0	0.02
2312 Resin	GFM 30	1.510	3.0-4.0	10.10 AP	300	4.0-6.0	0.02
2312EPR Resin	GFM 30	1.480	4.0-6.0	13.70 AP	300	4.0-6.0	0.02
2313 Resin	GFM 30	1.520	3.0-4.0	9.30 AP	300	4.0-6.0	0.02
2400 Resin	GFI 40	1.610	1.0-3.0	4.20 AP	300	4.0-6.0	0.02
2410 Resin	GFI 40	1.610	1.0-3.0	5.20 AP	300	4.0-6.0	0.02
2410EPR Resin	GFI 40	1.560	2.0-4.0	8.90 AP	300	4.0-6.0	0.02
2410R Resin	GFI 40	1.610	1.0-3.0	5.50 AP	300	4.0-6.0	0.02
2412EPR Resin	GFM 40	1.560	2.0-4.0	9.50 AP	300	4.0-6.0	0.02
3451 Resin		1.660	1.5-2.5	2.70 AP	300	4.0-6.0	0.02

Max. % regrind	Inj. pres., ksi	Rear temp, °F	Mid temp, °F	Front temp, °F	Nozzle temp, °F	Proc temp, °F	Mold temp, °F
		630-750	640-750	650-750	650-750	660-750	275-325
		630-750	640-750	650-750	650-750	660-750	275-325
		630-750	640-750	650-750	650-750	660-750	275-325
		630-750	640-750	650-750	650-750	660-750	275-325
		630-750	640-750	650-750	650-750	660-750	275-325
		630-750	640-750	650-750	650-750	660-750	275-325
		630-750	640-750	650-750	650-750	660-750	275-325
		630-750	640-750	650-750	650-750	660-750	275-325
		630-750	640-750	650-750	650-750	660-750	275-325
		630-750	640-750	650-750	650-750	660-750	275-325
		630-750	640-750	650-750	650-750	660-750	275-325
		630-750	640-750	650-750	650-750	660-750	275-325
		630-750	640-750	650-750	650-750	660-750	275-325
		630-750	640-750	650-750	650-750	660-750	275-325
		630-750	640-750	650-750	650-750	660-750	275-325
		630-750	640-750	650-750	650-750	660-750	275-325
		630-750	640-750	650-750	650-750	660-750	275-325
		630-750	640-750	650-750	650-750	660-750	275-325
		540-600	550-610	560-620	570-630	570-630	200-300
		630-750	640-750	650-750	650-750	660-750	275-325
		630-750	640-750	650-750	650-750	660-750	275-325
		630-750	640-750	650-750	650-750	660-750	275-325
		630-750	640-750	650-750	650-750	660-750	275-325
		630-750	640-750	650-750	650-750	660-750	275-325
		630-750	640-750	650-750	650-750	660-750	275-325
		630-750	640-750	650-750	650-750	660-750	275-325
		630-750	640-750	650-750	650-750	660-750	275-325
		630-750	640-750	650-750	650-750	660-750	275-325
		630-750	640-750	650-750	650-750	660-750	275-325
		630-750	640-750	650-750	650-750	660-750	275-325
		630-750	640-750	650-750	650-750	660-750	275-325
		630-750	640-750	650-750	650-750	660-750	275-325
		630-750	640-750	650-750	650-750	660-750	275-325
		630-750	640-750	650-750	650-750	660-750	275-325
		630-750	640-750	650-750	650-750	660-750	275-325
		630-750	640-750	650-750	650-750	660-750	275-325
		630-750	640-750	650-750	650-750	660-750	275-325
		630-750	640-750	650-750	650-750	660-750	275-325
		630-750	640-750	650-750	650-750	660-750	275-325
		630-750	640-750	650-750	650-750	660-750	275-325
		630-750	640-750	650-750	650-750	660-750	275-325
		630-750	640-750	650-750	650-750	660-750	275-325
		630-750	640-750	650-750	650-750	660-750	275-325
		630-750	640-750	650-750	650-750	660-750	275-325
		630-750	640-750	650-750	650-750	660-750	275-325

FREE DATA SHEETS: WWW.IDES.COM/PSIM

Grade	Filler	Sp Grav	Shrink, mils/in	Melt flow, g/10 min	Drying temp, °F	Drying time, hr	Max. % moisture
3452 Resin		1.660	1.5-2.5	4.60 AP	300	4.0-6.0	0.02
4000 Resin	GFI	1.670	2.0-3.0	3.10 AP	275	4.0-6.0	0.02
4001 Resin		1.330	5.0-7.0	9.50 AP	275	4.0-6.0	0.02
4002 Resin		1.330	6.0-8.0	9.50 AP	275	4.0-6.0	0.02
4211 Resin	GFI 20	1.480		10.30 AP	275	4.0-6.0	0.02
8015 Resin		1.290	4.0-5.0	2.70 AQ	275	4.0-6.0	0.02
9011 Resin		1.270	5.0-7.0	17.80 AP	300	4.0-6.0	0.02
9075 Resin		1.300	5.0-7.0	2.40 AQ	275	4.0-6.0	0.02
9076 Resin		1.300	5.0-7.0	1.40 AQ	275	4.0-6.0	0.02
AR9100 Resin	GFI 10	1.320	5.0-6.0	6.90 AP	300	4.0-6.0	0.02
AR9200 Resin	GFI 20	1.400	3.0-5.0	5.70 AP	300	4.0-6.0	0.02
AR9300 Resin	GFI 30	1.490	2.0-4.0	4.20 AP	300	4.0-6.0	0.02
CRS5001 Resin		1.280	4.0-7.0	4.20 AP	300	4.0-6.0	0.02
CRS5011 Resin		1.280	4.0-7.0	11.00 AP	300	4.0-6.0	0.02
CRS5011R Resin		1.280	4.0-7.0	11.00 AP	300	4.0-6.0	0.02
CRS5111 Resin	GFI 10	1.360		6.90 AP	300	4.0-6.0	0.02
CRS5201 Resin	GFI 20	1.420		2.30 AP	300	4.0-6.0	0.02
CRS5201R Resin	GFI 20	1.420		3.10 AP	300	4.0-6.0	0.02
CRS5211 Resin	GFI 20	1.420		5.10 AP	300	4.0-6.0	0.02
CRS5211R Resin	GFI 20	1.450		5.50 AP	300	4.0-6.0	0.02
CRS5301 Resin	GFI 30	1.510	2.0-4.0	1.80 AP	300	4.0-6.0	0.02
CRS5311 Resin	GFI 30	1.520	2.0-4.0	4.00 AP	300	4.0-6.0	0.02
CRS5711 Resin	GFI 15	1.380		6.80 AP	300	4.0-6.0	0.02
D9065 Resin		1.320	5.0-7.0	15.60 AP	275	4.0-6.0	0.02
LTX300A Resin		1.300	6.0-8.0	2.40 AQ	275	4.0-6.0	0.02
LTX300B Resin		1.270	3.0-5.0	1.60 AQ	275	4.0-6.0	0.02
LTX921A Resin	GFI 20	1.440		10.00 AQ	275	4.0-6.0	0.02
STM1500 Resin		1.180		12.00 AQ	275	3.0-6.0	0.02
UR9076LG Resin	MN	1.380	4.0-6.0	2.42 AQ	275	4.0-6.0	0.02
XH6050 Resin		1.300	5.0-7.0	12.50 AR	300	4.0-6.0	0.02
XH6050F Resin		1.300	5.0-7.0	12.50 AR	300	4.0-6.0	0.02
XH6050M Resin		1.300	5.0-7.0	12.50 AR	300	4.0-6.0	0.02
PEI	**Ultem**				**GE Adv Matl AP**		
1000 Resin		1.270	5.0-7.0	9.00 AP	300	4.0-6.0	0.02
1000EF Resin		1.270	5.0-7.0	12.00 AP	300	4.0-6.0	0.02
1000F Resin		1.270	5.0-7.0	9.00 AP	300	4.0-6.0	0.02
1000P Resin		1.270	5.0-7.0	9.00 AP	300	4.0-6.0	0.02
1000R Resin		1.270	5.0-7.0	9.70 AP	300	4.0-6.0	0.02
1010 Resin		1.270	5.0-7.0	17.80 AP	300	4.0-6.0	0.02
1010F Resin		1.270	5.0-7.0	17.80 AP	300	4.0-6.0	0.02
1010K Resin		1.270	5.0-7.0	17.80 AP	300	4.0-6.0	0.02
1010KM Resin		1.270	5.0-7.0	17.80 AP	300	4.0-6.0	0.02
1010M Resin		1.270	5.0-7.0	17.80 AP	300	4.0-6.0	0.02
1100 Resin		1.360	5.0-7.0	8.80 AP	300	4.0-6.0	0.02
1100F Resin		1.360	5.0-7.0	8.80 AP	300	4.0-6.0	0.02
1100R Resin		1.360	5.0-7.0	11.20 AP	300	4.0-6.0	0.02
1110 Resin		1.360	5.0-7.0	16.00 AP	300	4.0-6.0	0.02
1110F Resin		1.360	5.0-7.0	16.00 AP	300	4.0-6.0	0.02
1110R Resin		1.360	4.0-6.0	16.00 AP	300	4.0-6.0	0.02
1285 Resin		1.290	6.0-7.0	8.10 AQ	250-300	4.0-8.0	0.02
2100 Resin	GFI 10	1.340	5.0-6.0	7.00 AP	300	4.0-6.0	0.02
2100N Resin	GFI 10	1.340	5.0-6.0	7.00 AP	300	4.0-6.0	0.02
2100R Resin	GFI 10	1.340	5.0-6.0	7.80 AP	300	4.0-6.0	0.02
2110 Resin	GFI 10	1.340		11.30 AP	300	4.0-6.0	0.02
2110N Resin	GFI 10	1.410		10.40 AP	300	4.0-6.0	0.02

Max. % regrind	Inj. pres., ksi	Rear temp, °F	Mid temp, °F	Front temp, °F	Nozzle temp, °F	Proc temp, °F	Mold temp, °F
		630-750	640-750	650-750	650-750	660-750	275-325
		640-680	650-690	660-700	660-700	660-700	275-325
		640-680	650-690	660-700	660-700	660-700	275-325
		640-680	650-690	660-700	660-700	660-700	275-325
		640-680	650-690	660-700	660-700	660-700	275-325
		640-680	650-690	660-700	660-700	660-700	275-325
		630-750	640-750	650-750	650-750	660-750	275-325
		640-680	650-690	660-700	660-700	660-700	275-325
		640-680	650-690	660-700	660-700	660-700	275-325
		650-690	670-710	690-730	680-720	690-730	275-325
		650-690	670-710	690-730	680-720	690-730	275-325
		650-690	670-710	690-730	680-720	690-730	275-325
		650-690	670-710	690-730	680-720	690-730	275-325
		650-690	670-710	690-730	680-720	690-730	275-325
		650-690	670-710	690-730	680-720	690-730	275-325
		650-690	670-710	690-730	680-720	690-730	275-325
		650-690	670-710	690-730	680-720	690-730	275-325
		650-690	670-710	690-730	680-720	690-730	275-325
		650-690	670-710	690-730	680-720	690-730	275-325
		650-690	670-710	690-730	680-720	690-730	275-325
		650-690	670-710	690-730	680-720	690-730	275-325
		600-640	620-660	640-680	630-670	640-680	275-325
		640-680	650-690	660-700	660-700	660-700	275-325
		590-630	610-650	630-670	620-660	630-670	200-275
		600-640	620-660	640-680	630-670	640-680	275-325
		590-630	600-712	600-650	610-660	610-660	250-300
		640-680	650-690	660-700	660-700	660-700	275-325
		680-720	700-740	720-760	710-750	720-760	275-325
		680-720	700-740	720-760	710-750	720-760	275-325
		630-750	640-750	650-750	650-750	660-750	275-325
		630-750	640-750	650-750	650-750	660-750	275-325
		630-750	640-750	650-750	650-750	660-750	275-325
		630-750	640-750	650-750	650-750	660-750	275-325
		630-750	640-750	650-750	650-750	660-750	275-325
		630-750	640-750	650-750	650-750	660-750	275-325
		630-750	640-750	650-750	650-750	660-750	275-325
		630-750	640-750	650-750	650-750	660-750	275-325
		630-750	640-750	650-750	650-750	660-750	275-325
		630-750	640-750	650-750	650-750	660-750	275-325
		630-750	640-750	650-750	650-750	660-750	275-325
		630-750	640-750	650-750	650-750	660-750	275-325
		630-750	640-750	650-750	650-750	660-750	275-325
		540-600	550-610	560-620	570-630	570-630	200-300
		630-750	640-750	650-750	650-750	660-750	275-325
		630-750	640-750	650-750	650-750	660-750	275-325
		630-750	640-750	650-750	650-750	660-750	275-325
		630-750	640-750	650-750	650-750	660-750	275-325

FREE DATA SHEETS: WWW.IDES.COM/PSIM

Grade	Filler	Sp Grav	Shrink, mils/in	Melt flow, g/10 min	Drying temp, °F	Drying time, hr	Max. % moisture
2110R Resin	GFI 10	1.340		11.50 AP	300	4.0-6.0	0.02
2200 Resin	GFI 20	1.420		6.00 AP	300	4.0-6.0	0.02
2200N Resin	GFI 20	1.420	3.0-5.0	6.00 AP	300	4.0-6.0	0.02
2200R Resin	GFI 20	1.420	3.0-5.0	6.50 AP	300	4.0-6.0	0.02
2210 Resin	GFI 20	1.420		8.40 AP	300	4.0-6.0	0.02
2210K Resin	GFI 20	1.420	3.0-5.0	13.00 AP	300	4.0-6.0	0.02
2210R Resin	GFI 20	1.420		9.00 AP	300	4.0-6.0	0.02
2212 Resin	GFM 20	1.430		13.20 AP	300	4.0-6.0	0.02
2212R Resin	GFM 20	1.430		13.50 AP	300	4.0-6.0	0.02
2300 Resin	GFI 30	1.510	2.0-4.0	5.00 AP	300	4.0-6.0	0.02
2300R Resin	GFI 30	1.510	2.0-4.0	5.30 AP	300	4.0-6.0	0.02
2310 Resin	GFI 30	1.510	2.0-4.0	7.60 AP	300	4.0-6.0	0.02
2310EPR Resin	GFI 30	1.480	3.0-5.0	11.00 AP	300	4.0-6.0	0.02
2310R Resin	GFI 30	1.510		7.60 AP	300	4.0-6.0	0.02
2312 Resin	GFM 30	1.510	3.0-5.0	10.10 AP	300	4.0-6.0	0.02
2312EPR Resin	GFM 30	1.480	4.0-6.0	13.70 AP	300	4.0-6.0	0.02
2313 Resin	GFM 30	1.520	3.0-4.0	9.30 AP	300	4.0-6.0	0.02
2400 Resin	GFI 40	1.610	1.0-3.0	4.20 AP	300	4.0-6.0	0.02
2410 Resin	GFI 40	1.610	1.0-3.0	5.20 AP	300	4.0-6.0	0.02
2410EPR Resin	GFI 40	1.560	2.0-4.0	8.90 AP	300	4.0-6.0	0.02
2410R Resin	GFI 40	1.610	1.0-3.0	5.50 AP	300	4.0-6.0	0.02
2412EPR Resin	GFM 40	1.560	2.0-4.0	9.50 AP	300	4.0-6.0	0.02
3451 Resin		1.660	1.5-2.5	2.70 AP	300	4.0-6.0	0.02
3452 Resin		1.660	1.5-2.5	4.60 AP	300	4.0-6.0	0.02
4000 Resin	GFI	1.670	2.0-3.0	3.10 AP	275	4.0-6.0	0.02
4001 Resin		1.330	5.0-7.0	9.50 AP	275	4.0-6.0	0.02
4211 Resin	GFI 20	1.480		10.30 AP	275	4.0-6.0	0.02
8015 Resin		1.290	4.0-5.0	2.70 AQ	275	4.0-6.0	0.02
9011 Resin		1.270	5.0-7.0	17.80 AP	300	4.0-6.0	0.02
9075 Resin		1.300	5.0-7.0	2.40 AQ	275	4.0-6.0	0.02
9076 Resin		1.300	5.0-7.0	1.40 AQ	275	4.0-6.0	0.02
AR9100 Resin	GFI 10	1.320	5.0-6.0	6.90 AP	300	4.0-6.0	0.02
AR9200 Resin	GFI 20	1.400	3.0-5.0	5.70 AP	300	4.0-6.0	0.02
AR9300 Resin	GFI 30	1.490	2.0-4.0	4.20 AP	300	4.0-6.0	0.02
CRS5001 Resin		1.280		4.20 AP	300	4.0-6.0	0.02
CRS5011 Resin		1.280	4.0-7.0	11.00 AP	300	4.0-6.0	0.02
CRS5011R Resin		1.280	4.0-7.0	11.00 AP	300	4.0-6.0	0.02
CRS5111 Resin	GFI 10	1.360		6.90 AP	300	4.0-6.0	0.02
CRS5201 Resin	GFI 20	1.420		2.30 AP	300	4.0-6.0	0.02
CRS5201R Resin	GFI 20	1.420		3.10 AP	300	4.0-6.0	0.02
CRS5211 Resin	GFI 20	1.420		5.10 AP	300	4.0-6.0	0.02
CRS5211R Resin	GFI 20	1.450		5.50 AP	300	4.0-6.0	0.02
CRS5301 Resin	GFI 30	1.510	2.0-4.0	1.80 AP	300	4.0-6.0	0.02
CRS5311 Resin	GFI 30	1.520	2.0-4.0	4.00 AP	300	4.0-6.0	0.02
CRS5711 Resin	GFI 15	1.380		6.80 AP	300	4.0-6.0	0.02
D9065 Resin		1.320	5.0-7.0	15.60 AP	275	4.0-6.0	0.02
HTX1010F Resin		1.260		15.50 AP	275	4.0-6.0	0.02
LTX300A Resin		1.300	6.0-8.0	2.40 AQ	275	4.0-6.0	0.02
LTX300B Resin		1.270	3.0-5.0	1.60 AQ	275	4.0-6.0	0.02
UC1200 Resin	CF 12	1.320	1.2-2.2	7.50 AP	300	4.0-6.0	0.02
UF5011S Resin		1.280	4.0-7.0	11.00 AP	300	4.0-6.0	0.02
XH6050 Resin		1.300	5.0-7.0	12.50 AR	300	4.0-6.0	0.02
XH6050F Resin		1.300	5.0-7.0	12.50 AR	300	4.0-6.0	0.02
XH6050M Resin		1.300	5.0-7.0	12.50 AR	300	4.0-6.0	0.02

Max. % regrind	Inj. pres., ksi	Rear temp, °F	Mid temp, °F	Front temp, °F	Nozzle temp, °F	Proc temp, °F	Mold temp, °F
		630-750	640-750	650-750	650-750	660-750	275-325
		630-750	640-750	650-750	650-750	660-750	275-325
		630-750	640-750	650-750	650-750	660-750	275-325
		630-750	640-750	650-750	650-750	660-750	275-325
		630-750	640-750	650-750	650-750	660-750	275-325
		630-750	640-750	650-750	650-750	660-750	275-325
		630-750	640-750	650-750	650-750	660-750	275-325
		630-750	640-750	650-750	650-750	660-750	275-325
		630-750	640-750	650-750	650-750	660-750	275-325
		630-750	640-750	650-750	650-750	660-750	275-325
		630-750	640-750	650-750	650-750	660-750	275-325
		630-750	640-750	650-750	650-750	660-750	275-325
		630-750	640-750	650-750	650-750	660-750	275-325
		630-750	640-750	650-750	650-750	660-750	275-325
		630-750	640-750	650-750	650-750	660-750	275-325
		630-750	640-750	650-750	650-750	660-750	275-325
		630-750	640-750	650-750	650-750	660-750	275-325
		630-750	640-750	650-750	650-750	660-750	275-325
		630-750	640-750	650-750	650-750	660-750	275-325
		630-750	640-750	650-750	650-750	660-750	275-325
		630-750	640-750	650-750	650-750	660-750	275-325
		630-750	640-750	650-750	650-750	660-750	275-325
		640-680	650-690	660-700	660-700	660-700	275-325
		640-680	650-690	660-700	660-700	660-700	275-325
		640-680	650-690	660-700	660-700	660-700	275-325
		640-680	650-690	660-700	660-700	660-700	275-325
		630-750	640-750	650-750	650-750	660-750	275-325
		640-680	650-690	660-700	660-700	660-700	275-325
		640-680	650-690	660-700	660-700	660-700	275-325
		650-690	670-710	690-730	680-720	690-730	275-325
		650-690	670-710	690-730	680-720	690-730	275-325
		650-690	670-710	690-730	680-720	690-730	275-325
		650-690	670-710	690-730	680-720	690-730	275-325
		650-690	670-710	690-730	680-720	690-730	275-325
		650-690	670-710	690-730	680-720	690-730	275-325
		650-690	670-710	690-730	680-720	690-730	275-325
		650-690	670-710	690-730	680-720	690-730	275-325
		650-690	670-710	690-730	680-720	690-730	275-325
		650-690	670-710	690-730	680-720	690-730	275-325
		650-690	670-710	690-730	680-720	690-730	275-325
		650-690	670-710	690-730	680-720	690-730	275-325
		600-640	620-660	630-670	630-670	640-680	275-325
		640-680	650-690	660-700	660-700	660-700	275-325
		640-680	650-690	660-700	660-700	660-700	275-325
		590-630	610-650	630-670	620-660	630-670	200-275
		680-760	700-790	720-800	710-790	720-800	275-325
		650-690	670-710	690-730	680-720	690-730	275-325
		680-720	700-740	720-760	710-750	720-760	275-325
		680-720	700-740	720-760	710-750	720-760	275-325
		680-720	700-740	720-760	710-750	720-760	275-325

FREE DATA SHEETS: WWW.IDES.COM/PSIM

Grade	Filler	Sp Grav	Shrink, mils/in	Melt flow, g/10 min	Drying temp, °F	Drying time, hr	Max. % moisture
PEI	**Ultem**				**GE Adv Matl Euro**		
1000 Resin		1.273	5.0-7.0		302	4.0-6.0	0.02
1000E Resin		1.270	5.0-7.0	12.00 AP	300	4.0-6.0	0.02
1000EF Resin		1.270	5.0-7.0	12.00 AP	300	4.0-6.0	0.02
1000F Resin		1.273	5.0-7.0		302	4.0-6.0	0.02
1000R Resin		1.273	5.0-7.0		302	4.0-6.0	0.02
1010 Resin		1.273	5.0-7.0		302	4.0-6.0	0.02
1010F Resin		1.273	5.0-7.0		302	4.0-6.0	0.02
1010K Resin		1.270	5.0-7.0	17.80 AP	300	4.0-6.0	0.02
1010KM Resin		1.270	5.0-7.0	17.80 AP	300	4.0-6.0	0.02
1010M Resin		1.273	5.0-7.0		302	4.0-6.0	0.02
1010R Resin		1.273	5.0-7.0		302	4.0-6.0	0.02
1010X Resin		1.273			302		
1100 Resin		1.373	4.0-6.0		302	4.0-6.0	0.02
1100F Resin		1.373	4.0-6.0		302	4.0-6.0	0.02
1100R Resin		1.373	4.0-6.0		302	4.0-6.0	0.02
1110 Resin		1.373	4.0-6.0		302	4.0-6.0	0.02
1110F Resin		1.373	4.0-6.0		302	4.0-6.0	0.02
1110R Resin		1.360	4.0-6.0	16.00 AP	300	4.0-6.0	0.02
1285 Resin		1.303	5.0-7.0		248-302	4.0-8.0	
2100 Resin	GFI 10	1.343	4.0-6.0		302	4.0-6.0	0.02
2100R Resin	GFI 10	1.343	4.0-6.0		302	4.0-6.0	0.02
2110 Resin	GFI 10	1.343	4.0-6.0		302	4.0-6.0	0.02
2110R Resin	GFI 10	1.343	4.0-6.0		302	4.0-6.0	0.02
2200 Resin	GFI 20	1.424	3.0-5.0		302	4.0-6.0	0.02
2200N Resin	GFI 20	1.420	3.0-5.0	6.00 AP	300	4.0-6.0	0.02
2200R Resin	GFI 20	1.420	3.0-5.0		302	4.0-6.0	0.02
2210 Resin	GFI 20	1.424	3.0-5.0		302	4.0-6.0	0.02
2210K Resin	GFI 20	1.420	3.0-5.0	13.00 AP	300	4.0-6.0	0.02
2210R Resin	GFI 20	1.420	3.0-5.0		302	4.0-6.0	0.02
2212 Resin	GFM 20	1.434	3.0-5.0		302	4.0-6.0	0.02
2212R Resin	GFM 20	1.434	3.0-5.0		302	4.0-6.0	0.02
2300 Resin	GFI 30	1.514	2.0-4.0		302	4.0-6.0	0.02
2300R Resin	GFI 30	1.510	2.0-4.0		302	4.0-6.0	0.02
2310 Resin	GFI 30	1.514	2.0-4.0		302	4.0-6.0	0.02
2310EPR Resin	GFI 30	1.480	3.0-5.0	11.00 AP	300	4.0-6.0	0.02
2310R Resin	GFI 30	1.510	2.0-4.0		302	4.0-6.0	0.02
2312 Resin	GFM 30	1.514	2.0-4.0		302	4.0-6.0	0.02
2312EPR Resin	GFM 30	1.480	4.0-6.0	13.70 AP	300	4.0-6.0	0.02
2400 Resin	GFI 40	1.614	1.0-3.0		302	4.0-6.0	0.02
2410 Resin	GFI 40	1.614	1.0-3.0		302	4.0-6.0	0.02
2410EPR Resin	GFI 40	1.560	2.0-4.0	8.90 AP	300	4.0-6.0	0.02
2410R Resin	GFI 40	1.610	1.0-3.0		302	4.0-6.0	0.02
2412EPR Resin	GFM 40	1.560	2.0-4.0	9.50 AP	300	4.0-6.0	0.02
3452 Resin		1.664	2.5		302	4.0-6.0	0.02
4000 Resin	GFI	1.684	1.0-3.0		302	4.0-6.0	0.02
4001 Resin		1.333	6.0-8.0		302	4.0-6.0	0.02
9011 Resin		1.270	5.0-7.0	17.80 AP	300	4.0-6.0	0.02
9070 Resin		1.353	6.0-8.0		320	4.0-6.0	0.02
9075 Resin		1.323	6.0-8.0		320	4.0-6.0	0.02
9076 Resin		1.303	6.0-8.0		320	4.0-6.0	0.02
AR9300 Resin	GFI 30	1.494	2.0-4.0		302	4.0-6.0	0.02
ATX100 Resin		1.213	5.0-7.0		257-275	3.0-4.0	
ATX100F Resin		1.213	5.0-7.0		257-275	3.0-4.0	
ATX100R Resin		1.213	5.0-7.0		257-275	3.0-4.0	

Max. % regrind	Inj. pres., ksi	Rear temp, °F	Mid temp, °F	Front temp, °F	Nozzle temp, °F	Proc temp, °F	Mold temp, °F
		644-743	662-761	680-779	662-761	698-770	284-356
		630-750	640-750	650-750	650-750	660-750	275-325
		630-750	640-750	650-750	650-750	660-750	275-325
		644-743	662-761	680-779	662-761	698-770	284-356
		644-743	662-761	680-779	662-761	698-770	284-356
		644-743	662-761	680-779	662-761	698-770	284-356
		662-752	680-770	698-788	680-770	698-770	284-356
		630-750	640-750	650-750	650-750	660-750	275-325
		630-750	640-750	650-750	650-750	660-750	275-325
		644-743	662-761	680-779	662-761	698-770	284-356
		644-743	662-761	680-779	662-761	698-770	284-356
		644-743	662-761	680-779	662-761	698-770	284-356
		644-716	680-752	698-770	680-752	680-752	284-356
		644-716	680-752	698-770	680-752	680-752	284-356
		644-716	680-752	698-770	680-752	680-752	284-356
		644-716	680-752	698-770	680-752	680-752	284-356
		644-716	680-752	698-770	680-752	680-752	284-356
		630-750	640-750	650-750	650-750	660-750	275-325
						572-626	203-302
		644-743	662-761	680-779	662-761	698-770	284-356
		644-743	662-761	680-779	662-761	698-770	284-356
		644-743	662-761	680-779	662-761	698-770	284-356
		644-743	662-761	680-779	662-761	698-770	284-356
		662-752	680-770	698-788	680-770	698-770	284-356
		630-750	640-750	650-750	650-750	660-750	275-325
		662-752	680-770	698-788	680-770	698-770	284-356
		662-752	680-770	698-788	680-770	698-770	284-356
		630-750	640-750	650-750	650-750	660-750	275-325
		662-752	680-770	698-788	680-770	698-770	284-356
		644-716	680-752	698-770	680-752	680-752	284-356
		644-716	680-752	698-770	680-752	680-752	284-356
		662-752	680-770	698-788	680-770	698-770	284-356
		662-752	680-770	698-788	680-770	698-770	284-356
		662-752	680-770	698-788	680-770	698-770	284-356
		630-750	640-750	650-750	650-750	660-750	275-325
		662-752	680-770	698-788	680-770	698-770	284-356
		644-716	680-752	698-770	680-752	680-752	284-356
		630-750	640-750	650-750	650-750	660-750	275-325
		662-734	698-770	716-788	698-770	698-770	284-356
		662-734	698-770	716-788	698-770	698-770	284-356
		630-750	640-750	650-750	650-750	660-750	275-325
		662-734	698-770	716-788	698-770	698-770	284-356
		630-750	640-750	650-750	650-750	660-750	275-325
		662-752	680-770	698-788	680-770	698-770	284-356
		662-743	680-761	698-779	680-761	698-779	284-356
		644-743	662-761	680-779	662-761	698-770	284-356
		630-750	640-750	650-750	650-750	660-750	275-325
		608-644	653-689	680-716	680-716	680-716	284-320
		608-644	653-689	680-716	680-716	680-716	284-320
		608-644	653-689	680-716	680-716	680-716	284-320
		662-698	662-752	662-770	662-770	662-752	275-284
		572-608	590-626	608-644	608-644	617-680	212-257
		572-608	590-626	608-644	608-644	617-680	212-257
		572-608	590-626	608-644	608-644	617-680	212-257

FREE DATA SHEETS: WWW.IDES.COM/PSIM

Grade	Filler	Sp Grav	Shrink, mils/in	Melt flow, g/10 min	Drying temp, °F	Drying time, hr	Max. % moisture
ATX200 Resin		1.260	5.0-7.0	24.00 AP	266-284	3.0-4.0	
ATX200F Resin		1.273	5.0-7.0		266-284	3.0-4.0	
ATX200R Resin		1.260	5.0-7.0	24.00 AP	266-284	3.0-4.0	
CRS5001 Resin		1.283	6.0-8.0		302	4.0-6.0	0.02
CRS5011 Resin		1.283	5.0-7.0		302	4.0-6.0	0.02
CRS5011R Resin		1.280	4.0-7.0	11.00 AP	300	4.0-6.0	0.02
CRS5201 Resin	GFI 20	1.434	3.0-5.0		302	4.0-6.0	0.02
CRS5201R Resin	GFI 20	1.434	3.0-5.0		302	4.0-6.0	0.02
CRS5311 Resin	GFI 30	1.524	2.0-4.0		302	4.0-6.0	0.02
LTX300A Resin		1.300	6.0-8.0	2.40 AQ	275	4.0-6.0	0.02
LTX931A Resin	GFI 30	1.524			275	4.0-6.0	0.02
XH6050 Resin		1.300	5.0-7.0	12.50 AR	300	4.0-6.0	0.02
XH6050F Resin		1.300	5.0-7.0	12.50 AR	300	4.0-6.0	0.02
XH6050M Resin		1.300	5.0-7.0	12.50 AR	300	4.0-6.0	0.02

PEI — Ultem — LNP

Grade	Filler	Sp Grav	Shrink, mils/in	Melt flow, g/10 min	Drying temp, °F	Drying time, hr	Max. % moisture
EXCP0096	CF 30				300	4.0-6.0	0.02
SMU5806	CF 8				300	4.0-6.0	0.02
SMU5831	CGM 30	1.480			300	4.0-6.0	0.02
SMU5832	CGM 30	1.480			300	4.0-6.0	0.02
SMU5834	CF 20	1.350			300	4.0-6.0	0.02
SMU5835	CF 25	1.360			300	4.0-6.0	0.02
SMU5836	CF 30	1.390			300	4.0-6.0	0.02
SMU5852	CF 30				300	4.0-6.0	0.02
SMU6303	GFI 5	1.330			300	4.0-6.0	0.02
UC1200	CF 12	1.320	1.2-2.2	7.50 AP	300	4.0-6.0	0.02
UC3000	CF 30	1.390			300	4.0-6.0	0.02
UCF1205	CF 12	1.350			300	4.0-6.0	0.02

PEI+PCE — Ultem — GE Adv Materials

Grade	Filler	Sp Grav	Shrink, mils/in	Melt flow, g/10 min	Drying temp, °F	Drying time, hr	Max. % moisture
ATX100 Resin		1.210	5.0-7.0	6.00 AQ	275	4.0-6.0	0.02
ATX100F Resin		1.210	5.0-7.0	6.00 AQ	275	4.0-6.0	0.02
ATX100R Resin		1.210	5.0-7.0	6.40 AQ	275	4.0-6.0	0.02
ATX102R Resin	GFI 20	1.430	3.0-5.0	40.00 AP	275	4.0-6.0	0.02
ATX103R Resin	GFI 30	1.450	2.0-4.0	60.00 AP	275	4.0-6.0	0.02
ATX152R Resin	GFI 20	1.410	3.0-5.0	35.00 AP	275	4.0-6.0	0.02
ATX153R Resin	GFI 30	1.470	2.0-4.0	30.00 AP	275	4.0-6.0	0.02
ATX200 Resin		1.260	5.0-7.0	24.00 AP	275	4.0-6.0	0.02
ATX200F Resin		1.260	5.0-7.0	24.00 AP	275	4.0-6.0	0.02
ATX200R Resin		1.260	5.0-7.0	26.50 AP	275	4.0-6.0	0.02
ATX202R Resin	GFI 20	1.430	3.0-5.0	23.00 AP	275	4.0-6.0	0.02
ATX203R Resin	GFI 30	1.490	2.0-4.0	22.00 AP	275	4.0-6.0	0.02
ATX3562R Resin	GMN 50	1.690	2.0-3.0	20.00 AP	275	4.0-6.0	0.02
HFATX200 Resin		1.250	6.0-8.0	66.00 AP	280	4.0-6.0	0.02

PEI+PCE — Ultem — GE Adv Matl AP

Grade	Filler	Sp Grav	Shrink, mils/in	Melt flow, g/10 min	Drying temp, °F	Drying time, hr	Max. % moisture
ATX100 Resin		1.210	5.0-7.0	6.00 AQ	275	4.0-6.0	0.02
ATX100F Resin		1.210	5.0-7.0	6.00 AQ	275	4.0-6.0	0.02
ATX100R Resin		1.210	5.0-7.0	6.40 AQ	275	4.0-6.0	0.02
ATX102R Resin	GFI 20	1.430	3.0-5.0	40.00 AP	275	4.0-6.0	0.02
ATX103R Resin	GFI 30	1.450	2.0-4.0	60.00 AP	275	4.0-6.0	0.02
ATX152R Resin	GFI 20	1.410	3.0-5.0	35.00 AP	275	4.0-6.0	0.02
ATX153R Resin	GFI 30	1.470	2.0-4.0	30.00 AP	275	4.0-6.0	0.02
ATX200 Resin		1.260	5.0-7.0	24.00 AP	275	4.0-6.0	0.02
ATX200F Resin		1.260	5.0-7.0	24.00 AP	275	4.0-6.0	0.02
ATX200R Resin		1.260	5.0-7.0	26.50 AP	275	4.0-6.0	0.02

Max. % regrind	Inj. pres., ksi	Rear temp, °F	Mid temp, °F	Front temp, °F	Nozzle temp, °F	Proc temp, °F	Mold temp, °F
		608-644	626-662	644-680	644-680	644-716	257-284
		608-644	626-662	644-680	644-680	644-716	257-284
		608-644	626-662	644-680	644-680	644-716	257-284
		617-689	662-734	698-770	680-752	680-770	248-338
		644-716	680-752	698-770	680-752	680-752	284-356
		650-690	670-710	690-730	680-720	690-730	275-325
		662-734	698-770	716-788	698-770	698-770	284-356
		662-734	698-770	716-788	698-770	698-770	284-356
		662-734	698-770	716-788	698-770	698-770	284-356
		640-680	650-690	660-700	660-700	660-700	275-325
		600-660	620-660	640-680	630-670	640-680	275-325
		680-720	700-740	720-760	710-750	720-760	275-325
		680-720	700-740	720-760	710-750	720-760	275-325
		680-720	700-740	720-760	710-750	720-760	275-325
		680-790	700-790	720-800	710-790	720-800	275-325
		680-720	700-740	720-760	710-750	720-760	275-325
		680-790	700-790	720-800	710-790	720-800	275-325
		680-790	700-790	720-800	710-790	720-800	275-325
		680-790	700-790	720-800	710-790	720-800	275-325
		680-790	700-790	720-800	710-790	720-800	275-325
		680-790	700-790	720-800	710-790	720-800	275-325
		680-790	700-790	720-800	710-790	720-800	275-325
		630-690	640-750	650-750	650-750	660-750	275-325
		680-790	700-790	720-800	710-790	720-800	275-325
		680-790	700-790	720-800	710-790	720-800	275-325
		680-790	700-790	720-800	710-790	720-800	275-325
		590-630	610-650	630-670	620-660	630-670	200-275
		590-630	610-650	630-670	620-660	630-670	200-275
		590-630	610-650	630-670	620-660	630-670	200-275
		590-630	610-650	630-670	620-660	630-670	200-275
		590-630	610-650	630-670	620-660	630-670	200-275
		600-640	620-660	640-680	630-670	640-680	275-325
		600-640	620-660	640-680	630-670	640-680	275-325
		640-680	650-690	660-700	660-700	660-700	275-325
		640-680	650-690	660-700	660-700	660-700	275-325
		640-680	650-690	660-700	660-700	660-700	275-325
		640-680	650-690	660-700	660-700	660-700	275-325
		640-680	650-690	660-700	660-700	660-700	275-325
		610-680	620-680	630-700	630-700	630-700	250-300
		590-630	610-650	630-670	620-660	630-670	200-275
		590-630	610-650	630-670	620-660	630-670	200-275
		590-630	610-650	630-670	620-660	630-670	200-275
		590-630	610-650	630-670	620-660	630-670	200-275
		590-630	610-650	630-670	620-660	630-670	200-275
		600-640	620-660	640-680	630-670	640-680	275-325
		600-640	620-660	640-680	630-670	640-680	275-325
		640-680	650-690	660-700	660-700	660-700	275-325
		640-680	650-690	660-700	660-700	660-700	275-325

FREE DATA SHEETS: WWW.IDES.COM/PSIM

Grade	Filler	Sp Grav	Shrink, mils/in	Melt flow, g/10 min	Drying temp, °F	Drying time, hr	Max. % moisture
ATX202R Resin	GFI 20	1.430	3.0-5.0	23.00 AP	275	4.0-6.0	0.02
ATX203R Resin	GFI 30	1.490	2.0-4.0	22.00 AP	275	4.0-6.0	0.02
ATX3562R Resin	GMN 50	1.690	2.0-3.0	20.00 AP	275	4.0-6.0	0.02
HFATX200 Resin		1.250	6.0-8.0	66.00 AP	280	4.0-6.0	0.02

PEI+PCE — Ultem — GE Adv Matl Euro

Grade	Filler	Sp Grav	Shrink, mils/in	Melt flow, g/10 min	Drying temp, °F	Drying time, hr	Max. % moisture
ATX102R Resin	GFI 20	1.430	3.0-5.0	40.00 AP	275	4.0-6.0	0.02
ATX103R Resin	GFI 30	1.450	2.0-4.0	60.00 AP	275	4.0-6.0	0.02
ATX152R Resin	GFI 20	1.410	3.0-5.0	35.00 AP	275	4.0-6.0	0.02
ATX153R Resin	GFI 30	1.470	2.0-4.0	30.00 AP	275	4.0-6.0	0.02
ATX202R Resin	GFI 20	1.430	3.0-5.0	23.00 AP	275	4.0-6.0	0.02
ATX203R Resin	GFI 30	1.490	2.0-4.0	22.00 AP	275	4.0-6.0	0.02
ATX3562R Resin	GMN 50	1.690	2.0-3.0	20.00 AP	275	4.0-6.0	0.02
HFATX200 Resin		1.250	6.0-8.0	66.00 AP	280	4.0-6.0	0.02

PEK — RTP Compounds — RTP

Grade	Filler	Sp Grav	Shrink, mils/in	Melt flow, g/10 min	Drying temp, °F	Drying time, hr	Max. % moisture
2201 A		1.414	4.0		355	2.0	
2205 A		1.534	5.0		355	2.0	
2285 A		1.414	0.5		355	2.0	

PEKK — RTP Compounds — RTP

Grade	Filler	Sp Grav	Shrink, mils/in	Melt flow, g/10 min	Drying temp, °F	Drying time, hr	Max. % moisture
4103	GFI 20	1.444	3.0		300	3.0	
4105	GFI 30	1.514	3.0		300	3.0	
4107	GFI 40	1.604	2.0		300	3.0	
4185	CF 30	1.393	1.0		300	3.0	
4187	CF 40	1.444	1.0		300	3.0	

PES — B&M PES — B&M Plastics

Grade	Filler	Sp Grav	Shrink, mils/in	Melt flow, g/10 min	Drying temp, °F	Drying time, hr	Max. % moisture
BMG-Fone 2300 SP		1.320			320-338	2.0	

PES — Colorcomp — LNP

Grade	Filler	Sp Grav	Shrink, mils/in	Melt flow, g/10 min	Drying temp, °F	Drying time, hr	Max. % moisture
PDX-J-91550 RADEL R-5000		1.490	6.0-8.0		250-300	4.0	0.05
BL5-409-1 RADEL R-5000		1.320	13.0-15.0		250-300	4.0	
BN7-940 TP		1.290	10.0-13.0		250-300	4.0	0.05

PES — Edgetek — PolyOne

Grade	Filler	Sp Grav	Shrink, mils/in	Melt flow, g/10 min	Drying temp, °F	Drying time, hr	Max. % moisture
ES-1000		1.370	6.0-7.0				
ES-10GF/000	GFI 10	1.440	4.0-5.0				
ES-30CF/000	CF 30	1.470	1.0-2.0				
ES-30GF/000	GFI 30	1.600	2.0-3.0				
ES-40CF/000	CF 40	1.500	1.0-2.0				
RA-15GF/000	GFI	1.350	3.0-5.0		300	2.0	

PES — Gafone — Gharda

Grade	Filler	Sp Grav	Shrink, mils/in	Melt flow, g/10 min	Drying temp, °F	Drying time, hr	Max. % moisture
3000P		1.373			302	3.0	
3200P		1.373			302	3.0	
3320GF	GFI 20	1.510	3.0		302	3.0	
3400P		1.373			302	3.0	
3430SP60	GFI 30	1.580	5.0		302	3.0	
3600P		1.373			302	3.0	
3600RP		1.373			248	3.0	

PES — Lapex — Lati

Grade	Filler	Sp Grav	Shrink, mils/in	Melt flow, g/10 min	Drying temp, °F	Drying time, hr	Max. % moisture
A		1.363	5.0		302-356	3.0	

Max. % regrind	Inj. pres., ksi	Rear temp, °F	Mid temp, °F	Front temp, °F	Nozzle temp, °F	Proc temp, °F	Mold temp, °F
		640-680	650-690	660-700	660-700	660-700	275-325
		640-680	650-690	660-700	660-700	660-700	275-325
		640-680	650-690	660-700	660-700	660-700	275-325
		610-680	620-690	630-700	630-700	630-700	250-300
		590-630	610-650	630-670	620-660	630-670	200-275
		590-630	610-650	630-670	620-660	630-670	200-275
		600-640	620-660	640-680	630-670	640-680	275-325
		600-640	620-660	640-680	630-670	640-680	275-325
		640-680	650-690	660-700	660-700	660-700	275-325
		640-680	650-690	660-700	660-700	660-700	275-325
		640-680	650-690	660-700	660-700	660-700	275-325
		610-680	620-690	630-700	630-700	630-700	250-300
	10.0-20.0					725-775	355-425
	10.0-20.0					725-775	355-425
	10.0-20.0					725-775	355-425
	15.0-20.0					710-720	300-450
	15.0-20.0					710-720	300-450
	15.0-20.0					710-720	300-450
	15.0-20.0					710-720	300-450
	15.0-20.0					710-720	300-450
		645-716	680-716	705-716	700-720		284-320
						670-700	275-300
						670-700	275-300
						670-700	275-300
						640-690	
						670-700	
						700-750	
						670-720	
						700-750	
						660-730	200-325
						644-716	248-320
						644-716	248-320
						608-662	266-302

FREE DATA SHEETS: WWW.IDES.COM/PSIM

Grade	Filler	Sp Grav	Shrink, mils/in	Melt flow, g/10 min	Drying temp, °F	Drying time, hr	Max. % moisture
A G/10	GFI 10	1.424	4.5		302-356	3.0	
A G/20	GFI 20	1.504	3.5		302-356	3.0	
A G/30	GFI 30	1.584	3.0		302-356	3.0	
BASIC		1.364	4.0-6.0		320-356	3.0	
G/20	GFI 20	1.548	3.0-4.0		320-356	3.0	
G/30	GFI 30	1.585	2.0-3.5		320-356	3.0	

PES — Lubricomp — LNP

Grade	Filler	Sp Grav	Shrink, mils/in	Melt flow, g/10 min	Drying temp, °F	Drying time, hr	Max. % moisture
JFL-4036	GFI	1.700	1.0-4.0		250-300	4.0	0.05
PDX-J-91198	PRO	1.500	2.0		250-300	4.0	0.05

PES — Luvocom — Lehmann & Voss

Grade	Filler	Sp Grav	Shrink, mils/in	Melt flow, g/10 min	Drying temp, °F	Drying time, hr	Max. % moisture
1100/GF/20/EM/MR	GFI	1.504	3.0-5.0		302	3.0-6.0	

PES — Radel A — Solvay Advanced

Grade	Filler	Sp Grav	Shrink, mils/in	Melt flow, g/10 min	Drying temp, °F	Drying time, hr
A-100		1.370	6.0	12.50 CI	350	2.5
A-200A		1.370	6.0	20.00 CI	350	2.5
A-300A		1.370	6.0	30.00 CI	351	2.5
A-701		1.370	6.0	70.00 CI	350	2.5
AG-320	GFI 20	1.510	4.0	6.00 CH	300	3.0-4.0
AG-330	GFI 30	1.580	2.0	4.50 CH	300	3.0-4.0
AG-340	GFI 20	1.450	4.0	18.00 CI	350	2.5

PES — RTP Compounds — RTP

Grade	Filler	Sp Grav	Shrink, mils/in	Melt flow, g/10 min	Drying temp, °F	Drying time, hr
1400		1.373	7.0	80.00 CX	300	6.0
1400 A-300		1.373	7.0-9.0		300	6.0
1400 AG-210	GFI 10	1.444	4.5-6.5		300	6.0
1400 AG-220	GFI 20	1.514	3.0-5.0		300	6.0
1400 AG-230	GFI 30	1.604	1.5-3.0	14.50 CX	300	6.0
1400 AG-320	GFI 20	1.514	2.0		300	6.0
1400 AG-330	GFI 30	1.584	2.0		300	6.0
1400 AG-360 M1	GFI	1.574	1.5-3.0		300	6.0
1400 AR 10	AR 10	1.373	6.0		300	6.0
1400 GB 30	GB 30	1.564	8.0		300	6.0
1400 N		1.373	6.0	30.00 CX	300	6.0
1400 R-5000		1.293	7.0	18.00 DI	300	6.0
1400 R-5100		1.293	6.0	18.00 DI	300	6.0
1400 TFE 10		1.424	7.0		300	6.0
1400 TFE 15		1.454	9.0		300	6.0
1400.5 L MG 15	GFM 15	1.514	5.0-6.0		300	6.0
1400.5 N	GFI 5	1.393	6.0-8.0		300	6.0
1401	GFI 10	1.444	5.0		300	6.0
1401 L	GFI 10	1.444	4.0-6.0		300	6.0
1401 N	GFI 10	1.444	6.0		300	6.0
1402	GFI 15	1.474	3.0		300	6.0
1402 N	GFI 15	1.474	3.0		300	6.0
1403	GFI 20	1.514	4.0		300	6.0
1403 L	GFI 20	1.514	2.0-5.0		300	6.0
1403 N	GFI 20	1.514	3.0		300	6.0
1403 TFE 10	GFI 20	1.564	3.0		300	6.0
1403 TFE 15	GFI 20	1.604	2.0-3.0		300	6.0
1405	GFI 30	1.594	2.0		300	6.0
1405 N	GFI 30	1.594	2.0		300	6.0
1405 TFE 15	GFI 30	1.684	1.0		300	6.0
1407	GFI 40	1.684	1.0		300	6.0
1407 N	GFI 40	1.684	1.0		300	6.0

Max. % regrind	Inj. pres., ksi	Rear temp, °F	Mid temp, °F	Front temp, °F	Nozzle temp, °F	Proc temp, °F	Mold temp, °F
						626-680	284-329
						626-680	284-329
						626-680	284-329
		626-680	626-680	626-680			284-329
		626-680	626-680	626-680			284-329
		626-680	626-680	626-680			284-329
						670-700	275-300
						670-700	275-300
		671-707	680-716	662-698	644-680	536	248-392
						650-725	280-325
						650-725	280-325
						649-725	280-325
						650-725	280
						650-750	300-325
						650-750	300-325
						650-750	280
	10.0-15.0					650-710	275-350
	10.0-15.0					650-710	275-350
	10.0-15.0					650-710	275-350
	10.0-15.0					650-710	275-350
	10.0-15.0					650-710	275-350
	10.0-15.0					650-710	275-350
	10.0-15.0					650-710	275-350
	10.0-15.0					650-710	275-350
	10.0-15.0					650-710	275-350
	10.0-15.0					650-710	275-350
	10.0-15.0					650-710	275-350
	10.0-20.0					650-730	280-325
	10.0-20.0					650-730	280-325
	10.0-15.0					650-710	275-350
	10.0-15.0					650-710	275-350
	10.0-15.0					650-710	275-350
	10.0-15.0					650-710	275-350
	10.0-15.0					650-710	275-350
	10.0-15.0					650-710	275-350
	10.0-15.0					650-710	275-350
	10.0-15.0					650-710	275-350
	10.0-15.0					650-710	275-350
	10.0-15.0					650-710	275-350
	10.0-15.0					650-710	275-350
	10.0-15.0					650-710	275-350
	10.0-15.0					650-710	275-350
	10.0-15.0					650-710	275-350
	10.0-15.0					650-710	275-350
	10.0-15.0					650-710	275-350

Grade	Filler	Sp Grav	Shrink, mils/in	Melt flow, g/10 min	Drying temp, °F	Drying time, hr	Max. % moisture
1407 Z	GFI 40	1.684	1.0		300	6.0	
1475	GFI	1.474	3.0		300	6.0	
1475 L	GFI	1.474	3.0		300	6.0	
1481	CF 10	1.393	2.0		300	6.0	
1481 N	CF 10	1.393	2.0		300	6.0	
1481 N TFE 15	CF 10	1.464	1.0-2.0		300	6.0	
1481 TFE 10	CF 10	1.454	1.0-3.0		300	6.0	
1482	CF 15	1.424	1.0		300	6.0	
1482 N	CF 15	1.424	1.0		300	6.0	
1482 N TFE 15	CF 15	1.514	1.0-3.0		300	6.0	
1483	CF 20	1.444	2.0		300	6.0	
1483 HEC		1.494	1.5		300	6.0	
1483 N	CF 20	1.444	1.0		300	6.0	
1483 TFE 10	CF 20	1.504	1.0		300	6.0	
1485	CF 30	1.454	1.0		300	6.0	
1485 N	CF 30	1.454	1.0		300	6.0	
1485 TFE 15	CF 30	1.574	0.5		300	6.0	
1487	CF 40	1.504	0.5		300	6.0	
1487 N	CF 40	1.524	0.5		300	6.0	
EMI 1461	STS 10	1.484	6.0-8.0		300	6.0	

PES   Stat-Kon   LNP

Grade	Filler	Sp Grav	Shrink, mils/in	Melt flow, g/10 min	Drying temp, °F	Drying time, hr	Max. % moisture
JC-1003 EM	CF	1.410			> 250	4.0	0.05

PES   Stat-Tech   PolyOne

Grade	Filler	Sp Grav	Shrink, mils/in	Melt flow, g/10 min	Drying temp, °F	Drying time, hr	Max. % moisture
ES-06CF-09GF/000	GFI 9	1.440	2.0-3.0				

PES   Sumikaexcel PES   Sumitomo Chem

Grade	Filler	Sp Grav	Shrink, mils/in	Melt flow, g/10 min	Drying temp, °F	Drying time, hr	Max. % moisture
3600G		1.370		6.0			
3601GL20	GFI 20	1.510		3.0			
3601GL30	GFI 30	1.600		2.0			
4100G		1.370		6.0			
4101GL20	GFI 20	1.510		3.0			
4101GL30	GFI 30	1.600		2.0			
4800G		1.370		6.0			

PES   Sumiploy   Sumitomo Chem

Grade	Filler	Sp Grav	Shrink, mils/in	Melt flow, g/10 min	Drying temp, °F	Drying time, hr	Max. % moisture
AS1411		1.520		2.6			
E3010		1.480		9.2			
FS2200		1.420		6.0			
GS5420	GTE 30	1.580		2.0			
MS5620		1.730		3.2			
PS5660	GFI 30	1.570		3.5			

PES   Thermocomp   LNP

Grade	Filler	Sp Grav	Shrink, mils/in	Melt flow, g/10 min	Drying temp, °F	Drying time, hr	Max. % moisture
JF-1002	GFI	1.450	6.0-8.0		250-300	4.0	0.05
JF-1002 EM BK9306	GFI	1.450	6.0-8.0		250-300	4.0	0.05
JF-1003 EM	GFI	1.480			250-300	4.0	0.05
JF-1004	GFI	1.510	5.0-7.0		250-300	4.0	0.05
JF-1004 EM M BK905	GFM	1.590	7.0		250-300	4.0	0.05
JF-1004 EP BK905	GFI		3.0		250-300	4.0	0.05
JF-1006	GFI	1.580	3.0		250-300	4.0	0.05
JF-1006 E LE BK8-055	GFI	1.610	2.0		250-300	4.0	0.05

Max. % regrind	Inj. pres., ksi	Rear temp, °F	Mid temp, °F	Front temp, °F	Nozzle temp, °F	Proc temp, °F	Mold temp, °F
						650-710	275-350
						650-710	275-350
						650-710	275-350
						650-710	275-350
						650-710	275-350
						650-710	275-350
						650-710	275-350
						650-710	275-350
						650-710	275-350
						650-710	275-350
						650-710	275-350
						650-710	275-350
						650-710	275-350
						650-710	275-350
						650-710	275-350
						650-710	275-350
						650-710	275-350
						650-710	275-350
						650-710	275-350
						650-710	275-350
						670-700	275-300
						670-720	
	14.2-19.9	572-626	626-680	626-680	626-680	662-680	248-302
	17.1-22.8	590-644	644-716	644-716	644-716	662-680	248-320
	17.1-22.8	590-644	644-716	644-716	644-716	662-680	248-320
	14.2-19.9	572-626	626-680	626-680	626-680	662-680	248-302
	17.1-22.8	590-644	644-716	644-716	644-716	662-680	248-320
	17.1-22.8	590-644	644-716	644-716	644-716	662-680	248-320
	17.1-22.8	590-644	644-716	644-716	644-716	662-680	248-302
						680	
						662	
						644	
						680	
						680	
						608	
						670-700	275-300
						670-700	275-300
						670-700	275-300
						670-700	275-300
						670-700	275-300
						670-700	275-300
						670-700	275-300
						670-700	275-300

FREE DATA SHEETS: WWW.IDES.COM/PSIM

Grade	Filler	Sp Grav	Shrink, mils/in	Melt flow, g/10 min	Drying temp, °F	Drying time, hr	Max. % moisture
JF-1006 EM	GFI	1.600	3.0-5.0		250-300	4.0	0.05
JF-1006 LE BK8-055	GFI	1.610	2.0		250-300	4.0	0.05
JF-1008	GFI	1.660			250-300	4.0	0.05
PDX-J-04573 CCS BK8-055		1.370			250-300	4.0	0.05
PDX-J-89569 HP	GFI	1.450	6.0-8.0		250-300	4.0	0.05

PES   Ultrason E   BASF

1010		1.373	6.0		266-302		
2010		1.373	6.0		266-302		
2010 G4	GFI 20	1.534	2.0		266-302		
2010 G6	GFI 30	1.604	2.0		266-302		
3010		1.373	7.0		266-302		

PES   Zhuntem   Ovation Polymers

S 3433	GFI 33	1.620	0.0-0.5		311-356	2.0-4.0	0.02

PET   Astapet   Marplex

MDA270	GFI 20	1.470	3.0-5.0	60.00 W	284-302	5.0-6.0	
MDA277	GFI 30	1.550	2.0-4.0	60.00 W	284-302	5.0-6.0	
MDA281	GFI 35	1.590	2.0-4.0	50.00 W	284-302	5.0-6.0	
MDA301	GFI 35	1.590	2.0-4.0		284-302	5.0-6.0	
PC/PET MDA267		1.220	4.0-8.0	20.00 W	248-266	4.0-6.0	
PC/PET MDA288			4.0-8.0		248-266	4.0-6.0	
PET 70		1.340	1.5-5.5	40.00 W	302-320	5.0-6.0	

PET   B&M PET   B&M Plastics

PETGF30	GFI 30	1.560			250	4.0	0.02

PET   Bestdur   Triesa

PH/01		1.343			248	2.0-4.0	
PHG3	GFI 15	1.393			248	2.0-4.0	
PHG6	GFI 30	1.594			248	2.0-4.0	
PXG3	GFI 15	1.534			248	2.0-4.0	
PXG6	GFI 30	1.684			248	2.0-4.0	
PXG7	GFI 35	1.754			248	2.0-4.0	

PET   Bexloy   DuPont P&IP

K550	GFI	1.380	8.0		225-275	2.0-12.0	0.02

PET   Comtuf   A. Schulman

462	GMN	1.614	1.0		266	2.0-4.0	

PET   Eastar   Eastman

EN058		1.330	2.0		320	4.0-6.0	
EN063		1.330	3.0		302-320	4.0-6.0	
EN067		1.320	2.0-5.0		302-320	4.0-6.0	

PET   EnCom   EnCom

GF45 PET UR	GFI 45	1.660			250	2.0-4.0	0.02

PET   Hiloy   A. Schulman

442	GFI 45	1.674	2.0		266	2.0-4.0	
446	GMN 35	1.610	3.0		330	4.0	0.02
464	GFI 25	1.494	3.0		266	2.0-4.0	

Max. % regrind	Inj. pres., ksi	Rear temp, °F	Mid temp, °F	Front temp, °F	Nozzle temp, °F	Proc temp, °F	Mold temp, °F
						670-700	275-300
						670-700	275-300
						670-700	275-300
						670-700	275-300
						670-700	275-300
						626-734	248-320
						626-734	248-320
						626-734	248-320
						626-734	248-320
						626-734	248-320
		608-635	626-662	653-680	644-680	617-671	293-320
	8.7-20.3	482-500	500-518	518-536		518-554	230-266
	8.7-20.3	482-500	500-518	518-536		518-554	230-266
	8.7-20.3	482-500	500-518	518-536		518-554	230-266
	8.7-20.3	482-500	500-518	518-536		518-554	230-266
	8.7-20.3	473-491	482-500	491-509		500-518	68-140
	8.7-20.3	473-491	482-500	491-509		500-518	68-140
	8.7-20.3	482-500	500-518	518-536		518-554	50-68
		520-540	530-560	550-570		530-570	180-220
						482-500	104-176
						482-500	104-176
						482-500	104-176
						482-500	104-176
						482-500	104-176
						482-500	104-176
25	6.0-15.0	500-550	510-560	510-560	490-550	545-581	200-250
						500-536	149-203
						531-559	61-90
						527-563	50-86
						518-554	50-86
		500-550	510-575	520-590	530-590	530-590	200-240
						500-536	149-203
20		555-575	565-580	565-590	565-590	600	185-250
						500-536	149-203

FREE DATA SHEETS: WWW.IDES.COM/PSIM

Grade	Filler	Sp Grav	Shrink, mils/in	Melt flow, g/10 min	Drying temp, °F	Drying time, hr	Max. % moisture
PET		**Impet**		**Ticona**			
2700 GV1/20	GFI 20	1.524					
2700 GV1/30	GFI 30	1.604					
2700 GV1/45	GFI 45	1.744					
320R	GFI 15	1.434	1.0-4.0				
330	GFI 30	1.580	7.0				
330R	GFI 30	1.580	7.0				
340R	GFI 45	1.700	6.0				
610R	GMN 13	1.404	5.0-8.0				
630R	GMN	1.600	7.0				
740	GMN 45	1.720	1.0-3.0				
830R	GMN 35	1.600	1.0-3.0				
840R	GMN 45	1.720	1.0-3.0				
Hi430	GFI 15	1.330	2.0-5.0				
PET		**Kingfa**		**Kingfa**			
PET-G15	GFI 15	1.434	5.0		248-284	3.0-5.0	
PET-G30	GFI 30	1.544	3.0		248-284	3.0-5.0	
PET-RG15	GFI 15	1.554	5.0		248-284	3.0-5.0	
PET-RG20	GFI 20	1.564	2.0-3.0		248-284	3.0-5.0	
PET-RG30	GFI 30	1.654	3.0		248-284	3.0-5.0	
PET		**MDE Compounds**		**Michael Day**			
PET200G45L	GFI 45	1.630	2.0				0.02
PET200MG35L	GMN 35	1.590	3.0		275	2.0-3.0	0.02
PET		**Nan Ya PET**		**Nan Ya Plastics**			
4410G6	GFI 30	1.580	2.0-9.0	20.00 W	275-293	3.0-4.0	
PET		**Petlon**		**Albis**			
3530	GFI 30	1.570	3.0				
36A 620UV Yellow	GFI 10	1.313	1.0-6.0				
4630	GFI 30	1.660	3.0				
4835	GMN 35	1.740	4.0				
7530	GMN 35	1.640	4.0				
8535	GMN 35	1.600	4.0				
DP3-1018	GMN 35	1.740	4.0				
DP3-1027	GFI 45	1.700	3.0				
DP3-1039	GFI 35	1.480	4.0				
DP3-1042	GMN 40	1.650	3.0				
PET		**Petra**		**BASF**			
130	GFI 30	1.554	3.0		248		
130 FR	GFI 30	1.684	3.0		248		
140	GFI 45	1.704	2.0		248		
230 BK-112	GMN 35	1.614	3.0		248		
PET		**RTP Compounds**		**RTP**			
1103 M 15 BLK	GFI 20	1.604	1.0-3.0		250	4.0	
1104 M 15 BLK	GFI 25	1.644	1.0-3.0		250	4.0	
1105 BLK	GFI 30	1.564	1.0-3.0		250	4.0	
1105 FR	GFI 30	1.694	1.0-3.0		250	4.0	
1105 TFE 15	GFI 30	1.684	2.0		250	4.0	
1108 BLK	GFI 45	1.684	1.0-3.0		250	4.0	

Max. % regrind	Inj. pres., ksi	Rear temp, °F	Mid temp, °F	Front temp, °F	Nozzle temp, °F	Proc temp, °F	Mold temp, °F
	8.7-13.1					518-554	275-293
	8.7-13.1					518-554	275-293
	8.7-13.1					518-554	275-293
		500-518	518-527	527-536	527-554	518-572	446-482
		500-518	518-527	527-536	527-554	518-572	230-248
		500-518	518-527	527-536	527-554	518-572	230-248
		500-518	518-527	527-536	527-554	518-572	230-248
		500-518	518-527	527-536	527-554	518-572	230-248
		500-518	518-527	527-536	527-554	518-572	230-248
		500-518	518-527	527-536	527-554	518-572	230-248
		500-518	518-527	527-536	527-554	518-572	230-248
		500-518	518-527	527-536	527-554	518-572	230-248
		500-518	518-527	527-536	518-554	518-554	266
		455-491	473-509	491-527		491-527	176-248
		455-491	473-509	491-527		491-527	176-248
		455-491	473-509	491-527		491-527	176-248
		455-491	473-509	491-527		491-527	176-248
		455-491	473-509	491-527		491-527	176-248
		560	550	540		540-570	190-220
		560	550	540		540-570	190-220
	6.4-12.0	473-492	490-508	500-527	508-527	508-527	230-266
						495-530	195-250
						500-530	165-200
						495-530	195-250
						495-530	195-250
						495-530	195-250
						495-530	195-250
						495-530	195-250
						495-530	195-250
						495-530	195-250
						536-572	212-230
						536-572	212-230
						536-572	212-230
						410-536	212-230
	8.0-12.0					530-550	210-250
	8.0-12.0					530-550	210-250
	8.0-12.0					530-550	165-195
							275-300
	10.0-15.0					500-570	180-250
	8.0-12.0					530-550	165-195

FREE DATA SHEETS: WWW.IDES.COM/PSIM

Grade	Filler	Sp Grav	Shrink, mils/in	Melt flow, g/10 min	Drying temp, °F	Drying time, hr	Max. % moisture
PET		**Rynite**			**DuPont EP**		
408 NC010	GFI 30	1.510	2.1				0.02
415HP NC010	GFI 15	1.390	2.4				0.02
515CS BK575	GFI	1.500	4.0				0.02
515CS BN617	GFI	1.540	4.0				0.02
515CS WT624	GFI	1.660	3.0				0.02
520 NC010	GFI 20	1.470	2.3				0.02
530 NC010	GFI 30	1.560	1.8				0.02
545 NC010	GFI 45	1.700	1.5				0.02
555 NC010	GFI 55	1.810	1.3				0.02
815ER NC010	GFI 15	1.390	2.4				0.02
830ER NC010	GFI 30	1.580	1.3				0.02
935 NC010	GMI 35	1.580	2.8				0.02
940 BK505	GMI 40	1.640	1.7				0.02
FR515 NC010	GFI 15	1.550	3.4				0.02
FR515CS WT624	GFI	1.710	3.0				0.02
FR530 NC010	GFI 30	1.670	1.6				0.02
FR543 NC010	GFI 43	1.790	1.3				0.02
FR943 NC010	GGF 43	1.790	2.2				0.02
FR945 NC010	GMN 45	1.850	2.2				0.02
FR946 NC010	GGF 46	1.840	2.0				0.02
RE5220 BK503	GFI	1.580	1.3				0.02
RE5220 NC010	GFI	1.580	1.3				0.02
RE9078 BK507	GMN	1.700	2.5				0.02
SST35 NC010	GFI 35	1.520	1.3				0.02
PET		**Schuladur**			**A. Schulman**		
B GF 15	GFI 15	1.460	5.0		266	2.0-4.0	
B GF 30	GFI 30	1.560	1.9		260	2.0-4.0	
B GF25LB	GFI 25	1.450	2.0		266	2.0-4.0	
PET		**Selar PT**			**DuPont P&IP**		
2251		1.260					
5270							
X181					265-285	6.0	
X183					265-285	6.0	
PET		**Skypet**			**SK Chemicals**		
BL 8050		1.403			338	> 4.0	
BL 8450		1.403			338	> 4.0	
PET		**Tarlox**			**Taro Plast**		
111 G4	GFI 20	1.494	3.0-5.0		230-266		
111 G4 DX0	GFI 20	1.594	3.0-4.0		230-266		
111 G4 DX03	GFI 20	1.594	3.0-4.0		230-266	3.0	
111 G5	GFI 25	1.524	2.5-4.0		230-266		
111 G5 DX03	GFI 25	1.614	2.5-3.5		230-266	3.0	
111 G6	GFI 30	1.564	2.0-3.0		230-266		
111 G6 DX0	GFI 30	1.674	2.0-3.0		230-266		
111 G6 DX03	GFI 30	1.654	2.0-3.0		230-266	3.0	
111 G7	GFI 35	1.634	1.5-3.0		230-266		
111 G9	GFI 45	1.694	1.5-2.5		230-266		
PET		**Terez PET**			**Ter Hell Plast**		
3000		1.343			248-284	2.0-4.0	0.02

Max. % regrind	Inj. pres., ksi	Rear temp, °F	Mid temp, °F	Front temp, °F	Nozzle temp, °F	Proc temp, °F	Mold temp, °F
						518-554	> 203
						518-554	> 203
						518-554	266-284
						518-554	266-284
						518-554	266-284
						536-572	> 203
						536-572	> 203
						536-572	> 203
						536-572	> 203
						518-554	> 203
						536-572	> 203
						536-572	> 203
						536-572	> 203
						518-554	> 203
						518-554	266-284
						518-554	> 203
						518-554	> 203
						518-554	> 203
						518-554	> 203
						518-554	> 203
						536-572	> 266
						536-572	> 266
						518-554	> 203
						518-554	> 203
						536-572	194-230
						536-572	194-230
						536-572	194-230
		475	500	525		527-545	80-100
		475	500	525		527-545	80-100
		480	500	500	500		85-120
		480	500	500	500		85-120
						518-572	194-266
						500-554	194-266
						500-554	212-266
						518-572	194-266
						500-554	212-266
						518-572	194-266
						500-554	194-266
						500-554	212-266
						518-572	194-266
						518-572	194-266
						518-563	

FREE DATA SHEETS: WWW.IDES.COM/PSIM

Grade	Filler	Sp Grav	Shrink, mils/in	Melt flow, g/10 min	Drying temp, °F	Drying time, hr	Max. % moisture
PET	**Valox**				**GE Adv Materials**		
365 Resin		1.330			250	3.0-4.0	0.02
9215Z Resin	GFI 15	1.470			275	4.0-6.0	0.02
PET	**Valox**				**GE Adv Matl AP**		
365 Resin		1.330			250	3.0-4.0	0.02
PET	**Valox**				**GE Adv Matl Euro**		
V9235 Resin	GFI	1.464	3.2-4.0		248-266	4.0-6.0	0.02
V9561 Resin	GFI 30	1.654			248-266	4.0-6.0	0.02
PET	**Valox**				**LNP**		
VCF2020	CF 20	1.410	5.0-9.0	47.00 CN	250	3.0-4.0	
PET	**Voloy**				**A. Schulman**		
431	GMN 40	1.740	2.0		330	4.0	0.02
441	GFI 32	1.590	3.0		330	4.0	0.02
PET	**Voridian PET**				**Voridian**		
7352		1.320	4.0		302-320	4.0-6.0	
PET	**Vypet VNT**				**Lavergne Group**		
835	GMN 35	1.560			250	2.0-4.0	0.00
930	GMN 30	1.524			250	2.0-4.0	0.02
VNT 440	GMN 40	1.624			250	2.0-4.0	
VNT 515	GFI 15	1.393	2.0-4.0		250	2.0-4.0	
VNT 835HT	GMN 38	1.624			250	2.0-4.0	
PETG	**Eastar**				**Eastman**		
5011		1.280	5.0		160	4.0-6.0	
GN002		1.270	2.0-5.0		158	6.0	
GN005		1.270	2.0-5.0		158	6.0	
GN007		1.270	2.0-5.0		160	4.0-6.0	
GN101		1.270			158	6.0	
GN102		1.270			158	6.0	
GN125		1.300	2.0-5.0		160	4.0-6.0	
MN100		1.310	2.0-5.0		216	4.0-6.0	
PETG	**Pre-elec**				**Premix Thermoplast**		
ESD 1100		1.249	4.0-6.0	35.00 CT	158	3.0-4.0	
PETG	**Skygreen PETG**				**SK Chemicals**		
K2012		1.270			149	4.0-6.0	0.05
S2008		1.270	3.0-6.0		149	4.0-6.0	0.05
PF	**Bakelite**				**Bakelite Euro**		
151733 S	ORG		7.6				
460124 S	ORG		9.4				
PF	**Bakelite PF**				**Bakelite Euro**		
1107 S	GFI	2.055	1.5				
1108 S	GFI		1.4				
1141 S	GFI	1.524	5.0				
1142 S	GFI	1.734	3.5				
12404 S	ORG		6.5				

Max. % regrind	Inj. pres., ksi	Rear temp, °F	Mid temp, °F	Front temp, °F	Nozzle temp, °F	Proc temp, °F	Mold temp, °F
		460-490	470-500	480-510	470-500	480-510	120-170
		500-530	520-540	520-540	520-540	520-540	100-150
		460-490	470-500	480-510	470-500	480-510	120-170
		482-518	500-536	518-554	500-536	518-554	95-149
		482-518	500-536	518-554	500-536	518-554	194-248
		470-510	480-520	490-530	480-520	490-530	150-190
20		555-575	565-580	565-590	565-590	600	185-250
20		555-575	565-580	565-590	565-590	600	185-250
						527-563	50-86
	8.0-12.0	500-520	520-530	530-540	530-550	530-550	212-250
	8.0-12.0	500-520	520-530	530-540	530-550	530-550	200-230
	8.0-12.0	500-520	520-530	530-540	530-550	530-550	212-250
	8.0-12.0	500-520	520-530	530-540	530-550	530-550	212-250
	8.0-12.0	500-520	520-530	530-540	530-550	530-550	212-250
						480-520	61-100
						482-518	59-104
						482-518	59-104
						480-520	61-100
						482-518	59-104
						482-518	59-104
						480-520	61-100
						520-559	61-100
	10.9-17.4					356-410	86-158
				473			59-104
				473			59-104
	> 2.2	140-167	140-167	140-167	176-212	176-212	320-374
	> 2.2	140-167	140-167	140-167	176-212	176-212	320-374
	> 2.2	140-167	140-167	140-167	176-212	176-212	320-374
	> 2.2	140-167	140-167	140-167	176-212	176-212	320-374
	> 2.2	140-167	140-167	140-167	176-212	176-212	320-374
	> 2.2	140-167	140-167	140-167	176-212	176-212	320-374
	> 2.2	140-167	140-167	140-167	176-212	176-212	320-374

FREE DATA SHEETS: WWW.IDES.COM/PSIM

Grade	Filler	Sp Grav	Shrink, mils/in	Melt flow, g/10 min	Drying temp, °F	Drying time, hr	Max. % moisture
13 S	MI	1.825	-0.3				
13591 S	ORG						
14600 S	ORG						
14694 S	ORG						
2137 S	ORG	1.424	9.0				
2400 S	ORG	1.484	7.5				
2450 S	ORG		7.0				
2535 S	ORG	1.524	8.0				
2560 S	ORG	1.634	7.0				
2577 S	ORG	1.444	6.5				
2719 S	GFI		7.5				
2736 S	ORG	1.584	6.5				
2774 S	GFI	1.724	3.0				
2836 S	ORG	1.644	4.5				
2855 S	ORG	1.534	5.5				
2874 S	GFI	1.584	5.0				
2974 S	GFI						
31 S	ORG	1.383	8.0				
31.5 S	ORG	1.434	8.0				
31.9 S	ORG	1.444	8.0				
38110 S	ORG						
4010 S	GFI		4.0				
4041 S	GFI		2.5				
4109 S	GFI	1.935	0.0				
4111 S	GFI	1.885	0.0				
4136 S	GFI						
4154 S	GFI	1.684					
4155 S	GFI	1.805	1.4				
4260 S	GFI						
4280 S	GFI		1.0				
51 S		1.424	4.0				
52 S		1.434	6.6				
5414 S	ORG						
6501 S	GFI		2.0				
6506 S	GFI	1.754	2.0				
6507 S	GFI	1.654	1.6				
6771 S	GFI		2.0				
7300 S		1.434					
7550 S	ORG		10.0				
7551 S	ORG		9.0				
7592 S	ORG		7.0				
7595 S	GRF	1.604	2.0				
7596 S	GRF		2.0				
8052 S	GFI		3.0				
83 S	CTN	1.454	3.0				
84 S	CTN	1.424	6.8				
85 S	CTN	1.404	8.0				
91781 S	ORG		9.0				

PF		**Bakelite PG**			**Bakelite Euro**		
0002 S	GFI						

PF		**Bakelite R/VP**			**Bakelite Euro**		
9542 S	GFI						

Max. % regrind	Inj. pres., ksi	Rear temp, °F	Mid temp, °F	Front temp, °F	Nozzle temp, °F	Proc temp, °F	Mold temp, °F
	> 2.2	140-167	140-167	140-167	176-212	176-212	320-374
	> 2.2	140-167	140-167	140-167	176-212	176-212	320-374
	> 2.2	140-167	140-167	140-167	176-212	176-212	320-374
	> 2.2	140-167	140-167	140-167	176-212	176-212	320-374
	> 2.2	140-167	140-167	140-167	176-212	176-212	320-374
	> 2.2	140-167	140-167	140-167	176-212	176-212	320-374
	> 2.2	140-167	140-167	140-167	176-212	176-212	320-374
	> 2.2	140-167	140-167	140-167	176-212	176-212	320-374
	> 2.2	140-167	140-167	140-167	176-212	176-212	320-374
	> 2.2	140-167	140-167	140-167	176-212	176-212	320-374
	> 2.2	140-167	140-167	140-167	176-212	176-212	320-374
	> 2.2	140-167	140-167	140-167	176-212	176-212	320-374
	> 2.2	140-167	140-167	140-167	176-212	176-212	320-374
	> 2.2	140-167	140-167	140-167	176-212	176-212	320-374
	> 2.2	140-167	140-167	140-167	176-212	176-212	320-374
	> 2.2	140-167	140-167	140-167	176-212	176-212	320-374
	> 2.2	140-167	140-167	140-167	176-212	176-212	320-374
	> 2.2	140-167	140-167	140-167	176-212	176-212	320-374
	> 2.2	140-167	140-167	140-167	176-212	176-212	320-374
	> 2.2	140-167	140-167	140-167	176-212	176-212	320-374
	> 2.2	140-167	140-167	140-167	176-212	176-212	320-374
	> 2.2	140-167	140-167	140-167	176-212	176-212	320-374
	> 2.2	140-167	140-167	140-167	176-212	176-212	320-374
	> 2.2	140-167	140-167	140-167	176-212	176-212	320-374
	> 2.2	140-167	140-167	140-167	176-212	176-212	320-374
	> 2.2	140-167	140-167	140-167	176-212	176-212	320-374
	> 2.2	140-167	140-167	140-167	176-212	176-212	320-374
	> 2.2	140-167	140-167	140-167	176-212	176-212	320-374
	> 2.2	140-167	140-167	140-167	176-212	176-212	320-374
	> 2.2	140-167	140-167	140-167	176-212	176-212	320-374
	> 2.2	140-167	140-167	140-167	176-212	176-212	320-374
	> 2.2	140-167	140-167	140-167	176-212	176-212	320-374
	> 2.2	140-167	140-167	140-167	176-212	176-212	320-374
	> 2.2	140-167	140-167	140-167	176-212	176-212	320-374
	> 2.2	140-167	140-167	140-167	176-212	176-212	320-374
	> 2.2	140-167	140-167	140-167	176-212	176-212	320-374
	> 2.2	140-167	140-167	140-167	176-212	176-212	320-374
	> 2.2	140-167	140-167	140-167	176-212	176-212	320-374
	> 2.2	140-167	140-167	140-167	176-212	176-212	320-374
	> 2.2	140-167	140-167	140-167	176-212	176-212	320-374
	> 2.2	140-167	140-167	140-167	176-212	176-212	320-374

FREE DATA SHEETS: WWW.IDES.COM/PSIM

Grade	Filler	Sp Grav	Shrink, mils/in	Melt flow, g/10 min	Drying temp, °F	Drying time, hr	Max. % moisture
PF		**Bakelite UP**			**Bakelite Euro**		
1312 S	GFI		3.0				
1342 S	ORG		7.0				
3120 S							
3307 S	GFI		8.0				
3311 S	GFI						
3312 S	GFI						
PF		**Bakelite X**			**Bakelite Euro**		
22 S	ORG		9.5				
24 S	ORG		6.5				
30 S	CTN						
65 S	ORG		7.5				
PF		**Keripol**			**Bakelite Euro**		
R 1111 S							
RFT 1221 S	CTN						
RW 1411 S	GFI						
RZ 1141 S	GFI						
PFA		**Teflon PFA**			**DuPont Fluoro**		
340		2.145			14.00 CL		
Phenolic		**AMC**			**Quantum Comp**		
2240	CF 33	1.350	1.0				
Phenolic		**Durez**			**Durez**		
25000 BLACK		1.416	12.0				
25002 BLACK		1.376	13.0				
Phenolic		**Dynaset**			**Durez**		
25378 (Compression)		1.610	4.0				
25378 (INJECTION)		1.600	8.0				
DS-100 (Compression)		1.400	7.0				
DS-100 (INJECTION)		1.400	10.0				
DS-264 (Compression)		1.400	7.0				
DS-264 (INJECTION)		1.400	10.0				
DS-346 (Compression)		1.530	6.0				
DS-346 (INJECTION)		1.530	9.0				
DS-347 (INJECTION)		1.540	9.0				
Phenolic		**LongLite**			**Dowell Trading**		
T308J		1.450	7.0				
T310	GFI	1.530	6.0				
T33J		1.370	7.0				
T355J	GFI	1.470	6.0				
T357		1.410	7.0				
T359J		1.350	8.0				
T373J		1.410	7.0				
T375J		1.520	5.0				
T376J		1.570	4.0				
T385J		1.410	8.0				
Phenolic		**Norsophen**			**Norold**		
BMC	GFI 25	1.900	1.0				

Max. % regrind	Inj. pres., ksi	Rear temp, °F	Mid temp, °F	Front temp, °F	Nozzle temp, °F	Proc temp, °F	Mold temp, °F
> 2.2		140-167	140-167	140-167	176-212	176-212	320-374
> 2.2		140-167	140-167	140-167	176-212	176-212	320-374
> 1.5		140-158	140-158	140-158	158-212	158-212	320-356
> 2.2		140-167	140-167	140-167	176-212	176-212	320-374
> 2.2		140-167	140-167	140-167	176-212	176-212	320-374
> 2.2		140-167	140-167	140-167	176-212	176-212	320-374
> 2.2		140-167	140-167	140-167	176-212	176-212	320-374
> 2.2		140-167	140-167	140-167	176-212	176-212	320-374
> 2.2		140-167	140-167	140-167	176-212	176-212	320-374
> 2.2		140-167	140-167	140-167	176-212	176-212	320-374
> 2.2		140-167	140-167	140-167	176-212	176-212	320-374
> 2.2		140-167	140-167	140-167	176-212	176-212	320-374
> 2.2		140-167	140-167	140-167	176-212	176-212	320-374
> 2.2		140-167	140-167	140-167	176-212	176-212	320-374
	3.0-8.0	600-630	625-650	700	700	650-750	300-500
	0.5-2.0						270-320
		170	180	190-200			340-350
		170	180	190-200			340-350
					340		
					340		
					340		
					340		
					340		
					340		
					340		
					340		
					340		
		131-176		185-203			320-374
		131-176		185-203			320-374
		131-176		185-203			320-374
		131-176		185-203			320-374
		131-176		185-203			320-374
		131-176		185-203			320-374
		131-176		185-203			320-374
		131-176		185-203			320-374
		131-176		185-203			320-374
		131-176		185-203			320-374
							302

FREE DATA SHEETS: WWW.IDES.COM/PSIM

Grade	Filler	Sp Grav	Shrink, mils/in	Melt flow, g/10 min	Drying temp, °F	Drying time, hr	Max. % moisture
Phenolic	**Plenco**				**Plastics Eng**		
02000 (Injection)	ORG	1.399	10.0				
02308 (Injection)	ORG	1.415	10.2				
02311 (Injection)	ORG	1.412	10.0				
02369 (Injection)	ORG	1.367	8.4				
02408 (Injection)	ORG	1.396	10.1				
02535 (Injection)	ORG	1.385	10.7				
02567 (Injection)	ORG	1.359	6.9				
02571 (Injection)	ORG	1.405	9.0				
03303 (Injection)	FLK	1.543	8.4				
03356 (Injection)	MN	1.555	8.2				
03509 (Injection)	FLK	1.574	6.4				
03597 (Injection)	MN	1.554	7.5				
04002 (Injection)	MN	1.594	6.7				
04300 (Injection)	MN	1.544	7.6				
04301 (Injection)	MN	1.511	7.3				
04304 (Injection)	MN	1.574	6.4				
04309 (Injection)	GFI	1.545	6.7				
04311 (Injection)	MN	1.484	8.3				
04349 (Injection)	MN	1.558	6.6				
04414 (Injection)	FLK	1.539	6.8				
04466 (Injection)	FLK	1.575	7.6				
04485 (Injection)	MN	1.462	8.1				
04504 (Injection)	CEL	1.547	6.9				
04527 (Injection)	FLK	1.583	5.3				
04548 (Injection)	MN	1.478	8.6				
04599 (Injection)	MN	1.498	8.2				
05118 (Injection)	GRP	1.824	3.5				
05118-T5 (Injection)	GRP	1.839	3.4				
05350 (Injection)	GRP	1.740	4.2				
05482 (Injection)	GRP	1.433	9.0				
05488 (Injection)	GRP	1.451	8.3				
06015 (Injection)	GFI	1.732	2.1				
06301 (Injection)		1.503	7.8				
06401 (Injection)	GFI	1.725	2.2				
06500 (Injection)	GFI	1.767	3.1				
06527 (Injection)	MN	1.564	4.6				
06582		1.592	2.3				
06990 (Injection)	GFI	1.775	2.8				
07021 (Injection)		1.380	11.2				
07100 (Injection)	ORG	1.396	8.5				
07200 (Injection)	ORG	1.369	10.6				
07202 (Injection)	ORG	1.367	9.8				
07321 (Injection)	ORG	1.393	7.0				
07500 (Injection)	ORG	1.374	10.9				
07507 (Injection)	ORG	1.521	6.3				
07552 (Injection)	GFI	1.721	4.9				
07556 (Injection)	GFI	1.816	2.1				
07579 (Injection)	WDF	1.381	9.8				
07591 (Injection)	FLK	1.452	7.2				
Phenolic	**Quantum Comp**				**Quantum Comp**		
QC-2130	GFI 27	1.750	1.0				
QC-2150	GFI 50	1.820	1.5				
QC-2430	GFI 30	1.750	1.0				

POCKET SPECS FOR INJECTION MOLDING

Max. % regrind	Inj. pres., ksi	Rear temp, °F	Mid temp, °F	Front temp, °F	Nozzle temp, °F	Proc temp, °F	Mold temp, °F
		302-356		356-410		428-464	330-360
		302-356		356-410		428-464	330-360
		302-356		356-410		428-464	330-360
		302-356		356-410		428-464	330-360
		302-356		356-410		428-464	330-360
		302-356		356-410		428-464	330-360
		302-356		356-410		428-464	330-360
		302-356		356-410		428-464	330-360
		302-356		356-410		428-464	330-360
		302-356		356-410		428-464	330-360
		302-356		356-410		428-464	330-360
		302-356		356-410		428-464	330-360
		302-356		356-410		428-464	330-360
		302-356		356-410		428-464	330-360
		302-356		356-410		428-464	330-360
		302-356		356-410		428-464	330-360
		302-356		356-410		428-464	330-360
		302-356		356-410		428-464	330-360
		302-356		356-410		428-464	330-360
		302-356		356-410		428-464	330-360
		302-356		356-410		428-464	330-360
		302-356		356-410		428-464	330-360
		302-356		356-410		428-464	330-360
		302-356		356-410		428-464	330-360
		302-356		356-410		428-464	330-360
		302-356		356-410		428-464	330-360
		302-356		356-410		428-464	330-360
		302-356		356-410		428-464	330-360
		302-356		356-410		428-464	330-360
		302-356		356-410		428-464	330-360
		302-356		356-410		428-464	330-360
		302-356		356-410		428-464	330-360
		302-356		356-410		428-464	330-360
		302-356		356-410		428-464	330-360
		302-356		356-410		428-464	330-360
		302-356		356-410		428-464	330-360
		302-356		356-410		428-464	330-360
		302-356		356-410		428-464	330-360
		302-356		356-410		428-464	330-360
		302-356		356-410		428-464	330-360
		302-356		356-410		428-464	330-360
		302-356		356-410		428-464	330-360
		302-356		356-410		428-464	330-360
		302-356		356-410		428-464	330-360
		302-356		356-410		428-464	330-360
		302-356		356-410		428-464	330-360
	0.5-2.0						270-320
	0.5-2.0						270-320
	0.5-2.0						270-320

FREE DATA SHEETS: WWW.IDES.COM/PSIM

Grade	Filler	Sp Grav	Shrink, mils/in	Melt flow, g/10 min	Drying temp, °F	Drying time, hr	Max. % moisture
Phenolic		**Resinoid**			**Resinold**		
1310	GFI	1.815	1.0-2.0				
1320	GFI	1.995	2.0				
1321	GFI	1.945	2.0				
1322	GFI	1.995	2.0				
1323	GFI	1.995	2.0				
1324	GFI	1.995	2.0				
2010		1.366	2.0-4.0				
2016		1.366	2.0-4.0				
2016P		1.366	2.0-3.0				
2017	UNS	1.346	4.0-5.0				
2018		1.356	2.0-4.0				
7003S	GFI	1.835	2.0-3.0				
7005	GFI	1.925	1.5				
7051	GFI	1.745	1.0-2.0				
7051SS	GFI	1.745	1.0-2.0				
7201	GFI	1.596	1.0-3.0				
Phenolic		**Rogers Phenolic**			**Rogers**		
RX 133	MN	1.440	6.0				
RX 163	MN	1.470	6.0				
RX 167	MN	1.550	6.0				
RX 340	CEL	1.430	6.0				
RX 342	CEL	1.440	6.0				
RX 431	CEL	1.420	5.0				
RX 448	CEL	1.420	6.0				
RX 475	CEL	1.370	6.0				
RX 525	CEL	1.430	6.0				
RX 611	GFI	1.750	2.0				
RX 611A	GFI	1.750	2.0				
RX 613	GFI	1.610	3.0-4.0				
RX 626	GFI	1.820	2.0				
RX 630	GFI	1.780	2.0				
RX 640	GFI	1.740	2.0				
RX 643	GFI	1.740	2.0				
RX 647	GFI	1.900	2.0				
RX 660	GFI	1.800	2.5				
RX 660B	GFI	1.770	2.5				
RX 660C	GFI	1.820	2.5				
RX 670	GFI	1.900	2.0				
RX 701	GFI	1.820	2.5				
RX 853	GFI	1.800	2.0				
RX 865	GFI	1.860	2.0				
RX 866	GFI	1.700	2.0				
RX 867	GFI	1.770	2.5				
RX 868	GFI	1.770	2.0				
RX 870	GFI	1.830	2.0				
XB-22	GFI	1.500	2.5				
XT-26	GFI	1.820	2.0				
PI, TP		**Aurum**			**Mitsui Chem USA**		
400		1.330			356-392	5.0-10.0	
450		1.330		8.3	356-392	5.0-10.0	
500		1.330			356-392	5.0-10.0	
JAF3040	AR	1.450			356-392	5.0-10.0	

Max. % regrind	Inj. pres., ksi	Rear temp, °F	Mid temp, °F	Front temp, °F	Nozzle temp, °F	Proc temp, °F	Mold temp, °F
						300-350	
						300-350	
						300-350	
						300-350	
						300-350	
						300-350	
						300-350	
						300-350	
						300-350	
						300-350	
						300-350	
						300-350	
						300-350	
						300-360	
						300-360	
						300-350	
10.0	140	165		190	240		330
10.0	140	165		190	240		330
10.0	140	165		190	240		330
16.0	140	165		210	235		340
16.0	140	165		210	235		340
16.0	140	165		210	235		340
16.0	140	165		210	235		340
16.0	140	165		210	235		340
16.0	140	165		210	235		340
10.0	140	165		190	240		330
10.0	140	165		190	240		330
10.0	140	165		190	240		330
10.0	140	165		190	240		330
10.0	140	165		190	240		330
10.0	140	165		190	240		330
10.0	140	165		190	240		330
10.0	140	165		190	240		330
10.0	140	165		190	240		330
10.0	140	165		190	240		330
10.0	140	165		190	240		330
10.0	140	165		190	240		330
10.0	140	165		190	240		330
10.0	140	165		190	240		330
10.0	140	165		190	240		330
10.0	140	165		190	240		330
10.0	140	165		190	240		330
10.0	140	165		190	240		330
10.0	140	165		190	240		330
10.0	140	165		190	240		330
						734-788	338-392
						734-788	338-392
						734-788	338-392
						734-788	338-392

FREE DATA SHEETS: WWW.IDES.COM/PSIM

Grade	Filler	Sp Grav	Shrink, mils/in	Melt flow, g/10 min	Drying temp, °F	Drying time, hr	Max. % moisture
JCF3030	CF 30	1.440	0.0	29.00 DL	356-428	8.0-12.0	
JCF6225	CF	1.420			356-392	5.0-10.0	
JCL3030	CF 30	1.424	2.5	32.00 DL	356-428	8.0-12.0	
JCN3030	CF 30	1.430	2.5	32.00 DL	356-428	8.0-12.0	
JCN6030	CF	1.450	2.1		356-392	5.0-10.0	
JCN6230 (Amorphous)	CF	1.420	3.0		356-392	5.0-10.0	
JCN6230 (Crystalline)	CF	1.440	8.0		356-392	5.0-10.0	
JCN6530 (Amorphous)	CF	1.440	2.1		356-392	5.0-10.0	
JCN6530 (Crystalline)	CF	1.470			356-392	5.0-10.0	
JGN3030	GFI 30	1.560	4.4		356-428	8.0-12.0	
JGN7030	GFI	1.570	3.9		356-392	5.0-10.0	
JNF3010		1.380			356-392	5.0-10.0	
JNF3020		1.440			356-392	5.0-10.0	
JQF3025		1.480			356-392	5.0-10.0	
JRF3025	GRF	1.400			356-392	5.0-10.0	
JRN3015	GRF	1.340			356-392	5.0-10.0	
PL450C		1.330	8.3	6.00 DK	356-428	8.0-12.0	

PI, TP — RTP Compounds — RTP

Grade	Filler	Sp Grav	Shrink, mils/in	Melt flow, g/10 min	Drying temp, °F	Drying time, hr
4201	GFI 10	1.404	12.0		400	6.0
4201 TFE 5	GFI 10	1.404	4.0-7.0		400	6.0
4203	GFI 20	1.454	10.0		400	6.0
4205	GFI 30	1.544	4.0		400	6.0
4207	GFI 40	1.634	3.0		400	6.0
4285	CF 30	1.414	1.0		400	6.0
4285 TFE15	CF 30	1.514	0.1-1.0		400	6.0
4287	CF 40	1.424	1.0		400	6.0

PLA — Lacea — Mitsui Chem

Grade	Sp Grav
H-100J (Stretched)	1.263
H-100J (Unstretched)	1.263

PLA — NatureWorks — Natureworks LLC

Grade	Sp Grav	Shrink, mils/in	Melt flow, g/10 min	Drying temp, °F	Drying time, hr	Max. % moisture
3000D	1.210	4.0	20.00 E			0.01
3010D	1.210	4.0	20.00 E			0.01
7000D	1.265	4.0	1.10 L	212	4.0	0.03

PMP — Ecomass — Technical Polymers

Grade	Filler	Sp Grav	Shrink, mils/in
3800ZA50	UNS	0.702	3.0-5.0
3800ZD82	TUN	3.910	3.0-5.0

PMP — RTP Compounds — RTP

Grade	Filler	Sp Grav	Shrink, mils/in	Drying temp, °F	Drying time, hr
3000		0.842	20.0-30.0	175	2.0
3001	GFI 10	0.882	7.0-10.0	175	2.0
3002	GFI 15	0.932	4.0-8.0	175	2.0
3003	GFI 20	0.962	3.0-7.0	175	2.0
3005	GFI 30	1.043	3.0-7.0	175	2.0
3049 Z	MN	1.013	40.0	175	2.0

PMP Copolymer — TPX — Mitsui Chem USA

Grade	Sp Grav	Shrink, mils/in	Melt flow, g/10 min
DX820	0.835		180.00 AZ
MBZ230	1.083	17.0	30.00 AZ
MX002	0.837	16.0	22.00 AZ
MX004	0.836	19.0	26.00 AZ
RT18	0.835	21.0	26.00 AZ
RT18XB	0.835	21.0	26.00 AZ

Max. % regrind	Inj. pres., ksi	Rear temp, °F	Mid temp, °F	Front temp, °F	Nozzle temp, °F	Proc temp, °F	Mold temp, °F
30	11.0-35.0	770-788	770-788	770-788			356-392
						734-788	338-392
30	11.0-35.0	720-806	720-806	720-806			356-410
30	11.0-35.0	720-806	720-806	720-806		734-788	356-410
						734-788	338-392
						734-788	338-392
						734-788	338-392
						734-788	338-392
30	11.0-20.0	720-770	720-770	720-770		734-788	338-392
						734-788	356-410
						734-788	338-392
						734-788	338-392
						734-788	338-392
						734-788	338-392
						734-788	338-392
30	11.0-20.0	720-770	720-770	720-770		734-788	338-392
							356-410
	20.0-28.0					750-780	350-450
	20.0-28.0					750-780	350-450
	20.0-28.0					750-780	350-450
	20.0-28.0					750-780	350-450
	20.0-28.0					750-780	350-450
	20.0-28.0					750-780	350-450
	20.0-28.0					750-780	350-450
	20.0-28.0					750-780	350-450
		302-320	320-356	338-374	320-356		68-86
		302-320	320-356	338-374	320-356		68-86
					400	390	75
					400	390	75
					410-430	390-430	80-100
						525-575	135-180
						525-575	135-180
	10.0-15.0					510-580	150-200
	10.0-15.0					510-580	150-200
	10.0-15.0					510-580	150-200
	10.0-15.0					510-580	150-200
	10.0-15.0					510-580	150-200
	10.0-15.0					510-580	150-200
25		540-550	560-570	580-590	590-600	570-580	70-150
25		540-550	560-570	580-590	590-600	570-580	70-150
25		540-550	560-570	580-590	590-600	570-580	70-150
25		540-550	560-570	580-590	590-600	570-580	70-150
25		540-550	560-570	580-590	590-600	570-580	70-150
25		540-550	560-570	580-590	590-600	570-580	70-150

FREE DATA SHEETS: WWW.IDES.COM/PSIM

Grade	Filler	Sp Grav	Shrink, mils/in	Melt flow, g/10 min	Drying temp, °F	Drying time, hr	Max. % moisture
Polyarylate		**U Polymer**			**Unitika**		
P-1001		1.210	8.0		248-284	6.0-8.0	
P-3001		1.210	8.0		248-284	6.0-8.0	
P-5001		1.210	8.0		248-284	6.0-8.0	
U-100		1.210	8.0		248-284	6.0-8.0	
Polyester Alloy		**Bakelite UP**			**Bakelite Euro**		
3215 S	GFI	1.995	3.0				
3310 S	GFI	1.895	7.0				
3415 S	GFI	2.045	3.0				
3420 S	GFI	2.025	3.0				
3620 S	ORG	1.764	7.5				
3630 S	ORG	1.774	3.0				
3720 S	ORG	1.754	6.0				
802 S	GFI	2.085	3.0				
804 S	GFI	2.135	3.0				
Polyester Alloy		**Hiloy**			**A. Schulman**		
419	MN	1.624	9.0		266	2.0-4.0	
462	GFI	1.414	5.0		266	2.0-4.0	
Polyester, TP		**Albis Polyester**			**Albis**		
191E		1.210	5.0-7.0	3.00 G			
Polyester, TP		**Alcom**			**Albis**		
PC 740/1 Anthracite	CF	1.260	1.5		200	6.0	
PC 740/1 Silver Fleck	CF	1.260	1.5		200	6.0	
Polyester, TP		**Drystar**			**Eastman**		
0113		1.270	2.0-5.0		158	6.0	
0325		1.270	2.0-5.0		160	6.0	
0601		1.270			158	6.0	
0603		1.270	2.0-5.0		160	6.0	
0827		1.270	2.0-5.0		158	6.0	
Polyester, TP		**DuraStar**			**Eastman**		
DS1000		1.200	2.0-6.0		158	3.0	
DS1010		1.200	2.0-6.0		160	3.0-4.0	
DS1110UVI		1.200	2.0-6.0		158	3.0	
DS1900HF		1.190	3.0		158	4.0	
DS1910HF		1.190	3.0		158	4.0	
DS2000		1.200	2.0-6.0		158	3.0	
DS2010		1.200	2.0-6.0		158	3.0	
DS2110UVI		1.200	2.0-6.0		158	3.0	
MN610		1.200	2.0-6.0		158	3.0	
MN611		1.200	2.0-6.0		160	3.0-4.0	
MN621		1.200	2.0-6.0		158	3.0	
MN630		1.190	3.0		158	4.0	
MN631		1.190	3.0		158	4.0	
Polyester, TP		**Eastapak**			**Eastman**		
7352		1.320	4.0		300-320	4.0-6.0	
Polyester, TP		**Eastar**			**Eastman**		
AN001		1.200	2.0-6.0		158	3.0	

Max. % regrind	Inj. pres., ksi	Rear temp, °F	Mid temp, °F	Front temp, °F	Nozzle temp, °F	Proc temp, °F	Mold temp, °F
	19.9	590	644	662	680		266
	19.9	572	626	644	644		248
	17.1	536	590	608	608		212
	19.9	608	662	680	680		266-284
	> 2.2	140-167	140-167	140-167	176-212	176-212	320-374
	> 2.2	140-167	140-167	140-167	176-212	176-212	320-374
	> 2.2	140-167	140-167	140-167	176-212	176-212	320-374
	> 2.2	140-167	140-167	140-167	176-212	176-212	320-374
	> 2.2	140-167	140-167	140-167	176-212	176-212	320-374
	> 2.2	140-167	140-167	140-167	176-212	176-212	320-374
	> 2.2	140-167	140-167	140-167	176-212	176-212	320-374
	> 2.2	140-167	140-167	140-167	176-212	176-212	320-374
	> 2.2	140-167	140-167	140-167	176-212	176-212	320-374
						482-500	86-150
						500-536	149-203
						530-550	70-130
						510-550	150-240
						510-550	150-240
						482-518	59-104
						480-520	61-100
						482-518	59-104
						480-520	61-100
						480-520	61-100
						446-536	59-86
						450-531	61-100
						446-536	59-86
						446-536	59-86
						446-536	59-86
						482-554	59-86
						482-554	59-86
						482-554	59-86
						446-536	59-86
						450-531	61-100
						482-554	59-86
						446-536	59-86
						446-536	59-86
						530-565	50-90
						446-536	59-86

FREE DATA SHEETS: WWW.IDES.COM/PSIM

Grade	Filler	Sp Grav	Shrink, mils/in	Melt flow, g/10 min	Drying temp, °F	Drying time, hr	Max. % moisture
AN004		1.200	2.0-6.0		158	3.0	
AN011		1.190	3.0		158	4.0	
AN014		1.190	3.0		158	4.0	
BR001		1.200	2.0-6.0		158	3.0	
BR003		1.200	2.0-6.0		158	3.0	
BR203		1.200	2.0-6.0		158	3.0	
DN001		1.230	6.0		167	6.0	
DN001HF		1.230	3.0		167	6.0	
DN003 Unsterilized		1.230	2.0-5.0		167	6.0	
DN004		1.230	2.0-5.0		167	6.0	
DN004HF		1.230	3.0		167	6.0	
DN010		1.230	4.0		167	6.0	
DN011		1.230	4.0		167	6.0	
DN101		1.220	3.0-5.0		167	6.0	
DN102		1.230	2.0-5.0		165	6.0	
DN103		1.230	2.0-5.0		167	6.0	
EN010		1.330	3.0		302-320	4.0-6.0	
EN021		1.330	3.0		302-320	4.0-6.0	
EN052		1.320	4.0		302-320	4.0-6.0	
EN076		1.320	2.0-5.0		302	4.0-6.0	
GN046		1.270	2.0-5.0		160	6.0	
GN071		1.270	2.0-5.0		160	6.0	
HT910		1.200	5.0-7.0		190	4.0-6.0	
HT920		1.200	5.0-7.0		199	4.0-6.0	
HT930		1.200	2.0-5.0		190	4.0-6.0	
K3000		1.310	5.0		216	4.0-6.0	
MN003		1.230	2.0-5.0		167	6.0	
MN004		1.230	2.0-5.0		167	6.0	
MN005		1.230	3.0		167	6.0	
MN021		1.330			302-320	4.0-6.0	
MN052		1.320	4.0		302-320	4.0-6.0	
MN058		1.330	2.0		320	4.0-6.0	
MN059		1.330	2.0		320	4.0-6.0	
MN200		1.280	5.0		160	4.0-6.0	
MN210		1.270	2.0-5.0		160	4.0-6.0	
MN211		1.270	2.0-5.0		160	4.0-6.0	

Polyester, TP — Eastman / Eastman

Grade	Filler	Sp Grav	Shrink, mils/in	Melt flow, g/10 min	Drying temp, °F	Drying time, hr	Max. % moisture
13319		1.198			250	4.0	
6761		1.198			250	4.0	

Polyester, TP — EnCom / EnCom

Grade	Filler	Sp Grav	Shrink, mils/in	Melt flow, g/10 min	Drying temp, °F	Drying time, hr	Max. % moisture
M20 PBET	MN 20	1.500	13.0	60.00 BM	250	2.0-4.0	0.02
TF20 PBET	TAL 20	1.490			250	2.0-4.0	0.02

Polyester, TP — Estaloc / Noveon

Grade	Filler	Sp Grav	Shrink, mils/in	Melt flow, g/10 min	Drying temp, °F	Drying time, hr	Max. % moisture
59104	UNS	1.310	2.0		220	2.0	0.02
59300	UNS	1.450	2.0		220	2.0	0.02
59600	UNS	1.660	1.3		220	2.0	0.02

Polyester, TP — Provista / Eastman

Grade	Filler	Sp Grav	Shrink, mils/in	Melt flow, g/10 min	Drying temp, °F	Drying time, hr	Max. % moisture
Copolymer		1.270			160	6.0	

Polyester, TP — Thermocomp / LNP

Grade	Filler	Sp Grav	Shrink, mils/in	Melt flow, g/10 min	Drying temp, °F	Drying time, hr	Max. % moisture
9750	GMN	1.830			250-300	4.0	0.02

Max. % regrind	Inj. pres., ksi	Rear temp, °F	Mid temp, °F	Front temp, °F	Nozzle temp, °F	Proc temp, °F	Mold temp, °F
						446-536	59-86
						446-536	59-86
						446-536	59-86
						446-536	59-86
						446-536	59-86
						482-554	59-86
						482-518	59-104
						482-518	59-86
						482-518	59-104
						482-518	59-104
						482-518	59-86
						482-518	59-104
						482-518	59-104
						482-518	59-104
						482-518	61-100
						482-518	59-104
						527-563	50-86
						527-563	50-86
						527-563	50-86
						531-559	61-90
						480-520	61-100
						480-520	61-100
						511-550	81-140
						520-559	90-151
						511-550	81-140
						520-559	61-100
						482-518	59-86
						482-518	59-104
						482-518	59-86
						527-563	50-86
						527-563	50-86
						531-559	61-90
						531-559	61-90
						480-520	61-100
						480-520	61-100
						480-520	61-100
						570-601	
						570-601	
		500-550	510-575	520-590	530-590	530-590	200-240
		500-550	510-575	520-590	530-590	530-590	200-240
10.0-15.0		410	420	430	440	440	80-110
10.0-15.0		415	430	450	460	460	80-120
10.0-15.0		420	440	460	470	470	80-120
						480-520	61-100
						480-530	175-200

FREE DATA SHEETS: WWW.IDES.COM/PSIM

573

Grade	Filler	Sp Grav	Shrink, mils/in	Melt flow, g/10 min	Drying temp, °F	Drying time, hr	Max. % moisture
PDX-03458							
LE BL5-035-2	MN	1.310	5.0		160	4.0	0.02
WC-1003							
EP BK8-115	CF	1.380	5.0-7.0		250	4.0	0.15
Polyester, TP	**Thermotuf**				**LNP**		
WF-1006							
HI BK8-114	GFI	1.490			250	4.0	0.15
Polyester, TS		**BMC**			**Bulk Molding**		
100		1.945	1.0-4.0				
102		1.945	1.0-4.0				
1100 CoreLyn	GFI	1.900	0.0				
200	GFI	1.945	1.0-4.0				
2270	GMN	1.860	2.5-3.5				
2274	GMN	2.020	2.5-4.0				
3001H	GMN	2.150	3.0-5.0				
310		1.900	0.0				
501	GMN	1.930	0.0-1.5				
501E	GMN	1.770	0.0-1.5				
5209	GMN	1.900	1.0-2.0				
5209-12940	GMN	1.890	0.2-1.2				
5307		2.010	2.2-4.0				
5338	GMN	1.840	1.0-2.0				
5436	GMN	2.040	3.0-4.0				
5592		1.870	2.0-3.0				
600	GMN	2.020	2.5-4.0				
600LS	GMN	1.950	0.5-1.5				
604	GMN	2.060	3.0-4.0				
605	GMN	1.950	2.5-4.0				
605L	GMN	1.950	2.5-4.0				
605LS	GMN	1.920	1.0-2.2				
605LWR	GMN	1.870	2.0-4.0				
606	GMN	1.900	0.0				
610	GMN	1.930	2.5-4.5				
310 Special	GMN	1.900	2.5-4.5				
315	GMN	1.880	2.0-3.5				
320	GMN	1.770	2.5-3.5				
620M	GMN	1.860	1.5-2.5				
620X	GMN	1.790	2.5-3.5				
6241	GFI	1.930	2.5-4.0				
6605A		1.880	1.3-3.5				
675		1.850	1.0-3.0				
680	GMN	1.710	1.0-2.0				
8005		2.030	1.0				
880		1.825	0.0				
901		1.910	0.0				
945		1.850	0.0				
Polyester, TS		**Cosmic Polyester**			**Cosmic**		
3D36	GFI	2.000	1.0-4.0				
Polyester, TS		**Plenco**			**Plastics Eng**		
01501 (Injection)	MN	1.870	9.1				
01506 (Injection)	CEL	1.704	5.8				
01508 (Injection)	MN	2.074	5.2				

POCKET SPECS FOR INJECTION MOLDING

Max. % regrind	Inj. pres., ksi	Rear temp, °F	Mid temp, °F	Front temp, °F	Nozzle temp, °F	Proc temp, °F	Mold temp, °F
						430-450	60-100
						460-510	180-210
						460-510	180-210
	1.0	90-110	90-110	90-110			315-350
	1.0	90-110	90-110	90-110			315-350
							320-360
	1.0	90-110	90-110	90-110			315-350
							280-330
							280-330
							280-330
							280-330
							280-330
							280-330
							280-330
							280-330
							280-350
							280-330
							300-350
							280-330
							280-330
							280-330
							280-330
							280-330
							280-330
							280-330
							280-330
							280-330
							280-330
							280-330
							280-330
							280-330
							280-330
							280-330
						280-330	
							280-330
							280-330
							280-330
							280-330
							280-330
0.5-8.0						275-330	
		248-320		365-392		392-414	325-360
		248-320		365-392		392-414	325-360
		248-320		365-392		392-414	325-360

FREE DATA SHEETS: WWW.IDES.COM/PSIM

Grade	Filler	Sp Grav	Shrink, mils/in	Melt flow, g/10 min	Drying temp, °F	Drying time, hr	Max. % moisture
01510 (Injection)		2.025	3.8				
01530 (Injection)	GFI	1.986	3.0				
01581 (Injection)	GFI	1.827	3.7				
01586 (Injection)	GFI	1.894	3.7				

Polyolefin, Unspecified — Integrate — Equistar

Grade	Filler	Sp Grav	Shrink, mils/in	Melt flow, g/10 min	Drying temp, °F	Drying time, hr	Max. % moisture
NE 433-003		0.935		2.70 L			
NE 534-003		0.936		2.60 L			
NE 542-013		0.945		13.00 L			
NE 556-004		0.958		3.80 L			
NE 556-P35		0.958		3.80 L			
NE 558-004		0.960		3.90 L			
NE 558-P35		0.960		3.90 L			
NP 406-020		0.912		20.00 L			
NP 507-030		0.912		29.00 L			
NP 594-008		0.892		8.00 L			

Polyolefin, Unspecified — Lupol — LG Chem

Grade	Filler	Sp Grav	Shrink, mils/in	Melt flow, g/10 min	Drying temp, °F	Drying time, hr	Max. % moisture
GP-3100H	MN 10	0.960		10.0-16.0	158-194	2.0-3.0	
GP-3151F	MN 15	1.320		8.0-14.0	158-194	2.0-3.0	
GP-3200H	MN 20	1.060		8.0-14.0	158-194	2.0-3.0	
GP-3201F	MN 20	1.250		8.0-14.0	158-194	2.0-3.0	
GP-3300H	MN 30	1.130		7.0-12.0	158-194	2.0-3.0	
GP-3302	MN 30	1.130		7.0-12.0	158-194	2.0-3.0	
HF-3208	MN 20	1.040		8.0-16.0	158-194	2.0-3.0	
HI-2202	GFI 20	1.020		5.0-8.0	158-194	2.0-3.0	

Polyolefin, Unspecified — Pre-elec — Premix Thermop

Grade	Filler	Sp Grav	Shrink, mils/in	Melt flow, g/10 min	Drying temp, °F	Drying time, hr	Max. % moisture
CP 1315		0.999		14.0-18.0	25.00 F	140	3.0
CP 1316		1.110		12.0	0.04 E	140	3.0
CP 1318		1.110		26.00 F	122-131	3.0	

Polyolefin, Unspecified — Rhetech Polyolefin — Rh

Grade	Filler	Sp Grav	Shrink, mils/in	Melt flow, g/10 min	Drying temp, °F	Drying time, hr	Max. % moisture
FT1001-00		0.900	9.5	8.00 L	150-180	1.0-2.0	0.05
FT1001-177UV		0.910	9.5	8.00 L	150-180	1.0-2.0	0.05
FT1001-74		0.910	9.5	8.00 L	150-180	1.0-2.0	0.05
FT1002-00		0.900	13.5	12.00 L	150-180	1.0-2.0	0.05
FT1002-00A		0.900	8.0	12.00 L	150-180	1.0-2.0	0.05
FT1003-00		0.900	13.5	20.00 L	150-180	1.0-2.0	0.05
FT1004-00	UNS 4	0.930	11.5	13.00 L	150-180	1.0-2.0	0.05
FT1004-01	UNS 4	0.930	11.5	13.00 L	150-180	1.0-2.0	0.05
FT1004-625UV	UNS 4	0.930	11.5	13.00 L	150-180	1.0-2.0	0.05
FT1055-00	UNS 4	0.920	12.5	10.00 L	150-180	1.0-2.0	0.05
FT1055-01	UNS 4	0.930	12.5	10.00 L	150-180	1.0-2.0	0.05
FT1055-50	UNS 4	0.930	12.5	10.00 L	150-180	1.0-2.0	0.05
FT1055-624	UNS 4	0.930	12.5	10.00 L	150-180	1.0-2.0	0.05
FT1055-685UV	UNS 4	0.930	12.5	10.00 L	150-180	1.0-2.0	0.05
FT1100-689UV	UNS 5	0.930	3.5	4.00 L	150-180	1.0-2.0	0.05
FT2202-732UV	UNS 4	0.930	90.0	14.00 L	150-180	1.0-2.0	0.05
FT2400-647UV		0.910	10.0	10.00 L	150-180	1.0-2.0	0.05
FT2400-648UV					150-180	1.0-2.0	0.05
FT2500-00		0.910	10.0	8.00 L	150-180	1.0-2.0	0.05
FT2500-01A		0.910	12.5	9.00 L	150-180	1.0-2.0	0.05
FT2500-594UV		0.910	10.0	8.00 L	150-180	1.0-2.0	0.05
FT2500-630UV		0.910	10.0	8.00 L	150-180	1.0-2.0	0.05
FT2600-00UV		0.900	13.5	11.00 L	150-180	1.0-2.0	0.05

Max. % regrind	Inj. pres., ksi	Rear temp, °F	Mid temp, °F	Front temp, °F	Nozzle temp, °F	Proc temp, °F	Mold temp, °F
		248-320		365-392		392-414	325-360
		248-320		365-392		392-414	325-360
		248-320		365-392		392-414	325-360
		248-320		365-392		392-414	325-360
						400	
						400	
						400	
						400	
						300	
						400	
						300	
						400	
						400	
						400	
	12.8-17.1	392-428	392-446	410-446	410-464	410-464	104-194
	12.8-17.1	392-428	392-446	410-446	410-464	410-464	104-194
	12.8-17.1	392-428	392-446	410-446	410-464	410-464	104-194
	12.8-17.1	392-428	392-446	410-446	410-464	410-464	104-194
	12.8-17.1	392-428	392-446	410-446	410-464	410-464	104-194
	12.8-17.1	392-428	392-446	410-446	410-464	410-464	104-194
	12.8-17.1	392-428	392-446	410-446	410-464	410-464	104-194
	12.8-17.1	392-428	392-446	410-446	410-464	410-464	104-194
	8.7					356-428	104-176
	8.7					356-428	104-176
	5.8-10.2					356-446	104-176
	0.4-1.5	370-420	380-430	390-440	400-420		80-120
	0.4-1.5	370-420	380-430	390-440	400-420		80-120
	0.4-1.5	370-420	380-430	390-440	400-420		80-120
	0.4-1.5	370-420	380-430	390-440	400-420		80-120
	0.4-1.5	370-420	380-430	390-440	400-420		80-120
	0.4-1.5	370-420	380-430	390-440	400-420		80-120
	0.4-1.5	370-420	380-430	390-440	400-420		80-120
	0.4-1.5	370-420	380-430	390-440	400-420		80-120
	0.4-1.5	370-420	380-430	390-440	400-420		80-120
	0.4-1.5	370-420	380-430	390-440	400-420		80-120
	0.4-1.5	370-420	380-430	390-440	400-420		80-120
	0.4-1.5	370-420	380-430	390-440	400-420		80-120
	0.4-1.5	370-420	380-430	390-440	400-420		80-120
	0.4-1.5	370-420	380-430	390-440	400-420		80-120
	0.4-1.5	380-430	390-440	400-450	410-430		80-120
	0.4-1.5	370-420	380-430	390-440	400-420		80-120
	0.4-1.5	370-420	380-430	390-440	400-420		80-120
	0.4-1.5	370-420	380-430	390-440	400-420		80-120
	0.4-1.5	370-420	380-430	390-440	400-420		80-120
	0.4-1.5	370-420	380-430	390-440	400-420		80-120
	0.4-1.5	370-420	380-430	390-440	400-420		80-120
	0.4-1.5	370-420	380-430	390-440	400-420		80-120

FREE DATA SHEETS: WWW.IDES.COM/PSIM

Grade	Filler	Sp Grav	Shrink, mils/in	Melt flow, g/10 min	Drying temp, °F	Drying time, hr	Max. % moisture
FT2600-01UV		0.910	13.5	11.00 L	150-180	1.0-2.0	0.05
FT2600-677UV		0.910	13.5	11.00 L	150-180	1.0-2.0	0.05
FT2700-00		0.900	13.5	12.00 L	150-180	1.0-2.0	0.05
FT2700-01		0.910	13.5	12.00 L	150-180	1.0-2.0	0.05
FT3080-00	UNS 4	0.920	11.5	13.00 L	150-180	1.0-2.0	0.05
FT3080-01	UNS 4	0.930	11.5	13.00 L	150-180	1.0-2.0	0.05
FT3080-425	UNS 4	0.930	11.5	13.00 L	150-180	1.0-2.0	0.05
FT3080-47UV	UNS 4	0.930	10.0	20.00 L	150-180	1.0-2.0	0.05
FT3080-50	UNS 4	0.930	11.5	13.00 L	150-180	1.0-2.0	0.05
FT3080-640UV	UNS 4	0.930	11.5	13.00 L	150-180	1.0-2.0	0.05
FT3080-727UV		0.930	10.0	13.00 L	150-180	1.0-2.0	0.05
FT3080-729UV	UNS 4	0.930	10.0	13.00 L	150-180	1.0-2.0	0.05
FT3080-757UV	UNS 4	0.930	10.0	20.00 L	150-180	1.0-2.0	0.05
FT3080-81	UNS 4	0.930	11.5	13.00 L	150-180	1.0-2.0	0.05
FT3150-01	UNS 18	1.020	9.0	13.00 L	150-180	1.0-2.0	0.05
FT4200-00	UNS 28	1.110	4.7	13.00 L	150-180	1.0-2.0	0.05
FT4200-01	UNS 28	1.120	4.7	13.00 L	150-180	1.0-2.0	0.05
FT4500-01	UNS 10	0.960	12.0	13.00 L	150-180	1.0-2.0	0.05
FT4600-00	UNS 5	0.930	12.4	8.00 L	150-180	1.0-2.0	0.05
FT4600-152	UNS 5	0.930	12.4	8.00 L	150-180	1.0-2.0	0.05
FT4650-00	UNS 5	0.930	12.6	10.00 L	150-180	1.0-2.0	0.05
FT4650-01UV	UNS 8	0.960	9.0	17.00 L	150-180	1.0-2.0	0.05
FT4650-581UV	UNS 8	0.950	12.9	21.00 L	150-180	1.0-2.0	0.05
FT4650-583UV	UNS 10	0.970	11.2	17.00 L	150-180	1.0-2.0	0.05
FT4700-00A	UNS 13	0.980	10.0	17.00 L	150-180	1.0-2.0	0.05
FT4700-01	UNS 12	0.990	10.0	11.00 L	150-180	1.0-2.0	0.05
FT4700-01A	UNS 13	0.990	10.0	17.00 L	150-180	1.0-2.0	0.05
FT4702-00	UNS 13	0.980	10.2	11.00 L	150-180	1.0-2.0	0.05
FT4702-527UV	UNS 13	0.980	10.2	11.00 L	150-180	1.0-2.0	0.05
FT4702-698UV	UNS 13	0.980	10.2	11.00 L	150-180	1.0-2.0	0.05
FT4702-715UV	UNS 13	0.980	10.2	11.00 L	150-180	1.0-2.0	0.05
FT4802-01	UNS 16	1.010	9.8	15.00 L	150-180	1.0-2.0	0.05
FT4802-01UV	UNS 20	1.050	7.0	15.00 L	150-180	1.0-2.0	0.05
FT4802-690UV	UNS 16	1.010	9.5	15.00 L	150-180	1.0-2.0	0.05
FT4802-690UVA	UNS 14	1.000	9.5	18.00 L	150-180	1.0-2.0	0.05
FT4802-691UV	UNS 16	1.010	9.5	15.00 L	150-180	1.0-2.0	0.05
FT4802-692UV	UNS 16	1.010	9.5	15.00 L	150-180	1.0-2.0	0.05
FT4802-693UV	UNS 16	1.010	9.5	15.00 L	150-180	1.0-2.0	0.05
FT4900-00					150-180	1.0-2.0	0.05
FT4900-01UV	UNS 8	0.950	11.5	11.00 L	150-180	1.0-2.0	0.05
FT4900-33UV					150-180	1.0-2.0	0.05
FT4900-611UV					150-180	1.0-2.0	0.05
FT4900-659UV	UNS 8	0.950	11.5	11.00 L	150-180	1.0-2.0	0.05
FT4900-745UV	UNS 8	0.950	12.0	17.00 L	150-180	1.0-2.0	0.05
FT4900-746UV	UNS 8	0.950	12.0	17.00 L	150-180	1.0-2.0	0.05
FT4900-74UV					150-180	1.0-2.0	0.05
FT4900-772UV	UNS 8	0.950	12.0	17.00 L	150-180	1.0-2.0	0.05
FT5100-00	UNS 20	1.050	10.0	10.00 L	150-180	1.0-2.0	0.05
FT5100-01	UNS 20	1.060	10.0	10.00 L	150-180	1.0-2.0	0.05
FT5100-01UV	UNS 20	1.060	10.0	10.00 L	150-180	1.0-2.0	0.05
FT5100-04	UNS 20	1.050	10.0	10.00 L	150-180	1.0-2.0	0.05
FT5250-01UV	UNS 28	1.130	5.0	18.00 L	150-180	1.0-2.0	0.05
FT5250-650UV	UNS 28	1.130	5.0	18.00 L	150-180	1.0-2.0	0.05
FT5250-650UVA	UNS 25	1.110	8.0	18.00 L	150-180	1.0-2.0	0.05
FT7011-01	UNS 20	1.040	8.5	12.00 L	150-180	1.0-2.0	0.05
FT7012-707UV	UNS 26	1.100	5.5	15.00 L	150-180	1.0-2.0	0.05

Max. % regrind	Inj. pres., ksi	Rear temp, °F	Mid temp, °F	Front temp, °F	Nozzle temp, °F	Proc temp, °F	Mold temp, °F
	0.4-1.5	370-420	380-430	390-440	400-420		80-120
	0.4-1.5	370-420	380-430	390-440	400-420		80-120
	0.4-1.5	370-420	380-430	390-440	400-420		80-120
	0.4-1.5	370-420	380-430	390-440	400-420		80-120
	0.4-1.5	370-420	380-430	390-440	400-420		80-120
	0.4-1.5	370-420	380-430	390-440	400-420		80-120
	0.4-1.5	370-420	380-430	390-440	400-420		80-120
	0.4-1.5	370-420	380-430	390-440	400-420		80-120
	0.4-1.5	370-420	380-430	390-440	400-420		80-120
	0.4-1.5	370-420	380-430	390-440	400-420		80-120
	0.4-1.5	370-420	380-430	390-440	400-420		80-120
	0.4-1.5	370-420	380-430	390-440	400-420		80-120
	0.4-1.5	380-430	390-440	400-450	410-430		80-120
	0.4-1.5	400-450	410-460	420-470	430-450		80-120
	0.4-1.5	400-450	410-460	420-470	430-450		80-120
	0.4-1.5	380-430	390-440	400-450	410-430		80-120
	0.0-1.5	370-420	380-430	390-440	400-420		80-120
	0.4-1.5	370-420	390-430	390-440	400-420		80-120
	0.4-1.5	390-440	400-450	410-460	420-440		80-120
	0.4-1.5	390-440	400-450	410-460	420-440		80-120
	0.4-1.5	390-440	400-450	410-460	420-440		80-120
	0.4-1.5	390-440	400-450	410-460	420-440		80-120
	0.4-1.5	380-430	390-440	400-450	410-430		80-120
	0.4-1.5	380-430	390-440	400-450	410-430		80-120
	0.4-1.5	380-430	390-440	400-450	410-430		80-120
	0.4-1.5	390-440	400-450	410-460	420-440		80-120
	0.4-1.5	390-440	400-450	410-460	420-440		80-120
	0.4-1.5	390-440	400-450	410-460	420-440		80-120
	0.4-1.5	380-430	390-440	400-450	410-430		80-120
	0.4-1.5	390-440	400-450	410-460	420-440		80-120
	0.4-1.5	380-430	390-440	400-450	410-430		80-120
	0.4-1.5	380-430	390-440	400-450	410-430		80-120
	8.0-15.0	390-440	400-450	410-460	420-440		80-120
	8.0-15.0	390-440	400-450	410-460	420-440		80-120
	8.0-15.0	390-440	400-450	410-460	420-440		80-120
	0.4-1.5	380-430	390-440	400-450	410-430		80-120
	0.4-1.5	380-430	390-440	400-450	410-430		80-120
	0.4-1.5	380-430	390-440	400-450	410-430		80-120
	0.4-1.5	380-430	390-440	400-450	410-430		80-120
	0.4-1.5	380-430	390-440	400-450	410-430		80-120
	0.4-1.5	380-430	390-440	400-450	410-430		80-120
	0.4-1.5	380-430	390-440	400-450	410-430		80-120
	0.4-1.5	380-430	390-440	400-450	410-430		80-120
	0.4-1.5	390-440	400-450	410-460	420-440		80-120
	0.4-1.5	390-440	400-450	410-460	420-440		80-120
	0.4-1.5	390-440	400-450	410-460	420-440		80-120
	0.4-1.5	390-440	400-450	410-460	420-440		80-120
	0.4-1.5	400-450	410-460	420-470	430-450		80-120
	0.4-1.5	400-450	410-460	420-470	430-450		80-120
	0.4-1.5	400-450	410-460	420-470	430-450		80-120
	0.4-1.5	390-440	400-450	410-460	420-440		80-120
	0.4-1.5	400-450	410-460	420-470	430-450		80-120

FREE DATA SHEETS: WWW.IDES.COM/PSIM

Grade	Filler	Sp Grav	Shrink, mils/in	Melt flow, g/10 min	Drying temp, °F	Drying time, hr	Max. % moisture
FT7013-00	UNS 28	1.110	6.0	12.00 L	150-180	1.0-2.0	0.05
FT7013-720UV	UNS 28	1.110	6.0	12.00 L	150-180	1.0-2.0	0.05
FT7013-721UV	UNS 28	1.110	6.0	12.00 L	150-180	1.0-2.0	0.05
FT7016-00	UNS 28	1.110	6.7	10.00 L	150-180	1.0-2.0	0.05
FT7016-01	UNS 28	1.120	6.7	10.00 L	150-180	1.0-2.0	0.05
FT7016-01UV	UNS 28	1.120	6.7	10.00 L	150-180	1.0-2.0	0.05
FT7016-50UV	UNS 28	1.120	6.7	10.00 L	150-180	1.0-2.0	0.05
UVFT2500-01		0.910	10.0	8.00 L	150-180	1.0-2.0	0.05
UVFT3082-74		0.900	13.7	18.00 L	150-180	1.0-2.0	0.05

Polyolefin, Unspecified — Stat-Kon — LNP

Grade	Filler	Sp Grav	Drying temp, °F	Drying time, hr
COC-C-1006 CCS	CF	1.170	180	4.0

Polyolefin, Unspecified — Topas — Topas

Grade	Sp Grav
5010L-01	1.023
5013S-04	1.023
6015S-04	1.023
6017S-04	1.023
8007S-04	1.023
8007X10	1.023
TKX-0001	1.023

Polyolefin, Unspecified — Zeonex — Nippon Zeon

Grade	Sp Grav	Shrink, mils/in	Melt flow, g/10 min	Drying temp, °F	Drying time, hr
250	1.010	4.0-6.0		194	2.0-3.0
280	1.010	4.0-6.0		194	2.0-3.0
280R	1.010	5.0-7.0	21.00 AS	212-230	4.0-12.0
280S	1.010	4.0-6.0	15.00 W	194	2.0-3.0
450	1.010	5.0-7.0	7.00 AS	194	2.0-3.0
480S	1.010	5.0-7.0	21.00 AS	212-230	4.0-12.0
490			15.00 AS	194	2.0-3.0
490K	1.010	5.0-7.0	16.00 AS	212-230	4.0-12.0
E28R	1.010	5.0-7.0	25.00 AS	212-230	4.0-12.0

PP Copoly — AD majoris — AD majoris

Grade	Sp Grav	Melt flow, g/10 min
FFR		
091 WHITE 1298	0.957	19.00 L

PP Copoly — Albis PP — Albis

Grade	Filler	Sp Grav	Shrink, mils/in	Melt flow, g/10 min
14A 20 KR 20	MN 20	1.100		20.00 L
14A10 CaCO3 10	CAC 10	0.982		10.00 L
14A10 CaCO3 40	CAC 40	1.223		10.00 L
14A10 GF20 C	GFI 20	1.040		10.00 L
14A10 GF30C HZ UV Black	GFI 30	1.130		
14A10 KR 10	MN 10	0.980		10.00 L
14A10 KR 20	MN 20	1.020		10.00 L
14A10 KR 30	MN 30	1.140		10.00 L
14A10 KR 40	MN 40	1.220		10.00 L
14A10 TV 10	TAL 10	1.030		10.00 L
14A10 TV 25	TAL 25	1.080		10.00 L
14A12 CaCO3 30	CAC 30	1.143		12.00 L
14A12 EC Black	CP	1.230	12.0-14.0	12.00 L
14A12 KR 30	MN 30	1.140		12.00 L
14A12 KR27 HZ	MN 27	1.120	12.0-14.0	5.00 L
14A12 TV32	TAL 32	1.150	7.0-10.0	12.00 L
14A15 TV25 UV	TAL 25	1.050	> 8.0	15.00 L

Max. % regrind	Inj. pres., ksi	Rear temp, °F	Mid temp, °F	Front temp, °F	Nozzle temp, °F	Proc temp, °F	Mold temp, °F
	0.4-1.5	400-450	410-460	420-470	430-450		80-120
	0.4-1.5	400-450	410-460	420-470	430-450		80-120
	0.4-1.5	400-450	410-460	420-470	430-450		80-120
	0.4-1.5	400-450	410-460	420-470	430-450		80-120
	0.4-1.5	400-450	410-460	420-470	430-450		80-120
	0.4-1.5	400-450	410-460	420-470	430-450		80-120
	0.4-1.5	400-450	410-460	420-470	430-450		80-120
	0.4-1.5	370-420	380-430	390-440	400-420		80-120
	0.4-1.5	370-420	380-430	390-440	400-420		80-120
						500-600	175-230
	7.3-16.0	410-464	428-482	428-500	428-518	428-518	194-221
	7.3-16.0	446-500	464-518	482-536	464-572	464-572	203-257
	7.3-16.0	464-518	482-554	500-590	482-590	500-590	230-293
	7.3-16.0	482-536	500-572	518-590	500-608	518-608	248-320
	7.3-16.0	374-428	392-446	410-464	428-482	374-482	104-158
	7.3-16.0	374-428	392-446	410-464	428-482	374-482	104-158
	7.3-16.0	446-500	464-518	482-536	464-572	464-572	203-257
		430-470	470-525	525-535	510		250
		430-470	470-525	525-535	510		250
	7.1-21.3	500-572	500-572	500-572	482-554		194-275
		430-470	470-525	525-535	510		250
		430-470	470-525	525-535	510		250
	7.1-21.3	500-572	500-572	500-572	482-554		194-275
		430-470	470-525	525-535	510		250
	7.1-21.3	500-572	500-572	500-572	482-554		194-275
	7.1-21.3	500-572	500-572	500-572	482-554		194-275
						410-464	86-122
						430-535	70-140
						430-535	70-140
						430-535	70-140
						430-575	70-160
						430-575	70-160
						430-535	70-140
						430-535	70-140
						430-535	70-140
						430-535	70-140
						430-535	70-140
						430-535	70-140
						430-535	70-140
						430-535	70-140
						430-535	70-140
						430-535	70-140

FREE DATA SHEETS: WWW.IDES.COM/PSIM

Grade	Filler	Sp Grav	Shrink, mils/in	Melt flow, g/10 min	Drying temp, °F	Drying time, hr	Max. % moisture
14A16 TV25 UV	TAL 25	1.120	> 8.0	16.00 L			
14A16 TV30 UV	TAL 30	1.140	7.0-11.0	16.00 L			
14A16 V2		0.940		16.00 L			
14A20 CaCO3 20	CAC 20	1.103		20.00 L			
14A3 GF15 C	GFI 15	0.990	4.0-6.0	3.00 L			
14A3 GF20	GFI 20	1.030		3.00 L			
14A4 UV Black		0.910	14.0-22.0	4.00 L			
14A5 GF20 C	GFI 20	1.040		5.00 L			
14A5 GF30	GFI 30	1.130		5.00 L			
14A6 CaCO3 20	CAC 20	1.002		6.00 L			
14A6							
GF30 C UV Black	GFI 30	1.130		6.00 L			
14A6 KR 20	MN 20	1.000		6.00 L			
14A8 TV 20	TAL 20	1.060		8.00 L			
B 12 N-GF20 C	GFI 20	1.070		3.00 L			

PP Copoly — Borealis PP — Borealis

Grade	Filler	Sp Grav	Shrink, mils/in	Melt flow, g/10 min	Drying temp, °F	Drying time, hr	Max. % moisture
BC142MO		0.907	10.0-20.0	5.00 L			
BC245MO		0.907	15.0-20.0	3.50 L			
BC250MO		0.906	15.0-20.0	4.00 L			
BC650MO		0.906	15.0-20.0	4.00 L			
BD310MO		0.907	10.0-20.0	8.00 L			
BD456MO		0.912	15.0-20.0	7.00 L			
BD950MO			15.0-20.0	8.00 L			
BE160MO		0.903	10.0-20.0	13.00 L			
BE170MO		0.904	10.0-20.0	13.00 L			
BE375MO		0.907	10.0-20.0	13.00 L			
BE377MO		0.907	15.0-20.0	14.00 L			
BF330MO		0.907	10.0-20.0	18.00 L			
BF335SA		0.906	10.0-20.0	20.00 L			
BG373MO		0.912	15.0	30.00 L			
BH345MO		0.906	10.0-20.0	45.00 L			
BH980MO		0.912	10.0-20.0	45.00 L			
BHC5012C		0.907	19.0	1.13 BF			
BHC6030		0.907		2.30 BF			
BJ100HP		0.906		90.00 L			
BJ356MO		0.908	10.0-20.0	100.00 L			
BJ360MO		0.908	10.0-20.0	60.00 L			
BJ380MO		0.908	10.0-20.0	80.00 L			

PP Copoly — Bormed — Borealis

Grade	Filler	Sp Grav	Shrink, mils/in	Melt flow, g/10 min	Drying temp, °F	Drying time, hr	Max. % moisture
BE860MO		0.904	10.0-20.0	13.00 L			

PP Copoly — Cabelec — Cabot

Grade	Filler	Sp Grav	Shrink, mils/in	Melt flow, g/10 min	Drying temp, °F	Drying time, hr	Max. % moisture
3839		1.041	8.0-10.0	94.00 AO	140	2.0-4.0	
3840		1.039	21.0	40.00 AO			
3842		1.093	8.0-10.0	22.00 AO	203	2.0-4.0	
4701		1.031		2.30 BF	140	2.0-4.0	
4702		1.015		25.10 AO	140	2.0-4.0	

PP Copoly — Denilen — Vamp Tech

Grade	Filler	Sp Grav	Shrink, mils/in	Melt flow, g/10 min	Drying temp, °F	Drying time, hr	Max. % moisture
0358 C		0.942	9.0-11.0	2.00	176-194	2.0	

PP Copoly — Electrafil — Techmer Lehvoss

Grade	Filler	Sp Grav	Shrink, mils/in	Melt flow, g/10 min	Drying temp, °F	Drying time, hr	Max. % moisture
PP-61/EC		1.000	18.0		150	2.0	

Max. % regrind	Inj. pres., ksi	Rear temp, °F	Mid temp, °F	Front temp, °F	Nozzle temp, °F	Proc temp, °F	Mold temp, °F
						430-535	70-140
						430-535	70-140
						395-575	40-195
						430-535	70-140
						430-575	70-160
						430-575	70-160
						400-520	70-160
						395-575	40-195
						430-575	70-160
						430-575	70-160
						430-535	70-140
						430-575	70-160
						430-535	70-140
						425-535	65-140
						425-575	65-160
						446-500	50-86
						446-500	50-86
						446-500	50-86
						446-500	50-86
						446-500	50-86
						446-500	50-86
						446-500	50-86
						446-500	50-86
						446-500	50-86
						410-500	50-86
						410-500	50-86
						428-500	50-86
						428-500	50-86
						410-500	50-86
						410-500	50-86
						428-500	68-122
						392-446	86-122
						392-500	86-122
						428-500	86-140
						410-500	68-122
						410-500	68-122
						410-500	68-122
						446-500	50-86
6.5		356	401	410	401	392-446	95
		392			410		104
12.3		392	392	410	428	392-446	86
		392	392	410	428		86
		392	392	410	428		86
		392-428					104-140
		420-440	440-460	430-450	430-450	430-450	80-150

FREE DATA SHEETS: WWW.IDES.COM/PSIM

Grade	Filler	Sp Grav	Shrink, mils/in	Melt flow, g/10 min	Drying temp, °F	Drying time, hr	Max. % moisture
PP Copoly	**Ferrex**				**Ferro**		
GPP20CS14UL-BK	CAC 21	1.060	14.0	20.50 L	200	2.0-3.0	
PP Copoly	**Ferro PP**				**Ferro**		
LPP20BN01HB-BK	CAC 20	1.060	15.0	23.00 L	200	2.0-3.0	
LPP20BN03HB-BK	CAC 21	1.060	16.0	24.50 L	200	2.0-3.0	
LPP30BA03NA	CAC 32	1.150	15.0	1.50 L	200	2.0-3.0	
LPP40YR01GY	CAC 39	1.220	11.0	4.50 L	200	2.0-3.0	
PP Copoly	**Ferrocon**				**Ferro**		
EPP99GA02BK		1.030	16.0	0.30 L	200	2.0	
PP Copoly	**Formula P**				**Putsch Kunststoffe**		
COMP 3220 M1	TAL 20	1.063	11.0-12.0	10.00 L			
COMP 5220 M1 Z	MN	1.053	9.0-11.0	14.00 L	176	3.0	
PP Copoly	**Gapex**				**Ferro**		
RPP20EU90HB ALMOND	GFI 22	1.060	4.0	5.50 L	160-180	2.0-4.0	
RPP20EU95HB ALMOND	GFI 21	1.060	5.0	3.50 L	160-180	2.0-4.0	
RPP30EU02HB-BK	GFI 30	1.120	2.0	7.00 L	160-180	2.0-4.0	
RPP30EU53NA	GFI 30	1.110	2.0	3.00 L	160-180	2.0-4.0	
RPP30EU55HB BLACK	GFI 30	1.120	3.0	3.00 L	160-180	2.0-4.0	
RPP30EU68HB	GFI 30	1.120	3.0	3.00 L	160-180	2.0-4.0	
RPP43EU86BK	GFI 43	1.250	3.0	3.00 L	160-180	2.0-4.0	
PP Copoly	**Gapex HP**				**Ferro**		
RPP20EU98HB	GFI 20	1.100	3.0	3.50 L	160-180	2.0-4.0	
RPP20EV10HB	GFI 20	1.060	5.0	4.00 L	160-180	2.0-4.0	
PP Copoly	**Haiplen**				**Taro Plast**		
EP100 K10 BA	GB 50		8.0-11.0	18.00 L	158-176	3.0	
EP30 G6 BA	GFI 30	1.130	3.0-4.5	5.00 L	158-176	1.0	
EP30 P15	BAS 75	2.155	5.0	4.00 L	158-194	1.0	
EP30 Z1 G6 BA	GFI 30	1.133	5.0	7.00 L	158-176	3.0	
EP50 C10 Z1	CAC 50	1.353	7.5-8.5	7.00 L	158-176	1.0	
EP50 T4	TAL 20	1.073	11.0	10.00 L	158-176	1.0	
EP50 T8	TAL 40	1.243	9.0	10.00 L	158-176	1.0	
EP60 T5	TAL 25	1.173	10.0	16.00 L	158-176	1.0	
EP60 TC4	TAL 20	1.073	11.0	12.00 L	158-176	1.0	
EP60 X2		0.952	13.0	14.00 L	194	3.0	
EP70 C5	CAC 25	1.083	11.0	14.00 L	158-176	1.0	
EP90 T8	TAL 40	1.243	9.0	18.00 L	158-176	1.0	
PP Copoly	**Ipiranga**				**Polisul**		
PCC 0710				7.00 L			
PCC 0742				7.00 L			
PCC 2314				21.00 L			
PCC 4414				44.00 L			
PCD 0810				12.00 L			
PP Copoly	**Latene**				**Lati**		
EP 30UV TES/30	TAL 30	1.143	9.5	29.00	158-194	3.0	

Max. % regrind	Inj. pres., ksi	Rear temp, °F	Mid temp, °F	Front temp, °F	Nozzle temp, °F	Proc temp, °F	Mold temp, °F
		390-400	400-410	410-420	420-430		115-140
		395-400	400-410	410-415	415-425		110-125
		395-400	400-410	410-415	415-425		110-125
		395-400	400-410	410-415	415-425		110-125
		395-400	400-410	410-415	415-425		110-125
		400-450	420-500	430-500	420-500		80-150
						446-473	68-140
						482-500	104-140
		430-460	440-470	450-500	450-500	430-460	100-150
		430-460	440-470	450-500	450-500	430-460	100-150
		430-460	440-470	450-500	450-500	430-460	100-150
		430-460	440-470	450-500	450-500	430-460	100-150
		430-460	440-470	450-500	450-500	430-460	100-150
		430-460	440-470	450-500	450-500	430-460	100-150
		430-460	440-470	450-500	450-500	430-460	100-150
		430-460	440-470	450-500	450-500	430-460	100-150
		430-460	440-470	450-500	450-500	430-460	100-150
						392-428	104-140
						428-482	122-158
						356-392	104-140
						410-464	104-140
						392-428	86-122
						374-446	86-122
						392-428	86-122
						374-446	86-122
						374-446	86-122
						356-410	104-140
						374-428	104-140
						392-428	86-122
				374-428			50-68
				374-428			50-68
				374-428			50-68
				356-428			50-68
				374-428			46-68
15						392-428	104-140

Grade	Filler	Sp Grav	Shrink, mils/in	Melt flow, g/10 min	Drying temp, °F	Drying time, hr	Max. % moisture
EP 3H-V0		1.013	13.0	3.00	158-194	3.0	
EP 7 TES/30	TAL 30	1.143	9.5	8.00	158-194	3.0	
EP 7A TES/35	TAL 35	1.173	9.5	8.00	158-194	3.0	
EP 7UV T/30	TAL 30	1.143	9.5	6.00	158-194	3.0	
EP 7UV-V		0.962	13.0	12.00	158-194	3.0	
EP 7-V2		0.952	13.0	6.00	158-194	3.0	

PP Copoly — Latistat — Lati

Grade	Filler	Sp Grav	Shrink, mils/in	Melt flow, g/10 min	Drying temp, °F	Drying time, hr	Max. % moisture
47/7-03		1.003	11.0		158-176	3.0	

PP Copoly — Marlex PP — Phillips Sumika

Grade	Filler	Sp Grav	Shrink, mils/in	Melt flow, g/10 min	Drying temp, °F	Drying time, hr	Max. % moisture
AHM-120		0.902		12.00 L			
AHM-200		0.902		20.00 L			
AHN-150		0.902		15.00 L			
AHN-230		0.902		23.00 L			
AHN-650		0.902		65.00 L			
AHX-030		0.902		3.00 L			
AHX-080		0.902		8.00 L			
AHX-230		0.902		20.00 L			
AHX-380		0.902		38.00 L			
ALN-150		0.902		15.00 L			
ALN-230		0.902		23.00 L			
ALN-650		0.902		65.00 L			
ALX-030		0.902		3.00 L			

PP Copoly — Muehlstein — Channel

Grade	Filler	Sp Grav	Shrink, mils/in	Melt flow, g/10 min	Drying temp, °F	Drying time, hr	Max. % moisture
GFP-4112	GFI 20	1.033	3.0-4.0	10.00 L	160-190		
GFP-4113	GFI 30	1.123	2.0-3.0	8.00 L	160-190		

PP Copoly — Muehlstein — Muehlstein

Grade	Filler	Sp Grav	Shrink, mils/in	Melt flow, g/10 min	Drying temp, °F	Drying time, hr	Max. % moisture
GFP-4112	GFI 20	1.033	3.0-4.0	10.00 L	160-190		
GFP-4113	GFI 30	1.123	2.0-3.0	8.00 L	160-190		

PP Copoly — Muehlstein — Muehlstein Comp

Grade	Filler	Sp Grav	Shrink, mils/in	Melt flow, g/10 min	Drying temp, °F	Drying time, hr	Max. % moisture
GFP-4112	GFI 20	1.033	3.0-4.0	10.00 L	160-190		
GFP-4113	GFI 30	1.123	2.0-3.0	8.00 L	160-190		

PP Copoly — Nilene — SORI

Grade	Filler	Sp Grav	Shrink, mils/in	Melt flow, g/10 min	Drying temp, °F	Drying time, hr	Max. % moisture
E10 K30C	CAC 30	1.150	1.2-1.5	10.00 BF			
E10 K30T	TAL 30	1.150	1.0-1.2	10.00 L			
E10 K30VA S	GFI 30	1.130	0.3-0.5	10.00 BF			
E10 K40T	TAL 40	1.250	0.7-0.9	10.00 L			
E15 K20T VO	MN 20	1.250	0.9-1.1	10.00 L			
P10 K40T	MN 20	1.240	0.7-1.0	10.00 L			

PP Copoly — Omni — Omni Plastics

Grade	Filler	Sp Grav	Shrink, mils/in	Melt flow, g/10 min	Drying temp, °F	Drying time, hr	Max. % moisture
CPP GRC10 NA	GFI 10	0.970		8.00	170	2.0	
CPP GRC20 BK1000	GFI 20			8.20	170	2.0	
CPP GRC30 BK1000	GFI 30			7.50	175	1.0-2.0	

PP Copoly — Petrothene — Equistar

Grade	Filler	Sp Grav	Shrink, mils/in	Melt flow, g/10 min	Drying temp, °F	Drying time, hr	Max. % moisture
PP 44FY01				35.00 L			

PP Copoly — Polyflam — A. Schulman

Grade	Filler	Sp Grav	Shrink, mils/in	Melt flow, g/10 min	Drying temp, °F	Drying time, hr	Max. % moisture
RIPP 510 D		0.942			158	2.0-4.0	

Max. % regrind	Inj. pres., ksi	Rear temp, °F	Mid temp, °F	Front temp, °F	Nozzle temp, °F	Proc temp, °F	Mold temp, °F
15						356-392	68-104
15						392-428	104-140
15						392-428	104-140
15						392-428	104-158
15						356-392	68-104
15						356-392	68-104
						392-428	68-104
						400-500	60-120
						375-475	60-120
						400-500	60-120
						375-475	60-120
						375-450	60-120
						450-525	60-120
						400-500	60-120
						375-475	60-120
						375-475	60-120
						400-500	60-120
						375-475	60-120
						375-450	60-120
						450-525	60-120
		380-400	400-450	400-450	380-430		115-140
		380-400	400-450	400-450	380-430		115-140
		380-400	400-450	400-450	380-430		115-140
		380-400	400-450	400-450	380-430		115-140
		380-400	400-450	400-450	380-430		115-140
		380-400	400-450	400-450	380-430		115-140
						410-482	68-104
						410-482	68-104
						428-482	68-122
						410-482	68-104
						410-482	68-104
						428-482	68-104
		390-410	400	360-400	360-390	390-450	80-140
		390-410	400	360-400	360-390	390-450	80-140
		380-420	390-430	400-440	360-390	375-450	90-150
		430	450	470	470	400-430	
						392-428	104-176

FREE DATA SHEETS: WWW.IDES.COM/PSIM

Grade	Filler	Sp Grav	Shrink, mils/in	Melt flow, g/10 min	Drying temp, °F	Drying time, hr	Max. % moisture
PP Copoly	**Polyfort**				**A. Schulman**		
FIPP 20 T	TAL 20	1.053			176	2.0-4.0	
FIPP 30 T K1005	TAL 30	1.133			176	2.0-4.0	
FPP 1223	CAC 10	0.970					
FPP 1227	CAC 40	1.230					
FPP 1272	TAL 40	1.230					
FPP 1345	CAC 30	1.140					
FPP 1383	TAL 30	1.140					
FPP 1488	MI 20	1.040					
FPP 1512	TAL 10	0.970					
FPP 1611	MI 30	1.140					
FPP 1612	MI 40	1.230					
FPP 1651	MI 10	0.970					
FPP 1652	MI 20	1.040					
FPP 1653	MI 30	1.140					
FPP 1654	MI 40	1.230					
FPP 1893	UNS	1.030		28.50 L			
PP 1498		0.910		20.00 I			
PP 1544		0.900		27.50 L			
PP Copoly	**Rhetech PP**				**RheTech**		
CC20P200-00	CAC 20	1.030	13.5	10.00 L	150-180	1.0-2.0	0.05
CC20P200-01	CAC 20	1.050	13.5	18.00 L	150-180	1.0-2.0	0.05
F35-01	GMN 35	1.180	1.7	7.00 L	150-180	1.0-2.0	0.05
F36-01	MI 35	1.210	6.5	11.00 L	150-180	1.0-2.0	0.05
F43-01	GMN 35	1.200	2.1	3.00 L	150-180	1.0-2.0	0.05
F43-01A	GMN 35	1.210	4.3	5.00 L	150-180	1.0-2.0	0.05
F43-01B	GMN 35	1.200	4.3	8.00 L	150-180	1.0-2.0	0.05
F52-01	MI 20	1.060	10.5	18.00 L	150-180	1.0-2.0	0.05
F55-01	GLT 43	1.270	1.5	6.00 L	150-180	1.0-2.0	0.05
FRG220-773UV	GFI 20	1.350	2.5	6.00 L	125-150	1.0-2.0	0.05
FRP255-01		0.950	13.2	24.00 L	125-150	1.0-2.0	0.05
FRP256-00		0.930	13.5	25.00 L	125-150	1.0-2.0	0.05
FRP256-01		0.940	13.5	25.00 L	125-150	1.0-2.0	0.05
FRP257-00	TAL 32	1.430	9.0	7.00 L	125-150	1.0-2.0	0.05
FRP257-01	TAL 32	1.480	9.0	7.00 L	125-150	1.0-2.0	0.05
FRP300-00	TAL 20	1.130	11.8	22.00 L	125-150	1.0-2.0	0.05
FRP300-01	TAL 20	1.160	11.3	22.00 L	125-150	1.0-2.0	0.05
G20P252-00	GFI 20	1.040	2.5	6.00 L	150-180	1.0-2.0	0.05
G20P252-01	GFI 20	1.060	2.5	7.00 L	150-180	1.0-2.0	0.05
GC10P200-00	GFI 10	0.970	3.2	7.00 L	150-180	1.0-2.0	0.05
GC10P200-01	GFI 10	0.980	3.2	8.00 L	150-180	1.0-2.0	0.05
GC10P250-00	GFI 10	0.970	3.2	11.00 L	150-180	1.0-2.0	0.05
GC15P200-01	GFI 15	1.010	2.3	7.00 L	150-180	1.0-2.0	0.05
GC20P200-00	GFI 20	1.040	2.0	9.00 L	150-180	1.0-2.0	0.05
GC20P255-00	GFI 20	1.040	2.0	6.00 L	150-180	1.0-2.0	0.05
GC20P255-01	GFI 20	1.060	2.0	10.00 L	150-180	1.0-2.0	0.05
GC20P255-01UV	GFI 20	1.060	2.0	10.00 L	150-180	1.0-2.0	0.05
GC20P255-712UV	GFI 20	1.050	2.0	8.00 L	150-180	1.0-2.0	0.05
GC30P100-01UV	GFI 30	1.140	2.3	9.00 L	150-180	1.0-2.0	0.05
GC30P200-00	GFI 30	1.110	1.5	5.00 L	150-180	1.0-2.0	0.05
GC30P200-01	GFI 30	1.120	1.5	5.00 L	150-180	1.0-2.0	0.05
GC30P200-01BG	GFI 30	1.130	3.0	0.40 L	150-180	1.0-2.0	0.05
GC30P200-523	GFI 30	1.120	1.5	7.00 L	150-180	1.0-2.0	0.05
GC35P200-01UV	GFI 35	1.190	1.1	5.00 L	150-180	1.0-2.0	0.05

Max. % regrind	Inj. pres., ksi	Rear temp, °F	Mid temp, °F	Front temp, °F	Nozzle temp, °F	Proc temp, °F	Mold temp, °F
						446-518	104-158
						446-518	104-158
		375		425		385-475	70-120
		375		425		385-475	70-120
		375		425		385-475	70-120
		375		425		385-475	70-120
		375		425		385-475	70-120
		375		425		385-475	70-120
		375		425		385-475	70-120
		375		425		385-475	70-120
		375		425		385-475	70-120
		375		425		385-475	70-120
		375		425		385-475	70-120
		375		425		385-475	70-120
		375		425		385-475	70-120
		375		425		385-475	70-120
		375		425		385-475	70-120
		375		425		385-475	70-120
0.4-1.5		390-440	400-450	410-460	420-440		80-120
0.4-1.5		390-440	400-450	410-460	420-440		80-120
0.4-1.5		400-450	410-460	420-470	430-450		80-120
0.4-1.5		400-450	410-460	420-470	430-450		80-120
0.4-1.5		400-450	410-460	420-470	430-450		80-120
0.4-1.5		400-450	410-460	420-470	430-450		80-120
0.4-1.5		390-440	400-450	410-460	420-440		80-120
0.4-1.5		410-460	420-470	430-480	440-460		80-120
0.4-1.2		375-390	390-410	390-410	400-410		75-100
0.4-1.2		375-390	390-410	390-410	400-410		75-95
0.4-1.2		375-390	390-410	390-410	400-410		75-95
0.4-1.2		375-390	390-410	390-410	400-410		75-95
0.4-1.2		375-390	390-410	390-410	400		75-95
0.4-1.2		375-390	390-410	390-410	400		75-95
0.4-1.2		375-390	390-410	390-410	400		75-95
0.4-1.5		390-440	400-450	410-460	420-440		80-120
0.4-1.5		390-440	400-450	410-460	420-440		80-120
0.4-1.5		380-430	390-440	400-450	410-430		80-120
0.4-1.5		380-430	390-440	400-450	410-430		80-120
0.4-1.5		380-430	390-440	400-450	410-430		80-120
0.4-1.5		380-430	390-440	400-450	410-430		80-120
0.4-1.5		390-440	400-450	410-460	420-440		80-120
0.4-1.5		390-440	400-450	410-460	420-440		80-120
0.4-1.5		390-440	400-450	410-460	420-440		80-120
0.4-1.5		390-440	400-450	410-460	420-440		80-120
0.4-1.5		390-440	400-450	410-460	420-440		80-120
0.4-1.5		400-450	410-460	420-470	430-450		80-120
0.4-1.5		400-450	410-460	420-470	430-450		80-120
0.4-1.5		400-450	410-460	420-470	430-450		80-120
0.4-1.5		400-450	410-460	420-470	430-450		80-120
0.4-1.5		400-450	410-460	420-470	430-450		80-120
0.4-1.5		400-450	410-460	420-470	430-450		80-120

FREE DATA SHEETS: WWW.IDES.COM/PSIM

Grade	Filler	Sp Grav	Shrink, mils/in	Melt flow, g/10 min	Drying temp, °F	Drying time, hr	Max. % moisture
GC43P250-00	GFI 43	1.250	1.2	7.00 L	150-180	1.0-2.0	0.05
GC43P250-01	GFI 43	1.260	1.2	7.00 L	150-180	1.0-2.0	0.05
GC43P250-777	GFI 43	1.260	1.2	7.00 L	150-180	1.0-2.0	0.05
GC8P200-00EG	GFI 8	0.950	6.5	2.00 L	150-180	1.0-2.0	0.05
HP501-00		0.900	14.5	35.00 L	150-180	1.0-2.0	0.05
HP501-01		0.910	14.5	35.00 L	150-180	1.0-2.0	0.05
HP505-01	TAL 23	1.090	10.9	16.00 L	150-180	1.0-2.0	0.05
HP507-01	TAL 38	1.250	9.5	13.00 L	150-180	1.0-2.0	0.05
HP510-01UV	TAL 28	1.110	11.9	6.00 L	150-180	1.0-2.0	0.05
HP511-00	TAL 27	1.110	8.5	16.00 L	150-180	1.0-2.0	0.05
HP512-00		0.900	13.1	32.00 L	150-180	1.0-2.0	0.05
HP512-01		0.910	13.1	26.00 L	150-180	1.0-2.0	0.05
HP513-00		0.900	14.2	32.00 L	150-180	1.0-2.0	0.05
HP513-01		0.910	14.2	21.00 L	150-180	1.0-2.0	0.05
HP513-538UV		0.910	14.5	21.00 L	150-180	1.0-2.0	0.05
HP514-00	TAL 14	1.000	11.5	20.00 L	150-180	1.0-2.0	0.05
HP514-00UV	TAL 14	1.000	11.5	20.00 L	150-180	1.0-2.0	0.05
HP514-01	TAL 14	1.010	11.5	19.00 L	150-180	1.0-2.0	0.05
HP514-182	TAL 14	1.000	11.5	20.00 L	150-180	1.0-2.0	0.05
HP514-197	TAL 14	1.000	11.5	20.00 L	150-180	1.0-2.0	0.05
HP514-199	TAL 14	1.000	11.5	20.00 L	150-180	1.0-2.0	0.05
HP514-393	TAL 14	1.000	11.5	20.00 L	150-180	1.0-2.0	0.05
HP514-394	TAL 14	1.000	11.5	20.00 L	150-180	1.0-2.0	0.05
HP514-434	TAL 14	1.000	11.5	20.00 L	150-180	1.0-2.0	0.05
HP514-438	TAL 14	1.000	11.5	20.00 L	150-180	1.0-2.0	0.05
HP514-447	TAL 14	1.000	11.7	20.00 L	150-180	1.0-2.0	0.05
HP514-489	TAL 14	1.000	11.5	20.00 L	150-180	1.0-2.0	0.05
HP516-01	TAL 7	0.960	12.0	19.00 L	150-180	1.0-2.0	0.05
HP517-00	TAL 23	1.060	10.0	13.00 L	150-180	1.0-2.0	0.05
HP519-00	TAL 26	1.090	10.3	12.00 L	150-180	1.0-2.0	0.05
HP519-01	TAL 26	1.110	9.9	13.00 L	150-180	1.0-2.0	0.05
HP520-00	TAL 12	0.990	12.2	19.00 L	150-180	1.0-2.0	0.05
HP520-01	TAL 12	0.990	12.2	19.00 L	150-180	1.0-2.0	0.05
HP521-00	TAL 15	1.000	10.5	16.00 L	150-180	1.0-2.0	0.05
HP521-00UV	TAL 15	1.000	10.5	16.00 L	150-180	1.0-2.0	0.05
HP521-01	TAL 15	1.010	10.5	17.00 L	150-180	1.0-2.0	0.05
HP521-186	TAL 15	1.000	10.5	16.00 L	150-180	1.0-2.0	0.05
HP521-187	TAL 15	1.000	10.5	16.00 L	150-180	1.0-2.0	0.05
HP521-188	TAL 15	1.000	11.4	16.00 L	150-180	1.0-2.0	0.05
HP521-228UV	TAL 15	1.000	10.5	16.00 L	150-180	1.0-2.0	0.05
HP521-229	TAL 15	1.000	10.5	16.00 L	150-180	1.0-2.0	0.05
HP521-231	TAL 15	1.000	10.5	16.00 L	150-180	1.0-2.0	0.05
HP521-372	TAL 15	1.000	10.5	16.00 L	150-180	1.0-2.0	0.05
HP521-501UV	TAL 15	1.000	11.4	16.00 L	150-180	1.0-2.0	0.05
HP522-286	TAL 15	1.000	10.5	16.00 L	150-180	1.0-2.0	0.05
HP522-357	TAL 15	1.000	10.5	16.00 L	150-180	1.0-2.0	0.05
HP522-390	TAL 15	1.000	10.5	16.00 L	150-180	1.0-2.0	0.05
HP522-473	TAL 15	1.000	10.5	16.00 L	150-180	1.0-2.0	0.05
HP525-283	TAL 30	1.140	9.1	13.00 L	150-180	1.0-2.0	0.05
HP531-00	TAL 22	1.060	11.0	23.00 L	150-180	1.0-2.0	0.05
HP531-01UV	TAL 22	1.070	11.0	23.00 L	150-180	1.0-2.0	0.05
HP531-678UV	TAL 22	1.060	12.5	23.00 L	150-180	1.0-2.0	0.05
HP531-679UV	TAL 22	1.060	12.5	23.00 L	150-180	1.0-2.0	0.05
HP531-680UV	TAL 22	1.060	12.5	23.00 L	150-180	1.0-2.0	0.05
HP800-706UV	TAL 20	1.040	8.0	10.00 L	150-180	1.0-2.0	0.05
M12P250-01	MI 12	0.990	11.4	10.00 L	150-180	1.0-2.0	0.05

Max. % regrind	Inj. pres., ksi	Rear temp, °F	Mid temp, °F	Front temp, °F	Nozzle temp, °F	Proc temp, °F	Mold temp, °F
	0.4-1.5	410-460	420-470	430-480	440-460		80-120
	0.4-1.5	410-460	420-470	430-480	440-460		80-120
	0.4-1.5	410-460	420-470	430-480	440-460		80-120
	0.4-1.5	380-430	390-440	400-450	410-430		80-120
	0.4-1.5	370-420	380-430	390-440	400-420		80-120
	0.4-1.5	370-420	380-430	390-440	400-420		80-120
	0.4-1.5	390-440	400-450	410-460	420-440		80-120
	0.4-1.5	410-460	420-470	430-480	440-460		80-120
	0.4-1.5	400-450	410-460	420-470	430-450		80-120
	0.4-1.5	400-450	410-460	420-470	430-450		80-120
	0.4-1.5	370-420	380-430	390-440	400-420		80-120
	0.4-1.5	370-420	380-430	390-440	400-420		80-120
	0.4-1.5	370-420	380-430	390-440	400-420		80-120
	0.4-1.5	370-420	380-430	390-440	400-420		80-120
	0.4-1.5	370-420	380-430	390-440	400-420		80-120
	0.4-1.5	380-430	390-440	400-450	410-430		80-120
	0.4-1.5	380-430	390-440	400-450	410-430		80-120
	0.4-1.5	380-430	390-440	400-450	410-430		80-120
	0.4-1.5	380-430	390-440	400-450	410-430		80-120
	0.4-1.5	380-430	390-440	400-450	410-430		80-120
	0.4-1.5	380-430	390-440	400-450	410-430		80-120
	0.4-1.5	380-430	390-440	400-450	410-430		80-120
	0.4-1.5	380-430	390-440	400-450	410-430		80-120
	0.4-1.5	380-430	390-440	400-450	410-430		80-120
	0.4-1.5	380-430	390-440	400-450	410-430		80-120
	0.4-1.5	390-440	400-450	410-460	420-440		80-120
	0.4-1.5	400-450	410-460	420-470	430-450		80-120
	0.4-1.5	400-450	410-460	420-470	430-450		80-120
	0.4-1.5	380-430	390-440	400-450	410-430		80-120
	0.4-1.5	380-430	390-440	400-450	410-430		80-120
	0.4-1.5	380-430	390-440	400-450	410-430		80-120
	0.4-1.5	380-430	390-440	400-450	410-430		80-120
	0.4-1.5	380-430	390-440	400-450	410-430		80-120
	0.4-1.5	380-430	390-440	400-450	410-430		80-120
	0.4-1.5	380-430	390-440	400-450	410-430		80-120
	0.4-1.5	380-430	390-440	400-450	410-430		80-120
	0.4-1.5	380-430	390-440	400-450	410-430		80-120
	0.4-1.5	380-430	390-440	400-450	410-430		80-120
	0.4-1.5	380-430	390-440	400-450	410-430		80-120
	0.4-1.5	380-430	390-440	400-450	410-430		80-120
	0.4-1.5	380-430	390-440	400-450	410-430		80-120
	0.4-1.5	380-430	390-440	400-450	410-430		80-120
	0.4-1.5	400-450	410-460	420-470	430-450		80-120
	0.4-1.5	390-440	400-450	410-460	420-440		80-120
	0.4-1.5	390-440	400-450	410-460	420-440		80-120
	0.4-1.5	390-440	400-450	410-460	420-440		80-120
	0.4-1.5	390-440	400-450	410-460	420-440		80-120
	0.4-1.5	390-440	400-450	410-460	420-440		80-120
	0.4-1.5	390-440	400-450	410-460	420-440		80-120
	0.4-1.5	380-430	390-440	400-450	410-430		80-120

FREE DATA SHEETS: WWW.IDES.COM/PSIM

Grade	Filler	Sp Grav	Shrink, mils/in	Melt flow, g/10 min	Drying temp, °F	Drying time, hr	Max. % moisture
M12P256-01	MI 12	0.990	11.4	10.00 L	150-180	1.0-2.0	0.05
M25P251-01	MI 25	1.090	9.0	14.00 L	150-180	1.0-2.0	0.05
M25P251-01A	MI 25	1.090	9.0	14.00 L	150-180	1.0-2.0	0.05
M25UVP250-01	MI 25	1.110	9.0	6.00 L	150-180	1.0-2.0	0.05
M40P200-01	MI 40	1.250	7.0	11.00 L	150-180	1.0-2.0	0.05
P249-01UV		0.920	14.3	20.00 L	150-180	1.0-2.0	0.05
P250-00		0.900	14.5	8.00 L	150-180	1.0-2.0	0.05
P250-00UV		0.900	14.5	8.00 L	150-180	1.0-2.0	0.05
P250-01		0.910	14.5	8.00 L	150-180	1.0-2.0	0.05
P251-00		0.900	14.5	8.00 L	150-180	1.0-2.0	0.05
P251-01		0.910	14.5	8.00 L	150-180	1.0-2.0	0.05
P254-00		0.900	14.5	8.00 L	150-180	1.0-2.0	0.05
P254-01		0.910	14.0	20.00 L	150-180	1.0-2.0	0.05
P256-762		0.900	14.5	20.00 L	150-180	1.0-2.0	0.05
P257-00		0.900	14.5	16.00 L	150-180	1.0-2.0	0.05
P257-01		0.910	14.5	16.00 L	150-180	1.0-2.0	0.05
P258-01		0.910	14.5	20.00 L	150-180	1.0-2.0	0.05
P261-01		0.910	14.5	20.00 L	150-180	1.0-2.0	0.05
P601-01		0.910	14.0	12.00 L	150-180	1.0-2.0	0.05
RCC220-01	CAC 20	1.070	12.5	18.00 L	150-180	1.0-2.0	0.05
RCC233-01	CAC 33	1.170	10.5	15.00 L	150-180	1.0-2.0	0.05
RCT220-01	TAL 20	1.060	11.1	14.00 L	150-180	1.0-2.0	0.05
T10P250-00	TAL 10	0.970	13.5	6.00 L	150-180	1.0-2.0	0.05
T10P250-01	TAL 10	0.980	13.5	6.00 L	150-180	1.0-2.0	0.05
T12P600-430UVBG	TAL 12	0.990	12.6	0.60 L	150-180	1.0-2.0	0.05
T20P200-01BG	TAL 20	1.050	14.0	0.60 L	150-180	1.0-2.0	0.05
T20P250-00	TAL 20	1.060	11.0	18.00 L	150-180	1.0-2.0	0.05
T20P250-01	TAL 20	1.060	11.5	15.00 L	150-180	1.0-2.0	0.05
T20P250-01UV	TAL 20	1.060	11.5	16.00 L	150-180	1.0-2.0	0.05
T20P252-01	TAL 20	1.060	11.5	7.00 L	150-180	1.0-2.0	0.05
T40P200-01	TAL 40	1.260	7.5	11.00 L	150-180	1.0-2.0	0.05
T40P250-00	TAL 40	1.240	7.5	14.00 L	150-180	1.0-2.0	0.05
UVP254-01		0.910	13.0	20.00 L	150-180	1.0-2.0	0.05

PP Copoly — RTP Compounds — RTP

Grade	Filler	Sp Grav	Shrink, mils/in	Melt flow, g/10 min	Drying temp, °F	Drying time, hr
101 CC HI	GFI 10	0.972	4.0-8.0	3.00 L	175	2.0
101 CC HI FR	GFI 10	1.393	4.0-6.0		175	2.0
102 CC HI	GFI 15	1.003	3.0-7.0		175	2.0
103 CC HI	GFI 20	1.033	2.0-5.0	2.50 L	175	2.0
105 CC HI	GFI 30	1.123	1.0-4.0	2.00 L	175	2.0
107 CC HI	GFI 40	1.213	1.0-3.0	2.00 L	175	2.0
132 HI	TAL 30	1.123	7.0-11.0		175	2.0
142 HI	CAC 10	0.972	15.0-19.0		175	2.0
143 HI	CAC 30	1.123	12.0-16.0		175	2.0
148 HI	MI 40	1.233	6.0-10.0		175	2.0
149 HI	MI 25	1.093	9.0-13.0		175	2.0
152 HI		0.932	15.0-20.0	4.00 L	175	2.0
152 HI HF		0.932	15.0-20.0	20.00 L	175	2.0
154 HF HI		1.033	15.0-20.0		175	2.0
154 HI		1.033	15.0-20.0		175	2.0
154 HI UV		1.033	15.0-20.0	6.00 L	175	2.0
156		1.263	12.0-17.0		175	2.0
156 HF		1.263	12.0-17.0	15.00 L	175	2.0
156 LF		1.263	12.0-17.0	0.65 L	175	2.0

Max. % regrind	Inj. pres., ksi	Rear temp, °F	Mid temp, °F	Front temp, °F	Nozzle temp, °F	Proc temp, °F	Mold temp, °F
	0.4-1.5	380-430	390-440	400-450	410-430		80-120
	0.4-1.5	390-440	400-450	410-460	420-440		80-120
	0.4-1.5	390-440	400-450	410-460	420-440		80-120
	0.4-1.5	390-440	400-450	410-460	420-440		80-120
	0.4-1.5	410-460	420-470	430-480	440-460		80-120
	0.4-1.5	370-420	380-430	390-440	400-420		80-120
	0.4-1.5	370-420	380-430	390-440	400-420		80-120
	0.4-1.5	370-420	380-430	390-440	400-420		80-120
	0.4-1.5	370-420	380-430	390-440	400-420		80-120
	0.4-1.5	370-420	380-430	390-440	400-420		80-120
	0.4-1.5	370-420	380-430	390-440	400-420		80-120
	0.4-1.5	370-420	380-430	390-440	400-420		80-120
	0.4-1.5	370-420	380-430	390-440	400-420		80-120
	0.4-1.5	370-420	380-430	390-440	400-420		80-120
	0.4-1.5	370-420	380-430	390-440	400-420		80-120
	0.4-1.5	370-420	380-430	390-440	400-420		80-120
	0.4-1.5	370-420	380-430	390-440	400-420		80-120
	0.4-1.5	390-440	400-450	410-460	420-440		80-120
	0.4-1.5	400-450	410-460	420-470	430-450		80-120
	0.4-1.5	390-440	400-450	410-460	420-440		80-120
	0.4-1.5	380-430	390-440	400-450	410-430		80-120
	0.4-1.5	380-430	390-440	400-450	410-430		80-120
	0.4-1.5	390-440	400-450	410-460	420-440		80-120
	0.4-1.5	390-440	400-450	410-460	420-440		80-120
	0.4-1.5	390-440	400-450	410-460	420-440		80-120
	0.4-1.5	390-440	400-450	410-460	420-440		80-120
	0.4-1.5	390-440	400-450	410-460	420-440		80-120
	0.4-1.5	390-440	400-450	410-460	420-440		80-120
	0.4-1.5	410-460	420-470	430-480	440-460		80-120
	0.4-1.5	410-460	420-470	430-480	440-460		80-120
	0.4-1.5	370-420	380-430	390-440	400-420		80-120
	10.0-15.0					375-450	90-150
	10.0-15.0					375-450	90-150
	10.0-15.0					375-450	90-150
	10.0-15.0					375-450	90-150
	10.0-15.0					375-450	90-150
	10.0-15.0					375-450	90-150
	10.0-15.0					375-450	90-150
	10.0-15.0					375-450	90-150
	10.0-15.0					375-450	90-150
	10.0-15.0					375-450	90-150
	10.0-15.0					375-450	90-150
	10.0-15.0					375-450	90-150
	10.0-15.0					375-450	90-150
	10.0-15.0					375-450	90-150
	10.0-15.0					375-450	90-150
	10.0-15.0					375-450	90-150
	10.0-15.0					375-450	90-150
						375-450	

FREE DATA SHEETS: WWW.IDES.COM/PSIM

Grade	Filler	Sp Grav	Shrink, mils/in	Melt flow, g/10 min	Drying temp, °F	Drying time, hr	Max. % moisture
PP Copoly		Samsung Total			Samsung Total		
BI616		0.912		15.00 L			
BJ100		0.912		1.50 L			
BJ300		0.912		5.00 L			
BJ500		0.912		10.00 L			
BJ501X		0.912		10.00 L			
BJ520		0.912		9.50 L			
BJ522		0.912		9.50 L			
BJ600		0.912		15.00 L			
BJ700		0.912		25.00 L			
BJ730		0.912		27.00 L			
BJ732		0.912		27.00 L			
BJ800		0.912		45.00 L			
BJ820T		0.912		35.00 L			
PP Copoly		Saxalen			Sax Polymers		
PPC100T20U	TAL 20	1.053					
PPC101CG50	GCC 50	1.343			176	2.0-4.0	
PPC103C20	CAC 20	1.043					
PPC104C30	CAC 30	1.133					
PPC105T30	TAL 30	1.133					
PPC106T40	TAL 40	1.243					
PPC107C40	CAC 40	1.233					
PPC108T20	TAL 20	1.053					
PPC109G15	GFI 15	0.992		25.00 L			
PPC110G20	GFI 20	1.033					
PPC111G25	GFI 25	1.053		25.00 L			
PPC112G30	GFI 30	1.143					
PPC113G40	GFI 40	1.163		25.00 L			
PPC130G50	GFI 50	1.363					
PPC183F60	UNS	1.825			176	2.0-4.0	
PPC211FG70	GFI	2.125					
PPC301G20	GFI 20	1.053					
PP Copoly		Shuman PP			Shuman		
502		0.900		5.00			
502C		0.900		5.00			
PP Copoly		Spartech Polycom			SpartechPolycom		
SC5-2010		0.900		8.00	195	1.0	
SC5-2015		0.900		35.00	195	1.0	
SC5-2020		0.900		4.00	195	1.0	
SC5-2025		0.900		4.00	195	1.0	
SC5-2220	GFI 20	1.060		8.00	195	1.0	
SC5-4120H	CAC	1.200		16.00	195	1.0	
SC5-4215	GFI 15	1.150	4.0-6.0	9.50	195	1.0	
SC5-4230	GFI 30	1.150		9.00	195	1.0	
SC5-4420	TAL 20			20.00	195	1.0	
SC5-4525U	MN 25			23.00	195	1.0	
SC5-4530U	MN 30	1.150		30.00	195	1.0	
SCR5-2010		0.900		8.00	195	1.0	
SCR5-2015		0.900		35.00	195	1.0	
SCR5-2020		0.900		4.00	195	1.0	
SCR5-2025		0.900		4.00	195	1.0	

Max. % regrind	Inj. pres., ksi	Rear temp, °F	Mid temp, °F	Front temp, °F	Nozzle temp, °F	Proc temp, °F	Mold temp, °F
	11.4-17.1	338-392	356-410	392-446			86-122
	11.4-18.5	158-392		410-446			32-122
	11.4-18.5	158-392		410-446			32-122
	11.4-17.1	338-392	356-410	392-446			86-122
	11.4-17.1	338-392	356-410	392-446			86-122
	11.4-17.1	338-392	356-410	392-446			86-122
	11.4-17.1	338-392	356-410	392-446			86-122
	11.4-17.1	338-392	356-410	392-446			86-122
	14.2-35.6	338-392	356-428	410-482			86-122
	14.2-35.6	338-392	356-428	410-482			86-122
	14.2-35.6	338-392	356-428	392-446			86-122
	14.2-35.6	338-392	356-428	410-482			86-122
	14.2-35.6	338-392	356-428	410-482			86-122
					428-482		104-158
					392-500		86-140
					428-500		104-158
					428-500		104-158
					428-482		104-158
					428-500		104-158
					428-482		104-158
					446-482		140-176
					410-500		104-158
					446-482		140-176
					428-482		104-158
					446-482		140-176
					428-500		86-140
					410-482		104-176
					428-500		86-140
					428-500		104-158
						370-420	
						370-420	
		420-440	430-450	440-460	450-470	400-500	80-100
		420-440	430-450	440-460	450-470	400-500	80-100
		420-440	430-450	440-460	450-470	400-500	80-100
		420-440	430-450	440-460	450-470	400-500	80-100
		420-440	430-450	440-460	450-470	400-500	80-100
		420-440	430-450	440-460	450-470	400-500	80-100
		420-440	430-450	440-460	450-470	400-500	80-100
		420-440	430-450	440-460	450-470	400-500	80-100
		420-440	430-450	440-460	450-470	400-500	80-100
		420-440	430-450	440-460	450-470	400-500	80-100
		420-440	430-450	440-460	450-470	400-500	80-100
		420-440	430-450	440-460	450-470	400-500	80-100
		420-440	430-450	440-460	450-470	400-500	80-100
		420-440	430-450	440-460	450-470	400-500	80-100
		420-440	430-450	440-460	450-470	400-500	80-100

FREE DATA SHEETS: WWW.IDES.COM/PSIM

Grade	Filler	Sp Grav	Shrink, mils/in	Melt flow, g/10 min	Drying temp, °F	Drying time, hr	Max. % moisture
PP Copoly		**Tecnoline**			**Domo nv**		
P2-004-T40	MN 40	1.263		13.50 L			
P2-006-MV15	GMN 15	1.023		24.00 L			
P2-007-T10	MN 10	0.962		15.00 L			
P2-009-T30	MN 30	1.133		14.00 L			
P2-601-FR0		1.073	10.0	29.00 L	158	2.0-4.0	
P2-602-FR0		1.073		12.00 L	158	2.0-4.0	
P2-604-FR0		1.063		18.00 L	158	2.0-4.0	
PP Copoly		**Trilene**			**TriPolyta Indonesia**		
BI22AN		0.902		22.00 L			
BI5.0GA		0.902		5.00 L			
BI9.0BN		0.902		9.00 L			
BI9.0GA		0.902		9.00 L			
PP Copoly		**Vylene G**			**Lavergne Group**		
CC10F	GFI 10	0.962	6.0	16.00 L			
CC20F	GFI 20	1.043	5.0	10.50 L			
CC30F	GFI 30	1.133	4.0	7.90 L			
CC40F	GFI 40	1.223	4.0	6.10 L			
PP Copoly		**Vypro**			**Lavergne Group**		
1330K		0.932		22.00 L			
PP40HST	TAL 40	1.248		16.00 L			
PPC15MHST	MI 15	1.023		11.50 L			
PPC25MHST	MI 25	1.855					
PP Copoly		**WPP PP**			**Washington Penn**		
PPC2935-Natural		0.902		36.00 L	160-190	1.0	
PPC2CF-2	CAC 20	1.040	14.0-22.0	5.00 L	160-190	1.0	
PPC2TF1-Black	TAL 10	0.960		5.00 L	160-190	1.0	
PPC3135		0.902		39.00 L	160-190	1.0	
PPC3220 UV Black		0.902		20.00 L	160-190	1.0	
PPC3220-Natural				39.00 L	160-190	1.0	
PPC3225		0.900		20.00 L	160-190	1.0	
PPC3TF1.3-Natural	TAL 13	0.990		15.00 L	160-190	1.0	
PPC3TF1.5-Natural	TAL 15	1.000		15.00 L	160-190	1.0	
PPC3TF2-Black	TAL 20	1.043		13.00 L	160-190	1.0	
PPC3TF3-Black	TAL 30	1.120		10.00 L	160-190	1.0	
PPC4CF1-BLK	CAC 20	1.050		12.00 L	160-190	1.0	
PPC5TF1-Natural	TAL 10	0.952		20.00 L	160-190	1.0	
WPP2194-Natural		0.900		10.00 L	160-190	1.0	
PP Homopoly		**Albis PP**			**Albis**		
13A10							
MRW 20 Black	MN 20	1.050	12.0-20.0	10.00 L			
13A10 TV 20	TAL 20	1.050	12.0-20.0	10.00 L			
13A10 TV 30	TAL 30	1.150	10.0-18.0	10.00 L			
13A10 TV40	TAL 40	1.260	8.0-12.0	10.00 L			
13A10 UV		0.900		10.00 L			
13A10 UV FR0		0.990		10.00 L			
13A10 UV FR2		0.990		10.00 L			
13A12		0.900		12.00 L			
13A12 BASO4 22	BAS 22	1.100		12.00 L			
13A12 BASO4 22 Black	BAS 22			9.00 L			

POCKET SPECS FOR INJECTION MOLDING

Max. % regrind	Inj. pres., ksi	Rear temp, °F	Mid temp, °F	Front temp, °F	Nozzle temp, °F	Proc temp, °F	Mold temp, °F
						410-518	86-158
						410-518	86-158
						410-518	86-158
						410-518	86-158
						392-446	86-140
						392-446	86-140
						392-446	86-140
						392-428	68-122
						428-464	86-104
						428-464	86-104
						428-464	86-104
1.8		440	450	455	460		120
1.8		440	450	455	460		120
1.8		440	450	455	460		120
1.8		440	450	455	460		120
10.0-12.0		395-410	415-425	420-430	420-430		80-100
10.0-12.0		395-410	415-425	420-430	420-430		80-100
10.0-12.0		395-410	415-425	420-430	420-430		80-100
10.0-12.0		395-410	415-425	420-430	420-430		80-100
0.6-1.2		380-390	390-400	400-410	400-420		60-120
0.6-1.1		435-445	435-445	440-450	450-470		60-120
0.6-1.1		435-445	435-445	440-450	450-470		60-120
0.6-1.1		400-410	410-420	420-430	430-440		60-120
0.6-1.1		400-410	410-420	420-430	430-440		60-120
0.6-1.1		400-410	410-420	420-430	430-440		60-120
0.6-1.1		400-410	410-420	420-430	430-440		60-120
0.6-1.1		430-440	430-440	435-445	445-465		60-120
0.6-1.1		420-430	430-440	435-445	445-455		60-120
0.6-1.1		430-440	430-440	435-445	445-465		60-120
0.6-1.1		430-440	430-440	435-445	445-465		60-120
0.6-1.1		425-435	425-435	430-440	440-460		60-120
0.6-1.1		420-430	420-430	425-435	435-455		60-120
0.6-1.2		425-435	435-445	435-445	425-445		60-120
						430-535	70-140
						430-535	70-140
						430-535	70-140
						430-535	70-140
						395-575	40-195
						395-575	40-195
						395-575	40-195
						395-575	40-195
						430-535	70-140
						430-535	70-140

FREE DATA SHEETS: WWW.IDES.COM/PSIM

Grade	Filler	Sp Grav	Shrink, mils/in	Melt flow, g/10 min	Drying temp, °F	Drying time, hr	Max. % moisture
13A12 GF30 C-1 Blk	GFI 30	1.120	4.0-6.0	4.00 L			
13A12 GF30 C-1 Nat	GFI 30	1.120	4.0-6.0	4.00 L			
13A12 SS10	STS 12	1.000		12.00 L			
13A15 FR02 NB		0.990		12.00 L			
13A15 KR 20	MN 20	1.050	9.0-13.0	20.00 L			
13A15 KR 50	MN 50			15.00 L			
13A2 TV 12	TAL 12	0.970		3.70 L			
13A20 BASO4 22	BAS 22	1.100		20.00 L			
13A20 CaCO3 30	CAC 30	1.143	13.0	18.00 L			
13A20 KR 26	MN 26	1.030		20.00 L			
13A20 KR 30	MN 30	1.140	13.0	18.00 L			
13A20 KR 30 UFT	MN 30	1.140		20.00 L			
13A20 TV 20	TAL 20	1.040	12.0-20.0	20.00 L			
13A3 GF20 C	GFI 20	1.040		3.00 L			
13A3 GF30C	GFI 30	1.130		3.00 L			
13A3 GF30C FR	GFI 30	1.480	> 2.0	3.00 L			
13A4 GF30	GFI 30	1.130		4.00 L			
13A5 GF40C	GFI 40	1.230		5.00 L			
13A8 TV40	TAL 40	1.260	8.0-12.0	10.00 L			
13C V2 14		0.930		15.00 L			
A 12 H-GF20	GFI 20	1.030		5.50 L			
A 12 H-GF20 C-1	GFI 20	1.030		5.00 L			
A 12 H-GF30	GFI 30	1.120		6.00 L			
A 12 H-GF30 C-1	GFI 30	1.120		4.00 L			
A 12 C-1 UV Black	GFI 30	1.120		4.00 L			
A 12 H-GK20/GF20 C	GB 20	1.200		6.00 L			
A 12 H-KR18	CAC 18	1.030		2.00 L			
A 12 H-TV20	TAL 20	1.060		2.00 L			
A 12 H-TV40	TAL 40	1.240		1.50 L			
A 13 H-BS 73	BAS 73	2.206		3.00 BF			

PP Homopoly — Asahi Thermo PP — Asahi Thermofil

Grade	Filler	Sp Grav	Shrink, mils/in	Melt flow, g/10 min	Drying temp, °F	Drying time, hr	Max. % moisture
APG30A	GFI 30	1.120	2.0-10.0	1.50 L	194	3.0-4.0	

PP Homopoly — Borealis PP — Borealis

Grade	Filler	Sp Grav	Shrink, mils/in	Melt flow, g/10 min	Drying temp, °F	Drying time, hr	Max. % moisture
HC115MO		0.910	10.0-20.0	4.00 L			
HD120MO		0.910	10.0-20.0	8.00 L			
HE125MO		0.910	10.0-20.0	12.00 L			
HF007SA		0.910	15.0	19.00 L			
HF136MO		0.910	10.0-20.0	20.00 L			
HG313MO		0.912	10.0-20.0	30.00 L			
HG385MO		0.912	10.0-20.0	25.00 L			
HG430MO		0.912	10.0-20.0	25.00 L			
HH315MO		0.912	10.0-20.0	35.00 L			
HJ320MO		0.912	10.0-20.0	55.00 L			
HJ325MO		0.912	10.0-20.0	50.00 L			

PP Homopoly — Bormed — Borealis

Grade	Filler	Sp Grav	Shrink, mils/in	Melt flow, g/10 min	Drying temp, °F	Drying time, hr	Max. % moisture
HD810MO		0.909	10.0-20.0	10.00 L			
HD850MO		0.912	10.0-20.0	8.00 L			
HF840MO		0.907	10.0-20.0	19.00 L			

PP Homopoly — Certene — Channel

Grade	Filler	Sp Grav	Shrink, mils/in	Melt flow, g/10 min	Drying temp, °F	Drying time, hr	Max. % moisture
PHM-12		0.907		12.00 L			
PHM-12A		0.907		12.00 L			
PHM-12AN		0.907		12.00 L			

Max. % regrind	Inj. pres., ksi	Rear temp, °F	Mid temp, °F	Front temp, °F	Nozzle temp, °F	Proc temp, °F	Mold temp, °F
						430-575	70-160
						430-575	70-160
						395-575	40-195
						395-575	40-195
						395-575	40-195
						395-575	40-195
						430-535	70-140
						430-535	70-140
						395-575	40-195
						395-575	40-195
						395-575	40-195
						395-575	40-195
						430-535	70-140
						430-575	70-160
						430-575	70-160
						395-575	40-195
						430-575	70-160
						430-575	70-160
						430-535	70-140
						395-575	40-195
						425-575	65-160
						425-575	65-160
						425-575	65-160
						425-575	65-160
						425-575	65-160
						425-575	65-160
						425-535	65-140
						425-535	65-140
						425-535	65-140
						425-575	65-160
10		392	428	446	482		86-140
						446-500	50-86
						446-500	50-86
						428-500	68-104
						410-500	86-104
						446-500	50-86
						410-482	50-86
						428-500	50-86
						428-500	50-86
						410-482	86-140
						410-482	86-104
						410-482	50-86
						428-500	86-104
						428-500	86-140
						410-500	86-104
						210-230	20-50
						210-230	20-50
						210-230	20-50

FREE DATA SHEETS: WWW.IDES.COM/PSIM

Grade	Filler	Sp Grav	Shrink, mils/in	Melt flow, g/10 min	Drying temp, °F	Drying time, hr	Max. % moisture
PHM-20		0.907		20.00 L			
PHM-20AN		0.907		20.00 L			
PHM-35		0.905		35.00 L			
PHM-35AN		0.905		35.00 L			
PHM-35ANR		0.905		35.00 L			
PHM-5A		0.905		5.00 L			

PP Homopoly   Certene   Muehlstein

Grade	Filler	Sp Grav	Shrink, mils/in	Melt flow, g/10 min	Drying temp, °F	Drying time, hr	Max. % moisture
PHM-12		0.907		12.00 L			
PHM-12A		0.907		12.00 L			
PHM-12AN		0.907		12.00 L			
PHM-20		0.907		20.00 L			
PHM-20AN		0.907		20.00 L			
PHM-35		0.905		35.00 L			
PHM-35AN		0.905		35.00 L			
PHM-35ANR		0.905		35.00 L			
PHM-5A		0.905		5.00 L			

PP Homopoly   Daelim Poly   Daelim

Grade	Filler	Sp Grav	Shrink, mils/in	Melt flow, g/10 min	Drying temp, °F	Drying time, hr	Max. % moisture
PH-870		0.902		16.00 L			
PP-173		0.902		17.00 L			
PP-173S		0.902		17.00 L			

PP Homopoly   Denilen   Vamp Tech

Grade	Filler	Sp Grav	Shrink, mils/in	Melt flow, g/10 min	Drying temp, °F	Drying time, hr
0366	GFI 30	1.243	4.0-7.0	9.00	176-194	2.0
2010	GFI 20	1.033	4.0-7.0	7.50	140-176	3.0
2012	TAL 20	1.058	10.0-12.0	7.50	140-176	3.0
2013	TAL 20	1.053	10.0-12.0	12.50	140-176	3.0
2539	BAS 25	1.118	12.0-15.0	27.50	176	3.0
3010	GFI 30	1.123	3.0-6.0	7.50	140-176	3.0
3010 CB	GFI 30	1.123	2.0-4.0	1.95	158-176	3.0
3015	GB 30	1.123	9.0-12.0	7.50	140-176	3.0
3031	GMN 30	1.213	4.0-6.0	7.50	140-176	3.0
3531	GMN 35	1.213	3.0-5.0	7.50	140-176	3.0
4012	TAL 40	1.228	9.0-11.5	7.50	140-176	3.0
7039	BAS 70	2.005		7.50	176	3.0

PP Homopoly   Estaprop   Cossa Polimeri

Grade	Filler	Sp Grav	Shrink, mils/in	Melt flow, g/10 min	Drying temp, °F	Drying time, hr
1006		0.922	17.0-20.0	20.00 L	176	2.0
1020		1.003	14.0-16.0	24.00 L	176	2.0

PP Homopoly   ExxonMobil PP   ExxonMobil

Grade	Filler	Sp Grav	Melt flow, g/10 min
1024E4		0.902	12.50 L
1403F	MN 40	1.243	6.50 L

PP Homopoly   Ferrex   Ferro

Grade	Filler	Sp Grav	Shrink, mils/in	Melt flow, g/10 min	Drying temp, °F	Drying time, hr
GPP20CF64UL-WH	CAC 22	1.070	16.0	23.00 L	200	2.0-3.0
GPP20CN05HB-WH	CAC 22	1.060	14.0	25.00 L	200	2.0-3.0
GPP30CC38UL GRAY	CAC 32	1.150	14.0	12.00 L	200	2.0-3.0

PP Homopoly   Ferro PP   Ferro

Grade	Filler	Sp Grav	Shrink, mils/in	Melt flow, g/10 min	Drying temp, °F	Drying time, hr
CPP30GF14BK	MN 31	1.160	13.0	20.50 L	200	2.0-3.0
CPP30GF15NA	MN 32	1.160	11.0	22.00 L	200	2.0-3.0
LPP20BC07HB-BK	CAC 21	1.060	17.0	8.00 L	200	2.0-3.0
LPP30BC11BK	CAC 30	1.140	16.0	9.00 L	200	2.0-3.0
LPP30BC56WH	CAC 30	1.140	15.0	17.50 L	200	2.0-3.0

Max. % regrind	Inj. pres., ksi	Rear temp, °F	Mid temp, °F	Front temp, °F	Nozzle temp, °F	Proc temp, °F	Mold temp, °F
						220-240	20-50
						220-240	20-50
						215-235	20-50
						220-240	20-50
						225-245	20-50
						210-230	
						210-230	20-50
						210-230	20-50
						210-230	20-50
						220-240	20-50
						220-240	20-50
						215-235	20-50
						220-240	20-50
						225-245	20-50
						210-230	
						446-500	
						446-500	
						446-500	
		392-428					140-176
		392-446					104-158
		356-446					104-158
		356-446					104-158
		392-446					122-158
		392-464					122-158
		428-464					122-158
		392-446					104-158
		392-446					104-158
		392-446					104-158
		356-446					104-158
		392-464					122-158
						374-410	104-140
						374-410	104-140
						374-424	
						419-500	
		390-400	400-410	410-420	420-430		115-140
		390-400	400-410	410-420	420-430		115-140
		390-400	400-410	410-420	420-430		115-140
		395-400	400-410	410-415	415-425		110-125
		395-400	400-410	410-415	415-425		110-125
		395-400	400-410	410-415	415-425		110-125
		395-400	400-410	410-415	415-425		110-125
		395-400	400-410	410-415	415-425		110-125

FREE DATA SHEETS: WWW.IDES.COM/PSIM

Grade	Filler	Sp Grav	Shrink, mils/in	Melt flow, g/10 min	Drying temp, °F	Drying time, hr	Max. % moisture
LPP50BC73NA	CAC 52	1.390	12.0	10.50 L	200	2.0-3.0	
MPP20FJ11NA	MI 21	1.070	14.0	27.00 L	200	2.0-3.0	
MPP40FJ15NA	MI 41	1.240	9.0	13.00 L	200	2.0-3.0	
TPP10AE14NA	TAL 12	0.990	15.0	6.00 L	200	2.0-3.0	
TPP13AC03BK	TAL 13	1.010	15.0	7.00 L	200	2.0-3.0	
TPP13AE16BK	TAL 14	1.010	15.0	13.50 L	200	2.0-3.0	
TPP20AC06HB	TAL 20	1.060	15.0	5.70 L	200	2.0-3.0	
TPP20AC15HB-BK	TAL 20	1.080	14.0	5.50 L	200	2.0-3.0	
TPP20AC17BK	TAL 20	1.060	16.0	6.20 L	200	2.0-3.0	
TPP20AD43HB-BK	TAL 20	1.070	14.0	13.50 L	200	2.0-3.0	
TPP20AD59HB-NA	TAL 24	1.070	14.0	7.50 L	200	2.0-3.0	
TPP20AD85HB-BK	TAL 20	1.060	15.0	4.50 L	200	2.0-3.0	
TPP20AJ01BK	TAL 20	1.070	14.0	22.00 L	200	2.0-3.0	
TPP30AC21HB-NA	TAL 30	1.140	12.0	5.50 L	200	2.0-3.0	
TPP30AD69BK	TAL 30	1.140	13.0	13.50 L	200	2.0-3.0	
TPP35AC23NA	TAL 36	1.210	13.0	5.50 L	200	2.0-3.0	
TPP40AA03WH	TAL 43	1.290	10.0	4.20 L	200	2.0-3.0	
TPP40AC28HB-NA	TAL 40	1.250	11.0	5.50 L	200	2.0-3.0	
TPP40AC35WH	TAL 41	1.270	11.0	6.00 L	200	2.0-3.0	
TPP40AC38WH	TAL 43	1.320	10.0	5.70 L	200	2.0-3.0	
TPP40AC46BK	TAL 43	1.280	11.0	5.50 L	200	2.0-3.0	
TPP40AC52BK	TAL 40	1.250	12.0	6.80 L	200	2.0-3.0	
TPP40AC86BK	TAL 37	1.240	10.0	7.00 L	200	2.0-3.0	
TPP40AD37NA	TAL 42	1.270	10.0	5.50 L	200	2.0-3.0	
TPP40AE05UL-BK	TAL 42	1.270	11.0	5.50 L	200	2.0-3.0	

PP Homopoly   Gapex   Ferro

Grade	Filler	Sp Grav	Shrink, mils/in	Melt flow, g/10 min	Drying temp, °F	Drying time, hr	Max. % moisture
RPP10EA02BK	GFI 10	0.980	8.0	3.20 L	160-180	2.0-4.0	
RPP10EA30BK	GFI 10	0.980	9.0	5.00 L	160-180	2.0-4.0	
RPP10EA39NA	GFI 10	0.970	9.0	3.00 L	160-180	2.0-4.0	
RPP10EA53BK	GFI 10	0.970	8.0	10.50 L	160-180	2.0-4.0	
RPP10EA78NA	GFI 10	0.098	7.0	4.50 L	160-180	2.0-4.0	
RPP10EB15WH	GFI 13	1.000	9.0	13.00 L	160-180	2.0-4.0	
RPP10EB18WH	GFI 10	1.010		2.50 L	160-180	2.0-4.0	
RPP10EB19AL	GFI 12	1.000	9.0	13.50 L	160-180	2.0-4.0	
RPP10EB33BK	GFI 11	0.990	9.0	13.50 L	160-180	2.0-4.0	
RPP10EB49WH	GFI 10	0.990	9.0	12.50 L	160-180	2.0-4.0	
RPP10EB55AL	GFI 11	1.000	10.0	13.50 L	160-180	2.0-4.0	
RPP10EB64BK	GFI 10	0.970	8.0	5.50 L	160-180	2.0-4.0	
RPP10EB65GY	GFI 11	0.990	9.0	5.50 L	160-180	2.0-4.0	
RPP20DA03NA	GFI 20	1.040	40.0	4.50 L	160-180	2.0-4.0	
RPP20EA04HB-NA	GFI 20	1.040	5.0	5.00 L	160-180	2.0-4.0	
RPP20EA06HB-BK	GFI 20	1.050	6.0	5.00 L	160-180	2.0-4.0	
RPP20EA08BK	GFI 20	1.050	5.0	5.50 L	160-180	2.0-4.0	
RPP20EA10BK	GFI 20	1.053	6.0	4.80 L	160-180	2.0-4.0	
RPP20EA11BK	GFI 20	1.050	5.0	6.00 L	160-180	2.0-4.0	
RPP20EA34NA	GFI 20	1.040	4.0	5.00 L	160-180	2.0-4.0	
RPP20EA45NA	GFI 20	1.040	6.0	7.00 L	160-180	2.0-4.0	
RPP20EA48NA	GFI 20	1.040	6.0	5.00 L	160-180	2.0-4.0	
RPP20EA60UL BLACK	GFI 20	1.050	5.0	5.00 L	160-180	2.0-4.0	
RPP20EA76BK	GFI 21	1.050	6.0	5.50 L	160-180	2.0-4.0	
RPP20EA80BK	GFI 20	1.050	5.0	5.00 L	160-180	2.0-4.0	
RPP20EA90NA	GFI 20	1.030	6.0	6.00 L	160-180	2.0-4.0	
RPP20EB03NA	GFI 20	1.040	6.0	9.00 L	160-180	2.0-4.0	
RPP20EB05BK	GFI 20	1.040	5.0	9.50 L	160-180	2.0-4.0	

Max. % regrind	Inj. pres., ksi	Rear temp, °F	Mid temp, °F	Front temp, °F	Nozzle temp, °F	Proc temp, °F	Mold temp, °F
		395-400	400-410	410-415	415-425		110-125
		400-415	410-420	420-425	425-440		110-135
		400-415	410-420	420-425	425-440		110-135
		400-410	410-415	415-420	420-425		110-130
		400-410	410-415	415-420	420-425		110-130
		400-410	410-415	415-420	420-425		110-130
		400-410	410-415	415-420	420-425		110-130
		400-410	410-415	415-420	420-425		110-130
		400-410	410-415	415-420	420-425		110-130
		400-410	410-415	415-420	420-425		110-130
		400-410	410-415	415-420	420-425		110-130
		400-410	410-415	415-420	420-425		110-130
		400-410	410-415	415-420	420-425		110-130
		400-410	410-415	415-420	420-425		110-130
		400-410	410-415	415-420	420-425		110-130
		400-410	410-415	415-420	420-425		110-130
		400-410	410-415	415-420	420-425		110-130
		400-410	410-415	415-420	420-425		110-130
		400-410	410-415	415-420	420-425		110-130
		400-410	410-415	415-420	420-425		110-130
		400-410	410-415	415-420	420-425		110-130
		400-410	410-415	415-420	420-425		110-130
		400-410	410-415	415-420	420-425		110-130
		430-460	440-470	450-500	450-500	430-460	100-150
		430-460	440-470	450-500	450-500	430-460	100-150
		430-460	440-470	450-500	450-500	430-460	100-150
		430-460	440-470	450-500	450-500	430-460	100-150
		430-460	440-470	450-500	450-500	430-460	100-150
		430-460	440-470	450-500	450-500	430-460	100-150
		430-460	440-470	450-500	450-500	430-460	100-150
		430-460	440-470	450-500	450-500	430-460	100-150
		430-460	440-470	450-500	450-500	430-460	100-150
		430-460	440-470	450-500	450-500	430-460	100-150
		430-460	440-470	450-500	450-500	430-460	100-150
		430-460	440-470	450-500	450-500	430-460	100-150
		430-460	440-470	450-500	450-500	430-460	100-150
		430-460	440-470	450-500	450-500	430-460	100-150
		430-460	440-470	450-500	450-500	430-460	100-150
		430-460	440-470	450-500	450-500	430-460	100-150
		430-460	440-470	450-500	450-500	430-460	100-150
		430-460	440-470	450-500	450-500	430-460	100-150
		430-460	440-470	450-500	450-500	430-460	100-150
		430-460	440-470	450-500	450-500	430-460	100-150
		430-460	440-470	450-500	450-500	430-460	100-150
		430-460	440-470	450-500	450-500	430-460	100-150
		430-460	440-470	450-500	450-500	430-460	100-150
		430-460	440-470	450-500	450-500	430-460	100-150
		430-460	440-470	450-500	450-500	430-460	100-150

Grade	Filler	Sp Grav	Shrink mils/in	Melt flow, g/10 min	Drying temp, °F	Drying time, hr	Max. % moisture
RPP20EB07GY	GFI 20	1.050	5.0	5.00 L	160-180	2.0-4.0	
RPP20EB09UL NATURAL	GFI 20	1.040	5.0	4.50 L	160-180	2.0-4.0	
RPP20EB12WH	GFI 20	1.050	5.0	9.50 L	160-180	2.0-4.0	
RPP20EB32BK		1.053	8.0	2.50 L	160-180	2.0-4.0	
RPP20EB38AL	GFI 20	1.050	5.0	6.00 L	160-180	2.0-4.0	
RPP20EB61HB NATURAL	GFI 20	1.050	6.0	5.00 L	160-180	2.0-4.0	
RPP20EB70BK	GFI 21	1.040	4.0	1.50 L	160-180	2.0-4.0	
RPP20EB71GY GRAY	GFI 20	1.050	5.0	11.00 L	160-180	2.0-4.0	
RPP20EB76NA	GFI 20	1.040	5.0	6.00 L	160-180	2.0-4.0	
RPP20EB82HB BLACK	GFI 20	1.050	4.0	4.50 L	160-180	2.0-4.0	
RPP20EC06UL	GFI 20	1.050	4.0	18.50 L	160-180	2.0-4.0	
RPP20EC10NA	GFI 20	1.040	5.0	7.50 L	160-180	2.0-4.0	
RPP20EU05HB BLACK	GFI 20	1.040	5.0	8.50 L	160-180	2.0-4.0	
RPP20EU09BK	GFI 20	1.040	5.0	4.50 L	160-180	2.0-4.0	
RPP25DZ02NA	GBF 25	1.080	6.0	9.00 L	160-180	2.0-4.0	
RPP25DZ08BK	GFI 25	1.080	7.0	9.00 L	160-180	2.0-4.0	
RPP25DZ09OR	GB 25	1.090	8.0	9.00 L	160-180	2.0-4.0	
RPP25EA12HB WHITE	GFI 26	1.110	4.0	5.50 L	160-180	2.0-4.0	
RPP25EA32BL	GFI 27	1.120	4.0	6.00 L	160-180	2.0-4.0	
RPP25EA55HB-WH	GFI 25	1.090	4.0	5.30 L	160-180	2.0-4.0	
RPP25EA88HB-BK	GFI 25	1.090	4.0	5.00 L	160-180	2.0-4.0	
RPP25EB47HB WHITE	GFI 25	1.090	5.0	5.00 L	160-180	2.0-4.0	
RPP25EB48HB BLACK	GFI 25	1.070	4.0	4.80 L	160-180	2.0-4.0	
RPP25EB68HB GRAY	GFI 26	1.100	4.0	5.00 L	160-180	2.0-4.0	
RPP25EB74HB GRAY	GFI 27	1.100	5.0	5.50 L	160-180	2.0-4.0	
RPP30DA10BK	GFI 30	1.120	3.0	4.30 L	160-180	2.0-4.0	
RPP30DA13NA	GFI 30	1.120	3.0	4.50 L	160-180	2.0-4.0	
RPP30DA33BK	GFI 30	1.130	4.0	5.00 L	160-180	2.0-4.0	
RPP30DZ10BK	GFI 29	1.130	4.0	19.00 L	160-180	2.0-4.0	
RPP30EA16NA	GFI 31	1.150	4.0	3.00 L	160-180	2.0-4.0	
RPP30EA18BK	GFI 30	1.130	3.0	4.00 L	160-180	2.0-4.0	
RPP30EA19BK	GFI 30	1.130	4.0	4.50 L	160-180	2.0-4.0	
RPP30EA36HB	GFI 30	1.130	4.0	5.00 L	160-180	2.0-4.0	
RPP30EA49HB-BK	GFI 30	1.120	3.0	5.00 L	160-180	2.0-4.0	
RPP30EA58NA	GFI 30	1.120	4.0	4.50 L	160-180	2.0-4.0	
RPP30EA64BK	GFI 30	1.130	3.0	5.00 L	160-180	2.0-4.0	
RPP30EA65GY	GFI 30	1.130	4.0	5.00 L	160-180	2.0-4.0	
RPP30EA66TP	GFI 30	1.130	4.0	5.00 L	160-180	2.0-4.0	
RPP30EA67HB	GFI 30	1.120	3.0	5.00 L	160-180	2.0-4.0	
RPP30EA67HB NATURAL	GFI 30	1.120	3.0	5.00 L	160-180	2.0-4.0	
RPP30EA70BK	GFI 30	1.130	4.0	4.50 L	160-180	2.0-4.0	
RPP30EB01HB BLACK	GFI 30	1.130	4.0	9.00 L	160-180	2.0-4.0	
RPP30EB01HB BLACK	GFI 30	1.140	3.0	8.50 L	160-180	2.0-4.0	
RPP30EB16NA	GFI 30	1.110	4.0	3.50 L	160-180	2.0-4.0	
RPP30EB22NA		1.143	7.0	15.50 L	160-180	2.0-4.0	
RPP30EB30BK	GFI 30	1.110	4.0	12.00 L	160-180	2.0-4.0	
RPP30EB44BK	GFI 30	1.130	3.0	3.50 L	160-180	2.0-4.0	

Max. % regrind	Inj. pres., ksi	Rear temp, °F	Mid temp, °F	Front temp, °F	Nozzle temp, °F	Proc temp, °F	Mold temp, °F
		430-460	440-470	450-500	450-500	430-460	100-150
		430-460	440-470	450-500	450-500	430-460	100-150
		430-460	440-470	450-500	450-500	430-460	100-150
		430-460	440-470	450-500	450-500	430-460	100-150
		430-460	440-470	450-500	450-500	430-460	100-150
		430-460	440-470	450-500	450-500	430-460	100-150
		430-460	440-470	450-500	450-500	430-460	100-150
		430-460	440-470	450-500	450-500	430-460	100-150
		430-460	440-470	450-500	450-500	430-460	100-150
		430-460	440-470	450-500	450-500	430-460	100-150
		430-460	440-470	450-500	450-500	430-460	100-150
		430-460	440-470	450-500	450-500	430-460	100-150
		430-460	440-470	450-500	450-500	430-460	100-150
		430-460	440-470	450-500	450-500	430-460	100-150
		430-460	440-470	450-500	450-500	430-460	100-150
		430-460	440-470	450-500	450-500	430-460	100-150
		430-460	440-470	450-500	450-500	430-460	100-150
		430-460	440-470	450-500	450-500	430-460	100-150
		430-460	440-470	450-500	450-500	430-460	100-150
		430-460	440-470	450-500	450-500	430-460	100-150
		430-460	440-470	450-500	450-500	430-460	100-150
		430-460	440-470	450-500	450-500	430-460	100-150
		430-460	440-470	450-500	450-500	430-460	100-150
		430-460	440-470	450-500	450-500	430-460	100-150
		430-460	440-470	450-500	450-500	430-460	100-150
		430-460	440-470	450-500	450-500	430-460	100-150
		430-460	440-470	450-500	450-500	430-460	100-150
		430-460	440-470	450-500	450-500	430-460	100-150
		430-460	440-470	450-500	450-500	430-460	100-150
		430-460	440-470	450-500	450-500	430-460	100-150
		430-460	440-470	450-500	450-500	430-460	100-150
		430-460	440-470	450-500	450-500	430-460	100-150
		430-460	440-470	450-500	450-500	430-460	100-150
		430-460	440-470	450-500	450-500	430-460	100-150
		430-460	440-470	450-500	450-500	430-460	100-150
		430-460	440-470	450-500	450-500	430-460	100-150
		430-460	440-470	450-500	450-500	430-460	100-150
		430-460	440-470	450-500	450-500	430-460	100-150
		430-460	440-470	450-500	450-500	430-460	100-150
		430-460	440-470	450-500	450-500	430-460	100-150
		430-460	440-470	450-500	450-500	430-460	100-150

FREE DATA SHEETS: WWW.IDES.COM/PSIM

Grade	Filler	Sp Grav	Shrink, mils/in	Melt flow, g/10 min	Drying temp, °F	Drying time, hr	Max. % moisture
RPP30EB45BK	GFI 30	1.140	3.0	9.50 L	160-180	2.0-4.0	
RPP30EB52WH	GFI 31			4.50 L	160-180	2.0-4.0	
RPP30EB56BK		1.143	6.5	4.00 L			
RPP30EB57HB NATURAL	GFI 30	1.140	3.0	4.50 L	160-180	2.0-4.0	
RPP30EB59HB NATURAL	GFI 30	1.130	3.0	3.50 L	160-180	2.0-4.0	
RPP30EB60UL NATURAL	GFI 30	1.150	3.0	4.50 L	160-180	2.0-4.0	
RPP30EB66GY	GFI 30	1.140	4.0	4.00 L	160-180	2.0-4.0	
RPP30EB69HB BLACK	GFI 30	1.140	4.0	5.00 L	160-180	2.0-4.0	
RPP30EB75BK	GFI 30	1.130	3.0	5.50 L	160-180	2.0-4.0	
RPP30EB80HB NATURAL	GFI 30	1.140		4.50 L	160-180	2.0-4.0	
RPP30EB87HB NATURAL	GFI 30	1.130	4.0	5.00 L	160-180	2.0-4.0	
RPP35EC15BK	GFI 35	1.190	3.0	5.00 L	160-180	2.0-4.0	
RPP40DA11NA	GFI 40	1.220	4.0	3.50 L	160-180	2.0-4.0	
RPP40EA26HB-NA	GFI 40	1.230	2.0	4.00 L	160-180	2.0-4.0	
RPP40EA28BK	GFI 40	1.220	3.0	4.00 L	160-180	2.0-4.0	
RPP40EA35UL-NA	GFI 40	1.230	2.0	6.00 L	160-180	2.0-4.0	
RPP40EA59HB BLACK	GFI 43	1.260	2.0	7.00 L	160-180	2.0-4.0	
RPP40EA63UL NATURAL	GFI 40	1.220	3.0	5.50 L	160-180	2.0-4.0	
RPP40EB77HB NATURAL	GFI 40	1.220	2.0	3.00 L	160-180	2.0-4.0	
RPP40EB81HB BLACK	GFI 40	1.230	3.0	3.00 L	160-180	2.0-4.0	
RPP40EB85UL BLACK	GFI 40	1.230	3.0	6.00 L	160-180	2.0-4.0	

PP Homopoly   Gapex HP   Ferro

Grade	Filler	Sp Grav	Shrink, mils/in	Melt flow, g/10 min	Drying temp, °F	Drying time, hr	Max. % moisture
RPP10EB89WH	GFI 10	1.000	9.0	8.50 L	160-180	2.0-4.0	
RPP10EB90AL	GFI 10	1.100	9.0	6.50 L	160-180	2.0-4.0	
RPP10EB91BK	GFI 10	0.990	9.0	7.00 L	160-180	2.0-4.0	
RPP10EC13AL	GFI 10	1.000	8.0	8.50 L	160-180	2.0-4.0	
RPP10EC14WH	GFI 10	1.000	7.0	8.50 L	160-180	2.0-4.0	
RPP20EB99HB	GFI 20	1.050	6.0	5.00 L	160-180	2.0-4.0	
RPP20EC07UL	GFI 20	1.030	6.0	20.00 L	160-180	2.0-4.0	
RPP30EB83BK	GFI 30	1.130	3.0	9.50 L	160-180	2.0-4.0	
RPP30EB88HB	GFI 30	1.140	3.0	4.50 L	160-180	2.0-4.0	
RPP30EC16BK	GFI 30	1.120	3.0	6.50 L	160-180	2.0-4.0	
RPP30EC17WH	GFI 30	1.140	3.0	7.50 L	160-180	2.0-4.0	
RPP40EB86HB	GFI 40	1.280	3.0	3.50 L	160-180	2.0-4.0	
RPP40EB98HB	GFI 40	1.230	3.0	3.50 L	160-180	2.0-4.0	

PP Homopoly   Haiplen   Taro Plast

Grade	Filler	Sp Grav	Shrink, mils/in	Melt flow, g/10 min	Drying temp, °F	Drying time, hr	Max. % moisture
H10 T4	TAL 20	1.053	11.0	6.00 L	158-176	1.0	
H150 T8	TAL 40	1.243	9.0	30.00 L	158-176	1.0	
H30 G10 BA	GFI 50	1.353	2.0-3.5	4.00 L			
H30 G2 BA	GFI 10	1.003	5.0-8.0	5.00 L			
H30 G4 BA	GFI 20	1.053	3.0-6.0	5.00 L			
H30 G5	GFI 25	1.083	3.0-6.0	6.00 L	158-176	1.0	
H30 G6	GFI 30	1.133	3.0	5.00 L	158-194	3.0	

Max. % regrind	Inj. pres., ksi	Rear temp, °F	Mid temp, °F	Front temp, °F	Nozzle temp, °F	Proc temp, °F	Mold temp, °F
		430-460	440-470	450-500	450-500	430-460	100-150
		430-460	440-470	450-500	450-500	430-460	100-150
		430-460	440-470	450-500	450-500	430-460	100-150
		430-460	440-470	450-500	450-500	430-460	100-150
		430-460	440-470	450-500	450-500	430-460	100-150
		430-460	440-470	450-500	450-500	430-460	100-150
		430-460	440-470	450-500	450-500	430-460	100-150
		430-460	440-470	450-500	450-500	430-460	100-150
		430-460	440-470	450-500	450-500	430-460	100-150
		430-460	440-470	450-500	450-500	430-460	100-150
		430-460	440-470	450-500	450-500	430-460	100-150
		430-460	440-470	450-500	450-500	430-460	100-150
		430-460	440-470	450-500	450-500	430-460	100-150
		430-460	440-470	450-500	450-500	430-460	100-150
		430-460	440-470	450-500	450-500	430-460	100-150
		430-460	440-470	450-500	450-500	430-460	100-150
		430-460	440-470	450-500	450-500	430-460	100-150
		430-460	440-470	450-500	450-500	430-460	100-150
		430-460	440-470	450-500	450-500	430-460	100-150
		430-460	440-470	450-500	450-500	430-460	100-150
		430-460	440-470	450-500	450-500	430-460	100-150
		430-460	440-470	450-500	450-500	430-460	100-150
		430-460	440-470	450-500	450-500	430-460	100-150
		430-460	440-470	450-500	450-500	430-460	100-150
		430-460	440-470	450-500	450-500	430-460	100-150
		430-460	440-470	450-500	450-500	430-460	100-150
		430-460	440-470	450-500	450-500	430-460	100-150
		430-460	440-470	450-500	450-500	430-460	100-150
		430-460	440-470	450-500	450-500	430-460	100-150
		430-460	440-470	450-500	450-500	430-460	100-150
		430-460	440-470	450-500	450-500	430-460	100-150
		430-460	440-470	450-500	450-500	430-460	100-150
						374-428	86-122
						374-410	86-122
						428-482	122-158
						428-482	122-158
						428-482	122-158
						428-482	86-122
						428-482	122-158

FREE DATA SHEETS: WWW.IDES.COM/PSIM

Grade	Filler	Sp Grav	Shrink, mils/in	Melt flow, g/10 min	Drying temp, °F	Drying time, hr	Max. % moisture
H30 G6 BA	GFI 30	1.133	2.0-4.0	6.00 L	158-176	1.0	
H30 G6 BA X0	GFI 30	1.454	2.0-3.0	5.00 L	158-194	3.0	
H30 G8 BA	GFI 40	1.213	2.0-4.0	5.00 L	158-176	1.0	
H50 C6	CAC 30	1.123	11.0	10.00 L			
H50 C8	CAC 40	1.238	9.0	10.00 L	176-212	1.0	
H50 G6 BA	GFI 30	1.133	2.0-4.0	10.00 L	158-176	1.0	
H50 T2	TAL 20	1.013	12.0	12.00 L	158-176	1.0	
H50 T4	TAL 20	1.053	11.0	10.00 L	158-176	1.0	
H50 T4 X0	TAL 20	1.333	11.0	12.00 L	158-194	3.0	
H50 T5	TAL 25	1.083	11.0	12.00 L	176-212	1.0	
H50 T6	TAL 30	1.123	11.0	10.00 L	176-212	1.0	
H50 T8	TAL 40	1.238	9.0	10.00 L	176-212	1.0	
H50 X2		0.952	13.0	10.00 L	158-194	1.0	
H50 Y0		1.053	10.0	10.00 L	158-194	3.0	
H90 C6	CAC 30	1.123	11.0	18.00 L	158-176	1.0	
H90 T4	TAL 20	1.053	11.0	18.00 L	158-176	1.0	
H90 T8	TAL 40	1.243	9.0	18.00 L	158-176	1.0	
H90 X2		0.952	13.0	18.00 L	158-194	1.0	

PP Homopoly	Ipiranga				Polisul		
PH 0320				3.30 L			
PH 0321				3.30 L			
PH 1310				13.00 L			
PH 1710				21.00 L			
PH 2610				26.00 L			
PH 3515				42.00 L			

PP Homopoly	Isplen				Repsol YPF		
PP 040 G1E		0.904		3.00 L			
PP 050 G1E		0.907		5.80 L			
PP 060 G1M		0.907		8.00 L			
PP 070 G2M		0.907		12.00 L			
PP 074 N2M		0.907		12.00 L			
PP 080 G2M		0.907		20.00 L			
PP 090 G2M		0.907		30.00 L			
PP 094 N2M		0.907		40.00 L			
PP 099 K2M		0.907		55.00 L			
PP 099 X2M		0.907		55.00 L			

PP Homopoly	Kareline				Kareline		
PPMS5050	NAT 50	1.103			176-212	4.0-10.0	

PP Homopoly	Latene				Lati		
22H2 MX/25	MN 25	1.133	13.5	22.50	176-212	3.0	
3 CA/40	CAC 40	1.223	10.0	4.00	176-212	3.0	
3 CA/60	CAC 60	1.494	9.0	6.00	176-212	3.0	
3 G/20	GFI 20	1.043	3.5	3.50		3.0	
3 G/30	GFI 30	1.123	3.0	3.50		3.0	
3 T/20	TAL 20	1.053	11.0	4.00	176-212	3.0	
3 T/40	TAL 40	1.223	9.0	4.00	176-212	3.0	
3 TG/300	GMN 30	1.123	3.5	3.50		3.0	
7 G/25-V0	GFI 25	1.383	3.0	8.50	158-194	3.0	
7 T-V0	MN	1.313	8.0	14.00	158-194	3.0	
7H2W TR-V0	MN	1.313	7.0	12.00	158-194	3.0	
7H2W T-V0	MN	1.313	9.0	12.00	158-194	3.0	
7H2W-V0		1.023	15.5	6.00	158-194	3.0	

Max. % regrind	Inj. pres., ksi	Rear temp, °F	Mid temp, °F	Front temp, °F	Nozzle temp, °F	Proc temp, °F	Mold temp, °F
						428-482	122-158
						392-428	104-140
						428-482	122-158
						374-428	104-140
						374-428	122-158
						428-482	122-158
						374-428	86-122
						374-428	86-122
						374-410	104-140
						356-410	86-122
						374-428	122-158
						374-428	122-158
						356-392	86-122
						374-428	104-140
						374-428	104-140
						374-428	86-122
						374-410	86-122
						356-392	86-122
				410-464			50-68
				374-428			50-68
				374-428			50-68
				374-428			50-68
				374-428			50-68
				356-410			50-68
						410-536	104-158
						446-464	
						410-482	
						410-482	
						410-482	
						410-482	
						410-482	
						410-482	
						410-464	
						410-464	
	14.5	392	383	374	356		122-158
15						356-392	68-104
15						392-446	122-158
15						410-464	122-158
15						410-446	122-158
15						428-482	122-158
15						392-464	122-158
15						410-464	122-158
15						392-446	122-158
15						356-392	68-104
15						356-392	68-104
15						356-392	68-104
15						356-392	68-104

FREE DATA SHEETS: WWW.IDES.COM/PSIM

Grade	Filler	Sp Grav	Shrink, mils/in	Melt flow, g/10 min	Drying temp, °F	Drying time, hr	Max. % moisture
7-V2		0.942	13.0	16.00	158-194	3.0	
9AH TRES/10	TAL 10	0.962	14.0	8.50	176-212	3.0	
9H Cl/301	GB 30	1.113	9.0	8.50	176-212	3.0	
9H TES/10	TAL 10	0.962	14.0	8.50	176-212	3.0	
9H TES/30	TAL 30	1.143	10.0	8.50	176-212	3.0	
9H TR/40	TAL 40	1.223	8.0	8.50	176-212	3.0	
9H TRES/30	TAL 30	1.143	10.0	8.50	176-212	3.0	
AG30H G/30	GFI 30	1.123	3.0	8.50		3.0	
AG3H G/30	GBF 30	1.123	3.0	1.50		3.0	
AG3H GS/40	GBF 40	1.203	3.0	2.50		3.0	
AG3H2W G/30-V0	GFI 30	1.464	3.0	5.00	158-194	3.0	
AG7H G/30	GFI 30	1.123	3.0	2.50		3.0	
AG7H G/40	GFI 40	1.203	2.5	1.50		3.0	
AG7H2 G/50	GFI 50	1.363	2.0			3.0	
AG7H2W GT/350	GMN 35	1.183	3.0	1.50	158-194	3.0	
AG9H G/35	GFI 35	1.163	2.5	2.50		3.0	
AG9H MI/40	MI 40	1.233	8.0	8.50	176-212	3.0	
EP 15UVAH CAT/60	MN 60	1.634	9.0	13.50	158-194	3.0	

PP Homopoly Latistat Lati

Grade	Filler	Sp Grav	Shrink, mils/in	Melt flow, g/10 min	Drying temp, °F	Drying time, hr	Max. % moisture
52/7-02		0.952	10.0		176-194	3.0	

PP Homopoly Marlex PP Phillips Sumika

Grade	Filler	Sp Grav	Shrink, mils/in	Melt flow, g/10 min
HGL-050-01		0.909		5.00 L	
HGL-120-02		0.906		12.00 L	
HGN-020-06		0.914		1.90 L	
HGV-055		0.911		5.00 L	
HGX-030-02		0.911		3.50 L	
HGZ-200		0.904		20.00 L	
HLN-200-02		0.909		20.00 L	

PP Homopoly Muehlstein Channel

Grade	Filler	Sp Grav	Shrink, mils/in	Melt flow, g/10 min	Drying temp, °F
GFP-4411	GFI 10	0.972	6.0-8.0	10.00 L	160-190
GFP-4412	GFI 20	1.033	3.0-4.0	9.00 L	160-190
GFP-4413	GFI 30	1.123	2.0-3.0	8.00 L	160-190

PP Homopoly Muehlstein Muehlstein

Grade	Filler	Sp Grav	Shrink, mils/in	Melt flow, g/10 min	Drying temp, °F
GFP-4411	GFI 10	0.972	6.0-8.0	10.00 L	160-190
GFP-4412	GFI 20	1.033	3.0-4.0	9.00 L	160-190
GFP-4413	GFI 30	1.123	2.0-3.0	8.00 L	160-190

PP Homopoly Muehlstein Muehlstein Comp

Grade	Filler	Sp Grav	Shrink, mils/in	Melt flow, g/10 min	Drying temp, °F
GFP-4411	GFI 10	0.972	6.0-8.0	10.00 L	160-190
GFP-4412	GFI 20	1.033	3.0-4.0	9.00 L	160-190
GFP-4413	GFI 30	1.123	2.0-3.0	8.00 L	160-190

PP Homopoly Nilene SORI

Grade	Filler	Sp Grav	Shrink, mils/in	Melt flow, g/10 min
P10 K20T VO	TAL 20	1.320	0.8-1.2	10.00 L
P10 K20VA	GFI 20	1.040	0.3-0.6	10.00 BF
P10 K25V	GFI 25	1.080	0.4-0.8	10.00 BF
P10 K25V VO	GFI 25	1.400	0.2-0.6	10.00 BF
P10 K30C	CAC 30	1.150	1.3-1.5	10.00 L
P10 K30V	GFI 20	1.130	0.2-0.6	10.00 BF
P10 K30VA	GFI 30	1.130	0.2-0.5	10.00 BF
P10 K40C	CAC 40	1.250	0.9-1.1	10.00 L
P10 K40VA	GFI 40	1.230	0.2-0.4	10.00 BF

Max. % regrind	Inj. pres., ksi	Rear temp, °F	Mid temp, °F	Front temp, °F	Nozzle temp, °F	Proc temp, °F	Mold temp, °F
15						356-392	68-104
15						374-428	104-140
15						410-464	122-158
15						374-428	104-140
15						374-428	122-158
15						392-446	122-158
15						374-428	122-158
15						428-482	122-158
15						428-482	122-158
15						428-482	122-158
15						374-410	86-122
15						428-482	122-158
15						428-482	122-158
15						446-482	122-158
15						428-482	122-158
15						428-482	122-158
15						410-464	122-158
15						392-428	122-158
						392-428	104-140
							60-100
						425-525	60-100
						425-500	
						450-525	
						450-525	
						375-450	60-100
						375-450	60-100
		380-400	400-450	400-450	380-430		115-140
		380-400	400-450	400-450	380-430		115-140
		380-400	400-450	400-450	380-430		115-140
		380-400	400-450	400-450	380-430		115-140
		380-400	400-450	400-450	380-430		115-140
		380-400	400-450	400-450	380-430		115-140
		380-400	400-450	400-450	380-430		115-140
		380-400	400-450	400-450	380-430		115-140
		380-400	400-450	400-450	380-430		115-140
						392-446	68-104
						410-500	68-122
						428-482	68-104
						392-428	68-104
						410-482	68-104
						410-500	68-104
						410-500	68-122
						410-482	68-104
						410-500	68-122

FREE DATA SHEETS: WWW.IDES.COM/PSIM

Grade	Filler	Sp Grav	Shrink, mils/in	Melt flow, g/10 min	Drying temp, °F	Drying time, hr	Max. % moisture
P20 K25B	BAS 25	1.160	1.1-1.4	20.00 L			
P20 K65B	BAS 65	1.900	0.6-0.8	20.00 L			

PP Homopoly — NWP — North Wood

Grade	Filler	Sp Grav	Shrink, mils/in	Melt flow, g/10 min	Drying temp, °F	Drying time, hr	Max. % moisture
1020-62	WDF 20	0.966	8.7	7.40			
1040-62	WDF 40	1.039	5.0	2.40			

PP Homopoly — Omni — Omni Plastics

Grade	Filler	Sp Grav	Shrink, mils/in	Melt flow, g/10 min	Drying temp, °F	Drying time, hr	Max. % moisture
HPP GRC20 HF NA	GFI 20			16.00	170	2.0	
HPP GRC30 NA	GFI 30			6.00	170	2.0	
HPP GRC40 NA	GFI 40			5.00	170	2.0	
HPP							
TF20 HS BK1000	TAL 20	1.030		9.70	180-220	1.0-2.0	
HPP TF30 NA	TAL 30			8.60	180-220	1.0-2.0	

PP Homopoly — Petrothene — Equistar

Grade	Filler	Sp Grav	Shrink, mils/in	Melt flow, g/10 min	Drying temp, °F	Drying time, hr	Max. % moisture
PP 31AR01				12.00 L			
PP 31BU01X01				20.00 L			
PP 31EU01X01				20.00 L			
PP 31KK01				5.00 L			
PP 41BW01				30.00 L			

PP Homopoly — Polifil — TPG

Grade	Filler	Sp Grav	Shrink, mils/in	Melt flow, g/10 min	Drying temp, °F	Drying time, hr	Max. % moisture
C-10	CAC 10	0.980	12.0	10.00 L			
C-20	CAC 20	1.050	10.0	10.00 L			
C-30	CAC 30	1.150	9.0	10.00 L			
C-40	CAC 40	1.240	8.0	10.00 L			
GFPP-10	GFI 10	0.980	5.0	10.00 L			
GFPP-20	GFI 20	1.040	4.0	10.00 L			
GFPP-30	GFI 30	1.130	4.0	10.00 L			
GFPP-40	GFI 40	1.220	3.0	8.00 L			
GFPPCC-10	GFI 10	0.980	5.0	8.00 L			
GFPPCC-20	GFI 20	1.040	3.0	8.00 L			
GFPPCC-30	GFI 30	1.130	3.0	8.00 L			
GFPPCC-40	GFI 40	1.220	2.0	8.00 L			
GFRMPPCC-10	GFI 10	0.980	6.0	10.00 L			
M-20	MI 20	1.050	11.0	10.00 L			
M-40	MI 40	1.230	8.0	10.00 L			
T-10	TAL 10	0.980	12.0	8.00 L			
T-20	TAL 20	1.050	10.0	8.00 L			
T-30	TAL 30	1.150	9.0	8.00 L			
T-40	TAL 40	1.240	8.0	8.00 L			

PP Homopoly — Polifin PP — Sasol

Grade	Filler	Sp Grav	Shrink, mils/in	Melt flow, g/10 min	Drying temp, °F	Drying time, hr	Max. % moisture
1044M		0.912	15.0	15.00 L			
1100M		0.912	15.0	8.00 L			
1100N		0.912	14.0	12.00 L			
1100P		0.912	14.0	15.00 L			
1102H		0.909	15.0	1.80 L			
1102K		0.910	15.0	3.50 L			
1145TC		0.912	14.0	40.00 L			
1147H/HQ7		0.912	15.0	2.00 L			

PP Homopoly — Polybatch — A. Schulman

Grade	Filler	Sp Grav	Shrink, mils/in	Melt flow, g/10 min	Drying temp, °F	Drying time, hr	Max. % moisture
KER-5		0.910		11.00 L			

Max. % regrind	Inj. pres., ksi	Rear temp, °F	Mid temp, °F	Front temp, °F	Nozzle temp, °F	Proc temp, °F	Mold temp, °F
						392-482	59-95
						428-464	68-104
		360-380	360-380	360-380	360-380		
		360-380	360-380	360-380	360-380		
		390-410	400-440	360-400	360-390	390-450	80-140
		390-410	400-440	360-400	360-390	390-450	80-140
		390-410	400-440	360-400	360-390	390-450	80-140
		390-410	410-430	430-450	440-450	400-500	80-140
		390-410	410-430	430-450	440-450	400-500	80-140
		430	450	470	470		
		430	450	470	470		
		430	450	470	470		
		430	450	470	470		
		430	450	470	470		
	12.0-16.0	380-400	390-410	400-420	410-430		120-150
	12.0-16.0	380-400	390-410	400-420	410-430		120-150
	12.0-16.0	380-400	390-410	400-420	410-430		120-150
	12.0-16.0	380-400	390-410	400-420	410-430		120-150
	12.0-16.0	380-400	390-410	400-420	410-430		120-150
	12.0-16.0	380-400	390-410	400-420	410-430		120-150
	12.0-16.0	380-400	390-410	400-420	410-430		120-150
	12.0-16.0	380-400	390-410	400-420	410-430		120-150
	12.0-16.0	380-400	390-410	400-420	410-430		120-150
	12.0-16.0	380-400	390-410	400-420	410-430		120-150
	12.0-16.0	380-400	390-410	400-420	410-430		120-150
	12.0-16.0	380-400	390-410	400-420	410-430		120-150
	12.0-16.0	380-400	390-410	400-420	410-430		120-150
	12.0-16.0	380-400	390-410	400-420	410-430		120-150
	12.0-16.0	380-400	390-410	400-420	410-430		120-150
	12.0-16.0	380-400	390-410	400-420	410-430		120-150
	12.0-16.0	380-400	390-410	400-420	410-430		120-150
						428-500	
						428-500	
						428-500	
						428-500	
						428-500	
						428-500	
						428-500	
						374-500	
						500	

FREE DATA SHEETS: WWW.IDES.COM/PSIM

Grade	Filler	Sp Grav	Shrink, mils/in	Melt flow, g/10 min	Drying temp, °F	Drying time, hr	Max. % moisture
PP Homopoly		**Polyflam**			**A. Schulman**		
RIPP 374 ND CS1	TAL 20	1.353			158	2.0-4.0	
RPP 371 ND	TAL 20	1.363			158	2.0-4.0	
RPP 390 ND CS1		1.103			176	2.0-4.0	
RPP 500 D		0.942			176	2.0-4.0	
PP Homopoly		**Polyfort**			**A. Schulman**		
FIP 20 M K1033	MN 20	1.053			176	2.0-4.0	
FPP 1082	GFI 10	0.960					
FPP 1208	GFI 30	1.130					
FPP 1239	GFI 30	1.130					
FPP 1257	MI 40	1.230					
FPP 1309	MI 10	0.970					
FPP 1337	MI 20	1.040					
FPP 1494	MI 30	1.130					
FPP 1564	CAC 30	1.140					
FPP 1578	CAC 10	0.970					
FPP 1650	MI 30	1.140					
FPP 1763	GFI 40	1.180					
FPP 1829	GFI 40	1.180					
FPP 20 GB	GB 20	1.043			176	2.0-4.0	
FPP 20 GF	GFI 20	1.053			176	2.0-4.0	
FPP 20 GFC	GFI 20	1.053			176	2.0-4.0	
FPP 20 GFM HI	GFI 20	1.083			176	2.0-4.0	
FPP 20 T	TAL 20	1.053			176	2.0-4.0	
FPP 22 T K1093	TAL 22	1.053			176	2.0-4.0	
FPP 30 GF	GFI 30	1.133			176	2.0-4.0	
FPP 30 GFC	GFI 30	1.143			176	2.0-4.0	
FPP 30 GFC K1079	GFI 30	1.133			176	2.0-4.0	
FPP 40 T	TAL 40	1.263			176	2.0-4.0	
FPP 40 T K1442	TAL 40	1.243			176	2.0-4.0	
PP Homopoly		**Rhetech PP**			**RheTech**		
P100-01		0.910	14.5	6.00 L	150-180	1.0-2.0	0.05
P107-00		0.900	14.5	35.00 L	150-180	1.0-2.0	0.05
PP Homopoly		**RTP Compounds**			**RTP**		
100 SI 2		0.912	10.0-20.0		175	2.0	
100 TFE 20		1.023	20.0-25.0		175	2.0	
102	GFI 15	1.003	3.0-7.0	3.50 L	175	2.0	
102 FR	GFI 15	1.424	2.0-3.0	3.00 L	175	2.0	
105 CC TFE 15	GFI 30	1.263	2.0-3.0		175	2.0	
105 TFE 15	GFI 30	1.263	2.0-4.0		175	2.0	
109	GFI 50	1.333	1.0-3.0		175	2.0	
109 CC	GFI 50	1.333	1.0-3.0		175	2.0	
128 FR	TAL 20	1.454	8.0-12.0	4.00 L	175	2.0	
151		1.053	15.0-20.0		175	2.0	
154		1.033	15.0-20.0		175	2.0	
PP Homopoly		**Samsung Total**			**Samsung Total**		
HJ400		0.912		8.00 L			
HJ500		0.912		11.00 L			
HJ700		0.912		22.00 L			

Max. % regrind	Inj. pres., ksi	Rear temp, °F	Mid temp, °F	Front temp, °F	Nozzle temp, °F	Proc temp, °F	Mold temp, °F
						392-428	104-176
						392-428	104-176
						392-428	104-176
						392-428	104-176
						446-518	104-158
		375		425		385-475	70-120
		375		425		385-475	70-120
		375		425		385-475	70-120
		375		425		385-475	70-120
		375		425		385-475	70-120
		375		425		385-475	70-120
		375		425		385-475	70-120
		375		425		385-475	70-120
		375		425		385-475	70-120
		375		425		385-475	70-120
		375		425		385-475	70-120
		375		425		385-475	70-120
		375		425		385-475	70-120
						446-518	104-158
						446-518	104-158
						446-518	104-158
						446-518	104-158
						446-518	104-158
						446-518	104-158
						446-518	104-158
						446-518	104-158
						446-518	104-158
						446-518	104-158
						446-518	104-158
	0.4-1.5	370-420	380-430	390-440	400-420		80-120
	0.4-1.5	370-420	380-430	390-440	400-420		80-120
	10.0-15.0					375-450	90-150
	10.0-15.0					375-450	90-150
	10.0-15.0					375-450	90-150
	10.0-15.0					375-450	90-150
	10.0-15.0					375-450	90-150
	10.0-15.0					375-450	90-150
	10.0-15.0					375-450	90-150
	10.0-15.0					375-450	90-150
	10.0-15.0					375-450	90-150
	10.0-15.0					375-400	90-150
	10.0-15.0					375-450	90-150
	11.4-17.1	338-392	356-410	410-482			86-122
	11.4-17.1	338-392	356-410	410-482			86-122
	11.4-17.1	338-392	356-410	410-482			86-122

FREE DATA SHEETS: WWW.IDES.COM/PSIM

Grade	Filler	Sp Grav	Shrink, mils/in	Melt flow, g/10 min	Drying temp, °F	Drying time, hr	Max. % moisture
PP Homopoly		**Saxalen**		**Sax Polymers**			
PPH114C20	CAC 20	1.053					
PPH115C30	CAC 30	1.143					
PPH117C40	CAC 40	1.243					
PPH117T20	TAL 20	1.053					
PPH118T30	TAL 30	1.143					
PPH121GK30	GBF 30	1.163					
PPH302G15	GFI 15	1.013					
PPH303G20	GFI 20	1.053					
PPH304G25	GFI 25	1.083					
PPH305G30	GFI 30	1.163					
PPH306G40	GFI 40	1.183					
PPH309T40	TAL 40	1.243					
PPH320G28U	GFI 28	1.183					
PPH323B20U	GB 20	1.053					
PPH326G10	GFI 10	0.972					
PPH327G28	GFI 28	1.183					
PPH328GK30UM	GBF 30	1.183					
PPH329B20	GB 20	1.053					
PP Homopoly		**Shuman PP**		**Shuman**			
510		0.900		5.00			
PP Homopoly		**Spartech Polycom**		**SpartechPolycom**			
SC5-12B20	GFI 20			4.00	195	1.0	
SC5-12B30	GFI 30	1.130		4.00	195	1.0	
SC5-12B40	GFI 40	1.200		5.00	195	1.0	
SC5-1510	CAC 10			11.00	195	1.0	
SC5-1540	CAC 40	1.200		11.00	195	1.0	
SC5-3010		0.900		12.00	195	1.0	
SC5-3210	GFI 10	0.980		9.00	195	1.0	
SC5-3220	GFI 20			5.00	195	1.0	
SC5-3230	GFI 30	1.090		7.50	195	1.0	
SC5-3420	TAL 20			13.00	195	1.0	
SCR5-3010		0.900		12.00	195	1.0	
PP Homopoly		**Tecnoline**		**Domo nv**			
P1-001-T15	MN 15	1.023	7.5	26.00 L			
P1-002-T40	MN 40	1.263		22.00 L			
P1-003-T10	MN 10	0.962		27.00 L			
P1-004-T20	MN 20	1.043		24.00 L			
P1-005-T30	MN 30	1.133		23.00 L			
P1-006-V30	GFI 30	1.123		9.00 L			
P1-008-M30	MN 30	1.133		31.00 L			
P1-101-V30	GFI 30	1.123		16.00 L			
P1-301-V30 UV-B	GFI 30	1.123		2.00 L			
P1-302-V30	GFI 30	1.123		2.00 L			
P1-605-FR0				15.00 L	158	2.0-4.0	
PP Homopoly		**Thermylene**		**Asahi Thermofil**			
P1-35FM-1374H	GMN 35	1.190	3.0	3.00 L	160	2.0	0.15
P6-20FG-0600	GFI 20	1.040	4.0	4.00 L	160	2.0	0.15
P6-30FG-0600	GFI 30	1.130	3.0	4.00 L	160	2.0	0.15
P6-30FG-0684	GFI 30	1.130	3.0	4.00 L	160	2.0	0.15

Max. % regrind	Inj. pres., ksi	Rear temp, °F	Mid temp, °F	Front temp, °F	Nozzle temp, °F	Proc temp, °F	Mold temp, °F
						446-518	104-158
						446-518	104-158
						446-518	104-158
						428-482	104-158
						446-518	104-158
						392-500	68-158
						446-518	104-158
						446-518	104-158
						428-482	104-158
						428-482	104-158
						446-518	104-158
						428-482	104-158
						428-482	104-158
						428-464	104-158
						428-482	104-158
						428-482	104-158
						428-482	104-158
						428-464	104-158
						370-420	
		420-440	430-450	440-460	450-470	400-500	80-100
		420-440	430-450	440-460	450-470	400-500	80-100
		420-440	430-450	440-460	450-470	400-500	80-100
		420-440	430-450	440-460	450-470	400-500	80-100
		420-440	430-450	440-460	450-470	400-500	80-100
		420-440	430-450	440-460	450-470	400-500	80-100
		420-440	430-450	440-460	450-470	400-500	80-100
		420-440	430-450	440-460	450-470	400-500	80-100
		420-440	430-450	440-460	450-470	400-500	80-100
		420-440	430-450	440-460	450-470	400-500	80-100
						410-518	86-158
						410-518	86-158
						410-518	86-158
						410-518	86-158
						410-518	86-158
						410-518	86-158
						410-518	86-158
						410-518	86-158
						410-518	86-158
						392-446	86-140
	12.0-16.0	380-400	400-420	420-450	430-450		80-150
	12.0-16.0	380-400	400-420	420-450	430-460		80-150
	12.0-16.0	380-400	400-420	420-450	430-450		80-150
	12.0-16.0	380-400	400-420	420-450	430-460		80-150

Grade	Filler	Sp Grav	Shrink, mils/in	Melt flow, g/10 min	Drying temp, °F	Drying time, hr	Max. % moisture
PP Homopoly	**TOTAL PP**				**Total Petrochem**		
3422		0.903		5.00 L			
3620Z		0.907		12.00 L			
3622MZ		0.907		12.00 L			
3629		0.907		12.00 L			
3720Z		0.907		20.00 L			
3724Z		0.903		20.00 L			
3824Z		0.907		30.00 L			
3825Z		0.903		30.00 L			
3829		0.903		30.00 L			
PP Homopoly	**Trilene**				**TriPolyta Indonesia**		
HI10HO		0.905		10.00 L			
HI3.0HO		0.905		3.00 L			
HI35HO		0.905		35.00 L			
PP Homopoly	**Unifill-60**				**North Wood**		
20-PP	WDF 20	0.978	9.2	1.30			
40-PP	WDF 40	1.052	5.1	0.50			
PP Homopoly	**Vamplen**				**Vamp Tech**		
0024 V0 A		1.053	12.0-17.0	7.00	158-176		
0024 V0 B		1.033	12.0-17.0	7.50	158-176		
0024 V2		0.952	13.0-16.0	15.00	158-176		
0024 V2 LBC		1.003	10.0-12.0	10.00	158-176		
1027 V2	MN 10	1.023	10.0-12.0	15.00	158-176		
1028 V0	GFI 10	1.103	10.0-16.0	10.00	158-176		
1525 O V0		1.273	10.0-12.0	15.00	158-176		
2528 V0 CB		1.263		5.00	158-176		
2554 V0	GMN 25	1.393		6.50	167-203		
3026 V0 CB		1.424	2.0-3.0	2.50	167-203		
3026 V0 CB T	GFI 30	1.444	2.0-3.0	2.50	167-203		
A 0023 O V2		0.932	13.0-16.0	12.00	158-176		
A 0023 O V2 NF		0.922	13.0-16.0	15.00	158-176		
M 2025 O V0	MN 20	1.333	10.0-12.0	13.00	158-176		
M 2025 O V2	MN 20	1.243	10.0-12.0	16.00	158-176		
M 2525 C V0		1.363	10.0-12.0	15.00	167-203		
PP Homopoly	**WPP PP**				**Washington Penn**		
PPH1CF-2	CAC 20	1.040	17.0-21.0	2.00 L	160-190	1.0	
PPH2CF2	CAC 20	1.040	13.0-15.0	5.00 L	160-190	1.0	
PPH2CF-4	CAC 40	1.240	11.0-15.0	5.00 L	160-190	1.0	
PPH2GF2-Black	GFI 20	1.043		5.00 L	160-190	1.0-3.0	
PPH2GF3-Black	GFI 30	1.130		4.00 L	160-190	1.0-3.0	
PPH2GF3-Natural	GFI 30	1.110		3.00 L	160-190	1.0-3.0	
PPH2TF-2B-Black	TAL 20	1.080		7.00 L	160-190	1.0	
PPH2TF2-Black	TAL 20	1.040		6.00 L	160-190	1.0	
PPH2TF2-HS NAT	TAL 20	1.050		6.30 L	160-190	1.0	
PPH2TF2-Natural	TAL 20	1.050		5.00 L	160-190	1.0	
PPH2TF4-Black	TAL 40	1.240		6.00 L	160-190	1.0	
PPH2TF4C-Black	TAL 40	1.243		6.00 L	160-190	1.0	
PPH2TF4-White	TAL 40	1.253		5.00 L	160-190	1.0	
PPH3MG3.5-Black	GMI 35	1.180		5.00 L	160-190	1.0-3.0	
PPH3TF2-Black	TAL 20				160-190	1.0	
PPH3TF2-Natural	TAL 20	1.040		8.00 L	160-190	1.0	

Max. % regrind	Inj. pres., ksi	Rear temp, °F	Mid temp, °F	Front temp, °F	Nozzle temp, °F	Proc temp, °F	Mold temp, °F
		350	400	440		390-450	
						390-450	75
						390-450	
						390-450	
						390-450	
		350	400	440		390-450	75
		350	400	440		390-450	75
		350	400	440		390-450	75
		350	400	440		350-450	75
						446-482	68-122
						446-482	68-122
						392-446	68-122
		360-380	360-380	360-380	360-380		
		360-380	360-380	360-380	360-380		
		365-437					68-104
		365-437					68-104
		374-446					68-104
		365-437					104-140
		365-437					104-140
		365-437					104-140
		365-437					104-140
		374-446					122-158
		374-446					122-158
		374-446					122-158
		374-446					122-158
		365-437					104-140
		365-437					104-140
		365-437					104-140
		374-446					122-158
20	0.9-1.3					405-430	50-120
	0.6-1.1	435-445	435-445	440-450	450-470		60-120
	0.6-1.1	435-445	435-445	440-450	450-470		60-120
	0.6-1.3	420-440	430-450	430-450	420-440		80-120
	0.6-1.3	420-440	430-450	430-450	420-440		80-120
	0.6-1.3	420-440	430-450	430-450	420-440		80-120
	0.6-1.1	435-445	435-445	440-450	450-470		60-120
	0.6-1.1	435-445	435-445	440-450	450-470		60-120
	0.6-1.1	435-445	435-445	440-450	450-470		60-120
	0.6-1.1	435-445	435-445	440-450	450-470		60-120
	0.6-1.1	435-445	435-445	440-450	450-470		60-120
	0.6-1.1	435-445	435-445	440-450	450-470		60-120
	0.6-1.1	435-445	435-445	440-450	450-470		60-120
	0.6-1.5	430-445	445-455	445-465	430-470		60-120
	0.6-1.1	430-440	430-440	435-445	445-465		60-120
	0.6-1.1	430-440	430-440	435-445	445-465		60-120

FREE DATA SHEETS: WWW.IDES.COM/PSIM

Grade	Filler	Sp Grav	Shrink, mils/in	Melt flow, g/10 min	Drying temp, °F	Drying time, hr	Max. % moisture
PPH3TF4-Black	TAL 40	1.230		5.00 L	160-190	1.0	
PPH3TF4-Natural	TAL 40	1.230		5.00 L	160-190	1.0	
PPH4CF1-Black	CAC 10	0.990		14.00 L	160-190	1.0	
PPH4CF-2	CAC 20	1.040	12.0-16.0	10.00 L	160-190	1.0	
PPH4CF-4	CAC 40	1.230	14.0-18.0	10.00 L	160-190	1.0	
PPH4TF-2	TAL 20	1.070	13.0-17.0	10.00	160-190	1.0	
PPH4TF-3	TAL 30	1.130	5.0-12.0	10.00	160-190	1.0	
PPH4TF4-Black	TAL 40	1.233		12.00 L	160-190	1.0	
PPH5CF3-Black	CAC 30	1.160		18.00 L	160-190	1.0	
PPH6CF-2	CAC 20	1.020	14.0-18.0	21.00 L	160-190	1.0	
PPH6CF-4	CAC 40	1.230	10.0-14.0	20.00 L	160-190	1.0	
PPH6TF-2	TAL 20	1.020	12.0-16.0	22.00	160-190	1.0	
PPH7CF-2	CAC 20	1.060	13.0-17.0	32.00 L	160-190	1.0	
PRC25CF2-Black	CAC 20	1.043		10.00 L	160-190	1.0	
PRC25GF3-Black	GFI 30	1.110		5.00 L	160-190	1.0-3.0	
PRC25MG3-Black	GMI 30	1.150		5.00 L	160-190	1.0-3.0	
PRC25TF4-Black	TAL 40	1.240		8.00 L	160-190	1.0	
PRC25UF0-Black		0.900		8.00 L	160-190	1.0	

PP Homopoly — Xmod — Borealis

HF006SA		0.922		20.00 L			

PP Impact Copoly — Bormod — Borealis

BE961MO		0.907		12.00 L			
BF970MO		0.907		20.00 L			

PP Impact Copoly — Borpact — Borealis

SG930MO		0.902	10.0-20.0	25.00 L			

PP Impact Copoly — Borsoft — Borealis

SE410MO		0.907		15.00 L			

PP Impact Copoly — ExxonMobil PP — ExxonMobil

7032E2		0.902		4.50 L			
7032E3		0.912		4.00 L			
7033E2		0.902		8.00 L			
7033E3		0.912		8.00 L			
7033N		0.902		8.00 L			
7035E4		0.902		35.00 L			
7035E5		0.902		35.00 L			
7675K		0.902		40.00 L			
7694E2		0.902		19.00 L			

PP Impact Copoly — Exxpol Enhance — ExxonMobil

PP8224E2		0.902		15.00 L			

PP Impact Copoly — Hostalen PP — Basell

EPD60R		0.902		0.40 L			

PP Impact Copoly — Mytex — ExxonMobil

AP3AW		0.910		10.00 L			
AP3N		0.912		10.00 L			

PP Impact Copoly — Petrothene — Equistar

PP 34NP01				8.00 L			
PP 34RY01				57.00 L			

Max. % regrind	Inj. pres., ksi	Rear temp, °F	Mid temp, °F	Front temp, °F	Nozzle temp, °F	Proc temp, °F	Mold temp, °F
	0.6-1.1	430-440	430-440	435-445	445-465		60-120
	0.6-1.1	430-440	430-440	435-445	445-465		60-120
	0.6-1.1	425-435	425-435	430-440	440-460		60-120
	0.6-1.1	425-435	425-435	430-440	440-460		60-120
	0.6-1.1	425-435	425-435	430-440	440-460		60-120
	0.6-1.1	425-435	425-435	430-440	440-460		60-120
	0.6-1.1	425-435	425-435	430-440	440-460		60-120
	0.6-1.1	425-435	425-435	430-440	440-460		60-120
	0.6-1.1	420-430	420-430	425-435	435-455		60-120
	0.6-1.1	415-425	415-425	420-430	430-450		60-120
	0.6-1.1	415-425	415-425	420-430	430-450		60-120
	0.5-1.6	400-415	410-425	410-430	420-440		60-120
	0.5-1.0	410-420	410-420	425-435	425-450		60-120
	0.6-1.1	425-435	435-445	445-455	445-465		60-120
	0.6-1.3	420-440	430-450	430-450	420-440		80-120
	0.6-1.3	430-440	440-450	440-450	430-455		80-120
	0.6-1.4	425-435	435-445	445-455	445-465		60-120
	0.6-1.3	425-435	435-445	445-455	445-465		60-120
						428-500	86-140
						410-500	50-86
						410-500	50-86
						392-482	59-104
						410-500	86-104
						399-475	
						392-482	
						399-475	
						392-482	
						399-475	
						399-450	
						399-450	
						392-446	
						399-450	
						374-424	
						392-536	
						392-482	
						392-482	
		430	451	469	469	430-469	
		430	450	470	470	410-440	

FREE DATA SHEETS: WWW.IDES.COM/PSIM

Grade	Filler	Sp Grav	Shrink, mils/in	Melt flow, g/10 min	Drying temp, °F	Drying time, hr	Max. % moisture
PP 35BU01				20.00 L			
PP 35ER01		0.902		12.00 L			
PP 35FR03				12.00 L			
PP 35FU01				20.00 L			
PP 35NF01		0.900		2.20 L			
PP 35RU01X01				20.00			
PP 37NF01				2.40 L			
PP 44RZ01X02				80.00 L			
PP 44RZ02X01				110.00			
PP 45NY01				50.00 L			
PP 49NR01X01				12.00 L			
PP 49NU01X01				20.00 L			

PP Impact Copoly — Polifin PP — Sasol

Grade	Filler	Sp Grav	Shrink, mils/in	Melt flow, g/10 min	Drying temp, °F	Drying time, hr	Max. % moisture
2349MC		0.912	15.0	8.00 L			
2448TC		0.912	14.0	45.00 L			
2548MC		0.912	15.0	8.00 L			
254OH		0.912	14.0	1.80 L			
2648RC		0.912	12.0	22.00 L			

PP Impact Copoly — TOTAL PP — Total Petrochem

Grade	Filler	Sp Grav	Shrink, mils/in	Melt flow, g/10 min	Drying temp, °F	Drying time, hr	Max. % moisture
5624WZ		0.907		13.00			
5724WZ		0.907		20.00			

PP Impact Copoly — Vamplen — Vamp Tech

Grade	Filler	Sp Grav	Shrink, mils/in	Melt flow, g/10 min	Drying temp, °F	Drying time, hr	Max. % moisture
0024 V0 C		1.053	10.0-15.0	11.00	158-176		
0024 V0 CE BU		1.053	10.0-15.0	0.80	158-176		
0024 V2 EC 01		0.942		1.80	158-176		
1200		0.962		4.00	158-176		
A 0023 C V2		0.932	13.0-16.0	10.00	158-176		
A 0023 C V2 NF		0.922	13.0-16.0	15.00	158-176		

PP Impact Copoly — WPP PP — Washington Penn

Grade	Filler	Sp Grav	Shrink, mils/in	Melt flow, g/10 min	Drying temp, °F	Drying time, hr	Max. % moisture
PPC5UF0-Natural		0.900		35.00 L	160-190	1.0	
PRC25UF0C-Black		0.900		20.00 L	160-190	1.0	

PP Impact Copoly — Xmod — Borealis

Grade	Filler	Sp Grav	Shrink, mils/in	Melt flow, g/10 min	Drying temp, °F	Drying time, hr	Max. % moisture
BC60HSI		0.915		2.00 BF			

PP Random Copoly — Borealis PP — Borealis

Grade	Filler	Sp Grav	Shrink, mils/in	Melt flow, g/10 min	Drying temp, °F	Drying time, hr	Max. % moisture
RD360MO		0.907	10.0-20.0	8.00 L			
RE420MO		0.907	10.0-20.0	13.00 L			
RE435MO		0.907	10.0-20.0	13.00 L			
RF365MO		0.907	10.0-20.0	20.00 L			
RG460MO		0.908	10.0-20.0	30.00 L			
RJ370MO		0.907	10.0-20.0	45.00 L			

PP Random Copoly — Bormed — Borealis

Grade	Filler	Sp Grav	Shrink, mils/in	Melt flow, g/10 min	Drying temp, °F	Drying time, hr	Max. % moisture
RF825MO		0.907	10.0-20.0	20.00 L			
RF830MO		0.907	10.0-20.0	20.00 L			
RG835MO		0.907	10.0-20.0	30.00 L			

PP Random Copoly — Borpact — Borealis

Grade	Filler	Sp Grav	Shrink, mils/in	Melt flow, g/10 min	Drying temp, °F	Drying time, hr	Max. % moisture
SG321MO		0.902	10.0-20.0	25.00 L			

Max. % regrind	Inj. pres., ksi	Rear temp, °F	Mid temp, °F	Front temp, °F	Nozzle temp, °F	Proc temp, °F	Mold temp, °F
			430	450	470	470	430-470
							430-470
			430	451	469	469	430-469
			430	450	470	470	410-450
							420-470
			430	450	470	470	410-450
			430	450	470	470	430-470
			430	450	470	470	430-470
			430	450	470	470	430-470
			430	450	470	470	430-470
			430	450	470	470	430-470
			430	450	470	470	430-470
							428-500
							428-500
							428-500
							428-500
							428-500
							390-450
							390-450
		365-437					68-104
		374-446					68-104
		365-437					104-140
		365-437					104-158
		365-437					104-140
		365-437					104-140
	0.6-1.1	400-430	420-440	420-440	430-440		60-120
	0.6-1.3	425-435	435-445	445-455	445-465		60-120
						392-446	86-122
						410-500	86-104
						410-500	86-104
						410-500	86-104
						410-500	86-104
						410-500	59-104
						410-500	59-104
						428-482	86-104
						428-482	86-104
						428-482	86-104
						410-482	86-140

FREE DATA SHEETS: WWW.IDES.COM/PSIM

Grade	Filler	Sp Grav	Shrink, mils/in	Melt flow, g/10 min	Drying temp, °F	Drying time, hr	Max. % moisture
PP Random Copoly	**Borsoft**			**Borealis**			
SE319MO		0.907		13.00 L			
PP Random Copoly	**ExxonMobil PP**			**ExxonMobil**			
9574E6		0.902		11.50 L			
PP Random Copoly	**Ipiranga**			**Polisul**			
PRB 0131				1.30 L			
PRB 4215				43.00 L			
PP Random Copoly	**Marlex PP**			**Phillips Sumika**			
JM95S		0.902		35.00 L			
PP Random Copoly	**Petrothene**			**Equistar**			
PP 30HF01X01		0.906		1.85 L			
PP 33HR01X01				12.00 L			
PP 33HR02X01				12.00 L			
PP 33NR01X01				12.00 L			
PP Random Copoly	**Polifin PP**			**Sasol**			
3250NC		0.923	15.0	12.00 L			
PP Random Copoly	**TOTAL PP**			**Total Petrochem**			
7231XZ		0.902	10.0-25.0	1.50 L			
7525MZ		0.902		10.00 L			
7620Z		0.902		11.00 L			
7622MZ		0.902		11.00 L			
7823M		0.902		30.00 L			
7825		0.902		30.00 L			
7825WZ		0.902		30.00 L			
PP Random Copoly	**Trilene**			**TriPolyta Indonesia**			
RB2.0HC		0.897		1.60 L			
RI10HC		0.897		10.00 L			
RI10HO		0.897		10.00 L			
RI20HO		0.897		18.00 L			
PP, High Crystal	**Bormed**			**Borealis**			
HF855MO		0.904	10.0-20.0	20.00 L			
PP, High Crystal	**Bormod**			**Borealis**			
HF955MO		0.922		20.00 L			
PP, High Crystal	**ExxonMobil PP**			**ExxonMobil**			
7032KN		0.902		4.00 L			
7684KN		0.902		20.00 L			
7715E4		0.902		35.00 L			
8023		0.902		12.00 L			
AXO3BE3		0.902		35.00 L			
AXO3BE5		0.902		35.00 L			
PP, High Crystal	**Mytex**			**ExxonMobil**			
AP03B		0.912		30.00 L			

Max. % regrind	Inj. pres., ksi	Rear temp, °F	Mid temp, °F	Front temp, °F	Nozzle temp, °F	Proc temp, °F	Mold temp, °F
						410-500	86-104
						374-424	
				356-392			50-68
				410-464			50-68
						375-450	70-100
						410-450	
		430	450	470	470	430-470	
		430	451	469	469	430-469	
		430	450	470	470	430-470	
						374-500	
		350	400	440		440	75
						390-450	
						390-450	
						390-450	
						350-450	
						390-450	
		350	400	440		390-450	75
						392-446	68-122
						446-464	86-122
						446-464	77-122
						410-446	68-104
						428-500	86-140
						428-500	86-140
						399-450	
						399-450	
						399-450	
						374-424	
						399-450	
						399-450	
						392-446	

FREE DATA SHEETS: WWW.IDES.COM/PSIM

Grade	Filler	Sp Grav	Shrink, mils/in	Melt flow, g/10 min	Drying temp, °F	Drying time, hr	Max. % moisture
PP, High Crystal	**Samsung Total**				**Samsung Total**		
BI451		0.912		8.00 L			
BI452		0.912		8.00 L			
BI45W		0.912	14.0-18.0	8.00 L			
BI518		0.912		10.00 L			
BI51W		0.912	14.0-18.0	10.00 L			
BI530		0.912		10.00 L			
BI730		0.912		27.00 L			
BI740		0.912		25.00 L			
BI750		0.912		30.00 L			
BI830		0.912		40.00 L			
BI970		0.912		100.00 L			
BJ51W		0.912	14.0-18.0	13.00 L			
CH52W		1.023	11.0-15.0	12.00 L			
CH53W		1.093	10.0-14.0	12.00 L			
CH72W		1.023	11.0-15.0	25.00 L			
CI72W		1.033	11.0-15.0	25.00 L			
FH22		1.023	14.0-18.0	6.00 L			
FH82		1.043	11.0-15.0	45.00 L			
GB14	GFI	1.203	2.0-9.0	3.00 L			
GB33R	GFI	1.123	2.0-9.0	5.00 L			
GB34F	GFI	1.203	3.0-8.0	5.00 L			
GB35F	GFI	1.353	2.0-7.0	5.00 L			
GB52	GFI	1.043	4.0-11.0	4.50 L			
GB71	GFI	0.972	4.0-11.0	15.00 L			
GB72	GFI	1.043	3.0-10.0	10.00 L			
GB73	GFI	1.133	2.0-9.0	8.50 L			
GH23	GFI	1.123	2.0-9.0	3.00 L			
GH41	GFI	0.972	4.0-11.0	12.00 L			
GH42	GFI	1.043	3.0-10.0	10.00 L			
GH42F	GFI	1.353	3.0-7.0	4.00 L			
GH42M	GFI	1.043	3.0-10.0	5.00 L			
GH42W	GFI	1.043	3.0-10.0	10.00 L			
GH43	GFI	1.043	2.0-9.0	7.00 L			
GH73	GFI	1.133	2.0-9.0	8.50 L			
HI831		0.912		45.00 L			
HJ730		0.912		20.00 L			
HJ730L		0.912		5.00 L			
HS120		0.912		1.50 L			
NH53G	GMI	1.153	4.0-11.0	6.00 L	176	2.0	
NH54G	GMI	1.233	3.0-10.0	4.00 L	176	2.0	
NH54I	MI	1.233	2.0-9.0	8.00 L	176	2.0	
RB51		0.902	14.0-18.0	10.00 L			
TB51	TAL	0.972	12.0-16.0	11.00 L			
TB52	TAL	1.073	10.0-14.0	11.00 L			
TB52U	TAL	1.043	10.0-14.0	12.00 L			
TB53	TAL	1.163	8.0-12.0	9.00 L			
TB54	TAL	1.243	6.0-10.0	9.00 L			
TB70W	TAL	0.942	13.0-17.0	27.00 L			
TB71W	TAL	1.003	12.0-16.0	20.00 L			
TB72P	TAL	1.053	10.0-14.0	23.00 L			
TB72W	TAL	1.053	10.0-14.0	24.00 L			
TB81W	TAL	0.942	13.0-17.0	40.00 L			
TH24	TAL	1.223	6.0-10.0	5.00 L			
TH43S	TAL	1.113	9.0-13.0	11.00 L			

Max. % regrind	Inj. pres., ksi	Rear temp, °F	Mid temp, °F	Front temp, °F	Nozzle temp, °F	Proc temp, °F	Mold temp, °F
	11.4-17.1	338-392	356-410	392-446			86-122
	11.4-17.1	338-392	356-410	392-446			86-122
	8.5-14.2	356-392	374-410	392-428			104-176
	14.2	419	455	455	455		455
	8.5-14.2	356-392	374-410	392-428			104-176
	14.2-35.6	338-392	356-428	410-482			86-122
	14.2-35.6	320-392	392-464	428-500			86-122
	14.2-35.6	320-392	392-464	428-500			86-122
	14.2-35.6	320-392	392-464	428-500			86-122
	14.2-35.6	320-392	392-464	428-500			86-122
	14.2-35.6	320-392	392-464	428-500			86-122
	8.5-14.2	356-392	374-410	392-428			104-176
	8.5-14.2	356-392	374-410	392-428			104-176
	8.5-14.2	356-392	374-410	392-428			104-176
	8.5-14.2	356-392	374-410	392-428			104-176
	8.5-14.2	356-392	374-410	392-428			104-176
	5.7-11.4	338-356	356-392	356-392	374-410		104-158
	5.7-11.4	338-356	356-392	356-392	374-410		104-158
	8.5-15.6	392-464	392-464	392-464			122-176
	8.5-15.6	392-464	392-464	392-464			122-176
	8.5-15.6	356-428	356-428	356-428			104-176
	8.5-15.6	356-428	356-428	356-428			104-176
	7.1-12.8	356-428	356-428	356-428			122-176
	5.7-10.0	338-410	338-410	338-410			122-176
	5.7-10.0	338-410	338-410	338-410			122-176
	5.7-10.0	338-410	338-410	338-410			122-176
	8.5-15.6	392-464	392-464	392-464			122-176
	7.1-12.8	356-428	356-428	356-428			122-176
	7.1-12.8	356-428	356-428	356-428			122-176
	8.5-15.6	356-428	356-428	356-428			104-176
	8.5-15.6	392-464	392-464	392-464			122-176
	8.5-15.6	356-428	356-428	356-428			104-176
	7.1-12.8	356-428	356-428	356-428			122-176
	5.7-10.0	338-410	338-410	338-410			122-176
	14.2-35.6	320-392	392-464	428-500			86-122
	11.4-17.1	356-392	374-410	392-428			86-122
	14.2-35.6	320-392	392-464	428-500			86-122
	11.4-17.1	356-392	374-410	392-428			86-122
	4.3-7.1	392-446	392-446	392-446			104-158
	4.3-7.1	392-464	392-464	392-464			104-158
	4.3-7.1	392-464	392-464	392-464			104-158
	8.5-14.2	356-392	374-410	392-428			104-176
	5.7-12.8	356-392	374-410	392-428			122-176
	5.7-12.8	356-392	374-410	392-428			122-176
	8.5-14.2	356-392	374-410	392-428			104-176
	5.7-12.8	356-392	374-410	392-428			122-176
	5.7-12.8	356-392	374-410	392-428			122-176
	8.5-14.2	356-392	374-410	392-428			104-176
	8.5-14.2	356-392	374-410	392-428			104-176
	8.5-14.2	356-392	374-410	392-428			104-176
	8.5-14.2	356-392	374-410	392-428			104-176
	8.5-14.2	356-392	374-410	392-428			104-176
	5.7-12.8	356-392	374-410	392-428			122-176
	5.7-12.8	356-392	374-410	392-428			122-176

FREE DATA SHEETS: WWW.IDES.COM/PSIM

Grade	Filler	Sp Grav	Shrink mils/in	Melt flow, g/10 min	Drying temp, °F	Drying time, hr	Max. % moisture
TH52	TAL	1.043	10.0-14.0	15.00 L			
TH53	TAL	1.153	8.0-12.0	13.00 L			
TH54K	TAL	1.153	7.0-11.0	12.00 L			
TH54M	TAL	1.233	6.0-10.0	11.00 L			
TI54	TAL	1.223	6.0-10.0	14.00 L			

PP, High Crystal   Xmod   Borealis

Grade	Filler	Sp Grav	Shrink mils/in	Melt flow, g/10 min	Drying temp, °F	Drying time, hr	Max. % moisture
BE677AI		0.907	15.0	14.00 L			
MC55		0.922	15.0	57.00 BF			
MC55T1	MN 10	0.972	13.0	74.20 BF			
PC75		0.912	16.0	96.00 BF			

PP, HMS   Certene   Channel

Grade	Filler	Sp Grav	Shrink mils/in	Melt flow, g/10 min	Drying temp, °F	Drying time, hr	Max. % moisture
PHB-07		0.907		0.70 L			
PHF-2		0.906		2.00 L			
PHF-4		0.905		4.00 L			

PP, HMS   Certene   Muehlstein

Grade	Filler	Sp Grav	Shrink mils/in	Melt flow, g/10 min	Drying temp, °F	Drying time, hr	Max. % moisture
PHB-07		0.907		0.70 L			
PHF-2		0.906		2.00 L			
PHF-4		0.905		4.00 L			

PP, Unspecified   AD majoris   AD majoris

Grade	Filler	Sp Grav	Shrink mils/in	Melt flow, g/10 min	Drying temp, °F	Drying time, hr	Max. % moisture
BG 100	GFI 10	0.998		2.50 L			
BG 200	GFI 20	1.043		2.40 L			
BG 300	GFI 30	1.123		2.00 L			
BT 400	MN 40	1.223		2.00 L	176	3.0	
BW 300 BLACK 8229	GFI 30	1.133		2.70 L			
CFR 210		1.363		5.00 L	176	3.0	
CG 310 BLACK 8229	GFI 30	1.123		3.50 L			
CT 200	MN 20	1.053	10.0-16.0	24.00 BF	176	3.0	
DFR 218		1.353	9.0-11.0	6.00 L	176	3.0	
DG 300	GFI 30	1.123		6.00 L			
DT 260	MN 20	1.053		6.50 L	176	4.0	
DT 267	MN 20	1.043	11.0	7.00 L	176	3.0	
DT 400 BLACK 8229	MN 40	1.223	9.0	27.00 BF	176	3.0	
DT 400 WHITE 9102	MN 40	1.223	9.0	27.00 BF	176	3.0	
DW 254	GMN 25	1.253		11.00 L	176	3.0	
EB 651 BLACK 8229	MN 60	1.855		12.00 L	176	3.0	
EB 710	MN 70	2.005		14.00 L	176	3.0	
EC 267 BLANC 9368	MN 20	1.058	17.0-19.0	14.00 L	176	3.0	
EC 267 BLEU 5753	MN 20	1.058	17.0-19.0	14.00 L	176	3.0	
EE 107 GREY 7803/CTH26007	MN 20	0.962	11.0	45.00 BF	176	3.0	
EE115T GREY 8938	MN 14	0.992	89.5-90.5	10.00 L	176	3.0	
EFR 127		0.997	12.5	18.00 L			
EFR 201		1.363		14.00 L	176	3.0	
EG 204	GFI 20	1.043	6.0	12.00 L			
EG 304	GFI 30	1.123	4.0-6.0	13.00 L			
ET 212 BLACK 8229	MN 20	1.048	11.0	60.00 BF	176	3.0	
ET 261 GREY 7798/CTX 20002	MN 20	1.053	9.0-12.0	49.00 BF	176	3.0	
ET 300	TAL 30	1.139		14.00 L	176	3.0	
EW 221	MN 20	1.063		14.00 L			
EW 850	IR	3.008		15.00 L	176	3.0	

Max. % regrind	Inj. pres., ksi	Rear temp, °F	Mid temp, °F	Front temp, °F	Nozzle temp, °F	Proc temp, °F	Mold temp, °F
	5.7-12.8	356-392	374-410	392-428			122-176
	5.7-12.8	356-392	374-410	392-428			122-176
	5.7-12.8	356-392	374-410	392-428			122-176
	5.7-12.8	356-392	374-410	392-428			122-176
	5.7-12.8	356-392	374-410	392-428			122-176
						410-500	86-122
						410-500	86-122
						410-500	86-122
						410-500	86-122
						210-230	
						230-250	
						210-230	
						210-230	
						230-250	
						210-230	
		446-464					
						428-482	86-140
						428-500	86-140
						446-518	86-158
						446-536	86-122
						410-500	86-122
						410-464	86-122
						446-518	86-158
						410-500	86-122
						410-482	86-122
						446-518	86-122
						446-518	86-122
						410-500	86-122
						410-500	86-122
						410-500	86-122
						428-500	86-122
						428-518	86-122
						428-518	86-122
						428-500	86-122
						428-500	86-122
						428-500	86-122
						428-500	86-122
						356-392	68-122
						410-464	86-122
						446-518	86-158
						446-518	86-158
						428-500	86-122
						410-500	86-122
						410-500	86-122
						428-518	86-122

FREE DATA SHEETS: WWW.IDES.COM/PSIM

Grade	Filler	Sp Grav	Shrink, mils/in	Melt flow, g/10 min	Drying temp, °F	Drying time, hr	Max. % moisture
FE 124 GREY							
8487/RAL 7035		0.997	12.5	15.00 L			
FFR 037 WHITE							
1298/RAL 9003		0.947	12.0	18.00 L			
FT 167 GREY							
7796/AC20703	MN 10	0.962	10.0-15.0	15.00 L	176	3.0	
GC 118							
WHITE 1517-01	MN 17	1.037		22.00 L	176	3.0	
GC 153	MN 15	1.023	13.0-16.0	19.00 L	176	3.0	
GC 163	MN 15	1.023	13.0-16.0	19.00 L	176	3.0	
GC 168 GREY 7790	MN	1.023	13.0-16.0	19.00 L	176	3.0	
GFR 300	GFI 30	1.429		22.00 L			
GT 270 BLACK 8229	MN 20	1.053	12.0	21.00 L	176	3.0	
HG 313 BLACK 8229	GFI 30	1.133	5.0-8.0	21.00 L			
POLYPROPYLENE							
30 MS NOIR 8229	MN 30	1.143		6.00 L	176	3.0	
PP 30 FV NOIR 8229	GFI 30	1.123	4.0-7.0	17.50			
PP GFL AD 40	GLL 40	1.243	4.0	2.00 L			

PP, Unspecified Aplax Ginar

P0060CN		0.902	16.0-19.0	16.00 L	176-212	2.0	0.10
P0060GN		0.902	17.0-20.0	14.00 L	176-212	2.0	0.10
P1013GN		1.353	5.0-7.0	10.00 L	176-212	2.0	0.10
P1017GB		1.353	6.0-8.0	10.00 L	176-212	2.0	0.10
P1017GN		1.353	6.0-8.0	10.00 L	176-212	2.0	0.10
P2213GN		1.003	14.0-16.0	21.00 L	176-212	2.0	0.10
P2313CN		1.013	11.0-13.0	65.00 L	176-212	2.0	0.10
P2413GN		1.043	10.0-12.0	21.00 L	176-212	2.0	0.10
P2420GN		1.053	2.0-4.0	4.00 L	176-212	2.0	0.10
P2515CN		1.103	10.0-13.0	20.00 L	176-212	2.0	0.10
P2515GN		1.093	10.0-13.0	15.00 L	176-212	2.0	0.10
P2613GN		1.123	9.0-11.0	20.00 L	176-212	2.0	0.10
P2620GN		1.103	2.0-4.0	3.00 L	176-212	2.0	0.10
P2813GN		1.253	8.0-10.0	12.00 L	176-212	2.0	0.10
P2820GN		1.203	1.0-3.0	4.00 L	176-212	2.0	0.10

PP, Unspecified Aqualoy A. Schulman

134	GFI 40	1.190	1.0				0.20
143	GFI 40	1.210	3.0		176	2.0-3.0	0.20
150	GFI 50	1.320	1.0		176	2.0-3.0	

PP, Unspecified Bestran Triesa

PPGL8/01	GLL 40	1.203			176	2.0-3.0	
PPGL8/02	GLL 40	1.203			176	2.0-3.0	

PP, Unspecified Borcom Borealis

WE007AE		0.927	9.0	12.00 L			
WG140AI		0.982	12.0	20.00 L	176	3.0	

PP, Unspecified Borealis PP Borealis

EE322HP	MN 25	1.073	11.0	48.00 BF	176	3.0	
FS65C40	MN 40	1.263		4.00 L			
GB312UB	GFI 30	1.133		3.20 BF			
MB350WG	TAL 30	1.133	9.0	11.20 BF			
MB471WG	MN 40	1.233		2.00 L			
MG302AI	MN 30	1.143	9.0	102.00 BF	176	3.0	

Max. % regrind	Inj. pres., ksi	Rear temp, °F	Mid temp, °F	Front temp, °F	Nozzle temp, °F	Proc temp, °F	Mold temp, °F
						356-392	68-122
						356-392	68-122
						410-500	86-122
						428-500	86-122
						428-500	86-122
						428-500	86-122
						428-500	86-122
						428-482	86-122
						410-500	86-122
						446-518	86-158
						446-518	86-122
						446-518	86-158
	4.4-8.7	428-464				464-518	140-212
						356-428	122-158
						356-428	140-176
						356-428	140-176
						356-428	158-194
						356-428	158-194
						356-428	140-176
						356-428	140-176
						356-428	140-176
						356-428	140-176
						356-428	122-158
						356-428	140-176
						356-428	140-176
						356-446	140-176
						356-428	140-176
						356-446	140-176
20		465-482	445-475	440-465	440-465	510	50-150
20		465-482	445-475	440-465	440-465	510	50-150
20		465-482	445-475	440-465	440-465	510	50-150
						473-491	104-158
						473-491	104-158
						410-500	86-104
						410-500	86-104
						428-500	86-140
						410-500	68-140
						392-446	86-122
						410-500	86-140
						410-500	86-140
						410-500	86-122

FREE DATA SHEETS: WWW.IDES.COM/PSIM

Grade	Filler	Sp Grav	Shrink, mils/in	Melt flow, g/10 min	Drying temp, °F	Drying time, hr	Max. % moisture
MSC64T20	TAL 20	1.053	12.0	50.00 BF	176	3.0	
PS65T20	TAL 20	1.043	11.0	88.00 BF	176	3.0	
PSC63T20	TAL 20	1.073	12.0	122.00 BF	176	3.0	
RS65C30	MN 30	1.153		24.00 L			

PP, Unspecified — Borpact — Borealis

SE920MO		0.907		13.00 L			

PP, Unspecified — Cabelec — Cabot

3894		1.222	11.0-14.0	13.30 AO	140	2.0-4.0	
XS4865		1.028	12.0-14.0	49.00 AO	140	2.0-4.0	

PP, Unspecified — Cel-Span — Phoenix

603		0.980		7.00 E			0.15

PP, Unspecified — Celstran — Ticona

PP-GF30-02	GLL 30	1.120	
PP-GF30-03	GLL 30	1.123	
PP-GF40-02	GLL 40	1.210	
PP-GF40-03	GLL 40	1.213	
PP-GF40-04	GLL 40	1.223	
PP-GF40-10	GLL 40	1.210	
PP-GF50-02	GLL 50	1.330	
PP-GF50-03	GLL 50	1.333	
PP-GF50-04	GLL 50	1.333	

PP, Unspecified — Colorcomp — LNP

M-1000							
HS GN4-527		1.130	15.0-17.0		180	4.0	

PP, Unspecified — Comtuf — A. Schulman

Grade	Filler	Sp Grav	Shrink		Drying temp	Drying time	Max. % moisture
101	MN 25	1.080	11.0		176	2.0-3.0	0.20
102	MN 20	1.050	11.0		176	2.0-3.0	0.20
104	GFI 25	1.080	4.0		176	2.0-3.0	0.20
105	GFI 40	1.200	3.0		176	2.0-3.0	0.20
106	GMN 30	1.110	5.0		176	2.0-3.0	0.20
109	MN 40	1.230	9.0		176	2.0-3.0	0.20
152	MN 20	1.050	15.0		176	2.0-3.0	0.20
164	MN 20	1.030	14.0		176	2.0-3.0	0.20

PP, Unspecified — CoolPoly — Cool Polymers

D1202		1.383	3.0-4.0		176	1.0-2.0	
E1201		1.203	5.0-8.0		176	1.0-2.0	
E5101		1.704	2.0-4.0		302	6.0	0.20

PP, Unspecified — Cosmoplene — TPC

H101		0.902		3.50
W101		0.902		8.00
W531		0.902		8.00
Y101		0.902		12.00
Z432		0.902		14.00
Z451G		0.902		20.00

PP, Unspecified — Daplen — Borealis

AK4504	MN 30	1.173	10.0	20.00 L	176	2.0	
EC211T	MN 20	1.043	11.0	20.00 BF			

Max. % regrind	Inj. pres., ksi	Rear temp, °F	Mid temp, °F	Front temp, °F	Nozzle temp, °F	Proc temp, °F	Mold temp, °F
						410-500	86-122
						410-500	86-122
						410-500	86-122
						410-500	68-140
						428-500	68-140
	15.2	392	392	410	428	392-446	86
					410	392	104
	1.0	360-380	360-380	360-380			110-150
						410-428	149-167
						410-428	149-167
						419-437	149-167
						419-437	149-167
						500-554	104-158
						410-428	149-167
						428-446	149-167
						428-446	149-167
						536-554	104-158
						415-425	90-120
20		400-420	410-430	420-440	400-430	510	120-210
20		400-420	410-430	420-440	400-430	510	120-210
20		465-482	445-475	440-465	440-465	510	50-150
20		465-482	445-475	440-465	440-465	510	50-150
20		465-482	445-475	440-465	440-465	510	50-150
20		400-420	410-430	420-440	400-430	510	120-210
20		400-420	410-430	420-440	400-430	510	120-210
20		400-420	410-430	420-440	400-430	510	120-210
	5.1-15.2	374-428	410-446	419-473		419-473	68-149
	5.1-15.2	374-428	410-446	419-473		419-473	68-149
	9.0-23.9	554-599	572-608	590-626		590-635	275-356
						428-500	
						356-464	
						356-464	
						356-464	
						356-464	
						356-464	
						428-500	86-122
						446-500	86-122

FREE DATA SHEETS: WWW.IDES.COM/PSIM

Grade	Filler	Sp Grav	Shrink, mils/in	Melt flow, g/10 min	Drying temp, °F	Drying time, hr	Max. % moisture
EC321T	MN 30	1.103	7.0	20.00 BF	176	3.0	
ED064T		0.912	14.0	13.00 L			
ED086T		0.899	14.0	23.00 BF			
ED112T	MN 16	1.003	9.0	20.00 BF			
ED117AE	MN 10	0.972	10.0	8.50 L			
ED135AI	MN 10	0.952	11.0	30.00 BF	176	3.0	
ED160T		0.977	4.0	7.50 L			
ED188AI	MN 15	1.003	10.0	37.00 BF			
ED206HP	MN 25	1.063	6.0	30.00 BF	176	3.0	
ED213AE	MN 20	1.023	6.0	27.00 BF	176	2.0	
ED224T	MN 25	1.063	9.0	24.00 BF	176	3.0	
ED230HP	MN 20	1.043	5.0	10.00 L	176	2.0	
ED235HP	MN 30	1.093	7.0	35.00 BF	176	2.0	
ED236HP	MN 30	1.093	6.0	30.00 BF	176	2.0	
ED246T	MN 20	1.041	11.0	30.00 BF	176	3.0	
ED252HP	MN 20	1.054	8.0	30.00 BF	176	3.0	
ED321HP	MN 30	1.133	11.0	30.00 BF	176	2.0	
ED360UB	MN 30	1.143		10.00 L	176	2.0	
EE002AE		0.907	14.0	11.00 L	176	2.0	
EE015U	MN 10	0.942	8.5-9.5	12.00 L	176	2.0	
EE103AE	MN 10	0.952	10.0	12.00 L	176	2.0	
EE108U	MN 10	0.992	9.0	16.00 L	176	2.0	
EE109AE	MN 20	1.053	1.0	13.00 L			
EE115AE	MN 14	0.992	8.5-9.5	10.00 L			
EE137AI	MN 10	0.962	11.0	45.00 BF	176	3.0	
EE137HP	MN 10	0.982	9.5	42.00 BF	176	3.0	
EE188AI	TAL 15	1.003	10.0	58.00 BF	176	3.0	
EE260AE	MN 20	1.073	9.0	13.00 L	176	3.0	
EE340AE	MN 30	1.143	5.0	12.00 L	176	2.0	
EF005AE	MN 10	0.952	8.5	25.00 L	176	2.0	
EF040AE		0.912	11.0	90.00 BF	176	2.0	
EF160AE	MN 15	1.013	7.0	18.00 L	176	2.0	
EG102AI	MN 15	0.962	11.0	100.00 BF	176	3.0	
EG203AE	MN 20	1.043	6.0	25.00 L	176	2.0	
HJ060UB		0.912		50.00 L			
KB4436	MN 30	1.123	6.0	20.00 L	176	2.0	
KSR4525		0.907	16.0	35.00 BF	176	2.0	
KSR65T20	MN 20	1.043	10.0	30.00 BF			
KSR65T20E1	MN 20	1.013	10.0	41.00 BF	176	3.0	
KSX65T20	MN 20	1.013	10.0	30.00 BF	176	2.0	
MD206U	MN 20	1.043	10.0	24.00 BF	176	3.0	
PB4407	MN 7	0.942	11.0	55.00 BF	176	2.0	
PB4432	MN 10	0.942	8.0	75.00 BF	176	2.0	
SB4411/2	MN 10	0.942	10.5	50.00 BF	176	2.0	
VB4411	MN 10	0.952	8.0	53.00 BF	176	2.0	

PP, Unspecified   Edgetek   PolyOne

Grade	Filler	Sp Grav	Shrink, mils/in	Melt flow, g/10 min	Drying temp, °F	Drying time, hr	Max. % moisture
PP-20GF/000 HS	GFI	1.040	4.0				
PP-30GF/000	GFI	1.120	3.0-4.0				

PP, Unspecified   EnCom   EnCom

Grade	Filler	Sp Grav	Shrink, mils/in	Melt flow, g/10 min	Drying temp, °F	Drying time, hr	Max. % moisture
ACCUTUF 3119 HS HPP		0.900		2.20 L	200	2.0-4.0	0.00
CCF20 BK41000	CAC 20	1.030		8.00 L	200	2.0-4.0	0.00
PP C2530				1.90 L	200	2.0-4.0	0.00
T CPP 2005	TAL 20	1.080	1.0	7.50 L	200	2.0-4.0	0.00

Max. % regrind	Inj. pres., ksi	Rear temp, °F	Mid temp, °F	Front temp, °F	Nozzle temp, °F	Proc temp, °F	Mold temp, °F
						446-500	86-122
						446-500	86-122
						446-500	86-122
						446-500	86-122
						428-500	86-122
						410-500	86-122
						446-500	86-122
						410-500	86-122
						428-500	86-140
						428-500	86-122
						446-500	86-122
						428-500	86-122
						428-500	86-122
						428-500	86-122
						428-500	86-140
						428-500	86-140
						428-500	86-140
						428-500	86-122
						428-500	86-122
						428-500	86-122
						428-500	86-122
						428-500	86-122
						428-500	86-122
						428-500	86-122
						428-500	86-122
						428-500	86-140
						410-500	86-122
						428-500	86-122
						428-500	86-122
4.4-5.8						464-500	77-95
						428-500	86-122
						410-500	86-122
						428-500	86-122
						446-518	86-140
						428-500	86-122
						428-500	86-122
						410-500	86-122
						410-500	86-122
						410-500	86-122
						428-500	86-122
						428-500	86-122
						428-500	86-122
						428-500	86-122
						420-460	80-120
						400-460	80-130
		370-420	390-450	390-450	380-440	400-500	65-130
		370-420	390-450	390-450	380-440	400-500	65-130
		370-420	390-450	390-450	380-440	400-500	65-130
		370-420	390-450	390-450	380-440	400-500	65-130

FREE DATA SHEETS: WWW.IDES.COM/PSIM

Grade	Filler	Sp Grav	Shrink, mils/in	Melt flow, g/10 min	Drying temp, °F	Drying time, hr	Max. % moisture
PP, Unspecified	**Faradex**				**LNP**		
MS-1002	STS	0.972			180	4.0	
MS-1003	STS	1.013			180	4.0	
PP, Unspecified	**Ferrex**				**Ferro**		
GPP10CS	CAC 10	0.970	13.0	8.00	200	2.0-3.0	
GPP20CC	CAC 20	1.050	12.0	8.00	200	2.0-3.0	
GPP20CF NA	CAC 23	1.060	10.0-14.0	21.00 L	200	2.0-3.0	
GPP20CF21HB-NA	CAC 22	1.060	14.0	15.00 L	200	2.0-3.0	
GPP20CF54UL-WH	CAC 20	1.080	13.0	22.00 L	200	2.0-3.0	
GPP20CF57HB-GY	CAC 21	1.060	14.0	25.20 L	200	2.0-3.0	
GPP20CF65HB-GN	CAC 22	1.070	13.0	25.00 L	200	2.0-3.0	
GPP20CF69UL-WH	CAC 20	1.060	13.0	20.00 L	200	2.0-3.0	
GPP20CK HB-BK	CAC 20	1.060	12.0-15.0	8.00 L	200	2.0-3.0	
GPP20CK03HB-NA	CAC 20	1.060	13.0	11.00 L	200	2.0-3.0	
GPP20CN30AL	CAC 21	1.060	13.0	23.00 L	200	2.0-3.0	
GPP20CS07NA	CAC 21	1.050	16.0	12.00 L	200	2.0-3.0	
GPP20CS42BK	CAC 20	1.050	17.0	10.00 L	200	2.0-3.0	
GPP20CS43HB-GY	CAC 23	1.070	14.0	12.00 L	200	2.0-3.0	
GPP30CN07HB-YL	CAC 30	1.140	12.0	25.00 L	200	2.0-3.0	
GPP30CN33HB-NA	CAC 30	1.130	12.0	25.00 L	200	2.0-3.0	
GPP30CN36HB-GN	CAC 30	1.150	13.0	23.00 L	200	2.0-3.0	
GPP35CF UL	CAC 36	1.240	11.0-14.0	22.00 L	200	2.0-3.0	
GPP35CN	CAC 36	1.195	12.0-14.0	21.00 L	200	2.0-3.0	
GPP35CN UL	CAC 35	1.195	11.0-16.0	21.00 L	200	2.0-3.0	
GPP35CS33UL-BK	CAC 36	1.190	12.0	8.00 L	200	2.0-3.0	
GPP40CC	CAC 40	1.240	9.0	8.00	200	2.0-3.0	
GPP40CF	CAC 40	1.240	9.0	20.00	200	2.0-3.0	
PP, Unspecified	**Ferro PP**				**Ferro**		
CPP20GH	MN 26	1.060	11.0-14.0	20.00 L	200	2.0-3.0	
CPP30GH	MN 25	1.110	6.0-14.0	19.00 L	200	2.0-3.0	
CPP45GH02AL	MN 45	1.320	8.0	16.00 L	200	2.0-3.0	
HPP30GR05BK	GMN 30	1.150	3.0	5.50 L	200	2.0-3.0	
HPP30GR07WH	GMN 30	1.190	3.0	4.40 L	200	2.0-3.0	
HPP40GR09BK	GMN 40	1.240	3.0	4.00 L	200	2.0-3.0	
LPP10BK01BK	CAC 10	1.000	15.0	7.00 L	200	2.0-3.0	
LPP10BK38BK	CAC 10	0.980	17.0	12.50 L	200	2.0-3.0	
LPP20BC06WH	CAC 20	1.080	14.0	12.00 L	200	2.0-3.0	
LPP20BN18HB-WH	CAC 20	1.090	15.0	29.00 L	200	2.0-3.0	
LPP20BN19HB-AL	CAC 20	1.070	15.0	24.00 L	200	2.0-3.0	
LPP25BC64NA	CAC 25	1.120	13.0	15.00 L	200	2.0-3.0	
LPP30BK62GY	CAC 30	1.150	12.0	11.00 L	200	2.0-3.0	
LPP35BF54HB-WH	CAC 35	1.200		23.00 L	200	2.0-3.0	
LPP40BC47WH	CAC 42	1.270	13.0	10.00 L	200	2.0-3.0	
LPP40BK06NA	CAC 41	1.250	13.0	10.00 L	200	2.0-3.0	
LPP40BK16HB-WH	CAC 40	1.270	11.0	12.00 L	200	2.0-3.0	
LPP40BK49BK	CAC 40	1.240	11.0	9.00 L	200	2.0-3.0	
LPP40BK69HB-BK	CAC 40	1.250	14.0	9.00 L	200	2.0-3.0	
LPP40BN21BK	CAC 40	1.240	12.0	16.50 L	200	2.0-3.0	
LPP60BC67NA	CAC 60	1.570		10.00 L	200	2.0-3.0	
MPP40FA05NA	MI 40	1.260	8.0		200	2.0-3.0	
TPP20AD65NA	TAL 20	1.070	13.0	5.00 L	200	2.0-3.0	
TPP20AD72HB-NA	TAL 20	1.060	13.0	5.50 L	200	2.0-3.0	
TPP20AD76BK	TAL 20	1.060	16.0	7.00 L	200	2.0-3.0	

Max. % regrind	Inj. pres., ksi	Rear temp, °F	Mid temp, °F	Front temp, °F	Nozzle temp, °F	Proc temp, °F	Mold temp, °F
						450-475	90-130
						450-475	90-130
		390-400	400-410	410-420	420-430		115-140
		390-400	400-410	410-420	420-430		115-140
		390-400	400-410	410-420	420-430		115-140
		390-400	400-410	410-420	420-430		115-140
		390-400	400-410	410-420	420-430		115-140
		390-400	400-410	410-420	420-430		115-140
		390-400	400-410	410-420	420-430		115-140
		390-400	400-410	410-420	420-430		115-140
		390-400	400-410	410-420	420-430		115-140
		390-400	400-410	410-420	420-430		115-140
		390-400	400-410	410-420	420-430		115-140
		390-400	400-410	410-420	420-430		115-140
		390-400	400-410	410-420	420-430		115-140
		390-400	400-410	410-420	420-430		115-140
		390-400	400-410	410-420	420-430		115-140
		390-400	400-410	410-420	420-430		115-140
		390-400	400-410	410-420	420-430		115-140
		390-400	400-410	410-420	420-430		115-140
		390-400	400-410	410-420	420-430		115-140
		390-400	400-410	410-420	420-430		115-140
		395-400	400-410	410-415	415-425		110-125
		395-400	400-410	410-415	415-425		110-125
		395-400	400-410	410-415	415-425		110-125
		400-415	410-420	420-425	425-440		110-135
		400-415	410-420	420-425	425-440		110-135
		400-415	410-420	420-425	425-440		110-135
		395-400	400-410	410-415	415-425		110-125
		395-400	400-410	410-415	415-425		110-125
		395-400	400-410	410-415	415-425		110-125
		395-400	400-410	410-415	415-425		110-125
		395-400	400-410	410-415	415-425		110-125
		395-400	400-410	410-415	415-425		110-125
		395-400	400-410	410-415	415-425		110-125
		395-400	400-410	410-415	415-425		110-125
		395-400	400-410	410-415	415-425		110-125
		395-400	400-410	410-415	415-425		110-125
		395-400	400-410	410-415	415-425		110-125
		395-400	400-410	410-415	415-425		110-125
		395-400	400-410	410-415	415-425		110-125
		395-400	400-410	410-415	415-425		110-125
		400-415	410-420	420-425	425-440		110-135
		400-410	410-415	415-420	420-425		110-130
		400-410	410-415	415-420	420-425		110-130
		400-410	410-415	415-420	420-425		110-130

FREE DATA SHEETS: WWW.IDES.COM/PSIM

Grade	Filler	Sp Grav	Shrink, mils/in	Melt flow, g/10 min	Drying temp, °F	Drying time, hr	Max. % moisture
TPP20AD88UL-NA	TAL 20	1.070	16.0	6.00 L	200	2.0-3.0	
TPP20AE03UL-WH	TAL 20	1.070	14.0	5.00 L	200	2.0-3.0	
TPP20AE37UL-WH	TAL 20	1.060		15.00 L	200	2.0-3.0	
TPP20AN05BK	TAL 20	1.060	15.0	6.00 L	200	2.0-3.0	
TPP20AN17BK	TAL 20	1.060	15.0	9.00 L	200	2.0-3.0	
TPP20AN50WH	TAL 20	1.080	10.0	13.00 L	200	2.0-3.0	
TPP20AN53NA	TAL 20	1.060	14.0	7.00 L	200	2.0-3.0	
TPP20AN57BK	TAL 22	1.070	16.0	6.00 L	200	2.0-3.0	
TPP30AN58NA	TAL 31	1.160	12.0	10.00 L	200	2.0-3.0	
TPP40AC45BK	TAL 40	1.280	13.0	5.60 L	200	2.0-3.0	
TPP40AC50HB-BK	TAL 40	1.270	11.0	5.00 L	200	2.0-3.0	
TPP40AC74BK	TAL 40	1.260	11.0	5.00 L	200	2.0-3.0	
TPP40AD61WH	TAL 40	1.280	9.0	6.50 L	200	2.0-3.0	
TPP40AJ26UL-TN	TAL 40	1.250	10.0	20.00 L	200	2.0-3.0	
TPP40AN47BK	TAL 40	1.240	9.0	9.50 L	200	2.0-3.0	

PP, Unspecified   Ferropak   Ferro

Grade	Filler	Sp Grav	Shrink, mils/in	Melt flow, g/10 min	Drying temp, °F	Drying time, hr	Max. % moisture
TPP40WA04NA	TAL 41	1.260	9.0	1.50 L	200	2.0-3.0	
TPP40WA07BK	TAL 40	1.240	9.0	1.20 L	200	2.0-3.0	

PP, Unspecified   Formpoly   Formulated Poly

Grade	Filler	Sp Grav	Shrink, mils/in	Melt flow, g/10 min	Drying temp, °F	Drying time, hr	Max. % moisture
CPP20	CH 20	1.050	8.0-14.0		176	2.0	
CPP30	CH 30				176	2.0	
CPP40	CH 40	1.240	6.0-10.0		176	2.0	
GPP15	GFI 15	1.010	6.0-12.0		176	2.0	
GPP20	GFI 20				176	2.0	
GPP20FR	GFI				176	2.0	
GPP30	GFI 30	1.130	2.0-6.0		176	2.0	
GPP40	GFI 40	1.240	2.0-4.0		176	2.0	
MPP20	MI 20	1.050	8.0-12.0		176	2.0	
MPP30	MI 30	1.120	7.0-11.0		176	2.0	
MPP40	MI 40	1.240	6.0-10.0		176	2.0	
PP3UV		0.900	15.0-25.0		176	2.0	
SPP200		0.900	15.0-28.0		176	2.0	
SPP202		0.900	15.0-25.0		140-248	2.0-4.0	
SPP208		0.900	15.0-25.0		140-248	2.0-4.0	
TPP20	TAL 20	1.040	8.0-12.0		176	2.0	
TPP20FR	TAL	1.250	6.0-10.0		176	2.0	
TPP30	TAL 30				176	2.0	
TPP40	TAL 40	1.230	6.0-10.0		176	2.0	

PP, Unspecified   Formula P   Putsch Kunststoffe

Grade	Filler	Sp Grav	Shrink, mils/in	Melt flow, g/10 min	Drying temp, °F	Drying time, hr	Max. % moisture
COMP 3220	TAL 20	1.053	10.0-12.0	17.00 L			
COMP 3240	TAL 40	1.213		7.00 L			
COMP 3525 GB M1	GMN	1.073	10.0-12.0	10.00 L	176	2.0	
COMP 5220		1.053	11.0-13.0	15.00 L			
COMP 5220 M1		1.043	9.0-11.0	15.00 L			
COMP 6220 M1		1.043	10.0-12.0	20.00 L			
COMP 6220 M1 Z		1.053	10.0-12.0	30.00 L			
COMP 7210 Z2		0.972	14.0-16.0	35.00 L			
ELAN 3003		0.902		4.00 L			
ELAN 3003 UV		0.902	15.0-18.0	8.00 L			
ELAN 3415 M1 UV		0.922	13.0-15.0	24.00 L	176	3.0	
ELAN 5210 M2		0.982	12.0-14.0	15.00 L			
ELAN 5220 M2	MN 20	1.043	8.0-11.0	12.00 L			
ELAN 5220 M2 Z	MN 20	1.043	8.0-10.0	12.00 L	176	2.0	

Max. % regrind	Inj. pres., ksi	Rear temp, °F	Mid temp, °F	Front temp, °F	Nozzle temp, °F	Proc temp, °F	Mold temp, °F
		400-410	410-415	415-420	420-425		110-130
		400-410	410-415	415-420	420-425		110-130
		400-410	410-415	415-420	420-425		110-130
		400-410	410-415	415-420	420-425		110-130
		400-410	410-415	415-420	420-425		110-130
		400-410	410-415	415-420	420-425		110-130
		400-410	410-415	415-420	420-425		110-130
		400-410	410-415	415-420	420-425		110-130
		400-410	410-415	415-420	420-425		110-130
		400-410	410-415	415-420	420-425		110-130
		400-410	410-415	415-420	420-425		110-130
		400-410	410-415	415-420	420-425		110-130
		400-410	410-415	415-420	420-425		110-130
		400-410	410-415	415-420	420-425		110-130
		400-410	410-415	415-420	420-425		110-130
		400-410	410-415	415-420	420-425		110-130
		400-410	410-415	415-420	420-425		110-130
	7.1	338	365	392	365	365-392	122-158
	8.5	356	383	410	374	374-410	140-167
	10.0	374	401	383	383	374-428	140-176
	8.5	356	392	410	383	374-410	140-194
	10.7	383	410	428	392	392-446	140-194
	12.8	392	419	437	410	410-446	140-212
	7.1	338	365	392	365	365-392	122-158
	8.5	356	383	410	374	374-410	140-167
	10.0	374	401	383	383	374-428	140-176
	7.1	329	356	392	365	347-365	113-140
	6.4	320	347	383	365	347-374	122-140
		320	347	383	365	347-374	122-140
		311	338	374	356	347-365	122-140
	7.1	338	365	392	365	365-392	122-158
	7.1	338	365	392	365	356-374	122-140
	8.5	356	383	410	374	374-410	140-167
	10.0	374	401	383	383	374-428	140-176
						428-491	68-104
						446-500	86-122
						473-509	104-140
						446-464	86-122
						428-464	86-104
						428-464	86-104
						446-482	104-122
						446-464	86-104
						428-464	86-140
						392-446	68-104
						428-464	86-140
						428-464	68-104
						473-491	86-140
						482-518	86-140

FREE DATA SHEETS: WWW.IDES.COM/PSIM

Grade	Filler	Sp Grav	Shrink, mils/in	Melt flow, g/10 min	Drying temp, °F	Drying time, hr	Max. % moisture
ELAN 6003 UV		0.902	15.0-17.0	15.00 L			
ELAN 6220 M2 Z	MN 20	1.043	10.0-12.0	20.00 L			
ELAN ST 716		1.043	8.0-10.0	14.00 L	176	3.0	
ELAN XP 515	CL	0.962	8.0-11.0	7.00 L	176	2.0	
FIB 3610/L SC	GFI 10	0.972	5.5-6.6	3.00 L			
FIB 3620/L SC	GFI 20	1.053	2.5-3.5	2.50 L			
FIB 3630/L	GFI 30	1.143	2.0-3.0	3.00 L	176	3.0	
FIB 3630/L T	GFI 30	1.143	2.0-3.0	3.00 L	176	3.0	
FIB 3640/L	GFI 40	1.223	2.5-3.5	4.50 L	176	3.0	

PP, Unspecified   Gapex   Ferro

Grade	Filler	Sp Grav	Shrink, mils/in	Melt flow, g/10 min	Drying temp, °F	Drying time, hr
RPP10DA	GFI 10	0.970	6.0	2.00	160-180	2.0-4.0
RPP10DX02NA	GBF 10	0.970	15.0	10.00 L	160-180	2.0-4.0
RPP10EA54NA	GFI 10	0.980	8.0	6.80 L	160-180	2.0-4.0
RPP10ER	GFI 10	0.970	6.0	3.00	160-180	2.0-4.0
RPP10EU07NA	GFI 10	0.970	6.0	6.50 L	160-180	2.0-4.0
RPP10EU28GY	GFI 10	0.980	9.0	7.50 L	160-180	2.0-4.0
RPP10EU40BK	GFI 10	0.980	8.0	6.50 L	160-180	2.0-4.0
RPP10EU41WH	GFI 10	0.980	10.0	7.00 L	160-180	2.0-4.0
RPP10EU46WH	GFI 10	0.980	9.0	8.00 L	160-180	2.0-4.0
RPP10EU56BK	GFI 10	0.970	7.0	6.50 L	160-180	2.0-4.0
RPP10EU60AL	GFI 11	0.980	9.0	7.00 L	160-180	2.0-4.0
RPP10EV02NA	GFI 10	0.970	8.0	6.50 L	160-180	2.0-4.0
RPP15EU47BK	GFI 15	1.010	5.0	9.00 L	160-180	2.0-4.0
RPP15EU57HB BLACK	GFI 16	1.010	6.0	7.00 L	160-180	2.0-4.0
RPP15EU58HB	GFI 15	1.010	6.0	7.70 L	160-180	2.0-4.0
RPP15GT21NA	GFI 15	1.320	6.0	7.00 L	160-180	2.0-4.0
RPP20DA	GFI 20	1.040	2.0-4.0	5.00 L	160-180	2.0-4.0
RPP20EA HB	GFI 20		3.0-6.0	5.25 L	160-180	2.0-4.0
RPP20EB92BK					160-180	2.0-4.0
RPP20EC12BK					160-180	2.0-4.0
RPP20ER	GFI 20	1.040	4.0	3.00	160-180	2.0-4.0
RPP20EU04NA	GFI 20	1.040	5.0	2.50 L	160-180	2.0-4.0
RPP20EU10NA	GFI 20	1.040	5.0	6.50 L	160-180	2.0-4.0
RPP20EU25HB	GFI 20	1.050	5.0	8.50 L	160-180	2.0-4.0
RPP20EU31UL BLACK	GFI 20	1.040	5.0	7.00 L	160-180	2.0-4.0
RPP20EU32UL	GFI 20	1.040	6.0	6.00 L	160-180	2.0-4.0
RPP20EU33AL	GFI 23	1.060	5.0	17.50 L	160-180	2.0-4.0
RPP20EU34WH	GFI 25	1.090	5.0	17.50 L	160-180	2.0-4.0
RPP20EU38BK	GFI 20	1.050	4.0	15.50 L	160-180	2.0-4.0
RPP20EU48HB BLACK	GFI 20	1.050		2.00 L	160-180	2.0-4.0
RPP20EU49HB BLACK	GFI 20	1.050	4.0	17.50 L	160-180	2.0-4.0
RPP20EU50AL	GFI 20	1.060	4.0	12.50 L	160-180	2.0-4.0
RPP20EU51WH	GFI 20	1.080	5.0	13.00 L	160-180	2.0-4.0
RPP20EU52AL	GFI 23	1.070	5.0	18.00 L	160-180	2.0-4.0
RPP20EU54HB BLACK	GFI 20	1.050	4.0	5.50 L	160-180	2.0-4.0
RPP20EU61BK	GFI 21	1.060	5.0	17.00 L	160-180	2.0-4.0
RPP20EU62TN	GFI 22	1.060	5.0	17.50 L	160-180	2.0-4.0
RPP20EU63BN	GFI 22	1.060	5.0	18.00 L	160-180	2.0-4.0
RPP20EU64GY	GFI 22	1.060	4.0	18.00 L	160-180	2.0-4.0
RPP20EU65GY	GFI 20	1.050	4.0	18.00 L	160-180	2.0-4.0

Max. % regrind	Inj. pres., ksi	Rear temp, °F	Mid temp, °F	Front temp, °F	Nozzle temp, °F	Proc temp, °F	Mold temp, °F
						428-464	86-122
						473-491	86-140
						464-482	104-140
						464-491	68-104
						428-464	104-140
						428-500	86-122
						464-482	104-140
						464-482	104-140
						464-482	104-140
		430-460	440-470	450-500	450-500	430-460	100-150
		430-460	440-470	450-500	450-500	430-460	100-150
		430-460	440-470	450-500	450-500	430-460	100-150
		430-460	440-470	450-500	450-500	430-460	100-150
		430-460	440-470	450-500	450-500	430-460	100-150
		430-460	440-470	450-500	450-500	430-460	100-150
		430-460	440-470	450-500	450-500	430-460	100-150
		430-460	440-470	450-500	450-500	430-460	100-150
		430-460	440-470	450-500	450-500	430-460	100-150
		430-460	440-470	450-500	450-500	430-460	100-150
		430-460	440-470	450-500	450-500	430-460	100-150
		430-460	440-470	450-500	450-500	430-460	100-150
		430-460	440-470	450-500	450-500	430-460	100-150
		430-460	440-470	450-500	450-500	430-460	100-150
		430-460	440-470	450-500	450-500	430-460	100-150
		430-460	440-470	450-500	450-500	430-460	100-150
		430-460	440-470	450-500	450-500	430-460	100-150
		430-460	440-470	450-500	450-500	430-460	100-150
		430-460	440-470	450-500	450-500	430-460	100-150
		430-460	440-470	450-500	450-500	430-460	100-150
		430-460	440-470	450-500	450-500	430-460	100-150
		430-460	440-470	450-500	450-500	430-460	100-150
		430-460	440-470	450-500	450-500	430-460	100-150
		430-460	440-470	450-500	450-500	430-460	100-150
		430-460	440-470	450-500	450-500	430-460	100-150
		430-460	440-470	450-500	450-500	430-460	100-150
		430-460	440-470	450-500	450-500	430-460	100-150
		430-460	440-470	450-500	450-500	430-460	100-150
		430-460	440-470	450-500	450-500	430-460	100-150
		430-460	440-470	450-500	450-500	430-460	100-150
		430-460	440-470	450-500	450-500	430-460	100-150
		430-460	440-470	450-500	450-500	430-460	100-150
		430-460	440-470	450-500	450-500	430-460	100-150
		430-460	440-470	450-500	450-500	430-460	100-150

Grade	Filler	Sp Grav	Shrink, mils/in	Melt flow, g/10 min	Drying temp, °F	Drying time, hr	Max. % moisture
RPP20EU66GY	GFI 21	1.050	4.0	18.50 L	160-180	2.0-4.0	
RPP20EU76WH	GFI 20	1.070	5.0	17.00 L	160-180	2.0-4.0	
RPP20EU77AL	GFI 23	1.060	5.0	17.50 L	160-180	2.0-4.0	
RPP20EU78BK	GFI 20	1.060	5.0	17.00 L	160-180	2.0-4.0	
RPP20EU80BK	GFI 20	1.040	5.0	13.00 L	160-180	2.0-4.0	
RPP20EU81WH	GFI 23	1.080	4.0	13.50 L	160-180	2.0-4.0	
RPP20EU83GY	GFI 21	1.060	5.0	14.00 L	160-180	2.0-4.0	
RPP20EU84AL	GFI 23	1.070	5.0	14.00 L	160-180	2.0-4.0	
RPP20EV09HB	GFI 20	1.050	4.0	5.50 L	160-180	2.0-4.0	
RPP25DZ04BL	GFI 25	1.080		7.00 L	160-180	2.0-4.0	
RPP25EA41WH	GFI 25	1.080		5.00 L	160-180	2.0-4.0	
RPP30DA	GFI 30	1.130	4.0	2.00	160-180	2.0-4.0	
RPP30EA20HB-BK	GFI 30	1.130	3.0	4.00 L	160-180	2.0-4.0	
RPP30EA23BK	GFI 30	1.130	3.0	3.00 L	160-180	2.0-4.0	
RPP30EA52WH					160-180	2.0-4.0	
RPP30EA62GY	GFI 30	1.130	2.0	6.00 L	160-180	2.0-4.0	
RPP30EB42BK					160-180	2.0-4.0	
RPP30EU15BK	GFI 30	1.120	3.0	3.00 L	160-180	2.0-4.0	
RPP30EU22NA	GFI 30	1.110		9.00 L	160-180	2.0-4.0	
RPP30EU24HB BLACK	GFI 30	1.120	3.0	10.00 L	160-180	2.0-4.0	
RPP30EU30NA	GFI 30	1.140	3.0	5.00 L	160-180	2.0-4.0	
RPP30EU67BK BLACK	GFI 30	1.120	3.0	7.00 L	160-180	2.0-4.0	
RPP30EU71HB BLACK	GFI 30	1.140	2.0	7.00 L	160-180	2.0-4.0	
RPP30EU79NA	GFI 30	1.130	3.0	9.00 L	160-180	2.0-4.0	
RPP30EU87HB BLACK	GFI 31	1.120	2.0	3.00 L	160-180	2.0-4.0	
RPP30EU88HB GREEN	GFI 31	1.120	2.0	3.00 L	160-180	2.0-4.0	
RPP30EU89HB BLUE	GFI 31	1.120	2.0	3.00 L	160-180	2.0-4.0	
RPP30EU91NA		1.123		4.50 L	160-180	2.0-4.0	
RPP40DA	GFI 40	1.220	3.0	2.00	160-180	2.0-4.0	
RPP40EA35NA	GFI 40	1.220		8.00 L	160-180	2.0-4.0	
RPP40EU29UL-NA	GFI 40	1.220	2.0	4.00 L	160-180	2.0-4.0	
RPP40EV03BK	GFI 40	1.230	2.0	5.00 L	160-180	2.0-4.0	

PP, Unspecified — Gapex HP / Ferro

Grade	Filler	Sp Grav	Shrink, mils/in	Melt flow, g/10 min	Drying temp, °F	Drying time, hr	Max. % moisture
RPP15EV14HB	GFI 15	1.020		10.00 L	160-180	2.0-4.0	
RPP30EU92BK	GFI 30	1.133	7.0	4.50 L	160-180	2.0-4.0	
RPP30EV04HB	GFI 30	1.130	3.0	4.50 L	160-180	2.0-4.0	
RPP30EV05HB	GFI 30	1.130	3.0	4.50 L	160-180	2.0-4.0	
RPP40EU97GY	GFI 40	1.250	2.0	5.50 L	160-180	2.0-4.0	

PP, Unspecified — Hiloy / A. Schulman

Grade	Filler	Sp Grav	Shrink, mils/in	Melt flow, g/10 min	Drying temp, °F	Drying time, hr	Max. % moisture
102	GFI 20	1.040	5.0		176	2.0-3.0	0.20
104	GFI 40	1.220	3.0		176	2.0-3.0	0.20
109	GMN 40	1.190	4.0		176	2.0-3.0	0.20
112	GFI 20	1.050	4.0		176	2.0-3.0	0.20
113	GFI 30	1.130	2.0		176	2.0-3.0	0.20
114	GFI 40	1.210	3.0		176	2.0-3.0	0.20
119	GMN 30	1.220	5.0		176	2.0-3.0	0.20
121	GFI 11	0.970	10.0		176	2.0-3.0	0.20
123	GFI 30	1.160	4.0		176	2.0-3.0	0.20
124	GFI 40	1.190	1.0		176	2.0-3.0	0.20

Max. % regrind	Inj. pres., ksi	Rear temp, °F	Mid temp, °F	Front temp, °F	Nozzle temp, °F	Proc temp, °F	Mold temp, °F
		430-460	440-470	450-500	450-500	430-460	100-150
		430-460	440-470	450-500	450-500	430-460	100-150
		430-460	440-470	450-500	450-500	430-460	100-150
		430-460	440-470	450-500	450-500	430-460	100-150
		430-460	440-470	450-500	450-500	430-460	100-150
		430-460	440-470	450-500	450-500	430-460	100-150
		430-460	440-470	450-500	450-500	430-460	100-150
		430-460	440-470	450-500	450-500	430-460	100-150
		430-460	440-470	450-500	450-500	430-460	100-150
		430-460	440-470	450-500	450-500	430-460	100-150
		430-460	440-470	450-500	450-500	430-460	100-150
		430-460	440-470	450-500	450-500	430-460	100-150
		430-460	440-470	450-500	450-500	430-460	100-150
		430-460	440-470	450-500	450-500	430-460	100-150
		430-460	440-470	450-500	450-500	430-460	100-150
		430-460	440-470	450-500	450-500	430-460	100-150
		430-460	440-470	450-500	450-500	430-460	100-150
		430-460	440-470	450-500	450-500	430-460	100-150
		430-460	440-470	450-500	450-500	430-460	100-150
		430-460	440-470	450-500	450-500	430-460	100-150
		430-460	440-470	450-500	450-500	430-460	100-150
		430-460	440-470	450-500	450-500	430-460	100-150
		430-460	440-470	450-500	450-500	430-460	100-150
		430-460	440-470	450-500	450-500	430-460	100-150
		430-460	440-470	450-500	450-500	430-460	100-150
		430-460	440-470	450-500	450-500	430-460	100-150
		430-460	440-470	450-500	450-500	430-460	100-150
		430-460	440-470	450-500	450-500	430-460	100-150
		430-460	440-470	450-500	450-500	430-460	100-150
		430-460	440-470	450-500	450-500	430-460	100-150
		430-460	440-470	450-500	450-500	430-460	100-150
		430-460	440-470	450-500	450-500	430-460	100-150
		430-460	440-470	450-500	450-500	430-460	100-150
		430-460	440-470	450-500	450-500	430-460	100-150
20		465-482	445-475	440-465	440-465	510	50-150
20		465-482	445-475	440-465	440-465	510	50-150
20		465-482	445-475	440-465	440-465	510	50-150
20		465-482	445-475	440-465	440-465	510	50-150
20		465-482	445-475	440-465	440-465	510	50-150
20		465-482	445-475	440-465	440-465	510	50-150
20		465-482	445-475	440-465	440-465	510	50-150
20		465-482	445-475	440-465	440-465	510	50-150
20		465-482	445-475	440-465	440-465	510	50-150
20		465-482	445-475	440-465	440-465	510	50-150

FREE DATA SHEETS: WWW.IDES.COM/PSIM

Grade	Filler	Sp Grav	Shrink, mils/in	Melt flow, g/10 min	Drying temp, °F	Drying time, hr	Max. % moisture
125	GFI 50	1.320	1.0		176	2.0-3.0	0.20
130	GMN 40	1.220	3.0		176	2.0-3.0	0.20
131	GMN 50	1.170	5.0		176	2.0-3.0	0.20
132	GMN 45	1.220	4.0		176	2.0-3.0	0.20
152	MN 20	1.070	15.0		176	2.0-3.0	0.20
164	MN 40	1.280	7.0		176	2.0-3.0	0.20

PP, Unspecified Inspire Dow

Grade	Filler	Sp Grav	Shrink, mils/in	Melt flow, g/10 min	Drying temp, °F	Drying time, hr	Max. % moisture
TF 0808S(U)	TAL 5	0.932	8.0-10.0	16.50 L	176	2.0	

PP, Unspecified Konduit LNP

Grade	Filler	Sp Grav	Shrink, mils/in	Melt flow, g/10 min	Drying temp, °F	Drying time, hr	Max. % moisture
MT-210-14	PRO	1.950	9.0		180	4.0	

PP, Unspecified Lubricomp LNP

Grade	Filler	Sp Grav	Shrink, mils/in	Melt flow, g/10 min	Drying temp, °F	Drying time, hr	Max. % moisture
MFL-4034 HS LE	GFI	1.150			180	4.0	
ML-4040 HS BK8-115		1.030	14.0		180	4.0	
ML-4040 HS LE		1.030			180	4.0	

PP, Unspecified Lupol LG Chem

Grade	Filler	Sp Grav	Shrink, mils/in	Melt flow, g/10 min	Drying temp, °F	Drying time, hr	Max. % moisture
GP-2100	GFI 10	0.990	4.0-6.0		158-194	2.0-3.0	
GP-2200	GFI 20	1.030	4.0-6.0		158-194	2.0-3.0	
GP-2201F	GFI 20	1.340	4.0-6.0		158-194	2.0-3.0	
GP-2300	GFI 30	1.150	3.0-5.0		158-194	2.0-3.0	
GP-3100	MN 10	0.960	11.0-15.0		158-194	2.0-3.0	
GP-3102	MN 10	0.960	9.0-14.0		158-194	2.0-3.0	
GP-3152F	MN	1.320	9.0-13.0		158-194	2.0-3.0	0.10
GP-3154F	MN	1.320	9.0-13.0		158-194	2.0-3.0	0.20
GP-3200	MN 20	1.060	8.0-14.0		158-194	2.0-3.0	
GP-3202	MN 20	1.060	9.0-13.0		158-194	2.0-3.0	
GP-3300	MN 30	1.130	7.0-12.0		158-194	2.0-3.0	
GP-3400	MN 40	1.220	6.0-10.0		158-194	2.0-3.0	
GP-3402	MN	1.220	6.0-10.0		158-194	2.0-3.0	0.10
HF-3202D	MN	1.060	9.0-13.0		158-194	2.0-3.0	0.10
HF-3208H	MN	1.040	10.0-14.0		158-194	2.0-3.0	0.10
HF-3308	MN 30	1.130	7.0-11.0		158-194	2.0-3.0	
HG-3100	MN 10	0.980	0.1-0.2		158-194	2.0-3.0	
HG-3200	MN 20	1.060	8.0-14.0		158-194	2.0-3.0	
HG-3250	MN	1.130	12.0-14.0		158-194	2.0-3.0	
HI-4352L	GMN	1.170	5.0-7.0		158-194	2.0-3.0	0.10
HI-5302A	GFI	1.100	10.0-12.0		158-194	2.0-3.0	
HI-5302R		1.120	10.0-12.0		158-194	2.0-3.0	0.20
HI-5302S	GFI	1.130	10.0-12.0		158-194	2.0-3.0	
LW-4302	GFI	1.210	3.0-5.0		158-194	2.0-3.0	
TE-4300G	GMN	1.130	6.0-11.0		158-194	2.0-3.0	0.10
TE-5002K		0.890	13.0-15.0		158-194	2.0-3.0	0.20
TE-5005H		0.910	7.0-8.0		158-194	2.0-3.0	0.10
TE-5006K		0.910	14.0-16.0		158-194	2.0-3.0	
TE-5007BX		0.920	9.0-11.0		158-194	2.0-3.0	
TE-5008B		0.900	16.0-20.0		158-194	2.0-3.0	
TE-5102		0.960	10.0-12.0		158-194	2.0-3.0	0.10
TE-5104K		0.950	6.0-10.0		158-194	2.0-3.0	0.10
TE-5108		0.970	9.0-11.0		158-194	2.0-3.0	0.10
TE-5109		0.970	9.0-11.0		158-194	2.0-3.0	0.10

PP, Unspecified Modified Plastics Modified Plas

Grade	Filler	Sp Grav	Shrink, mils/in	Melt flow, g/10 min	Drying temp, °F	Drying time, hr	Max. % moisture
MPP-S1		0.910	15.0		180		

Max. % regrind	Inj. pres., ksi	Rear temp, °F	Mid temp, °F	Front temp, °F	Nozzle temp, °F	Proc temp, °F	Mold temp, °F
20		465-482	445-475	440-465	440-465	510	50-150
20		465-482	445-475	440-465	440-465	510	50-150
20		465-482	445-475	440-465	440-465	510	50-150
20		465-482	445-475	440-465	440-465	510	50-150
20		400-420	410-430	420-440	400-430	510	120-210
20		400-420	410-430	420-440	400-430	510	120-210
						374-500	68-140
						410-440	80-120
						440-475	90-120
						440-475	90-120
						440-475	90-120
	12.8-17.1	392-428	392-446	410-446	410-464	410-464	104-194
	12.8-17.1	392-428	392-446	410-446	410-464	410-464	104-194
	12.8-17.1	392-428	392-446	410-446	410-464	410-464	104-194
	12.8-17.1	392-428	392-446	410-446	410-464	410-464	104-194
	12.8-17.1	392-428	392-446	410-446	410-464	410-464	104-194
	12.8-17.1	392-428	392-446	410-446	410-464	410-464	104-194
	4.4-17.4	392-428	428-446	410-446	410-464	410-464	104-194
	4.3-17.1	392-428	392-446	410-446	410-464		104-194
	12.8-17.1	392-428	392-446	410-446	410-464	410-464	104-194
	12.8-17.1	392-428	392-446	410-446	410-464	410-464	104-194
	12.8-17.1	392-428	392-446	410-446	410-464	410-464	104-194
	12.8-17.1	392-428	392-446	410-446	410-464	410-464	104-194
	4.4-17.4	392-428	392-446	410-446	410-464	410-464	104-194
	4.4-17.4	392-428	392-446	410-446	410-464	410-464	104-194
	4.4-17.4	392-428	392-446	410-446	410-464	410-464	104-194
	12.8-17.1	392-428	392-446	410-446	410-464	410-464	104-194
	12.8-17.1	392-428	392-446	410-446	410-464	410-464	104-194
	12.8-17.1	392-428	392-446	410-446	410-464	410-464	104-194
	4.3-17.1	392-428	392-446	410-446	410-464		104-194
	4.4-17.4	392-428	392-446	410-446	410-464	410-464	104-194
	4.4-17.4	392-428	392-446	410-446	410-464	410-464	104-194
	4.3-17.1	392-428	392-446	410-446	410-464	410-464	104-194
	4.3-17.1	392-428	392-446	410-446	410-464		104-194
	4.3-17.1	392-428	392-446	410-446	410-464		104-194
	4.4-17.4	392-428	392-446	410-446	410-464	410-464	104-194
	4.3-17.1	392-428	392-446	410-446	410-464		104-194
	4.4-17.4	392-428	392-446	410-446	410-464	410-464	104-194
	4.4-17.4	392-428	392-446	410-446	410-464	410-464	104-194
		392-428	392-446	410-446	410-464		104-194
	4.3-17.1	392-428	392-446	410-446	410-464		104-194
	4.4-17.4	392-428	392-446	410-446	410-464	410-464	104-194
	4.4-17.4	392-428	392-446	410-446	410-464	410-464	104-194
	4.4-17.4	392-428	392-446	410-446	410-464	410-464	104-194
						325	90-150

FREE DATA SHEETS: WWW.IDES.COM/PSIM

Grade	Filler	Sp Grav	Shrink, mils/in	Melt flow, g/10 min	Drying temp, °F	Drying time, hr	Max. % moisture
PP, Unspecified	**Muehlstein**				**Channel**		
PP-5462	CAC 20	1.033		16.00 L	200		
PP, Unspecified	**Muehlstein**				**Muehlstein**		
PP-5462	CAC 20	1.033		16.00 L	200		
PP, Unspecified	**Muehlstein**				**Muehlstein Comp**		
PP-5462	CAC 20	1.033		16.00 L	200		
PP, Unspecified	**Multi-Pro**				**Multibase**		
0612 CW	CAC 6	0.940	16.0	12.00 L	200		2.0
1004 R	GFI 10	0.970	6.0	4.00	200		2.0
1008 T	TAL 10	0.950	12.0	8.00	200		2.0
1012 C	CAC 12	1.000	14.0	12.00 L	200		2.0
1020 C	CAC 10	0.990	14.0	20.00	200		2.0
1505 R	GFI 15	1.040	6.0	5.00	200		2.0
1508 M	MI 15	1.020	10.0	8.50	200		2.0
2003 TI	TAL 20	1.040	11.0	3.00	200		2.0
2004 R	GFI 20	1.050	5.0	4.00	200		2.0
2005 RCI	GFI 20	1.050	5.0	5.00	200		2.0
2006 T	TAL 20	1.040	8.0	6.00	200		2.0
2010 M	MI 20	1.050	9.0	10.00	200		2.0
2510 XG	MN 25	1.240	9.0	10.00	200		2.0
2510 XGW	MN 27	1.135		14.00	200		2.0
2514 XU	MN 25	1.100	10.0	14.00	200		2.0
2516 CU	CAC 25	1.080	11.0	16.50	200		2.0
2518 CU	CAC 25	1.080	9.0	18.00	200		2.0
2518 TU	TAL 25	1.090	8.0	18.00	200		2.0
3011 CHI	CAC 30	1.150	11.0	11.00 L	200		2.0
3012 RC	GFI 30	1.110	3.0	7.00 L	200		2.0
3014 CUW	CAC 30	1.150	10.0	14.00 L	200		2.0
3014 XUGW	MN	1.140	10.0	14.00	200		2.0
3018 TU	TAL 30	1.120	8.5	18.00	200		2.0
3018 XUG	MN 30	1.150	10.0	18.00	200		2.0
3019 CXUW	CAC 30	1.140	10.0	19.00	200		2.0
4005 M	MI 40	1.250	6.0	5.00	200		2.0
4005 MI	MI 40	1.250	6.0	5.00	200		2.0
4006 TH	TAL 40	1.240	8.0	6.00	200		2.0
4007 XGS	MN 40	1.230	70.0	7.00	200		2.0
4008 T	TAL 40	1.230	9.0	8.00	200		2.0
4009 T	TAL 40	1.240	9.0	9.00	200		2.0
4010 M	MI 40	1.250	6.0	10.00	200		2.0
4012 TH	TAL 40	1.240	8.0	12.00	200		2.0
4012 X Platinum	GFI 42	1.256	50.0	14.00	200		2.0
4015 THW	TAL 40	1.250	9.0	15.00	200		2.0
4017 C	CAC 40	1.230	10.0	17.00	200		2.0
4518 CUW	CAC 45	1.350	9.0	18.00	200		2.0
5014 CUW	CAC	1.080	11.0	14.00	200		2.0
PP, Unspecified	**Nepol**				**Borealis**		
GB303HP	GLL 30	1.123	5.0	2.00 L			
GB400HP	GLL 40	1.243		2.00 L			
GB402HP	GLL 40	1.243	4.0	2.00 L			
GB415HP	GLL 40	1.243	3.5				

Max. % regrind	Inj. pres., ksi	Rear temp, °F	Mid temp, °F	Front temp, °F	Nozzle temp, °F	Proc temp, °F	Mold temp, °F
		390-400	400-410	410-420	420-430		115-140
		390-400	400-410	410-420	420-430		115-140
		390-400	400-410	410-420	420-430		115-140
		370-420	390-450	390-450	380-440		40-150
		390-500	400-500	420-500	420-480		40-150
		390-430	400-450	400-450	380-440		40-150
		370-420	390-450	390-450	380-440		40-150
		370-420	390-450	390-450	380-440		40-150
		390-500	400-500	420-500	420-480		40-150
		420-500	420-500	430-500	420-480		40-150
		390-430	400-450	400-450	380-440		40-150
		390-500	400-500	420-500	420-480		40-150
		390-500	400-500	420-500	420-480		40-150
		390-430	400-450	400-450	380-440		40-150
		420-500	420-500	430-500	420-480		40-150
		380-430	380-450	390-450	380-440		40-150
		380-430	380-450	390-450	380-440		40-150
		380-430	380-450	390-450	380-440		40-150
		370-420	390-450	390-450	380-440		40-150
		370-420	390-450	390-450	380-440		40-150
		390-430	400-450	400-450	380-440		40-150
		370-420	390-450	390-450	380-440		40-150
		390-500	400-500	420-500	420-480		40-150
		370-420	390-450	390-450	380-440		40-150
		380-430	380-450	390-450	380-440		40-150
		390-430	400-450	400-450	380-440		40-150
		380-430	380-450	390-450	380-440		40-150
		370-420	390-450	390-450	380-440		40-150
		420-500	420-500	430-500	420-480		40-150
		420-500	420-500	430-500	420-480		40-150
		390-430	400-450	400-450	380-440		40-150
		380-430	380-450	390-450	380-440		40-150
		390-430	400-450	400-450	380-440		40-150
		390-430	400-450	400-450	380-440		40-150
		420-500	420-500	430-500	420-480		40-150
		390-430	400-450	400-450	380-440		40-150
		390-500	400-500	420-500	420-480		40-150
		390-430	400-450	400-450	380-440		40-150
		370-420	390-450	390-450	380-440		40-150
		370-420	390-450	390-450	380-440		40-150
		370-420	390-450	390-450	380-440		40-150
	4.4-8.7			428-464		464-518	140-212
	4.4-8.7			428-464		464-518	140-212
	4.4-8.7			428-464		464-518	140-212
	4.4-8.7					464-500	86-140

FREE DATA SHEETS: WWW.IDES.COM/PSIM

Grade	Filler	Sp Grav	Shrink, mils/in	Melt flow, g/10 min	Drying temp, °F	Drying time, hr	Max. % moisture
PP, Unspecified	**Nilene**			**SORI**			
E8 K6 L2		0.900	1.5-1.7	8.00 L			
P20 N ATL	BAS 65	1.900	0.6-0.8	20.00 L			
PP, Unspecified	**Nyloy**			**Nytex**			
PG-0020N	GFI 20	1.040	4.0-6.0				
PG-0030N	GFI 30	1.120	3.0-5.0				
PG-0230	GFI 30	1.120	4.0				
PP, Unspecified	**PermaStat**			**RTP**			
100		0.922	10.0-15.0		175	2.0	
100 FR		1.233	10.0-15.0		175	2.0	
100 LE		0.922	10.0-15.0		175	2.0	
PP, Unspecified	**Polifil**			**TPG**			
GFRMPPCC-20	GFI 20	1.040	4.0	8.00 L			
GFRMPPCC-30	GFI 30	1.130	2.0	8.00 L			
GFRMPPCC-40	GFI 40	1.220	1.5	8.00 L			
RMC-10	CAC 10	0.980	11.0	8.00 L			
RMC-20	CAC 20	1.050	12.0	8.00 L			
RMC-20V	CAC 20	1.050	12.0	16.00 L			
RMC-30	CAC 30	1.150	12.0	8.00 L			
RMC-40	CAC 40	1.240	11.0	8.00 L			
RMC-40V	CAC 40	1.240	10.0	16.00 L			
RMT-10	TAL 10	0.980	13.0	8.00 L			
RMT-20	TAL 20	1.050	13.0	8.00 L			
RMT-20V	TAL 20	1.050	12.0	16.00 L			
RMT-30	TAL 30	1.150	11.0	8.00 L			
RMT-40	TAL 40	1.240	11.0	8.00 L			
RMT-40V	TAL 40	1.240	10.0	16.00 L			
PP, Unspecified	**Poliflex**			**DTR**			
12 TR/20	MN 20	1.023		11.00 L			
3		0.902		2.00 L			
3 TR/10	MN 10	0.952		4.00 L			
5 TR/20	MN 20	1.063		5.00 L			
8 TR/30	MN 30	1.123		7.00 L			
PP, Unspecified	**Polyfill**			**Polykemi**			
BIP10010F		0.962	13.0-15.0	10.00 L	158-176	2.0-4.0	
3PC10015F		1.003	12.0-14.0	10.00 L	158-176	2.0-4.0	
CIP6010F		0.962	13.0-15.0	6.00 L	158-176	2.0-4.0	
PP, Unspecified	**Polyfort**			**A. Schulman**			
FPP 1604	GFI 30	1.120					
FPP 1807	GFI 40	1.037					
FPP 3010	TAL 20	1.000		6.00 I			
PP 1531		0.900					
PP 1549		0.900					
PP 828		0.900					
PP 829		0.900					
PP, Unspecified	**Polyram PP**			**Polyram**			
PPC300S4BK10	GB 20	0.992		11.00 L			
PPC301G2	GFI 10	0.972	5.0-7.0	1.00 L			

Max. % regrind	Inj. pres., ksi	Rear temp, °F	Mid temp, °F	Front temp, °F	Nozzle temp, °F	Proc temp, °F	Mold temp, °F
						410-482	59-95
						428-464	68-104
					444		
					444		
					445		
	7.0-11.0					340-400	90-150
	7.0-11.0					340-400	90-150
	7.0-11.0					340-400	90-150
	12.0-16.0	380-400	390-410	400-420	410-430		120-150
	12.0-16.0	380-400	390-410	400-420	410-430		120-150
	12.0-16.0	380-400	390-410	400-420	410-430		120-150
	12.0-16.0	380-400	390-410	400-420	410-430		120-150
	12.0-16.0	380-400	390-410	400-420	410-430		120-150
	12.0-16.0	380-400	390-410	400-420	410-430		120-150
	12.0-16.0	380-400	390-410	400-420	410-430		120-150
	12.0-16.0	380-400	390-410	400-420	410-430		120-150
	12.0-16.0	380-400	390-410	400-420	410-430		120-150
	12.0-16.0	380-400	390-410	400-420	410-430		120-150
	12.0-16.0	380-400	390-410	400-420	410-430		120-150
	12.0-16.0	380-400	390-410	400-420	410-430		120-150
	12.0-16.0	380-400	390-410	400-420	410-430		120-150
	12.0-16.0	380-400	390-410	400-420	410-430		120-150
	12.0-16.0	380-400	390-410	400-420	410-430		120-150
						338-392	104-140
						356-428	86-122
						356-428	104-140
						374-446	104-140
						374-446	104-140
	5.8-16.0					401-464	86-140
	5.8-16.0					401-464	86-140
	5.8-16.0					401-464	86-140
		375		425		385-475	70-120
		375		425		385-475	70-120
		375		425		385-475	70-120
		375		425		385-475	70-120
		375		425		385-475	70-120
		375		425		385-475	70-120
		375		425		385-475	70-120
	10.2-15.2	374-428	392-437	401-446			86-149
	10.2-15.2	374-428	392-437	401-446			86-149

FREE DATA SHEETS: WWW.IDES.COM/PSIM

Grade	Filler	Sp Grav	Shrink, mils/in	Melt flow, g/10 min	Drying temp, °F	Drying time, hr	Max. % moisture
PPC342M6	MN 30	1.133	6.0-10.0	6.50 L			
PPC359T4	MN 20	1.043	6.0-10.0	15.00 L			
PPC361T4	MN 20	1.043	8.0-12.0	20.00 L			
PPC364I6	GMN 30	1.133	3.0-5.0	6.00 L			
PPC365T8	MN 40	1.504	12.0	20.00 L			
PPC370B73	MN 73	2.206	6.0-10.0	6.00 L			
PPC371B50	MN 50	1.504	11.0-12.0	8.00 L			
PPC371B73	MN 73	2.206	8.0-12.0	5.00 L			
PPC500		1.233	6.0-8.0	9.00 E			
PPC501		0.922	20.0	12.00 E			
PPC504		1.233	7.0-9.0	8.00 E			
PPC505		0.942	18.0	7.00 E			
PPC600		0.902		12.00 E			
PPC717		0.902		3.50 L			
PPH106	UNS	0.932	14.0-16.0	6.00 L			
PPH300G4	GFI 20	1.013	3.2	5.00 L			
PPH300G6	GFI 30	1.133	1.0-3.0	14.00 L			
PPH300G8	GFI 40	1.243	1.0-3.0	2.50 L			
PPH300G9	GFI 45	1.283	1.0-3.0	4.50 L			
PPH300J8	GBF 40	1.223	2.0-4.0	3.00 L			
PPH302G4	GFI 20	1.013	3.2	9.00 L			
PPH302G6	GFI 30	1.133	1.0-3.0	7.50 L			
PPH307G6	GFI 30	1.133	1.0-3.0	2.50 L			
PPH308G8	GFI 40	1.223	1.0-3.0	2.50 L			
PPH313V4	MN 20	1.033	13.0	11.00 L			
PPH353M8	MN 40	1.243	10.0	5.00 L			
RPPC711		0.902	12.0-25.0	20.00 L			

PP, Unspecified — Pre-elec — Premix Thermoplast

Grade	Filler	Sp Grav	Shrink, mils/in	Melt flow, g/10 min	Drying temp, °F	Drying time, hr	Max. % moisture
ESD 5100		0.943	16.0	5.00 L	140-176	2.0-4.0	
PP 1362		1.082	10.0-12.0	10.00 AO	140-176	2.0-4.0	
PP 1370		0.971	10.0-12.0	12.00 BF	140-176	2.0-4.0	
PP 1372		0.971	12.0-14.0	4.00 BF	140-176	2.0-4.0	
PP 1373		1.082	8.0-12.0	4.00 BF	140-176	2.0-4.0	
PP 1375		0.971	12.0-14.0	60.00 BF	140-176	2.0-4.0	
PP 1378	GFI	1.165	3.0-5.0	2.00 BF	140-176	2.0-4.0	
PP 1380		1.054	10.0-12.0	1.50 BF	140-176	2.0-4.0	
PP 1382		0.999	10.0-12.0	12.00 BF	140-176	2.0-4.0	
PP 1383		0.999	12.0-14.0	50.00 BF	140-176	2.0-4.0	
PP 1385		0.971	12.0-14.0	3.00 BF	140-176	2.0-4.0	
PP 1387		0.971	12.0-14.0	35.00 BF	140-176	2.0-4.0	
PP 1388		1.249	8.0-12.0	26.00 BF	140-176	2.0-4.0	
PP 1389		1.082	10.0-12.0	8.00 BF	140-176	2.0-4.0	

PP, Unspecified — Prop — Putsch Kunststoffe

Grade	Filler	Sp Grav	Shrink, mils/in	Melt flow, g/10 min	Drying temp, °F	Drying time, hr	Max. % moisture
6002		0.902	15.0-20.0	12.00 E			
6003		0.902	15.0-20.0	30.00 L			
6007		0.912	15.0-18.0	18.00 L			
9002		0.902	15.0-16.0	50.00 L			

PP, Unspecified — QR Resin — QTR

Grade	Filler	Sp Grav	Shrink, mils/in	Melt flow, g/10 min	Drying temp, °F	Drying time, hr	Max. % moisture
QR-6010-MN32	TAL 32	1.180	10.0	10.00 L	200	2.0-3.0	

PP, Unspecified — Rhetech PP — RheTech

Grade	Filler	Sp Grav	Shrink, mils/in	Melt flow, g/10 min	Drying temp, °F	Drying time, hr	Max. % moisture
CC20P100-00	CAC 20	1.060	13.0	19.00 L	150-180	1.0-2.0	0.05
CC20P100-01	CAC 20	1.070	13.0	19.00 L	150-180	1.0-2.0	0.05

Max. % regrind	Inj. pres., ksi	Rear temp, °F	Mid temp, °F	Front temp, °F	Nozzle temp, °F	Proc temp, °F	Mold temp, °F
	10.2-15.2	374-428	392-437	401-446			86-149
	10.2-15.2	374-428	392-437	401-446			86-149
	10.2-15.2	374-428	392-437	401-446			86-149
	10.2-15.2	374-428	392-437	401-446			86-149
	10.2-15.2	374-428	392-437	401-446			86-149
	10.2-15.2	374-428	392-437	401-446			86-149
	10.2-15.2	374-428	392-437	401-446			86-149
	10.2-15.2	374-428	392-437	401-446			86-149
	10.2-15.2	374-428	392-437	401-446			86-149
	10.2-15.2	374-428	392-437	401-446			86-149
	10.2-15.2	374-428	392-437	401-446			86-149
	10.2-15.2	374-428	392-437	401-446			86-149
	10.2-15.2	374-428	392-437	401-446			86-149
	10.2-15.2	374-428	392-437	401-446			86-149
	10.2-15.2	374-428	392-437	401-446			86-149
	10.2-15.2	374-428	392-437	401-446			86-149
	10.2-15.2	374-428	392-437	401-446			86-149
	10.2-15.2	374-428	392-437	401-446			86-149
	10.2-15.2	374-428	392-437	401-446			86-149
	10.2-15.2	374-428	392-437	401-446			86-149
	10.2-15.2	374-428	392-437	401-446			86-149
	10.2-15.2	374-428	392-437	401-446			86-149
	10.2-15.2	374-428	392-437	401-446			86-149
	10.2-15.2	374-428	392-437	401-446			86-149
	10.2-15.2	374-428	392-437	401-446			86-149
	8.7-11.6					374-410	86-104
	8.7-11.6					392-482	140-176
	8.7-11.6					392-482	140-176
	8.7-11.6					392-482	140-176
	8.7-11.6					392-482	140-176
	8.7-11.6					392-482	140-176
	8.7-11.6					392-482	140-176
	8.7-11.6					392-482	140-176
	8.7-11.6					392-482	140-176
	8.7-11.6					392-482	140-176
	8.7-11.6					392-482	140-176
	8.7-11.6					392-482	140-176
	8.7-17.4					392-482	104-176
	8.7-11.6					392-482	140-176
						410-446	68-104
						410-446	68-104
						428-473	68-104
						428-464	68-104
		410-420	420-425	425-430	430-435	425-450	110-135
	0.4-1.5	390-440	400-450	410-460	420-440		80-120
	0.4-1.5	390-440	400-450	410-460	420-440		80-120

FREE DATA SHEETS: WWW.IDES.COM/PSIM

Grade	Filler	Sp Grav	Shrink mils/in	Melt flow, g/10 min	Drying temp, °F	Drying time, hr	Max. % moisture
CC30P100-00	CAC 30	1.140	12.0	19.00 L	150-180	1.0-2.0	0.05
CC30P100-01	CAC 30	1.150	12.0	16.00 L	150-180	1.0-2.0	0.05
CC40P100-00	CAC 40	1.250	11.8	18.00 L	150-180	1.0-2.0	0.05
CC40P100-00EG	CAC 40	1.250	16.0	1.00 L	150-180	1.0-2.0	0.05
CC40P100-01	CAC 40	1.260	11.8	18.00 L	150-180	1.0-2.0	0.05
CS30P100-01UV	CB 30	1.150	10.5	15.00 L	150-180	1.0-2.0	0.05
F15-00UV	GFI 35	1.160	2.0	11.00 L	150-180	1.0-2.0	0.05
F15-01	GFI 35	1.180	1.5	9.00 L	150-180	1.0-2.0	0.05
F22-01	GMN 20	1.060	6.0	18.00 L	150-180	1.0-2.0	0.05
F24-01	GMN 20	1.060	5.0	10.00 L	150-180	1.0-2.0	0.05
F25-01	GMN 34	1.180	2.3	11.00 L	150-180	1.0-2.0	0.05
F32-01	GMN 32	1.160	2.5	7.00 L	150-180	1.0-2.0	0.05
F37-01	GMN 40	1.250	3.0	8.00 L	150-180	1.0-2.0	0.05
F38-01	GMN 35	1.200	2.6	10.00 L	150-180	1.0-2.0	0.05
F38-04	GMN 35	1.190	2.6	10.00 L	150-180	1.0-2.0	0.05
F40-01	GMN 40	1.270	3.0	2.00 L	150-180	1.0-2.0	0.05
F49-01	GMN 35	1.200	2.0	7.00 L	150-180	1.0-2.0	0.05
F56-01	GMN 40	1.240	2.5	7.00 L	150-180	1.0-2.0	0.05
FRG130-01	GFI 30	1.480	1.2	10.00 L	125-150	1.0-2.0	0.05
FRP102-00		0.950	16.0	10.00 L	125-150	1.0-2.0	0.05
FRP102-01		0.960	16.0	10.00 L	125-150	1.0-2.0	0.05
G10P100-00	GFI 10	0.970	5.2	12.00 L	150-180	1.0-2.0	0.05
G10P100-01	GFI 10	0.980	5.2	12.00 L	150-180	1.0-2.0	0.05
G10P100-01UV	GFI 10	0.980	5.2	12.00 L	150-180	1.0-2.0	0.05
G10UP100-01	GFI 10	0.980	4.8	12.00 L	150-180	1.0-2.0	0.05
G13P100-00	GFI 13	0.990	4.0	12.00 L	150-180	1.0-2.0	0.05
G13P100-00UV	GFI 13	0.990	4.0	12.00 L	150-180	1.0-2.0	0.05
G13P100-01	GFI 13	1.000	4.0	9.00 L	150-180	1.0-2.0	0.05
G13P100-01UV	GFI 13	1.000	3.9	9.00 L	150-180	1.0-2.0	0.05
G13P100-332UV	GFI 13	0.990	4.0	12.00 L	150-180	1.0-2.0	0.05
G13P100-347UV	GFI 13	0.990	3.5	12.00 L	150-180	1.0-2.0	0.05
G13P100-553UV	GFI 13	0.990	4.0	12.00 L	150-180	1.0-2.0	0.05
G13P100-559UV	GFI 13	0.990	4.0	12.00 L	150-180	1.0-2.0	0.05
G13P100-589UV	GFI 13	0.990	4.0	12.00 L	150-180	1.0-2.0	0.05
G13P100-598UV	GFI 13	0.990	4.0	12.00 L	150-180	1.0-2.0	0.05
G13P100-724UV	GFI 13	0.990	4.0	12.00 L	150-180	1.0-2.0	0.05
G20P100-00	GFI 20	1.040	3.0	4.00 L	150-180	1.0-2.0	0.05
G20P100-01	GFI 20	1.050	3.0	5.00 L	150-180	1.0-2.0	0.05
G20P100-01UV	GFI 20	1.050	2.8	4.50 L	150-180	1.0-2.0	0.05
G20P100-406	GFI 20	1.040	2.9	4.00 L	150-180	1.0-2.0	0.05
G20P100-599	GFI 20	1.040	2.9	4.00 L	150-180	1.0-2.0	0.05
G20P100-601	GFI 20	1.040	2.9	4.00 L	150-180	1.0-2.0	0.05
G30P100-00	GFI 30	1.120	2.2	4.00 L	150-180	1.0-2.0	0.05
G30P100-01	GFI 30	1.140	2.2	4.50 L	150-180	1.0-2.0	0.05
G40P100-00	GFI 40	1.230	1.5	6.00 L	150-180	1.0-2.0	0.05
G40P100-01	GFI 40	1.240	1.5	6.00 L	150-180	1.0-2.0	0.05
G40P100-04UV	GFI 40	1.230	1.5	6.00 L	150-180	1.0-2.0	0.05
GC10P100-00	GFI 10	0.970	5.2	12.00 L	150-180	1.0-2.0	0.05
GC10P100-01	GFI 10	0.980	5.2	12.00 L	150-180	1.0-2.0	0.05
GC20P100-00	GFI 20	1.040	3.0	5.00 L	150-180	1.0-2.0	0.05
GC20P100-00UV	GFI 20	1.040	3.0	5.00 L	150-180	1.0-2.0	0.05
GC20P100-01	GFI 20	1.050	3.0	5.00 L	150-180	1.0-2.0	0.05
GC20P100-04	GFI 20	1.040	3.0	5.00 L	150-180	1.0-2.0	0.05
GC20P100-177UV	GFI 20	1.040	3.0	5.00 L	150-180	1.0-2.0	0.05
GC20P105-08FA	GFI 20	1.040	2.8	10.00 L	150-180	1.0-2.0	0.05
GC20P600-01UV	GFI 20	1.040	1.5	8.00 L	150-180	1.0-2.0	0.05

Max. % regrind	Inj. pres., ksi	Rear temp, °F	Mid temp, °F	Front temp, °F	Nozzle temp, °F	Proc temp, °F	Mold temp, °F
	0.4-1.5	390-440	400-450	410-460	420-440		80-120
	0.4-1.5	390-440	400-450	410-460	420-440		80-120
	0.4-1.5	410-460	420-470	430-480	440-460		80-120
	0.4-1.5	410-460	420-470	430-480	440-460		80-120
	0.4-1.5	410-460	420-470	430-480	440-460		80-120
	8.0-15.0	400-450	410-460	420-470	430-450		80-120
	0.4-1.5	400-450	410-460	420-470	430-450		80-120
	0.4-1.5	400-450	410-460	420-470	430-450		80-120
	0.4-1.5	390-440	400-450	410-460	420-440		80-120
	0.4-1.5	390-440	400-450	410-460	420-440		80-120
	0.4-1.5	400-450	410-460	420-470	430-450		80-120
	0.4-1.5	400-450	410-460	420-470	430-450		80-120
	0.4-1.5	410-460	420-470	430-480	440-460		80-120
	0.4-1.5	400-450	410-460	420-470	430-450		80-120
	0.4-1.5	410-460	420-470	430-480	440-460		80-120
	0.4-1.5	400-450	410-460	420-470	430-450		80-120
	0.4-1.5	410-460	420-470	430-480	440-460		80-120
	0.4-1.2	375-390	390-410	390-410	400-410		75-95
	0.4-1.2	375-390	390-410	390-410	400-410		75-95
	0.4-1.2	375-390	390-410	390-410	400-410		75-95
	0.4-1.5	380-430	390-440	400-450	410-430		80-120
	0.4-1.5	380-430	390-440	400-450	410-430		80-120
	0.4-1.5	380-430	390-440	400-450	410-430		80-120
	0.4-1.5	380-430	390-440	400-450	410-430		80-120
	0.4-1.5	380-430	390-440	400-450	410-430		80-120
	0.4-1.5	380-430	390-440	400-450	410-430		80-120
	0.4-1.5	380-430	390-440	400-450	410-430		80-120
	0.4-1.5	380-430	390-440	400-450	410-430		80-120
	0.4-1.5	380-430	390-440	400-450	410-430		80-120
	0.4-1.5	380-430	390-440	400-450	410-430		80-120
	0.4-1.5	380-430	390-440	400-450	410-430		80-120
	0.4-1.5	380-430	390-440	400-450	410-430		80-120
	0.4-1.5	390-440	400-450	410-460	420-440		80-120
	0.4-1.5	390-440	400-450	410-460	420-440		80-120
	0.4-1.5	390-440	400-450	410-460	420-440		80-120
	0.4-1.5	390-440	400-450	410-460	420-440		80-120
	0.4-1.5	390-440	400-450	410-460	420-440		80-120
	0.4-1.5	400-450	410-460	420-470	430-450		80-120
	0.4-1.5	400-450	410-460	420-470	430-450		80-120
	0.4-1.5	410-460	420-470	430-480	440-460		80-120
	0.4-1.5	410-460	420-470	430-480	440-460		80-120
	0.4-1.5	410-460	420-470	430-480	440-460		80-120
	0.4-1.5	380-430	390-440	400-450	410-430		80-120
	0.4-1.5	380-430	390-440	400-450	410-430		80-120
	0.4-1.5	390-440	400-450	410-460	420-440		80-120
	0.4-1.5	390-440	400-450	410-460	420-440		80-120
	0.4-1.5	390-440	400-450	410-460	420-440		80-120
	0.4-1.5	390-440	400-450	410-460	420-440		80-120
	0.4-1.5	390-440	400-450	410-460	420-440		80-120
	0.4-1.5	390-440	400-450	410-460	420-440		80-120

FREE DATA SHEETS: WWW.IDES.COM/PSIM

Grade	Filler	Sp Grav	Shrink mils/in	Melt flow, g/10 min	Drying temp, °F	Drying time, hr	Max. % moisture
GC30P100-00	GFI 30	1.120	2.3	4.00 L	150-180	1.0-2.0	0.05
GC30P100-01	GFI 30	1.140	2.3	4.50 L	150-180	1.0-2.0	0.05
GC30P101-00	GFI 30	1.120	2.3	4.00 L	150-180	1.0-2.0	0.05
GC30P101-01	GFI 30	1.140	2.3	4.50 L	150-180	1.0-2.0	0.05
GC30P103-00	GFI 30	1.120	2.3	4.00 L	150-180	1.0-2.0	0.05
GC30P103-01	GFI 30	1.140	2.3	4.50 L	150-180	1.0-2.0	0.05
GC30P104-00	GFI 30	1.120	2.3	4.00 L	150-180	1.0-2.0	0.05
GC30P104-01	GFI 30	1.140	2.3	4.50 L	150-180	1.0-2.0	0.05
GC30P105-08FA	GFI 30	1.130	2.0	8.00 L	150-180	1.0-2.0	0.05
GC30P200-01UV	GFI 30	1.120	1.5	7.00 L	150-180	1.0-2.0	0.05
GC40P100-00	GFI 40	1.230	1.5	6.00 L	150-180	1.0-2.0	0.05
GC40P100-01	GFI 40	1.240	1.5	6.00 L	150-180	1.0-2.0	0.05
GC40P101-00	GFI 40	1.210	1.5	8.00 L	150-180	1.0-2.0	0.05
GC45P200-01UV	GFI 45	1.290	1.1	6.00 L	150-180	1.0-2.0	0.05
HP506-01	TAL 20	1.060	13.0	6.00 L	150-180	1.0-2.0	0.05
HP506-01A	TAL 21	1.070	11.5	6.00 L	150-180	1.0-2.0	0.05
HP506-01B	TAL 22	1.070	13.0	9.00 L	150-180	1.0-2.0	0.05
HP508-01UV	TAL 15	1.010	12.0	18.00 L	150-180	1.0-2.0	0.05
HP525-01	TAL 30	1.150	9.1	13.00 L	150-180	1.0-2.0	0.05
HP532-00	TAL 20				150-180	1.0-2.0	0.05
HP532-01	TAL 20	1.070	12.0	20.00 L	150-180	1.0-2.0	0.05
HP534-00	TAL 22	1.040	9.0	17.00 L	150-180	1.0-2.0	0.05
M12P100-01	MI 12	1.000	12.0	18.00 L	150-180	1.0-2.0	0.05
M15P100-01A	MI 15	1.020	11.5	17.00 L	150-180	1.0-2.0	0.05
M15P101-01	MI 15	1.020	11.4	23.00 L	150-180	1.0-2.0	0.05
M15P101-01A	MI 15	1.020	11.4	17.00 L	150-180	1.0-2.0	0.05
M20P100-01	MI 20	1.050	9.0	6.00 L	150-180	1.0-2.0	0.05
M20P100-01A	MI 20	1.060	9.0	17.00 L	150-180	1.0-2.0	0.05
M20P101-01	MI 20	1.050	9.0	6.00 L	150-180	1.0-2.0	0.05
M25P100-01	MI 25	1.090	9.0	8.00 L	150-180	1.0-2.0	0.05
M30P100-01	MI 30	1.150	8.0	13.00 L	150-180	1.0-2.0	0.05
M40P100-00	MI 40	1.250	6.6	14.00 L	150-180	1.0-2.0	0.05
M40P100-01	MI 40	1.270	7.0	14.00 L	150-180	1.0-2.0	0.05
P100-00		0.900	14.5	6.00 L	150-180	1.0-2.0	0.05
P102-00		0.900	14.5	6.00 L	150-180	1.0-2.0	0.05
P104-00		0.900	14.5	20.00 L	150-180	1.0-2.0	0.05
P252-670UV		0.900	14.5	20.00 L	150-180	1.0-2.0	0.05
P252-674UV		0.900	14.5	20.00 L	150-180	1.0-2.0	0.05
P256-670UV		0.900	14.5	20.00 L	150-180	1.0-2.0	0.05
P256-674UV		0.900	14.5	20.00 L	150-180	1.0-2.0	0.05
RCC120-01	CAC 20	1.050	13.0	19.00 L	150-180	1.0-2.0	0.05
RCT120-01	TAL 20	1.070	11.1	18.00 L	150-180	1.0-2.0	0.05
RCT140-01A	TAL 40	1.260	8.7	15.00 L	150-180	1.0-2.0	0.05
T10P100-00	TAL 10	0.980	12.0	22.00 L	150-180	1.0-2.0	0.05
T10P100-01	TAL 10	0.980	12.0	22.00 L	150-180	1.0-2.0	0.05
T10P102-00EG	TAL 10	0.970	16.0	1.00 L	150-180	1.0-2.0	0.05
T10UP100-01	TAL 10	0.980	12.0	8.00 L	150-180	1.0-2.0	0.05
T12P600-01BG	TAL 12	0.990	15.5	0.60 L	150-180	1.0-2.0	0.05
T15P100-00	TAL 15	1.000	11.5	20.00 L	150-180	1.0-2.0	0.05
T20P100-00	TAL 20	1.050	11.5	6.00 L	150-180	1.0-2.0	0.05
T20P100-00UV	TAL 20	1.050	11.5	18.00 L	150-180	1.0-2.0	0.05
T20P100-01	TAL 20	1.060	13.0	6.00 L	150-180	1.0-2.0	0.05
T20P100-01EG	TAL 20	1.060	14.5	1.50 L	150-180	1.0-2.0	0.05
T20P100-01UV	TAL 20	1.060	13.0	17.00 L	150-180	1.0-2.0	0.05
T20P100-248	TAL 20	1.060	12.0	9.00 L	150-180	1.0-2.0	0.05
T20P100-517UV	TAL 20				150-180	1.0-2.0	0.05

Max. % regrind	Inj. pres., ksi	Rear temp, °F	Mid temp, °F	Front temp, °F	Nozzle temp, °F	Proc temp, °F	Mold temp, °F
	0.4-1.5	400-450	410-460	420-470	430-450		80-120
	0.4-1.5	400-450	410-460	420-470	430-450		80-120
	0.4-1.5	400-450	410-460	420-470	430-450		80-120
	0.4-1.5	400-450	410-460	420-470	430-450		80-120
	0.4-1.5	400-450	410-460	420-470	430-450		80-120
	0.4-1.5	400-450	410-460	420-470	430-450		80-120
	0.4-1.5	400-450	410-460	420-470	430-450		80-120
	0.4-1.5	400-450	410-460	420-470	430-450		80-120
	0.4-1.5	400-450	410-460	420-470	430-450		80-120
	0.4-1.5	400-450	410-460	420-470	430-450		80-120
	0.4-1.5	410-460	420-470	430-480	440-460		80-120
	0.4-1.5	410-460	420-470	430-480	440-460		80-120
	0.4-1.5	410-460	420-470	430-480	440-460		80-120
	0.4-1.5	390-440	400-450	410-460	420-440		80-120
	0.4-1.5	390-440	400-450	410-460	420-440		80-120
	0.4-1.5	390-440	400-450	410-460	420-440		80-120
	0.4-1.5	380-430	390-440	400-450	410-430		80-120
	0.4-1.5	400-450	410-460	420-470	430-450		80-120
	0.4-1.5	390-440	400-450	410-460	420-440		80-120
	0.4-1.5	390-440	400-450	410-460	420-440		80-120
	0.4-1.5	390-440	400-450	410-460	420-440		80-120
	0.4-1.5	380-430	390-440	400-450	410-430		80-120
	0.4-1.5	380-430	390-440	400-450	410-430		80-120
	0.4-1.5	380-430	390-440	400-450	410-430		80-120
	0.4-1.5	380-430	390-440	400-450	410-430		80-120
	0.4-1.5	390-440	400-450	410-460	420-440		80-120
	0.4-1.5	390-440	400-450	410-460	420-440		80-120
	0.4-1.5	390-440	400-450	410-460	420-440		80-120
	0.4-1.5	390-440	400-450	410-460	420-440		80-120
	0.4-1.5	400-450	410-460	420-470	430-450		80-120
	0.4-1.5	410-460	420-470	430-480	440-460		80-120
	0.4-1.5	410-460	420-470	430-480	440-460		80-120
	0.4-1.5	370-420	380-430	390-440	400-420		80-120
	0.4-1.5	370-420	380-430	390-440	400-420		80-120
	0.4-1.5	370-420	380-430	390-440	400-420		80-120
	0.4-1.5	370-420	380-430	390-440	400-420		80-120
	0.4-1.5	370-420	380-430	390-440	400-420		80-120
	0.4-1.5	370-420	380-430	390-440	400-420		80-120
	0.4-1.5	390-440	400-450	410-460	420-440		80-120
	0.4-1.5	390-440	400-450	410-460	420-440		80-120
	0.4-1.5	410-460	420-470	430-480	440-460		80-120
	0.4-1.5	380-430	390-440	400-450	410-430		80-120
	0.4-1.5	390-440	400-450	410-460	420-440		80-120
	0.4-1.5	380-430	390-440	400-450	410-430		80-120
	0.4-1.5	380-430	390-440	400-450	410-430		80-120
	0.4-1.5	380-430	390-440	400-450	410-430		80-120
	0.4-1.5	380-430	390-440	400-450	410-430		80-120
	0.4-1.5	390-440	400-450	410-460	420-440		80-120
	0.4-1.5	390-440	400-450	410-460	420-440		80-120
	0.4-1.5	390-440	400-450	410-460	420-440		80-120
	0.4-1.5	390-440	400-450	410-460	420-440		80-120
	0.4-1.5	390-440	400-450	410-460	420-440		80-120
	0.4-1.5	390-440	400-450	410-460	420-440		80-120

FREE DATA SHEETS: WWW.IDES.COM/PSIM

Grade	Filler	Sp Grav	Shrink, mils/in	Melt flow, g/10 min	Drying temp, °F	Drying time, hr	Max. % moisture
T20P104-01	TAL 20	1.060	13.0	6.00 L	150-180	1.0-2.0	0.05
T20P105-00FA	TAL 20	1.050	12.0	17.00 L	150-180	1.0-2.0	0.05
T20P250-699UV	TAL 20	1.060	11.5	18.00 L	150-180	1.0-2.0	0.05
T20P250-731UV	TAL 20	1.060	11.5	20.00 L	150-180	1.0-2.0	0.05
T20P252-00	TAL 20	1.050	11.5	18.00 L	150-180	1.0-2.0	0.05
T28P100-01EG	TAL 27	1.120	13.5	1.00 L	150-180	1.0-2.0	0.05
T30P100-00	TAL 30	1.150	10.5	17.00 L	150-180	1.0-2.0	0.05
T30P100-01	TAL 30	1.160	10.5	17.00 L	150-180	1.0-2.0	0.05
T30P200-01BG	TAL 30				150-180	1.0-2.0	0.05
T40P100-00A	TAL 40	1.250	9.0	15.00 L	150-180	1.0-2.0	0.05
T40P100-01A	TAL 40	1.270	9.0	15.00 L	150-180	1.0-2.0	0.05
T40P100-04	TAL 40	1.290	10.0	12.00 L	150-180	1.0-2.0	0.05
T40P100-774UVA	TAL 40	1.270	9.0	15.00 L	150-180	1.0-2.0	0.05
T40P105-04	TAL 40	1.310	9.5	20.00 L	150-180	1.0-2.0	0.05
T40P108-01	TAL 40	1.260	9.5	5.00 L	150-180	1.0-2.0	0.05
T40P109-01	TAL 40	1.270	9.0	15.00 L	150-180	1.0-2.0	0.05

PP, Unspecified — RTP Compounds — RTP

Grade	Filler	Sp Grav	Shrink, mils/in	Melt flow, g/10 min	Drying temp, °F	Drying time, hr
100		0.912	15.0-20.0	4.00 L	175	2.0
100 AR 15	AR 15	0.962	12.0		175	2.0
100 FR		0.992	14.0-20.0		175	2.0
100 FR HF		0.992	14.0-20.0	19.00 L	175	2.0
100 FR LF		0.992	18.0-24.0		175	2.0
100 GB 10	GB 10	0.972	14.0-19.0		175	2.0
100 GB 20	GB 20	1.033	13.0-18.0		175	2.0
100 GB 30	GB 30	1.113	11.0-16.0		175	2.0
100 GB 40	GB 40	1.213	10.0-15.0		175	2.0
100 HF UV		0.912	10.0-20.0		175	2.0
100 HI		0.912	15.0-20.0	4.00 L	175	2.0
100 TFE 15		0.992	10.0-20.0		175	2.0
101	GFI 10	0.972	4.0-8.0	4.00 L	175	2.0
101 CC	GFI 10	0.972	4.0-8.0	4.00 L	175	2.0
101 CC FR	GFI 10	1.383	4.5-5.5		175	2.0
101 FR	GFI 10	1.434	4.0-6.0	3.00 L	175	2.0
101 HB	GFI 10	0.972	4.0-8.0	4.00 L	175	2.0
102 CC	GFI 15	1.003	3.0-7.0	3.50 L	175	2.0
102 HB	GFI 15	1.003	3.0-7.0	3.50 L	175	2.0
103	GFI 20	1.033	2.0-5.0	3.00 L	175	2.0
103 CC	GFI 20	1.033	2.0-5.0	3.00 L	175	2.0
103 CC HB	GFI 20	1.033	2.0-5.0	3.00 L	175	2.0
103 CC HI HB	GFI 20	1.033	2.0-5.0	2.50 L	175	2.0
103 FR	GFI 20	1.434	2.0-4.0		175	2.0
103 HB	GFI 20	1.033	2.0-5.0	3.00 L	175	2.0
103 White	GFI 20	1.043	2.0-5.0	3.00 L	175	2.0
103Z	GFI 20	1.033	2.0-5.0		175	2.0
104 HB	GFI 25	1.083	1.0-4.0	2.50 L	175	2.0
105	GFI 30	1.123	1.0-4.0	2.00 L	175	2.0
105 CC	GFI 30	1.123	1.0-4.0	2.00 L	175	2.0
105 CC FR	GFI 30	1.474	1.5-3.0	3.00 L	175	2.0
105 CC FR SP	GFI 30	1.444	1.5-3.0	3.00 L	175	2.0
105 CC FR UV	GFI 30	1.474	1.5-3.0		175	2.0
105 CC HB	GFI 30	1.123	1.5-3.0		175	2.0
105 HB	GFI 30	1.123	1.5-3.0		175	2.0
106 HB	GFI 35	1.163	1.0-3.0	1.50 L	175	2.0
107	GFI 40	1.213	1.0-3.0	1.50 L	175	2.0
107 CC	GFI 40	1.213	1.0-3.0	1.50 L	175	2.0

Max. % regrind	Inj. pres., ksi	Rear temp, °F	Mid temp, °F	Front temp, °F	Nozzle temp, °F	Proc temp, °F	Mold temp, °F
	0.4-1.5	390-440	400-450	410-460	420-440		80-120
	0.4-1.5	390-440	400-450	410-460	420-440		80-120
	0.4-1.5	390-440	400-450	410-460	420-440		80-120
	0.4-1.5	390-440	400-450	410-460	420-440		80-120
	0.4-1.5	390-440	400-450	410-460	420-440		80-120
	0.4-1.5	400-450	410-460	420-470	430-450		80-120
	0.4-1.5	400-450	410-460	420-470	430-450		80-120
	0.4-1.5	400-450	410-460	420-470	430-450		80-120
	0.4-1.5	400-450	410-460	420-470	430-450		80-120
	0.4-1.5	410-460	420-470	430-480	440-460		80-120
	0.4-1.5	410-460	420-470	430-480	440-460		80-120
	0.4-1.5	410-460	420-470	430-480	440-460		80-120
	0.4-1.5	410-460	420-470	430-480	440-460		80-120
	0.4-1.5	410-460	420-470	430-480	440-460		80-120
	0.4-1.5	410-460	420-470	430-480	440-460		80-120
	0.4-1.5	410-460	420-470	430-480	440-460		80-120
	10.0-15.0					375-450	90-150
	10.0-15.0					375-450	90-150
	10.0-15.0					375-440	90-150
	10.0-15.0					375-440	90-150
	10.0-15.0					375-440	90-150
	10.0-15.0					375-450	90-150
	10.0-15.0					375-450	90-150
	10.0-15.0					375-450	90-150
	10.0-15.0					375-450	90-150
	10.0-15.0					375-450	90-150
	10.0-15.0					375-450	90-150
	10.0-15.0					375-450	90-150
	10.0-15.0					375-450	90-150
	10.0-15.0					375-450	90-150
	10.0-15.0					375-450	90-150
	10.0-15.0					375-450	90-150
	10.0-15.0					375-450	90-150
	10.0-15.0					375-450	90-150
	10.0-15.0					375-450	90-150
	10.0-15.0					375-450	90-150
	10.0-15.0					375-450	90-150
	10.0-15.0					375-450	90-150
	10.0-15.0					375-450	90-150
	10.0-15.0					375-450	90-150
	10.0-15.0					375-450	90-150
	10.0-15.0					375-450	90-150
	10.0-15.0					375-450	90-150
	10.0-15.0					375-450	90-150
	10.0-15.0					375-450	90-150
	10.0-15.0					375-450	90-150
	10.0-15.0					375-450	90-150
	10.0-15.0					375-450	90-150
	10.0-15.0					375-450	90-150

FREE DATA SHEETS: WWW.IDES.COM/PSIM

Grade	Filler	Sp Grav	Shrink, mils/in	Melt flow, g/10 min	Drying temp, °F	Drying time, hr	Max. % moisture
107 CC HB	GFI 40	1.213	1.0-3.0	1.50 L	175	2.0	
107 HB	GFI 40	1.223	1.5-2.5		175	2.0	
127	TAL 40	1.253	7.0-11.0		175	2.0	
127 HB	TAL 40	1.253	7.0-11.0		175	2.0	
127 HF	TAL 40	1.253	7.0-11.0		175	2.0	
127 HI	TAL 40	1.243	6.0-10.0		175	2.0	
128	TAL 20	1.053	11.0-15.0		175	2.0	
128 HI	TAL 20	1.053	10.0-14.0		175	2.0	
131	TAL 10	0.982	12.0-16.0		175	2.0	
131 HI	TAL 10	0.982	11.0-15.0		175	2.0	
132	TAL 30	1.133	9.0-13.0		175	2.0	
132 Z	TAL 30	1.133	9.0-13.0		175	2.0	
136	MN 40	1.273	7.0-10.0		175	2.0	
136 HB	MN 40	1.273	7.0-10.0		175	2.0	
140	CAC 40	1.233	11.0-15.0		175	2.0	
140 HB	CAC 40	1.233	11.0-15.0		175	2.0	
140 HI	CAC 40	1.233	10.0-14.0		175	2.0	
141	CAC 20	1.043	14.0-18.0		175	2.0	
141 HI	CAC 20	1.043	14.0-18.0		175	2.0	
142	CAC 10	0.972	15.0-19.0		175	2.0	
143	CAC 30	1.123	12.0-16.0		175	2.0	
148	MI 40	1.233	6.0-10.0		175	2.0	
149	MI 25	1.083	9.0-13.0		175	2.0	
149 HB	MI 25	1.083	9.0-13.0		175	2.0	
150		1.243	15.0-20.0	5.00 L	175	2.0	
150 HF		1.243	12.0-16.0	21.00 L	175	2.0	
150 HI UV		1.263	12.0-17.0	4.00 L	175	2.0	
150 LF		1.243	12.0-18.0	1.00 L	175	2.0	
151 HF		1.053	15.0-20.0	20.00 L	175	2.0	
152		0.932	15.0-20.0		175	2.0	
152 HF		0.932	15.0-20.0		175	2.0	
152 LF		0.932	15.0-20.0		175	2.0	
152 UV		0.932	15.0-20.0	4.00 L	175	2.0	
154 HF		1.033	15.0-20.0		175	2.0	
154 LF		1.033	15.0-20.0	2.00 L	175	2.0	
154 UV		1.033	15.0-20.0		175	2.0	
155	MN 20	1.373	7.0-10.0	4.00 L	175	2.0	
175	GB	1.103	5.0		175	2.0	
175 X HB	GB	1.113	4.5-6.5		175	2.0	
178 HB	GFI	1.133	5.0-8.0		175	2.0	
183 HI	CF 20	0.992	1.0-3.0		175	2.0	
183 TFE 15		1.103	2.0-5.0		175	2.0	
199 X 104849 A		1.504	3.0-4.0		175	2.0	
199 X 108935		2.506	7.0-9.0		175	2.0	
199 X 108940 B		3.008	6.0-10.0		175	2.0	
199 X 108940 C		4.010	6.0-10.0		175	2.0	
199 X 85860 B		2.506	7.0-9.0		175	2.0	
199 X 86144		2.005	8.0-14.0	3.50	175	2.0	
199 X 91020 A Z		2.005	8.0		175	2.0	
EMI 161	STS 10	0.992	9.0-14.0		175	2.0	
EMI 161 Z	STS 10	0.992	10.0		175	2.0	
EMI 162	STS 15	1.043	9.0-14.0		175	2.0	
ESD A 100 FR		1.303	10.0-15.0		175	2.0	
ESD A 100 HF		0.972	12.0-17.0	7.00 L	175	2.0	
ESD A 100 MF		0.972	12.0-17.0	3.50 L	175	2.0	
ESD C 100		1.003	12.0-17.0		175	2.0	

Max. % regrind	Inj. pres., ksi	Rear temp, °F	Mid temp, °F	Front temp, °F	Nozzle temp, °F	Proc temp, °F	Mold temp, °F
	10.0-15.0					375-450	90-150
	10.0-15.0					375-450	90-150
	10.0-15.0					375-450	90-150
	10.0-15.0					375-450	90-150
	10.0-15.0					375-450	90-150
	10.0-15.0					375-450	90-150
	10.0-15.0					375-450	90-150
	10.0-15.0					375-450	90-150
	10.0-15.0					375-450	90-150
	10.0-15.0					375-450	90-150
	10.0-15.0					375-450	90-150
	10.0-15.0					375-450	90-150
	10.0-15.0					375-450	90-150
	10.0-15.0					375-450	90-150
	10.0-15.0					375-450	90-150
	10.0-15.0					375-450	90-150
	10.0-15.0					375-450	90-150
	10.0-15.0					375-450	90-150
	10.0-15.0					375-450	90-150
	10.0-15.0					375-450	90-150
	10.0-15.0					375-450	90-150
	10.0-15.0					375-450	90-150
	10.0-15.0					375-450	90-150
	10.0-15.0					375-450	90-150
	10.0-15.0					375-450	90-150
						375-450	
	10.0-15.0					375-400	90-150
	10.0-15.0					375-450	90-150
	10.0-15.0					375-450	90-150
	10.0-15.0					375-450	90-150
	10.0-15.0					375-450	90-150
	10.0-15.0					375-450	90-150
	10.0-15.0					375-450	90-150
	10.0-15.0					375-450	90-150
	10.0-15.0					375-450	90-150
	10.0-15.0					375-450	90-150
	10.0-15.0					375-450	90-150
	10.0-15.0					375-450	90-150
	10.0-15.0					375-450	90-150
	10.0-15.0					375-450	90-150
	10.0-15.0					375-450	90-150
	10.0-15.0					375-450	90-150
	10.0-15.0					375-450	90-150
	10.0-15.0					375-450	90-150
	10.0-15.0					375-450	90-150
	10.0-15.0					375-450	90-150
	10.0-15.0					380-430	100-125
	10.0-15.0					380-430	100-125
	10.0-15.0					380-430	100-125
	10.0-15.0					375-450	90-150
	10.0-15.0					375-450	90-150
	10.0-15.0					375-450	90-150
	10.0-15.0					375-450	90-150

Grade	Filler	Sp Grav	Shrink, mils/in	Melt flow, g/10 min	Drying temp, °F	Drying time, hr	Max. % moisture
ESD C 100 FR		1.323	10.0-15.0		175	2.0	
ESD C 100 HF		1.003	12.0-17.0		175	2.0	
ESD C 100 MF		1.003	12.0-17.0	3.50 L	175	2.0	
ESD C 100.5	GFI 5	1.033	6.0-8.0		175	2.0	
ESD C 101	GFI 10	1.063	4.0-6.0		175	2.0	
ESD C 102	GFI 15	1.103	2.0-4.0		175	2.0	
ESD C 103	GFI 20	1.143	2.0-4.0		175	2.0	
ESD C 105	GFI 30	1.183	1.5-3.0		175	2.0	
ESD C 180	CF	0.942	2.0-4.0		175	2.0	
ICP 100		0.952	18.0-24.0				
ICP 100 HI		0.932	18.0-22.0				
PP 20 GF		1.033	3.0-5.0	10.00 L	175	2.0	
PP 20 TALC		1.053	11.0-15.0	10.00 L	175	2.0	
PP 30 GF		1.123	2.0-4.0	10.00 L	175	2.0	
PP 30 GF FR0		1.504	1.0-3.0		175	2.0	
PP 40 GF		1.213	1.0-3.0	8.00 L	175	2.0	
PP 40 TALC		1.253	7.0-10.0	10.00 L	175	2.0	
PP FR0		1.033	15.0-22.0		175	2.0	
PP FR2		0.932	15.0-20.0		175	2.0	
VLF 80105 CC	GLL 30	1.123	1.0-3.0		180	4.0	
VLF 80107 CC	GLL 40	1.213	1.0-3.0		180	4.0	
VLF 80109 CC	GLL 50	1.333	1.0-3.0		180	4.0	
VLF 80111 CC	GLL 60	1.484	1.0-2.0		180	4.0	
VLF 81005	GLL 30	1.534	2.0-3.0		250	4.0	

PP, Unspecified   Samsung Total   Samsung Total

Grade	Filler	Sp Grav	Shrink, mils/in	Melt flow, g/10 min	Drying temp, °F	Drying time, hr	Max. % moisture
BJ70M		0.912	14.0-18.0	27.00 L	194-212	2.0	
CB75		1.353	6.0-10.0	14.00 L			
CB76S		1.434	5.0-9.0	20.00 L			
FB33		0.982	14.0-18.0	8.00 L			
FB51		0.932	15.0-19.0	8.00 L			
FB52		1.043	11.0-15.0	12.00 L			
FB53		1.333	10.0-14.0	11.00 L			
FB53NH	GFI	1.083	6.0-8.0	5.00 L			
FB54NH	GFI	1.083	5.0-8.0	8.00 L			
FB71		1.283	12.0-16.0	25.00 L			
FB72		1.043	11.0-15.0	30.00 L			
FB72M		1.484	10.0-14.0	25.00 L			
FB76S		1.554	9.0-12.0	27.00 L			
FB82		1.043	10.0-15.0	45.00 L			
FH21		1.323	9.0-12.0	4.50 L			
FH42P		0.982	14.0-17.0	10.00 L			
FH43		1.273	10.0-14.0	9.00 L			
FH44		1.323	10.0-13.0	5.00 L			
FH44N		1.273	8.0-11.0	9.00 L			
FH51		0.932	14.0-17.0	12.00 L			
KB71		0.912	14.0-16.0	27.00 L			
KH52T		1.153	11.0-15.0	12.00 L			
KL11SW		0.952		0.30 L			
NB73W		1.043	11.0-15.0	30.00 L			
SB52S		1.073	13.0-17.0	10.00 L			
SH51		0.982	14.0-18.0	12.00 L			
SH52		1.073	13.0-17.0	14.00 L			
SH52C		1.113	11.0-15.0	12.00 L			
SH53C		1.153	10.0-13.0	11.00 L			
SI51C		1.003	12.0-15.0	12.00 L			

Max. % regrind	Inj. pres., ksi	Rear temp, °F	Mid temp, °F	Front temp, °F	Nozzle temp, °F	Proc temp, °F	Mold temp, °F
	10.0-15.0					375-450	90-150
	10.0-15.0					375-450	90-150
	10.0-15.0					375-450	90-150
	10.0-15.0					375-450	90-150
	10.0-15.0					375-450	90-150
	10.0-15.0					375-450	90-150
	10.0-15.0					375-450	90-150
	10.0-15.0					375-450	90-150
	10.0-15.0					375-450	90-150
	10.0-15.0					380-410	70-100
	10.0-15.0					380-410	70-100
	10.0-15.0					375-450	90-150
	10.0-15.0					375-450	90-150
	10.0-15.0					375-450	90-150
	10.0-15.0					375-450	90-150
	10.0-15.0					375-450	90-150
	10.0-15.0					375-450	90-150
	10.0-15.0					375-450	90-150
	10.0-15.0					375-450	90-150
	10.0-15.0					410-480	100-170
	10.0-15.0					410-480	100-170
	10.0-15.0					410-480	100-170
	10.0-15.0					410-480	100-170
	10.0-18.0					460-520	150-250
	5.7-11.4	338-356	356-392	356-392	374-410		104-158
	5.7-12.8			392-428			122-176
	5.7-12.8			392-428			122-176
	5.7-11.4	338-356	356-392	356-392	374-410		104-158
	5.7-11.4	338-356	356-392	356-392	374-410		104-158
	5.7-11.4	338-356	356-392	356-392	374-410		104-158
	5.7-11.4	338-356	356-392	356-392	374-410		104-158
	5.7-11.4	338-356	356-392	356-392	374-410		104-158
	5.7-11.4	338-356	356-383	356-383	356-383		104-158
	5.7-11.4	338-356	356-392	356-392	374-410		104-158
	5.7-12.8			392-428			122-176
	5.7-11.4	338-356	356-383	356-383	356-383		104-158
	5.7-11.4	338-356	356-392	356-392	374-392		104-158
	5.7-11.4	338-356	356-392	356-392	374-410		104-158
	5.7-11.4	338-356	356-392	356-392	374-392		104-158
	5.7-11.4	338-356	356-392	356-410	374-428		104-158
	5.7-11.4	338-356	356-392	356-410	374-428		104-158
	5.7-11.4	338-356	356-392	356-392	374-410		104-158
	5.7-11.4	338-356	356-392	356-392	374-410		104-158
	5.7-11.4	338-356	356-392	356-392	374-410		104-158
		338-356	374-428	374-428	410-446		68-176
	5.7-11.4	338-356	356-392	356-392	374-410		104-158
	5.7-10.0	32-374	356-392	356-410	356-410		122-158
	5.7-10.0	32-374	356-392	356-410	356-410		122-158
	5.7-10.0	32-374	356-392	356-410	356-410		122-158
	5.7-10.0	338-374	356-392	356-410	356-410		122-158
	5.7-10.0	338-374	356-392	356-410	356-410		122-158
	5.7-10.0	32-374	356-392	356-410	356-410		122-158

FREE DATA SHEETS: WWW.IDES.COM/PSIM

Grade	Filler	Sp Grav	Shrink, mils/in	Melt flow, g/10 min	Drying temp, °F	Drying time, hr	Max. % moisture
SI73		1.103	12.0-14.0	23.00 L			
TB72M	TAL	1.073	8.0-12.0	27.00 L	194-212	2.0	

PP, Unspecified — Scancomp — Polykemi

Grade	Filler	Sp Grav	Shrink, mils/in	Melt flow, g/10 min	Drying temp, °F	Drying time, hr	Max. % moisture
BN140		0.922	15.0-17.0	14.00 L	158-176	2.0-4.0	
BN140T5		0.942	14.0-16.0	14.00 L	158-176	2.0-4.0	
CN110		0.922	15.0-17.0	11.00 L	158-176	2.0-4.0	
CN90T9		0.952	13.0-15.0	7.00 L	158-176	2.0-4.0	
EBN90T5		0.932	14.0-16.0	9.00 L	158-176	2.0-4.0	
EN30T5		0.922	13.0-15.0	3.00 L	158-176	2.0-4.0	
EN30T8		0.942	13.0-15.0	3.00 L	158-176	2.0-4.0	
EN40T8		0.942	13.0-15.0	4.00 L	158-176	2.0-4.0	
EN60T10		0.962	13.0-15.0	6.00 L	158-176	2.0-4.0	
EN70		0.922	14.0-16.0	7.00 L	158-176	2.0-4.0	

PP, Unspecified — Starflam — LNP

Grade	Filler	Sp Grav	Shrink, mils/in	Melt flow, g/10 min	Drying temp, °F	Drying time, hr	Max. % moisture
M-1000 Z240C		1.013	13.0-15.0		158	2.0	0.02

PP, Unspecified — Stat-Kon — LNP

Grade	Filler	Sp Grav	Shrink, mils/in	Melt flow, g/10 min	Drying temp, °F	Drying time, hr	Max. % moisture
M-	CP	0.950	13.0-16.0		180	4.0	
M-1 HI	CP	0.980	16.0-18.0		180	4.0	
MC-10 EM HI	CF	0.930	5.0		180	4.0	
MC-1003 HS	CF				180	4.0	
MC-1006	CF	1.060			180	4.0	
MS- HI LE	STS		13.0		180	4.0	

PP, Unspecified — Stat-Loy — LNP

Grade	Filler	Sp Grav	Shrink, mils/in	Melt flow, g/10 min	Drying temp, °F	Drying time, hr	Max. % moisture
M-		0.950	14.0		160-180	4.0	

PP, Unspecified — Stat-Rite — Noveon

Grade	Filler	Sp Grav	Shrink, mils/in	Melt flow, g/10 min	Drying temp, °F	Drying time, hr	Max. % moisture
X5111		0.982		40.00 L	160	3.0-4.0	

PP, Unspecified — Stat-Tech — PolyOne

Grade	Filler	Sp Grav	Shrink, mils/in	Melt flow, g/10 min	Drying temp, °F	Drying time, hr	Max. % moisture
PP-16CP/000-2 HI		1.010	11.0	3.65 E			

PP, Unspecified — Tecnoline — Domo nv

Grade	Filler	Sp Grav	Shrink, mils/in	Melt flow, g/10 min	Drying temp, °F	Drying time, hr	Max. % moisture
P2-001-V10	GFI 10	0.962	8.0	11.00 L			
P2-002-V20	GFI 20	1.033	7.0	8.50 L			
P2-003-T20	TAL 20	1.043	8.4	15.00 L			
P2-005-MV20	GMN 20	1.033	8.5	11.50 L			
P2-102-V30	GFI 30	1.123	1.5	23.00 L			

PP, Unspecified — Thermocomp — LNP

Grade	Filler	Sp Grav	Shrink, mils/in	Melt flow, g/10 min	Drying temp, °F	Drying time, hr	Max. % moisture
HSG-M-0400A EXP	PRO	4.010	10.1		180	4.0	
HSG-M-0500A	PRO	5.000	11.0-13.0		180	4.0	
MB-1006							
HS BK8-115	GB	1.120	12.0		180	4.0	
MF-1002 HS	GFI	0.970			180	4.0	
MF-1004 HS	GFI	1.030	4.0-7.0		180	4.0	
MF-1006 HS	GFI	1.120	3.0		180	4.0	
MF-1006							
HS UV YL3-162	GFI	1.140	4.0		180	4.0	
MF-1008							
LE MG BK8-360	GFI	1.220	7.0		180	4.0	
MFM-3346 BK8-115	GMN	1.340	2.0-4.0		180	4.0	
MFX-100-10							

Max. % regrind	Inj. pres., ksi	Rear temp, °F	Mid temp, °F	Front temp, °F	Nozzle temp, °F	Proc temp, °F	Mold temp, °F
	5.7-10.0	32-374	356-392	356-410	356-410		122-158
	5.7-11.4	338-356	356-392	356-392	374-410		104-158
	5.8-16.0					401-464	86-140
	5.8-16.0					401-464	86-140
	5.8-16.0					401-464	86-140
	5.8-16.0					401-464	86-140
	5.8-16.0					401-464	86-140
	5.8-16.0					401-464	86-140
	5.8-16.0					401-464	86-140
	5.8-16.0					401-464	86-140
	5.8-16.0					401-464	86-140
	5.8-16.0					401-464	86-140
						338-392	140
						440-475	90-120
						440-475	90-120
						440-475	90-120
						440-475	90-120
						440-475	90-120
						440-475	90-120
						370-390	90-120
						400-460	110-140
						410-518	86-158
						410-518	86-158
						410-518	86-158
						410-518	86-158
						410-518	86-158
						410-440	80-120
						410-440	80-120
						440-475	90-120
						440-475	90-120
						440-475	90-120
						440-475	90-120
						440-475	90-120
						440-475	90-120
						440-475	90-120

FREE DATA SHEETS: WWW.IDES.COM/PSIM

Grade	Filler	Sp Grav	Shrink, mils/in	Melt flow, g/10 min	Drying temp, °F	Drying time, hr	Max. % moisture
BK8-114	GFI	1.330	2.0		180	4.0	
MFX-1004 HS BK8-114	GFI	1.040	4.0		180	4.0	
MFX-1006	GFI	1.130	5.0		180	4.0	
MFX-1006 FR HS BK8-115	GFI	1.460	6.0		180	4.0	
MFX-1006 FR MG BK8-185	GFI	1.480			180	4.0	
MFX-1008 HS	GFI	1.220	3.0		180	4.0	
PDX-M-85738 BK8-185	GFI	1.150	1.0		180	4.0	
PDX-M-88028 GY0-107-2	GFI	0.970	5.0		180	4.0	
PDX-M-95319 BK8-011	GFI	1.040	4.0		180	4.0	
PDX-M-99432 BK8-114	GFI	1.220	2.0		180	4.0	

PP, Unspecified   ThermoStran   Montsinger

Grade	Filler	Sp Grav					
PP-30G	GLL 30	1.110					
PP-40G	GLL 40	1.210					
PP-50G	GLL 50	1.310					

PP, Unspecified   Thermotuf   LNP

Grade	Filler	Sp Grav	Shrink	Melt flow	Drying temp	Drying time	Max. % moisture
MF-1006 HI BK8-115	GFI	1.110	3.0		180	4.0	

PP, Unspecified   Thermylene   Asahi Thermofil

Grade	Filler	Sp Grav	Shrink	Melt flow	Drying temp	Drying time	Max. % moisture
P6-23FG-2600	GFI 23	1.070	3.0	5.00 L	160	2.0	0.15
P6-30FG-1804	GFI 30	1.150	4.0	4.00 L	160	2.0	0.15

PP, Unspecified   TOTAL PP   Total Petrochem

Grade	Filler	Sp Grav		Melt flow			
3740WR		0.902		20.00 L			

PP, Unspecified   Verton   LNP

Grade	Filler	Sp Grav	Shrink	Melt flow	Drying temp	Drying time	Max. % moisture
MFX-700-10 HS	GLL	1.330			180	4.0	
MFX-700-10 HS UV	GLL	1.350			180	4.0	
MFX-700-14 HS: let down to 20% final glass content	GLL	1.043			180	4.0	
MFX-700-14 HS: let down to 30% final glass content	GLL	1.123			180	4.0	
MFX-700-14 HS: let down to 40% final glass content	GLL	1.213			180	4.0	
MFX-7006 HS	GLL	1.130	3.0		180	4.0	
MFX-7006 HS UV	GLL	1.130	3.0		180	4.0	
MFX-7008 HS	GLL	1.230	1.0		180	4.0	
MFX-7008 HS UV	GLL	1.230	1.0		180	4.0	
PDX-M-02795	GLL	1.193			180	4.0	
PDX-M-03017 BK8-209-5	GLL	1.350			180	4.0	

PP, Unspecified   Voloy   A. Schulman

Grade	Filler	Sp Grav	Shrink	Melt flow	Drying temp	Drying time	Max. % moisture
100	MN 15	1.360	10.0		176	2.0-3.0	0.20
101		0.940	12.0		176	2.0-3.0	0.20
110	MN 15	1.100	15.0		176	2.0-3.0	0.20
113	GFI 25	1.500	4.0		176	2.0-3.0	0.20

Max. % regrind	Inj. pres., ksi	Rear temp, °F	Mid temp, °F	Front temp, °F	Nozzle temp, °F	Proc temp, °F	Mold temp, °F
						440-475	90-120
						440-475	90-120
						440-475	90-120
						440-475	90-120
						440-475	90-120
						440-475	90-120
						440-475	90-120
						440-475	90-120
						440-475	90-120
						440-475	90-120
	10.0	440	460	480	480	480-500	150
	10.0	440	460	480	480	480-500	150
	10.0	440	460	480	480	480-500	150
						440-475	90-120
	12.0-16.0	380-400	400-420	420-450	430-460		80-150
	12.0-16.0	380-400	400-420	420-450	430-460		80-150
						350-450	
						425-470	100-120
						425-470	100-120
						425-470	100-120
						425-470	100-120
						425-470	100-120
						425-470	100-120
						425-470	100-120
						425-470	100-120
						425-470	100-120
						425-470	100-120
						425-470	100-120
20		400-420	410-430	420-440	400-430	510	120-210
20		340-385	340-385	340-385	340-385	400	50-175
20		400-420	410-430	420-440	400-430	510	120-210
20		465-482	445-475	440-465	440-465	510	50-150

FREE DATA SHEETS: WWW.IDES.COM/PSIM

Grade	Filler	Sp Grav	Shrink, mils/in	Melt flow, g/10 min	Drying temp, °F	Drying time, hr	Max. % moisture
PP, Unspecified	**WPP PP**				**Washington Penn**		
PPC5CF-3	CAC 30	1.130		12.00	160-190	1.0	
PPC5GF2-Black	GFI 20	1.040		12.00 L	160-190	1.0-3.0	
PPC5GF2-Natural	GFI 20	1.030		12.00 L	160-190	1.0-3.0	
PPH2TF4/B46008	TAL 40	1.240		5.70 L	160-190	1.0	
PPH5TF2-Black	TAL 20	1.240		16.00 L	160-190	1.0	
PP, Unspecified	**Xmod**				**Borealis**		
BG065SA		0.922		20.00 L			
GB305HP	GFI 35	1.183	8.0-12.0	1.80 L			
GD301HP	GFI 32	1.153	10.0	4.00 L			
K65G2	GFI 20	1.063		34.00 BF			
K65G3	GFI 30	1.143	8.0	25.00 BF			
PP+EPDM	**Larflex**				**Lati**		
1882		0.912		12.0	176-212	3.0	
2080 TG/200	UNS 20	1.043		9.0	176-212	3.0	
2632 TES/25	TAL 25	1.113		10.5	176-212	3.0	
3070 CX/25	GFI 30	1.123		10.5	176-212	3.0	
AG2000H2W G/30	MN 25	1.123		2.5	176-212	3.0	
PP+EPDM	**Latistat**				**Lati**		
49/2000-01		1.023		10.0	176-194	3.0	
PP+Styrenic	**Formula P**				**Putsch Kunststoffe**		
ELAN XP 416		0.952	11.0-13.0	10.00 L	176	2.0	
ELAN XP 422		0.942	9.0-12.0	10.00 L	176	2.0	
PPA	**Amodel**				**Solvay Advanced**		
A-1133 HS (Dry)	GFI 33	1.480	4.0		248	4.0	0.05
A-1133 NL WH 505	GFI 33	1.540	2.0				0.15
A-1145 HS (Dry)	GFI 45	1.590	2.0		248	4.0	0.05
A-1160 HSL BK324 (Dry)	GFI 60	1.760	4.0		248	4.0	0.05
A-1240 HS (Dry)	MN 40	1.530	10.0		250	4.0	0.10
A-1240 L (Dry)	MN 40	1.540	10.0		250	4.0	0.10
A-1340 HS (Dry)	GMN 40	1.540	4.0		248	4.0	0.05
A-1565 HS (Dry)	GMN 65	1.900	3.0		250	4.0	0.15
A-1701 HSL BK324	CF 30	1.330	6.0		248	4.0	0.05
A-1702 HSL BK324	CF 40	1.390	6.0		248	4.0	0.05
A-1703 HS BK324	GCF 25	1.260	6.0		248	4.0	0.05
A-1801 HSL BK324	GLL 50	1.640	5.0		248	6.0	0.05
A-4122 NL WH 905	GFI 22	1.480	4.0				0.15
A-4133 L (Dry)	GFI 33	1.460	5.0		248	4.0	0.05
A-4160 HSL BK324	GFI 60	1.750	10.0		248	4.0	
A-6135 HN (Dry)	GFI 35	1.450	6.0		248	4.0	0.05
AF-1133 V0 (Dry)	GFI 33	1.710	2.0		250	4.0	0.10
AF-1145 V0 (Dry)	GFI 45	1.810	2.0		250	4.0	0.10
AF-4133 V0 (Dry)	GFI 33	1.680	3.0-4.0		250	4.0	0.10
AFA-4133 V0 Z (Dry)	GFI 33	1.680	3.0-5.0		250	4.0	0.15
AFA-6133 V0 Z (Dry)	GFI 33	1.680	3.0		248	4.0	0.05
AFA-6145 V0 Z (Dry)	GFI 45	1.800	2.0		250	4.0	0.15
AP-9240 NL (Dry)	MN 40	1.490	11.0		248	4.0	0.05
AS-1133 HS (Dry)	GFI 33	1.460	4.0		250	4.0	0.10
AS-1145 HS (Dry)	GFI 45	1.560	2.0		250	4.0	0.10

Max. % regrind	Inj. pres., ksi	Rear temp, °F	Mid temp, °F	Front temp, °F	Nozzle temp, °F	Proc temp, °F	Mold temp, °F
	0.6-1.1	420-430	420-430	425-435	435-455		60-120
	0.6-1.3	420-440	430-450	430-450	420-440		80-120
	0.6-1.3	420-440	430-450	430-450	420-440		80-120
	0.6-1.1	435-445	435-445	440-450	450-470		60-120
	0.6-1.1	420-430	420-430	425-435	435-455		60-120
						410-500	86-140
						482-509	122-140
						482-509	86-122
						410-500	86-122
						410-500	86-122
						392-428	68-104
						410-464	104-140
						410-464	104-140
						410-464	104-140
						410-464	104-140
						392-446	86-122
						446-482	68-104
						482-500	86-122
		580-605		600-625	610-650		275
		580-605		600-625	610-650		275
		580-605		600-625	610-650		275
		579-604		599-624	610-649		275
		580-605		600-625	610-650		275
		580-605		600-625	610-650		275
		580-605		600-625	610-650		275
		580-605		600-625	610-650		275
		579-604		599-624	610-649		275
		579-604		599-624	610-649		275
		590		608	608-626		275
		590		608			275
		605-615		620-630	625-650		150-200
		605-615		620-630	625-650		150-200
		604-615		621-630	624-649		149-199
		600-610		620-630	610-635		150-200
		585-625	585-625	585-625	610-640		275
		585-625	585-625	585-625	610-640		275
		605-645	605-645	605-645	625-665		150
		600-615		620-630	625-645		150-200
		600-615		620-630	610-640		150-200
		600-615		620-630	610-640		150-200
		605-615		620-630	635-645		230-300
		580-605		600-625	610-650		275
		580-605		600-625	610-650		275

FREE DATA SHEETS: WWW.IDES.COM/PSIM

Grade	Filler	Sp Grav	Shrink, mils/in	Melt flow, g/10 min	Drying temp, °F	Drying time, hr	Max. % moisture
AS-1566 HS (Dry)	GMN 65	1.840	3.0		250	4.0	0.15
AS-1933 HS (Dry)	GFI 33	1.450	2.0		250	4.0	0.10
AS-1945 HS (Dry)	GFI 45	1.570	2.0		250	4.0	0.10
AS-4133 HS (Dry)	GFI 33	1.450	5.0		248	4.0	0.05
AS-4133 L (Dry)	GFI 33	1.450	5.0		250	4.0	0.15
AS-4145 HS (Dry)	GFI 45	1.540	4.0		250	4.0	0.10
AT-1001L (Dry)		1.110	17.0-22.0		250	4.0	0.10
AT-1002 HS (Dry)		1.130	20.0		230	4.0	0.05
AT-1116 HS (Dry)	GFI 16	1.280	6.0		230	4.0	0.05
AT-1125 HS (Dry)	GFI 25	1.350	4.0		250	4.0	0.10
AT-5001 (Dry)		1.100	20.0		230	4.0	0.05
AT-6115 HS (Dry)	GFI 15	1.220	10.0		230	4.0	0.05
AT-6130 HS (Dry)	GFI 30	1.340	5.0		250	4.0	0.15
ET-1000 HS (Dry)		1.130	15.0		230	4.0	
ET-1001 HS (Dry)		1.150	15.0-20.0		250	4.0	0.10
ET-1001 L (Dry)		1.150		11.0-15.0	230	4.0	0.05
FR-4133 (Dry)	GFI 33	1.680	4.0		248	4.0	0.05
FR-6133	GFI 33	1.680	3.0-4.0				0.15
FR-6145	GFI 45	1.800					0.15

PPA Edgetek PolyOne

Grade	Filler	Sp Grav	Shrink, mils/in				
AM-20CF/000	CF 20	1.260	1.0-2.0				
AM-30GF/000	GFI 30	1.430	3.0-4.0				
AM-40CF/000	CF 40	1.360	1.0-2.0				
AM-45GF/000	GFI 45	1.580	2.0-3.0				

PPA Grivory EMS-Grivory

Grade	Filler	Sp Grav	Shrink, mils/in		Drying temp, °F	Drying time, hr	Max. % moisture
HT2V-3H (Dry)	GFI 30	1.424	8.0				0.10
HTM-4H1 (Dry)	MN 40	1.550	14.0		230	2.0	
HTV-3H1 (Dry)	GFI 30	1.440	6.0		230	2.0	
HTV-4H1 (Dry)	GFI 40	1.530	5.0		178	2.0	
HTV-5H1 (Dry)	GFI 50	1.650	5.0		230	2.0	
HTV-6H1 (Dry)	GFI 60	1.780	5.0		230	2.0	

PPA Laramid Lati

Grade	Filler	Sp Grav	Shrink, mils/in		Drying temp, °F	Drying time, hr	
CE/60	MN 60	1.815	8.0		176-194	6.0	
G/30	GFI 30	1.434	3.5		176-194	6.0	
G/35	GFI 35	1.464	3.5		176-194	6.0	
G/45	GFI 45	1.584	1.5		176-194	6.0	
G/50	GFI 50	1.594	1.5		176-194	6.0	

PPA Lubricomp LNP

Grade	Filler	Sp Grav	Shrink, mils/in		Drying temp, °F	Drying time, hr	Max. % moisture
BGU-PDX-U-95672	GFI	1.550	2.0		250	4.0	0.15
BK8-115	PRO	1.460			250-300	4.0	0.15
UCL-4036 HS	CF	1.410			250	4.0	0.15
UFL-4026 A FR HS	GFI	1.710	2.0-4.0		250	4.0	0.15
UFL-4036 A	GFI	1.580			250	4.0	0.15
UFL-4036 HS	GFI	1.550	2.0		250	4.0	0.15

PPA Lubriloy LNP

Grade	Filler	Sp Grav	Shrink, mils/in		Drying temp, °F	Drying time, hr	Max. % moisture
PDX-U-98388							
BL5-270-1			16.0		250-300	4.0	0.15
PDX-U-99725							
BL5-270-1			15.0		250-300	4.0	0.15
U- EXP		1.160	12.0-14.0		250-300	4.0	0.15

Max. % regrind	Inj. pres., ksi	Rear temp, °F	Mid temp, °F	Front temp, °F	Nozzle temp, °F	Proc temp, °F	Mold temp, °F
		585		625		610-650	150-330
		580-605		600-625		610-650	275
		580-605		600-625		610-650	275
		605-615		620-630		625-650	150-200
		605-615		620-630		625-650	150-200
		605-615		620-630		625-650	150-200
		580-605		600-625		610-650	150-230
		580		615		610-625	
		580-605		600-625		610-650	275
		580-605		600-625		610-650	275
		580		610		590-610	
		600-615		620-630		610-635	150-200
		600-615		620-630		610-635	150-200
		580-605		600-625		610-650	158-194
		580-605		600-625		610-650	150-230
		580-605		600-625		610-650	158-194
		600-615		620-630		625-645	150-200
		600-615		620-630		610-640	150-200
		600-615		620-630		610-640	150-200
						600-650	
						600-650	
						600-650	
						610-660	
		599-626	599-644	599-635	590-617	608	212-284
		626-653	626-653	626-653		644	284-320
		626-653	626-653	626-653		644	284-320
		626-653	626-653	626-653		644	284-320
		642-653	626-653	626-653		644	284-320
		626-653	626-653	626-653		644	284-320
						590-635	302-338
						590-635	302-338
						590-635	302-338
						590-635	302-338
						590-635	302-338
						600-625	300-340
						610-660	120-220
						600-625	300-340
						600-625	300-340
						600-625	300-340
						600-625	300-340
						590-600	250-300
						590-600	250-300
						590-600	250-300

FREE DATA SHEETS: WWW.IDES.COM/PSIM

Grade	Filler	Sp Grav	Shrink, mils/in	Melt flow, g/10 min	Drying temp, °F	Drying time, hr	Max. % moisture
UA- EXP	AR	1.170	9.0-11.0		250-300	4.0	0.15
UF-30	GFI	1.310	4.0-6.0		250-300	4.0	0.15

PPA   Lucon   LG Chem

Grade	Filler	Sp Grav	Shrink, mils/in	Melt flow, g/10 min	Drying temp, °F	Drying time, hr	Max. % moisture
PA-2250		1.360	2.0-3.0	312.00 AN 203		6.0-8.0	0.10

PPA   RTP Compounds   RTP

Grade	Filler	Sp Grav	Shrink, mils/in	Melt flow, g/10 min	Drying temp, °F	Drying time, hr
4000		1.203		17.0	175	6.0
4000 A-1240 L	MN	1.534	10.0-15.0		175	6.0
4000 AF-1115 V0	GFI	1.584	4.0-6.0		175	6.0
4000 AF-1550 V0	GFI	1.815	2.0-3.0		175	6.0
4000 AFA-6145 V0	GFI	1.815	1.0-2.5		175	6.0
4000 AR 15	AR 15	1.243		10.0	175	6.0
4000 AS-1551 HS	GFI	1.664	3.0-5.0		175	6.0
4000 AT-1001 L		1.103		16.0	175	6.0
4000 ET-1001 L		1.133	15.0-25.0		175	6.0
4000 MG 50	GFM 50	1.634	2.0		175	6.0
4000 TFE 10		1.273	10.0-20.0		175	6.0
4000 TFE 15		1.293	15.0-25.0		175	6.0
4000 TFE 20		1.363	15.0-25.0		175	6.0
4000.3	GFI 3	1.223	10.0-14.0		175	6.0
4001	GFI 10	1.273		6.0	175	6.0
4001 A	GFI 10	1.263	7.0-10.0		175	6.0
4001 A FR	GFI 10	1.524	5.0-7.0		175	6.0
4002	GFI 15	1.313		4.0	175	6.0
4002 A	GFI 15	1.293	5.0-7.0		175	6.0
4002 A FR	GFI 15	1.584	4.0-6.0		175	6.0
4002 FR A HS	GFI 15	1.604	4.0-6.0		175	6.0
4003	GFI 20	1.353		4.0	175	6.0
4003 A	GFI 20	1.333	4.0-6.0		175	6.0
4003 A FR	GFI 20	1.634	2.5-4.5		175	6.0
4003 FR A HS	GFI 20	1.644	3.0-5.0		175	6.0
4003 TFE 15	GFI 20	1.454	2.0-5.0		175	6.0
4004 A FR	GFI 25	1.654	3.5-5.5		175	6.0
4004 FR A HS	GFI 25	1.684	2.0-5.0		175	6.0
4005	GFI 30	1.444	2.0-4.0		175	6.0
4005 A	GFI 30	1.434	3.0-5.0		175	6.0
4005 A FR	GFI 30	1.684	2.0-4.0		175	6.0
4005 FR A HS	GFI 30	1.704	1.5-3.0		175	6.0
4005 SI 2 HB	GFI 30	1.424	1.5-3.5		175	6.0
4005 TFE 10	GFI 30	1.504	2.0-4.0		175	6.0
4005 TFE 10 FR	GFI 30	1.774	1.5-3.0		175	6.0
4005 TFE 15	GFI 30	1.554	3.0-5.0		175	6.0
4005 TFE 5	GFI 30	1.494	2.0-3.0		175	6.0
4005.3	GFI 33	1.464	2.0-4.0		175	6.0
4005.3 A	GFI 33	1.444	3.0-5.0		175	6.0
4005.3 A FR	GFI 33	1.704	1.5-3.0		175	6.0
4005.3 FR A HS	GFI 33	1.754	1.5-3.0		175	6.0
4005.3 HS	GFI 33	1.464	2.0-4.0		175	6.0
4006	GFI 35	1.494	2.0-3.0		175	6.0
4007	GFI 40	1.554	2.0-3.0		175	6.0
4007 A	GFI 40	1.524		4.0	175	6.0
4007 A FR	GFI 40	1.764	1.5-3.0		175	6.0
4007 FR A HS	GFI 40	1.815	1.0-2.0		175	6.0
4007 MS	GFI 40	1.614		3.0	175	6.0
4007 TFE 10		1.634	1.0-3.0		175	6.0

Max. % regrind	Inj. pres., ksi	Rear temp, °F	Mid temp, °F	Front temp, °F	Nozzle temp, °F	Proc temp, °F	Mold temp, °F
						590-600	250-300
						590-600	250-300
	11.6-17.4	608-626	626-644	644-662	644-662	644-662	248-284
	10.0-18.0					575-625	275-325
	10.0-18.0					575-625	275-325
	10.0-18.0					575-625	275-325
	10.0-18.0					575-625	275-325
	10.0-15.0					625-650	150-325
	10.0-18.0					575-625	275-325
	10.0-18.0					575-625	275-325
	10.0-18.0					550-570	200-270
	10.0-18.0					540-600	250-300
	10.0-18.0					575-625	275-325
	10.0-18.0					575-625	275-325
	10.0-18.0					575-625	275-325
	10.0-18.0					575-625	275-325
	10.0-18.0					575-625	275-325
	10.0-18.0					575-625	275-325
	10.0-15.0					625-650	150-325
	10.0-15.0					625-650	150-325
	10.0-18.0					575-625	275-325
	10.0-15.0					625-650	150-325
	10.0-15.0					625-650	150-325
	10.0-18.0					575-625	275-325
	10.0-18.0					575-625	275-325
	10.0-15.0					625-650	150-325
	10.0-15.0					625-650	150-325
	10.0-18.0					575-625	275-325
	10.0-18.0					575-625	275-325
	10.0-15.0					585-650	150-325
	10.0-18.0					575-625	275-325
	10.0-18.0					575-625	275-325
	10.0-15.0					625-650	150-325
	10.0-15.0					625-650	150-325
	10.0-18.0					575-625	275-325
	10.0-18.0					575-625	275-325
	10.0-18.0					575-625	275-325
	10.0-18.0					575-625	275-325
	10.0-18.0					575-625	275-325
	10.0-18.0					575-625	275-325
	10.0-15.0					625-650	150-325
	10.0-15.0					625-650	150-325
	10.0-18.0					575-625	275-325
	10.0-18.0					575-625	275-325
	10.0-18.0					575-625	275-325
	10.0-18.0					575-625	275-325
	10.0-15.0					625-650	150-325
	10.0-15.0					625-650	150-325
	10.0-18.0					575-625	275-325
	10.0-18.0					575-625	275-325

FREE DATA SHEETS: WWW.IDES.COM/PSIM

Grade	Filler	Sp Grav	Shrink, mils/in	Melt flow, g/10 min	Drying temp, °F	Drying time, hr	Max. % moisture
4007 TFE 15	GFI 40	1.654	1.0-4.0		175	6.0	
4008	GFI 45	1.604	1.0-3.0		175	6.0	
4008 A	GFI 45	1.574	2.0-3.0		175	6.0	
4008 A FR	GFI 45	1.815	1.5-3.0		175	6.0	
4009	GFI 50	1.644	1.0-3.0		175	6.0	
4009 A	GFI 50	1.624	2.0-3.0		175	6.0	
4009 A MS	GFI 50	1.684	2.0		175	6.0	
4011	GFI 60	1.764	1.0-3.0		175	6.0	
4081	CF 10	1.243	1.0-4.0		175	6.0	
4081 A	CF 10	1.223	4.0		175	6.0	
4081 AR 10 TFE 20	AR 10	1.404	1.5-4.0		175	6.0	
4081 TFE 10	CF 10	1.273	1.0-3.0		175	6.0	
4081 TFE 5	CF 10	1.273	1.0-3.0		175	6.0	
4082	CF 15	1.273	1.0-3.0		175	6.0	
4083	CF 20	1.283	0.5-2.0		175	6.0	
4083 A	CF 20	1.263	0.5-3.0		175	6.0	
4083 AR 10 TFE 15 SI 2	CF 20	1.393	0.5-2.0		175	6.0	
4083 TFE 15	CF 20	1.383	0.5-2.0		175	6.0	
4085	CF 30	1.333	0.5-1.0		175	6.0	
4085 A	CF 30	1.333	0.5-3.0		175	6.0	
4085 A TFE 15	CF 30	1.424	0.5-3.0		175	6.0	
4085 SI 2	CF 30	1.313	0.5-2.0		175	6.0	
4085 TFE 10	CF 30	1.404	0.5-2.0		175	6.0	
4085 TFE 13 SI 2	CF 30	1.404	0.5-2.0		175	6.0	
4085 TFE 15	CF 30	1.424	0.5-2.0		175	6.0	
4087	CF 40	1.383	0.5-1.0		175	6.0	
4087 A	CF 40	1.373	0.5-1.5		175	6.0	
4087 A FR	CF 40	1.654	0.5-1.5		175	6.0	
4087 TFE 10	CF 40	1.444	0.5-1.0		175	6.0	
4089	CF 50	1.444	0.5-1.5		175	6.0	
4091	CF 60	1.494	0.5-1.0		175	6.0	
4099 X 94115	GFI	1.203	5.0-7.0		175	6.0	
VLF 84007	GLL 40	1.574	1.0-3.0		250	4.0	
VLF 84009	GLL 50	1.654	1.0-3.0		250	4.0	

PPA   Stat-Kon   LNP

Grade	Filler	Sp Grav	Shrink, mils/in	Melt flow, g/10 min	Drying temp, °F	Drying time, hr	Max. % moisture
UC-1006 A HS HW	CF	1.323			250-300	4.0	0.15

PPA   Thermocomp   LNP

Grade	Filler	Sp Grav	Shrink, mils/in	Melt flow, g/10 min	Drying temp, °F	Drying time, hr	Max. % moisture
UC-1006	CF	1.320	2.0		250-300	4.0	0.15
UC-1006 A HS HW	CF	1.323			250-300	4.0	0.15
UC-1008	CF	1.380		7.0-9.0	250-300	4.0	0.15
UCF-1008 HS	GCF	1.420			250	4.0	0.15
UF-100-10 HS BK8-114	GFI	1.600			250	4.0	0.15
UF-1002 HS	GFI	1.270			250	4.0	0.15
UF-1006 A HS	GFI	1.450	2.0		250-300	4.0	0.15
UF-1006 FR HS LEX BK8-115	GFI	1.650	2.0		250-300	4.0	0.15
UF-1006 HS	GFI	1.430	2.0-4.0		250	4.0	0.15
UF-1007 HS S BK8-114	GFI	1.444			250-300	4.0	0.15
UF-1008	GFI	1.550	3.0		250-300	4.0	0.15
UF-1009 HS	GFI	1.640	2.0		250-300	4.0	0.15

Max. % regrind	Inj. pres., ksi	Rear temp, °F	Mid temp, °F	Front temp, °F	Nozzle temp, °F	Proc temp, °F	Mold temp, °F
	10.0-18.0					575-625	275-325
	10.0-18.0					575-625	275-325
	10.0-15.0					625-650	150-325
	10.0-15.0					625-650	150-325
	10.0-18.0					575-625	275-325
	10.0-15.0					625-650	150-325
	10.0-15.0					625-650	150-325
	10.0-18.0					575-625	275-325
	10.0-18.0					575-625	275-325
	10.0-15.0					625-650	150-325
	10.0-18.0					575-625	275-325
	10.0-18.0					575-625	275-325
	10.0-18.0					575-625	275-325
	10.0-18.0					575-625	275-325
	10.0-18.0					575-625	275-325
	10.0-15.0					625-650	150-325
	10.0-18.0					575-625	275-325
	10.0-18.0					575-625	275-325
	10.0-18.0					575-625	275-325
	10.0-15.0					625-650	150-325
	10.0-15.0					625-650	150-325
	10.0-18.0					575-625	275-325
	10.0-18.0					575-625	275-325
	10.0-18.0					575-625	275-325
	10.0-18.0					575-625	275-325
	10.0-18.0					575-625	275-325
	10.0-15.0					625-650	150-325
	10.0-15.0					625-650	150-325
	10.0-18.0					575-625	275-325
	10.0-18.0					575-625	275-325
	10.0-18.0					575-625	275-325
	10.0-18.0					550-575	250-300
	10.0-18.0					580-625	275-325
	10.0-18.0					580-625	275-325
						610-660	120-220
						600-625	275-325
						610-660	120-220
						600-625	275-325
						600-625	300-340
						600-625	300-340
						600-625	300-340
						600-625	275-325
						570-590	275-325
						600-625	300-340
						600-625	275-325
						600-625	275-325
						600-625	275-325

FREE DATA SHEETS: WWW.IDES.COM/PSIM

Grade	Filler	Sp Grav	Shrink, mils/in	Melt flow, g/10 min	Drying temp, °F	Drying time, hr	Max. % moisture
UFM-3249 HS BK8-115	GMN	1.875	2.5		250-300	4.0	0.15
UFM3249HSSVDO EXP1-BK81615	GMN				250-300	4.0	0.15

PPA — ThermoStran — Montsinger

PPA-50G	GLL 50	1.590			210	4.0	

PPA — Verton — LNP

PDX-U-03320 BK8-312	GLL	1.634			250-300	4.0	0.15
UF-700-10	GLL	1.634			250-300	4.0	0.15
UF-7007 HS	GLL	1.461			250-300	4.0	0.15

PPA — Zytel HTN — DuPont EP

Grade	Filler	Sp Grav	Shrink, mils/in	Max. % moisture
51G15HSL BK083 (Dry)		1.310	4.0	0.10
51G25HSL BK083 (Dry)	GFI 25	1.383		0.10
51G35HSL BK083 (Dry)		1.474		0.10
51G35HSL NC010 (Dry)	GFI 35	1.470	2.0	0.10
51G35HSLR BK420 (Dry)		1.474	2.0	0.10
51G45HSL BK083 (Dry)		1.574		0.10
51G45HSL NC010 (Dry)	GFI 45	1.580	1.0	0.10
51GM60THS BK083 (Dry)		1.764	3.0	0.10
51GM65HSL BK083 (Dry)		1.925	4.0	0.10
51LG50HSL BK083 (Dry)		1.604	3.0	0.10
52G35HSL NC010 (Dry)	GFI 35	1.470	2.5	0.10
54G15HSLR BK031 (Dry)		1.253	7.0	0.10
54G35HSLR BK031 (Dry)		1.424	5.0	0.10
54G50HSLR BK031 (Dry)		1.584	4.0	0.10
54G50HSLR NC010 (Dry)		1.584	4.0	0.10
FE16502 BK001 (Dry)		1.564	2.0	0.10
FE18502 NC010 (Dry)		1.100		0.10
FE8200 NC010 (Dry)		1.130	9.0	0.10
FR51G35L NC010 (Dry)	GFI 35	1.650	1.0	0.10
FR52G15BL NC010 (Dry)		1.500	4.0	0.10
FR52G30BL NC010 (Dry)		1.620	2.0	0.10
FR52G30LX NC010 (Dry)		1.634	8.0	0.10

Max. % regrind	Inj. pres., ksi	Rear temp, °F	Mid temp, °F	Front temp, °F	Nozzle temp, °F	Proc temp, °F	Mold temp, °F
						600-625	275-325
						600-625	275-325
	12.0	610	625	640	640	640-680	275
						600-625	275-325
						600-625	275-325
						615-655	275-325
						608-626	284-320
						608-626	284-320
						608-626	284-320
						608-626	284-320
						608-626	284-320
						608-626	284-320
						608-626	284-320
						608-626	284-320
						608-626	284-320
						608-626	284-320
						608-626	185-221
						608-626	185-221
						608-626	185-221
						608-626	185-221
						608-626	185-221
						608-626	284-320
						608-626	158-194
						608-626	140-212
						608-626	284-320
						608-626	185-221
						608-626	185-221
						617-626	140-266

Grade	Filler	Sp Grav	Shrink, mils/in	Melt flow, g/10 min	Drying temp, °F	Drying time, hr	Max. % moisture
FR52G35BL NC010 (Dry)		1.680	2.0				0.10
FR52G45BL BK337 (Dry)		1.764					0.10
WRF51G30 NC010 (Dry)		1.564	7.0				0.10
WRF51K20 NC010 (Dry)		1.253	8.0				0.10

PPC   Lexan   GE Adv Materials

Grade	Filler	Sp Grav	Shrink, mils/in	Melt flow, g/10 min	Drying temp, °F	Drying time, hr	Max. % moisture
4501 Resin		1.200	7.0-8.0	3.00 O	250	3.0-4.0	0.02
4504 Resin		1.200	7.0-8.0	3.00 O	250	3.0-4.0	0.02
4701R Resin		1.200	8.0-10.0	2.00 O	250	3.0-4.0	0.02
4704 Resin		1.200	8.0-10.0	2.00 O	250	3.0-4.0	0.02
FXM4701 Resin		1.200	8.0-10.0	2.00 O	257-275	3.0-4.0	0.02
PPC4701R Resin		1.200	8.0-10.0	2.00 O	250	3.0-4.0	0.02

PPC   Lexan   GE Adv Matl AP

Grade	Filler	Sp Grav	Shrink, mils/in	Melt flow, g/10 min	Drying temp, °F	Drying time, hr	Max. % moisture
4501 Resin		1.200	7.0-8.0	3.00 O	250	3.0-4.0	0.02
4504 Resin		1.200	7.0-8.0	3.00 O	250	3.0-4.0	0.02
4701R Resin		1.200	8.0-10.0	2.00 O	250	3.0-4.0	0.02
4704 Resin		1.200	8.0-10.0	2.00 O	250	3.0-4.0	0.02
FXM4701 Resin		1.200	8.0-10.0	2.00 O	257-275	3.0-4.0	0.02

PPC   Lexan   GE Adv Matl Euro

Grade	Filler	Sp Grav	Shrink, mils/in	Melt flow, g/10 min	Drying temp, °F	Drying time, hr	Max. % moisture
FXM4701 Resin		1.200	8.0-10.0	2.00 O	257-275	3.0-4.0	

PPE   Deloxen   Vamp Tech

Grade	Filler	Sp Grav	Shrink, mils/in	Melt flow, g/10 min	Drying temp, °F	Drying time, hr	Max. % moisture
13		1.063	5.0-7.0		212-230	2.0	
2010	GFI 20	1.213	2.0-4.0		212-230	2.0	
3010	GFI 30	1.273	1.0-3.0		212-230	2.0	

PPE   Norpex   Custom Resins

Grade	Filler	Sp Grav	Shrink, mils/in	Melt flow, g/10 min	Drying temp, °F	Drying time, hr	Max. % moisture
AX190		1.080	5.0-7.0		210-240	2.0-4.0	
AX235		1.060	5.0-7.0		210-240	2.0-4.0	
AX245		1.060	5.0-7.0		210-240	2.0-4.0	
AX265		1.080	5.0-7.0		210-240	2.0-4.0	
AX290		1.060	5.0-7.0		210-240	2.0-4.0	

PPE   Noryl   GE Adv Matl AP

Grade	Filler	Sp Grav	Shrink, mils/in	Melt flow, g/10 min	Drying temp, °F	Drying time, hr	Max. % moisture
RN1300 Resin	GMN 15	1.230	3.0-4.5	26.60 O	220-230	3.0-4.0	0.02

PPE   Noryl   LNP

Grade	Filler	Sp Grav	Shrink, mils/in	Melt flow, g/10 min	Drying temp, °F	Drying time, hr	Max. % moisture
RN1300	GMN 15	1.230	3.0-4.5	26.60 O	220-230	3.0-4.0	0.02

PPE   Pre-elec   Premix Thermoplast

Grade	Filler	Sp Grav	Shrink, mils/in	Melt flow, g/10 min	Drying temp, °F	Drying time, hr	Max. % moisture
PPE 1462		1.138	6.0-9.0	2.00 BE	140-176	2.0-4.0	

PPE   PTS   Polymer Tech

Grade	Filler	Sp Grav	Shrink, mils/in	Melt flow, g/10 min	Drying temp, °F	Drying time, hr	Max. % moisture
PPE-A312-BK		1.080	9.0-12.0		160-180	2.0-4.0	
PPE-FR190		1.080	5.0-7.0		160-180	2.0-4.0	
PPE-FR265		1.060	5.0-7.0		225	2.0-4.0	

PPE   Vamporan   Vamp Tech

Grade	Filler	Sp Grav	Shrink, mils/in	Melt flow, g/10 min	Drying temp, °F	Drying time, hr	Max. % moisture
1028 V1	GFI 10	1.243	3.0-4.0	34.00	212-230	3.0	
2028 V1	GFI 20	1.323	3.0-4.0	34.00	212-230	3.0	

Max. % regrind	Inj. pres., ksi	Rear temp, °F	Mid temp, °F	Front temp, °F	Nozzle temp, °F	Proc temp, °F	Mold temp, °F
						608-626	185-221
						608-626	185-221
						608-626	284-320
						608-626	284-320
		600-640	620-660	640-680	630-670	640-680	180-240
		600-640	620-660	640-680	630-670	640-680	180-240
		620-660	640-680	660-700	650-690	660-700	180-240
		620-660	640-680	660-700	650-690	660-700	180-240
		572-608	590-626	608-644	608-644	617-680	212-257
		620-660	640-680	660-700	650-690	660-700	180-240
		600-640	620-660	640-680	630-670	640-680	180-240
		600-640	620-660	640-680	630-670	640-680	180-240
		620-660	640-680	660-700	650-690	660-700	180-240
		620-660	640-680	660-700	650-690	660-700	180-240
		572-608	590-626	608-644	608-644	617-680	212-257
		572-608	590-626	608-644	608-644	617-680	212-257
		500-536					176-212
		500-536					176-212
		500-536					176-212
25	10.0-16.0	450-470	470-490	490-550	500-520	450-540	150-220
25	10.0-18.0	540-550	550-570	570-590	550-590	550-580	150-220
25	10.0-18.0	540-550	550-570	570-590	550-590	550-580	150-220
25	12.0-18.0	550-590	560-600	570-610	570-610	570-620	150-220
25	12.0-20.0	540-550	550-570	570-590	550-590	560-590	150-220
		500-580	520-590	540-600	560-600	560-600	170-220
		500-580	520-590	540-600	560-600	560-600	170-220
	26.1-33.4					554-608	194-266
	10.0-16.0	460-490	470-510	475-525	475-525	475-525	150-180
	10.0-16.0	460-490	470-510	475-525	475-525	475-525	150-180
	12.0-18.0	520-550	530-570	540-590	540-590	540-590	160-200
		500-554					176-212
		500-554					176-212

FREE DATA SHEETS: WWW.IDES.COM/PSIM

Grade	Filler	Sp Grav	Shrink, mils/in	Melt flow, g/10 min	Drying temp, °F	Drying time, hr	Max. % moisture
3028 V1	GFI 30	1.404	2.0-3.0	9.00	212-230	3.0	
3528 V0	GFI 35	1.383	2.0-3.0		212-230	3.0	
PPE+Polyolefin	**Noryl**				**GE Adv Materials**		
WCP700 Resin		0.930	4.8	17.00 CY	140-176	4.0-6.0	0.01
WCP781 Resin		1.080	4.9	13.50 CY	140-176	4.0-6.0	0.01
WCP860 Resin		0.930	11.0	7.70 T	140-176	4.0-6.0	0.01
PPE+Polyolefin	**Noryl**				**GE Adv Matl AP**		
WCP700 Resin		0.930	4.8	17.00 CY	140-176	4.0-6.0	0.01
WCP781 Resin		1.080	4.9	13.50 CY	140-176	4.0-6.0	0.01
WCP860 Resin		0.930	11.0	7.70 T	140-176	4.0-6.0	0.01
PPE+Polyolefin	**Noryl**				**GE Adv Matl Euro**		
WCP700 Resin		0.930	4.8	17.00 CY	140-176	4.0-6.0	0.01
WCP781 Resin		1.080	4.9	13.50 CY	140-176	4.0-6.0	0.01
WCP860 Resin		0.930	11.0	7.70 T	140-176	4.0-6.0	0.01
PPE+PS	**Acnor**				**Aquafil**		
120G10	GFI 10	1.143	3.0-5.0		212	2.0-3.0	
120G20	GFI 20	1.213	2.0-4.0		212	2.0-3.0	
120G30	GFI 30	1.283	1.0-3.0		212	2.0-3.0	
700		1.053	5.0-7.0		212	2.0-3.0	
731		1.063	5.0-7.0		212	2.0-3.0	
731V0HF		1.083	5.0-7.0	18.00 BR	212	2.0-3.0	
750		1.073	5.0-7.0		212	2.0-3.0	
PPE+PS	**Ashlene**				**Ashley Poly**		
265	GFI 20	1.210	2.0-4.0		240-250	2.0-4.0	
266	GFI 30	1.270	1.0-3.0		240-250	2.0-4.0	
P265	GFI 20	1.200	2.0-4.0		240-250	2.0-4.0	
P266	GFI 30	1.280	1.0-3.0		240-250	2.0-4.0	
PPE+PS	**EnCom**				**EnCom**		
GF10 PPE-PS	GFI 10	1.120	3.0-5.0		210-230	2.0-4.0	0.02
GF15 PPE-PS	GFI 15	1.200	2.0-4.0		210-230	2.0-4.0	0.02
PPE-PS 160-06		1.130	5.0-7.0		190-230	2.0-4.0	0.02
PPE-PS 190-55		1.120	5.0-7.0		190-230	2.0-4.0	0.02
PPE-PS 210-04		1.110	5.0-7.0		190-230	2.0-4.0	0.02
PPE-PS 211-64		1.060	5.0-7.0		190-230	2.0-4.0	0.02
PPE-PS 235-04		1.060	5.0-7.0		190-230	2.0-4.0	0.02
PPE-PS 265-04		1.060	5.0-7.0		190-230	2.0-4.0	0.02
PPE+PS	**Iupiace**				**Mitsubishi EP**		
AX5010		1.060	5.0-7.0				
AX5015		1.060	5.0-7.0				
AX5026		1.060	5.0-7.0				
NX-9000		1.110	12.0-13.0				
PPE+PS	**Jamplast**				**Jamplast**		
JPPPO			5.0-7.0		176-212	2.0-3.0	
JPPPO20GF	GFI 20	1.200	2.0-5.0	9.00 BE	230-250	3.0-4.0	0.02
JPPPO30GF	GFI 20	1.200	2.0-5.0	9.00 BE	230-250	3.0-4.0	0.02
PPE+PS	**Laril**				**Lati**		
13		1.063	6.0		212-230	3.0	

678   POCKET SPECS FOR INJECTION MOLDING

Max. % regrind	Inj. pres., ksi	Rear temp, °F	Mid temp, °F	Front temp, °F	Nozzle temp, °F	Proc temp, °F	Mold temp, °F
		500-554					176-212
		500-554					176-212
		356-428	410-464	428-482	428-482	428-482	104-140
		356-428	410-464	428-482	428-482	428-482	104-140
		356-428	410-464	428-482	428-482	428-482	104-140
		356-428	410-464	428-482	428-482	428-482	104-140
		356-428	410-464	428-482	428-482	428-482	104-140
		356-428	410-464	428-482	428-482	428-482	104-140
		356-428	410-464	428-482	428-482	428-482	104-140
		356-428	410-464	428-482	428-482	428-482	104-140
		356-428	410-464	428-482	428-482	428-482	104-140
						464-554	194
						464-554	194
						464-554	194
						464-554	194
						464-554	194
						464-554	194
						464-554	194
	15.0-20.0	530-560	530-570	540-580	550-590	550-620	190-220
	15.0-20.0	530-560	530-570	540-580	550-590	550-620	190-220
	15.0-20.0	530-560	530-570	540-580	550-590	550-620	190-220
	15.0-20.0	530-560	530-570	540-580	550-590	550-620	190-220
		480-580	500-590	520-600	540-600	540-600	170-220
		480-580	500-590	520-600	540-600	540-600	170-220
		460-560	470-570	490-580	520-580	520-570	150-220
		460-560	470-570	490-580	520-580	520-570	150-220
		460-560	470-570	490-580	520-580	520-570	150-220
		460-560	470-570	490-580	520-580	520-570	150-220
		460-560	470-570	490-580	520-580	520-570	150-220
		460-560	470-570	490-580	520-580	520-570	150-220
	11.4-18.5					500-554	122-176
	11.4-18.5					482-536	122-176
	11.4-18.5					500-554	122-176
	7.0-18.5					500-590	158-248
		464-500	500-536	536-572	500-536	536-572	140-212
		510-600	530-610	550-620	570-620	570-620	180-230
		510-600	530-610	550-620	570-620	570-620	180-230
						500-536	176-212

Grade	Filler	Sp Grav	Shrink, mils/in	Melt flow, g/10 min	Drying temp, °F	Drying time, hr	Max. % moisture
13 G/10	GFI 10	1.133	4.0		212-230	3.0	
13 G/20	GFI 20	1.213			212-230	3.0	
13 G/20-V1	GFI 20	1.233	4.0		212-230	3.0	
13 G/30	GFI 30	1.273	2.5		212-230	3.0	
13 G/30-V1	GFI 30	1.293	2.0		212-230	3.0	
13-V1		1.083	5.5		212-230	3.0	
13-V1KC	MN	1.404	3.5		212-230	3.0	

PPE+PS Latishield Lati

Grade	Filler	Sp Grav	Shrink, mils/in	Melt flow, g/10 min	Drying temp, °F	Drying time, hr	Max. % moisture
90/13-07A-V1		1.143	5.5		212-230	3.0	

PPE+PS Lubricomp LNP

Grade	Filler	Sp Grav	Shrink, mils/in	Melt flow, g/10 min	Drying temp, °F	Drying time, hr	Max. % moisture
ZFL-4031 HP NATURAL	GFI	1.200			250	4.0	
ZFL-4034 HP BK8-950	GFI	1.300	3.0		250	4.0	
ZFL-4036 HP BK8-950	GFI	1.430	3.0		250	4.0	
ZML-4334 BK8-950	GRP	1.350	5.0		250	4.0	

PPE+PS Lubriloy LNP

Grade	Filler	Sp Grav	Shrink, mils/in	Melt flow, g/10 min	Drying temp, °F	Drying time, hr	Max. % moisture
Z- BK8-950		1.040	8.0		180	4.0	
Z- FR BK8-950		1.120	10.0-12.0		180	4.0	

PPE+PS Noryl GE Adv Materials

Grade	Filler	Sp Grav	Shrink, mils/in	Melt flow, g/10 min	Drying temp, °F	Drying time, hr	Max. % moisture
534 Resin		1.060	5.0-7.0		220-230	3.0-4.0	0.02
731 Resin		1.060	5.0-7.0	9.20 BD	220-230	3.0-4.0	0.02
731H Resin		1.060	5.0-7.0		220-230	3.0-4.0	0.02
EM6100 Resin		1.050	5.0-7.0	15.00 BD	200-220	3.0-4.0	0.02
EM6100F Resin		1.050	5.0-7.0		200-220	3.0-4.0	0.02
EM6101 Resin		1.050	5.0-7.0		200-220	3.0-4.0	0.02
EM7100 Resin		1.040	5.0-7.0		190-200	3.0-4.0	0.02
EM7301F Resin	GFI 10	1.120			210-220	3.0-4.0	0.02
EM7304F Resin	GFI 15	1.150	2.0-3.0		210-220	3.0-4.0	0.02
EM7430 Resin	GFI 30	1.280	1.0-3.0	19.60 BD	210-220	3.0-4.0	0.02
EZ250 Resin		1.070	5.0-7.0		220-230	3.0-4.0	0.02
FXN099BK Resin		1.060	5.0-7.0	12.00 BR	176-212	2.0-4.0	
FXN099LG Resin		1.060	5.0-7.0	21.00 BR	176-212	2.0-4.0	
FXN119BK Resin		1.060	5.0-7.0	8.00 BD	176-212	2.0-4.0	
FXN119LG Resin		1.060	5.0-7.0	13.00 BD	176-212	2.0-4.0	
FXN121BK Resin		1.080	5.0-7.0	7.00 BD	176-212	2.0-3.0	
FXN121LG Resin		1.080	5.0-7.0	12.00 BD	176-212	2.0-4.0	
GFN1 Resin	GFI 10	1.130	2.0-5.0	16.60 BE	220-230	3.0-4.0	0.02
GFN2 Resin	GFI 20	1.200	2.0-5.0	9.00 BE	230-250	3.0-4.0	0.02
GFN3 Resin	GFI 30	1.290	1.0-4.0	8.66 BE	230-250	3.0-4.0	0.02
HNA055 Resin		1.080	6.0-8.0	6.20 BE	220-230	3.0-4.0	0.02
HS1000X Resin	MN 13	1.230			190-200	3.0-4.0	0.02
HS2000X Resin	MN 17	1.250	5.0-7.0	7.60 BE	220-230	3.0-4.0	0.02
IGN320 Resin	GFI 20	1.200	1.0-3.0	12.80 BE	230-250	3.0-4.0	0.02
LS175 Resin		1.115	5.0-8.0	4.41 BD	194-221	2.0-4.0	
LTA1350 Resin		1.113	5.0-7.0	10.00 BD	220-230	3.0-4.0	0.02
MX5569 Resin		1.050	5.0-7.0	7.50 BD	220-230	3.0-4.0	0.02
N1250 Resin		1.120	5.0-7.0	28.00 BD	220-230	3.0-4.0	0.02
N1251 Resin		1.100	5.0-7.0	9.00 BD	220-230	3.0-4.0	0.02
N190HX Resin		1.100	5.0-7.0		170-180	3.0-4.0	0.02
N190X Resin		1.130	5.0-7.0	20.00 BD	170-180	3.0-4.0	0.02

Max. % regrind	Inj. pres., ksi	Rear temp, °F	Mid temp, °F	Front temp, °F	Nozzle temp, °F	Proc temp, °F	Mold temp, °F
15						500-536	176-212
15						518-536	176-212
15						500-536	176-212
15						518-554	194-230
15						500-536	176-212
15						500-536	176-212
15						500-536	176-212
						500-536	176-212
						565-575	175-225
						565-575	175-225
						565-575	175-225
						565-575	175-225
						530-560	140-200
						530-560	140-200
		500-580	520-590	540-600	560-600	560-600	170-220
		480-570	500-580	520-590	540-590	540-590	170-220
		480-570	500-580	520-590	540-590	540-590	170-220
		450-540	470-550	490-560	510-560	510-560	150-200
		450-540	470-550	490-560	510-560	510-560	150-200
		450-540	470-550	490-560	510-560	510-560	150-200
		430-520	450-530	470-540	490-540	490-540	150-190
		460-550	480-560	500-570	520-570	520-570	150-200
		460-550	480-560	500-570	520-570	520-570	150-200
		460-550	480-560	500-570	520-570	520-570	150-200
		470-560	490-570	510-580	530-580	530-580	160-210
		464-500	500-536	536-572	500-536	536-572	140-212
		464-500	500-536	536-572	500-536	536-572	140-212
		464-500	500-536	536-572	500-536	536-572	140-212
		464-500	500-536	536-572	500-536	536-572	140-212
		464-500	500-536	536-572	500-536	536-572	140-212
		500-580	520-590	540-600	560-600	560-600	170-220
		510-600	530-610	550-620	570-620	570-620	180-230
		510-600	530-610	550-620	570-620	570-620	180-230
		500-580	520-590	540-600	560-600	560-600	170-220
		430-520	450-530	470-540	490-540	490-540	150-190
		480-570	500-580	520-590	540-590	540-590	170-220
		510-600	530-610	550-620	570-620	570-620	180-230
		500-590	509-599	518-608	536-608	536-608	140-194
		470-560	490-570	510-580	530-580	530-580	160-210
		470-560	490-570	510-580	530-580	530-580	160-210
		470-560	490-570	510-580	530-580	530-580	160-210
		480-570	500-580	520-590	540-590	540-590	170-220
		420-510	440-520	460-530	480-530	480-530	130-170
		420-510	440-520	460-530	480-530	480-530	130-170

Grade	Filler	Sp Grav	Shrink, mils/in	Melt flow, g/10 min	Drying temp, °F	Drying time, hr	Max. % moisture
N225X Resin		1.110	5.0-7.0		200-210	3.0-4.0	0.02
N300X Resin		1.100	5.0-7.0	7.40 BD	230-250	3.0-4.0	0.02
N750 Resin		1.120	5.0-7.0	28.00 AK	140-150	2.0-4.0	0.02
N750T Resin		1.120	5.0-7.0	30.00 AK	140-150	2.0-4.0	0.02
N850 Resin		1.130	5.0-7.0	14.00 AG	170-180	3.0-4.0	0.02
PC180X Resin		1.110	5.0-7.0		170-180	3.0-4.0	0.02
PN235 Resin		1.050	5.0-7.0		200-220	3.0-4.0	0.02
PN275 Resin		1.110	6.0-9.0	5.30 BD	220-230	3.0-4.0	0.02
PN275F Resin		1.110	5.0-7.0	5.30 BD	220-230	3.0-4.0	0.02
PX0844 Resin		1.060	5.0-7.0	13.70 BD	220-230	3.0-4.0	0.02
PX0871 Resin		1.060	6.0		220-230	3.0-4.0	0.02
PX0888 Resin		1.040	5.0-7.0		220-230	3.0-4.0	0.02
PX1005X Resin		1.120	5.0-7.0	37.00 BD	170-180	3.0-4.0	0.02
PX1127 Resin		1.060	5.0-7.0		220-230	3.0-4.0	0.02
PX1265 Resin		1.060	5.0-7.0		220-230	3.0-4.0	0.02
PX1269 Resin		1.120	5.0-7.0		220-230	3.0-4.0	0.02
PX1278 Resin		1.070			220-230	3.0-4.0	0.02
PX1390 Resin		1.060	5.0-7.0		220-230	3.0-4.0	0.02
PX1391 Resin		1.070	5.0-7.0		220-230	3.0-4.0	0.02
PX1404 Resin		1.060	5.0-7.0		220-230	3.0-4.0	0.02
PX1543 Resin		1.060			220-230	3.0-4.0	0.02
PX1701 Resin		1.060	5.0-7.0		190-200	3.0-4.0	0.02
PX1703 Resin		1.060	5.0-7.0		200-220	3.0-4.0	0.02
PX4058 Resin		1.060			200-210	3.0-4.0	0.02
PX4605 Resin	GFI 20	1.210	2.0-4.0		230-250	3.0-4.0	0.02
PX5558 Resin	GFI 30	1.280	1.0-2.0	19.60 BD	210-220	3.0-4.0	0.02
PX5622 Resin		1.120	5.0-7.0	32.10 AN	140-150	2.0-4.0	0.02
PX6120 Resin		1.055	6.0-8.0	11.90 BD	220-230	3.0-4.0	0.02
PX9406 Resin		1.110	5.0-7.0		220-230	3.0-4.0	0.02
SE100HX Resin		1.090	5.0-7.0		170-180	3.0-4.0	0.02
SE100X Resin		1.100	5.0-7.0		170-180	3.0-4.0	0.02
SE1GFN1 Resin	GFI 10	1.160	3.0-5.0		220-230	3.0-4.0	0.02
SE1GFN2 Resin	GFI 20	1.230	2.0-5.0		230-250	3.0-4.0	0.02
SE1GFN3 Resin	GFI 30	1.310	1.0-4.0		220-230	3.0-4.0	0.02
SE1X Resin		1.090	5.0-7.0	8.50 BD	220-230	3.0-4.0	0.02
SPN410 Resin		1.060	5.0-7.0		220-230	3.0-4.0	0.02
SPN420 Resin		1.070	5.0-7.0		220-230	3.0-4.0	0.02
STN15HF Resin		1.040	5.0-7.0		200-220	3.0-4.0	0.02
TN240 Resin		1.060	4.0-7.0	8.00 BD	150-170	2.0-4.0	0.02
TN300 Resin		1.070	7.0-10.0	31.00 BE	175	2.0-8.0	0.02

PPE+PS   Noryl   GE Adv Matl AP

Grade	Filler	Sp Grav	Shrink, mils/in	Melt flow, g/10 min	Drying temp, °F	Drying time, hr	Max. % moisture
844 Resin		1.070	5.0-7.0		212-230	2.0-4.0	
EM7301HF Resin	GFI 10	1.110			212-230	2.0-4.0	
EN110 Resin		1.060	5.0-7.0		212-230	2.0-4.0	
EN130P Resin		1.060	5.0-7.0		221-230	2.0-4.0	
EN95 Resin		1.060	5.0-7.0		212-221	2.0-4.0	
ENV85 Resin		1.060	5.0-7.0		203-212	2.0-4.0	
FXN099BK Resin		1.060	5.0-7.0	12.00 BR	176-212	2.0-4.0	
FXN099LG Resin		1.060	5.0-7.0	21.00 BD	176-212	2.0-4.0	
FXN119BK Resin		1.060	5.0-7.0	8.00 BD	176-212	2.0-4.0	
FXN119LG Resin		1.060	5.0-7.0	13.00 BD	176-212	2.0-4.0	
FXN121BK Resin		1.080	5.0-7.0	7.00 BD	176-212	2.0-3.0	
FXN121LG Resin		1.080	5.0-7.0	12.00 BD	176-212	2.0-3.0	
HNA055 Resin		1.080	6.0-8.0	6.20 BE	220-230	3.0-4.0	0.02
LTA1350 Resin		1.113	5.0-7.0	10.00 BD	220-230	3.0-4.0	0.02

Max. % regrind	Inj. pres., ksi	Rear temp, °F	Mid temp, °F	Front temp, °F	Nozzle temp, °F	Proc temp, °F	Mold temp, °F
		440-530	460-540	480-550	500-550	500-550	160-200
		510-600	530-610	550-620	570-620	570-620	180-230
		440-530	460-540	480-550	500-550	500-550	130-160
		440-530	460-540	480-550	500-550	500-550	130-160
		420-510	440-520	460-530	480-530	480-530	130-170
		420-510	440-520	460-530	480-530	480-530	130-170
		450-540	470-550	490-560	510-560	510-560	150-200
		480-570	500-580	520-590	540-590	540-590	170-220
		480-570	500-580	520-590	540-590	540-590	170-220
		470-560	490-570	510-580	530-580	530-580	160-210
		470-560	490-570	510-580	530-580	530-580	160-210
		480-570	500-580	520-590	540-590	540-590	170-220
		420-510	440-520	460-530	480-530	480-530	130-170
		480-570	500-580	520-590	540-590	540-590	170-220
		500-580	520-590	540-600	560-600	560-600	170-220
		470-560	490-570	510-580	530-580	530-580	160-210
		470-560	490-570	510-580	530-580	530-580	160-210
		500-580	520-590	540-600	560-600	560-600	170-220
		500-580	520-590	540-600	560-600	560-600	170-220
		500-580	520-590	540-600	560-600	560-600	170-220
		470-560	490-570	510-580	530-580	530-580	160-210
		430-520	450-530	470-540	490-540	490-540	150-190
		450-540	470-550	490-560	510-560	510-560	150-200
		440-530	460-540	480-550	500-550	500-550	160-200
		510-600	530-610	550-620	570-620	570-620	180-230
		460-550	480-560	500-570	520-570	520-570	150-200
		430-520	430-530	440-540	450-550	450-550	100-160
		470-560	490-570	510-580	530-580	530-580	160-210
		470-560	490-570	510-580	530-580	530-580	160-210
		420-510	440-520	460-530	480-530	480-530	130-170
		420-510	440-520	460-530	480-530	480-530	130-170
		480-570	500-580	520-590	540-590	540-590	170-220
		510-600	530-610	550-620	570-620	570-620	180-230
		510-600	530-610	550-620	570-620	570-620	180-230
		480-570	500-580	520-590	540-590	540-590	170-220
		480-570	500-580	520-590	540-590	540-590	170-220
		480-570	500-580	520-590	540-590	540-590	170-220
		450-540	470-550	490-560	510-560	510-560	150-200
		400-450	420-460	430-480	450-500	450-500	140-190
		500-580	520-590	540-600	560-600	560-600	170-220
						500-536	140-176
						500-554	158-194
						419-473	
						428-500	
						410-446	
						410-446	
		464-500	500-536	536-572	500-536	536-572	140-212
		464-500	500-536	536-572	500-536	536-572	140-212
		464-500	500-536	536-572	500-536	536-572	140-212
		464-500	500-536	536-572	500-536	536-572	140-212
		464-500	500-536	536-572	500-536	536-572	140-212
		464-500	500-536	536-572	500-536	536-572	140-212
		500-580	520-590	540-600	560-600	560-600	170-220
		470-560	490-570	510-580	530-580	530-580	160-210

Grade	Filler	Sp Grav	Shrink, mils/in	Melt flow, g/10 min	Drying temp, °F	Drying time, hr	Max. % moisture
N190A Resin		1.080	5.0-7.0		203-212	2.0-4.0	
N850 Resin		1.130		14.00 AG	170-180	3.0-4.0	0.02
PCN2910 Resin	GMI 35	1.380	1.0-3.0	10.00 BE	220-230	3.0-4.0	0.02
PKN4766 Resin		1.060	4.0-7.0	25.00 BE	150-170	2.0-4.0	
PN235 Resin		1.050	5.0-7.0		200-220	3.0-4.0	
PX0844 Resin		1.060	5.0-7.0		220-230	3.0-4.0	0.02
PX0888 Resin		1.040	5.0-7.0		220-230	3.0-4.0	0.02
PX1265 Resin		1.060	5.0-7.0		220-230	3.0-4.0	0.02
PX1390 Resin		1.060	5.0-7.0		220-230	3.0-4.0	0.02
PX1391 Resin		1.070	5.0-7.0		220-230	3.0-4.0	0.02
PX1543 Resin		1.060			220-230	3.0-4.0	0.02
PX4058 Resin		1.060			200-210	3.0-4.0	0.02
PX6021 Resin		1.060	5.0-7.0		203-212	2.0-4.0	
PX6120 Resin		1.055	6.0-8.0	11.90 BD	220-230	3.0-4.0	0.02
PX6592 Resin	GFI 20	1.210			248	2.0-4.0	
PX6593 Resin	GFI 30	1.280			248	2.0-4.0	
PX9406 Resin		1.110	5.0-7.0		220-230	3.0-4.0	0.02
SE100X Resin		1.100	5.0-7.0		170-180	3.0-4.0	0.02
SE101X Resin		1.100	5.0-7.0		212-221	2.0-4.0	
SE1GFN1 Resin	GFI 10	1.160	3.0-5.0		220-230	3.0-4.0	0.02
SE1GFN2 Resin	GFI 20	1.230	2.0-5.0		230-250	3.0-4.0	0.02
SE1GFN3 Resin	GFI 30	1.310	1.0-4.0		230-250	3.0-4.0	0.02
SE1X Resin		1.100	5.0-7.0		220-230	3.0-4.0	0.02
SE90A Resin		1.060	5.0-7.0		212	2.0-4.0	
SPN420 Resin		1.070	5.0-7.0		220-230	3.0-4.0	
STN15HF Resin		1.040	5.0-7.0		200-220	3.0-4.0	
TN240 Resin		1.060	4.0-7.0	8.00 BD	150-170	2.0-4.0	
TN310 Resin		1.070	7.0-10.0	9.00 BE	175	2.0-8.0	0.02

PPE+PS   Noryl   GE Adv Matl Euro

Grade	Filler	Sp Grav	Shrink, mils/in	Melt flow, g/10 min	Drying temp, °F	Drying time, hr	Max. % moisture
725A Resin		1.063	5.0-7.0		212-248	2.0-3.0	
731 Resin		1.063	5.0-7.0		212-248	2.0-3.0	
731S Resin		1.063	5.0-7.0		212-248	2.0-3.0	
CTI2550 Resin	GMN	1.454	3.0-4.0		212-248	2.0-3.0	
FN150 Resin		0.900	6.0-8.0		176-212	2.0-3.0	
FN215D Resin		0.880	6.0-9.0		158-176	2.0-3.0	
FXN099BK Resin		1.060	5.0-7.0	12.00 BR	176-212	2.0-4.0	
FXN099LG Resin		1.060	5.0-7.0	21.00 BR	176-212	2.0-4.0	
FXN119BK Resin		1.060	5.0-7.0	8.00 BD	176-212	2.0-4.0	
FXN119LG Resin		1.060	5.0-7.0	13.00 BD	176-212	2.0-3.0	
FXN121BK Resin		1.080	5.0-7.0	7.00 BD	176-212	2.0-3.0	
FXN121LG Resin		1.080	5.0-7.0	12.00 BD	176-212	2.0-3.0	
GFN1 Resin	GFI 10	1.173	3.0-5.0		212-248	2.0-3.0	
GFN1520V Resin	GFI 20	1.253	2.0-4.0		212-248	2.0-4.0	
GFN1630V Resin	GFI 30	1.303	1.0-3.0		212-248	2.0-4.0	
GFN1720V Resin	GFI 20	1.243	2.0-4.0		230-248	2.0-4.0	
GFN1V Resin	GFI 10	1.173	3.0-5.0		212-248	2.0-4.0	
GFN2 Resin	GFI 20	1.253	2.0-4.0		212-248	2.0-4.0	
GFN2V Resin	GFI 20	1.253	2.0-4.0		212-248	2.0-4.0	
GFN3 Resin	GFI 30	1.303	1.0-3.0		212-248	2.0-4.0	
GFN3V Resin	GFI 30	1.303	1.0-3.0		212-248	2.0-4.0	
HB1525 Resin	GFI 15	1.183	3.0-5.0		212-230	2.0-3.0	
HF180 Resin		1.123	5.0-7.0		176-212	2.0-3.0	
HF185 Resin		1.133	5.0-7.0		176-212	2.0-3.0	
HH180 Resin		1.053			230-248	3.0	
HIN120P Resin		1.063			212-248	2.0-3.0	

Max. % regrind	Inj. pres., ksi	Rear temp, °F	Mid temp, °F	Front temp, °F	Nozzle temp, °F	Proc temp, °F	Mold temp, °F
						482-536	140-176
		420-510	440-520	460-530	480-530	480-530	130-170
		500-580	520-590	540-600	560-600	560-600	170-220
		400-450	420-460	430-480	450-500	450-500	140-190
		450-540	470-550	490-560	510-560	510-560	150-200
		470-560	490-570	510-580	530-580	530-580	160-210
		480-570	500-580	520-590	540-590	540-590	170-220
		500-580	520-590	540-600	560-600	560-600	170-220
		500-580	520-590	540-600	560-600	560-600	170-220
		500-580	520-590	540-600	560-600	560-600	170-220
		470-560	490-570	510-580	530-580	530-580	160-210
		440-530	460-540	480-550	500-550	500-550	160-200
						482-536	140-176
		470-560	490-570	510-580	530-580	530-580	160-210
						554-608	158-194
						554-608	158-194
		470-560	490-570	510-580	530-580	530-580	160-210
		420-510	440-520	460-530	480-530	480-530	130-170
						482-536	140-176
		480-570	500-580	520-590	540-590	540-590	170-220
		510-600	530-610	550-620	570-620	570-620	180-230
		510-600	530-610	550-620	570-620	570-620	180-230
		480-570	500-580	520-590	540-590	540-590	170-220
						482-536	140-176
		480-570	500-580	520-590	540-590	540-590	170-220
		450-540	470-550	490-560	510-560	510-560	150-200
		400-450	420-460	430-480	450-500	450-500	140-190
		500-580	520-590	540-600	560-600	560-600	170-220
		464-500	500-536	536-572	500-536	536-572	176-248
		464-500	500-536	536-572	500-536	536-572	176-248
		464-500	500-536	536-572	500-536	536-572	176-248
		464-500	500-536	536-572	500-536	536-572	176-248
		428-464	464-500	500-536	464-500	500-536	140-176
		446-482	482-518	518-554	482-518	518-554	140-176
		464-500	500-536	536-572	500-536	536-572	140-212
		464-500	500-536	536-572	500-536	536-572	140-212
		464-500	500-536	536-572	500-536	536-572	140-212
		464-500	500-536	536-572	500-536	536-572	140-212
		464-500	500-536	536-572	500-536	536-572	140-212
		464-500	500-536	536-572	500-536	536-572	140-212
		464-500	500-536	536-572	500-536	536-572	176-248
		464-500	500-536	536-572	500-536	536-572	176-248
		482-518	518-554	554-590	536-572	536-572	176-248
		518-554	554-590	590-626	554-590	554-626	176-248
		464-500	500-536	536-572	500-536	536-572	176-248
		464-500	500-536	536-572	500-536	536-572	176-248
		464-500	500-536	536-572	500-536	536-572	176-248
		482-518	518-554	554-590	536-572	536-572	176-248
		482-518	518-554	554-590	536-572	536-572	176-248
		464-500	500-536	536-572	518-554	536-572	176-212
		428-464	464-500	500-536	464-500	500-536	140-176
		428-464	464-500	500-536	464-500	500-536	140-176
		536-590	554-572	572-608	554-590	572-626	230-338
		464-500	500-536	536-572	500-536	536-572	176-248

FREE DATA SHEETS: WWW.IDES.COM/PSIM

Grade	Filler	Sp Grav	Shrink mils/in	Melt flow, g/10 min	Drying temp, °F	Drying time, hr	Max. % moisture
HNA055 Resin		1.080	6.0-8.0	6.20 BE	220-230	3.0-4.0	0.02
IN120 Resin		1.063	5.0-7.0		212-248	2.0-3.0	
LS175 Resin		1.115	5.0-8.0	4.41 BD	194-221	2.0-3.0	
LTA1350 Resin		1.113	5.0-7.0	10.00 BD	220-230	3.0-4.0	0.02
N110 Resin		1.053	5.0-7.0		176-212	2.0-4.0	
N110HG Resin		1.053	5.0-7.0		176-212	2.0-4.0	
N110S Resin		1.053	5.0-7.0		176-212	2.0-4.0	
N190 Resin		1.103	5.0-7.0		176-212	2.0-3.0	
PKN4717 Resin		1.073			212-230	2.0-3.0	
PO2319A Resin		1.053	6.0-8.0		176-212	2.0-3.0	0.02
PX0844 Resin		1.063	5.0-7.0		212-248	2.0-3.0	
PX1005X Resin		1.133	5.0-7.0		158-176	2.0-3.0	
PX1112 Resin		1.063	5.0-7.0		212-248	2.0-3.0	
PX1112A Resin		1.063	5.0-7.0		212-248	2.0-3.0	
PX1115 Resin		1.063	5.0-7.0		212-248	2.0-3.0	
PX1134 Resin		1.063	5.0-7.0		212-248	2.0-3.0	
PX1180 Resin		1.063	5.0-7.0		176-212	2.0-3.0	
PX1181 Resin		1.063	5.0-7.0		176-212	2.0-3.0	
PX1185 Resin		1.063	5.0-7.0		176-212	2.0-3.0	
PX1786G Resin	GFI 30	1.293	2.0-4.0		230-248	2.0-3.0	
PX2245 Resin		1.073	6.0-8.0		176-212	2.0-3.0	
PX5511E Resin		1.053	5.0-7.0		212-248	2.0-3.0	
PX6120 Resin		1.055	6.0-8.0	11.90 BD	220-230	3.0-4.0	0.02
PX9406N Resin		1.103	5.0-7.0		212-248	2.0-3.0	
SE0 Resin		1.103	5.0-7.0		212-248	2.0-3.0	
SE1 Resin		1.113	5.0-7.0		176-212	2.0-3.0	
SE100 Resin		1.113	5.0-7.0		176-212	2.0-3.0	
SE1GFN1 Resin	GFI 10	1.163	3.0-5.0		212-248	2.0-3.0	
SE1GFN2 Resin	GFI 20	1.233	2.0-4.0		212-248	2.0-3.0	
SE1GFN3 Resin	GFI 30	1.293	1.0-3.0		230-248	2.0-3.0	
SE90 Resin		1.107	5.0-7.0		176-212	2.0-3.0	
V01505 Resin	GFI 15	1.253	3.0-5.0		176-212	2.0-3.0	
V0150B Resin		1.113	5.0-7.0		230-248	2.0-3.0	
V01525 Resin	GFI 15	1.253	3.0-5.0		212-248	2.0-3.0	
V01550 Resin	GFI 15	1.253	3.0-5.0		230-248	2.0-3.0	
V02570 Resin	GFI 25	1.353	3.0-5.0		230-248	2.0-4.0	
V03505 Resin	GFI 35	1.353	3.0-5.0		176-212	2.0-3.0	
V03550 Resin	GFI 35	1.353	3.0-5.0		230-248	2.0-4.0	
V080 Resin		1.143	5.0-7.0		158-176	2.0-3.0	
V081 Resin		1.213	4.0-6.0		158-176	2.0-3.0	
V090 Resin		1.103	5.0-7.0		158-176	2.0-3.0	
V180HF Resin		1.113	5.0-7.0		158-176	2.0-3.0	
V190 Resin		1.103	5.0-7.0		176-212	2.0-3.0	

PPE+PS   Noryl   LNP

Grade	Filler	Sp Grav	Shrink mils/in	Melt flow, g/10 min	Drying temp, °F	Drying time, hr	Max. % moisture
EXCP0064	GCF 30	1.280		15.00 X	230-250	2.0-4.0	0.02
EXCP0070		1.190	2.0-4.0		220-230	3.0-4.0	0.02
EXCP0097	GCP 28	1.200			230-250	2.0-4.0	0.02
FM3020 (10% FOAMED)	GMN 30	1.320	2.5		220-230	2.0-4.0	
FM4025 (10% FOAMED)	GMN 40	1.430	1.5		220-230	2.0-4.0	
FMC1010 (20% FOAMED)	CF 10	1.150	1.5-2.5		220-230	2.0-4.0	
FMC3008A (20% FOAMED)	CGM 30	1.280	1.5-2.5		220-230	2.0-4.0	

Max. % regrind	Inj. pres., ksi	Rear temp, °F	Mid temp, °F	Front temp, °F	Nozzle temp, °F	Proc temp, °F	Mold temp, °F
		500-580	520-590	540-600	560-600	560-600	170-220
		464-500	500-536	536-572	500-536	536-572	176-248
		500-590	509-599	518-608	536-608	536-608	140-194
		470-560	490-570	510-580	530-580	530-580	160-210
		464-500	500-536	536-572	500-536	536-572	140-212
		464-500	500-536	536-572	500-536	536-572	140-212
		464-500	500-536	536-572	500-536	536-572	140-212
		428-464	464-500	500-536	464-500	500-536	140-176
		446-500	482-554	482-554	464-536	500-554	140-194
		464-500	500-536	536-572	500-536	536-572	140-212
		464-500	500-536	536-572	500-536	536-572	176-248
						464-518	140-176
		464-500	500-536	536-572	500-536	536-572	176-248
		464-500	500-536	536-572	500-536	536-572	176-248
		464-500	500-536	536-572	500-536	536-572	176-248
		464-500	500-536	536-572	500-536	536-572	176-248
		464-500	500-536	536-572	500-536	536-572	140-212
		464-500	500-536	536-572	500-536	536-572	140-212
		464-500	500-536	536-572	500-536	536-572	140-212
		500-536	536-572	572-608	536-572	572-608	212-266
		428-464	464-500	500-536	464-500	500-536	140-176
		464-500	500-536	536-572	500-536	536-572	176-248
		470-560	490-570	510-580	530-580	530-580	160-210
		464-500	500-536	536-572	500-536	536-572	176-248
		464-500	500-536	536-572	500-536	536-572	176-248
		464-500	500-536	536-572	500-536	536-572	194-248
		464-500	500-536	536-572	500-536	536-572	140-212
		464-500	500-536	536-572	500-536	536-572	176-248
		464-500	500-536	536-572	500-536	536-572	176-248
		500-536	536-572	572-608	536-572	572-608	212-266
		428-464	464-500	500-536	464-500	500-536	140-176
		464-500	500-536	536-572	500-536	536-572	140-212
		500-536	536-572	572-608	536-572	572-608	212-266
		464-500	500-536	536-572	500-536	536-572	176-248
		500-536	536-572	572-608	536-572	572-608	212-266
		518-554	554-590	590-626	554-590	554-626	176-248
		464-500	500-536	536-572	500-536	536-572	140-212
		500-536	536-572	572-608	536-572	536-590	212-266
		392-428	446-500	482-545	464-518	482-545	104-149
		392-428	446-500	482-545		482-545	104-149
		446-482	482-518	518-554	482-518	518-554	140-176
		446-482	482-518	518-554	482-518	518-554	140-176
		428-464	464-500	500-536	464-500	500-536	140-176
		560-610	570-620	570-635	580-635	580-635	200-270
		470-560	490-570	510-580	530-580	530-580	160-210
		560-610	570-620	570-635	580-635	580-635	200-270
		500-550	520-580	520-580	520-580	520-590	150-180
		500-550	520-580	520-580	520-580	520-590	150-180
		460-480	480-500	500-540	510-540	460-540	150-180
		500-540	520-550	520-570	520-570	520-570	160-200

FREE DATA SHEETS: WWW.IDES.COM/PSIM

Grade	Filler	Sp Grav	Shrink, mils/in	Melt flow, g/10 min	Drying temp, °F	Drying time, hr	Max. % moisture
HM3020	GMN 30	1.310	2.5		220-230	3.0-4.0	0.02
HM4025	GMN 40	1.430	1.5		220-230	3.0-4.0	0.02
HMC1010	CF 10	1.150	0.5-1.5		190-200	3.0-4.0	0.02
HMC1508		1.190	1.5-2.5		230-250	3.0-4.0	0.02
HMC202M		1.180	1.0-3.0	7.60 BE	230-250	3.0-4.0	0.02
HMC3008A	CGM 30	1.280	0.5-1.5		210-220	3.0-4.0	0.02
MX5757	GMN 40	1.430			220-230	3.0-4.0	0.02
MX5759	GFI 20	1.230			220-230	3.0-4.0	0.02
MX5772	GMN	1.200			230-250	3.0-4.0	0.02
MX5788	GCF 20	1.190			220-230	3.0-4.0	0.02
MX5817	GCF 20	1.190			230-250	3.0-4.0	0.02
MX5819	CF 20	1.180		14.00 BE	230-250	3.0-4.0	0.02
MX5823	GCF 29	1.230			230-250	3.0-4.0	0.02
MX5830	GMN 25	1.320		19.00 BE	220-230	3.0-4.0	0.02
MX5840	CF 18	1.150	6.0-8.0	4.80 BE	230-250	3.0-4.0	0.02
MX5858	CGM 34	1.290	5.0-7.0		230-250	2.0-4.0	0.02
MX5866	CGM 28	1.260	5.0-7.0		230-250	2.0-4.0	0.02
MX5868	CGM 32	1.260			230-250	2.0-4.0	0.02
NC2525	CF 25		4.0-6.0	15.30 BE	230-250	3.0-4.0	0.02
NC3508	CGM 33	1.310	0.8-1.8		230-250	2.0-4.0	0.02
NF1520	GFI 20	1.340	1.5-2.5		220-230	3.0-4.0	0.02
NGF2005N	GFI 20	1.280			220-230	3.0-4.0	0.02
NWR5810	PTF 10	1.110	5.5-7.0	5.50 AZ	200-210	3.0-4.0	0.02
PCN2910	GMI 35	1.380	1.0-3.0	10.00 BE	220-230	3.0-4.0	0.02
PX2926	UNS	1.330			220-230	3.0-4.0	0.02
PX5379	GFI 10	1.160	3.0-5.0		220-230	3.0-4.0	0.02
PX5706		1.190	1.5-2.5		220-230	3.0-4.0	0.02
SPN422L		1.080	5.0-7.0		220-230	3.0-4.0	0.02

PPE+PS   Prevex   GE Adv Materials

Grade		Sp Grav	Shrink		Drying temp	Drying time	Max moisture
VFAX Resin		1.090	5.0-7.0		180	2.0-4.0	
VGAX Resin		1.130	5.0-7.0		150-190	2.0-4.0	
W20 Resin		1.060	6.0-7.0		180-220	3.0-4.0	0.02

PPE+PS   Prevex   GE Adv Matl AP

Grade		Sp Grav	Shrink		Drying temp	Drying time	Max moisture
W20 Resin		1.060	6.0-7.0		180-220	3.0-4.0	0.02

PPE+PS   PRL   Polymer Res

Grade	Filler	Sp Grav	Shrink	Melt flow	Drying temp	Drying time	Max moisture
PPX-FR1		1.080	5.0-7.0	37.50 DE	160-180	3.0-4.0	
PPX-FR2		1.090	5.0-7.0	30.00 DE	170-180	3.0-4.0	
PPX-FR3		1.060	5.0-7.0	6.00 DE	220-230	3.0-4.0	
PPX-FR4		1.100	5.0-7.0	42.50 DE	170-180	3.0-4.0	
PPX-FR5		1.090	5.0-7.0	20.00 DE	200-210	3.0-4.0	
PPX-FR6		1.070	5.0-7.0	2.00 DE	220-230	3.0-4.0	
PPX-FR7		1.100	5.0-7.0	6.00 DE	220-230	3.0-4.0	
PPX-FRG10	GFI 10	1.150	2.0-5.0	3.50 DE	220-230	3.0-4.0	
PPX-FRG20	GFI 20	1.230	2.0-5.0	2.50 DE	220-230	3.0-4.0	
PPX-FRG30	GFI 30	1.310	1.0-4.0	2.50 DE	220-230	3.0-4.0	
PPX-G10	GFI 10	1.140	2.0-5.0	4.00 DE	220-230	3.0-4.0	
PPX-G20	GFI 20	1.200	2.0-5.0	2.50 DE	220-230	3.0-4.0	
PPX-G30	GFI 30	1.280	1.0-4.0	2.50 DE	220-230	3.0-4.0	
PPX-GP1		1.060	5.0-7.0	6.50 DE	220-230	3.0-4.0	
PPX-GP2		1.050	5.0-7.0	8.00 DE	220-230	3.0-4.0	
PPX-GP3		1.050	5.0-7.0	15.00 DE	220-230	3.0-4.0	
PPX-GP3-IM		1.050	5.0-7.0	15.00 DE	220-230	3.0-4.0	
PPX-GP4		1.060	5.0-7.0	25.00 DE	220-230	3.0-4.0	

Max. % regrind	Inj. pres., ksi	Rear temp, °F	Mid temp, °F	Front temp, °F	Nozzle temp, °F	Proc temp, °F	Mold temp, °F
		500-580	520-590	540-600	560-600	560-600	170-220
		500-580	520-590	540-600	560-600	560-600	170-220
		430-520	450-530	470-540	490-540	490-540	150-190
		480-570	500-580	520-590	540-590	540-590	170-220
		510-600	530-610	550-620	570-620	570-620	180-230
		460-550	480-560	500-570	520-570	520-570	170-220
		500-580	520-590	540-600	560-600	560-600	170-220
		480-570	500-580	520-590	540-590	540-590	170-220
		510-600	530-610	550-620	570-620	570-620	180-230
		500-580	520-590	540-600	560-600	560-600	170-220
		510-600	530-610	550-620	570-620	570-620	180-230
		510-600	530-610	550-620	570-620	570-620	180-230
		510-600	530-610	550-620	570-620	570-620	180-230
		470-560	490-570	510-580	530-580	530-580	160-210
		510-600	530-610	550-620	570-620	570-620	180-230
		560-610	570-620	570-635	580-635	580-635	200-270
		560-610	570-620	570-635	580-635	580-635	200-270
		560-610	570-620	570-635	580-635	580-635	200-270
		560-610	570-620	570-635	580-635	580-635	200-270
		560-610	570-620	570-635	580-635	580-635	200-270
		470-560	490-570	510-580	530-580	530-580	160-210
		470-560	490-570	510-580	530-580	530-580	160-210
		440-530	460-540	480-550	500-550	500-550	160-200
		500-580	520-590	540-600	560-600	560-600	170-220
		500-580	520-590	540-600	560-600	560-600	170-220
		500-580	520-590	540-600	560-600	560-600	170-220
		480-570	500-580	520-590	540-590	540-590	170-220
		480-570	500-580	520-590	540-590	540-590	170-220
		405-460	415-490	425-500	425-500	425-500	150-180
		410-470	420-500	430-510	450-520	450-520	140-190
		440-500	460-520	480-530	500-550	500-560	160-200
		440-500	460-520	480-530	500-550	500-560	160-200
		420-510	440-520	460-530		475-525	130-170
		420-510	440-520	460-530		480-530	130-170
		480-570	500-580	520-590		550-600	160-210
		420-510	440-520	460-530		475-525	150-180
		440-530	460-540	480-550		500-550	160-200
		500-580	520-590	540-600		560-600	180-240
		480-570	500-580	520-590		550-600	160-210
		480-570	500-580	520-590		540-590	170-220
		480-570	500-580	520-590		550-600	160-210
		480-570	500-580	520-590		550-600	160-210
		500-580	520-590	540-600		550-600	160-220
		500-580	520-590	540-600		550-600	160-220
		500-580	520-590	540-600		560-600	180-240
		480-570	500-580	520-590		550-600	160-200
		480-570	500-580	520-590		540-590	160-200
		470-560	490-570	510-580		525-575	150-210
		470-560	490-570	510-580		525-575	150-210
		480-570	500-580	520-590		550-600	160-210

Grade	Filler	Sp Grav	Shrink, mils/in	Melt flow, g/10 min	Drying temp, °F	Drying time, hr	Max. % moisture
PPX-GP5		1.060	5.0-7.0	4.00 DE	220-230	3.0-4.0	
PPX-GP6		1.060	5.0-7.0	2.05 DE	220-230	3.0-4.0	
PPX-GP7		1.070	5.0-7.0	2.05 DE	220-230	3.0-4.0	
PPX-GP8		1.040	5.0-7.0	11.00 DE	220-230	3.0-4.0	
PPX-MF-FR1	MN	1.240	5.0-7.0	20.00 DE	220-230	3.0-4.0	
PPX-MF-FR3	MN	1.230	5.0-7.0	6.50 DE	220-230	3.0-4.0	
PPX-SF1		1.120	6.0-9.0	40.00 DE	160-180	3.0-4.0	
PPX-SF2		1.090	6.0-9.0	35.00 DE	160-180	3.0-4.0	

PPE+PS — QR Resin — QTR

Grade	Filler	Sp Grav	Shrink, mils/in	Melt flow, g/10 min	Drying temp, °F	Drying time, hr	Max. % moisture
QR-4165		1.080	6.0	10.00 AS	220-235	4.0-6.0	0.02

PPE+PS — RTP Compounds — RTP

Grade	Filler	Sp Grav	Shrink, mils/in	Melt flow, g/10 min	Drying temp, °F	Drying time, hr
1700 FR		1.133	6.0-9.0		200	2.0
1700 TFE 10 FR		1.153	7.0-10.0		200	2.0
1700 TFE 13 SI 2		1.153	5.0-10.0		200	2.0
1701 FR	GFI 10	1.153	3.0-5.0		200	2.0
1703 FR	GFI 20	1.253	2.0-3.0		200	2.0
1705 FR	GFI 30	1.333	1.5-2.5		200	2.0

PPE+PS — Shuman PPO — Shuman

Grade	Filler	Sp Grav	Shrink, mils/in	Melt flow, g/10 min	Drying temp, °F	Drying time, hr
210		1.090		1.30	180-220	2.0-4.0
SP211		1.100		1.50	180-220	2.0-4.0

PPE+PS — Spartech Polycom — SpartechPolycom

Grade	Filler	Sp Grav	Shrink, mils/in	Drying temp, °F	Drying time, hr
SC8F-2088		1.120	5.0-7.0	180	2.0-4.0

PPE+PS — Stat-Kon — LNP

Grade	Filler	Sp Grav	Shrink, mils/in	Drying temp, °F	Drying time, hr
NC2012 (EXCP0239)	CF	1.180	3.0-5.0	250	4.0

PPE+PS — Thermocomp — LNP

Grade	Filler	Sp Grav	Shrink, mils/in	Drying temp, °F	Drying time, hr	Max. % moisture
HT SOLDER ZF-1006 FR ECO BK8-114	GFI	1.540	1.0-3.0	250	3.0-4.0	0.02
ZF-1004 BK8-950	GFI	1.210	3.0	250	4.0	
ZF-1006 M BK8-950	GFM	1.300		250	4.0	
ZF-1008 EP FR	GFI	1.520	3.0	250	4.0	
ZFM-3324 BK8-950	GMN	1.300	3.0-5.0	250	4.0	
ZFM-3362 EP	GMN	1.420	5.0	250	4.0	

PPE+PS — Xyron — Asahi Kasei

Grade	Filler	Sp Grav	Shrink, mils/in	Drying temp, °F	Drying time, hr
100V		1.083	5.0-7.0	158-176	2.0-4.0
100Z		1.083	5.0-7.0	158-176	2.0-4.0
140V		1.083	5.0-7.0	158-176	2.0-4.0
140Z		1.083	5.0-7.0	158-176	2.0-4.0
200H		1.060	5.0-7.0	176-194	2.0-4.0
220V		1.083	5.0-7.0	176-194	2.0-4.0
220Z		1.083	5.0-7.0	176-194	2.0-4.0
240V		1.083	5.0-7.0	176-194	2.0-4.0
240W		1.083	5.0-7.0	176-194	2.0-4.0
240Z		1.083	5.0-7.0	176-194	2.0-4.0
300H		1.063	5.0-7.0	176-194	2.0-4.0
300V		1.083	5.0-7.0	194-212	2.0-4.0
300Z		1.083	5.0-7.0	194-212	2.0-4.0
340V		1.083	5.0-7.0	194-212	2.0-4.0
340W		1.083	5.0-7.0	194-212	2.0-4.0

Max. % regrind	Inj. pres., ksi	Rear temp, °F	Mid temp, °F	Front temp, °F	Nozzle temp, °F	Proc temp, °F	Mold temp, °F
		500-580	520-590	540-600		550-600	150-210
		500-580	520-590	540-600		560-600	170-210
		500-580	520-590	540-600		575-600	160-220
		470-560	490-570	510-580		525-575	150-210
		430-520	450-530	470-540		475-540	150-180
		480-570	500-580	520-590		550-600	160-200
		450-500	520-580	520-580		500-550	100-180
		450-500	520-580	520-580		520-580	150-180
		380-400	420-440	460-480	460-480	440-480	150-200
	10.0-15.0					480-550	150-200
	10.0-15.0					480-550	150-200
	10.0-15.0					480-550	150-200
	10.0-15.0					480-550	150-200
	10.0-15.0					480-550	150-200
	10.0-15.0					480-550	150-200
						430-500	
						430-500	
		450-470	470-490	490-525	500-525	450-525	150-180
						565-575	175-225
						590-600	200-275
						565-575	175-225
						565-575	175-225
						565-575	175-225
						565-575	175-225
						565-575	175-225
						428-518	104-158
						428-518	104-158
						428-518	104-158
						428-518	104-158
						428-518	104-158
						428-518	104-158
						428-518	104-158
						428-518	104-158
						428-518	104-158
						428-518	104-158
						446-536	122-176
						428-518	122-176
						428-518	122-176
						464-518	122-176
						428-518	122-176

FREE DATA SHEETS: WWW.IDES.COM/PSIM

Grade	Filler	Sp Grav	Shrink, mils/in	Melt flow, g/10 min	Drying temp, °F	Drying time, hr	Max. % moisture
340Z		1.083		5.0-7.0	194-212	2.0-4.0	
400H		1.063		5.0-7.0	194-212	2.0-4.0	
500H		1.063		5.0-7.0	194-212	2.0-4.0	
500V		1.083		5.0-7.0	194-212	2.0-4.0	
500Z		1.083		5.0-7.0	194-212	2.0-4.0	
540V		1.083		5.0-7.0	194-212	2.0-4.0	
540Z		1.083		5.0-7.0	194-212	2.0-4.0	
600H		1.063		5.0-7.0	194-212	2.0-4.0	
640V		1.083		5.0-7.0	194-212	2.0-4.0	
640Z		1.083		5.0-7.0	194-212	2.0-4.0	
740V		1.083		5.0-7.0	194-212	2.0-4.0	
F100Z		1.000		6.0-9.0	158	2.0-4.0	
F200Z		1.000		6.0-9.0	158	2.0-4.0	
F220Z		1.000		6.0-9.0	158	2.0-4.0	
G701H	GFI 10	1.133	3.0-5.0		194-212	2.0-4.0	
G701V	GFI 10	1.153	3.0-5.0		194-212	2.0-4.0	
G702H	GFI 20	1.203	2.0-4.0		194-212	2.0-4.0	
G702V	GFI 20	1.223	2.0-4.0		194-212	2.0-4.0	
G703H	GFI 30	1.303	2.0-3.0		194-212	2.0-4.0	
G703V	GFI 30	1.303	1.0-3.0		194-212	2.0-4.0	
L542V	UNS 20	1.223	2.5-5.0		212	2.0-4.0	
L543V	UNS 20	1.323	2.0-4.5		212	2.0-4.0	
L544V	UNS 40	1.434	1.0-4.0		212	2.0-4.0	
L564V	UNS 40	1.434	1.0-4.0		212	2.0-4.0	
SZ800		1.103		8.0-10.0	194-248	2.0-4.0	
VM303		1.323	2.0-4.5		194-212	2.0-4.0	
VM502		1.223	3.5-6.0		194-212	2.0-4.0	
VT302		1.223	3.5-5.0		194-212	2.0-4.0	
X0251		1.060		5.0-7.0	194-212	2.0-4.0	
X0700		1.063		6.0-8.0	194-212	2.0-4.0	
X0715		1.053		6.0-8.0	194-212	2.0-4.0	
X0718		1.073		6.0-8.0	194-212	2.0-4.0	
X0722		1.103		6.0-8.0	194-248	2.0-4.0	
X1511	UNS 40	1.424	1.5-3.0		212	2.0-4.0	
X1514	UNS 40	1.400	2.0		212	2.0-4.0	
X1519	UNS 30	1.303	2.0-3.5		212	2.0-4.0	
X1561	UNS 10	1.163	3.0-5.0		212	2.0-4.0	
X1711	UNS 40	1.424	1.5-3.0		212	2.0-4.0	
X1762	UNS 20	1.223	2.5-5.0		212	2.0-4.0	
X1763	UNS 30	1.323	2.0-4.5		212	2.0-4.0	
X1774	UNS 40	1.434	1.1-3.9		212	2.0-4.0	
X1784	UNS 40	1.434	1.2-3.2		212	2.0-4.0	
X1915	UNS 30	1.300	2.5-4.5		212	2.0-4.0	
X1916	UNS 30	1.300	3.5		212	2.0-4.0	
X251V	UNS 10	1.193	3.5-5.0		140-194	2.0-4.0	
X251Z	UNS 10	1.193	3.5-5.0		140-194	2.0-4.0	
X304H	UNS 40	1.383	1.0-4.0		212	2.0-4.0	
X332V	UNS 20	1.203	3.0-5.0		176-212	2.0-4.0	
X332Z	UNS 20	1.203	3.0-5.0		176-212	2.0-4.0	
X333V	UNS 30	1.303	1.5-3.5		176-212	2.0-4.0	
X333Z	UNS 30	1.303	1.5-3.5		176-212	2.0-4.0	
X334V	MF 40	1.420	2.0		176-212	2.0-4.0	
X334Z	MF 40	1.420	2.0		176-212	2.0-4.0	
X351V	UNS 10	1.153	3.5-5.0		194-212	2.0-4.0	
X351Z	UNS 10	1.153	3.5-5.0		194-212	2.0-4.0	
X352V	UNS 20	1.223	2.5-4.0		194-212	2.0-4.0	

Max. % regrind	Inj. pres., ksi	Rear temp, °F	Mid temp, °F	Front temp, °F	Nozzle temp, °F	Proc temp, °F	Mold temp, °F
						464-518	122-176
						446-554	140-194
						464-554	158-212
						464-518	122-176
						464-518	122-176
						464-554	122-176
						464-554	122-176
						482-590	158-212
						464-572	140-194
						464-572	140-194
						464-572	140-212
						428-536	104-140
						428-536	104-140
						464-536	104-140
						250-300	176-248
						500-572	176-248
						500-554	176-248
						500-572	176-248
						500-572	176-248
						500-572	176-248
						482-572	158-194
						482-572	158-194
						482-572	158-194
						482-572	158-194
						536-608	176-248
						446-536	122-176
						482-572	122-212
						446-536	122-176
						482-572	158-212
						428-482	122-176
						464-554	122-176
						464-554	122-176
						482-572	158-212
						500-572	122-176
						518-590	158-248
						500-572	122-176
						464-536	140-194
						518-590	140-194
						482-572	158-194
						482-572	158-194
						482-590	140-212
						482-590	140-212
						518-590	158-248
						518-590	158-248
						464-518	104-158
						464-518	104-158
						482-572	140-194
						500-572	122-176
						500-572	122-176
						500-572	122-176
						500-572	122-176
						518-590	140-212
						518-590	140-212
						464-536	122-176
						464-536	122-176
						464-536	122-176

Grade	Filler	Sp Grav	Shrink, mils/in	Melt flow, g/10 min	Drying temp, °F	Drying time, hr	Max. % moisture
X404H	UNS 40	1.383	3.5-5.0		212	2.0-4.0	
X532V	UNS 20	1.203	2.5-5.0		212	2.0-4.0	
X532Z	UNS 20	1.203	2.0-4.5		212	2.0-4.0	
X533V	UNS 30	1.303	2.0-4.5		212	2.0-4.0	
X533Z	UNS 30	1.303	2.0-4.5		212	2.0-4.0	
X534V	MF 40	1.420	1.0-4.0		212	2.0-4.0	
X534Z	UNS 40	1.424	1.0-4.0		212	2.0-4.0	
X5516		1.063	6.0-8.0		194-212	2.0-4.0	
X551V	UNS 10	1.153	4.0-5.5		212-230	2.0-4.0	
X552H	UNS 20	1.203	3.0-4.5		230	2.0-4.0	
X552V	UNS 20	1.003	3.0-4.5		212-230	2.0-4.0	
X643V	UNS 30	1.303	2.0-5.0		212	2.0-4.0	
X8400		1.273	1.5-3.5		194-212	2.0-4.0	
X8600		1.153	2.0-4.0		194-212	2.0-4.0	
X9102		1.073	8.0-10.0		194-212	2.0-4.0	
X9108		1.073	8.0-10.0		194-212	2.0-4.0	
X9653		1.083	6.0-8.0		194-212	2.0-4.0	

PPE+PS+Nylon   Hiloy   A. Schulman

Grade	Filler	Sp Grav	Shrink, mils/in	Melt flow, g/10 min	Drying temp, °F	Drying time, hr	Max. % moisture
283	GFI 35	1.350	4.0		210	2.0	0.10
284	GFI	1.460	3.0		210	2.0	0.10

PPE+PS+Nylon   Lucon   LG Chem

Grade	Filler	Sp Grav	Shrink, mils/in	Melt flow, g/10 min	Drying temp, °F	Drying time, hr	Max. % moisture
PO-3000		1.140	6.0-8.0		194	5.0	0.10
PO-3000B		1.140	6.0-8.0		194	5.0	0.10
PO-5300H	CF	1.250	1.0-2.0		194	5.0	0.10
PO-5300M	CF	1.250	1.0-2.0		194	5.0	0.10

PPE+PS+Nylon   Noryl GTX   GE Adv Materials

Grade	Filler	Sp Grav	Shrink, mils/in	Melt flow, g/10 min	Drying temp, °F	Drying time, hr	Max. % moisture
GTX4110 Resin	GFI 10	1.200	5.0-7.0	39.00 BD	200-225	3.0-4.0	0.07
GTX810 Resin	GFI 10	1.160	6.0-8.0		200-225	3.0-4.0	0.07
GTX820 Resin	GFI 20	1.240	4.0-6.0		200-225	3.0-4.0	0.07
GTX8210 Resin	GFI 10	1.170	6.5-8.5	29.50 BD	200-225	3.0-4.0	0.07
GTX8230 Resin	GFI 30	1.350	1.5-3.5	18.50 BD	200-225	3.0-4.0	0.07
GTX830 Resin	GFI 30	1.330	2.0-3.0		200-225	3.0-4.0	0.07
GTX8410W Resin	GFI 10	1.170	6.0-8.0	36.50 BD	200-225	3.0-4.0	0.07
GTX8430W Resin	GFI 30	1.330	2.0-4.0	39.00 BD	200-225	3.0-4.0	0.07
GTX902 Resin		1.080	11.0-15.0		200-225	3.0-4.0	0.07
GTX904 Resin		1.080	11.0-15.0		200-225	3.0-4.0	0.07
GTX905 Resin		1.130	14.0-17.0	8.00 BD	200-225	3.0-4.0	0.07
GTX909 Resin		1.130	13.0-17.0		200-225	3.0-4.0	0.07
GTX910 Resin		1.100	16.0-18.0		200-225	3.0-4.0	0.07
GTX917 Resin		1.100	11.0-13.0		200-225	3.0-4.0	0.07
GTX918W Resin		1.090	13.0-16.0		200-225	3.0-4.0	0.07
GTX918WR Resin		1.090	13.0-16.0	45.00 BD	200-225	3.0-4.0	0.07
GTX9400W Resin		1.100	12.0-14.0	97.00 BD	200-225	3.0-4.0	0.07
GTX964W Resin		1.080			200-225	3.0-4.0	0.07
GTX965 Resin	MN	1.250	8.0-12.0	12.70 BD	200-225	3.0-4.0	0.07
RNX130 Resin	GFI 30	1.330			200-225	3.0-4.0	0.07

PPE+PS+Nylon   Noryl GTX   GE Adv Matl AP

Grade	Filler	Sp Grav	Shrink, mils/in	Melt flow, g/10 min	Drying temp, °F	Drying time, hr	Max. % moisture
GTX4110 Resin	GFI 10	1.200	5.0-7.0	39.00 BD	200-225	3.0-4.0	0.07
GTX810 Resin	GFI 10	1.160	6.0-8.0		200-225	3.0-4.0	0.07
GTX820 Resin	GFI 20	1.240	4.0-6.0		200-225	3.0-4.0	0.07
GTX830 Resin	GFI 30	1.330	2.0-3.0		200-225	3.0-4.0	0.07
GTX902 Resin		1.080	11.0-15.0		200-225	3.0-4.0	0.07

Max. % regrind	Inj. pres., ksi	Rear temp, °F	Mid temp, °F	Front temp, °F	Nozzle temp, °F	Proc temp, °F	Mold temp, °F
						482-572	140-194
						518-590	158-212
						518-572	158-212
						518-572	158-212
						518-572	158-212
						536-608	158-248
						536-608	158-212
						464-554	122-176
						482-590	140-212
						464-572	140-212
						482-572	140-212
						536-608	158-212
						464-572	140-212
						464-572	140-212
						554-608	176-248
						554-608	176-248
						464-554	122-176
20		465-500	500-535	525-580	520-565	535	195-230
20		465-500	500-535	525-580	520-565	535	195-230
	11.6-17.4	572-590	590-608	320-330	626-644	626-644	194-248
	11.6-17.4	572-590	590-608	608-626	626-644	626-644	194-248
	11.6-17.4	572-590	590-608	608-626	626-644	626-644	194-248
	11.6-17.4	572-590	590-608	608-626	626-644	626-644	194-248
		510-580	520-580	530-580	540-580	540-580	170-250
		510-580	520-580	530-580	540-580	540-580	170-250
		510-580	520-580	530-580	540-580	540-580	170-250
		510-580	520-580	530-580	540-580	540-580	170-250
		510-580	520-580	530-580	540-580	540-580	170-250
		510-580	520-580	530-580	540-580	540-580	170-250
		490-560	500-560	510-560	520-560	520-560	150-200
		490-560	500-560	510-560	520-560	520-560	150-200
		500-570	510-570	520-570	530-570	530-570	150-200
		500-570	510-570	520-570	530-570	530-570	150-200
		530-600	540-600	550-600	560-600	560-600	170-250
		490-560	500-560	510-560	520-560	520-560	150-200
		510-580	520-580	530-580	540-580	540-580	170-250
		530-600	540-600	550-600	560-600	560-600	170-250
		490-560	500-560	510-560	520-560	520-560	150-200
		490-560	500-560	510-560	520-560	520-560	150-200
		490-560	500-560	510-560	520-560	520-560	150-200
		530-600	540-600	550-600	560-600	560-600	170-250
		500-570	510-570	520-570	530-570	530-570	150-200
		510-580	520-580	530-580	540-580	540-580	170-250
		510-580	520-580	530-580	540-580	540-580	170-250
		510-580	520-580	530-580	540-580	540-580	170-250
		510-580	520-580	530-580	540-580	540-580	170-250
		510-580	520-580	530-580	540-580	540-580	170-250
		500-570	510-570	520-570	530-570	530-570	150-200

FREE DATA SHEETS: WWW.IDES.COM/PSIM

Grade	Filler	Sp Grav	Shrink, mils/in	Melt flow, g/10 min	Drying temp, °F	Drying time, hr	Max. % moisture
GTX909 Resin		1.130	13.0-17.0		200-225	3.0-4.0	0.07
GTX910 Resin		1.100	16.0-18.0		200-225	3.0-4.0	0.07
GTX918W Resin		1.090	13.0-16.0		200-225	3.0-4.0	0.07
GTX918WR Resin		1.090	13.0-16.0	45.00 BD	200-225	3.0-4.0	0.07
GTX9400W Resin		1.100	12.0-14.0	97.00 BD	200-225	3.0-4.0	0.07

PPE+PS+Nylon — Noryl GTX — GE Adv Matl Euro

Grade	Filler	Sp Grav	Shrink, mils/in	Melt flow, g/10 min	Drying temp, °F	Drying time, hr	Max. % moisture
GTX4110 Resin	GFI 10	1.200	5.0-7.0	39.00 BD	200-225	2.0-3.0	0.02
GTX810 Resin	GFI 10	1.163	6.0-10.0		212-230	2.0-3.0	0.02
GTX820 Resin	GFI 20	1.253	3.0-5.0		212-230	2.0-3.0	0.02
GTX830 Resin	GFI 30	1.323	1.0-5.0		212-230	2.0-3.0	0.02
GTX902E Resin		1.103	12.0-16.0		212-248	2.0-3.0	0.02
GTX914 Resin		1.093	15.0-19.0		212-248	2.0-3.0	0.02
GTX918W Resin		1.103	16.0-20.0		212-248	2.0-3.0	0.02
GTX924 Resin		1.163	12.0-16.0		212-248	2.0-3.0	0.02
GTX934 Resin		1.093	16.0-20.0		212-248	2.0-3.0	0.02
GTX944 Resin		1.073	14.0-18.0		212-248	2.0-3.0	0.02
GTX954 Resin		1.083	14.0-18.0		212-248	2.0-3.0	0.02
GTX963 Resin		1.093	14.0-18.0		212-248	2.0-3.0	0.02
GTX964 Resin		1.083	14.0-18.0		212-248	2.0-3.0	0.02
GTX973 Resin		1.103	14.0-18.0		212-248	2.0-3.0	0.02
GTX974 Resin		1.083	14.0-18.0		212-248	2.0-3.0	0.02
GTX975 Resin	MN 18	1.203	11.0-13.0		212-230	2.0-3.0	0.02
GTX976 Resin		1.083	14.0-18.0		212-248	2.0-3.0	0.02
GTX979 Resin		1.083	15.0-19.0		212-248	2.0-3.0	0.02

PPE+PS+Nylon — QR Resin — QTR

Grade	Filler	Sp Grav	Shrink, mils/in	Melt flow, g/10 min	Drying temp, °F	Drying time, hr	Max. % moisture
QR-4000		1.080	10.0	4.00 AS	200-225	4.0-6.0	0.02
QR-4000-GF10	GFI 10	1.160	6.0		225	4.0-6.0	
QR-4000-GF30	GFI 30	1.330	6.0		225	4.0-6.0	
QR-4000LE		1.080	10.0		200-225	4.0-6.0	0.02
QR-4000X-FR		1.120	6.0		170-180	3.0-4.0	
QR-4066-GF33	GFI 33	1.390	2.0		175		0.20

PPE+PS+Nylon — Xyron — Asahi Kasei

Grade	Filler	Sp Grav	Shrink, mils/in	Melt flow, g/10 min	Drying temp, °F	Drying time, hr	Max. % moisture
FL30H		1.060	4.0-7.0		194-212	2.0-4.0	
FL30V		1.080	4.0-7.0		194-212	2.0-4.0	
FL50H		1.060	4.0-7.0		194-212	2.0-6.0	
FL50V		1.080	4.0-7.0		194-212	2.0-6.0	

PPE+PS+PP — Noryl — GE Adv Materials

Grade	Filler	Sp Grav	Shrink, mils/in	Melt flow, g/10 min	Drying temp, °F	Drying time, hr	Max. % moisture
PPX7200 Resin		0.990	6.0-8.0	16.00 AZ	140-150	2.0-4.0	0.02

PPE+PS+PP — Noryl — GE Adv Matl AP

Grade	Filler	Sp Grav	Shrink, mils/in	Melt flow, g/10 min	Drying temp, °F	Drying time, hr	Max. % moisture
PPX7200 Resin		0.990	6.0-8.0	16.00 AZ	140-150	2.0-4.0	0.02

PPE+PS+PP — Noryl — GE Adv Matl Euro

Grade	Filler	Sp Grav	Shrink, mils/in	Melt flow, g/10 min	Drying temp, °F	Drying time, hr	Max. % moisture
PPX7200 Resin		0.990	6.0-8.0	16.00 AZ	140-150	2.0-4.0	0.02

PPE+PS+PP — Noryl PPX — GE Adv Materials

Grade	Filler	Sp Grav	Shrink, mils/in	Melt flow, g/10 min	Drying temp, °F	Drying time, hr	Max. % moisture
PPX615 Resin		1.080	3.0-4.0	4.40 AZ	150-170	2.0-4.0	0.02
PPX630 Resin	GFI 30	1.190	2.0-2.3	2.60 AZ	150-170	2.0-4.0	0.02
PPX640 Resin	GFI 40	1.300	1.7-1.8	1.30 AZ	150-170	2.0-4.0	0.02
PPX7110 Resin		0.970	8.0-12.0	10.60 AZ	140-150	2.0-4.0	0.02
PPX7112 Resin		0.990	6.0-7.0	10.50 AZ	140-150	2.0-4.0	0.02
PPX7115 Resin		0.990	6.0-7.0	14.00 AZ	140-150	2.0-4.0	0.02

Max. % regrind	Inj. pres., ksi	Rear temp, °F	Mid temp, °F	Front temp, °F	Nozzle temp, °F	Proc temp, °F	Mold temp, °F
		490-560	500-560	510-560	520-560	520-560	150-200
		510-580	520-580	530-580	540-580	540-580	170-250
		490-560	500-560	510-560	520-560	520-560	150-200
		490-560	500-560	510-560	520-560	520-560	150-200
		490-560	500-560	510-560	520-560	520-560	150-200
		500-536	518-554	536-572	518-554	536-572	176-212
		500-536	518-554	536-572	518-554	536-572	176-212
		500-536	518-554	536-572	518-554	536-572	176-212
		500-536	518-554	536-572	518-554	536-572	176-212
		500-536	518-554	536-572	518-572	536-590	176-248
		500-536	518-554	536-572	518-572	536-590	176-248
		500-536	518-554	536-572	536-572	536-590	176-248
		500-536	536-572	554-608	536-590	554-608	176-248
		500-536	536-572	554-608	536-590	554-608	176-248
		500-536	536-572	554-608	536-590	554-608	176-248
		500-536	536-572	554-608	536-590	554-608	176-248
		500-536	536-572	554-608	536-590	554-608	176-248
		500-536	536-572	554-608	536-590	554-608	176-248
		500-536	536-572	554-608	536-590	554-608	176-248
		500-536	536-572	554-608	536-590	554-608	176-248
		500-536	536-572	572-608	536-572	572-608	212-248
		500-536	536-572	554-608	536-590	554-608	176-248
		500-536	536-572	554-608	536-590	554-608	176-248
		480-530	490-540	500-550	520-560	510-550	150-200
		510-570	520-570	530-570	540-570	540-570	170-240
		510-580	520-580	530-580	540-580	540-580	170-250
		480-530	490-540	500-550	520-560	510-550	150-200
		420-510	440-520	460-530	480-530	480-530	130-170
		550-570	530-540	520-530	540-560	550-580	170-240
						428-518	122-176
						428-518	122-176
						464-554	158-212
						464-554	158-212
		440-530	460-540	480-550	500-550	500-550	90-120
		440-530	460-540	480-550	500-550	500-550	90-120
		440-530	460-540	480-550	500-550	500-550	90-120
		470-550	480-550	490-560	500-570	500-570	100-150
		470-550	480-550	490-560	500-570	500-570	100-150
		470-550	480-550	490-570	500-580	500-580	100-150
		440-530	460-540	480-550	500-550	500-550	90-120
		440-530	460-540	480-550	500-550	500-550	90-120
		440-530	460-540	480-550	500-550	500-550	90-120

FREE DATA SHEETS: WWW.IDES.COM/PSIM

Grade	Filler	Sp Grav	Shrink, mils/in	Melt flow, g/10 min	Drying temp, °F	Drying time, hr	Max. % moisture
PPE+PS+PP		**Noryl PPX**			**GE Adv Matl AP**		
PPX615 Resin		1.080	3.0-4.0	4.40 AZ	150-170	2.0-4.0	0.02
PPX630 Resin	GFI 30	1.190	2.0-2.3	2.60 AZ	150-170	2.0-4.0	0.02
PPX640 Resin	GFI 40	1.300	1.7-1.8	1.30 AZ	150-170	2.0-4.0	0.02
PPX7110 Resin		0.970	8.0-12.0	10.60 AZ	140-150	2.0-4.0	0.02
PPX7115 Resin		0.990	6.0-7.0	14.00 AZ	140-150	2.0-4.0	0.02
PPE+PS+PP		**Noryl PPX**			**GE Adv Matl Euro**		
PPX615 Resin		1.080	3.0-4.0	4.40 AZ	150-170	2.0-4.0	0.02
PPX630 Resin	GFI 30	1.193			149-167	2.0-4.0	0.02
PPX640 Resin	GFI 40	1.303			149-167	2.0-4.0	0.02
PPX7110 Resin		0.972			140-149	2.0-4.0	0.02
PPX7112 Resin		0.992			140-149	2.0-4.0	0.02
PPX7115 Resin		0.992			140-149	2.0-4.0	0.02
PPS		**Albis PPS**			**Albis**		
29A							
GF30 GR5 Black	GFI 30	1.590					
860 GG30							
PTFE 15 Natural	GFI 30	1.690					
PPS		**CoolPoly**			**Cool Polymers**		
D5108		1.805	2.0-4.0		302	6.0	0.00
D5110		1.454	7.0-10.0		302	6.0	0.02
D5112		1.734	2.0-4.0		302	6.0	0.02
E5105		1.494	5.0-8.0		302	6.0	0.20
PPS		**DIC.PPS**			**Dainippon Ink**		
CZ-1030	CF 30	1.430	2.5				
CZ-1130	CF 30	1.450	1.0				
CZE-1100	CF	1.660	2.0				
CZE-1200	GFI	1.900	2.0				
CZL-2000	CTE	1.520	2.5				
CZL-4033	CTE	1.530	1.0				
CZL-5000	CTE	1.690	2.5				
EC-10		1.900	3.5				
EC-40B		1.500	2.3				
EC-50A		1.600	2.0				
FZ-1130	GFI 30	1.560	2.7				
FZ-1130-D5	GFI 30	1.560	2.7				
FZ-1140	GFI 40	1.660	2.5				
FZ-1140-B2	GFI 40	1.660	2.5				
FZ-1140-D5	GFI 40	1.660	2.5				
FZ-1150	GFI 50	1.770	2.5				
FZ-2100		1.360	11.0				
FZ-2130	GFI 30	1.560	11.0				
FZ-2140	GFI 40	1.660	2.7				
FZ-2140-B2	GFI 40	1.660	2.5				
FZ-2140-D7	GFI 40	1.660	2.5				
FZ-3360	GFI	1.930	2.3				
FZ-3360-M1	GFI	2.050	2.0				
FZ-3500	GFI	2.000	2.5				
FZ-3600	GFI	1.960	2.5				
FZ-3600-D5	GFI	1.880	2.5				
FZ-6600	GFI	1.960	2.5				

Max. % regrind	Inj. pres., ksi	Rear temp, °F	Mid temp, °F	Front temp, °F	Nozzle temp, °F	Proc temp, °F	Mold temp, °F
		470-550	480-550	490-560	500-570	500-570	100-150
		470-550	480-550	490-560	500-570	500-570	100-150
		470-550	480-550	490-570	500-580	500-580	100-150
		440-530	460-540	480-550	500-550	500-550	90-120
		440-530	460-540	480-550	500-550	500-550	90-120
		470-550	480-550	490-560	500-570	500-570	100-150
		473-554	482-554	491-554	500-572	500-572	104-149
		473-554	482-554	491-572	500-581	500-581	104-149
		437-527	464-545	482-554	500-554	500-554	104-140
		437-527	464-545	482-554	500-554	500-554	104-140
		437-527	464-545	482-554	500-554	500-554	104-140
						610-645	285
						585-620	275
	8.7-23.9	554-599	572-608	590-644	601-644	585-640	275-351
	8.7-23.9	500-540	590-644	572-644	572-644	581-644	275-347
	8.7-23.9	500-540	572-608	590-644	572-644	581-644	275-329
	9.0-23.9	554-599	572-608	590-626	590-635	585-630	275-351
		572-644	572-644	572-644			248-302
		572-644	572-644	572-644			248-302
		572-644	572-644	572-644			248-302
		572-644	572-644	572-644			248-302
		572-644	572-644	572-644			248-302
		572-644	572-644	572-644			248-302
		572-644	572-644	572-644			248-302
		572-644	572-644	572-644			248-302
		572-644	572-644	572-644			248-302
		572-644	572-644	572-644			248-302
		572-644	572-644	572-644			248-302
		572-644	572-644	572-644			248-302
		572-644	572-644	572-644			248-302
		572-644	572-644	572-644			248-302
		572-644	572-644	572-644			248-302
		572-644	572-644	572-644			248-302
		572-644	572-644	572-644			248-302
		572-644	572-644	572-644			248-302
		572-644	572-644	572-644			248-302
		572-644	572-644	572-644			248-302
		572-644	572-644	572-644			248-302
		572-644	572-644	572-644			248-302
		572-644	572-644	572-644			248-302
		572-644	572-644	572-644			248-302

FREE DATA SHEETS: WWW.IDES.COM/PSIM

Grade	Filler	Sp Grav	Shrink, mils/in	Melt flow, g/10 min	Drying temp, °F	Drying time, hr	Max. % moisture
FZ-6600-A5	GFI	1.890	2.5				
FZ-6600-B2	GFI	1.890	2.5				
FZL-4033	GTE	1.680	2.5				
Z-200		1.280	15.0				
Z-230	GFI 30	1.530	3.0				
Z-240	GFI 40	1.610	2.5				
Z-660	GFI	1.800	2.5				
ZL-130	PTF 30	1.520	10.0				

PPS Edgetek PolyOne

Grade	Filler	Sp Grav	Shrink, mils/in
SF-20CF/000	CF 20	1.400	1.0-2.0
SF-30GF/000	GFI 30	1.560	2.0-3.0
SF-40CF/000	CF 40	1.460	0.5-1.0
SF-40GF/000	GFI 40	1.650	1.0-2.0

PPS Emi-X LNP

Grade	Filler	Sp Grav	Shrink, mils/in	Drying temp, °F	Drying time, hr
OC-1008 LEX	CF	1.490	1.0-3.0	250-300	4.0

PPS Fortron Polyplastics

Grade	Filler	Sp Grav	Drying temp, °F	Drying time, hr
1130A6	GFI	1.570	284	3.0
1140A61	GFI	1.670	284	3.0
1140A62	GFI	1.660	284	3.0
1140T11	GFI	1.590	284	3.0
1150A6	GFI	1.750	284	3.0
2115A1	CF	1.390	284	3.0
6465A6	GFI	1.960	284	3.0

PPS Fortron Ticona

Grade	Filler	Sp Grav	Melt flow, g/10 min
0205		1.353	15.0-18.0
0320		1.353	15.0-18.0
1130L4	GFI 30	1.584	6.0-9.0
1140E7	GFI	1.654	4.0-6.0
1140EC	GFI	1.674	0.0-0.1
1140L4	GFI 40	1.654	4.0-6.0
1140L6	GFI	1.654	4.0-6.0
1140L7	GFI 40	1.654	5.0-7.0
1141L4	GFI 40	1.654	4.0-6.0
1342L4	GTE	1.694	5.0
4184L4	GMN	1.805	4.0-7.0
4184L6	GMN	1.805	4.0-7.0
4665B6	GMN	2.035	3.0-7.0
6160B4	GMN	1.905	3.0-7.0
6165A4	GMN	1.955	3.0-7.0
6165A6	GMN	1.955	3.0-7.0
6850L6	GMN	1.805	4.0-6.0
MT 9120L4	GFI 20	1.484	

PPS Fortron Ticona Euro

Grade	Filler	Sp Grav	Shrink, mils/in	Drying temp, °F	Drying time, hr
1130L4	GFI 30	1.600	3.0-5.0	284	3.0-4.0

PPS Hiloy A. Schulman

Grade	Filler	Sp Grav	Shrink, mils/in	Drying temp, °F	Drying time, hr	Max. % moisture
714	GFI 40	1.640	3.0	205	3.0	0.10
753	GFI 30	1.450	5.0	205	3.0	0.10
754	GFI 40	1.620	3.0	205	3.0	0.10

Max. % regrind	Inj. pres., ksi	Rear temp, °F	Mid temp, °F	Front temp, °F	Nozzle temp, °F	Proc temp, °F	Mold temp, °F
		572-644	572-644	572-644			248-302
		572-644	572-644	572-644			248-302
		572-644	572-644	572-644			248-302
		572-644	572-644	572-644			248-302
		572-644	572-644	572-644			248-302
		572-644	572-644	572-644			248-302
		572-644	572-644	572-644			248-302
		572-644	572-644	572-644			248-302
						600-620	
						600-620	
						580-630	
						570-630	
						600-610	275-325
	5.7-10.0	554-572	572	590	590-608		302
	5.7-10.0	554-572	590	590	590-608		302
	5.7-10.0	554-572	590	590	590-608		302
	5.7-10.0	554-590	590	590	590-608		302
	5.7-10.0	554-572	590	590	590-608		302
	5.7-10.0	554-572	590	590	590-608		302
	5.7-10.0	554-572	590	590	590-608		302
						590-608	284
						590-608	284
						608-644	284
						608-644	284
						608-644	284
						608-644	284
						608-644	284
						608-644	284
						608-644	284
						608-644	284
						608-644	284
						608-644	284
						608-644	284
						608-644	284
						608-644	284
						608-644	284
	5.0-10.0	585		600	600	626-644	284
20		580-600	570-600	570-590	570-590	615	275-300
20		580-600	570-600	570-590	570-590	615	275-300
20		580-600	570-600	570-590	570-590	615	275-300

FREE DATA SHEETS: WWW.IDES.COM/PSIM

Grade	Filler	Sp Grav	Shrink, mils/in	Melt flow, g/10 min	Drying temp, °F	Drying time, hr	Max. % moisture
PPS		**Konduit**			**LNP**		
OTF-202-10	GCF	1.740	2.0		250-300	4.0	
OTF-212-11	PRO	2.200	5.0		250-300	4.0	
PDX-O-04497	PRO	1.900	1.0-3.0		250-300	4.0	
PPS		**Larton**			**Lati**		
CE/60	MN 60	1.915	6.0		266-284	3.0	
G/30	GFI 30	1.554	3.5		266-284	3.0	
G/40	GFI 40	1.654	2.5		266-284	3.0	
G/50	GFI 50	1.714	2.0		266-284	3.0	
GCE/60	GMN 60	1.905	2.0		266-284	3.0	
K/30	CF 30	1.434	2.0		266-284	3.0	
PPS		**Latilub**			**Lati**		
80-40GRT		1.604	6.0		266-284	3.0	
PPS		**Lubricomp**			**LNP**		
189-		1.610			250-300	4.0	
O-BG	CF	1.510	0.0-2.0		250-300	4.0	
O-BG SM	CF	1.498	1.0-2.0		250-300	4.0	
OCL-4036	CF	1.520	0.0-1.0		250-300	4.0	
OCL-4036 HI FLOW	CF				250-300	4.0	
OCL-4534 EM	CF	1.460	1.0		250-300	4.0	
OCL-4536	CF	1.490			250-300	4.0	
OFL-4036	GFI	1.690	1.0-2.0		250-300	4.0	
OFL-4536	GFI	1.650	2.0		250-300	4.0	
OL-4550 LEX		1.450			250-300	4.0	
PDX-O-88533 BK8-229	GFI	1.690	1.0		250-300	4.0	
PDX-O-90351	GFI	1.670	2.0		250-300	4.0	
PDX-O-97635	CF	1.550	1.0		250-300	4.0	
PPS		**Lubrilon**			**A. Schulman**		
E-16769N	GFI	1.690	2.0		205	3.0	0.10
PPS		**Lubriloy**			**LNP**		
PDX-F-96484 I	PRO	0.910			180	4.0	
PPS		**Lubri-Tech**			**PolyOne**		
SF-30CF/15T	CF	1.520	1.0		250	2.0	
PPS		**Lusep**			**LG Chem**		
GP-2400	GFI 40	1.650	2.5		248-320	2.0-4.0	
GP-4600	GMN 60	1.960	1.5		248-320	2.0-4.0	
PPS		**Luvocom**			**Lehmann & Voss**		
1301-0670	CF	1.644	1.0-3.0		284	3.0-4.0	
1301-0796	CF	1.414	1.0-3.0		284	3.0-4.0	
PPS		**MDE Compounds**			**Michael Day**		
PPS200MG50L	GMN 50	1.780	2.0		265	4.0	
PPS200MG65L	GMN 65	1.900	1.0		265-300	2.0-4.0	
PPS		**Performafil**			**Techmer Lehvoss**		
J-1300/40	GFI 40	1.640	1.0-2.0		325	2.0-4.0	0.02

Max. % regrind	Inj. pres., ksi	Rear temp, °F	Mid temp, °F	Front temp, °F	Nozzle temp, °F	Proc temp, °F	Mold temp, °F
						600-610	275-325
						600-610	275-325
						600-610	275-325
						554-590	266-284
						536-572	266-284
						536-572	266-284
						536-590	266-284
						554-590	266-284
						536-572	266-284
						536-572	55-104
						600-610	275-325
						600-610	275-325
		580-600	610-630	630-650		600-610	280-330
						600-610	275-325
						600-610	275-325
						600-610	275-325
						600-610	275-325
						600-610	275-325
						600-610	275-325
						600-610	275-325
						600-610	275-325
						600-610	275-325
						600-610	275-325
20		580-600	570-600	570-590	570-590	615	275-300
						450	100-125
	5.7	554	590	608	626	617-626	248-302
	9.9	572	608	644	644	635-644	248-302
		572-608	590-626	608-644	608-644	626	320-356
		572-608	590-626	608-644	608-644	626	320-356
		610	610	610		590-630	275-325
		610	610	610		590-630	275-325
		560-580	600-650	590-630	600-630	550-600	100-350

FREE DATA SHEETS: WWW.IDES.COM/PSIM

Grade	Filler	Sp Grav	Shrink, mils/in	Melt flow, g/10 min	Drying temp, °F	Drying time, hr	Max. % moisture
J-1305/40	GFI 40	1.680	1.0		325	2.0-4.0	0.02

PPS Plaslube Techmer Lehvoss

Grade	Filler	Sp Grav	Shrink, mils/in	Melt flow, g/10 min	Drying temp, °F	Drying time, hr
J-1300/30/TF/15	GFI 30	1.650	1.0		325	4.0
J-1305/30/TF/15	GFI 30	1.650	2.0		250-325	4.0-16.0
PPS-1305/TF/20/NAT		1.470			250-325	4.0-16.0

PPS RTP Compounds RTP

Grade	Filler	Sp Grav	Shrink, mils/in	Melt flow, g/10 min	Drying temp, °F	Drying time, hr
1300 AR 10 TFE 10	AR 10	1.424	7.0		300	6.0
1300 AR 10 TFE 15	AR 10	1.454	6.0		300	6.0
1300 AR 15 TFE 15	AR 15	1.454	6.0		300	6.0
1300 AR 15 TFE 15 SI 2		1.434	6.0		300	6.0
1300 C TFE 15		1.444	13.0		250	4.0
1300 C TFE 20		1.464	13.0		250	4.0
1300 D AR 15 TFE 15	AR 15	1.454	6.0		300	6.0
1300 TFE 10		1.424	12.0		300	6.0
1300 TFE 15		1.454	12.0		300	6.0
1300 TFE 20		1.474	12.0		300	6.0
1300 TFE 30		1.534	12.0		300	6.0
1300 TFE 30 SI 2		1.514	13.0		300	6.0
1301	GFI 10	1.424	3.0-5.0		300	6.0
1301 C	GFI 10	1.424	3.0-5.0		300	6.0
1301 D	GFI 10	1.424	3.0-5.0		300	6.0
1301 P-1	GFI 10	1.424	3.0-5.0		300	6.0
1301 TFE 15	GFI 10	1.514	4.0		300	6.0
1302	GFI 15	1.464	2.0-4.0		300	6.0
1303	GFI 20	1.494	2.0-3.0		300	6.0
1303 C	GFI 20	1.494	2.0-3.0		300	6.0
1303 D	GFI 20	1.494	2.0-3.0		300	6.0
1303 P-1	GFI 20	1.494	2.0-3.0		300	6.0
1303 TFE 10	GFI 20	1.584	3.0		300	6.0
1303 TFE 15	GFI 20	1.614	3.0		300	6.0
1303 TFE 20	GFI 20	1.654	2.0		300	6.0
1305	GFI 30	1.584	1.0-3.0		300	6.0
1305 C	GFI 30	1.584	1.0-3.0		300	6.0
1305 C TFE 15	GFI 30	1.684	1.0		250	4.0
1305 D	GFI 30	1.584	1.0-3.0		300	6.0
1305 P-1	GFI 30	1.584	1.0-3.0		300	6.0
1305 SI 2		1.564	2.0		300	6.0
1305 TFE 13 SI 2		1.664	2.0		300	6.0
1305 TFE 15	GFI 30	1.674	0.5-3.0		300	6.0
1305 TFE 15 P-1	GFI 30	1.674	2.0		300	6.0
1305 TFE 20	GFI 30	1.724	2.0		300	6.0
1305 TFE 5	GFI 30	1.614	2.0		300	6.0
1307	GFI 40	1.684	1.0-2.0		300	6.0
1307 C	GFI 40	1.684	1.0-2.0		300	6.0
1307 D	GFI 40	1.684	1.0-2.0		300	6.0
1307 MS 5	GFI 40	1.754	2.0		300	6.0
1307 P-1	GFI 40	1.684	1.0-2.0		300	6.0
1307 SI 2	GFI 40	1.684	1.0		300	6.0
1307 TFE 10	GFI 40	1.744	1.0		300	6.0
1307 TFE 15	GFI 40	1.784	1.0		300	6.0
1307 TFE 5	GFI 40	1.714	1.0		300	6.0
1309	GFI 50	1.774	1.0-2.0		300	6.0
1309 TFE 10	GFI 50	1.875	1.0		300	6.0

Max. % regrind	Inj. pres., ksi	Rear temp, °F	Mid temp, °F	Front temp, °F	Nozzle temp, °F	Proc temp, °F	Mold temp, °F
		560-580	600-650	590-630	600-630	550-600	100-350
		550-580	600-650	590-630	600-630	550-600	100-400
		550-580	600-650	590-630	600-630	550-600	100-400
		550-580	600-650	590-630	600-630	550-600	100-400
	10.0-15.0					585-625	275-350
	10.0-15.0					585-625	275-350
	10.0-15.0					585-625	275-350
	10.0-15.0					585-625	275-350
	10.0-15.0					575-650	275-350
	10.0-15.0					575-650	275-350
	10.0-15.0					575-650	150-350
	10.0-15.0					585-625	275-350
	10.0-15.0					585-625	275-350
	10.0-15.0					585-625	275-350
	10.0-15.0					585-625	275-350
	10.0-15.0					585-625	275-350
	10.0-15.0					585-625	275-350
	10.0-15.0					585-625	275-350
	10.0-15.0					585-625	275-350
	10.0-15.0					585-625	275-350
	10.0-15.0					585-625	275-350
	10.0-15.0					585-625	275-350
	10.0-15.0					585-625	275-350
	10.0-15.0					585-625	275-350
	10.0-15.0					585-625	275-350
	10.0-15.0					585-625	275-350
	10.0-15.0					585-625	275-350
	10.0-15.0					585-625	275-350
	10.0-15.0					585-625	275-350
	12.0-18.0					575-650	275-350
	10.0-15.0					585-625	275-350
	10.0-15.0					585-625	275-350
	10.0-15.0					585-625	275-350
	10.0-15.0					585-625	275-350
	10.0-15.0					585-625	275-350
	10.0-15.0					585-625	275-350
	10.0-15.0					585-625	275-350
	10.0-15.0					585-625	275-350
	10.0-15.0					585-625	275-350
	10.0-15.0					585-625	275-350
	10.0-15.0					585-625	275-350
	10.0-15.0					585-625	275-350
	10.0-15.0					585-625	275-350
	10.0-15.0					585-625	275-350
	10.0-15.0					585-625	275-350
	10.0-15.0					585-625	275-350
	10.0-15.0					585-625	275-350

FREE DATA SHEETS: WWW.IDES.COM/PSIM

Grade	Filler	Sp Grav	Shrink, mils/in	Melt flow, g/10 min	Drying temp, °F	Drying time, hr	Max. % moisture
1311	GFI 60	1.895	1.0		300	6.0	
1378	GFI	1.694	1.0-3.0		300	6.0	
1378 C	GFI	1.684	1.0		250	4.0	
1378 CL	GFI	1.684	2.0		250	4.0	
1378 D L	GFI	1.714	1.0-3.0		300	6.0	
1379	GFI	1.764	3.0		300	6.0	
1379 S	GFI	1.724	3.0		300	6.0	
1381 C TFE 15	CF 10	1.454	2.0		250	4.0	
1381 D TFE 13 SI 2	CF 10	1.454	1.0		250	4.0	
1382 C AR 15 TFE 15	AR 15	1.514	1.0		250	4.0	
1382 D TFE 5	CF 15	1.434	1.0		250	4.0	
1382 HEC	CFN 15	1.464	1.5-3.0		300	6.0	
1382 TFE 15	CF 15	1.504	1.0		300	6.0	
1383	CF 20	1.404	1.5		300	6.0	
1383 AR 10 TFE 15	CF 20	1.524	0.5		300	6.0	
1383 C	CF 20	1.404	1.5		300	6.0	
1383 D	CF 20	1.404	1.5		300	6.0	
1383 P-1	CF 20	1.404	1.5		300	6.0	
1383 P-1 TFE 15	CF 20	1.524	0.5		300	6.0	
1383 TFE 15	CF 20	1.524	1.0		300	6.0	
1385	CF 30	1.454	1.0		300	6.0	
1385 C	CF 30	1.454	1.5		300	6.0	
1385 C AR 10 TFE 15	CF 30	1.564	0.5		250	4.0	
1385 C SI 2	CF 30	1.444	1.0		250	4.0	
1385 C TFE 15	CF 30	1.554	0.5		250	4.0	
1385 D	CF 30	1.454	1.0		300	6.0	
1385 D TFE 15	CF 30	1.544	0.5		250	4.0	
1385 P-1	CF 30	1.454	1.0		300	6.0	
1385 P-1 TFE 15	CF 30	1.544	0.5		300	6.0	
1385 TFE 10	CF 30	1.534	0.5		300	6.0	
1385 TFE 13 SI 2	CF 30	1.534	0.5		300	6.0	
1385 TFE 15	CF 30	1.544	0.5-1.0		300	6.0	
1385 TFE 20	CF 30	1.584	0.5		300	6.0	
1387	CF 40	1.484	0.5		300	6.0	
1387 C	CF 40	1.484	0.5		300	6.0	
1387 D	CF 40	1.484	0.5		300	6.0	
1387 HEC	CFN 40	1.724	0.0-1.0		300	6.0	
1387 L	CF 40	1.484	0.5		300	6.0	
1387 P-1	CF 40	1.484	0.5		300	6.0	
1387 SI 2	CF 40	1.494	0.5		300	6.0	
1387 TFE 10	CF 40	1.574	0.5		300	6.0	
1387 TFE 15	CF 40	1.604	0.5		300	6.0	
1389	CF 50	1.514	0.5		300	6.0	
1399 X 102903 J		2.907	2.0-3.0		300	6.0	
1399 X 87259 A	GFI 30	1.614	2.0-0.5		300	6.0	
1399 X 87259 C	GFI 30	1.614	2.0-0.5		300	6.0	
1399 X 91176		1.734	2.0-4.0		300	6.0	
1399 X 97649 A		1.704	2.0		300	6.0	
2000 R-4300		1.283	7.0		275-300	4.0-6.0	
2000 R-4400		1.283	7.0		275-300	4.0-6.0	
ESD A 1305	GFI 30	1.644	2.0-3.0		300	6.0	
ESD C 1305	GFI 30	1.654	2.0-3.0		300	6.0	
ESD C 1380	CF	1.534	0.1-1.5		300	6.0	

PPS   Ryton   CP Chem

Grade	Filler	Sp Grav	Shrink, mils/in	Melt flow, g/10 min	Drying temp, °F	Drying time, hr	Max. % moisture
BR111	GMN 40	1.955	2.0		300-350	2.0-4.0	0.02

Max. % regrind	Inj. pres., ksi	Rear temp, °F	Mid temp, °F	Front temp, °F	Nozzle temp, °F	Proc temp, °F	Mold temp, °F
	10.0-15.0					585-625	275-350
	10.0-15.0					585-625	275-350
	12.0-18.0					575-650	275-350
	12.0-18.0					575-650	275-350
	10.0-15.0					540	275-350
	10.0-15.0					585-625	275-350
	10.0-15.0					585-625	275-350
	12.0-18.0					575-650	275-350
	12.0-18.0					575-650	275-350
	12.0-18.0					575-650	275-350
	12.0-18.0					575-650	275-350
	10.0-15.0					585-625	275-350
	10.0-15.0					585-625	275-350
	10.0-15.0					585-625	275-350
	10.0-15.0					585-625	275-350
	10.0-15.0					585-625	275-350
	10.0-15.0					585-625	275-350
	10.0-15.0					585-625	275-350
	12.0-18.0					575-650	275-350
	10.0-15.0					585-625	275-350
	10.0-15.0					585-625	275-350
	10.0-15.0					585-625	275-350
	15.0-20.0					575-650	275-350
	12.0-18.0					575-650	275-350
	12.0-18.0					575-650	275-350
	10.0-15.0					585-625	275-350
	12.0-18.0					575-650	275-350
	10.0-15.0					585-625	275-350
	12.0-18.0					585-625	275-350
	10.0-15.0					585-625	275-350
	10.0-15.0					585-625	275-350
	10.0-15.0					585-625	275-350
	10.0-15.0					585-625	275-350
	10.0-15.0					585-625	275-350
	10.0-15.0					585-625	275-350
	10.0-15.0					585-625	275-350
	10.0-15.0					585-625	275-350
	10.0-15.0					585-625	275-350
	10.0-15.0					585-625	275-350
	10.0-15.0					585-625	275-350
	10.0-15.0					585-625	275-350
	10.0-15.0					585-625	275-350
	10.0-15.0					585-625	275-350
	10.0-15.0					585-625	275-350
	10.0-15.0					585-625	275-350
	10.0-15.0					585-625	275-350
	10.0-15.0					680-735	280-325
	10.0-15.0					680-735	280-325
	10.0-15.0					585-625	275-350
	10.0-15.0					585-625	275-350
		600-625	600-650	600-650	580-650	620-650	275-300

Grade	Filler	Sp Grav	Shrink, mils/in	Melt flow, g/10 min	Drying temp, °F	Drying time, hr	Max. % moisture
BR111BL	GMN 40	1.955	2.0		300-350	2.0-4.0	0.02
BR42B	GFI 40	1.754	2.0		300-350	2.0-4.0	0.02
BR42C	GFI 40	1.754	2.0		300-350	2.0-4.0	0.02
R10-110BL	GMN	2.055	2.0		300-350	2.0-4.0	0.02
R-4	GFI 40	1.654	3.0		300-350	2.0-4.0	0.02
R-4 02	GFI 40	1.654	3.0		300-350	2.0-4.0	0.02
R-4 02XT	GFI 40	1.654	3.0		300-350	2.0-4.0	0.02
R-4-200BL	GFI 40	1.654	3.0		300-350	2.0-4.0	0.02
R-4-200NA	GFI 40	1.654	3.0		300-350	2.0-4.0	0.02
R-4-220BL	GFI 40	1.654	3.0		300-350	2.0-4.0	0.02
R-4-220NA	GFI 40	1.654	3.0		300-350	2.0-4.0	0.02
R-4-230BL	GFI 40	1.654	3.0		300-350	2.0-4.0	0.02
R-4-230NA	GFI 40	1.654	3.0		300-350	2.0-4.0	0.02
R-4XT	GFI 40	1.654	3.0		300-350	2.0-4.0	0.02
R-7	GMN	1.905	2.0		300-350	2.0-4.0	0.02
R-7 02	GMN	1.905	2.0		300-350	2.0-4.0	0.02
R-7-120BL	GMN	1.955	2.0		300-350	2.0-4.0	0.02
R-7-120NA	GMN	1.955	2.0		300-350	2.0-4.0	0.02

PPS Schulatec A. Schulman

Grade	Filler	Sp Grav	Shrink, mils/in	Melt flow, g/10 min	Drying temp, °F	Drying time, hr	Max. % moisture
GF 40 (PPS)	GFI 40	1.654			266	3.0-4.0	
GFM 60	GMN 60	1.905			266	3.0-4.0	

PPS Starsen Samsung

Grade	Filler	Sp Grav	Shrink, mils/in
XP-2130A	UNS 30	1.630	3.0
XP-2140AL	PTF 40	1.670	3.0
XP-2140MX	GFI 40	1.660	2.5
XP-2155M	GMN 55	1.800	2.5
XP-2165MX	UNS 65	1.960	2.5

PPS Stat-Kon LNP

Grade	Filler	Sp Grav	Shrink, mils/in		Drying temp, °F	Drying time, hr
OC-1006	CF	1.440	1.0		250-300	4.0
OCL-4532						
LEX BK8-115	CF	1.410	5.0-7.0		250-300	4.0

PPS Sumikon Sumitomo Bake

Grade	Filler	Sp Grav	Shrink, mils/in		Drying temp, °F	Drying time, hr
FM-LK256	CF	1.970	1.0		248	3.0
FM-M 120E	GFI	1.880	2.0		248	3.0
FM-MK104	GFI	1.640	2.0		248	3.0
FM-MK113	GFI	1.970	2.0		248	3.0
FM-MK115S	GFI	2.130	2.0		248	3.0
FM-MK120J	GFI	1.980	2.0		248	3.0
FM-MK124	GFI	1.630	2.0		248	3.0
FM-MK201	CF	1.630	1.0		248	3.0
FM-MK205	CF	1.960	1.0		248	3.0
FM-MK209Y	CF	2.020	2.0		248	3.0
FM-MK21E	CF	2.120	2.0		248	3.0
FM-MK275A	CF	1.870	2.0		248	3.0
FM-TK200	CF	1.790	2.0		248	3.0
FM-TK210	ORG	1.830	2.0		248	3.0
FM-TK215	CF	1.780	2.0		248	3.0

PPS Suntra SK Chemicals

Grade	Filler	Sp Grav	Shrink, mils/in		Drying temp, °F	Drying time, hr
1030	GFI 30	1.530	3.0		266-356	2.0-4.0
1040	GFI 40	1.600	3.0		266-356	2.0-4.0
1050	GFI 50	1.700	2.0		266-356	2.0-4.0

Max. % regrind	Inj. pres., ksi	Rear temp, °F	Mid temp, °F	Front temp, °F	Nozzle temp, °F	Proc temp, °F	Mold temp, °F
		600-625	600-650	600-650	580-650	620-650	275-300
		600-625	600-650	600-650	580-650	620-650	275-300
		600-625	600-650	600-650	580-650	620-650	275-300
		600-625	600-650	600-650	580-650	620-650	275-300
		600-625	600-650	600-650	580-650	620-650	275-300
		600-625	600-650	600-650	580-650	620-650	275-300
		600-625	600-650	600-650	580-650	620-650	275-300
		600-625	600-650	600-650	580-650	620-650	275-300
		600-625	600-650	600-650	580-650	620-650	275-300
		600-625	600-650	600-650	580-650	620-650	275-300
		600-625	600-650	600-650	580-650	620-650	275-300
		600-625	600-650	600-650	580-650	620-650	275-300
		600-625	600-650	600-650	580-650	620-650	275-300
		600-625	600-650	600-650	580-650	620-650	275-300
		600-625	600-650	600-650	580-650	620-650	275-300
		600-625	600-650	600-650	580-650	620-650	275-300
		600-625	600-650	600-650	580-650	620-650	275-300
						608-644	284-302
						608-644	284-302
		554-608	554-608	554-608			248-302
		554-608	554-608	554-608			248-302
		572-644	572-644	572-644			248-302
		572-644	572-644	572-644			248-302
		572-644	572-644	572-644			248-302
						600-610	275-325
						600-610	275-325
							248-302
							248-302
							248-302
							248-302
							248-302
							248-302
							248-302
							248-302
							248-302
							248-302
							248-302
							248-302
							248-302
							248-302
	11.4-17.1	572-608	590-644	590-644	590-644		257-302
	11.4-17.1	572-608	590-644	590-644	590-644		257-302
	11.4-17.1	572-608	590-644	590-644	590-644		257-302

Grade	Filler	Sp Grav	Shrink, mils/in	Melt flow, g/10 min	Drying temp, °F	Drying time, hr	Max. % moisture
1242	GFI	1.510	4.0		266-356	2.0-4.0	
1247	GFI	1.550	3.0		266-356	2.0-4.0	
2246	MN 40	1.600	5.0		266-356	2.0-4.0	
3030	CF 30	1.370	3.0		266-356	2.0-4.0	
4030E	GMN	1.780	2.0		266-356	2.0-4.0	
4030M	GMN	1.930	2.0		266-356	2.0-4.0	
4257	GMN	1.550	3.0		266-356	2.0-4.0	
S100				400.00	266-356	2.0-4.0	
S300				125.00	266-356	2.0-4.0	
S500				30.00	266-356	2.0-4.0	

PPS   Tedur   Albis

Grade	Filler	Sp Grav	Shrink, mils/in	Melt flow, g/10 min	Drying temp, °F	Drying time, hr	Max. % moisture
L 9200-1	GMN 60	1.900					
L 9300-1	GBF 40	1.650					
L 9310-4	GBM 60	1.890					
L 9401-1	GFI 40	1.700					
L 9510-1	GFI 40	1.650					
L 9511	GFI 45	1.740					
L 9512	GFI 45	1.720					
L 9521-1	GMN 60	1.930					
L 9523	GMN 60	1.930					
L 9530	MN 55	1.920					
L 9560	MN 50	1.820					
L 9561	GMN 50	1.940					
L V 9107-1	GFI 40	1.650					
L V 9113-2	GFI 60	1.900					
L V 9200-1	GMN 60						
L V 9300-1	GBF 40						
L V 9400-1	CF 15	1.400					
L V 9404-1	CF 30	1.450					
L V 9409-1	CF 30	1.450					
L9107-1	GFI 40	1.650					
LR 9519	GFI 45	1.750					
LR 9529	GMN 55	1.850					
P 9519	GFI 45						
P 9529	GMN 55						

PPS   Therma-Tech   PolyOne

Grade	Filler	Sp Grav	Shrink, mils/in	Melt flow, g/10 min	Drying temp, °F	Drying time, hr	Max. % moisture
SF-4500 TC		1.670	1.0		300	6.0	
SF-5000C TC		1.750	1.0-2.0				
SF-6000 TC		1.820	4.0-5.0				
SFC-5000 TC		1.700	3.0-5.0				

PPS   Thermocomp   LNP

Grade	Filler	Sp Grav	Shrink, mils/in	Melt flow, g/10 min	Drying temp, °F	Drying time, hr	Max. % moisture
OC-1006	CF	1.430			250-300	4.0	
OF-1006	GFI	1.580	1.0-3.0		250-300	4.0	
OF-1006 BK8-114	GFI	1.560	6.0-8.0		250-300	4.0	
OF-1008	GFI	1.680	2.0		250-300	4.0	
OF-1008 BK8-115	GFI	1.700	3.0		250-300	4.0	
OFM-3166 BLACK	GMN	1.960	1.0-2.0		250-300	4.0	
OFM-3366 EXP	GMN	1.920			250-300	4.0	

PPS   Thermotuf   LNP

Grade	Filler	Sp Grav	Shrink, mils/in	Melt flow, g/10 min	Drying temp, °F	Drying time, hr	Max. % moisture
OF-1006 HI	GFI	1.480	2.0		250-300	4.0	

Max. % regrind	Inj. pres., ksi	Rear temp, °F	Mid temp, °F	Front temp, °F	Nozzle temp, °F	Proc temp, °F	Mold temp, °F
	11.4-17.1	572-608	590-644	590-644	590-644		257-302
	11.4-17.1	572-608	590-644	590-644	590-644		257-302
	11.4-17.1	572-608	590-644	590-644	590-644		257-302
	11.4-17.1	572-608	590-644	590-644	590-644		257-302
	11.4-17.1	572-608	590-644	590-644	590-644		257-302
	11.4-17.1	572-608	590-644	590-644	590-644		257-302
	11.4-17.1	572-608	590-644	590-644	590-644		257-302
	11.4-17.1	572-608	590-644	590-644	590-644		257-302
	11.4-17.1	572-608	590-644	590-644	590-644		257-302
	11.4-17.1	572-608	590-644	590-644	590-644		257-302
						610-645	285
						610-645	285
						610-645	285
						610-645	285
						610-645	285
						610-645	285
						610-645	285
						610-645	285
						610-645	285
						610-645	285
						610-645	285
						610-645	285
						610-645	285
						610-645	285
						610-645	285
						610-645	285
						610-645	285
						610-645	285
						610-645	285
						610-645	285
						610-645	285
						610-645	285
						610-645	285
						610-645	285
						580-630	250-300
						600-625	250-300
						600-625	250-300
						600-625	250-300
						600-610	275-325
						600-610	275-325
						600-610	275-325
						600-610	275-325
						600-610	275-325
						600-610	275-325
						600-610	275-325
						600-610	275-325

Grade	Filler	Sp Grav	Shrink, mils/in	Melt flow, g/10 min	Drying temp, °F	Drying time, hr	Max. % moisture
PPS	**Verton**				**LNP**		
OF-700-10 BK8-871	GLL	1.734	4.0		250-300	4.0	
PPS	**Xtel**				**CP Chem**		
XK2040	GFI	1.704	3.0		175	4.0-6.0	0.20
XK2140	GFI	1.704	3.0		175	4.0-6.0	0.20
XK2240	GFI	1.554	3.0		175	4.0-6.0	0.20
XK2340	GFI	1.554	3.0		175	4.0-6.0	0.20
PPS+Nylon	**DIC.PPS**				**Dainippon Ink**		
PN-130	GFI 30	1.400	3.0				
PN-230	GFI 30	1.470	3.0				
PPS+PPE	**DIC.PPS**				**Dainippon Ink**		
SE-730	GFI 30	1.480	3.0				
SE-740	GFI 40	1.470	2.5				
PPS+PPE	**Noryl**				**LNP**		
EXCP0111	GMN 42	1.520			285	3.0-4.0	0.04
EXCP0112	GMN 40	1.510			285	3.0-4.0	0.04
PPSU	**Acudel**				**Solvay Advanced**		
22000		1.280	7.0	12.00 CI	350	2.5	
25000		1.280	7.0	17.00 CI	375	2.5	
PPSU	**Edgetek**				**PolyOne**		
RA-10GF-10CF/000 HI	GCF	1.400	1.0-1.5		300	2.0	
PPSU	**Lapex**				**Lati**		
R		1.303	6.5		302-356	3.0	
PPSU	**Radel R**				**Solvay Advanced**		
R-5000		1.290	7.0	17.00 CV	300	2.5	
R-5100		1.300	7.0	14.00	300	2.5	0.05
R-5500		1.290	7.0	11.50 CV	300	2.5	
R-5800		1.290	7.0	25.00	300	2.5	
R-5900		1.290	7.0	30.00 DI	300	4.0	
R-7159		1.330		19.00 CI	300-351	4.0	
R-7300		1.360	5.0	16.00 CI	300	4.0	
R-7400		1.360	5.0	16.00 CI	300	4.0	
R-7535		1.350	6.0-8.0	18.00 CI	330-350	4.0	
R-7558		1.350	6.0-8.0	18.00 CI	330-350	4.0	
RG-5030	GFI 30	1.530	3.0	15.00 DI	300	2.5	
RG-5030 NT20	GFI 30	1.550	3.0	14.00 DI	300	2.5	
PPSU	**RTP Compounds**				**RTP**		
1400 R-5800		1.293		25.00 DI	300	6.0	
PPSU	**Thermocomp**				**LNP**		
PDX-04488 BL5-248-2 MN		1.310	9.0-11.0		250-300	4.0	0.05
Proprietary	**Amalloy**				**Amco Plastic**		
B1017		1.040		7.50 O	180	2.0	0.02
B1017A		1.050		5.00 I	180	2.0	0.02
B1025		1.040		5.50 O	180	2.0	0.02

Max. % regrind	Inj. pres., ksi	Rear temp, °F	Mid temp, °F	Front temp, °F	Nozzle temp, °F	Proc temp, °F	Mold temp, °F
						600-630	275-325
		520-540	520-540	520-540	510-530	536-581	176
		520-540	520-540	520-540	510-530	540-580	180
		520-540	520-540	520-540	510-530	540-580	180
		520-540	520-540	520-540	510-530	530-570	140-275
		572-644	572-644	572-644			248-302
		572-644	572-644	572-644			248-302
		572-644	572-644	572-644			248-302
		572-644	572-644	572-644			248-302
		550-580	580-600	600-630	580-610	580-630	280-320
		550-580	580-600	600-630	580-610	580-630	280-320
						680-735	280-325
						680-735	280-325
						680-740	250-325
						662-716	284-329
						680-735	280-325
		610	660	660		650-730	280-325
						680-735	280-325
						680-735	280-325
						680-735	280
		669-700	680-711	691-720	680-711	637-730	225-325
		670-700	680-710	690-720	680-710	690-730	225-325
		670-700	680-710	690-720	680-710	690-730	225-325
		670-700	680-710	690-720	680-710	690-730	225-325
		670-700	680-710	690-720	680-710	690-730	225-325
						680-735	280-325
						680-735	280-325
	10.0-20.0					650-730	280-325
						670-700	275-300
	10.0-20.0	380	390	400	420	420	130
	10.0-20.0	380	390	400	420	420	130
	10.0-20.0	380	390	400	420	420	130

FREE DATA SHEETS: WWW.IDES.COM/PSIM

Grade	Filler	Sp Grav	Shrink, mils/in	Melt flow, g/10 min	Drying temp, °F	Drying time, hr	Max. % moisture
B1044		1.050		1.50 O	180	2.0	0.02
B1172				2.70 I	180	2.0	0.02
B9336					180	2.0	0.02
B9575				4.50 O	180	2.0	0.02
B9674				6.50 O	180	2.0	0.02
B9714				6.30 O	180	2.0	0.02
B9941					180	2.0	0.02

PS (GPPS)   Albis PS   Albis

Grade	Filler	Sp Grav	Shrink, mils/in	Melt flow, g/10 min	Drying temp, °F	Drying time, hr	Max. % moisture
04A HH 1.5B Clear		1.040		1.50 G			
04A02CL Crystal				1.60 G			
04A03CL Crystal				2.40 G			
04A04CL Crystal				4.00 G			
04A09CL Crystal				9.00 G			
04A14CL Crystal				14.00 G			

PS (GPPS)   Alcom   Albis

Grade	Filler	Sp Grav	Shrink, mils/in	Melt flow, g/10 min	Drying temp, °F	Drying time, hr	Max. % moisture
PS 500 GF10 GR25	GRF 25	1.300		6.00 G			
PS 500 GR10 Black	GRF 10	1.120	3.0-6.0	6.00 G			
PS 500 GR30 Si2	GRF 30	1.280		60.00 G			

PS (GPPS)   API PS   American Poly

Grade	Filler	Sp Grav	Shrink, mils/in	Melt flow, g/10 min	Drying temp, °F	Drying time, hr	Max. % moisture
370-21		1.050		2.00 G	160-180	2.0	
375		1.050		5.00 G	160-180	2.0	
390		1.050		8.00 G	160-180	2.0	
392		1.050		12.00 G	160-180	2.0	
395		1.050		18.00 G	160-180	2.0	
395-21		1.050		15.00 G	160-180	2.0	
425		1.040		8.00 G	160-180	2.0	
500		1.040		4.00 G	160-180	2.0	
505		1.040		8.00 G	160-180	2.0	
505-21		1.040		13.00 G	160-180	2.0	

PS (GPPS)   Austrex   PS Australia

Grade	Filler	Sp Grav	Shrink, mils/in	Melt flow, g/10 min	Drying temp, °F	Drying time, hr	Max. % moisture
103 (Injection)		1.050	4.0-6.0	1.80 G	140-176	2.0	
112 (Injection)		1.050	4.0-6.0	3.20 G	140-176	2.0	
400		1.050	4.0-6.0	7.00 G	140-176	2.0	
555 (Injection)		1.050	4.0-6.0	16.00 G	140-176	2.0	

PS (GPPS)   Cabelec   Cabot

Grade	Filler	Sp Grav	Shrink, mils/in	Melt flow, g/10 min	Drying temp, °F	Drying time, hr	Max. % moisture
3896		1.090		5.00 CG	140	2.0-4.0	
4252		1.096		5.00 CG	140	2.0-4.0	
4731		1.125	4.0-6.0	6.70 CG			
CA4857		1.093		6.00 CG	176	2.0-4.0	

PS (GPPS)   CP Chem PS   CP Chem

Grade	Filler	Sp Grav	Shrink, mils/in	Melt flow, g/10 min	Drying temp, °F	Drying time, hr	Max. % moisture
EA 3025		1.030	4.0-8.0	1.40 G			
EA 3400		1.030	4.0-8.0	9.00 G			
EB 3350		1.030	4.0-8.0	1.80 G			
EB 3400		1.030	4.0-8.0	9.00 G			
MB 3150		1.030	4.0-8.0	3.00 G			
MC 3650		1.030	4.0-8.0	13.00 G			

PS (GPPS)   Crystal PS   Nova Chemicals

Grade	Filler	Sp Grav	Shrink, mils/in	Melt flow, g/10 min	Drying temp, °F	Drying time, hr	Max. % moisture
1500		1.040	4.0-7.0	6.00 G			
1600		1.040	4.0-7.0	5.50 G			

Max. % regrind	Inj. pres., ksi	Rear temp, °F	Mid temp, °F	Front temp, °F	Nozzle temp, °F	Proc temp, °F	Mold temp, °F
	10.0-20.0	380	390	400	420	420	130
	10.0-20.0	380	390	400	420	420	130
	10.0-20.0	380	390	400	420	420	130
	10.0-20.0	380	390	400	420	420	130
	10.0-20.0	380	390	400	420	420	130
	10.0-20.0	380	390	400	420	420	130
	10.0-20.0	380	390	400	420	420	130
						340-540	40-175
						340-540	40-175
						340-540	40-175
						340-540	40-175
						340-540	40-175
						340-540	40-175
						340-540	40-175
						340-540	40-175
						340-540	40-175
30	5.0-40.0	350-450		375-525			20-160
30	5.0-40.0	350-450		375-525			20-160
30	5.0-40.0	350-450		375-525			20-160
30	5.0-40.0	350-450		375-525			20-160
30	5.0-40.0	350-450		375-525			20-160
30	5.0-40.0	350-450		375-525			20-160
30	5.0-40.0	350-450		375-525			20-160
30	5.0-40.0	350-450		375-525			20-160
30	5.0-40.0	350-450		375-525			20-160
30	5.0-40.0	350-450		375-525			20-160
		410	428	446		437-455	104-140
		392	410	428		419-437	86-140
		392	410	428		392-419	41-140
		374	392	410		392-428	86-140
	15.2	401	419	455	455	392-482	104
	1.5	401	419	455	455	392-482	86
	12.3	401	419	455	455	392-482	86
	15.2	401	419	455	455	392-482	104
		424-480	424-480	390-415	415-469		
		425-480	425-480	390-415	415-470		60-150
		424-480	424-480	390-415	415-469		
		424-480	424-480	390-415	415-469		
		424-480	424-480	390-415	415-469		
		424-480	424-480	390-415	415-469		
						375-525	100-180
						375-525	100-180

FREE DATA SHEETS: WWW.IDES.COM/PSIM

Grade	Filler	Sp Grav	Shrink, mils/in	Melt flow, g/10 min	Drying temp, °F	Drying time, hr	Max. % moisture
2504		1.040	4.0-7.0	7.50 G			
2520		1.040	4.0-7.0	7.50 G			
2521		1.040	4.0-7.0	7.50 G			
3190		1.040	4.0-7.0	11.00 G			
3520		1.040	4.0-7.0	22.00 G			
3601		1.040	4.0-7.0	12.50 G			
3930		1.040	4.0-7.0	19.70 G			
FX110		1.040	4.0-7.0	1.30 G			

PS (GPPS)　　Crystal PS　　Nova Innovene

Grade	Filler	Sp Grav	Shrink, mils/in	Melt flow, g/10 min	Drying temp, °F	Drying time, hr	Max. % moisture
130M		1.053	3.0	26.00 G	122-158		
139L		1.053	3.0	22.00 G	122-158		
139N		1.053	3.0	22.00 G	122-158		
143L		1.053	2.0	4.00 G	122-158		
143N		1.053	2.0	4.00 G	122-158		
170M		1.053	3.0	26.00 G	122-158		
171K		1.053	3.0	1.40 G	122-158		
171L		1.053	3.0	1.60 G	122-158		
171N		1.053	3.0	1.60 G	122-158		
172L		1.053	3.0	2.90 G	122-158		
172N		1.053	3.0	2.90 G	122-158		
172S		1.053	3.0	2.70 G	122-158		
173L		1.053	3.0	4.00 G	122-158		
173N		1.053	3.0	4.00 G			
174F		1.053	3.0	7.50 G	122-158		
3700		1.053	3.0	13.00 G	122-158		
3700L		1.053	3.0	13.00 G			
3700N		1.053	3.0	13.00 G			

PS (GPPS)　　Edistir　　Polimeri Europa

Grade	Filler	Sp Grav	Shrink, mils/in	Melt flow, g/10 min	Drying temp, °F	Drying time, hr	Max. % moisture
N 1910		1.053	3.0-6.0	27.00 G			
N 2380		1.053	3.0-6.0	2.00 G			
N 2560		1.053	3.0-6.0	3.80 G			
N1461		1.050	3.0-6.0	2.70 G			
N1671		1.050	3.0-6.0	5.50 G			
N1841		1.050	3.0-6.0	10.00 G			

PS (GPPS)　　Enhanced Cry PS　　Nova Chemicals

Grade	Filler	Sp Grav	Shrink, mils/in	Melt flow, g/10 min	Drying temp, °F	Drying time, hr	Max. % moisture
50		1.040	4.0-6.0	3.50 G	155	2.0	
8048		1.040	4.0-6.0	14.00 G	155	2.0	
817		1.040	4.0-6.0	17.00 G	155	2.0	
879		1.040	4.0-6.0	3.50 G	155	2.0	

PS (GPPS)　　Espree　　GE Polymerland

Grade	Filler	Sp Grav	Shrink, mils/in	Melt flow, g/10 min	Drying temp, °F	Drying time, hr	Max. % moisture
CPS15GP		1.040	4.0-7.0	15.00 G			
CPS7GP		1.040	4.0-7.0	7.00 G			

PS (GPPS)　　Ineos PS　　Ineos Styrenics

Grade	Filler	Sp Grav	Shrink, mils/in	Melt flow, g/10 min	Drying temp, °F	Drying time, hr	Max. % moisture
145D			4.5		160	2.0-4.0	
147F			4.5		160	2.0-4.0	
158K			4.5		160	2.0-4.0	
473D			5.5		160	2.0-4.0	

PS (GPPS)　　Innova　　Innova

Grade	Filler	Sp Grav	Shrink, mils/in	Melt flow, g/10 min	Drying temp, °F	Drying time, hr	Max. % moisture
N1841		1.053	3.0-6.0	11.00 G			
N1921		1.053	3.0-6.0	20.00 G			

Max. % regrind	Inj. pres., ksi	Rear temp, °F	Mid temp, °F	Front temp, °F	Nozzle temp, °F	Proc temp, °F	Mold temp, °F
						375-525	100-180
						375-525	100-180
						375-525	100-180
						375-525	100-180
						375-525	100-180
						375-525	100-180
						375-525	100-180
						375-525	100-180
						374-536	50-140
						374-536	50-140
						374-536	50-140
						374-536	50-140
						374-536	50-140
						374-536	50-140
						374-536	50-140
						374-536	50-140
						374-536	50-140
						374-536	50-140
						374-536	50-140
						374-536	50-140
						374-536	50-140
						374-536	50-140
						374-536	50-140
						374-536	50-140
						374-536	50-140
						374-536	50-140
						392-482	50-122
						428-518	68-140
						392-482	50-122
						392-482	50-122
						392-482	50-122
						392-482	50-122
25	10.0-12.0	365-405	410-450	420-460	440	420-460	80-130
		350-390	380-420	390-430		400-440	80-130
25	8.0-10.0	350-390	380-420	390-430	410	400-440	80-130
25	10.0-12.0	365-405	410-450	420-460	440	420-460	80-130
						350-400	100-125
						375-450	120-150
20		340-390	379-441	424-489	399-450	360-531	50-160
20		340-390	379-441	424-489	399-450	360-531	50-160
20		340-390	379-441	424-489	399-450	360-531	50-160
20		340-390	379-441	424-489	399-450	360-531	50-160
						392-482	50-122
						392-482	50-122

FREE DATA SHEETS: WWW.IDES.COM/PSIM

Grade	Filler	Sp Grav	Shrink, mils/in	Melt flow, g/10 min	Drying temp, °F	Drying time, hr	Max. % moisture
N2380		1.053	3.0-6.0	2.00 G			
N2560		1.053	3.0-6.0	4.00 G			

PS (GPPS)   Innova   Petrobras

Grade	Filler	Sp Grav	Shrink, mils/in	Melt flow, g/10 min	Drying temp, °F	Drying time, hr	Max. % moisture
HF 555		1.053	4.0-8.0	20.00 G			
HF 777		1.053	4.0-8.0	9.00 G			
HH 201		1.053	4.0-8.0	3.70 G			

PS (GPPS)   Jamplast   Jamplast

Grade	Filler	Sp Grav	Shrink, mils/in	Melt flow, g/10 min	Drying temp, °F	Drying time, hr	Max. % moisture
JPGPPSHH		1.040	3.0-7.0	1.50 G			
JPGPPSI		1.040	3.0-7.0	8.00 G			

PS (GPPS)   Lastirol   Lati

Grade	Filler	Sp Grav	Shrink, mils/in	Melt flow, g/10 min	Drying temp, °F	Drying time, hr	Max. % moisture
R G/30	GFI 30	1.293	1.5		140-158	3.0	
TR G/10-V1	GFI 10	1.203	2.5		140-158	3.0	
TR G/10-V1 ES	GFI 10	1.103	2.0		140-158	3.0	
TR-V0		1.193			140-158	3.0	

PS (GPPS)   Lubricomp   LNP

Grade	Filler	Sp Grav	Shrink, mils/in	Melt flow, g/10 min	Drying temp, °F	Drying time, hr	Max. % moisture
PDX-C-01818 BK8-115	PRO	1.520	2.0-3.0		180	4.0	

PS (GPPS)   Polyflam   A. Schulman

Grade	Filler	Sp Grav	Shrink, mils/in	Melt flow, g/10 min	Drying temp, °F	Drying time, hr	Max. % moisture
HSF 13 N		1.213			158	2.0-4.0	
HSF 20		1.143			158	2.0-4.0	
HSF 20 B		1.173			158	2.0-4.0	
HSF 743		1.153			158	2.0-4.0	
SDR 101		1.063			158	2.0-4.0	
SDR 103		1.063			158	2.0-4.0	
SDR 105		1.063			158	2.0-4.0	
SDR 535		1.063			158	2.0-4.0	
SDR 548 grau 63910		1.063			158	2.0-4.0	
SDR 921 grau		1.133			158	2.0-4.0	
SDR 921 Weiss 88665		1.183			158	2.0-4.0	

PS (GPPS)   Polyrex   Chi Mei

Grade	Filler	Sp Grav	Shrink, mils/in	Melt flow, g/10 min	Drying temp, °F	Drying time, hr	Max. % moisture
PG-22		1.050		17.50 G	176	2.0-3.0	

PS (GPPS)   Pre-elec   Premix Thermoplast

Grade	Filler	Sp Grav	Shrink, mils/in	Melt flow, g/10 min	Drying temp, °F	Drying time, hr	Max. % moisture
ESD 5200		0.943	16.0	5.00 L	140-176	2.0-4.0	
ESD 6100		1.082	5.0-7.0	5.00 G	158-176	3.0-4.0	
ESD 6110		1.082	5.0-7.0	5.00 G	158-176	3.0-4.0	
PS 1326		1.082	4.0-6.0	45.00 CT	140-176	3.0-4.0	
PS 1327		1.110	4.0-6.0	30.00 CT	140-176	3.0-4.0	
PS 1328		1.110	4.0-6.0	70.00 CT	140-176	3.0-4.0	

PS (GPPS)   Resirene   Resirene

Grade	Filler	Sp Grav	Shrink, mils/in	Melt flow, g/10 min	Drying temp, °F	Drying time, hr	Max. % moisture
HF-555		1.050	4.0	16.00 G			
HF-777		1.050	4.0	8.00 G			
HH-104		1.050	4.0	4.00 G			

PS (GPPS)   RTP Compounds   RTP

Grade	Filler	Sp Grav	Shrink, mils/in	Melt flow, g/10 min	Drying temp, °F	Drying time, hr	Max. % moisture
400		1.043	3.0-7.0		180	2.0	
400 FR		1.203	2.5-5.5		180	2.0	
400 HI		1.043	3.0-7.0		180	2.0	
400 HI FR		1.173	4.0-7.0		180	2.0	

Max. % regrind	Inj. pres., ksi	Rear temp, °F	Mid temp, °F	Front temp, °F	Nozzle temp, °F	Proc temp, °F	Mold temp, °F
						428-518	68-140
						392-482	68-140
						356-428	104-140
						392-482	104-140
						374-464	122-167
	5.0-40.0	350-450		375-500			70-150
	5.0-40.0	350-450		375-500			70-150
15						410-446	122-158
15						356-392	86-122
15						356-392	68-86
15						338-374	86-122
						475	100-150
						374-428	86-140
						374-428	86-140
						374-428	86-140
						374-446	86-140
						338-410	86-140
						338-410	86-140
						374-428	86-140
						374-428	86-140
						374-428	86-140
						356-410	86-140
			302-383				104-158
	8.7-11.6					374-410	86-104
	10.9-17.4					374-410	86-158
	10.9-17.4					374-410	86-158
	10.9-17.4					392-500	86-158
	10.9-17.4					392-482	86-158
	10.9-17.4					428-500	86-158
						392-446	100-180
						392-446	100-180
						392-446	100-180
	10.0-15.0					410-480	100-150
	10.0-15.0					410-480	100-150
	10.0-15.0					410-480	100-150
	10.0-15.0					410-480	100-150

FREE DATA SHEETS: WWW.IDES.COM/PSIM

Grade	Filler	Sp Grav	Shrink, mils/in	Melt flow, g/10 min	Drying temp, °F	Drying time, hr	Max. % moisture
400 SI 2		1.043	6.0		180	2.0	
400 TFE 5		1.083	5.0		180	2.0	
401	GFI 10	1.113	2.0-4.0		180	2.0	
401 FR	GFI 10	1.233	2.0-3.0		180	2.0	
401 HI	GFI 10	1.113	2.0-4.0		180	2.0	
402	GFI 15	1.153	1.0-4.0		180	2.0	
403	GFI 20	1.183	1.0-4.0		180	2.0	
403 HI	GFI 20	1.183	1.0-4.0		180	2.0	
405	GFI 30	1.273	1.0-3.0		180	2.0	
405 HI	GFI 30	1.273	1.0-3.0		180	2.0	
EMI 460.75 HI FR	STS 8	1.233	4.0-6.0		180	2.0	
ESD A 400		1.093	4.0-6.0		180	2.0	
ESD C 400		1.103	4.0-6.0		180	2.0	

PS (GPPS)   Sabic PS   SABIC

Grade	Sp Grav	Melt flow, g/10 min
100	1.053	14.00 G
125	1.053	7.00 G

PS (GPPS)   Sattler   Sattler Plastics

Grade	Sp Grav	Melt flow, g/10 min
SUPREME SC 206	1.040	12.00 G
SUPREME SC 208	1.040	20.00 G

PS (GPPS)   Shuman PS   Shuman

Grade	Sp Grav	Melt flow, g/10 min
810	1.050	6.00
811	1.050	4.00
880	1.050	6.00
881	1.050	4.00
SP810	1.050	6.00
SP880	1.050	6.00

PS (GPPS)   Spartech Polycom   SpartechPolycom

Grade	Sp Grav	Melt flow, g/10 min	Drying temp, °F	Drying time, hr
SC2-1085	1.040	7.00	160-180	2.0
SCR2-1085	1.040	7.00	160-180	2.0

PS (GPPS)   Stirofor   DTR

Grade	Sp Grav	Shrink, mils/in	Melt flow, g/10 min	Drying temp, °F	Drying time, hr
HI-V0	1.173	4.0-6.0	15.00	140	2.0-3.0
HI-V2	1.093	4.0-6.0	15.00	140	2.0-3.0

PS (GPPS)   Styron   Dow

Grade	Sp Grav	Shrink, mils/in	Melt flow, g/10 min
615APR	1.040	3.0-7.0	14.00 G
666D	1.040	3.0-7.0	8.00 G
668	1.040	3.0-7.0	5.50 G
675	1.040	3.0-7.0	8.00 G
678C	1.040	3.0-7.0	10.00 G
685D	1.040	3.0-7.0	1.50 G
685P	1.040	3.0-7.0	2.20 G
693	1.040	3.0-7.0	3.40 G
695	1.040	3.0-7.0	1.50 G

PS (GPPS)   Styrosun   Nova Chemicals

Grade	Sp Grav	Shrink, mils/in	Melt flow, g/10 min	Drying temp, °F
3600	1.020	4.0-7.0	5.30 G	122-158
4400	1.033	3.0	2.60 G	122-158
4600	1.023	3.0	3.30 G	122-158
5400	1.023	4.0	2.60 G	122-158
6600	1.020	4.0-7.0	2.10 G	122-158

Max. % regrind	Inj. pres., ksi	Rear temp, °F	Mid temp, °F	Front temp, °F	Nozzle temp, °F	Proc temp, °F	Mold temp, °F
	10.0-15.0					410-480	100-150
	10.0-15.0					410-480	100-150
	10.0-15.0					410-480	100-150
	10.0-15.0					410-480	100-150
	10.0-15.0					410-480	100-150
	10.0-15.0					410-480	100-150
	10.0-15.0					410-480	100-150
	10.0-15.0					410-480	100-150
	10.0-15.0					410-480	100-150
	10.0-15.0					410-480	100-150
	10.0-15.0					400-475	150-180
	10.0-15.0					410-480	100-150
	10.0-15.0					410-480	100-150
		320	374	410	401		
		338	383	428	419		
						356-500	104-140
						356-500	104-140
						400-440	
						400-440	
						400-440	
						400-440	
						400-440	
						400-440	
		392-428	401-437	410-446	410-446	375-500	80-120
		392-428	401-437	410-446	410-446	375-500	80-120
						320-356	86-122
						320-374	86-122
5.0-40.0		350-450		375-500			70-150
5.0-40.0		350-450		375-500			70-150
5.0-40.0		350-450		375-500			70-150
5.0-40.0		350-450		375-500			70-150
5.0-40.0		350-450		375-500			70-150
5.0-40.0		350-450		375-500			70-150
5.0-40.0		350-450		375-500			70-150
5.0-40.0		350-450		375-500			70-150
5.0-40.0		350-450		375-500			70-150
						374-536	50-140
						374-536	50-140
						374-536	50-140
						374-536	50-140
						374-536	50-140

FREE DATA SHEETS: WWW.IDES.COM/PSIM

Grade	Filler	Sp Grav	Shrink, mils/in	Melt flow, g/10 min	Drying temp, °F	Drying time, hr	Max. % moisture
PS (GPPS)	**Styrosun**				**Nova Innovene**		
3600		1.020	4.0-7.0	5.30 G	122-158		
36XG		1.053	3.0	4.50 G	122-158		
5400		1.023	4.0	2.60 G	122-158		
6600		1.020	4.0-7.0	2.10 G	122-158		
66XG		1.053	3.0	1.50 G	122-158		
PS (GPPS)	**Supreme**				**Supreme Petro**		
SC 201E		1.040		1.50 G			
SC 201LV		1.040		2.50 G			
SC 202EL		1.040		4.30 G			
SC 202LV		1.040		4.50 G			
SC 203EL		1.040		8.00 G			
SC 203LV		1.040		9.00 G			
SC 206		1.040		12.00 G			
SC 208		1.040		20.00 G			
SP 246		1.020		6.00 G			
SP 253		1.030		6.00 G			
SP 256		1.020		10.00 G			
SP 266		1.020		10.00 G			
SP265		1.020		6.00 G			
PS (GPPS)	**Taita PS**				**Taita Chemical**		
616		1.050	6.0	2.50 G			
661		1.050	6.0	7.00 G			
666		1.050	6.0	7.00 G			
818		1.050	6.0	2.00 G			
861		1.050	6.0	7.00 G			
866		1.050	6.0	5.00 G			
951F		1.050	6.0	25.00 G			
PS (GPPS)	**Thermocomp**				**LNP**		
CF-1004							
ZS BK8-114	GFI	1.180			180	4.0	
CF-1006	GFI	1.260	0.0		180	4.0	
PS (GPPS)	**TOTAL PS**				**Total Petrochem**		
517		1.040		13.00 G			
580		1.040		2.40 G			
CRYSTAL 1160		1.053	4.0-7.0	2.40 G	158	2.0	
CRYSTAL 1540		1.053	4.0-7.0	12.00 G	158	2.0	
PS (HIPS)	**Albis PS**				**Albis**		
06A/01 Ivory8YL1056				9.00 G			
06A03A Natural				3.00 G			
06A04A Natural				4.00 G			
06A08A Natural				8.00 G			
06A13A Natural				13.00 G			
06AS04A Natural				3.50 G			
06AS09A Natural				9.00 G			
PS (HIPS)	**Alphalac**				**LG Chem**		
SF-510		1.040	4.0-8.0	12.00 G	158-176	1.0-2.0	
SG-910		1.040	4.0-8.0	3.70 G	158-176	1.0-2.0	
SG-960		1.040	4.0-8.0	5.30 G	158-176	1.0-2.0	

Max. % regrind	Inj. pres., ksi	Rear temp, °F	Mid temp, °F	Front temp, °F	Nozzle temp, °F	Proc temp, °F	Mold temp, °F
						374-536	50-140
						374-536	50-140
						374-536	50-140
						374-536	50-140
						374-536	50-140
						356-500	104-140
						356-500	104-140
						356-500	104-140
						356-500	104-140
						356-500	104-140
						356-500	104-140
						356-500	104-140
						356-500	104-140
						428	104-122
						428	104-122
						428	104-122
						428	104-122
						428	104-122
7.1-19.9							95-149
7.1-19.9							95-149
7.1-19.9							95-149
7.1-19.9							95-149
7.1-19.9							95-149
7.1-19.9							95-149
7.1-19.9							95-149
						475	100-150
						475	100-150
		325	380	420	410		80-150
		380	440	460	450		80-150
						392-464	
						392-464	
						375-540	40-175
						375-540	40-175
						375-540	40-175
						375-540	40-175
						375-540	40-175
						375-540	40-175
						375-540	40-175
						375-540	40-175
	8.7-14.5	374-410	401-428	419-446	401-446	419-446	104-158
	8.7-14.5	374-410	401-428	419-446	401-446	419-446	104-158
	8.7-14.5	374-410	401-428	419-446	401-446	419-446	104-158

FREE DATA SHEETS: WWW.IDES.COM/PSIM

Grade	Filler	Sp Grav	Shrink, mils/in	Melt flow, g/10 min	Drying temp, °F	Drying time, hr	Max. % moisture
SG-970		1.040	4.0-8.0	6.00 G	158-176	1.0-2.0	
SH-850		1.040	4.0-8.0	3.50 G	158-176	1.0-2.0	
SI-610		1.040	4.0-8.0	6.50 G	158-176	1.0-2.0	

PS (HIPS)   API PS   American Poly

Grade	Filler	Sp Grav	Shrink, mils/in	Melt flow, g/10 min	Drying temp, °F	Drying time, hr	Max. % moisture
545		1.040		5.50 G	160-180	2.0	
545-21		1.040		3.00 G	160-180	2.0	
550		1.040		8.00 G	160-180	2.0	
550-21		1.040		8.00 G	160-180	2.0	
645-21		1.030		3.00 G	160-180	2.0	
650-21		1.040		8.00 G	160-180	2.0	

PS (HIPS)   Astalac   Marplex

Grade	Filler	Sp Grav	Shrink, mils/in	Melt flow, g/10 min	Drying temp, °F	Drying time, hr	Max. % moisture
HF		1.040	3.0-7.0	4.00 G	176-185	2.0	
HF1370		1.050	3.0-7.0	5.50 G	176-185	2.0	
HG1380		1.050	3.0-7.0	3.90 G	176-185	2.0	
HIPS-K25		1.120	4.0-6.0	5.50 G	176-185	2.0-3.0	
HIPS-K30		1.170	2.0-6.0	10.00 BY			
HR1360		1.040	3.0-7.0	4.00 G	176-185	2.0	

PS (HIPS)   Austrex   PS Australia

Grade	Filler	Sp Grav	Shrink, mils/in	Melt flow, g/10 min	Drying temp, °F	Drying time, hr	Max. % moisture
6400		1.150	4.0-6.0	3.00 G	140-176	2.0	
6400-4		1.150	4.0-6.0	5.00 G	140-176	2.0	
6400-6		1.150	4.0-6.0	16.00 G	140-176	2.0	
6800		1.160	4.0-6.0	6.00 G	140-176	2.0	

PS (HIPS)   Avantra   PMC Group

Grade	Filler	Sp Grav	Shrink, mils/in	Melt flow, g/10 min	Drying temp, °F	Drying time, hr	Max. % moisture
8020		1.143	3.0-6.0	12.00 G			
8080		1.163	3.0-6.0	13.00 G			
8120		1.153		5.50 G			
8130		1.153	3.0-6.0	4.50 G			
8330		1.083	3.0-6.0	2.50 G			
8550		1.153	3.0-6.0	17.00 G			
8720		1.153	3.0-6.0	4.00 G			
8750		1.153	3.0-6.0	6.00 G			
8920		1.063	3.0-6.0	13.00 G			
8930		1.073	3.0-6.0	10.00 G			

PS (HIPS)   Avantra PS   Ineos Styrenics

Grade	Filler	Sp Grav	Shrink, mils/in	Melt flow, g/10 min	Drying temp, °F	Drying time, hr	Max. % moisture
585K			5.5		160	2.0-4.0	
585K Q402		1.040	4.0-7.0	3.60 G			

PS (HIPS)   Certene   Channel

Grade	Filler	Sp Grav	Shrink, mils/in	Melt flow, g/10 min	Drying temp, °F	Drying time, hr	Max. % moisture
340		1.040		3.00 G			

PS (HIPS)   Certene   Muehlstein

Grade	Filler	Sp Grav	Shrink, mils/in	Melt flow, g/10 min	Drying temp, °F	Drying time, hr	Max. % moisture
340		1.040		3.00 G			

PS (HIPS)   Comshield   A. Schulman

Grade	Filler	Sp Grav	Shrink, mils/in	Melt flow, g/10 min	Drying temp, °F	Drying time, hr	Max. % moisture
215		1.130	5.0		175	3.0	0.10

PS (HIPS)   CP Chem PS   CP Chem

Grade	Filler	Sp Grav	Shrink, mils/in	Melt flow, g/10 min	Drying temp, °F	Drying time, hr	Max. % moisture
EB 6025		1.030	4.0-8.0	3.00 G			
EB 6400		1.030	4.0-8.0	3.00 G			
EB 6765		1.030	4.0-8.0	2.90 G			
EC 6400		1.030	4.0-8.0	3.00 G			

Max. % regrind	Inj. pres., ksi	Rear temp, °F	Mid temp, °F	Front temp, °F	Nozzle temp, °F	Proc temp, °F	Mold temp, °F
	8.7-14.5	374-410	401-428	419-446	401-446	419-446	104-158
	8.7-14.5	374-410	401-428	419-446	401-446	419-446	104-158
	8.7-14.5	374-410	401-428	419-446	401-446	419-446	104-158
30	5.0-40.0	350-450		375-525			20-160
30	5.0-40.0	350-450		375-525			20-160
30	5.0-40.0	350-450		375-525			20-160
30	5.0-40.0	350-450		375-525			20-160
30	5.0-40.0	350-450		375-525			20-160
30	5.0-40.0	350-450		375-525			20-160
	8.7-20.3	365-401	383-419	401-437		392-446	86-140
	8.7-20.3	365-401	383-419	401-437		392-446	86-140
	8.7-20.3	365-401	383-419	401-437		392-446	86-140
	8.7-20.3	365-401	383-419	401-437		392-446	86-140
	8.7-20.3	338-392	356-410	374-428		374-428	104-158
	8.7-20.3	365-401	383-419	401-437		392-446	86-140
		374	392	410		419-437	86-140
		374	392	410		410-437	86-140
		374	392	410		401-419	86-140
		374	392	410		419-437	86-140
						392-464	
						392-464	
						392-464	
						392-464	
						392-464	
						392-464	
						392-464	
						392-464	
						392-464	
						392-464	
20		340-390	379-441	424-489	399-450	360-531	50-160
						356-536	
		325	380	420	410		
		325	380	420	410		
20		420-445	420-465	430-475	430-480	490	105-175
		390-415	425-480	425-480	415-470		60-150
		424-480	424-480	390-415	415-469		
		390-415	425-480	425-480	415-470		60-150
		424-480	424-480	390-415	415-469		

FREE DATA SHEETS: WWW.IDES.COM/PSIM

Grade	Filler	Sp Grav	Shrink mils/in	Melt flow g/10 min	Drying temp, °F	Drying time, hr	Max. % moisture
EC 6755		1.030	4.0-8.0	3.20 G			
MA 6300		1.030	4.0-8.0	6.00 G			
MD 6800		1.030	4.0-8.0	8.00 G			

PS (HIPS) — Denistyr — Vamp Tech

Grade	Filler	Sp Grav	Shrink mils/in	Melt flow g/10 min	Drying temp, °F	Drying time, hr	Max. % moisture
0558		1.063	5.0-7.0	0.50	140-158	2.0	

PS (HIPS) — Edistir — Polimeri Europa

Grade	Filler	Sp Grav	Shrink mils/in	Melt flow g/10 min	Drying temp, °F	Drying time, hr	Max. % moisture
R 540E		1.043	4.0-7.0	4.00 G			
R 850E		1.043	4.0-7.0	4.00 G			
RC 3		1.040	4.0-7.0	6.00 G			
RK		1.160	4.0-7.0	6.00 G			
RK 451G		1.153	4.0-7.0	5.00 G			
RK 5512G		1.133	4.0-7.0	5.00 G	158	2.0	
RR 740E		1.043	4.0-7.0	4.00 G			
RR 745E		1.043	4.0-7.0	4.00 G			
RT 441M		1.043	4.0-7.0	7.50 G			
RT 461F		1.043	4.0-7.0	4.00 G			
SR 550		1.040	4.0-7.0	10.00 G			
SR(L) 800/N		1.053	4.0-7.0	4.00 G			

PS (HIPS) — Enhanced Imp PS — Nova Chemicals

Grade	Filler	Sp Grav	Shrink mils/in	Melt flow g/10 min	Drying temp, °F	Drying time, hr	Max. % moisture
1552		1.040	4.0-6.0	8.50 G	155	2.0	
1983		1.040	4.0-6.0	3.50 G	155	2.0	
2124		1.040	4.0-6.0	7.00 G	155	2.0	
240		1.040	4.0-6.0	3.50 G	155	2.0	
271		1.040	4.0-6.0	3.00 G	155	2.0	
474		1.040	4.0-6.0	3.00 G	155	2.0	
765		1.040	4.0-6.0	10.00 G	155	2.0	
782		1.040	4.0-6.0	10.00 G	155	2.0	
8049		1.040	4.0-6.0	6.00 G	155	2.0	
8077		1.040	4.0-6.0	15.50 G	155	2.0	
850		1.040	4.0-6.0	3.50 G	155	2.0	

PS (HIPS) — Espree — GE Polymerland

Grade	Filler	Sp Grav	Shrink mils/in	Melt flow g/10 min	Drying temp, °F	Drying time, hr	Max. % moisture
HIPS30FR		1.170	3.0-6.0	20.00 I	180	0.0	
HIPS8GP		1.060	4.0-7.0	8.00 G	150	0.0	
HIPS8UV		1.060	4.0-7.0	8.00 G	250	0.0	

PS (HIPS) — Gapex — Ferro

Grade	Filler	Sp Grav	Shrink mils/in	Melt flow g/10 min	Drying temp, °F	Drying time, hr	Max. % moisture
RPP30EU59HB BLACK	GFI 30	1.130	2.0	2.30 L	160-180	2.0-4.0	

PS (HIPS) — Hiloy — A. Schulman

Grade	Filler	Sp Grav	Shrink mils/in	Melt flow g/10 min	Drying temp, °F	Drying time, hr	Max. % moisture
212	GFI 20	1.200	2.0		175	3.0	0.10
213	GFI 30	1.260	2.0		175	3.0	0.10
272	GFI 20	1.180	1.0		175	3.0	0.10
273	GFI 30	1.250	1.0		175	3.0	0.10
275	MN 30	1.280	2.0		175	3.0	0.10

PS (HIPS) — Impact PS — Nova Chemicals

Grade	Filler	Sp Grav	Shrink mils/in	Melt flow g/10 min	Drying temp, °F	Drying time, hr	Max. % moisture
5100		1.040	4.0-7.0	2.70 G			
5104		1.040	4.0-7.0	2.70 G			
5120		1.040	4.0-7.0	4.30 G			
5124		1.040	4.0-7.0	4.30 G			
5190		1.040	4.0-7.0	5.50 G			

Max. % regrind	Inj. pres., ksi	Rear temp, °F	Mid temp, °F	Front temp, °F	Nozzle temp, °F	Proc temp, °F	Mold temp, °F
		424-480	424-480	390-415	415-469		
		390-415	425-480	425-480	415-470		
		390-415	425-480	425-480	415-470		60-150
							60-150
		374-428					122-158
						410-500	68-140
						410-500	68-140
						392-482	104-167
						374-446	68-140
						374-446	68-140
						374-446	68-140
						410-500	68-140
						410-500	68-140
						410-500	68-140
						410-500	68-140
						392-482	68-140
						410-500	68-140
25	9.0-11.0	360-400	400-440	420-460	430	420-460	80-130
25	10.0-12.0	360-400	410-450	420-460	440	420-460	80-130
25	10.0-12.0	360-400	410-450	420-460	440	420-460	80-130
25	10.0-12.0	360-400	410-450	420-460	440	420-460	80-130
25	10.0-12.0	360-400	410-450	420-460	440	420-460	80-130
25	10.0-12.0	360-400	410-450	420-460	440	420-460	80-130
25	9.0-11.0	360-400	400-440	420-460	440	420-460	80-130
25	9.0-11.0	360-400	400-440	420-460	440	420-460	80-130
		360-400	410-450	420-460		420-460	80-130
		360-400	400-440	420-460		420-460	80-130
25	10.0-12.0	360-400	410-450	420-460	440	420-460	80-130
						320-400	80-120
						420-450	160-200
						420-450	160-200
		430-460	440-470	450-500	450-500	430-460	100-150
20		420-445	420-465	430-475	430-480	490	105-175
20		420-445	420-465	430-475	430-480	490	105-175
20		420-445	420-465	430-475	430-480	490	105-175
20		420-445	420-465	430-475	430-480	490	105-175
20		420-445	420-465	430-475	430-480	490	105-175
						374-525	100-180
						374-525	100-180
						374-525	100-180
						374-525	100-180
						374-525	100-180

FREE DATA SHEETS: WWW.IDES.COM/PSIM

Grade	Filler	Sp Grav	Shrink, mils/in	Melt flow, g/10 min	Drying temp, °F	Drying time, hr	Max. % moisture
5200		1.040	4.0-7.0	2.00 G			
5400		1.040	4.0-7.0	2.50 G			
5404		1.040	4.0-7.0	2.50 G			
5410		1.040	4.0-7.0	3.00 G			
5420		1.040	4.0-7.0	3.50 G			
5450		1.040	4.0-7.0	2.50 G			
5460		1.040	4.0-7.0	3.00 G			
5470		1.040	4.0-7.0	3.00 G			
5490		1.040	4.0-7.0	2.20 G			
5500		1.040	4.0-7.0	7.00 G			
5504		1.040	4.0-7.0	7.00 G			
5511		1.040	4.0-7.0	8.00 G			
5530		1.040	4.0-7.0	7.50 G			
5540		1.040	4.0-7.0	10.00 G			
5620		1.040	4.0-7.0	2.70 G			
5711		1.040	4.0-7.0	15.50 G			
5751		1.040	4.0-7.0	18.00 G			
5800		1.040	4.0-7.0	3.50 G			
5810		1.040	4.0-7.0	3.50 G			
6100		1.040	4.0-7.0	3.50 G			
6110		1.040	4.0-7.0	4.00 G			
6200		1.040	4.0-7.0	3.00 G			
6201		1.040	4.0-7.0	3.00 G			
6260		1.040	4.0-7.0	3.00 G			
731G		1.040	4.0-7.0	4.00 G			
FX510		1.040	4.0-7.0	3.50 G			
FX530		1.040	4.0-7.0	3.50 G			
FX550		1.040	4.0-7.0	11.00 G			

PS (HIPS) — Impact PS — Nova Innovene

Grade	Filler	Sp Grav	Shrink, mils/in	Melt flow, g/10 min	Drying temp, °F	Drying time, hr	Max. % moisture
229N		1.033	3.0	20.00 G	122-158		
247M		1.043	3.0	14.00 G	122-158		
545N		1.043	3.0	10.00 G	122-158		
546N		1.043	3.0	12.00 G	122-158		
643N		1.043	3.0	5.00 G	122-158		
731G		1.043	3.0	4.00 G	122-158		
819N		1.043	3.0	18.00 G	122-158		
843M		1.043	3.0	4.00 G	122-158		
853N		1.043	3.0	4.00 G	122-158		
962N		1.043	3.0	2.40 G			
FX550		1.043	3.0-7.0	11.00 G			
S-2412		1.043	3.0	7.50 G	122-158		

PS (HIPS) — Ineos PS — Ineos Styrenics

Grade	Filler	Sp Grav	Shrink, mils/in	Melt flow, g/10 min	Drying temp, °F	Drying time, hr	Max. % moisture
476M			5.5		160	2.0-4.0	
495F			5.5		160	2.0-4.0	
496N			5.5				

PS (HIPS) — Innova — Innova

Grade	Filler	Sp Grav	Shrink, mils/in	Melt flow, g/10 min	Drying temp, °F	Drying time, hr	Max. % moisture
R850E		1.043	4.0-7.0	4.00 G			
R950E		1.043	1.0	4.00 G			
RC600		1.043	4.0-7.0	6.00 G			
RR740E ICE		1.043	4.0-7.0	4.00 G			
RT441M		1.043	4.0-7.0	7.50 G			
SR550		1.043	4.0-7.0	11.00 G			
SRL600		1.043	4.0-7.0	4.00 G			

Max. % regrind	Inj. pres., ksi	Rear temp, °F	Mid temp, °F	Front temp, °F	Nozzle temp, °F	Proc temp, °F	Mold temp, °F
						375-525	100-180
						374-525	100-180
						374-525	100-180
						374-525	100-180
						374-525	100-180
						374-525	100-180
						374-525	100-180
						374-525	100-180
						374-525	100-180
						374-525	100-180
						374-525	100-180
						375-525	100-180
						374-525	100-180
						374-525	100-180
						374-525	100-180
						374-525	100-180
						374-525	100-180
						374-525	100-180
						374-525	100-180
						374-525	100-180
						374-525	100-180
						374-525	100-180
						374-525	100-180
						375-525	100-180
25	10.0-12.0	380	430	440	440	375-525	100-180
						375-525	100-180
						375-525	100-180
						375-525	100-180
						374-536	50-140
						374-536	50-140
						374-536	50-140
						374-536	50-140
						374-536	50-140
						374-536	50-140
						374-536	50-140
						374-536	50-140
						374-536	50-140
						374-536	50-140
						374-525	100-180
						374-536	50-140
20		340-390	379-441	424-489	399-450	360-531	50-160
20		340-390	379-441	424-489	399-450	360-531	50-160
			379-441	424-489	399-450	360-531	
						410-500	68-140
						410-500	68-140
						410-500	86-158
						410-500	68-140
						410-500	68-140
						392-482	68-140
						410-500	68-140

FREE DATA SHEETS: WWW.IDES.COM/PSIM

Grade	Filler	Sp Grav	Shrink, mils/in	Melt flow, g/10 min	Drying temp, °F	Drying time, hr	Max. % moisture
PS (HIPS)	**Innova**				**Petrobras**		
4220		1.063	7.0	7.50 G			
4400		1.063	7.0	3.00 G			
4600		1.063	7.0	11.00 G			
PS (HIPS)	**Jamplast**				**Jamplast**		
JPHIPSE		1.040	3.0-7.0	2.80 G			
PS (HIPS)	**Lacqrene**				**Total Petrochem**		
3351		1.043	4.0-7.0	4.50 G	158	2.0	
4431		1.153	4.0-7.0	8.00 G			
740		1.043	4.0-7.0	65.00 AN			
801		1.133	4.0-7.0	5.00 G			
807		1.043	4.0-7.0	10.00 G			
820			4.0-7.0	14.00 G			
849		1.003	4.0-7.0	16.00 G			
851		1.113	4.0-7.0	12.00 AN			
852		1.063	4.0-7.0	12.00 AN			
856		1.113	4.0-7.0	12.00 AN			
PS (HIPS)	**Lastirol**				**Lati**		
R-V0		1.183	5.0		140-158	3.0	
R-V2		1.093	3.0		140-158	3.0	
PS (HIPS)	**Latilub**				**Lati**		
30/NR-30GA		1.233	2.5		140-158	3.0	
PS (HIPS)	**Latistat**				**Lati**		
30/R-05		1.133	6.0		140-158	3.0	
PS (HIPS)	**LG PS**				**LG Chem**		
403AF		1.160	4.0-8.0	9.50 G	158-176	1.0-2.0	
405AF		1.160	4.0-8.0	14.00 G	158-176	1.0-2.0	
PS (HIPS)	**Lucon**				**LG Chem**		
PS-3200B		1.100	4.0-5.0	8.00 AN	176	4.0	0.10
PS (HIPS)	**Noryl**				**GE Adv Materials**		
HIPS3190 Resin		1.040	6.0-8.0	2.60 G	175-185	2.0-4.0	
PS (HIPS)	**NWP**				**North Wood**		
6020-62	WDF 20	1.074	2.6	1.60			
6040-62	WDF 40	1.156	0.8	0.50			
PS (HIPS)	**Resirene**				**Resirene**		
2210		1.050	4.0	16.00 G			
4220		1.050	4.0	7.00 G			
6110		1.050	4.0	10.00 G			
7600		1.050	4.0	5.00 G			
PS (HIPS)	**RTP Compounds**				**RTP**		
EMI 461 HI FR	STS 10	1.253	4.0-6.0		180	2.0	
EMI 461.25 HI FR	STS 13	1.283	4.0-6.0		180	2.0	
ESD C 480 HI	CF	1.073	1.0-2.0		180	2.0	
ICP 400 HI		1.053	6.0-8.0				

Max. % regrind	Inj. pres., ksi	Rear temp, °F	Mid temp, °F	Front temp, °F	Nozzle temp, °F	Proc temp, °F	Mold temp, °F
						356-446	104-158
						356-464	104-158
						356-428	86-140
	5.0-40.0	350-450		375-500			70-150
						392-464	
						464	
						500	
						464	
						410	
						464	
						464	
						518	
						518	
						518	
15						338-374	86-122
15						338-374	86-122
						356-410	86-122
						356-428	86-122
	8.7-14.5	338-374	356-392	374-410	374-410	392-428	104-140
	8.7-14.5	338-374	356-392	374-410	374-410	392-428	104-140
	8.7-14.5	392-410	410-428	428-446	428-446	428-446	122-176
		350-440	375-450	375-450	375-450	450	100-150
		360-380	360-380	360-380	360-380		
		360-380	360-380	360-380	360-380		
						392-446	100-180
						392-446	100-180
						392-446	100-180
						392-446	100-180
	10.0-15.0					400-475	150-180
	10.0-15.0					400-475	150-180
	10.0-15.0					410-480	100-150
	10.0-15.0					380-400	70-100

FREE DATA SHEETS: WWW.IDES.COM/PSIM

Grade	Filler	Sp Grav	Shrink, mils/in	Melt flow, g/10 min	Drying temp, °F	Drying time, hr	Max. % moisture
PS (HIPS)	**Sabic PS**			**SABIC**			
330		1.043		3.00 G			
PS (HIPS)	**Sattler**			**Sattler Plastics**			
SUPREME SH 03		1.030		10.00 G			
SUPREME SH 731		1.030		4.50 G			
PS (HIPS)	**Spartech Polycom**			**SpartechPolycom**			
A32299	TAL 20	1.200		6.00 L			
SC2-1060				24.00	160-180	2.0	
SC2-1080		1.040		9.00	160-180	2.0	
SC2-1082		1.060		6.50	160-180	2.0	
SC2-1087		1.060	4.0-7.0	4.00	160-180	2.0	
SC2-1090				9.00	160-180	2.0	
SC2-1090U				9.00	160-180	2.0	
SC2-1230S	GB 30	1.300		4.00	160-180	2.0	
SC2F-1090				13.00	160-180	2.0	
SC2F-1090U				13.00	160-180	2.0	
SCR2-1080		1.040		9.00	160-180	2.0	
SCR2-1082		1.060		6.50	160-180	2.0	
SCR2-1087		1.060	4.0-7.0	4.00	160-180	2.0	
SCR2-1090				9.00	160-180	2.0	
PS (HIPS)	**Styron**			**Dow**			
421		1.040	3.0-7.0	3.90 G			
425		1.040	3.0-7.0	12.00 G			
478		1.040	3.0-7.0	6.00 G			
484		1.040	3.0-7.0	2.80 G			
487		1.040	3.0-7.0	2.80 G			
489M		1.040	3.0-7.0	8.00 G			
498		1.040	3.0-7.0	3.50 G			
PS (HIPS)	**Supreme**			**Supreme Petro**			
SH 03		1.030		10.00 G			
SH 2114		1.030		2.20 G			
SH 2157		1.030		4.00 G			
SH 400 M		1.030		4.00 G			
SH 731		1.300		4.50 G			
SH 825		1.030		7.50 G			
PS (HIPS)	**TOTAL PS**			**Total Petrochem**			
CPDS 801		1.133	4.0-7.0	5.00 G			
CPDS 807		1.043	4.0-7.0	10.00 G			
CPDS 852		1.063	4.0-7.0	5.00 G			
CPDS 853		1.063	4.0-7.0	5.00 G			
CPDS 855		1.063	4.0-7.0	5.00 G			
CPDS 856		1.103	4.0-7.0	12.00 CG			
MPACT 4440		1.043	4.0-7.0	10.00 G	158	2.0	
PS (HIPS)	**Valtra**			**CP Chem**			
EA8500			4.0-8.0	2.60 G			
MA8000			4.0-8.0	3.00 G			
PS (HIPS)	**Vampstyr**			**Vamp Tech**			
0023 V0		1.153	5.0-6.0		140-158	3.0	

Max. % regrind	Inj. pres., ksi	Rear temp, °F	Mid temp, °F	Front temp, °F	Nozzle temp, °F	Proc temp, °F	Mold temp, °F
		365	383	401	419		
						356-500	104-140
						356-500	104-140
						275-610	
		392-428	401-437	410-446	410-446	375-500	80-120
		392-428	401-437	410-446	410-446	375-500	80-120
		392-428	401-437	410-446	410-446	375-520	90-170
		392-428	401-437	410-446	410-446	375-520	90-170
		392-428	401-437	410-446	410-446	375-500	80-120
		392-428	401-437	410-446	410-446	375-500	80-120
		392-428	401-437	410-446	410-446	375-500	80-120
		392-428	401-437	410-446	410-446	375-500	80-120
		392-428	401-437	410-446	410-446	375-500	80-120
		392-428	401-437	410-446	410-446	375-500	80-120
		392-428	401-437	410-446	410-446	375-520	90-170
		392-428	401-437	410-446	410-446	375-520	90-170
		392-428	401-437	410-446	410-446	375-500	80-120
	5.0-40.0	350-450		375-500			70-150
	5.0-40.0	350-450		375-500			70-150
	5.0-40.0	350-450		375-500			70-150
	5.0-40.0	350-450		375-500			70-150
	5.0-40.0	350-450		375-500			70-150
	5.0-40.0	350-450		375-500			70-150
	5.0-40.0	350-450		375-500			70-150
						356-500	104-140
						356-500	104-140
						356-500	104-140
						356-500	104-140
						356-500	104-140
						356-500	104-140
						500	
						428	
						482-536	
						482-536	
						482-536	
						482-536	
						392-464	
		380-400	420-450	420-450	410-440		80-150
		380-400	420-450	420-450	410-440		80-150
		356-392					86-122

FREE DATA SHEETS: WWW.IDES.COM/PSIM

Grade	Filler	Sp Grav	Shrink, mils/in	Melt flow, g/10 min	Drying temp, °F	Drying time, hr	Max. % moisture
0023 V0 DF		1.163	5.0-6.0		140-158		
0023 V0 UV		1.153	5.0-6.0		140-158		
0023 V2		1.123	2.0-4.0		140-158		
0023 V2 DF		1.123	2.0-4.0		140-158		
0023 V2 UV		1.063	2.0-4.0		140-158		

PS (HIPS) — VPI — VPI

1100 Series		1.060	4.0-7.0	2.70 G			

PS (IRPS) — Resirene — Resirene

READ-9500-RAF		1.150	4.0	7.00 G			
READ-9600-RAF		1.150	4.0	1.60 G	160-180	2.0-4.0	

PS (IRPS) — Supreme — Supreme Petro

SP 553		1.120		10.00 G	140-176	2.0	
SP 554		1.150		15.00 G	140-176	2.0	
SP 555		1.160		8.00 G	140-176		
SP 556		1.160		4.50 G	140-176	2.0	
SP 562		1.070		8.00 G	140-176	2.0	
SP 564		1.150		20.00 G	140-176	2.0	
SP 566		1.150		5.00 G	140-176	2.0	

PS (IRPS) — Zyntar — Nova Chemicals

2158		1.170	4.0-6.0	8.00 G	155	2.0	
351		1.160	4.0-6.0	6.00 G	155	2.0	
7000		1.160	4.0-6.0	11.00 G	155	2.0	
7001		1.160	4.0-6.0	16.00 G	155	2.0	
702		1.170	4.0-6.0	7.50 G	155	2.0	
7041		1.160	4.0-6.0	14.00 G	155	2.0	
707		1.170	4.0-6.0	4.50 G	155	2.0	
779		1.190	4.0-6.0	4.50 G	155	2.0	
F7050		1.150	4.0-6.0	12.00 G	155	2.0	
F7060		1.160	4.0-6.0	10.00 G	155	2.0	
F7080		1.180	3.0-7.0	10.00 G	155	2.0	
F7080UV		1.180	3.0-7.0	10.00 G	155	2.0	
F7120		1.160	3.0-7.0	15.00 G	155	2.0	

PS (MIPS) — Albis PS — Albis

05A02A Natural				2.00 G			
05A13A Natural				13.00 G			

PS (MIPS) — Edistir — Polimeri Europa

R 321P		1.043	4.0-7.0	15.00 G			
RC 600		1.040	4.0-7.0	6.50 G			

PS (MIPS) — Enhanced Imp PS — Nova Chemicals

8047		1.040	4.0-6.0	12.00 G	155	2.0	

PS (MIPS) — Impact PS — Nova Chemicals

4210		1.040	4.0-7.0	3.50 G			
4211		1.040	4.0-7.0	4.00 G			
4214		1.040	4.0-7.0	3.50 G			
4501		1.040	4.0-7.0	6.50 G			

PS (MIPS) — Impact PS — Nova Innovene

S-4122		1.053	4.0		122-158		

Max. % regrind	Inj. pres., ksi	Rear temp, °F	Mid temp, °F	Front temp, °F	Nozzle temp, °F	Proc temp, °F	Mold temp, °F
		356-392					86-122
		356-392					86-122
		356-392					86-122
		356-392					86-122
		356-392					86-122
						374-525	100-180
						392-446	100-180
						392-446	100-180
						482	104-140
						482	104-140
						482	104-140
						482	104-140
						482	104-140
						482	104-140
						482	104-140
	9.0-11.0	340-380	390-430	410-450		410-450	90-130
25	10.0-12.0	360-400	400-440	420-460	440	430-470	90-130
	9.0-11.0	340-380	390-430	410-450		410-450	90-130
	9.0-11.0	340-380	390-430	410-450		410-450	90-130
25	9.0-11.0	360-400	400-440	420-460	430	430-470	90-130
		360-400	390-430	410-450		410-450	90-130
25	10.0-12.0	360-400	400-440	420-460	440	430-470	90-130
25	10.0-12.0	360-400	400-440	420-460	440	430-470	90-130
		320-380	390-430	410-450		410-450	90-130
		320-380	390-430	410-450		410-450	90-130
		340-380	390-430	410-450		410-450	90-130
		340-380	390-430	410-450		410-450	90-130
		340-380	390-430	410-450		410-450	90-130
						375-540	40-175
						375-540	40-175
						392-482	68-140
						392-482	104-167
		360-400	400-440	420-460		420-460	80-130
						374-525	100-180
						374-525	100-180
						374-525	100-180
						374-525	100-180
						374-536	50-140

FREE DATA SHEETS: WWW.IDES.COM/PSIM

Grade	Filler	Sp Grav	Shrink mils/in	Melt flow g/10 min	Drying temp, °F	Drying time, hr	Max. % moisture
PS (MIPS)	**Innova**				**Petrobras**		
2220		1.063	7.0	6.50 G			
PS (MIPS)	**LG PS**				**LG Chem**		
MI750L		1.040	4.0-8.0	9.00 G			
PS (MIPS)	**Resirene**				**Resirene**		
2220		1.050	4.0	9.00 G			
2970		1.050	4.0	12.00 G			
PS (Specialty)	**PermaStat**				**RTP**		
400		1.053	6.0-8.0		180	2.0	
PS (Specialty)	**Valtra**				**CP Chem**		
HG200		1.030	4.0-8.0	6.00 G			
HG210		1.030	4.0-8.0	5.00 G			
PS Alloy	**RTP Compounds**				**RTP**		
400 HI UV		1.033	4.0-7.0		180	2.0	
499 X 83696	GFI 15	1.153	2.0-3.0		180	2.0	
499 X 87258 B	CN	1.063	4.0-7.0		180	2.0	
499 X 87258 C	CN	1.063	4.0-7.0		180	2.0	
499 X 87338	GFI 20	1.193	2.0-3.0		180	2.0	
PSU	**Edgetek**				**PolyOne**		
PF-1000		1.240	7.0-8.0				
PF-10GF/000	GFI 10	1.300	4.0-5.0				
PF-20CF/000	CF 20	1.310	1.0-2.0				
PF-20GF/000	GFI	1.380	3.0		275	2.0	
PF-30CF/000	CF 30	1.360	1.0-2.0				
PF-30GF/000	GFI 30	1.460	2.0-3.0				
PSU	**Lasulf**				**Lati**		
BASIC		1.240	7.0		248-266	3.0	
G/20	GFI 20	1.383	3.5		248-266	3.0	
G/30	GFI 30	1.454	2.5		248-266	3.0	
LASULF		1.243	7.0		248-266	3.0	
PSU	**Latilub**				**Lati**		
95-25GR CE/10	MN 10	1.484	2.5		248-266	3.0	
PSU	**Lubricomp**				**LNP**		
GFL-4034 EM M	GFM	1.530	7.0		250-300	4.0	0.05
PSU	**Lucon**				**LG Chem**		
SE-5300H		1.560	1.0-2.0		248-284	2.0-4.0	0.10
SU-5300L	CF	1.400	1.0-2.0		248-284	2.0-4.0	0.10
SU-5300M		1.360	1.0-2.0		248-284	2.0-4.0	0.10
PSU	**Mindel**				**Solvay Advanced**		
S-1000		1.230	7.0		275	3.0	0.02
PSU	**RTP Compounds**				**RTP**		
2000 AG-360	GFI	1.574	2.0		275-300	4.0-6.0	
2000 B-310	GFI	1.414	4.0		275-325	3.0-4.0	

Max. % regrind	Inj. pres., ksi	Rear temp, °F	Mid temp, °F	Front temp, °F	Nozzle temp, °F	Proc temp, °F	Mold temp, °F
						356-446	86-140
	10.2-20.3	374-410	392-428	410-446	410-446	428-464	104-140
						392-446	100-180
						392-446	100-180
	10.0-15.0					380-450	100-150
						420-450	80-150
						420-450	
	10.0-15.0					410-480	100-150
	10.0-15.0					380-450	100-150
	10.0-15.0					410-480	100-150
	10.0-15.0					410-480	100-150
	10.0-15.0					380-450	100-150
						640-680	
						650-720	
						670-710	
						640-700	200-300
						670-710	
						630-700	
						554-590	248-266
						572-644	248-266
						572-662	248-266
						554-590	248-266
						572-626	212-248
						680-700	300
	11.6-17.4	590-608	608-626	626-644	644-662	644-662	248-284
	11.6-17.4	590-608	608-626	626-644	626-644	626-644	194-248
	11.6-17.4	590-608	608-626	626-644	626-644	626-644	194-248
						600-650	190-280
	10.0-15.0					650-720	200-325
	10.0-15.0					520-600	150-210

FREE DATA SHEETS: WWW.IDES.COM/PSIM

Grade	Filler	Sp Grav	Shrink, mils/in	Melt flow, g/10 min	Drying temp, °F	Drying time, hr	Max. % moisture
2000 B-322	GFI	1.474	3.0		275-325	3.0-4.0	
2000 B-340	GFI	1.664	5.0		275-325	3.0-4.0	
2000 B-360	GFI	1.524	2.0		275-325	3.0-4.0	
2000 B-390	MN	1.303	7.0		275-325	3.0-4.0	
2000 B-430	GFI	1.524	6.0		275-325	3.0-4.0	
900		1.243	7.0		275	4.0	
900 GF-110	GFI 10	1.323	5.0-7.0		275	4.0	
900 GF-120	GFI 20	1.404	2.0-4.0		275	4.0	
900 GF-130	GFI 30	1.494	2.0-3.0		275	4.0	
900 M-825	MN 25	1.454	5.0-7.0		275	4.0	
900 MG 10	GFM 10	1.323	5.0		275	4.0	
900 P-1700		1.243	5.0-9.0		275	4.0	
900 P-1720		1.273	6.0-9.0		275	4.0	
900 TFE 10		1.283	8.0		275	4.0	
900 TFE 15		1.323	8.0		275	4.0	
900 TFE 5		1.273	8.0		275	4.0	
900 UV		1.243	6.0		275	4.0	
900 Z		1.243	7.0		275	4.0	
901	GFI 10	1.303	5.0		275	4.0	
901 UV	GFI 10	1.303	4.0-7.0		275	4.0	
901 Z	GFI 10	1.323	3.0		275	4.0	
902	GFI 15	1.343	3.0		275	4.0	
903	GFI 20	1.383	2.0-4.0		275	4.0	
903 TFE 15 Z	GFI 20	1.484	2.0		275	4.0	
903 Z	GFI 20	1.383	3.0		275	4.0	
905	GFI 30	1.464	1.0-3.0		275	4.0	
905 TFE 15	GFI 30	1.604	1.0		275	4.0	
905 Z	GFI 30	1.464	1.0		275	4.0	
906	GFI 35	1.514	1.0		275	4.0	
907	GFI 40	1.564	1.0		275	4.0	
983	CF 20	1.323	1.0		275	4.0	
985	CF 30	1.363	0.1		275	4.0	
987	CF 40	1.414	1.0		275	4.0	
EMI 960.5	STS 5	1.293	5.0-7.0		275	4.0	
EMI 961	STS 10	1.353	5.0-7.0		275	4.0	
EMI 962	STS 15	1.383	5.0-7.0		275	4.0	
ESD C 901	GFI 10	1.373	4.0-5.0		275	4.0	

PSU   Supradel   Solvay Advanced

Grade	Filler	Sp Grav	Shrink, mils/in	Melt flow, g/10 min	Drying temp, °F	Drying time, hr	Max. % moisture
HTS-2400		1.300	7.0	15.00 DR	300	2.5	
HTS-2401		1.300	7.0	27.00 DR	300	2.5	
HTS-2420	GFI 20	1.460	4.0	11.00 DR	300	2.5	
HTS-2430	GFI 30	1.550	3.0	7.50 DR	300	2.5	
HTS-2600		1.310	7.0	6.50 DR	300	2.5	
HTS-2601		1.310	7.0	17.00 DR	300	2.5	
HTS-2620	GFI 20	1.460	4.0	10.00 DR	300	2.5	
HTS-2630	GFI 30	1.550	3.0	5.50 DR	300	2.5	

PSU   Thermocomp   LNP

Grade	Filler	Sp Grav	Shrink, mils/in	Melt flow, g/10 min	Drying temp, °F	Drying time, hr	Max. % moisture
GF-1003	GFI	1.350			250-300	4.0	0.05
GF-1004 M BK8-114	GFI	1.380			250-300	4.0	0.05
GF-1006	GFI	1.480	2.0		250-300	4.0	0.05
GF-1006 FR BK8-115	GFI	1.520			250-300	4.0	0.05
GF-1008	GFI	1.600	1.0-4.0		250-300	4.0	0.05

Max. % regrind	Inj. pres., ksi	Rear temp, °F	Mid temp, °F	Front temp, °F	Nozzle temp, °F	Proc temp, °F	Mold temp, °F
	10.0-15.0					520-600	150-210
	10.0-15.0					530-600	175-240
	10.0-15.0					520-600	150-210
	10.0-15.0					575-650	180-220
	10.0-15.0					520-600	150-210
	10.0-18.0					630-700	200-300
	10.0-18.0					630-700	200-300
	10.0-18.0					630-700	200-300
	10.0-18.0					630-700	200-300
	10.0-18.0					630-700	200-300
	10.0-18.0					630-700	200-300
	10.0-18.0					630-700	200-300
	10.0-18.0					630-700	200-300
	10.0-18.0					630-700	200-300
	10.0-18.0					630-700	200-300
	10.0-18.0					630-700	200-300
	10.0-18.0					630-700	200-300
	10.0-18.0					630-700	200-300
	10.0-18.0					630-700	200-300
	10.0-18.0					630-700	200-300
	10.0-18.0					630-700	200-300
	10.0-18.0					630-700	200-300
	10.0-18.0					630-700	200-300
	10.0-18.0					630-700	200-300
	10.0-18.0					630-700	200-300
	10.0-18.0					630-700	200-300
	10.0-18.0					630-700	200-300
	10.0-18.0					630-700	200-300
	10.0-18.0					630-700	200-300
	10.0-18.0					630-700	200-300
	10.0-18.0					630-700	200-300
	10.0-20.0					630-675	200-300
	10.0-20.0					630-675	200-300
	10.0-20.0					630-675	200-300
	10.0-18.0					630-700	200-300
						734-770	320
						734-770	320
						734-770	356
						734-770	356
						734-770	356
						734-770	356
						734-770	356
						734-770	356
						680-700	300
						680-700	300
						680-700	300
						680-700	300
						680-700	300

Grade	Filler	Sp Grav	Shrink, mils/in	Melt flow, g/10 min	Drying temp, °F	Drying time, hr	Max. % moisture
PSU	**Udel**				**Solvay Advanced**		
GF-110	GFI	1.330	4.0	6.50	300-325	3.0-4.0	
GF-120	GFI	1.400	3.0	6.50	300-325	3.0-4.0	
GF-130	GFI	1.490	2.0	6.50	325-375	3.0-4.0	
P-1700 CL-2611		1.240	7.0	6.50 AU	275-325	3.5	
P-1700 HC		1.240	7.0	7.50 CH	300	2.5-3.5	
P-1700 NT-06		1.240	7.0	6.50 AU	275-325	3.5	
P-1700 NT-11		1.240	7.0	6.50 AU	275-325	3.5	
P-1710		1.240	7.0	7.00 CH	275-325	3.5	
P-1720		1.240	7.0	7.00 CH	275-325	3.5	
P-3500		1.240	7.0	3.00 CH	275-325	3.5	
P-3700 HC		1.240	7.0	18.00 CH	300	3.0	
P-3703		1.240	7.0	17.00 CH	275-325	3.5	
P-3703 NT 05		1.240	7.0	17.00 CH	275-300	3.5	
PSU	**Ultrason S**				**BASF**		
2010		1.243	5.0		266-302		
2010 G4	GFI 20	1.404			266-302		
2010 G6	GFI 30	1.494	0.8		266-302		
3010		1.243	5.0		266-302		
6010		1.243			266-302		
PSU Alloy	**Mindel**				**Solvay Advanced**		
B-322	GFI	1.470	3.0	6.50	250-325	3.0-4.0	
B-430	GFI 30	1.520	2.5	7.00	275-325	3.0-4.0	0.05
PSU Alloy	**Zhuntem**				**Ovation Polymers**		
QU 1630	GFI 30	1.480			275-320	2.0-4.0	0.02
PSU+ABS	**Mindel**				**Solvay Advanced**		
A-670		1.130	6.6		250	3.0-4.0	
PSU+ABS	**RTP Compounds**				**RTP**		
2000 A-670		1.133	7.0		250	3.0-4.0	
PSU+PC	**RTP Compounds**				**RTP**		
4300 S-1000		1.223	6.0-9.0		250	4.0	
4300 S-1000 Z		1.223	8.0-10.0		250	4.0	
4300 S-1010	GFI 10	1.293	3.0-5.0		250	4.0	
4300 S-1020	GFI 20	1.363	2.5-5.0		250	4.0	
4300 S-1020 Z	GFI 20	1.353	2.0-4.0		250	4.0	
PTT	**Albis PTT**				**Albis**		
GF 15 Black	GFI 15	1.440					
GF 30 UV Black	GFI 30	1.560	4.0-6.0				
GF15 MR25 Black	MN 25	1.590	7.0-10.0				
PTT	**RTP Compounds**				**RTP**		
4700		1.333	10.0-13.0		260	4.0-6.0	
4700 AR 15 TFE 15	AR 15	1.424	6.0-10.0		260	4.0-6.0	
4701	GFI 10	1.414	4.0-8.0		260	4.0-6.0	
4702	GFI 15	1.454	3.0-6.0		260	4.0-6.0	
4703	GFI 20	1.494	2.0-5.0		260	4.0-6.0	
4705	GFI 30	1.574	1.0-3.0		260	4.0-6.0	
4705 FR	GFI 30	1.704	1.5-3.0		260	4.0-6.0	

Max. % regrind	Inj. pres., ksi	Rear temp, °F	Mid temp, °F	Front temp, °F	Nozzle temp, °F	Proc temp, °F	Mold temp, °F
						650-750	250-325
						650-750	250-325
						650-750	250-325
						625-725	250-325
						625-725	300-325
						625-725	250-325
						625-725	250-325
						625-725	250-325
						625-725	200-320
		575			600-640	650-750	200-320
						625-725	250
						625-725	250-325
						620-650	250
						626-734	248-320
						626-734	248-320
						626-734	248-320
						626-734	248-320
						626-734	248-320
25						520-600	150-210
	15.0-20.0					520-550	150-210
		536-590	545-608	572-626	572-626	572-626	275-302
						540-590	160-250
	10.0-15.0					500-600	160-250
	10.0-15.0					540-620	150-210
	10.0-15.0					540-620	150-210
	10.0-15.0					540-620	150-210
	10.0-15.0					540-620	150-210
	10.0-15.0					540-620	150-210
						450-485	190-240
						450-485	190-240
						450-485	190-240
	10.0-15.0					450-500	190-250
	10.0-15.0					450-500	190-250
	10.0-15.0					450-500	190-250
	10.0-15.0					450-500	190-250
	10.0-15.0					450-500	190-250
	10.0-15.0					450-500	190-250
	10.0-15.0					450-500	190-250

FREE DATA SHEETS: WWW.IDES.COM/PSIM

Grade	Filler	Sp Grav	Shrink, mils/in	Melt flow, g/10 min	Drying temp, °F	Drying time, hr	Max. % moisture
4705 TFE 15	GFI 30	1.674	1.0-4.0		260	4.0-6.0	
4705 UV	GFI 30	1.554	1.0-3.0		260	4.0-6.0	
4707	GFI 40	1.654	1.0-3.0		260	4.0-6.0	
4709	GFI 50	1.774	1.0-3.0		260	4.0-6.0	
4781	CF 10	1.373	1.0-3.0		260	4.0-6.0	
4783	CF 20	1.393	0.5-1.5		260	4.0-6.0	
4785	CF 30	1.434	1.0		260	4.0-6.0	
4785 FR	CF 30	1.534	1.5-3.0		260	4.0-6.0	
4785 TFE 15	CF 30	1.504	0.5-2.0		260	4.0-6.0	
4787	CF 40	1.464	0.5		260	4.0-6.0	
VLF 84705	GLL 30	1.574	1.0-3.0		260	4.0-6.0	
VLF 84707	GLL 40	1.654	1.0-3.0		260	4.0-6.0	
VLF 84709	GLL 50	1.774	1.0-3.0		260	4.0-6.0	

PUR, Unspecified   Ecomass   Technical Polymers

Grade	Filler	Sp Grav	Shrink, mils/in	Melt flow, g/10 min	Drying temp, °F	Drying time, hr	Max. % moisture
4700TU84	TUN	5.614	4.0-6.0		200	2.0	
4700TU88	TUN	6.717	4.0-6.0		200	2.0	
4700ZC57	STP	2.306	6.0-9.0		200	2.0	
4700ZC78	STP	3.509	6.0-9.0		200	2.0	
4700ZC87	UNS	4.461	6.0-9.0		200	2.0	
4700ZG92	UNS	7.820	3.0-5.0		200	2.0	
4702TU95	TUN	11.028	3.0-5.0		200	2.0	
4702ZB92	UNS	6.917	3.0-5.0		200	2.0	

PUR, Unspecified   Gravi-Tech   PolyOne

Grade	Filler	Sp Grav	Shrink, mils/in	Melt flow, g/10 min	Drying temp, °F	Drying time, hr	Max. % moisture
GRV-UR-080-W		8.000			150	4.0	
GRV-UR-110-W		11.000			150	4.0	

PUR, Unspecified   Lastane   Lati

Grade	Filler	Sp Grav	Shrink, mils/in	Melt flow, g/10 min	Drying temp, °F	Drying time, hr	Max. % moisture
50		1.243	7.5		176-212	3.0	
50 G/25	GFI 25	1.353	2.5		176-212	3.0	
50 G/40	GFI 40	1.514	2.0		176-212	3.0	

PUR, Unspecified   Royalcast   Uniroyal

Grade	Filler	Sp Grav	Shrink, mils/in	Melt flow, g/10 min	Drying temp, °F	Drying time, hr	Max. % moisture
3105 (RC3101 B)		1.130	10.0				
3105 (RC3101 B-1)		1.130	10.0				
3105 (RC3101 B-60)		1.130	10.0				

PUR, Unspecified   RTP Compounds   RTP

Grade	Filler	Sp Grav	Shrink, mils/in	Melt flow, g/10 min	Drying temp, °F	Drying time, hr	Max. % moisture
2300 A		1.193	4.0-8.0		225	4.0-6.0	
2300 A FR		1.373	5.0-7.0		225	4.0-6.0	
2300 C		1.203	7.0-9.0		270	4.0-6.0	
2301 A	GFI 10	1.253	2.0-4.0		225	4.0-6.0	
2301 C	GFI 10	1.263	2.0-6.0		270	4.0-6.0	
2302 A	GFI 15	1.303	1.5-3.0		225	4.0-6.0	
2302 C	GFI 15	1.293	2.0-4.0		270	4.0-6.0	
2303 A	GFI 20	1.333	1.0-3.0		225	4.0-6.0	
2303 A FR	GFI 20	1.534	1.5-3.0		225	4.0-6.0	
2303 C	GFI 20	1.333	1.5-3.0		270	4.0-6.0	
2305 A	GFI 30	1.424	0.5-2.0		225	4.0-6.0	
2305 A FR	GFI 30	1.624	1.0-2.5		225	4.0-6.0	
2305 C	GFI 30	1.414	1.0-2.0		270	4.0-6.0	
2307 A	GFI 40	1.534	0.5-2.0		225	4.0-6.0	
2307 C	GFI 40	1.544	1.0-2.0		270	4.0-6.0	
2309 A	GFI 50	1.634	0.5-2.0		225	4.0-6.0	
2309 C	GFI 50	1.664	0.5-1.5		270	4.0-6.0	

Max. % regrind	Inj. pres., ksi	Rear temp, °F	Mid temp, °F	Front temp, °F	Nozzle temp, °F	Proc temp, °F	Mold temp, °F
	10.0-15.0					450-500	190-250
	10.0-15.0					450-500	190-250
	10.0-15.0					450-500	190-250
	10.0-15.0					450-500	190-250
	10.0-15.0					450-500	190-250
	10.0-15.0					450-500	190-250
	10.0-15.0					450-500	190-250
	10.0-15.0					450-500	190-250
	10.0-15.0					450-500	190-250
	10.0-15.0					450-500	190-250
	10.0-15.0					450-500	190-250
	10.0-15.0					450-500	190-250
	10.0-15.0					450-500	190-250
						400-430	50-80
						400-430	50-80
						400-430	50-80
						400-430	50-80
						400-430	50-80
						400-430	50-80
						400-430	50-80
						400-430	50-80
						360-400	150-180
						360-400	
						383-419	68-104
						392-428	86-122
						392-428	86-122
						68	212
						68	212
						68	212
	10.0-15.0					430-470	125-200
	10.0-15.0					430-470	125-200
	10.0-15.0					460-500	200-250
	10.0-15.0					430-470	125-200
	10.0-15.0					460-500	200-250
	10.0-15.0					430-470	125-200
	10.0-15.0					460-500	200-250
	10.0-15.0					430-470	125-200
	10.0-15.0					430-470	125-200
	10.0-15.0					460-500	200-250
	10.0-15.0					430-470	125-200
	10.0-15.0					430-470	125-200
	10.0-15.0					460-500	200-250
	10.0-15.0					430-470	125-200
	10.0-15.0					460-500	200-250
	10.0-15.0					430-470	125-200
	10.0-15.0					460-500	200-250

FREE DATA SHEETS: WWW.IDES.COM/PSIM

Grade	Filler	Sp Grav	Shrink, mils/in	Melt flow, g/10 min	Drying temp, °F	Drying time, hr	Max. % moisture
2381 A	CF 10	1.223	1.0-2.0		225	4.0-6.0	
2381 C	CF 10	1.233	1.0-3.0		270	4.0-6.0	
2382 A	CF 15	1.243	0.1-2.0		225	4.0-6.0	
2382 A TFE 15	CF 15	1.353	0.5-1.5		225	4.0-6.0	
2382 C	CF 15	1.253	1.0-2.0		270	4.0-6.0	
2383 A	CF 20	1.263	0.1-1.5		225	4.0-6.0	
2383 C	CF 20	1.273	0.1-1.4		270	4.0-6.0	
2385 A	CF 30	1.313	0.1-1.0		225	4.0-6.0	
2385 A HEC UV		1.333	0.1-1.0		225	4.0-6.0	
2385 C	CF 30	1.333	0.1-0.8		270	4.0-6.0	
2387 A	CF 40	1.363	0.1-0.8		225	4.0-6.0	
2387 C	CF 40	1.363	0.1-0.8		270	4.0-6.0	
2399 A X 63718 A		1.343	5.0-7.0		225	4.0-6.0	

PUR, Unspecified SEP Foster

Grade	Filler	Sp Grav	Shrink, mils/in	Melt flow, g/10 min	Drying temp, °F	Drying time, hr	Max. % moisture
Low Friction Polyurethane		1.130		20.00 AW			

PUR, Unspecified Stat-Kon LNP

Grade	Filler	Sp Grav	Shrink, mils/in	Melt flow, g/10 min	Drying temp, °F	Drying time, hr	Max. % moisture
T-		1.260			180	4.0	0.02
TC-1002	CF	1.270			180	4.0	0.02

PUR, Unspecified Thermocomp LNP

Grade	Filler	Sp Grav	Shrink, mils/in	Melt flow, g/10 min	Drying temp, °F	Drying time, hr	Max. % moisture
HSG-T-0300A BK8-004	PRO	2.990	12.0		180	4.0	
HSG-T-0450A BK8-004	PRO	4.500	10.0		180	4.0	
HSG-T-0450C EXP BK8-004	PRO	4.500	6.0		180	4.0	
HSG-T-0600A EXP BK8-004	PRO	6.040	10.0		180	4.0	
HSG-T-0720A BK8-734	PRO	7.200	8.0		180	4.0	
HSG-T-0750A EXP BK8-004	PRO	7.500	2.0-4.0		180	4.0	
HSG-T-0815A BK8-734	PRO	8.150	5.0		180	4.0	
HSG-T-0880A BK8-004	PRO	8.800	8.0		180	4.0	
HSG-T-0930A BK8-004	PRO	9.300			180	4.0	
HSG-T-0950A EXP BK8-004	PRO	9.500			180	4.0	
TF-1006	GFI	1.460	2.0		180	4.0	0.02

PUR-Ester Cabelec Cabot

Grade	Filler	Sp Grav	Shrink, mils/in	Melt flow, g/10 min	Drying temp, °F	Drying time, hr	Max. % moisture
4686		1.273		9.00 N	203	2.0-4.0	

PUR-Ester/TDI Andur Anderson

Grade	Filler	Sp Grav	Shrink, mils/in	Melt flow, g/10 min	Drying temp, °F	Drying time, hr	Max. % moisture
3 APFLM/Curene® 442		1.213	16.2				

PUR-Ether Texin Bayer

Grade	Filler	Sp Grav	Shrink, mils/in	Melt flow, g/10 min	Drying temp, °F	Drying time, hr	Max. % moisture
5270		1.180	8.0		210-230	2.0	

PUR-Ether/TDI Andur Anderson

Grade	Filler	Sp Grav	Shrink, mils/in	Melt flow, g/10 min	Drying temp, °F	Drying time, hr	Max. % moisture
1-83 AP/Curene® 442		1.073	12.6				

Max. % regrind	Inj. pres., ksi	Rear temp, °F	Mid temp, °F	Front temp, °F	Nozzle temp, °F	Proc temp, °F	Mold temp, °F
	10.0-15.0					430-470	125-200
	10.0-15.0					460-500	200-250
	10.0-15.0					430-470	125-200
	10.0-15.0					430-470	125-200
	10.0-15.0					460-500	200-250
	10.0-15.0					430-470	125-200
	10.0-15.0					460-500	200-250
	10.0-15.0					430-470	125-200
	10.0-15.0					430-470	125-200
	10.0-15.0					460-500	200-250
	10.0-15.0					430-470	125-200
	10.0-15.0					460-500	200-250
	10.0-15.0					430-470	125-200
						380-410	
						410-420	60-125
						410-420	60-125
						385-410	60-110
						385-410	60-110
						385-410	60-110
						385-410	60-110
						385-410	60-110
						385-410	60-110
						385-410	60-110
						385-410	60-110
						385-410	60-110
						385-410	60-110
						410-420	60-125
	12.3	338	356	374	392		86
							220-235
	7.0-13.0	410-455	415-460	420-460	425-465	445	60-110
							212-235

FREE DATA SHEETS: WWW.IDES.COM/PSIM

Grade	Filler	Sp Grav	Shrink, mils/in	Melt flow, g/10 min	Drying temp, °F	Drying time, hr	Max. % moisture
2-95 AP/Curene® 442		1.093	11.3				
9000 AP/Curene® 442		1.133	12.6				
9200 AP/Curene® 442		1.133	12.7				
9500 AP/Curene® 442		1.143	12.9				
9500 APLF/Curene® 442		1.133	15.3				

PUR-MDI Andur Anderson

M-80 AS		1.223					
M-95 AS		1.223					

PUR-MDI Baydur Bayer PUR

730 IBS (25 pcf)		0.400	7.0-9.0				
730 IBS (35 pcf)		0.560	7.0-9.0				
730 IBS (40 pcf)		0.640	7.0-9.0				
730 IBS (48 pcf)		0.770	7.0-9.0				

PVC Elastomer Flexalloy Teknor Apex

3500-35-NT		1.100		10.0-25.0			
3500-45-NT		1.120		10.0-25.0			
3500-55-NT		1.150		10.0-25.0			
3500-65-NT		1.170		10.0-25.0			
3500-75-NT		1.200		10.0-25.0			
9100-35		1.070		10.0-25.0			
9100-45		1.100		10.0-25.0			
9100-55		1.120		10.0-25.0			
9100-65		1.150		10.0-25.0			
9100-75		1.180		10.0-25.0			
9200-35-BL		1.070		10.0-25.0			
9200-45-BL		1.100		10.0-25.0			
9200-55-BL		1.130		10.0-25.0			
9200-65-BL		1.150		10.0-25.0			
9200-75-BL		1.180		10.0-25.0			
9300-60		1.220		10.0-25.0			
9300-70		1.240		10.0-25.0			

PVC Elastomer Flexchem Colorite

3551-02		1.140					
4051-02		1.150					
4551-02		1.160					
5051-02		1.170					
5551-02		1.170					
6051-02		1.190					
6551-02		1.190					

PVC Elastomer Sunprene A. Schulman

FA-63014		1.240		8.0-25.0	176-180	2.0-3.0	
FA-64014		1.190		8.0-25.0	176-180	2.0-3.0	
FA-65014		1.200		8.0-25.0	176-180	2.0-3.0	
FA-66084		1.240		8.0-25.0	176-180	2.0-3.0	
FA-66104		1.260		8.0-25.0	176-180	2.0-3.0	
FA-66114		1.380		8.0-25.0	176-180	2.0-3.0	

PVC Elastomer Unichem Elasti Colorite

4011TX-02		1.160					
5011TX-02		1.160					

Max. % regrind	Inj. pres., ksi	Rear temp, °F	Mid temp, °F	Front temp, °F	Nozzle temp, °F	Proc temp, °F	Mold temp, °F
							220-235
							220-235
							220-235
							220-235
							212-230
						110	200-235
						85-100	150-185
							150-170
							150-170
							150-170
							150-170
20		320-350	320-350	320-350			75-125
20		320-350	320-350	320-350			75-125
20		340-370	340-370	340-370			75-125
20		350-380	350-380	350-380			75-125
20		360-390	360-390	360-390			75-125
20		320-350	320-350	320-350			75-125
20		320-350	320-350	320-350			75-125
20		340-370	340-370	340-370			75-125
20		350-380	350-380	350-380			75-125
20		360-390	360-390	360-390			75-125
20		320-350	320-350	320-350			75-125
20		320-350	320-350	320-350			75-125
20		340-370	340-370	340-370			75-125
20		350-380	350-380	350-380			75-125
20		360-390	360-390	360-390			75-125
20		350-380	350-380	350-380			75-125
20		360-390	360-390	360-390			75-125
						290-310	80-110
						300-310	80-110
						300-320	80-110
						320-340	80-110
						325-345	80-110
						330-350	80-110
						335-355	80-110
	12.4	311	338	365	347		104-113
	12.4	311	338	365	347		104-113
	12.4	311	338	365	347		104-113
	12.4	311	338	365	347		104-113
	12.4	311	338	365	347		104-113
	12.4	311	338	365	347		104-113
						320-335	50-100
						320-335	50-100

FREE DATA SHEETS: WWW.IDES.COM/PSIM

Grade	Filler	Sp Grav	Shrink, mils/in	Melt flow, g/10 min	Drying temp, °F	Drying time, hr	Max. % moisture
6011TX-02		1.180					
7011TX-02		1.210					
8011TX-02		1.230					

PVC, Flexible — Alpha PVC — AlphaGary

Grade	Sp Grav	Melt flow
3006-65	1.190	15.00 E
3018/20-90	1.530	164.00 F

PVC, Flexible — Apex — Teknor Apex

Grade	Sp Grav	Melt flow
1001	1.330	10.0-12.0
1002	1.300	15.0-18.0
1003	1.350	10.0-12.0
1004	1.290	15.0-18.0
1007	1.380	10.0-12.0
1008	1.260	15.0-18.0
1009	1.370	10.0-12.0
1835	1.290	15.0-18.0
1850	1.350	10.0-12.0
4011	1.390	10.0-12.0
4020	1.400	10.0-12.0
4101	1.360	10.0-12.0
4102	1.310	10.0-12.0
4103	1.380	10.0-12.0
4107	1.380	10.0-12.0
4109	1.420	10.0-12.0
4111	1.390	10.0-12.0
4112	1.330	10.0-12.0
4117	1.280	10.0-12.0
4129	1.380	10.0-12.0
4459	1.410	10.0-12.0
4854	1.370	10.0-12.0
536	1.390	10.0-12.0
6500-105	1.280	10.0-12.0
6500-70	1.190	15.0-18.0
6500-75	1.210	10.0-12.0
6500-80	1.230	10.0-12.0
6500-85	1.240	10.0-12.0
6500-90	1.260	10.0-12.0
7500-105	1.270	10.0-20.0
7500-70	1.170	15.0-18.0
7500-75	1.190	10.0-12.0
7500-80	1.210	10.0-12.0
7500-85	1.210	10.0-12.0
7500-90	1.240	10.0-12.0
76-5179-B	1.250	15.0-18.0
77-W115-B	1.380	10.0-12.0

PVC, Flexible — Colorite 77 Series — Colorite

Grade	Sp Grav
7077	1.200
7777	1.220
3577	1.240

PVC, Flexible — Colorite G Series — Colorite

Grade	Sp Grav
4012G-015	1.160
5012G-015	1.160
6012G-015	1.180

Max. % regrind	Inj. pres., ksi	Rear temp, °F	Mid temp, °F	Front temp, °F	Nozzle temp, °F	Proc temp, °F	Mold temp, °F
						330-350	50-100
						335-350	50-100
						340-365	50-100
						340	
	300	320	340	340		350	
						350	
						345	
						355	
						340	
						360	
						335	
						360	
						345	
						375	
						375	
						380	
						350	
						345	
						355	
						375	
						360	
						380	
						375	
						375	
						375	
						380	
						380	
						355	
						380	
						345	
						345	
						355	
						375	
						375	
						380	
						345	
						345	
						355	
						360	
						380	
						330	
						360	
						325-335	50-100
						325-335	50-100
						330-350	50-100
						310-320	50-100
						310-320	50-100
						320-335	50-100

Grade	Filler	Sp Grav	Shrink, mils/in	Melt flow, g/10 min	Drying temp, °F	Drying time, hr	Max. % moisture
6512G-015		1.190					
6812G-015		1.200					
7012G-015		1.210					
7512G-015		1.230					
7812G-015		1.230					
8012G-015		1.240					
8312G-015		1.250					
8512G-015		1.270	20.0-25.0				
9012G-015		1.280					
9512G-015		1.310					
9812G-015		1.320					

PVC, Flexible — Geon — PolyOne

Grade	Filler	Sp Grav	Shrink, mils/in	Melt flow, g/10 min	Drying temp, °F	Drying time, hr	Max. % moisture
A4D00		1.260	12.0-16.0				
A5500		1.140	27.0-31.0				
A55G0		1.130	27.0-31.0				
A5D00		1.260	12.0-16.0				
A5DM0		1.270	12.0-16.0				
A6500		1.150	23.0-27.0				
A65M0		1.240	23.0-27.0				
A7000		1.170	19.0-23.0				
A7500		1.180	19.0-23.0				
A7509		1.200	21.0-25.0				
A75G0		1.190	19.0-23.0				
A75M0		1.250	19.0-23.0				
A8000		1.200	15.0-19.0				
A8001		1.200	15.0-19.0				
A80U0		1.200	15.0-19.0				
A8500		1.210	15.0-19.0				
A85MR		1.219	15.0-19.0				
A9000		1.240	13.0-17.0				
A90UB		1.240	13.0-17.0				
B4D01		1.270	8.0-12.0				
B4DC1		1.350	8.0-12.0				
B5500		1.220	23.0-27.0				
B5D00		1.370	8.0-12.0				
B5D02		1.290	8.0-12.0				
B5DU0		1.370	8.0-12.0				
B6000		1.220	18.0-22.0				
B6500		1.240	19.0-23.0				
B65B0		1.270	19.0-23.0				
B65T0		1.220	19.0-23.0				
B65U0		1.240	19.0-23.0				
B6D00		1.410	8.0-12.0				
B6DB1		1.370	8.0-12.0				
B6DT0		1.380	8.0-12.0				
B70CA		1.220	15.0-19.0				
370CB		1.220	15.0-19.0				
37500		1.270	17.0-21.0				
375CB		1.290	15.0-19.0				
B75F0		1.260	15.0-19.0				
B75M0		1.340	15.0-19.0				
B75UB		1.270	17.0-21.0				
B80MB		1.350	11.0-15.0				
B8500		1.320	13.0-15.0				
B85B0		1.320	13.0-17.0				

Max. % regrind	Inj. pres., ksi	Rear temp, °F	Mid temp, °F	Front temp, °F	Nozzle temp, °F	Proc temp, °F	Mold temp, °F
						325-335	50-100
						325-335	50-100
						325-335	50-100
						325-335	50-100
						325-335	50-100
						330-350	50-100
						330-350	50-100
						330-350	50-100
						330-350	50-100
						330-350	50-100
						330-350	50-100
						380-400	
						370-390	
						370-390	
						380-400	
						380-400	
						370-390	
						370-390	
						380-400	
						380-400	
						370-390	
						380-400	
						380-400	
						380-400	
						380-400	
						380-400	
						380-400	
						380-400	
						380-400	
						380-400	
						385-405	
						385-405	
						360-390	
						385-405	
						385-405	
						385-405	
						370-390	
						370-390	
						370-390	
						370-390	
						370-390	
						380-400	
						380-400	
						380-400	
						370-400	
						370-400	
						380-400	
						380-400	
						380-400	
						380-390	
						380-400	
						375-395	
						370-390	
						370-390	

FREE DATA SHEETS: WWW.IDES.COM/PSIM

Grade	Filler	Sp Grav	Shrink, mils/in	Melt flow, g/10 min	Drying temp, °F	Drying time, hr	Max. % moisture
B9000		1.340	13.0-17.0				
B90T0		1.310	13.0-17.0				
C5500		1.280	27.0-31.0				
C8000		1.400	17.0-21.0				
C9000		1.450	14.0-20.0				
G6520		1.180	19.0-23.0				
R108BM		1.170	17.0-21.0				

PVC, Flexible — Sylvin Compounds — Sylvin Tech

Grade	Filler	Sp Grav	Shrink, mils/in
6137-85 Natural	UNS	1.380	13.0-16.0
7803-80 MW Natural	UNS	1.340	13.0-16.0
7803-80 Natural	UNS	1.340	13.0-16.0
7803-80C MW Natural	UNS	1.420	10.0-12.0
7803-80C Natural	UNS	1.420	10.0-12.0
7803-85 MW Natural	UNS	1.360	13.0-16.0
7803-85 Natural	UNS	1.340	13.0-16.0
7803-85C MW Natural	UNS	1.430	10.0-12.0
7803-85C Natural	UNS	1.430	10.0-12.0
7803-90 MW Natural	UNS	1.390	13.0-16.0
7803-90 Natural	UNS	1.390	13.0-16.0
7803-90C MW Natural	UNS	1.440	10.0-12.0
7803-90C Natural	UNS	1.440	10.0-12.0
7803-95 MW Natural	UNS	1.390	13.0-16.0
7803-95 Natural	UNS	1.410	13.0-16.0
7803-95C MW Natural	UNS	1.450	10.0-12.0
7803-95C Natural	UNS	1.450	10.0-12.0
7809-70 Natural	UNS	1.330	17.0-22.0
7809-70C Natural	UNS	1.450	10.0-12.0
7809-75 Natural	UNS	1.340	17.0-22.0
7809-75C Natural	UNS	1.470	10.0-12.0
7809-80 Natural	UNS	1.380	13.0-16.0
7809-80C Natural	UNS	1.490	10.0-12.0
7809-85 Natural	UNS	1.410	13.0-16.0
7809-85C Natural	UNS	1.500	10.0-12.0
7809-90 Natural	UNS	1.430	13.0-16.0
7809-90C Natural	UNS	1.510	10.0-12.0
7809-95 Natural	UNS	1.460	13.0-16.0
7809-95C Natural	UNS	1.530	10.0-12.0
9067-60 Natural	UNS	1.320	17.0-22.0
9067-65 Natural	UNS	1.340	17.0-22.0
9067-70 Natural	UNS	1.360	17.0-22.0
9067-70C Natural	UNS	1.470	10.0-12.0
9067-75 Natural	UNS	1.390	17.0-22.0
9067-75C Natural	UNS	1.480	10.0-12.0
9067-80 LMW Natural	UNS	1.410	13.0-16.0
9067-80 Natural	UNS	1.410	13.0-16.0
9067-80C LMW Natural	UNS	1.500	10.0-12.0
9067-80C Natural	UNS	1.490	10.0-12.0
9067-85 LMW Natural	UNS	1.430	13.0-16.0
9067-85 Natural	UNS	1.430	13.0-16.0
9067-85C LMW Natural	UNS	1.510	10.0-12.0
9067-85C Natural	UNS	1.510	10.0-12.0
9067-90 LMW Natural	UNS	1.450	13.0-16.0
9067-90 Natural	UNS	1.450	13.0-16.0

Max. % regrind	Inj. pres., ksi	Rear temp, °F	Mid temp, °F	Front temp, °F	Nozzle temp, °F	Proc temp, °F	Mold temp, °F
						380-400	
						380-400	
						370-390	
						380-400	
						380-400	
						380-400	
						370-390	
						335-355	70-100
						330-350	70-100
						330-350	70-100
						350-375	70-100
						350-375	70-100
						335-355	70-100
						335-355	70-100
						350-375	70-100
						350-375	70-100
						340-360	70-100
						340-360	70-100
						350-375	70-100
						350-375	70-100
						345-365	70-100
						345-365	70-100
						350-375	70-100
						350-375	70-100
						320-340	70-100
						350-375	70-100
						325-345	70-100
						350-375	70-100
						330-350	70-100
						350-375	70-100
						335-355	70-100
						350-375	70-100
						340-360	70-100
						350-375	70-100
						345-365	70-100
						350-375	70-100
						310-330	70-100
						315-335	70-100
						320-340	70-100
						350-375	70-100
						325-345	70-100
						350-375	70-100
						330-350	70-100
						330-350	70-100
						350-375	70-100
						350-375	70-100
						335-355	70-100
						335-355	70-100
						350-375	70-100
						350-375	70-100
						340-360	70-100
						340-360	70-100

Grade	Filler	Sp Grav	Shrink, mils/in	Melt flow, g/10 min	Drying temp, °F	Drying time, hr	Max. % moisture
9067-90C							
LMW Natural	UNS	1.520	10.0-12.0				
9067-90C Natural	UNS	1.520	10.0-12.0				
9067-95 LMW Natural	UNS	1.480	13.0-16.0				
9067-95 Natural	UNS	1.480	13.0-16.0				
9067-95C							
LMW Natural	UNS	1.530	10.0-12.0				
9067-95C Natural	UNS	1.530	10.0-12.0				
9077-60 Natural	UNS	1.320	17.0-22.0				
9077-65 Natural	UNS	1.340	17.0-22.0				
9077-70 Natural	UNS	1.360	17.0-22.0				
9077-70C Natural	UNS	1.470	10.0-12.0				
9077-75 Natural	UNS	1.390	17.0-22.0				
9077-75C Natural	UNS	1.480	10.0-12.0				
9077-80 LMW Natural	UNS	1.410	13.0-16.0				
9077-80 Natural	UNS	1.410	13.0-16.0				
9077-80C							
LMW Natural	UNS	1.500	10.0-12.0				
9077-80C Natural	UNS	1.490	10.0-12.0				
9077-85 LMW Natural	UNS	1.430	13.0-16.0				
9077-85 Natural	UNS	1.430	13.0-16.0				
9077-85C							
LMW Natural	UNS	1.510	10.0-12.0				
9077-85C Natural	UNS	1.510	10.0-12.0				
9077-90 LMW Natural	UNS	1.450	13.0-16.0				
9077-90 Natural	UNS	1.450	13.0-16.0				
9077-90C							
LMW Natural	UNS	1.520	10.0-12.0				
9077-90C Natural	UNS	1.520	10.0-12.0				
9077-95 LMW Natural	UNS	1.480	13.0-16.0				
9077-95 Natural	UNS	1.480	13.0-16.0				
9077-95C							
LMW Natural	UNS	1.530	10.0-12.0				
9077-95C Natural	UNS	1.530	10.0-12.0				
916V0 Black	UNS	1.480	13.0-16.0				
916V0-70C							
LMW Natural	UNS	1.510	10.0-12.0				
916V0-75C							
LMW Natural	UNS	1.530	10.0-12.0				
916V0-80C							
LMW Natural	UNS	1.550	10.0-12.0				
916V0-85C							
LMW Natural	UNS	1.580	10.0-12.0				
916V0-89							
LMW Natural	UNS	1.480	13.0-16.0				
916V0-89 Natural	UNS	1.480	13.0-16.0				
916V0-90C							
LMW Natural	UNS	1.600	10.0-12.0				
0-92							
LMW Natural	UNS	1.490	13.0-16.0				
916V0-92 Natural	UNS	1.490	13.0-16.0				
916V0-95							
LMW Natural	UNS	1.520	13.0-16.0				
916V0-95 Natural	UNS	1.520	13.0-16.0				
916V0-95C							
LMW Natural	UNS	1.610	10.0-12.0				

Max. % regrind	Inj. pres., ksi	Rear temp, °F	Mid temp, °F	Front temp, °F	Nozzle temp, °F	Proc temp, °F	Mold temp, °F
						350-375	70-100
						350-375	70-100
						345-365	70-100
						345-365	70-100
						350-375	70-100
						350-375	70-100
						310-330	70-100
						315-335	70-100
						320-340	70-100
						350-375	70-100
						325-345	70-100
						350-375	70-100
						330-350	70-100
						330-350	70-100
						350-375	70-100
						350-375	70-100
						335-355	70-100
						335-355	70-100
						350-375	70-100
						350-375	70-100
						340-360	70-100
						340-360	70-100
						350-375	70-100
						350-375	70-100
						345-365	70-100
						345-365	70-100
						350-375	70-100
						350-375	70-100
						340-360	70-100
						350-375	70-100
						350-375	70-100
						350-375	70-100
						350-375	70-100
						340-360	70-100
						340-360	70-100
						350-375	70-100
						340-360	70-100
						340-360	70-100
						340-360	70-100
						345-365	70-100
						350-375	70-100

FREE DATA SHEETS: WWW.IDES.COM/PSIM

Grade	Filler	Sp Grav	Shrink, mils/in	Melt flow, g/10 min	Drying temp, °F	Drying time, hr	Max. % moisture
916V0-98 LMW Natural	UNS	1.580					
916V0-98 Natural	UNS	1.580					
9600-60 Clear		1.170		19.0-24.0			
9600-65 Clear		1.190		19.0-24.0			
9600-70 Clear		1.210		19.0-24.0			
9600-75 Clear		1.220		19.0-24.0			
9600-80 Clear		1.230		15.0-18.0			
9600-85 Clear		1.250		15.0-18.0			
9600-90 Clear		1.280		15.0-18.0			
9600-95 Clear		1.290		15.0-18.0			
9604-80 Clear		1.230		15.0-18.0			
9604-80 LMW Clear		1.230		15.0-18.0			
9604-80C Clear		1.290		10.0-14.0			
9604-80C LMW Clear		1.290		10.0-14.0			
9604-85 Clear		1.240		15.0-18.0			
9604-85 LMW Clear		1.240		15.0-18.0			
9604-85C Clear		1.300		10.0-14.0			
9604-85C LMW Clear		1.300		10.0-14.0			
9604-90 Clear		1.260		15.0-18.0			
9604-90 LMW Clear		1.260		15.0-18.0			
9604-90C Clear		1.310		10.0-14.0			
9604-90C LMW Clear		1.310		10.0-14.0			
9604-95 Clear		1.280		15.0-18.0			
9604-95 LMW Clear		1.280		15.0-18.0			
9604-95C Clear		1.320		10.0-14.0			
9604-95C LMW Clear		1.320		10.0-14.0			
9812A-60 Natural	UNS	1.330		17.0-22.0			
9812A-65 Natural	UNS	1.350		17.0-22.0			
9812A-70 Natural	UNS	1.370		17.0-22.0			
9812A-70C Natural	UNS	1.480		10.0-12.0			
9812A-75 Natural	UNS	1.400		17.0-22.0			
9812A-75C Natural	UNS	1.490		10.0-12.0			
9812A-80 Natural	UNS	1.410		13.0-16.0			
9812A-80C Natural	UNS	1.500		10.0-12.0			
9812A-85 Natural	UNS	1.440		13.0-16.0			
9812A-85C Natural	UNS	1.520		10.0-12.0			
9812A-90 Natural	UNS	1.460		13.0-16.0			
9812A-90C Natural	UNS	1.530		10.0-12.0			
9812A-95 Natural	UNS	1.490		13.0-16.0			
9812A-95C Natural	UNS	1.550		10.0-12.0			
9915-60 Natural	UNS	1.210		17.0-22.0			
9915-65 Natural	UNS	1.230		17.0-22.0			
9915-70 Natural	UNS	1.260		17.0-22.0			
9915-75 Natural	UNS	1.280		17.0-22.0			
9915-80 Natural	UNS	1.300		13.0-16.0			
9915-85 Natural	UNS	1.310		13.0-16.0			
9915-90 Natural	UNS	1.330		13.0-16.0			
9915-95 Natural	UNS	1.350		13.0-16.0			
9925-60 Natural	UNS	1.240		17.0-22.0			
9925-65 Natural	UNS	1.260		17.0-22.0			
9925-70 Natural	UNS	1.290		17.0-22.0			
9925-75 Natural	UNS	1.300		17.0-22.0			
9925-80 Natural	UNS	1.320		13.0-16.0			
9925-85 Natural	UNS	1.340		13.0-16.0			
9925-90 Natural	UNS	1.360		13.0-16.0			

Max. % regrind	Inj. pres., ksi	Rear temp, °F	Mid temp, °F	Front temp, °F	Nozzle temp, °F	Proc temp, °F	Mold temp, °F
						350-375	70-100
						350-375	70-100
						310-330	70-100
						315-335	70-100
						320-340	70-100
						325-345	70-100
						330-350	70-100
						335-355	70-100
						340-360	70-100
						345-365	70-100
						330-350	70-100
						330-350	70-100
						350-375	70-100
						350-375	70-100
						335-355	70-100
						335-355	70-100
						350-375	70-100
						350-375	70-100
						340-360	70-100
						340-360	70-100
						350-375	70-100
						350-375	70-100
						345-365	70-100
						345-365	70-100
						350-375	70-100
						350-375	70-100
						310-330	70-100
						315-335	70-100
						320-340	70-100
						350-375	70-100
						325-345	70-100
						350-375	70-100
						330-350	70-100
						350-375	70-100
						335-355	70-100
						350-375	70-100
						340-360	70-100
						350-375	70-100
						345-365	70-100
						350-375	70-100
						310-330	70-100
						315-335	70-100
						320-340	70-100
						325-345	70-100
						330-350	70-100
						335-355	70-100
						340-360	70-100
						345-365	70-100
						310-330	70-100
						315-335	70-100
						320-340	70-100
						325-345	70-100
						330-350	70-100
						335-355	70-100
						340-360	70-100

FREE DATA SHEETS: WWW.IDES.COM/PSIM

Grade	Filler	Sp Grav	Shrink, mils/in	Melt flow, g/10 min	Drying temp, °F	Drying time, hr	Max. % moisture
9925-95 Natural	UNS	1.380	13.0-16.0				
9940-60 Natural	UNS	1.290	17.0-22.0				
9940-65 Natural	UNS	1.310	17.0-22.0				
9940-70 Natural	UNS	1.340	17.0-22.0				
9940-75 Natural	UNS	1.360	17.0-22.0				
9940-80 Natural	UNS	1.380	13.0-16.0				
9940-85 Natural	UNS	1.400	13.0-16.0				
9940-90 Natural	UNS	1.420	13.0-16.0				
9940-95 Natural	UNS	1.440	13.0-16.0				
9950-60 Natural	UNS	1.310	17.0-22.0				
9950-65 Natural	UNS	1.340	17.0-22.0				
9950-70 Natural	UNS	1.360	17.0-22.0				
9950-75 Natural	UNS	1.390	17.0-22.0				
9950-80 Natural	UNS	1.410	13.0-16.0				
9950-85 Natural	UNS	1.440	13.0-16.0				
9950-90 Natural	UNS	1.450	13.0-16.0				
9950-95 Natural	UNS	1.480	13.0-16.0				
9960-60 Natural	UNS	1.340	17.0-22.0				
9960-65 Natural	UNS	1.360	17.0-22.0				
9960-70 Natural	UNS	1.380	17.0-22.0				
9960-75 Natural	UNS	1.410	17.0-22.0				
9960-80 Natural	UNS	1.440	13.0-16.0				
9960-85 Natural	UNS	1.470	13.0-16.0				
9960-90 Natural	UNS	1.480	13.0-16.0				
9960-95 Natural	UNS	1.510	13.0-16.0				
9980-60 Natural	UNS	1.380	17.0-22.0				
9980-65 Natural	UNS	1.390	17.0-22.0				
9980-70 Natural	UNS	1.410	17.0-22.0				
9980-75 Natural	UNS	1.480	17.0-22.0				
9980-80 Natural	UNS	1.500	13.0-16.0				
9980-85 Natural	UNS	1.510	13.0-16.0				
9980-90 Natural	UNS	1.520	13.0-16.0				
9980-95 Natural	UNS	1.540	13.0-16.0				
9999-60 Natural	UNS	1.420	17.0-22.0				
9999-65 Natural	UNS	1.450	17.0-22.0				
9999-70 Natural	UNS	1.470	17.0-22.0				
9999-75 Natural	UNS	1.510	17.0-22.0				
9999-80 Natural	UNS	1.540	13.0-16.0				
9999-85 Natural	UNS	1.580	13.0-16.0				
9999-90 Natural	UNS	1.590	13.0-16.0				
9999-95 Natural	UNS	1.620	13.0-16.0				

PVC, Flexible	Unichem			Colorite			
1116G-015		1.340	3.0	1.70			
1416		1.356					
1417-013		1.326	3.0	1.30			
4012		1.160					
4260A-66		1.396					
4261-80		1.376					
4511-34 WHITE		1.336					
4511-WHITE		1.336					
4512		1.157					
4543		1.310					
5011		1.150					
5012		1.150					
5012-318 GREEN		1.147					

Max. % regrind	Inj. pres., ksi	Rear temp, °F	Mid temp, °F	Front temp, °F	Nozzle temp, °F	Proc temp, °F	Mold temp, °F
						345-365	70-100
						310-330	70-100
						315-335	70-100
						320-340	70-100
						325-345	70-100
						330-350	70-100
						335-355	70-100
						340-360	70-100
						345-365	70-100
						310-330	70-100
						315-335	70-100
						320-340	70-100
						325-345	70-100
						330-350	70-100
						335-355	70-100
						340-360	70-100
						345-365	70-100
						310-330	70-100
						315-335	70-100
						320-340	70-100
						325-345	70-100
						330-350	70-100
						335-355	70-100
						340-360	70-100
						345-365	70-100
						310-330	70-100
						315-335	70-100
						320-340	70-100
						325-345	70-100
						330-350	70-100
						335-355	70-100
						340-360	70-100
						345-365	70-100
						310-330	70-100
						315-335	70-100
						320-340	70-100
						325-345	70-100
						330-350	70-100
						335-355	70-100
						340-360	70-100
						345-365	70-100
						325-335	50-100
						325-335	50-100
						325-335	50-100
						310-320	50-100
						330-350	50-100
						330-350	50-100
						310-320	50-100
						310-320	50-100
						310-320	50-100
						310-320	50-100
						320-335	50-100
						320-335	50-100
						320-335	50-100

FREE DATA SHEETS: WWW.IDES.COM/PSIM

Grade	Filler	Sp Grav	Shrink, mils/in	Melt flow, g/10 min	Drying temp, °F	Drying time, hr	Max. % moisture
5012G-05		1.150					
5312		1.157					
5512		1.170					
5543		1.250					
6012		1.180					
6022A NATURAL		1.296					
6512		1.190					
6812		1.200					
6812 GREEN 308		1.197					
6812-02		1.197					
6812A-02		1.197					
6812G-05		1.200					
7012		1.210					
7512		1.225					
7612		1.217					
7812		1.230					
7812 NAT.		1.346					
7834		1.336					
8011 Radiopaque		1.610					
8011K-02		1.227					
8012		1.235					
8090C		1.370					
8312GA-05		1.250		10.0-20.0			
8502		1.250					
8511-02		1.247					
8511G-05		1.250					
8512		1.250					
8512A-02		1.247					
8512B-02		1.247					
8512N-02		1.247		20.0-25.0			
8712A-02-HS		1.270					
8804		1.400					
9012		1.270					
9034		1.330					
9512		1.280					
9612		1.290					
9613		1.296					
9614		1.400					
9812A-03		1.316					
9813		1.320					
E2BG-05		1.227					

PVC, Rigid — Alpha PVC — AlphaGary

Grade	Filler	Sp Grav	Shrink, mils/in	Melt flow, g/10 min	Drying temp, °F	Drying time, hr	Max. % moisture
2212RHT/1-118 CLEAR 080X		1.330			12.50 F		

PVC, Rigid — Colorite G Series — Colorite

Grade	Filler	Sp Grav	Shrink, mils/in	Melt flow, g/10 min	Drying temp, °F	Drying time, hr	Max. % moisture
10012G-015		1.330					
10013G-015		1.330					
10014G-015		1.330					

PVC, Rigid — Dural — AlphaGary

Grade	Filler	Sp Grav	Shrink, mils/in	Melt flow, g/10 min	Drying temp, °F	Drying time, hr	Max. % moisture
725EM		1.330			25.00 F		

PVC, Rigid — Fiberloc — PolyOne

Grade	Filler	Sp Grav	Shrink, mils/in	Melt flow, g/10 min	Drying temp, °F	Drying time, hr	Max. % moisture
80510	GFI 10	1.400	0.5-1.5				

Max. % regrind	Inj. pres., ksi	Rear temp, °F	Mid temp, °F	Front temp, °F	Nozzle temp, °F	Proc temp, °F	Mold temp, °F
						320-335	50-100
						320-335	50-100
						320-335	50-100
						320-335	50-100
						320-335	50-100
						320-335	50-100
						325-335	50-100
						325-335	50-100
						325-335	50-100
						325-335	50-100
						325-335	50-100
						325-335	50-100
						325-335	50-100
						325-335	50-100
						325-335	50-100
						325-335	50-100
						325-335	50-100
						325-335	50-100
						330-350	50-100
						330-350	50-100
						330-350	50-100
						330-350	50-100
						330-350	50-100
						330-350	50-100
						330-350	50-100
						330-350	50-100
						330-350	50-100
						330-350	50-100
						330-350	50-100
						330-350	50-100
						330-350	50-100
						330-350	50-100
						330-350	50-100
						330-350	50-100
						330-350	50-100
						330-350	
						330-350	50-100
						330-350	50-100
						330-350	50-100
						330-350	50-100
						320-335	50-100
						330-350	50-100
						325-335	50-100
						310-320	50-100
						325-335	50-100
						355	
						330-350	50-100
						330-350	50-100
						330-350	50-100
						340-355	
						390-410	

FREE DATA SHEETS: WWW.IDES.COM/PSIM

Grade	Filler	Sp Grav	Shrink, mils/in	Melt flow, g/10 min	Drying temp, °F	Drying time, hr	Max. % moisture
80520	GFI 20	1.470	0.5-1.5				
80530	GFI 30	1.540	0.5-1.5				
81510	GFI 10	1.480	0.5-1.5				
81520	GFI 20	1.530	0.5-1.5				
81530	GFI 30	1.620	0.5-1.5				
82510	GFI 10	1.430	0.5-1.5				
83510	GFI 10	1.450	0.5-1.5				
85520	GFI 20	1.520	0.5-1.5				
97510	GFI 10	1.480					
97520	GFI 20	1.550					
97530	GFI 30	1.620					

PVC, Rigid   Geon   PolyOne

Grade	Sp Grav	Shrink, mils/in
206	1.450	2.0-5.0
210	1.420	2.0-5.0
210(HS)	1.420	2.0-5.0
210A	1.410	2.0-5.0
210A Gray 172(HS)	1.400	2.0-5.0
210A White 271(HS)	1.400	2.0-5.0
211	1.380	2.0-5.0
212	1.350	2.0-5.0
216A	1.390	2.0-5.0
6957	1.360	2.0-5.0
87322	1.330	2.0-5.0
87431	1.380	2.0-5.0
M1000	1.400	2.0-5.0
M1090	1.410	2.0-5.0
M1210	1.380	2.0-5.0
M3000	1.400	2.0-5.0
M3005	1.400	2.0-5.0
M3500	1.360	2.0-5.0
M3700	1.330	2.0-5.0
M3750	1.330	2.0-5.0
M3755	1.330	2.0-5.0
M3800	1.330	2.0-5.0
M3850	1.330	2.0-5.0
M3890	1.320	2.0-5.0
M3900	1.330	2.0-5.0
M4110	1.330	2.0-5.0
M4300	1.320	2.0-5.0
M4605	1.360	2.0-5.0
M4805	1.300	2.0-5.0
M4810	1.300	2.0-5.0
M4820	1.300	2.0-5.0
M4825	1.350	2.0-5.0
M4885	1.300	2.0-5.0
M4910	1.300	2.0-5.0
M4950	1.340	2.0-5.0
M5000	1.400	2.0-5.0
M5015	1.400	2.0-5.0
M5100	1.400	2.0-5.0
M5100 Natural	1.400	2.0-5.0
M5200	1.400	2.0-5.0
M5200 Natural	1.400	2.0-5.0
M5240	1.340	2.0-5.0
M5240 Natural	1.340	2.0-5.0

Max. % regrind	Inj. pres., ksi	Rear temp, °F	Mid temp, °F	Front temp, °F	Nozzle temp, °F	Proc temp, °F	Mold temp, °F
						390-410	
						390-410	
						390-410	
						390-410	
						390-410	
						390-410	
						390-410	
						390-410	
						370-390	
						370-390	
						370-390	
						390-410	
						390-410	
						390-410	
						390-410	
						390-410	
						390-410	
						390-410	
						390-410	
						410-420	
						390-410	
						390-410	
						395-400	
						390-410	
						390-410	
						390-410	
						390-410	
						380-395	
						390-410	
						390-410	
						390-410	
						390-410	
						390-410	
						390-410	
						390-410	
						390-410	
						390-400	
						390-400	
						390-400	
						390-400	
						390-400	
						390-400	
						390-400	
						390-400	
						390-400	
						390-400	
						390-400	
						390-410	
						390-410	
						390-410	
						390-410	
						390-410	
						390-410	
						390-410	
						390-410	

Grade	Filler	Sp Grav	Shrink, mils/in	Melt flow, g/10 min	Drying temp, °F	Drying time, hr	Max. % moisture
M5700		1.320	2.0-5.0				
M5700 Natural		1.320	2.0-5.0				
M5730		1.320	2.0-5.0				
M5730 Natural		1.320	2.0-5.0				
M7230		1.260	2.0-5.0				
MR200		1.340	2.0-5.0				
MR201		1.340	2.0-5.0				
MR900		1.380	2.0-5.0				

PVC, Rigid — Geon HTX — PolyOne

Grade	Filler	Sp Grav	Shrink, mils/in	Melt flow, g/10 min	Drying temp, °F	Drying time, hr	Max. % moisture
66311		1.310	4.0-6.0				
66311 Natural		1.310	4.0-6.0				
M6210		1.280	2.0-5.0				
M6215		1.260	2.0-5.0				
M6220		1.240	2.0-5.0				
M6230		1.230	2.0-5.0				
M6307		1.230	2.0-5.0		155	2.0	
M6307 Natural		1.230	2.0-5.0		155	2.0	
M6309		1.230	2.0-5.0		155	2.0	
M6829		1.160	4.0-5.0				

PVC, Rigid — Georgia Gulf PVC — Georgia Gulf

Grade	Filler	Sp Grav	Shrink, mils/in	Melt flow, g/10 min	Drying temp, °F	Drying time, hr	Max. % moisture
HR-5009		1.390	2.0-3.0		150	2.0-4.0	
MP-6510		1.350	3.0-4.0		150	2.0-4.0	
MP-6585		1.350	3.0-4.0		150	2.0-4.0	
NR-5009		1.390	2.0-3.0		150	2.0-4.0	
SP-5034		1.360	2.0-4.0		150	2.0-4.0	
SP-7221		1.330	4.0-5.0		150	2.0-4.0	

PVC, Rigid — Hoffman PVC — Hoffman

Grade	Filler	Sp Grav	Shrink, mils/in	Melt flow, g/10 min	Drying temp, °F	Drying time, hr	Max. % moisture
V7-28		1.320	3.0-5.0				
V7-31		1.390	3.0-5.0				
V7-47		1.390	3.0-5.0				
V7-53		1.320	3.0-5.0				

PVC, Rigid — Novablend — Novatec Plast

Grade	Filler	Sp Grav	Shrink, mils/in	Melt flow, g/10 min	Drying temp, °F	Drying time, hr	Max. % moisture
501		1.350					
601		1.380					
6050		1.380					
6070		1.330					
6100		1.340	3.0-5.0				
6102		1.440					

PVC, Rigid — Polytron — PolyOne

Grade	Filler	Sp Grav	Shrink, mils/in	Melt flow, g/10 min	Drying temp, °F	Drying time, hr	Max. % moisture
79804		1.320	2.0-5.0				
79806		1.310	2.0-5.0				
79808		1.240	4.0-6.0				

PVC, Rigid — Unichem — Colorite

Grade	Filler	Sp Grav	Shrink, mils/in	Melt flow, g/10 min	Drying temp, °F	Drying time, hr	Max. % moisture
1114-05							
9812		1.310					

PVC, Semi-Rigid — Apex — Teknor Apex

Grade	Filler	Sp Grav	Shrink, mils/in	Melt flow, g/10 min	Drying temp, °F	Drying time, hr	Max. % moisture
1011		1.350	10.0-12.0				
1013		1.390	10.0-12.0				
1015		1.390	10.0-12.0				

Max. % regrind	Inj. pres., ksi	Rear temp, °F	Mid temp, °F	Front temp, °F	Nozzle temp, °F	Proc temp, °F	Mold temp, °F
						390-410	
						390-410	
						390-410	
						390-410	
						390-410	
						390-400	
						390-400	
						390-400	
						395-410	
						395-410	
						395-410	
						395-410	
						395-410	
						400-410	
						395-405	
						395-405	
						395-405	
						400-410	
50	12.0-20.0	325	345-375	360-380	350-380	395-410	60-120
50	12.0-20.0	325	345-375	360-380	350-380	395-410	60-120
50	12.0-20.0	325	345-375	360-380	350-380	395-410	60-120
50	12.0-20.0	325	345-375	360-380	350-380	395-410	60-120
50	12.0-20.0	325	345-375	360-380	350-380	395-410	60-120
50	12.0-20.0	325	345-375	360-380	350-380	395-410	60-120
						300-330	
						300-330	
						300-330	
						300-330	
		300-360	300-360	300-360		390-410	
		300-360	300-360	300-360		390-410	
		300-360	300-360	300-360		390-410	
		300-360	300-360	300-360		390-410	
		300-360	300-360	300-360		390-410	
		300-360	300-360	300-360		390-410	
						390-400	
						390-400	
						390-400	
		290	340	350	350	370-380	
						330-350	50-100
						375	
						380	
						380	

FREE DATA SHEETS: WWW.IDES.COM/PSIM

Grade	Filler	Sp Grav	Shrink, mils/in	Melt flow, g/10 min	Drying temp, °F	Drying time, hr	Max. % moisture
1017		1.390		10.0-12.0			
1020		1.390		10.0-12.0			

PVC, Unspecified — ACP — AlphaGary

Grade	Sp Grav	Melt flow
800HX	1.220	8.50 F

PVC, Unspecified — Alpha PVC — AlphaGary

Grade	Sp Grav	Melt flow
2212/7-114	1.290	29.00 F
2212/7-118	1.330	23.00 F
2212-100	1.300	87.00 F
2212-110	1.320	72.00 F
2212-67	1.180	10.00 E
2212RHT-118	1.330	35.00 F
2212RRM-118	1.340	15.00 F
2212RSM-100	1.310	77.00 F
2212RSM-110	1.320	62.00 F
2227N/X-75IM	1.260	2.50 F
3006/1-60	1.180	18.00 F
3006/2A1-82	1.230	1.50 F
3006/X-65	1.340	5.00 F
3006-70	1.200	13.00 F
3006-95	1.280	1.10 F
3006R-65	1.180	14.00 F
3006R-75	1.210	8.00 F
3006R-85	1.250	5.00 F
3018-90	1.530	164.00 F
3019-40/45	1.130	215.00 F
3624XFS-40	1.290	187.00 E
437/1-70	1.370	14.00 F

PVC, Unspecified — Georgia Gulf PVC — Georgia Gulf

Grade	Sp Grav	Shrink, mils/in	Drying temp, °F	Drying time, hr
5009	1.390	2.0-4.0	150	2.0-4.0
9175 J	1.330		150	2.0-4.0
9275 J	1.330		150	2.0-4.0
CL-6380	1.370	2.0-4.0	150	2.0-4.0
CL-7049	1.290	3.0-4.0	150	2.0-4.0
CL-7053	1.330	3.0-4.0	150	2.0-4.0
HF-6597	1.400	3.0-4.0	150	2.0-4.0
HH-1900	1.220	3.0-6.0	150	2.0-4.0
HH-2000	1.250	4.0-6.0	140-160	2.0-4.0
LSP 6103	1.496		150	2.0-4.0
SP-6702	1.290	3.0-5.0	150	2.0-4.0
SP-7107	1.350	3.0-4.0	150	2.0-4.0
UV-6676	1.400	3.0-4.0	150	2.0-4.0
UV-7160	1.350	3.0-4.0	150	2.0-4.0

PVC, Unspecified — Lyncor PVC — Lyncor

Grade	Sp Grav	Melt flow
XP 65-101-CF	1.350	10.0

PVC, Unspecified — Superkleen — AlphaGary

Grade	Sp Grav	Melt flow
2213-100	1.320	
2223-80	1.250	
2223C-70	1.200	
3003-65	1.200	11.00 E
3003-85	1.250	
3003-90	1.300	

Max. % regrind	Inj. pres., ksi	Rear temp, °F	Mid temp, °F	Front temp, °F	Nozzle temp, °F	Proc temp, °F	Mold temp, °F
						385	
						380	
						360	
						340-360	
						340-360	
						320-340	
						350	
		300	320	340	340	320-340	
						355	
						360	
						345	
						345	
		300	320	340	340	320-340	
		300	320	340	340	320-340	
		300	320	340	340	320-340	
		300	320	340	340	320-340	
		300	320	340	340	320-340	
		300	320	340	340	320-340	
						335	
		300	320	340	340	320-340	
		300	320	340	340	320-340	
						350	
		300	320	340	340	320-340	
		300	320	340	340	320-340	
						340	
50	12.0-20.0	325	345-375	360-380	350-380	395-410	60-120
50	12.0-20.0	325	345-375	360-380	350-380	395-410	60-120
50	12.0-20.0	325	345-375	360-380	350-380	395-410	60-120
50	12.0-20.0	325	345-375	360-380	350-380	395-410	60-120
50	12.0-20.0	325	345-375	360-380	350-380	395-410	60-120
50	12.0-20.0	325	345-375	360-380	350-380	395-410	60-120
50	12.0-20.0	325	345-375	360-380	350-380	395-410	60-120
50	12.0-20.0	325	345-375	360-380	350-380	395-410	60-120
50	12.0-20.0	325	345-375	360-380	350-380	395-410	60-120
50	12.0-20.0	325	345-375	360-380	350-380	395-410	60-120
50	12.0-20.0	325	345-375	360-380	350-380	395-410	60-120
50	12.0-20.0	325	345-375	360-380	350-380	395-410	60-120
50	12.0-20.0	325	345-375	360-380	350-380	395-410	60-120
						340	
		300	320	340	340	320-340	
		300	320	340	340	320-340	
		300	320	340	340	320-340	
		300	320	340	340	320-340	
		300	320	340	340	320-340	
		300	320	340	340	320-340	

FREE DATA SHEETS: WWW.IDES.COM/PSIM

Grade	Filler	Sp Grav	Shrink, mils/in	Melt flow, g/10 min	Drying temp, °F	Drying time, hr	Max. % moisture
PVC+NBR	**Vynite**				**AlphaGary**		
XPI-65		1.190					
XPI-70		1.170					
PVC+PUR	**Vythene**				**AlphaGary**		
10-78		1.230		3.00 E			
11X-68		1.200		34.00 E	140	2.0-3.0	
13X-58		1.190			140	2.0-3.0	
27D-90A		1.530		47.00 E	140	2.0-3.0	
PVDF	**Foraflon**				**Total Petrochem**		
1000 HD		1.775		10.00			
2500 HD		1.775		25.00			
4000 HD		1.775		40.00			
6000 HD		1.775		60.00			
9000 HD		1.775		90.00			
PVDF	**Hylar**				**Solvay Solexis**		
460		1.745					
461		1.745					
710		1.765		20.00			
711		1.765		20.00			
720		1.765		10.00			
721		1.765		10.00			
740		1.765		23.00			
741		1.765		23.00			
760		1.765		10.00			
761		1.765		10.00			
PVDF	**Kynar**				**Arkema**		
1000 SERIES		1.770	15.0-30.0	1.50 BF			
320		1.835		2.00			
370	GRP	1.860	7.5-20.0				
460		1.760	15.0-30.0	6.00 AH			
710		1.780	15.0-30.0	20.00 I			
711		1.765		20.00 S	302	1.0	
720		1.780	15.0-30.0	7.00 I			
721		1.765		10.00 S	302	1.0	
740		1.780	15.0-30.0	6.00 DB			
760		1.780	15.0-30.0	2.00 DB			
PVDF	**Kynar Flex**				**Arkema**		
2500		1.810	10.0-25.0				
2750		1.790	10.0-25.0	4.00 DB			
2800		1.775	10.0-25.0	3.00 DB			
2850		1.775	10.0-25.0	3.00 DB			
3120		1.775	10.0-25.0	2.00 DB			
PVDF	**Lubricomp**				**LNP**		
FP-VCL-4024	CF	1.780			250-300	4.0	
PVDF	**RTP Compounds**				**RTP**		
3300		1.774	10.0-15.0		250	2.0	
3381	CF 10	1.774	3.0-5.0		250	2.0	
3382	CF 15	1.764	2.0-5.0		250	2.0	

Max. % regrind	Inj. pres., ksi	Rear temp, °F	Mid temp, °F	Front temp, °F	Nozzle temp, °F	Proc temp, °F	Mold temp, °F
		300	320	340	340	320-340	
		300	320	340	340	320-340	
						340	
50	1.5	300	320	340	340	350	80-90
50	1.5	300	320	340	340	350	80-90
50	1.5	300	320	340	340	350	80-90
						356-572	
						356-572	
						356-572	
						356-572	
						356-572	
		390-450		410-490	400-490		120-200
		395-450		410-480	400-490		120-200
		360-410		375-440	360-440		120-200
		360-410		375-440	360-440		120-200
		360-410		375-450	360-450		120-200
		360-410		375-450	360-450		120-200
		380-430		400-470	380-470		120-200
		380-430		400-470	380-470		120-200
		395-450		410-480	400-490		120-200
		395-450		410-480	400-490		120-200
		380-450	390-460	400-480	380-490		120-200
		380-450		430-500	450-510		120-200
		380-430	390-450	400-470	380-470		120-200
		390-450	410-470	430-500	450-510		120-200
		370-410	370-420	375-440	370-440		120-200
						392-446	158-194
		370-410	370-430	375-450	370-450		120-200
						428-464	158-194
		380-430	390-450	400-470	380-470		120-200
		395-450	400-460	410-480	400-490		120-200
		310-350	320-360	320-380	320-400		90-170
		320-360	330-380	330-400	350-420		100-180
		375-410	385-440	400-480	380-490		120-200
		375-410	385-440	400-480	380-490		120-200
		370-410	370-430	375-450	370-450		120-200
						425-450	150-200
	10.0-15.0					410-550	180-220
	10.0-15.0					410-550	180-220
	10.0-15.0					410-550	180-220

FREE DATA SHEETS: WWW.IDES.COM/PSIM

Grade	Filler	Sp Grav	Shrink, mils/in	Melt flow, g/10 min	Drying temp, °F	Drying time, hr	Max. % moisture
3383	CF 20	1.764	2.0-4.0		250	2.0	
3385	CF 30	1.754	1.0-3.0		250	2.0	
3505	GFI 30	2.226	2.0-5.0		250	2.0-4.0	

PVDF — Thermocomp — LNP

Grade	Filler	Sp Grav	Shrink, mils/in	Melt flow, g/10 min	Drying temp, °F	Drying time, hr	Max. % moisture
FP-VC-1003 BK8-019	CF	1.760	3.0-5.0		250-300	4.0	
FP-VC-1004	CF	1.750			250-300	4.0	

SAN — Alcom — Albis

Grade	Filler	Sp Grav	Shrink, mils/in	Melt flow, g/10 min	Drying temp, °F	Drying time, hr	Max. % moisture
SAN 520 GF10 GR25	GRF 25	1.330		8.00 AN			
SAN 520 GR 30 Si2	GRF 30	1.300		10.00 AN			

SAN — Cevian-N — Daicel Polymer

Grade	Filler	Sp Grav	Shrink, mils/in	Melt flow, g/10 min	Drying temp, °F	Drying time, hr	Max. % moisture
020SF		1.073	3.0-5.0	13.00 AN	176-185	3.0-5.0	
050SF		1.073	3.0-5.0	32.00 AN	176-185	3.0-5.0	
070SF		1.073	3.0-5.0	14.00 AN	176-185	3.0-5.0	
080SF		1.073	3.0-5.0	17.00 AN	176-185	3.0-5.0	
GRS	GFI 20	1.223	1.0-3.0		176-185	3.0-5.0	
GRSJ	GFI 20	1.223			176-185	3.0-5.0	
GRSJ1	GFI 10	1.143	2.0-4.0		176-185	3.0-5.0	
GRSJ3	GFI 30	1.303	1.0-3.0		176-185	3.0-5.0	
NF012A		1.113		60.00 AN	158-176	3.0-4.0	

SAN — Espree — GE Polymerland

Grade	Filler	Sp Grav	Shrink, mils/in	Melt flow, g/10 min	Drying temp, °F	Drying time, hr	Max. % moisture
SAN6GP		1.070	3.0-7.0	6.00 I	160	2.0	

SAN — Formpoly — Formulated Poly

Grade	Filler	Sp Grav	Shrink, mils/in	Melt flow, g/10 min	Drying temp, °F	Drying time, hr	Max. % moisture
SANGF20	GFI 20	1.220	1.0-3.0		140-176	2.0-4.0	
SANGF20IM	GFI 20				140-176	2.0-4.0	
SSAN100	GFI				140-176	2.0-4.0	
SSAN110	GFI				140-176	2.0-4.0	

SAN — Gesan — GE Adv Materials

Grade	Filler	Sp Grav	Shrink, mils/in	Melt flow, g/10 min	Drying temp, °F	Drying time, hr	Max. % moisture
CTS100 Resin		1.070	3.0-7.0	8.00 I	160-180	2.0	

SAN — Hiloy — A. Schulman

Grade	Filler	Sp Grav	Shrink, mils/in	Melt flow, g/10 min	Drying temp, °F	Drying time, hr	Max. % moisture
242	GFI 20	1.210	1.0		175	2.0	0.10
243	GFI 30	1.310	1.0		175	2.0	0.10
246	GMN 30	1.300	4.0		175	2.0	0.10
247	GMN 40	1.400			175	2.0	0.10
249	GFI 30	1.260	1.0		175	2.0	0.10

SAN — Jamplast — Jamplast

Grade	Filler	Sp Grav	Shrink, mils/in	Melt flow, g/10 min	Drying temp, °F	Drying time, hr	Max. % moisture
JPSANC		1.080	3.0-7.0	25.00 I	160-180	2.0	0.10
JPSANGI		1.070	3.0-7.0	8.00 I	160-180	2.0-4.0	0.10

SAN — Kibisan — Chi Mei

Grade	Filler	Sp Grav	Shrink, mils/in	Melt flow, g/10 min	Drying temp, °F	Drying time, hr	Max. % moisture
PN-117		1.060	2.0-5.0	15.00 I	165-175	2.0-3.0	
117C		1.060	2.0-6.0	25.00 I	165-175	2.0-3.0	
PN-127		1.060	2.0-5.0	6.50 I	165-175	2.0-3.0	
PN-127H		1.060	2.0-5.0	6.50 I	175-185	2.0-3.0	

SAN — Kostil — Polimeri Europa

Grade	Filler	Sp Grav	Shrink, mils/in	Melt flow, g/10 min	Drying temp, °F	Drying time, hr	Max. % moisture
B 266(1)		1.073	4.0-6.0	18.00 AN	176	1.0-2.0	

Max. % regrind	Inj. pres., ksi	Rear temp, °F	Mid temp, °F	Front temp, °F	Nozzle temp, °F	Proc temp, °F	Mold temp, °F
	10.0-15.0					410-550	180-220
	10.0-15.0					410-550	180-220
	3.0-8.0					650-725	200
						425-450	150-200
						425-450	150-200
						430-500	85-140
						430-500	85-140
		338-374	374-410	410-446	410-446		104-140
		338-374	374-410	410-446	410-446		104-140
		338-374	374-410	410-446	410-446		104-140
		338-374	374-410	410-446	410-446		104-140
		374-410	410-446	446-482	446-482		140-176
		374-410	410-446	446-482	446-482		140-176
		374-410	410-446	446-482	446-482		140-176
		374-410	410-446	446-482	446-482		140-176
		302-320	320-338	338-374	338-374		104-140
						390-450	160-190
	18.5	392	437	455	437	410	158
						400-475	60-190
20		465-490	455-510	475-510	475-520	520	105-160
20		465-490	455-510	475-510	475-520	520	105-160
20		465-490	455-510	475-510	475-520	520	105-160
20		465-490	455-510	475-510	475-520	520	105-160
20		465-490	455-510	475-510	475-520	520	105-160
20	5.0-20.0	300-400		375-450			30-190
	5.0-20.0	400	425	450	440	390-450	80-120
	0.7-1.0	355-430	355-430	355-430		355-430	105-140
	0.6-0.9	340-410	340-410	340-410		340-410	105-140
	0.7-1.0	355-430	355-430	355-430		355-430	105-140
	0.7-1.0	355-445	355-445	355-445		356-446	105-140
						392-482	104-167

FREE DATA SHEETS: WWW.IDES.COM/PSIM

Grade	Filler	Sp Grav	Shrink, mils/in	Melt flow, g/10 min	Drying temp, °F	Drying time, hr	Max. % moisture
B 361 R42		1.063	4.0-6.0	24.00 AN	176	1.0-2.0	
B 366(1)		1.073	4.0-6.0	30.00 AN	176	1.0-2.0	
C 266(1)		1.083	4.0-6.0	20.00 AN	176	1.0-2.0	
PD C 366(1)		1.083	4.0-6.0	30.00 AN	176	1.0-2.0	
SAN	**Lastil**				**Lati**		
G/25-V0	GFI 25	1.414	1.5		158-176	3.0	
G/30	GFI 30	1.303	1.5		158-176	3.0	
M/25	GFI 25	1.263	2.5		158-176	3.0	
SAN	**Lubricomp**				**LNP**		
BFL-4016 BK8-115	GFI	1.320	2.0		180	4.0	0.15
SAN	**Lupan**				**LG Chem**		
GP-2205	GFI 20	1.200	1.0-3.0		176-194	2.0-3.0	
GP-2305	GFI 30	1.300	1.0-2.0		176-194	2.0-3.0	
HF-2208	GFI 20	1.200	1.0-3.0		164-176	2.0-3.0	
HF-2358	GFI 35	1.300	1.0-2.0		176-194	2.0-3.0	
HR-2207	GFI 20	1.200	1.0-3.0		176-194	2.0-3.0	
SAN	**Lupos**				**LG Chem**		
GP-2205	GFI	1.200	1.0-3.0		158-194	2.0-3.0	0.10
GP-2205NB	GFI	1.300	1.0-2.0		158-194	2.0-3.0	0.10
GP-2305A	GFI	1.310	1.0-2.0		194	3.0-4.0	
HR-2307	GFI	1.400	1.0-2.0		158-194	2.0-3.0	0.10
HR-2407	GFI	1.400	1.0-2.0		158-194	2.0-3.0	0.10
SAN	**Lustran SAN**				**Lanxess**		
31		1.070	3.0-4.0	7.50 I	180-190	2.0	0.02
Sparkle		1.070	3.0-4.0	12.00 I	180	2.0	
SAN	**Net Poly SAN**				**Network Poly**		
260		1.080	3.0-7.0	2.00 G	176	2.0-4.0	
268		1.070	3.0-7.0	3.00 G	176	2.0-4.0	
278		1.080	3.0-7.0	2.00 G	176	2.0-4.0	
SAN	**Polidux**				**Repsol YPF**		
S—021		1.058	4.0-6.0	24.00 AN	176-194	2.0	
SAN	**PTS**				**Polymer Tech**		
SAN-120 PC		1.070		12.00 I	160-175	2.0-3.0	
SAN-121 PC		1.073		12.00 G	160-175	2.0-3.0	
SAN-80HF		1.073	2.0-6.0	25.00 AN	160-175	2.0-3.0	
SAN-82TR		1.073	2.0-6.0	40.00 AN	160-175	2.0-3.0	
SAN	**RTP Compounds**				**RTP**		
500		1.073	3.0-7.0		180	2.0	
500 TFE 5		1.103	5.0		180	2.0	
501	GFI 10	1.143	2.0-4.0		180	2.0	
501 FR	GFI 10	1.383	2.0-4.0		180	2.0	
501 HB	GFI 10	1.143	2.0-4.0		180	2.0	
503	GFI 20	1.213	2.0-3.5		180	2.0	
503 FR	GFI 20	1.454	1.5-2.5		180	2.0	
503 HB	GFI 20	1.203	2.0-3.5		180	2.0	
505	GFI 30	1.303	1.0-2.0		180	2.0	
505 FR	GFI 30	1.524	0.5-2.5		180	2.0	

Max. % regrind	Inj. pres., ksi	Rear temp, °F	Mid temp, °F	Front temp, °F	Nozzle temp, °F	Proc temp, °F	Mold temp, °F
						374-482	104-167
						374-482	104-167
						392-464	104-167
						374-464	104-167
15						392-446	140-176
15						446-500	140-176
15						428-482	140-176
						500	180-200
	9.9-14.2	374-410	392-428	410-446	410-446	428-464	140-194
	9.9-14.2	374-410	392-428	410-446	410-446	428-464	140-194
	9.9-14.2	374-410	392-428	410-446	410-446	428-464	140-194
	9.9-14.2	374-410	392-428	410-446	410-446	428-464	140-194
	9.9-14.2	410-446	428-464	446-482	446-482	464-500	140-194
	10.2-14.5	374-410	392-428	410-446	410-446	428-464	140-194
	10.2-14.5	374-410	392-428	410-446	410-446	428-464	140-194
	10.0-14.2	374-410	392-428	410-446	410-446		140-194
	10.2-14.5	410-446	428-464	446-482	446-482	464-500	140-194
	10.2-14.5	410-446	428-464	446-482	446-482	464-500	140-194
	10.0-12.0	340-365	365-390	395-420	395-420	425-500	100-180
		380-450	380-450	380-450		400-425	120-175
	9.9-28.4	428-500	428-500	428-500			104-158
	9.9-28.4	428-500	428-500	428-500			104-158
	9.9-28.4	428-500	428-500	428-500			104-158
						392-464	113-167
	9.9-19.8	375-410	400-430	420-445	400-445		120-175
	9.9-19.8	375-410	400-430	420-445	400-445		120-175
	9.9-19.8	375-410	400-430	420-445	400-445		120-175
	9.9-19.8	375-410	400-430	420-445	400-445		120-175
	10.0-15.0					460-535	125-180
	10.0-15.0					460-535	125-180
	10.0-15.0					460-535	125-180
	10.0-15.0					460-535	125-180
	10.0-15.0					460-535	125-180
	10.0-15.0					460-535	125-180
	10.0-15.0					460-535	125-180
	10.0-15.0					460-535	125-180
	10.0-15.0					460-535	125-180
	10.0-15.0					460-535	125-180

FREE DATA SHEETS: WWW.IDES.COM/PSIM

Grade	Filler	Sp Grav	Shrink, mils/in	Melt flow, g/10 min	Drying temp, °F	Drying time, hr	Max. % moisture
505 HB	GFI 30	1.303	1.0-2.0		180	2.0	
506 FR	GFI 35	1.554	0.5-2.5		180	2.0	
506 HB	GFI 35	1.353	0.5-1.5		180	2.0	
507	GFI 40	1.404	0.5-1.5		180	2.0	
507 HB	GFI 40	1.404	0.5-1.5		180	2.0	

SAN   Sanrex   Techno Polymer

Grade	Filler	Sp Grav	Shrink, mils/in	Melt flow, g/10 min	Drying temp, °F	Drying time, hr	Max. % moisture
S10G12	GFI 12	1.170	2.0-4.0	7.00 AN	167-185	2.0-5.0	
S10G15	GFI 15	1.200	2.0-4.0	6.00 AN	167-185	2.0-5.0	
S10G20	GFI 20	1.230	1.0-3.0	5.00 AN	167-185	2.0-5.0	
S10G32	GFI 32	1.290	1.0-3.0	3.00 AN	167-185	2.0-5.0	
SAN-AK		1.110	2.0-5.0	35.00 AN	167-185	2.0-5.0	
SAN-C		1.080	2.0-5.0	25.00 AN	167-185	2.0-5.0	
SAN-H		1.080	2.0-5.0	5.00 AN	167-185	2.0-5.0	
SAN-L		1.080	2.0-5.0	22.00 AN	167-185	2.0-5.0	
SAN-R		1.080	2.0-5.0	44.00 AN	167-185	2.0-5.0	
SAN-T		1.080	2.0-5.0	14.00 AN	167-185	2.0-5.0	

SAN   Saxasan   Sax Polymers

Grade	Filler	Sp Grav	Shrink, mils/in	Melt flow, g/10 min	Drying temp, °F	Drying time, hr	Max. % moisture
2110		1.083	3.0-7.0		176	2.0-4.0	
2118		1.083	3.0-7.0		176	2.0-4.0	
2812		1.083	3.0-7.0		176	2.0-4.0	
2820		1.083	3.0-7.0		176	2.0-4.0	

SAN   Starex   Samsung

Grade	Filler	Sp Grav	Shrink, mils/in	Melt flow, g/10 min	Drying temp, °F	Drying time, hr	Max. % moisture
HF-53330S		1.083	2.0-4.0	1.90 G			

SAN   Terez SAN   Ter Hell Plast

Grade	Filler	Sp Grav	Shrink, mils/in	Melt flow, g/10 min	Drying temp, °F	Drying time, hr	Max. % moisture
2006 B		1.083	4.0-8.0	16.00 AN	176	2.0-3.0	
2006 G		1.083	4.0-8.0	20.00 AN	176	2.0-3.0	
2011 B		1.083	4.0-8.0	28.00 AN	176	2.0-3.0	
2011 G		1.083	4.0-8.0	28.00 AN	176	2.0-3.0	
2012 B		1.073	4.0-8.0	30.00 AN	176	2.0-3.0	
2012 G		1.073	4.0-8.0	35.00 AN	176	2.0-3.0	

SAN   Thermocomp   LNP

Grade	Filler	Sp Grav	Shrink, mils/in	Melt flow, g/10 min	Drying temp, °F	Drying time, hr	Max. % moisture
BF-1004 BK8-114	GFI				180	4.0	0.15
BF-1006	GFI	1.310	1.0		180	4.0	0.15

SAN   Tyril   Dow

Grade	Filler	Sp Grav	Shrink, mils/in	Melt flow, g/10 min	Drying temp, °F	Drying time, hr	Max. % moisture
100		1.070	3.0-7.0	8.00 I	160-180	2.0-4.0	0.10
125		1.080	3.0-7.0	25.00 I	160-180	2.0	0.10
333		1.070		20.00 I	160-180	2.0	0.10
880		1.080	3.0-7.0	3.30 I	160-180	2.0	0.10
880B		1.080	3.0-7.0	3.20 I	160-180	2.0	0.10
990		1.070	3.0-7.0	8.50 I	160-180	2.0	0.10

SAS   Dialac   UMG ABS

Grade	Filler	Sp Grav	Shrink, mils/in	Melt flow, g/10 min	Drying temp, °F	Drying time, hr	Max. % moisture
S210B		1.073	4.0-6.0		185-194	3.0-4.0	
S310		1.063	4.0-6.0		185-194	3.0-4.0	
S351		1.063	4.0-6.0		185-194	3.0-4.0	
S359A		1.133	4.0-6.0		185-194	3.0-4.0	
S359E		1.133	4.0-6.0		185-194	3.0-4.0	
S410A		1.063	4.0-6.0		185-194	3.0-4.0	
S411A		1.063	4.0-6.0		185-194	3.0-4.0	
S510		1.063	4.0-6.0		185-194	3.0-4.0	

Max. % regrind	Inj. pres., ksi	Rear temp, °F	Mid temp, °F	Front temp, °F	Nozzle temp, °F	Proc temp, °F	Mold temp, °F
	10.0-15.0					460-535	125-180
	10.0-15.0					460-535	125-180
	10.0-15.0					460-535	125-180
	10.0-15.0					460-535	125-180
	10.0-15.0					460-535	125-180
		374-500	374-500	374-500			104-176
		374-500	374-500	374-500			104-176
		374-500	374-500	374-500			104-176
		374-500	374-500	374-500			104-176
		356-410	356-410	356-410			68-176
		374-500	374-500	374-500			68-176
		374-500	374-500	374-500			68-176
		374-500	374-500	374-500			68-176
		374-500	374-500	374-500			68-176
		374-500	374-500	374-500			68-176
						428-518	104-158
						428-518	104-158
						428-518	104-158
						428-518	104-158
						460-500	100-175
		356-428	> 428	446-482	455-491	374-482	104-158
		356-428	> 428	446-482	455-491	374-482	104-158
		356-428	> 428	446-482	455-491	374-482	104-158
		356-428	> 428	446-482	455-491	374-482	104-158
		356-428	> 428	446-482	455-491	374-482	104-158
		356-428	> 428	446-482	455-491	374-482	104-158
						500	180-200
						500	180-200
	5.0-20.0	400	425	450	440	390-450	80-120
20	5.0-20.0	300-400		375-450			30-190
	5.0-20.0	300-400		375-450			30-190
	5.0-20.0	400		450			30-190
	5.0-20.0	300-400		375-450			30-190
	10.2-20.3	374-410	410-446	428-482	392-446	428-500	122-140
	10.2-20.3	374-410	410-446	428-482	392-446	428-500	122-140
	10.2-20.3	374-410	410-446	428-482	392-446	428-500	122-140
	10.2-20.3	392-446	446-482	446-518	392-482	446-518	122-140
	10.2-20.3	392-446	446-482	446-518	392-482	446-518	122-140
	10.2-20.3	392-446	446-482	446-518	392-482	446-518	122-140
	10.2-20.3	374-410	410-446	428-482	392-446	428-500	122-140
	10.2-20.3	374-410	410-446	428-482	392-446	428-500	122-140
	10.2-20.3	374-410	410-446	428-482	392-446	428-500	122-140

FREE DATA SHEETS: WWW.IDES.COM/PSIM

Grade	Filler	Sp Grav	Shrink, mils/in	Melt flow, g/10 min	Drying temp, °F	Drying time, hr	Max. % moisture
S710A		1.063	5.0-7.0		185-194	3.0-4.0	
SK30		1.033	6.0-8.0		185-194	3.0-4.0	
SKY10		1.073	5.0-7.0		185-194	3.0-4.0	
SKY15		1.073	5.0-7.0		185-194	3.0-4.0	
SV10		1.063	7.0-9.0		185-194	3.0-4.0	
SV15		1.073	5.0-7.0		185-194	3.0-4.0	

SB — Kibiton — Chi Mei

Grade	Sp Grav	Melt flow, g/10 min
PB-5825	1.030	7.00 G
PB-5850	1.040	5.00 G
PB-5903	1.020	10.00 G
PB-5910	1.020	10.50 G
PB-5925		11.00 G

SB — Kraton — Kraton

Grade	Sp Grav	Melt flow, g/10 min	Drying temp, °F	Drying time, hr
D-1118X	0.940	10.00 G	125	2.0-4.0
D-4158	0.920	1.00 G	125	2.0-4.0

SB — K-Resin — CP Chem

Grade	Sp Grav	Shrink, mils/in	Melt flow, g/10 min	Drying temp, °F	Drying time, hr
BK10	1.010		15.00 G		
BK11	1.010		7.50 G		
BK12	1.010		8.00 G		
BK13	1.020		15.00 G		
BK15	1.010		15.00 G		
CK02	1.010		10.00 G		
KR01	1.010	6.0	8.00 G	140	1.0
KR03	1.010	7.0	7.50 G	140	1.0
KR05	1.010		7.50 G		

SB — Styrolux — BASF

Grade	Sp Grav	Shrink, mils/in	Melt flow, g/10 min
3G33	1.020	6.5	11.00 G
3G55 Q420	1.013	6.5	15.00 G

SB — Terez B/S — Ter Hell Plast

Grade	Sp Grav	Melt flow, g/10 min	Drying temp, °F	Drying time, hr
4003	1.013	7.00 G	140	0.5-1.0

SBS — Dryflex — VTC Elastoteknik

Grade	Sp Grav	Shrink, mils/in	Melt flow, g/10 min
400501S	1.043	8.0-20.0	8.00 E
400601S	1.043	8.0-20.0	8.00 E
400700	0.912	8.0-20.0	10.00 P
400701S	1.043	8.0-20.0	8.00 E
400800	0.912	8.0-20.0	12.00 P
400801S	1.043	8.0-20.0	8.00 E
400900	0.912	8.0-20.0	15.00 P
400901S	1.043	8.0-20.0	8.00 E
402501S	1.043	8.0-20.0	8.00 E
402601S	1.043	8.0-20.0	8.00 E
402701S	1.043	8.0-20.0	8.00 E
402801S	1.043	8.0-20.0	8.00 E
402901S	1.043	8.0-20.0	8.00 E
403500	1.002	8.0-20.0	8.00 E
403600	1.012	8.0-20.0	5.00 P
420351S	1.043	8.0-20.0	4.00 E
420401S	1.043	8.0-20.0	4.00 E
420450	0.912	8.0-20.0	14.00 P
420451S	1.043	8.0-20.0	4.00 E

Max. % regrind	Inj. pres., ksi	Rear temp, °F	Mid temp, °F	Front temp, °F	Nozzle temp, °F	Proc temp, °F	Mold temp, °F
	10.2-20.3	392-446	446-482	446-518	392-482	446-518	122-140
	10.2-20.3	374-410	410-446	428-482	392-446	428-500	122-140
	10.2-20.3	374-410	410-446	428-482	392-446	428-500	122-140
	10.2-20.3	374-410	410-446	428-482	392-446	428-500	122-140
	10.2-20.3	374-410	410-446	428-482	392-446	428-500	122-140
	10.2-20.3	374-410	410-446	428-482	392-446	428-500	122-140
						338-392	
						338-392	
	0.6-1.0	320-356	356-392	356-392		356-375	85-120
	0.6-1.0	320-356	356-392	356-392		356-375	85-120
	0.6-1.0	320-356	356-392	356-392		356-375	85-120
25	0.5-1.0	150-200	300-345	345-390	390		50-105
25	0.5-1.0	150-200	300-345	345-390	390		50-105
						380-450	
						380-450	
						380-450	
						380-450	
						380-450	
						425	
						380-450	50-120
						350-450	50-120
						428	86
						356-482	86-122
						356-482	86-122
						374-446	
						338-410	
						338-410	
						338-410	
						338-410	
						338-410	
						338-410	
						338-410	
						338-410	
						338-410	
						338-410	
						338-410	
						338-410	
						338-410	
						338-410	
						338-410	
						338-410	
						338-410	
						338-410	

FREE DATA SHEETS: WWW.IDES.COM/PSIM

Grade	Filler	Sp Grav	Shrink, mils/in	Melt flow, g/10 min	Drying temp, °F	Drying time, hr	Max. % moisture
420501S		1.043	8.0-20.0	4.00 E			
422351S		1.043	8.0-20.0	4.00 E			
422401S		1.043	8.0-20.0	4.00 E			
422451S		1.043	8.0-20.0	4.00 E			
422501S		1.043	8.0-20.0	4.00 E			

SBS   Elastron D   Elastron

Grade	Sp Grav
176.001 NATUREL	
58 SHORE A	
235.001 SEFFAF	1.123
59 SHORE A	
238.001 NATUREL	0.922
40 SHORE D	1.053
251.001 SEFFAF	
50 SHORE A	0.922
260.001 NATUREL	
70 SHORE A	1.123
261.001 NATUREL	
80 SHORE A	1.093
268.901 SIYAH	
50 SHORE A	1.143
298.001 SEFFAF	
75 SHORE A	0.932
313.301 KIRMIZI	
60 SHORE A	0.902
323.701 A.GRI	
70 SHORE A	1.133
387.001 BEYAZ	
45 SHORE D	1.033
391.001 NATUREL	
40 SHORE A	1.113
414.001 NATUREL	
80 SHORE A	1.183
417.001 NATUREL	
70 SHORE A	1.033
470.001 SEFFAF	
70 SHORE A	0.902

SBS   Finaclear   Total Petrochem

Grade	Sp Grav	Melt flow
609	1.033	17.00 G

SBS   J-Last   J-Von

Grade	Sp Grav	Shrink	Melt flow
1000-35A	0.970	5.0-20.0	46.00 G
1000-42A	0.970	5.0-20.0	38.00 G
1000-54A	0.980	5.0-20.0	24.00 G
1000-64A	0.990	5.0-20.0	33.00 G
1000-72A	0.990	5.0-20.0	22.00 G
1000-80A	1.010	5.0-20.0	31.00 G
1001-35A	0.970	5.0-20.0	46.00 G
1001-42A	0.970	5.0-20.0	38.00 G
1001-54A	0.980	5.0-20.0	24.00 G
1001-64A	0.990	5.0-20.0	33.00 G
1001-72A	0.990	5.0-20.0	22.00 G
1001-80A	1.010	5.0-20.0	31.00 G

Max. % regrind	Inj. pres., ksi	Rear temp, °F	Mid temp, °F	Front temp, °F	Nozzle temp, °F	Proc temp, °F	Mold temp, °F
						338-410	
						338-410	
						338-410	
						338-410	
						338-410	
		356-410	356-410	356-410		293-347	86-140
		356-410	356-410	356-410		293-347	86-140
		356-410	356-410	356-410		320-374	86-140
		356-410	356-410	356-410		293-347	86-140
		356-410	356-410	356-410		293-347	86-140
		356-410	356-410	356-410		293-347	86-140
		356-410	356-410	356-410		293-347	86-140
		356-410	356-410	356-410		293-347	86-140
		356-410	356-410	356-410		293-347	86-140
		356-410	356-410	356-410		293-347	86-140
		356-410	356-410	356-410		320-374	86-140
		356-410	356-410	356-410		293-347	86-140
		356-410	356-410	356-410		293-347	86-140
		356-410	356-410	356-410		293-347	86-140
		356-410	356-410	356-410		293-347	86-140
		374-410	392-446	410-446	410-446		77-95
20		175	300-350	315-375	325-390	325-375	55-100
20		175	300-350	315-375	325-390	325-375	55-100
20		175	300-350	315-375	325-390	325-375	55-100
20		175	300-350	315-375	325-390	325-375	55-100
20		175	300-350	315-375	325-390	325-375	55-100
20		175	300-350	315-375	325-390	325-375	55-100
20		175	300-350	315-375	325-390	325-375	55-100
20		175	300-350	315-375	325-390	325-375	55-100
20		175	300-350	315-375	325-390	325-375	55-100
20		175	300-350	315-375	325-390	325-375	55-100
20		175	300-350	315-375	325-390	325-375	55-100
20		175	300-350	315-375	325-390	325-375	55-100

FREE DATA SHEETS: WWW.IDES.COM/PSIM

Grade	Filler	Sp Grav	Shrink, mils/in	Melt flow, g/10 min	Drying temp, °F	Drying time, hr	Max. % moisture
SBS	**Kraton**				**Kraton**		
D-1133X		0.940			125	2.0-4.0	
D-1403P		1.010	4.0	11.00 G			
D-1431P		1.013	4.0	8.50 G			
D-1493P		1.013	4.0	11.40 G			
D-1494P		1.013	4.0	8.50 G			
D-2104		0.920	13.0-17.0	22.00 G	125	2.0-4.0	
D-2109		0.940	23.0-27.0	15.00 G	125	2.0-4.0	
D-2122X		0.930			125	2.0-4.0	
D-4150		0.920		19.00 G	125	2.0-4.0	
DX-1118		0.940					
SBS	**Raplan**				**API**		
298/2F		0.992	4.0-20.0				
HB 60-840		0.932	4.0-20.0				
K 70		0.972	4.0-20.0				
SBS	**RTP Compounds**				**RTP**		
2740 U-70A		1.023	15.0		175	2.0	
ESD C 2700-50A		1.053	20.0-30.0		175	2.0	
SBS	**Solen**				**Elastron**		
134.001 SEFFAF 55 SHORE A		0.932					
183.101 KREP 60 SHORE A		0.942					
187.001 SEFFAF 60 SHORE A		0.932					
225.001 M. 65 SHORE A		1.003					
267.901 SIYAH 70 SHORE A		1.003					
425.001 BEYAZ 70 SHORE A		1.013					
488.101 BEJ 60 SHORE A		1.003					
559.101 KREP 55 SHORE A		0.942					
569.801 KAHVE 65 SHORE A		1.003					
597.901 KONTRAST SIYAH 70 SHORE A		1.003					
607.901 KONTRAST SIYAH 75 SHORE A		1.003					
612.001 SEFFAF 65 SHORE A		0.942					
686.101 KREP SARI 57 SHORE A		0.952					
707.901 KONTRAST SIYAH 65 SHORE A		1.003					
718.001 NATUREL 55 SHORE A		1.003					
719.101 KREP 55 SHORE A		0.942					

Max. % regrind	Inj. pres., ksi	Rear temp, °F	Mid temp, °F	Front temp, °F	Nozzle temp, °F	Proc temp, °F	Mold temp, °F
25	0.5-1.0	150-200	300-345	345-390	390		50-105
	1.1	340	360	375	400		80
	1.1	340	360	375	400		80
	1.1	340	360	375	400	450	80
	1.1	340	360	375	400	450	80
25	0.5-1.0	150-200	300-345	345-390	390	330-400	50-105
25	0.5-1.0	150-200	300-345	345-390	390	330-400	50-105
25	0.5-1.0	150-200	300-345	345-390	390		50-105
25	0.5-1.0	150-200	300-345	345-390	390		50-105
20	0.5-2.0	300-370	310-380	320-390	330-400	330-400	50-105
		284	320	356	374		68-104
		284	320	356	374		68-104
		284	320	356	374		68-104
	4.0-8.0					360-410	60-90
	4.0-8.0					360-450	60-100
		284-338	284-338	284-338		284-338	59-86
		284-338	284-338	284-338		284-338	59-86
		284-338	284-338	284-338		284-338	59-86
		284-338	284-338	284-338		284-338	59-86
		284-338	284-338	284-338		284-338	59-86
		284-338	284-338	284-338		284-338	59-86
		284-338	284-338	284-338		284-338	59-86
		284-338	284-338	284-338		284-338	59-86
		284-338	284-338	284-338		284-338	59-86
		284-338	284-338	284-338		284-338	59-86
		284-338	284-338	284-338		284-338	59-86
		284-338	284-338	284-338		284-338	59-86
		284-338	284-338	284-338		284-338	59-86
		284-338	284-338	284-338		284-338	59-86
		284-338	284-338	284-338		284-338	59-86

FREE DATA SHEETS: WWW.IDES.COM/PSIM

Grade	Filler	Sp Grav	Shrink, mils/in	Melt flow, g/10 min	Drying temp, °F	Drying time, hr	Max. % moisture
765.801 KREP 65 SHORE A		0.952					
781.901 KONTRAST 65 SHORE A		1.003					
786.901 SIYAH 75 SHORE A		1.003					
787.901 SIYAH 75 SHORE A		1.003					

SBS   Styrolux   BASF

Grade	Filler	Sp Grav	Shrink, mils/in	Melt flow, g/10 min	Drying temp, °F	Drying time, hr	Max. % moisture
656C		1.023	6.5				
684D		1.013	6.5				

SBS   Vector   Dexco

Grade	Filler	Sp Grav	Shrink, mils/in	Melt flow, g/10 min	Drying temp, °F	Drying time, hr	Max. % moisture
2411		0.940	12.0-14.0				
2518		0.940	12.0-14.0				
6241		0.960	12.0-14.0	23.00 G			
7400		0.940	12.0-14.0	18.00 G			
8508		0.940	12.0-14.0	12.00 G			
8550		0.940	12.0-14.0	8.00 G			

SEBS   C-Flex   Consolidated

Grade	Filler	Sp Grav	Shrink, mils/in	Melt flow, g/10 min	Drying temp, °F	Drying time, hr	Max. % moisture
R70-001 EM50A		0.900	18.0-22.0	0.18 E	150-200		
R70-003 EM70A		0.900	18.0-22.0	7.10 E	150-200		
R70-005 EM30A		0.900	18.0-22.0	18.10 E	150-200		
R70-026 EM90A		0.900	18.0-22.0	11.70 E	150-200		
R70-028 EM35A		0.900	18.0-22.0	30.70 S	150-200		
R70-041 HR55A		0.900	18.0-22.0		150-200		
R70-042 LS55A		0.900	18.0-22.0		150-200		
R70-046 EM35ACL		0.900	18.0-22.0	0.12 E	150-200		
R70-050 EM50ACL		0.900	18.0-22.0	0.42 E	150-200		
R70-051 EM70ACL		0.900	18.0-22.0	5.90 E	150-200		
R70-072 EM60A		0.900	18.0-22.0	1.10 E	150-200		
R70-081 LSHR45A		0.900	18.0-22.0	0.46 E	150-200		
R70-082 EM60ACL		0.900	18.0-22.0	2.10 E	150-200		
R70-085 TLS50A		0.900	18.0-22.0	10.50 S	150-200		
R70-089 HR45A		0.900	18.0-22.0	13.90 S	150-200		
R70-116 HR30A		0.900	18.0-22.0	2.40 E	150-200		
R70-190 HR5A		0.900	18.0-22.0	6.10 E	150-200		
R70-214 HR18A		0.900	18.0-22.0	2.20 D	150-200		
R70-251 HR5ACL		0.900	18.0-22.0	1.80 D	150-200		
R70-302 CL35A (CG)		0.900	18.0-22.0		150-200		
R70-303 CL50A (CG)		0.900	18.0-22.0		150-200		
R70-304 CL60A (CG)		0.900	18.0-22.0		150-200		
R70-305 CL70A (CG)		0.900	18.0-22.0		150-200		
R70-306 CLHR5A (CG)		0.900	18.0-22.0		150-200		
R70-307 CL47A (CG)		0.900	18.0-22.0		150-200		
R70-324 HR20ACL (CG)		0.900	18.0-22.0		150-200		
R70-327 CL90A (CG)		0.900	18.0-22.0		150-200		

SEBS   Dryflex   VTC Elastoteknik

Grade	Filler	Sp Grav	Shrink, mils/in	Melt flow, g/10 min	Drying temp, °F	Drying time, hr	Max. % moisture
500040		0.902	8.0-20.0				
500070		0.892	8.0-20.0	25.00 E			
500120		0.902	8.0-20.0	60.00			
500300S		0.892	8.0-20.0	3.00 E			

Max. % regrind	Inj. pres., ksi	Rear temp, °F	Mid temp, °F	Front temp, °F	Nozzle temp, °F	Proc temp, °F	Mold temp, °F
		284-338	284-338	284-338		284-338	59-86
		284-338	284-338	284-338		284-338	59-86
		284-338	284-338	284-338		284-338	59-86
		284-338	284-338	284-338		284-338	59-86
						356-482	86-122
						356-482	86-122
	5.0-20.0					300-400	50-105
	5.0-20.0					300-400	50-105
	5.0-20.0					300-400	50-105
	5.0-20.0					300-400	50-105
	5.0-20.0					300-400	50-105
	5.0-20.0					300-400	50-105
25	0.3-1.0	300-425	300-425	300-425			
25	0.3-1.0	300-425	300-425	300-425			
25	0.3-1.0	300-425	300-425	300-425			
25	0.3-1.0	300-425	300-425	300-425			
25	0.3-1.0	300-425	300-425	300-425			
25	0.3-1.0	300-425	300-425	300-425			
25	0.3-1.0	300-425	300-425	300-425			
25	0.3-1.0	300-425	300-425	300-425			
25	0.3-1.0	300-425	300-425	300-425			
25	0.3-1.0	300-425	300-425	300-425			
25	0.3-1.0	300-425	300-425	300-425			
25	0.3-1.0	300-425	300-425	300-425			
25	0.3-1.0	300-425	300-425	300-425			
25	0.3-1.0	300-425	300-425	300-425			
25	0.3-1.0	300-425	300-425	300-425			
25	0.3-1.0	300-425	300-425	300-425			
25	0.3-1.0	300-425	300-425	300-425			
25	0.3-1.0	300-425	300-425	300-425			
25	0.3-1.0	300-425	300-425	300-425			
25	0.3-1.0	300-425	300-425	300-425			
25	0.3-1.0	300-425	300-425	300-425			
25	0.3-1.0	300-425	300-425	300-425			
25	0.3-1.0	300-425	300-425	300-425			
		356-410	356-410	356-410			86-140
						356-410	
						356-410	
		356-410	356-410	356-410		356-410	86-140

Grade	Filler	Sp Grav	Shrink, mils/in	Melt flow, g/10 min	Drying temp, °F	Drying time, hr	Max. % moisture
500350S		0.892	8.0-20.0	3.00 E			
500400S		0.892	8.0-20.0	3.00 E			
500450S		0.892	8.0-20.0	1.00 E			
500500S		0.892	8.0-20.0	1.00 E			
500550		0.902	8.0-20.0	1.00 P			
500550S		0.892	8.0-20.0	1.00 E			
500600S		0.892	8.0-20.0	2.00 E			
500650S		0.892	8.0-20.0	2.00 E			
500700		0.902	8.0-20.0	11.00 P			
500700S		0.892	8.0-20.0	2.00 E			
500750S		0.892	8.0-20.0	2.00 E			
500800S		0.892	8.0-20.0	2.00 E			
500801		0.902	8.0-20.0	33.00 P			
500850S		0.892	8.0-20.0	3.00 E			
500900S		0.892	8.0-20.0	3.00 E			
502300S		0.892	8.0-20.0	3.00 E			
502350S		0.892	8.0-20.0	3.00 E			
502400S		0.892	8.0-20.0	3.00 E			
502450S		0.892	8.0-20.0	1.00 E			
502500S		0.892	8.0-20.0	1.00 E			
502550S		0.892	8.0-20.0	1.00 E			
502600S		0.892	8.0-20.0	2.00 E			
502650S		0.892	8.0-20.0	2.00 E			
502700S		0.892	8.0-20.0	2.00 E			
502750S		0.892	8.0-20.0	2.00 E			
502800S		0.892	8.0-20.0	2.00 E			
502850S		0.892	8.0-20.0	3.00 E			
502900S		0.892	8.0-20.0	3.00 E			
520470		0.902	8.0-20.0	3.00 P			
522451		0.890	8.0-20.0	4.00 P			
600300S		1.173	8.0-20.0	25.00 P			
600301		1.123	8.0-20.0	20.00 E			
600350		1.143	8.0-20.0	10.00 P			
600350S		1.173	8.0-20.0	25.00 P			
600400S		1.173	8.0-20.0	15.00 P			
600401		1.163	8.0-20.0	5.00 E			
600450S		1.173	8.0-20.0	15.00 P			
600500S		1.163	8.0-20.0	10.00 P			
600501		1.163	8.0-20.0	5.00 E			
600550S		1.173	8.0-20.0	10.00 P			
600600S		1.183	8.0-20.0	10.00 P			
600601		1.183	8.0-20.0	5.00 E			
600650S		1.173	8.0-20.0	10.00 P			
600700		1.163	8.0-20.0	5.00 E			
600700S		1.163	8.0-20.0	7.00 P			
600750		1.163	8.0-20.0	5.00 E			
600750S		1.163	8.0-20.0	5.00 P			
600800		1.163	8.0-20.0	5.00 E			
600800S		1.163	8.0-20.0	10.00 P			
600850S		1.173	8.0-20.0	10.00 P			
600900S		1.163	8.0-20.0	5.00 P			
600901		1.163	8.0-20.0	5.00 E			
602300S		1.173	8.0-20.0	25.00 P			
602350		1.173	8.0-20.0	10.00 P			
602350S		1.173	8.0-20.0	25.00 P			
602400S		1.173	8.0-20.0	15.00 P			

Max. % regrind	Inj. pres., ksi	Rear temp, °F	Mid temp, °F	Front temp, °F	Nozzle temp, °F	Proc temp, °F	Mold temp, °F
						356-410	
						356-410	
						356-410	
						356-410	
						356-410	
		356-410	356-410	356-410		356-410	86-140
						356-410	
						356-410	
						356-410	
						356-410	
						356-410	
						356-410	
						356-410	
						356-410	
						356-410	
						356-410	
						356-410	
						356-410	
						356-410	
						356-410	
						356-410	
						356-410	
						356-410	
						356-410	
						356-410	
						356-410	
						356-410	
						356-410	
			356-410	356-410		356-410	86-140
						356-410	
						356-410	
						356-410	
						356-410	
						356-410	
						356-410	
						356-410	
						356-410	
						356-410	
						356-410	
						356-410	
						356-410	
						356-410	
						356-410	
						356-410	
						356-410	
						356-410	
						356-410	
						356-410	
						356-410	
						356-410	
						356-410	
						356-410	
						356-410	

FREE DATA SHEETS: WWW.IDES.COM/PSIM

Grade	Filler	Sp Grav	Shrink mils/in	Melt flow g/10 min	Drying temp, °F	Drying time, hr	Max. % moisture
602401		1.173	8.0-20.0	5.00 E			
602450S		1.173	8.0-20.0	15.00 P			
602500		1.163	8.0-20.0	5.00 E			
602500S		1.163	8.0-20.0	10.00 P			
602550S		1.173	8.0-20.0	10.00 P			
602600		1.183	8.0-20.0	5.00 E			
602600S		1.183	8.0-20.0	10.00 P			
602650S		1.173	8.0-20.0	10.00 P			
602700S		1.163	8.0-20.0	7.00 P			
602701		1.163	8.0-20.0	5.00 E			
602750		1.163	8.0-20.0	5.00 E			
602750S		1.163	8.0-20.0	5.00 P			
602800		1.163	8.0-20.0	5.00 E			
602800S		1.163	8.0-20.0	10.00 P			
602850S		1.173	8.0-20.0	10.00 P			
602900S		1.163	8.0-20.0	5.00 P			
602901		1.163	8.0-20.0	5.00 E			
660300S		1.053	8.0-20.0	5.00 E			
660350S		1.053	8.0-20.0	5.00 E			
660400S		1.053	8.0-20.0	5.00 E			
660450S		1.053	8.0-20.0	5.00 E			
660500S		1.053	8.0-20.0	5.00 E			
660550S		1.053	8.0-20.0	5.00 E			
660600S		1.053	8.0-20.0	5.00 E			
660650S		1.053	8.0-20.0	5.00 E			
660700S		1.053	8.0-20.0	5.00 E			
660750S		1.053	8.0-20.0	5.00 E			
660800S		1.053	8.0-20.0	5.00 E			
660850S		1.053	8.0-20.0	5.00 E			
660900S		1.053	8.0-20.0	5.00 E			
662300S		1.053	8.0-20.0	5.00 E			
662350S		1.053	8.0-20.0	5.00 E			
662400S		1.053	8.0-20.0	5.00 E			
662450S		1.053	8.0-20.0	5.00 E			
662500S		1.053	8.0-20.0	5.00 E			
662550S		1.053	8.0-20.0	5.00 E			
662600S		1.053	8.0-20.0	5.00 E			
662650S		1.053	8.0-20.0	5.00 E			
662700S		1.053	8.0-20.0	5.00 E			
662750S		1.053	8.0-20.0	5.00 E			
662800S		1.053	8.0-20.0	5.00 E			
662850S		1.053	8.0-20.0	5.00 E			
662900S		1.053	8.0-20.0	5.00 E			
T30		0.892	8.0-20.0				
T309		0.892	8.0-20.0				
T40		0.892	8.0-20.0				
T409		0.892	8.0-20.0				
T50		0.892	8.0-20.0				
T509		0.892	8.0-20.0				
T60		0.892	8.0-20.0				
T609		0.892	8.0-20.0				
T70		0.892	8.0-20.0				
T709		0.892	8.0-20.0				
T80		0.892	8.0-20.0				
T809		0.892	8.0-20.0				
T90		0.892	8.0-20.0				

Max. % regrind	Inj. pres., ksi	Rear temp, °F	Mid temp, °F	Front temp, °F	Nozzle temp, °F	Proc temp, °F	Mold temp, °F
						356-410	
						356-410	
						356-410	
						356-410	
						356-410	
						356-410	
						356-410	
						356-410	
						356-410	
						356-410	
						356-410	
						356-410	
						356-410	
						356-410	
						356-410	
						356-410	
						356-410	
						356-410	
						356-410	
						356-410	
						356-410	
						356-410	
						356-410	
						356-410	
						356-410	
						356-410	
						356-410	
						356-410	
						356-410	
						356-410	
						356-410	
						356-410	
						356-410	
						356-410	
						356-410	
						356-410	
						356-410	
						356-410	
						356-410	
						356-410	
						356-410	
						356-410	
						356-410	
						356-410	
						284-392	
						284-392	
						284-392	
						284-392	
						284-392	
						284-392	
						284-392	
						284-392	
						284-392	
						284-392	
						284-392	
						284-392	

FREE DATA SHEETS: WWW.IDES.COM/PSIM

Grade	Filler	Sp Grav	Shrink, mils/in	Melt flow, g/10 min	Drying temp, °F	Drying time, hr	Max. % moisture
T909		0.892		8.0-20.0			
SEBS		**Ecomass**			**Technical Polymers**		
5100TU96	TUN	11.028	3.0-5.0				
SEBS		**Elastron G**			**Elastron**		
109.002 NATUREL							
40 SHORE A		1.163					
110.001 NATUREL							
50 SHORE A		1.163					
111.001 NATUREL							
70 SHORE A		1.173					
112.002 NATUREL							
80 SHORE A		1.163					
113.001 NATUREL							
60 SHORE A		1.173					
115.901 SIYAH							
90 SHORE A		1.163					
124.001 NATUREL							
90 SHORE A		1.163					
127.001 SEFFAF							
55 SHORE A		0.892					
162.001 SEFFAF							
40 SHORE A		0.882					
163.005 PHARMA SEFFAF							
33 SHORE A		0.882					
166.001 NATUREL							
30 SHORE A		1.053					
170.901 SIYAH							
65 SHORE A		1.183					
179.001 SEFFAF							
65 SHORE A		0.902					
192.001 NATUREL							
73 SHORE A		1.183					
194.001 NATUREL							
45 SHORE A		1.173					
221.001 NATUREL							
81 SHORE A		0.892					
273.001 SEFFAF							
70 SHORE A		0.892					
297.001 SEFFAF							
60 SHORE A		0.892					
340.001 NATUREL							
40 SHORE D		1.133					
405.001 NATUREL							
20 SHORE A		1.073					
410.001 BEYAZ							
83 SHORE A		1.153					
427.001 NATUREL							
60 SHORE A		1.183					
500.001 BEYAZ							
90 sHORE A		0.912					
501.001 NATUREL							
72 SHORE A		0.952					
527.902 SIYAH							
75 SHORE A		1.373					

Max. % regrind	Inj. pres., ksi	Rear temp, °F	Mid temp, °F	Front temp, °F	Nozzle temp, °F	Proc temp, °F	Mold temp, °F
						284-392	
						300-400	70-100
		356-410	356-410	356-410		338-374	86-140
		356-410	356-410	356-410		338-374	86-140
		356-410	356-410	356-410		338-374	86-140
		356-410	356-410	356-410		338-374	86-140
		356-410	356-410	356-410		338-374	86-140
		356-410	356-410	356-410		338-374	86-140
		356-410	356-410	356-410		338-374	86-140
		356-410	356-410	356-410		338-374	86-140
		356-410	356-410	356-410		338-374	86-140
		356-410	356-410	356-410		338-374	86-140
		356-410	356-410	356-410		338-374	86-140
		356-410	356-410	356-410		338-374	86-140
		356-410	356-410	356-410		338-374	86-140
		356-410	356-410	356-410		338-374	86-140
		356-410	356-410	356-410		338-374	86-140
		356-410	356-410	356-410		338-374	86-140
		356-410	356-410	356-410		338-374	86-140
		356-410	356-410	356-410		356-392	86-140
		356-410	356-410	356-410		338-374	86-140
		356-410	356-410	356-410		338-374	86-140
		356-410	356-410	356-410		338-374	86-140
		356-410	356-410	356-410		338-374	86-140
		356-410	356-410	356-410		338-374	86-140
		356-410	356-410	356-410		338-374	86-140

FREE DATA SHEETS: WWW.IDES.COM/PSIM

Grade	Filler	Sp Grav	Shrink, mils/in	Melt flow, g/10 min	Drying temp, °F	Drying time, hr	Max. % moisture
585.001 SEFFAF							
40 SHORE A		0.882					
600.901 SIYAH							
85 SHORE A		0.972					
620.901 SIYAH							
30 SHORE A		1.183					

SEBS — J-Flex — J-Von

Grade	Sp Grav	Shrink, mils/in	Melt flow, g/10 min
3010-33A	0.880	5.0-20.0	8.00 G
3010-40D	0.880	5.0-20.0	26.00 G
3010-43A	0.880	5.0-20.0	6.00 G
3010-50D	0.880	5.0-20.0	32.00 G
3010-55A	0.880	5.0-20.0	3.00 G
3010-63A	0.880	5.0-20.0	2.00 G
3010-73A	0.880	5.0-20.0	21.00 G
3010-83A	0.880	5.0-20.0	26.00 G
3010-90A	0.880	5.0-20.0	29.00 G
3011-33A	0.880	5.0-20.0	8.00 G
3011-40D	0.880	5.0-20.0	26.00 G
3011-43A	0.880	5.0-20.0	6.00 G
3011-50D	0.880	5.0-20.0	32.00 G
3011-55A	0.880	5.0-20.0	3.00 G
3011-63A	0.880	5.0-20.0	2.00 G
3011-73A	0.880	5.0-20.0	21.00 G
3011-83A	0.880	5.0-20.0	26.00 G
3011-90A	0.880	5.0-20.0	29.00 G
3110-33A	1.050	5.0-20.0	41.00 G
3110-40D	1.050	5.0-20.0	36.00 G
3110-43A	1.050	5.0-20.0	6.00 G
3110-50D	1.050	5.0-20.0	38.00 G
3110-55A	1.050	5.0-20.0	4.00 G
3110-63A	1.050	5.0-20.0	7.00 G
3110-73A	1.050	5.0-20.0	22.00 G
3110-83A	1.050	5.0-20.0	37.00 G
3110-90A	1.050	5.0-20.0	50.00 G
3111-33A	1.050	5.0-20.0	41.00 G
3111-40D	1.050	5.0-20.0	36.00 G
3111-43A	1.050	5.0-20.0	6.00 G
3111-50D	1.050	5.0-20.0	38.00 G
3111-55A	1.050	5.0-20.0	4.00 G
3111-63A	1.050	5.0-20.0	7.00 G
3111-73A	1.050	5.0-20.0	22.00 G
3111-83A	1.050	5.0-20.0	37.00 G
3111-90A	1.050	5.0-20.0	50.00 G
3210-33A	1.110	5.0-20.0	54.00 G
3210-40D	1.130	5.0-20.0	43.00 G
3210-43A	1.160	5.0-20.0	6.00 G
3210-50D	1.130	5.0-20.0	41.00 G
3210-55A	1.160	5.0-20.0	5.00 G
3210-63A	1.160	5.0-20.0	10.00 G
3210-73A	1.150	5.0-20.0	23.00 G
3210-83A	1.140	5.0-20.0	42.00 G
3210-90A	1.130	5.0-20.0	60.00 G
3211-33A	1.110	5.0-20.0	54.00 G
3211-40D	1.130	5.0-20.0	43.00 G
3211-43A	1.160	5.0-20.0	6.00 G

Max. % regrind	Inj. pres., ksi	Rear temp, °F	Mid temp, °F	Front temp, °F	Nozzle temp, °F	Proc temp, °F	Mold temp, °F
			356-410	356-410	356-410		338-374	86-140
			356-410	356-410	356-410		338-374	86-140
			356-410	356-410	356-410		338-374	86-140
20		175	300-410	325-440	350-455	350-440	55-125
20		175	300-410	325-440	350-455	350-440	55-125
20		175	300-410	325-440	350-455	350-440	55-125
20		175	300-410	325-440	350-455	350-440	55-125
20		175	300-410	325-440	350-455	350-440	55-125
20		175	300-410	325-440	350-455	350-440	55-125
20		175	300-410	325-440	350-455	350-440	55-125
20		175	300-410	325-440	350-455	350-440	55-125
20		175	300-410	325-440	350-455	350-440	55-125
20		175	300-410	325-440	350-455	350-440	55-125
20		175	300-410	325-440	350-455	350-440	55-125
20		175	300-410	325-440	350-455	350-440	55-125
20		175	300-410	325-440	350-455	350-440	55-125
20		175	300-410	325-440	350-455	350-440	55-125
20		175	300-410	325-440	350-455	350-440	55-125
20		175	300-410	325-440	350-455	350-440	55-125
20		175	300-410	325-440	350-455	350-440	55-125
20		175	300-410	325-440	350-455	350-440	55-125
20		175	300-410	325-440	350-455	350-440	55-125
20		175	300-410	325-440	350-455	350-440	55-125
20		175	300-410	325-440	350-455	350-440	55-125
20		175	300-410	325-440	350-455	350-440	55-125
20		175	300-410	325-440	350-455	350-440	55-125
20		175	300-410	325-440	350-455	350-440	55-125
20		175	300-410	325-440	350-455	350-440	55-125
20		175	300-410	325-440	350-455	350-440	55-125
20		175	300-410	325-440	350-455	350-440	55-125
20		175	300-410	325-440	350-455	350-440	55-125
20		175	300-410	325-440	350-455	350-440	55-125
20		175	300-410	325-440	350-455	350-440	55-125
20		175	300-410	325-440	350-455	350-440	55-125
20		175	300-410	325-440	350-455	350-440	55-125
20		175	300-410	325-440	350-455	350-440	55-125
20		175	300-410	325-440	350-455	350-440	55-125
20		175	300-410	325-440	350-455	350-440	55-125
20		175	300-410	325-440	350-455	350-440	55-125
20		175	300-410	325-440	350-455	350-440	55-125
20		175	300-410	325-440	350-455	350-440	55-125
20		175	300-410	325-440	350-455	350-440	55-125
20		175	300-410	325-440	350-455	350-440	55-125

FREE DATA SHEETS: WWW.IDES.COM/PSIM

Grade	Filler	Sp Grav	Shrink, mils/in	Melt flow, g/10 min	Drying temp, °F	Drying time, hr	Max. % moisture
3211-50D		1.130	5.0-20.0	41.00 G			
3211-55A		1.160	5.0-20.0	5.00 G			
3211-63A		1.160	5.0-20.0	10.00 G			
3211-73A		1.150	5.0-20.0	23.00 G			
3211-83A		1.140	5.0-20.0	42.00 G			
3211-90A		1.140	5.0-20.0	60.00 G			
SEBS	**Kraton**			**Kraton**			
G-1654X		0.920			125	2.0-4.0	
G-1660					125	2.0-4.0	
G-1726X		0.910		65.00 G	125	2.0-4.0	
G-2705		0.900	20.0-24.0	28.00 G	125	2.0-4.0	
G-7705		1.180	20.0-24.0		125	2.0-4.0	
G-7720		1.190	20.0-24.0		125	2.0-4.0	
G-7820		1.140	2.0-24.0		125	2.0-4.0	
SEBS	**Mediprene**			**VTC Elastoteknik**			
500050M		0.892	8.0-20.0	35.00 E			
500210M		0.892	8.0-20.0	1.00 P			
500250M		0.892	8.0-20.0	1.40 P			
500300M		0.892	8.0-20.0	7.00 P			
500520M		0.892	8.0-20.0	1.00 P			
500900M		0.892	8.0-20.0	6.00 E			
502750M		0.892		1.50 P			
660420M		1.053		14.00 P			
660440M		1.053		40.00 P			
SEBS	**Megol**			**API**			
CUG 10		1.013					
CUG 60		1.193					
CUG 90		1.153					
DE 42		0.902					
DE 52		0.902					
DE 57		0.902					
EUG 40		1.193					
EUG 60		1.193					
EUG 90		1.183					
HT 50		0.932					
HT 60		0.932					
HT 70		0.932					
PUG 10		0.882					
PUG 20		0.892					
PUG 60		0.892					
PUG 90		0.892					
SAT 25		0.992					
SAT 60		0.992					
SAT 90		0.982					
SV/P 50		1.023			167-176	1.5-2.0	
SV/P 65		1.053			167-176	1.5-2.0	
SV/P 80		1.053			167-176	1.5-2.0	
SV/PA 50		1.163			167-176	1.5-2.0	
SV/PA 65		1.203			167-176	1.5-2.0	
SV/PA 80		1.193			167-176	1.5-2.0	
SV/PS 50		1.123			167-176	1.5-2.0	
SV/PS 80		1.053			167-176	1.5-2.0	
TA 40		0.902					

Max. % regrind	Inj. pres., ksi	Rear temp, °F	Mid temp, °F	Front temp, °F	Nozzle temp, °F	Proc temp, °F	Mold temp, °F
20		175	300-410	325-440	350-455	350-440	55-125
20		175	300-410	325-440	350-455	350-440	55-125
20		175	300-410	325-440	350-455	350-440	55-125
20		175	300-410	325-440	350-455	350-440	55-125
20		175	300-410	325-440	350-455	350-440	55-125
20		175	300-410	325-440	350-455	350-440	55-125
20		175	300-410	325-440	350-455	350-440	55-125
20	0.5-1.0	150-200	400-475	400-475	455		95-150
20	0.5-1.0	150-200	400-475	400-475	455		95-150
20	0.5-1.0	150-200	400-475	400-475	455		95-150
20	0.5-1.0	150-200	400-475	400-475	455	430-500	95-150
20	0.5-1.0	320-390	400-475	400-475	455	430-500	95-150
20	0.5-1.0	150-200	400-475	400-475	455	430-500	95-150
20	0.5-1.0	150-200	400-475	400-475	455	430-500	95-150
		356-410	356-410	356-410			86-140
		356-410	356-410	356-410			86-140
		356-410	356-410	356-410			86-140
		356-410	356-410	356-410			86-140
		356-410	356-410	356-410		356-410	86-140
		356-410	356-410	356-410		356-410	86-140
						356-410	
						356-410	
						356-410	
		338-374	356-392	365-410	374-428		95-149
		338-374	356-392	365-410	374-428		95-149
		338-374	356-392	365-410	374-428		95-149
		338-374	356-392	365-410	374-428		95-149
		338-374	356-392	365-410	374-428		95-149
		338-374	356-392	365-410	374-428		95-149
		338-374	356-392	365-410	374-428		95-149
		338-374	356-392	365-410	374-428		95-149
		338-374	356-392	365-410	374-428		95-149
		338-374	356-392	365-410	374-428		95-149
		338-374	356-392	365-410	374-428		95-149
		338-374	356-392	365-410	374-428		95-149
		338-374	356-392	365-410	374-428		95-149
		338-374	356-392	365-410	374-428		95-149
		338-374	356-392	365-410	374-428		95-149
		338-374	356-392	365-410	374-428		95-149
		338-374	356-392	365-410	374-428		95-149
		338-374	356-392	365-410	374-428		95-149
		338-374	356-392	365-410	374-428		95-149
		338-374	356-392	365-410	374-428		95-149
		338-374	356-392	365-410	374-428		95-149
		338-374	356-392	365-410	374-428		95-149
		338-374	356-392	365-410	374-428		95-149
		338-374	356-392	365-410	374-428		95-149
		338-374	356-392	365-410	374-428		95-149

FREE DATA SHEETS: WWW.IDES.COM/PSIM

Grade	Filler	Sp Grav	Shrink, mils/in	Melt flow, g/10 min	Drying temp, °F	Drying time, hr	Max. % moisture
TA 60		0.922					
TA 80		0.922					
SEBS		**Multi-Flex TEA**			**Multibase**		
4001-35 Natural		0.942	16.0		75.00 L		
4001-65		0.982			39.10 L		
SEBS		**RTP Compounds**			**RTP**		
2700 S-30A		0.892	20.0-30.0		160	2.0-4.0	
2700 S-30A Z		0.892	20.0-30.0		175	2.0	
2700 S-40A		0.892	20.0-30.0		160	2.0-4.0	
2700 S-40A FR		1.263	18.0-24.0		175	2.0	
2700 S-40D FR		1.273	13.0-17.0		175	2.0	
2700 S-50A		0.892	20.0-30.0		160	2.0-4.0	
2700 S-50A FR		1.263	18.0-24.0		175	2.0	
2700 S-60A		0.892	20.0-30.0		170	2.0-4.0	
2700 S-60A FR		1.263	15.0-20.0		175	2.0	
2700 S-60A Z		0.892	16.0-21.0		170	2.0-4.0	
2700 S-70 A Z		0.892	15.0-20.0		170	2.0-4.0	
2700 S-70A		0.892	20.0-30.0		170	2.0-4.0	
2700 S-70A FR		1.263	15.0-20.0		175	2.0	
2700 S-80A FR		1.273	13.0-17.0		175	2.0	
2700 S-80A Z		0.902	14.0-19.0		170	2.0-4.0	
2740 S-30A Z	MN	1.083	20.0-25.0		175	2.0	
2740 S-40A		1.163	15.0-25.0		160	2.0-4.0	
2740 S-45A		1.213	26.5-34.7		170	2.0-4.0	
2740 S-50A		1.163	15.0-25.0		160	2.0-4.0	
2740 S-60A		1.163	15.0-25.0		170	2.0-4.0	
2740 S-60A Z		1.163	16.0		175	2.0	
2740 S-70A		1.163	15.0-25.0		170	2.0-4.0	
2740 S-80A		1.293	15.0-16.4		170	2.0-4.0	
2740 S-90A		1.173	12.1-14.7		170	2.0-4.0	
SEP		**Kraton**			**Kraton**		
G-1701		0.920		1.00 G	125	2.0-4.0	
SI		**Kraton**			**Kraton**		
D-1124		0.940		4.00 G	125	2.0-4.0	
Siloxane, UHMW		**Siloxane Masterbatch**			**Multibase**		
MB50-010					176	2.0-8.0	0.20
SIS		**Kraton**			**Kraton**		
D-1111		0.930		3.00 G	125	2.0-4.0	
D-1117P		0.920		33.00 G	125	2.0-4.0	
D-1119		0.930		25.00 G	125	2.0-4.0	
D-1119P		0.930		25.00 G	125	2.0-4.0	
D-4433		0.920		25.00 G	125	2.0-4.0	
SIS		**Vector**			**Dexco**		
4111		0.930	12.0-14.0	12.00 G			
4113		0.920	12.0-14.0	10.00 G			
4114		0.920	12.0-14.0	24.00 G			
4211		0.940	12.0-14.0	13.00 G			
4411-D		0.960	12.0-14.0	40.00 G			

Max. % regrind	Inj. pres., ksi	Rear temp, °F	Mid temp, °F	Front temp, °F	Nozzle temp, °F	Proc temp, °F	Mold temp, °F
		338-374	356-392	365-410	374-428		95-149
		338-374	356-392	365-410	374-428		95-149
		175	380	400	410		95
		175	380	400	410		95
	5.0-10.0					325-400	60-100
	4.0-8.0					360-450	60-100
	5.0-10.0					325-400	60-100
	10.0-15.0					360-450	60-100
	10.0-15.0					360-450	60-100
	5.0-10.0					325-400	60-100
	10.0-15.0					360-450	60-100
	5.0-10.0					325-400	60-100
	10.0-15.0					360-450	60-100
	5.0-10.0					325-425	60-100
	5.0-10.0					325-400	60-100
	5.0-10.0					325-400	60-100
	10.0-15.0					360-450	60-100
	10.0-15.0					360-450	60-100
	5.0-10.0					350-400	60-100
	4.0-8.0					360-450	60-100
	5.0-10.0					325-400	60-100
	5.0-10.0					350-400	60-100
	5.0-10.0					325-400	60-100
	5.0-10.0					325-400	60-100
	4.0-8.0					360-450	60-90
	5.0-10.0					325-400	60-100
	5.0-10.0					325-400	60-100
	5.0-10.0					325-400	60-100
20	0.5-1.0	150-200	400-475	400-475	455		95-150
25	0.5-1.0	150-200	300-345	345-390	390		50-105
25	0.5-1.0	150-200	300-345	345-390	390		50-105
25	0.5-1.0	150-200	300-345	345-390	390		50-105
25	0.5-1.0	150-200	300-345	345-390	390		50-105
25	0.5-1.0	150-200	300-345	345-390	390		50-105
25	0.5-1.0	150-200	300-345	345-390	390		50-105
	5.0-20.0					300-400	50-105
	5.0-20.0					300-400	50-105
	5.0-20.0					300-400	50-105
	5.0-20.0					300-400	50-105
	5.0-20.0					300-400	50-105

FREE DATA SHEETS: WWW.IDES.COM/PSIM

Grade	Filler	Sp Grav	Shrink, mils/in	Melt flow, g/10 min	Drying temp, °F	Drying time, hr	Max. % moisture
SMA	**Dylark**				**Nova Chemicals**		
232		1.080	5.0	1.10 G			
238		1.080	5.0	1.80 L			
238P20	GFI 20	1.220	2.0-4.0	0.90 L			
238P20T	GFI 20	1.240		4.10 AK	180-190	1.0-2.0	
250		1.060	5.0	0.50 G			
250P20	GFI 20	1.200	2.0-4.0	0.40 L			
332		1.080	5.0	0.60 G			
350		1.060	6.0				
378		1.060	6.0	0.40 G			
378P20	GFI 20	1.210	2.0-4.0	0.40 L			
378P20A	GFI 20	1.210	2.0-4.0	0.30 L	180-190	1.0-2.0	
480		1.060	6.0	0.50 G			
480P12	GFI 12	1.150	3.0-5.0	0.50 L			
480P16	GFI 16	1.180	2.5-4.5				
480P20	GFI 20	1.200	2.0-4.0	0.40 L			
510XT	GFI 15	1.163	2.0-4.0	1.10 L			
520XT	GFI 15	1.163	2.0-4.0	1.10 L			
SMA	**Hiloy**				**A. Schulman**		
261	GFI 10	1.150	3.0		185	2.0	0.10
262	GFI 20	1.210	1.0		185	2.0	0.10
263	GFI 35	1.350	1.0		185	2.0	0.10
SPS	**Laestra**				**Lati**		
E01 G/30	GFI 30	1.253	4.0		176-212	2.0	
G/30	GFI 30	1.243	4.0		176-212	2.0	
G/30-V0CT1	GFI 30	1.454	3.0		176-212	2.0	
G/40	GFI 40	1.353	3.0		176-212	2.0	
G/40-V0CT1	GFI 40	1.474	3.0		176-212	2.0	
SPS	**Schulatec**				**A. Schulman**		
GF 20	GFI 20	1.173			176	2.0-4.0	
GF 30		1.243			176	2.0-4.0	
GF 30 FR 4	GFI 30	1.373			176	2.0-4.0	
GF 40 (SPS)	GFI 40	1.353			176	2.0-4.0	
GF 40 FR 4	GFI 40	1.474			176	2.0-4.0	
SVA	**Suprel SVA**				**Georgia Gulf**		
9412		1.200	3.0-5.0		160-170	1.0	
9420		1.210	4.0-6.0		160-170	1.0	
TEEE	**Arnitel**				**DSM EP**		
PL581		1.233					
TEEE	**Riteflex**				**Ticona**		
647		1.170	13.0	10.00			
655		1.190	15.0	9.00			
663		1.240	19.0	16.00			
672		1.250	20.0	12.50			
677		1.450		14.00			
TES	**RTP Compounds**				**RTP**		
ESD C 2700-75A		1.103	10.0-20.0		175	2.0	

Max. % regrind	Inj. pres., ksi	Rear temp, °F	Mid temp, °F	Front temp, °F	Nozzle temp, °F	Proc temp, °F	Mold temp, °F
20		400	425	450		400-500	110-160
20		425	450	475		425-525	110-160
20		490	510	525		500-550	110-160
20	10.0	490	510	525		525	120-150
20		425	450	475		425-525	110-160
20		490	510	525		500-550	110-160
20		400	425	450		400-500	110-160
20		425	450	475		475	120-150
20		425	450	475		425-525	110-160
20		490	510	525		500-550	110-160
20	10.0	490	510	525		525	120-150
20		425	450	475		425-525	110-160
20		490	510	525		500-550	110-160
20		490	510	525		500-550	110-160
20		490	510	525		500-550	110-160
20		489	511	525		500-550	109-140
20		489	511	525		500-550	109-140
20		475-510	475-510	465-500	465-500	530	120-170
20		475-510	475-510	465-500	465-500	530	120-170
20		475-510	475-510	465-500	465-500	530	120-170
						572-617	212-302
						572-617	212-302
						572-617	212-302
						572-617	212-302
						572-617	212-302
						554-590	284-329
						554-590	284-329
						536-554	284-329
						554-590	284-329
						536-554	284-329
		360-375	360-375	360-375	360-375	385-410	80-110
		360-375	360-375	360-375	360-375	385-410	80-110
		446	455	464	464	455-473	68-122
		365-392	392-410	392-419	392-419	392-419	68-131
		392-419	419-446	392-419	392-419	428-455	68-131
		392-419	419-446	419-446	419-446	428-455	68-131
		392-419	419-446	419-446	419-446	428-455	68-131
		446-464	455-482	464-491	482-491	455-491	104-203
	10.0-15.0					360-450	60-100

FREE DATA SHEETS: WWW.IDES.COM/PSIM

Grade	Filler	Sp Grav	Shrink, mils/in	Melt flow, g/10 min	Drying temp, °F	Drying time, hr	Max. % moisture
TP, Unspecified	**Elvaloy**				**DuPont P&IP**		
HP441		0.980		8.00			
TP, Unspecified	**Kostrate**				**Plastic Sel Grp**		
1341-EXT-BM		1.010	3.0-5.0	8.50 O			
EDGE HE		1.020	3.0-6.0	10.00 O			
EDGE LE		1.080	3.0-6.0	4.00 O			
EDGE MAX E		1.010	3.0-6.0	11.00 O			
EDGE ME		1.040	3.0-6.0	8.00 O			
EDGE SE		1.060	3.0-6.0	6.00 O			
TP, Unspecified	**Novalene**				**Nova Polymers**		
7300P		0.917		0.60 L			
TP, Unspecified	**RTP Compounds**				**RTP**		
2099 X 106722 C		11.028	5.0-9.0		140	2.0	
TPC-ET	**Hytrel**				**DuPont EP**		
3078		1.070	7.0	5.00 E			0.08
4056		1.170	5.0	5.30 E			0.08
4069		1.110	8.0	8.50 AG			0.08
4556		1.140	11.0	8.50 AG			0.08
5526		1.200	14.0	18.00 AG			0.08
5555HS		1.200	14.0	8.50 AG			0.08
5556		1.200	14.0	7.50 AG			0.08
6356		1.220	15.0	8.50 AG			0.08
7246		1.250	16.0	12.50 AI			0.08
8238		1.280	16.0	12.50 AI			0.08
DYM100BK		1.150	14.0	9.00 AG			0.05
DYM250S BK472		1.163		15.00 AI			0.05
DYM350BK		1.180	14.0	13.00 AI			0.05
DYM350S BK320		1.183	14.0	16.00 AI			0.05
DYM500BK		1.180	17.0	14.00 AI			0.05
DYM830 BK320		1.200	16.0	17.00 AI			0.05
G3548L		1.150	5.0	10.00 E			0.08
G4074		1.190	8.0	5.20 E			0.08
G4078W		1.180	8.0	5.30 E			0.08
G4774		1.200	14.0	11.00 AG			0.08
G4778		1.200	14.0	13.00 AG			0.08
G5544		1.220	16.0	10.00 AG			0.08
HTR4275 BK316		1.163		0.50 AG			0.02
HTR6108		1.240		5.20 E			0.08
HTR8068		1.430		4.60 E			0.08
HTR8105BK		1.150	15.0	2.00 AG			0.02
HTR8139BK		1.150	14.0	2.00 AG			0.02
HTR8332 BK320		1.163		1.70 AG			0.02
HTR8341C BK320		1.143		1.00 AG			0.02
TPE	**Aaroprene**				**Aaron Industries**		
ATPR 1000 50A		1.053		90.00 E			
ATPR 1000 60A		1.053		80.00 E			
ATPR 1000 70A		1.053		75.00 E			
ATPR 1000 80A		1.053		70.00 E			
ATPR 2000 50A		1.053		12.00 G			
ATPR 2000 60A		1.053		13.00 G			

Max. % regrind	Inj. pres., ksi	Rear temp, °F	Mid temp, °F	Front temp, °F	Nozzle temp, °F	Proc temp, °F	Mold temp, °F
						360-380	
		350-360	360-375	375-390	370-390	350-440	60-100
		350-360	360-375	375-390	370-390	350-440	60-100
		350-360	360-375	375-390	370-390	350-440	60-100
		350-360	360-375	375-390	370-390	350-440	60-100
		350-360	360-375	375-390	370-390	350-440	60-100
		350-360	360-375	375-390	370-390	350-440	60-100
						390	
	10.0-15.0					360-450	60-100
							86-104
							86-104
							86-104
							113-131
							113-131
							113-131
							113-131
							113-131
							113-131
							113-131
							113-131
							113-131
							113-131
							113-131
							113-131
							113-131
							86-104
							86-104
							86-104
							113-131
							113-131
							113-131
							104-122
							113-131
							86-104
							104-122
							104-122
							104-122
							104-122
	0.5-0.7	175	350	380	390		
	0.5-0.7	175	350	380	390		
	0.5-0.7	175	350	380	390		
	0.5-0.7	175	350	380	390		
	0.5-0.7	175	410	440	455		
	0.5-0.7	175	410	440	455		

FREE DATA SHEETS: WWW.IDES.COM/PSIM

Grade	Filler	Sp Grav	Shrink, mils/in	Melt flow, g/10 min	Drying temp, °F	Drying time, hr	Max. % moisture
ATPR 2000 70A		1.028		8.00 G			
ATPR 2000 80A		1.028		20.00 G			
TPE	**Alphatec**				**AlphaGary**		
301-50		0.960		10.00 F			
TPE	**Bexloy**				**DuPont P&IP**		
V-572		1.420	4.0	20.00 AI			
V-975		1.190	13.0	18.00 AI	185	2.0	0.10
V-978		1.200	12.0	16.50 AI	185	2.0	0.10
TPE	**CoolPoly**				**Cool Polymers**		
D8102		1.303	2.0-20.0	6.10 L	149	2.0	
E8101		1.253	5.0-15.0		149	2.0	
TPE	**Duragrip**				**APA**		
DGR 6030NC		0.990	28.0		150	3.0	
DGR 6040NC		0.990	29.0		150	3.0	
DGR 6040NCEHT		0.940					
DGR 6040NCHT		0.990					
DGR 6050NC		0.990	28.0		150	3.0	
DGR 6060NC		0.990	22.0		150	3.0	
DGR 6070BK		0.987	21.0				
DGR 6070NC		0.990	21.0		150	3.0	
DGR 6080NC		0.990	14.0		150	3.0	
DGR 6140NC		1.030					
DGR 6140UT		0.960					
DGR 6150BK		1.060	19.0		150	3.0	
DGR 6150NC		1.070					
DGR 6160BK		1.070	16.0		150	3.0	
DGR 6160NC		1.090					
DGR 6170BK		1.100	9.0		150	3.0	
DGR 6170NC		1.110					
DGR 6260CL		0.885		36.00 E			
DGR 6830NC		0.975		16.00 BF			
DGR 6840NC		0.980		15.00 BF			
DGR 6850NC		0.980		20.00 BF			
DGR 6880NC		0.990	14.0		150	3.0	
TPE	**Dynaflex**				**GLS**		
D3202-1000-03		0.990	1.0-3.0	19.00 E			
D3204-1000-03		1.010	1.0-3.0	6.00 E			
D3226-1000-03		0.990	4.0-6.0	26.00 E			
G2701-1000-02		0.900	18.0-22.0	13.00 E			
G2703-1000-00		0.900	18.0-22.0	4.00 E			
G2706-1000-00		0.890	45.0-55.0	1.00 G			
G2709-1000-00		0.890	16.0-20.0	8.00 G			
G2711-1000-00		0.890	18.0-22.0	4.00 G			
G2712-1000-02		0.890	18.0-22.0				
G2755-1000-00		0.880	20.0-24.0	3.00 E			
G2780-0001		0.900	11.0-15.0	5.00 E			
G6703-0001		0.900	28.0-32.0	4.00 E			
G6713-0001		0.880	28.0-32.0	1.40 E			
G6730		0.910	40.0-44.0	0.40 E			
G7410-1000-00		0.910	18.0-22.0	2.00 G			
G7430-9001-00		0.920	18.0-22.0	3.00 G			

Max. % regrind	Inj. pres., ksi	Rear temp, °F	Mid temp, °F	Front temp, °F	Nozzle temp, °F	Proc temp, °F	Mold temp, °F
	0.5-0.7	175	410	440	455		
	0.5-0.7	175	410	440	455		
						350-400	
	8.0-15.0	430-480	460-510	460-510	470-520	460-500	80-200
	6.0-15.0	430-480	460-510	460-510	470-520	460-510	100
	6.0-15.0	430-480	460-540	460-510	470-520	460-510	100
	3.0-7.3	356-401	383-446	392-464		392-464	104-149
	5.1-11.9	392-428	419-464	446-482		446-482	151-221
25	0.2-0.6	370-390	390-410	420-440	400-430	390-430	110-130
25	0.2-0.6	370-390	390-410	420-440	400-430	390-430	110-130
	0.2-0.6	370-390	390-410	420-440	400-430	390-430	110-130
	0.2-0.6	370-390	390-410	420-440	400-430	390-430	110-130
25	0.2-0.6	370-390	390-410	420-440	400-430	390-430	110-130
25	0.2-0.6	370-390	390-410	420-440	400-430	390-430	110-130
	0.2-0.6	370-390	390-410	420-440	400-430	390-430	110-130
25	0.2-0.6	370-390	390-410	420-440	400-430	390-430	110-130
25	0.2-0.6	370-390	390-410	420-440	400-430	390-430	110-130
	0.4-0.8	400-430	420-440	440-460	440-480	440-490	110-130
	0.4-0.8	400-430	420-440	440-460	440-480	440-490	110-130
25	0.4-0.8	400-430	420-440	440-460	440-480	440-490	110-130
	0.4-0.8	400-430	420-440	440-460	440-480	440-490	110-130
25	0.4-0.8	400-430	420-440	440-460	440-480	440-490	110-130
	0.4-0.8	400-430	420-440	440-460	440-480	440-490	110-130
25	0.4-0.8	400-430	420-440	440-460	440-480	440-490	110-130
	0.4-0.8	400-430	420-440	440-460	440-480	440-490	110-130
						338-400	
		370-390	390-410	420-440	400-430	390-430	110-130
		370-390	390-410	420-440	400-430	390-430	110-130
		370-390	390-410	420-440	400-430	390-430	110-130
25	0.2-0.6	370-390	390-410	420-440	400-430	390-430	110-130
	0.2-0.6	240-320	330-370	350-400	350-400		70-90
	0.3-0.7	240-320	330-370	360-400	360-400		70-90
	0.2-0.6	310-380	320-390	330-400	330-400		70-90
	0.3-0.7	270-340	310-380	335-405	335-405		60-80
	0.2-0.6	320-380	340-380	350-420	350-420		60-100
	0.5-0.9	320-390	340-410	370-440	370-440		60-80
	0.3-0.7	310-350	350-370	370-440	370-440		60-80
	0.2-0.6	300-350	340-370	360-430	370-440		60-80
20	0.1-0.5	300-350	340-370	360-430	370-440		60-80
20	0.2-0.6	330-350	350-370	370-440	370-440		60-100
20	0.6	270-340	340-370	370-405	370-405		60-80
20	0.1-0.5	290-340	300-350	350-370	370-440		60-80
20	0.2-0.6	300-350	340-370	370-420	370-420		
20	0.3-0.7	275-345	285-355	295-365	295-365		60-80
		330-400	350-420	360-430	360-430		60-80
20	0.3-0.7	335-355	350-370	370-440	370-440		

FREE DATA SHEETS: WWW.IDES.COM/PSIM

Grade	Filler	Sp Grav	Shrink, mils/in	Melt flow, g/10 min	Drying temp, °F	Drying time, hr	Max. % moisture
G7431-1001-00		0.920	14.0-18.0	2.00 G			
G7702-9001-02		1.100	18.0-22.0				
G7736-1		1.060	22.0-26.0	20.00 E			
G7736-9		1.070	17.0-21.0	8.00 E			
G7930-1001-00		1.060	17.0-21.0	0.50 E			
G7930-9001-02		1.060	17.0-21.0	0.30 E			
G7940-1001-00		1.180	22.0-26.0	3.00 G			
G7940-9001-02		1.180	22.0-26.0	2.00 G			
G7950-1001-00		1.180	18.0-22.0	3.00 G			
G7950-9001-02		1.180	18.0-22.0	1.00 G			
G7960-1001-00		1.180	17.0-21.0	11.00 G			
G7960-9001-02		1.180	17.0-21.0	0.50 E			
G7970-1001-00		1.180	12.0-16.0	1.00 E			
G7970-9001-02		1.180	12.0-16.0	1.00 E			
G7980-1001-00		1.180	10.0-14.0	3.00 E			
G7980-9001-02		1.180	10.0-14.0	3.00 E			

TPE — Elexar — Teknor Apex

Grade	Sp Grav	Shrink, mils/in	Melt flow, g/10 min	Drying temp, °F	Drying time, hr	Max. % moisture
3707	0.900	5.0-20.0	1.50 G	150	2.0-4.0	
3720	1.000	5.0-20.0	1.60 G	150	2.0-4.0	
8921	0.970			220		

TPE — EstaGrip — Noveon

Grade	Sp Grav	Shrink, mils/in	Melt flow, g/10 min	Drying temp, °F	Drying time, hr	Max. % moisture
RS 175	1.313	2.0		230	2.0-3.0	0.02
RS 350	1.453	2.0		230	2.0-3.0	0.02
RS 650	1.664	1.3		230	2.0-3.0	0.02
SA 60A	1.053			200	2.0-3.0	0.02
SA 70A	1.193			200	2.0-3.0	0.02
ST 70A	1.053	10.0		220	2.0-3.0	0.02

TPE — Evoprene — AlphaGary

Grade	Sp Grav
087	1.103
COGEE 632	1.083

TPE — Flexprene — Teknor Apex

Grade	Sp Grav	Melt flow, g/10 min	Drying temp, °F	Drying time, hr
6100-35	1.110	15.60 L	150	2.0-4.0
6100-50	1.110	10.00 L	150	2.0-4.0
6100-65	1.110	6.50 L	150	2.0-4.0
6100-75	1.110	6.50 L	150	2.0-4.0
6100-90	1.110	2.50 L	150	2.0-4.0
6200-45	0.950	14.00 L	150	2.0-4.0
6200-55	0.950	7.30 L	150	2.0-4.0
6200-65	0.950	9.00 L	150	2.0-4.0
6200-75	0.950	12.00 L	150	2.0-4.0
6200-85	0.950	5.00 L	150	2.0-4.0
6200-90	0.950	4.70 L	150	2.0-4.0
6300-30-NT	0.910	48.00 L	150	2.0-4.0
6400-50-NT	0.940	3.20 L	150	2.0-4.0
6400-55-NT	0.940	3.00 L	150	2.0-4.0
6400-60-NT	0.940	2.10 L	150	2.0-4.0
6400-65-NT	0.940	1.70 L	150	2.0-4.0

TPE — J-Bond — J-Von

Grade	Sp Grav	Melt flow, g/10 min	Drying temp, °F	Drying time, hr
2110-50A	0.970	9.00 G	180	4.5
2110-60A	1.010	13.00 G	180	4.5
2110-70A	1.010	15.60 G	180	4.5

Max. % regrind	Inj. pres., ksi	Rear temp, °F	Mid temp, °F	Front temp, °F	Nozzle temp, °F	Proc temp, °F	Mold temp, °F
20	0.3-0.7	320-350	340-370	370-430	370-430		60-80
20	0.3-0.7	370-440	400-470	420-490	420-490		60-80
20	0.1-0.5	290-360	310-380	330-400	330-400		60-80
20	0.3-0.7	290-360	310-380	330-400	330-400		60-80
20	0.2-0.7	320-350	350-370	370-400	370-400		60-80
20	0.2-0.7	320-350	350-370	370-400	370-400		60-80
20	0.2-0.7	320-350	350-370	370-400	370-400		60-80
20	0.2-0.7	330-350	350-370	370-400	370-400		60-80
20	0.3-0.7	320-350	350-370	380-440	380-440		60-80
20	0.4-0.8	320-350	350-370	370-420	370-420		60-80
20	0.5	320-350	350-370	370-430	370-430		60-100
20	0.4-0.8	330-350	350-370	370-440	370-440		60-100
20	0.2-0.6	330-350	350-370	370-440	370-440		60-100
20	0.2-0.6	330-350	350-370	370-440	370-440		60-100
20	0.2-0.6	330-350	350-370	370-440	370-440		60-100
20	0.2-0.6	330-350	350-370	370-440	370-440		60-100
50	0.5-2.0	390	415	430	430	420-430	85-150
50	0.5-2.0	415	425	435	440	430-440 490-520	85-150
	0.8-1.5	415	430	450	465	460	120
	0.8-1.5	415	430	450	465	460	120
	0.8-1.5	415	430	450	465	460	120
	0.8-1.5	360	380	400	400	400	80
	0.8-1.5	360	380	400	400	400	80
	0.8-1.5	380	390	415	415	415	80
						320-354	60-85
						485-515	85-140
50	0.2-0.3	370	380	385	380		50-105
50	0.2-0.3	370	380	385	380		50-105
50	0.2-0.3	370	380	385	380		50-105
50	0.2-0.3	380	390	395	400		50-105
50	0.2-0.3	380	390	395	400		50-105
50	0.2-0.3	370	380	385	390		50-105
50	0.2-0.3	370	380	385	390		50-105
50	0.2-0.3	380	390	395	400		50-105
50	0.2-0.3	380	390	395	400		50-105
50	0.2-0.3	380	390	395	400		50-105
50	0.2-0.3	380	390	395	400		50-105
50	0.2-0.3	380	390	395	400		50-105
50	0.2-0.3	380	390	395	400		50-105
50	0.2-0.3	380	390	395	400		50-105
		375-390	385-400	395-410	395-410	395-410	55-125
		375-390	385-400	395-410	395-410	395-410	55-125
		375-390	385-400	395-410	395-410	395-410	55-125

FREE DATA SHEETS: WWW.IDES.COM/PSIM

Grade	Filler	Sp Grav	Shrink, mils/in	Melt flow, g/10 min	Drying temp, °F	Drying time, hr	Max. % moisture
2120-55A		0.980		21.00 G	180	4.5	
TPE	**J-Flex**			**J-Von**			
3000-70A		0.902		13.00 G	125	2.0	
TPE	**Kibiton**			**Chi Mei**			
PB-511		0.940		0.50 G			
PB-5302		0.940		12.00 G			
PB-575		0.940		6.00 G			
PB-584		0.940		5.00 G			
PB-585		0.940		10.00 G			
TPE	**Kraton**			**GLS**			
D2104-1002-01		0.920	25.0-27.0	17.00 G			
D2104Z		0.922	25.0-27.0	17.00 G			
D2109-1		0.932	25.0-27.0	17.00 G			
D2109-1000-02		0.930	25.0-27.0	17.00 G			
D2109-2		0.932	25.0-27.0	17.00 G			
D2109-2026-02		0.930	25.0-27.0	17.00 G			
G2705		0.892		16.0-220			
G2705Z-1000-00		0.890		16.0-22.0			
G7705-1		1.203	17.0				
G7705-1001-01		1.200	14.0-18.0	12.00 BF			
G7705-9		1.203	17.0				
G7705-9001-01		1.200	14.0-18.0	12.00 BF			
G7720-1		1.203	14.0				
G7720-1001-01		1.200	12.0-16.0	10.00 BF			
G7720-9		1.203	14.0				
G7720-9001-01		1.200	12.0-16.0	10.00 BF			
G7820-1		1.143	11.0				
G7820-1001-01		1.140	7.0-11.0	44.00 BF			
G7820-9		1.143	11.0				
G7820-9001-01		1.140	7.0-11.0	44.00 BF			
TPE	**Lionpol**			**Lion Polymers**			
HC-201470			13.0-14.0	41.00 L			
HC-204068			13.0-14.0	42.00 L			
HC-204538			18.0-20.0	44.00 L			
HC-204539			18.0-20.0	44.00 L			
HC-204552			14.0-15.0	48.00 L			
HC-205045			14.0-15.0	53.00 L			
HC-205069			13.0-14.0	49.00 L			
HC-205555			14.0-15.0	55.00 L			
HF-200223			18.0-20.0	120.00 L			
HF-201269			13.0-14.0	82.00 L			
HF-203021			18.0-20.0	58.00 L			
HF-203552			14.0-15.0	35.00 L			
HF-203563			13.0-14.0	36.00 L			
HF-204094			11.0-12.0	42.00 L			
HF-204416			21.0-35.0	44.00 L			
HF-204546			14.0-15.0	53.00 L			
HF-204567			13.0-14.0	46.00 L			
HF-204571			13.0-14.0	45.00 L			
HF-204585			11.0-12.0	45.00 L			
HF-205030			18.0-20.0	51.00 L			
HF-205044			14.0-15.0	50.00 L			

Max. % regrind	Inj. pres., ksi	Rear temp, °F	Mid temp, °F	Front temp, °F	Nozzle temp, °F	Proc temp, °F	Mold temp, °F
		460-480	470-490	480-500	480-500	480-500	55-125
		300-410	300-410	325-440	350-455	350-440	50-120
						284-338	
						284-338	
						284-374	
						284-374	
						284-338	
		340-360		370-390	350-380		50-100
	0.5-0.7	340-360		370-390	350-380		50-100
	0.5-0.7	340-360		370-390	350-380		50-100
		340-360		370-390	350-380		50-100
	0.5-0.7	340-360		370-390	350-380		50-100
		340-360		370-390	350-380		50-100
	0.5-1.0	390-420		400-430	410-450		120
		390-420		400-430	410-450		
	0.5-0.7	380-400		400-420	420-450		80-150
		380-400		400-420	420-450		80-150
	0.5-0.7	380-400		400-420	420-450		80-150
		380-400		400-420	420-450		80-150
	0.5-0.7	380-400		400-420	420-450		80-150
		380-400		400-420	420-450		80-150
	0.5-0.7	380-400		400-420	420-450		80-150
		380-400		400-420	420-450		80-150
	0.5-0.7	380-400		400-420	420-450		80-150
		380-400		400-420	420-450		80-150
	0.5-0.7	380-400		400-420	420-450		80-150
		380-400		400-420	420-450		80-150
		360-380		390-410	420-430		100-140
		360-380		390-410	420-430		100-140
		325-345		345-365	365-385		50-90
		325-345		345-365	365-385		50-90
		360-380		390-410	420-430		100-140
		360-380		390-410	420-430		100-140
		360-380		390-410	420-430		100-140
		360-380		390-410	420-430		100-140
		325-345		345-365	365-385		50-90
		360-380		390-410	420-430		100-140
		325-345		345-365	365-385		50-90
		360-380		390-410	420-430		100-140
		360-380		390-410	420-430		100-140
		360-380		390-410	420-430		100-140
		285-355		325-395	325-395		70-90
		360-380		390-410	420-430		100-140
		360-380		390-410	420-430		100-140
		360-380		390-410	420-430		100-140
		360-380		390-410	420-430		100-140
		325-345		345-365	365-385		50-90
		360-380		390-410	420-430		100-140

FREE DATA SHEETS: WWW.IDES.COM/PSIM

Grade	Filler	Sp Grav	Shrink, mils/in	Melt flow, g/10 min	Drying temp, °F	Drying time, hr	Max. % moisture
HF-205062			13.0-14.0	49.00 L			
HF-205125			18.0-20.0	179.00 L			
HF-205574			13.0-14.0	54.00 L			
HF-206001			21.0-35.0	62.00 L			
HF-206060			14.0-15.0	58.00 L			
HF-206092			11.0-12.0	61.00 L			
HF-207068			13.0-14.0	71.00 L			
HF-207565			13.0-14.0	75.00 L			
HF-208218			18.0-20.0	82.00 L			
HF-208415			21.0-35.0	84.00 L			
HF-209582			11.0-12.0	96.00 L			
HF-210573			13.0-14.0	105.00 L			
HF-212000			21.0-35.0	127.00 L			
IM-17004			21.0-35.0	17.00 L			
IM-17010			21.0-35.0	17.00 L			
IM-22018			18.0-20.0	22.00 L			
IM-26006			21.0-35.0	26.00 L			
IM-30062			13.0-14.0	30.00 L			
IM-31050			14.0-15.0	31.00 L			
IM-35052			14.0-15.0	35.00 L			
IM-35061			13.0-14.0	35.00 L			
IM-35063			13.0-14.0	36.00 L			
IM-35066			13.0-14.0	35.00 L			
IM-35076			13.0-14.0	35.00 L			
IM-35078			13.0-14.0	35.00 L			
IM-36029			18.0-20.0	36.00 L			
IM-36058			14.0-15.0	36.00 L			
IM-40046			14.0-15.0	39.00 L			
IM-40049			14.0-15.0	40.00 L			
IM-40070			13.0-14.0	38.00 L			
IM-40077			13.0-14.0	38.00 L			
IM-40082			11.0-12.0	38.00 L			
IM-40087			11.0-12.0	40.00 L			
IM-40090			11.0-12.0	38.00 L			
IM-40093			11.0-12.0	38.00 L			
LC-60060			13.0-14.0	0.03 L			
LC-60061			13.0-14.0	0.12 L			
LC-60062			13.0-14.0	0.01 L			
LC-60063			13.0-14.0	0.08 L			
LC-60065			13.0-14.0	0.07 L			
LC-60165			13.0-14.0	0.32 L			
LC-60366			13.0-14.0	2.90 L			
LC-61550			14.0-15.0	15.00 L			
LC-62306			21.0-35.0	23.00 L			
TE-70015			21.0-35.0	0.85 L			
TE-70018			18.0-20.0	0.13 L			
TE-70120			18.0-20.0	1.30 L			
TE-70122			18.0-20.0	1.00 L			
TE-70308			21.0-35.0	2.90 L			
TE-70500			21.0-35.0	5.40 L			
TE-70522			18.0-20.0	4.80 L			
TP-9055ACL			14.0-15.0	0.50 L			

TPE   **Luvocom**   **Lehmann & Voss**

Grade	Filler	Sp Grav	Shrink, mils/in	Drying temp, °F	Drying time, hr
TPE-7711/GY	CF	1.043	15.0-20.0	185	2.0-3.0

Max. % regrind	Inj. pres., ksi	Rear temp, °F	Mid temp, °F	Front temp, °F	Nozzle temp, °F	Proc temp, °F	Mold temp, °F
		360-380		390-410	420-430		100-140
		325-345		345-365	365-385		50-90
		360-380		390-410	420-430		100-140
		285-355		325-395	325-395		70-90
		360-380		390-410	420-430		100-140
		360-380		390-410	420-430		100-140
		360-380		390-410	420-430		100-140
		360-380		390-410	420-430		100-140
		285-355		325-395	325-395		70-90
		285-355		325-395	325-395		70-90
		360-380		390-410	420-430		100-140
		360-380		390-410	420-430		100-140
		285-355		325-395	325-395		70-90
		285-355		325-395	325-395		70-90
		285-355		325-395	325-395		70-90
		285-355		325-395	325-395		70-90
		285-355		325-395	325-395		70-90
		360-380		390-410	420-430		100-140
		360-380		390-410	420-430		100-140
		360-380		390-410	420-430		100-140
		360-380		390-410	420-430		100-140
		360-380		390-410	420-430		100-140
		360-380		390-410	420-430		100-140
		360-380		390-410	420-430		100-140
		325-345		345-365	365-385		50-90
		360-380		390-410	420-430		100-140
		360-380		390-410	420-430		100-140
		360-380		390-410	420-430		100-140
		360-380		390-410	420-430		100-140
		360-380		390-410	420-430		100-140
		360-380		390-410	420-430		100-140
		360-380		390-410	420-430		100-140
		360-380		390-410	420-430		100-140
		360-380		390-410	420-430		100-140
		360-380		390-410	420-430		100-140
		360-380		390-410	420-430		100-140
		360-380		390-410	420-430		100-140
		360-380		390-410	420-430		100-140
		360-380		390-410	420-430		100-140
		285-355		325-395	325-395		70-90
		285-355		325-395	325-395		70-90
		285-355		325-395	325-395		70-90
		325-345		345-365	365-385		50-90
		325-345		345-365	365-385		50-90
		285-355		325-395	325-395		70-90
		285-355		325-395	325-395		70-90
		325-345		345-365	365-385		50-90
		360-380		390-410	420-430		100-140
		365-401	374-410	383-419	392-428	410	77-131

FREE DATA SHEETS: WWW.IDES.COM/PSIM

Grade	Filler	Sp Grav	Shrink, mils/in	Melt flow, g/10 min	Drying temp, °F	Drying time, hr	Max. % moisture
TPE		**Monprene**			**Teknor Apex**		
MP-2720		1.140	13.0	1.00 G			
MP-2730		1.130	13.0	1.00 G			
MP-2740		1.220	13.0	1.00 G			
MP-2750		1.220	13.0	6.00 G			
MP-2752		1.220	13.0	10.00 G			
MP-2755		1.200	13.0	12.00 G			
MP-2760		1.180	13.0	1.00 L			
MP-2770		1.160	13.0	10.00 L			
MP-2780		1.140	13.0	12.00 L			
MP-2830M		0.880	25.0	40.00 E			
MP-2850M		0.900	13.0	18.00 E			
MP-2870M		0.900	13.0	12.00 E			
MP-2880M		0.900	13.0	12.00 E			
MP-2890M		0.900	13.0	15.00 E			
MP-2945		0.950	15.0	4.00 G			
MP-2955		0.950	15.0	1.00 G			
MP-2965		0.950	25.0	1.00 G			
MP-2970		0.950	15.0	2.00 G			
MP-2975		0.950	15.0	2.00 G			
MP-2990		1.040	17.0	40.00 G			
TPE		**Multi-Flex TPE**			**Multibase**		
A 0740		0.890		52.60 BF	125	2.0-4.0	
A 1540 Natural		1.060		40.00 L	125	2.0-4.0	
A 2599	UNS	1.040	17.0	25.00 L	125	2.0-4.0	
A 3005		0.910		6.00 L	125	2.0-4.0	
A 3540		0.890		50.00 L	125	2.0-4.0	
A 3541 Clear		0.892		100.00 L			
A 4001 LC		1.070	15.0	2.00 L			
A 4001 LC Black		1.073	15.0	2.00 L			
A 4001 LCS Black		1.073	15.0	2.00 L			
A 4710 S Black		1.203	15.0	10.00 L			
A 5003		0.900	18.0	0.50 L			
A 6041 Clear		0.892	12.0	91.00 L			
A 6202 MR		0.920	16.0	10.00 L	125	2.0-4.0	
A 6221 CUV A Black		1.203		70.00 L			
A 6221 CUV Black		1.203	12.0	3.00 L			
A 7011	UNS 22	1.043	15.1	1.20 L			
A 7025		1.230	15.0	5.00 L	125	2.0-4.0	
A 7101		1.200	9.0	2.00 L	125	2.0-4.0	
A 7321		1.200		25.00 L	125	2.0-4.0	
A 7455 FR		1.220		2.00 L	125	2.0-4.0	
A 7727		1.230	12.0	12.00 L			
A 7727 TLC Black		1.233	12.3	12.00 L			
A 8030		1.890	10.0	14.00 L	125	2.0-4.0	
A 8502		1.000	13.0	5.50 L			
A 8502 LC UV RXF/YYWA Black		1.032	13.0	1.00 L			
A 8832 C Blk		1.925	12.0	12.00 L			
A 9002 Black		0.982	14.0	6.00 L			
A 9002 MR		0.920	15.0	4.00 L	125	2.0-4.0	
A 9402 MR		0.920	15.0	4.00 L	125	2.0-4.0	
A 9702 MR		0.920	15.0	4.00 L	125	2.0-4.0	
D 2010		1.880		20.00 L	125	2.0-4.0	

Max. % regrind	Inj. pres., ksi	Rear temp, °F	Mid temp, °F	Front temp, °F	Nozzle temp, °F	Proc temp, °F	Mold temp, °F
			390-410	400-425	440	350-450	90-150
			390-410	400-425	440	350-450	90-150
			390-410	400-425	440	350-450	90-150
			390-410	400-425	440	350-450	90-150
			390-410	400-425	440	350-450	90-150
			390-410	400-425	440	350-450	90-150
			390-410	400-425	440	350-450	90-150
			390-410	400-425	440	350-450	90-150
			390-410	400-425	440	350-450	90-150
			390-410	400-425	440	320-420	90-130
			390-410	400-425	440	320-420	90-130
			390-410	400-425	440	320-420	90-130
			390-410	400-425	440	320-420	90-130
			390-410	400-425	440	320-420	90-130
			390-410	400-425	440	360-440	80-105
			390-410	400-425	440	360-440	80-105
			390-410	400-425	440	360-440	80-105
			390-410	400-425	440	360-440	80-105
			390-410	400-425	440	360-440	80-105
			390-410	400-425	440	360-440	80-105
50	0.5-0.7	175	410	440	455		125
50	0.5-0.7	175	410	440	455		125
50	0.5-0.7	175	410	440	455		125
50	0.5-0.7	175	410	440	455		125
50	0.5-0.7	175	410	440	455		125
		175	410	440	455		125
		175	410	440	455		125
		175	410	440	455		125
		175	410	440	455		125
		175	410	440	455		125
		347	770	824	851		257
		175	410	440	455		125
		175	410	440	455		125
		175	410	440	455		125
		175	410	440	455		125
50	0.5-0.7	175	410	440	455		125
50	0.5-0.7	175	410	440	455		125
50	0.5-0.7	175	410	440	455		125
50	0.5-0.7	175	410	440	455		125
50	0.5-0.7	175	410	440	455		125
		175	410	440	455		125
50	0.5-0.7	175	410	440	455		125
		175	410	440	455		125
		175	410	440	455		125
		175	410	440	455		125
50	0.5-0.7	175	410	440	455		125
50	0.5-0.7	175	410	440	455		125
50	0.5-0.7	175	410	440	455		125
50	0.5-0.7	175	410	440	455		125

FREE DATA SHEETS: WWW.IDES.COM/PSIM

Grade	Filler	Sp Grav	Shrink, mils/in	Melt flow, g/10 min	Drying temp, °F	Drying time, hr	Max. % moisture
D 3204		0.975	15.0	6.75 L	125	2.0-4.0	
D 3604		0.950	13.0	6.00 L	125	2.0-4.0	
D 3804		0.960	15.0	7.00 L	125	2.0-4.0	
D 4107 C Black		0.910		10.00 L	125	2.0-4.0	
D 4400		1.250	12.0	12.00 L	125	2.0-4.0	
D 4701		1.050		8.00 L	125	2.0-4.0	
D 6606		1.160	14.0	8.00 L	125	2.0-4.0	
V 5502		1.083					

TPE		Optimum			Rauh Polymers		
2000		1.223	5.0-8.0	100.00 O	170-180	2.0-4.0	0.02
800 MF		1.203	5.0-8.0	50.00 O	170-180	2.0-4.0	0.02

TPE		Permaflex			Rauh Polymers		
45		1.243	5.0-6.0	75.00 Al	170-180	2.0-4.0	0.02
55		1.243	5.0-6.0	50.00 Al	170-180	2.0-4.0	0.02
75		1.243	5.0-6.0	40.00 Al	170-180	2.0-4.0	0.02

TPE		RTP Compounds			RTP		
1200-80A		1.173	5.0-11.0		190	4.0-6.0	
1500.5-50D	GFI 5	1.223	4.3-5.3		220	2.0-4.0	
1500.5-55D	GFI 5	1.223	5.0-9.0		220	2.0-4.0	
1500-55D		1.203	10.7-22.3		220	2.0-4.0	
1503-40D	GFI 20	1.283	1.0		220	2.0-4.0	
1503-55D	GFI 20	1.353	1.7-2.5		220	2.0-4.0	
1503-72D	GFI 20	1.404	3.5-4.5		225	2.0-4.0	
1505-55D	GFI 30	1.424	1.5-2.1		220	2.0-4.0	
1507-40D	GFI 40	1.474	1.1-1.5		220	2.0-4.0	
6002-45A		0.982	30.0		170	2.0-4.0	
6002-55A		0.992	25.0		170	2.0-4.0	
6002-65A		1.003	23.0-25.0		170	2.0-4.0	
6002-75A		1.043	16.0		170	2.0-4.0	
6003-45A		0.962	28.0		170	2.0-4.0	
6003-55A		0.982	15.0		170	2.0-4.0	
6003-55A UV		0.982	15.0		180	4.0	
6003-75A		1.023	13.0		170	2.0-4.0	
6011-55A		0.902	15.8		170	2.0	
6011-55A Z		0.902	15.8		170	2.0	
6011-65A		0.902	15.2		170	2.0	
6011-75A		0.912	18.3		170	2.0	
6035-55A		0.902	15.0-20.0		170	2.0	
6035-64A		0.902	14.0-20.0		170	2.0	

TPE		Samsung Total		Samsung Total			
SE65		0.962					
SE87		0.932					

TPE		Santoprene		AES			
101-55		0.970			180	3.0	0.08
101-64		0.970			180	3.0	0.08
101-73		0.970			180	3.0	0.08
101-80		0.960			180	3.0	0.08
101-87		0.960			180	3.0	0.08
103-40		0.950			180	3.0	0.08
103-50		0.950			180	3.0	0.08
111-35		0.950			180	3.0	0.08

Max. % regrind	Inj. pres., ksi	Rear temp, °F	Mid temp, °F	Front temp, °F	Nozzle temp, °F	Proc temp, °F	Mold temp, °F
50	0.5-0.7	175	410	440	455		125
50	0.5-0.7	175	410	440	455		125
50	0.5-0.7	175	410	440	455		125
50	0.5-0.7	175	410	440	455		125
50	0.5-0.7	175	410	440	455		125
50	0.5-0.7	175	410	440	455		125
50	0.5-0.7	175	410	440	455		125
50	0.5-0.7	175	410	440	455		125
		175	410	440	455		125
	8.0-10.0	400-420	400-440	420-450	440-475	440-450	70-100
	8.0-10.0	500-510	510-520	510-520	525-530	450-510	180-200
	16.0-20.0	350-360	370-380	380-390	395-410	380-420	70-90
	12.0-13.0	400-410	440-450	440-450	450-460	450-510	130-150
	13.0-14.0	410-420	430-440	440-450	460-470	470	130-150
	10.0-15.0					365-425	100-140
	10.0-15.0					410-460	70-100
	10.0-15.0					410-460	70-100
	10.0-20.0					410-460	70-115
	10.0-15.0					410-460	70-100
	10.0-15.0					410-460	70-100
	10.0-15.0					425-475	70-100
	10.0-15.0					410-460	70-100
	10.0-15.0					410-460	70-100
	5.0-15.0					380-460	70-120
	5.0-15.0					380-460	70-120
	5.0-15.0					380-440	70-120
	5.0-15.0					380-460	70-120
	5.0-15.0					380-460	70-120
	5.0-15.0					380-460	70-120
	4.0-10.0					350-420	60-120
	5.0-15.0					380-460	70-120
	0.5-0.8					350-375	70-100
	0.5-0.8					350-375	70-100
	0.5-0.8					350-375	70-100
	0.5-0.8					350-375	70-100
	4.0-8.0					350-400	50-90
	4.0-8.0					350-420	50-90
		356-374	356-374	356-374		392	86-140
		374-392	365-383	356-374		410	86-140
20		350	360	360	370-430	380-450	50-125
20		350	360	360	370-430	380-450	50-125
20		350	360	370	380-440	390-450	50-125
20		350	360	370	380-450	390-450	50-125
20		360	370	380	395-455	400-450	50-125
20		380	390	400	410-460	420-450	50-125
20		380	390	400	410-465	420-450	50-125
20		350-380	355-390	355-400	375-445	380-465	50-125

FREE DATA SHEETS: WWW.IDES.COM/PSIM

Grade	Filler	Sp Grav	Shrink, mils/in	Melt flow, g/10 min	Drying temp, °F	Drying time, hr	Max. % moisture
111-45		0.960			180	3.0	0.08
111-55		0.970			180	3.0	0.08
111-64		0.970			180	3.0	0.08
111-73		0.970			180	3.0	0.08
111-80		0.970			180	3.0	0.08
111-87		0.960			180	3.0	0.08
121-50M100		0.910			180	3.0	0.08
121-62M100		0.910			180	3.0	0.08
121-75M100		0.920			180	3.0	0.08
121-79W233		0.930			180	3.0	0.08
121-80		0.970			180	3.0	0.08
121-87		0.970			180	3.0	0.08
123-40		0.960			180	3.0	0.08
123-50		0.950			180	3.0	0.08
151-60		1.170			180	3.0	0.08
153-38		1.160			180	3.0	0.08
171-55		0.970			180	3.0	0.08
171-64		0.970			180	3.0	0.08
171-73		0.970			180	3.0	0.08
201-55		0.970			180	3.0	0.08
201-64		0.970			180	3.0	0.08
201-73		0.970			180	3.0	0.08
201-80		0.960			180	3.0	0.08
201-87		0.960			180	3.0	0.08
203-40		0.950			180	3.0	0.08
203-50		0.950			180	3.0	0.08
211-45		0.960			180	3.0	0.08
211-55		0.970			180	3.0	0.08
211-64		0.970			180	3.0	0.08
211-73		0.960			180	3.0	0.08
211-80		0.950			180	3.0	0.08
211-87		0.950			180	3.0	0.08
221-55		0.970			180	3.0	0.08
221-73		0.970			180	3.0	0.08
221-80		0.960			180	3.0	0.08
221-87		0.960			180	3.0	0.08
223-50		0.940			180	3.0	0.08
241-45		0.970			180	3.0	0.08
241-55		0.970			180	3.0	0.08
241-64		0.970			180	3.0	0.08
241-73		0.970			180	3.0	0.08
241-73W236		0.970			180	3.0	0.08
241-80		0.960			180	3.0	0.08
241-80W236		0.960			180	3.0	0.08
241-87		0.960			180	3.0	0.08
243-40		0.950			180	3.0	0.08
243-50		0.940			180	3.0	0.08
251-70W232		1.240			180	3.0	0.08
251-80		1.240			180	3.0	0.08
251-80W232		1.240			180	3.0	0.08
251-85		1.150			180	3.0	0.08
251-92		1.240			180	3.0	0.08
251-92W232		1.240			180	3.0	0.08
253-36		1.360			180	3.0	0.08
261-87		0.970			180	3.0	0.08
271-55		0.970			180	3.0	0.08

Max. % regrind	Inj. pres., ksi	Rear temp, °F	Mid temp, °F	Front temp, °F	Nozzle temp, °F	Proc temp, °F	Mold temp, °F
20		350-380	355-390	355-400	375-445	380-465	50-125
20		350-380	355-390	355-400	375-445	380-465	50-125
20		350-380	355-390	355-400	375-445	380-465	50-125
20		350-380	355-390	355-400	375-445	380-465	50-125
20		350-380	355-390	355-400	375-445	380-465	50-125
20		350-380	355-390	355-400	375-445	380-465	50-125
20		360	370	380	390	400-430	50-125
20		360	370	380	390	400-430	50-125
20		360	370	380	390	400-450	50-125
20							50-125
20		350	360	370	380-450	390-450	50-125
20		360	370	380	390-455	400-450	50-125
20		380	390	400	410-460	420-450	50-125
20		380	390	400	410-465	420-450	50-125
20							50-125
20							50-125
20		350	360	360	370-430	380-450	50-125
20		350	360	360	370-430	380-450	50-125
20		350	360	370	380-440	390-450	50-125
20		350	360	360	370-430	380-450	50-125
20		350	360	360	370-430	380-450	50-125
20		350	360	370	380-440	390-450	50-125
20		350	360	370	380-450	390-450	50-125
20		360	370	380	390-455	400-450	50-125
20		380	390	400	410-460	420-450	50-125
20		380	390	400	410-465	420-450	50-125
20		350-380	355-390	355-400	375-445	380-465	50-125
20		350-380	355-390	355-400	375-445	380-465	50-125
20		350-380	355-390	355-400	375-445	380-465	50-125
20		350-380	355-390	355-400	375-445	380-465	50-125
20		350-380	355-390	355-400	375-445	380-465	50-125
20		350	360	360	370-430	380-450	50-125
20		350	360	370	380-440	390-450	50-125
20		350	360	370	380-450	390-450	50-125
20		360	370	380	390-455	400-450	50-125
20		365	375	385	395	405	50-125
20		350	360	360	370-430	380-450	50-125
20		350	360	360	370-430	380-450	50-125
20		350	360	360	370-430	380-450	50-125
20		350	360	370	380-440	390-450	50-125
20		350	360	370	380-440	390-450	50-125
20		350	360	370	380-450	390-450	50-125
20		350	360	370	380-450	390-450	50-125
20		360	370	380	390-455	400-450	50-125
20		380	390	400	410-460	420-450	50-125
20		380	390	400	410-465	420-450	50-125
20							50-125
20		350	360	360	370	380	50-125
20							50-125
20		350	360	360	370	380	50-125
20		350	360	360	370	380	50-125
20							50-125
20		350	360	360	370	380	50-125
20							50-125
20		350	360	360	370-430	380-450	50-125

FREE DATA SHEETS: WWW.IDES.COM/PSIM

Grade	Filler	Sp Grav	Shrink, mils/in	Melt flow, g/10 min	Drying temp, °F	Drying time, hr	Max. % moisture
271-64		0.970			180	3.0	0.08
271-73		0.960			180	3.0	0.08
271-80		0.960			180	3.0	0.08
271-87		0.960			180	3.0	0.08
273-40		0.950			180	3.0	0.08
273-50		0.940			180	3.0	0.08
451-87		1.280			180	3.0	0.08
453-45		1.250			180	3.0	0.08

TPE   Santoprene 8000   AES

Grade	Filler	Sp Grav	Shrink, mils/in	Melt flow, g/10 min	Drying temp, °F	Drying time, hr	Max. % moisture
8201-60		0.950					0.08
8201-70		0.950					0.08
8201-80		0.950					0.08
8201-90		0.940					0.08
8211-35		0.930					0.08
8211-45		0.930					0.08
8211-55		0.930					0.08
8211-65		0.930					0.08
8211-75		0.930					0.08
8221-60		0.950					0.08
8221-70		0.950					0.08
8271-55		0.960					0.08
8271-65		0.950					0.08
8271-75		0.940					0.08

TPE   Sarlink   DSM TPE

Grade	Filler	Sp Grav	Shrink, mils/in	Melt flow, g/10 min	Drying temp, °F	Drying time, hr	Max. % moisture
3135N		0.930					
3139D		0.940					
3140		0.930					
3145D		0.940					
3150		0.940					
3160		0.950					
3160-43		0.930			180	3.0	
3170		0.940					
3175-01		0.942					
3180		0.950					
3190		0.940					
3380N-02		1.243					
3439D		0.940			180	3.0	
3440		0.930			180	3.0	
3445D		0.940			180	3.0	
3450		0.940			180	3.0	
3460		0.950			180	3.0	
3470		0.940			180	3.0	
3480		0.950			180	3.0	
3490		0.940			180	3.0	
3745D		0.952					
3760		0.962					
3770		0.962					
3780		0.962					
3790		0.952					
3790-40		0.917					
4139D		0.950					
4145		0.960			180	3.0	
4145B		0.960			180	3.0	
4149D		0.940					

POCKET SPECS FOR INJECTION MOLDING

Max. % regrind	Inj. pres., ksi	Rear temp, °F	Mid temp, °F	Front temp, °F	Nozzle temp, °F	Proc temp, °F	Mold temp, °F
20		350	360	360	370-430	380-450	50-125
20		350	360	370	380-440	390-450	50-125
20		350	360	370	380-450	390-450	50-125
20		360	370	380	390-455	400-450	50-125
20		380	390	400	410-460	420-450	50-125
20		380	390	400	410-465	420-450	50-125
20							50-125
20							50-125
20		350-375	355-380	365-390	365-410	290-420	75-125
20		355-385	365-390	375-400	375-410	390-420	75-125
20		365-390	375-400	375-400	390-420	390-420	75-125
20		375-400	385-410	385-410	410-430	390-420	75-125
20							50-125
20							50-125
20							50-125
20							50-125
20		350-375	355-380	365-390	365-410	290-420	75-125
20		355-385	365-390	375-400	375-410	390-420	75-125
20							50-125
20							50-125
		350-420	350-420	350-420	370-430	360-430	50-150
		356-419	356-419	356-419	369-428	365-428	50-131
		356-419	356-419	356-419	369-428	365-428	50-131
		356-419	356-419	356-419	369-428	365-428	50-131
		356-419	356-419	356-419	369-428	365-428	50-131
		356-419	356-419	356-419	369-428	365-428	50-131
		350-420	350-420	350-420	370-430	350-450	50-150
		356-419	356-419	356-419	369-428	365-428	50-131
		356-419	356-419	356-419	369-428	365-428	50-131
		356-419	356-419	356-419	369-428	365-428	50-131
		356-419	356-419	356-419	369-428	365-428	50-131
		356-419	356-419	356-419	369-428	365-428	50-131
		350-420	350-420	350-420	370-430	360-430	50-150
		350-420	350-420	350-420	370-430	360-430	50-150
		350-420	350-420	350-420	370-430	360-430	50-150
		350-420	350-420	350-420	370-430	360-430	50-150
		350-420	350-420	350-420	370-430	360-430	50-150
		350-420	350-420	350-420	370-430	360-430	50-150
		350-420	350-420	350-420	370-430	360-430	50-150
		350-420	350-420	350-420	370-430	360-430	50-150
		356-419	356-419	356-419	369-428	365-428	50-131
		356-419	356-419	356-419	369-428	365-428	50-131
		356-419	356-419	356-419	369-428	365-428	50-131
		356-419	356-419	356-419	369-428	365-428	50-131
		356-392	392-464	428-500	428-500	428-500	50-131
		356-419	356-419	356-419	369-428	365-428	50-131
		350-420	350-420	350-420	370-430	360-430	50-150
		350-420	350-420	350-420	370-430	360-430	50-150
		356-419	356-419	356-419	369-428	365-428	50-131

FREE DATA SHEETS: WWW.IDES.COM/PSIM

Grade	Filler	Sp Grav	Shrink, mils/in	Melt flow, g/10 min	Drying temp, °F	Drying time, hr	Max. % moisture
4155		0.960					
4165		0.960					
4175		0.960					
4175-40		0.902					
4180		0.960					
4190		0.950					
4339D		1.260			180	3.0	
4370		1.270			180	3.0	
4380		1.300			180	3.0	
4390		1.290			180	3.0	
4765-40		0.912					
4775-40		0.902					
5765B4		0.970			180	3.0	
9165N3		0.950			180	3.0	
9175N3		0.940			180	3.0	
9180		0.960			180	3.0	
9765B4		0.970			180	3.0	
9775B4		0.970			180	3.0	
X3135-40		0.930					
X3250		0.952					
X3939D-01		0.912					
X-4175N-04		0.980			180	3.0	
X4339DN-09		1.190			180	3.0	
X-4355		1.170			180	3.0	
X-4370-02		1.270			180	3.0	
X4750BLK42		0.910			180	3.0	
X4765BLK40		0.920			180	3.0	
X4775 B-42		0.907					
X4775BLK40		0.920			180	3.0	
X4785 B-42		0.916					
X4785BLK40		0.910			180	3.0	
X5165N3		0.950			180	3.0	
X5740DB4		0.960			180	3.0	
X5755B4		0.970			180	3.0	
X-5765B4		0.970			180	3.0	
X5775B4		0.970			180	3.0	
X5780B4		0.970			180	3.0	
X5790B4		0.960			180	3.0	
X6135		0.878					
X6145		0.884					
X6155		0.884					
X6165		0.945					
X6180		0.889					
X9755B4		0.970			180	3.0	
XLP4165B-01		0.960			180	3.0	
XRD-5755B4		0.970					

TPE	Sconablend			Ravago			
TPE 25X110		1.083					
TPE 25X119		1.083					
TPE 25X601		1.083					
TPE 30X110		1.083					
TPE 30X111		1.103					
TPE 30X119		1.083					
TPE 40X010		0.892					
TPE 40X019		0.892					

Max. % regrind	Inj. pres., ksi	Rear temp, °F	Mid temp, °F	Front temp, °F	Nozzle temp, °F	Proc temp, °F	Mold temp, °F
		356-419	356-419	356-419	369-428	365-428	50-131
		356-419	356-419	356-419	369-428	365-428	50-131
		356-419	356-419	356-419	369-428	365-428	50-131
		365	392	482	482	491	50-131
		356-419	356-419	356-419	369-428	365-428	50-131
		356-419	356-419	356-419	369-428	365-428	50-131
		350-400	350-400	350-410	390-420	360-420	50-150
		350-400	350-400	350-410	390-420	360-420	50-150
		350-400	350-400	350-410	390-420	360-420	50-150
		350-400	350-400	350-410	390-420	360-420	50-150
		356-401	356-401	356-401	365-410	365-410	50-131
		356-401	356-401	356-401	365-410	365-410	50-131
		350-420	350-420	350-420	370-430	360-430	50-150
		350-420	350-420	350-420	370-430	360-430	50-150
		350-420	350-420	350-420	370-430	360-430	50-150
		350-420	350-420	350-420	370-430	360-430	50-150
		350-420	350-420	350-420	370-430	360-430	50-150
		350-420	350-420	350-420	370-430	360-430	50-150
		356-419	356-419	356-419	369-428	365-428	50-131
		356-419	356-419	356-419	369-428	365-428	50-131
		356-419	374-428	410-446	446-482	365-482	50-131
		350-420	350-420	350-420	370-430	360-430	50-150
		350-400	350-400	350-410	390-420	360-400	50-150
		350-400	350-400	350-410	390-420	360-400	50-150
		350-400	350-400	350-410	390-420	360-400	50-150
		350-420	350-420	350-420	370-430	360-450	50-150
		350-420	350-420	350-420	370-430	360-450	50-150
		356-401	356-401	356-401	365-410	365-410	50-131
		350-420	350-420	350-420	370-430	360-430	50-150
		356-401	356-401	356-401	365-410	365-410	50-131
		350-420	350-420	350-420	370-430	360-450	50-150
		350-420	350-420	350-420	370-430	360-430	50-150
		350-420	350-420	350-420	370-430	360-430	50-150
		350-420	350-420	350-420	370-430	360-430	50-150
		350-420	350-420	350-420	370-430	360-430	50-150
		350-420	350-420	350-420	370-430	360-430	50-150
		356-419	356-419	356-419	369-428	365-428	50-131
		356-419	356-419	356-419	369-428	365-428	50-131
		356-419	356-419	356-419	369-428	365-428	50-131
		356-419	356-419	356-419	369-428	365-428	50-131
		350-420	350-420	350-420	370-430	360-430	50-150
		350-420	350-420	350-420	370-430	360-430	50-150
						356-464	86-122
						356-464	86-122
						356-482	86-122
						356-392	86-122
						356-464	86-122
						356-392	86-122
						356-392	86-122
						356-464	86-122

FREE DATA SHEETS: WWW.IDES.COM/PSIM

Grade	Filler	Sp Grav	Shrink, mils/in	Melt flow, g/10 min	Drying temp, °F	Drying time, hr	Max. % moisture
TPE 40X110		1.093					
TPE 40X119		1.093					
TPE 40X601		1.093					
TPE 50X010		0.892					
TPE 50X019		0.892					
TPE 50X110		1.123					
TPE 50X119		1.123					
TPE 50X601		1.123					
TPE 60X010		0.892					
TPE 60X019		0.892					
TPE 60X05-12		0.912					
TPE 60X110		1.083					
TPE 60X111		1.083					
TPE 60X112		1.083					
TPE 60X119		1.083					
TPE 60X15-11		1.053		50.00 L			
TPE 60X15-12		1.053		50.00 L			
TPE 60X510		0.962					
TPE 60X601		1.083					
TPE 70X010		0.892					
TPE 70X019		0.892					
TPE 70X110		1.103					
TPE 70X119		1.103					
TPE 70X15-11		1.063		50.00 L			
TPE 70X15-12		1.063		50.00 L			
TPE 70X601		1.103					
TPE 80X010		0.902					
TPE 80X019		0.902					
TPE 80X110		1.083					
TPE 80X119		1.083					
TPE 80X15-11		1.053		20.00 L			
TPE 80X15-12		1.053		20.00 L			
TPE 80X601		1.083					
TPE 90X010		0.902					
TPE 90X019		0.902					
TPE 90X110		1.123					
TPE 90X119		1.123					
TPE 90X601		1.123					

TPE — Softflex — Network Poly

Grade	Sp Grav	Shrink, mils/in	Melt flow, g/10 min	Drying temp, °F	Drying time, hr
0150	0.890	17.0	420.00 Q		
0350	0.910	17.0	45.50 Q		
0470	0.972	16.0-33.0	1.00 Q	130-140	4.0-6.0
0615	0.994	11.0	8.30 Q	130-140	4.0-6.0
0826	0.954		8.00 Q	130-140	4.0-6.0
0954	1.090	32.0	28.90 Q	130-140	4.0-6.0
5500	0.920	17.0	0.20 Q		
6500	0.886	10.0	0.70 Q		

TPE — Starflex — Star Thermoplastic

Grade	Sp Grav	Shrink, mils/in
P 7007-1000	0.902	32.0-38.0
P 7012-1000 (LC 25193)	0.902	30.0-38.0
P 7026-1000	0.902	25.0-30.0
P 7027-1000	0.902	30.0-38.0
P 7033-1000	0.902	16.0-23.0

Max. % regrind	Inj. pres., ksi	Rear temp, °F	Mid temp, °F	Front temp, °F	Nozzle temp, °F	Proc temp, °F	Mold temp, °F
						356-482	86-122
						356-482	86-122
						356-482	86-122
						356-392	86-122
						356-392	86-122
						356-500	86-122
						356-500	86-122
						356-428	86-122
						356-464	86-122
						356-464	86-122
						356-464	86-122
						356-482	86-122
						356-464	86-122
						356-428	86-122
						356-482	86-122
						356-464	86-122
						356-464	86-122
						356-482	86-122
						356-482	86-122
						356-464	86-122
						356-464	86-122
						356-482	86-122
						356-482	86-122
						356-464	86-122
						356-464	86-122
						356-482	86-122
						356-464	86-122
						356-464	86-122
						392-500	86-122
						392-500	86-122
						356-428	86-122
						356-428	86-122
						356-482	86-122
						356-464	86-122
						356-464	86-122
						428-482	86-122
						428-482	86-122
						356-482	86-122
25		290-310	315-335	340-350	355-365		60-75
25		290-310	315-335	340-350	355-365		60-75
	5.0-6.0	320-360	340-380	410-430	390-420		80-120
	5.0-6.0	320-360	340-380	410-430	390-420	380-410	80-120
	5.0-6.0	320-360	340-380	410-430	390-420	380-410	80-120
	5.0-6.0	320-360	340-380	410-430	390-420	380-410	80-120
50		340-360	370-390	400-420	395-415		70-110
50		340-360	370-390	400-420	395-415		70-110
	0.5-0.7	360-380		370-390	390-410		100-140
	0.5-0.7	360-380		370-390	390-410		100-140
	0.5-0.7	360-380		370-390	390-410		100-140
	0.5-0.7	360-380		370-390	390-410		100-140
	0.5-0.7	360-380		370-390	390-410		100-140

FREE DATA SHEETS: WWW.IDES.COM/PSIM

Grade	Filler	Sp Grav	Shrink, mils/in	Melt flow, g/10 min	Drying temp, °F	Drying time, hr	Max. % moisture
P 7045-9000		0.902	16.0-20.0				
P 7050-1015		0.892					
P 7054-1000		0.902	15.0-20.0				
P 7057-1003		0.888	16.0-22.0				
P 7080		0.902	14.0-18.0				
P 7130-1000 (LC 29197)		1.053	17.0-20.0				
P 7180 (LC 201)		1.003	14.0-18.0				
P 7335		1.153	17.0-20.0				
P 7345		1.153	17.0-20.0				
P 7360		1.153	14.0-17.0				
P 7365		1.153	14.0-17.0				
P 7374		1.143	15.0				
P 7380		1.143	15.0				
P 7391		1.153	11.0				
P 7393-1000		1.053	10.0-15.0				

TPE — Tekbond — Teknor Apex

Grade	Filler	Sp Grav	Shrink, mils/in	Melt flow, g/10 min	Drying temp, °F	Drying time, hr	Max. % moisture
6000-25		0.960		40.00 L			
6000-30		0.960		64.00 L			
6000-35		0.980		19.00 L			
6000-45		0.990		16.00 L			
6000-60		1.020		15.00 L			
6100-30		0.930		39.00 L			
6100-50		0.930		30.00 L			
6100-60		0.930		24.00 L			
6100-70		0.940		20.00 L			
6500-50		0.910		55.00 L			
6500-55		0.910		57.00 L			
6500-60		0.910		38.00 L			
6500-65		0.910		21.00 L			
6500-70		1.190	15.0-18.0				

TPE — Tekron — Teknor Apex

Grade	Filler	Sp Grav	Shrink, mils/in	Melt flow, g/10 min	Drying temp, °F	Drying time, hr	Max. % moisture
3954-45		1.180		1.30 L	150	2.0-4.0	
3954-50		1.180		1.30 L	150	2.0-4.0	
3954-62		1.180		1.30 L	150	2.0-4.0	
3954-70		1.180		1.40 L	150	2.0-4.0	
3954-80		1.180		1.40 L	150	2.0-4.0	
3954-90		1.180		1.40 L	150	2.0-4.0	
4000-25		1.180		4.80 L	150	2.0-4.0	
4000-35		1.180		0.80 L	150	2.0-4.0	
4000-45		1.180		0.80 L	150	2.0-4.0	
4000-60		1.180		0.30 L	150	2.0-4.0	
4000-80		1.180		0.80 L	150	2.0-4.0	
4000-90		1.180		0.60 L	150	2.0-4.0	
4200-30		0.910		2.10 L	150	2.0-4.0	
4200-45		0.910		2.40 L	150	2.0-4.0	
4200-60		0.910		5.20 L	150	2.0-4.0	
4200-75		0.910		5.90 L	150	2.0-4.0	
4200-90		0.910		8.50 L	150	2.0-4.0	
4300-D88A		0.900	9.0	12.00 L			
4300-D88F		0.900		12.00 L			
4300-D90A		0.900		5.00 L			
4300-D90B		0.900		5.00 L			
4300LM-P88-1		0.900	16.0	7.08 L			

Max. % regrind	Inj. pres., ksi	Rear temp, °F	Mid temp, °F	Front temp, °F	Nozzle temp, °F	Proc temp, °F	Mold temp, °F
	0.5-0.7	360-380		370-390	390-410		100-140
	0.5-0.7	360-380		370-390	390-410		100-140
	0.5-0.7	380-400		390-420	400-420		100-140
	0.5-0.7	360-380		370-390	380-400		100-140
	0.5-0.7	360-380		370-390	390-410		100-140
	0.5-0.7	360-380		370-390	390-410		100-140
	0.5-0.7	380-400		390-420	400-420		100-140
	0.5-0.7	380-400		400-420	420-450		80-150
	0.5-0.7	380-400		400-420	420-450		80-150
	0.5-0.7	380-400		400-420	420-450		80-150
	0.5-0.7	380-400		400-420	420-450		80-150
	0.5-0.7	380-400		400-420	420-450		80-150
	0.5-0.7	380-400		400-420	420-450		80-150
	0.5-0.7	380-400		400-420	420-450		80-150
	0.5-0.7	360-380		370-390	390-410		100-140
	1.0-5.0					420-440	90-180
	1.0-5.0					420-440	90-180
	1.0-5.0					420-440	90-180
	1.0-5.0					420-440	90-180
	1.0-5.0					420-440	90-180
	1.0-5.0					420-440	90-180
	1.0-5.0					420-440	90-180
	1.0-5.0					420-440	90-180
	1.0-5.0					420-440	90-180
	1.0-5.0					420-440	90-180
	1.0-5.0					420-440	90-180
	1.0-5.0					420-440	90-180
	1.0-5.0					420-440	90-180
						345	
50	0.5-2.0	390	400	410	420		85-150
50	0.5-2.0	390	400	410	420		85-150
50	0.5-2.0	390	400	410	420		85-150
50	0.5-2.0	410	420	430	440		85-150
50	0.5-2.0	410	420	430	440		85-150
50	0.5-2.0	410	420	430	440		85-150
50	0.5-2.0	390	400	410	420		85-150
50	0.5-2.0	390	400	410	420		85-150
50	0.5-2.0	390	400	410	420		85-150
50	0.5-2.0	390	400	410	420		85-150
50	0.5-2.0	410	420	430	440		85-150
50	0.5-2.0	410	420	430	440		85-150
50	0.5-2.0	390	400	410	420		85-150
50	0.5-2.0	390	400	410	420		85-150
50	0.5-2.0	390	400	410	420		85-150
50	0.5-2.0	410	420	430	440		85-150
50	0.5-2.0	410	420	430	440		85-150
	0.4-0.9	405-410	424-430	444-450	444-450	441	39-140
	0.4-0.9	405-410	424-430	444-450	444-450	441	39-140
	0.4-0.9	405-410	424-430	444-450	444-450	441	39-140
	0.4-0.9	405-410	424-430	444-450	444-450	441	39-140
	0.4-0.9	405-410	424-430	444-450	444-450	441	39-140

FREE DATA SHEETS: WWW.IDES.COM/PSIM

Grade	Filler	Sp Grav	Shrink, mils/in	Melt flow, g/10 min	Drying temp, °F	Drying time, hr	Max. % moisture
5000-30-NT		0.910		2.10 L	150	2.0-4.0	
5000-45-NT		0.910		2.40 L	150	2.0-4.0	
5000-55-NT		0.910		4.10 L	150	2.0-4.0	
5000-60-NT		0.910		5.20 L	150	2.0-4.0	
5000-75-NT		0.890		5.90 L	150	2.0-4.0	
5000-80-NT		0.890		5.20 L	150	2.0-4.0	

TPE	Telcar				Teknor Apex		
1000-100		0.900			140-158	2.0-4.0	
1000-105		0.920			140-158	2.0-4.0	
1000-90		0.870			140-158	2.0-4.0	
1000-92		0.920	11.0	2.00 L			
1000-92-UV		0.920	11.0	2.00 L			
1000-95		0.900			140-158	2.0-4.0	
1000-96		0.890			140-158	2.0-4.0	
1000-98		0.890			140-150	2.0-4.0	
1025-65		1.000		0.20 L	140-158	2.0-4.0	
1025-75		1.000		0.20 L	140-158	2.0-4.0	
1025-85		1.000		0.30 L	140-158	2.0-4.0	
1025-90		1.000		0.30 L	140-158	2.0-4.0	
1050-65		1.000		0.60 L	140-158	2.0-4.0	
1050-75		1.000		0.50 L	140-158	2.0-4.0	
1050-85		0.990		0.80 L	140-158	2.0-4.0	
1050-90		0.990		0.60 L	140-158	2.0-4.0	
1075-105		1.230		1.50 L	140-158	2.0-4.0	
1075-106		1.300		1.50 L	140-158	2.0-4.0	

TPE	Thermolast K CO/A				Kraiburg TPE		
TC 4 HAA		1.053			140-176	2.0-4.0	
TC 4 HAZ		1.053			140-176	2.0-4.0	
TC 5 HAA		1.073			140-176	2.0-4.0	
TC 5 HAZ		1.073			140-176	2.0-4.0	
TC 6 HAA		1.073			140-176	2.0-4.0	
TC 6 HAZ		1.073			140-176	2.0-4.0	
TC 6 HBA		1.103			140-176	2.0-4.0	
TC 6 HBZ		1.113			140-176	2.0-4.0	
TC 7 HAA		1.113			140-176	2.0-4.0	
TC 7 HAZ		1.113			140-176	2.0-4.0	
TC 7 HBA		1.133			140-176	2.0-4.0	
TC 7 HBZ		1.133			140-176	2.0-4.0	
TC 8 HAA		1.153			140-176	2.0-4.0	
TC 8 HAZ		1.163			140-176	2.0-4.0	

TPE	Thermolast K CO/V				Kraiburg TPE		
TC 4 FAR		1.003			140-176	2.0-4.0	
TC 4 MGA		1.063			140-176	2.0-4.0	
TC 4 MGZ		1.063			140-176	2.0-4.0	
TC 5 MGA		1.073			140-176	2.0-4.0	
TC 5 MGZ		1.073			140-176	2.0-4.0	
TC 5 MNO		1.103			140-176	2.0-4.0	
TC 6 MGA		1.133			140-176	2.0-4.0	
TC 6 MGZ		1.093			140-176	2.0-4.0	
TC 7 MGA		1.183			140-176	2.0-4.0	
TC 7 MGZ		1.183			140-176	2.0-4.0	
TC 7 MNO		1.013			140-176	2.0-4.0	
TC 8 MGA		1.243			140-176	2.0-4.0	

Max. % regrind	Inj. pres., ksi	Rear temp, °F	Mid temp, °F	Front temp, °F	Nozzle temp, °F	Proc temp, °F	Mold temp, °F
50	0.5-2.0	390	400	410	420		85-150
50	0.5-2.0	390	400	410	420		85-150
50	0.5-2.0	390	400	410	420		85-150
50	0.5-2.0	390	400	410	420		85-150
50	0.5-2.0	410	420	430	440		85-150
50	0.5-2.0	410	420	430	440		85-150
50		390		400	410		50-150
50		390		400	410		50-150
50		350		360	370		50-150
	0.4-0.9	385-390	405-410	424-430	424-430	424	39-140
	0.4-0.9	385-390	405-410	424-430	424-430	424	39-140
50		390		400	410		50-150
50		350		360	370		50-150
50		390		400	410		50-150
50		350		360	370		50-150
50		350		360	370		50-150
50		350		360	370		50-150
50		350		360	370		50-150
50		350		360	370		50-150
50		350		360	370		50-150
50		350		360	370		50-150
50		350		360	370		50-150
50		370		380	390		50-150
50		370		380	390		50-150
						419-518	176-230
						419-518	176-230
						419-518	176-230
						419-518	176-230
						419-518	176-230
						419-518	176-230
						419-518	176-230
						419-518	176-230
						419-518	176-230
						419-518	176-230
						419-518	176-230
						419-518	176-230
						419-518	176-230
						419-518	176-230
						356-464	104-140
						356-464	104-140
						356-464	104-140
						356-464	104-140
						356-464	104-140
						356-464	104-140
						356-464	104-140
						356-464	104-140
						356-464	104-140
						356-464	104-140
						356-464	104-140
						356-464	104-140

FREE DATA SHEETS: WWW.IDES.COM/PSIM

Grade	Filler	Sp Grav	Shrink, mils/in	Melt flow, g/10 min	Drying temp, °F	Drying time, hr	Max. % moisture
TC 8 MGZ		1.243			140-176	2.0-4.0	
TC 8 MNO		1.033			140-176	2.0-4.0	
TC 9 MGA		1.173			140-176	2.0-4.0	
TC 9 MGZ		1.173			140-176	2.0-4.0	
TPE		**Thermolast K CO/VC**			**Kraiburg TPE**		
TP 5 MCA		1.073			140-176	2.0-4.0	
TP 5 MCZ		1.073			140-176	2.0-4.0	
TP 6 MCA		1.103			140-176	2.0-4.0	
TP 6 MCZ		1.103			140-176	2.0-4.0	
TP 7 MCA		1.103			140-176	2.0-4.0	
TP 7 MCZ		1.103			140-176	2.0-4.0	
TPE		**Thermolast K CO/Y**			**Kraiburg TPE**		
TC 3 YCA		1.123			140-176	2.0-4.0	
TC 3 YCZ		1.123			140-176	2.0-4.0	
TC 4 YCA		1.163			140-176	2.0-4.0	
TC 4 YCZ		1.163			140-176	2.0-4.0	
TC 5 YCA		1.183			140-176	2.0-4.0	
TC 5 YCZ		1.173			140-176	2.0-4.0	
TC 6 YCA		1.213			140-176	2.0-4.0	
TC 6 YCZ		1.213			140-176	2.0-4.0	
TC 7 YCA		1.213			140-176	2.0-4.0	
TC 7 YCZ		1.223			140-176	2.0-4.0	
TC 8 YCA		1.213			140-176	2.0-4.0	
TC 8 YCZ		1.213			140-176	2.0-4.0	
TPE		**Thermolast K DC**			**Kraiburg TPE**		
TA 5 AAA		1.053					
TA 5 FAA		0.982					
TA 6 AAA		1.043					
TA 6 AAD		1.013					
TA 6 FAA		0.982					
TA 6 PAA		0.962					
TA 7 AAA		1.073					
TA 7 AAD		1.033					
TA 7 FAA		1.063					
TA 7 PAA		0.972					
TA 8 AAC		1.093					
TA 8 HAI		1.063					
TA 8 TAA		0.992					
TPE		**Thermolast K FD/C**			**Kraiburg TPE**		
TF 4ADD		1.053			176		
TF 5 MBS		1.083			176		
TF 6 MAA		1.183			176		
TF 7 MAA		1.073			176		
TPE		**Versaflex**			**GLS**		
CL2000X		0.870		36.0-40.0			
CL2003X		0.860		49.0-53.0			
CL2042X		0.890		21.0-25.0	71.00 E		
CL2050X		0.890		14.0-18.0	3.00 E		
CL2250		0.890		8.0-12.0	13.00 E		
CL30		0.890		21.0-25.0	18.00 E		
CL40		0.890		16.0-20.0	13.00 E		

Max. % regrind	Inj. pres., ksi	Rear temp, °F	Mid temp, °F	Front temp, °F	Nozzle temp, °F	Proc temp, °F	Mold temp, °F
						356-464	104-140
						356-464	104-140
						356-464	104-140
						356-464	104-140
						356-464	
						356-464	
						356-464	
						356-464	
						356-464	
						356-464	
						464-536	104-140
						464-536	104-140
						464-536	104-140
						464-536	104-140
						464-536	104-140
						464-536	104-140
						464-536	104-140
						464-536	104-140
						464-536	104-140
						464-536	104-140
						464-536	104-140
						464-536	104-140
						320-428	77-104
						320-428	77-104
						320-428	77-104
						320-428	77-104
						320-428	77-104
						320-428	77-104
						320-428	77-104
						320-428	77-104
						320-428	77-104
						320-428	77-104
						320-428	77-104
						320-428	77-104
						392-464	
						392-464	
						392-464	
						392-464	
20	0.1-0.5	285-355	305-375	325-395	325-395		70-90
20	0.1-0.5	285-355	305-375	325-395	325-395		70-90
20	0.1-0.5	295-365	315-385	355-405	355-405		70-90
20	0.1-0.5	365-395	310-380	330-400	330-400		
		340-370	380-430	380-440	410-440	410-430	55-100
20	0.4-0.8	280-350	300-370	320-390	320-390		60-80
20	0.4-0.8	280-350	300-370	320-390	320-390		60-80

FREE DATA SHEETS: WWW.IDES.COM/PSIM

Grade	Filler	Sp Grav	Shrink, mils/in	Melt flow, g/10 min	Drying temp, °F	Drying time, hr	Max. % moisture
OM 6160-1		1.110	17.0-21.0	5.00 E			
OM 6160-9		1.110	17.0-21.0	5.00 E			
OM 6175-1		1.110	13.0-17.0	21.00 E			
OM1040X-1		0.920	21.0-25.0	9.00 E			
OM1060X-1		0.930	12.0-16.0	19.00 E			
OM1060X-9		0.930		19.00 E			
OM1245X-1		0.940		2.00 E			
OM2060X-1		0.960	8.0-12.0	3.00 E			
OM6050X-1		1.170	7.0-11.0	3.00 E			
OM6050X-9		1.170		1.40 E			
OM6065X-1		1.150	4.0-8.0	16.00 E			
OM6065X-9		1.150		5.00 E			
OM9-801N		1.040		22.00 E			
OM9-802CL		0.930	2.0-6.0	24.00 E			

TPE — Versalloy — GLS

Grade	Filler	Sp Grav	Shrink, mils/in	Melt flow, g/10 min	Drying temp, °F	Drying time, hr	Max. % moisture
XL9045X-1		0.890	11.0-15.0	82.00 G			
XL9045X-9		0.890	11.0-15.0	82.00 G			
XL9055X-1		0.890	8.0-12.0	22.00 E			
XL9055X-9		0.890	8.0-12.0	22.00 E			
XL9070X-1		0.890	8.0-12.0	30.00 E			
XL9070X-9		0.890	8.0-12.0	30.00 E			

TPE — Vyprene TPE — Lavergne Group

Grade	Filler	Sp Grav	Shrink, mils/in	Melt flow, g/10 min	Drying temp, °F	Drying time, hr	Max. % moisture
VP-5285		1.013	10.1	5.00 L			
VP-5286		1.133	11.3	4.00 L			
VP-7050		1.203	27.0	22.00 L			
VP-8040 E		0.902	25.0	1.00 L			
VP-8050		0.902	20.0	18.00 L			
VP-9065		0.952	20.0	2.00 L			

TPE — Vyram TPV — AES

Grade	Filler	Sp Grav	Shrink, mils/in	Melt flow, g/10 min	Drying temp, °F	Drying time, hr	Max. % moisture
9101-45		0.970			180	3.0	0.08
9101-55		1.000			180	3.0	0.08
9101-65		1.000			180	3.0	0.08
9101-75		0.990			180	3.0	0.08
9101-85		0.980			180	3.0	0.08
9103-45		0.950			180	3.0	0.08
9103-54		0.940			180	3.0	0.08
9201-45		0.970			180	3.0	0.08
9201-55		1.000			180	3.0	0.08
9201-65		1.000			180	3.0	0.08
9201-75		0.990			180	3.0	0.08
9201-85		0.980			180	3.0	0.08
9203-45		0.950			180	3.0	0.08
9203-54		0.940			180	3.0	0.08
9271-55		1.000			180	3.0	0.08
9271-65		1.000			180	3.0	0.08
9271-75		0.990			180	3.0	0.08
9271-85		0.980			180	3.0	0.08

TPEE — Keyflex BT — LG Chem

Grade	Filler	Sp Grav	Shrink, mils/in	Melt flow, g/10 min	Drying temp, °F	Drying time, hr	Max. % moisture
1040D		1.160	8.0	20.00 DD	194-212	3.0-4.0	0.10
1047D		1.170	10.0	25.00 DD	194-212	3.0-4.0	0.10
1055D		1.190	12.0	28.00 DD	194-212	3.0-4.0	0.10
1063D		1.220	15.0	25.00 DD	194-212	3.0-4.0	0.10

Max. % regrind	Inj. pres., ksi	Rear temp, °F	Mid temp, °F	Front temp, °F	Nozzle temp, °F	Proc temp, °F	Mold temp, °F
	0.4-0.6	330-380	480-500	490-530	490-530	500-530	60-100
	0.4-0.6	330-380	480-500	490-530	490-530	500-530	60-100
	0.4-0.6	330-380	480-500	490-530	490-530	485-515	60-100
20	0.2-0.6	350-420	360-430	380-450	400-470	430-490	70-90
20	0.2-0.6	350-420	360-430	380-450	400-470	430-490	70-90
20	0.2-0.6	350-420	360-430	380-450	400-470	430-490	70-90
20	0.1-0.5	310-380	310-380	330-400	350-420	360-420	70-90
	0.1-0.5	310-380	310-380	330-400	350-420	380-440	70-90
20	0.2-0.6	350-420	400-470	410-480	420-490	440-500	70-90
	0.2-0.6	350-420	400-470	410-480	420-490	440-500	70-90
20	0.2-0.6	350-420	400-470	410-480	420-490	440-500	70-90
	0.2-0.6	350-420	400-470	410-480	420-490	440-500	70-90
20	0.5-0.9	360-380	370-395	380-400	390-425		70-100
	0.3-0.6	340-380	360-400	380-410	380-410		70-80
20	0.3-0.7	300-370	320-390	340-410	340-410		60-80
20	0.3-0.7	300-370	320-390	340-410	340-410		60-80
20	0.3-0.7	300-370	320-390	340-410	340-410		60-80
20	0.3-0.7	300-370	320-390	340-410	340-410		60-80
20	0.3-0.7	300-370	320-390	340-410	340-410		60-80
20	0.3-0.7	300-370	320-390	340-410	340-410		60-80
						340-420	90-150
						340-420	90-150
						340-420	90-150
						340-420	90-150
						340-420	90-150
						320-420	90-150
20		370	375	380	390	400	50-125
20		370	375	380	390	400	50-125
20		370	375	380	390	400	50-125
20		370	375	380	390	400	50-125
20		370	375	380	390	400	50-125
20		370	375	390	400	410	50-125
20		375	390	405	410	440	50-125
20		370	375	380	390	400	50-125
20		370	375	380	390	400	50-125
20		370	375	380	390	400	50-125
20		370	375	380	390	400	50-125
20		370	375	390	400	410	50-125
20		375	390	405	410	440	50-125
20		370	375	380	390	400	50-125
20		370	375	380	390	400	50-125
20		370	375	380	390	400	50-125
20		370	375	380	390	400	50-125
		374-410	347-392	329-356	374-410	374-410	68-104
		392-410	374-392	338-374	392-410	392-410	68-122
		410-437	392-428	356-383	410-437	410-437	68-122
		428-455	428-455	410-428	428-455	428-455	104-140

FREE DATA SHEETS: WWW.IDES.COM/PSIM

Grade	Filler	Sp Grav	Shrink, mils/in	Melt flow, g/10 min	Drying temp, °F	Drying time, hr	Max. % moisture
1072D		1.250	17.0	27.00 DD	194-212	3.0-4.0	0.10
1140D		1.160	8.0	10.00 DD	212-248	3.0-4.0	
1155D		1.190	12.0	12.00 L	212-248	3.0-4.0	
1163D		1.220	15.0	12.00 L	212-248	3.0-4.0	
1172D		1.250	17.0	15.00 AI	212-248	3.0-4.0	

TPEE		**Lubricomp**			**LNP**		
YL-4530		1.270	21.0		180	4.0	0.10

TPEE		**MDE Compounds**			**Michael Day**		
PBTE 4520		1.200					0.05

TPEE		**PermaStat**			**RTP**		
1500-50D		1.193	14.0-20.0				

TPEE		**Riteflex**			**Ticona**		
425		1.003		9.00 E			
430		1.013	7.0	11.00 DD			
435		1.103	10.0				
440		1.113		13.30 AG			
MT 9425		1.003		9.00 E			
MT 9435		1.103	10.0				
MT 9440		1.113	13.0	13.30 AG			
MT 9655		1.190	15.0	9.00			
MT 9663		1.240	19.0	16.00			
MT 9672		1.250	20.0	12.50			

TPEE		**RTP Compounds**			**RTP**		
1502-65D	GFI 15	1.333	3.7-4.3		220	2.0-4.0	
1503-55D HS	GFI 20	1.353	1.6-2.6		220	2.0-4.0	

TPEE		**Thermocomp**			**LNP**		
YF-1004	GFI	1.360	2.0		180	4.0	0.10
YF-1005 BK8-115	GFI	1.390	4.0		180	4.0	0.10
YF-1006	GFI	1.440	2.0		180	4.0	0.10

TPO (POE)		**Aaroprene**			**Aaron Industries**		
ATPO 3000 50D		0.932		5.00 G			
ATPO 3000 70A		0.922		10.00 G			
ATPO 3000 80A		0.922		12.00 G			
ATPO 3000 90A		0.932		10.00 G			

TPO (POE)		**Dexflex**			**Solvay EP**		
1000		0.890		5.70 L			
1001		0.890		5.30 L			
1010		0.900		7.50 L			
1036		0.900	10.0-13.0	3.80 L			
1046		0.900	11.0-14.0	5.00 L			
1046-3		0.900	12.0	5.00 L			
1066		0.900	12.0-15.0	6.00 L			
1103		0.930	11.5	5.00 L			
1203		0.930	14.0	6.00 L			
1210							
1215		0.940	9.0	9.50 L			
475		0.930	10.0-13.0	6.00 L			
480		0.930	11.0-15.0	7.00 L			

Max. % regrind	Inj. pres., ksi	Rear temp, °F	Mid temp, °F	Front temp, °F	Nozzle temp, °F	Proc temp, °F	Mold temp, °F
		437-464	437-464	419-428	437-464	446-464	104-140
	4.3-8.5	338-419	374-464	383-464	383-464		68-140
	4.3-8.5	338-419	374-464	383-464	383-464		68-140
	4.3-8.5	338-419	374-464	383-464	383-464		68-140
	4.3-8.5	338-419	374-464	383-464	383-464		68-140
						420-460	75-125
		450	460	470		450-470	60-100
	10.0-15.0					380-430	70-120
25		311-338	338-356	338-356	338-374	338-374	68-131
25		320-356	356-392	356-401	356-401	356-401	68-131
25		365-392	392-410	392-419	392-419	392-419	68-131
25		365-392	392-410	392-419	392-419	392-419	68-131
25		311-338	338-356	338-356	338-374	338-374	68-131
25		365-392	392-410	392-419	392-419	392-419	68-131
25		365-392	392-410	392-419	392-419	392-419	68-131
25		392-419	419-446	419-455	419-455	428-455	68-131
25		392-419	419-446	419-446	419-446	428-455	68-131
25		392-419	419-446	419-446	419-446	428-455	68-131
	10.0-15.0					410-460	70-100
	10.0-15.0					410-460	70-100
						420-460	75-125
						420-460	75-125
						420-460	75-125
		350-420	350-420	350-420	370-430	360-430	50-150
		350-420	350-420	350-420	370-430	360-430	50-150
		350-420	350-420	350-420	370-430	360-430	50-150
		350-420	350-420	350-420	370-430	360-430	50-150
	0.5-1.5	380-440	380-440	380-440	380-440	410-450	65-120
	0.5-1.5	380-440	380-440	380-440	380-440	410-450	65-120
	0.5-1.5	380-440	380-440	380-440	380-440	410-450	65-120
						370-500	
						370-500	
	0.5-1.5	380-440	380-440	380-440	380-440	410-450	65-120
	0.5-1.5	380-440	380-440	380-440	380-440	410-450	65-120
	0.5-1.5	380-440	380-440	380-440	380-440	410-450	65-120
	0.5-1.5	380-440	380-440	380-440	380-440	410-450	65-120
	0.5-1.5	380-440	380-440	380-440	380-440	410-450	65-120
	0.5-1.5	380-440	380-440	380-440	380-440	410-450	65-120
	0.5-1.5	380-440	380-440	380-440	380-440	410-450	65-120

FREE DATA SHEETS: WWW.IDES.COM/PSIM

Grade	Filler	Sp Grav	Shrink, mils/in	Melt flow, g/10 min	Drying temp, °F	Drying time, hr	Max. % moisture
727		0.980	8.0-10.0	7.00 L			
756-67		0.900	10.0	2.50 L			
760		0.990	10.0-15.0	8.00 L			
777		1.100	8.0-15.0	7.00 L			
790		1.120	4.5-6.0	10.00 L			
810		0.910	10.0-16.0	11.10 L			
813		0.930	10.0-14.0	9.00 L			
815		0.970	10.0-13.0	6.00 L			
826		0.910	8.0-11.0	5.50 L			
850		0.900	9.5-12.5	8.00 L			
870		0.900	14.0-16.0	15.00 L			
950		0.990	3.5-8.5	19.00 L			
980		0.920	10.0-15.0	12.00 L			
D-160		0.900	10.0-13.0	6.00 L			
D-162GM		0.920	7.0-10.0	17.00 L			
D-170		0.900	11.5-14.5	7.00 L			
D-45		0.910	10.0-16.0	6.50 L			
D-60		0.930	9.0-12.0	6.00 L			
D-6040		0.910	9.5-12.5	10.00 L			
D-64		0.930	8.5-11.5	6.00 L			
MR-40		0.900	12.0	5.00 L			
TDS 753-31		0.930	10.0-13.0	8.00 L			
TU-22		1.000	12.5	3.00 L			

TPO (POE) Elastron TPO Elastron

Grade	Filler	Sp Grav	Shrink, mils/in	Melt flow, g/10 min	Drying temp, °F	Drying time, hr	Max. % moisture
782.901 SIYAH 80 SHORE A		0.872					
783.901 SIYAH 42 SHORE D		0.882					
784.901 SIYAH 55 SHORE D		0.892					

TPO (POE) Flexathene Equistar

Grade	Filler	Sp Grav	Shrink, mils/in	Melt flow, g/10 min	Drying temp, °F	Drying time, hr	Max. % moisture
TP 4120-BK		0.961	7.2-8.8	26.00 L			
TP 4308-HR		0.897	13.6-19.3	9.50 L			
TP 4310-HR		0.897	16.3-19.3	9.50 L			
TP 4346-HS		0.892		17.00 L			
TP 4390-HU		0.892		20.00 L			

TPO (POE) Keyflex TO LG Chem

Grade	Filler	Sp Grav	Shrink, mils/in	Melt flow, g/10 min	Drying temp, °F	Drying time, hr	Max. % moisture
1045D		0.900			158-176	2.0	
1065A		0.960			158-176	2.0	
1075A		0.960			158-176	2.0	
1088A		0.970			158-176	2.0	
1175A		0.960			158-176	2.0	

TPO (POE) Multi-Flex TPO Multibase

Grade	Filler	Sp Grav	Shrink, mils/in	Melt flow, g/10 min	Drying temp, °F	Drying time, hr	Max. % moisture
1047-0000		0.892	10.0	3.00 L			
1047-2000		0.892	10.0	3.00 L			
1047-6000		0.892	10.0	2.00 L			
A 6221 CUV A VY DK Pewter		1.203		70.00 L			
D 3104		0.902	12.0	3.00 L			
D 3104-8		0.942	12.0	5.00 L			
D 4502		0.892	10.0	3.00 L			
D 5304 Black		0.912	13.5	3.80 L			

Max. % regrind	Inj. pres., ksi	Rear temp, °F	Mid temp, °F	Front temp, °F	Nozzle temp, °F	Proc temp, °F	Mold temp, °F
	0.5-1.5	380-440	380-440	380-440	380-440	410-450	65-120
	0.5-1.5	380-440	380-440	380-440	380-440	410-450	65-120
	0.5-1.5	380-440	380-440	380-440	380-440	410-450	65-120
	0.5-1.5	380-440	380-440	380-440	380-440	410-450	65-120
	0.5-1.5	380-440	380-440	380-440	380-440	410-450	65-120
	0.5-1.5	380-440	380-440	380-440	380-440	410-450	65-120
	0.5-1.5	380-440	380-440	380-440	380-440	410-450	65-120
	0.5-1.5	380-440	380-440	380-440	380-440	410-450	65-120
	0.5-1.5	380-440	380-440	380-440	380-440	410-450	65-120
	0.5-1.5	380-440	380-440	380-440	380-440	410-450	65-120
	0.5-1.5	380-440	380-440	380-440	380-440	410-450	65-120
	0.5-1.5	380-440	380-440	380-440	380-440	410-450	65-120
	0.5-1.5	380-440	380-440	380-440	380-440	410-450	65-120
	0.5-1.5	380-440	380-440	380-440	380-440	410-450	65-120
	0.5-1.5	380-440	380-440	380-440	380-440	410-450	65-120
	0.5-1.5	380-440	380-440	380-440	380-440	410-450	65-120
	0.5-1.5	380-440	380-440	380-440	380-440	410-450	65-120
	0.5-1.5	380-440	380-440	380-440	380-440	410-450	65-120
	0.5-1.5	380-440	380-440	380-440	380-440	410-450	65-120
	0.5-1.5	380-440	380-440	380-440	380-440	410-450	65-120
	0.5-1.5	380-440	380-440	380-440	380-440	410-450	65-120
	0.5-1.5	380-440	380-440	380-440	380-440	410-450	65-120
		356-410	356-410	356-410		338-374	86-140
		356-410	356-410	356-410		356-392	86-140
		356-410	356-410	356-410		356-392	86-140
						400-450	
						410-450	
						410-450	
						430-470	
						400-450	
	7.1-14.2	374-410	392-428	410-446	410-446		86-140
	7.1-14.2	374-410	392-428	410-446	410-446		86-140
	7.1-14.2	374-410	392-428	410-446	410-446		86-140
	7.1-14.2	374-410	392-428	410-446	410-446		86-140
	7.1-14.2	374-410	392-428	410-446	410-446		86-140
		350-390	390-430	430-450	430-450	450	100
		350-390	390-430	430-450	430-450	450	100
		350-390	390-430	430-450	430-450	450	100
		175	410	440	455		125
		350-390	390-430	430-450	430-450	450	100
		350-390	390-430	430-450	430-450	450	100
		350-390	390-430	430-450	430-450	450	100
		464	464	482	473		86-104

Grade	Filler	Sp Grav	Shrink, mils/in	Melt flow, g/10 min	Drying temp, °F	Drying time, hr	Max. % moisture
D 5308		0.940	12.0	8.00 L			
D 6505		0.952	13.0	5.00 L			
D 6606		1.180	14.0	6.00 L			
TPO (POE)	**PermaStat**				**RTP**		
2800-55A		0.952	10.0-20.0		175	2.0	
2800-65A		0.942	10.0-20.0		175	2.0	
TPO (POE)	**Polytrope**				**A. Schulman**		
CB 1010U-330		0.892	17.0	9.00			
TPP 1008-01		0.892	17.0	9.00			
TPP 1010-01		0.892	17.0	9.00			
TPP 1010HF-01		0.892	17.0	20.00			
TPP 293		0.942	10.0	5.00			
TPP 341		0.930	9.0-11.0	9.00 L			
TPP 503		0.922	11.0	8.00			
TPP 504		0.922	11.0	9.00			
TPP 508		0.912	12.0	10.00			
TPP 508E		0.920		0.90			
TPP 510		0.912	12.0	10.00			
TPP 512		0.912	10.0	10.00			
TPP 512E		0.910		0.80			
TPP 514	MN	0.970	8.0-10.0	5.00			
TPP 517	MN	1.060	8.0-10.0	7.00			
TPP 518	MN	0.982	9.0	10.00			
TPP 524	MN	1.073	8.0	9.00	180-200	2.0	
TPP 524E	MN	1.080		1.00			
TPP 530	MN	1.133	7.0	7.00	180-200	2.0	
TPP 608		0.992	9.0	9.00			
TPP 615		1.083	5.0	8.00			
TPP 620		1.093	5.0	10.00			
TPO (POE)	**QR Resin**				**QTR**		
QR-7004		0.980	1.0	4.00 L	200	1.0-3.0	
QR-7012-MN10	MN 10	0.900	1.0	12.00 L	170	1.0-3.0	
QR-7020		0.900	1.0	20.00 L	170	1.0-3.0	
TPO (POE)	**RTP Compounds**				**RTP**		
2800 B-45A		1.013	19.0-21.0		175	3.0-4.0	
2800 B-55A UV		0.972	19.0-24.0		175	3.0-4.0	
2800 B-55A Z		0.972	17.0-22.0		175	2.0	
2800 B-75D		1.003	18.0		175	2.0	
2800 B-85A Z		1.033	14.0		175	2.0	
2800 D-45A		0.922	28.0-29.0		175	2.0-3.0	
2800 D-55A		0.972	29.0-31.0		175	2.0-3.0	
2800 D-65A		0.922	20.0-21.0		175	2.0-3.0	
2800 D-75A		0.912	19.0-20.0		175	2.0-3.0	
2800-50D		0.942	17.0-19.0		170	2.0	
EMI 2862-60A	STS 15	1.073	10.0-15.0		175	2.0	
ESD A 2800-50D		1.013	13.0-18.0		175	2.0	
ESD A 2800-75A		1.013	17.0-22.0		175	2.0	
ESD A 2800-85A		1.013	16.0-20.0		175	2.0	
ESD C 2800-50D		1.023	14.0-18.0		175	2.0	
ESD C 2800-65A		1.003	20.0-30.0		175	2.0	
ESD C 2800-75A		1.023	17.0-22.0		175	2.0	
ESD C 2800-85A		1.023	16.0-20.0		175	2.0	

Max. % regrind	Inj. pres., ksi	Rear temp, °F	Mid temp, °F	Front temp, °F	Nozzle temp, °F	Proc temp, °F	Mold temp, °F
		350-390	390-430	430-450	430-450	450	100
		350-390	390-430	430-450	430-450	450	100
		350-390	390-430	430-450	430-450	450	100
	5.0-10.0					360-400	60-150
	5.0-10.0					360-400	60-150
20	0.7-1.1					400-440	80-120
20	0.7-1.1					400-440	80-120
20	0.7-1.1					400-440	80-120
20	0.7-1.1					400-440	80-120
20	0.7-1.1					400-440	80-120
	0.7-1.1	400-420	410-430	420-440	410-430	400-440	80-120
20	0.7-1.1	400-420	410-430	420-440	410-430	400-440	80-120
20	0.7-1.1	400-420	410-430	420-440	410-430	400-440	80-120
20	0.7-1.1	400-420	410-430	420-440	410-430	400-440	80-120
	0.7-1.1					400-440	80-120
20	0.7-1.1	400-420	410-430	420-440	410-430	400-440	80-120
20	0.7-1.1	400-420	410-430	420-440	410-430	400-440	80-120
	0.7-1.1					400-440	80-120
	0.7-1.1	400-420	410-430	420-440	410-430	400-440	80-120
20	0.7-1.1					400-440	80-120
20	0.7-1.1	400-420	410-430	420-440	410-430	400-440	80-120
	0.7-1.1					400-440	80-120
20	0.7-1.1					400-440	80-120
20	0.7-1.1	400-420	410-430	420-440	410-430	400-440	80-120
20	0.7-1.1	400-420	410-430	420-440	410-430	400-440	80-120
		410-430	420-440	430-450	415-435	425-445	80-120
		410-430	420-440	430-450	415-435	425-445	80-100
		410-430	420-440	430-450	415-435	425-445	80-100
	12.0-18.0					380-410	50-175
	5.0-10.0					380-410	50-175
	4.0-8.0					360-410	60-100
	5.0-10.0					360-410	60-120
	5.0-8.0					360-410	60-150
	12.0-18.0					380-410	50-175
	12.0-18.0					380-410	50-175
	12.0-18.0					380-410	50-175
	12.0-18.0					390-410	50-175
	12.0-18.0					360-410	60-150
	12.0-18.0					360-410	60-150
	12.0-18.0					360-410	60-150
	12.0-18.0					360-410	60-150
	12.0-18.0					360-410	60-150
	12.0-18.0					360-410	60-150
	12.0-18.0					360-410	60-150
	12.0-18.0					360-410	60-150
	12.0-18.0					360-410	60-150

FREE DATA SHEETS: WWW.IDES.COM/PSIM

Grade	Filler	Sp Grav	Shrink, mils/in	Melt flow, g/10 min	Drying temp, °F	Drying time, hr	Max. % moisture
TPO (POE)	**Vyflex**				**Lavergne Group**		
2000		0.905		10.50 L			
2015		1.093		9.50 L			
2018		1.032		9.50 L			
2031		1.093		13.00 L			
2080		0.932		11.00 L			
2103UV		0.952		12.00 L			
TPO (POE)	**WPP TPO**				**Washington Penn**		
TPO-160		0.910	15.0	0.70			
TPO-165		0.909		1.00			
TPO-180		1.100	6.0	1.00			
TPO-185		0.900	13.0	0.70	160-190	1.0	
TPO-245		0.920		13.00			
TPO-247		0.910	9.0-13.0	9.00	160-190	1.0	
TPO-247 P Black		0.910		9.00 L			
TPO-247 UV Black		0.910		9.00 L			
TPO-247 UV DX9		0.910		7.00 L			
TPO-2471 Black		0.890		0.60 L			
TPO-2525 UV YGYA	MN 30	1.133		10.00 L	160-190	1.0	
TPO-2561		0.900	13.0	13.00	160-190	1.0	
TPO-2561 P Black		0.900		10.00 L	160-190	1.0	
TPO-2562 P Black		0.920		10.00 L	160-190	1.0	
TPO-2563AS UV Black	MN 25	1.100		12.00 L	160-190	1.0	
TPO-2565		0.900	12.0	13.00			
TPO-2565 UV		0.900	12.0	13.00			
TPO-257		0.900	12.0	9.00			
TPO-257 UV DX9		0.900		9.00 L			
TPO-2573 Black		0.940		10.00 L			
TPO-326		0.900	11.0	9.00			
TPO-336		0.910	11.0	10.00			
TPO-3361		0.920	12.0	8.00			
TPO-3964		1.040	7.0	10.00			
TPO-3972		1.120	12.0	9.00			
TPO-3972 UV		1.120	12.0	9.00			
TPO-3974		1.060	15.0	13.00			
TPO-3976	MN 20	1.040	7.0	23.00 L	160-190	1.0	
TPO-3976 P Black	MN 20	1.040		20.00 L			
TPO-3976 UV Natural	MN 20	1.040		23.00 L			
TPO-425 UV Black	MN 20	1.043		14.00 L	160-190	1.0	
TPO-497		1.040	8.0	10.00			
TPO-5435		0.900	14.0	7.00			
TPO-5674		0.990	9.0	6.00	160-190	1.0	
TPO-5674 P Black	MN	1.043		13.00 L	160-190	1.0	
TPO-5674 UV Black	MN 15	0.990		7.00 L	160-190	1.0	
TPO-6145	BAS 32	1.200	16.0	19.00			
TPO-6455		1.840	9.0	18.00			
TPO-7510		0.902		10.00 L	160-190	1.0	
TPO-7510 UV Black		0.902		10.00 L	160-190	1.0	

834   POCKET SPECS FOR INJECTION MOLDING

Max. % regrind	Inj. pres., ksi	Rear temp, °F	Mid temp, °F	Front temp, °F	Nozzle temp, °F	Proc temp, °F	Mold temp, °F
	8.0-12.0	420	430	440	425		80-100
	8.0-12.0	420	430	440	425		80-100
	8.0-12.0	420	430	440	425		80-100
	8.0-12.0	420	430	440	425		80-100
	8.0-12.0	420	430	440	425		80-100
	8.0-12.0	420	430	440	425		80-100
20						405-430	50-120
20						405-430	50-120
20						405-430	50-120
	0.6-1.4	390-410	410-420	420-440	410-440		60-120
20						405-430	50-120
	0.6-1.1	390-410	410-420	420-440	410-440		60-120
20						405-430	50-120
20						405-430	50-120
20						405-430	50-120
20						405-430	50-120
	0.6-1.5	390-410	410-420	420-440	410-440		60-120
	0.6-1.5	390-410	410-420	420-440	410-440		60-120
	0.6-1.5	390-410	410-420	420-440	410-440		60-120
	0.6-1.4	390-410	410-420	420-440	410-440		60-120
	0.6-1.5	390-410	410-420	420-440	410-440		60-120
20						405-430	50-120
20						405-430	50-120
20						405-430	50-120
20						405-430	50-120
20						405-430	50-120
20						405-430	50-120
20						405-430	50-120
20						405-430	50-120
20						405-430	50-120
20						405-430	50-120
20						405-430	50-120
20						405-430	50-120
	0.6-1.5	390-410	410-420	420-440	410-440		60-120
20						405-430	50-120
20						405-430	50-120
	0.6-1.5	390-410	410-420	420-440	410-440		60-120
20						405-430	50-120
20						405-430	50-120
	0.6-1.5	390-410	410-420	420-440	410-440		60-120
	0.6-1.5	390-410	410-420	420-440	410-440		60-120
	0.6-1.5	390-410	410-420	420-440	410-440		60-120
20						405-430	50-120
20						405-430	50-120
	0.6-1.6	390-410	410-420	420-440	410-440		60-120
	0.6-1.6	390-410	410-420	420-440	410-440		60-120

FREE DATA SHEETS: WWW.IDES.COM/PSIM

Grade	Filler	Sp Grav	Shrink, mils/in	Melt flow, g/10 min	Drying temp, °F	Drying time, hr	Max. % moisture
TPU, Unspecified	**Anjapur**				**J&A Plastics**		
J225-GF20	GFI 20	1.383			212	1.0-3.0	
TPU, Unspecified	**Apigo**				**API**		
CA 150		0.882		10.0-20.0	9.00 L		
CA 200		0.892		10.0-20.0	10.00 L		
CA 250		0.892		10.0-20.0	11.00 L		
CA 300		0.902		10.0-20.0	12.00 L		
CA 450		0.902		10.0-20.0	12.00 L		
CA 500		0.902		10.0-20.0	13.00 L		
D 40		0.882		10.0-20.0	8.00 L		
D 42		0.882		10.0-20.0	12.00 L		
D 47		0.892		10.0-20.0	11.00 L		
D 50		0.892		10.0-20.0	13.00 L		
D 57		0.892		10.0-20.0	18.00 L		
D40T		0.902		10.0-20.0	50.00 L		
D47T		0.902		10.0-20.0	40.00 L		
D55T		0.902		10.0-20.0	36.00 L		
DE 42		0.882		10.0-20.0	28.00 L		
DE 47		0.892		10.0-20.0	26.00 L		
DE 50		0.892		10.0-20.0	25.00 L		
I 50		1.093		10.0-20.0	20.00 P		
I 60		1.063		10.0-20.0	24.00 P		
I 70		1.043		10.0-20.0	20.00 P		
I 80		1.023		10.0-20.0	20.00 P		
P 50		0.912		10.0-20.0	58.00 P		
P 60		0.912		10.0-20.0	52.00 P		
P 70		0.912		10.0-20.0	40.00 P		
P 80		0.902		10.0-20.0	31.00 P		
P 85		0.902		10.0-20.0	26.00 P		
T 200		0.892		10.0-20.0	15.00 L		
T 250		0.892		10.0-20.0	18.00 L		
T 300		0.892		10.0-20.0	23.00 L		
WT 150		0.882		10.0-20.0	14.00 L		
WT 250		0.892		10.0-20.0	16.00 L		
WT 350		0.892		10.0-20.0	20.00 L		
TPU, Unspecified	**Celstran**				**Ticona**		
TPU-GF30-01-US	GLL 30	1.430	0.5-1.0				
TPU-GF40-01-US	GLL 40	1.520	0.5-1.0				
TPU-GF50-01-US	GLL 50	1.630	0.5-1.0				
TPU-GF60-01-US	GLL 60	1.760	0.5-1.0				
TPU, Unspecified	**Daplen**				**Borealis**		
EE015AE	MN 10	0.942	1.5		12.00 L		
EE209AE	MN 20	1.053	1.0		13.00 L		
EE255AE	MN 20	1.053	6.5		13.00 L	176	2.0
TPU, Unspecified	**Desmopan**				**Bayer Euro**		
345		1.213					
355		1.203					
365		1.233					
385 E		1.203					
385 S		1.203					
452		1.203					

Max. % regrind	Inj. pres., ksi	Rear temp, °F	Mid temp, °F	Front temp, °F	Nozzle temp, °F	Proc temp, °F	Mold temp, °F
						446-473	158
		338	356	365	383	401	104-140
		338	356	365	383	401	104-140
		338	356	365	383	401	104-140
		338	356	365	383	401	104-140
		338	356	365	383	401	104-140
		338	356	365	383	401	104-140
		338	356	365	383	401	104-140
		338	356	365	383	401	104-140
		338	356	365	383	401	104-140
		338	356	365	383	401	104-140
		338	356	365	383	401	104-140
		338	356	365	383	401	104-140
		338	356	365	383	401	104-140
		338	356	365	383	401	104-140
		338	356	365	383	401	104-140
		338	356	365	383	401	104-140
		338	356	365	383	401	104-140
		338	356	365	383	401	104-140
		338	356	365	383	401	104-140
		338	356	365	383	401	104-140
		338	356	365	383	401	104-140
		338	356	365	383	401	104-140
		338	356	365	383	401	104-140
		338	356	365	383	401	104-140
		338	356	365	383	401	104-140
		338	356	365	383	401	104-140
		338	356	365	383	401	104-140
		338	356	365	383	401	104-140
		338	356	365	383	401	104-140
		338	356	365	383	401	104-140
		338	356	365	383	401	104-140
		338	356	365	383	401	104-140
		338	356	365	383	401	104-140
						473-491	158-167
						473-491	158-167
						500-509	158-167
						500-509	158-167
						428-500	86-122
						428-500	86-122
						428-500	86-122
						410-455	68-104
						428-455	68-104
						428-473	68-104
						410-446	68-104
						410-446	68-104
						453-473	68-104

FREE DATA SHEETS: WWW.IDES.COM/PSIM

Grade	Filler	Sp Grav	Shrink, mils/in	Melt flow, g/10 min	Drying temp, °F	Drying time, hr	Max. % moisture
481		1.203					
585		1.203					
786 E		1.153					
786 S		1.153					
790		1.213					
795 U		1.203					
9385		1.153					
955 U		1.183					
KA 8333		1.153					
KA 8377		1.183					
KA 8410		1.183					
KA 8417		1.183					
KA 8426	GBF 20	1.363					
KA 8443		1.203					
KA 8529		1.183					
KU 2-8165 AW		1.073					
KU 2-8600 E		1.113					
KU 2-8602		1.153					
KU 2-8603		1.153					
KU 2-8612		1.233					
KU 2-8650		1.183					
KU 2-8651		1.143					
KU 2-8655		1.203					
KU 2-8670		1.063					
KU 2-8702		1.233					
KU 2-8715		1.173					
KU 2-8755		1.193					
KU 2-8756		1.213					
KU 2-8765 D		1.223					
KU 2-8785		1.203					
KU 2-8791		1.203					
KU 2-8792 A		1.203					
KU 2-8795 A		1.213					
KU 2-8797 E		1.213					
KU 2-8798 A		1.223					
KU 2-88385		1.163					
KU 2-88585		1.133					
KU 2-88586		1.133					
KU 2-88943		1.083					
KU 2-88951		1.083					
KU 2-88956		1.113					

TPU, Unspecified — Estaloc — Noveon

Grade	Filler	Sp Grav	Shrink, mils/in	Melt flow, g/10 min	Drying temp, °F	Drying time, hr	Max. % moisture
59100	UNS	1.396	1.5		230	2.0-3.0	0.02
59106	UNS	1.227	2.0		230	2.0-3.0	0.02
59116	UNS	1.227	2.0		230	2.0-3.0	0.02
59200	UNS	1.456	2.0		230	2.0-3.0	0.02
59206	UNS	1.227	2.0		230	2.0-3.0	0.02
59403	UNS	1.326	1.3		230	2.0-3.0	0.02
61060	UNS	1.520	2.0		230	2.0-3.0	0.02
61080	UNS	1.600	2.0		230	2.0-3.0	0.02
61083	UNS	1.620	1.0		230	2.0-3.0	0.02

TPU, Unspecified — Estane — Noveon

Grade	Filler	Sp Grav	Shrink, mils/in	Melt flow, g/10 min	Drying temp, °F	Drying time, hr	Max. % moisture
58157		1.220			220	2.0	

Max. % regrind	Inj. pres., ksi	Rear temp, °F	Mid temp, °F	Front temp, °F	Nozzle temp, °F	Proc temp, °F	Mold temp, °F
						437-455	68-104
						410-446	68-104
						410-446	68-104
						410-446	68-104
						410-446	68-104
						410-446	68-104
						401-437	68-104
						419-455	68-104
						437-455	104-140
						437-464	104-140
						437-464	104-140
						437-464	104-140
						446-473	104-158
						374-410	68-104
						437-464	104-140
						356-410	68-104
						401-437	68-104
						410-446	68-104
						410-446	68-104
						437-455	104-140
						392-428	68-104
						356-392	68-104
						374-410	68-104
						374-410	68-104
						410-446	104
						437-464	104-140
						410-446	68-104
						410-446	68-104
						428-464	68-104
						374-410	68-104
						374-410	68-104
						374-410	68-104
						383-419	68-104
						383-419	68-104
						392-428	68-104
						356-392	68-104
						338-374	68-104
						410-446	68-104
						446-491	68-104
						464-500	68-104
	0.5-1.0	410-440	420-440	430-450	430-450	430-450	100-140
	0.5-1.0	410-440	420-440	430-450	430-450	430-450	100-140
	0.5-1.0	410-440	420-440	430-450	430-450	430-450	100-140
	0.5-1.0	410-440	420-440	430-450	430-450	430-450	100-140
	0.5-1.0	410-440	420-440	430-450	430-450	430-450	100-140
	0.5-1.0	410-440	420-440	430-450	430-450	430-450	100-140
	0.5-1.0	430-460	450-470	470-490	470-490	470-490	100-140
	0.5-1.0	430-460	450-470	470-490	470-490	470-490	100-140
	0.5-1.0	430-460	450-470	470-490	470-490	470-490	100-140

Grade	Filler	Sp Grav	Shrink, mils/in	Melt flow, g/10 min	Drying temp, °F	Drying time, hr	Max. % moisture
TPU, Unspecified	**Multiuse Leostomer**				**Riken Technos**		
LJ-3140N		0.940		3.40 L			
LJ-3150N		0.940		4.00 L			
LJ-3160N		0.940		5.00 L			
LJ-3170N		0.940		3.40 L			
LJ-3180N		0.950		3.30 L			
LJ-3190N		0.950		2.50 L			
TPU, Unspecified	**Polypur**				**A. Schulman**		
APU 1225		1.110	0.1		180-210	4.0-8.0	0.01
CB 1110		1.243			195	4.0	
FPU 1107		1.163			180	4.0	
FPU 1185		1.200			185	4.0	
FPU-1103	UNS	1.400	1.0-3.0		200-220	2.0-4.0	0.01
FPU-1108	UNS	1.290	6.0-8.0		200-220	2.0-4.0	0.01
FPU-1109		1.213	11.0-16.0		190	4.0	
FPU-1117		1.190	11.0-16.0		185	4.0	
FPU-1152	GFI 15	1.300	2.0		200-220	2.0-4.0	0.01
FPU-1156	UNS	1.440	1.0-3.0		200-220	2.0-4.0	0.01
FPU-1157	UNS	1.390	1.0-3.0		200-220	2.0-4.0	0.01
FPU-1158	UNS	1.410	1.0-3.0		200-220	2.0-4.0	0.01
FPU-1300	UNS	1.240	16.0-22.0		200-220	2.0-4.0	0.01
FPU-1302	UNS	1.270	16.0-22.0		200-220	2.0-4.0	0.01
FPU-1303	UNS	1.310	16.0-22.0		200-220	2.0-4.0	0.01
FPU-1304	UNS	1.290	16.0-22.0		200-220	2.0-4.0	0.01
FPU-1305	UNS	1.290	16.0-22.0		200-220	2.0-4.0	0.01
FPU-1325	UNS	1.310	3.0-5.0		200-220	2.0-4.0	0.01
FPU-1375	UNS	1.250	2.0-4.0		200-220	2.0-4.0	0.01
FPU-1376	UNS	1.290	1.0-3.0		200-220	2.0-4.0	0.01
TPU, Unspecified	**RTP Compounds**				**RTP**		
VLF 82307 A	GLL 40	1.514	1.0-2.0		225	6.0	
VLF 82309 A	GLL 50	1.574	1.0-2.0		225	6.0	
VLF 82311 A	GLL 60	1.714	0.5-2.0		225	6.0	
TPU, Unspecified	**Stat-Rite**				**Noveon**		
F-1120	CF	1.240			220	4.0	
F-1130	CF	1.303			220	2.0-3.0	
X-5065		1.193			220	2.0-3.0	
TPU, Unspecified	**ThermoStran**				**Montsinger**		
TPU-30G	GLL 40	1.520			180	4.0	
TPU-40G	GLL 50	1.630			180	4.0	
TPU-50G	GLL 60	1.740			180	4.0	
TPU, Unspecified	**Versollan**				**GLS**		
OM1255NX-1		1.070	20.0-24.0	8.00 E			
OM1255NX-9		1.070	20.0-24.0	6.00 E			
OM1262NX-1		1.190	28.0-32.0	11.00 E			
OM1262NX-9		1.190	24.0-28.0	7.00 E			
RU2204X-1		1.140	22.0-26.0	11.00 E			
RU2205X-1		1.160	22.0-26.0	7.00 E			
TPU-Capro	**Pearlthane**				**Merquinsa**		
D11H94		1.170			210-230	1.0-2.0	

Max. % regrind	Inj. pres., ksi	Rear temp, °F	Mid temp, °F	Front temp, °F	Nozzle temp, °F	Proc temp, °F	Mold temp, °F
		356	374	392	392	356-428	
		356	374	392	392	356-428	
		356	374	392	392	356-428	
		356	374	392	392	356-428	
		356	374	392	392	356-428	
		356	374	392	392	356-428	
	8.0-15.0	430-440	440-450	445-455	445-455	440-455	140-150
25	0.0-15.0	390-410	400-420	410-430	420-440	400-450	60-100
25	0.0-15.0	390-410	400-420	410-430	420-440	400-450	60-100
25	0.0-15.0	390-410	400-420	410-430	420-440	400-450	60-100
25	0.0-15.0	390-410	400-420	410-430	420-440	400-450	60-100
25	0.0-15.0	390-410	400-420	410-430	420-440	400-450	60-100
25	0.0-15.0	390-410	400-420	410-430	420-440	400-450	60-100
25	0.0-15.0	390-410	400-420	410-430	420-440	400-450	60-100
25	0.0-15.0	390-410	400-420	410-430	420-440	400-450	60-100
25	0.0-15.0	390-410	400-420	410-430	420-440	400-450	60-100
25	0.0-15.0	390-410	400-420	410-430	420-440	400-450	60-100
25	0.0-15.0	390-410	400-420	410-430	420-440	400-450	60-100
25	0.0-15.0	390-410	400-420	410-430	420-440	400-450	60-100
25	15.0	390-410	400-420	410-430	420-440	400-450	60-100
	10.0-15.0					430-470	125-200
	10.0-15.0					430-470	125-200
	10.0-15.0					430-470	125-200
		460	470	480	480		100-150
	12.0	420	460	480	480	460-500	150
	12.0	420	460	480	480	460-500	150
	12.0	420	460	480	480	460-500	150
20	0.2-0.8	325-365	335-385	350-410	350-410		70-120
20	0.2-0.8	325-365	335-385	350-410	350-410		70-120
20	0.2-0.8	325-365	335-385	350-410	350-410		70-120
20	0.2-0.8	325-365	335-385	350-410	350-410		70-120
20	0.3-0.7	325-395	355-425	375-445	375-445	370-430	70-90
20	0.3-0.7	335-405	355-425	375-445	375-445	370-430	70-90
	1.5	385	390	410	410		95

FREE DATA SHEETS: WWW.IDES.COM/PSIM

Grade	Filler	Sp Grav	Shrink, mils/in	Melt flow, g/10 min	Drying temp, °F	Drying time, hr	Max. % moisture
D11T65		1.190			210-230	1.0-2.0	
TPU-Capro	**Pellethane**				**Dow**		
2102-92AE				45.00 AW	190		
TPU-Ester/Ether	**Desmopan**				**Bayer Euro**		
150		1.253					
192		1.233					
356		1.253					
359		1.233					
372		1.243					
392					212-230	0.5-2.0	0.07
460		1.223					
487		1.213					
DP 9370A		1.063					
TPU-Ester/Ether	**Texin**				**Bayer**		
5275		1.140			180-220	0.0	0.03
TPU-Polyester	**Apilon 52**				**API**		
5011		1.033					
6011		1.023					
6013		1.063					
7011		1.053					
7013		1.093					
A 6505		1.173					
D 25 L		1.203					
D 30 L		1.203					
D1 40 L		1.203					
D1 50 L		1.223					
D1 58 L		1.223					
D1 60 L		1.223					
D1 62 L		1.233					
F 40 L		1.203					
F 58 L		1.203					
MS 59		1.183					
MS 60		1.193					
MS 62		1.193					
MS 64		1.183					
MS 67		1.173					
T 30		1.103					
T 40		1.120					
T 58		1.133					
TL 25		1.113					
TL 40		1.133					
TL 58		1.173					
TL 62		1.173					
TL 65		1.163					
TPU-Polyester	**Desmopan**				**Bayer**		
445		1.220	8.0		180-220	1.0-3.0	0.03
453		1.220			180-220	1.0-3.0	0.03
459		1.230	8.0		180-220	1.0-3.0	0.03
TPU-Polyester	**Dylon**				**Dahin Group**		
A-8000S		1.200			180-220	2.0-4.0	0.03

Max. % regrind	Inj. pres., ksi	Rear temp, °F	Mid temp, °F	Front temp, °F	Nozzle temp, °F	Proc temp, °F	Mold temp, °F
	1.7	428	437	446	437		77
						420	100
						410-446	68-104
						410-437	68-104
						410-455	68-104
						428-464	68-104
						428-473	68-104
						410-446	68-104
						455-473	68-104
						446-464	68-104
						374-410	68-104
	6.0-15.0	340-355	350-365	355-375	365-385	370-380	60-110
	7.3-14.5	356-374	365-392	374-419	392-446		86-140
	7.3-14.5	356-374	365-392	374-419	392-446		86-140
	7.3-14.5	356-374	365-392	374-419	392-446		86-140
	7.3-14.5	356-374	365-392	374-419	392-446		86-140
	7.3-14.5	356-374	365-392	374-419	392-446		86-140
	7.3-14.5	356-374	365-392	374-419	392-446		86-140
	7.3-14.5	356-374	365-392	374-419	392-446		86-140
	7.3-14.5	356-374	365-392	374-419	392-446		86-140
	7.3-14.5	356-374	365-392	374-419	392-446		86-140
	7.3-14.5	356-374	365-392	374-419	392-446		86-140
	7.3-14.5	356-374	365-392	374-419	392-446		86-140
	7.3-14.5	356-374	365-392	374-419	392-446		86-140
	7.3-14.5	356-374	365-392	374-419	392-446		86-140
	7.3-14.5	356-374	365-392	374-419	392-446		86-140
	7.3-14.5	356-374	365-392	374-419	392-446		86-140
	7.3-14.5	356-374	365-392	374-419	392-446		86-140
	7.3-14.5	356-374	365-392	374-419	392-446		86-140
	7.3-14.5	356-374	365-392	374-419	392-446		86-140
	7.3-14.5	356-374	365-392	374-419	392-446		86-140
	7.3-14.5	356-374	365-392	374-419	392-446		86-140
	7.3-14.5	356-374	365-392	374-419	392-446		86-140
	7.3-14.5	356-374	365-392	374-419	392-446		86-140
20	6.0-14.0	360-390	360-420	360-410	370-415	400	60-110
20	7.0-13.0	380-410	380-420	390-430	400-440	410	60-110
20	7.0-13.0	380-410	380-420	390-430	400-440	425	60-110
	5.0-15.0	350-370	360-380	370-390	390-410	415	60-140

FREE DATA SHEETS: WWW.IDES.COM/PSIM

Grade	Filler	Sp Grav	Shrink, mils/in	Melt flow, g/10 min	Drying temp, °F	Drying time, hr	Max. % moisture
A-8500S		1.200			180-220	2.0-4.0	0.03
A-9000S		1.200			180-220	2.0-4.0	0.03
A-9500S		1.200			180-220	2.0-4.0	0.03
A-9800S		1.200			180-220	2.0-4.0	0.03
D-6100S		1.200			180-220	2.0-4.0	0.03
D-6400S		1.200			180-220	2.0-4.0	0.03
D-7100S		1.200			180-220	2.0-4.0	0.03
TPU-Polyester	**Elastollan**				**BASF**		
688A10N		1.210		30.00 F	175-195	2.0-4.0	0.03
695A15		1.230		40.00 F	176-194	2.0-4.0	0.03
695A15N		1.230		40.00 F	176-194	2.0-4.0	0.03
C59D53		1.230			195-220	2.0-4.0	0.03
C60A10W		1.140			160-180	2.0-4.0	0.03
C70A10W		1.150			160-180	2.0-4.0	0.03
C78A15		1.180			175-195	2.0-4.0	0.03
C85A10		1.190			175-195	2.0-4.0	0.03
C85A55		1.190			175-195	2.0-4.0	0.03
C90A13		1.210			175-195	2.0-4.0	0.03
C95A10		1.210			195-220	2.0-4.0	0.03
M88A55		1.270			194-221	2.0-4.0	0.03
S60D53N		1.250			195-220	2.0-4.0	0.03
S64D53N		1.250			195-220	2.0-4.0	0.03
S85A55N		1.220			175-195	2.0-4.0	0.03
S90A10		1.230		20.00 CT	175-195	2.0-4.0	0.03
S90A55N		1.230			175-195	2.0-4.0	0.03
S95A55N		1.230		55.00 CJ	195-220	2.0-4.0	0.03
S98A53N		1.240			195-220	2.0-4.0	0.03
TPU-Polyester	**Estane**				**Noveon**		
58122		1.227	15.0		220	2.0	
58130		1.220	8.0-11.0		220	2.0	0.02
58132		1.210	8.0-11.0		220	2.0	0.02
58133		1.230	8.0-11.0		220	2.0	0.02
58134		1.210	8.0-11.0		220	2.0	0.02
58137		1.240	8.0-11.0		220	2.0	0.02
58138		1.240	8.0-11.0		220	2.0	0.02
58142		1.230	8.0-11.0		220	2.0	0.02
58149		1.210	8.0-11.0		220	2.0	0.02
58206		1.200	14.0		220	2.0	0.02
TPU-Polyester	**Pearlthane**				**Merquinsa**		
11T60		1.210					
11T85		1.170					
11T92E		1.190					
11T95P		1.190					
11T98		1.160					
D11T60		1.213			212-230	1.0-2.0	0.05
D11T70		1.160			176-185	2.0	
D11T75		1.230					
D11T80		1.140					
D11T85		1.170			212-230	1.0-2.0	0.05
D11T85UV		1.170					
D11T92EM		1.170					
D11T93		1.170					
D11T98		1.160			210-230	1.0-2.0	

Max. % regrind	Inj. pres., ksi	Rear temp, °F	Mid temp, °F	Front temp, °F	Nozzle temp, °F	Proc temp, °F	Mold temp, °F
						350-430	
						347-428	
						347-428	
						410-435	
						325-360	
						335-370	
						340-365	
						365-395	
						365-400	
						375-405	
						390-420	
						374-401	
						400-440	
						400-440	
						365-410	
						370-410	
						380-420	
						380-420	
						400-435	
	0.8-1.2	350	370	380	380	380	50-85
	10.0-15.0	390	420	430	430	430	50-75
	10.0-15.0	390	400	415	420	420	60-100
	10.0-15.0	410	420	435	445	445	60-100
	10.0-15.0	400	410	425	430	430	50-80
	10.0-15.0	410	430	450	450	450	60-100
	10.0-15.0	420	430	455	460	460	60-110
	10.0-15.0	410	431	445	445	445	60-100
	10.0-15.0	390	400	420	420	420	50-75
	3.0-7.0	350	370	380	390	390	50-85
	1.2	410	420	435	430		95
	1.5	380	390	410	410		95
	1.3	385	390	410	410		95
	1.3	385	390	410	410		95
	1.3	385	400	420	400		95
	1.2	410	419	437	428		95
	1.6	356	374	392	392		95
	1.7	419	428	437	437		77
	16.0	375	390	400	410		95
	1.5	383	392	410	410		95
	1.5	380	390	410	410		95
	1.3	385	390	410	410		95
	1.5	385	390	410	410		95
	1.3	385	400	420	410		95

FREE DATA SHEETS: WWW.IDES.COM/PSIM

Grade	Filler	Sp Grav	Shrink, mils/in	Melt flow, g/10 min	Drying temp, °F	Drying time, hr	Max. % moisture
D12T95		1.213			212-230	1.0-2.0	0.05
TPU-Polyester	**Pellethane**				**Dow**		
2101-85A		1.130		45.00 AW	180-200		
2102-55D		1.210	5.0-7.0	14.00 AX	190-220	2.0-4.0	0.02
2102-65D		1.220	7.0-8.0	49.00 AY	210-230	2.0-4.0	0.02
2102-75A		1.170	4.0-6.0	25.00 AW	180-200	2.0-4.0	0.02
2102-80A		1.180	5.0-6.0	4.00 AV	180-200	2.0-4.0	0.02
2102-85A		1.180	5.0-6.0	35.00 AW	180-200	2.0-4.0	0.02
2102-90A		1.200	5.0-6.0	11.00 AW	190-220	2.0-4.0	0.02
2102-90AE		1.200	5.0-7.0	29.00 AW	190-220	2.0-4.0	0.02
2102-90AR		1.200	5.0-8.0	15.00 AW	190-220	2.0-4.0	0.02
2104-45D		1.200		19.00 AW	180-200		
2355-55DE		1.190	9.0-13.0		190-220	2.0-4.0	0.02
2355-75A		1.190	5.0-7.0	28.00 AW	180-200	2.0-4.0	0.02
2355-80AE		1.180	5.0-6.0	7.00 AV	180-200	2.0-4.0	0.02
2355-85ABR		1.180	4.0-6.0	52.00 AV	180-200	2.0-4.0	0.02
2355-95AEF		1.223	6.0-9.0	13.00 AV	190-219		
TPU-Polyester	**RTP Compounds**				**RTP**		
1200 S-40D		1.203	10.0		190	6.0	
1200 S-55D		1.213	9.0		225	6.0	
1200 S-55D TFE 15		1.293	8.0-12.0		225	6.0	
1200 S-65D S-95833		1.223	11.0		225	6.0	
1200 S-80A TFE 15		1.253	5.0-10.0		225	6.0	
1200 S-90A TFE 15		1.293	11.0		180	6.0	
1200-55D		1.213	8.0-11.0		190	4.0-6.0	
1201 S-55D	GFI 10	1.283	5.0		180	6.0	
1203 S-65D		1.353	2.0		190	6.0	
1203 S-90A	GFI 20	1.323	1.0-2.0		200	3.0-4.0	
1500-55D TFE 10		1.263	10.0-25.0		200	2.0-4.0	
1501-55D	GFI 10	1.263	2.6-4.2		220	2.0-4.0	
TPU-Polyester	**Texin**				**Bayer**		
185		1.260	8.0		180-220	1.0-3.0	0.03
245		1.210	7.0-10.0		210-230	2.0	0.03
250		1.220	8.0		210-230	2.0	0.03
255		1.210	8.0		180-220	1.0-3.0	0.03
260		1.220	8.0		180-220	1.0-3.0	0.03
270		1.240	8.0		210-230	2.0	0.03
285		1.200	8.0		180-220	1.0-3.0	0.03
390		1.220	8.0		180-220	1.0-3.0	0.03
TPU-Polyether	**Dylon**				**Dahin Group**		
A-9000E		1.100			180-220	2.0-4.0	0.03
A-9500E		1.100			180-220	2.0-4.0	0.03
D-5500E		1.100			180-220	2.0-4.0	0.03
D-6400E		1.100			180-220	2.0-4.0	0.03
TPU-Polyether	**Elastollan**				**BASF**		
1154D53		1.160			195-220	2.0-4.0	0.03
1164D50		1.180			195-220	2.0-4.0	0.03
1174D50		1.190			195-220	2.0-4.0	0.03
1175A10W		1.140			160-180	2.0-4.0	0.03
1180A50		1.110			175-195	2.0-4.0	0.03
1185A10F		1.290		30.00 AV	175-195	2.0-4.0	0.03

Max. % regrind	Inj. pres., ksi	Rear temp, °F	Mid temp, °F	Front temp, °F	Nozzle temp, °F	Proc temp, °F	Mold temp, °F
	1.5	392	410	419	410		95
						400-430	80-120
	6.0-15.0					400-430	60-140
	6.0-15.0					410-430	60-140
	6.0-15.0					390-420	60-140
	6.0-15.0					390-420	60-140
	6.0-15.0					390-410	60-140
	6.0-15.0					400-430	60-140
	6.0-15.0					415-420	60-140
	6.0-15.0					400-430	60-140
						410-440	60-140
	6.0-15.0					400-430	60-140
	6.0-15.0					370-400	60-140
	8.0-15.0					380-400	60-140
	6.0-15.0					340-360	60-140
							61-140
	5.0-10.0					380-425	60-90
	6.0-15.0					400-430	80-140
	10.0-15.0					320-425	100-140
	6.0-10.0					395-425	70-100
	10.0-15.0					390-425	60-140
	5.0-10.0					360-420	60-90
	10.0-15.0					365-425	100-140
	6.0-12.0					380-425	60-120
	8.0-12.0					380-430	60-130
	8.0-15.0					415-425	60-140
	10.0-15.0					410-460	70-120
	10.0-15.0					410-460	70-100
20	6.0-14.0	360-390	360-420	360-410	370-415	385	60-110
20	6.0-15.0	380-410	380-420	390-430	400-440	410-430	60-100
	6.0-15.0	380-410	380-420	390-430	400-440	410-430	60-100
20	7.0-13.0	380-410	380-420	390-430	400-440	410	60-110
20	7.0-13.0	380-410	380-420	390-430	400-440	425	60-110
20	6.0-15.0	410-455	415-460	420-460	425-460	430-460	60-100
20	6.0-14.0	360-390	360-400	360-410	370-415	395	60-110
20	6.0-14.0	360-390	360-400	360-410	370-415	395	60-110
	5.0-15.0	360-380	370-390	390-410	400-410	435	60-140
						410-440	
						410-440	
						410-440	
						320-380	
						380-390	
						340-385	

FREE DATA SHEETS: WWW.IDES.COM/PSIM

Grade	Filler	Sp Grav	Shrink, mils/in	Melt flow, g/10 min	Drying temp, °F	Drying time, hr	Max. % moisture
1185A10FHF		1.230			175-195	2.0-4.0	0.03
1185A10W		1.160			160-180	2.0-4.0	0.03
1185A50V		1.120			175-195	2.0-4.0	0.03
1195A55		1.140			195-220	2.0-4.0	0.03
WY04597-1		1.140			194-221	2.0-4.0	0.03
WY05352D-1		1.140		42.00 CG	194-221	2.0-4.0	0.03
TPU-Polyether	**Estane**				**Noveon**		
58215		1.140	8.0		220	2.0	0.02
58300		1.104	12.0		220	2.0	0.02
58309		1.130	14.0		220	2.0	0.02
58810		1.130	10.0		220	2.0	0.02
58887		1.120	12.0		220	2.0	0.02
TPU-Polyether	**Jamplast**				**Jamplast**		
JPTPUET		1.180	5.0-6.0	35.00 AW	180-200	2.0-4.0	0.02
JPTPUPE		1.140	5.0-7.0	24.00 AV	180-200	2.0-4.0	0.02
TPU-Polyether	**Pearlthane**				**Merquinsa**		
15N80		1.130					
15N85		1.130					
D15N60DUV		1.090			210-230	1.0-2.0	
D15N70		1.160					
D15N80		1.130			212-230	1.0-2.0	
D15N85		1.133			212-230	1.0-2.0	0.05
D15N85 UV		1.130					
D15N92		1.120					
D15N95 UV		1.110					
D16N80		1.100					
D16N85		1.080					
D16N85UV		1.080			210-230	1.0-2.0	
D16N95		1.150					
D95N85P		1.070			210-230	1.0-2.0	
TPU-Polyether	**Pellethane**				**Dow**		
2103-55D		1.150	6.0-7.0	15.00 AX	190-220	2.0-4.0	0.02
2103-65D		1.170	6.0-10.0	35.00 AX	210-230	2.0-4.0	0.02
2103-70A		1.060	4.0-5.0	11.00 AV	180-200	2.0-4.0	0.02
2103-75D		1.210	3.0-8.0	28.00 AY	210-230	2.0-4.0	0.02
2103-80AE		1.130	6.0-8.0	40.00 AW	180-200	2.0-4.0	0.02
2103-80AEF		1.130	6.0-7.0	13.00 AV	180-200	2.0-4.0	0.02
2103-80AEN		1.130	5.0-8.0	20.00 AV	180-200	2.0-4.0	0.02
2103-80PF		1.100	4.0-7.0	39.00 AV	180-200	2.0-4.0	0.02
2103-84AEN		1.130		40.00 AEN	180-200	2.0-4.0	0.02
2103-85AE		1.140	5.0-7.0	24.00 AV	180-200	2.0-4.0	0.02
2103-90A		1.140	7.0-8.0	23.00 AV	180-200	2.0-4.0	0.02
2103-90AE		1.140	5.0-7.0	7.00 AV	190-220	2.0-4.0	0.02
2103-90AEFH		1.140	5.0-8.0	6.00 AV	190-220	2.0-4.0	0.02
2103-90AEL		1.400	5.0-8.0	1.20 AV	190-220	2.0-4.0	0.02
2103-90AENH		1.140	7.0-10.0	14.00 AV	190-220	2.0-4.0	0.02
2363-55D		1.150	5.0-6.0	10.00 AX	190-220	2.0-4.0	0.02
2363-55DE		1.150	6.0-8.0	30.00 AX	190-220	2.0-4.0	0.02
2363-65D		1.170	7.0-9.0	40.00 AY	210-230	2.0-4.0	0.02
2363-75D		1.210	3.0-8.0	28.00 AY	210-230	2.0-4.0	0.02
2363-80A		1.130	5.0-8.0	23.00 AW	180-200	2.0-4.0	0.02
2363-80AE		1.120	5.0-6.0	10.00 AW	180-200	2.0-4.0	0.02

Max. % regrind	Inj. pres., ksi	Rear temp, °F	Mid temp, °F	Front temp, °F	Nozzle temp, °F	Proc temp, °F	Mold temp, °F
						360-400	
						340-375	
						385-400	
						400-430	
						374-428	
						388-428	
	8.0-10.0	390	400	420	420	420	50-75
	3.0-8.0	350	370	390	400	400	50-85
	3.0-7.0	350	370	380	390	390	50-85
	5.0-10.0	390	400	410	410	410	50-75
	3.0-8.0	350	370	390	400	400	50-85
	6.0-15.0					390-410	60-140
	6.0-15.0					370-400	60-140
	1.5	365	375	385	390		95
	1.4	385	390	385	390		100
	1.2	390	410	430	430		110
	1.6	355	375	390	390		95
	1.5	365	374	383	392		95
	1.4	383	392	383	392		104
	1.4	385	390	385	390		100
	1.6	385	390	390	390		95
	1.6	385	390	390	390		95
	1.6	355	375	380	380		95
	1.6	380	400	410	390		95
	1.6	380	400	410	390		95
	1.6			390	410		95
	2.2	329	347	356	356		95
	8.0-15.0					410-440	60-140
	6.0-15.0					410-440	60-140
	6.0-15.0					380-410	60-140
	6.0-15.0					410-440	60-140
	8.0-15.0					360-410	60-140
	8.0-15.0					360-390	60-140
	6.0-15.0					370-400	60-140
	6.0-15.0					370-400	60-140
	6.0-15.0					360-410	60-140
	6.0-15.0					370-400	60-140
	6.0-15.0					400-430	60-140
	6.0-15.0					380-410	60-140
	6.0-15.0					380-410	60-140
	6.0-15.0					380-410	60-140
	6.0-15.0					380-410	60-140
	6.0-15.0					410-440	60-140
	6.0-15.0					390-420	60-140
	6.0-15.0					410-440	60-140
	6.0-15.0					410-440	60-140
	6.0-15.0					380-410	60-140
	6.0-15.0					370-400	60-140

FREE DATA SHEETS: WWW.IDES.COM/PSIM

Grade	Filler	Sp Grav	Shrink, mils/in	Melt flow, g/10 min	Drying temp, °F	Drying time, hr	Max. % moisture
2363-90A		1.140	5.0-6.0	30.00 AX	190-220	2.0-4.0	0.02
2363-90AE		1.140	5.0-8.0	32.00 AW	190-220	2.0-4.0	0.02
TPU-Polyether	**PermaStat**				**RTP**		
1200T-70A		1.063			225	6.0	
TPU-Polyether	**RTP Compounds**				**RTP**		
1200 T-70A		1.063	5.0-9.0		180	4.0	
1200 T-80A		1.133	10.0		180	6.0	
ESD C 1200 T-85A		1.203	10.0-15.0		225	6.0	
TPU-Polyether	**Stat-Rite**				**Noveon**		
E1150		1.203			220	2.0-3.0	
X5091		1.163			220	2.0-3.0	
TPU-Polyether	**Tecoflex**				**Noveon**		
MG-8020		1.110	13.0	5.50 E			
MG-8020-B20	BAS 20	1.300	12.0	10.50 E			
MG-8812		1.120	15.0	2.20 E			
MG-8812-B20	BAS 20	1.310	11.0	6.50 E			
TPU-Polyether	**Tecoplast**				**Noveon**		
OP-570		1.190	1.4		175	4.0	0.05
TP-470		1.180	1.4		175	4.0	0.05
TPU-Polyether	**Tecothane**				**Noveon**		
TT-1075A		1.100		8.00	180	3.0	0.05
TT-1080A		1.120		5.80	180	3.0	0.05
TT-2075A-B20		1.300		9.90	180	3.0	0.05
TT-2075-B40	BAS 40	1.650	4.0-6.0	7.70 E	180	4.0	
TT-2080A-B20		1.320		9.00	180	3.0	0.05
TT-5085D		1.220			200	2.0	0.02
TPU-Polyether	**Texin**				**Bayer**		
5250		1.150	8.0		210-230	0.0	0.03
5265		1.170	8.0		180-230	0.0	0.03
5286		1.120	8.0		210-230	0.0	0.03
5290		1.130	8.0		210-230	0.0	0.03
5590		1.040	8.0		125-180	0.0	0.03
945U		1.140	8.0		180-220	1.0-3.0	0.03
950		1.150	8.0		180-220	1.0-3.0	0.03
950U		1.150	8.0		180-220	1.0-3.0	0.03
970U		1.180	8.0		180-220	1.0-3.0	0.03
985		1.120	8.0		180-220	1.0-3.0	0.03
985U		1.120	8.0		180-220	1.0-3.0	0.03
990		1.130	8.0		180-220	1.0-3.0	0.03
990R		1.130	8.0		200-220	2.0	
TPV	**Alfater XL**				**Lavergne Group**		
40D E		0.982	15.0-25.0		167-176	3.0	
65A		0.972	15.0-25.0		167-176	3.0	
75A		0.982	15.0-25.0		167-176	3.0	
85A		0.982	15.0-25.0		167-176	3.0	
TPV	**CoolPoly**				**Cool Polymers**		
E8401		1.303	3.0-6.0		176	8.0	

Max. % regrind	Inj. pres., ksi	Rear temp, °F	Mid temp, °F	Front temp, °F	Nozzle temp, °F	Proc temp, °F	Mold temp, °F
	6.0-15.0					400-430	60-140
	6.0-15.0					380-410	60-140
	7.0-12.0					350-420	60-150
	10.0-15.0					390-420	80-150
	4.0-8.0					360-420	60-90
	10.0-15.0					365-425	100-140
						370	
						350	
						390	
						360	
		430	440	440	440	475	90-130
		430	440	440	440	475	90-130
		330		340	345	410	50-90
		350		370	380	415	50-110
		320		330	335	400	50-90
		340		360	370	410	50-110
	0.3-1.5	370	400	425	420	430	60-90
	6.0-15.0	360-390	360-400	360-410	370-415	385-400	60-110
20	6.0-15.0	415-435	420-440	420-440	430-450	425-435	60-110
20	6.0-15.0	360-390	360-400	360-410	370-415	385-400	60-110
	6.0-15.0	360-390	360-400	360-410	370-415	385-400	60-110
	6.0-15.0	360-390	360-400	360-410	370-415	365-375	60-110
20	6.0-14.0	360-390	360-400	360-410	370-415	395	60-110
20	6.0-14.0	360-390	360-400	360-410	370-415	395	60-110
20	6.0-14.0	360-390	360-400	360-410	370-415	395	60-110
20	7.0-13.0	410-455	415-460	420-460	425-465	445	60-110
20	6.0-14.0	360-390	360-400	360-410	370-415	395	60-110
20	6.0-14.0	360-390	360-400	360-410	370-415	395	60-110
20	6.0-14.0	360-390	360-400	360-410	370-415	395	60-110
25	6.0-10.0	360-390	370-400	370-400	390-410	400	60-110
		365-383	383-392	383-392	401-410		50-176
		365-383	383-392	383-392	401-410		50-176
		365-383	383-392	383-392	401-410		50-176
		365-383	383-392	383-392	401-410		50-176
	0.9-1.1	356-365	383-401	401-410		410-419	50-86

FREE DATA SHEETS: WWW.IDES.COM/PSIM

Grade	Filler	Sp Grav	Shrink, mils/in	Melt flow, g/10 min	Drying temp, °F	Drying time, hr	Max. % moisture
TPV		**Elastron V**		**Elastron**			
100.002 NATUREL 55 SHORE A		0.972					
139.703 GRI 65 SHORE A		0.972					
140.001 NATUREL 86 SHORE A		0.972					
193.001 NATUREL 90 SHORE A		0.972					
212.902 SIYAH 72 SHORE A		0.962					
213.001 NATUREL 79 SHARE A		0.972					
213.001 NATUREL 79 SHORE A		0.972					
244.001 NATUREL 47 SHORE A		0.972					
245.701 GRI 60 SHORE A		0.972					
343.901 SIYAH 50 SHORE D		0.902					
528.901 SIYAH 75 SHORE A		1.273					
TPV		**J-Prene**		**J-Von**			
5110-35A		0.930	5.0-20.0	20.00 G	180	2.0-4.0	
5110-40D		0.950	5.0-20.0	5.00 G	180	2.0-4.0	
5110-45A		0.930	5.0-20.0	5.00 G	180	2.0-4.0	
5110-50D		0.940	5.0-20.0	5.00 G	180	2.0-4.0	
5110-55A		0.970	5.0-20.0	2.00 G	180	2.0-4.0	
5110-64A		0.970	5.0-20.0	3.00 G	180	2.0-4.0	
5110-73A		0.970	5.0-20.0	3.00 G	180	2.0-4.0	
5110-80A		0.960	5.0-20.0	3.00 G	180	2.0-4.0	
5110-87A		0.960	5.0-20.0	4.00 G	180	2.0-4.0	
5111-40D		0.950	5.0-20.0	5.00 G	180	2.0-4.0	
5111-50D		0.940	5.0-20.0	5.00 G	180	2.0-4.0	
5111-55A		0.970	5.0-20.0	2.00 G	180	2.0-4.0	
5111-64A		0.970	5.0-20.0	3.00 G	180	2.0-4.0	
5111-73A		0.970	5.0-20.0	3.00 G	180	2.0-4.0	
5111-80A		0.960	5.0-20.0	3.00 G	180	2.0-4.0	
5111-87A		0.960	5.0-20.0	4.00 G	180	2.0-4.0	
TPV		**NexPrene**		**Solvay EP**			
1040A		0.930	22.0		180	3.0	
1040D		0.940	18.0		180	3.0	
1045A		0.940	22.0		180	3.0	
1045D		0.930			180	3.0	
1050A		0.970	21.0		180	3.0	
1050D		0.930	18.0		180	3.0	
1055A		0.970	21.0		180	3.0	
1060A		0.970			180	3.0	
1064A		0.970	17.0		180	3.0	
1070A		0.970	15.0		180	3.0	
1075A		0.970	17.0		180	3.0	
1080A		0.970	17.0		180	3.0	

Max. % regrind	Inj. pres., ksi	Rear temp, °F	Mid temp, °F	Front temp, °F	Nozzle temp, °F	Proc temp, °F	Mold temp, °F
		356-410	356-410	356-410		338-374	86-140
		356-410	356-410	356-410		338-374	86-140
		356-410	356-410	356-410		338-374	86-140
		356-410	356-410	356-410		338-374	86-140
		356-410	356-410	356-410		338-374	86-140
		356-410	356-410	356-410		338-374	86-140
		356-410	356-410	356-410		338-374	86-140
		356-410	356-410	356-410		338-374	86-140
		356-410	356-410	356-410		338-374	86-140
		356-410	356-410	356-410		356-392	86-140
		356-410	356-410	356-410		338-374	86-140
20		350-380	370-390	390-400	400-410	380-420	55-175
20		350-380	370-390	390-400	400-410	380-420	55-175
20		350-380	370-390	390-400	400-410	380-420	55-175
20		350-380	370-390	390-400	400-410	380-420	55-175
20		350-380	370-390	390-400	400-410	380-420	55-175
20		350-380	370-390	390-400	400-410	380-420	55-175
20		350-380	370-390	390-400	400-410	380-420	55-175
20		350-380	370-390	390-400	400-410	380-420	55-175
20		350-380	370-390	390-400	400-410	380-420	55-175
20		350-380	370-390	390-400	400-410	380-420	55-175
20		350-380	370-390	390-400	400-410	380-420	55-175
20		350-380	370-390	390-400	400-410	380-420	55-175
20		350-380	370-390	390-400	400-410	380-420	55-175
20		350-380	370-390	390-400	400-410	380-420	55-175
20		350-380	370-390	390-400	400-410	380-420	55-175
		360-420	360-420	360-420	370-430	370-430	50-150
		360-420	360-420	360-420	370-430	370-430	50-150
		360-420	360-420	360-420	370-430	370-430	50-150
		360-420	360-420	360-420	370-430	370-430	50-150
		360-420	360-420	360-420	370-430	370-430	50-150
		360-420	360-420	360-420	370-430	370-430	50-150
		360-420	360-420	360-420	370-430	370-430	50-150
		360-420	360-420	360-420	370-430	370-430	50-150
		360-420	360-420	360-420	370-430	370-430	50-150
		360-420	360-420	360-420	370-430	370-430	50-150
		360-420	360-420	360-420	370-430	370-430	50-150
		360-420	360-420	360-420	370-430	370-430	50-150

FREE DATA SHEETS: WWW.IDES.COM/PSIM

Grade	Filler	Sp Grav	Shrink, mils/in	Melt flow, g/10 min	Drying temp, °F	Drying time, hr	Max. % moisture
1084A		0.960			180	3.0	
1087A		0.960	17.0		180	3.0	
1140A		0.930	22.0		180	3.0	
1140D		0.940	18.0		180	3.0	
1145A		0.940	22.0		180	3.0	
1145D		0.950			180	3.0	
1150A			21.0		180	3.0	
1150D		0.940	18.0		180	3.0	
1155A		0.970	21.0		180	3.0	
1160A		0.970			180	3.0	
1164A		0.970	17.0		180	3.0	
1170A		0.970			180	3.0	
1175A		0.970	17.0		180	3.0	
1180A		0.970	17.0		180	3.0	
1184A		0.960			180	3.0	
1187A		0.960	17.0		180	3.0	
1240A		0.930	22.0		180	3.0	
1240D		0.940	18.0		180	3.0	
1245A		0.940	22.0		180	3.0	
1245D		0.950			180	3.0	
1250A		0.970	21.0		180	3.0	
1250D		0.940	18.0		180	3.0	
1255A		0.970	21.0		180	3.0	
1260A		0.970			180	3.0	
1264A		0.970	17.0		180	3.0	
1270A		0.970			180	3.0	
1275A		0.970	17.0		180	3.0	
1280A		0.970	17.0		180	3.0	
1284A		0.960			180	3.0	
1287A		0.960	17.0		180	3.0	
1340D		0.940			180	3.0	
1345D		0.950			180	3.0	
1350D		0.940			180	3.0	
1355A		0.970			180	3.0	
1360A		0.970			180	3.0	
1364A		0.970			180	3.0	
1370A		0.970			180	3.0	
1375A		0.970			180	3.0	
1380A		0.970			180	3.0	
1384A		0.960			180	3.0	
1387A		0.960			180	3.0	
1540D		0.940			180	3.0	
1545D		0.930			180	3.0	
1550D		0.930			180	3.0	
1555A		0.970			180	3.0	
1560A		0.970			180	3.0	
1564A		0.970			180	3.0	
1570A		0.970			180	3.0	
1575A		0.970			180	3.0	
1580A		0.970			180	3.0	
1584A		0.960			180	3.0	
1587A		0.960			180	3.0	

TPV	Novalast			Nova Polymers			
3001		0.965	15.0-20.0				

POCKET SPECS FOR INJECTION MOLDING

Max. % regrind	Inj. pres., ksi	Rear temp, °F	Mid temp, °F	Front temp, °F	Nozzle temp, °F	Proc temp, °F	Mold temp, °F
		360-420	360-420	360-420	370-430	370-430	50-150
		360-420	360-420	360-420	370-430	370-430	50-150
		360-420	360-420	360-420	370-430	370-430	50-150
		360-420	360-420	360-420	370-430	370-430	50-150
		360-420	360-420	360-420	370-430	370-430	50-150
		360-420	360-420	360-420	370-430	370-430	50-150
		360-420	360-420	360-420	370-430	370-430	50-150
		360-420	360-420	360-420	370-430	370-430	50-150
		360-420	360-420	360-420	370-430	370-430	50-150
		360-420	360-420	360-420	370-430	370-430	50-150
		360-420	360-420	360-420	370-430	370-430	50-150
		360-420	360-420	360-420	370-430	370-430	50-150
		360-420	360-420	360-420	370-430	370-430	50-150
		360-420	360-420	360-420	370-430	370-430	50-150
		360-420	360-420	360-420	370-430	370-430	50-150
		360-420	360-420	360-420	370-430	370-430	50-150
		360-420	360-420	360-420	370-430	370-430	50-150
		360-420	360-420	360-420	370-430	370-430	50-150
		360-420	360-420	360-420	370-430	370-430	50-150
		360-420	360-420	360-420	370-430	370-430	50-150
		360-420	360-420	360-420	370-430	370-430	50-150
		360-420	360-420	360-420	370-430	370-430	50-150
		360-420	360-420	360-420	370-430	370-430	50-150
		360-420	360-420	360-420	370-430	370-430	50-150
		360-420	360-420	360-420	370-430	370-430	50-150
		360-420	360-420	360-420	370-430	370-430	50-150
		360-420	360-420	360-420	370-430	370-430	50-150
		360-420	360-420	360-420	370-430	370-430	50-150
		360-420	360-420	360-420	370-430	370-430	50-150
		360-420	360-420	360-420	370-430	370-430	50-150
		360-420	360-420	360-420	370-430	370-430	50-150
		360-420	360-420	360-420	370-430	370-430	50-150
		360-420	360-420	360-420	370-430	370-430	50-150
		360-420	360-420	360-420	370-430	370-430	50-150
		360-420	360-420	360-420	370-430	370-430	50-150
		360-420	360-420	360-420	370-430	370-430	50-150
		360-420	360-420	360-420	370-430	370-430	50-150
		360-420	360-420	360-420	370-430	370-430	50-150
		360-420	360-420	360-420	370-430	370-430	50-150
		360-420	360-420	360-420	370-430	370-430	50-150
		360-420	360-420	360-420	370-430	370-430	50-150
		360-420	360-420	360-420	370-430	370-430	50-150
		360-420	360-420	360-420	370-430	370-430	50-150

FREE DATA SHEETS: WWW.IDES.COM/PSIM

Grade	Filler	Sp Grav	Shrink, mils/in	Melt flow, g/10 min	Drying temp, °F	Drying time, hr	Max. % moisture
TPV		**RTP Compounds**			**RTP**		
2800 B-60A FR		1.293		16.0-22.0	175	2.0	
2800 B-65A		1.013		15.0	175	2.0	
2800 B-70A Z		1.013		14.0-16.0	175	3.0-4.0	
2800 B-75A		1.013		13.0-16.0	175	3.0-4.0	
2800 B-75A FR		1.303		15.0-20.0	175	2.0	
2800 B-75A HB		1.013		13.0-18.0	175	2.0	
2800B-30D FR		1.303		15.0-20.0	175	2.0	
2800B-30D HF		0.982		13.5-14.5	175	3.0-4.0	
2800B-40A		1.013		19.0-21.0	175	> 4.0	
2800B-40A FR		1.273		18.0-24.0	175	2.0	
2800B-40D		1.023		14.5-17.5	175	3.0-4.0	
2800B-40D FR		1.303		15.0-20.0	175	2.0	
2800B-50A		1.003		19.0-21.0	175	3.0-4.0	
2800B-50A FR		1.283		18.0-24.0	175	2.0	
2800B-50D		1.023		12.0-16.0	175	3.0-4.0	
2800B-50D FR		1.303		13.0-16.0	175	2.0	
2800B-55A		0.972		17.0-22.0	175	3.0-4.0	
2800B-55A FR		1.283		16.0-22.0	175	2.0	
2800B-60A		1.013		15.0-20.0	175	2.0	
2800B-65D		1.003		15.0	175	2.0	
2800B-70A		1.013		14.0-17.0	175	3.0-4.0	
2800B-70A FR		1.263		17.0	175	3.0-4.0	
2800B-80A		1.013		16.0-18.0	175	3.0-4.0	
2800B-80A FR		1.303		15.0-20.0	175	2.0	
TPV		**Uniprene**			**Teknor Apex**		
7100-40D		0.980					
7100-50D		0.980					
7100-55		0.970					
7100-64		0.970					
7100-73		0.970					
7100-80		0.980					
7100-87		0.980					
TS, Unspecified		**Quantum Comp**			**Quantum Comp**		
QC-3450	GFI 48	1.710	0.5				
TSU		**Bayflex**			**Bayer PUR**		
110-50 (15% Glass)	GFM 15	1.140	7.0				
110-50 (15% Mineral)	CSO 15	1.150	6.0				
110-50 (24% Mineral)	CSO 24	1.190	3.4				
110-50 (25% Glass)	GFM 25	1.190	4.0				
110-50 (Unfilled)		1.040	13.0				
110-50 IMR D (15% Glass)	GFM 15	1.156					
110-50 IMR D (15% Rimgloss)	CSO 15	1.156					
110-50 IMR D (25% Glass)	GFM 25	1.204					
180 (20% Mica)	MI 20	1.250	5.5				
180 (20% Mineral)	CSO 20	1.250	4.2				
180 (Unfilled)		1.040	17.0				
MP-10000		1.000	14.2				
XGT-100 (15% Parallel)	CSO 15	1.092	6.0				

Max. % regrind	Inj. pres., ksi	Rear temp, °F	Mid temp, °F	Front temp, °F	Nozzle temp, °F	Proc temp, °F	Mold temp, °F
	10.0-18.0					360-410	60-150
	5.0-10.0					360-410	60-100
	10.0-20.0					390-410	50-175
	10.0-20.0					390-410	50-175
	10.0-18.0					360-410	60-150
	12.0-18.0					360-410	60-150
	10.0-18.0					360-410	60-150
	12.0-18.0					420-440	50-175
	12.0-18.0					380-410	50-175
	10.0-18.0					360-410	60-150
	12.0-18.0					420-440	50-175
	10.0-18.0					360-410	60-150
	10.0-15.0					380-410	50-175
	10.0-18.0					360-410	60-150
	10.0-20.0					420-440	50-175
	10.0-18.0					360-410	60-150
	4.0-8.0					380-410	50-125
	10.0-18.0					360-410	60-150
	4.0-8.0					360-410	60-120
	6.0-12.0					360-420	60-100
	10.0-20.0					390-410	50-175
	10.0-20.0					390-410	50-175
	5.0-10.0					340-410	50-125
	10.0-18.0					360-410	60-150
		390	400	400	410	400-420	50-175
		390	400	400	410	400-420	50-175
		380	390	390	400	380-400	50-175
		380	390	390	400	380-400	50-175
		380	390	390	400	380-400	50-175
		380	390	390	400	380-400	50-175
		380	390	390	400	380-400	50-175
	0.5-1.0						270-320
							140-158
							140-158
							140-158
							140-158
							140-158
							140-160
							140-160
							140-160
							160-165
							160-165
							160-165
							149-158
							140-158

FREE DATA SHEETS: WWW.IDES.COM/PSIM

Grade	Filler	Sp Grav	Shrink, mils/in	Melt flow, g/10 min	Drying temp, °F	Drying time, hr	Max. % moisture
XGT-100 (15% RRIMGLOSS, Perpendicular)	CSO 15	1.092					
XGT-100 (Unfilled)		1.044	8.5				

UHMWPE   Performafil   Techmer Lehvoss

Ultrawear 5902WT		0.940	25.0				

Urea Compound   PMC Urea   Plastic Mfg Co

Urea Molding Compound	CEL	1.476	7.0-12.0				

Urea Formald   Beetle   Cytec

1342	AC	1.500	8.0-10.0				
75	AC	1.496	8.0-10.0				
77	AC	1.496	8.0-10.0				
8023	AC	1.496	8.0-10.0				
8053	AC	1.496	8.0-10.0				

Vinyl Ester   BMC   Bulk Molding

940		1.820	1.0				

Vinyl Ester   Quantum Comp   Quantum Comp

QC-8500	GFI 65	1.900	1.0				

VLDPE   Flexomer   Dow

ETS-9064 NT 7		0.913		1.00 E			
ETS-9066 NT 7		0.907		0.50 E			

Max. % regrind	Inj. pres., ksi	Rear temp, °F	Mid temp, °F	Front temp, °F	Nozzle temp, °F	Proc temp, °F	Mold temp, °F
							140-158
							140-158
		540-570	530-570	520-560	560	530-560	75-150
	2.0-6.0						300-330
		80-160		175-210	180-220	175-240	290-320
		80-160		175-210	180-220	175-240	290-320
		80-160		175-210	180-220	175-240	290-320
		80-160		175-210	180-220	175-240	290-320
		80-160		175-210	180-220	175-240	290-320
							325-335
	0.3-1.0						270-300
						450	
						416	

FREE DATA SHEETS: WWW.IDES.COM/PSIM

SUPPLIER DIRECTORY

SHORT NAME	FULL NAME, STATE, PHONE #, WEBSITE
A. Schulman	A. Schulman Inc. (OH) 800-547-3746 http://www.aschulman.com/
Aaron Industries	Aaron Industries Corp. (MA) 800-915-6159 http://www.aaroninc.com/
AD majoris	AD majoris (France) +33 (0)4 74 89 59 00 http://www.admajoris.com/
Adell	Adell Plastics, Inc. (MD) 800-638-5218 http://www.adellplas.com/
AES	Advanced Elastomer Systems (OH) 800-305-8070 http://www.santoprene.com/
APA	Advanced Polymer Alloys, Division of Ferro Corporation (DE) 888-688-0788 http://www.apainfo.com/
Albis Euro	Albis Plastic GmbH (Germany) 49-040-781050 http://www.albis.com/
Albis	Albis Plastics Corporation (TX) 888-252-4762 http://www.albisna.com/
ALM	ALM Corporation (NJ) 973-694-4141
AlphaGary	AlphaGary (MA) 800-232-9741 http://www.alphagary.com/
Altuglas/Arkema	Altuglas International of Arkema Inc. (PA) 215-419-7605 http://www.plexiglas.com/altuglas/

Short Name	Full Name, State, Phone #, Website
Amco Plastic	Amco Plastic Materials Inc. (NY) 800-262-6685 http://www.amco.ws/
American Poly	American Polymers, Inc. (MA) 508-756-1010 http://www.americanpolymers.com/
Anderson	Anderson Development Company (MI) 517-263-2121 http://www.andersondevelopment.com/
API	API SpA (Vicenza) 39-0424-579711 http://www.apiplastic.com/
Aquafil	Aquafil Technopolymers S.p.A. (Milano) 39 02 966 641 http://www.aquafil.com/
Arkema	Arkema (France) 33-1490-08080 http://www.arkemagroup.com/
Asahi Kasei	Asahi Kasei Corporation (MI) 517-223-5339 http://www.akchem.com/
Asahi Thermofil	Asahi THERMOFIL (MI) 517-223-2000 http://www.asahithermofil.com/
Ashley Poly	Ashley Polymers, Inc. (NY) 718-851-8111 http://www.ashleypoly.com
AT Plastics	AT Plastics Inc. (ON) 800-661-3663 http://www.atplas.com/
B&M Plastics	B&M Plastics, Inc. (IN) 812-422-0888 http://www.bmplastics.com/

Short Name	Full Name, State, Phone #, Website
Bada Euro	Bada AG (Baden) 07223 - 94077-0 http://www.bada.de/
Bakelite Euro	Bakelite AG (Germany) 0 23 74-925-0 http://www.bakelite.de/
Bamberger	Bamberger Polymers, Inc. (NY) 800-888-8959 http://www.bambergerpolymers.com/
Basell	Basell Polyolefins (MD) 410-996-1600 http://www.basell.com/
BASF	BASF Corporation (MI) 800-527-TECH http://www.plasticsportal.com/usa
Bayer PUR	Bayer Corporation, Polyurethanes Div. (PA) 800-662-2927 http://www.bayerplastics.com/
Bayer Euro	Bayer MaterialScience AG (Germany) 49-214-30-33333 http://www.bayermaterialscience.de/
Bayer	Bayer MaterialScience LLC (PA) 800-662-2927 http://www.bayermaterialsciencenafta.com/
Bhansali Eng Poly	Bhansali Engineering Polymers Limited (India) 2673 1779-85 http://www.bhansaliabs.com/
Borealis	Borealis A/S (Denmark) +45 45 96 60 00 http://www.borealisgroup.com/
Braskem	Braskem (Brazil) 55-11-3443-9999 http://www.braskem.com.br/

Short Name	Full Name, State, Phone #, Website
Bulk Molding	Bulk Molding Compounds, Inc. (IL) 630-377-2325 http://www.bulkmolding.com/
Cabot	Cabot Corporation (MA) 800-222-6745 http://www.cabot-corp.com/
Carmel Olefins	Carmel Olefins Ltd. (Israel) 972-4-8466911 http://www.carmel-olefins.co.il/
Chang Chun	Chang Chun Plastics Co., LTD. (Taiwan) 886-2-2503-8131 http://www.ccp.com.tw/
Channel	Channel Prime Alliance (CT) 800-257-3746 http://www.muehlstein.com/
Chem Polymer	Chem Polymer Corporation (FL) 800-237-3167 http://www.chempolymer.com/
CP Chem	Chevron Phillips Chemical Co. (TX) 800-231-1212 http://www.cpchem.com/
Chi Mei	CHI MEI CORPORATION (Taiwan) 886-6-266-3000 http://www.chimei.com.tw/
Clariant Perf	Clariant Performance Plastics (NC) 704-331-7000 http://www.clariant.masterbatches.com/
Colorite	Colorite Plastics Company (NJ) 800-631-1577 http://www.coloritepolymers.com/
Consolidated	Consolidated Polymer Technologies, Inc. (FL) 800-541-6880 http://www.c-flex-cpt.com/

Short Name	Full Name, State, Phone #, Website
Cool Polymers	Cool Polymers, Inc. (GA) 888-811-3787 http://www.coolpolymers.com/
Cosmic	Cosmic Plastics, Inc. (CA) 800-423-5613 http://www.cosmicplastics.com/
Cossa Polimeri	Cossa Polimeri S.r.l. (Italy) 39-0331-607811 http://www.cossapolimeri.it/inglese/index.htm
Custom Resins	Custom Resins Group (KY) 800-626-7050 http://www.customresins.com/
Cyclics	Cyclics Corporation (NY) 518-881-1440 http://www.cyclics.com/
Cyro	CYRO Industries (NJ) 800-631-5384 http://www.cyro.com/
Cytec	Cytec Industries Inc. (NJ) 800-438-5615 http://www.cytec.com/
Daelim	DAELIM INDUSTRIAL CO., LTD. (Singapore) 65-259-1028 http://www.daelimchem.co.kr/
Dahin Group	Dahin Group (Taiwan) 886-2-5166599 http://www.dahin.com/
Daicel Polymer	Daicel Polymer Ltd. (Japan) +81-3-6711-8401 http://www.daicel.co.jp/polymer/
Daikin	DAIKIN AMERICA, INC. (NY) 800-365-9570 http://www.daikin-america.com/

SHORT NAME	FULL NAME, STATE, PHONE #, WEBSITE
Dainippon Ink	Dainippon Ink and Chemicals, Incorporated (Japan) 81-3-3272-4511 http://www.dic.co.jp/
Daunia Trading	Daunia Trading srl (Italy) +39 088 1/665667 http://www.dauniatrading.com/
Denka	DENKA (Japan) Tokyo 3507-5303 http://www.denka.co.jp/
Dexco	Dexco Polymers LP (TX) 877-251-0580 http://www.dexcopolymers.com/
Diamond	Diamond Polymers, Inc. (OH) 330-773-2700 http://www.diamondpolymers.com
Domo nv	DOMO® nv (Belgium) +32 (0)9 241 45 00 http://www.domo.be/
Dow	Dow Plastics (MI) 800-441-4369 http://www.dow.com/plastics/
Dowell Trading	Dowell Trading Company Ltd. (Hong Kong) 852-2325-0166 http://www.dowell.com.hk/
DSM EP	DSM Engineering Plastics (IN) 800-333-4237 http://www.dsmep.com/
DSM TPE	DSM Thermoplastic Elastomers Inc. (MA) 800-290-1365 http://www.sarlink.com

FREE DATA SHEETS: WWW.IDES.COM/PSIM

Short Name	Full Name, State, Phone #, Website
DTR	DTR S.r.l. (Develop Thermoplastic Resins) (Italy) +39 0293580948 http://www.dtr.it/
DuPont EP	DuPont Engineering Polymers (DE) 302-999-4592 http://plastics.dupont.com/
DuPont Canada	DuPont Engineering Polymers / Canada (ON) 800-716-4716 http://www.dupont.ca/english/business/busi_perf_coatings.html
DuPont Fluoro	DuPont Fluoropolymers (DE) 302-479-7731 http://www.dupont.com/teflon/bakeware/
DuPont P&IP	DuPont Packaging & Industrial Polymers (DE) 800-628-6208 http://www.dupont.com/packaging/
Durez	Durez Corporation (TX) 800-733-3339 http://www.durez.com/
Dyneon	Dyneon (MN) 651-733-5353 http://www.dyneon.com/
Eastman	Eastman Chemical Company (TN) 800-327-8626 http://www.eastman.com/
Elastron	Elastron Kimya (Turkey) 90-2626-430001 http://www.elastron.com/
EMS-Grivory	EMS-GRIVORY (SC) 803-481-6171 http://www.emsgrivory.com/

Short Name	Full Name, State, Phone #, Website
EnCom	EnCom, Inc. (IN) 812-421-7700 http://www.encompolymers.com/
Entec	Entec Engineered Resins (FL) 800-225-1529 http://www.entecresins.com/
Equistar	Equistar Chemicals, LP (TX) 800-615-8999 http://www.equistarchem.com/
ExxonMobil	ExxonMobil Chemical Company (TX) 800-231-6633 http://www.exxonmobilchemical.com
Ferro	Ferro Corporation (IN) 812-423-5218 http://www.ferro.com/
Formosa Korea	Formosa Korea (Korea) http://www.formosa.co.kr/
Formulated Poly	Formulated Polymers Limited (India) 91-44-2628 0171 http://www.formulatedpolymers.com/
Foster	Foster Corporation (CT) 860-928-4102 http://www.fostercomp.com/
Frisetta	FRISETTA Polymer GmbH ( ) 49 (0) 76 73 / 8 29 - 200 http://www.frisetta-polymer.de/
GE Adv Materials	GE Plastics (MA) 800-845-0600 http://www.geplastics.com/
GE Adv Matl AP	GE Plastics Asia Pacific (China) 86-21-6288-1088 http://www.geplastics.com/
GE Adv Matl Euro	GE Plastics Europe (Netherlands) (31) 164-292911 http://www.geplastics.com/

Short Name	Full Name, State, Phone #, Website
GE Polymerland	GE Polymerland (NC) 800-PLASTIC http://www.gepolymerland.com/
GE Pland Euro	GE Polymerland Europe http://www.gepolymerlandeurope.com/
Georgia Gulf	Georgia Gulf (GA) 770-395-4500 http://www.ggc.com/
Gharda	Gharda Chemicals Limited (India) 91 22 6514310 http://www.ghardapolymers.com/
Ginar	GINAR Technical Co., LTD. (Taiwan) 886-3-3866948 http://home.pidc.org.tw/customer/ginar/
Global	Global Polymers Corp. (KY) 508-425-1133 http://www.globalpolymerscorp.com/
GLS	GLS Corp., Thermoplastic Elastomers Div. (IL) 800-457-8777 http://www.glscorporation.com/
Grupo Repol	Grupo Repol (Castellon) 902 292 292 http://www.repol.com/
Sattler Plastics	H. Sattler Plastics Company, Inc. (IL) 312-733-2900 http://www.sattlerplastics.com/
Hanwha	Hanwha Chemical (Korea) 02-729-2700 http://hcc.hanwha.co.kr/
Hanyang	Hanyang Chemical Corp. (Korea)
Hitachi	Hitachi Chemical Co., Ltd. (Japan) 81-3-3865-1985 http://www.hitachi-chem.co.jp/

Short Name	Full Name, State, Phone #, Website
Hoffman	Hoffman Plastic Compounds Inc. (CA) 323-636-3346
Honeywell	Honeywell (NJ) 800-707-4555 http://www.honeywell-plastics.com/
ICO Polymers	ICO Polymers, Inc. (TX) 713-351-4106 http://www.icopolymers.com/
Ineos Polyolefins	INEOS Polyolefins http://www.ineos.com/
Ineos Styrenics	INEOS Styrenics (NJ) 866-890-6353 http://www.ineosstyrenics.com/
Innova	Innova SA (RS) 55 51 3378-2300 http://www.innova.ind.br/
Ion Beam	Ion Beam Applications, s.a. (IBA) (Belgium) 32 10 47 58 11 http://www.iba-worldwide.com/
Polisul	Ipiranga Petroquímica (RS) +55 (51) 3216 4449 http://www.ipq.com.br/
J&A Plastics	J&A Plastics GmbH (Germany) 49-2151-4960 http://www.j-a.de/
Jackdaw	Jackdaw Polymers (United Kingdom) +44 1706 377115 http://www.jackdaw-france.com/
Jamplast	Jamplast, Inc. (MO) 636-238-2100 http://www.jamplast.com/

Short Name	Full Name, State, Phone #, Website
J-Von	J-Von Incorporated (MA) 978-847-0061 http://www.jvon.com/
Kaneka	Kaneka Corporation (Japan) +81-6-226-5142 http://www.kaneka.co.jp/
Kareline	Kareline Oy Ltd. (Finland) 358-41-468-9672 http://www.kareline.fi/
Kingfa	Kingfa (China) 86-20-87037818 http://www.kingfa.com/
Kleerdex	Kleerdex Company (SC) 803-642-6864 http://www.kydex.com/
Kolon	Kolon America (IL) 847-550-5556 http://www.ikolon.com/
Kraiburg TPE	KRAIBURG TPE Corporation (GA) 678-584-5020 http://www.kraiburgtpe.com/
Kraton	KRATON™ Polymers (TX) 800-457-2866 http://www.kraton.com/
Kuraray	Kuraray America, Inc. (NY) 212-986-2230 http://www.kuraray-am.com/
Lanxess Euro	LANXESS AG (Germany) 49-214-30-33333 http://www.lanxess.de/
Lanxess	LANXESS Corporation (PA) 800-LANXESS http://www.us.lanxess.com/
Lati	LATI S.p.A. (VARESE) +39-0332 409111 http://www.lati.com/

Short Name	Full Name, State, Phone #, Website
Lavergne Group	Lavergne Group (QC) 514-354-5757 http://www.lavergneusa.com/
Lehmann & Voss	Lehmann & Voss & Co. (Germany) 49-40-44197-499 http://www.lehvoss.de/
Leis Polytechnik	LEIS Polytechnik - polymere Werkstoffe GmbH (Ramstein-Miesenbach) +49 (0)6371-9635-0 http://leis-polytechnik.de/
LG Chem	LG Chem Ltd. (NJ) 201-816-2310 http://www.chemwide.com/
Lion Polymers	Lion Polymers Incorporated (TX) 281-320-0966 http://www.lionpolymers.com/
LNP	LNP Engineering Plastics Inc. (PA) 800-854-8774 http://www.lnp.com/
Loctite	Loctite® (CA) 626-968-6511 http://www.loctite.com/
Lucite	Lucite International Inc. (TN) 901-381-2000 http://www.lucite.com/
Lyncor	Lynn Plastics Corporation (LYN-COR) (MA) 781-598-5900 http://www.lynnplastics.com/
M. Holland	M. Holland Company (IL) 847-272-7370 http://www.m-holland.com/
Marplex	Marplex Australia Pty. Ltd. (Victoria) 800-627-987 http://www.marplex.com.au/

SHORT NAME	FULL NAME, STATE, PHONE #, WEBSITE
Merquinsa	Merquinsa (Spain) 34-93-572-1100 http://www.merquinsa.com/
Michael Day	Michael Day Enterprises (OH) 800-733-7611 http://www.mdayinc.com/
Mitsubishi EP	Mitsubishi Engineering-Plastics Corp (Japan) 914-286-3680 http://www.m-ep.co.jp/
Mitsubishi Ray	Mitsubishi Rayon America Inc. (NY) 212-759-5605-9 http://www.mrany.com/
Mitsui Chem USA	Mitsui Chemicals America, Inc. (NY) 914-253-0777 http://www.mitsuichemicals.com/
Mitsui Chem	Mitsui Chemicals, Inc. (Japan) 81-3-6253-2100 http://www.mitsui-chem.co.jp/
Modified Plas	Modified Plastics (CA) 714-546-4667
Montsinger	Montsinger Technologies, Inc. (NC) 704-821-7722 http://www.montsingertechnologies.com/
MRC Polymers	MRC Polymers, Inc. (IL) 773-276-6345 http://www.mrcpolymers.com/
Muehlstein	Muehlstein (CT) 800-257-3746 http://www.muehlstein.com/
Muehlstein Comp	Muehlstein Compounded Products (TX) 800-257-3746 http://www.muehlstein.com/
Multibase	Multibase, A Dow Corning Company (OH) 800-343-5626 http://www.multibase.com/

Short Name	Full Name, State, Phone #, Website
Nan Ya Plastics	Nan Ya Plastics Corporation (IL) 630-875-0200 http://www.npcusa.com/
Natureworks LLC	NatureWorks® LLC (MN) 877-423-7659 http://www.natureworksllc.com/
Network Poly	Network Polymers, Inc. (OH) 330-773-2700 http://www.diamondpolymers.com/
Nilit	Nilit Ltd. (Israel) +972514-1111 http://www.nilit.com/
Nippon A&L	Nippon A&L Inc. (Japan) 06-6220-3653 http://www.n-al.co.jp/
Nippon Zeon	Nippon Zeon Co., LTD. (KY) 800-735-3388 http://www.zeon.co.jp/
Norold	Norold Composites Inc. (ON) 800-563-2089
North Wood	North Wood Plastics, Inc. (WI) 920-457-8475 http://www.northwoodplastics.com/
Nova Chemicals	NOVA Chemicals (AB) 403-750-3600 http://www.novachemicals.com/
Nova Innovene	NOVA Innovene International SA (Switzerland) 41-26-426-5656 http://www.nova-innovene.com/
Nova Polymers	NOVA Polymers, Inc. (IN) 812-476-0339 http://www.novapolymers.net/
Novamont	Novamont S.p.A. (Italy) +39 26 270 7044 http://www.materbi.com/

Short Name	Full Name, State, Phone #, Website
Novatec Plast	NOVATEC Plastics Corporation (NJ) 800-PVC-NOVA http://www.novatecplastics.com/
Noveon	Noveon, Inc. (OH) 888-234-2436 http://www.noveoninc.com/
Nytex	Nytex Composites Co., Ltd. (USA) (CA) 800-697-5225 http://www.nytex.com.tw/
Omni Plastics	OMNI Plastics, LLC (IN) 812-421-8900 http://www.omniplastics.net/
Ovation Polymers	Ovation Polymers Inc. (OH) 330-723-5686 http://www.opteminc.com/
Oxford Polymers	Oxford Polymers (CT) 860-225-3700 http://www.oxfordpolymers.com/
Perstorp	Perstorp Compounds, Inc. (MA) 413-584-2472 http://www.thermosets.com/
Petrobras	Petrobras Energia SA (Argentina) (54-11) 4344-7200 http://www.petrobrasenergia.com/
Triunfo	Petroquimica Triunfo (RS) 0800 15 48 88 http://www.ptriunfo.com.br/
Phillips Sumika	Phillips Sumika Polypropylene Company (TX) 832-813-4100 http://www.cpchem.com/enu/polypropylene.asp
Phoenix	Phoenix Plastics Co., Inc. (TX) 936-760-2311 http://www.phoenixplastics.com/

SHORT NAME	FULL NAME, STATE, PHONE #, WEBSITE
Pier One Polymers	Pier One Polymers, Inc. (MI) 586-493-7984 http://www.pieronepolymers.com/
Plaskolite-Cont	Plaskolite-Continental Acrylics (CA) 800-562-8883 http://www.plaskolitecontinental.com/
Plastic Mfg Co	Plastic Manufacturing Company (TX) 214-330-8671
Plastic Sel Grp	Plastic Selection Group, Inc. (OH) 614-464-2008 http://www.go2psg.com/
Plastics Eng	Plastics Engineering Co. (WI) 920-458-2121 http://www.plenco.com/
PlastxWorld	PlastxWorld Inc. (NJ) 973-361-8900 http://www.plastxworld.com/
PMC Group	PMC Group Polymer Products (PA) 610-759-3690 http://www.polymerproductscompany.com/
Policarbonatos	Policarbonatos do Brasil S.A. (Brazil) http://www.policarbonatos.com.br/
Polimeri Europa	Polimeri Europa (Italy) 39 02 62551 http://www.polimerieuropa.com/
Politeno	Politeno (Brazil) +5571 832-4188 http://www.politeno.com.br/
PE Malaysia	POLYETHYLENE MALAYSIA SDN BHD (Malaysia) 603-206 5960 http://www.etilinas.com/
Polykemi	Polykemi AB (Sweden) 46-0-411-170-30 http://www.polykemi.se/

SHORT NAME	FULL NAME, STATE, PHONE #, WEBSITE
Polymer Res	Polymer Resources Ltd. (CT) 800-243-5176 http://www.prlresins.com/
Polymer Tech	Polymer Technology and Services, LLC (TN) 615-898-1700 http://www.ptsllc.com/
PolyOne	PolyOne Corporation (OH) 866-PolyOne http://www.polyone.com/
Polyplastics	Polyplastics Co., Ltd. (Japan) (81)3-3593-2441 http://www.polyplastics.com/
Polyram	Polyram Ram-On Industries (Israel) 972-6-6499555 http://www.polyram.co.il/
PS Australia	Polystyrene Australia Pty Ltd (Australia) (03) 9317 4077 http://www.psa.com.au/
Premix Thermoplast	Premix Thermoplastics, Inc. (WI) 1-888-284-3304 http://www.premixthermoplastics.com/
Putsch Kunststoffe	Putsch Kunststoffe GmbH (Germany) +49 (0) 911 93 62 60 http://www.putsch.de/
Qenos	Qenos Pty Ltd (Australia) 61 3 9258 7333 http://www.qenos.com/
QTR	QTR, Inc. (IN) 812-429-0901 http://www.customcompounding.com/
Quantum Comp	Quantum Composites Inc. (MI) 517-496-2884 http://www.quantumcomposites.com/

Short Name	Full Name, State, Phone #, Website
Radici Plastics	Radici Plastics (SC) 864-234-7617 http://www.radicigroup.com/plastics/
Rauh Polymers	RAUH Polymers, Inc. (OH) 330-376-1120 http://www.rauhpolymers.com/
Ravago	RAVAGO Plastics N.V. (Germany) 49-2552-93730 http://www.ravago.com/
RC Plastics	RC Plastics, Inc. (Div. of LNP Engineering Plastics) (TX) 281-371-5100 http://www.rcplastics.com/
Reliance	Reliance Industries Limited (India) http://www.ril.com/
Repsol YPF	REPSOL YPF (Spain) +34 91 348 80 00 http://www.repsol-ypf.com/quimica/
Resinold	Resinoid Engineering Corporation (IL) 847-673-1050 http://www.resinoid.com/
Resirene	Resirene, S.A. de C.V. (Mexico) 52-55-5261-8000 http://www.resirene.com.mx/
RheTech	RheTech, Inc. (MI) 800-869-1230 http://www.rhetech.com/
Rhodia	Rhodia Engineering Plastics SA (ON) 888-776-7337 http://www.rhodia-ep.com/
Riken Technos	Riken Technos Corp. (Japan) (03) 3663-7991 http://www.rikentechnos.co.jp/

Short Name	Full Name, State, Phone #, Website
Rio Polimeros	Rio Polimeros S.A. (Brazil) (21) 2157-7700 http://www.riopol.com.br/
Rogers	Rogers Corporation (CT) 800-243-7158 http://www.rogers-corp.com/
Rotuba Plastics	Rotuba Plastics (NJ) 908-486-1000 http://www.rotuba.com/
RTP	RTP Company (MN) 800-433-4787 http://www.rtpcompany.com/
Sam Yang	Sam Yang Co., Ltd. (Korea) 82-2-740-7114 http://www.samyang.com/
Samsung Total	SAMSUNG TOTAL PETROCHEMICALS Co., Ltd. (Chung Nam) 82-41-660-6114 http://www.samsungtotal.com/
Samsung	Samsung, a division of Cheil Industries (Korea) 82-2-527-2401 http://www.samsungstarex.com/
Sasol	SASOL Polymers (South Africa) 27-11-790-1412 http://www.sasol.com/
SABIC	Saudi Basic Industries Corporation (SABIC) (Kingdom of Saudi Arabia) 966-1-225-8000 http://www.sabic.com/
Sax Polymers	SAX Polymers (Austria) 43/1/2559900 http://www.saxpolymers.com/
Sebi	Sebi Innovative Compounds (Italy) 0331/836.011

Short Name	Full Name, State, Phone #, Website
Shakespeare	Shakespeare Monofilaments and Specialty Polymers (SC) 800-845-2110 http://www.shakespearemonofilaments.com/
Shinkong	Shinkong Synthetic Fiber Corp. (Taiwan) 886-2-2507-1251 http://www.shinkong.com.tw/
Shuman	Shuman Plastics, Inc. (NY) 716-685-2121 http://www.shuman-plastics.com/
SK Chemicals	SK Chemicals (NJ) 201-363-8313 http://www.skchemicals.com/
Solutia	Solutia Inc. (MO) 888-927-2363 http://www.solutia.com/
Solvay Advanced	Solvay Advanced Polymers, LLC (GA) 800-621-4557 http://www.solvayadvancedpolymers.com/
Solvay EP	Solvay Engineered Polymers (MI) 248-391-9500 http://www.solvayengineeredpolymers.com/
Solvay Solexis	Solvay Solexis, Inc. (NJ) 800-323-2874 http://www.solvaysolexis.com/
SORI	SORI S.P.A. 0377-51363 http://www.sorispa.it/
Spartech	Spartech Plastics (MO) 888-721-4242 http://www.spartech.com/
SpartechPolycom	Spartech Polycom (PA) 800-538-3149 http://www.spartech.com/

FREE DATA SHEETS: WWW.IDES.COM/PSIM

Short Name	Full Name, State, Phone #, Website
Star Thermoplastic	STAR Thermoplastic Alloys & Rubbers, Inc. (IL) 312-225-7800 http://www.starthermoplastics.com/
Sumitomo Bake	Sumitomo Bakelite Co., Ltd. (Japan) http://www.sumibe.co.jp/
Sumitomo Chem	Sumitomo Chemical America, Inc. (NY) 212-572-8200 http://www.sumitomo-chem.co.jp/
Supreme Petro	Supreme Petrochem Ltd. (India) (022) 631 1839 http://www.supremepetrochem.com/
Sylvin Tech	Sylvin Technologies Incorporated (PA) 800-462-4781 http://www.sylvin.com/
Taita Chemical	Taita Chemical Company, Ltd. (Taiwan) 886-2-25773661 http://www.ttc.com.tw/
Taro Plast	Taro Plast S.p.A. (Italy) (+39) 05 24 -59 67 11 http://www.taroplast.com/
Techmer Lehvoss	Techmer Lehvoss Compounds (TN) 865-425-2121 http://www.tlcompounds.com/
Technical Polymers	Technical Polymers, LLC (GA) 770-237-2311 http://www.techpolymers.com/
Techno Polymer	Techno Polymer America, Inc. (MI) 734-953-8843 http://www.techpo.co.jp/
Teijin	Teijin Kasei America, Inc. (Teijin Chemicals) (GA) 770-346-8949 http://www.teijinkasei.com

Short Name	Full Name, State, Phone #, Website
Teknor Apex	Teknor Apex Company (RI) 800-554-9892 http://www.teknorapex.com/
Ter Hell Plast	TER HELL PLASTIC GMBH (Germany) (02323) 941-0 http://www.terhell.de/
Thai Petrochem	Thai Petrochemical Industry Co., Ltd. (Thailand) (66 2) 678-5000 http://www.tpigroup.co.th/
TPG	The Plastics Group (RI) 800-394-4166 http://www.plasticsgroup.com/
Ticona	Ticona (KY) 800-833-4882 http://www.ticona.com/
Ticona Euro	Ticona GmbH (Germany) 49-69-305 7063 http://www.ticona.de/
Tipco	Tipco Industries Ltd. (India) 91-22-883-5251 http://www.tipco-india.com/
Titan Group	Titan Group (Malaysia) 07-2538888 http://www.titangroup.com/
Topas	Topas Advanced Polymers, Inc. (KY) 859-746-6447 http://www.topas.com/
Toray	Toray Resin Company (Japan) 03-3245-5569 http://www.toray.com/
Total Petrochem	TOTAL PETROCHEMICALS (TX) 281-227-5000 http://www.totalpetrochemicals.biz/

Short Name	Full Name, State, Phone #, Website
Toyobo	TOYOBO America, Inc. (NY) 800-7-Toyobo http://www.toyobo.co.jp/
TPC	TPC, The Polyolefin Company (Singapore) Pte Ltd (Thailand) 65-292-9622 http://www.tpc.com.sg/
TriPolyta Indonesia	Tri Polyta Indonesia Tbk. (Indonesia) 62-21-536 60600 http://www.tripolyta.com/
Triesa	Triesa Plastics (Spain) 93-682-8160 http://www.triesa.com/
UBE Industries	UBE Industries, Ltd. (NY) 212-813-8318 http://www.ube-ind.co.jp/english/index_e.htm
UMG ABS	UMG ABS, Ltd. (Japan) 003-5148-5170 http://www.umgabs.co.jp/
Uniroyal	Uniroyal Chemical Group (CT) 203-573-2000 http://www.uniroyalchemical.com
Unitika Vamp Tech	Unitika America Corporation (NY) Vamp Tech (Italy) 39-039-6957821 http://www.vamptech.com/
Voridian	Voridian Company, a division of Eastman Chemical Company (TN) 888-867-4342 http://www.voridian.com/
VPI	VPI, LLC (WI) 920-458-4664 http://www.vpicorp.com/

SHORT NAME	FULL NAME, STATE, PHONE #, WEBSITE
VTC Elastoteknik	VTC Elastoteknik AB (Sweden) 46-532-607500 http://www.elastoteknik.se/
Washington Penn	Washington Penn Plastic Co. Inc. (PA) 724-228-1260 http://www.washpenn.com/
Wellman	Wellman, Inc. (SC) 800-821-6022 http://www.wellmaninc.com/
Zaktady Azotowe	Zaktady Azotowe w Tarnowie-Moscicach S.A. (Poland) 48-1463-73737 http://www.azoty.tarnow.pl/

Tradename Directory

Product Field	Resin	Supplier
Aaroprene	TPE; TPO (POE)	Aaron Industries
Abifor	ABS	DTR
Abstron	ABS; ABS+PC	Bhansali Eng Poly
Acnor	PPE+PS	Aquafil
ACP	PVC, Unspecified	AlphaGary
Acrylite	Acrylic (PMMA)	Cyro
Acrylite Plus	Acrylic (PMMA)	Cyro
Acryrex	Acrylic (PMMA)	Chi Mei
Acudel	PPSU	Solvay Advanced
AD majoris	Acetal Homopoly; HDPE; Nylon 6; Nylon 66/6; PBT; PBT+PET; PC; PP Copoly; PP, Unspecified	AD majoris
Adell Polyamide	Nylon 6	Adell
Aegis	Nylon 6	Honeywell
Akulon Ultra	Nylon 6	DSM EP
Alathon	HDPE; HDPE Copolymer	Equistar
Alathon ETP	HDPE	Equistar
Albis ABS	ABS	Albis
Albis ASA	ASA	Albis
Albis CAB	CAB	Albis
Albis CAP	CAP	Albis
Albis PA 6	Nylon 6; Nylon 6 Alloy	Albis
Albis PA 66	Nylon 66	Albis
Albis PA 66/6	Nylon 66/6	Albis
Albis PBT	PBT	Albis
Albis PC	PC	Albis
Albis PC/ABS	ABS+PC	Albis
Albis PC/PET	PC+PET	Albis
Albis PCT	PCT	Albis
Albis PE	HDPE	Albis

PRODUCT FIELD	RESIN	SUPPLIER
Albis Polyester	Polyester, TP	Albis
Albis POM	Acetal Copoly	Albis
Albis PP	PP Copoly; PP Homopoly	Albis
Albis PPS	PPS	Albis
Albis PS	PS (GPPS); PS (HIPS); PS (MIPS)	Albis
Albis PTT	PTT	Albis
Alcom	ABS; Acetal Copoly; HDPE; Nylon 66; PBT; PC; PC+PET; Polyester, TP; PS (GPPS); SAN	Albis
Alcudia	EVA	Repsol YPF
Alfater XL	TPV	Lavergne Group
Alpha PVC	PVC, Flexible; PVC, Rigid; PVC, Unspecified	AlphaGary
Alphalac	PS (HIPS)	LG Chem
Alphatec	TPE	AlphaGary
Amalloy	Proprietary	Amco Plastic
AMC	Phenolic	Quantum Comp
Amilan	Nylon 6; Nylon 66	Toray
Amodel	PPA	Solvay Advanced
Anamide	Nylon 6; Nylon 66	Albis
Andur	PUR-Ester/TDI; PUR-Ether/TDI; PUR-MDI	Anderson
Anjablend A	ABS+PC	J&A Plastics
Anjablend B	PC+PBT	J&A Plastics
Anjacryl	Acrylic (PMMA)	J&A Plastics
Anjadur	PBT	J&A Plastics
Anjaform	Acetal Copoly	J&A Plastics
Anjalin	ABS	J&A Plastics
Anjalon	PC	J&A Plastics

Product Field	Resin	Supplier
Anjamid 6	Nylon 6	J&A Plastics
Anjamid 6.6	Nylon 66	J&A Plastics
Anjamid 6/6.6	Nylon 66/6	J&A Plastics
Anjapur	TPU, Unspecified	J&A Plastics
Apec	PC	Bayer
Apex	PVC, Flexible; PVC, Semi-Rigid	Teknor Apex
API PS	PS (GPPS); PS (HIPS)	American Poly
Apifive	EVA	API
Apigo	TPU, Unspecified	API
Apilon 52	TPU-Polyester	API
Apizero	EVA	API
Aplax	PP, Unspecified	Ginar
Aqualoy	Nylon 66; PP, Unspecified	A. Schulman
Aquamid	Nylon 6; Nylon 66	Aquafil
Arnitel	TEEE	DSM EP
Asahi Thermo PA	Nylon 6; Nylon 66	Asahi Thermofil
Asahi Thermo PP	PP Homopoly	Asahi Thermofil
Ashlene	Acetal Copoly; Acetal Homopoly; Nylon 11; Nylon 12; Nylon 6; Nylon 6/12; Nylon 66; PBT; PC; PPE+PS	Ashley Poly
Astalac	ABS; ABS+PBT; ASA; ASA+ABS; ASA+PUR; PS (HIPS)	Marplex
Astalene	PBT	Marplex
Astalon	PC; PC+PET	Marplex
Astaloy	ABS+PC; ABS+PET; ASA+PC; ASA+PET	Marplex
Astamid	Nylon 66	Marplex
Astapet	PBT+PET; PET	Marplex
Astatal	Acetal Copoly	Marplex

Product Field	Resin	Supplier
Ateva	EVA	AT Plastics
Atrate	ABS	Nippon A&L
Aurum	PI, TP	Mitsui Chem USA
Austrex	PS (GPPS); PS (HIPS)	PS Australia
Avantra	PS (HIPS)	PMC Group
Avantra PS	PS (HIPS)	Ineos Styrenics
AVP	ABS; ABS+PC; Nylon 6; Nylon 66; PBT; PBT Alloy; PC; PC+Acrylic; PC+PBT; PC+PET	GE Polymerland
B&M ABS	ABS	B&M Plastics
B&M PA6	Nylon 6	B&M Plastics
B&M PA66	Nylon 66	B&M Plastics
B&M PBT	PBT	B&M Plastics
B&M PC	PC	B&M Plastics
B&M PC/ABS	ABS+PC	B&M Plastics
B&M PC/PBT	PC+PBT	B&M Plastics
B&M PC/PET	PC+PET	B&M Plastics
B&M PES	PES	B&M Plastics
B&M PET	PET	B&M Plastics
Badadur	PBT	Bada Euro
Badamid	Nylon 6; Nylon 66; Nylon 66/6	Bada Euro
Bakelite	PF	Bakelite Euro
Bakelite EP	EP	Bakelite Euro
Bakelite MP	Mel Formald	Bakelite Euro
Bakelite PF	PF	Bakelite Euro
Bakelite PG	PF	Bakelite Euro
Bakelite R/VP	PF	Bakelite Euro
Bakelite UP	PF; Polyester Alloy	Bakelite Euro
Bakelite X	PF	Bakelite Euro
Bapolene	HDPE	Bamberger
Bayblend	ABS+PC	Bayer
Baydur	PUR-MDI	Bayer PUR
Bayflex	TSU	Bayer PUR

Product Field	Resin	Supplier
Beetle	Urea Formald	Cytec
Bestdur	PBT; PBT+PET; PET	Triesa
Bestnyl	Nylon 6; Nylon 6+ABS; Nylon 66; Nylon 66/6; Nylon+PP	Triesa
Bestpolux	ABS+PC; PC; PC+PBT; PC+PET	Triesa
Bestpom	Acetal Copoly; Acetal Homopoly	Triesa
Bestran	PP, Unspecified	Triesa
Bexloy	Ionomer; PET; TPE	DuPont P&IP
BMC	Alkyd; Polyester, TS; Vinyl Ester	Bulk Molding
Borcell	LDPE	Borealis
Borcom	PP, Unspecified	Borealis
Borealis PE	HDPE; LDPE	Borealis
Borealis PP	PP Copoly; PP Homopoly; PP Random Copoly; PP, Unspecified	Borealis
Bormed	HDPE; LDPE; PP Copoly; PP Homopoly; PP Random Copoly; PP, High Crystal	Borealis
Bormod	PP Impact Copoly; PP, High Crystal	Borealis
Borpact	PP Impact Copoly; PP Random Copoly; PP, Unspecified	Borealis
Borsoft	PP Impact Copoly; PP Random Copoly	Borealis
Borstar	HDPE	Borealis
Braskem PE	HDPE; LDPE	Braskem

PRODUCT FIELD	RESIN	SUPPLIER
Bulksam	ABS	UMG ABS
Cabelec	Acetal Copoly; EVA; HDPE; Nylon 6; Nylon, Unspecified; PC; PP Copoly; PP, Unspecified; PS (GPPS); PUR-Ester	Cabot
Calibre	PC	Dow
Capron	Nylon 6	BASF
CBT	PBT	Cyclics
CCP PBT	PBT	Chang Chun
Celanex	PBT	Ticona
Celcon	Acetal Copoly	Ticona
Celex	PC	Dow
Cellidor	CAP	Albis Euro
Cel-Span	PP, Unspecified	Phoenix
Celstran	Nylon 6; Nylon 66; PBT; PE, Unspecified; PP, Unspecified; TPU, Unspecified	Ticona
Centrex	ASA; ASA+AES	Lanxess
Certene	HDPE	Muehlstein
Certene	LLDPE	Channel
Certene	LLDPE	Muehlstein
Certene	Nylon 66	Channel
Certene	Nylon 66	Muehlstein
Certene	PP Homopoly	Channel
Certene	PP Homopoly	Muehlstein
Certene	PP, HMS	Channel
Certene	PP, HMS	Muehlstein
Certene	PS (HIPS)	Channel
Certene	PS (HIPS)	Muehlstein
Cevian	ABS	Daicel Polymer
Cevian	ABS	PlastxWorld

Product Field	Resin	Supplier
Cevian-MAS	MMS	Daicel Polymer
Cevian-N	SAN	Daicel Polymer
Cevian-V	ABS	Daicel Polymer
Cevian-V	ABS	PlastxWorld
C-Flex	SEBS	Consolidated
Chemlon	Nylon 6; Nylon 6/10; Nylon 66	Chem Polymer
Clariant ABS	ABS	Clariant Perf
Clariant Acetal	Acetal Copoly; Acetal Homopoly	Clariant Perf
Clariant Nylon 6/6	Nylon 66	Clariant Perf
Clariant PA6	Nylon 6	Clariant Perf
Clariant PBT	PBT	Clariant Perf
Clariant PC	PC	Clariant Perf
Colorcomp	ABS; Nylon 66; PC; PES; PP, Unspecified	LNP
Colorite 77 Series	PVC, Flexible	Colorite
Colorite G Series	PVC, Flexible; PVC, Rigid	Colorite
Comshield	ABS; PS (HIPS)	A. Schulman
Comtuf	Nylon 6; Nylon 66; PBT; PBT Alloy; PC+PET; PC+Polyester; PC+Styrenic; PET; PP, Unspecified	A. Schulman
CoolPoly	LCP; Nylon 46; PBT; PC; PP, Unspecified; PPS; TPE; TPV	Cool Polymers
Cosmic DAP	DAP	Cosmic
Cosmic Epoxy	Epoxy	Cosmic
Cosmic Polyester	Polyester, TS	Cosmic
Cosmoplene	PP, Unspecified	TPC
Cosmothene	LDPE	TPC

PRODUCT FIELD	RESIN	SUPPLIER
CP Chem PS	PS (GPPS); PS (HIPS)	CP Chem
Crastin	PBT; PBT Alloy	DuPont EP
Crystal PS	PS (GPPS)	Nova Chemicals
Crystal PS	PS (GPPS)	Nova Innovene
Cycolac	ABS	GE Adv Materials
Cycolac	ABS	GE Adv Matl AP
Cycolac	ABS	GE Adv Matl Euro
Cycolac	ABS	LNP
Cycoloy	ABS+PC	GE Adv Materials
Cycoloy	ABS+PC	GE Adv Matl AP
Cycoloy	ABS+PC	GE Adv Matl Euro
Cycoloy	ABS+PC	LNP
Cycoloy	PC	GE Adv Matl AP
Cycoloy	PC	GE Adv Matl Euro
Cymel	Mel Formald	Cytec
Cyrex	PC+Acrylic	Cyro
Cyro MCR	Acetal Copoly	Cyro
Cyrolite	Acrylic (PMMA)	Cyro
Cyrovu	Acrylic, Unspecified	Cyro
Daelim Poly	HDPE; HDPE, HMW; LDPE; LLDPE; PP Homopoly	Daelim
Daplen	PP, Unspecified; TPU, Unspecified	Borealis
Daunyl	Nylon 6; Nylon 66	Daunia Trading
Deloxen	PPE	Vamp Tech
Delpet	Acrylic (PMMA)	Asahi Kasei
Delrin	Acetal Copoly; Acetal Homopoly	DuPont EP
Deniblend	ABS+PC; Nylon+PP; PC+PBT	Vamp Tech
Deniform	Acetal Copoly; Acetal Homopoly	Vamp Tech
Denilen	PP Copoly; PP Homopoly	Vamp Tech
Denisab	ABS	Vamp Tech

FREE DATA SHEETS: WWW.IDES.COM/PSIM

Product Field	Resin	Supplier
Denistyr	PS (HIPS)	Vamp Tech
Deniter	PBT	Vamp Tech
Denka TP Poly	MMBS	Denka
Denyl	Nylon 6; Nylon 66	Vamp Tech
Desmopan	TPU, Unspecified; TPU-Ester/Ether	Bayer Euro
Desmopan	TPU-Polyester	Bayer
Dexflex	TPO (POE)	Solvay EP
Diakon	Acrylic, Unspecified	Lucite
Dialac	ABS; AES; ASA; SAS	UMG ABS
Diamat	Acrylic (PMMA)	Kolon
Diamond ABS	ABS	Diamond
Diamond ABS/PC	ABS+PC	Diamond
Diamond ASA	ASA	Diamond
Diamond ASA/PC	ASA+PC	Diamond
Diaterm	Nylon 6; Nylon 66	DTR
DIC.PPS	PPS; PPS+Nylon; PPS+PPE	Dainippon Ink
Dinalon	Nylon 6; Nylon 66	Grupo Repol
Dow HDPE	HDPE	Dow
Dow LDPE	LDPE	Dow
Dow LLDPE	LLDPE	Dow
Dryflex	SBS; SEBS	VTC Elastoteknik
Drystar	Polyester, TP	Eastman
DuPont 20 Series	LDPE	DuPont P&IP
DuPont ETPV	AEM+TPC-ET	DuPont EP
Duragrip	TPE	APA
Dural	PVC, Rigid	AlphaGary
DuraStar	Polyester, TP	Eastman
Durethan	Nylon 6	Lanxess
Durethan	Nylon 6	Lanxess Euro
Durethan	Nylon 66	Lanxess
Durethan	Nylon 66; Nylon Copolymer	Lanxess Euro
Durethan	Nylon, Unspecified	Lanxess
Durethan	Nylon, Unspecified	Lanxess Euro
Durethan A	Nylon 66	Lanxess Euro

PRODUCT FIELD	RESIN	SUPPLIER
Durethan B	Nylon 6	Lanxess Euro
Durez	Phenolic	Durez
Durlex	PBT	Chem Polymer
Durolon	PC	Policarbonatos
Dylark	SMA	Nova Chemicals
Dylon	TPU-Polyester; TPU-Polyether	Dahin Group
Dynaflex	TPE	GLS
Dynaset	Phenolic	Durez
Dyneon PFA	Fluorelastomer	Dyneon
Dyneon THV	Fluorelastomer; Fluoropolymer	Dyneon
Eastalloy	PC+Polyester	Eastman
Eastapak	Polyester, TP	Eastman
Eastar	PET; PETG; Polyester, TP	Eastman
Eastman	Polyester, TP	Eastman
Ecomass	ABS; HDPE; Nylon 6; Nylon, Unspecified; PMP; PUR, Unspecified; SEBS	Technical Polymers
Econyl	Nylon 6; Nylon 66	Aquafil
Edgetek	ABS; Acetal Copoly; HDPE; LCP; Nylon 6; Nylon 6/10; Nylon 66; PBT; PC; PC+PSU; PEEK; PEI; PES; PP, Unspecified; PPA; PPS; PPSU; PSU	PolyOne
Edistir	PS (GPPS); PS (HIPS); PS (MIPS)	Polimeri Europa

PRODUCT FIELD	RESIN	SUPPLIER
Elastollan	TPU-Polyester; TPU-Polyether	BASF
Elastron D	SBS	Elastron
Elastron G	SEBS	Elastron
Elastron TPO	TPO (POE)	Elastron
Elastron V	TPV	Elastron
Electrafil	ABS; Nylon 6; Nylon 6 Alloy; Nylon 66; Nylon, Unspecified; PC; PP Copoly	Techmer Lehvoss
Elexar	TPE	Teknor Apex
Elite	EPE	Dow
Eltex	HDPE	Ineos Polyolefins
Elvaloy	TP, Unspecified	DuPont P&IP
Elvax	EVA	DuPont P&IP
Emarex	Nylon 6; Nylon 66	MRC Polymers
Emerge	ABS; ABS+PC; PC	Dow
Emi-X	PPS	LNP
EnCom	ABS; ABS+PC; Acetal Homopoly; Nylon 6; Nylon+PPE; PBT; PC; PC+PBT; PC+PET; PC+Polyester; PEI; PET; Polyester, TP; PP, Unspecified; PPE+PS	EnCom
Enduran	PBT	GE Adv Matl Euro
Enduran	PBT+PET	GE Adv Materials
Enhanced Cry PS	PS (GPPS)	Nova Chemicals
Enhanced Imp PS	PS (HIPS); PS (MIPS)	Nova Chemicals
Escorene Ultra	EVA	ExxonMobil

PRODUCT FIELD	RESIN	SUPPLIER
Espree	ABS; Nylon 6; Nylon 66; PS (GPPS); PS (HIPS); SAN	GE Polymerland
Establend	ABS+PC	Cossa Polimeri
Estacarb	PC	Cossa Polimeri
Estadiene	ABS	Cossa Polimeri
EstaGrip	TPE	Noveon
Estaloc	Polyester, TP; TPU, Unspecified	Noveon
Estane	TPU, Unspecified; TPU-Polyester; TPU-Polyether	Noveon
Estaprop	PP Homopoly	Cossa Polimeri
Etilinas	HDPE	PE Malaysia
Evatane	EVA; PE Copolymer	Arkema
Evoprene	TPE	AlphaGary
Excelloy	ABS; ABS+Nylon; ABS+PBT; ABS+PC; AES+PC	Techno Polymer
ExxonMobil LDPE	LDPE	ExxonMobil
ExxonMobil PP	PP Homopoly; PP Impact Copoly; PP Random Copoly; PP, High Crystal	ExxonMobil
Exxpol Enhance	PP Impact Copoly	ExxonMobil
Falban	Nylon 66 Alloy; PC+Polyester	Ovation Polymers
Faradex	ABS; ABS+PC; PC; PP, Unspecified	LNP
Ferrex	PP Copoly; PP Homopoly; PP, Unspecified	Ferro
Ferro Nylon	Nylon 6; Nylon 66	Ferro
Ferro PP	PP Copoly; PP Homopoly; PP, Unspecified	Ferro

FREE DATA SHEETS: WWW.IDES.COM/PSIM

PRODUCT FIELD	RESIN	SUPPLIER
Ferrocon	PP Copoly	Ferro
Ferropak	PP, Unspecified	Ferro
Fiberloc	PVC, Rigid	PolyOne
Finaclear	SBS	Total Petrochem
Flexalloy	PVC Elastomer	Teknor Apex
Flexathene	TPO (POE)	Equistar
Flexchem	PVC Elastomer	Colorite
Flexomer	VLDPE	Dow
Flexprene	TPE	Teknor Apex
Foraflon	PVDF	Total Petrochem
Formax	Acetal Copoly	Chem Polymer
Formion	Ionomer	A. Schulman
Formpoly	ABS; ABS+PC; Acetal Copoly; Nylon 6; Nylon 66; Nylon, Unspecified; PBT; PP, Unspecified; SAN	Formulated Poly
Formula P	PP Copoly; PP, Unspecified; PP+Styrenic	Putsch Kunststoffe
Fortron	PPS	Polyplastics
Fortron	PPS	Ticona
Fortron	PPS	Ticona Euro
Fostalink	Nylon 12 Elast	Foster
Fostalon	Nylon 12	Foster
Fostamid	Nylon 12	Foster
Frianyl	Nylon 6; Nylon 66	Frisetta
FR-PC	PC	LG Chem
Fulton	Acetal Copoly; Acetal Homopoly	LNP
Gafone	PES	Gharda
Gapex	PP Copoly; PP Homopoly; PP, Unspecified; PS (HIPS)	Ferro

PRODUCT FIELD	RESIN	SUPPLIER
Gapex HP	PP Copoly; PP Homopoly; PP, Unspecified	Ferro
Gapex HT	Nylon+PP	Ferro
Gatone	PEEK	Gharda
Geloy	ASA	GE Adv Materials
Geloy	ASA	GE Adv Matl AP
Geloy	ASA	GE Adv Matl Euro
Geloy	ASA+AMSAN	GE Adv Materials
Geloy	ASA+AMSAN	GE Adv Matl AP
Geloy	ASA+AMSAN	GE Adv Matl Euro
Geloy	ASA+PC	GE Adv Materials
Geloy	ASA+PC	GE Adv Matl AP
Geloy	ASA+PC	GE Adv Matl Euro
Geloy	ASA+PVC	GE Adv Materials
Geon	PVC, Flexible; PVC, Rigid	PolyOne
Geon HTX	PVC, Rigid	PolyOne
Georgia Gulf PVC	PVC, Rigid; PVC, Unspecified	Georgia Gulf
Gesan	SAN	GE Adv Materials
Global PBT	PBT	Global
Goldrex	Acrylic (PMMA)	Hanyang
Gravi-Tech	Nylon 12; Nylon 6; PUR, Unspecified	PolyOne
Grilamid	Nylon 12; Nylon 12 Elast	EMS-Grivory
Grilon	Nylon 6; Nylon 6 Alloy; Nylon 6 Elast; Nylon 66; Nylon 66/6	EMS-Grivory
Grivory	Nylon 6; Nylon, Unspecified; PPA	EMS-Grivory
Haiplen	PP Copoly; PP Homopoly	Taro Plast

FREE DATA SHEETS: WWW.IDES.COM/PSIM

PRODUCT FIELD	RESIN	SUPPLIER
Halar	ECTFE	Solvay Solexis
Halon	ETFE	Solvay Solexis
Hanwha LDPE	LDPE	Hanwha
Hanwha LLDPE	LLDPE	Hanwha
Hiloy	ABS; Nylon 6; Nylon 66; PBT; PBT Alloy; PC; PET; Polyester Alloy; PP, Unspecified; PPE+PS+Nylon; PPS; PS (HIPS); SAN; SMA	A. Schulman
Hoffman PVC	PVC, Rigid	Hoffman
Hostaform	Acetal Copoly	Ticona
Hostalen	HDPE	Basell
Hostalen PP	PP Impact Copoly	Basell
Hybrid	ABS+PC; PC+PBT	Entec
Hylac	ABS	Entec
Hylar	PVDF	Solvay Solexis
Hylex	PC	Entec
Hylon Nylon 6	Nylon 6	Entec
Hylon Nylon 6/6	Nylon 66	Entec
Hylox	PBT	Entec
Hysol	Epoxy	Loctite
Hytrel	TPC-ET	DuPont EP
Icorene	LDPE	ICO Polymers
Impact PS	PS (HIPS)	Nova Chemicals
Impact PS	PS (HIPS)	Nova Innovene
Impact PS	PS (MIPS)	Nova Chemicals
Impact PS	PS (MIPS)	Nova Innovene
Impet	PET	Ticona
INEOS HDPE	HDPE; HDPE, HMW	Ineos Polyolefins
Ineos PS	PS (GPPS); PS (HIPS)	Ineos Styrenics
Innova	PS (GPPS)	Innova
Innova	PS (GPPS)	Petrobras
Innova	PS (HIPS)	Innova

Product Field	Resin	Supplier
Innova	PS (HIPS); PS (MIPS)	Petrobras
Inspire	PP, Unspecified	Dow
Integrate	Polyolefin, Unspecified	Equistar
Iotek	EAA	ExxonMobil
Ipethene	LDPE	Carmel Olefins
Ipiranga	HDPE; HDPE Copolymer; PP Copoly; PP Homopoly; PP Random Copoly	Polisul
Isocor	Nylon 6; Nylon 6/10; Nylon 6/12; Nylon 6/69; Nylon 66/6	Shakespeare
Isolac	ABS	GE Pland Euro
Isoplast	ETPU	Dow
Isotal	Acetal Copoly	GE Pland Euro
Isplen	PP Homopoly	Repsol YPF
Iupiace	PPE+PS	Mitsubishi EP
Iupilon	ABS+PC; PC	Mitsubishi EP
Iupital	Acetal Copoly	Mitsubishi EP
Ixef	PAMXD6	Solvay Advanced
Jamplast	ABS; Acetal Homopoly; PC; PPE+PS; PS (GPPS); PS (HIPS); SAN; TPU-Polyether	Jamplast
J-Bond	TPE	J-Von
J-Flex	SEBS; TPE	J-Von
J-Last	SBS	J-Von
J-Prene	TPV	J-Von
Kadel	PEEK	Solvay Advanced
Kaneka MUH	ABS	Kaneka
Kareline	PP Homopoly	Kareline

FREE DATA SHEETS: WWW.IDES.COM/PSIM

Product Field	Resin	Supplier
Kelon A	Nylon 66	Lati
Kelon B	Nylon 6	Lati
Kelon C	Nylon, Unspecified	Lati
Kemcor	HDPE; HDPE Copolymer; HDPE, HMW; LDPE	Qenos
Keripol	PF	Bakelite Euro
Keyflex BT	TPEE	LG Chem
Keyflex TO	TPO (POE)	LG Chem
Kibisan	SAN	Chi Mei
Kibiton	SB; TPE	Chi Mei
Kingfa	ABS; ABS+PBT; ABS+PC; Nylon 6; Nylon 66; Nylon, Unspecified; PBT; PC Alloy; PET	Kingfa
Koblend	ABS+PC	Polimeri Europa
Kocetal	Acetal Copoly	Kolon
Konduit	Nylon 6; Nylon 6/12; Nylon 66; PP, Unspecified; PPS	LNP
Kopa	Nylon 6; Nylon 66	Kolon
Kostil	SAN	Polimeri Europa
Kostrate	TP, Unspecified	Plastic Sel Grp
Kralastic	ABS	Nippon A&L
Kraton	EP; SB; SBS; SEBS; SEP; SI; SIS	Kraton
Kraton	TPE	GLS
K-Resin	SB	CP Chem
Kydex	Acrylic+PVC	Kleerdex
Kynar	PVDF	Arkema
Kynar Flex	PVDF	Arkema
Lacea	PLA	Mitsui Chem
Lacqrene	PS (HIPS)	Total Petrochem
Lacqtene	LDPE	Total Petrochem

Product Field	Resin	Supplier
Laestra	SPS	Lati
Lapex	PES; PPSU	Lati
Laramid	PPA	Lati
Larflex	PP+EPDM	Lati
Laril	PPE+PS	Lati
Larpeek	PEEK	Lati
Larton	PPS	Lati
Lastane	PUR, Unspecified	Lati
Lastil	SAN	Lati
Lastilac	ABS; ABS+PC	Lati
Lastirol	PS (GPPS); PS (HIPS)	Lati
Lasulf	PSU	Lati
Latamid	Nylon 12; Nylon 6; Nylon 66; Nylon 66/6	Lati
Latan	Acetal Copoly	Lati
Latene	HDPE; PP Copoly; PP Homopoly	Lati
Later	PBT	Lati
Latiblend	PBT+ASA	Lati
Latilon	PC	Lati
Latilub	Acetal Copoly; Nylon 12; Nylon 6; Nylon 66; PBT; PC; PEEK; PPS; PS (HIPS); PSU	Lati
Latishield	ABS; Nylon 66; PC; PPE+PS	Lati
Latistat	ABS; EVA; HDPE; LDPE; Nylon 6; Nylon 66; PC; PP Copoly; PP Homopoly; PP+EPDM; PS (HIPS)	Lati
Laxtar	LCP	Lati
Lexan	ABS+PC	GE Adv Matl AP

FREE DATA SHEETS: WWW.IDES.COM/PSIM

PRODUCT FIELD	RESIN	SUPPLIER
Lexan	ABS+PC	LNP
Lexan	PC	GE Adv Materials
Lexan	PC	GE Adv Matl AP
Lexan	PC	GE Adv Matl Euro
Lexan	PC	LNP
Lexan	PC+PPC	GE Adv Materials
Lexan	PC+PPC	GE Adv Matl AP
Lexan	PC+PPC	GE Adv Matl Euro
Lexan	PC+SAN	LNP
Lexan	PPC	GE Adv Materials
Lexan	PPC	GE Adv Matl AP
Lexan	PPC	GE Adv Matl Euro
LG ABS	ABS	LG Chem
LG ASA	ASA	LG Chem
LG PMMA	Acrylic (PMMA)	LG Chem
LG PS	PS (HIPS); PS (MIPS)	LG Chem
LinTech	LLDPE	Politeno
Lionpol	TPE	Lion Polymers
Litac-A	AS	Nippon A&L
LongLite	Phenolic	Dowell Trading
Lonoy	PC+PBT; PC+PET	Kingfa
Lubmer	HMWPE	Mitsui Chem USA
Lubricomp	ABS; Acetal Copoly; Acetal Homopoly; Nylon 12; Nylon 6/10;Nylon 6/12; Nylon 66; Nylon, Unspecified; PBT; PC; PE, Unspecified; PEEK; PEI; PES; PP, Unspecified; PPA; PPE+PS; PPS; PS (GPPS); PSU; PVDF; SAN; TPEE	LNP

PRODUCT FIELD	RESIN	SUPPLIER
Lubrilon	Nylon 6; Nylon 6/12; Nylon 66; Nylon, Unspecified; PBT Alloy; PC; PPS	A. Schulman
Lubriloy	Acetal Copoly; Nylon 66; PC; PPA; PPE+PS; PPS	LNP
Lubri-Tech	Acetal Copoly; Acetal Homopoly; Nylon 66; PC; PPS	PolyOne
Lucalen	EBA	Basell
Lucel	Acetal Copoly	LG Chem
Lucet	Acetal Copoly	LG Chem
Lucite SuperTuf	Acrylic, Unspecified	Lucite
Lucon	ABS; PBT; PC; PPA; PPE+PS+Nylon; PS (HIPS); PSU	LG Chem
Lumax	PBT; PBT Alloy	LG Chem
Lumid	Nylon 6+ABS; Nylon 66	LG Chem
Lupan	SAN	LG Chem
Lupol	Polyolefin, Unspecified; PP, Unspecified	LG Chem
Lupolen	LDPE	Basell
Lupos	ABS; SAN	LG Chem
Lupox	PBT; PC+PBT	LG Chem
Lupoy	ABS+PC; PC	LG Chem
Luran S	ASA; ASA+PC	BASF
Lusep	PPS	LG Chem
Lustran ABS	ABS	Lanxess
Lustran ABS	ABS	Lanxess Euro
Lustran ABS	ABS+Acrylic	Lanxess
Lustran Elite	ABS	Lanxess
Lustran SAN	SAN	Lanxess
Lustran Ultra	ABS; ABS+PC	Lanxess Euro
Lutrel	PBT	LG Chem

Product Field	Resin	Supplier
Luvocom	Acetal Copoly; Nylon 12; Nylon 46; Nylon 6; Nylon 6/10; Nylon 66; PBT; PC; PEEK; PES; PPS; TPE	Lehmann & Voss
Lyncor PVC	PVC, Unspecified	Lyncor
Lytex	Epoxy	Quantum Comp
M. Holland Magma	LLDPE; PAO	M. Holland
Magnum	ABS	Dow
Makroblend	PC Alloy; PC+PET	Bayer
Makrolon	PC; PC+PET	Bayer
Malecca	ABS	Denka
Mapex	Nylon 6; Nylon 66; Nylon 66/6	Ginar
Marlex	LDPE	CP Chem
Marlex HiD	HDPE	CP Chem
Marlex PP	PP Copoly; PP Homopoly; PP Random Copoly	Phillips Sumika
Mater-Bi	Biodeg Syn Poly	Novamont
Maxamid	Nylon 6; Nylon 66	Pier One Polymers
MDE Compounds	ABS; ABS+PC; Acetal Copoly; Acetal Homopoly; Nylon 6; Nylon 6/12; Nylon 66; Nylon 66/6; Nylon, Unspecified; PBT; PC; PC+PBT; PC+PET; PET; PPS; TPEE	Michael Day
Mediprene	SEBS	VTC Elastoteknik
Megol	SEBS	API
Mindel	PSU; PSU Alloy; PSU+ABS	Solvay Advanced

PRODUCT FIELD	RESIN	SUPPLIER
Minlon	Nylon 6; Nylon 66	DuPont EP
Modified Plastics	Nylon 66; PE, Unspecified; PP, Unspecified	Modified Plas
Monprene	TPE	Teknor Apex
MonTor Nylon	Nylon 6; Nylon 66	Toray
Muehlstein	PP Copoly	Channel
Muehlstein	PP Copoly	Muehlstein
Muehlstein	PP Copoly	Muehlstein Comp
Muehlstein	PP Homopoly	Channel
Muehlstein	PP Homopoly	Muehlstein
Muehlstein	PP Homopoly	Muehlstein Comp
Muehlstein	PP, Unspecified	Channel
Muehlstein	PP, Unspecified	Muehlstein
Muehlstein	PP, Unspecified	Muehlstein Comp
Multi-Flex TEA	SEBS	Multibase
Multi-Flex TPE	TPE	Multibase
Multi-Flex TPO	TPO (POE)	Multibase
Multilon	ABS+PC	Teijin
Multi-Pro	PP, Unspecified	Multibase
Multiuse Leostomer	TPU, Unspecified	Riken Technos
Mytex	PP Impact Copoly; PP, High Crystal	ExxonMobil
Nan Ya PBT	PBT	Nan Ya Plastics
Nan Ya PET	PET	Nan Ya Plastics
NAS	Acrylic (SMMA)	Nova Chemicals
NAS	Acrylic (SMMA)	Nova Innovene
NatureWorks	PLA	Natureworks LLC
Naxaloy	ABS+PC; PC+PET; PC+Polyester	MRC Polymers
Naxell	PC	MRC Polymers
Neoflon	Fluoropolymer	Daikin
Nepol	PP, Unspecified	Borealis
Net Poly SAN	SAN	Network Poly
Net Poly SMMA	Acrylic (SMMA); MMBS	Network Poly
NexPrene	TPV	Solvay EP

FREE DATA SHEETS: WWW.IDES.COM/PSIM

Product Field	Resin	Supplier
Nilamid	Nylon 6; Nylon 66; Nylon 66/6	Nilit
Nilamon	Nylon 6; Nylon 66	Nilit
Nilene	PP Copoly; PP Homopoly; PP, Unspecified	SORI
Norpex	PPE	Custom Resins
Norsophen	Phenolic	Norold
Noryl	PPE	GE Adv Matl AP
Noryl	PPE	LNP
Noryl	PPE+Polyolefin	GE Adv Materials
Noryl	PPE+Polyolefin	GE Adv Matl AP
Noryl	PPE+Polyolefin	GE Adv Matl Euro
Noryl	PPE+PS	GE Adv Materials
Noryl	PPE+PS	GE Adv Matl AP
Noryl	PPE+PS	GE Adv Matl Euro
Noryl	PPE+PS	LNP
Noryl	PPE+PS+PP	GE Adv Materials
Noryl	PPE+PS+PP	GE Adv Matl AP
Noryl	PPE+PS+PP	GE Adv Matl Euro
Noryl	PPS+PPE	LNP
Noryl	PS (HIPS)	GE Adv Materials
Noryl GTX	PPE+PS+Nylon	GE Adv Materials
Noryl GTX	PPE+PS+Nylon	GE Adv Matl AP
Noryl GTX	PPE+PS+Nylon	GE Adv Matl Euro
Noryl PPX	PPE+PS+PP	GE Adv Materials
Noryl PPX	PPE+PS+PP	GE Adv Matl AP
Noryl PPX	PPE+PS+PP	GE Adv Matl Euro
Novablend	PVC, Rigid	Novatec Plast
Novalast	TPV	Nova Polymers
Novalene	TP, Unspecified	Nova Polymers
Novalloy-A	ABS+Nylon	Daicel Polymer
Novalloy-B	ABS+PBT	Daicel Polymer
Novalloy-B	ABS+PBT	PlastxWorld
Novalloy-E	ABS	Daicel Polymer
Novalloy-S	ABS+PC	Daicel Polymer
Novalloy-S	ABS+PC	PlastxWorld

Product Field	Resin	Supplier
Novalloy-X	PC+Styrenic	Daicel Polymer
Novamid	Nylon 66	Mitsubishi EP
Novapol	LDPE	Nova Chemicals
Novodur	ABS	Lanxess Euro
NWP	HDPE; PP Homopoly; PS (HIPS)	North Wood
Nycal	Nylon 66	Technical Polymers
Nykon	Nylon 66	LNP
Nylaforce	Nylon 6; Nylon 66	Leis Polytechnik
Nylamid	Nylon 6; Nylon 6/12; Nylon 66	ALM
Nylene	Nylon 6; Nylon 6/12; Nylon 66	Custom Resins
Nylex	Nylon+PP	Multibase
Nyloy	Nylon 66; PC; PP, Unspecified	Nytex
Nypel	Nylon 6	BASF
Nytron	Nylon 66	Nytex
Omni	HDPE; Nylon 6; Nylon 66; Nylon 66/6; PP Copoly; PP Homopoly	Omni Plastics
OP-Acetal	Acetal Copoly; Acetal Homopoly	Oxford Polymers
OP-PBT	PBT	Oxford Polymers
OP-PC/ABS	ABS+PC	Oxford Polymers
OP-PC/PBT	PC+PBT	Oxford Polymers
OP-PC-Fill/Lub	PC	Oxford Polymers
OP-PC-Filled	PC	Oxford Polymers
OP-PC-Lub	PC	Oxford Polymers
OP-PC-Unfilled	PC	Oxford Polymers
OP-PEI	PEI	Oxford Polymers
Optema	EMA	ExxonMobil
Optimum	TPE	Rauh Polymers

FREE DATA SHEETS: WWW.IDES.COM/PSIM

PRODUCT FIELD	RESIN	SUPPLIER
Optix	Acrylic (PMMA)	Plaskolite-Cont
Oxnilon 6	Nylon 6	Oxford Polymers
Oxnilon 66	Nylon 66	Oxford Polymers
Panlite	PC; PC+PBT; PC+PET	Teijin
Parapet	Acrylic (PMMA)	Kuraray
P-Blend	ABS+PC	Putsch Kunststoffe
Pearlthane	TPU-Capro; TPU-Polyester; TPU-Polyether	Merquinsa
Pebax	PEBA	Arkema
Pellethane	TPU-Capro; TPU-Polyester; TPU-Polyether	Dow
Performafil	ABS; Acetal Copoly; HDPE; Nylon 6/12; Nylon+SAN; PC; PPS; UHMWPE	Techmer Lehvoss
Permaflex	TPE	Rauh Polymers
PermaStat	ABS; ABS+PC; Acetal Copoly; Acrylic (PMMA); HDPE; Nylon 6; Nylon 66; PBT; PC; PC+Acrylic; PP, Unspecified; PS (Specialty); TPEE; TPO (POE); TPU-Polyether	RTP
Perspex	Acrylic (PMMA)	Lucite
Perstorp Melamine	Mel Formald	Perstorp
Petlon	PET	Albis
Petra	PET	BASF
Petrothene	LDPE; LLDPE; PP Copoly; PP Homopoly; PP Impact Copoly; PP Random Copoly	Equistar

Product Field	Resin	Supplier
Pexloy	PC+Polyester	Pier One Polymers
Pextin	PBT	Pier One Polymers
P-Flex	ABS	Putsch Kunststoffe
Pier One ABS	ABS	Pier One Polymers
Pier One POM	Acetal Copoly; Acetal Homopoly	Pier One Polymers
Planac	PBT; PBT+PS	Dainippon Ink
Plaslube	Acetal Copoly; Acetal Homopoly; Nylon 66; PC; PPS	Techmer Lehvoss
Plenco	Mel Phenolic; Phenolic; Polyester, TS	Plastics Eng
Plexiglas	Acrylic (PMMA)	Altuglas/Arkema
PMC Melamine	Mel Formald	Plastic Mfg Co
PMC Urea	Urea Compound	Plastic Mfg Co
Pocan	PBT	Albis
Pocan	PBT	Lanxess
Pocan	PBT; PBT+ASA	Lanxess Euro
Pocan	PBT+PET	Albis
Pocan	PBT+PET	Lanxess
Pocan	PBT+PET	Lanxess Euro
Pocan	PC+PBT	Lanxess
Pocan	PC+PBT	Lanxess Euro
Polidux	ABS; SAN	Repsol YPF
Polifil	ABS; Nylon 6; Nylon 66; PC; PP Homopoly; PP, Unspecified	TPG
Polifin PE	LDPE; LLDPE; LMDPE	Sasol
Polifin PP	PP Homopoly; PP Impact Copoly; PP Random Copoly	Sasol
Poliflex	PP, Unspecified	DTR
Politeno	HDPE; LDPE	Politeno
Polybatch	PP Homopoly	A. Schulman
Polyfabs	ABS	A. Schulman

FREE DATA SHEETS: WWW.IDES.COM/PSIM

Product Field	Resin	Supplier
Polyfill	PP, Unspecified	Polykemi
Polyflam	ABS; ABS+PC; PP Copoly; PP Homopoly; PS (GPPS)	A. Schulman
Polyform	Acetal Copoly	Polyram
Polyfort	Nylon+PP; PP Copoly; PP Homopoly; PP, Unspecified	A. Schulman
Polylac	ABS	Chi Mei
Polylux	MABS	A. Schulman
Polyman	ABS; ABS+PC; Acrylic (PMMA); PC	A. Schulman
Polypur	TPU, Unspecified	A. Schulman
Polyram PA12	Nylon 12	Polyram
Polyram PA6	Nylon 6	Polyram
Polyram PA6.6	Nylon 66	Polyram
Polyram PBT	PBT	Polyram
Polyram PC	PC	Polyram
Polyram PP	PP, Unspecified	Polyram
Polyrex	PS (GPPS)	Chi Mei
Polytron	Nylon 66	Polyram
Polytron	PVC, Rigid	PolyOne
Polytrope	TPO (POE)	A. Schulman
Porene ABS	ABS	Thai Petrochem
Pre-elec	ABS; ABS+PC; HDPE; LLDPE; Nylon 6; PBT; PC+PBT; PETG; Polyolefin, Unspecified; PP, Unspecified; PPE; PS (GPPS)	Premix Thermoplast
Prevail	ABS+TPU	Dow
Prevex	PPE+PS	GE Adv Materials
Prevex	PPE+PS	GE Adv Matl AP

PRODUCT FIELD	RESIN	SUPPLIER
PRL	ABS; ABS+PC; Nylon 6; Nylon 66; PBT; PC; PC+PBT; PC+Polyester; PEI; PPE+PS	Polymer Res
Prop	PP, Unspecified	Putsch Kunststoffe
Provista	Polyester, TP	Eastman
PSG ABS	ABS	Plastic Sel Grp
PSG PC	PC	Plastic Sel Grp
PSG SMMA	Acrylic (SMMA)	Plastic Sel Grp
PTS	ABS+PC; Acetal Copoly; Acetal Homopoly; PC+PBT; PPE; SAN	Polymer Tech
Pulse	ABS+PC	Dow
QR Resin	ABS; ABS+PC; ASA; PBT; PC; PC+Polyester; PEI; PP, Unspecified; PPE+PS; PPE+PS+Nylon; TPO (POE)	QTR
Quantum Comp	Phenolic; TS, Unspecified; Vinyl Ester	Quantum Comp
Radel A	PES	Solvay Advanced
Radel R	PPSU	Solvay Advanced
Radiflam	Nylon 6; Nylon 66	Radici Plastics
Radilon	Nylon 6; Nylon 66	Radici Plastics
Raditer	PBT	Radici Plastics
Raplan	SBS	API
Raprex	HDPE	Ion Beam
RC Plastics	ABS+PC; Nylon 6; Nylon 66; PC	RC Plastics
Relene	HDPE	Reliance
Remex	PBT; PC+PBT	GE Adv Materials
Reny	PAMXD6	Mitsubishi EP

FREE DATA SHEETS: WWW.IDES.COM/PSIM

Product Field	Resin	Supplier
Resinoid	Phenolic	Resinold
Resirene	PS (GPPS); PS (HIPS); PS (IRPS); PS (MIPS)	Resirene
Resirene CET	Acrylic (SMMA)	Resirene
Rhetech PE	HDPE; LLDPE	RheTech
Rhetech Polyolefin	Polyolefin, Unspecified	RheTech
Rhetech PP	PP Copoly; PP Homopoly; PP, Unspecified	RheTech
Rilsan	Nylon 11; Nylon 12	Arkema
Riopol	HDPE	Rio Polimeros
Riteflex	TEEE; TPEE	Ticona
Rogers DAP	DAP	Rogers
Rogers Epoxy	Epoxy	Rogers
Rogers Phenolic	Phenolic	Rogers
Rotuba CA	CA	Rotuba Plastics
Royalcast	PUR, Unspecified	Uniroyal
Royalite	ABS+PVC	Spartech
RTP Compounds	ABS; ABS+PC; ABS+PVC; Acetal Copoly; Acetal Homopoly; Acrylic, Unspecified; FEP; HDPE; LCP; LDPE; Nylon 11; Nylon 12; Nylon 6; Nylon 6/10; Nylon 6/12; Nylon 66; Nylon, Unspecified; PAMXD6; PBT; PC; PC+Acrylic; PE Alloy; PEEK; PEI; PEK; PEKK; PES; PET; PI, TP;	RTP

PRODUCT FIELD	RESIN	SUPPLIER
RTP Compounds	PMP; PP Copoly; PP Homopoly; PP, Unspecified; PPA; PPE+PS; PPS; PPSU; PS (GPPS); PS (HIPS); PS Alloy; PSU; PSU+ABS; PSU+PC; PTT; PUR, Unspecified; PVDF; SAN; SBS; SEBS; TES; TP, Unspecified; TPE; TPEE; TPO (POE); TPU, Unspecified; TPU-Polyester; TPU-Polyether; TPV	
Rynite	PET	DuPont EP
Ryton	PPS	CP Chem
Sabic HDPE	HDPE; HDPE Copolymer	SABIC
Sabic LLDPE	LLDPE	SABIC
Sabic PS	PS (GPPS); PS (HIPS)	SABIC
Samsung Total	PP Copoly; PP Homopoly; PP, High Crystal; PP, Unspecified; TPE	Samsung Total
Sanrex	SAN	Techno Polymer
Santac	ABS	Nippon A&L
Santoprene	TPE	AES
Santoprene 8000	TPE	AES
Sarlink	TPE	DSM TPE
Satran ABS	ABS	MRC Polymers
Sattler	ABS; PS (GPPS); PS (HIPS)	Sattler Plastics

FREE DATA SHEETS: WWW.IDES.COM/PSIM

Product Field	Resin	Supplier
Saxaform	Acetal Copoly	Sax Polymers
Saxalac	ABS; MABS	Sax Polymers
Saxalen	PP Copoly; PP Homopoly	Sax Polymers
Saxaloy	ABS+PBT; ABS+PC; ASA+PC; Nylon 6+ABS; PBT+ASA	Sax Polymers
Saxamid	Nylon 6; Nylon 66	Sax Polymers
Saxasan	SAN	Sax Polymers
Saxatec	AES; ASA	Sax Polymers
Scancomp	PP, Unspecified	Polykemi
Schulablend	ABS+Nylon; Nylon+PP	A. Schulman
Schuladur	PBT; PBT+PET; PET	A. Schulman
Schulaform	Acetal Copoly	A. Schulman
Schulamid	Nylon 6; Nylon 66	A. Schulman
Schulatec	PPS; SPS	A. Schulman
Sclair	HDPE; LLDPE	Nova Chemicals
Sconablend	TPE	Ravago
Sebiform	Nylon 6	Sebi
Selar PA	Nylon, Unspecified	DuPont P&IP
Selar PT	PET	DuPont P&IP
SEP	Nylon 12; PUR, Unspecified	Foster
Shinite PBT	PBT	Shinkong
Shinko-Lac ABS	ABS	Mitsubishi Ray
ShinkoLite-P	Acrylic (PMMA)	Mitsubishi Ray
Shuman ABS	ABS	Shuman
Shuman ABS/PC	ABS+PC	Shuman
Shuman PC	PC	Shuman
Shuman PE	PE, Unspecified	Shuman
Shuman PP	PP Copoly; PP Homopoly	Shuman
Shuman PPO	PPE+PS	Shuman
Shuman PS	PS (GPPS)	Shuman
Siloxane Masterbatch	Siloxane, UHMW	Multibase
Sinkral	ABS	Polimeri Europa

PRODUCT FIELD	RESIN	SUPPLIER
Sinvet	PC	Polimeri Europa
Skygreen PETG	PETG	SK Chemicals
Skypet	PET	SK Chemicals
Skyton	PBT	SK Chemicals
SLCC	ABS; ABS+PC; PBT; PC; PC+PBT	GE Polymerland
Sniatal	Acetal Copoly	Rhodia
Softflex	TPE	Network Poly
Solen	SBS	Elastron
Spartech Polycom	ABS; ABS+PC; ASA; Nylon 6; Nylon 66; PBT; PC; PC+PBT; PC+PET; PP Copoly; PP Homopoly; PPE+PS; PS (GPPS); PS (HIPS)	SpartechPolycom
Staramide	Nylon 6; Nylon 66; Nylon 66+ABS	LNP
Starex	SAN	Samsung
Starflam	Nylon 6; Nylon 66; PP, Unspecified	LNP
Starflex	TPE	Star Thermoplastic
Starsen	PPS	Samsung
Stat-Kon	ABS; ABS+PC; Acetal Copoly; Nylon 12; Nylon 6; Nylon 6/10; Nylon 66; PBT; PC; PE, Unspecified; PEEK; PEI; PES; Polyolefin, Unspecified; PP, Unspecified; PPA; PPE+PS; PPS; PUR, Unspecified	LNP
Stat-Loy	ABS; ABS+PC; Acetal Copoly; PBT; PC+Polyester; PP, Unspecified	LNP

Product Field	Resin	Supplier
Stat-Rite	PP, Unspecified; TPU, Unspecified; TPU-Polyether	Noveon
Stat-Tech	ABS; Nylon 12; Nylon 6; PBT; PC; PC+PSU; PEEK; PEI; PES; PP, Unspecified	PolyOne
Stirofor	PS (GPPS)	DTR
Styrolux	SB; SBS	BASF
Styron	PS (GPPS); PS (HIPS)	Dow
Styrosun	PS (GPPS)	Nova Chemicals
Styrosun	PS (GPPS)	Nova Innovene
Sumikaexcel PES	PES	Sumitomo Chem
Sumikasuper LCP	LCP	Sumitomo Chem
Sumikon	Nylon 12; Nylon 6; PPS	Sumitomo Bake
Sumipex	Acrylic (PMMA)	Sumitomo Chem
Sumiploy	PES	Sumitomo Chem
Sunprene	PVC Elastomer	A. Schulman
Suntra	PPS	SK Chemicals
Superkleen	PVC, Unspecified	AlphaGary
Supradel	PSU	Solvay Advanced
Suprel SVA	SVA	Georgia Gulf
Supreme	PS (GPPS); PS (HIPS); PS (IRPS)	Supreme Petro
Surlyn	Ionomer	DuPont P&IP
Surpass	LLDPE	Nova Chemicals
Sylvin Compounds	PVC, Flexible	Sylvin Tech
Taisox	EVA; HDPE; LDPE; LLDPE	Formosa Korea
Taita PS	PS (GPPS)	Taita Chemical
Tarlox	PBT; PET	Taro Plast
Tarnamid	Nylon 6	Zaktady Azotowe
Tarnoform	Acetal Copoly	Zaktady Azotowe

PRODUCT FIELD	RESIN	SUPPLIER
Taroblend	ABS+PC	Taro Plast
Tarodur	ABS	Taro Plast
Tarolon	PC	Taro Plast
Taroloy	PC+PBT	Taro Plast
Taromid A	Nylon 66; Nylon 66/6	Taro Plast
Taromid B	Nylon 6	Taro Plast
Techniace	ABS+Nylon; ABS+PBT; ABS+PC; AES+PC	Nippon A&L
Techno ABS	ABS	Techno Polymer
Techno AES	ABS	Techno Polymer
Techno MUH	ABS	Techno Polymer
Technyl	Nylon 6; Nylon 66; Nylon 66/6; Nylon, Unspecified	Rhodia
Technyl Alloy	Nylon 6+ABS	Rhodia
Technyl Star	Nylon 6; Nylon, Unspecified	Rhodia
Tecnoline	Nylon 6; Nylon 66; PP Copoly; PP Homopoly; PP, Unspecified	Domo nv
Tecoflex	TPU-Polyether	Noveon
Tecoplast	TPU-Polyether	Noveon
Tecothane	TPU-Polyether	Noveon
Tedur	PPS	Albis
Teflon PFA	PFA	DuPont Fluoro
Tekbond	TPE	Teknor Apex
Tekron	TPE	Teknor Apex
Telcar	TPE	Teknor Apex
Tenac	Acetal Homopoly	Asahi Kasei
Tenac-C	Acetal Co Alloy; Acetal Copoly	Asahi Kasei
Terez ABS	ABS	Ter Hell Plast
Terez ABS/PC	ABS+PC	Ter Hell Plast
Terez B/S	SB	Ter Hell Plast

Product Field	Resin	Supplier
Terez PA/ABS	ABS+Nylon	Ter Hell Plast
Terez PA/PP	Nylon+PP	Ter Hell Plast
Terez PA6	Nylon 6	Ter Hell Plast
Terez PBT	PBT	Ter Hell Plast
Terez PBT/ABS	ABS+PBT	Ter Hell Plast
Terez PC	PC	Ter Hell Plast
Terez PET	PET	Ter Hell Plast
Terez PMMA	Acrylic (PMMA)	Ter Hell Plast
Terez POM	Acetal Copoly	Ter Hell Plast
Terez SAN	SAN	Ter Hell Plast
TerezPA66	Nylon 66	Ter Hell Plast
Terlux	MABS	BASF
Texin	PC+TPU; PUR-Ether; TPU-Ester/Ether; TPU-Polyester; TPU-Polyether	Bayer
Therma-Tech	LCP; Nylon 12; Nylon 6; Nylon 66; PPS	PolyOne
Thermocomp	ABS; ABS+PC; Acetal Copoly; Acetal Homopoly; ETFE; Nylon 11; Nylon 12; Nylon 6; Nylon 6/10; Nylon 6/12; Nylon 66; PBT; PC; PC+PBT; PE, Unspecified; PEEK; PEI; PES; Polyester, TP; PP, Unspecified; PPA; PPE+PS; PPS; PPSU; PS (GPPS); PSU; PUR, Unspecified; PVDF; SAN; TPEE	LNP

Product Field	Resin	Supplier
Thermolast K CO/A TPE		Kraiburg TPE
Thermolast K CO/V TPE		Kraiburg TPE
Thermolast K CO/VC TPE		Kraiburg TPE
Thermolast K CO/Y TPE		Kraiburg TPE
Thermolast K DC TPE		Kraiburg TPE
Thermolast K FD/C TPE		Kraiburg TPE
ThermoStran	Nylon 66; PP, Unspecified; PPA; TPU, Unspecified	Montsinger
Thermotuf	Nylon 6; Nylon 6/10; Nylon 6/12; Nylon 66; Nylon, Unspecified; PBT; PC; Polyester, TP; PP, Unspecified; PPS	LNP
Thermx	PCT	DuPont EP
Thermylene	PP Homopoly; PP, Unspecified	Asahi Thermofil
Thermylon	Nylon 6; Nylon 66	Asahi Thermofil
Tipcofil	Nylon 6; PC+PBT	Tipco
Titanex	HDPE; LLDPE	Titan Group
Titanlene	LDPE	Titan Group
Tone	PCL	Dow
Topas	Polyolefin, Unspecified	Topas
Toraycon	PBT	Toray
Torlon	PAI	Solvay Advanced
Total PE	EVA; HDPE; LDPE	Total Petrochem
TOTAL PP	PP Homopoly; PP Impact Copoly; PP Random Copoly; PP, Unspecified	Total Petrochem
TOTAL PS	PS (GPPS); PS (HIPS)	Total Petrochem

Product Field	Resin	Supplier
Toyobo Nylon	Nylon 6; Nylon 6 Elast; Nylon 66; Nylon, Unspecified; PAMXD6	Toyobo
Toyolac	ABS	Toray
TPX	PMP Copolymer	Mitsui Chem USA
Triax	ABS+Nylon	Lanxess
Triax	ABS+Nylon	Lanxess Euro
Tribit	PBT	Sam Yang
Trilac	ABS	Polymer Tech
Trilene	PP Copoly; PP Homopoly; PP Random Copoly	TriPolyta Indonesia
Triloy	ABS+PC	Sam Yang
Trimid	Nylon 6; Nylon 66	Polymer Tech
Trirex	PC	Sam Yang
Tristar	PC	Polymer Tech
Trithene	LDPE; MDPE	Triunfo
Tufpet PBT	PBT	Mitsubishi Ray
Tyril	SAN	Dow
U Polymer	Polyarylate	Unitika
UBE Nylon	Nylon 12; Nylon 6; Nylon 66	UBE Industries
Udel	PSU	Solvay Advanced
Ultem	PEI	GE Adv Materials
Ultem	PEI	GE Adv Matl AP
Ultem	PEI	GE Adv Matl Euro
Ultem	PEI	LNP
Ultem	PEI+PCE	GE Adv Materials
Ultem	PEI+PCE	GE Adv Matl AP
Ultem	PEI+PCE	GE Adv Matl Euro
Ultradur	PBT; PBT+PET	BASF
Ultraform	Acetal Copoly	BASF
Ultramid	Nylon 6; Nylon 66	BASF
Ultramid A	Nylon 66	BASF
Ultramid B	Nylon 6	BASF

Product Field	Resin	Supplier
Ultramid C	Nylon 66/6	BASF
Ultrason E	PES	BASF
Ultrason S	PSU	BASF
Ultrastyr	ABS	Polimeri Europa
UMG Alloy	ABS+PBT; ABS+PC; ASA+PC; PC Alloy	UMG ABS
Unibrite	AES	Nippon A&L
Unichem	PVC, Flexible; PVC, Rigid	Colorite
Unichem Elasti	PVC Elastomer	Colorite
Unifill-60	HDPE; PP Homopoly	North Wood
Unipol	HDPE; LLDPE	Dow
Uniprene	TPV	Teknor Apex
Valox	PBT	GE Adv Materials
Valox	PBT	GE Adv Matl AP
Valox	PBT	GE Adv Matl Euro
Valox	PBT	LNP
Valox	PBT+PET	GE Adv Materials
Valox	PBT+PET	GE Adv Matl AP
Valox	PBT+PET	GE Adv Matl Euro
Valox	PBT+PET	LNP
Valox	PC+PBT	GE Adv Materials
Valox	PC+PBT	GE Adv Matl AP
Valox	PC+PBT	GE Adv Matl Euro
Valox	PET	GE Adv Materials
Valox	PET	GE Adv Matl AP
Valox	PET	GE Adv Matl Euro
Valox	PET	LNP
Valtra	PS (HIPS); PS (Specialty)	CP Chem
Vampalloy	ABS+PC	Vamp Tech
Vampamid	Nylon 6; Nylon 66	Vamp Tech
Vampcarb	PC	Vamp Tech
Vamplen	PP Homopoly; PP Impact Copoly	Vamp Tech
Vamporan	PPE	Vamp Tech
Vampsab	ABS	Vamp Tech

FREE DATA SHEETS: WWW.IDES.COM/PSIM

Product Field	Resin	Supplier
Vampstyr	PS (HIPS)	Vamp Tech
Vampter	PBT	Vamp Tech
Vandar	PBT	Ticona
Vandar	PBT	Ticona Euro
Vector	SBS; SIS	Dexco
Vectra	LCP	Polyplastics
Vectra	LCP	Ticona
Veroplas	Nylon 6	PlastxWorld
Versaflex	TPE	GLS
Versalloy	TPE	GLS
Versollan	TPU, Unspecified	GLS
Verton	ABS+PC; Nylon 6; Nylon 66; PBT; PP, Unspecified; PPA; PPS	LNP
Vexel	PBT	Custom Resins
Vitamide	Nylon 6; Nylon 66/6	Jackdaw
Vitax	ASA	Hitachi
Voloy	Nylon 6; Nylon 66; Nylon 66 Alloy; PBT; PBT Alloy; PET; PP, Unspecified	A. Schulman
Voridian PET	PET	Voridian
VPI	PS (HIPS)	VPI
Vydyne	Nylon 66; Nylon 66/6	Solutia
Vyflex	TPO (POE)	Lavergne Group
Vylene G	PP Copoly	Lavergne Group
Vylon	Nylon 6; Nylon 66	Lavergne Group
Vylopet	PBT+PET; PC+PBT	Toyobo
Vynite	PVC+NBR	AlphaGary
Vypet PC	PC+PET	Lavergne Group
Vypet VNT	PET	Lavergne Group
Vyprene TPE	TPE	Lavergne Group
Vypro	PP Copoly	Lavergne Group
Vyram TPV	TPE	AES

PRODUCT FIELD	RESIN	SUPPLIER
Vyteen	ABS; ABS+PC; PC	Lavergne Group
Vythene	PVC+PUR	AlphaGary
Wellamid	Nylon 6; Nylon 66; Nylon 66/6; Nylon, Unspecified	Wellman
Wellamid EcoLon	Nylon 6; Nylon 66; Nylon, Unspecified	Wellman
Wonderlite	PC	Chi Mei
Wonderloy	ABS+PC	Chi Mei
WPP PP	PP Copoly; PP Homopoly; PP Impact Copoly; PP, Unspecified	Washington Penn
WPP TPO	TPO (POE)	Washington Penn
Xenoy	PBT+PET	GE Adv Matl Euro
Xenoy	PC+PBT	GE Adv Materials
Xenoy	PC+PBT	GE Adv Matl AP
Xenoy	PC+PBT	GE Adv Matl Euro
Xenoy	PC+PET	GE Adv Materials
Xenoy	PC+PET	GE Adv Matl AP
Xenoy	PC+PET	GE Adv Matl Euro
Xenoy	PC+Polyester	GE Adv Materials
Xenoy	PC+Polyester	GE Adv Matl AP
Xenoy	PC+Polyester	GE Adv Matl Euro
Xmod	PP Homopoly; PP Impact Copoly; PP, High Crystal; PP, Unspecified	Borealis
XT Polymer	Acrylic (PMMA)	Cyro
Xtel	PPS	CP Chem
Xydar	LCP	Solvay Advanced
Xylex	PC+Polyester	GE Adv Materials
Xylex	PC+Polyester	GE Adv Matl AP
Xylex	PC+Polyester	GE Adv Matl Euro
Xyron	Nylon+PPE; PPE+PS; PPE+PS+Nylon	Asahi Kasei

FREE DATA SHEETS: WWW.IDES.COM/PSIM

Product Field	Resin	Supplier
Zemid	HDPE; PE, Unspecified	DuPont Canada
Zenite	LCP	DuPont EP
Zeonex	Polyolefin, Unspecified	Nippon Zeon
Zhuntem	PES; PSU Alloy	Ovation Polymers
Zylar	Acrylic (SMMA)	Nova Chemicals
Zylar	Acrylic (SMMA)	Nova Innovene
Zyntar	PS (IRPS)	Nova Chemicals
Zytel	Nylon 6; Nylon 6/12; Nylon 66; Nylon 66/6	DuPont EP
Zytel HTN	HPPA; PPA	DuPont EP

TROUBLESHOOTING GUIDE

This troubleshooting guide is divided into three parts. The first part will help you identify defects. The second part is a chart that shows you a recommended course of action to fix any of these defects. The numbers stand for the sequence in which remedies should be tried, and the arrows indicate either an increase in the setting, a decrease in the setting, or the necessity to balance the setting. The final section is simply a narrative version of the chart.

IDENTIFYING MOLDING DEFECTS

Black Specks: Tiny black particles on the surface of an opaque part and visible throughout a transparent part.

Blister: Defect on the surface of a molded part caused by gases trapped within the part during curing.

Blush: Discoloration generally appearing at gates, around inserts, or other obstruction along the flow path. Usually indicates weak points.

Brittleness: Tendency of a molded part to break, crack, shatter, etc. under conditions which it would not normally do so.

Burn Marks: Black marks or scorch marks on surface of

molded part; usually on the side of the part opposite the gate or in a deep cavity.

Cracking: Fracture of the plastic material in an area around a boss, projection, or molded insert.

Crazing: Fine cracks in part surface. May extend in a network over the surface or through the part.

Delamination (Skinning): Surface of the finished part separates or appears to be composed of layer of solidified resin. Strata or fish scale type appearance where the layers may be separated.

Discoloration: Refers to any nonuniform coloration, whether a general brown color such as that caused by overheating or streaky discoloration resulting from contamination.

Excessive Warpage/Shrinkage: Excessive dimensional change in a part after processing, or the excessive decrease in dimension in a part through cooling.

Flash: Excess plastic that flows into the parting line of the mold beyond the edges of the part and freezes to form thin, sheet-like protrusions from the part.

Flow Marks: Marks visible on the finished item that indicate the direction of flow in the cavity.

Gels (Clear Spots): Surface imperfections resulting from usage of unplasticized pellets.

Jetting ("Snake Flow"): Turbulence in the resin melt flow caused by undersized gate, abrupt change in cavity volume, or too high injection pressure.

Poor Surface Finish (Gloss): Surface roughness resulting from high speed fill which causes surface wrinkling as the polymer melt flows along the wall of the mold.

Poor Weld Lines (Knit Lines): Inability of two melt fronts to knit together in a homogeneous fashion during the molding process, resulting in weak areas in the part of varying severity.

Short Shot: Injection of insufficient material to fill the mold.

Sink Marks: Depression in a molded part caused by shrinking or collapsing of the resin during cooling.

Splay Marks (Silver Streaking, Splash Marks): Marks or droplet type imperfections formed on the surface of a finished part.

Voids (Bubbles): An unfilled space within the part.

TROUBLESHOOTING CHART

MACHINE DEFECTS

Numbers indicate sequence of making corrective steps;
Arrows indicate
- ↑ - Increase
- ↓ - Decrease
- ↕ - Balance/Vary

		Excessive Flash	Oversized Part	Part Sticking	Short Shot	Sprue Sticking	Undersized Part
MACHINE VARIABLES	Backpressure	5↓			8↑		
	Inj. Forward (Booster) Time		2↓	3↓		3↓	3↑
	Clamp Pressure	3↑	8↑				
	Cylinder Temperature	2↓	5↓	6↓			6↑
	Holding Pressure		4↓	2↓			4↑
	Injection Hold Time	4↓		7↓	9↑	2↓	5↓
	Injection Pressure	1↓	3↓	1↓	2↑	1↓	2↑
	Injection Speed	6↓	1↓	8↓	6↑	5↓	1↑
	Shot Size (Material Feed)				1↑		
	Melt Temperature				3↑		
	Mold Cooling Time			4↑		4↓	9↓
	Mold Temperature	7↓	6↑	5↓	5↑		7↓
	Nozzle Temperature				4↑	6↕	
	Overall Cycle Time		7↓				
	Screw Speed						
MOLD VAR.	Change Gate Location						
	Size of Gate				11↑		8↑
	Size of Sprue/Runner				10↑		
	Size of Vent	10↕			7↑		
OTHER ACTION	Check for Material Contamination						
	Check Fit of Mold Faces	9					
	Clean Cavity Surface						
	Clean Mold Faces	8					
	Clean Vents				12		
	Dry Materials						
	Regrind Quantity						
	Purge/Clean Screw & Barrel						

928 POCKET SPECS FOR INJECTION MOLDING

PART DEFECTS														
Black Spots, Brown Streaks	Blisters	Brittleness	Burn Marks	Cracking, Crazing	Delamination	Discoloration	Flow Marks	Jetting	Poor Surface Finish (Gloss)	Poor Weld Lines	Silver Streaks, Splay, Splash	Sink Marks	Voids	Warping
5↓	2↑	2↓				4↓						7↑		
			4↓											
				2↑		2↓	1↑		3↑		3↓			
												3↑	3↑	
									3↑					3↑
		4↓	5↓	5↓			4↑		2↑	1↑		2↑	2↑	4↕
			1↓	1↕	4↕		5↕	1↓	4↑	5↑	4↓	6↑	6↓	
												1↑	1↑	
3↓	4↓	1↑	2↓		2↑			2↑		2↑		5↓	5↓	5↕
									8↑					2↑
	3↑		3↓	4↑	1↑		2↑	3↑	1↑	4↑	6↑	4↓	4↑	1↕
				3↑		3↓	3↑				5↓			
4↓						5↓					7↓			
	1↓	3↓										8↑		
	6							5	7	7		13	11	7
			6↑			6↑	4↑				8↑	10↑	9↑	6↑
						7↑						9↑	8↑	
	7↑		8↑			7↑			5↑	6↑				
2		7			3	6					2			
									6					
			7										7	
	5	5		6		5					8	1	11	10
		6↓			6↓							12↓		
1						1								

FREE DATA SHEETS: WWW.IDES.COM/PSIM

TROUBLESHOOTING STEPS

BLACK SPOTS, BROWN STREAKS:
- Purge and/or clean the screw and barrel
- Check the material for contamination
- Decrease the melt temperature
- Decrease the overall cycle time

BLISTERS:
- Decrease screw speed
- Increase backpressure
- Increase mold temperature
- Decrease melt temperature
- Dry material
- Relocate gate
- Provide additional mold vents
- Insure regrind is not too coarse

BRITTLENESS:
- Increase melt temperature
- Decrease backpressure
- Decrease screw speed
- Decrease injection pressure
- Dry material
- Decrease amount of regrind used
- Check for material contamination

BUBBLES:
- Dry material further
- Increase number and/or size of vents
- Decrease injection temperature
- Increase shot size
- Increase injection pressure

- Decrease injection speed

BURN MARKS:
- Decrease injection speed
- Decrease melt and/or mold temperature
- Decrease booster time
- Decrease injection pressure
- Alter gate position and/or increase gate size
- Improve mold cavity venting
- Check for heater malfunction

CRACKING, CRAZING:
- Modify injection speed
- Increase cylinder temperature
- Increase nozzle temperature
- Increase mold temperature
- Decrease injection pressure
- Dry material

DELAMINATION:
- Increase mold temperature
- Increase melt temperature
- Check for material contamination
- Adjust injection speed
- Dry material

DISCOLORATION:
- Purge heating cylinder
- Decrease melt temperature
- Decrease nozzle temperature
- Decrease backpressure
- Shorten overall cycle
- Check hopper and feed zone for contamination
- Provide additional vents in mold
- Move mold to smaller shot-size press

EXCESSIVE FLASH:
- Decrease injection pressure
- Decrease cylinder temperature
- Increase clamp pressure
- Decrease injection hold time
- Decrease backpressure
- Decrease injection speed
- Decrease mold temperature

FLOW, HALO, BLUSH MARKS:
- Increase melt temperature
- Increase mold temperature
- Increase nozzle temperature
- Increase injection pressure
- Decrease injection speed
- Increase size of sprue/runner/gate
- Increase cold slug area in size or number

GELS:
- Increase plasticating capacity of machine or use machine with larger plasticating capacity
- Increase cylinder temperature
- Increase overall cycle time
- Increase backpressure
- Change screw speed
- Use higher compression screw

JETTING:
- Decrease injection speed
- Increase melt and/or mold temperature
- Increase gate size and/or change gate location

OVERSIZED PART:
- Decrease injection speed
- Decrease booster time

- Decrease injection pressure
- Decrease holding pressure
- Decrease cylinder temperature
- Increase mold temperature
- Decrease overall cycle time
- Increase clamp pressure

PART STICKING:
- Decrease injection pressure
- Decrease injection-hold
- Decrease booster time
- Increase mold-close time
- Decrease mold cavity temperature
- Decrease cylinder and nozzle temperature
- Check mold for undercuts and/or insufficient draft
- Check resin lubricant level

SHORT SHOT:
- Increase shot size and confirm cushion
- Increase injection pressure
- Increase melt temperature
- Increase nozzle temperature
- Increase mold temperature
- Increase injection speed
- Make sure mold is vented correctly and vents are clear
- Increase backpressure
- Increase injection-hold

SINK MARKS:
- Increase shot length
- Increase injection pressure
- Increase injection-hold
- Decrease mold temperature
- Decrease melt temperature

- Increase injection speed
- Increase backpressure
- Increase screw speed
- Increase size of sprue and/or runners and/or gates
- Dry material
- Decrease the amount of regrind used
- Relocate gates on or as near as possible to thick sections

SPLAY MARKS, SILVER STREAKS, SPLASH MARKS:
- Dry resin pellets before use
- Check for contamination
- Decrease melt temperature
- Decrease injection speed
- Decrease nozzle temperature
- Raise mold temperature
- Shorten overall cycle
- Open the gates

SPRUE STICKING:
- Decrease injection pressure
- Decrease injection-hold
- Decrease booster time
- Decrease mold-close time
- Decrease injection speed
- Decrease nozzle temperature
- Increase core temperature
- Check mold for undercuts and/or insufficient draft
- Check resin lubricant level

SURFACE FINISH (LOW GLOSS):
- Increase mold temperature
- Increase injection pressure
- Increase cylinder temperature
- Increase injection speed
- Make sure venting is adequate

- Clean mold surfaces
- Change gate location

SURFACE FINISH (SCARS, RIPPLES, WRINKLES):
- Increase injection pressure
- Increase injection speed
- Decrease backpressure
- Increase cylinder temperature
- Increase overall cycle time
- Increase shot size
- Decrease booster time
- Decrease nozzle temperature
- Inspect mold for surface defects

UNDERSIZED PARTS:
- Increase injection speed
- Increase injection pressure
- Increase booster time
- Increase holding pressure
- Increase hold-time
- Increase cylinder temperature
- Decrease mold temperature
- Increase size of gate

VOIDS:
- Increase shot length
- Increase injection pressure
- Increase injection-hold
- Increase mold temperature
- Decrease melt temperature
- Decrease injection speed
- Clean vents
- Increase size of sprue and/or runners and/or gates
- Dry material

- Relocate gates on or as near as possible to thick sections

WARPING, PART DISTORTION:
- Equalize/balance mold temperature of both halves
- Increase mold cooling time
- Increase injection-hold
- Try increasing and decreasing injection pressure
- Adjust melt temperature (increase to relieve molded-in stress, decrease to avoid over packing)
- Check gates for proper location and adequate size
- Check mold knockout mechanism for proper design and operation
- Make sure part contains no sharp variations in cross sections

WELD LINES:
- Increase injection pressure
- Increase melt temperature
- Increase injection-hold
- Increase mold temperature
- Increase injection speed
- Vent cavity in the weld area
- Change gate location to alter flow pattern

UNIT CONVERSION FACTORS

Unit Class	From	To	Multiply By
Length			
	inches	cm	2.54
	inches	feet	0.0833
	miles	km	1.6093
	cm	in	0.3937
	cm	feet	0.0328
Weight			
	oz	gram	28.3495
	oz	kg	0.028349
	oz	lb	0.0625
	lb	oz	16
	lb	gram	453.592
	lb	kg	0.453592
	gram	oz	0.035273
	gram	lb	0.002204
	gram	kg	0.00100
Pressure			
	psi	MPa	0.006894
	psi	kgf/cm^2	0.07036
	psi	mm Hg	51.714932
	MPa	psi	145.0377
	MPa	kgf/cm^2	10.197159
	MPa	ksi	0.145037
	MPa	mm Hg	7500.614877

FREE DATA SHEETS: WWW.IDES.COM/PSIM

Unit class	From	To	Multiply By
Volume			
	in^3	cm^3	16.387064
	in^3	liter	0.016387
	in^3	ft^3	0.000578
	in^3	gal (US dry)	.003720
	in^3	gal (US liq)	.004329
	ft^3	cm^3	28316.8466
	ft^3	liter	28.316846
	ft^3	in^3	1728
	ft^3	gal (US dry)	6.428511
	ft^3	gal (US liq)	7.480521
	gal (US liq)	liter	3.7854
	cm^3	in^3	0.061023
	cm^3	ft^3	0.000035
	cm^3	gal (US dry)	0.000227
	cm^3	gal (US liq)	0.000264
	cm^3	liter	0.001
Linear Mold Shrink			
	mil/in	%	0.1
	mil/in	in/in	0.001
	mil/in	mm/m	1.0

Unit class	From	To	Multiply By
Energy per Unit Area			
	ft-lb/ft^2	ft-lb/in^2	0.006944
	ft-lb/ft^2	in-lb/in^2	0.08333
	ft-lb/ft^2	J/m^2	14.5939
	ft-lb/ft^2	kg-cm/cm^2	0.01488
	J/m^2	ft-lb/ft^2	0.068521
	J/m^2	ft-lb/in^2	0.000475
	J/m^2	in-lb/in^2	0.005710
	J/m^2	kg-cm/cm^2	0.001
	J/m^2	kg-cm/m^2	10
Energy per Unit Length			
	ft-lb/ft	ft-lb/in	0.0833
	ft-lb/ft	in-lb/in	1.0
	ft-lb/ft	J/m	4.448
	ft-lb/ft	kg-cm/cm	0.4536
	J/m	ft-lb/ft	0.2248
	J/m	ft-lb/in	0.0187
	J/m	in-lb/in	0.2248
	J/m	kg-cm/cm	0.1
Temperature			
	deg F	deg C	Subtract 32 then divide by 1.8
	deg C	deg F	Multiply by 1.8 then add 32

INDEX TO MATERIALS

GENERIC MATERIALS	PAGE
ABS	28
ABS+Acrylic	80
ABS+Nylon	80
ABS+PBT	82
ABS+PC	84
ABS+PET	106
ABS+PVC	106
ABS+TPU	106
Acetal Co Alloy	106
Acetal Copoly	106
Acetal Homopoly	132
Acrylic (PMMA)	138
Acrylic (SMMA)	144
Acrylic, Unspecified	146
Acrylic+PVC	146
AEM+TPC-ET	148
AES	148
AES+PC	148
Alkyd	148
AS	148
ASA	148
ASA+ABS	152
ASA+AES	152
ASA+AMSAN	152
ASA+PC	154
ASA+PET	156
ASA+PUR	156

GENERIC MATERIALS	PAGE
ASA+PVC	156
Biodeg Syn Poly	156
CA	156
CAB	156
CAP	158
DAP	160
EAA	162
EBA	162
ECTFE	162
EMA	162
EP	162
EPE	164
Epoxy	164
ETFE	164
ETPU	164
EVA	166
FEP	168
Fluorelastomer	168
Fluoropolymer	170
HDPE	170
HDPE Copolymer	180
HDPE, HMW	180
HMWPE	180
HPPA	180
Ionomer	182
LCP	184
LDPE	190
LLDPE	196
LMDPE	198

GENERIC MATERIALS	PAGE
MABS	198
MDPE	200
Mel Formald	200
Mel Phenolic	200
MMBS	200
MMS	200
Nylon 11	200
Nylon 12	202
Nylon 12 Elast	208
Nylon 46	208
Nylon 6	208
Nylon 6 Alloy	270
Nylon 6 Elast	270
Nylon 6/10	272
Nylon 6/12	274
Nylon 6/69	278
Nylon 6+ABS	278
Nylon 66	278
Nylon 66 Alloy	356
Nylon 66/6	356
Nylon 66+ABS	360
Nylon Copolymer	360
Nylon, Unspecified	362
Nylon+PP	368
Nylon+PPE	368
Nylon+SAN	370
PAI	370
PAMXD6	370
PAO	372

GENERIC MATERIALS	PAGE
PBT	372
PBT Alloy	414
PBT+ASA	416
PBT+PET	416
PBT+PS	418
PC	418
PC Alloy	504
PC+Acrylic	506
PC+PBT	506
PC+PET	514
PC+Polyester	518
PC+PPC	522
PC+PSU	522
PC+SAN	522
PC+Styrenic	522
PC+TPU	524
PCL	524
PCT	524
PE Alloy	524
PE Copolymer	524
PE, Unspecified	524
PEBA	526
PEEK	526
PEI	530
PEI+PCE	544
PEK	546
PEKK	546
PES	546
PET	552

GENERIC MATERIALS	PAGE
PETG	558
PF	558
PFA	562
Phenolic	562
PI, TP	566
PLA	568
PMP	568
PMP Copolymer	568
Polyarylate	570
Polyester Alloy	570
Polyester, TP	570
Polyester, TS	574
Polyolefin, Unspecified	576
PP Copoly	580
PP Homopoly	596
PP Impact Copoly	620
PP Random Copoly	622
PP, High Crystal	624
PP, HMS	628
PP, Unspecified	628
PP+EPDM	666
PP+Styrenic	666
PPA	666
PPC	676
PPE	676
PPE+Polyolefin	678
PPE+PS	678
PPE+PS+Nylon	694
PPE+PS+PP	696

GENERIC MATERIALS	PAGE
PPS	698
PPS+Nylon	712
PPS+PPE	712
PPSU	712
Proprietary	712
PS (GPPS)	714
PS (HIPS)	722
PS (IRPS)	734
PS (MIPS)	734
PS (Specialty)	736
PS Alloy	736
PSU	736
PSU Alloy	740
PSU+ABS	740
PSU+PC	740
PTT	740
PUR, Unspecified	742
PUR-Ester	744
PUR-Ester/TDI	744
PUR-Ether	744
PUR-Ether/TDI	744
PUR-MDI	746
PVC Elastomer	746
PVC, Flexible	748
PVC, Rigid	760
PVC, Semi-Rigid	764
PVC, Unspecified	766
PVC+NBR	768
PVC+PUR	768

GENERIC MATERIALS	PAGE
PVDF	768
SAN	770
SAS	774
SB	776
SBS	776
SEBS	782
SEP	794
SI	794
Siloxane, UHMW	794
SIS	794
SMA	796
SPS	796
SVA	796
TEEE	796
TES	796
TP, Unspecified	798
TPC-ET	798
TPE	798
TPEE	826
TPO (POE)	828
TPU, Unspecified	836
TPU-Capro	842
TPU-Ester/Ether	842
TPU-Polyester	842
TPU-Polyether	846
TPV	850
TS, Unspecified	856
TSU	856
UHMWPE	858

GENERIC MATERIALS	PAGE
Urea Compound	858
Urea Formald	858
Vinyl Ester	858
VLDPE	858

ARTICLES

The following articles and more topics can be found online at **www.ides.com/articles**

Dry vs. Conditioned Explained
by Ben Howe, IDES Inc.

"Dry" refers to data that is obtained from a sample of material with equivalent moisture content as when it was molded (typically <0.2%). "Conditioned" on the other hand, refers to data obtained from a sample of material that has absorbed some environmental moisture at 50% relative humidity prior to testing. The vast majority of dry and conditioned data is seen with polyamide (Nylon) materials. To understand the need for two sets of data it's important to understand a little about the structure of Polyamide…

Read the full article at:
www.ides.com/articles/dry

Intensification Ratio (Ri)
by John Bozzelli, Scientific Molding

In all hydraulic injection units, hydraulic power is converted, multiplied, into plastic pressure. The law of physics involved is $F = P \times A$. That is force (F) is equal to pressure (P) times area (A). The large hydraulic piston acts on the screw, or essentially the non-return valve. The hydraulic piston has a large surface area, for example 100 cm2. The non-return valve during injection forward acts like a smaller area piston, for example 10 cm2. This causes the hydraulic pressure to be converted to melt or plastic pressure in the barrel of the injection unit…

Read the full article at: **www.ides.com/articles/ri**

Purging 101
by Tim Cutler, Dyna-Purge

Let's begin by reviewing the reasons for purging. By definition, purging is to 'undergo or cause evacuation.' For plastic processors, purging is an essential part of the cleaning process. Done properly, purging should:

- Effectively displace the resident resin
- Eliminate the resident resin in dead spots or negative flow areas
- Remove heat sensitive resins, additives and pigments, which are susceptible to degradation
- Eliminate black specks produced by carbon build-up

Read the full article at:
www.ides.com/articles/purging

Finding Alternative Plastics
by Ben Howe, IDES Inc.

Finding alternative plastics has been a hot topic recently, especially after hurricanes Katrina and Rita dealt heavy blows to the petrochemical industry. The resulting supply chain interruptions and price increases have no doubt triggered numerous searches for alternative resins. Aside from the post-hurricane scrambling, there are other, more common reasons for finding alternative materials that you may encounter from time to time; either your parts need improvement, the material you've been using doesn't exist anymore, or you've been asked to cut costs yet again. Whatever the reason, it's time to start looking for another resin.

Read the full article at:
www.ides.com/articles/alternatives

Backpressure Settings on an Injection Molding Machine
by John Bozzelli, Scientific Molding

I do recommend you use 1,000-psi PLASTIC pressure for backpressure unless there is a reason not to. So on electrics it should be 1,000-psi set point. On hydraulic machines divide the intensification ratio into 1000 to find the correct hydraulic pressure setting.

Read the full article at:
www.ides.com/articles/settings

Polyamide Moisture Absorption
by Steve Gerbig, DSM Engineering Plastics

In plastic materials published data, moisture absorption is almost always expressed in terms of percent weight gain. While this information is important for comparison purposes, it doesn't truly relate to the design engineers' application and use of these materials. This study will quantify and compare the relative dimensional changes which occur in parts as they are exposed to a humid environment and move from the dry-as-molded state toward saturation using Polyamide types 6, 66 and 46.

Read the full article at:
www.ides.com/articles/polyamide

These articles and more topics can be found online at **www.ides.com/articles**

RESOURCES & TOOLS

The following resources and tools can be found online at **www.ides.com**.

CostMate™
Injection Molding Parts Cost Estimator.
www.ides.com/costmate

Free Plastics Data Sheets
Quick access to over 63,000 data sheets from more than 500 global resin suppliers.
www.ides.com/psim

Glossary of Plastics Terms
A glossary of common plastic and resin terms.
www.ides.com/glossary

Injection Molding Troubleshooter
Troubleshoot common plastics processing problems.
www.ides.com/troubleshooter

Plastic Resin Pricing
Street, Spot and Futures market pricing data.
www.ides.com/resinprice

Plastics Properties and Test Methods
A library of common ASTM, ISO and IEC plastic properties and test methods.
www.ides.com/properties

Plastics Sourcing
A free service connecting you with distributors of plastic materials to learn pricing and availability.
www.ides.com/sourcing

Processors Portal
An online directory of plastics processors for OEMs and Design Engineers.
www.ides.com/processors

Unit Converter
Convert plastics unit classes quickly and easily.
www.ides.com/converter

Universal Setup Sheet from John Bozzelli
Transfer mold settings from one machine to another - quickly and easily!
www.ides.com/setup

NOTES